汪旭光 院士

汪旭光院士简介

汪旭光，男，汉族，中共党员，1939 年 12 月 31 日生，安徽枞阳人，中国工程院院士，长期致力于现代工业炸药与工程爆破技术的研究与开发工作，是享誉国际的工业炸药和工程爆破专家，被誉为中国乳化炸药奠基人和中国爆破事业的开拓者。曾任北京矿冶研究总院总工程师、副院长、学术委员会主任，中国爆破行业协会会长，全国安全评价工作委员会主任，中国有色金属工业协会副会长等职。现任国家安全生产专家组副组长，中国爆破行业专家委主任，公安部爆破专家组组长，应急管理部消防专家组顾问，中日韩炸药与爆破技术委员会主席，亚洲太平洋地区爆破技术会议主席，国际岩石爆破破碎委员会委员等职务。

20 世纪 70 年代，率先在国内研发成功高威力田菁 10 号浆状炸药和 EL 系列乳化炸药，开发出 10 个系列、38 种乳化炸药以及配套工艺及设备。先后在国内外获得大量推广应用，形成了 BGRIMM 品牌。乳化炸药在我国从无到有，从当初的小品种，发展成为当前的主要品种，在我国工业炸药总产量中的占比已经超过 60%。主持研发的中小直径乳化炸药现场混装车在国内外获得大量推广应用，为民爆行业一体化奠定了技术基础，成为行业发展方向之一。2006 年至今，主持国家反恐科技专项（709 计划）项目，开创性地完成了爆炸物安检示踪剂及其精密检测仪器和安检设备的研发，达到了国际领先水平。2011 年至 2018 年，先后承担中国工程院院士咨询项目 5 项，开展了大量的政策和战略研究，提交院士建议多份，积极为政策制定献计献策。

1978 年获全国科技大会奖；1980 年和 1982 年，先后获国家发明二、三等奖各 1 项；1985 年获国家科技进步二等奖；1986 年获布鲁塞尔尤里卡世界发明博览会金奖；1999 年获得国家科技进步一等奖；2008 年获国家安全生产科技一等奖；获得省部级奖励 30 多项。2004 年获中央企业劳动模范称号；2005 年获全国劳动模范荣誉称号；2008 年入选“改革开放 30 年中国有色金属工业 30 位有影响力人物”。

出版专著十多部，发表论文 500 余篇，其中《乳化炸药》是国内外第一本全面阐述乳化炸药技术的专著，英文版畅销 130 多个国家，分别于 1988 年和 1994 年获得全国优秀科技图书一等奖和国家图书提名奖。

1994 年发起创建中国工程爆破协会，并先后出任秘书长、理事长，为行业提供了合作交流平台、培养了大批专业技术和管理人才，把全国各领域的爆破工作者和管理者组织起来，形成了行业整体优势，行业规模不断发展壮大，开创了我国爆破事业新局面。

大学时代（1962 年）

结婚照（1966 年 1 月 18 日）

德純知博

旭光院士惠存

天增书

德纯知博——书法家王天增（中共中央政策研究室原副主任）书赠

赤子之情——汪院士家乡鸟瞰图（安徽枞阳县委县政府赠予）

乳化炸药
EMULSION EXPLOS
汪旭光 著
乳化炸药
冶金工业出版社
拆除爆破理论与工程实例
CHAICHU BAOPO LILUN YU GONGCHENG SHILI
汪旭光 于亚伦 编著
台阶爆破
汪旭光 于亚伦 著
EMUL
EXPLO
奖
全国优秀科
书 名 乳化炸药
第四届全国优秀科技图书评选委员会
主 任
副主任

爆破手册
HANDBOOK OF BLASTING
全国工程爆破技术人员统一培训教材
爆破设计与施工
中国工程爆破协会 编
汪旭光 主编
论文选集
为了表彰在科学技术现代化方面作出重大贡献的发明者，特颁发此证书，以资鼓励。
项目名称：EL与RJ系列乳化炸药
项目编号：82-11-004
颁发给
获 贰 等国家发明奖项
的第 壹 发明人汪旭光
中华人民共和
国家科学技术委员
一九八七年

姓 名 汪旭光
工作单位 北京冶矿总院
编 号 95055
发证日期 一九九五年 二 月
工作守则
模范遵守国家法律和工作纪律。
坚持原则，作风正派，勤政廉洁。
谦虚谨慎，戒骄戒躁，平等待人。
坚持实事求是的科学态度，深入调查研究，密切联系群众，认真完成事故调查隐患评估，为国家制定、修改安全生产法规和政策提供技术咨询和专业服务。
有效期至 一九九八年 二 月止

国家安全生产
专家证
中华人民共和国劳动部制
聘 书
兹聘请汪旭光同志为公安部灭火救援
专家组顾问，聘期五年。
二〇一五年十月

聘 书
兹聘请 汪旭光 同志
为第五届国家安全生产专家组
成员，聘期五年。
证书编号：GAZJ-05-0000569
二〇一四年十一月

姓 名 汪旭光
性 别 男
年 龄 四十四岁
选举单位 安徽省
第 1111 号
一九八三年五月 日

部分著述、获奖证书与聘书

时任中共中央政治局常委、国务院副总理李岚清向汪旭光颁发
中国工程科技奖（2000 年）

获科技奖后与夫人出席全国政协副主席、中国工程院院长
宋键夫妇的招待晚宴（2000 年）

当选中国工程院院士（右一为孙传尧院士，1995 年）

受邀参加国庆六十周年观礼（2009 年）

受聘广西公安厅爆破防控技术首席专家（右一为自治区副主席、公安厅厅长胡焯，2018年）

受聘吉林警察学院客座教授并作学术报告（2013年）

受聘首都经济贸易大学特聘教授（2013年）

为本科生授课（2010 年）

参加金发科技院士行
（右一为袁志敏董事长，2016 年）

在喀什为工程技术人员讲课（2004年）

在安徽理工大学作学术报告（2011 年）

为安徽浮山中学颁发优秀奖和励志奖（2012 年）

出席第六届全国人大会议（1983—1988年）

BGRIMM乳化炸药技术转让给诺贝尔公司（1984年）

出访苏联时向卡奇卡纳尔转让乳化炸药技术（1989年）

出访美国并进行学术交流（1998 年）

应邀访问韩国韩华公司并作学术报告（2006 年）

出访美国并在 ISEE 学术年会上作学术报告（1994 年）

出席在印度召开的第十二届世界采矿大会并在会上作学术报告（1984 年）

主持在日本北海道召开的第五届中日韩炸药与爆破技术国际会议（2010 年）

出席在印度新德里召开的 Fragblast 10（2012 年）

出席 Fragblast 12 期间与国际爆破破岩技术委员会委员合影（左四为卢文波教授，2018 年）

出席在瑞典 Lulea 召开的 Fragblast 12（2018 年）

主持第一届亚洲太平洋地区爆破技术研讨会（2007 年）

修订《乳化炸药》（1991 年）

主持第三届亚太地区爆破技术研讨会暨第七届岩石破碎物理问题国际会议（2011 年）

主持第三届中日韩炸药与爆破技术国际会议（前排右五、右七分别为谢先启院士和周家汉研究员，2008 年）

访美参会（右一为陈绍潘教授级高工，1998 年）

中铝院士行（右一、右二分别为钟掘院士和陆钟武院士，1997 年）

主持第六届中日韩炸药与爆破技术国际会议（2011 年）

与夫人张子贞研究员参加中国工程院博鳌学术会议（2005 年）

全家福（2013 年）

汪旭光院士译文选集

北　京
冶　金　工　业　出　版　社
2018

内容简介

本译文选集收集了汪旭光院士翻译和审校的工业炸药与爆破技术相关论文、专利等技术文献资料。全书共分三部分：第1篇为国外期刊论文译选。通过论文传播，让国内同行及时了解了当时发达国家先进的技术和理论；第2篇为乳化炸药专利译选。通过这些专利文献，了解当时的前沿技术和产品方向，推动了我国乳化炸药技术的发展与进步；第3篇是其专著《乳化炸药》的英文版和俄文版节选，该书在国内外都具有广泛影响。

本译文选集可供从事工业炸药与工程爆破的研究、设计、生产、施工与管理的有关科研、设计、工程技术人员及相关专业的师生参考。

图书在版编目(CIP)数据

汪旭光院士译文选集/汪旭光译著．—北京：冶金工业出版社，2018.9

ISBN 978-7-5024-7905-3

Ⅰ.①汪… Ⅱ.①汪… Ⅲ.①工业炸药—文集 ②爆破化学—文集 Ⅳ.①TQ564-53 ②O643.2-53

中国版本图书馆CIP数据核字(2018)第202554号

出版人 谭学余
地址 北京市东城区嵩祝院北巷39号 邮编 100009 电话 (010)64027926
网址 www.cnmip.com.cn 电子信箱 yjcbs@cnmip.com.cn
责任编辑 程志宏 徐银河 美术编辑 彭子赫 版式设计 孙跃红
责任校对 石 静 责任印制 牛晓波
ISBN 978-7-5024-7905-3
冶金工业出版社出版发行；各地新华书店经销；三河市双峰印刷装订有限公司印刷
2018年9月第1版，2018年9月第1次印刷
787mm×1092mm 1/16；49.25印张；8彩页；1220千字；778页
288.00元

冶金工业出版社 投稿电话 (010)64027932 投稿信箱 tougao@cnmip.com.cn
冶金工业出版社营销中心 电话 (010)64044283 传真 (010)64027893
冶金书店 地址 北京市东四西大街46号(100010) 电话 (010)65289081(兼传真)
冶金工业出版社天猫旗舰店 yjgycbs.tmall.com

(本书如有印装质量问题，本社营销中心负责退换)

前　　言

2009年，学生宋锦泉博士等人曾将我多年从事科研工作撰写的论文进行遴选、整理并出版，是为《汪旭光院士论文选集》。近十年过去了，学生们又将我数十年来翻译的国外论文、专利、标准等科技文献节选结集成册，凡120余万字，交冶金工业出版社出版。

回顾56年来，我从安徽大学毕业，分配到冶金工业部情报标准研究所，从事科技情报和产品标准工作；1971年调到北京矿冶研究总院采矿室，从事工业炸药与工程爆破的研发工作，科技文献在其中起到了非常重要的作用。

早些年，没有数据库，没有电子期刊，更没有互联网，获取国外技术资料远没有现在这样方便。为了获得最新的科技资讯，我和我的团队通过参加国际会议、订阅国外学术期刊以及进出国家图书馆等渠道，阅览、搜集了科研工作所需外文科技文献。这些文献使我们对国外相关技术的最新发展有了迅速了解，开阔了我们的科研视野，触发了我们的科研灵感，启迪了我们的创新思路，对我们的科研工作大有裨益。

要第一时间了解科技前沿动态，外语是必不可少的工具。我在安徽大学就读期间学习的是俄语，辅修德语。工作后因工作需要又通过自学、上夜校和单位安排的口语脱产培训研修了英语，使我得以较为方便地阅读外文文献。我的夫人张子贞研究员也为我的日文资料搜集提供了许多帮助。因此，我搜集的主要是英文、俄文、德文和日文科技文献。

当年，为了让国内同行更好地了解国外科技前沿知识，促进我国工业炸药和爆破技术的快速发展，我和我的团队又将所搜集的重要外文文献及时译成中文，有些还在相关杂志上发表予以介绍。本选集收录的主要是那些年我所翻译、审校的部分英文和俄文资料。虽然年代久远，但我觉得文献中所涉及的一些科研思路与方法对现在的科研工作仍具有启迪和借鉴意义。另外，拙著《乳化炸药》的中文版、英文版和俄文版也先后在中国和俄罗斯出版，本书也节选了其中的部分内容。

早年在冶金工业部情报标准研究所工作期间，我还翻译了许多德文标准，因时日已久，数次搬迁，已找不到原稿，此次未能收录。

感谢我的团队和博士们多年以来的鼎力支持！学生李建军博士为本书的出版提供了资助，冶金工业出版社程志宏先生为本书出版做了大量的工作，在此一并予以感谢！

译者水平所限，书中错漏之处敬请读者批评指正。

2018 年 8 月 18 日

目　录

第 1 篇　外国期刊论文译选

第2篇　乳化炸药专利译选

第3篇　乳化炸药

第1篇

外国期刊论文译选

冻结法在深井掘进中的应用

近三十年来波兰采矿工程多在复杂的水文地质条件下进行竖井开拓，用冻结法掘井获得了较快发展。此法在竖井掘进中所占比例如下：

1960年前用冻结法掘的井占全部竖井10%；1961~1970年用冻结法掘的井占全部竖井40%；1971~1975年用冻结法掘的井占全部竖井50%。

为了查明在深井掘进中的冻结移动过程，进行了水文地质模拟试验。根据掘进时在矿井中直接测量的温度校正了试验结果。

近来波兰在里布尼克（Rybnik）煤矿区的Z—Ⅶ竖井的400米深处和列格尼察—格沃戈夫矿区的P—Ⅰ竖井的430米深处的两个竖井中进行了试验。

竖井的直径为6.0米，冻结圈的直径为13.0米和13.8米。深冷设备的功率约为1.16兆瓦，冻结管的直径为141/123毫米，沉降管的直径为44.5/36毫米。

使用密度为1260（公斤/米^3）的氯化钙溶液作为冷冻介质。

在每个深冷钻孔中碱液流量为80~100升/分。

研究得出的结果指出，在确定的研究系统和冻结参数情况下，在深度增加时冻结壳层厚度明显减小，最大冻结深度为700~800米。

单个岩层中冻结进展情况是：

砂土和淤泥	3~4厘米/日；
黏土	2~3厘米/日；
褐煤	1厘米/日。

上述研究结果在设计和施工卢布林（Lublin）煤矿区竖井的725米深处冻结法时得到了实际应用。卢布林煤矿区的1/2竖井的截面内径为6米。冻结包括儒拉岩层和725米深处的白垩层。冻结圈的直径为14.0米包含有44个冻结钻孔。冻结管的直径为140/124毫米，聚乙烯沉降管直径为75毫米。使用密度为1280公斤/米^{3}的氯化钙水溶液作为冷冻剂。在汽化温度-40℃时对于两个矿井冷冻设备的功率为~7兆瓦。冷冻剂的流量为20米/分，即对于每个冻结钻孔为450升/分。设备的摩擦压强损耗为0.6~0.8兆巴。

冻结过程分为两个区段进行，即0~170米和170~725米。

第一区段（~170米）的冻结时间为3个月，第二区段的冻结时间为6个月。从卢布林煤矿区的施工证明了上述研究工作的结论是正确的，并且超过了安装设备的设计数据。

在对深井冻结方面所取得的研究结果和实际经验进行评定之后能够得到如下结论：

变动目前一般的冻结工艺是必要的，因为这些工艺在超过400米深处应用时，很难保

本文原载于《有色金属（矿山部分）》，1978（3）：6。

证得到满意的结果。

冻结强度的提高应通过下述变化来达到：

（1）在湍流状态下将冻结钻孔里碱液流量增大至 400～500 升/分；且雷诺数 $Re \geqslant 3500$。

（2）通过 $T_1 \geqslant T_n + T_0$（°K）确定碱液温度降。式中，T_n 为岩石出口温度；T_0 为岩石的冻结温度。

（3）用较大直径的聚乙烯管代替常用的、直径为 50 毫米的钢沉降管。

（4）提高冷冻设备的功率。

（5）调整冷冻设备的工作制度，以使在冻结的第一阶段有最大的冷冻效率。

（6）在冻结的最后阶段使用具有最低温度的冷冻设备。

目前的研究结果和实际经验提供了深约 1000 米竖井冻结过程的设计依据。值得指出，鉴于掘进技术研究工作的进一步发展，冻结法应用于掘进 1000 米以上的竖井是可能的。

（译自《Neue Bergbautechnik》7Jg，Heft 7，1977，S 498-501）

浆状爆炸剂的爆轰能力

云主惠　摘译　汪旭光　校

浆状爆炸剂的爆轰能力像其他炸药一样，可以用临界爆轰直径和雷管感度两个参数予以评定。

炸药的爆轰能力一般依赖于其密度。就浆状炸药来说，密度的变化是很大的，其原因是：(1) 在制造中添加发泡剂用以产生气泡；(2) 在混合时，炸药中的部分气泡可以移动或者与空气泡相掺合；(3) 垂直深孔装药时，底部浆状炸药受到一定的流体静压力；(4) 导爆索插入浆状炸药，爆炸时压缩浆状炸药。

因此评定密度对浆状炸药爆轰能力的影响是重要的。为此，曾对不同的装药密度进行了实验并进行了浆状炸药被压缩时的钝感作用试验。

1　爆轰性能的测定

(1) 临界爆轰直径：选用塑料纸包装。药包悬在距离地面1米处，并于敞开情况下进行引爆。

1) 圆柱形装药法：本方法在于引爆各种直径 D 的圆柱形药包。

传爆药柱应有足够的强度，以保证在装药直径不够大时，不出现拒爆。采用的圆柱形传爆药为NP91型（91%泰安和9%蜡，密度约为1.45克/厘米^3）塑性炸药。其直径和长度均等于浆状炸药药包的直径。

另一方面，浆状炸药药包必须足够长，以能给出稳定的爆轰。实验得出药包长度 L 应大于直径的5倍。一般取 $L/D=10$。

当临界直径近似数值不知时，用圆柱形装药法进行精确测定需作较大量的实验。

2) 锥形装药法：引爆锥形或截锥形药包时，一般由大直径的一端进行引爆；这样就得出了爆轰停止处的直径。爆轰波停止处的直径 d 分开了稳定爆轰区和爆轰波变慢区域。D/d 大于1。药包锥度增加时，此比值也增加。5%锥度时，实验得出 D/d 的平均值为1.26。

锥形装药法能用很少数量的爆炸实验满意地评定临界爆轰直径。试验数据表明，浆状炸药临界爆轰直径可以在很大范围内变动。

(2) 雷管感度：为了评定炸药的雷管感度，需使用直径大于临界直径的药包。对浆状炸药来说，仍采用把炸药装入长为360毫米，内径36毫米，外径42毫米钢管中的标准方法。钢管所给出的限制作用等于增加药包的直径。

试验表明，雷管感度和临界直径之间有一定的关系，至少在容易爆轰的炸药情况下是如此。

本文原载于《有色金属（矿山部分）》，1979（3）：36，56。

2　密度对爆轰能力的影响

在不同的密度下试验了商业浆状炸药2、3、4号。对于每种浆状炸药而言，其密度变化于0.9~1.5克/厘米^3。浆状炸药3号和4号当密度下降时爆轰能力显著上升，相反用炸药组分敏化的浆状炸药2号的爆轰能力与密度的函数关系没有明显的变化。

3　由压缩而引起的钝感作用

试验了浆状炸药2号和含铝、甲基硝胺硝酸盐的浆状炸药5号。

浆状炸药2号一般在直径等于或大于20毫米的钢管中能够正常爆轰，当其被导爆索爆炸压缩时，在直径20毫米的钢管中不能被爆轰，而仅在ϕ36毫米的钢管中方能爆轰。从2号和5号浆状炸药的实验结果可以断定，压缩的钝感作用对不含炸药敏化剂的浆状炸药比含有黑/梯（60/40）敏化的浆状炸药有较大程度的影响。

4　结论

对于评定浆状炸药的爆轰能力，本文所提出的临界爆轰直径和雷管感度的测定方法一般是令人满意的。

由这些实验方法所获得的结果与不含炸药组分的浆状炸药密度有关，另一方面当浆状炸药含有炸药敏化剂如黑/梯（60/40）时，爆轰能力几乎不依赖于密度。

当浆状炸药被导爆索爆轰压缩时，两类浆状炸药之间的差异也反映在实验结果上，含有黑/梯（60/40）的浆状炸药比其他浆状炸药表现得要好一些。

（译自《Propellants and Explosives》，V. 3，No. 1/2，1978）

爆破的真实成本

[美国]Lex L. Udy 等

1　序言

在过去二十年间，采矿工业在钻孔、爆破、铲装、运输和破碎等每一个主要作业环节都发生了许多重要的变化。尤其是爆破方面的变化更大。铵油（ANFO）和浆状（水胶）炸药和爆炸剂已基本上取代了旧的传统的猛炸药达纳马特（dynamite）。

本文介绍了它的发展简史，简短地讨论了美国当前猛炸药和爆炸剂在工业上的消耗，评述了影响矿山开采总成本的有效因素，最后对用各种爆炸剂进行穿爆的总成本作了估算，并对计算技术进行了详细分析。

2　简史

在历史上人们都认为是中国人在公元十一或十二世纪发明了黑火药❶。实际上，类似的材料早在此数百年前就为人们所熟悉和利用了。大约在公元八世纪，马库斯·格雷库斯（Marcus Graecus）所著的书中描述了希腊火药。他也叙述了黑火药混合物和烟火。罗杰·培根（Roger Bacon）(1214~1292）的著作中对人们所熟悉的欧洲最早期的黑火药破坏力及其组分也有过记载。黑火药是由硝石（KNO_3）、硫磺（S）和木炭（C）混合组成的。黑火药最早用于军事目的，直到中世纪末也未发现这种产品用于开采矿山的任何记载。实际上，黑火药在采矿工业中的应用可能标志着中世纪的结束和工业革命的开始。

从那时起直到1865年，黑火药一直是唯一可利用的炸药。1865年，瑞典化学家艾尔弗雷得·诺贝尔（Alfred Nobel）发明了达纳马特。像许多其他发明一样，达纳马特的发明显然有着偶然性。1845年，意大利的索贝雷罗（Sobrero）就已经合成了硝化甘油。随后，硝化甘油或者爆炸油已经有限地用于爆炸。研究爆炸油的诺贝尔，发现一个盛硝化甘油的容器被打破了，硝化甘油浸透于包装材料中。他确定，浸泡于硅藻土（一种硅藻型的土）中的这种油的敏感度比纯硝化甘油低得多。诺贝尔利用了这个发现，于是达纳马特就诞生了。他继续进行研究，并且用吸收性燃料代替惰性硅藻土改进了产品。他也把别的氧化剂，如硝酸钠加到炸药中。将硝化纤维素加到硝化甘油中，他便发明了胶质达纳马特，一种具有相当良好抗水性能的稠得多的产品。

诺贝尔雷管的发明也许跟达纳马特的发明有同样的重要意义。1800年霍华德（Howard）已经合成了雷酸汞，但是直到诺贝尔把它用于雷管以前，这种极端敏感的炸

本文原载于《外国金属矿采矿》，1980（2）：11-20。

❶　黑火药是我国四大发明之一，是我国劳动人民在一千多年前发明的。经过在实践中不断试验、改进，到宋代已大量用于军事目的。大约从11~12世纪开始，黑火药才传到欧洲及世界各地。——译者注

药尚未用于实践。这种雷管提供了一种相当安全的、一致的且能控制的引爆达纳马特的方法。

达纳马特立即开始在采矿和采石作业中取代黑火药。由于发明了新的达纳马特配方，黑火药逐渐被淘汰，到二十世纪二十年代，黑火药在商品市场中，大约只占20%。今天，在矿山爆破中已基本上不使用黑火药了。

达纳马特无可争辩地持续到二十世纪三十年代中期，当硝铵炸药——一种以二硝基甲苯（DNT）或蜡敏化的硝酸铵为主体的炸药——被用于大直径钻孔爆破时为止，尽管达纳马特当时仍很流行并且是矿山爆破中使用的主要炸药，但这种硝铵炸药已经承担了大直径爆破需求量的相当大的部分。

由于1947年得克萨斯（Texas）城的灾祸，硝酸铵（AN）作为爆炸剂的潜力才被采矿工业所认识。为了更好地利用硝酸铵，一些采矿工作者开始了试验，但是直到二十世纪五十年代初期发明了多孔性低密度球状硝酸铵，试验才获得真正的成功。

球状硝酸铵的多孔性是如此之妙，使硝酸铵能非常精确地吸收并保持住正确数量的2号柴油，以提供为产生最大能量所需的一种氧平衡混合物。这种新发现的炸药（ANFO）存在的两个主要问题是密度相当低和炸药本身没有抗水性。低密度意味着能装入钻孔中的炸药数量受到限制。然而，其主要缺点是没有抗水性。没有防水措施，ANFO不能用于潮湿钻孔中。低密度妨碍ANFO药包或药筒沉入有水钻孔的底部。尽管有这些缺点，由于ANFO成本低和这种产品容易自我制备的性质，使它一下子就成为大直径钻孔的主要使用对象。

库克（Cook）和法尔南姆（Farnam）在1956年发明的浆状炸药克服了ANFO的两个缺点。极好的抗水性是通过下述独特想法所获得的，即将水添加到铵油炸药混合物中，然后使体系胶凝，以防止水的进一步侵入或者氧化剂盐的沥滤。浆状炸药也具有较高的密度，这使它容易沉入有水钻孔中。

从二十世纪六十年代到现在，铵油炸药和浆状炸药都得到了许多改进和革新。铵油炸药的地下装药技术已经获得发展，雷管敏感的浆状炸药也已经研制出来。在大直径爆破钻孔中，散装铵油炸药和浆状炸药已是平常的事了。

由于浆状炸药或铵油炸药安全、经济和方便，因此，目前在露天爆破作业中几乎全部取代了达纳马特。只是在需要安全炸药的地下煤矿以及用特定的小直径采矿的场合，仍然使用达纳马特。继续研究和发展将有可能在这类爆破作业中完全取代达纳马特。

3　消耗

图1标绘了美国从1910~1976年工业炸药的消耗情况。数据取自美国矿业局矿物工业调查部。值得注意的是，炸药消耗紧列在国民生产总值之后，国民生产总值是国家主要经济标志之一。然而，这是不足为奇的，因为一个工业化国家需要矿物、金属和能源，以保证其工业的不断增长，炸药被用于爆破岩石，这是得到矿物原料和金属的一系列过程的开始。

从图上很容易看到，三十年代初期的消耗量下降。为便于比较，图上说明了两次世界大战期间的消耗情况，它们表示炸药在军事上的使用情况。朝鲜和越南战争也表明炸药使用量的高峰。

图 1 的右边显示了 1976 年美国使用的 33 亿磅工业炸药的分类消耗情况❶。近 24 亿磅或者 73%是散装铵油炸药，当把圆柱形包装的爆炸剂（主要是潮湿钻孔用的高密度包装的铵油炸药）添加到这个图上时，我们就发现，铵油炸药占总消耗的 82%，浆状炸药的消耗增加 9%以上，它是各类中增长最大的百分比。除了安全炸药以外，达纳马特减少了几乎 11%。

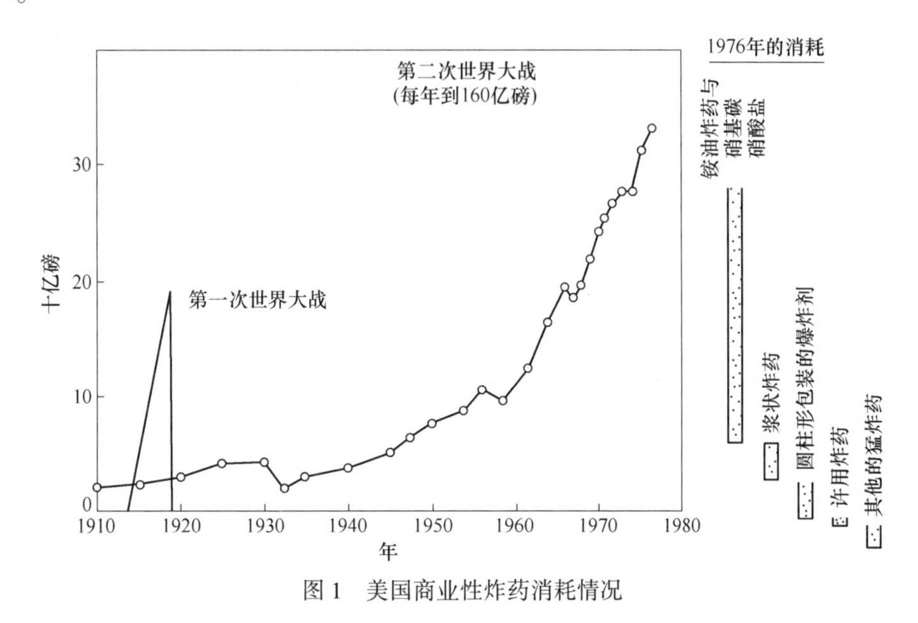

图 1　美国商业性炸药消耗情况

炸药消耗率看来是不断增大的。在某些点上，速率减慢，曲线变平。

图 2 是圆断面百分比分配图，它说明 1976 年美国主要工业部门的炸药消耗量。煤矿

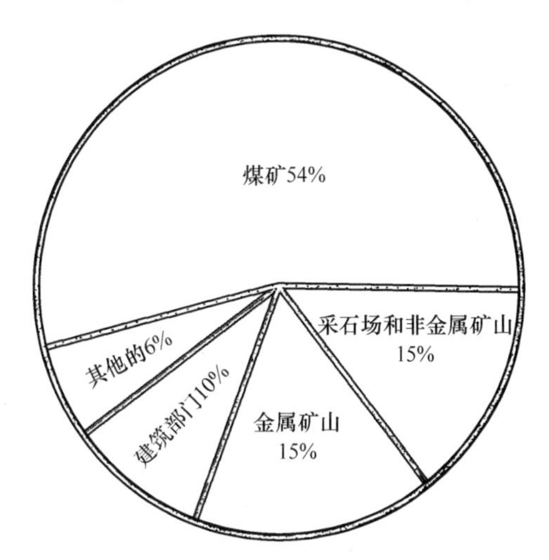

图 2　美国 1976 年主要工业部门的炸药和爆炸剂的消耗量

❶ 1978 年美国工业炸药总消耗中，铵油炸药占 78%，浆状炸药占 15%，达纳马特下降至 7%；预计到 1985 年，铵油炸药下降至 60%，浆状炸药上升至 38%，达纳马特只占 2%。——译者注

的消耗占总消耗量的一半以上（54%），它消耗了安全炸药的 92%、圆柱形包装的爆炸剂的 77%和散装爆炸剂的 60%。达纳马特（不包括安全炸药）的主要用户是采石场（33%）和建筑工业（32%）。金属采矿工业使用了浆状炸药的 60%。

4 爆破成本

现在将讨论影响爆破成本的某些因素。许多概念取自十年前在德卢思（Duluth）采矿讨论会上艾伦·麦肯齐（Alan Mac Kenzie）提供的一篇论文。

为了确定爆破的真实成本，应该考虑比现在只考虑炸药的成本或者是炸药和钻孔联合的成本多得多的东西。麦肯齐给最佳爆破实践下的定义是：“给出的破碎度必须是钻孔、爆破、装载、运输和破碎的综合作业的单位成本是最低的”。

据报道，运输成本占总开采成本的 30%以上，破碎成本占 20%以上，装载成本占 16%以上，凿岩和爆破成本大约各占 10%，其他杂项成本占 10%。因此矿长可以通过下列途径来降低它的综合采矿成本：提高破碎程度，以便提高效率并且使钻孔、铲装、运输和破碎的成本降低量比补偿炸药成本的增加量多得多。图 3 用一般方法说明了破碎度是如何影响这些作业的单位成本的。

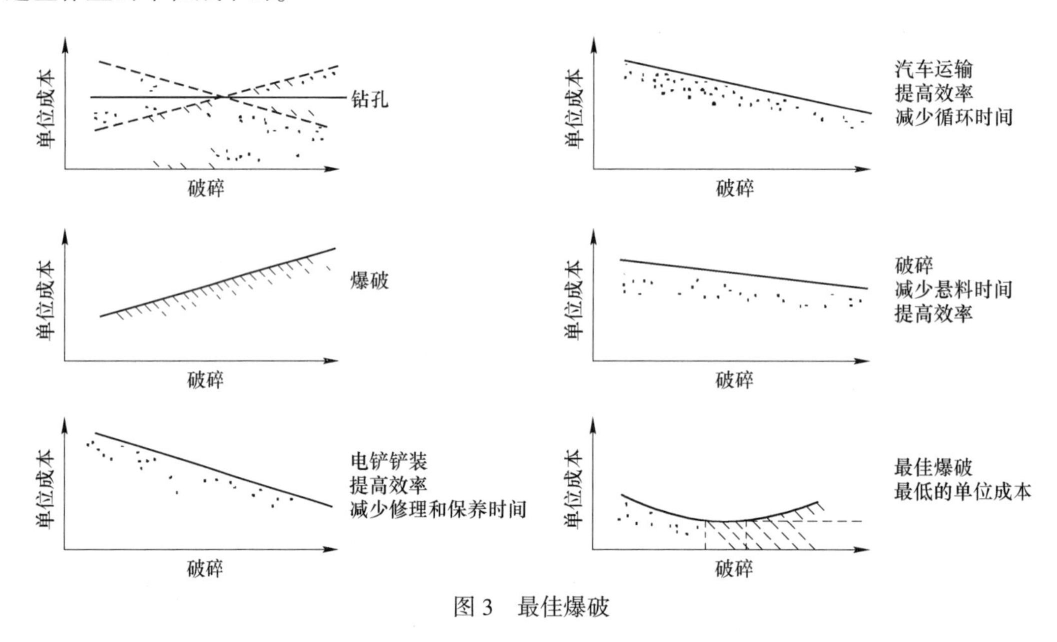

图 3　最佳爆破

5 钻孔

爆破岩石的单位钻孔成本可以减少、增加或者随破碎度的增加而保持不变。如果使用高能炸药，那么钻孔成本将降低。如果炸药的等级不变，于是就应钻更多的钻孔，则单位钻孔成本将增加。上述两种情况的结合可以导致单位钻孔成本维持不变。

6 爆破

正常情况下破碎度的增加将导致炸药成本的增加，因为不是炸药量增多就是需要高威爆力炸药。假设一个最佳的钻孔装药量、爆破网度参数和起爆顺序已经确定，则增加破碎度将导致二次破碎量的减少。

7　铲装

破碎度的增加将导致较高的铲装速度，因而铲装的单位成本将减少。电铲维修工作量也少。鲍尔（Bauer）论述了用增加炸药消耗的方法来提高电铲生产效率并至少对从中收集数据的矿山而言得出结论：虽然钻孔和爆破成本有所增加，但直到破碎为止（包括破碎）的总成本降低了。

8　运输

由于破碎度的增加，汽车平均循环时间将减少。这是由于电铲装载速度提高，并且汽车在电铲和破碎机两处耽误的时间减少的缘故。由于汽车减少了磨损和轮胎扯破，所以维修工作量也减少了，并且延长了汽车的寿命。所有这些因素均导致矿岩运输单位成本的降低。

9　破碎

由于破碎度的增加，其结果将减少悬料的时间，因而生产效率会提高。如同电铲和汽车的情况一样，减少维修同样降低破碎的单位成本。

上述概念实际上是总的概念，每项采矿作业必须把这些总的概念应用到他们的作业中去。然后把每项作业的单位成本综合起来就能确定总的采矿作业的最佳成本。这就需要保持完整的、准确的记录，而最后的结果将意味着总的采矿成本的降低。

10　钻孔成本

奇特伍德（Chitwood）和诺曼（Norman）论述了求出钻孔的每小时真实成本所必需考虑的诸因素。所有的直接成本，也就是说不论钻孔在作业还是不在作业的连续的成本，均必须包括在内。这些直接成本由折旧费、借款的利息、税金和保险费所构成。除了这些以外，还必须加上作业成本，也就是动力费、检修费和保养费、直接的和间接的劳动力费和有关的设备费，才能确定每小时总的钻孔成本。

奇特伍德和诺曼在1977年的“炮孔钻进的经济学……”一文中，指出了BE公司（Bvcyrus-Erie）的60R型牙轮钻机每小时的作业成本为124.80美元。1975年保罗·哈特菲尔德（Paul Hatfield）所报告的成本是每小时79.95美元。钻孔成本的这种增加意味着每小时应钻更多孔或应更好地利用每英尺钻孔。

一般地说，钻孔直径正在增加，$12\frac{1}{4}$英寸是最普通的尺寸。有一些15英寸和$17\frac{1}{2}$英寸的钻头目前正在使用，并可预料钻孔直径会增至24英寸。关于第一种想法，有人认为这些装有更多爆炸剂的大直径钻孔，允许有较大的最小抵抗线和孔间距，同时相应地减低了成本。然而，在许多矿山中，台阶高度限制了可利用的孔间距，爆炸剂在破碎岩石时的效力也可能因钻孔尺寸增大而降低。

里查德·阿什（Riehard L. Ash）曾告诫说，大钻孔的爆破效果未必更好。对于任何炸药来说，较大的爆破钻孔都需要扩大爆破的网度。增加最小抵抗线和孔间距的几何尺寸需要有较大的超深，以使炮孔间的根底减到最小限度。一般地说，钻孔距离增大时将产生较大的破碎块度，因为距离增大时，径向裂缝变宽。所以对任一给定的台阶高度来说，都有一个允许的炮孔尺寸的上限。因此，阿什建议对于 40 英尺高的台阶，其炮孔直径的上限为 10 英寸。

确定每立方码钻孔成本的一般方程容易产生。如果每英尺钻孔的成本 c 是已知的，并且假定超深是一常数（相当于台阶高度的 10%）那么对于任一直径钻孔和任一台阶高度 h 来说，钻凿孔网参数为 b（最小抵抗线）和 s（孔间距）的钻孔，其每立方码的成本（美分/码^3）按下式求出：

$$C_{\mathrm{d}}=\frac{1.1hc}{(h\times s\times b)/27}=\frac{29.7c}{s\times b}=\frac{29.7c}{s^2} \tag{1}$$

式中，s 和 b 的单位是英尺；c 的单位是美分/每英尺钻孔。

当考虑最小抵抗线和孔间距相等（$b=s$）时，该式就被简化。

从这个等式可以得出如图 4 所示的曲线族。这个曲线族在说明成本（美分/码^3）作为孔网尺寸和钻孔成本的一个函数方面是有效的，对于估算任何台阶高度的钻孔成本是有用的，因为它与钻孔深度无关。在这种情况下，超深被认为是台阶高度的 10%，且总的钻孔深度是台阶高度的 110%。这是一个有用的一级近似值。对于作为台阶高度函数的任何超深量来说，方程（1）可以改写；如果不是台阶高度的 10%，可以得出其他类似的曲线族。

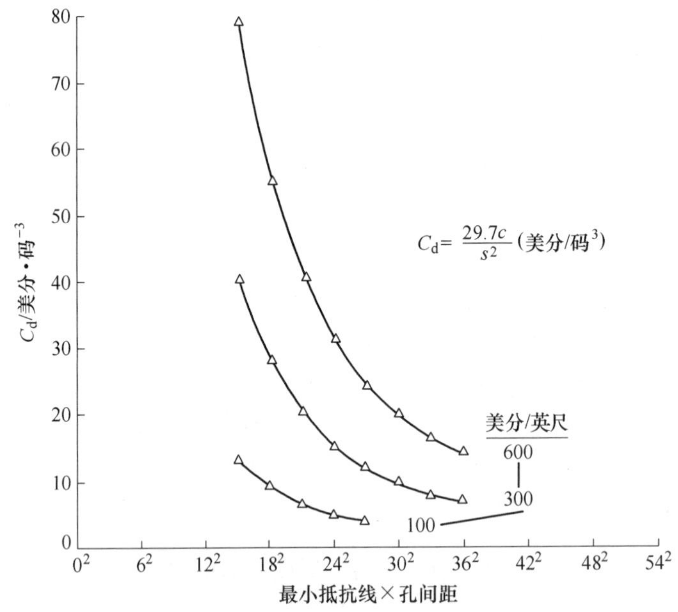

图 4　对任一台阶高度来说，炮孔网度（最小抵抗线×孔间距）与钻孔成本 C_{d} 的关系

然而，现场试验表明，超深与孔网尺寸的关系比与台阶高度的关系更紧密些。超深受任一给定的网度的最小抵抗线和孔间距所控制。超深量是受最小抵抗线或孔间距两者之中的最大值所控制的，若考虑超深量可使钻孔成本的计算更加精确。这种精确的计算将使数学计算复杂些，但是在长时间里是更有用的，因为它将提供钻孔成本的一般表达式，这个

式子可适用于任何数量的超深，其中也包括在所有情况下均不超深的煤矿。当认为最小抵抗线等于孔间距（$b=s$）时，可以使这些计算稍加简化。超深的数量可以用因数 t 与孔间距 s 的乘积来表示，即：

$$超深 = t \times s \equiv ts$$

利用这个超深的一般表达式，可以使方程（1）与诸如采石场、金属矿山和煤矿剥离所遇到的那些爆破几何尺寸更大范围的关系更紧密。这些地方的孔网参数和孔深变化大，而煤矿却没有超深。那么钻孔的总深度等于台阶高度加上超深（钻孔深度$=h+ts$）。每立方码的钻孔成本（美分/码^3）可以表示为：

$$C_{\mathrm{d}} = \frac{(h + ts)c}{(h \times s \times b)/27} = \frac{27(h + ts)c}{hs^2} \tag{2}$$

还应注意到，炸药的容积威力（每单位体积的能量）对所需的超深量也有显著的影响。高的能量密度（高容积威力）的炸药显然比低容积威力的炸药（像铵油炸药）需要较少的超深。高容积威力的炸药仅仅需要铵油炸药超深的 70%。已经发现，与孔间距相乘获得超深的因素 t 具有如下的数值范围：

t	应用
0	对于煤矿
0.23±25%	对于高容积威力的炸药
0.35±25%	对于铵油炸药

由于钻孔成本的逐步增加和台阶高度以及岩石破碎度对钻孔直径的限制，矿长们必须认真地考虑使用高威力炸药，以便更有效地利用钻孔。

由于超深是以孔间距而不是以台阶高度来表示，则方程（2）仍然包含台阶高度 h，因此曲线类似于图 4，对于钻孔成本来说现在还必须考虑台阶高度。图 5~图 7 是表示每立

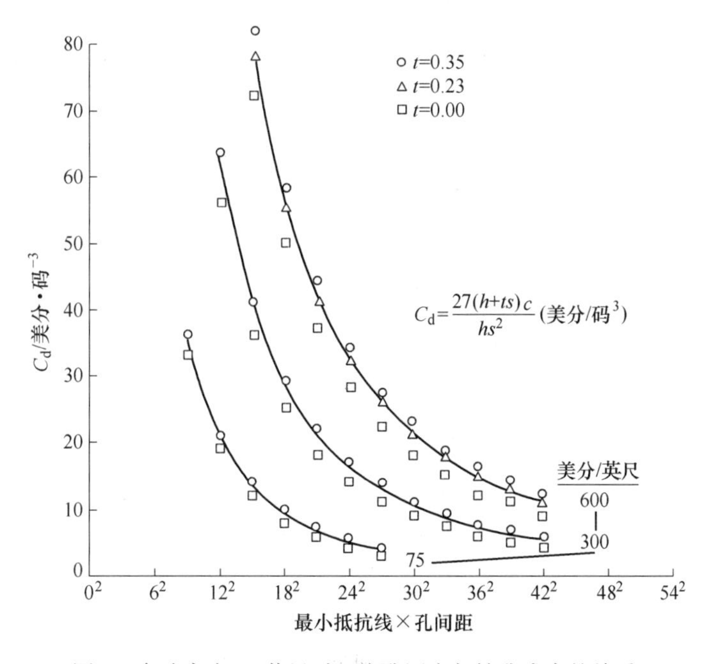

图 5　台阶高度 40 英尺时，炮孔网度与钻孔成本的关系

方码钻孔成本作为每英尺炮孔的钻孔成本和超深量的函数的曲线。图 5～图 7 中每条曲线的底部表示没有超深的成本（$t=0$），如同煤矿露采那样。而曲线的顶部表示像使用铵油炸药那样（$t=0.35$）超深量较大的爆破网。每立方码的钻孔成本可以认为在这个区间内并稍微超出一些，这取决于超深的数量。图 5、图 6 和图 7 分别代表台阶高度为 40 英尺、25 英尺和 80 英尺的情况。(注解从略)

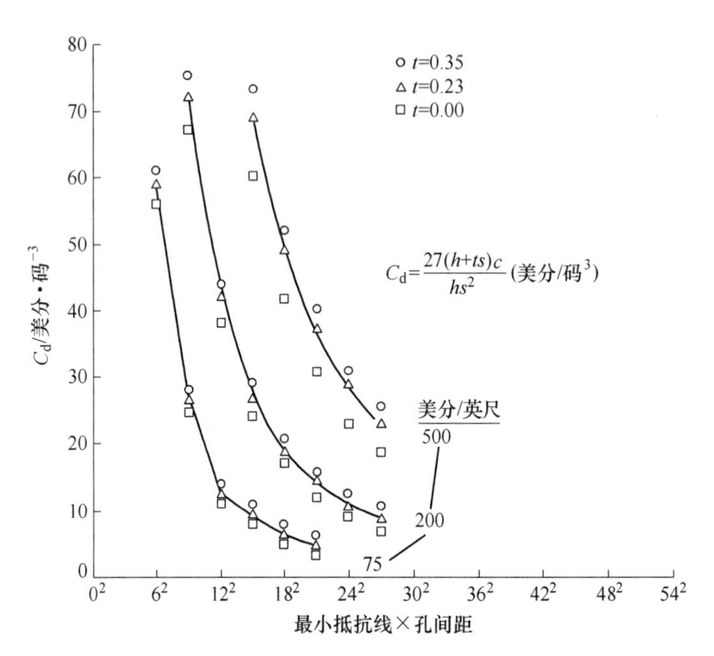

图 6　台阶高度 25 英尺时，炮孔网度与钻孔成本的关系

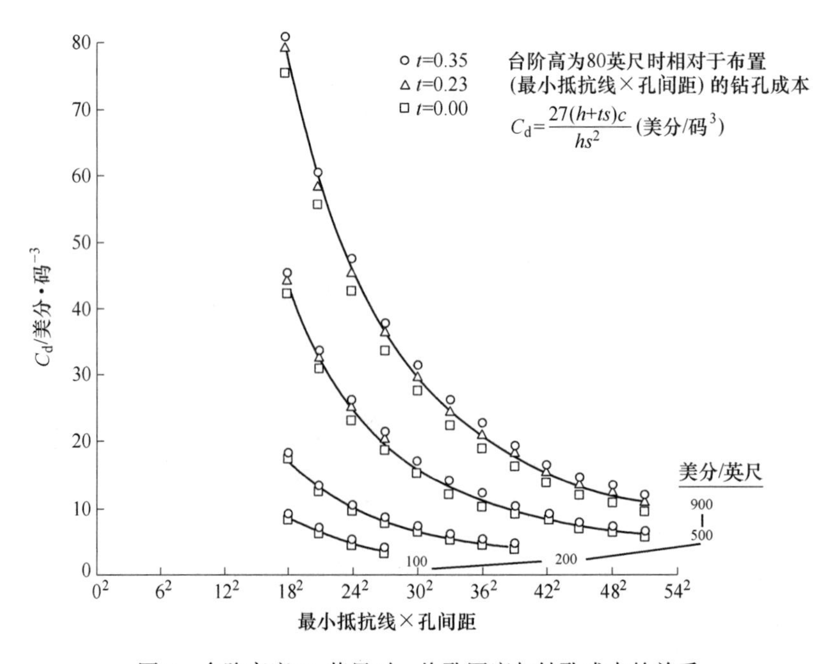

图 7　台阶高度 80 英尺时，炮孔网度与钻孔成本的关系

11　炸药成本

因为爆炸或炸药剂的选择在取得全部开采作业最低单位成本中起着如此重要的作用，所以采矿工程师了解炸药一些基本性质和这些性质对各种岩石的破碎作用的影响是重要的。

如同上述方程（1）所表示的那样，计算钻孔成本的一般方程已经导出。为了计算每立方码的爆炸剂或炸药的成本，可以导出一个类似的一般方程。在这种情况下，钻孔直径 d（英寸）、炸药密度 ρ（克/厘米³）和炸药价格 p（美分/磅）都是独立的变量。炸药成本方程式可按下述过程推导：

如果钻孔的横断面完全被炸药充满，则每英尺钻孔的炸药磅数可以按照 $0.34\rho d^2$（磅/英尺）给定，式中的常数要注意单位换算。只要用充满炸药的钻孔圆柱的长度乘以这个值就可计算出钻孔中炸药的磅数。装药圆柱的长度等于台阶高度 h 加上超深 ts 减去填塞长度 γs。与导出超深的表达式相类似，可以推导出填塞高度的表达式 γs，在这里因数 γ 乘以孔间距 s 等于填塞高度：

$$填塞 = \gamma \times s \equiv \gamma s$$

爆破上部的适当的破碎度（不产生飞石），主要是受填塞或者孔口附近没有装药的钻孔长度控制的，其次受回填或填塞质量控制。现场试验表明，填塞可以被认为是孔网结构的一个函数；也就是说，它是最小抵抗线和孔间距的一个函数。通常填塞约等于1（$\gamma = 0.8 \sim 1.1$）。那么钻孔中炸药的数量可以表示为：

$$炸药的磅数 = 0.34\rho d^2(h + ts - \gamma s) \tag{3}$$

求出的药量除以爆破岩石的立方码数就得出单位炸药消耗量（磅/码³），它乘以 p 就得出炸药每立方码的基本成本（美分/码³）。

$$\begin{aligned}每立方码炸药的基本成本 &= 0.34\rho d^2(h + ts - \gamma s)p(27)/hsb \\ &= \frac{9.18\rho d^2 p(h + ts - \gamma s)}{hs^2}\end{aligned} \tag{4}$$

每个钻孔的附加成本 a（美分/钻孔）如导爆索、起爆药、延期元件、雷管等均转换成每立方码的成本（美分/码³）：

$$\frac{a}{hs^2/27} = \frac{27a}{hs^2} \tag{5}$$

将这与炸药成本相加，便给出炸药的总成本 C_e（美分/码³）：

$$C_e = \frac{9.18\rho d^2 p(h + ts - \gamma s) + 27a}{hs^2} \tag{6}$$

注意到下述情况是重要的：炸药的价格 p 应包括所有的直接成本（装药车、混制设备和炸药库的折旧费、利息、税金和保险费）以及实际的材料成本，制造炸药的劳动工资费（如果拨款的话）和钻孔装药所需的直接和间接劳动工资费用。钻孔套管的成本，安装钻孔套管的劳动工资费用，钻孔爆破的劳动工资费用，直接的和间接的均必须包括在 a 内。如果这些成本不包括在 p 和 a 内，那么它们必须各自添加到方程（3）中，以便得到方程中该种炸药的准确成本 C_e。

方程（6）在计算任何炸药的每立方码成本时是有用的，因而可以用于比较各种不同炸药的成本效率。

12　计算实例

假设在铁矿爆破中以铵油炸药与高能量浆状炸药联合装药进行比较。给定下列条件，且这些条件对两种炸药来说是共同的：

钻孔直径：$d=12\dfrac{1}{4}$英寸；

台阶高度：$h=40$ 英尺；

钻孔成本：$c=550$ 美分/英尺；

每个钻孔的附加费：$a=900$ 美分；

填塞系数：$\gamma=0.8$；

超深系数：$t=0.167$。

与铵油炸药有关的变量都标注下角 1，它们是：

价格：$p_1=8.5$ 美分/磅；

孔间距：$s_1=24$ 英尺；

密度：$\rho_1=0.82$ 克/厘米^3；

重量威力：$z_1=1.00$；

填塞$=r_1s_1=0.80(24)=19.2$ 英尺；

超深$=t_1s_1=0.167(24)=4$ 英尺。

与联合装药的浆状炸药有关的变量标注下角 2，并且在装药中取其重量的平均值；对于这种情况，假设用 1/3 埃列吉尔（Iregel）B-5 和 2/3 埃列吉尔 B-3：

价格：$p_2=19.5$ 美分/磅；

孔间距：$s_2=$未知；

密度：$\rho_2=1.25$ 克/厘米^3；

重量威力：$z_2=1.40$；

填塞$=\gamma_2s_2=0.08(s_2)=?$ 英尺；

超深$=t_2s_2=0.167(s_2)=?$ 英尺。

根据等式 $C_{d1}+C_{e1}=C_{d2}+C_{e2}$，可以计算出与装铵油炸药的穿爆成本相等的而装填浆状炸药所需的孔间距 s_2。如果 s_2 的数值小于仅仅考虑能量因素应扩大的孔间距的理论数值的话，那么在给定的条件下，浆状炸药的联合装药将能够在经济上与铵油炸药相匹敌。反之则表明浆状炸药可能是不经济的。

程序：

$$C_{d1}+C_{e1}=C_{d2}+C_{e2} \tag{7}$$

将给定的数值代入方程（7）的左边（LHS）并计算：

$$\text{LHS}=C_{d1}+C_{e1}=\frac{27(h+ts_1)c}{hs_1^2}+\frac{9.18\rho d^2p_1(h+ts_1-\gamma s_1)+27a}{hs_1^2}=\frac{27[40+0.167(24)550]}{40(24)^2}+$$

$$\frac{9.18(0.82)(12.25)^2(8.5)[40+0.167(24)-0.80(24)]}{40(24)^2}+\frac{27(900)}{40(24)^2}$$

$$=28.4+10.3+1.1=39.8\ \text{美分/码}^3$$

对于右边：

$$\text{RHS} = C_{d2} + C_{e2} = \frac{27(h + ts_2)c + 9.18\rho_2 d^2 p_2(h + ts_2 - \gamma s_2) + 27a}{hs_2^2}$$

由 LHS=RHS，求解新的孔间距 s_2

$$39.8 = \frac{27(550)(40 + 0.167s_2) + 9.18(1.25)(12.25)^2(19.5)(40 + 0.167s_2 - 0.8s_2) + 27(900)}{40s_2^2}$$

$$39.8s_2^2 + 469s_2 - 49036 = 0$$

解此二次方程得：

$$s_2 = 29.7 \text{ 英尺}$$

B-5/B-3 浆状炸药联合装药要比铵油炸药经济些，其联合装药孔间距应等于或大于这个理论数值（29.7 英尺）。这是这种联合装药所能达到的合理的孔间距（最小抵抗线=孔间距=29.7 英尺）吗？根据下面的分析，回答看来是肯定的。如果仅仅考虑两类装药之间能量（重力×密度×炸药圆柱体积）的差别，那么孔间距理论值的增加等于相应的能量与原孔间距乘积的平方根。

在这个 B-5/B-3 联合装药的例子中，孔间距在理论上的增加值为：

$$s_2 = s_1\left(\frac{z_2\rho_2 l_2}{z_1\rho_1 l_1}\right)^{1/2}$$

$$s_2 = 24\left[\frac{(1.4)(1.25)(21.2)}{(1.0)(0.82)(24.8)}\right]^{1/2}$$

$$s_2 = 32.4 \text{ 英尺}$$

前面的计算给出 B-5/B-3 联合装药的不盈不亏的炮孔布置网度为 29.7 英尺见方，而后面的计算表明，理论的炮孔布置网度可扩大到 32.4 英尺见方。在这个比较中，不盈不亏的炮孔布置网度扩大了将近 20%，因此用浆状炸药代替铵油炸药是廉价的。

两种炮孔布置间的关系是：

$$\text{填塞}_1 = \gamma_1 s_1 = 0.80(24) = 19.2 \text{ 英尺}$$

$$\text{填塞}_2 = \gamma_2 s_2 = 0.80(29.7) = 23.8 \text{ 英尺}$$

$$\text{超深}_1 = t_1 s_1 = 0.167(24) = 4.0 \text{ 英尺}$$

$$\text{超深}_2 = t_2 s_2 = 0.167(29.7) = 5.0 \text{ 英尺}$$

因为浆状炸药的高能量或高密度，因数 γ 保持一个常数（0.8），从而允许增加填塞数量。超深因数 t 保持常数，从而允许超深由 4 英尺扩大到 5 英尺，因为炮孔布置网度从 24 英尺见方扩大到 29.7 英尺见方。

在前面的情况下，钻孔中的装药长度 l_1=24.8 英尺，而在炮孔布置网度扩大的后一种情况下，钻孔中的装药长度 l_2=21.2 英尺。

参考文献（略）

（译自美国《A preliminany technical proposal for the IRECO site mixed slurry system》，1978）

最优爆破

——增产和赢利的关键

［澳大利亚］ J. K. Mercer 等

提　　要

本文探讨了炸药与岩石相互作用的各种情况和可以使一次爆破作业更有效的方法。讨论了改善破碎效果、位移和爆堆松散度的技术。通过选择（1）最合适的炸药和起爆系统；（2）最佳的台阶高度、炮孔直径、炮孔布置型式和最优的爆破规模和形状；以及（3）最好的起爆顺序，将能够使一次生产成本降到最低。

说明了用炸药因素作为唯一的爆破设计标准的错误以及用能量因素作为唯一的爆破设计标准的局限性。推荐采用通过炸药选择和解耦作用，把炮孔压力的峰值提高到正好引起压缩破碎时的数值。

在应用现有的爆破技术过程中，要精心处理技术细节，这显然是相当重要的。

根据当前技术、环境问题、人类行为和期望方面的趋向，介绍了爆破方法某些方面的理论推断。

过去，矿山管理部门常常力图使单项作业（例如爆破）的成本降到最低，却没有考虑这种成本降低对其他有关作业的影响。而现在，管理部门正日益把注意力集中在能控制其他作业性能和效率的一项或几项作业上，而受控制的其他作业本身又有助于组成总的一次生产成本和其后的赢利。成本降低的潜在价值只有在考虑总的生产成本时才达到其最大值。当然，任何一种成本最优化方法都必须由技术和经济这两个观点来检验。

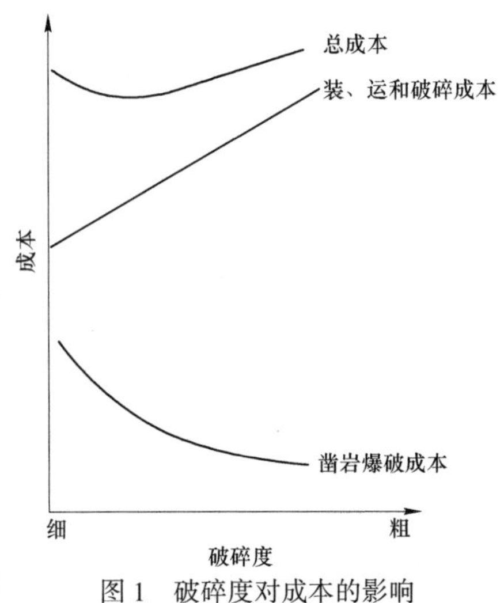

图 1　破碎度对成本的影响

图 1 说明了破碎块度（凿岩爆破成本的一个函数）对（1）铲装、运输和破碎的综合成本和（2）总的生产成本的影响。然而，一次爆破的主要目标不

本文原载于《国外金属矿采矿》，1980（4）：34-43。

仅要保证其破碎块度最佳，而且要保证：（1）爆破后的爆堆是松散的，且其形状应适于特殊的装载设备进行工作；（2）岩石破碎到设计的采掘边界；（3）使爆破产生的损伤最小。

自前，通过由经验数据和实际考虑因素高度结合的理论方法，已非常接近最优爆破。

1　爆破的改进计划——当前和未来

任何爆破改进计划的最终目的都是要在充分安全的条件下，使岩石破碎、位移和松动成爆堆，而使总的一次生产成本降到最低。福克斯（Fox）曾强调，需要对破碎块度确定一个标准。在最简单（和最不精确）的情况下，破碎块度的定义可以取为所获得的最大碎块的长度。确定的块度标准当然在很大程度上要受所使用的装运设备和破碎设备类型的影响。而这个标准本身又影响着炸药能量的类型和数量、爆破几何尺寸、起爆顺序以及延发时间的选择。

也许最重要的因素（一个经常被忽视的因素）是有必要使作业人员最大限度地掌握（1）所要爆破的岩石的有关性质；（2）当前正在使用的精确的爆破参数；以及（3）当前所获得的效果。

由此可见，对岩石破碎作业的每一个有关方面都必须记录下来，以便在改进计划时能作比较。记录工作对下述情况是特别有用的：（1）在专门的实验期间；（2）在管理人员有变动的地方；（3）在需要预知下一阶段中特定地点的岩石条件的地方；以及（4）当出现拒爆或某种不寻常事件（如过量的飞石）时。

2　炸药类型

最大限度地利用现场混制的铵油炸药（ANFO）的做法已得到广泛地应用，现在还看不出有减少的趋向。在干燥条件下，铵油炸药的性能是如此可靠，以至于极少有可能证明使用更贵的具有更大容积威力的炸药是合理的。只有在凿岩费用高和需要明显扩大炮孔网度的地方，可用降低凿、装、运以及破碎成本的办法来补偿过高的爆破成本。铵油炸药装药的充分耦合性大大地补偿了其相当低的装药密度。只是在某些致密块状岩层中，铵油炸药的应变能（SE）不足以产生合适的破碎块度。在较软、低密度和/或裂隙高度发育的岩层中，相当高的气泡能（bubble energy）与应变能之比（BE：SE）对于在这种岩层中发生的破碎过程是十分有利的。那些仍然倾向于以爆速 D 来估价炸药性能的人们，往往总会低估铵油炸药。重要的是最高炮孔压力（对于充分耦合的装药而言，这个压力正好等于爆压）和气体膨胀曲线的形状（而不是爆速 D）。

在台阶爆破中，含铝铵油炸药（Al ANFO）适于用作孔底装药（即在台阶平面以上8倍孔径范围内）。当铝含量增加到15%（重量百分比）以上时，含铝铵油炸药变成负氧平衡；产生的 Al_2O_3 的数量也逐渐增多，Al_2O_3 是爆炸产物的一种组分，它只能以凝缩的形式存在。在大多数应用条件下，这种 Al_2O_3 不能够在相当短的等熵膨胀时间内把它的热量完全传给爆炸产生的气体。哈里斯（Harries）已经证明，在固体产物中只有不大于30%的热量被及时释放出来去做有用功。为此当铝含量增至10%以上时，有效能量的增量开始减少，超过15%时，铝含量每增加百分之一，有效能量增加极少。由此可见，作业人员应把铵油炸药中的铝含量限制在15%以下，最好不超过10%。不言而喻，铝粉的粒度分布必须达到这样的程度，就是在崩矿岩层的向前移动终止反应之前，铝已经（通过表面燃烧机理）完全起反应。岩石运动能中止任何未完全反应的那个时间是最小抵抗线 B 的一个强函数。

在钻凿孔径为100~200毫米深孔的地下矿山，作业人员应尽力使其底部穿透的炮孔百分比最大，这些透底的炮孔能自行排水并保持炮孔干燥，因而增加了铵油炸药的使用量，包括选择使用含铝铵油炸药（为了增加能量）和铵油炸药-聚苯乙烯混合物（为了减少周边孔中的能量）。含铝铵油炸药将通过减少燃油的百分含量而增加铝含量的办法来达到零氧平衡。将大量的铝添加到铵油炸药（94%硝铵，6%燃料油）中，就制成了一种具有高度负氧平衡的炸药。这种炸药在大多数应用条件下其爆炸产物中含有相当数量的 CO 和 H_2。在有空气中的氧和高温的 Al_2O_3（细）质点存在时，这种氢气可能造成严重的二次爆炸危险。在有黄铁矿粉尘存在时，这种爆炸的危险程度就增大。

由于铵油炸药-聚苯乙烯混合物可以散装药，而且密度可以在 0.08~0.95 克/厘米^3 之间变化，所以它们是控制掘进断面过大和增大矿柱有效承载面积的一种新的有效的工具。由于受铵油炸药和聚苯乙烯分聚（由于很大的密度差异）的限制，聚苯乙烯含量高达90%（体积百分比）的混合物可以用于大直径（≥150毫米）炮孔爆破而不会危及爆轰波传播的稳定性。在50毫米直径的炮孔中，聚苯乙烯含量为75%~80%看来是可允许的上限。遗憾的是，聚苯乙烯微球在商业性燃料组分的（化学）浸蚀下会缩小。为此，如果要防止下向孔中炸药下沉和增大装药密度，就应当在铵油炸药混合数小时之后才加聚苯乙烯。

在那些需要不连续装抗水炸药的地方，通常选用包装型的产品。在使用包装型的水胶炸药之前，露天矿作业人员应当确定螺旋机包装的铵油炸药的利用率和经济效果。这些产品应当制造得：（1）其密度要保证药卷容易沉入炮孔的水中（即 1.10 克/厘米^3 左右的密度）；（2）其包装材料要能通过本身的不透水性防止炸药组分吸水，而且要有较高的抗磨抗撕能力。正如人们所预料的那样，铵油炸药的配料成本较低，容易制造，这反映在销售价格上总是低于威力相等的水胶炸药的销售价格。在（1）爆破煤或者相当软的（和/或裂隙发育的）岩石以及（2）药包长期不失效的地方，这些由螺旋机包装的铵油炸药产品是特别有效的。

在炮孔被钻凿到地下水位以下和/或全年雨量始终较高的地方，作业人员既可以对炮孔进行排水，并在炮孔中衬上塑料袋，然后散装铵油类炸药，也可以应用泵送的水胶炸药。后者至少在较大规模的爆破作业中可能是最为可取的方法。虽然铵油炸药成本较低，但水胶炸药装药容易且速度快，因而装药时所需人力较少，所以在爆破规模较大时，水胶炸药通常优于铵油炸药。

3 炸药因素和能量因素

过去（现在常常仍然是）过分强调把炸药因素（即每单位数量的岩石所需的炸药重量）作为爆破设计的标准。炸药因素是一个统计指标，或者是一个性能因素，它是在经过一次或一次以上爆破后计算出来的，它肯定不是一个准确的设计因素。把能量因素（即破碎单位数量的岩石所需的炸药能量）作为爆破设计标准比炸药因素更为可取。

在坚韧块状岩石的低工作面中爆破多排大直径炮孔的地方，需要高的能量因素，而在用单排小直径炮孔来爆破裂隙发育的岩石的地方，则需要相当低的能量因素。正如人们所预料的那样，缓冲爆破（即“挤压”爆破）并且破碎度较好时，就需要较高的能量因素。

虽然能量因素比炸药因素更富有意义且更精确，但它总不能作为唯一的设计标准来用。曾记录过这样一种情况：在同样的能量因素条件下，凡炸药密度大的地方，其破碎效果改善了，且增加了孔底崩矿层向前的位移，但是岩堆中大块大大增加（主要是由于孔口的岩石体积量大）。这个例子证明，在爆破设计中，不但要考虑能量因素，而且要考虑像药包分布这样的因素。

4　起爆系统

所有的导爆索都能起爆硝甘基炸药。由此可见，以低能导爆索（药芯药量至少在 0.8 克/米以下）为基础的下向孔延发起爆系统不能用于这类炸药装药的孔底起爆，因为这样的导爆索会引起侧向起爆。因此，在炮孔的下部会引起延发系统的短路。这些情况也适用于大多数雷管敏感的水胶炸药。另一方面，在以激波管传爆原理为基础的起爆系统中，炸药在激波管内的爆轰不会使管壁破坏。因此，当采用这种起爆系统时，“孔内导爆索[1]”不会使炸药柱产生侧向起爆。

用朋托列特（Pentolite）型铸状起爆药极易满足铵油炸药和/或水胶炸药起爆系统的要求。倘若选用高爆压的起爆药的话，硝甘炸药和雷管敏感的水胶炸药也可用作起爆药。起爆药包的起爆能力不仅随其爆压（它是与炸药密度和爆速平方之乘积成正比的）增大而提高，而且也随起爆药与被起爆的药包之间的接触面积的增大而提高。为此，使用相当稠的高爆速的水胶炸药较为有利，因为这样的炸药能沉下去完全充满炮孔的横断面。

为了最大限度地减少坚韧块状岩石中的根底问题，起爆药包应当这样来安设，就是要使台阶平面上（药包中的）爆轰波的“迎面”碰撞引起该区域内被爆破岩石中的应变波大量迭加。通过使用孔内导爆索-起爆药包组合系统，可以最精确地确定出这样的碰撞位置。在底部起爆药包被安置在台阶平面以下的距离为 x 的地方，孔内导爆索上起爆药包的间距 y 可由下式求出：

$$y = \frac{2xD_C}{D_C - D}$$

式中，D_C 是孔内导爆索的爆速。

在装药长度超过 10 米和孔内条件变化大的地方，安设三个或三个以上起爆点被证明是合理的。然而，在小直径（≤75 毫米）炮孔中（尤其在需要通过铵油炸药的气动装药来提高起爆感度的地方），通常用孔内导爆索（侧向和连续地）起爆，而往往不允许采用多点起爆。另一方面，炮孔直径为 75~125 毫米（尤其是在孔内导爆索能沿药包轴向布置的垂直孔内）时，导爆索的爆炸不能起爆炮孔装药，但能从侧面对炸药产生预压缩并使炸药减敏。在这种情况下，显然就需要多点起爆。粒状炸药的这种预压缩现象通常是不可逆的。

就散状水胶炸药来说，至少在孔口和孔底起爆是有利的。当导爆索-起爆药包组合起爆系统设计得不好时，其结果可能引起药包相当大的减敏作用。对于这一点，认识可能是不足的。举例来说，在（普通的）10 克/米的孔内导爆索上的起爆药包间距较大时，孔内

[1] 即导爆索下段。——译者注

导爆索的爆轰（大约以 7000 米/秒的速度传播）可能要超过药包爆轰一段距离，这段距离等于孔内导爆索爆轰波波阵面传播距离的$\left(100-\frac{D}{70}\right)\%$。随着这段超前距离的增加，由孔内导爆索产生的圆柱形扩散的冲击波以及气泡，就在药包的爆轰波到达该点之前，有一较长的时间间隔去提前侧向压缩药包，因此使药包产生减敏作用。当药包（1）处于低温下，（2）在小直径炮孔中，以及（3）处于较高的静水压力下时，减敏作用可能增强到足以完全终止药包内有效的放热反应。假如要避免熄爆、爆燃、低级爆轰的话，那么孔内导爆索上相邻起爆药包之间的最大距离不应超过 12 倍的孔径。因为这样的侧向压缩是可逆的（由于水胶炸药的物理特性），故用非电的下向孔延发起爆系统是有利的；在选择足够长的迟发时间的地方，水胶炸药能及时膨胀，并能从由于密度增加而引起减敏的状态下复原过来，因而能被孔底起爆药包所引爆。

应当避免使用两根等于炮孔全长的孔内导爆索。对于最不利的结构（即导爆索在炮孔中径向相对布置），则在任何等平面上，其减敏作用可以达到由两根孔内导爆索中的一根引起的减敏作用的两倍。因此，在那些一定要用第二根孔内导爆索的地方，作业人员应当仅仅将这第二根孔内导爆索延伸到装药的顶部。

5　岩石性质

充分确定岩石性质的影响无疑是实现最优爆破的主要障碍。如果岩石是均质的各向同性的介质，则可以确信人们会很快解决这个问题，但这样一种假设，即使是很近似的情况，也极少是对的，岩石几乎总是有大量的天然裂隙、弱面和由前次爆破所产生的裂缝。

尽管存在着涉及多相性和各向异性现象的问题，但通过选择与主节理面、主层理面等等有关的有效工作面（这受起爆顺序的影响）的方向，可以把岩石性质（是一个爆破参数）的影响控制到某种程度。在有效工作面平行于走向和在炮孔斜侧上的地方，通常取得最好的破碎效果。这种工作面布置方式还可以最大限度地减少根底和防止掘进断面过大。这种选择性加上仔细的考虑和采取下述措施，就有可能使作业人员获得最好的爆破效果。

5.1　消除压缩破碎

为了避免孔壁四周的岩石过于粉碎（这正是大量浪费应变能的），径向压缩应变波的峰值不应超过岩石的动压断裂应变 ε_c。在最高炮孔压力 P 使炮孔壁上造成一个等于 ε_c 的应变的地方，可获得最大的技术的（而未必是经济的）效率。在块状岩石中，这个 P 值也会使应变波造成的张力径向裂隙在数量和范围上产生实用的最大值。

5.2　坚韧块状岩石

当事先存在的裂隙和弱面的出现率下降时，就需要炸药去产生更大量的和更大面积的新断裂面。通过提高爆炸产生的最大应变（和应变能），就能满足这一要求。然而，P 值不应当被提高到超过 ε_c 值。

5.3　高孔隙度的岩层

应变能的吸收率随岩石孔隙度增加而增加。计算表明，在高孔隙度的岩石中，应变波诱发的裂隙长度只是矿物组成相同而无孔隙的岩石中应变波产生的裂隙长度的25%左右。因此，高孔隙度岩石的破碎功几乎全是由气泡（或气体膨胀）能完成的。所以，使爆炸气体保持在高压状态，一直到做完它们能够做的全部功为止，这一点是比较重要的。如要满足这个要求，就必须保证：(1) 炮孔堵塞的类型和长度要适当；(2) 在最小抵抗线位置上岩石产出率不要过大；(3) 任何两个有效自由面与一个给定炮孔的距离应是相等的(或接近相等的)。如果可能的话，应当用孔底起爆药包。

5.4　裂隙高度发育的岩层

在裂隙高度发育的岩石中，原有的裂隙会与炮孔的装药段相交，这种可能性在一定程度上总是存在的。在这样的情况下，这种裂隙可能会被侵入气体扩展得更长，但是，由于这些裂隙阻止了炮孔周围其他点上产生高的应变，所以很少产生任何相当长的新裂隙。即使在有新的径向裂隙产生的地方，这些新裂隙也会在它与原有裂隙的交叉处过早地终止。尤其是如果原有的裂隙已经在前一段延迟时间内被来自炮孔的气体所扩大了的话，情况就更会如此。仅仅在以圆柱状扩展的应变波所遇到的第一组裂隙为界的（往往是很小的）岩石体积范围内，有效的应变能才能被有效地利用。在裂隙高度发育的岩石中，重要的是气泡能。爆炸气体喷入原有的裂隙中，使其楔开，因而使其扩大。所以，总的破碎程度是受岩体构造控制的。

5.5　块状结构岩层

在由于含较软的塑性作用的基质内的预先形成的大岩块或无裂隙的大砾石组成的岩层中，炮孔的装药部分交会到的岩块和砾石的百分比高，取得的破碎效果往往较满意。最优的爆破参数是下面两个因素之间的一个折中值：(1) 扩大钻孔网度，使用大孔径，以获得较低的凿岩成本；(2) 采用小直径孔，以便使爆块具有较高的合格率（小块对大块之比)。

5.6　致密岩石

不管岩石的裂隙发育程度如何，如果要取得相同的（令人满意的）位移和爆堆松散度，则岩石密度愈高，其气泡能也要增高。但是，由于隆起

$$H = \int_0^t pa\mathrm{d}t$$

式中　a——同时爆破的炮孔之间的面积，在这面积上，爆炸气体起作用；

　　　t——爆炸气体逸向大气前的时间间隔。

所以爆堆形状和松散程度不是炸药的唯一函数，炮孔网度和起爆顺序也有影响，因为这两个爆破参数都影响炮孔的有效间距 S_c，因而也影响面积 a。炮泥充填柱的效率能部分地控制 t 的数值。凡是在岩石密度高而需要使能量集中足以使其隆起的地方，一定不能使爆炸气体在通过孔壁散逸之前先通过炮泥漏泄掉。

6 爆破的几何尺寸

6.1 工作面测量

为了给爆破设计提供精确的数据，对要采掘的区域进行测量是必要的。整个爆区有代表性的几个位置上的工作面高度、坡顶坡底的边界以及具有任何特点或异常特征的位置，都是为了使爆破设计最优化所必须测量的项目。一旦作出爆破设计，就相当容易在炮孔位置上进行测量并重新检查工作面，看看是否有任何能控制非标准药包重量和药包分布的特点。在这一阶段，工作应十分仔细，这是使爆破获得成功的首要关键，又是使作业安全和有利于操作的先决条件。

6.2 台阶高度

对于给定的台阶高度和能量因素而言，孔口的岩石体积与采掘的岩石总体积之比随孔径 d 增大而提高。由于孔口岩石区是大块产出率较高的区段，所以推荐发展孔径显著增大的高台阶。当在 12 米高的台阶上考虑使用直径 380 毫米的炮孔时，这一点显得很突出。在这个例子中，最小的有效堵塞长度很可能是 9 米，而孔口岩石体积就占采掘岩石总体积的 75%。如果台阶高度增加一倍，那么爆堆中孔口岩石的百分比当然就会减少一倍，因而总的破碎程度就大大提高。

阿细（Ash）已经证明过，由纵向弯曲（即沿工作面上下的直线的弯曲）造成的弯曲破裂可能产生裂缝，这样的裂缝数量是与由径向裂缝形成的岩石段的厚度与长度之比的三次幂成正比的。因此，在抵抗线一定时，炮孔长度增加一倍（因而台阶高度也增加一倍），弯曲破裂的裂缝量就增加 7 倍。

这些是在应用大直径炮孔（并且相应地要扩大网度）的地方观察到的总的破碎程度较差的两个主要原因。利用较高的台阶会改善破碎效果，尤其在坚韧块状岩石中和在块状结构的岩层中更是如此。

然而，由于工作面极少是垂直的，所以大幅度地增加台阶高度往往会导致头排垂直炮孔的孔底抵抗线过大。因此，在这种情况下，往往只有通过钻凿斜孔（至少头排孔是如此）才能达到设计的孔底抵抗线。在以后的几年内，通过（1）高台阶开采和（2）斜孔的应用，很可能会认识到与钻凿更大直径的炮孔有关的经济问题。采用能够在台阶平面上下的炮孔段上掏药壶的钻机，是对采用斜孔（直径不变）的一种可能的替代办法。

在地下矿山，大直径炮孔的深度（因而也是有效的台阶高度）目前受到钻孔偏斜率的限制。例如，对于直径为 150~200 毫米的炮孔来说，其钻孔偏斜率通常可达到这样的程度，即当孔深大于 80 米时，孔底的误差可超过抵抗线或孔间距，因而破碎效果之低劣是不能容许的。这种钻孔偏斜率不仅取决于凿岩技术和岩层特性，而且在很大程度上也取决于钻机的安置和炮孔开口的精确程度。为了增加由弯曲破坏造成的裂隙量，应使任何药包的分段装药部分的长度增至最大（符合满意的地面震级）。

6.3 炮孔直径

在采用 10~15 米高的台阶的场合，当作业人员考虑在能量因素保持不变的情况下，把

炮孔直径 d 从 250 毫米增加到 310 毫米或更大时，就必须意识到其结果是将产生不好的爆破效果，这乃是由于（1）药包旁侧岩石中的炸药能量分布不均；（2）孔口岩石体积（它是大部分大块的来源）显著增大之故。

为此，如果要保持破碎程度不变，直径的增大必然要提高能量因素（尤其在坚韧块状岩石中和块状结构的岩层中更应如此）。不过，直径的增大也会导致单位凿岩成本的明显降低。迄今为止，单位凿岩成本的降低通常已经超过由于使用较高的能量因素而引起的成本提高（尤其在使用了散装铵油炸药的地方更为如此）。正在使用的孔径达 380 毫米、已经打算采用直径 430 毫米的炮孔。在多数情况下，作业人员在选定这个最佳值之前，往往取越过这个最佳值。因此，除非大大增加台阶高度，否则大多数露天矿的炮孔直径将可能稳定在 250~310 毫米。

在地下矿山，炮孔直径受下列附加因素的约束：

（1）除非（a）严格限制每个有效延迟间隔的药包重量、（b）使周边孔中的药包有效地解除耦合，否则，大直径装药会在矿柱中、运输平巷和放矿口周围造成更多的裂缝。由这种原因引起的过大的损坏不但造成日常生产计划的连续混乱，而且还会导致矿石储量的损失。

（2）使用大直径炮孔就必须采用分段装药，因此使装药工序和起爆系统更为复杂。

（3）已采用的几种孔径超过了切割槽掘进所需的炮孔直径的最佳值。

（4）较大直径的炮孔使得日益难于在（往往有限的）采场宽度上以所要求的间距来布置（精确数量的）炮孔。

在多数情况下，这些缺点和约束已被较低的掘进成本所补偿。现在已广泛采用直径为 100~200 毫米的炮孔，预计其普及程度将进一步提高。孔径不希望超过 200 毫米，作业率高时，直径为 150~165 毫米的炮孔可能是最佳的。

6.4　解耦作用

如果使用充分耦合的炸药会导致紧贴药包周围的岩石压碎（即粉碎）的话，就可以增大孔径 d（因此给出解耦的药包），直到压碎区被消除而在原压碎区边界外各点上的应变（或破碎程度）无任何明显的降低为止。

另一种可供选择的办法是可以改变（充分耦合的）药包的组分，以便产生不引起这种（浪费的）压碎作用的 P 值，这可以用压碎区的应变控制作用来解释（图 2）。

在用充分耦合的高能炸药（例如可泵送的或充分下沉的水胶炸药）去爆破不稳固材料（例如煤、高孔隙度铁矿石等）的地方，炸药能量的浪费是最大的。所以在那些（矿石或矿物）细粉是一种比较无用的（甚或是废的）产品的地方，要求通过适当的选择和使用炸药来避免压碎就变得更加重要。

6.5　炮孔布置

对于一定的装药量、岩石类型和炮孔间距 S 来说，存在着一个最合适的最小抵抗线（当选用这个抵抗线值时，破碎和松动得合适的岩石体积最大，且台阶底盘情况是可取的）；最合适的最小抵抗线通常是炮孔直径 d 的 20~35 倍，其具体数值要根据岩石和炸药的性质而定。这些数值是一种有用的初导值，在经过试验性爆破之后可以修改。

虽然当 $B=S$ 时获得了可取的爆破效果，但当 $S>B$ 时，爆破性能改善了。S 与 B 的最

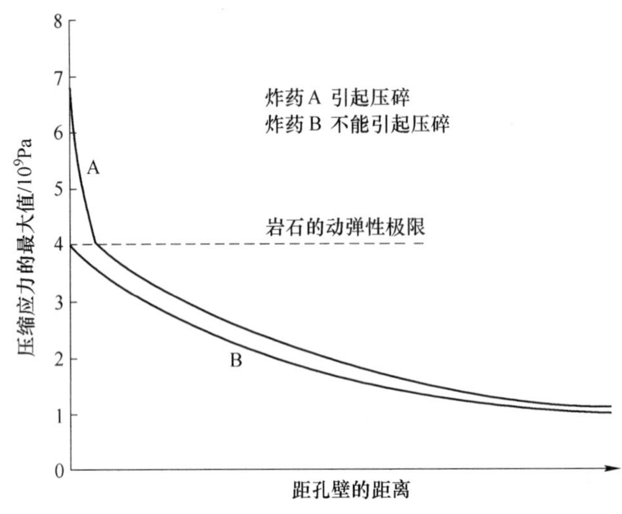

图2　压缩强度最大值随距孔壁的距离而变化的曲线

佳比值随（1）炮孔排数、（2）炮孔布置形式（对称的或交错的）、并且在很大程度上随（3）起爆顺序（见后）而变。

改变 B 值将影响总的破碎程度，并且出现根底或高底板的可能性显然要比改变 S 值为大。因此，在任何的爆破最优化计划中，应当增大 S 而不应增大 B。然而，如果 S 与 B 的比值已经高于所推荐的数值（见表1）的话，那么很可能需要保持 S 值不变而勉强地增大 B 值。

表1　孔间距与最小抵抗线的最佳比值

爆破类形	炮孔布置形式	推荐的 $S:B$ 值
单排，瞬发	—	2.0
单排，迟发	—	1.3~1.5
多排，迟发	矩形	2.0
多排，迟发	交错布置	3.5

在若干矿山，已经发现炮孔交错布置形式（尤其是按等边三角形网格进行的炮孔布置）能提供较好的爆破效果（参看方形或矩形炮孔布置图）。将来会看到更加严格建立的交错布置形式的优越性。起爆顺序对有效孔间距与有效最小抵抗线的比值（$S_e:B_e$）的影响也会得到较广泛的承认。预计应用非常成功的“V1”形炮孔和起爆布置形式会有所增加。然而，只有在高度注意于设计位置上开凿炮孔和正确地绑扎导爆索干线网路的地方，才能由这种炮孔布置形式获得其非常良好的爆破效果。

钻孔的误差有可能使绑扎导爆索干线的问题加剧到这样的程度，以致难于使用“V1”形交错布置而不得不使用一种较简单的但不太有效的炮孔布置形式。

为了使炸药在岩体中的分布最均匀，使用大直径炮孔的井下作业人员将继续力求布置平行炮孔（扇形孔或环形孔在它们的孔口附近具有严重的效率限制）。但是，不应当孤立地看待这个问题，而必须在总成本的限度内加以考虑。凡是在由于钻凿下向扇形孔而引起掘进费用的降低超过因扇形炮孔的无效性而造成的过多凿岩爆破费用的地方，使用这样的扇形孔显然优于平行孔。

6.6 爆破的规模和情况

通常每天一次的小规模爆破必然会使设备、材料和人员出入爆区的非生产性调动过多。每周或较长间隔爆破一次的较大规模爆破可以使这段（以前浪费的）非生产性时间用在生产上。在多数岩层条件下（尤其是在有明显节理的岩石中），较大规模的爆破也能使破碎效果得以改善和更有效地进行连续性的装运作业。

从理论上看，倘若爆破的宽度不超过向着非工作面的自由面（open face）放炮的爆破长度的一半，或者不超过向着工作面的自由面（free end）爆破的爆区全长的话，则由爆破的后部和侧壁的“撕裂”产生的过大块会随炮孔排数的增加而减少。实际上，大多数大型的台阶爆破或剥离爆破是用比理论确定的宽度与长度之比小得多的值来进行爆破的。

正如人们所预料的那样，较大规模爆破的总的成功程度主要取决于在设计、凿岩、装药和爆破中的技术努力、技术熟练和认真的程度。每周一次的不成功的爆破对生产率（和赢利率）的影响远比每天一次的小型爆破完全失败更严重。

在位于住宅区附近的露天矿中，非经常性的较大规模爆破具有另外的优点，即它们被允许的程度比每天一次（高破坏等级）的小规模爆破更高。当然，在这些情况下，较大规模的爆破不应当产生相当高等级的地面振动、空气冲击波或噪音。通过在爆破设计中对起爆顺序和迟发时间方面作出较大的技术努力，通常是可以达到这个要求的。

7　起爆顺序

起爆顺序的变化对凿岩爆破成本无多大影响，但对总的作业成本则有显著的影响。

在延发爆破中，标称的最小抵抗线和孔间距通常随起爆顺序而改变。实际的最小抵抗线就是炮孔至药包爆炸瞬间出现的最近自由面间的距离。图3示出了下面使用的术语意义。

在需要有良好破碎效果的多排爆破中，必须根据下述几点来选择起爆顺序：（1）每个药包均有一个有利于破碎的良好的有效自由面；（2）S_e 与 B_e 的比值［见图3(c)］处于2.0~5.0之间（最好是在3.0~4.0之间）；（3）炮孔交错布置在高度平衡时［即 $V/W \approx 1$ 时，见图3(e)］；（4）对于向着非工作面的自由面起爆的爆破来说，θ［见图3(c)］处于90°~160°之间，最好是在120°~140°范围内；（5）岩石运动的主导方向与侧壁之间的夹角 β 以及岩石运动的主导方向与后面的采掘边界之间的夹角 γ［见图3(d)］要尽可能地大，以便使新工作面的损坏减到最小程度。

在向着非工作面的自由面进行爆破的地方，交错排列的“V1”形炮孔布置和方形的“V1”形炮孔布置形式具有合适的 S_e 与 B_e 之比值，并且其有效的错列平衡度是十分合适的。“V1”形交错布置可能是当 $S=B$ 时最好的炮孔布置形式。然而，当 S/B 从1.0增大到1.15时，这种极好的炮孔布置形式的爆破性能变得更好。当 S/B 值为1.15时，炮孔布置形式变成等边三角形网格，炮孔的有效错列变得完全平衡了，并且 S_e/B_e 为3.46。具有愈来愈多的现场证据表明，这是最适用的炮孔-起爆顺序布置形式。正边的和延长的“V1”形交错布置形式也能使采掘边界十分稳定，因此有助于保持露天边坡的稳定性。

在向着工作面的自由面进行爆破的地方，推荐用等边的“V1”形交错布置，规则的“V1”形交错布置，方的“V1”形布置和方的“V”形布置（在估计的效率等级范围内）。

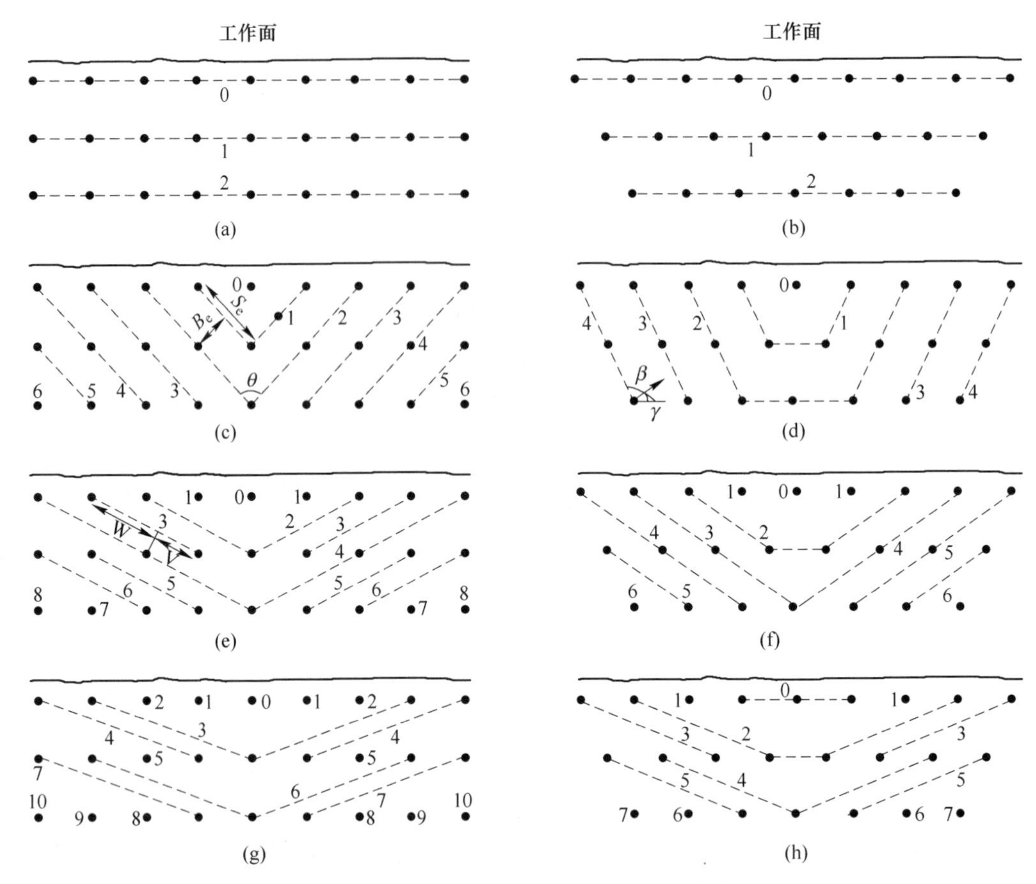

图3　$B=S$ 时向非工作面的自由面爆破的炮孔起爆顺序布置形式

（a）方直线形；（b）交错直线形；（c）方 V 形；（d）交错 V 形；
（e）方 V1 形；（f）交错 V1 形；（g）方 V2 形；（h）交错 V2 形

8　特殊技术

为了用炸药改善岩石破碎效果，充分应用爆炸物理学（即爆炸科学）是可能的。哈里斯（Harries）曾根据一般可接受的岩石爆破机理建立了一种数学模型。倘若岩石和炸药的性质是已知的话，那么借助于根据此模型编制的计算机程序，就可以很容易地、快速地、相当经济地模拟台阶（和某些地下）爆破。

高速摄影研究也能获得有用的定量数据。这一研究工作能够测定的最重要的参数也许是最佳的迟发时间。当采用数学的爆炸物理学模型时，这项技术有助于使费时费钱的试验和过去使用的误差法的重复次数减少到最低限度。

9　结论

将炸药成本作为单独的一项列于采矿成本单上，并且过分强调该项成本的重要性，那实在太经常了，其实，炸药成本、爆破成本、甚至总的破碎成本不必单独考虑。管理人员应当只用总的生产成本作为基础来确定诸如爆破这样的单项作业。

通过把较高级的科学引入爆破作业中，就可以达到提高生产率和赢利率的目的。然而，如果要使改进了的爆破技术获得充分利用，需要应用较多的专门技术知识和成果，而专门技术知识和成果的应用必须由始终如一的留心和注意技术细节来保证。粗枝大叶可能比缺乏知识更有害。

参考文献（略）

（香港“1978年英联邦采矿学术会议”论文）

下一代炸药

——乳胶炸药

瑞典硝化诺贝尔公司　M. Cechanski

编者按：乳胶炸药（或称乳化油炸药）是由硝酸铵（钠）、油、燃料和水等一些极普通的物质制成的。由于油包水型的特殊物理内部结构，因而该类炸药具有一系列超越于现有的浆状（水胶）炸药的独特性能。近几年来引起了国内外有关学者的普遍注意。有关专家称它为下一代炸药，工业炸药的未来，是一类正在世界范围内蓬勃兴起的工业炸药。为促进我国矿用炸药和爆破技术的发展，本刊特译登瑞典硝化诺贝尔公司（The Nitro Nobel Group）来华技术交流关于“下一代炸药”的讲稿。

1　乳化炸药的基本理论

水基雷管敏感和非雷管敏感的炸药是用乳化方法制备的。乳化方法的含义是将通常不能互溶的两种液体处理成为均匀混合物：将一种液体（分散相或内相）以小液滴或小球形式分散在另一种液体（连续相或外相）中混合成乳状液。

乳状液根据其外相的特性可分为两大类。这两大类是：

（1）油在水中（油/水）；

（2）水在油中（水/油）。

水相可以由氧化剂的盐溶液或其他的无机和有机物质（亲水性物质）所组成。

油相可以由油、碳氢化合物、石蜡、树脂和其他类似油的物质（疏水性物质）所组成。

2　物理和化学特性

乳胶炸药为油包水型（W/O），氧化剂水相是被连续油相屏障所包围。这种情况可以防止储存时水分的蒸发和阻止外部水侵入乳胶基质中。

具有这种物理结构的乳胶有极好的抗水性，当它们用于有水的钻孔时，可以不考虑其包装形式。

乳胶的物理稠度主要取决于连续油相的性质。

3　乳胶的稳定性

细而均匀的粒度通常是良好稳定性的标志。颗粒的大小取决于：

（1）乳化剂的类型和质量；

（2）乳胶的制备工艺；

本文原载于《外国金属矿采矿》，1980（7）：9，25-30。

（3）各种配料的添加顺序。

粒度为0.1微米的乳胶炸药被归入细的乳胶类，其外观为灰色的半透明体（基质）。

4　储存稳定性

直径等于和小于32毫米的乳胶炸药药卷在室温下存放两年之久，其爆轰性能仍不改变。由于油包水型乳胶的物理性质和特性，它们具有在相当宽的温度范围内保持其稠度基本不变的性能。例如当温度在-7～32℃之间时，产品的黏度和特性的差别很小。

5　爆炸特性

使用乳化技术有可能配制无约束时可靠起爆的炸药，这种炸药当其直径小于25毫米时爆速为4400米/秒；直径25～100毫米时爆速为5600米/秒。

在工业爆破中，炸药爆炸释放的能量产生四个基本效应：

（1）岩石破碎；

（2）岩石位移；

（3）地震；

（4）空气冲击波。

知道哪些性能是乳胶炸药的关键性的特性，就能设计出具有较高性能的炸药。

乳胶炸药虽由一些极普通的氧化剂盐类和燃料所制成，但由于它们的极细的物理内部结构，而使乳胶炸药显示某些独特的爆炸性能。

6　爆速

一种炸药的爆速是爆轰波在其药柱中的传播速度（米/秒）。

乳胶炸药的无约束爆速是很高的。

药卷直径对爆速的影响是相当小的，如图1所示，其中的爆速曲线是以直径为函数绘制的。尽管爆速与直径几乎成直线关系，但药卷直径从25毫米增至100毫米时，其爆速差值约仅为1200米/秒。

为便于比较，图1也表明了胶凝浆状炸药的“爆速-直径”的函数关系曲线，其关系是较小的。曲线还表明，在直径小于25毫米的无约束药卷中，乳胶炸药具有相当理想的爆轰性能。

7　热化学能

通常向乳胶炸药中添加铝粉主要是考虑增加其热化学能（图2）。

波沃马克斯（Powermax）100和200、其他水胶炸药和达纳迈克斯（Dynamex）的总效率，即在水下爆炸试验中所完成的总膨胀功 A_0 与爆炸的化学计算能量 Q 的比值（Q/A_0）比较见图3。

8　爆轰压

当然，乳胶炸药的爆轰压主要取决于密度和爆速。由于乳胶炸药以相当高的速度爆轰，因而显示出高的爆轰压。用水下爆炸法测定乳胶炸药的爆轰压为（10～12）×10^9 帕斯卡。

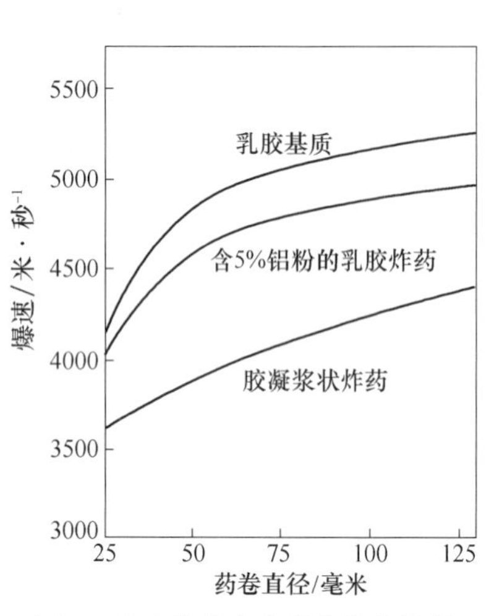

图 1　乳胶炸药和胶凝浆状炸药的爆速与药卷直径的函数关系曲线

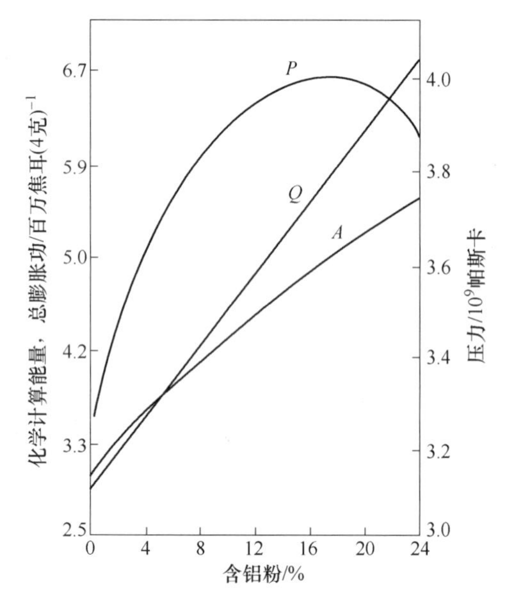

图 2　乳胶炸药的热化学性质

P—热化学压力；*Q*—爆热；*A*—功率

炸药名称	公　司	米/秒	0 100 150 200 250 300 350 400 450 500 550 600
达纳迈克斯B	硝化诺贝尔公司	131	
水胶炸药7		222	
水胶炸药3		262	
水胶炸药5		309	
水胶炸药2		312	
水胶炸药6		315	
雷奥迈克斯A	硝化诺贝尔公司	341	
水胶炸药1		352	
水胶炸药8		358	
雷奥迈克斯AM	硝化诺贝尔公司	507	
水胶炸药4		517	=某种反应
波沃马克斯100	阿特拉斯火药公司	539	=爆炸
波沃马克斯200	阿特拉斯火药公司	551	

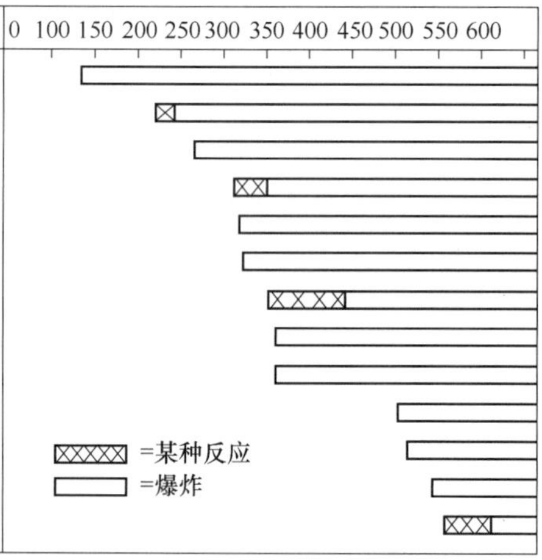

图 3　A_0（在水下爆炸试验中所完成的总膨胀功）与 Q（爆炸的化学计算能量）比值表示的总效率

1）D=2700 米/秒；2）D=6400 米/秒

9　敏感度

敏感度是为了引爆炸药所需的最小能量、压力或功率的一种度量，通常以雷管强度来表示。乳胶炸药的敏感度可以有多种多样，从对 6 号雷管敏感到对起爆炸药敏感的硝基碳硝酸盐（NCN）产品。直径 25～50 毫米的小直径产品在-6～-12℃时，对一个 6 号雷管敏感。

中直径产品可以对 6 号雷管敏感或者对一个 9 号雷管敏感。

铝粉含量较高的产品具有较高的密度并需要较强的起爆药。

需要起爆药包的硝基碳硝酸盐产品同样可以制备。尽管因为这些产品作为散装爆炸剂使用，但它们都有着极高的抗水压性能。

利用适当的起爆药，所有乳胶炸药均可在-18℃或更低的温度下起爆。

10　安全特性

乳胶炸药具有良好的安全特性。在下列情况下没有反应：

（1）100 厘米高、5 公斤落锤试验以及 200 公斤力摩擦试验，没有反应。

（2）对波沃马克斯炸药的硝化诺贝尔枪击试验表明某些反应的最初记录是入射弹丸的速度大于 500 米/秒。水胶炸药在弹丸速度为 300~350 米/秒时反应，而达纳马特通常在弹丸速度为 100 米/秒以下就反应。其结果见图 4。

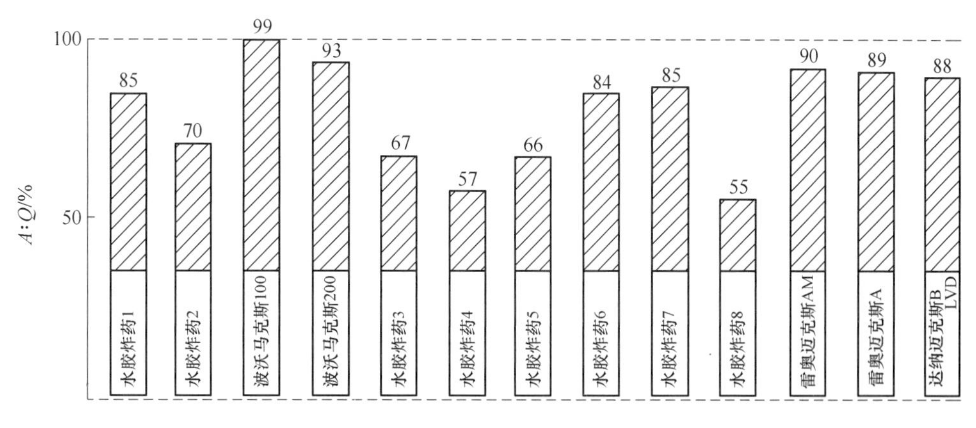

图 4　枪击试验

（3）差热分析（DTA）。直到水分完全蒸发以后仍没有观察到乳胶炸药放热。在 200℃（180~243℃）左右，发现有微弱的放热反应。失去水分后的干渣在 250~255℃间燃烧。

11　乳胶炸药性能的技术数据

乳胶炸药性能的技术数据列于表 1~表 3。

表 1　雷管敏感的乳胶炸药性能

项　目	波沃马克斯 100	波沃马克斯 200	波沃马克斯 355
氧平衡（仅指炸药）/%	+4. 19	-0. 47	-5. 10
密度/千克 · 米$^{-3}$	1130~1200	1140~1210	1250~1300
气体体积（NTP）/米^{3} · 千克$^{-1}$	0. 899	0. 823	0. 768
爆炸压力/大气压	21751	25969	32000
爆温/°K	2052	2800	3250
爆热/百万焦耳 · 千克$^{-1}$	2. 53	3. 95	4. 95
反应热/百万焦耳 · 千克$^{-1}$	2. 43	3. 86	4. 86
相对重量威力（达纳迈克斯 B）	0. 64	0. 86	1. 02

续表 1

项　目	波沃马克斯 100	波沃马克斯 200	波沃马克斯 355
炮烟等级	1	1	弱
抗水性	极好	极好	极好
爆轰压/千巴	100	100	120
允许压力/大气压	11	11	11
/米水柱	110	110	110
临界直径/毫米	13	13	32
爆速/米·秒$^{-1}$			
直径 22 毫米	4300	4100	—
直径 25 毫米	4400	4300	—
直径 32 毫米	4600	4400	—
直径 38 毫米	4900	4700	—
直径 50 毫米	5200	4900	4900
直径 64 毫米	5200	5000	4900
直径 76 毫米	5500	5200	5200
直径 127 毫米	5500	5500	5200
殉爆距离/毫米			
直径 32 毫米	25~100	25~125	—
直径 50 毫米	100~150	100~150	100~150
敏感度			
在 21℃时	No. 6①	No. 6	No. 6
在-7℃时	No. 6	No. 6	2 克泰安
在-18℃时	No. 6~No. 8②	No. 6~No. 8	2 克泰安

① 含 0.3 克泰安的 6 号雷管。

② 含 0.6 克泰安的 8 号雷管。

表 2　雷管敏感和非雷管敏感的乳胶炸药性能

乳胶炸药的类型	密度 /千克·米$^{-3}$	爆速 /米·秒$^{-1}$	允许压力 /米水柱	能量 /百万焦耳·千克$^{-1}$	相对重量威力/%	尺寸 /毫米
地下用雷管敏感的乳胶炸药	1130~1210	4900~5200 (ϕ50 毫米)	110	2.5~4.0	64~86	≥25
露天爆破用雷管敏感的乳胶炸药	1250~1300	5000 (ϕ30 毫米)	110	4.95	102	≥50
包装可灌注的对起爆药敏感的乳胶炸药	1210~1300	6000 (ϕ125 毫米)	55~110	2.5~4.0	60~90	≥75
可泵注的对起爆药敏感的乳胶炸药	1200~1300	5200 (ϕ75 毫米)	70~110	2.75~4.75	65~110	≥75
气体体积为 0.8 米^3/千克的达纳迈克斯 B	1450			4.80	100	

表3　中、大直径的和可泵注的乳胶炸药性能

项　目	中、大直径的乳胶炸药 APEX700	可泵注的乳胶炸药 P-DYNE
临界直径/毫米	37	37
氧平衡/%	-7.2	-1.7
能量/百万焦耳·千克$^{-1}$	3.1	2.72
相对重量威力（达纳迈克斯 B）	0.78	0.7
散装密度/千克·米$^{-3}$	1210~1250	1210~1250
殉爆距离/毫米	0	0
抗水性	极好	极好
临界水压/米水柱	110	110
贮存期（年）	1	—
临界温度（起爆药）/℃	-15	-15
爆轰压	—	—
爆速（ϕ63 毫米）/米·秒$^{-1}$	4700	4400

12　原料

在波沃马克斯产品的生产过程中，不包括易爆材料。其原料包括：

（1）氧化剂：如硝酸铵，硝酸钠，高氯酸钠。

（2）燃料：如初级矿物油、微晶蜡、石蜡。

（3）乳化剂（也可作燃料使用）：微晶蜡和乳化剂必须达到要求的质量。它们是保证乳胶炸药质量的关键。

（4）添加剂：如作为敏化剂的微气泡和为增大威力而添加的铝粉。以比较粗的铝粉颗粒为适宜。

（5）波沃马克斯乳胶炸药的水含量为10%~12%，而硝基硝酸盐乳胶炸药的水含量为13%~20%。

13　生产工艺流程

乳胶炸药的生产工艺流程（见图5）主要包括在高温下形成两种液体预混合物。其中一种是由硝酸铵、硝酸钠和高氯酸钠组成的水溶液；另一种是由石油燃料化合物：石蜡、油和乳化剂所组成的油状液体。

将氧化剂溶液加热到约90℃，也就是高于溶液的结晶点，并且保持这一温度直至形成乳胶基质。

石蜡和油类也加热到大致相同的温度。

乳化剂加热到约38℃（较高的温度会使乳化剂分解），而且恰恰在刚要形成稳定混合物之前，将其加入到燃料的配料混合物中。

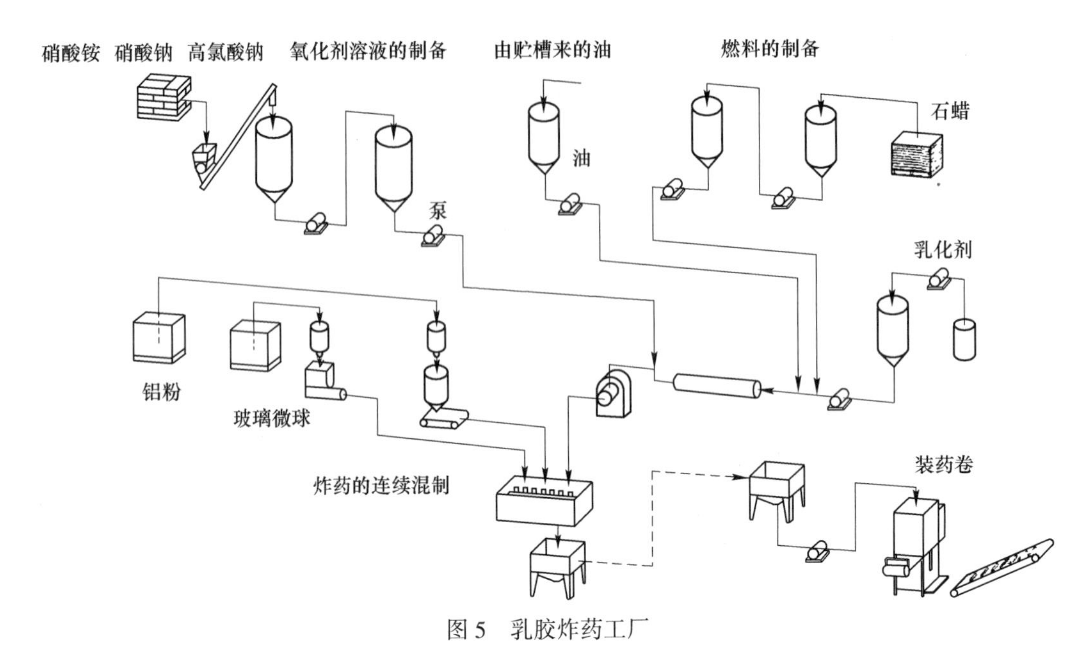

图 5　乳胶炸药工厂

燃料混合物在就要进入剪切式中间混合器之前与水溶液相混合。

在连续旋转的混合器❶中形成乳胶，这种混合器提供了为形成稳定的乳胶基质所必需的搅拌形式。停留时间大约 4.5 秒，旋转速度约 1400 转/分。

14　技术数据

一个工班的生产能力：雷管敏感的产品为 4000 吨/年，大直径产品容易提高产量。

根据需要和药卷尺寸等，连续混合器可有 14~50 公斤/分的生产能力。

工厂是按照硝化诺贝尔公司的安全要求设计的，也就是说，每个操作单元是分设在各个车间（厂房）。

（译自瑞典 “The Nitro Nobel Group” 公司的资料，1979 年 11 月 1 日，1-20）

❶　据了解，这里所说的混合器系乳化泵。——译者注

没有混入任何空气泡的乳胶继续进入带式混合器，如有必要，在这里即可混入玻璃微球和铝粉。

混制好的波沃马克斯，通过加料漏斗送到包装机。包装机单独地设置在药卷车间。

影响现代化学炸药选择和使用的因素

美国大力神公司
地方销售经理　Fred C. Drary
地区销售经理　Donald J. Westmaas

1　引言

第二次世界大战以来，美国工业炸药的消耗量有了显著的增长。1945 年美国炸药的消耗量将近 5 亿磅，并且几乎都是硝化甘油敏化的达纳马特，而到了 1976 年，据去年统计的有效资料，工业炸药的消耗量已增长到 33 亿磅。这表明从 1945 年以来，每年以 6.6% 的速率增长着。与 1945 年比较，1976 年炸药的种类和所占比率都有了显著的变化。

炸药种类	所占比率/%	
	1945 年	1976 年
黑火药	3	—
猛炸药和安全炸药	97	7
浆状炸药和水胶炸药	—	10
其他爆炸剂和硝酸铵	—	83

如上表所示，1976 年消耗量的 93%（83%+10%大约为 31 亿磅），都是 1945 年所没有使用过的炸药，这些新产品的使用是从 50 年代中期开始的，而且持续到今天。它们的采用深刻地影响着传统炸药的使用。

在对传统的炸药进行比较之前，首先对工业爆破的经济效果加以考虑是很有必要的。

2　最优爆破

为了建立一个用于选择炸药的经济依据，曾作过大量研究工作。根据麦肯齐（Mackenzie）的论述，炸药工程师的目标应当是使总爆破费用达到最少。他在魁北克卡蒂尔矿业公司（Quebec Cartier Mining Company）研究出一种计算方法。按此方法，总爆破费用由下式予以确定：

$$C_T = \frac{C_D + C_B + C_L + C_H + C_C}{P}$$

式中　C_T——每吨炸药产品总费用；

C_D——钻孔费用；

本文原载于《国外金属矿采矿》，1980（11）：30-41。

C_B——爆破费用；
C_L——装载费用；
C_H——运输费用；
C_C——破碎费用；
P——炸药产品总吨数。

图1是麦肯齐所认为的爆破费用 C_B 与每吨炸药产品总费用 C_T 之间的关系图。从最优值一点以左的曲线，他发现随着爆破费用的增加可使总费用降低。较好的破碎块度会增加电铲的装载效率，从而降低电铲和运输卡车的维护和修理费用并增加破碎机的生产能力。麦肯齐主要就是采用大能量或高威力的炸药来获得这种良好的“破碎度”的。

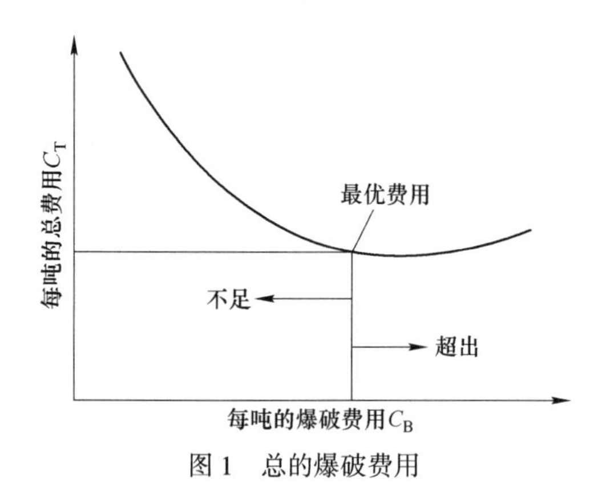

图1　总的爆破费用

几年前作者参加了在美国密执安州南部一个采石场选择和使用高能炸药的方案，其结果导致产量显著的和有效的增加。正如麦肯齐的经验一样，我们发现较高的爆破费用可以使总的费用获得非常明显的降低。

以上讨论的目的在于强调下述问题：

（1）每个操作者必须意识到每磅炸药本身的价值是没有意义的，而只有在炸药选择过程中将其利用作为选择因素才有意义。很显然，这个事实差不多随时随地都受到麦肯齐最优爆破曲线预示的精确结果所控制。

（2）为了获得“最优爆破”，炸药工程师熟知比较炸药威力（或能量）的准则和影响炸药能量的外界因素是十分重要的。

有许多方法为炸药工程师提供数据，以帮助他完成选择产品的任务。现在我们再回到某些基本问题的评论和讨论上。

3　密度和比重

密度定义为单位体积的重量，比重则是物体的重量和同体积水的重量的比值，在英制单位系统中：

$$密度(磅/英尺^3) = 62.4 \times (比重)$$

因此，炸药的密度或比重就是告诉你在实际的炮孔内能够装填多少炸药这样一个简单的数字，使用高密度的炸药，就能在同样的炮孔内装填磅数更多的炸药。高密度炸药并不意味着重量威力或体积威力都是较大的。事实上对现代炸药而言，往往会出现相反的情况，即较高的比重可能导致体积能量减小的结果。换句话说，密度和比重不能告诉你关于能量的问题，而只能告诉你装填某一体积的炮孔需要多少磅炸药。

4 爆轰速度

炸药的爆轰速度就是爆轰波或冲击波阵面通过炸药而传递的速度，就达纳马特而言，高的爆轰速度就意味着是很猛烈的炸药这一点往往是正确的。对现代炸药而言，整个情况并非全如此。例如：铵油炸药（ANFO）的爆轰受到直径的显著影响：爆速由炮孔直径为 $1\frac{1}{2}$ 英寸的约7000英尺/秒变化到炮孔直径为12英寸的14000英尺/秒。现代浆状炸药的爆轰速度同样也受到直径的影响。由此可见，直径这个约束条件对爆轰速度有着重大影响。进一步说，具有不同重量能量和体积能量的某些浆状炸药在相同的直径时具有基本相同的爆速，这一点也往往是真实的。再重复一下，我们认为爆速是简单的冲击波阵面的速率，它既不能作为能量的度量标准，也不能与现代炸药的能量有什么相互关系。

5 威力的评定法

两种最常用的传统评定法就是重量威力（%）和体积威力（%）评定法，二者都是“相对”测定法，即是以一种炸药的威力为另一种炸药的威力的百分数来评定的。它们是在爆炸剂出现以前建立的。这类方法是基于在弹道臼炮或弹道摆中测定少量炸药的性能。在此试验中，少量试样（约10克）用雷管引爆并测定臼炮的摆角。这个试验对比较传统的达纳马特炸药是有效的。然而，它用于比较现代炸药则是不适合的。因为这些炸药对雷管不敏感并且有着大的临界直径。此外，这种方法对含有缓慢反应成分如硝酸钠或铝的炸药也是无效的。

6 重量威力

最初这个方法仅是按正系达纳马特中硝化甘油的简单百分含量来评定。例如一种含40%重量百分数的硝化甘油的正系达纳马特就称其重量威力为40%。随着工艺的发展和其他代替硝化甘油的组分的加入，该方法就被修正了，并基于弹道摆试验为各种不同组分建立了一系列“系数”，然后这些系数被用作“活性组分”，以便近似地算出产品对正系达纳马特的当量值。例如含有13%硝化甘油、74%硝酸铵和13%添加剂的炸药，其重量威力的百分数值可表示如下：

13% 硝化甘油 × 1.0 = 13%

74% 硝酸铵 × 0.7 =52%

13% 添加剂 × 0.0 =0%

重量威力 =65%

这个方法的主要缺点是假定添加剂对产品的威力没有影响，而事实上它们是有影响的。另外还有一些限制条件，就是对于硝酸钠的系数取零值以及对把所产生的气体体积作为威力评定准则的重要性认识不足。其结果是使用这个方法不能对现代产品之间作出有效的比较。遗憾的是，在认为重量威力较大的产品很易引起偶然爆轰的错误假设下，某些国家仍然把重量威力标志在每个药卷上。另外，许多对此已很了解的人却仍然相信60%特种达纳马特比40%特种达纳马特要猛烈50%。事实上，若以重量为基准的话，60%的特种达纳马特仅比40%的特种达纳马特多提供10%的能量。

在克服重量威力评定法的缺点的努力中，产生了绝对重量威力评定法。在此方法中以相对于100%的爆胶值而予以评定，活性组分的添加剂和非活性部分都给出了一个0.385的重量系数。这样，上述例子的绝对重量威力可以计算为：

13% 硝化甘油 × 1.0 = 13%

74% 硝酸铵 × 0.7 =52%

13% 添加剂 × 0.385 =5%

74% 硝酸铵 × 0.3 × 0.385 =8%

总的绝对重量威力 =78%

绝对重量威力主要是作为发展至体积威力的一个阶梯。

7 体积威力

这个方法用于评定以药卷型式使用的炸药，因此了解炸药的相对体积威力是很重要的。这个方法对实际使用炸药的评定是根据该种炸药的一个药卷在威力方面与正系达纳马特药卷相比如何而定，比较用的达纳马特药卷规格为每50磅有104根$1\frac{1}{4}$英寸×8英寸的药棒。这个方法是复杂的，并得出如下的结果：

重量威力为65%的赫尔肯迈特4（Hercomite 4）其绝对重量威力为78%，体积威力为32%。换句话说，就是一个$1\frac{1}{4}$英寸×8英寸的赫尔肯迈特药卷和一个$1\frac{1}{4}$英寸×8英寸的32%正系达纳马特药卷具有相同的威力。这种达纳马特药卷的规格是每50磅有104根$1\frac{1}{4}$英寸×8英寸药卷。

近几年来这个方法并没有得到广泛的使用。

8 对传统的威力评定法的最终评论

很清楚，这些用以比较炸药的历史性的原则都不适用于现今的世界，现在仅有7%的炸药消耗量是硝化甘油基的。事实上，基于这些古老的准则进行比较，甚至会使人产生误解。所需要的是建立一种用来确定和专门测定某种炸药能量的方法。科尔（Cole）就已建立了一种直接测定炸药能量的方法。

在讨论目前使用的各种测定方法之前，我们先解释一下某些术语的意义。

9 三种能量

对于一个使用者来说，理论能量、释放或测量能量与交付能量之间是有着实际差别的。

“理论能量”的数据告诉我们在理想状态下所能预期的数值。它在构成费用计算的有效公式中是一个很有意义的数值，它可以以最少量的试验来确定出与预期产量之间的差别。“理论能量”的数据是为了避免“走重复的弯路”而培养研究人员的极为有用的经验“宝库”。“理论能量”的数据已广泛用于帮助预测产物和反应。“理论能量”表示爆炸时能释放的最大能量值。它用不着涉及炸药的感度、起爆方法、药包直径或约束条件。事实上也很少涉及炸药爆轰是否稳定。对使用者来说，除非有大量的实际数据是可用的，否则就需要尽最大努力来弥补现场使用中的理论和实际之间的差异。

“释放能量”弥补了由理论到实际公式之间的差异。这是我们在水下试验所测定的能量，请注意，这仍然不能说我们已经弥补了在现场使用的全部差异，还需要一个称之为“交付能量”的附加阶梯。即便炸药释放出它的最大能量，而此能量未能很好地交付出来做功，那也是等于零的。

“释放能量”（测量能量）对于获得有关诸如密度（或压力）、温度、起爆、临界直径、抗水性能和约束条件等具有重大影响的资料是一种很重要的工具。它对进行炸药的经济性比较也是很关键的。

10　能量是如何测量的

炸药反应时释放能量的测定方法是许多科研项目中的一门课题。我们选择水下爆炸法。我们通过对水下法与其他诸如爆破漏斗法和弹道摆法的对比，考虑到其互相的差异，确认水下法是其中最好的测量方法。更重要的是，其间的对比是通过实际的爆破实践所确认。

水下的能量测定方法大约在30年前就由科尔提出过。自从20世纪50年代大力神（Hercules）公司将它用于评定海洋地震炸药以来，我们已见到它发展成为评定商业炸药的重要手段。我们曾经修改和完善过它，并且发现它在研究工作、质量保证和所有重要的估计炸药产品合理使用的场合都是有用的。现在，在美国和世界其他地区许多制造厂商都广泛地采用这一方法。

我们采用的方法如下：

按试验说明书的规定，也就是按规定的温度、压力和起爆药等准备好炸药装药。将其淹没在水池中并予以引爆。测定冲击波阵面在水中的轮廓图。在我们的实验中，通常是在40英尺处测定的。并记录下气泡第一次破灭的时间，按照科尔提出的方法计算能量，并用赫尔利（Hurley）所介绍的电子装置进行计算。

主要的能量计算公式如下：

$$E_T = E_S + E_B \tag{1}$$

式中　E_T——释放的总能量，英尺·磅/磅；

E_S——释放的冲击波能量，英尺·磅/磅；

E_B——释放的气泡能量，英尺·磅/磅。

$$E_S = \frac{K_1}{W}\int p^2 \mathrm{d}t \tag{2}$$

$$E_B = \frac{K_2}{W}T^3 \tag{3}$$

E_T/E 理论的比值称之为效率，通常以百分数表示。

在瑞典爆轰研究基金会最近出版的刊物中，比雅霍特（Bjarnholt）和霍姆伯格（Holmberg）通过能量的损失项 E_L 来描述测量和理论之间的差异。此能量的损失项看来是爆轰压力的一个函数。

11　影响能量利用的条件

炸药使用者通过选择正确的产品及其使用方法以控制其变量，这些变量包括温度、压力、约束条件、水的存在和起爆方法等。这些变量的控制对现代化学炸药的利用具有很大的影响。能量测量的最重要的目的就是能够给使用者提供这些变量对释放的或测量的能量影响的可靠资料。如果首先考虑现代化学炸药的引爆机理，那就能够更好地了解这些影响因素。

12　如何引起爆炸的

爆炸是气体、液体和固体混合物的一种瞬时热——化学过程，并产生冲击波、热和膨胀气体。该过程需要有一个适当的温度和压力条件的引爆源以激起反应。

虽然我们把爆炸视为瞬时突发的反应，但它是从起爆点开始在一定的时间周期内向三维方向发展的。许多炸药的物理引爆现象是由于在炸药内部形成了“热点”，这些引爆点或者“热点”所具有的温度大大超过了炸药其余部分的温度。这个机理由鲍登（Bowden）及其同事于 1947 年予以阐明。

他们确定了炸药中的化学反应通常是由三类爆炸中心或者“热点”中的某一种所引起：

（1）充填在炸药内部空隙中的空气或气体的绝热压缩。这些空隙可以是自然形成的或者人为的混入至炸药中。

（2）由于黏滞流动或塑性变形使炸药的局部区域被加热。

（3）由于摩擦而局部加热炸药的某些点。

不论是哪种型式都可以引起爆炸，但它们一定是瞬时爆炸的中心或“热点”，即以热作用作为发火的初始点。

虽然三种“热点”源的任一种都可能出现，但第一种是最普通的引爆源。这就是通过炸药空隙中的气体或空气的绝热压缩产生的热点进行引爆并产生最现代的爆炸反应。

13　在柴油发动机中的爆炸

绝热压缩和压力产生热量的效应而引起爆炸的一个例子就是柴油发动机的操作。

活塞快速地压缩燃料油和含氧的空气混合物。燃料油是以雾状喷入并与空气充分的混合，这就形成燃料和氧的完全掺合。在压力的峰值处，由于压缩产生的热引爆了混合物，推动活塞返回而重复一次循环。普通柴油发动机的燃料是 2 号燃料油。

14　在炸药产品中的绝热压缩

压力引起爆炸效应的另一个例子就是在硝酸铵和燃料油混合物即铵油炸药（ANFO）中的爆炸。

如果炸药组分是液态且具有低的蒸发温度，则由所含气泡的绝热压缩而产生的气体压力和能量的释放相对说来是容易的。一般地说，由液相到气相的转变是不难的，而且可以快速的实现。例如，某些石油的分馏一旦超过了它们的闪点温度，只需要很少的压缩加热就可以引燃并持续燃烧。柴油的闪点大约为100℃就是一个例子。以1500英尺/秒的速率绝热压缩铵油炸药则可产生高达4000℃以上的温度。

了解了在爆轰反应和正常应用中的压力效应，也就了解了现代炸药的主要因素。

为了了解爆轰的机理，可以用图2所示的爆轰反应图来说明，图中表明了爆轰压在炸药中从左向右的传播情况。

“反应区”通常称为“爆轰压头”，它与冲击波阵面相联接，并且有一称为C-J面的平面。冲击波阵面是爆轰波的最先头部分，并以炸药的爆轰速度传播。这是一个超音速的强压力波。由于它的高压和加热的效应，连续地引起新炸药的反应。爆轰时由于新炸药的分解而产生的能量在保持后面有压力的情况下支持着冲击波的阵面。

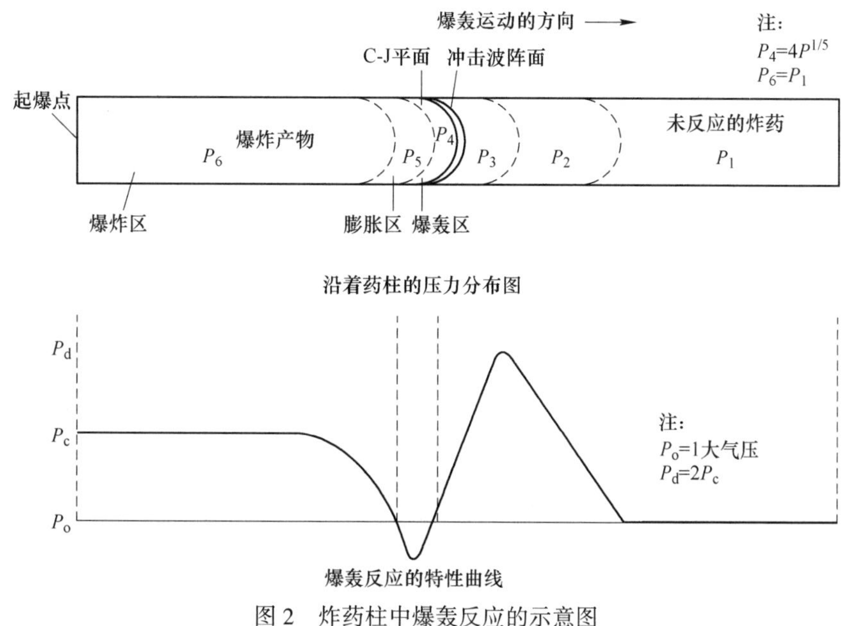

图2　炸药柱中爆轰反应的示意图

15　影响性能的诸因素

15.1　增加比重的影响

粒状硝酸铵和2号燃料油的混合物——铵油炸药在比重为0.8时是相当容易引爆的，但是当粉碎和压缩到比重为1.26时，则常常出现压死现象。在这样的比重下，混合物中不再存有足够的可供压缩的气体，以致它不能爆轰。

由于对压力效应缺乏了解，用户往往曲解炸药的某些特性。例如在相同的相对散装比重下，粉碎过的颗粒硝酸铵，由于它的粒度较小，要比整粒状的硝酸铵更敏感些。但是当使用粉碎过的粒状硝酸铵时，通常将其压缩至比重超过1.05，这就比颗粒状的铵油炸药密实30%，于是就限制了对气泡的有效压缩，并降低了它的敏感度。

密实无孔的农用颗粒状、片状或造粒过的硝酸铵都限制了吸收燃料油的能力，这与降低绝热压缩的能力一样，使得它们比工业硝铵的敏感度要低得多。

15.2　水的影响

混合在硝酸铵和燃料油中的水，使炸药敏感度降低的原因是多方面的。第一个原因就是硝酸铵及其水溶液实际上是不可压缩的。水是一种不可压缩的液体。当其加入到铵油炸药中将置换出在硝酸铵混合物中的空气。当达到饱和时，溶液的比重为 1.40 而且是不可压缩的。

浆状炸药使用水溶解硝酸铵和其他的硝酸盐使成为液体和半液体状态。必须依靠人工使其充满气泡或微小玻璃球以便于产品的可压缩。浆状炸药随着密度的增加而丧失其敏感度，随着密度的下降其敏感度会增加。

15.3　导爆索的影响

导爆索下段所产生的压力压缩炸药使其对导爆索的引爆不敏感。例如导爆索“压死”过小直径炮孔中的铵油炸药和浆状炸药，结果造成拒爆，这就是很好的证明。导爆索效应就是在产生绝热压缩的冲击波引起药柱正常爆轰之前，导爆索的爆轰压缩了炸药使其密度增加感度降低的现象。结果是由水下试验所测量的能量有所损失。图 3 表示了这方面的典型结果。随着装药直径的增加，导爆索的影响变得越来越小。

15.4　流体静压力的影响

浆状炸药的流体静压力和所产生的压头也会使药柱底部的炸药密度增大。例如应用气泡敏化的水胶炸药，当其装填在 60 英尺深的水中时，每平方英寸药体所受的压力为 25.8 磅，密度则由 1.15 增加到 1.34 克/厘米^3（图 4）。即使在这样高的密度下每英尺炮孔能装填较多磅数的炸药，但由于绝热压缩的关系而使所发生的热量较小，每立方英尺炸药所发挥的能量降低而不能有效地进行反应，并常常出现反常的结果。

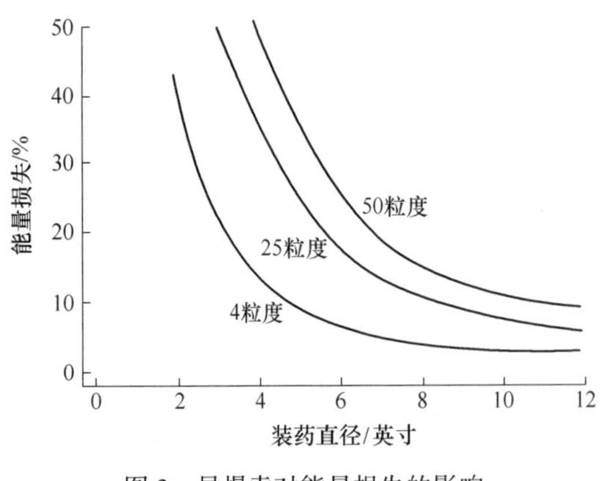

图 3　导爆索对能量损失的影响

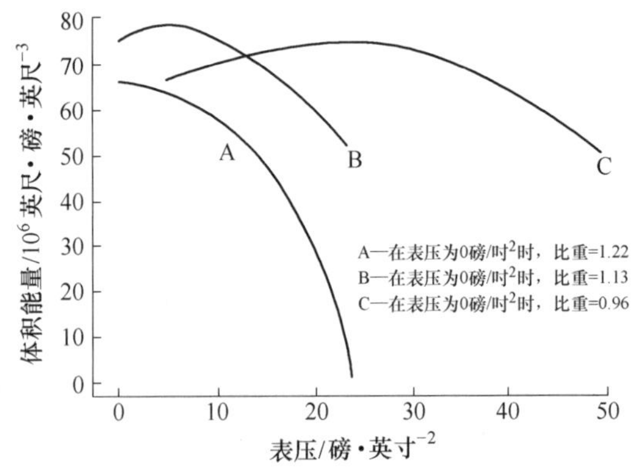

图 4　压力对硝基碳硝酸盐（NCN）类型的浆状炸药体积能量的影响

16　起爆药选择的重要性

采用现代化学炸药时对起爆药或传爆药尺寸的要求也有改变。由于压力对现代炸药有着很大的影响，从而更加需要采用较大尺寸的传爆药，以使用在大直径炮孔中（无约束），具有强烈静压头的深孔中和使用有导爆索的场合。

考虑到绝热压缩引爆的要求需要使用适当的起爆药是显而易见的。传爆药柱应有尽可能高的爆轰速度（活塞速度），冲击压力（活塞的惯性）和与炮孔几乎相等的直径（活塞面积对汽缸的面积）。如果传爆药具有和超过在成品比重时引爆该炸药所需的最小起爆能，它就能克服某些外界压力引起密度增加的不利情况。

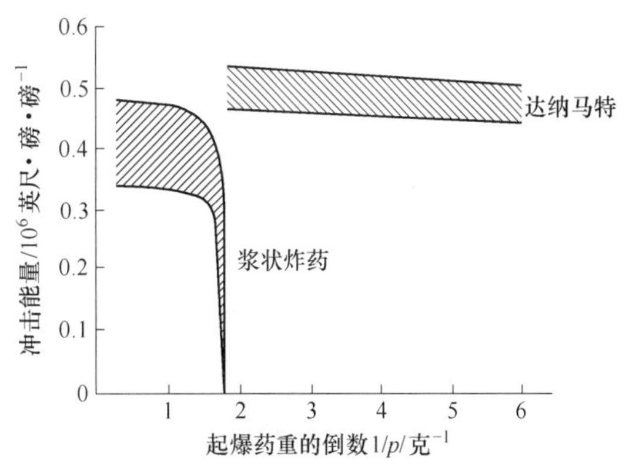

图 5　达纳马特和雷管敏感的浆状炸药

小直径达纳马特和对雷管敏感的浆状炸药的起爆情况表示在图 5 中。请注意，随着起爆药尺寸的减小，由于测量能量实质上的下降，产品的效率也减弱了。这就表明了冲击能与起爆药尺寸之间是有着切实的关系的，它说明为什么不充分起爆会引起瞎炮。

17　利用测量能量比较炸药

利用测量能量来评定炸药是炸药工程师用来获取必要资料以便对各种类型炸药，例如达纳马特、浆状炸药、硝基碳硝酸盐炸药（NCN）和铵油炸药进行比较的关键的一环。

可以利用基于重量能量（英尺 · 磅/磅），体积能量（英尺 · 磅/磅），成本（美元/英尺）或比较威力（相对于某一常数的体积能量，即占体积能量威力的百分率）等值而测量的能量资料。把测量能量资料列表示出的炸药性质为给使用者提供了按共用的威力法来评定各类炸药的可能。

在实际使用中，大多数炸药都是按重量而销售的（单位重量的价格），但装填至炮孔中却是以体积来计算。换句话说，就是将一定直径的炸药装填于炮孔中到所要求的药柱高度或填塞长度而不管它们的比重是多少。如果不考虑能量的关系，这种装填方法常常引起低于最优爆破的结果。

表 1 给出了各种炸药的性能，在表的上端的炸药以体积能量为基准则是最弱的，而在下部则是最强的。你可以注意到，重量威力、体积威力和以体积为基础所产生的能量大小之间没有直接的关系。

表 1　各种炸药的性能

炸　药	性　　能									
	类别	IME 重量威力	体积威力	爆轰速度（5 英寸直径约束）/英尺 · 秒$^{-1}$	炮烟等级	抗水性	比重	体积能量 /10^6 英尺 · 磅 · 英尺$^{-3}$	重量能量 /10^6 英尺 · 磅 · 英尺$^{-3}$	价格 /10^6 英尺 · 磅
铵油炸药 94/6	NCN	—	—	12500	—	无	0. 8	55	1. 10	
GEL-POWER 0-1	NCN	—	—	17000	1	1	1. 2	65	0. 90	
HERCOL 2	HI EX	65	48	16500	1	3	1. 2	67	0. 90	
粉碎的铵油炸药	NCN	—	—	13000	—	无	1. 1	69	1. 00	

续表

炸药	性能									
	类别	IME重量威力	体积威力	爆轰速度（5英寸直径约束）/英尺·秒$^{-1}$	炮烟等级	抗水性	比重	体积能量/10^6英尺·磅·英尺$^{-3}$	重量能量/10^6英尺·磅·英尺$^{-3}$	价格/10^6英尺·磅
40%特种达纳马特	HI EX	40	36	15800	1	$2\frac{1}{2}$	1.3	75	0.90	
吉拉迈特1（GELAMITE1）	HI EX	67	57	17000	1	$2\frac{1}{2}$	1.3	75	0.90	
FLOGEL	prop B	—	—	18000	—	1	1.4	75	0.85	
GEL-POWER 0-2	NCN	—	—	17000	1	1	1.2	75	1.05	
梯坦2（TITAN2）	NCN	—	—	14000	—	$3\frac{1}{2}$	1.2	75	1.05	
HP 216	NCN	—	—	13000	—	无	1.1	77	1.20	
60%特种达纳马特	HI EX	60	53	17200	1	$2\frac{1}{2}$	1.3	78	1.00	
75%特种胶质炸药	HI EX	65	65	20000	1	1	1.4	80	0.90	
UNIGEL 胶质炸药	HI EX	67	58	18400	1	$2\frac{1}{2}$	1.3	80	1.00	
60%特种胶质炸药	HI EX	51	55	19500	1	2	1.4	81	0.90	
GEL-POWER 0-3	NCN	—	—	17000	2	1	1.2	85	1.20	
POWER-GEL A	HI EX	33	44	18000	1	2	1.5	86	0.90	
吉拉迈特D（GELAMITE D）	HI EX	60	65	18700	—	2	1.4	88	1.00	
60% HI PRESS，GEL	HI EX	50	52	20000	3	1	1.4	91	1.05	
GEL-POWER 0-4	NCN	—	—	17000	2	1	1.2	95	1.35	
GELAPRIME F	HI EX	50	54	20000	3	1	1.4	103	1.10	

一般地说，达纳马特随着体积能量的增加爆轰速度也增加，这种关系对达纳马特来说是存在的，因为增加了硝化甘油的百分含量，即增加了炸药的密度（比重），也就是说既增加了爆速又增加了体积能量（典型的事例就是在评定炸药时滥用爆轰速度作为能量或威力的衡量基础）。猛炸药敏化的浆状炸药趋于类似达纳马特的特性（猛炸药的成分替换了硝化甘油）。

不用猛炸药敏化的浆状炸药和硝基碳硝酸盐炸药的爆速随着体积能量的增加相对保持为常数。使用这些产品时，增加密度通常就会降低效率，也可能会降低爆速。铝在硝基碳硝酸盐炸药中作为产生能量的主要组分，它通常在爆轰波阵面❶后反应，并微弱地增加爆

❶ 原文为冲击波阵面（the shock front），改为爆轰波阵面较宜。——译者注

速（极细的铝粉除外），大多数浆状炸药和硝基碳硝酸盐炸药的爆速都由于直径或约束条件的改变而显著地变化着。

表 1 包括了商品炸药的 99%能量范围。关于比较两种炸药爆破能力强弱程度相差多少，虽有许多衡量方法，但就本表所示的按体积能量衡量来看最强的标准商品炸药比最弱的只相差不到一倍。同时很巧，最弱的和最强的炸药都具有相同的重量能量。

18　测量能量的应用

表 2 列举了各种炸药的各种装药直径时的能量值。利用这些数据可以按照能量大小来评定炮孔装药。大多数炮孔装药要求在靠近根底的孔底部分装填具有较大能量的炸药，而在靠近填塞面的上部炮孔则装填能量较小的炸药。按照类似分析对水平的炮孔，通常也应将较大能量的炸药装填在炮孔的底部，可是实际分析表明最常用的是将具有较大能量的炸药装填在顶部或填塞面，而在底面或正面切槽上则装填能量较小的炸药。这和通常要求的正好相反。

下面三个例子可以说明这一点。

例 1　在 3 英寸直径的炮孔中装填 2 英寸直径的 75%特种胶质炸药，药卷与自由注入炮孔以散装铵油炸药进行比较。75%特种胶质炸药通常装填在炮孔的底部。

能量比较：

2 英寸直径的 75%特种胶质炸药卷 = 170 万英尺 · 磅/英尺炮孔；

3 英寸直径的铵油炸药❶ = 270 万英尺 · 磅/英尺炮孔；

在顶部多出的能量百分数 = 59%。

例 2　在 $6\frac{1}{2}$英寸直径炮孔中装填 5 英寸直径粉碎的硝铵炸药药卷与装填散装铵油炸药进行比较。粉碎的硝铵炸药通常装填在炮孔的底部或潮湿面上。

能量比较：

5 英寸直径粉碎的硝铵炸药 = 940 万英尺 · 磅/英尺炮孔；

$6\frac{1}{2}$英寸直径散装铵油炸药 = 1270 万英尺 · 磅/英尺炮孔；

在顶部多出的能量百分数 = 35%。

例 3　在 2 英寸直径的炮孔中装填 $1\frac{1}{2}$英寸直径的 Unigel 炸药药卷与装填的铵油炸药进行比较。

能量比较：

$1\frac{1}{2}$英寸直径的 Unigel 炸药 = 98 万英尺 · 磅/英尺炮孔；

2 英寸直径的散装铵油炸药 = 120 万英尺 · 磅/英尺炮孔；

在顶部多出的能量百分数 = 22%。

从上述三个实例可看出，大多数包装型的炸药，每英尺炮孔长所提供的体积能量都比

❶ 原文为 2 英寸直径，可能有误，应为 3 英寸。——译者注

自由注入炮孔的散装铵油炸药为小。

比较能量时，并不一定必须采用炸药的磅数作为分析炸药要求的基础。如果测量能量的数据是有效的，在比较炸药时就不会出现奇异的反常。按照体积能量来评定炸药能量大小可为爆破工程师提供了用来保证炮孔装药时能量平衡所需的资料。

19　能量传递的原理

在岩石中能量的传递在很大程度上像在其他介质中的能量传递一样，具有许多相类似的特征。在利用能量破碎岩体时，必须考虑离开能源某一距离处能量的利用情况。物理学的基本定律将有助于炸药工程师了解破碎岩石时能量利用的情况。

能量的强度是随着能量波传递距离的平方而减小，换句话说，能源做功的能力是反比于传递距离的，即 $1/d^2$。

d 处的能量 = 能源处能量 × $\frac{1}{d^2}$；d 为到能量评定点的距离。

有许多普通事例都可说明这一事实，而对于所有炸药工程师来说，爆破振动和能量冲击波都是经常遇到的，并且对它们随着距离而衰减这个现象也是很了解的。一般地讲，爆破振动的强度是随着距爆炸地点的距离的平方而减小。

光能是另一种普通的能源，很容易用英尺·烛光来测量，这个与炸药能量用英尺·磅的测量极为相似。表面上的光称为照度，英尺·烛光就是照度的强度单位。

以英尺·烛光表示的照度等于烛光除以至光源表面距离的平方。这意味着照度随光线暗淡而减小，而且随光源的移开而很快的减小。

这种效应可以用英尺·烛光计予以验证。例如，如果光源处英尺·烛光计读数是2500英尺·烛光，随着光源的移开，那么在5英尺和10英尺处，光能应是多少呢？能量的强度是随离开距离的平方成反比而变化。

d 距离处的能量 = 光源处的能量 × $\frac{1}{d^2}$；

能量(5英尺) = 2500 × $\frac{1}{25}$ = 100英尺·烛光；

能量(10英尺) = 2500 × $\frac{1}{100}$ = 25英尺·烛光。

20　能量传递原理的利用

如果能像在空气中读出光能强度一样（英尺·烛光）读出在岩石中的炸药能量的英尺·磅数的话，那么炸药工程师就和光学工程师一样可利用这个资料作为他的设计依据。

例如，在通常的爆破条件下，当15英尺的最小抵抗线和9英尺最小抵抗线相比较时，就需要2.7倍于后者的能量（270%）才能产生相同的爆破效果。而12英尺的最小抵抗线与10英尺的最小抵抗线相比较时，则前者需要的能量为后者的144%。[1]

当然，反之也是正确的。如果一个炮孔布置的最小抵抗线由10英尺减小到5英尺，

---

[1] 原文印刷有误。——译者注

则在自由面上的能量多出达 400%，而且可能发生危险情况。

利用表 1、表 2 中的能量数据和 $1/d^2$ 的公式进行简单的计算，可为工程师提供保证安全爆破进行分析的依据。

21　最小抵抗线与炮孔直径的关系

在了解能量随传递距离而衰减的同时，了解药卷直径和孔径与最小抵抗线或爆破网度之间的关系也是重要的。

尤其重要的是圆柱（炮孔）的体积和圆截面积。圆截面积公式是爆破数学的基础。

$$圆截面积 = \pi r^2 \quad 或 \quad \frac{\pi D^2}{4}$$

式中　π——数学常数（3.1416）；

D——圆的直径；

r——圆的半径。

关键的因素就是圆截面积正比于直径的平方（D^2）。

炮孔的体积等于圆截面积乘以深度，为便于说明，所有的例子都采用 1 英尺深度。

了解装药的能量最主要的就是了解炮孔或者有关的圆柱形炸药包。

例如，一个 3 英寸的孔就比 2 英寸的孔大 1.25 倍，即：

$$所大的倍数 = \frac{\pi(3)^2}{4} \bigg/ \frac{\pi(2)^2}{4} = \frac{3^2}{2^2} = \frac{9}{4} = 2.25$$

与 2 英寸的炸药柱相比较，一个同样能量和密度的 3 英寸炸药柱能产生 225%的能量。同样深度的 6 英寸药柱，则应产生 900%的能量。

将能量传递的基本事实和数学的体积运算结合在一起便可得出如下的结论：

炮孔的截面积或体积正比于直径的平方。能量强度反比于传递距离（最小抵抗线）的平方。因此，最小抵抗线的距离直接与炸药圆柱的直径成正比。

表 2　能量比较表

采用各种炸药直径时每英尺炸药的能量（$\times 10^6$ 英尺 · 磅）

炸　药	炸药直径/英寸														
	8	7	$6\frac{1}{2}$	6	$5\frac{1}{2}$	5	$4\frac{1}{2}$	4	$3\frac{1}{2}$	3	$2\frac{3}{4}$	$2\frac{1}{2}$	$2\frac{1}{4}$	2	$1\frac{1}{2}$
铵油炸药 94/6	19.2	14.7	12.7	10.8	9.1	7.5	6.1	4.8	3.7	2.7	2.3	1.9	1.5	1.2	0.67
GEL-POWER 0-1	22.7	17.4	15.0	12.7	10.7	8.8	7.2	5.7	4.4	3.2	2.6	2.2	1.8	1.3	—
HERCOL 2	23.4	17.9	15.5	13.1	11.1	9.1	7.4	5.8	4.5	3.3	2.7	2.3	1.9	1.4	0.82
粉碎的铵油炸药	24.1	18.4	15.9	13.5	11.4	9.9	7.7	6.0	—	—	—	—	—	—	—
40%特种达纳马特	25.6	19.8	17.1	14.5	12.2	10.1	8.2	6.4	5.0	3.6	3.1	2.5	2.1	1.6	0.94
吉拉迈特 1（GELAMITE1）	25.6	19.8	17.1	14.5	12.2	10.1	8.2	6.4	5.0	3.6	3.1	2.5	2.1	1.6	0.94
FLOGEL	25.6	19.8	17.1	14.5	12.2	10.1	8.2	6.4	—	—	—	—	—	—	—
GEL-POWER 0-2	25.6	19.8	17.1	14.5	12.2	10.1	8.2	6.4	5.0	3.6	3.1	2.5	2.1	1.6	—

续表 2

炸　药	炸药直径/英寸														
	8	7	$6\frac{1}{2}$	6	$5\frac{1}{2}$	5	$4\frac{1}{2}$	4	$3\frac{1}{2}$	3	$2\frac{3}{4}$	$2\frac{1}{2}$	$2\frac{1}{4}$	2	$1\frac{1}{2}$
梯坦 2（TITAN2）	25.6	19.8	17.1	14.5	12.2	10.1	8.2	6.4	—	—	—	—	—	—	—
HP 216	26.9	20.6	17.8	15.1	12.7	10.5	8.5	6.7	—	—	—	—	—	—	—
60%特种达纳马特	27.2	20.8	18.0	15.3	12.9	10.6	8.7	6.8	5.2	3.8	3.2	2.7	2.2	1.7	0.96
75%特种胶质炸药	27.9	21.4	18.5	15.7	13.2	10.9	8.9	7.0	5.4	3.9	3.3	2.8	2.2	1.7	0.98
UNIGEL	27.9	21.4	18.5	15.7	13.2	10.9	8.9	7.0	5.4	3.9	3.3	2.8	2.2	1.7	0.98
60%特种胶质炸药	28.3	21.6	18.7	15.9	13.4	11.0	9.0	7.1	5.5	4.0	3.3	2.8	2.3	1.7	1.0
GEL-POWER 0-3	29.7	22.7	19.6	16.7	14.0	11.5	9.4	7.4	5.7	4.1	3.5	2.9	2.4	1.9	—
POWER-GEL A	30.0	23.0	19.9	16.9	14.2	11.7	9.5	7.5	5.8	4.2	3.5	2.9	2.4	1.9	1.1
吉拉迈特 D（GELAMITE D）	30.7	23.4	20.3	17.3	14.5	11.9	9.8	7.7	5.9	4.3	3.6	3.0	2.4	1.9	1.1
60% HI PRESS GEL	31.8	24.8	21.5	18.2	15.4	12.7	10.4	8.1	6.3	4.5	3.9	3.2	2.6	2.0	1.1
GEL-POWER 0-4	33.2	25.3	22.0	18.6	15.7	13.0	10.5	8.2	6.3	4.6	3.9	3.3	2.7	2.0	—
GELAPRIME F	35.9	27.5	23.8	20.2	17.0	14.0	11.4	9.0	6.9	5.0	4.2	3.5	2.9	2.2	1.3

例如，一个最小抵抗线为 9 英尺的 3 英寸炮孔是可用的话，那么计划使用 6 英寸的炮孔时，其最小抵抗线的尺寸应为多少？

$$\frac{9\text{ 英尺最小抵抗线}}{3\text{ 英寸孔}}=\frac{?\text{ 英尺最小抵抗线（6 英寸孔）}}{6\text{ 英寸孔}}$$

由此求得的最小抵抗线（6 英寸孔）= 18 英尺。

了解了能量的物理含义和炸药的数学运算就为炸药工作者进行实际爆破设计提供所需要的基本论据。

22　结论

最优爆破需要炸药工程师利用基于科学原理的客观准则来选择和使用现代化学炸药，这些科学的原则是由炸药的性能所决定的（不包括由于数据不准而出现的反常情况）。本文叙述了这些原则，我们将它看成是炸药评定过程的基础。最后为了再强调一下，对这些主要原则再一次归纳叙述如下：

（1）最优爆破要求按照能产生最低总费用进行综合考虑来选择炸药。往往，这不是指按每磅重量价格最低的炸药。

（2）传统的重量威力法和体积威力法不是用来比较现代炸药的正确基础。按其他的物理性能进行比较，如密度、比重和与能量有关的爆速和敏感度等也适用。

（3）冲击波和推力的水下能量测定法提供与实际结果相符的数据，并已证实它是用来比较炸药威力的有效基础。此外，水下测量法对确定外部变量（如压力和温度）对释放能量影响也是有效方法。

（4）在炸药间隙中的气体或空气的绝热压缩是多数现代炸药起爆的主要机理。柴油发动机的工作情况正是对这种机理的一个有效的模拟。

（5）任何能够限制现代炸药产生绝热压缩的外界变量（如导爆索或流体静压力的存在）都将降低炸药的效率。

（6）大多数炸药在购买时以重量计算，而装填时以体积计算，除非能量关系仔细评定过，否则将得到低于最优爆破的结果。

（7）能量强度随离开能源的距离的平方而减小，炮孔的体积随直径的平方而增加，所以，最小抵抗线的距离直接与炸药圆柱的直径成正比。

（8）测量的能量数据与能量物理学和炮孔数学计算相结合则是实现现代化学炸药最优爆破的关键。

参考资料（略）

（译自美国《Proceedings of the Fourth Conference on Explosives and Blasting Technigues》，1978，128-153）

炸药的发展

美国《World Mining Equipment》编辑部

乳化炸药，非电起爆系统的广泛应用和现场制备是不久将来看得见的发展趋势之一。

在过去几年中，炸药工业和采矿工业一样，都处于停滞状态。炸药消耗量已经下降，其原因在于采矿活动减少，一些紧缩开支的公司已重新评价了他们的爆破策略。凿岩技术的变化对其也有影响，因为钻一个炮孔所需的时间已经大大缩短，钻机移动和开孔所消耗的时间已变得越发重要。

1 成本

在大多数矿山，凿岩和爆破的成本占采矿成本的20%~40%。图1所示为凿岩爆破、装载运输和破碎的相对成本与破碎块度间的关系，此图表明，破碎块度越大，凿岩爆破成本越低，但装载运输和破碎的成本越高。因此，对于任何一个矿山，都有一个最佳的破碎块度。

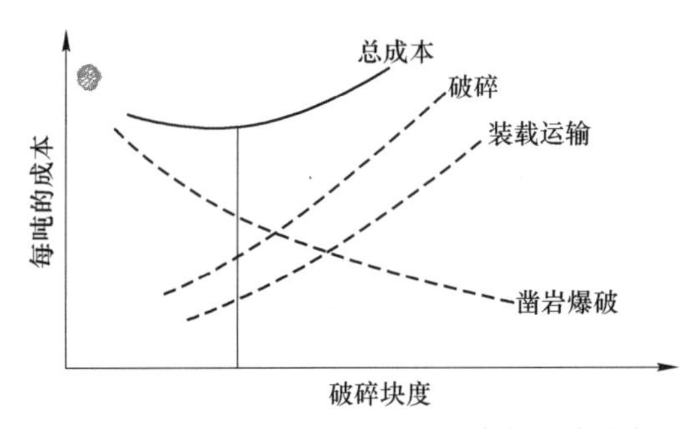

图1 破碎、装载运输和凿岩爆破的相对成本与破碎块度的关系曲线

用于二次破碎的大功率液压碎石机的出现对某些矿山已有影响。在某些情况下，允许较粗的破碎块度和进行更多的二次破碎已证明更经济。然而还没有一个尺度可用来在爆破和破碎之间作出最佳的折中选择。

炸药工业直至最近才不依赖于硝化甘油基炸药，在大多数矿山，这类炸药在炸药总耗量中仍占一定比例。它们将其作为散装炸药（如铵油炸药）的起爆药包和用于某些特殊目的的爆破作业。例如，巷道掘进炮眼组的周边孔有时装填弱的炸药（mild explosive），以便最大限度地减少对边帮岩石的损坏，而作为最广泛应用的散装炸药的铵油炸药，则用于中心炮孔。铵油炸药是廉价的，混制简单安全，而且原材料容易得到。然而它不抗水，如果不采取附加的包装措施，则不适用于很潮湿的条件。

本文原载于《国外金属矿采矿》，1986（9）：34-35。

乳化炸药在销售市场中的比例可能要日益增大，这是由于它们的安全性好和适应性强的缘故。埃马莱特（Emulite）是由硝酸铵和其他氧化剂分散在油和蜡混合物中形成的。微细液滴为爆炸反应提供了很大的接触面积，而且蜡膜使混合物具有很好的抗水性能。为引爆这种炸药，向其中添加微小玻璃球。这些微球在起爆时破裂，因而在炸药各处形成无数热点。乳化炸药的敏感度可以通过改变微球的数量加以控制，而爆炸力则受燃料添加剂数量的影响。

2　比例

借助改变油蜡间的比例，也可变更乳化炸药的稠度，这样既可生产药卷产品，如埃马尼特，也可生产可泵送的浆状产品，如埃马兰（Emulan）。爆炸力、敏感度和稠度的这种多方面适应性意味着同一基础产品能够精确地适应各种用途的需要。

严格的安全标准指导着炸药的运输，贮存与搬运。这些因素和新炸药的性质影响着产品的经济性。

为了经济与安全生产，硝化甘油基炸药和雷管需要建立中心生产工厂，而散装炸药可以更安全和更经济地在现场混制。

因此，发展的趋势是在矿山现场按所需的准确数量配制全部范围内的炸药。如埃马尼特这样的散装产品目前是按一种配方生产的，将来在现场混制将满足不同的炮孔尺寸，岩石强度和其他参数的需要。这将为炸药工程师进行试验开辟新的前景。

3　起爆系统

起爆方法的变化正在影响着爆破技术。一般地说，炮孔直径越大，凿岩成本越低，但较大直径的炮孔需要大量的炸药，如果这些炸药在环境敏感的地区一次起爆的话，会产生震动问题。

为了减少震动和确保良好的破碎效果，要求必须钻凿小直径炮孔和采用顺序爆破，要求在大直径炮孔中采用带有中间填塞的间隔装药。在两种情况下为使每个装药按正确的顺序起爆，爆破的准确迟发定时是关键的。这些考虑因素日益要求延迟时间更精确，要求每次爆破中有更多段的间隔时间。这些要求已经通过采用非电起爆系统而得以满足。

4　非电起爆系统

诺内尔（Nonel）非电起爆系统利用内壁涂覆炸药的塑料管将冲击波传递给雷管。尽管诺内尔起爆系统仍比电起爆系统稍贵一些，但诺内尔系统更安全，因为它对杂散电流不敏感，而且能够提供更多的延迟段数。这就有可能进行较大规模的爆破，而又能提高破碎效果和减小震动。将来，随着技术的进一步发展，延迟时间会更精确，因此这些非电起爆系统的使用量可能会增加。这一段时间之后，这种非电起爆系统将会有更多的间隔段数，可以进行更大规模的爆破。

（译自美国《World Mining Equipment》，1986，№3，33）

现 代 炸 药

——乳化炸药和高密度铵油炸药

美国《World Mining Equipment》编辑部

乳状液是分散相分布于整个连续相的两相体系。乳化炸药是燃料和氧化剂两种组分的混合物。氧化剂主要是硝酸盐，燃料大多是矿物质碳氢化合物或有机衍生物。氧化剂与燃料之比大约是 10∶1。

利用电子显微镜观测发现，乳胶的结构呈多面体堆积，每个液滴被燃料相薄膜包覆。

爆轰反应发生在两相接触的界面上。乳胶提高了爆炸效率，因为两相都是液体，而且分散的硝酸盐水溶液液滴的大小比普通炸药小几个数量级，犹如 0. 001mm 与 0. 2mm 之比。这些液滴被紧密包裹于燃料相的内部，加大了表面接触，从而提高反应效率。因此，反应强度可以通过变更燃料和氧化剂的混合比例来加以调节。此外，由于利用过饱和溶液，硝酸盐溶液的水含量减少了。

效率的提高反映在爆速上。铵油炸药的爆速约为 3. 2km/s，浆状炸药的爆速约为 3. 3km/s，而乳化炸药的爆速达 5~6km/s。高爆速是乳化炸药的主要优点之一，因为它提供高的冲击能，这在硬岩爆破中是一个值得注意的因素。

与其他炸药不一样，乳化炸药不使用化学敏感剂。在乳化炸药中存在的空隙满足了敏感的要求，空隙的数量决定混合物的密度。

任何乳胶的黏度和密度均在很大程度上取决于有机燃料相的物理特征，这种燃料相可以是液体燃料油，也可是粘性石蜡。与浆状炸药不一样，乳化炸药不能胶凝或交联，它们的结构显示出硝酸盐——连续燃料相。

1　用于露天矿的乳化炸药

由于良好的抗水性能和化学稳定性，散装乳化炸药特别适于露天矿山使用。

乳化炸药在结构上与浆状炸药迥然不同，前者不含增稠剂或胶凝剂，而且需要在 80℃左右混合。不含结构添加剂意味着在燃料相变为半固态以前应将各相冷却至 30~50℃。

2　结晶

乳化炸药存在两个主要问题，即：防止硝酸盐溶液聚结成较大的液滴和硝酸盐的结晶。

为了获得成功的爆轰，乳化炸药要求燃料相和氧化剂相都是液体。氧化剂相是由呈液滴形态存在的亚稳过饱和硝酸盐溶液组成的。在有利的情况下，这些亚稳态液滴将通过结

本文原载于《国外金属矿采矿》，1987（10）：52-53。

晶降低其能量水平。这种反应一旦发生，炸药的敏感度就与其爆炸性能一道丧失。低温、污染物质和机械冲击是产生这种后果的主要原因。

低温、长距离运输和延长贮存期是相分离的主要原因，对小直径雷管敏感的装药来说尤其如此。散装产品在很大程度上不存在这些问题，散装乳化炸药通常是在现场混制。

乳化炸药的流体性质引起它本身的问题，在破碎的基岩和上向倾斜炮孔情况下难于将炸药限定于炮孔里。乳化炸药也比浆状炸药更易受污染，特别是被炮孔水和沉积物污染。尽管存在这些缺点，当装药和起爆正确时，散装乳化炸药仍非常有效。

乳化炸药的主要优点之一是其高爆速，提供高的猛度或冲击能，这是爆破硬岩时一个值得注意的因素。为了变更爆炸威力，可以添加燃料级铝粉，以获得所需的破碎块度和岩石位移。

3　重铵油炸药

重铵油炸药是铵油炸药和乳化炸药的掺合物。由于它往往和纯乳化炸药一样有效，而且便宜得多，因此这种炸药正在获得更广泛的应用。粒状铵油炸药是由浸渍过燃料油敏化的球或粒状硝铵组成的。当颗粒彼此接触时其密度最大。接触仍留有空隙，在重铵油炸药中这种空隙被乳化炸药基质，如一种具有适宜黏度和稳定性的可泵送的冷乳胶所充填。乳化炸药的敏化机理在于存在空隙。在重铵油炸药中，乳胶占满空隙，颗粒硝铵的作用是提供空隙或调整密度。组分的比例可以变动，以改变重铵油炸药的敏感度、能量和抗水性。

重铵油炸药的相对体积威力随乳化炸药或基质的比率而变化，乳化炸药的掺合比达40%时体积威力最大。这相当于10%铝化铵油炸药的力量。乳化炸药超过40%时，硝铵颗粒不再紧密接触，这就抑制了它传递冲击波的功能。

在一般的组成范围内，重铵油炸药的密度随乳胶含量的增加而增大，最高达1.3g/cm^3。装药敏感度与密度和乳胶含量有着相反的关系。高的敏感度一般用小直径药卷予以检验。乳胶含量为23%的重铵油炸药（此时炸药的密度为1.08g/cm^3）可被一只90g的铸状药包起爆。所需的起爆药包重量随密度增大而增加。当密度为1.33g/cm^3时，所需的最小起爆药包是450g。

能量和敏感度的峰值都出现在密度约为1.3g/cm^3处。向基质乳胶中添加玻璃微球可提高该炸药的敏感度、能量和抗水性，但却增加了成本。抗水性也取决于乳胶含量和质量，敏感度，掺合程度，特别是装药及装药后的贮存时间。

（译自美国《World Mining Equipment》，1987，№3，34-35）

东肯普特维尔矿的炸药选择

加拿大工业公司炸药部技术服务代表 J. M. 豪斯顿

摘　要

1982 年 10 月，里奥阿尔戈姆（Rio Algom）有限公司从加拿大地壳资源公司（SCR——Shell Canada Resources）购买了一个锡矿床。该矿床位于新斯科舍省的东肯普特维尔附近。这一交易导致了北美第一大型锡矿山的开发。

本文叙述里奥阿尔戈姆有限公司的钻孔和爆破作业，特别是乳化炸药的使用技术。

本文阐述了什么是乳化炸药和重铵油炸药，以及将这些产品输送到爆破现场的供给系统。

1 历史

东肯普特维尔矿是 SCR 公司于 1978 年 7 月发现的。1979 年 3 月，SCR 公司开始用金刚石钻机钻探这个锡矿床。在钻探 8220m 以后，估计矿石储量有 5600 万吨，锡品位为 0. 165%。该矿床位于新斯科舍省亚茅斯（Yarmouth）东北 54km 处，可行性研究表明，若日处理矿石 9000t 规模，可望开采 17 年。

2 地质

东肯普特维尔矿的锡矿床蕴藏于花岗岩中，与其相接触的是变质沉积岩。矿化形态是锡石与硫化铜、硫化锌共生。锡赋存在含锡云英岩交替带的网状脉中。

3 东肯普特维尔矿

在头 5 年里，该矿计划露天开采，日产矿岩 1. 4 万吨，其中 0. 5 万吨是废石和低品位矿石。最终，日产矿岩总量将达到 2. 1 万吨，其中包括 1. 2 万吨废石和低品位矿石。图 1 所示为矿山现场的总布置。

4 东肯普特维尔矿选择乳化炸药

1984 年 12 月东肯普特维尔矿与加拿大工业公司（CIL Inc.）炸药部签订了一个供应

本文原载于《国外金属矿采矿》，1988（3）：21-25。

炸药到炮孔的合同。选择的系统使得东肯普特维尔矿在爆破中可就地选择普通铵油炸药，或者高密度的Super AN[1]重铵油炸药，或者MAGNAFRAC[1]抗水乳化炸药，选用后者炮孔可以不排水。

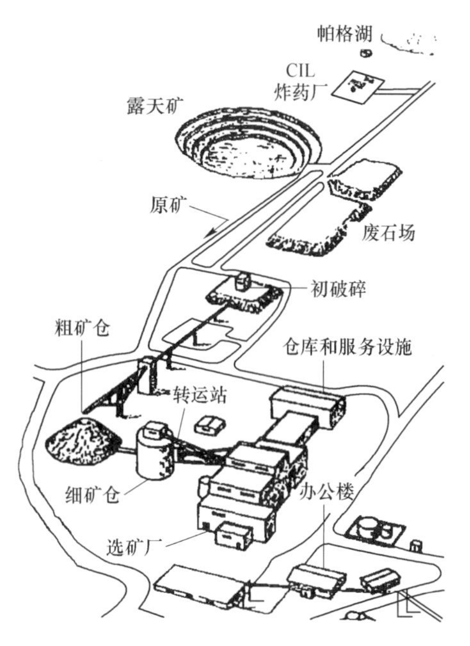

图1　现场布置图

5　乳化炸药

乳状液是两种互不相溶的液体的紧密混合物。它已经造福于我们的日常生活，例如用于农药、色拉调味品和化妆品等产品。

60年代初，在对一种炸药即爆炸反应中一种氧化剂与燃料相结合这一特性的基本要求进行调查时，对爆炸乳胶产生了兴趣。氧化剂主要是硝酸盐；燃料主要是矿物或有机的碳质化合物。

近年内氧化剂的形式已经有了变化。表1示出了从固体到盐溶液和固体，到乳化炸药的微细液滴粒度的不断减小（图2~图4）。粒度的重要性在于一个氧化剂单元与一个燃料单元的紧密接触程度，当这种接触变得更紧密时，反应的效率和速度就增加。在乳化炸药中氧化剂与燃料间的这种紧密关系产生很高的爆轰速度（约5000m/s）。

表1　氧化剂与燃料间的紧密关系产生高爆速

炸药种类	粒度/mm	形　态	爆速/km·s^{-1}
铵油炸药	2	全部是固体	3.2
狄纳米特	0.2	全部是固体	4.0
浆状炸药	0.2	固体/液体	3.3
乳化炸药	0.001	液体	5.0~6.0

图2　1250倍光学显微镜观察连续相基质里的过饱和硝酸盐液滴

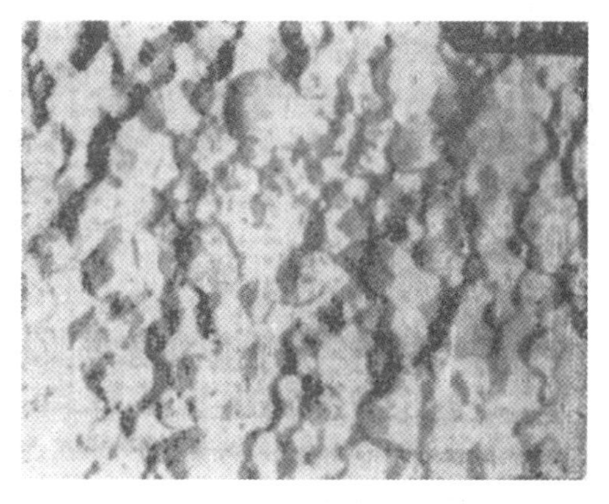

图3　10000倍电子显微镜视域下显示紧密接触的液滴，它们不再是球体。像气体被强制装于盒子中，每个液滴是一个多面体

[1] 加拿大工业公司的商品牌号。

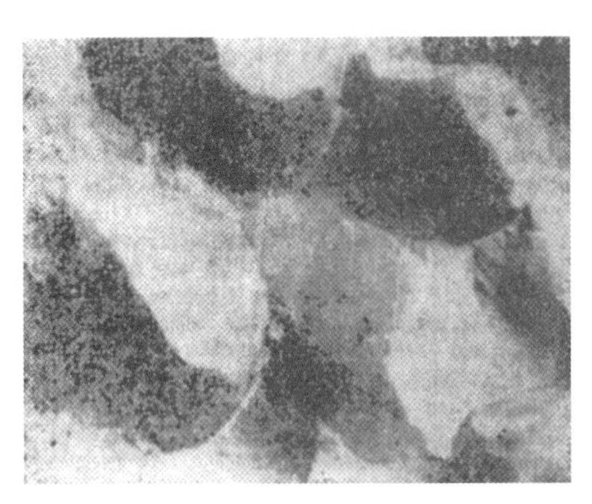

图4　50000倍电子显微镜视域里显示每个多面体液滴外包燃料连续相薄膜，膜厚的数量级是毫米的百万分之几

乳化炸药的突出特点是氧化剂和燃料都是液体。氧化剂是过饱和的盐溶液。燃料变化不定，从散装乳胶和重铵油炸药中的低黏度矿物油到包装乳化炸药的石蜡油、石蜡、粗制蜡和挠性蜡（见表2）。

表2　乳化炸药的突出特点是氧化剂和燃料都是液体

序号	燃料种类	乳化炸药成品的稠度	用　途
1	燃料油	冷时稀薄，可泵送	冷态可再泵送；小直径至中等直径的炮孔；重铵油炸药
2	石蜡油	热时稀薄，可泵送	大直径的散装品；黏稠的中等直径至大直径的包装品
3	石蜡油+石蜡	稠厚、软质、粘性	小直径的塑料药卷品；二次爆破药包
4	粗制蜡	稠厚、腻子状	小直径至中等直径的纸药卷品；可装填并且稳定
5	挠性蜡（微晶蜡）	无粘性腻子状	小直径的纸药卷品；可装填并且稳定

由于乳化炸药不含有化学敏感剂，其引爆、爆轰传播、敏感度和爆速完全取决于空隙的存在。空隙数量的变化影响密度的变化。空隙被用作密度调节剂，它既可以是通过化学方法产生的气泡，也可以是人造空隙，如玻璃微球。

目前东肯普特维尔矿使用的乳化炸药是冷态可再泵送的炸药，它是用化学气泡敏化的。这种乳胶也用于由普通的铵油炸药制备SuperAN，后者通常叫做重铵油炸药。

6　重铵油炸药

毫无疑问，在当今的炸药技术中，铵油炸药依然是一个基础品种。由于球状硝铵的密度、磨损和压实只允许有较小的变化，因此0.85g/cm^{3}的炮孔密度是用于测量铵油炸药的敏感度、爆速和能量的实际标准。

由于能量是最重要的作用参数，因此近年内研究了几种改进这个数值的方法。与铵油炸药能量相关的最普通添加剂是燃料级铝粉。铝化铵油炸药的配方、掺合工艺和性能已在整个炸药工业中很好地确立。它的不利方面是铝粉的配料成本受频繁而且大幅度价格波动的影响，和最终产品固有的缺乏抗水性。然而，铝化铵油炸药用得广泛，因此它为能量、性能和成本的比较提供了一个极好的参照基准。

普通铵油炸药的圆柱是敏化的硝铵球的堆积（图5）。最大的非破碎的密度出现在所有球体均接触时。在这种理想的情况下，内部存有交错空隙，并且可以利用某些能量基质有效地充填于其中。添加空隙具备敏化机理，基础乳胶才可成为炸药。例如，用于可再泵送的乳化炸药中的基础乳胶具有低黏度和良好稳定性。它可以与铵油炸药进行物理掺合以形成一种炸药，其中铵油炸药起着空隙或密度调节剂的作用。基础乳胶与铵油炸药的这种掺合产品称为重铵油炸药。

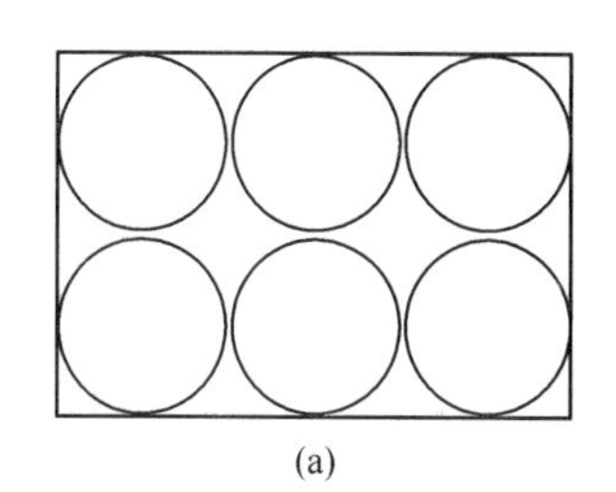
(a)

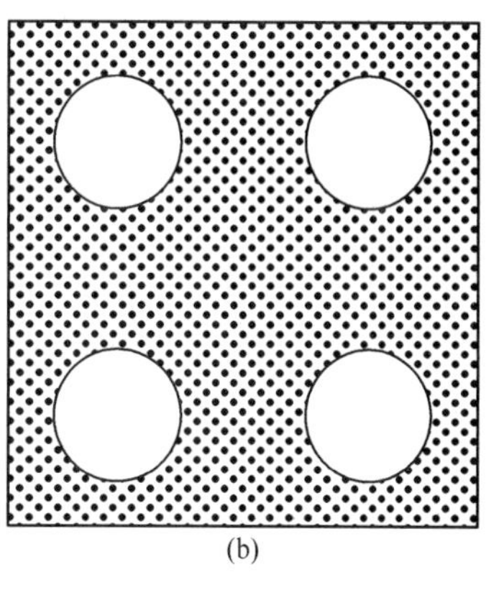
(b)

图5　重铵油炸药的结构

（a）在完整球体最大密度下的铵油炸药；

（b）铵油炸药分散在乳化炸药基质中形成的重铵油炸药

7　SuperAN

加拿大工业公司散装重铵油炸药的商品名是SuperAN。SuperAN的物理和爆炸性能，即能量、密度、敏感度和抗水性能依掺合到铵油炸药中的乳胶基质百分含量而变。东肯普特维尔矿通常采用几种掺合比的SuperAN。乳胶含量范围一般是25%~40%。

8　运输

在东肯普特维尔矿，MAGNAFRAC、SuperAN或普通铵油炸药的制备都是相当简单的。乳胶基质是加拿大工业公司设在魁北克省的塞特福德（Thetford）矿的固定工厂制备的，用容量为20t的罐车运输。当罐车到达位于东肯普特维尔锡矿的加拿大工业公司（CIL）炸药厂地时，途经23h，乳胶被泵入一个36.6t的贮罐中，该贮罐安装在一个有暖气的工厂贮存室内。重要的是保持乳胶基质的温度不低于20℃，以避免输送困难。

球状硝酸铵用容量为30.8t的汽车从加拿大工业公司设在魁北克的贝洛埃尔工厂运来，并贮存在邻近厂房的100t仓库中。由于全部基本配料均在现场，就有可能用掺合汽车掺合和供应普通铵油炸药、重铵油炸药（SuperAN）和乳化炸药（MAGNAFRAC）。

9　掺合输送汽车

加拿大工业公司的掺合输送汽车用于制备三种类型炸药，并直接将其装填到炮孔中（图6）。标准的铵油炸药混合汽车上增设一个乳胶基质贮罐和两台泵，一个产气剂贮罐。对于SuperAN来说，管道从乳胶基质罐接到一个泵上，这个泵计量通过一个软管送到架空螺旋输送器的热乳胶基质，在螺旋输送器里基质与铵油炸药掺合。乳胶基质的泵入速度决定乳胶对铵油炸药的比例，也就是掺合的SuperAN的组成。

SuperAN的产品密度随着乳胶基质添加比例的增加而增大。能量的峰值出现在密度为1.40g/cm³左右（图7）。

10　MAGNAFRAC

当需要抗水的乳化炸药即MAGNAFRAC时，乳胶基质被定量地泵入一个混合料斗中，

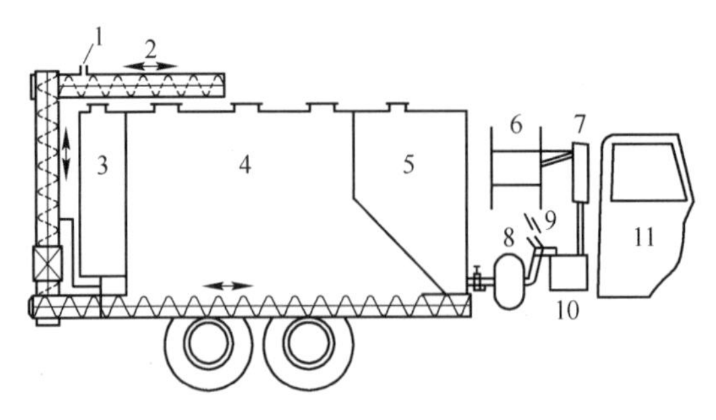

图 6 掺合汽车

1—热乳胶基质；2—270°摆动角的螺旋输送器；3—燃油罐；4—硝酸铵罐；5—乳胶罐；6—软管卷筒；7，8—泵；9—通到螺旋输送器；10—混合仓；11—驾驶室中的控制仪表

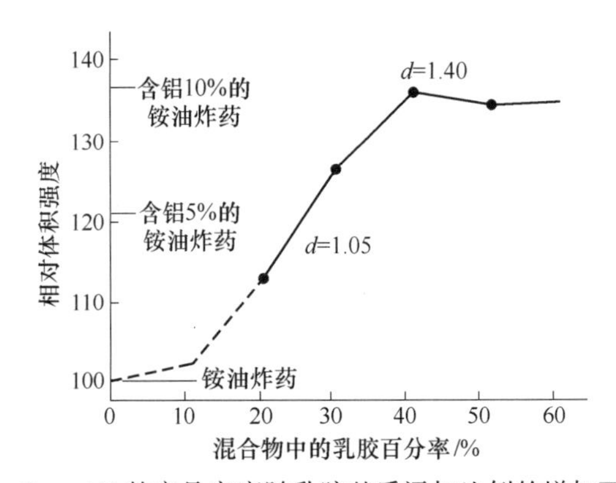

图 7 SuperAN 的产品密度随乳胶基质添加比例的增加而增大

在这里加入产气剂。然后将含气泡的乳胶通过一个软管泵入炮孔中。一种掺杂乳胶最近（1987 年 5 月）已在东肯普特维尔矿采用，它作为正系 MAGNAFRAC 的一种代用品。

（1）散装的 MAGNAFRAC 和掺杂乳胶的抗水性很好。它们可以满足除极端装药条件外的全部爆破作业。

（2）对于可以排水的炮孔来说，SuperAN 是一种高密度、低成本的炸药。它的抗水性比铵油炸药好。

（3）普通铵油炸药是由掺合输送汽车输送到炮孔中的第三种和最经济的炸药产品。这种产品广泛用于干孔或可排水疏干的条件。

图 8 和图 9 示出掺合输送汽车将 MAGNAFRAC 和 SuperAN 炸药输入炮孔中的情形。请注意，在车上有两个输送系统。操作室后部用的泵送系统将 MAGNAFRAC 泵入炮孔底部，排挤掉水；架空的螺旋输送系统用来输送普通铵油炸药和 SuperAN。整个系统由驾驶室里的操作者控制。

11 露天矿作业

东肯普特维尔锡矿的标准作业台阶是 12m。所用钻机是 MorionM3，钻直径为 $9\frac{7}{8}$英寸（1 英寸=25.4mm）的炮孔。现行的钻孔排列是 6.5m×6.5m。孔深是 12m，外加 1.5m 的

图8　用于输送MAGNAFRAC的泵送系统

图9　用于输送普通铵油炸药和SuperAN的输送系统

超深。所用的标准炸药是30∶70（乳胶∶铵油）的SuperAN和掺杂MAGNAFRAC，装填到离炮孔口4.5m。起爆系统是潜孔的NONEL XT，延期号为12，地表延时采用NONEL MS连接线。从图10所示的爆破布置图可以看出，东肯普特维尔矿采用孔间延时35ms，排间延时100ms。然而，延时布置是随不同排孔变化的，直至“V”形布置，这取决于设计的爆破坑的位置。填塞采用小于3/4英寸的碎石。

爆破设计是以得到的最大块度不超过76cm为依据的，以使粗碎机的处理量达到最大。图10所示的爆破产生8.9万吨矿石，装填了31.6t掺杂MAGNAFRAC。

装载采用2台10码^3（1码^3 = 0.7646m^3）的1900P&H挖掘机。运输采用7台85t的Terex汽车。破碎机的目前处理量是每班8小时大约5000t。

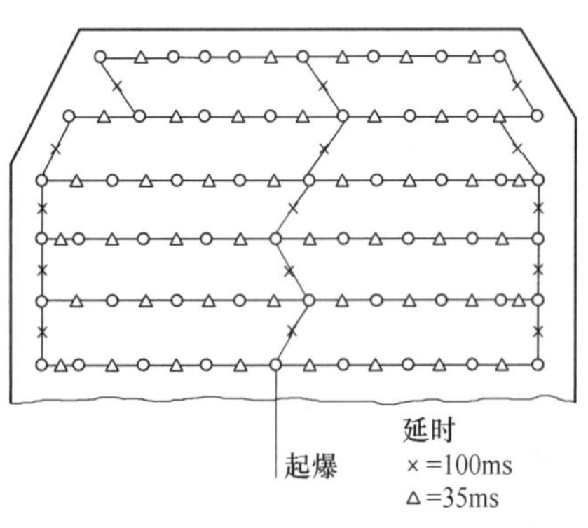

图10　94-62号炮孔排列

12　结论

东肯普特维尔锡矿已经进行了两年半的作业，我们已经往炮孔中输送了超过2000t的SuperAN、320t MAGNAFRAC以及275t掺杂乳化炸药。矿山负责人丹尼斯·格雷古雷（Denis Gregoire）认为：“SuperAN、MAGNAFRAC的掺杂乳化炸药已被证明是很有效的炸药”。

随着SuperAN和MAGNAFRAC销路的扩展，开发这些产品新用途的工作正在进行之中。

参考文献（略）

（译自加拿大《CIM Bulletin》，August 1987，46-50）

爆　破　剂

英国《采矿杂志》技术编辑　M. 史密斯

本文系对各种矿用炸药及其起爆方法的最新评述。

民用炸药的制备始于1864年，当时瑞典阿尔弗雷德·诺贝尔建立了他的第一家公司——尼特罗·诺贝尔公司，以工业化开拓他的达纳马特炸药发明。引入硝化甘油基炸药取代枪药的关键技术是诺贝尔发明了达纳马特的起爆方法。通过炸药包在水下进行的起爆方法试验，诺贝尔解决了这一问题。他将装有枪药的小玻璃管置于盛有硝化甘油的容器里，并用一根点燃的火线引爆它。这种初始的奇妙装置成了诺贝尔爆破雷管的原型，并为革新岩石爆破的许多其他发明铺平了道路。由于这些发明发展了经济可行的硬岩开采技术为维多利亚时代的工业提供了矿物原料，因此它们给予工业革命一个新的推力。

硝化甘油基炸药和梯恩梯（低含量）基炸药广泛地应用于采矿和采石工业，历时约100年之久。

仅仅近30年来，人们才需要发展新一代炸药来取代原先的发明，这一事实突出说明诺贝尔当年作出了显著的成就。

新型炸药的生产和使用比较安全，并且在品种和应用方面提供较大的灵活性。这些炸药无需添加任何单质炸药作为敏化剂，它们的代表是：浆状炸药、乳化炸药和铵油炸药（硝铵和燃料油的混合物）或重铵油炸药（铵油炸药和乳胶的掺合物）。这些炸药可以在一个中心工厂制造，既可是包装品也可是散装品。或者，也可以就地制造适宜的品种，直接输入炮孔或者送入可泵送的贮存容器中。

这些现代炸药对引爆药具有比硝化甘油炸药更大的敏感度。在这方面进行了一系列的深入研究，现在已有充分的证据表明，采用高威力高爆速铸状起爆药包进行点起爆是最有效的起爆方法。因此，起爆药沿着这些思路发展着，用无约束的强力起爆药包来代替一度通用的导爆索起爆，而起爆药包用电雷管、非电雷管引爆，或者由一只电雷管镶嵌在起爆药包内耦成一个回路经一中继药包引爆。

雷管结构的最大进展很可能是非电起爆系统，这种系统非常有效地防止由静电、杂散电流、无线电波、火焰、摩擦和撞击偶然造成的意外爆炸事故。

研究也已表明，破碎度和孔内延时有着密切的关系，这样就需要研究发展一种电雷管以取代目前常用的火雷管。爆破和产品起爆系统继续发展着，炸药制造商不断创新工艺过程的紧迫感从来不像目前这样强烈。最大努力的目标是对爆破进行科学探讨，同时提高安全性能。

1　铵油炸药

铵油炸药——硝铵和燃料油的混合物——是氧化剂和燃料结合形成炸药的最简单形式

本文原载于《矿业工程》，1988（11）：44-47，97。

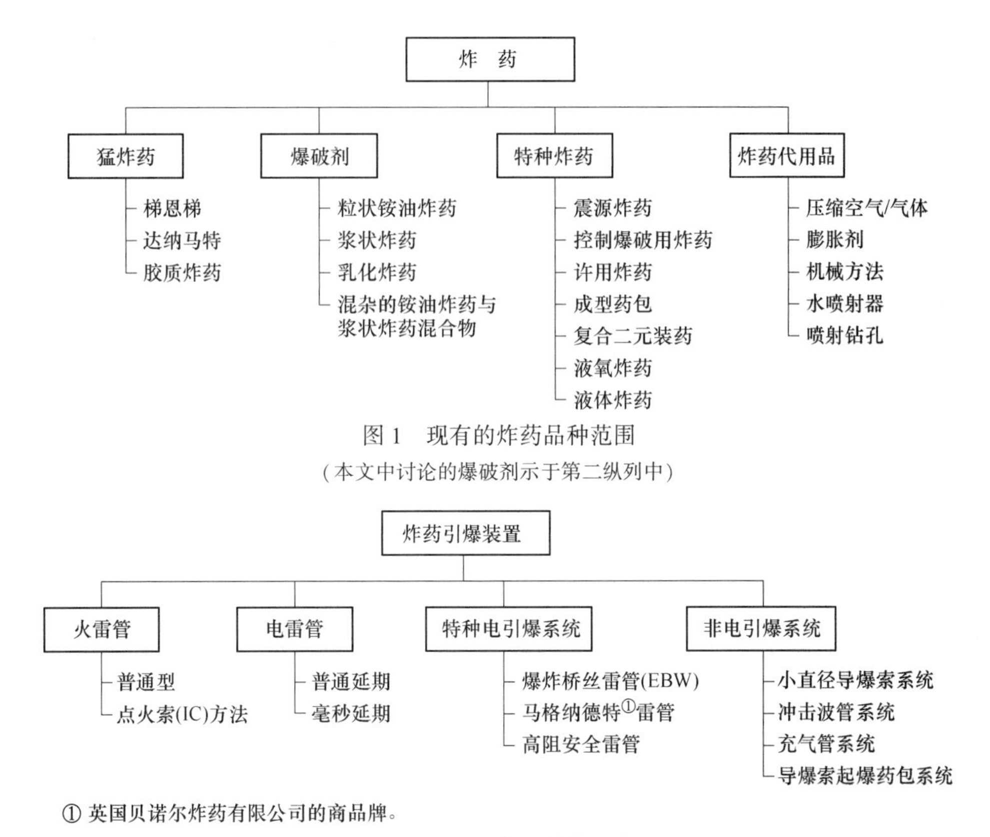

图 1　现有的炸药品种范围

（本文中讨论的爆破剂示于第二纵列中）

① 英国贝诺尔炸药有限公司的商品牌。

图 2　现有的炸药引爆装置类型

的代表。对各种爆破作业来说它也是可利用的最廉价炸药。20 世纪 50 年代第一次推出铵油炸药时，它是在工厂中混制的。不久之后，使用者认识到现场混制两种非炸药组分的可能性，并且修改了日常法规以允许建立就地生产的装置。铵油炸药有两个主要的缺点：不是雷管敏感的和没有抗水性。尽管如此，铵油炸药兼有原料易得、成本低、制造容易和使用简单等优点，已成为非瓦斯矿山普遍采用的炸药。

最常用的硝酸铵是球状的，它使硝铵与掺合的燃料油（一般是柴油）有更均匀的接触面积。在那些需要实行上向孔装药的地方，有时也推荐使用球状和结晶状硝铵的混合物，因为结晶硝铵的不规则形状使炸药在炮孔中紧密、稳定。装药通常是利用气动压力式装药器通过抗静电的输药软管来完成的，该软管在一定的距离内可以环绕、有助于测量药柱。

为了可靠的起爆和能量释放，铵油炸药需要一个强力起爆药包，并且可能需要起爆药柱或底部和顶部的起爆药包，以确保较长药柱的完全爆轰。铵油炸药的密度总是有些不稳定，因为在运输时混合物中的燃料油由于重力作用有下降的倾向，加之在炮孔中炸药的密度不规则，铵油炸药的爆轰速度比浆状炸药、乳化炸药和硝化甘油基炸药低得多。因此，铵油炸药是一种粗糙的炸药，适用于只强调破碎岩石而不顾及其破碎方式的场合。

2　浆状炸药

埃列科化学公司（Ireco）的奠基者梅尔文·库克（Melvin Cook）博士于 1956 年发明了浆状炸药，现在已有 25 个国家在专利许可下生产这种炸药。埃列科炸药及与其相关的

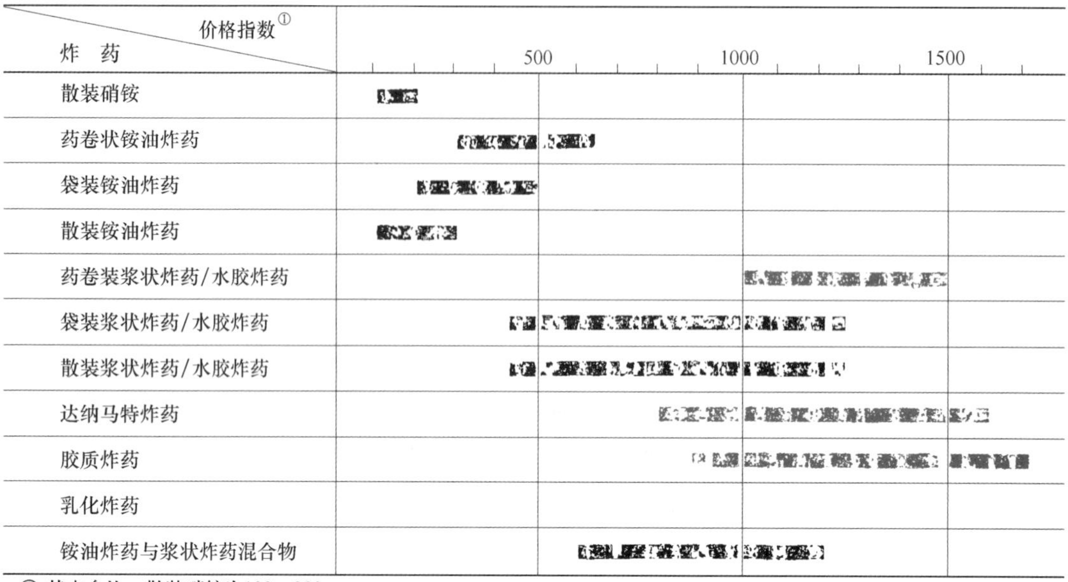

炸　药 \ 价格指数①	500　1000　1500
散装硝铵	
药卷状铵油炸药	
袋装铵油炸药	
散装铵油炸药	
药卷装浆状炸药/水胶炸药	
袋装浆状炸药/水胶炸药	
散装浆状炸药/水胶炸药	
达纳马特炸药	
胶质炸药	
乳化炸药	
铵油炸药与浆状炸药混合物	

① 基本参比：散装硝铵为100～200。

图 3　常用炸药的价格比较

制造及输药系统已成为继铵油炸药之后世界范围内用得最广的第二个系统。泵车系统的发展革新了炸药的制造和输送。

浆状炸药具有铵油炸药的全部优点，它们都是由非炸药类组分的混合物组成的，但是与铵油炸药最重要的不同点在于浆状炸药是抗水的，这使得它们成为台阶爆破的理想炸药。基础浆状炸药是铵油炸药与水和胶凝剂相混合，并将一种敏化剂，如铝粉添加到该混合物中。这些原材料可以各自分离的状态作为非炸药组分贮存而无需采取过分的预防措施，即允许建立现场贮存装置。这开辟了炸药生产与装药同时进行的可能性，在埃列科系统中充分利用了这种可能性。

目前典型的大炸药用户均在现场设有配料贮仓，一个带有溶液和贮存槽的浆状炸药工厂以生产非炸药的中间产品，安装在汽车底盘上的一个或多个生产和装药联合装置，即所谓的“泵车系统”。现场混制的浆状炸药是非雷管敏感的，需要使用一个起爆药包。药包通常置于孔底，此后用泵车向炮孔中装填浆状炸药，直至预先确定的所需的位置。装药软管一般长 40m，这就可用一个泵装填若干炮孔。浆状炸药可以挤代炮孔中存在的水。应当小心从事，以免裂缝的炮孔装药，避免发生装药的填塞。一般情况下装药操作是一人进行的，并且快而有效。

3　乳化炸药

乳化炸药是美国阿特拉斯火药公司发明的。与铵油炸药、浆状炸药一样，它也不含有炸药类原材料。

乳化炸药是由被油和（或）蜡混合物紧密包覆的硝铵水溶液微细液滴组成的，油、蜡的多少取决于乳化炸药是泵送产品还是药卷状产品。分隔硝铵液滴的油或蜡膜厚度小于 10μm，这使得燃料与氧化剂间有着非常大的接触面积，因此获得了极其快速完全的爆炸燃烧。通过添加空心玻璃微球可以改变乳化炸药的敏感度。直径仅有0.1mm的微球受到来自雷管或起爆药包的冲击波的撞击时便破碎了，这加强了冲击波并使乳化炸药开始迅速地爆炸燃烧。乳胶组分的粒子特别小，使乳化炸药的能量效率很高。

乳化炸药对由摩擦、静电、撞击、火焰和其他外来影响引起的意外起爆是不敏感的，正因如此，该炸药在制造和运输过程中比任何其他的工业炸药都安全。它们又以高而稳定的爆轰速度为其特征，加之快速完全的爆炸燃烧，使之具有稳定可靠高效的岩石破碎特性。

为了满足不同用途的需要，乳化炸药的稠度可以在相当宽的范围内调节。混合物中油和蜡的不同比例将使乳化炸药的外观状态多种多样，从适于药卷品的坚实稠度到适于散装装药的可泵送稠度。一旦混制完毕，乳化炸药的稠度在一个宽广的温度范围内基本保持不变。在生产散装乳化产品的加工装置里，通过混合乳化剂、氧化剂盐水溶液和燃料来制备一种非爆炸的乳胶基质。直到装填炮孔时在混合器中添加敏化剂之后混合物才变成炸药。

乳胶可以与不同比例的铵油炸药相混合，以生产一个成本效率优化的高能和抗水的炸药，此种炸药在软和中硬岩石中有极好的爆破性能。

4　用于地下爆破的乳化炸药

乳化炸药在地下矿的有效应用已经在南非的芬什矿开展了（见《Mining Magazine》，1987年2月），该矿系德尔贝集团的成员之一。

芬什矿的优点是有一条用于地表和地下巷道之间输送移动设备的斜坡道，它提供了原材料的运输方便。一辆供应混合车在地表装满乳胶混合组分，将这些组分保留在分隔的容器内，运输到地下炸药库。在地下炸药库，各组分在车上被混制成炸药，并将其泵入安放在地下炸药库的1.5t不锈钢贮罐中。当工作面需要炸药时，一辆乳化炸药运输车来到地下炸药库，并向车上贮罐泵入所需数量的乳胶炸药，然后运送到工作面，将炸药直接泵入炮孔中。

与以前使用的药卷产品和铵油炸药系统相比，这个系统已经在芬什矿产生一系列效益。由于在爆破中乳化炸药的完全氧化，炮烟中一氧化碳含量减少了6%，氮氧化物含量减少了60%。乳化炸药爆破性能的稳定导致了制定54个炮孔的标准循环（每循环减少20个炮孔），它使每一循环的钻孔米数减少了27%。

装药过程的机械化可以减少手工劳动和减少炸药的搬运，因为直到在地下贮存库混制以后各配料才变成炸药，结果是操作的安全性提高。芬什矿的结论是，由药卷产品改用乳化炸药使总的爆破成本降低19%。供应混合车是非洲炸药和化学工业公司（AECI）提供的，装药车是诺梅特（Normet）公司设计的。

5　轮廓爆破

对于安放破碎机和水泵的大型地下巷道，在轮廓爆破中需要采用高精度的光面爆破技术，这些技术现已发展定型，利用现代钻孔的准确性和增加合适炸药的品种使之更为完善。采用特制、控制装药的炸药已改革了光面爆破。方法简化，效果提高。这种炸药一般装填在塑料管里，这些管子可以用连接套连接起来。这些炸药通常是低重量、低威力和低密度的，以适应光面爆破的需要，且爆速常常低至2500m/s。采用管状装药可以沿用大多数标准的起爆系统，这就有可能与一般爆破操作同时完成巷道轮廓爆破。所有主要炸药制造厂商都生产这种管状药卷。

6　诺内尔系统

采用气动装药给矿山带来了一个附加的静电危险。在装药机的许多部位可产生静电，例如运输机的柴油机，为装药机服务的压缩机，装药机本身以及输药软管。杂散电流总是爆破的祸根，因为在装药和起爆时电雷管的过早引爆危险总是存在的。获得充分发展的导火索爆破除了对杂散电流的作用不敏感外，在大多数情况下是不能与电延期雷管竞争的。需要发展这样一个系统，即它既能实现电毫秒延期雷管的作用，又能起抵御杂散电流的作用。诺内尔（Nonel）系统充分满足了这一要求。

从本质上讲，诺内尔系统就是用塑料管代替普通雷管的铜脚线。起爆时冲击波通过塑料管，这种管子的内壁涂上一层反应性物质，它保持冲击波以大约 2000m/s 的速度向前传播，这种冲击波足以引爆雷管中的起爆药或延期元件。由于反应被限制在管内，因此没有爆炸效应而仅仅作为一种信号传播体起作用。

诺内尔系统的优点在于它对由静电、杂散电流、无线电波、火焰、摩擦和撞击所引起的意外引爆有特别的抵御作用。它对由在导体矿体中电流泄漏所引起的错误点火也是不敏感的，并且避免了复杂的电路试验和不需要点火设备。诺内尔系统具有传统电雷管在顺序起爆、最佳破碎和形成所希望的爆堆形状等方面的全部功能，同时在错误点火和停电时提供最大的安全性和较高的可靠性。作为一种技术进展，诺内尔系统可与诺贝尔最初的雷管发明相媲美，它开辟了在露天和地下应用的爆破技术的全新方法。

7　半导体桥丝

为了引爆小的装药，美国阿尔布伯克基的桑迪亚国家实验室已经研制了一个微型装置，它引爆炸药比普通爆破桥丝雷管快大约 1000 倍。最初的打算是应用于军事方面，如导弹和火箭的引爆，但在那些需要特别精确计时的岩石破碎场合亦可以采用半导体桥丝。

在制造时，桥丝被镶入一只硅片中，该硅片系边长为 1.5mm 的正方形，厚为十分之几毫米，并且是非常坚固的。与普通的爆炸桥丝一样，一种炸药被压缩在半导体桥丝上，并且使用电势作为引爆电源。由于半导体桥丝比普通桥丝小得多，所以它能非常快地被加热，一只 3mJ 电脉冲施加于半导体桥丝，将掺杂硅片转变成超热的离子化的气体等离子体引起瞬时爆炸。因为半导体桥丝需要特殊类型的电信号以引爆装药，因此有迹象表明，它对由杂散电流引起的意外起爆比普通桥丝不敏感得多。

将半导体桥丝引入工业场合问题，可以围绕制造中的自动化技术来解决。这体现高度的精确性和可控性，其结果是性能的高度均一性和可靠性。在此以前，半导体桥丝仍作为寻求解决问题的途径停留在现有的地位上。

8　非硝化甘油基猛炸药

奥斯汀火药公司（Austin Powder Company）位于美国俄亥俄州的克利夫兰。该公司在生产各种常规工业炸药和起爆器材的同时，也生产非硝化甘油胶质炸药，其商品牌号为赫莱克斯（Helix）。这是适于露天煤矿、露天和地下非瓦斯矿山和隧道的潮湿和干孔爆破作业使用的全能炸药。由于产品中不含硝化甘油，因此搬运方便，不引起头痛，且爆炸时产生较少量的炮烟。

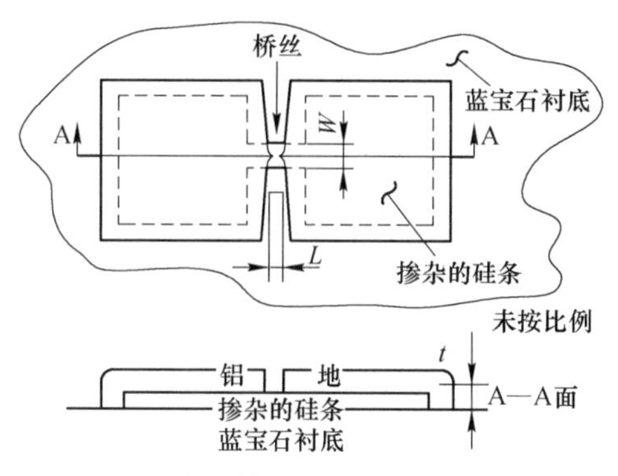

图4　半导体桥丝（SCB）示意图

（典型的外形尺寸是：长（L）100μm，宽（W）380μm，厚（t）2μm。铝挡圈的厚度约1μm）

赫莱克斯胶质炸药制成刚性药卷，它易于装填并且是爆破剂的理想起爆药包，其爆速为4000~4900m/s（13000~16000英尺/s）。当装填充水炮孔时，1.3g/cm^{3}的高密度使药卷迅速下降，且爆炸能量集中于炮孔的底部。赫莱克斯具有极好的抗水性能，直径32mm（1.25英寸）的药卷在3.7m（12英尺）深水中浸泡48h不影响性能。

9　ICI炸药公司集团

英国帝国化学公司（ICI）是自由世界中最大的炸药集团，它生产各种炸药和起爆器材。该集团由下列公司组成：诺贝尔炸药公司（英国），加拿大工业有限公司（加拿大），帝国化学公司澳大利亚公司（澳大利亚），印度炸药有限公司（印度），非洲炸药和化学工业公司（南非），巴西炸药有限公司（巴西），菲律宾炸药公司（菲律宾），中国台湾擎天神炸药有限公司，艾美克斯公司（迪拜），墨西哥阿特拉斯和墨西哥爆炸有限公司（墨西哥）。帝国化学公司还与阿曼、赞比亚、利比尼亚和新西兰等国的炸药制造商保持联系。

概括地说，大公司的主要活动是生产销售包装和散装形式的乳化炸药，浆状炸药和铵油炸药以及雷管和其他起爆器材。集团的所有成员公司都能提供由ICI炸药集团研制的萨布雷克斯（Sabrex）计算机爆破模型，它使台阶爆破不再是凭猜测从事。

10　ICI萨布雷克斯计算机爆破模型

ICI萨布雷克斯计算机爆破模型是科学基础与炸药、岩石和爆破几何参数的实际观测结果相结合的产物，用来预测台阶爆破设计的结果。该模型确定下列顺序的爆破事件：

（1）炸药的爆轰；

（2）承载岩石中的冲击波；

（3）承载岩石的顺序破坏；

（4）破坏岩石的移动。

爆轰有两个结果：首先，冲击波辐射进入承载岩石和基岩；第二，高压气体作用于炮孔。炸药的威力决定着冲击波的强度，冲击波破裂炮孔周围的岩石。由于它以5~7km/s

的速度向前传播，波阵面膨胀并减弱。这种减弱的冲击波从自由面或岩石-空气界面返回到炮孔中。炮孔中的气体压力渗透到由冲击波首先造成的破裂区并扩展成破坏区域。当破坏的岩石接近于自由面时开始破碎，作用于岩石上的力迫使碎石以 5~20m/s 的速度向前移动。岩石移动使之成破碎状态，而重力使这些破碎的岩石进入静止状态并形成爆堆。

萨布雷克斯模型计算爆破结果，提供有关破碎度、爆堆形状和残留基岩损坏程度的资料。破碎度可以用下述方式来表示：一次爆破设计与另一次爆破设计间的块度变化百分数；图示的破碎模型或合格的破碎块度分布图。目标是由爆破结果获得的理想块度能达到最大的百分数。达到这一目标，对钻孔和爆破操作的影响很大。过大的岩块可对装载操作产生影响或者增加下一步处理过程的成本。太多的细碎物能引起运输的问题。

萨布雷克斯模型提供一个爆堆横截面的表示图，表明移动岩石的体积、岩块抛出的距离和破碎岩块的隆起程度。萨布雷克斯模型也评价每次装药周围岩石的损坏情况，得出岩墙稳定性的资料。

萨布雷克斯程序能够广泛理解爆破操作，处理台阶爆破一般几何参数的输入变化。它能评价用一种或两种炸药装填成连续药柱，并按预定的顺序点火的规则排列的平行炮孔的爆破设计。它也确定炮孔直径、炮孔布置尺寸与形状，炸药的选择和起爆顺序的作用，并预测爆破特性。在某些情况下，进行一次参比爆破实践与监测，并将所得的结果用来校验萨布雷克斯模型。这包括爆破的高速摄影或者爆破破碎块度大小的观测以及漏斗试验。

自一年前萨布雷克斯程序公布以来，它已在世界各地的不同爆破场合中应用，获得了良好的效果。在一台微型计算机上可以方便地实现这个程序，这就使得工程师们能快速地回答来自任何国家的顾客的询问，而这些实际的爆破问题的输入会继续改善萨布雷克斯的数据库。

11　马格纳德特电雷管

除了用独特的方法将雷管耦合在电路中以外，帝国化学公司的马格纳德特（Magnadet）电雷管和任何其他电雷管的用法完全一样。每一个马格纳德特保护雷管罩有一只环形互感器，它与通过它的中心的高频电流起作用。因此只需要一条绝缘铜线通过每只保护雷管的环形互感器的中心以形成一个电路，然后将这个电路接入一只特殊设计的高频起爆器中，这种联结方法提供一种简单的可目测检查的电路，以确保全部雷管均耦合于电路中，而这种电路联结方式只需要在起爆电路和爆破线之间保持绝缘。

马格纳德特电雷管的这种结构使它免受杂散电流、漏电和静电的危害，也能增加对初级电路拾起的无线电波频率的抵御作用。马格纳德特电雷管宜用于安全和可靠性特别重要的场合，如竖井下掘，隧道掘进和水下爆破。对气动装填铵油炸药来说，马格纳德特雷管免受静电危害的功能是特别具有吸引力的，在那些应该使用许用炸药的所有场合，它们也是完全适用的。

在采石、露天矿和地下散装装药爆破的大直径爆破作业中需要采用点或多层起爆药包进行精确孔内起爆的地方，可采用马格纳（Magna）起爆药包，后者是马格纳德特雷管的衍生产品。该起爆药包包括：一只在内部含有一个特殊设计的塑料环的 454 克铸状朋托莱特药柱，塑料环可容纳两只短线马格纳德特雷管。马格纳德特雷管是这样安排的：它们的螺旋管安放在起爆药包导向管的上部，导向管是通过装药中心的。初级电路线简单地通过

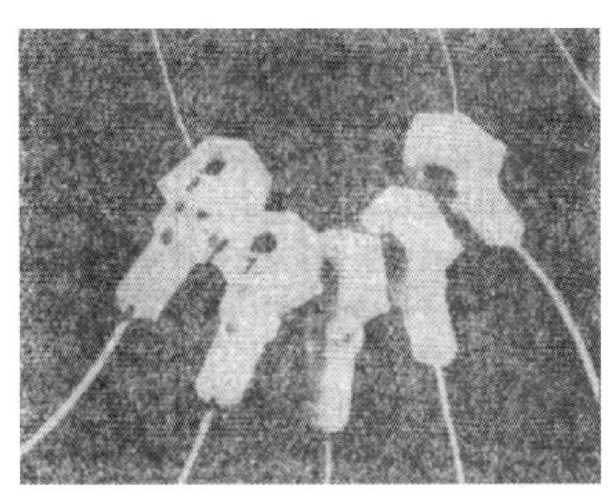

图5　马格纳德特电雷管的每只环形互感器连接起来，然后将它们串入一条绝缘的铜线上

中间的导向管以形成一个电路。这就允许多个起爆药包嵌入同一炮孔中所需的任一位置上，而每个炮孔只有两个自由的线头伸出。马格纳起爆药包具有与马格纳德特雷管相类似的安全与可靠性。

12　戴诺炸药集团

戴诺炸药集团是世界上第二个大的炸药和起爆器材制造商。该集团由五个以原来的公司经营核心为基础的分公司组成——挪威的戴诺公司、瑞典的尼特罗·诺贝尔公司、美国的埃列科化学公司以及它们在马来西亚、菲律宾和印度的国外子公司。该集团在五大洲有自己生产合营企业、许可制造厂或销售代表，在民用炸药领域里处于前列。该集团也是硝酸铵——所有工业炸药的主要组分的一个重要生产者。

尼特罗·诺贝尔公司是阿尔弗雷德·诺贝尔创建的第一家公司，建于1864年，它是世界上最早的民用炸药制造商。公司在经历长期发展之后所取得的最新成果是新的埃穆莱特（Emulite）乳化炸药和诺内尔非电起爆系统，二者合在一起实际上包括了岩石爆破的全部内容。

埃穆莱特150是由硝酸铵溶液和其他辅助氧化剂水溶液的微细液滴集中于矿物油和蜡的混合物中制成的一种乳化炸药。它不含硝化甘油和其他炸药敏化剂，这赋予它特别的搬运安全性。乳化炸药的设计使其充分燃烧，生成最少的有毒气体，其结果是提供良好的爆破效果和清新的工作环境。埃穆莱特150的塑料薄膜药卷在极端温度下基本不受影响，这使塑料药卷的稳定性能充分满足各种炮孔的使用。药卷直径范围43~75mm，以使在装填较大的下向倾斜炮孔时有良好的装药选择。

诺内尔GT系统是一个独特的非电起爆系统，它是基于内壁涂上一层反应性物质的塑料管，这种物质在引爆以后能够传递冲击波。该系统使用普通延期型雷管，因此它可以用于大多数爆破作业。它对电是不敏感的，这使它在导电矿体和存在有雷电或类似危险的场合使用都是很安全的。

诺内尔系统的一个新的变种——诺内尔尤尼代特已经研制成功，使操作最大限度简化，尤尼代特由一只在炮孔里的简单的雷管时间元件和三个地表耦合单元组成，它使在现场所需的元件数目大大地减少。由于预先确定的起爆布置是不需要的，因此炮孔可以不考虑时间顺序进行装填。带有17ms和25ms延期时间的诺内尔·尤尼代特连结器可以联合起来以对每个炮孔形成独特的间隔时差。按照这种方式，地震和飞石减少了，而破碎块度获得改进。尼特罗·诺贝尔公司也生产手动或遥控操作的诺内尔系统爆破仪。

一般地说，尼特罗·诺贝尔 VA 系统是一个完整的起爆系统，所有的元件均被设计成一体。VA 雷管有着高度安全的不产生无故爆炸的元件，并配有耦合的保护套，以使连结操作简单、安全和可靠。VA/OD 覆岩钻孔雷管配有特别耐磨的绝缘装置，以防止机械损坏；它们也有一双铝套，适于在水下应用。VA 系统包括连结线、点火电缆、测量仪器和爆破仪。

尼特罗·诺贝尔公司也供应各种各样的起爆药柱、装药机械和适于各种需要的炸药贮存库，以及各种形式的标准达纳马特炸药。

自 1984 年开始埃列科化学公司成为戴诺炸药集团的一员，它生产各类散装和药卷炸药、起爆药柱和起爆器材。它们包括硝化甘油和非硝化甘油基达纳马特，药卷乳化炸药，水胶炸药和浆状炸药，起爆药包，电和非电雷等，炸药级硝酸铵，起爆器材，散装乳化炸药和浆状炸药。埃列科化学公司的生产装置、泵车和培训的操作人员遍及西半球，该公司还与 26 个国家的公司签订了许可证协议。

（译自英国《Mining Magazine》，February 1988，108-117）

多孔粒状硝酸铵特性对铵油-乳胶掺合物的影响

美国格佩尔建筑公司采矿工程师　R. W. 吉文斯
高能量公司采矿工程师　D. L. 麦克多尔曼
格佩尔建筑公司采矿工程师　G. S. 威廉斯

摘　要：本文探讨了多孔粒状硝酸铵的粒度均一性、内部粒子密度和吸油性对铵油-乳胶掺合物的影响。分析硝酸铵的这些物理特性及其混合过程的特征，建立了一个可从理论上预测掺合物密度的数学模型。借此可对比计算密度与现场实际密度，以便在要求投标时向经营者提供对比各生产厂的乳胶和硝酸铵的基础。由于特定的物理特性的影响，定价最低的乳胶和（或）硝酸铵可能不是最经济的。这些因素支配着掺合机理和不同混合物的密度极限。这项研究是根据观测的现场混合关系和数据进行的。这个数学模型是按成本和性能评价掺合物的有效手段。

1　前言

在市场上可以买到许多生产厂的乳胶和水胶基质，最终用户常常难以对它们进行对比和评价。有许多物理特性影响着物料的处理、可掺合性和性能。在历史上，各种重铵油炸药（通常用水胶与铵油混合）和浆状炸药已存在30年之久。可以这样说，80年代的这10年，按掺合工艺是乳化炸药挤掉水胶炸药的一个非常时期。目前已有许多完全证实了的研究结果，它们根据重铵油炸药性能来对比乳化炸药和水胶炸药[1]。然而，这些研究大部分都把重点放在乳化炸药或水胶炸药组分上，或者说掺合产品本身上。众所周知，虽然由于多孔粒状硝酸铵松散密度易变，硝酸铵粒度和粉末百分含量变化影响掺合物密度，但是很少有关于这种现象的文献。本文介绍的数学模型和分析表明，这些都是重要的观测结果。

2　掺合物的密度控制

已经注意到，含有较大颗粒和少量粉末的硝酸铵或铵油炸药，在大的混合百分比范围内似乎都能生产出最均匀的掺合物。就控制掺合物中的硝酸铵粉末而言，理由很清楚。粉末过多难以对掺合物密度进行预测和监控。掺合装置通常根据机械输送装置的转速进行校正和监控。所有掺合物的密度计算都采用硝酸铵的松散密度。只要由于硝酸铵粒度分布改变或其粉末含量过多，硝酸铵的松散密度就有变化，因此这种校正就不太精确。使用负荷传感器可能有助于缓解这个问题，但是只要监测是输出的体积而不是输出的密度，则成本控制的置信度就低。此外，硝酸铵粉末过多可使掺合物变得更敏感，因而可能形成一种危险的条件。流动性也会变差，生产出的掺合物是胶粘和不太均匀的。预测和控制掺合物的密度，对于控制其最优成本和性能是头等必要的。

本文原载于《矿业工程》，1991（5）：73-80。

爆破工业中大部分掺合物的密度预测方法都是凭经验得来的。生产厂通常公布从实验数据得到的密度。一般用插入法预测已知点间的密度。由于插入法假定为线性关系，故可能出现问题。掺合物并不像两种密度不同的流体那样按某一比例进行混合。两种流体按某一给定比例混合，将它们各自的比重和比例百分数的乘积相加，计算出最终的密度[5]。从图 1 可以看出，算术比例关系与掺合物如何实际混合的关系。

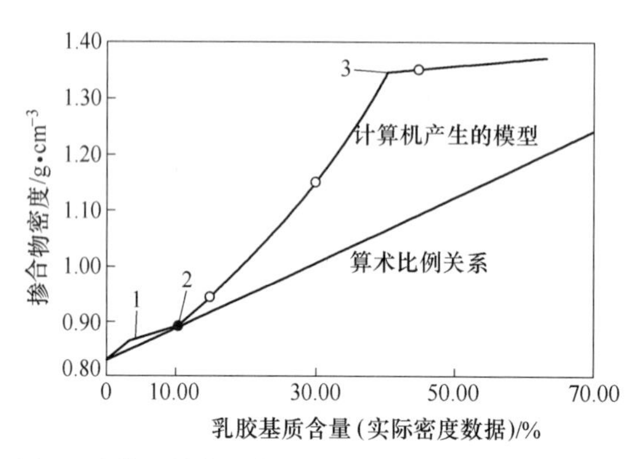

图 1　计算的掺合物密度与乳胶百分含量的关系曲线

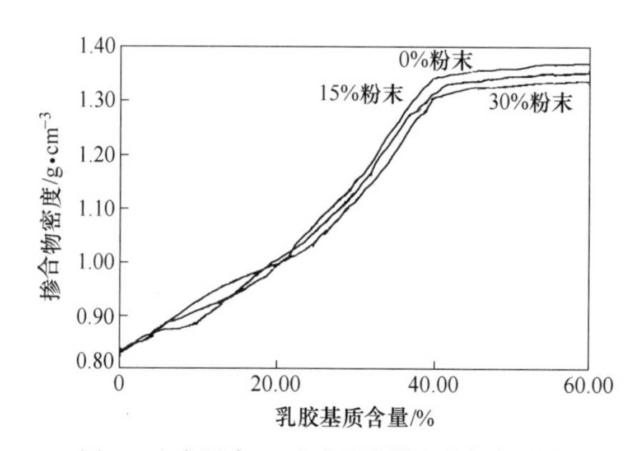

图 2　生产厂家 C 对硝酸铵粉末的假想影响

与爆破预算费用相比，硝酸铵物理特性的改变，可能使掺合物的实际成本严重失控[7]。没有确定这些参数的影响，同样可以说明大部分掺合物密度数据为什么以实验为基础获取。因此，用数学模型预测掺合物密度的要求是显而易见的。

3　掺合物密度的计算机模拟

在这个模型里，所有产品的比较均是以达到等量炸药的平均密度为基础的。为便于分析，本模型采用硝酸铵生产厂家的实际多孔粒状硝酸铵产品，表 1 和表 3 中 A 到 G 的字母代码代表这些厂家的相应产品，以便不涉及这些厂家的厂名。以下几个阶段按分层顺序确定了计算机模型的逻辑操作蓝图，并描述了怎样达到乳胶掺合物的计算密度。

3.1　吸油

此模型的第一阶段是特定多孔粒状硝酸铵的吸油。此程序假定毛细管作用或吸油作用是一个比表面张力和重力较强的力。吸油程度受控于硝酸铵颗粒的孔隙和选用的特定乳胶基质的黏度。在掺合过程的此阶段，硝酸铵颗粒占据的容积是一定的，即使乳胶基质吸入其中也是这样。其结果是一种线性关系，即非常近似于总和密度的各配料产品的算术比例关系。这是计算机产生曲线的唯一线段，十分类似于这种计算方法。在图 1 中的点 1 范围内可以观测到这种趋势。

3.2　表面包覆

硝酸铵颗粒表面包覆导致掺合过程的下一个连续阶段。此模型设想表面张力比重力大。由于乳胶基质是不可压缩的液体，故每一个硝酸铵颗粒在表面包覆饱和点都会增大体积（图 4）。由于每个被包覆的硝酸铵颗粒的比体积增大，故掺合物中的多孔粒状硝酸铵组分占据的比体积增大。增大体积的这种趋势会继续下去，直到粒状硝酸铵组分的表面面积饱和为止。从图 5 可以看到这种夸张的情况。这表明此模型假定硝酸铵颗粒是球形的。进行掺合的特定硝酸铵的粒度分布，决定着掺合物的比体积中的总表面积和包覆硝酸铵颗粒所需的乳胶基质量。特定乳胶基质的黏度决定着每个硝酸铵颗粒包覆层的厚度。乳胶的这种黏度随着其中所用的燃料以及其他添加剂如硝酸钙的不同而改变。环境温度和乳胶的存放期对随后任何给定点的乳胶黏度也都是一些决定性的因素[1]。

即使在掺合过程的此阶段添加乳胶基质仍能使密度增大，但由于体积增大，使混合曲线的斜度在此阶段显著变平缓。在图 1 中的点 1 和点 2 之间可看到这段曲线。而且，黏度较低的乳胶往往会更快地使硝酸铵颗粒的有效表面积饱和，其结果是为此目的只需要较薄的乳胶包覆层。

3.3　充填空隙

在此模型体系中充填空隙在多孔粒状硝酸铵表面面积被饱和以后发生。当乳胶基质开始充填硝酸铵颗粒间空隙时就是掺合过程的这个阶段。在此阶段由于乳胶基质直接取代空气，因此乳胶基质对最终掺合物的密度有着最大的影响。在图 1 中的点 2 和点 3 之间可以观察到掺合过程的这个部分。曲线的斜度在这些点之间显然变得更陡峭，看来似乎具有指数函数特性。一种特定多孔粒状硝酸铵的空隙容积受粒度分布和那种产品均一性所支配。具有较大空隙容积的硝酸铵颗粒将使掺合过程的这个阶段持续的较长。此外，具有较高密度的乳胶在此阶段会产生较高密度的掺合物[4]。

众所周知，对于一种未被敏化的乳胶基质来说，为了提供热点以保持一种特定的掺合物的敏感度，必须有一定数量的内部空隙不被充填。虽然本文未加说明或详细讨论，但本数学模型可以跟踪由特定粒状硝酸铵和乳胶组合的掺合物的这种空隙容积状况[3]。于是可以降低掺合物中乳胶百分含量及其能超过灵敏度界限的相应密度。为了特殊组合和用途而降低临界密度，可发展成能在现场实现的质量控制措施。监测掺合物密度和这些临界界限已在格佩尔现场系统中获得成功。对于各种不同炮孔直径都得到了一致的结果，单一的掺合物没有不起爆的。但是，用微球敏化的乳胶基质不受以前描述的这些限制。因此，用此数学模型预测的整个密度范围可适用于现场环境。然而，当空隙内含有的原有空气不受约束时，要支付以微球形式保持的气泡费用是不会产生好的经济效益的。这方面的例外情况可能是含高百分率乳胶基质的掺合物在有水炮孔中使用，特别是易于出现死压情况的可泵送装药。例子是高液体静压和（或）长时期装填在炮孔内。但是，此模型可以监测硝酸铵颗粒表面的包覆程度和内部空隙率，以预测考虑到敏感度和抗水性的由粒状硝酸铵和乳胶基质任何组合的掺合物密度。这可能是解决不太严重水孔应用的比较经济的方法。由模型方案亦明显可见，粒状硝酸铵和乳胶基质都影响掺和物的敏感度和（或）抗水性。

3.4 分散

分散发生在掺合过程的最后阶段。在硝酸铵颗粒间的空隙被乳胶基质充填以后（图1中的点3），随着掺合物占据容积增加，乳胶基质开始分散到各单个硝酸铵颗粒。由于增加这部分容积使这一段曲线的斜度变得近似水平。超出曲线点3的范围向掺合系统泵入更多的乳胶，除了增大可泵送掺合物适当流变所需黏度和保证那些使用的敏感度之外，似乎一点也不能提高掺合物的密度。

4 试验密度的模型模拟

一旦设计出模型的逻辑算子和数学算子，便可输入从现场试验得到的经验数据，并实施各个方案，以评价模型的精确度。多孔粒状硝酸铵的一些程序输入包括松散密度、吸油率和粒度分布。乳胶基质的主要输入包括密度和黏度。虽然计算机绘制的曲线始终落在实际数点以下但运算始终类似于现场实测密度。但是已经意识到为了模拟炸药下落到炮孔内可能发生的填实作用，通过轻敲试样得到了现场密度。原来的模型并未涉及这种填实作用，当输入一组未轻敲试样的现场数据时，数学模型与它们非常吻合。从图1可以看到理论与实际的这种吻合情况。因此，为了考虑在实际炮孔装药的情况下可能获得的这种填实系统，已修改了模型。

5 不同类型粒状硝酸铵对掺合物密度的影响

确信此模型的计算值接近实际值之后，下一步便是在采用特性不变的乳胶基质的情况下，探讨不同类型粒状硝酸铵对最终掺合物密度的影响。将不同厂家的试验用粒状硝酸铵运到几个矿山现场。采集并分析这些硝酸铵试样。

筛分这些试样确定粒度组成，测定吸油率和松散密度。选择特定的乳胶基质并使其密度和黏度保持不变，用此模型运算每种粒状硝酸铵的分析数据。计算含乳胶基质0%~50%的掺合物的相应密度，因为已假定大部分掺合物的乳胶基质含量都处于这个范围内。将此输出数据插入回归模型中，以使方程能适合于掺合物与密度的关系。将掺合物中乳胶基质百分含量和计算密度分别作为“x”数据点和“y”数据点插入回归程序中，以便能达到三次曲线拟合。再求所得方程的积分，以便确定在曲线下的总面积。用“x”总区域划分这个面积，以求出平均密度。从图3可以看出，一种特定粒状硝酸铵的这个过程的图示。一旦求出每种粒状硝酸铵的这种平均密度，就可在含乳胶基质0%~50%的掺合物范围内选择达到最高平均密度的粒状硝酸铵作为其他硝酸铵的比较标准。编制了一个迭代程序，以便能将各掺合物的乳胶基质百分含量插回到每个硝酸铵生产厂家的回归方程中。迭代法可得出精确到万分之一的掺合比例值，该数值是与每个硝酸铵生产厂家为达到值的标准密度有关的。也就是说，这种方法可计算出乳胶基质的附加量，它是每个粒状硝酸铵生产厂家为达到选择作为标准的粒状硝酸铵所得到的相同密度的需要量。

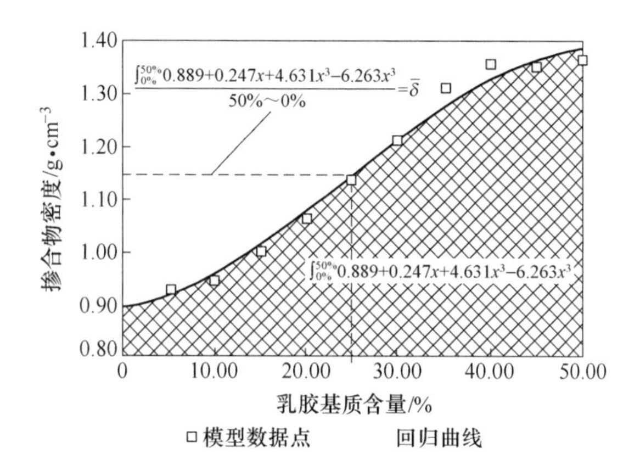

图3　三次回归曲线拟合（以生产厂家C的数据为基础计算）

$\bar{\delta}$—平均密度

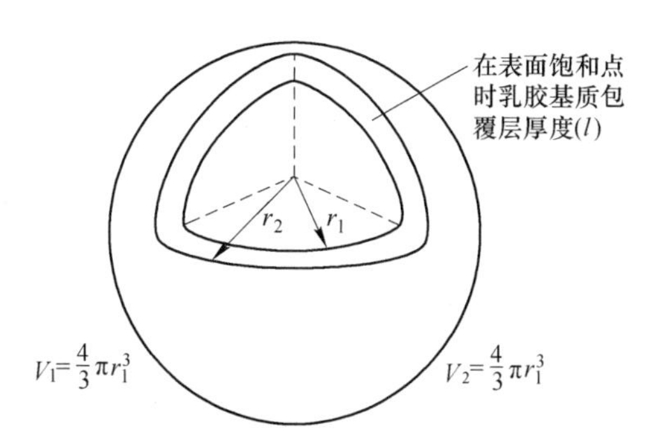

图4　单个硝酸铵颗粒表面包覆乳胶的示意图

V_1—原硝酸铵新给的体积；V_2—在表面饱和点时掺合物新占的体积；

r_1—未包覆乳胶的硝酸铵颗粒半径；r_2—包覆乳胶后的硝酸铵颗粒半径

从表1可看出，生产的每种粒状硝酸铵的程序输出。可以看出回归方程常数以及拟合度，亦即R^2系数值。R^2越接近1，拟合越好。如从表1可见，各回归方程与实际值非常拟合，计算数的置信度可能很高。含乳胶基质0%～50%的掺合物密度、积分面积和总密度范围已作为一般资料给出了。掺合物的平均密度是为每个粒状硝酸铵生产厂家计算的含乳胶基质0%～50%的掺合物的最终密度。生产厂家C的粒状硝酸铵平均密度最高，是与其他生产厂家比较的标准。当量乳胶百分率代表着为达到生产厂家C的1.141g/cm³平均密度所需的乳胶基质量。当然，产品C的这个平均密度意味着在乳胶基质含量为24.90%时的最低值。这种特殊分析对于要采用均匀分配到含乳胶基质0%～50%的掺合物范围的产品密度的经营者是适用的。该平均密度代表着每个粒状硝酸铵生产厂家在此范围内的计算值。用那种密度值同样可以由经营者根据经常采用的比重进行分析，以便计算这种原始资料而不是平均密度。针对生产厂家的粒状硝酸铵类型可由模型的迭代程序求解掺合物的当量乳胶百分率。

虽然不能把试验装药时获得的试样分析结果看作各生产厂家每种粒状硝酸铵的真实代

表，但是输出数据清楚表明，各粒状硝酸铵试样的特性差异要比乳胶含量与密度的关系明显得多[8]。

6　硝酸铵粉末对掺合物密度的影响

一旦确定了各生产厂家粒状硝酸铵特性对所得掺合物密度的影响，就可分析硝酸铵粉末的影响。为此选择了一种粒状硝酸铵和一种乳胶的特性。为了接受一组特定特性的多孔粒状硝酸铵的粉末增量，修改了此模型。粉末的平均粒度确定为 425μm。粉末含量范围为给定硝酸铵重量的 0%～30%，因为在现场已经观察到此含量范围。由于硝酸铵粉末可以提高松散密度和吸油度，故它们事实上可以提高低掺合比的特定掺合物的每一个掺合百分率最后所得的密度。这通常是在低掺合百分率（≤20%）情况下出现的。但是，由于硝酸铵粉末也增大掺合物的总表面积，因此当粉末含量增加到掺合物的 25%～50%时，所得的掺合物体积增大，导致较低的掺合物密度。因此该模型表明，随着硝酸铵粉末增加，需要较多的乳胶以达到在此范围内的目标密度（图 2）。

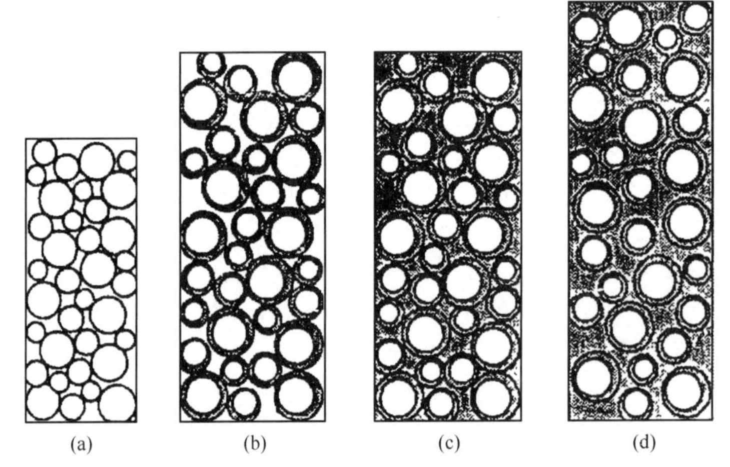

图 5　乳胶进入掺合系统的各阶段和依次发生的对体积的影响

（a）吸油饱和阶段，表明在乳胶包覆之前的各硝酸铵颗粒的比体积 V_1。$V_1 = V_{AN}$；V_{AN}—原料硝酸铵所占的容积；

（b）硝酸铵颗粒表面包覆阶段，表明因有乳胶包覆层使多孔粒状硝酸铵的比体积增大。$V_2 = V_1 \times \frac{\sum_{i=1}^{n} N_i r_2^3}{\sum_{i=1}^{n} N_i r_1^3}$，式中：

V_2— 在表面饱和点时掺合物所占体积；V_1— 原硝酸铵所占体积；N— 硝酸铵颗粒数；r_1— 未包覆乳胶的硝酸铵颗粒半径；r_2—包覆乳胶后硝酸铵颗粒半径；

（c）空隙充填阶段，表明所有剩余的空隙体积被乳胶充填。$V_3 = V_2$，式中：V_3—所有空隙被充填时掺合物所占的体积；

（d）分散阶段，表明乳胶将各硝酸铵颗粒推开。$V_4 = \frac{W_{EV_4} - W_{EV_3}}{\delta_E \times 62.43} + V_3$，式中：$V_4$—在分散时掺合物所占的体积；

δ_E—乳胶基质的密度；W_{EV_3}—在体积 V_3 中乳胶基质的重量；W_{EV_4}—在体积 V_4 中乳胶基质的重量；$\bar{\delta}$—平均密度

为了将硝酸铵粉末对掺合物的具体影响数量化，计算了一组数据。用类似于对比多孔粒状硝酸铵生产厂家所用的方法，编制了一个数值表。表 2 表示这种情况的结果。从表 2

可见，随着硝酸铵粉末增加，在含乳胶25%～50%的掺合物范围内的相应平均密度都下降。因此，随着硝酸铵粉末增加，为达到粉末为0%时平均密度所需的乳胶基质百分含量平稳增加。此模型再一次证实了现场的观察结果并使其定量化。

表1　粒状硝酸铵模型输出与硝酸铵生产厂家

粒状硝酸铵模型输出	A	B	C	D	E	F	G
a	0.843	0.818	0.889	0.876	0.838	0.848	0.856
b	-0.085	-0.178	0.247	0.142	-0.047	-0.099	0.071
c	5.984	6.234	4.631	5.062	5.93	5.955	5.59
d	-7.357	-7.354	-6.263	-6.629	-7.315	-7.319	-7.166
R^2	0.994	0.996	0.992	0.993	0.995	0.993	0.993
含乳胶基质0%的掺合物密度	0.83	0.8	0.89	0.87	0.83	0.83	0.85
含乳胶基质50%的掺合物密度	1.359	1.36	1.361	1.36	1.366	1.353	1.371
累计面积	0.545	0.531	0.57	0.563	0.546	0.546	0.558
总密度范围	0.528	0.557	0.475	0.489	0.539	0.516	0.523
平均掺合物密度	1.09	1.063	1.141	1.126	1.092	1.091	1.115
当量乳胶基质/%	28.90	30.90	24.90	26.10	28.70	28.90	26.90

表2　硝酸铵粉末对乳胶掺合物的影响

种　类	0%粉末	5%粉末	10%粉末	15%粉末	20%粉末	25%粉末	30%粉末
a	1.681	1.667	1.653	1.639	1.625	1.612	1.598
b	-8.164	-8.064	-7.965	-7.868	-7.772	-7.678	-7.584
c	30.665	30.342	30.023	29.708	29.398	29.091	28.789
d	-31.257	-30.938	-30.624	-30.313	-30.007	-29.705	-29.406
R^2	0.994	0.994	0.994	0.994	0.994	0.994	0.994
含乳胶基质25%的掺合物密度	1.07	1.065	1.061	1.056	1.052	1.048	1.043
含乳胶基质50%的掺合物密度	1.362	1.357	1.357	1.346	1.341	1.336	1.331
累计面积	0.315	0.314	0.312	0.311	0.31	0.309	0.307
总密度范围	0.292	0.292	0.29	0.29	0.289	0.288	0.288
平均掺合物密度	1.26	1.255	1.25	1.245	1.24	1.234	1.229
当量乳胶基质/%	36.10	36.40	36.70	37.10	37.40	37.70	38.00

表3　按生产厂家的粒状硝酸铵特性成本的影响

生产厂家成本的模型输出	C	D	G	E	A	F	B
产品C的平均密度	1.141	1.141	1.141	1.141	1.141	1.141	1.141
掺合物中当量乳胶基质/%	24.90	26.12	26.94	28.73	28.91	28.91	30.88
乳胶基质/美元·磅$^{-1}$	0.25	0.25	0.25	0.25	0.25	0.25	0.25
掺合物中当量硝酸铵/美元·t^{-1}	180.00	174.72	171.06	162.80	161.95	161.95	152.31
附加费用/美元·t^{-1}	0.00	5.28	8.94	17.20	18.05	18.05	27.69

表 4 硝酸铵粉末对成本的影响

硝酸铵粉末成本的模型输出	0%粉末	5%粉末	10%粉末	15%粉末	20%粉末	25%粉末	30%粉末
含 0%粉末的掺合物平均密度	1.26	1.26	1.26	1.26	1.26	1.26	1.26
掺合物中当量乳胶基质/%	36.13	36.43	36.74	37.05	37.37	37.69	38.02
乳胶基质/美元 · 磅$^{-1}$	0.25	0.25	0.25	0.25	0.25	0.25	0.25
掺合物中当量硝酸铵/美元 · t^{-1}	180.00	178.49	176.91	175.32	173.66	171.99	170.24
附加费用/美元 · t^{-1}	0.00	1.51	3.09	4.68	6.34	8.01	9.76

此外，由于硝酸铵粉末增加也增大颗粒间的摩擦力，故在掺合物的预示特性方面出现一些问题。这在预混的使用中是特别明显的。硝酸铵粉末不仅对散装掺合物的加工特性产生不利的影响，而且也增加为达到在大多数用户混合范围内的密度所需的乳胶用量。

7 等价成本分析

用表 1 和表 2 中涉及的粒状硝酸铵的模型输出建立了一个成本模型。一旦通过选择具有最高的平均掺合物密度的硝酸铵生产厂家（即厂家 C）确定了基本的平均掺合物密度，则在成本模型（表 3）中可用它来与其他硝酸铵生产厂的数据进行比较。每种粒状硝酸铵都具有必须用获得平均掺合物密度的当量混合百分率。按照用每吨散装硝酸铵 180.00 美元和每磅乳胶保持常量 25 美分的假想投标方案，编制了每个硝酸铵生产厂的相等价格表。这些价格是其他每个硝酸铵生产厂都要有的价格，以满足等于生产厂家 C 价格的要求，因为用那些生产厂家的产品制造的掺合物特性不太合乎要求。检查以上所述的另一方法是计算这些费用与 180.00 美元之差。这可转换成用户必须对每个生产厂家支会的每吨附加费用，假定各生产厂家都提出 180.00 美元的相同硝酸铵价格（由于某些原因经常出现这种情况）。

针对某一特定的经营以每年用于制备掺合物的松散硝酸铵用量乘以每吨掺合物的附加成本，就可以更鲜明地描述这种成本。图 6 表示两种不同数量的可能开支（或节约）。从图可见，视选择的特定硝酸铵生产厂家的不同（见图例），可能容易花费 5 ~ 30 万美元或者更多。这还未考虑与现场散装硝酸铵储存设备和运输系统有关的低效混合和装卸问题可能带来的时间损失。可以作出表明硝酸铵粉末影响的类似成本情况说明。采用相同的成本模型时，可将硝酸铵粉末的影响以 5%的增量从表 2 输入表 4。同样可取得每吨掺合物的硝酸铵粉末影响的附加成本。现在可以从表 4 选择特定百分率即 15%的硝酸铵粉末的影响，并将其加入以上讨论的任何厂家的成本差额中。图 6 对每个硝酸铵生产厂家的这些开支与基本开支一起作了说明。不是用平均密度而是用比重的分析结果可以得出潜在节约在各硝酸铵生产厂家范围内的不同分配。也应当指出，如果模型中乳胶基质成本较低，则总成本差额也成比例下降。但是，美元可能仍有意义。

8 总结

这种分析显而易见，乳胶掺合物中的硝酸铵组分特殊和乳胶基质特性一样重要。这项研究也表明，改变各种参数会改变最终密度。如果用户只从输入量方面监控其混合作用，则这些改变不易直接观察到。但是，其结果将会改变炮孔网度，这可能导致不好的爆破效

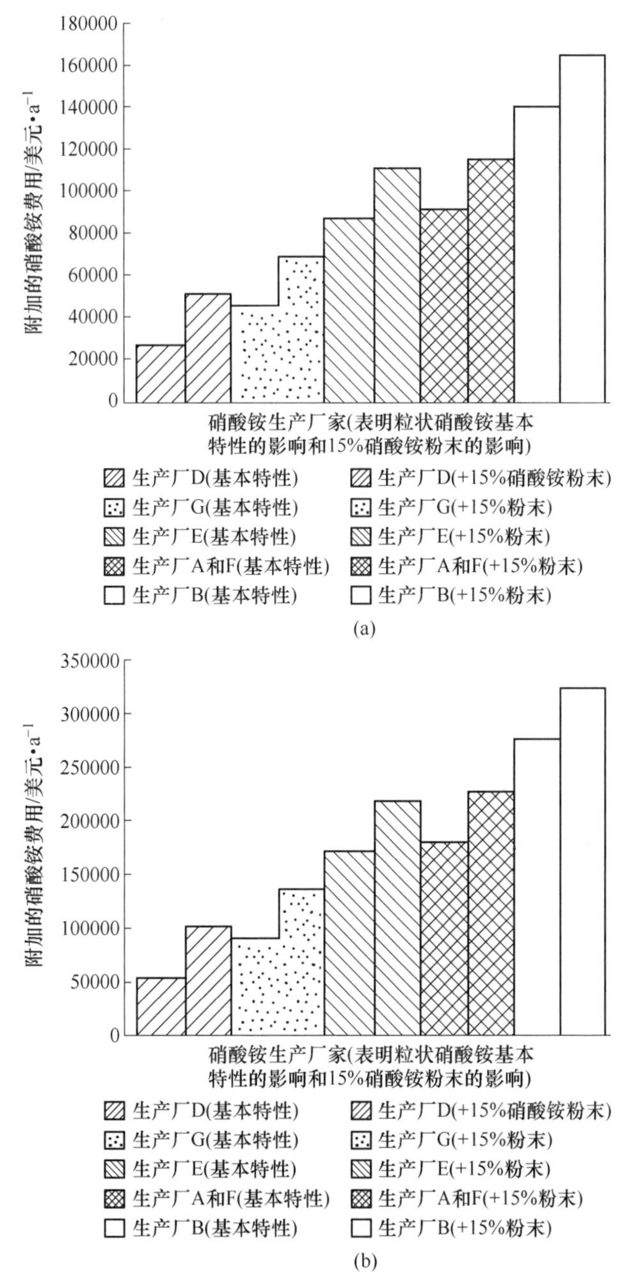

图6 某一生产厂家的潜在开支与生产掺合物每年所需1000万磅（a）和2000万磅（b）硝酸铵的关系（以硝酸铵生产厂家C为基础按0美元对比）

果或者增加成本。当由密度控制来衡量掺合物的质量时，粒状硝酸铵的物理特性对掺合物密度的影响是很容易观察得到的。可以很快地看出，为达到目标密度所需的乳胶增加量或减少量。虽然这些调节可使密度和性能保持一致，但这会使成本超过最优值。

此模型产生的数字也可表示为对掺合物密度影响最大的粒状硝酸铵的物理参数。看来，粒状硝酸铵的松散密度对密度极限（yield）有最大的单一影响。也应当注意，高百分率的硝酸铵粉末（通常规定为-30目）不会产生这种密度，但应与粒状硝酸铵的内部粒子密度有关。特定的粒状硝酸铵的粒度分布是第二个重要因素。一般说来，分布均匀的较大粒度硝酸铵在乳胶含量较低时可导致较高的掺合物密度。这是由于减少了多孔粒状硝酸铵的表面积，其结果是减少了所需的乳胶基质包覆量。均匀性可在略微增加颗粒间的空隙容积方面起作用。几何形状分析表明，当假定一个特定的硝酸铵全部是较大的颗粒时，则它的空隙容积应与一个特定的一定体积的小硝酸铵颗粒的空隙容积相等。但是，粒度范围很宽的特定硝酸铵产品可能会导致一些较小颗粒占据大颗粒间的空隙，因此占去了可能由乳胶占据的一部分空隙。对最终密度影响最小的因素是吸油作用。虽然在密度极限和混合百分率斜度曲线中吸油作用通常导致相当急陡的斜度，但这一般发生在非常小的混合百分率情况下。吸油过程可推迟完成乳胶包覆硝酸铵颗粒及其充填颗粒间空隙达到最高密度增量的时间。增高吸油率，会推迟混合曲线上开始最大密度增量的点。

根据模型输出，用于乳胶掺合物的一种理想的多孔粒状硝酸铵应有如下优先考虑的特性：

（1）中度到低度的吸油率；

（2）分布均匀的较大粒度；

（3）因内部粒子密度造成的较高松散密度，无粉末。

9　结论

如上所述，这个模型可对所需的掺合物进行详细分析，可通过各种方案确定最优者和对某种用途成本最低的散装掺合物。虽然不主张取代现场知识，但是此模型可作为爆破工程师的一种手段，以分析一些在无计算机辅助下难以定量的客观因素。与掌握岩石类型和特定地质条件方面的经验相结合，可以较好地评价和精细调整多孔粒状硝酸铵特性对掺合操作的客观影响。业已证实，视经营者的散装掺合物生产规模和年用量的不同，借此模型有可能节省一大笔费用。因此，多孔粒状硝酸铵应不再被作为单纯商品对待和完全以最低价格为条件购买。在确定最佳的有效掺合物时也需要评定各种物理特性因素。

参考文献

[1] Bauer，A.，Glynn，G.，Heater，R. D.，Katsabanis P.，“A Laboratory Comparative Study of Slurry，Emulsions and Heavy ANFO Explosives”，Dept. of Mining Engineering，Queen's University，Kingston，Ontario，Canada.

[2] Britton，R. R.，Konya C. J.，Skidmore D. R.，“Primary Mechanism for Breaking Rock with Explosives”，25th Symposium on Rock Mechanics，Northwestern University，Evanston，IL，June，1984.

[3] Britton，R. R.，“The Effect of Decoupling Ratio On Explosive Generated Energy Release”，unpublished M. S. thesis，The Ohio State University，Columbus，1987.

[4] Brulia，J. C.，“Power AN Emulsion/ANFO Explosives Systems” Proc. of the 11th Conference on Explosives and Blasting Technique，Society of Explosive Engineers，San Diego，California，Feb. 1985.

[5] Givens，R. W.，Rollins，R. R.，“Emulsion Performance Evaluation”，Proc. of the 5th Mini Symposium on Explosives and Blasting Research，New Orleans，Feb. 1989.

[6] Renton，J. J. Rymer，T.，Stiller，A. H.，“The Effects of Pyrite Grain Clustering on the Measurement of Total Sulfur”，Proc. 9th Annual West Virginia Surface Mine Drainage Task Force Symposium，Morgantown，

WV, 1989.

[7] Day, J. T., Thomas, M. L., Udy, L. L., "The Importance of Explosive Energy on Mining Cost", Proc. of the 13th Conference on Explosives and Blasting Technique, Society of Explosive Engineers, Miami, Florida, Feb. 1987.

[8] Wade, C., "Water in Oil Emuision Explosive Composition", United States Patent No. 4, 110, 134 (1978).

（译自美国《The Journal of Explosives Engineering》1990, Vol. 8, №2, 34-36, 38-42）

印度采矿工业散装炸药系统的述评

印度丹巴德矿业学院教授　A. K. 高斯

1　引言

近年来在炸药技术进展方面引人注目的有埃列科（IRECO）公司的散状装药系统（1968 年），以及阿特拉斯火药公司（Atlas Powder Company，1964 年）、杜邦（DuPont）公司（1969 年）和大力神（Hercules）/加拿大工业有限公司（C-I-L）(1972 年）相继开发的油包水型乳化炸药。从露天采矿作业规模不断扩大的角度来看，散装炸药的发展实属方便，而且已被证明是满足耗用炸药大户需要的一种最具成本效益的方法。散装炸药系统较之于包装炸药产品的显著优点，特别是散装产品价格较廉、装药速度较快、炮孔有效空间利用得更好，现已被广泛认可[1,2]。

据目前规划，到 2000 年印度露天开采的煤炭产量达 2.5 亿吨，相应的剥离量达 8 亿 m^3，因此散装炸药系统的应用已博得广泛关注。第一个现场混制浆状炸药系统已由印度-缅甸石油公司（I. B. P）在库德雷穆克推出，1983 年印度北方煤矿公司（NCL）已在辛劳利推广应用第一个现场混制浆状炸药系统。目前，NCL 公司已有 6 家散装炸药系统供应厂，总能力近 3 万 t/a 散装炸药。据印度煤炭公司预测，到 2000 年该公司露天采矿部门预计有 17 个左右的散装炸药系统，总能力近 8 万 t/a 散装炸药[5]。就经济效益而言，目前只有年需求量达 2500~3000t 才值得安装这种系统，但在未来岁月，随着各种不同供料系统的开发，甚至年需 1000t 炸药的矿山采用这种系统也可能在经济上有利。

本文将叙述散装炸药系统的最新进展，着重炸药成分方面的某些技术突破。除了探讨评述散装炸药系统的方法而外，还评述印度现今所用的散装炸药系统。

2　猛炸药发展的若干里程碑

欲鉴定猛炸药发展史上的一些重要里程碑，以下诸项值得一提。

主要炸药的进展❶

（1）1846 年，索布雷罗（Sobrero）发明硝化甘油（NG）。

（2）1862 年，A. B. 诺贝尔（Nobel）制造成功达纳马特（硝甘炸药）。

（3）1867 年，诺宾（Norbin）和乌尔松（Ohlsson）申请含有各种敏化剂和硝化甘油的硝铵（AN）的使用专利。

（4）1875 年，诺贝尔申请爆胶专利。

本文原载于《国外金属矿山》，1991（7）：85-88。

❶　应将我国发明的黑火药和英国霍华德合成雷酸汞列入其中。——校者注

（5）1930 年，林德（Linde）发明液氧基炸药。

（6）1935 年，杜邦公司推出第一种工业爆破剂——奈特拉蒙（Nitramon）。

（7）1955 年，阿克雷（Akre）和李（Lee）申请肥料级硝铵混同固态碳质燃料敏化剂使用的专利。阿克雷麦特（Akremite）标志现代干爆破剂——铵油炸药的问世。

（8）1957 年，水胶炸药商品化。

（9）1960~1964 年，库克（Cook）和法纳姆（Farnam）申请浆状炸药专利。

（10）1964 年，杜邦公司为梅萨比铁矿（美国）兴建散装水胶炸药工厂。

（11）1966~1967 年，布卢姆（Bluhm）申请乳化炸药专利；克莱（Clay）申请用于较高炮孔密度和增强抗水性能的乳胶-铵油混合方法专利。

（12）70 年代，若干散状装药系统（IRECO，Nitro Nobel 等）相继工业化。

（13）1978 年，阿特拉斯火药公司推出油包水（W/O）型乳化炸药产品。

（14）80 年代，开发成功高密度铵油炸药（乳胶与铵油混合物）。

所有散装炸药的主要组分均系硝酸铵，其性质适于任何特定用途。就自身而言，铵油炸药是美国、澳大利亚和南非使用的主要散装炸药；铵油炸药制造容易，装药简易，对于炮孔来说它是一种成熟的可靠炸药。铵油炸药是一种在接近零氧平衡配比（6%燃料油、94%粒状硝酸铵）下多孔粒状硝酸铵和燃料油的简单混合物，这种混合物在膨胀功和冲击能之间提供了最佳均衡。

铵油炸药的敏感度和爆轰性能在很大程度上取决于多孔粒状硝酸铵颗粒的质量，质量好的标志是：黏土含量低，水分含量低；流散性好，粒度均匀，吸油率高，颗粒密度低，最佳的脆性以及无结块倾向。对铵油炸药性能的研究已获得长足进步，它的价格低廉的优点、比较安全的贮运特性，较快的装药速度等使其成为散装炸药系统的先驱而被广泛采用。为提高铵油炸药的能量，通常要加燃料级铝粉；从性能角度来看，添加 15%左右的铝粉似为一经济上限。在散状装药系统中，非爆炸性原料由装备齐全的混装车运至现场；混装车将原料混合后再将所得铵油炸药装入炮孔之中。由于燃料油和硝酸铵粉粒的不均匀混合，会导致低的爆轰性能，因此，切望采用验证合格的混药机，并在燃料油中补加染料以监视混合的均匀程度。

3　水胶炸药

铵油炸药缺乏抗水性的问题，促使研究解决办法，使硝铵基炸药可用于含水炮孔，结果产生了 Cook-Farnam 关于浆状炸药和浆状爆炸剂的构思。这类炸药的基本构思在于往铵油炸药中添加可增大黏度的如古尔胶之类的胶体，随之再加入交联剂（通常为某种多价金属离子）以形成胶凝混合物。为最大限度保持此类炸药的爆轰感度，适当控制密度至关重要。为达此目的，可采取机械充气法、化学发泡剂或添加表面活性剂，同时用 TNT 或 MMAN 和铝片作敏化剂。浆状炸药是当今使用炸药中最安全的一种。散装浆状炸药系统有两种不同的类型：其一是现场混制浆状炸药系统（SMS）。在此系统中，非爆炸性组分贮存在供料厂内，由此将不同组分装入特制泵车后运往爆破现场。在炮孔区，利用泵车自身的设备将各组分混制成所需的浆状炸药，然后通过输送软管将其泵入炮孔之中。现场混制的浆状炸药是非雷管敏感的，需要加起爆药柱。其二是工厂混制浆状炸药系统（PMS）。在该系统中，炸药是在所谓“卫星”厂的固定炸药厂内制备的，制备好的炸药装入双室或多室的泵车后运往现场。当炸药泵入炮孔时，添加交联剂和增稠剂。图 1 所示为现场混制浆状炸药系统的流程图。

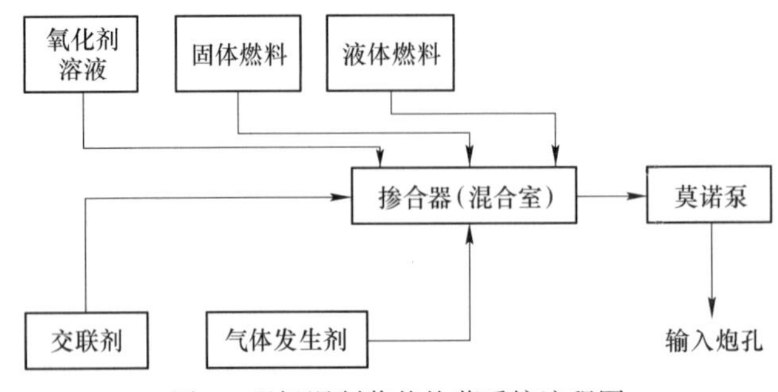

图 1　现场混制浆状炸药系统流程图

4　乳化炸药

油包水型乳化炸药是由硝酸铵溶液微细液珠紧密堆积于油类混合物内制成的。分隔硝酸铵液珠的油膜厚度小于 1μm，因而在燃料和氧化剂之间形成很大的接触面积。由此获得极迅速又充分的炸药爆轰。乳化炸药本身并不含任何化学敏化剂，其起爆和传爆，敏感度和爆速统统取决于内部存在的空隙。这些空隙是由添加玻璃微球或聚合物微球，珍珠岩或化学发泡剂后诱发而得，它们在爆轰过程中提供“热点”。乳化炸药各组分的粒度极细，使之具有很高的能量系数。乳化炸药对于由摩擦、静电、冲击、明火及其他外部影响因素可能引起的偶然起爆，较不敏感，因此，在制造和贮运过程中比任何其他工业炸药安全。乳化炸药还有另一个特性——爆速高且稳定，加之特具的迅速且充分的炸药爆轰，使之具有可靠并可再现的第一流的岩石破碎特性。

目前已有许多应用乳化技术的散装炸药系统可供采用，这类系统由移动制造装置（MMU）将乳化炸药装入炮孔底部，排挤出炮孔内的积水，从而保证获得连续炸药柱。乳胶体的密度可在其装入炮孔后化学反应产生的分布于乳胶内部的微细气泡予以控制。乳化型散装炸药的爆速和敏感度实际上不受炮孔深度或直径的影响。由于这些原因，乳化基散装炸药是用于深孔（深度可达 60m）爆破的佼佼者。图 2 所示为现场混制乳化炸药系统的流程图。

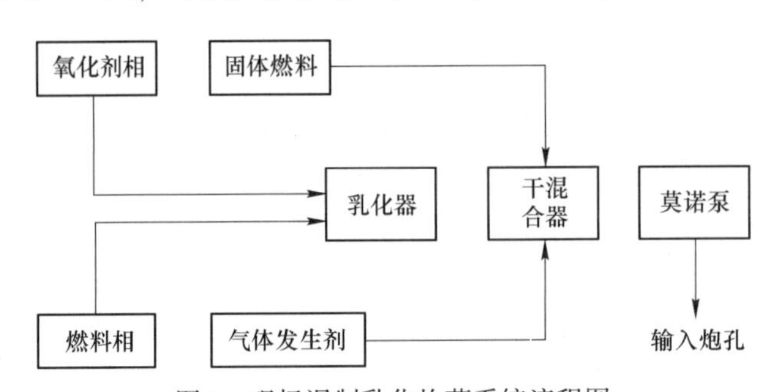

图 2　现场混制乳化炸药系统流程图

5　重铵油炸药

密度约 1.35g/cm^3 的乳胶基质对起爆体是不敏感的，直至提供空隙形成敏化机理后方可爆轰。因此，乳胶基质可物理地同铵油炸药掺合，铵油炸药在混合物内形成空隙。乳胶和铵油炸药的掺合物称之为重铵油炸药。取决于所需的敏感度、能量、抗水性和经济效益，这两种组分可以不同的比例混合。典型的比例是：乳胶：铵油为30：70或70：30。相对的体积威力和抗水性随乳胶含量增加而提高，但敏感度随之下降。当配比为60：40（乳胶：铵油）、密度约1.3g/cm^{3}时能量和敏感度呈现峰值。取决于现场需求，可以在标准铵油炸药车上加设一台乳胶基质罐、两台泵和一个发泡剂罐，用来混制和输送常规的铵油炸药、重铵油炸药和纯乳胶，如同C-I-L公司的Blendmaster型混装车[3]。

6 对散装炸药系统的评价

散装炸药系统的进展雄辩地证明炸药制造厂商的创造发明精神，但对评价不同系统性能、特别是在投标时比较不同可选系统所采用的手段和方法，争论日趋激烈。评价散装炸药系统的尺度通常有下列诸项：

（1）每吨价格；

（2）供货可靠性；

（3）产品规格、范围；

（4）技术后援情况；

（5）过去的商业关系。

总的说来，以往对不同炸药的比较仅仅以每吨报价为依据，这决非一种真实的尺度。炸药性能归根结底必须与满足最大限度降低采掘总成本这一客观功能联系起来。

在选择和应用散装炸药系统时，有必要认清一个事实，即不同炸药系统存在着不同的特性和性能水平，只有通过精心设计的现场试验才能检验炸药产品的质量（报价所述规格的一致性）、输送系统的性能与可靠性以及装药的准确度，也评定炸药性能。还有重要的一点须指出：炸药产品的稠度在散装炸药系统的情况下可能与所述要求不一致，而炸药的性能可能因硝铵颗粒含量不等而产生密度变化的影响，从而又影响炸药的能量输出。因此，有必要在现场安设系统取样装置，以观测可能发生的炸药密度和稠度的变化。

综合评价不同散装炸药系统的任何现场工作计划均需针对以下重点：

（1）观测炸药产品并测量其密度。

（2）测定现场性能，即测定爆速、现场附近的振动水平、崩落速度、破碎度、松散比和抛掷距离。

（3）通过评价破碎度、岩堆松散度和形状来综合评价爆破成本和效率。

澳大利亚1987年在新南威尔士州亨特河谷蒙特索莱（Mount Thorley）露天煤矿进行的重大现场评价工作表明，炸药系统的“相对有效能”（REE）是比较炸药能量的一个良好尺度，它恰当地“评定在良好条件下湿孔炸药的性能”[4]。但需强调指出，对比爆破试验必须在大体均匀的岩层中进行，而且应对试验爆破作业密切监视，以排除现场各种变量的影响。由于散装炸药的密度可能变化，因此基本组分的比例和混合均匀程度可能对炸药的性能产生显著影响。

7 散装炸药系统和印度采矿工业

由于散装炸药具有出色的操作优越性，独特的安全性能，和可以灵活制造任何所需的威力和密度的“特制”炸药的技术优点，因而在80年代已引起露天采矿工业的重视。印度-缅甸石油公司于1981年在库德雷穆克建起一座现场混制浆状炸药系统供料工厂，随后在辛劳利又建成3个现场混制浆状炸药系统。现今在印度已有6个以上的当地兴办的基于乳化炸药或浆状炸药散装炸药系统供料工厂。附录中列举了印度散装炸药系统的特性。此外，铵油炸药散装作业已被NALCO公司和果阿铁矿所采用。图3、图4、图5分别示出了IBP公司、Karanataka炸药公司和Maharashtra炸药公司的泵车系统（本刊略）。

可以预料，未来印度的露天采矿工业将转向大规模采用散装炸药系统。重点很可能是更多地采用乳化炸药和重铵油炸药。装配紧凑、高技术输送系统的发展，有可能为年需求量甚至仅1000t的用户提供经济上可取的服务。

8　结语

用于露天采矿工业的新一代散装炸药系统的出现，会导致成本大幅度下降，也推进了提高机械化水平的步伐。尽管印度矿物工业部门在露天采矿工业销售一系列散装炸药系统方面已迈出一大步，但当前应急需进行目标明确的研究开发工作，使在选用散装炸药和评价其性能方面的先进技术再上一个新的台阶。面对着散装炸药应用的扩展远景以及研制年制造能力小于1000t的系统，革新性的研究应当不断进行。

附录　印度现用的各种散装炸药系统的特性

IBP公司：						
现场混制浆状炸药						
印度胶	614	634	654	674	704	734
重量威力（ANFO=1）	0.76	0.82	0.89	0.97	1.07	1.18
体积威力（ANFO=1）	1.02	1.12	1.23	1.36	1.53	1.73
密度/$g \cdot cm^{-3}$	1.10	1.12	1.13	1.15	1.17	1.20
N/$mol \cdot kg^{-1}$	45.11	44.08	42.97	41.79	40.14	38.12
现场混制乳化炸药						
印度胶	1116	1136	1156	1176	1206	1236
重量威力（ANFO=1）	0.76	0.83	0.90	0.97	1.11	1.22
体积威力（ANFO=1）	1.16	1.27	1.37	1.48	1.69	1.86
密度/$g \cdot cm^{-3}$	1.25	1.25	1.25	1.25	1.25	1.25
N/$mol \cdot kg^{-1}$	45.33	44.22	43.11	42.00	30.79	37.94
	现场混制浆状炸药			现场混制乳化炸药		
爆速/$m \cdot s^{-1}$	4200±200			5000±200		
抗水性	满意			极好		
炮孔静置时间	两周					
起爆药柱	建议用0.1%铸状起爆药柱（至少250g）					
建议深度	深达35m					

续表

印度 ICI 公司：

	GMS 1B 铝基 Ch-Ⅰ	GMS 2B 铝基 Ch-Ⅱ	GMS 3B 铝基 Ch-Ⅲ
引爆杯密度/g·cm^{-3}	0.8~1.20	0.8~1.20	0.8~1.20
爆速/m·s^{-1}	3400~3800	3500~4000	3600~4200
抗水性	极好	极好	极好

KEL 公司：

SM 乳化炸药

泵车能力——10t

泵送速率——6t/h

敏化剂——珍珠岩

	KECOLEM				
Al/%	0	2	3	4	5
密度/g·cm^{-3}	1.10~1.15	1.15~1.20	1.15~1.20	1.15~1.20	1.15~1.20
爆速/m·s^{-1}	4000~4500				
最小直径	100mm				
体积威力（ANFO=100）	110	126	133	140	145

印度海湾炸药公司：

IGEL-SM NCN 散装炸药系统

	NCN-100	NCN-400	NCN-500	NCN-600
密度/g·cm^{-3}	1.0	1.1	1.2	1.25~1.30
爆速（无约束）/m·s^{-1}	3200	3500	3800	4500
重量威力	100	120	140	150

所需起爆药柱——2kg/t SMS（SMS——现场混制浆状炸药）

泵送速率——250kg/min

Maharashtra 炸药公司：

规格	MEXAN-1	MEXBLAST
爆速/m·s^{-1}	3500±200	4000±200
密度/g·cm^{-3}	1.13±0.03	1.25±0.03
敏感度	起爆药柱敏感	起爆药柱敏感
抗水性	极好	极好
最小药包直径/mm	100	100

起爆药柱要求：铸状柱起爆药柱 50：50PETN（泰安）/TNT 适于起爆上述浆状炸药，建议百分含量为 0.2%左右，依据实际试验和现场条件该量可逐步减少。

IDL 化工公司：

	Emulking（加铝粉）
密度/g·cm^{-3}	1.15

续表

爆速/m · s^{-1}	5000～5500			
体积威力	120～140			
爆压（100MPa）	126～136			
静置时间/d	7～10			
泵车能力——6～12t				
泵送速率——100～200kg/min				
Anil 化学公司：				
Amerind Mackissic 泵车，能力 8～10t（装填乳胶/铵油）				
	AN%	密度	每厘米^3 的有效能量	
Master Col	100	0.90	1.02	1.05
Master EM Col 100	75	1.02	1.10	1.28
Master EM Col 500	50	1.03	1.12	1.12
Master EM Col 1000	25	1.12	1.16	1.41
Master EM Blast	0	1.20	1.20	1.44
Master EM Blast Super	—	1.25	1.22	1.47
爆速——3500～5000m/s				
泵送速率——150～200kg/min				

参 考 文 献

[1] Ghose, A. K., "Bulk Explosive Systems-An Overview of Recent Developments". Lecture delovered at Professional Development Seminar on "Bulk Explosive Systems——New Development", April 20, 1990, Centre of Rock Excavation Engineering, Indian School of Mines, Dhanbad. (Unpublished).

[2] Arora, O. P. and Sharma, S. R.: "Use of Bulk Explosives." Ibid.

[3] Houston, J. M.: "Explosives Choice at East Kemptville Mine." CIM Bulletin, August, 1987, Vol. 80, No. 904, pp. 46-50.

[4] Scott, A. and Cameron, A.: "The Field Evaluation of Explosives Performance". Explosives in Mining Workshop, The AusIMM, Melbourne, Nov. 1988. pp. 55-58.

[5] Seam, M. M. and Dutta, N. L.; "Perspective Demand of Explosives for CIL—2000AD", in Proc. of Workship on "Research and Development Priorities in Mining Sector", Ranchi, February, 1990 (Unpublished).

（译自印度《Journal of Mines, Metals & Fuels》, September 1990, 182-187）

炸药和破碎作用的控制

美国新墨西哥矿业技术学院
采矿工程教授、炸药技术研究中心主任　P. A. 珀森

岩石的爆破破碎程度取决于一组相互关联的因素，它们与岩石、炸药及其起爆顺序、炮孔及其布置以及巷道的类型相关。一种特定的破碎程度大多是借助于反复试验爆破方法而取得，因为爆破工程师一般可资利用的资料仅适用于普通教科书所述的一些岩石类型，然而，爆破技术远非静止不变的；新近的研究已集中于应用炸药燃烧速率数据的计算机模型，使炸药与每种类型的岩石和炮孔直径相匹配。未来的研究开发有可能定制炸药，使之在装入炮孔时与岩石特性的三维图相吻合（由凿岩作业得知岩石特性并将其储存在计算机的存储器中）。

本文是珀森教授在最近举行的桑德威克凿岩工具公司（Sandvik Rock Tool）凿岩日会议上所作报告的修订稿，本文阐述破碎过程，提出一个用于测定岩石应力和破碎度的简单数学模型，讨论和分析了不同炸药的效率。

爆破时岩石碎块的一般形状及其块度分布主要取决于炸药单耗（松动单位体积岩石的炸药重量），但与岩石的结构（节理、裂缝、层面及其他薄弱岩面）也密切相关。炮孔内气体压力施加于岩石的动应力主要在这些薄弱面产生变形和碎裂。弱面之间的均质岩块不致形成任何永久性的变形或裂隙，除非这些岩块距炮孔很近。各种弱面都有着不同的强度，因此，碎块的大小和形状就取决于有多少弱面碎裂。

已经建立了岩石节理结构的小型模型，但其在实验室爆破试验中的有效性一直受到怀疑，因为节理强度的按比例缩小效应不甚明朗。然而，在均质物料，典型的是在整体有机玻璃中进行的小型模型爆破试验，已经给研究人员提供了有关破碎机理的大量信息。采用高速摄影技术可以跟踪冲击波和破碎的初始传播和随后的破碎过程，而且由1∶100和1∶1000比例试验所得的碎块堆类似于真实的爆堆，这足以供新形成的设想在真实矿岩中加以验证。

图1所示为小炸药包在有机玻璃钻孔中的爆轰情况（Ladegaard－Pederson & A. Persson，1973）。冲击波自药包径向传播，在其到达距自由面约三分之二处以后，开始出现可见的裂缝。此后，以张力波形状由自由面反射回来。钻孔附近的变形起初是塑性的，然后在与径向约成45°角时出现剪切裂缝，继之裂缝径向裂开。

菲尔德（Field）和拉德戈德-佩德森（Lade-gaard-Pederson）（1969）通过有机玻璃模型的爆破试验说明了自由面是如何改变裂缝最终阶段的扩展的，自由面的存在有利于两个对称的裂缝沿返回张力波的切线方向扩展。实际上，破碎过程中唯一最重要的几何因素是自由面的存在。钻孔中远离任何自由面的药包爆轰所产生的气体压力只会使钻孔扩大，不会形成实质性的破碎，且岩石的净位移微乎其微——但距药包一个钻孔直径以内的区域

本文原载于《矿业工程》，1991（11）：47-52。

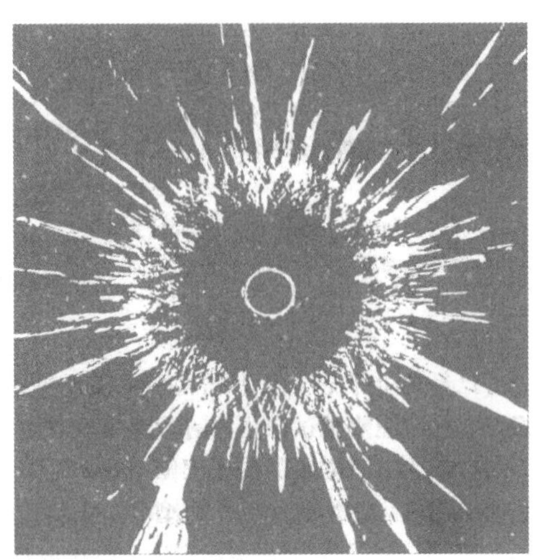

图 1　有机玻璃块钻孔内泰安药包爆轰时的剖面图（A. Persson，1970）

除外。岩石大规模移向自由面以外的空间就产生破碎。

早期的有机玻璃块多孔爆破试验（Langefors 等人，1965）表明，炮孔间距与最小抵抗线之比影响破碎度，这些试验导致了大孔距爆破技术的发展。（Persson，Ladegaard-Pederson 及 Kihlström，1973）。间距与最小抵抗线之比（介于 4∶1 至 8∶1）的凿岩爆破孔网布置改善了岩石大规模梯段爆破的破碎度。这一技术已在工艺中广泛加以采用。

库珀（Cooper，1981）应用矿块模型研究了节理矿岩在爆破时运动的动力学问题；该模型原先是由坎达尔（Cundall）建立用于研究边坡稳定性的静态问题。岩石模型是由平面节理相分隔的若干硬块组成，这些硬块可在压力和张力下呈弹性变形。节理可承受剪切应力直至某一剪切强度极限值，这之后，节理产生剪切变形，并伴随着与各岩块之间正常荷载成正比的摩擦力，拉伸破裂强度被分配到每一个节理面。

这一模型特殊给出了由计算机产生的岩块在模拟二维台阶爆破时的运动图形。这种计算形式的妙处在于，可以长时间追踪碎块的运动，直到碎块在料堆上止息为止。库珀的计算机编码后来成功地用于瑞典布利登公司艾蒂克铜矿叶片状岩石的模拟爆破。

1　振动破坏

在远离起爆药包之处，伴随着振波传播的变形主要是弹性的。在无自由面的情况下，弹性位移是极小的。自由面允许在其下的受力物料膨胀，其结果是沿着该自由面传播的弹性表面波产生的振幅远远大于远离该自由面的振波幅度。

当建筑物受爆破振动而破坏时，通常是雷利（Rayleigh）波，即主要自由面波引起大变形和大位移所致。药包重量 W 愈大、距药包的距离 R 愈短，则振动位移、表面波内的质点速度和质点加速度愈大。

在大量试验资料的基础上建立了方程（1），该方程通常用来描述雷利波振动质点速度的峰值与药包重量和距离的依存关系。

$$v = K(W^{\alpha}/R^{\beta}) \tag{1}$$

式中　K——取决于岩石物料特性的一个常数。

方程（1）对于集中装药，即装药长度小于距离 R 时有效。对于硬基岩而言，可用的标准数值是：$K=0.7\text{m/s}$，$\alpha=0.7$，$\beta=1.5$。为控制建筑物振动，$v=50\text{mm/s}$ 这一数值已被证明是一安全极限；低于该值，在基岩上建筑完好的住宅结构不应有损坏，施加于建筑物结构的应变正比于振动质点速度与振波传播速度之比。因此，波速愈低，安全极限愈小。对于建在湿黏土或砂土上的同样建筑物，该极限值可低至12.5mm/s。建在硬基岩上的钢筋混凝土建筑物可承受振幅高达200mm/s的振动而不受破坏。

对药包周围岩石的振动破坏基本上与上述相同，但引起可见破坏的振动速度极限值较高。药包爆轰形成动应力场，其后继位移主要朝自由面发生。霍姆伯格（Holmberg）和珀森（1978）应用方程1导出了方程（2），后者用于计算接近延长装药，即装药长度相当或大于距离时岩石内振动速度的峰值。

$$v = K\left[l\int_{x_a}^{x_a+H}\frac{\mathrm{d}x}{\left[\tau_o^2+(x-x_o)^2\right]^{\beta/2\alpha}}\right]^{\alpha} \tag{2}$$

式中 l——线性装药密度（药包重量/药包单位长度）；

H——装药长度；

x_a——炮泥长度；

x——沿药包轴线的位置坐标；

x_o——观测到振动点的轴向坐标；

τ_o——观测到振动点的径向坐标。

当 $\beta\sim2\alpha$ 时（这种情况往往是很好的逼近），积分方程（1）简化为一显式：

$$v = K\left\{\frac{l}{\tau_o}\left[\arctan\left(\frac{x_a+H_{x_s}}{\tau_o}\right)\arctan\left(\frac{x_a-x_o}{\tau_o}\right)\right]\right\}^{\alpha} \tag{3}$$

图2所示为由方程（2）导出的两个图解，图中示出了峰值振动速度同至药包垂直距离的函数关系，以线性装药密度作为参数。图2(a)是大直径炮孔台阶爆破的典型几何形状，图2(b)为小直径炮孔隧道掘进爆破的典型几何形状。

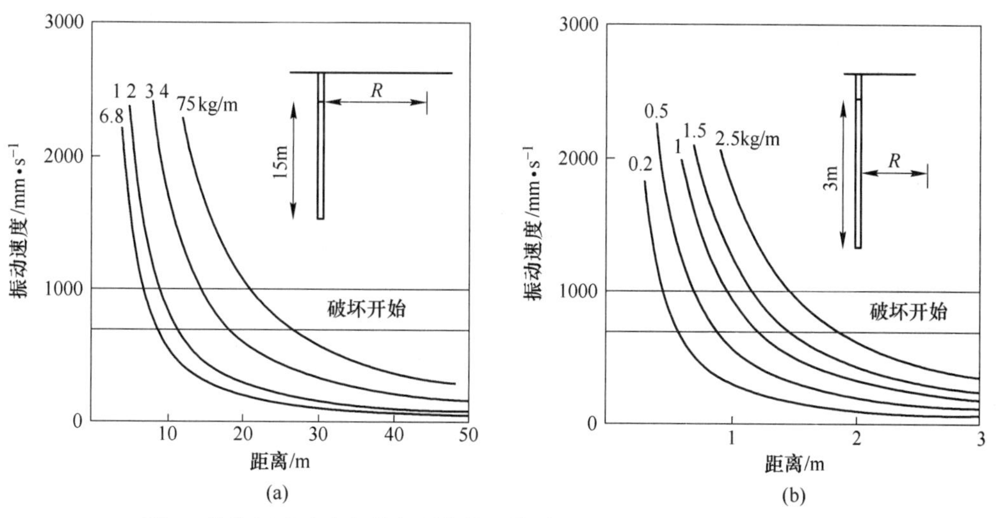

图2 峰值振动速度与药包距离的函数关系（以线性装药密度为参数）

（a）大直径炮孔台阶爆破；（b）小直径炮孔隧道掘进爆破

用方程（2）数值积分或可用方程（3）求解时，对其他几何形状亦可导出类似的通用图解。由此种计算方法求得的峰值振动速度已成功地用于度量对保留的岩石的破坏程度。0.7~1m/s 之值已证明可用于指示硬基岩振动破坏的起始，表现为因存在的节理膨胀而稍微隆起，并新生出微小裂缝。

在图 2(a) 和 (b) 所示几何形状中提供应力释放的自由面是爆破自身造成的槽沟，亦即连接一排炮孔的缝隙所形成的新生自由面。对于台阶顶部附近的岩石（图 2(a)）来说还存在另一个自由面，即台阶的顶部表面。拉伸仪测定证明，在此区域的岩石破坏比距顶部表面较远的地方更强烈。方程（2）对该区的破坏估计不足。

2　爆破破碎

爆破崩动的岩体的破碎也是爆轰药包压力形成应力释放的结果。为大致了解崩动岩体不同部分的破碎度，我们用基本方程（2）作了试验，以下列方法预测破碎度。我们设定，因爆轰作用在原岩中造成的初始应力场取决于距药包的距离，如方程（2）所表明。然而，受崩动的岩体被两个自由面所限制，因而其变形约束比相邻岩体少得多。这在取用 K 值时作了考虑，其 K 值大于岩石系无限体一部分时所用之值。对于硬岩，试用了 1.4m/s 这一 K 值。

图 3(a) 示出了延长装药周围等峰值振动速度的轮廓线，对崩动岩石取 $K=1.4$m/s，对残留岩石取 $K=0.7$m/s。破碎度决定于存在的不同薄弱面或节理体系的临界碎裂强度。这可由恰好导致碎裂的等效临界峰值振动速度来表示。

在现实中单个节理均有自身的强度，它们围绕一平均值统计分布。我们可以将节理体系（每一体系有自身的临界峰值振动速度统计分布）叠加在用较大 K 值由方程（2）得出的峰值振动速度等值线图顶部。这样，将有可能预测崩动岩体每一部分的碎块块度分布。这一工作有待完成。

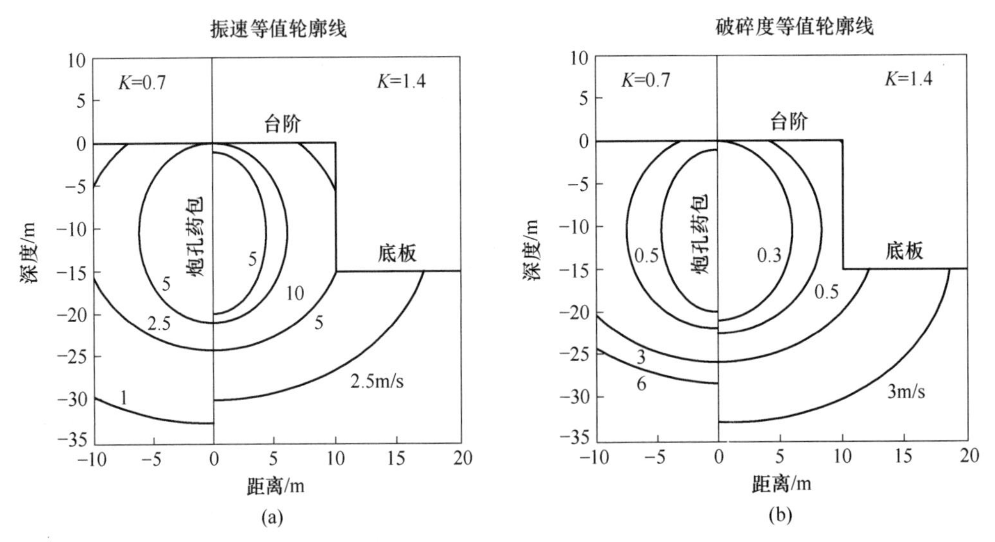

图 3　台阶爆破时一个炸药包所崩动的岩石内的峰值振动速度（a）和等效破碎度的计算轮廓线（b）

作为第一步，我们已假定碎块块度为峰值振动速度的简单双曲函数：

$$L = L_o / (v - v_o) \tag{4}$$

式中　L_o——由岩石结构决定的特征碎块块度；

v_o——恰好引起第一次破裂的临界峰值振动速度。

于是，图3(a)的虚线速度等值线可用方程（4）变换成等碎块块度的等值线。对硬基岩而言，适宜的数值为：$L_o = 3m$，$v_o = 1m/s$。图3(b)示出了图3(a)的碎块块度等值线。

3　炸药效应

不同炸药的破碎岩石能力差别悬殊，而且每种炸药的破碎岩石能力又决定于其在炮孔中的装药密度。再者，就许多工业炸药而言，爆轰时发生的化学反应速率颇低，使爆速和爆压又受制于在其内发生爆炸的炮孔直径。本文前一部分未讨论这些因素，尽管它们对破碎作用有相当大的影响。因此必然假定文内所述的炸药均为标准炸药。

已编制出一种图表，用以列出不同军用炸药和工业炸药在其反应产物由起始体积膨胀时所作膨胀功的计算值，及其与体积膨胀比的函数关系。完成这类计算时假定爆轰反应是完全理想的，并采用带BKW状态方程的ITGER计算机编码，及利夫莫尔（Livermore）调整参数（BKW-R）。

对于每种炸药，膨胀一直持续至反应产物的温度达到100℃为止，在该点所剩膨胀能量微乎其微。颇有兴趣地注意到，对不同品种的炸药，该温度（即100℃）是在不同体积膨胀比下达到的：水基硝酸铵乳化炸药为40，铵油炸药为300，硝基甲烷为1500，高铝敏化的高能水胶炸药为20000。

上述差别的原因在于这些炸药的火焰温度相差悬殊。铵油炸药和水基乳化炸药是冷态炸药，其火焰温度介于1500~1900℃。硝基甲烷的火焰温度为3210℃，而铝敏化水胶炸药的火焰温度估计达4500℃。

一种火焰温度很高的炸药可能输出很大的膨胀功，这只能用于反应产物完全通过极大体积膨胀比才能作有效功的情况。正常的岩石爆破并非此种情况。对于一种在硬岩内爆炸的高密度炸药而言，反应气体产物开始钻入径向裂缝之时炮孔直径已扩大约1.4倍（相当于体积膨胀比，约为2）。当因裂缝达到自由面而气体发生大规模泄漏之时，气体体积又约膨胀了2倍。

此后，膨胀功主要是加速气体使之以高速度进入周围空气，不再对岩石作有效功。这就是说，正常岩石爆破时的有效膨胀比v/v_o视岩石特性、炸药单耗和爆破方式而定，介于3~10。

用炸药单耗大致为$3kg/m^3$进行硬岩漏斗爆破时，有效膨胀比可能在3左右。与之相反，采用相似炸药单耗在砂土或泥浆水中进行开沟爆破时，因气体只在很后阶段才进入大气，其有效膨胀比也许可高达100~1000。

由此得出的结论是，铵油炸药和水基乳化炸药尽管其总炸药能量低，仍比硝基甲烷或高铝粉炸药一类炸药更适合于正常岩石爆破，因前者在40~400膨胀比范围内几乎耗尽了其所储能量，而后者的总能量大多在岩石中浪费殆尽。

4　装药密度

当爆炸气体压力很高时，在炮孔附近区域就发生严重的塑性或破碎变形。炸药的能量大部分在该区域耗尽，留给远离炮孔处岩石的破碎能量不多。

1969 年，珀森，拉德戈德-佩德森和希尔斯特伦（Kihlström）等人证明，一给定高能密度药包的破碎作用随装药炮孔直径增大至一最高值（即装药炮孔直径两倍于药包直径时），超过该最高值后则下降。(他们还证明，用炸药充分装填较大的炮孔往往导致最大程度地破碎)。这就是可装填至相等于标准炸药致密密度的装填密度的高密度、高能量军用炸药在常规岩石爆破中未得到应用的一个原因。另一个原因是成本；当开凿一个较大的用于装填较大体积、价格较低的炸药的炮孔的成本低于两种炸药成本之差时，总是采用较廉价的工业炸药。

5　反应动力学效应

模拟现实爆破破碎的最后一个困难是这样一个事实，即若干重要工业炸药反应特别缓慢，以致仅有一部分化学能在爆轰波前附近释放，余下的能量在后续的膨胀阶段才释放。早期和晚期的能量释放比取决于爆轰波前后方压力下降速度；在小直径炮孔中的下降速度比大炮孔中的快。此类炸药的爆速和波前压力取决于赖以进行爆轰的炮孔直径。

上述效应深刻地影响着射入周围岩石的冲击波衰减的幅度和速率，也深刻影响着膨胀期后阶段炮孔中的压力；在此阶段对岩石作大部分有效爆破功。延缓化学反应的总体效，应可提高爆破效率。

柯比（Kirby）和利珀（Leiper）（1985）建立了一个适用于混合炸药燃烧速率的表象学通式。

该燃烧速率方程有三项，代表：

（1）因塌落空隙之类热点所引起的初始反应；

（2）包含空隙的（液态）连续相的燃烧；

（3）悬浮在连续介质中的固态颗粒的燃烧。

对于以上各项，燃烧速率均假定正比于压力。(在以后的研究工作中，加上了一个不同 1 的压力指数)。

方程（5）有多于少数试验可加以确定的许多参数，这或许是它的一个缺点。然而，随着对多种组分类似的不同炸药建立实验数据的经验日益丰富，有可能找到可信地确定足够参数值的充分基础，从而该方程能用于一种新的炸药，且花费最低的试验精力。

$$\frac{\mathrm{d}\lambda}{\mathrm{d}t}=(L-\lambda)\left[\frac{a_{\mathrm{h}}(P-P_{\mathrm{h}})}{\tau_{\mathrm{h}}}+\frac{a_{\mathrm{l}}P}{\tau_{\mathrm{l}}}+\frac{a_{\mathrm{s}}P}{\tau_{\mathrm{s}}}\right] \tag{5}$$

式中　$\mathrm{d}\lambda/\mathrm{d}t$——燃烧速率分数；

L——已燃烧炸药的重量分数；

a_{h}，a_{l}，a_{s}——各组分重量分数的函数；

τ_{h}，τ_{l}，τ_{s}——需经试验确定的三个参数。下标 h、l、s 分别代表热点、炸药的液态和固态组分。

6　主要的炸药性能模型

即使我们很好理解了破碎过程的主要事件，也了解近似的能量释放速率，但到能够准确地模拟在某一种岩石中任一种炸药的实际爆破性能，仍然还有一条漫长的路要走，流体力学的数字模型可能在理论上适于解决这一问题，但节理岩石的复杂性，以及需要以三维空间来解决这一问题，会使计算机运算时间太长、花费太高。

利伯斯基（Libersky）已建立一个新型计算方案（1989），在该方案中气体膨胀过程的稍后部分略去了岩石物料的压缩性。这大大节省了计算机运算时间，而且也相当现实。带质量的个别粒子同其邻近粒子的相互作用，如同常用的 Langrangian 或 Eulerian 编码。该新方案可加以改造，使之将下列诸方程包括于其中：实际燃烧速率方程，炸药及其反应产物的高压状态方程，以及药包周围物料的强度结构方程。这样，就有可能比以前时间长得多地追踪岩石的运动状况。

用这种方法可解决的一个典型问题——开沟问题，它是埋于砂土中的长圆柱形药包。在时间为零时，假定反应已通过整个药包完成。此后，气体遵循简单的等熵气体规律进行膨胀。冲击波抵达地表后，岩石（砂土）物料就被视为不再可压缩。

采用不同炸药进行这类计算，有可能揭示不同炸药在开沟性能方面的差别，而这现在只有通过花费很多的试验费才可探明。

于是，爆轰炸药与节理岩石之间的相互作用可以借助于计算机模型来确定了。尽管仍需完成某些研究开发工作，但一位普通的岩石爆破工程师能应用计算机模型来确定一座新矿山炮孔布置的时刻正在迅速临近；这一时刻可能不出几年就会到来，反应速率模型方面经验的增长，根据台阶工作面情况定制炸药，使之匹配于变化的岩石特性的目的已指日可待。

（译自英国《World Mining Equipment》，March 1991，36-40）

何时在散装炸药中添加铝粉使爆破更有效

加拿大矿产资源工程有限公司

总经理　W. A. 克罗斯比　设计工程师　M. E. 平科

高体积威力炸药的作用，例如重铵油炸药，以及对有关的直接和间接费用节省的认识，在今天的采矿工业中更为普遍了。铝的添加提供了一种更进一步提高这些炸药体积威力的方法。在散装铵油炸药、浆状炸药和乳化炸药中，铝添加剂的增强作用已经被人们认识了一段时间。采矿工业中采用较新的重铵油炸药，对某些生产部门来说，这种低成本高体积威力的铝化重铵油炸药具有提高采矿效率和节省费用的潜力（Ford 和 Bonneau，1991）。但是，近年来废铝价格的大起大落，给经营者带来了铝化散装炸药产品的经济问题。问题是：在目前可能得到的产品中，在铝的现行价格条件下，哪种产品最优？这里就包含着一种方法，经营者利用这种方法可以确定目前铝市场上最佳的散装炸药产品。

1　铝添加剂的利用

因为铝是高能燃料，所以将其添加到散装炸药中。铝可提高总的能量输出、体积威力、爆温和爆压，但对爆速的影响不大。图 1 所示为铝添加剂对 30/70（乳胶/铵油炸药）重铵油炸药的影响情况，表 1 列出了铵油炸药、乳化炸药和几种重铵油炸药（它是用低密度多孔粒状硝铵生产的）的体积威力。此表清楚地表明了这三种用于爆破的散装炸药的性能随不同百分比铝添加剂的变化关系。

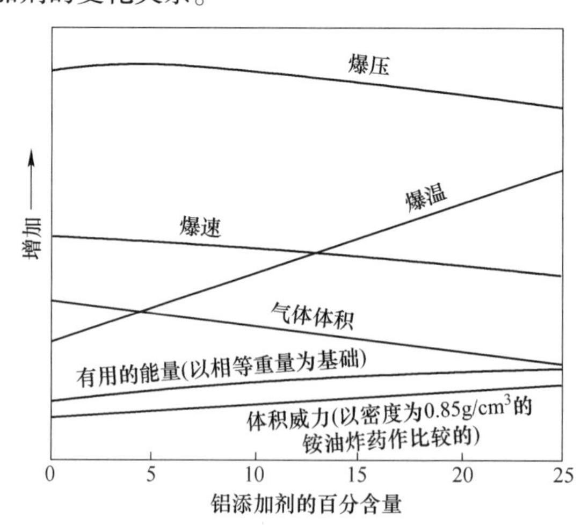

图 1　将铝粉添加到含有 30%乳胶的重铵油炸药中，对炸药的理想爆速、爆压、爆温、爆炸生成的气体体积、有用的能量和体积威力的影响

本文原载于《矿业工程》，1992（12）：43-47。

表1　不同铝粉含量的铝化铵油炸药、乳化炸药和重铵油炸药的相对重量威力和体积威力

炸　药	密度/g·cm^{-3}	相对重量威力（以铵油炸药为100比较的）	相对体积威力（以密度0.85g/cm^{3}的铵油炸药=1.00作比较的）
铵油炸药	0.85	100	1.00
铝化铵油炸药（5%Al）	0.88	112	1.16
铝化铵油炸药（10%Al）	0.91	123	1.32
铝化铵油炸药（15%Al）	0.94	134	1.48
硝基碳硝酸盐乳化炸药（0%Al）	1.15	78	1.06
硝基碳硝酸盐乳化炸药（5%Al）	1.21	91	1.30
硝基碳硝酸盐乳化炸药（10%Al）	1.27	103	1.54
硝基碳硝酸盐乳化炸药（15%Al）	1.30	117	1.79
铵油炸药+10%乳胶（0%Al）	0.93	98	1.07
铵油炸药+20%乳胶（0%Al）	1.01	96	1.74
铝化铵油炸药+30%乳胶（0%Al）	1.11	93	1.21
铵油炸药+40%乳胶（0%Al）	1.20	91	1.28
铝化铵油炸药+50%乳胶（0%Al）	1.29	89	1.35
铝化铵油炸药+30%乳胶（5%Al）	1.14	105	1.41
铝化铵油炸药+30%乳胶（10%Al）	1.16	116	1.58
铝化铵油炸药+30%乳胶（15%Al）	1.19	127	1.78

爆炸过程中铝的反应结果生成固体氧化物，没有含铝的气体产物生成，因而爆炸产生的气体体积减小了。氧化铝生成热高达16260kJ/kg，其结果是大大地增加了爆热和升高了气体的温度。这种较高的气体温度有助于抵消气体体积的减小，因为当温度增高时给定量的气体可以做更多的功。总的结果是铝添加剂使同样数量的炸药做出更多的功，这样就使爆破块度获得相应的改善，同时可以增大炮孔的间距和抵抗线。

燃料级铝粉必须符合一定的规格要求，以使其充分参加爆炸反应。重要的规格指标是散装体系颗粒粒度、纯度、密度以及流动特性。颗粒粒度是很重要的，因为大于20目的颗粒使反应减慢，而小于150目的颗粒则有粉尘爆炸的危险。

2　爆破设计需要考虑的事项

影响爆破设计的因素很多，如矿岩类型、开采计划以及推荐的挖掘方法和设备等。这些因素确定了梯段高度的一般固定的参数和总的所需的输入的爆破能或“能量系数”。对于一个给定的炮孔尺寸来说，已选好的炸药品种规定了炮孔布置、超钻和孔口的尺寸。爆破连结与延时顺序构成了爆破设计的其他主要参数。

但是，矿主可以得到种类很多的不同威力和抗水性能的炸药。对于一个已知炮孔的含水情况，可以选择任何一种铵油炸药，乳化炸药、重铵油炸药以及这些炸药的含铝混合物。以便获得所需的爆破效果。当然，正确的爆破设计应是一个以最低成本而取得所希望的爆破效果的设计。

对于一个利用固定尺寸的炮孔、需要特别体积威力的炸药以及具有固定的超钻和孔口尺寸的爆破设计来说，通过使用具有所需的体积威力的炸药便可获得最低的爆破费用，这种体积威力炸药可使单位长度炮孔的装药费用最低。这种产品的可能选择示于图2中，它表明各种含铝和不含铝的铵油炸药、乳化炸药和重铵油炸药的相对重量威力和相对体积威力间的关系。该图也表示出哪种产品可以用于湿孔、干孔或是排水的炮孔。对于一个特别的爆破体积威力来说，图2表明，有一个可供某一爆破设计利用的炸药范围。

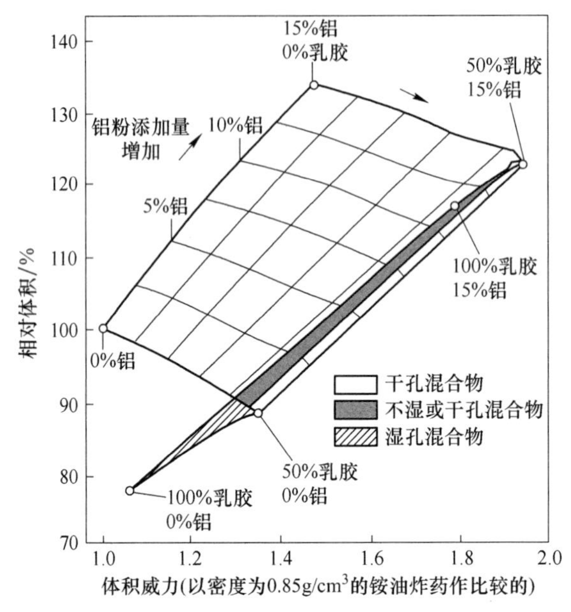

图2　适用于湿孔、干孔或排水炮孔爆破的含铝铵油炸药、乳化炸药、重铵油炸药产品的相对重量威力和相对体积威力之间的关系

3　炸药选择

选择一种炸药时，考虑的首要因素之一就是炮孔的含水情况。如果炮孔中水多而且证明难以泵汲，那么首先应选择可以泵送的含水混合产品。另一方面，如果炮孔是干的，或者是可以泵干并有可能挂里的话，那么一种预定产品或者含水的混合产品都可使用。

表2　ALMEG燃料级铝产品的规格

ALMEG 粒状铝	应　用	规　格
VFN①	金属化铵油炸药 浆状/水胶爆破剂 乳胶爆破剂	99%+纯铝 97%~99%-20+100目 平均密度②37磅/英尺^3 (1磅=0.454kg，1英尺^3=0.0283m^3)
H-30①	金属化铵油炸药 浆状/水胶爆破剂 乳胶爆破剂	97%~98%纯铝 97%~99%-20+100目平均密度②34磅/英尺^3
XX①	金属化铵油炸药 浆状/水胶爆破剂 乳胶爆破剂	91%~92%纯铝 97%~99%-18+100目平均密度②54磅/英尺^3

① 在散装使用时可自由流动；

② 装运时密度可以变动。

对于需要某一给定体积威力炸药的爆破设计而言，另一个最重要的因素就是成本。如前所述，铝的价格是炸药成本的主要影响因素，而且在市场上波动又很大。因此，在使用典型的炸药混合物、重量威力、密度和其他组分的现行价格时，就有可能仅仅基于铝的价格选择最大的成本效益的散装炸药。为了表明这一点，假定燃料油的价格为 12 美分/磅，硝铵为 9 美分/磅，乳胶基质为 18 美分/磅，对个别地点具有显著差价的爆破而言，修正图表乃是必要的。

利用上面假定的价格数字，图 3 已经表明，当铝的价格处于 60 美分和 1.60 美元/磅之间时，对于体积威力为 1.4 的一种炸药而言，具有最大的成本效益的干孔产品是铵油炸药或重铵油炸药（含铝或不含铝）。图 3 也给出了直径为 12 $\frac{1}{4}$英寸（1 英寸 = 25.4mm）的每英尺（1 英尺 = 0.3048m）炮孔的装药费用。对于一定铝价的最大成本效益的产品可利用各种产品的成本曲线形成的底部包络线给出。对于湿孔和其他情况来说，可以绘制类似的图表。

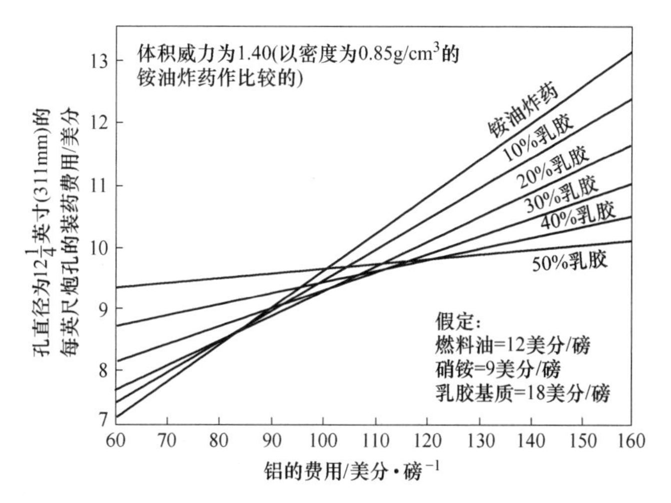

图 3　不同铝价时对相对体积威力为 1.4 的产品而言，
直径为 12 $\frac{1}{4}$英寸的每英尺炮孔的最佳爆破费用

图 4 可以确定真正最佳的炸药配方。它表明对体积威力在 1.0 及 1.9 之间的每一种排水炮孔的炸药产品来说，铝的添加是以重量百分比为基础的。为了说明这些图表的使用，假定所需要的爆破体积威力为 1.4，并且铝的现行价格为 0.9 美元/磅。图 3 表明，最佳的炸药是含有 20%乳胶的重铵油炸药。直径为 12 $\frac{1}{4}$英寸的每英尺炮孔的装药费用为 8.80 美元。图 4 表明，最佳的炸药配方是含有 20%乳胶和 7%铝的重铵油炸药。

图 5 扩大了图 3 的描述范围，炸药体积威力包括 1.2 到 1.8 且间隔为 0.1。曲线表明了每一体积威力炸药的最低费用包络线。再次表明了直径为 12 $\frac{1}{4}$英寸时每英尺炮孔的装药费用。

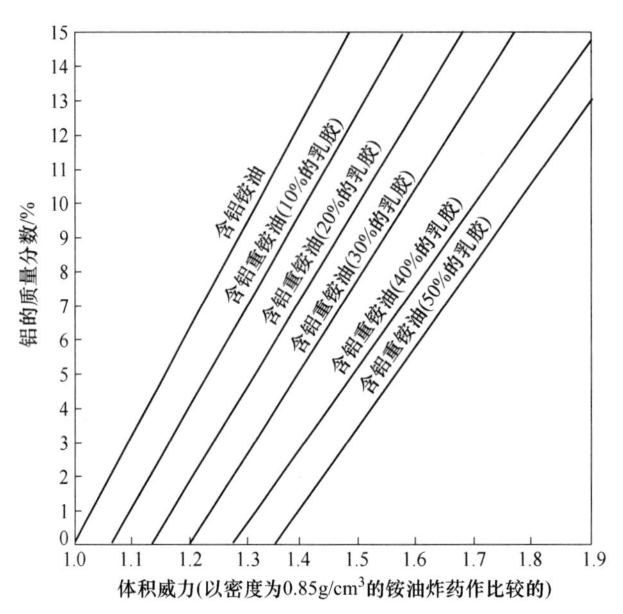

图4　对于选定的含铝铵油炸药和重铵油炸药而言，各种体积威力和铝的百分含量间的关系

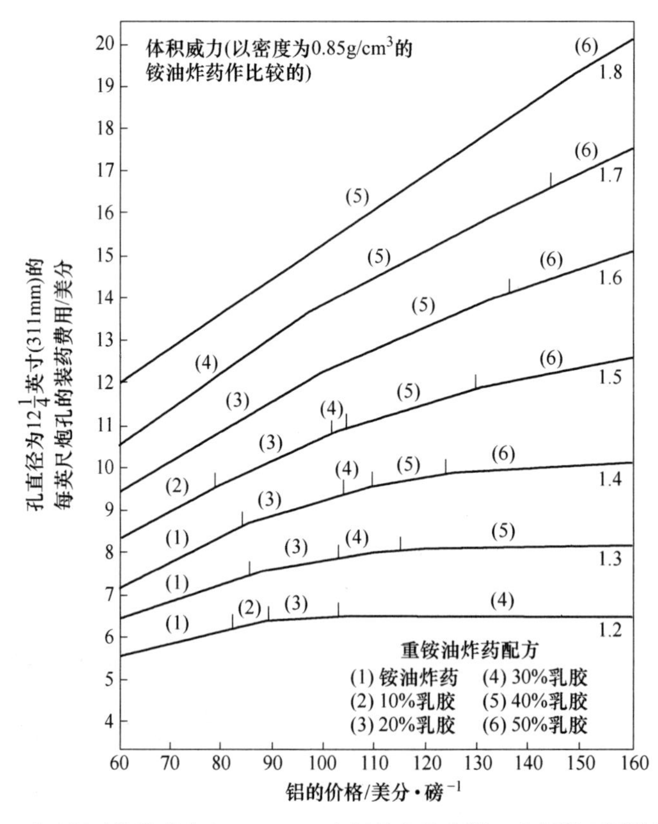

图5　对于相对体积威力在1.2~1.8之间的产品来说，在铝的不同价格时，孔径为$12\frac{1}{4}$英寸的每英尺炮孔的最佳装药费用

如果使用的炮孔的直径不是 $12\frac{1}{4}$ 英寸，那么图6可以用来将每英尺炮孔的装药费用换算成新的炮孔尺寸的每英尺炮孔装药费用。

上面的例子指出了在利用已经提出的一些假定的情况下这些图表的用途。人们可能要问，如果炸药的其他主要组分之一的价格变化了，对炸药成本有何影响呢？对体积威力为1.3的炸药来说，图7表明了这种影响。每一种组分的价格变动，会导致很多变化出现。

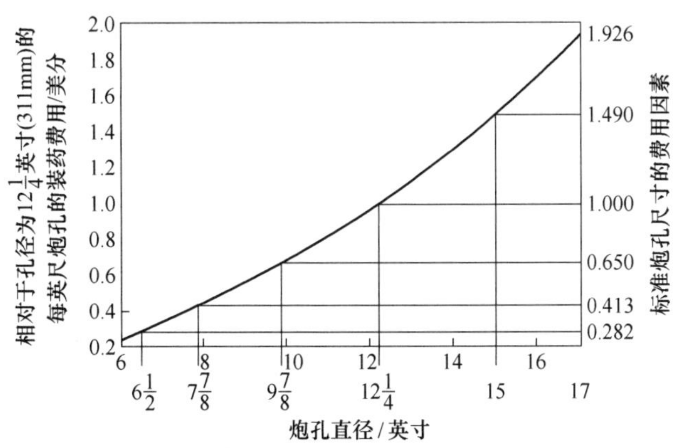

图6　孔径为 $12\frac{1}{4}$ 英寸的每英尺炮孔的炸药费用转换为所标示的炮孔的炸药费用的费用转换增值因素

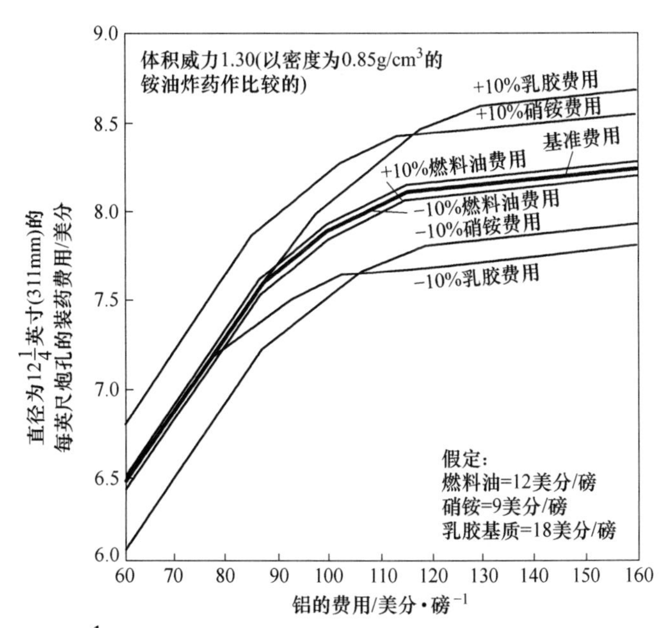

图7　孔径为 $12\frac{1}{4}$ 英寸的每英尺炮孔的最低装药费用的变化（这种变化的条件是：各种铝的价格变化使体积威力为1.3的铵油炸药和重铵油炸药产品的基本价格有10%的浮动）

4　钻孔和爆破成本的最优化

为了使钻孔和爆破成本达到最优化，有必要考虑一些其他可以控制的因素，例如炮孔布置和炮孔直径等等。选择不同体积威力的各种炸药会影响所需的炮孔布置，因而钻孔费用作为一个组成部分就对钻孔和爆破成本起了作用。应用标准的守恒封闭法则，一些可供选择的设计方案是可以研究的。对于一个给定的炮孔尺寸来说，抵抗线、孔间距、超钻和孔口尺寸的变化与炸药体积威力的1/3幂有关。因此有：

$$\left(\frac{\text{新炸药的体积威力}}{\text{原炸药的体积威力}}\right)^{1/3}\times\text{原尺寸}=\text{新尺寸}$$

对于炮孔尺寸的改变，炮孔体积随其直径的平方而变，而炮孔布置则随体积威力的1/3幂变化，因而产生了2/3幂的关系式：

$$\left(\frac{\text{新炮孔的直径}}{\text{旧炮孔的直径}}\right)^{2/3}\times\text{原尺寸}=\text{新尺寸}$$

利用这些关系式，对于一个特别的岩石类型来说，任何炸药和炮孔尺寸的任何结合都可以研究。

总之，使用较高体积威力的炸药，会减少单位体积或单位重量被爆材料的钻孔费用，但也会增加炸药费用。对固定的钻孔和炸药费用来说，有一特定的体积威力的炸药，它使每单位被爆材料的钻孔和炸药费用之和保持最低。

图5不仅帮助我们在已知铝的价格条件下选择最佳的炸药产品，也提供了每英尺炮孔的装药费用。这些费用可以用来优化爆破设计。通过列表或标绘在各种相对体积威力下单位体积被爆材料的炸药和钻孔费用，对于给定的铝价，就可确定最佳的炸药和炮孔布置。对于铝价为70美分/磅、钻孔费用为5美元/英尺的情况这种关系示于图8中。当钻孔费用较低时，较低体积威力的炸药产品就是最大的成本效益，而在高的钻孔费用所代表的难钻的情况。高体积威力的炸药产品就是最大的成本效益。对于这种类型的详细分析，可借助于计算机程序。

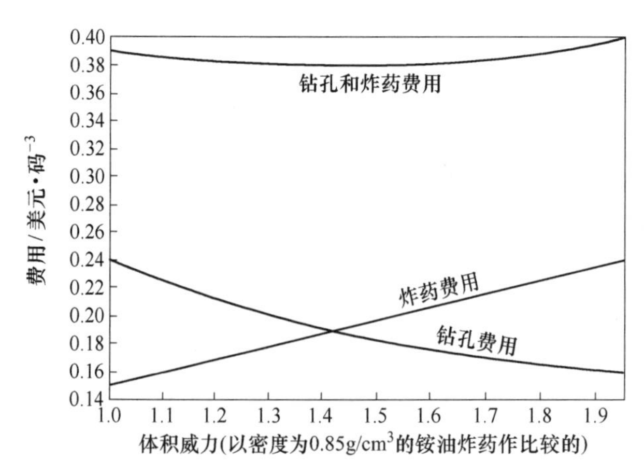

图8　假定直径为$12\frac{1}{4}$英寸炮孔的钻孔费用为5美元/英尺和铝的价格为70美分/磅时炸药体积威力与单位体积被爆岩石的炸药费用、钻孔费用、钻孔费用+炸药费用间的关系

5　结论

这里所描述的炸药选择的图解方法是选择炸药产品和预测炮孔布置尺寸的一种很直观的方法，它是以铝的价格为基础的。这个方法的准确度虽然不高，但是它提供了关于铝的价格变化对炸药选择和爆破设计影响的直接近似值。它也说明，即使铝的价格很高，铝添加剂仍应被视为增加炸药体积威力的一种手段。特别是在高的钻孔费用的地区，或是在需要高体积威力的炸药产品以完成爆破作业的地方更是如此。

参考文献

[1] Ford, M. and M. D. Bonneau. 1991: "Developments in Cast Blasting Using High Bulk Strength Explosives at Rietspruit Opencast Services". 17th Annual Conference on Explosives and Blasting Technique. Las Vegas. Nevada. February.

[2] More information on this topic can be obtained from Mining Resource Engineering Ltd. 1555 Sydenham Road. RR#8 Kingsion. Ontario. Canada K7L4V4.

（译自美国《E&MJ》，1992，№5，28-31）

一种低冲击能炸药——ANRUB 的发展

澳大利亚佩思 CRA 集团公司先进技术开发中心
G. 哈里斯　D. P. 格里布尔

摘　要：叙述了一种由粒状硝铵和橡胶组成的新型低冲击能炸药——ANRUB。现有的低冲击能炸药是通过大幅度降低炸药密度和/或利用稀释剂来降低冲击能，因此减小了体积能量。本文讨论的方法通过放慢炸药反应速率来降低冲击能量，同时保持与 ANFO 相近的总能量。

本文讨论了 ANRUB 的发展，包括最初的水下试验到大规模的现场试用。在每一试验阶段同时测量 ANRUB 和 ANFO，以确定冲击能的降低和随之而来的鼓胀能增加。测定参数包括水下冲击能、鼓胀能、爆速（VOD）、振动强度和鼓胀速度。

ANRUB 具有改进最终边界和生产爆破的潜力。低的冲击能特征对最终边界爆破来说是所希望的，而高的鼓胀分量很适于生产爆破。

关键词：炸药　冲击能　鼓胀能　体积能量　鼓胀速度　破碎度　最终边界爆破

1　引言

一种炸药爆轰产生的高压迅速作用于炮孔壁。如果炸药的爆轰速度大于岩石的压缩波（P-波）的速度，那么就在岩石中诱发一个冲击波。即使岩石的压缩波速度大于炸药的爆轰速度，压力的突然作用也会产生一个陡阵面压缩波传播作用于岩石，大量的爆炸能转入形成这些波。在炮孔的邻近区域内波阵面的压力可使岩石产生新的裂缝和扩大原有的裂缝。这往往形成一个破碎区。在铁矿和煤矿中，这种破碎会产生不希望的粉矿。扩大短的裂缝可在炮孔周围的有限区域内改善破碎度（Harrie，1990），但是扩大较长的裂缝，特别是在最终边界爆破时是不希望的。由于几何的延伸使波的峰压降低，只有现存的裂缝被波打开。最后在距炮孔的某一距离内波是如此之弱，以致它们不再作用于裂缝，但是仍然引起振动，这种振动有时被认为是一个问题，特别是在矿山边界之外。

本文讨论了一种新型低冲击能炸药的发展和现场试验，这种炸药具有与 ANFO 相同的总能量，但它的冲击能降低，鼓胀能增加。

2　降低冲击能的现有技术的回顾

2.1　低密度炸药——ANFO 与聚苯乙烯混合物

膨胀的聚苯乙烯泡沫小球有着低的比重为 0.02g/cm³。当它与 ANFO 混合时可以达到低至 0.2g/cm³ 的总密度。由于两者密度的不同，实际上不可能获得均一的混合。尽管这

本文原载于《国外金属矿山》，1994（1）：47-53。

种混合不良，ANFO与聚苯乙烯——Isanol（Nielsen & Heltzen，1987）仍可靠地传播。更均匀的混合物可由添加少量乳胶来获得，这种混合物是发粘的。由于芳烃化合物引起聚苯乙烯泡沫破裂，故所用的燃料油应是非芳烃化合物。

2.2　去耦装药

炸药卷常常装填于直径比其大的炮孔内。例如，掘进循环的周边孔可以利用直径12mm药卷装填直径32mm炮孔，药卷是彼此联结在一起的。对于直径89~110mm的炮孔，将直径51mm药卷装填于平放的管子里，并悬吊于炮孔中。在直径311mm炮孔里已经使用过装填有ANFO的直径为150mm的刚性聚氯乙烯管子。业已表明，去耦装药作用犹如炮孔装入相同质量的炸药，但其密度相当于炸药完全充满炮孔的密度（Harries，1973）。

2.3　稀释剂

木屑、甜菜渣和其他一些低密度介质已经添加到ANFO中，以便将ANFO的密度从0.8降到0.5g/cm^3（Wilson & Moxon，1988）。这些稀释剂降低爆热和爆速。

2.4　空气间隔

炮孔用炸药部分充填，一个空气袋放置于炮孔里以在药包上面形成一个空气间隔，并且支撑填塞物。这种药包通常是短的，以致不能达到完全的爆轰速度。这是一种流行的成本效益好的降低冲击能的方法。

2.5　概括

上述的所有方法都需要更多的钻孔，以获得与ANFO相等的炸药系数。对于周边孔爆破或者最终边界爆破来说，这种花费可能是合算的。

在生产性爆破中，由于在岩体里已经存在足够的裂缝，冲击能几乎未做有用功。通过改变能量分配，可以产出一种更有效的炸药。本研究的任务就是生产这样一种炸药，它的体积威力与ANFO相同，但比ANFO产生的冲击能低得多而鼓胀能高得多。

3　理论

在图1中AB代表爆轰炸药作用于炮孔壁的压力的轨迹。压力作用的全部时间是如此之短，以致炮孔没有移动。然后孔壁开始移动，增加体积和减小压力允许气体沿着等熵线BC膨胀，直到在C点与周围岩石达到平衡。如果炮孔被缓慢增压的话，平衡状态C可沿着AC轨迹达到。气体所做的功是P-V曲线下的总面积。瞬时增压所做的功由ABCD面积代表，而缓慢增压所做的功是面积ACD，面积ABCD至少总是2倍于面积ACD，这意味着由一种炸药完成的至少两倍的功达到平衡炮孔压力比由缓慢增压所完成的要快。这种附加的功引起冲击或陡阵面压

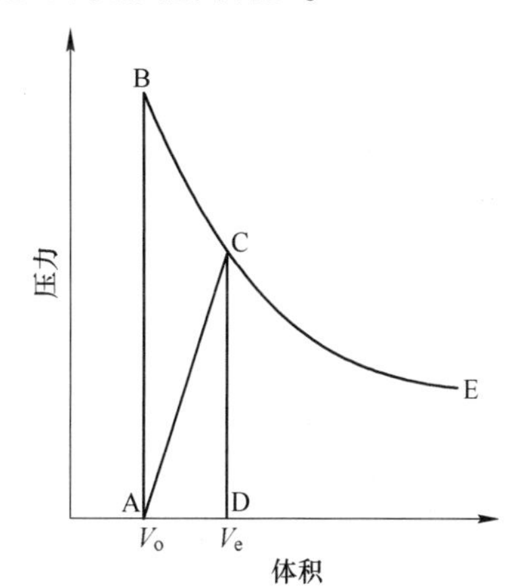

图1　炮孔被压缩的轨迹

V_0—原始的炮孔体积；V_e—平衡炮孔体积；BCE—等熵线，爆炸气体沿此线膨胀

缩波。沿着 AC 线的炮孔缓慢增压理应消除这些波。但是，由于增压无限地慢，实际上线 AC 从未实现过。

一种总能量与 ANFO 相同的低冲击能炸药的效果是增加鼓胀能。低冲击能炸药不遵循图 2 中用 ABCD 曲线代表的压力-时间曲线，而可能是遵循 ACE 曲线。在完成此过程中，在阴影部分由于冲击原先损失的能量被利用于增加裂缝中的压力，而最重要的是增大炸药的鼓胀能。

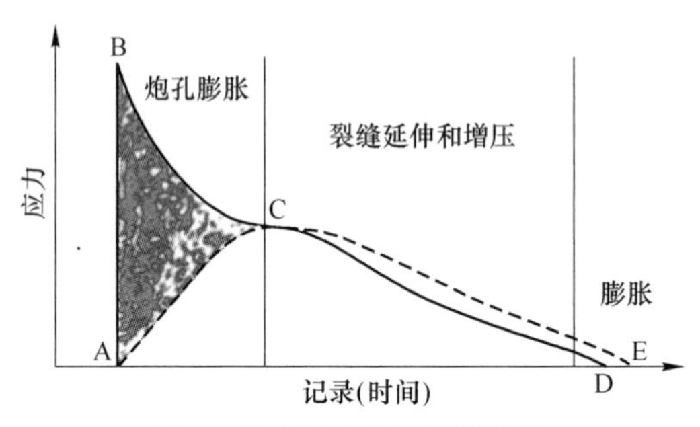

图 2　炮孔压力随时间的变化

一种增加了鼓胀能而体积威力与 ANFO 相同的炸药应该更有效。因此，只需要较少的炸药。

我们相信，如果炸药的反应速率可以慢到使压力的作用更为平缓的话，那么有效降低冲击能是可以做到的，从而增加鼓胀能也是可能的。

由图 2 可以推出，一种炸药的爆速愈大，冲击能分量愈高。但是，已有人指出，即使在大直径（381mm）炮孔中 ANFO 也不能按照它的理论爆速进行爆轰（Wilson and Moxon，1988）。也已发现，在直径为 100mm 和 230mm 的膨胀铜管试验中，尽管 ANFO 的爆速小于理论预测的爆速达 1 000m/s，但仍释放出所期望的能量（Finger，1976a；1976b）。因此不能达到完全的爆速并不意味着炸药反应不完全和不释放全部的能量。

这表明，为降低冲击能反应速率可以减慢，但又不降低炸药的总能量。这启示我们研究降低反应速率的方法。我们相信，反应速率可以通过改变燃料的特性加以控制。

4　水下试验

我们试验了如下可能的燃料：

（1）橡胶；

（2）聚苯乙烯；

（3）ABS（丙烯腈-丁二烯-苯乙烯共聚物）；

（4）木屑/石蜡。

考虑到实际混合技术和燃料的可供性，硝酸铵和橡胶的混合物——ANRUB，似乎是可供选择的最佳低冲击能炸药。因此，本文结果与讨论将集中于这种混合物。

4.1　结果

表 1 详细地比较了 ANFO 和 ANRUB 的水下性能。将炸药装入油漆桶中，监测设备放置在距药包 6m 远的地方。

当使用不同粒度的固体燃料时释放的冲击能和气泡能的对比列于表 2，正如表 3 所示，变更固体燃料的比例，其结果是气泡能不同。

表 1　ANFO 和 ANRUB 水下依次气泡振荡的冲击能和气泡能

炸药	振荡	冲击能实验值/J · g⁻¹	理论的最高气泡温度/K	气泡能	
				理论值/J · g⁻¹	实验值/J · g⁻¹
ANFO 94/6	1	700		2240	2237
	2		1406	1036	1054
	3			515	576
ANRUB	1	491			1690
	2		1129	848	711
	3			450	440

表 2　细、粗粒橡胶燃料 ANRUB 水下释放的能量值

橡胶粒度	冲击能/J · g⁻¹	气泡能/J · g⁻¹	总能量/J · g⁻¹
细	587	1965	2552
粗	440	1659	2099

表 3　橡胶和硝酸铵间的比例变化时实验和理论的气泡能

硝酸铵/%	橡胶/%	气泡能/J · g⁻¹		
		橡胶粒度		计算值
		粗	中	
96. 75	3. 25	1477	1545	1564
93. 50	6. 50	1659	1757	2087
90. 25	9. 75	1713	1841	2068
87. 00	13. 00	1975	2063	1964

4.2　讨论

原来认为在球粒中应存有 2%的燃料油来增加敏感度。但是已经发现油并不需要，而且燃料可完全脱开球粒。

对硝铵-固体燃料测得的冲击能比 ANFO 低（见表 1）。但是，气泡能的增加不伴随冲击能的降低。我们相信，这是由于炸药反应变慢的缘故，能量作用在连续气泡振荡方面。模拟第一及第二气泡周期表明，ANFO 在两个周期中均取得预期效能。其结果示于表 1 和图 3。但是硝铵-固体燃料在第二气泡周期中未提高性能。

模拟和测量结果的差异被认为是由于爆炸气体的不完全反应造成的。如果反应气体的温度下降到 1500K 以下，那么炸药反应肯定被熄灭。模拟表明，在第二次和以后的振荡中工业炸药所能达到的温度不会上升超过 1500K（见表 1）。因此，不完全反应在水下试验的第一个 100μs 期间发生，阻止释放全部有用能量，化学平衡因而没有达到。我们相信，这正是硝铵-固体燃料混合物所发生的情况。

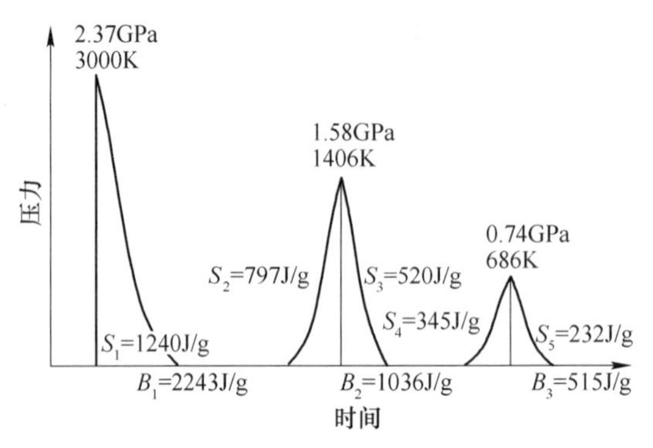

图 3　水下 ANFO 装药依次气泡振荡的能量消耗与分配

S—冲击能；*B*—气泡能

由表 2 可见，通过比较用细粒和粗粒橡胶进行水下试验释放的能量，证明了这个推论。用细粒橡胶试验时分别释放 587J/g 冲击能和 1965J/g 气泡能，而粗粒橡胶则分别释放 440J/g 冲击能和 1659J/g 气泡能。简单地相加能量可以认为含粗粒橡胶混合物比含细粒橡胶者少释放 450J/g 能量。两个混合物的化学组成是相同的，仅仅颗粒大小有差别。实验发现，细橡胶颗粒组分反应较快，因此冲击能较大。所以橡胶颗粒尺寸影响冲击能和气泡能的分配。如果给予足够的时间使其反应，粗粒橡胶燃料炸药可期待至少再多释放 450J/g 能量。此外，由于粗粒橡胶的反应速率是不变的，我们认为冲击能将保持相同，而损失的 450J/g 能量应作为额外的气泡能。

多加燃料的硝铵-固体燃料炸药表现出，当燃料的比例增加时计算（Herries & Beattie，1988）与测量的气泡能间的吻合性得以改进，如表 3 所示。这个结果也示于图 4 中。氧平衡的混合物（93. 5/6. 5）仅有部分反应，因为燃料与氧化剂扩散远远不足。因此，在化学平衡到达之前气泡的温度下降到 1500K 以下，并且炸药反应不完全。

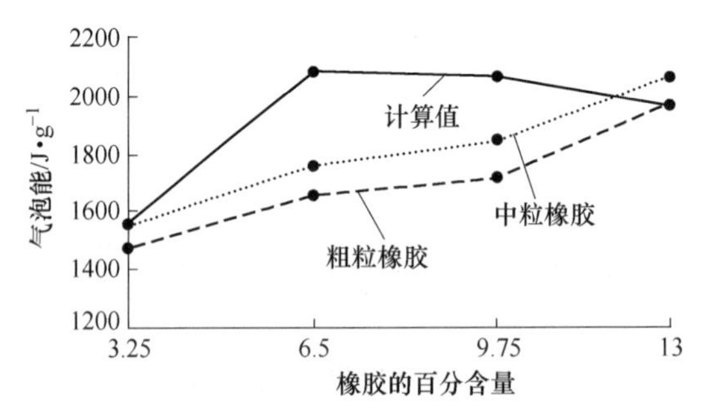

图 4　ANRUB 的实验和理论（计算的）气泡能与橡胶百分含量的关系

由于燃料过剩，固体燃料应扩散到硝酸铵的平均距离减小了，其结果是较高的气泡能。这些较高的能量不意味着燃料反应更快，而是更多的燃料能够反应。当理想配比的燃料与氧化剂反应时获得最大的气泡能。

但是，可以预料若炮孔里炸药仅有若干毫秒约束，则炸药反应能进行到最终状态。

5　岩石现场试验

在现场可以做三种类型的测量：

（1）爆速（VOD）；

（2）振动强度；

（3）鼓胀速度。

5.1　结果

5.1.1　爆速

表4列出在不同直径的炮孔里ANFO和ANRUB的爆速测量结果。爆速是用17点不连续的循环回路记录的。

表4　ANFO和ANRUB的爆速测量结果

炸　药	炮孔直径/mm	测得爆速/$m \cdot s^{-1}$	
		ANFO	ANRUB
岩石	150	3900	3300
铁矿	381	4375	3930
软的铁矿	381	4350	3910
花岗岩	89	3550	2600

5.1.2　临界直径

为了测定无约束的ANRUB的临界直径，药包放置于用铁丝加筋的油毡筒内。利用了三个不同的药包直径：100mm、150mm和300mm。临界直径的试验结果示于表5中。

表5　无约束临界直径试验结果

直径/mm	爆轰程度
100	未传爆
150	爆轰不完全
300	稳定爆轰

5.1.3　振动强度

在花岗岩中利用直径89mm的炮孔，测点放置在ANFO和ANRUB炮孔后面10m和20m的地方，测量了爆破引起的振动。最大质点速度列于表6中。

表6　ANFO和ANRUB爆破实测的最大质点速度（PPV）

炸　药	PPV（100m处）/$mm \cdot s^{-1}$	PPV（20m处）/$mm \cdot s^{-1}$	$\frac{PPV（10m处）}{PPV（20m处）}$
ANFO	756	128	5.92
ANRUB	426	73.0	5.82

5.1.4　鼓胀速度

一次爆破分成两个部分，一半装ANFO，另一半装ANRUB。借助爆破的高速摄影（500幅/s）测得了初始的鼓胀速度。实验结果列于表7。

表 7　ANFO 和 ANRUB 的实测初始鼓胀速度

炸　药	初始速度/m · s^{-1}
ANFO	3. 84
ANRUB	5. 20

5. 2　讨论

研制密度和总能量与 ANFO 相同的低冲击能炸药的目标是：

(1) 降低爆速；

(2) 减小振动强度；

(3) 增加炸药鼓胀能。

5. 2. 1　爆速

正如前面讨论过的，爆速（VOD）与炸药的冲击能有关，爆速愈高，冲击能愈高。已被确定，在相同的条件下 ANRUB 具有比 ANFO 低的爆速。

由表 4 可见，爆速不仅依赖于约束程度，也与药包直径有关。

通过绘制炮孔直径倒数与爆速的曲线，得出有用的线性关系（见图 5）。

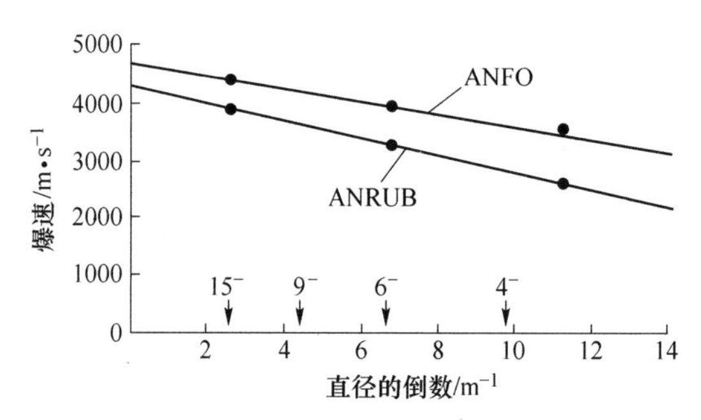

图 5　爆速与炮孔直径倒数的函数关系

5. 2. 2　临界直径

正如表 5 所示，爆轰仅仅在直径为 300mm 的药包中才能持续，这表明无约束的临界直径处于 150~300mm 之间。ANFO 的无约束临界直径小于 80mm。较大的临界直径意味着有较长的反应区，因此有较慢的反应速率。这些结果与 ANFO 和 ANRUB 间的爆速趋向是一致的。

5. 2. 3　振动强度

振动大小由冲击波中所含的能量决定。对于一个低冲击能炸药来说，冲击波所含的能量被减小了，振动随之作相应减小。

由表 6 可见，花岗岩的衰减特征看来是一致的，由于使用的炸药数量是相等的，这意味着最大质点速度（PPV）仅仅是炸药类型的一个函数。

在相等的距离下比较 PPV：

$$\frac{\text{PPV(10m 处)ANFO}}{\text{PPV(10m 处)ANRUB}} = 1.77 \quad 和 \quad \frac{\text{PPV(20m 处)ANFO}}{\text{PPV(20m 处)ANRUB}} = 1.75$$

比较结果表明，在 89mm 直径炮孔中 ANRUB 产生的振动比 ANFO 低 43%。

也测量了在 381mm 直径炮孔中两种炸药的振动强度。在相同岩体中作了两个单独的试验。在第一次试验中，ANRUB 的振动强度比 ANFO 减小 29%。在第二次试验中，ANRUB 的振动强度比 ANFO 减小 21%。

在相同直径的炮孔中表现出更显著差别的爆速结果验证了上述振动结果。

5. 2. 4　鼓胀速度

在反应已经通过一个炸药柱的区域后，留下一股热的气体混合物。这些气体涌入炮孔周围的裂缝并扩大这些裂缝。一旦这些裂缝中的一些通达自由面，那么荷载就可自由移动。

如果两种炸药具有相同的总能量，那么释放较少冲击能的炸药就应当释放更多的鼓胀能量。可以理所当然地预料，ANRUB 应产生比 ANFO 更多的鼓胀能。

鼓胀能可以直接由荷载的端面和峰值速度加以测量。可靠的端面速度需要等量的端面荷载，这在实际中是难以得到的。但是峰值速度取决于很容易控制的填塞高度，因此它可以用于比较。

由表 7 所列的结果给出一个初始鼓胀速度的比率：

$$\frac{V_{\mathrm{ANRUB}}}{V_{\mathrm{ANFO}}} = 1.36$$

由于能量是与速度的平方成正比的，所以 ANRUB 产生的鼓胀能应为 ANFO 的 1. 85 倍。

5. 3　概括

爆速测量值是用于检测 ANRUB 性能的三种技术中最可靠的一种。振动强度取决于地质/岩石结构，它有时可能引起错误的结果。鼓胀速度不仅依赖于结构，而且依赖于爆破的几何形状和起爆系统。尽管这些地质和爆破设计因素使测定绝对值困难，但是相对的结果确实证实两种产品在性能上有明显的差别。

与 ANFO 对比进行的实测结果表明，ANRUB 具有如下优点：

（1）爆速减小；

（2）振动减小；

（3）鼓胀增加。

6　分类

在西澳大利亚 ANFO 的分类是这样的，即它仅能在炮孔上部进行混合。对 ANFO 来说这不是一个问题，燃料油恰好在 ANFO 装入炮孔之前被添加到硝酸铵中。ANRUB 需要一个较长的混合周期（长达 10 分钟），以获得均一的混合物。从无约束的临界直径试验来看，ANRUB 具有比 ANFO 低的爆轰敏感度。因此，进行了进一步的试验，并且 ANRUB 被划分为一类“很不敏感”的炸药，其统一号为 0331。这允许 ANRUB 进行预混和散装运输，为混制与装药作业提供了较大的灵活性。

此外，一个关于 ANRUB 的专利已在国际上立档。

7　结论

本研究已经表明，开发密度和总能量与 ANFO 相同的低冲击能炸药是可能的。

我们已经指出，明显的非理想炸药如 ANFO 在水下试验反应是完全的。通过添加固体燃料减慢反应过程可降低爆速和振动，而增加鼓胀能量。我们已在现场得到证实，当使用具有相同体积威力的炸药时，可以改变冲击能和鼓胀能的比例以适应现场条件。

实验性试验项目的结果表明，应进一步进行现场生产试验，特别是在那些高节理和软质多孔性岩石中，因这些岩石破碎不需要高的冲击能，但一个位移好、容易挖掘的爆堆是合乎需要的。现行炸药的冲击能在某些材料，如煤矿和铁矿中产生不希望的粉矿。人们确信，由于冲击能较低，ANRUB 理应减小粉矿的比例而不降低爆破的有效性。业已评估出，在澳大利亚约有 40%的爆破不需要冲击能来破碎岩石，或者说，冲击能引起了不希望的振动。

ANRUB 冲击能缩减特性还表明，它适用于最终边界爆破。

参 考 文 献

[1] Finger, M. , et al. 1976a. Characterisation of commercial composite explosives. Preprints 6th symposium on detonation. Vol. 1: 188. ONR: Maryland.

[2] Finger, M. , et al. 1976b. The effect of elemental composition on the detonation behaviour of explosives. Preprints 6th symposium on detonation. Vol. 1: 172. ONR: Maryland.

[3] Harries, G. 1973. A mathematical model of cratering and blasting. National symposium on rock fragmentation: 41-54. AIE: Canberra.

[4] Hames, G. & Beattie, T. 1988. The underwater testing of explosivcs and blasting. Proceedings of the AusIMM Explo 88 conference: 23-25. AusIMM: Melbourne.

[5] Harries, G. 1990. Development of a dynamic blasting simulation. Third international symposium on rock fragmentation by blasting: 175-180. AusIMM: Melboume.

[6] Nielsen, K. & Heltzen, A. M. 1987. Recent Norwegian experience with polystyrene diluted ANFO (Isanol). Second international symposium on rock fragmentation by blasting: 231-238. Society for Experimental Mechanics: Bethel, Connecticut.

[7] Wilson, J. M. & Moxon, N. T. 1988. The development of low shock energy ammonium nitrate based explosives. Proceedings of the AusIMM Explo 88 conference: 27-32. AusIMM: Melbourne.

（译自《Proceedings of the Fourth International Symposium on Rock Fragmentation by Blasting》（英文版），July 1993，379-386）

乳化炸药的压力减敏作用

瑞典爆轰研究基金会 聂书林

摘 要：由于压力减敏作用会恶化炸药性能，因此较短的炮孔间距未必就能得到更好的破碎效果．本文叙述了在铁管中研究三种乳化炸药爆轰性能的一系列试验结果。结果表明，来自一个炮孔炸药爆轰的压力可以压死邻近炮孔中的乳化炸药，其程度取决于炮孔间距和炸药的耐压性。因此，在爆破设计和破碎度分析时应对这种作用给予注意。

关键词：减敏作用 乳化炸药 死压 耐压性 破碎度

1 引言

影响岩石爆破破碎的参数可以划分为三类：岩石特性，爆破炮孔布置和炸药性能。一般用来预测破碎度的数学模型均以某种方式顾及这些参数（Nie，1988）。然而，通常均假定炸药的性能正常。这就是说，炸药以一定的爆速进行爆轰，并且释放一定的能量来破碎周围的岩石。

基于上述假定，一般认为炮孔间距（排间距或孔间距）愈小，破碎度愈好。大多数破碎度预测模型也支持这种假设。但是，这种假设并非总是正确的，例如，当炮孔间距太小，以致来自一个炮孔炸药爆轰穿透炮孔的压力波使邻近炮孔的炸药减敏。另一种不希望有的效应是，当炮孔彼此很接近时炮孔装药的殉爆（Nie et al，1991；Mohanty and Deshaies，1992）。

因此，为了保证炸药性能的发挥和随之所得的破碎度，炮孔间的距离应保持在由炸药所确定的某一限值之上。

业已熟知的现象是工业炸药，如ANFO和乳化炸药，当经受外来的压力时可以发生减敏作用。一种炸药的减敏意味着该炸药爆轰时的化学反应速率和反应程度降低。在极端的情况下，当反应速率降为零时炸药完全失去它的爆轰性，变成压死药包。

随着乳化炸药的广泛使用和对爆破结果的更高要求，在过去几年里已经对乳化炸药的减敏作用进行了深入的研究，并取得了进展（Matsuzawa，1982；Wieland，1990；Nie et al，1991；Huidobro and Austin，1992）。

值得一提的最重要成就之一是获知了穿透炮孔的压力分布图，这种分布图是在煤矿（Wieland，1990）和在硬岩（Nie et al，1991）中通过压力测量获得的。

例如，在非常硬的石英斑岩中一个炮孔中炸药爆轰施加于邻近炮孔中炸药的压力大于50MPa，此时炮孔间距约22cm，炮孔直径64mm，孔深约3m并且所有炮孔都是装填一种乳化炸药。随着炮孔间距的增加，压力传递迅速降低。压力幅值对炮孔间距的依赖关系可

本文原载于《爆破器材》，1994（2）：35-37。

以表达为（Nie et al，1991）：

$$P = 0.91R^{-1.95} \tag{1}$$

式中　P——在一个炮孔中炸药爆炸的压力幅值，MPa；

R——受压炮孔与爆轰炮孔间的距离，m。

其他成就之一是瑞典爆轰研究基金会（SveDeFo）已研究出在铁管中测试乳化炸药爆轰性能的一种方法。本文叙述用这种方法进行的三组试验。

2　在动压下测试乳化炸药爆轰性能的方法

试验方法的装置示于图1。炸药被装填于内径52mm、壁厚4mm、长约1.5m的铁管中进行试验。一个泥土块将铁管分成两部分。在较小（长约50mm）的部分装填黑火药药包。在较大的部分装填大约4kg乳化炸药。一个装有一只8号延时电雷管的50g压装的PETN起爆药包被安放在与黑火药相反方向的药柱端部。此后，铁管用两只盖封好。

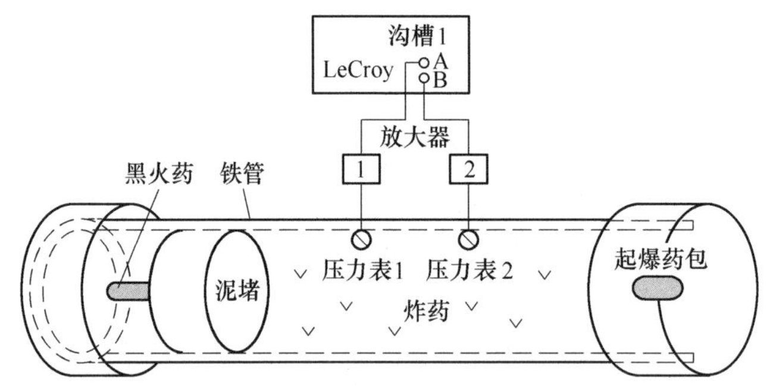

图1　在铁管里于动压下测试乳化炸药爆轰性能的方法

在一些试验中，一只铝鉴定板（20mm×400mm×500mm）被放置在铁管下面。铝板上的刻痕表明炸药爆炸的作用。黑火药和雷管同时引爆。因此黑火药燃烧产生一个动压，在炸药未被带有延时雷管的起爆药包引爆之前压缩炸药。

两只SveDeFo压力表（Nie et al，1990）被安放在炸药柱上以记录压力。信号通过放大器由LeCory7200型数字示波器予以记录。

到目前为止，三种含有相同乳胶基质但含不同玻璃微球（GMB）的乳化炸药已经进行了试验。试验的玻璃微球是美国PQ公司的Q-CEL 719和Q-CEL 723及美国3M公司的B37/2000。

试验的炸药的爆轰性能用表观检测和爆破音级予以测定。如果炸药被压死的话，爆破后残留着一只一定长度（通常约1m）其中仍有炸药的铁管。倘非压死，则在试验现场，无论是铁管还是炸药都难以找到。

在炸药被压死的情况下，残留的带有炸药的管子被回收，并在间隔一定的时间后用相同型式的起爆药包进行第二次引爆。

3　测试的乳化炸药的爆轰性

含有玻璃球Q-CEL 719、Q-CEL 723和B37/2000的乳化炸药的爆轰性分别绘制于图2~图4。

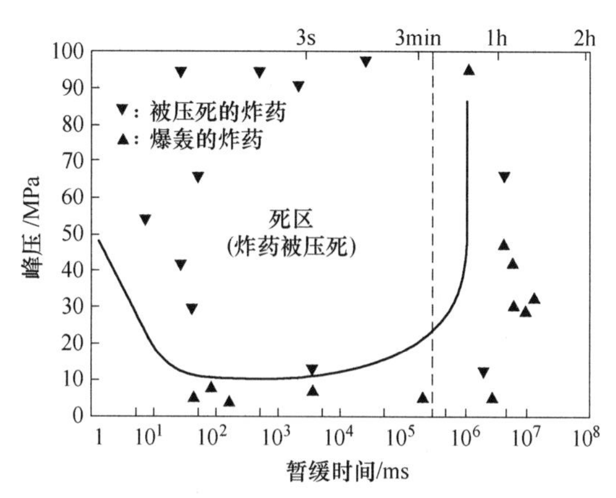

图 2　在动压下测试含有 GMB Q-CEL 719 的乳化炸药的爆轰性

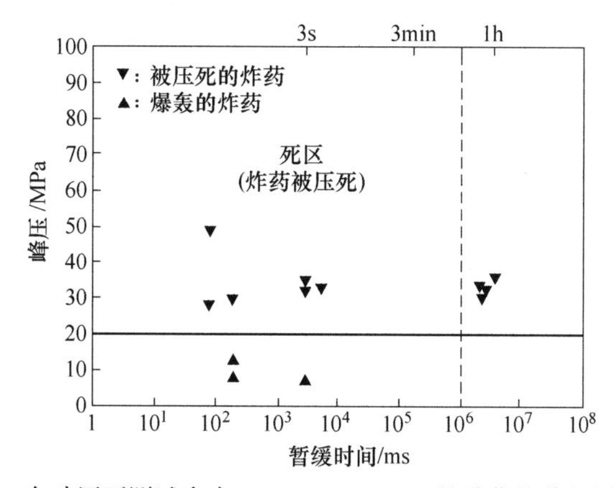

图 3　在动压下测试含有 GMB Q-CEL 723 的乳化炸药的爆轰性

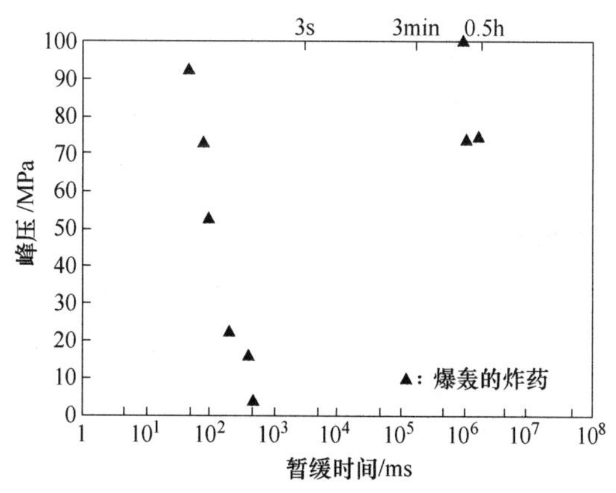

图 4　在动压下测试含有 GMB B37/2000 的乳化炸药的爆轰性

暂缓时间系指压力到达炸药和炸药被引爆之间的延迟时间。

对图 2、图 3 需作一点解释，虚线左部面积包含着第一次引爆的结果。压力值是由黑火药爆燃产生的压力，它在起爆药包引爆炸药之前压缩炸药（见图 1）。

虚线右部面积包含着第二次引爆的结果，也就是说，第一次引爆留下的压死炸药重被引爆。在这些情况下，炸药实际上已被两次压力脉冲所压缩，其一是由黑火药爆燃产生的，另一次是由第一个起爆药包爆炸产生的。但是，起爆药包产生的压力太大，压力表不能测量。因此，在这个面积里压力值仍然是来自黑火药的压力，即第一次引爆时炸药已经经受过的压力。

由于钢绳中心孔的泄漏，铁管中很难达到超过 100MPa 的压力，因此测试的最大压力大约是 100MPa。

各图描绘的结果表明，玻璃微球的破裂是乳化炸药被压死的原因。例如，含有玻璃微球 Q-CEL 719 的乳化炸药在压力约 10MPa 被压死，含有玻璃微球 Q-CEL 723 的乳化炸药在压力约 20MPa 被压死，而含有玻璃微球 B37/2000 的乳化炸药可以经受 100MPa 的压力。这也表明，试验的炸药中的乳胶基质的强度足以经受至少 100MPa 的压力。

含有玻璃微球 Q-CEL 719 的炸药的压死发生得很快，其时间周期小于 10ms。

图 2 虚线 A 的右部面积表明了一个有意味的结果，即残留的带有 Q-CEL 719 的压死炸药当第二次被引爆时多少又再次获得爆轰性。但是这种爆轰复原在带有 Q-CEL 723 的炸药中没有观察到。复原的机理仍然是未知的。

虽然压死的炸药可以恢复它的爆轰性，但是需要一个长的时间，带有玻璃微球 Q-CEL 719 的炸药大约需 30 分钟，因此，这种复原在正常的爆破作业中是没有任何实际用途的。

在试验期间也对爆轰气体进行了定量的表观观测。已经观测到压力减敏的炸药，包括已爆轰性复原的炸药产生更多的较黑的气体烟雾。这揭示在这种炸药中发生一个较低程度的化学反应。

鉴定板上的刻痕或变形也表明来自压力减敏炸药的作用减小。

4 结论与讨论

4.1 结论

基质和玻璃微球是乳化炸药的两种组分，最弱的一个组分的强度决定着炸药的耐压性。在试验中基质的容许压力大于 100MPa。因此，玻璃微球的破裂是压死的原因。

可以压死含有 GMB Q-CEL 719 和 Q-CEL 723 的炸药的压力容许值分别是 10MPa 和 20MPa，而含有 GMB B37/2000 的炸药可以经受 100MPa 的压力。

压死一种乳化炸药所需的时间是很短的，小于 10ms。但是，压死的乳化炸药欲复原其爆轰性（如果可能复原），则需很长的时间，大约 30 分钟。

压力减敏的炸药的反应程度低于正常的炸药。

4.2 讨论

如果一种炸药的耐压性已知并且穿透炮孔压力分布图已被确定的话，那么，就可以确定此种炸药在压死距离。如果炮孔间距小于这种临界距离的话，那么炸药则有压死的危险。

若穿透炮孔压力由方程式（1）确定，则可决定本文所涉及的三种炸药在岩石中的压死距离。其结果列于表 1 中。

表 1　三种试验的炸药压死的临界距离

含有 GMB 的炸药类型	耐压能力/MPa	压死距离/m
Q-CEL 719	10	0. 3
Q-CEL 723	20	0. 2
B37/2000	>100	<0. 1

在某些场合下，例如在分段崩落法扇形钻孔的孔口部分，炮孔间的短距离是不可避免的。装药炮孔布置应按照这种方式进行设计，即装药炮孔间的最小距离要大于压死距离。否则就应选用较强的炸药。

有关一种炸药的耐压性和这种炸药在一个炮孔中可以经受的压力的知识指导着爆破工作者和炸药制造厂商选用符合实际爆破条件的炸药。这可获得较好的破碎和较低的炸药成本。

参 考 文 献

[1] Huidooro, J. & Austin, M. 1992. Shook sensitivity of various permissible explosives. Proc. 8th Annual Symp. Explosives and Blasting Research, Society of Exologives Engineers. orlando, Florida, USA.

[2] Matsuzawa, T. et al. 1982. Detonability of emulsion explosives under various pressures. Journal of the Industrial Explosives Society, Japan. Vol 43, No. 5.

[3] Mohanty, B. & Deshaies, R. 1992. conditions for sympathetic initiation of explosives in small diameters. Proc. 8th Annual symp. Explosives and Blasting Research, Society of Explosives Engineers. Orlando, Florida, USA.

[4] Nie, S. 1988. New hard rock fragmentation formulas based on model and full-scale tests. Licentiate thesis. Luleå University of Technology, Luleå sweden.

[5] Nie, S. et al. 1990. Measuring dynamic pressure in ANFO and emulsion explosives-experiences in developing a pressure gauge based on a piezo ceramic material. SveDeFo Report DS 1990: 1, Stockholm. Sweden.

[6] Nie, S. et al. 1991. Pressure effects on explosives in boreholes. SveDeFo Report DS 1991: 5G, Stockholm, sweden. (In Swedish).

[7] Wieland, M. S. 1990. The laboratory deter, mination of dynamic pressure resistance of cap-sensitive explosives. Proc. 6th Conf. Explosives and Blasting Technique. Society of Explosives Engineers Orlando, Florida, USA.

（译自《Proceedings of the Fourth International Symposium on Rock Fragmentation by Blasting》（英文版），July 1993，409-412）

岩石爆破中散装炸药某些特性的重要性

澳大利亚戈尔德联合公司　T. N. 哈根
南澳电力联合公司　M. B. 杜瓦尔

摘　要：有效的应变波能和有效的鼓胀能是一种炸药的最重要性能。对那些爆炸能损耗于紧靠装药周围的岩石破碎或塑性形变的地方，有效的应变波能的现行计算值是太高了，因为该计算值包括了这种无用能量。对于弱的或多裂隙的岩石来说，有效鼓胀能的现行计算值又太低，因为该计算值没有包括爆炸气体释放的有用能，爆炸气体的压力在 100MPa（计算的有效能一般选取的分界压力）和 30MPa 之间。在计算和预测有效能方面的这些不足导致高估了高压炸药（如乳化炸药）的性能和低估了低压炸药（如 ANFO）的性能。

关键词：岩石爆破　散装炸药　应变波能　鼓胀能

1　引言

大多数矿山和采石场均使用散装炸药而非卷装炸药。如果散装炸药的性能可以准确预测的话，那么采矿和采石作业的成本效益就能更快更容易达到最大值。在爆破设计中利用炸药的特性数据时，下列两条是重要的：

（1）对于特定的条件，评定若干性能的优先次序。

（2）避免夸大相对可较易加以预测或测定的某种特性的作用，而忽略另一种可能影响很大但难以定量的特性的作用。

本文评述了散装炸药一些基本特性的重要性，并为计算这些性能中最重要者的更富有意义/精确值给予指导。

2　抗水性

当炸药中含有水时，水起着吸热钝感作用。水含量的增加引起敏感性和输出能量的降低。

ANFO（硝酸铵-燃料油）有着微不足道的抗水性，但重要的是由于单位成本产生的能量很大，它仍是世界上最流行的炸药。为了力争最低成本，一些矿山和采石场的操作者在潮湿甚至水孔中冒险使用 ANFO。在这种情况下一些 ANFO 被溶解了。操作者还不能很好地掌握经验数据，借此说明炮孔中水的深度或者数量的变化，炸药在水中浸泡的周期的变化，水流过炮孔（通过裂隙等）速度的变化如何影响炸药性能的敏感性，特别是对能量变化的影响。倘若拥有此类数据，业主们本可少冒一些风险，少碰到一些瞎炮，而且一般会获得比较好的爆破效果。

本文原载于《国外金属矿山》，1994（3）：46-52。

直到1985年之前的20年间，装填水胶炸药（往往称做浆状炸药）的大直径水孔的百分比增加了。在大多数国家里，目前水胶炸药已经被乳化炸药取代。在那些制造和装药适当的地方，乳化炸药具有较高的耐静水能力。但是即使乳化炸药也会由于以下的破坏作用而遭受其害：

（1）炸药从装药软管的端部喷入炮孔水中。

（2）流经装药炮孔的地下水的侵入。

尽管爆破中由单个药包产生的应变波可以利用仪器测量，操作者还没有充分的数据探明不好的装药实践或流动的地下水可使一个药包产生的能量减小的程度。

一种炸药的抗水性能是一个非常重要的特性，但此特性还未能在现场予以充分的定量或得到公认。在以下一些情况下尤其如此。

（1）一种可泵送炸药过量地被喷入水中（由于装药技术不良）。

（2）水流经炮孔。

（3）药包在无内衬的炮孔中泡了相当长的时间。

3 耐压性

在那些现代散装炸药经受静压或动压的地方，炸药就被压缩和密实，它们的敏感性随之降低。当经受强的压力时，这些炸药可以低级缓慢爆轰。爆燃（即迅速燃烧）或甚至拒爆。单个药包所经受的静压相对容易地定量求出，这种静压对敏感性和能量产出的影响也比较容易测量。预测一个炮孔中的爆炸气体作用于毗连的后爆药包的动压就困难得多，因为这与两个炮孔间岩体特性（这些特性可以在很宽的范围内变化）密切相关。由于炮孔直径的减小趋向于炸药的限定临界直径（即爆轰可以传播的炸药柱的最小直径），就更需要将静压和动压的有害综合效应减至最小。

在下列场合动压效应是最大的：

（1）间隔相近的小直径炮孔按不同的延期或按一给定的但显著分散的延期（即延迟时间变化）被引爆。

（2）炮孔间的岩石是软弱的。

（3）一种天然的裂缝（例如节理）可使爆炸气体喷入毗连的后爆炮孔或者将地下水推入毗连的后爆炮孔之中。

在竖井和巷道的直线掏槽循环以及掘沟爆破中动压引起的问题最大（在竖井中任何岩石中的自然裂缝几乎总是被水充填着）。近几年来在上述某些作业中，复杂的振动监控已经检测出由动压引起的瞎炮和局部爆轰的情况。这种监控还指出，为了克服这些问题需要重新设计爆破及更新设计方法。

到目前为止，这种监控还不能定量估算正常的台阶爆破中由药包爆轰引起的破坏程度。按我们的观点，这种破坏虽小但非无限小，在下述情况的台阶爆破中需要对破坏进行定量估算：

（1）岩体含有大量的天然裂缝。

（2）毗连的药包爆轰间的延期相当长。

药包完全转变成爆炸气体不一定表明炸药性能良好，药包完全可以在低级状态下爆轰或甚至爆燃，不一定按规定进行爆轰（即高级爆轰）。对敏感稳定性的要求，可能要比一般所达到的要高得多。

4　爆速

目前，爆速是可容易在炮孔中测定的唯一爆轰性能。很可能因此而对其重要性估计过高。

炮孔中的爆速数据在下列两个方面是有用的，它可使操作者：

（1）将记录的炸药爆速与炸药制造商标称的爆速进行比较。

（2）用以评价爆速和被爆岩体性质的适应程度。

如果记录爆速比制造商标称爆速低 90%，那么操作者就有理由认为敏感度和炸药产生有效能方面有问题。

在过去，有一种流行较广的观点（幸好这种观点正在消退）：较高的爆速带来较好的爆破结果，一般地说，这种观点对物质强度高的致密岩石是正确的，但是对下列两类岩石它肯定不对：

（1）物质强度低的岩石。

（2）天然裂缝彼此相近的岩石。

目前，既然乳化炸药和乳胶与 ANFO 掺混炸药（它们有很高的爆速）已经变成流行的炸药，消除上述观点就尤为重要，因仍有一些地区相信较高的爆速总是好一些。从力学效率观点来看，这些炸药的推广对露天采煤业已形成危害。煤层和共生的沉积岩是相当弱的，它们与由这些炸药产生的高峰值炮孔压力和相应的应变波在力学上的相容性是低的。甚至在煤岩层的最强和最致密构造部分（例如砂岩），乳化炸药仍要浪费它们的大部分能量粉碎紧邻药包处的岩石。当用大的索斗铲或大的电铲挖掘爆堆时，是不需要将砂岩炸成砂子的。

在下列情况下也要避免高爆速：

（1）在物质强度高的裂缝相近的岩石中。

（2）在那些形成轮廓线或者接近于设计的挖掘边界的炮孔中。

（3）在开挖巷道和竖井的大多数平行孔掏槽中。

5　有效能

近年来，主要的爆破物理学家已经对炸药产生的有用能的一个最有意义的表达式的构成内容改变了观点。今天，趋于舆论先锋的炸药制造商们正在强调需要考虑“有效能”，后者是指膨胀的爆炸气体压力下降到 100MPa 以前被释放的能量。

5.1　有效能的组分

一种炸药的有效能基本上可以划分为两种组分，即：

（1）应变波能（即包含在岩石里径向膨胀的应变波中的能量）。

（2）鼓胀能（即在应变波释放后但在膨胀气体压力降到 100MPa 以前残留在爆炸气体中的能量）。

应变波能与鼓胀能之比不易定量化（由于难于确定在哪一点应变波能中止而鼓胀能开始），这个比例取决于岩石的特性、起爆方法等，也取决于炸药的性能。

5.2　在低压下能量的利用

良好的破碎度是爆破的根本任务，而爆堆松散度通常是紧接着的第二个目标，迄今为止对这一目标考虑不周。岩石位移和与其相关的爆堆的松散度在很大程度上取决于炸药的鼓胀能。

按照我们的观点，用于计算有效能的界限压力不是一个常数：相反，它随岩体特性而变化。爆破结果表明，100MPa 的界限压力对具有物质强度高的致密岩石是适宜的，而在物质强度低和天然裂缝间隔相近的岩石中，这种界限压力是不能判明某些有效能的。在软弱的材料（如煤和高裂隙的岩石）中，我们建议应当包括在高于约 30MPa 压力下释放的能量。

100MPa 界限压力偏袒乳化炸药和其他高压炸药的计算相对有效能，而贬低了低压炸药（如 ANFO 和低密度 ANFO 型产品）的有效能。

下列资料支持了上述观点：

（1）南澳大利亚州的一个大型露天煤矿，利 · 克里克煤矿区，其覆盖岩层主要由弱胶结泥页岩组成。这种泥页岩含有间隔相近（<175mm）的顺层面和宽间隔（约 1200mm）的节理。它的无约束抗压强度是 7.57MPa，密度为 1.92t/m^3，孔隙率 15%～26%，震波速度 2100m/s。在这种岩石里：

1）有效的鼓胀能承担着几乎全部所得的破碎作用；

2）在压力大大低于 100MPa 情况下爆炸气体做了有用功；

3）ANFO 的效果要比通常计算所得有效能所示的要好得多；

4）ANFO 的空气间隔装药，ANFO 的去耦装药和 ANFO-聚苯乙烯混合物的效果同一般的 ANFO 密实装药一样好（尽管前者炸药单耗降低约达 50%）。

（2）在地下煤矿，岩石破碎的非炸药方法，如 Cardox（二氧化碳爆破筒）法对煤和带有炮孔峰压大约在 50～120MPa 范围内的岩石效果很好。在这些压力形成发展时，Cardox 打通天然裂缝，在相当弱的物料中产生新的裂缝（通常沿着弱面），并移迁材料以产生一个含有最少粉矿的爆堆。

（3）黑火药引爆时与其说是爆轰不如说是爆燃（即迅速燃烧），它在弱岩和/或高裂隙的岩层中具有高的力学效率，但在这些场合使用它是相当危险的。

（4）ANFO 在沉积岩和有高度裂隙的硬岩中是非常有效的（Hagan，1977）。

（5）基于常规表述的有效能，ANFO 和聚苯乙烯混合物的性能（炮孔峰压约为 300～800MPa）无论对露天矿还是对地下矿均超乎预料。在良好成层的白云质页岩中进行试验性爆破时，50ANFO/50 聚苯乙烯和 25ANFO/75 聚苯乙烯混合物获得了良好的破碎度和高的产出率（Greenelsh，1985）。

5.3　在高压下的能量损失

在那些压缩应力峰值超过岩石的动态压缩破碎应力的地方，紧邻药包周围的环形圈内的岩石就被粉碎或者塑性变形。迄今，由于这个原因损失的能量在计算有效能时一直被忽略了。在高压下能量的损失往往导致低估低压炸药（例如，ANFO），而高估高压炸药（例如，乳化炸药和掺杂乳化炸药）的性能。

随着近年来由水胶炸药向（压力较高）乳胶基炸药的过渡，估量粉碎和/或塑性变形的必要性已经明显地增大。在物质强度低的岩石中使用乳胶基炸药时，爆炸能传递给岩石的效率特别低。当一种“干燥相”（ANFO 或 AN）添加到乳化炸药中时，高压下能量损失降低，但是即使对干燥相的实际上限（约 35%）来说，此种能量损失仍然有很大意义。

因为我们关于粉碎的关心与一般的炸药研究方向不一致，所以我们提供了如下资料来支持我们对低压炸药的关注，这些资料得到我们整整 35 年现场试验的证实。

（1）在利·克里克煤矿区（见 5.2 节），应变波能被泥岩表土和煤所吸收，因而对破碎这些岩层的作用不大。乳胶基炸药形成过高的压力，并且在紧贴炮孔壁处浪费了很多的能量。

（2）20 世纪 20 年代，在南美的几个露天剥离作业和采石场的爆破中，利用下向导爆索的连续侧向起爆的黑火药药包来代替等量的达纳马特（Dynamite）炸药（Barab，1927）。这些作业中的某些作业，其爆破结果在各个方面都与以前用猛炸药爆破所获得的结果相等。黑火药和当时强有力的猛炸药之间爆速和应变波能量差别大，使得很多人难于相信，石灰岩和覆盖岩层中使用黑火药可以完成猛炸药所做的功。当强有力的猛炸药的大量应变波能浪费于形成粉尘和比人们所希望的小得多的岩石碎块的事实被认可时，这些黑火药爆破所达到的高效率就不足为奇了。在这种类型的黑火药爆破记录中，大多数是岩石获得了特别好的破碎，而且避免了过量的粉矿。黑火药后来停止使用是由于安全的原因而不是效率的问题。

（3）由于声速随着孔隙率的增加而减小，因此对于一定的岩石类型，可以预料在声速和粉碎区的厚度之间有一种相当贴切的关系，在声速仅为 1525m/s 的砂岩中，具有超音速的应变波通过的距离表明，破碎区的厚度是炮孔直径的 7.5 倍（Duvall and Atchison，1957）。只有 1525m/s 的音速表明孔隙率高，因此也表明抗粉碎强度低。

（4）在南非的一些地下矿山，粉矿的任何增加都会严重降低基岩中金的回收率。这些矿山采取了特别措施在降低空气压力情况下通过风力装药来获得较低的 ANFO 装药密度和爆速。装药密度从大约 1.00g/cm^3 降至大约 0.90g/cm^3 和较低的爆速（与 ANFO 的较低密度和较大的颗粒尺寸相适应），减小了炮孔峰压，因此也减少了粉碎量。

（5）在原苏联，在若干个类型的岩石中进行的试验性爆破已经表明（Melnikov，1962），引入一个或多个空气间隙到装药中会导致较大程度的均匀破碎和较大体积的破碎岩块。梅尔尼科夫推理指出，高达普通装药能量的 50%浪费于引起破碎区和/或径向裂隙区的内侧部分的过量破碎。他坚信，若利用空气间隔装药，能量的较大份额初始就保留在气体中，在减弱应变波能的情况下可增加鼓胀能，较少的能量浪费于紧邻炮孔周围岩石的过破碎，而爆炸能量的较大百分比用于基岩的有用破碎与移动。

（6）在均质的花岗岩中利用单个延长药包进行的试验发现，爆裂的极限最小抵抗线在炮孔直径大约两倍于药包直径时达到最大。在这种最佳的去耦装药情况下，对于给定的最小抵抗线和药包尺寸其抛掷距离和移动的岩石量也是最大的（Persson et al，1969）。

（7）利用混凝土块进行爆破试验已经证实去耦装药和空气间隔装药的好处（Kochanowsky，1964）。

（8）在澳大利亚的一个地下矿山已经在巷道开拓的周边孔中试用了低密度 ANFO，在炮孔组的中心用风力装填的 50ANFO/50 聚苯乙烯混合物来代替常规的 ANFO（Gre-eff，

1977)。尽管爆炸能量降低大约 50%，但爆堆位移和破碎的总水平均保持为肉眼可见的常数。这一事实表明，ANFO 的应变波能的相当大的部分损失于对紧邻炮孔的环形圈内岩石(相当弱但致密的火成碎屑物）的破碎和粉化。

(9) 在弱的或多孔的岩石中应变波能的损失已经在一些铁矿山得到了充分证实。已经表明，水胶炸药在软的风化或冻结的铁矿中的效率比在硬的易脆的铁燧岩中低得多(Cook，1961；Lang，1966)。在很软的石灰岩中，水胶炸药的效率低于 ANFO（Cook，1961)。

(10) 在油井爆破中，以单位重量的有效性作为比较基础时，AN 含量高的炸药通常给出比 100%胶质炸药和液体硝化甘油炸药更好的结果（Cook，1958)。在激发气体流方面，AN 含量高的炸药也比具有较高压力的胶质炸药更有效（由高压炸药产生的岩粉往往堵塞岩石裂缝，而油和天然气却需要通过这些裂缝流动)。

(11) 在论述水下爆炸冲击能耗散时，科尔（Cole，1948）指出，接近炸药包处冲击能的迅速耗散表示着能量的损失。这一耗散速率证明，“冲击波对于能量的传递是无效的。”

5.4　有效的应变波能

炸药包在致密岩石里爆轰适当时，破碎度是有效应变波能的一个重要函数。爆炸能的这一分量应不包括对紧贴药包周围岩石破碎或塑性变形所消耗的任何能量。

从理论上讲，炮孔峰压应等于不致产生破碎或塑性变形情况下的最大压和（Hagan，1977；1987；1988)。如果这种力学最佳压力作用于有一定缺陷间隙的岩块，岩石的动态压缩破碎应力的增加则需要使用较高压力的炸药。在那些岩石中天然缺陷之间的最大空间小于有关设备的尺寸的情况下，应变波能的有效性最小，有关设备包括：

(1) 挖掘设备的铲斗；

(2) 破碎机。

大约在 1940 年以前利用黑火药（一种产生的应变波能可忽略不计的低压炸药）进行的无数次爆破已证实，裂隙间隔相近的岩石用具有高鼓胀能和低应变波能的炸药进行爆破效果最好。

5.5　有效的鼓胀能

有效的鼓胀能应不包括压力低于某一边界压力（见 5.2 节）时释放的能量。有效的鼓胀能产生如下效果：

(1) 裂隙间隔相近岩石中几乎全部的破碎效果；

(2) 岩石位移和爆堆松散。

在煤矿范围内，爆破的有效性是有效鼓胀能的一个重要函数。

6　结语

当爆破致密岩石时有效应变波能是一种炸药性能之中最重要的特性，而在裂隙间隔相近的岩石里有效鼓胀能是最重要的性能。

在那些最大压缩应变超过岩石的动态压缩破碎应变的地方，现行的有效应变波能的计算值是太大了，因为它们包括了紧贴药包的环形体积内岩石的压碎或塑性形变白白耗散的能量。

有效鼓胀能的现行计算值未包括压力低于 100MPa 时释放的能量。这 100MPa 的分界压力对于坚固的岩体是适用的，而对于软弱的岩体很可能太高了。

不适当估算能量损失的结果是，高估了高压炸药（如乳化炸药）的性能，而低估了低压炸药（如，ANFO 和低密度 ANFO 型炸药）的性能。

即使在有效应变波能和有效鼓胀能作出修正以适应上述的能量损失之后，也只有在该种炸药对水和压力（特别是动态压力）的减敏作用显示出足够的抵抗力时，才能计算出两者的有效值。

一种炸药的爆破效能未必随爆速增高。高爆速炸药适用于坚固致密的岩石，低爆速炸药适用于软的和/或裂隙密集的岩石。目前人们对爆速数据给予的注意太过分了。

参 考 文 献

[1] Barab, J., 1927. Modern blasting in quarries and open pits. Hercules Powder Company, Wilmington, Delaware, USA, p. 74.

[2] Cole, R. H., 1948. Underwater explosions. Princeton, N. J., USA, Princeton Univ. Press.

[3] Cook, M. A., 1958. The science of high explosives, New York, Reinhold.

[4] Cook, M. A., 1961. AN slurry blasting agents. Colo. Sch. Mines Q., 56, 1, 199.

[5] Duvall, W. I. and Atchison, T. C., 1957. Rock breakage by explosives, U. S. B. M., R. I. 5356.

[6] Greeff, P., 1977. The use of Isanol at Rosebery Mine. Proc. Australas. Inst. Min. Metall. Ann Conf., Tasmania, May, p. 249.

[7] Greenelsh, R. W., 1985. The N663 Stope experiment at Mount Isa Mines. Int. J. Min. Enging., 3, p. 183.

[8] Hagan, T. N., 1977. Rock breakage by explosives. Invited paper at 6th Int. Colloquium on Gas Dynamics of Explosions and Reactive Systems, Stockholm, Sweden.

[9] Hagan, T. N., 1987. Optimising explosion pressures - are we on the right track? Australian Coal Miner, June, 6-7.

[10] Hagan, T. N., 1988. Lower blasthole pressures - a means of reducing costs when blasting rocks of low to moderate strength. Int. J. Min. and Geol. Engng., 6, 1-13.

[11] Kochanowsky, B. J.. 1964. Discussion of developments and blasting techniques in open cast mining and quarrying. Proc. Open Cast Min. /Quarrying and Alluvial Min. Syrup., London.

[12] Lang, L. C., 1966. Blasting frozen iron ore at Knob Lake, Can. Min. J., 87, 8, 49.

[13] Melnikov, N. V., 1962. Influence of explosive charge design on results of blasting. Int. Symp. on Min. Res. (Ed, Clark, G. B.), Vol. 1, London, Pergamon, p. 147.

[14] Persson, P. A., et al, 1969. The influence of borehole diameter on the rock blasting capacity of an extended explosive charge. Int. J. Rock Mech. Min. Sci., Vol. 6, p. 277.

（译自《Proceedings of the Fourth International Symposium on Rock Fragmentation by Blasting》（英文版），July 1993，387-393）

跨入下一世纪的爆破

澳大利亚《澳大利亚采矿》编辑部

摘　要：本文叙述了帝国化学工业雅尔温硝酸铵工厂的生产设备、工艺和管理经验，探讨了粒度均一的高质量多孔粒状硝铵产品可能带给用户的好处。

关键词：多孔粒状硝铵　造粒塔　炸药　起爆器材

帝国化学工业炸药公司（ICI Explosives）在澳大利亚昆士兰格拉德斯通（Gladstone）城郊的雅尔温（Yarwun）兴建了一座世界上工艺最先进的硝酸铵厂，以保证向采矿工业供应的多孔粒状硝铵的质量，耗资8700万美元。

该厂于1993年8月由昆士兰首席部长W. 戈斯（Goss）剪彩投产，它是由一专业工程队所建，将确保向昆士兰中部的一些煤矿供应高质量的多孔粒状硝铵。

据帝国化学工业炸药公司化学制品部经理A. 金（King）称，该厂厂址的选择和投资反映了帝国化学工业炸药公司的产品更加市场化的趋势和更贴近最终用户的战略。

金经理说："由帝国化学工业澳大利亚工程公司（ICI Australia Engineering）建设的雅尔温工厂采用了最新的ICI技术，以生产无与伦比的高质量产品，该厂通过循环尽力降低废料产出率，特别强调人员安全和环境保护，而且厂房可抵御旋风袭击。"

建厂耗时两年，它是按时建成的且未突破财务预算。工厂的建设符合最严格的环保标准。它的造粒塔是世界上仅有的第三座，其特点是过程用气全部循环。因此，这类设备通常产生的粉尘量已大幅度降低。

塔高50m，自撑式，可抵御旋风袭击，塔体截面积约为其他反应塔截面积的四分之一。这意味着，塔内空气速度更高，造粒过程更为经济。

此外，反应塔还生产出粒度均一的产品，此种产品实际上不含粉尘，为众多采矿公司梦寐以求。

生产过程始于氨，液氨由布里斯班运到本厂区。这种氨是由ICI的一家子公司Incitec利用昆士兰的天然气制成的，利用空气通过铂催化剂高温氧化首先将氨转化为硝酸。

然后在工厂的另一工段，往硝酸内添加更多的氨以制成硝酸铵液体。这种热且浓的硝酸铵溶液是一种中间产品，也是两种重要产品之一。硝酸铵溶液用铁路运至昆士兰中部用于制造炸药乳胶，后者是防水炸药的关键组分。

生产过程的第三部分是将大部分硝酸铵液体转化为多孔粒状产品，即大小相当于白糖晶粒的干燥的空心球体。其生产方法是：将热硝酸铵液体相对着经调节的气流自上而下由50m塔内下喷。在造粒塔底部溶液结晶为固态空心颗粒。接着这一产品经干燥、冷却和筛分，并进行涂覆处理以改善运搬性能，然后才运往散状产品贮仓，继之分送用户。

本文原载于《国外金属矿山》，1994（4）：43-45。

雅尔温厂生产的多孔粒状硝铵和硝铵溶液主要均由铁路运至布莱克沃特（Blackwater）附近的莫兰巴赫（Moranbah）和布纳尔（Boonal）地区分配中心，随后分配给为整个昆士兰中部ICI用户服务的ICI炸药厂。

帝国化学工业澳大利亚炸药集团公司（the Explosives Group of ICI Australia）常称之为帝国化学工业炸药公司，系澳大利亚向采矿、采石、民用工程和建筑工业供应散状和包装炸药以及起爆器材的领先供应厂商。

上述炸药和起爆器材在50多家工厂制造，全部工厂在战略上均配置得当，服务于全澳大利亚和亚洲太平洋地区的采矿和采石企业。

帝国化学工业炸药公司的总部设在悉尼北郊的恰茨伍德（Chatswood）。该集团目前在澳大利亚和海外的雇员约有1100人。

帝国化学工业炸药公司致力于不断提高质量的方针。四年以前，采纳了全面质量管理（TQM）战略以确保用户获得清一色的高质量产品和优质服务。随后，帝国化学工业炸药公司又颁布了澳大利亚标准，向其所属全部工厂发放符合澳大利亚标准和ISO 900序列国际标准的检验合格证书。

1991年11月，ICI在西澳大利亚的享特利（Huntly）厂成为世界上首家取得全面质量证书的炸药工厂，符合澳大利亚标准3902及其相应国际标准ISO 9002的质量保证和管理要求。

此后，全澳大利亚又有16家ICI炸药生产厂被授予此种证书。大集团力争在1995年底之前全部ICI炸药厂被授予该合格证书。

在雅尔温的帝国化学工业炸药公司硝酸铵工厂是由若干组高技能的技术人员和后勤人员经营着，他们工作配合得如同一支队伍。

雅尔温厂厂长C. 斯威尔说，该厂全部职工很有主动性。

斯威尔说：“我们工厂的各个部门都是高效的，从保持工厂每天运转的生产班组，到维修班组、行政和管理后勤人员，化验人员，直至勤杂人员，无一例外。”

斯氏又说：“作为计划过程的组成部分，有8名工厂技术人员连同维修班曾访问了设在加拿大的ICI卡尔斯兰德（Carseland）厂，该厂被公认为硝酸铵生产的先导。”

“我们愿向他们学习，并发扬我们独特的经营风格，进而成为本地区最佳的硝酸铵供应厂商。”

“自从三月初开始生产硝酸以来，我们各班组之间一直配合得很密切。”

“在许多方面——尽管我们的一些班组从事各种不同活动——雅尔温厂人人工作时团结一心，目标一致，对我来说，这是我们厂的最重要之处。熟练人员得益于相互的才智，从而生产出最佳的有效产品。”

雅尔温硝酸铵厂的开业经理P. 里德（Reid）对该厂队伍表现出的合作和奉献精神也有很深印象。

里德是一位经验丰富的开业经理，他说，正是这种精神，使工厂的原先设计达标，甚至得到了改进。

里德说：“我们同施工队伍和工厂员工之间的关系好极了。一直保持着良好的集体精神、良好的合作关系和高度的灵活性，因为我们致力于解决问题而不是政治。我们从帝国化学工业化学集团（ICI Chemical Group）业已建造的厂区基础设施也受益匪浅。”

帝国化学工业炸药公司雅尔温厂成功的另一主要因素是一项创新性雇员协议。按此协议厂管理部门只同当地唯一的工会——工业制造和工程雇员联合会（FIMEE）打交道。

该雇员协议被广泛视为工业关系的橱窗，它消除了各个部门的壁垒，仅涉及指令性试验和过程的部门除外。

经与 FIMEE 谈判并获得其热情的支持，上述雇员协议是在澳大利亚达成的第一项。

协议所涉及的全部人员一律划为工厂技术人员，工厂的生产经营几乎全部赖于对多技能班组的调用。工资结构完全建立在技能水平之上，鼓励班组成员学习和发展多领域的技能。

此类协议以帝国化学工业化工厂雇员名义首先在与 ICI 炸药公司同一地区施行，一直是成功的，工厂从未因工业争端损失过一分钟停产时间。

信赖乃签订协议之本，而单一身份的雇员制度又使各级别雇员亲密起来。

（译自澳大利亚《Australian Mining》，1993，No.9，18-19）

炸药与爆破

——“Handibulk”乳化炸药输送系统的使用经验

英国 ICI 诺贝尔炸药有限公司 Handibulk 项目经理　J. A. 哈克特

摘　要：自 1968 年阿特拉斯火药公司（Atlas Powder Company）将乳化炸药推入市场以来，根本没有新的工业散装炸药产生。但随着爆破设计技术、炸药输送和起爆系统以及监测方法的发展，使这些熟悉的炸药的效率、安全和管理工作得以不断完善。本文将综述乳化炸药以及它的输送和爆破技术的发展。

关键词：炸药　爆破技术　乳化炸药　输送系统

第一个开发的工业炸药——黑火药原先通用的只是 18kg（40 磅）的桶装产品，爆破时倒入炮孔内。以后有人研制出卷装黑火药，继而压制的粒状黑火药——“筒管炸药”开始上市了。

继后，又努力生产流态的硝化甘油基炸药，例如，莫拉尼特（Molanite）等，但这些所谓的散装炸药得用 22.68kg（50 磅）的箱子供应，由人工搬运。箱子打开后，将产品倒入炮孔内，以后还得处理箱子。

在 20 世纪 50 年代发现的硝酸铵/燃料油炸药是散装炸药系统的最大突破。这些炸药很快地得到了大规模爆破承包商的认可，因为它们价格低廉，可用不精密的设备按需要进行混制，在未混制状态下可按非炸药物质贮存，并且摩擦和冲击敏感度低。其主要缺点是抗水性差，爆炸威力和密度低。

发明的炸药输送系统既可以靠重力装药，也可以用压气装药，因而可在地下采矿环境中进行水平孔或上向孔的装药。为了提高铵油炸药的抗水性，增加密度以及利用添加剂增加其爆力，人们进行了许多尝试，但迄今为止，还没有一条措施得以完全被接受。

为了解决美国明尼苏达州北部梅萨比矿区的难爆的铁燧石铁矿床的爆破问题，20 世纪 60 年代研制了具有抗水性、密度和爆力比铵油炸药高的浆状炸药。在早期的试验中，有两种类型的浆状炸药，一类是基于化学敏化剂（如，一甲胺硝酸盐）敏化的，另一类是基于气泡和均布的金属粉末敏化的。

在北美和世界上其他需要进行大规模爆破作业的地方，如大型露天金属矿和露天煤矿很快接受了浆状炸药。首次实现了用泵将炸药以很高的速度泵入水孔中，使炸药与孔壁达到 100%的耦合。按不同的配方还研制了密度和爆力不同的产品，以适应在现场遇到的不同爆破条件。

这种炸药的主要缺点是，厂房和生产设备需要相当的投资，以维持现场的大批量生

本文原载于《国外金属矿山》，1994（9）：52-54。

产。20 世纪 60 年代后期第一个散装浆状炸药系统被引入英国，并在采石场和露天矿进行了试用。然而，经济可行的最小数量的限制妨碍了这一操作系统的被普遍采用。此外，固定工厂的灵活性较差。现在，英国只有一套这种炸药生产系统在一偏远的大型采石场成功地运行着，该采石场有足够的排污口来维持这样的生产。

早在 1968 年，阿特拉斯火药公司（现在是 ICI 炸药集团公司的一部分）就将乳化炸药引入美国市场。正当阿特拉斯公司倡导乳胶爆破剂时，许多炸药公司还在销售需要化学敏化剂或均布的金属粉末存在的水胶浆状爆破剂。阿特拉斯公司发现，以硝酸铵、水和燃料油为基本组分形成的夹带有空气的油包水型乳胶是易爆的。在不用化学或高威力炸药敏化剂的情况下，其爆炸性能高得不同寻常，出乎意料。这项工作成为 ICI 炸药集团公司目前销售的产品系列的基础。

1　什么是乳化炸药

乳化炸药是以油包水型乳胶形式制备的。内相是由氧化剂盐的水溶液组成的，悬浮的微细液滴被连续燃油相所包围。这样形成的乳胶是稳定的，通过乳化剂的作用防止液体分离。然后将密度控制剂散布于乳胶基质中。密度控制剂可以是微细的空气泡或是由玻璃、树脂、塑料以及其他材料形成的人造气泡。混制的这类混合物的密度可为 0.80～1.35g/cm^3。密度控制剂决定并控制着所形成的乳胶产品的敏感度，即影响着最终产品是用雷管敏感品还是需要强力起爆药包起爆的产品。

ICI 诺贝尔炸药公司生产的“Handibulk”系列产品都是非雷管敏感的，不能用标准的工业雷管起爆。

2　物理性质

由于油包水乳胶的基本结构，其实际稠度主要与燃料油的性质有关。用于“Handi-bulk”系列产品的乳胶是以一种密度为 1.33g/cm^3 可泵送的“EP Gold”粘性溶液为主。可以证明，这种形态的液体既不能被起爆药包所引爆，也不能使其燃爆，业已证明，这种溶液不起氧化剂的作用，目前它被作为非爆炸品、非氧化物和非危险性溶液储运。

为了证明其摩擦和冲击敏感度低，对这种基质乳胶和最终配方进行了大量的试验。还积极地研究了其最小燃烧压力和由爆燃至爆轰的转化过程，以便充分了解这种新型炸药的性能。根据这些研究结果，已经设计了一种减少因泵压过高和温度升高等原因造成危险的输送系统，以避免 P. A. 珀森（Per Anders Persson）教授在炸药工程师协会 1992 年年会上所作的诺贝尔演说中提到的这一类事故。

乳化炸药是高效能的炸药，主要是由于其微细的颗粒尺寸。计算的热化学能和实测能量的比较研究表明，乳化炸药释放的能量为计算的热化学能的 93%。通过添加其他组分，还可进一步提高能量，以形成密度不同，可适用于各种爆破条件的产品系列。

3　爆轰压力

与铵油炸药相比，乳化炸药的爆速高、密度大，因而也产生较高的爆轰压力。

下表列出了在直径为 108mm 的花岗岩炮孔内各种炸药的典型爆轰压力。表中散装乳化炸药和铵油炸药数据的耦合系数为 100%，而鲍沃吉尔（Powergel）炸药数据的耦合系数为 90%。

	H′bulk W	H′bulk D	铵油	PGel 1000	PGel 900	PGel 800
爆轰压力	41	33	22	30	29	26

这些数据清楚地表明，由散装乳化炸药产生的爆轰压力和炮孔压力高于其他传统的炸药。

4　生产经验

散装乳化炸药的输送系统于 ICI 炸药集团公司已存在很多年了，主要用于美国、加拿大和澳大利亚等大量使用炸药的场合。最近，随着输送系统和配方的改善，在澳大利亚又研制了更紧凑的系统，导致“Handibulk”系列炸药和输送装药车的产生。

在英国，诺贝尔炸药有限公司已采纳了这项技术。迄今为止，在不同的地点和岩石变化的条件下，已成功地爆破了数百万吨岩石。

该系统是基于将“EP Gold”基质乳胶运至现场仓库，再将其和其他非炸药组分一起装入特殊结构的“Handibulk”装药车内。该车有效载重为 12t，可根据用户要求，向采石场和其他场合的炮孔装药，无论是水孔还是干孔均可使用。由于该炸药完全充满炮孔的横截面，并产生高的爆轰压力，所以扩大炮孔布置参数的尺寸是可能的。在某些情况下，在坚硬的火成岩层中用直径为 108mm 的炮孔时，孔网尺寸可望扩大 60%。这可导致穿孔费用的大量节省，减少穿孔爆破的总费用。爆破的岩石块度更均匀，大块少，可产生较多的有用岩石。由于“Handibulk”装药车直接将炸药输入炮孔，装药工作目前由炸药供应商承担，因此可减少现场的劳务费用。

经验表明，与普通的炸药相比，现行使用的组分具有很高的冲击能量，可在坡脚和填塞区域获得良好的爆破块度。据信，一些包装炸药难以爆破的矿岩都可用乳化炸药爆破。

尽管装药速度一般以 100kg/min 比较合适，但需要时泵送速度可高达 500kg/min，所以采用乳化炸药加快了装药作业。

在水孔中，乳化炸药装在孔底，由于其密度大于孔中水的密度，可将水从孔中挤出。在干孔中，该产品通常装在顶部。在计量泵上的计数器精确地记录装入孔内的实际炸药量，产品的密度检验和交叉校核确保按爆破计划装药。装药结束时，没有包装物需要处理，没有多余的炸药需返回炸药库，也没有废物需要处理。

炸药是在台阶作业面上按指令生产的，除起爆药包和雷管外，不需要任何现场贮存，因而可在现场使用较小的仓库或许根本不用仓库。计量装入炮孔的最终炸药产品只对起爆药包敏感，而在英国使用的迄今一直受欢迎的起爆系统是玛格纳（Magna）起爆药包，考虑到它是带有高包装密度的雷管的即用装置，因此，小仓库贮存是理想选择。

“水孔”炸药是完全抗水的，即使在 13m 水压的炮孔中存放 4 天以后仍能可靠地起爆。

“干孔”产品不具有如此高的抗水性，但对炮孔中“讨厌”的水仍有一定的抵抗能力。

自 1992 年 Handibulk 乳化炸药及输送系统进入英国市场以来，爆破了数百万吨的岩石，每公斤炸药爆破的岩石量不断地增加。更重要的是，扩大孔网尺寸对总费用的影响，特别是爆破班组节省的劳务费以及取消现场仓贮设施和伴随的保安措施和年检等节省的高额费用。

“Handibulk”炸药及输送系统是整个循环总费用的一部分，已经证明，它具有破碎迄今最硬岩石的爆力并且使爆破的每吨岩石的费用很低。它可将非炸药材料输送至爆破现场并在炮孔将其转换成高效的炸药，使爆破作业变得安全，它不留任何需要处理的包装物及其伴随的环境问题。

其他经验还表明，由于装药速度很快，至此有可能在一个正常的工作日完成大爆破，从而减少了每周的爆破次数，减少了对工作面的干扰和对居民区受爆破震动的影响。

（译自英国《World Mining Equipment》，Feb. 1994，12-14）

地下水平孔的爆破新方法

瑞典尼特罗-诺贝尔公司　B. 恩格斯布莱滕

摘　要：为进行平巷和隧道掘进，研制成一种基于零氧平衡的散装乳化炸药的新爆破系统。同时也研制出以不同程度向炮孔装药的一种独特的方法和设备，其装药程度高至全炮孔，低至仅占断面的25%。此种系统可供在整个炮孔组内采用单一的抗水炸药和起爆药；装药程度如下：

（1）掏槽和普通回采孔：约装药100%；

（2）巷壁和顶板的周边孔：装药25%~35%；

（3）邻近顶板孔的炮孔：约装药50%。

该法已在瑞典的一个矿山做了试验，其进尺和破碎度良好，周边平整，对围岩的破坏甚微。

关键词：散装乳化炸药　管状装药　爆破　软管盘

1　引言

瑞典在平巷和隧道掘进中传统上采用ANFO和管状装药进行爆破，以减轻周边的破坏带，如图1所示[1]。

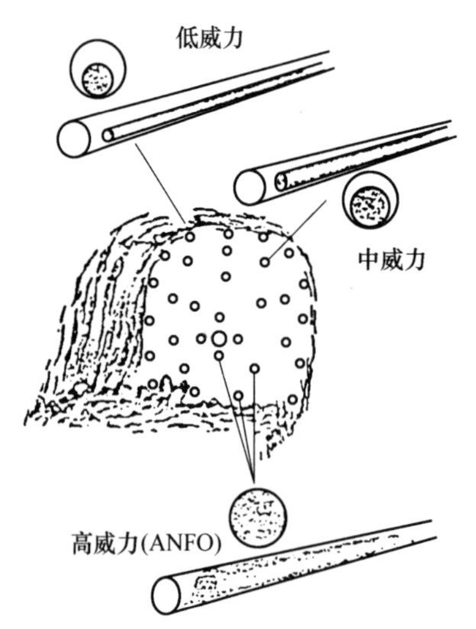

图1　用于控制爆破的ANFO和管状装药

一个隧道的43mm炮孔组可以下列方式装药：

本文原载于《矿业工程》，1995（3）：32-35。

（1）掏槽和回采孔：装 ANFO；

（2）辅助炮孔、水孔：29mm 达纳迈特管状装药；

（3）周边孔：17mm 古利特管状装药；

（4）邻近周边的炮孔：22mm 古利特或 22mm 埃马利特 100 管状装药。

古利特（Gurit）是一种粉状硝甘炸药，而埃马利特（Emulite）100 是一种雷管敏感的乳化炸药。

近几年间，已经研制出一种替代方法，该法采用可充气的散装炸药——埃马莱特（Emulet）20 和 50，其体积威力分别相当于 ANFO 的 20%和 50%[2]。

从根本上减少炸药品种的办法是所有类型的炮孔均使用散装乳化炸药，如图 2 所示。

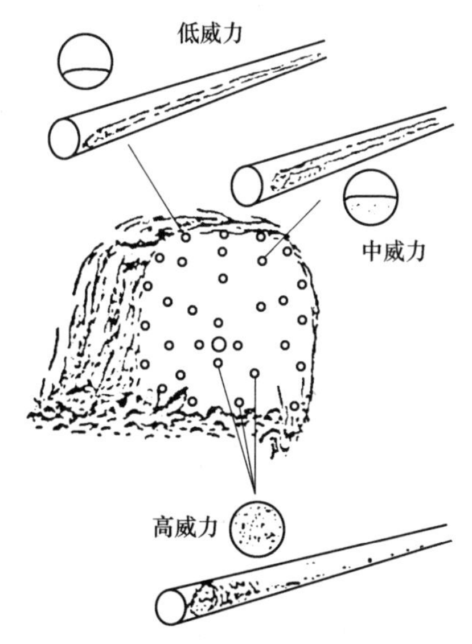

图 2　用于控制爆破的可泵送的乳化炸药细药柱

底孔和水孔可利用乳化炸药极好的抗水性。掏槽和回采孔也可完全装填散装乳化炸药。然而，周边孔的炸药量必须降至装填孔的 25%左右。为此目的，研制出一种新型软管盘，向炮孔装填乳化炸药连续细药柱。

由此产生的一个问题是这种细药柱的爆轰稳定性如何。还有一个问题是单个细药柱的爆破效果如何，以及整个炮孔组实际上如何装药才能取得最佳效果。

下文将介绍在瑞典某一矿山应用上述系统时所使用的乳化炸药、装药设备以及所得的结果。

2　乳化炸药

已经研制出一种性能合适的散装乳化炸药——埃马利特 1300，特别注意了像临界直径、黏度和爆轰后产生的有毒气体之类的性能。

为降低有毒气体量，此种乳化炸药配制成极接近于零氧平衡。在一个密闭的试验隧道中，按尼特罗·诺贝尔方法，引爆单个炮孔，与用 ANFO 所产生的有毒气体量作了对比试验[3]。

对一氧化碳、氧化氮、可见度或烟气量均作了测定。由图 3 可见，与 ANFO 相比，埃马利特 1300 爆轰后产生的烟气和有毒气体要少得多。

埃马利特 1300 乳化炸药的其他主要性能如下：

（1）气体量（标准温度和压力）：896L/kg；

（2）能量：2.9MJ/kg；

（3）相对于 ANFO 的重量威力：0.79；

（4）密度：1.2kg/L；

（5）相对于 ANFO 的体积威力：1.00；

（6）20℃时黏度（Brookfield 探针 No.7，50r/min）：60Pa（60000 厘泊）；

（7）爆轰速度：

1）全部充满炮孔约 5000m/s；

2）细药柱 1000～3000m/s。

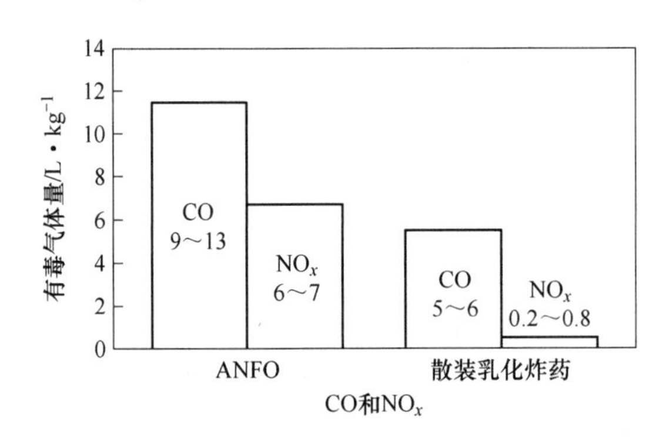

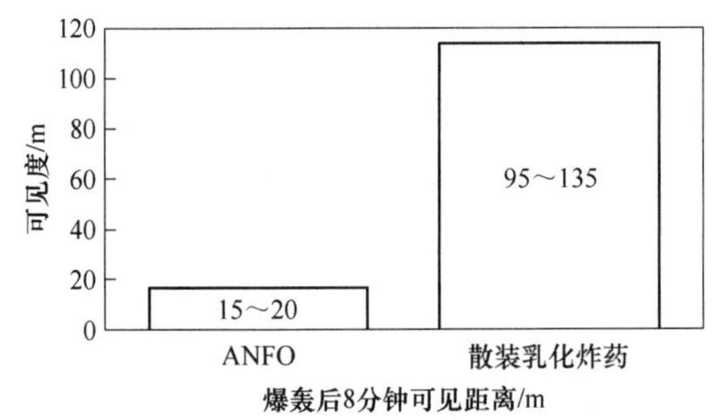

图 3　散装乳化炸药和 ANFO 爆轰后所产生的有毒气体和粉尘

3　装药设备

装药设备系一装填散装乳化炸药装置，安装在带有平板的汽车底盘上。图 4 展示乳化炸药装填设备的最重要部件：

（1）乳化炸药的容器记录；

（2）润滑软管内壁的溶液容器、泵和喷环，润滑可显著降低泵送压力；

（3）软管盘，装药时以恒定速度拉出软管。

软管盘已申请专利，它是装药设备的一个很重要的部件。如图 4 所示，软管放置在一个窄螺旋架上，使软管的直径完全一致。软管盘的转数是确定的并精心控制。当操作工将软管推入炮孔时，软管盘通常是柔性连接。一旦装药开始，软管盘开始以均匀速度推出软管，以控制装药量。此种控制对完全装满炮孔很重要，又是填装炸药细药柱所必需的。

泵采用 MONO 泵，此种泵系为泵送乳化炸药而专门设计的。润滑液薄膜使有可能在泵送时保持低压力（约 0.5MPa（5 bar））。当压力超过一定值（如 1MPa（10 bar））时，泵送自动停止。泵送能力通过监控和操纵泵的转数来控制。

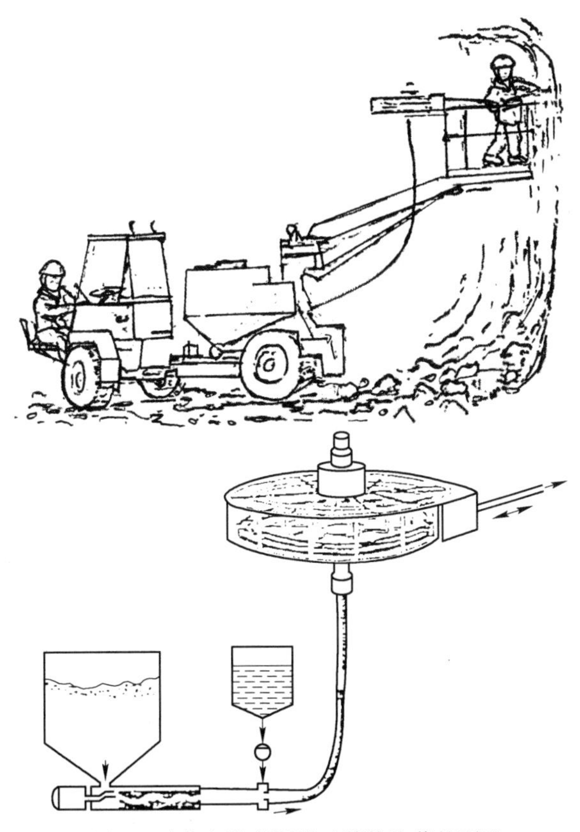

图 4　平巷和隧道掘进时散装炸药的泵送

4　细药柱装药

控制泵和软管盘每分钟的转数，我们就有办法获得高质量的细药柱。其原理示于图 5。

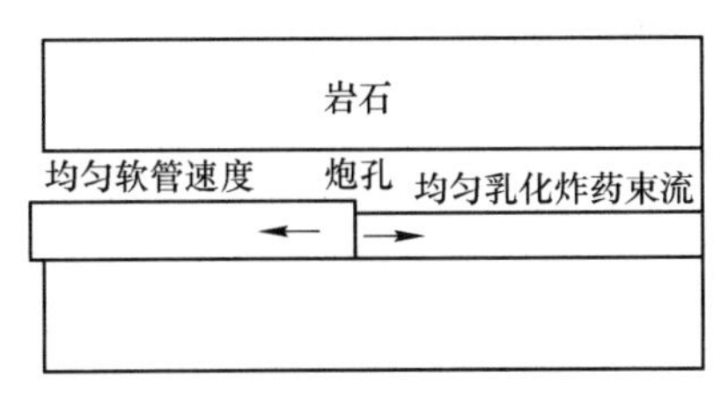

图 5　细药柱装药

细药柱大小亦即每米炮孔的装药量 Q（kg）由下式求得：

$$Q = \frac{n_1 \cdot q}{n_2(\pi \cdot d)}$$

式中　n_1——泵每分钟转数；

n_2——软管盘每分钟转数；

q——泵每转一次排出的乳化炸药量，kg；

d——软管盘的直径，m。

细药柱直径和炮孔的装填程度亦容易计算出。

细药柱的质量和数量通过装填、称重和检测与实际炮孔相同直径（43mm）的有机玻璃管来控制。

校准后就开始通过穿孔作试验，测定爆轰速度和检测破碎效果。爆破完成后炮孔收缩，可认为细药柱是稳定爆轰的。

在实际矿山中（43mm炮孔和质量相当好的岩石），我们在已有露天矿试验了占炮孔15%、20%、25%、35%和50%的单一细药柱。最小抵抗线取周边线的正常距离（约50cm），爆轰速度变化不定，往往低于2000m/s，亦可低至大约1000m/s，但仍能破碎岩石。

占炮孔15%和20%的细药柱产生一些拒爆情况，但占炮孔25%的细药柱全都爆轰。因此，为在炮孔组作试验，决定细药柱至少应占全孔的25%，

5　现场试验

在一地下矿山进行了现场试验，该矿山是一混有白云石的坚韧的复合硫化矿。矿石的机械强度高，裂隙少。通常的采矿方法是上向回采。隧道炮孔组不多，且处于矿山开拓期间。

最初是在全炮孔中试验了乳化炸药和设备，在周边孔仍用管状装药，在回采孔以乳化炸药代替ANFO。然后在6个独立平行的掏槽孔，接着又在5个隧道炮孔组试验了乳化炸药。

总共爆破了79个上向回采炮孔组和5个隧道炮孔组。结果证明，在全孔中散装乳化炸药可取代ANFO，且进尺、破碎效果和装药时间大致相同。

当前述的单一细药柱试验结束时，乳化炸药可用于整个炮孔组，现已用乳化炸药细药柱来取代管状装药。

这些炮孔组的钻孔布置和装填ANFO与管状装药的相应炮孔组相同。用全孔装填乳化炸药的方法爆破了46个上向回采炮孔组和5个隧道炮孔组。

46个上向回采炮孔组的一些详细数据列述如下：

孔径	43mm
孔深	3. 6m
断面积	约 $32m^2$
每组平均孔数	40
起爆药	160g 达纳迈特炸药管
雷管	Nonel 雷管，常规延时
装药量：	
普通回采孔	100%
第一排顶板孔	25%
第二排顶板孔	50%

边壁孔	35%
每立方米岩石的乳化炸药和起爆药耗量	1.38kg
装药和连接时间（运输除外）	45min
破碎	正常
平均进尺	93.5%（正常）
爆破后周边状况	爆破正常，对残留岩石破坏甚微。顶板比用17mm古利特管装炸药爆破平滑一些

在5个隧道炮孔组也得到了相应的结果。

6　结语

我们欲在所有类型的地下水平爆破孔中使用散装乳化炸药的目标有可能成功达到。

缺点是乳化炸药的价格要比ANFO贵，但价格之差可由下列因素获得补偿：

（1）取消了装药管；

（2）通过化学发泡降低乳化炸药原材料的成本；

（3）缩短通风时间（因有毒气体和粉尘较少）；

（4）减少炸药散落损失；

（5）不同于乳化炸药，散落在底板上的ANFO甚至炮孔中的某些ANFO易于溶解于水，可渗漏入水体，产生环境问题。

最后作者想指出，细药柱装药法仍是一种新方法，对操作工和设备的要求高。因此，该法尚需进一步研究和完善。但是，在所有水平炮孔中准确地机械化定量装填散装乳化炸药的方法肯定有其前景。

参考文献

[1] P-A. Persson, R. Holmberg, J. Lee, Rock Blasting and Explosives Engineering. Chapt, 9, Contour Blasting, pp. 264-211, (1992).

[2] B. Engsbrdten, Rocmec-a new system for mechanized charging underground, Proc. of the Sec. Int. Symp. on Mine Mech. and Aut. Luled/Sweden/7-10 June -93, pp. 322-323, (1993).

[3] K. Lindqvist, N-O. Johnson, A Test Site for shotfiring Fumes Experlments, Propellant and Exploslves 5, pp. 79-82, (1980).

（译自《16th World Mining Congress Proceedings》，1994，Vol. 2，655-663）

岩石爆破破碎委员会的报告

W. L. Fourney
University of Maryland, College Park, Md, USA

摘　要：本文介绍了国际岩石力学学会岩石爆破破碎委员会，该委员会与这个会议是直接相关的。

1　历史背景

1982 年一批对于岩石爆破破碎有兴趣的科学家和工程师在瑞典吕勒欧相遇，举行了第一届国际岩石爆破破碎学术会议。参加会议的专家们决定，每隔一个周期举行一次同样的会议，以为那些有志于岩石爆破破碎的专家们提供一个交换学术思想的论坛。自此以后，两次传统的会议已经举行了。第二届国际岩石爆破破碎学术会议于 1987 年在美国 Keystone 举行。第三届国际会议于 1990 年 8 月在澳大利亚的布里斯班（Brisbane）举行。有 150 名学者和工程师参加了瑞典的会议。美国会议的人数大约与瑞典会议相同。澳大利亚会议有近 300 人参加。第四届会议就是现在在维也纳举行的会议。

在第二届与第三届会议期间我们曾建议国际岩石力学学会（ISRM）接纳我们为该协会一个分支机构。作为与当时该协会主席 John Franklin 会谈的结果，我们根据自己的需要于 1990 年向国际岩石力学学会申请成立了一个委员会。

2　任务

委员会任务如下：

为用爆破方法破碎岩石和类似岩石介质的特殊课题的论文作者们提供一个论坛。目前每三年举行一次会议。

促进在这个领域里研究结果的发表需要一本好的杂志。有兴趣的各位，请在这方面帮助委员会在何处寻找这种出版物。我们希望国际岩石力学杂志能成为这种杂志。

发展岩石爆破破碎课题的任务是：

研究、制订炸药和岩石稳定性试验方法国际标准。

由爆破引起的岩石移动和破碎的测定方法的标准化。

评价用来预测破碎块度的公式，并推荐用于不同的爆破方法的方程式。

考虑技术、经济和环境的情况下评价破碎块度优化的模型。

在爆破振动方程中引入岩石参数。

炸药和雷管可以使用的技术数据的标准化，使用者对此是很有兴趣的。

本文原载于《第四届国际岩石爆破破碎学术会议论文集》，1995。

3　小组

在国际岩石力学学会所属的委员会下，目前我们有六个工作小组，其工作涉及上述任务的某些部分。它们中的四个小组是从事技术领域工作的，这对鉴定未来爆破科学是最重要的。有两个小组是为其他四个小组提供保证进行检查的。现将每个工作小组的成员和目前他们代表的国家列述如下：

工作小组Ⅰ　岩石评定（预爆和次爆）

主席：G. 贾斯特（Geoff Just）/Dept of Resource Industries/Safety in Mines & Research Station/Redband Qld. 4301/Australia

成员：E. 维拉埃库萨（Villaescusa）/Australia
S. 吉尔特内尔（Giltner）/S. Africa
G. 亨特（Hunter）/Namibia
C. 内瓦尔卡尔（Navaldar）/India
P. 沃尔西（Worsey）/USA
L. 切温格（Cheung）/Australia
A. 奥德（Ord）/Australia
A. 斯帕西斯（Spathis）/Australia
T. 戴维斯（Davies）/Australia
C. 库梅尔拉托（Cumerlato）/USA
D. 奥康纳（O′Connor）/S. Africa
N. 佩利（Paley）/Australia

工作小组Ⅱ　计算机模型

主席：戴莱普里斯（Dale Preece）/Sandia National Laboratories/P. O. Box 5800/Albuquerque，NM 87185

成员：T. 克莱恩（Kleine）/Australia
A. 卡韦茨凯（Kavetsky）/Australia
P. A. 珀森（Persson）/USA
P. 蒂德曼（Tidman）/Canada
M. 斯塔格（Stagg）/USA

工作小组Ⅲ　炸药性能

主席：B. 莫汉蒂（Bibhu Mohanty）/Explosives Technical Centre/ICI Explosives Canada/Mc Masterville/Quebec J3G1/Canada

成员：P. A. 珀森（Persson）/USA
J. 格兰特（Grant）/Australia
R. 萨拉基诺（Sarracino）/Australia
A. 卡梅伦（Cameron）/Australia
C. 麦金津（McKinzey）/Australia
R. 霍姆伯（Holmberg）/Sweden
J. 休伊多博罗（Huidoboro）/S. Africa
S. 克鲁姆（Crun）/USA

工作小组Ⅳ　爆破监测仪器

主席：A. 斯帕西斯（Spathis），Manager/Blasting Fundamentals/ICI Explosives，Gate 1/Ballarat Rd./Deer Park Victoria/Australia

成员：R. D. 迪克（Dick）/USA
F. 奇阿帕塔（Chiappetta）/USA
J. 布林克曼（Brinkmann）/S. Africa
J. 弗洛伊德（Floyd）/USA
G. 奇托姆博（Chitombo）/Australia

工作小组Ⅴ　专有名词术语

主席：A. 鲁斯坦（Agne Rustan）/Lulea University of Technology/Division of Mining/S 95187 Lulea/Sweden

成员：R. 霍姆伯（Holmberg）/Sweden
C. 坎宁安（Cunningham）/S. Africa
W. 福内特（Fourney）/USA
V. 武图库里（Vutukuri）/Australia
C. 亨德里克斯（Hendricks）/Canada
R. A. 迪克（Dick）/USA

工作小组Ⅵ　出版物（公共事务）

主席：W. 福尔尼 Fourney/M. E. Dept./University of Marlyand/College Park，Md. 20742 USA

成员：G. 贾斯特（Just）/Australia
P. 沃尔西（Worsey）/USA
J. 布林克曼（Brinkman）/S. Africa
C. 麦肯齐（McKenzie）Australia
H. P. 罗斯玛尼斯（Rossmanith）/Austria
A. 鲁斯坦（Rustan）/Sweden
F. 欧奇泰尔格恩伊（Ouchterlony）/Sweden
B. 莫汉蒂（Mohanty）/Canada
F. 恰帕塔（Chiappetta）/USA
S. 布哈恩达里（Bhandari）/India
C. 坎宁安（Cunningham）/S. Africa
J. 格兰特（Grant）/Australia

4　工作安排

就第Ⅴ工作小组（专有名词术语）来说，其主要任务是提出一系列可被爆破界接受的标准符号与定义。这个小组已经提供了认可的符号目录，按此目录，将会拟出很好的初步方案。这些目录描述的大量的符号与定义已经被国际岩石力学学会等一些组织所接受，但是阐述的符号与定义仅仅是爆破界赞同的。

第Ⅵ工作小组的任务是了解其他工作小组所取得的结果，以适当的方式进行宣传。这个小组还有一个重要任务就是发现出版物它主要集中于发表爆破破碎方面的研究结果。就岩石力学和采矿科学的国际杂志来说，它的编辑 Jahn Hudson 已经同意我们合作。

第Ⅰ工作小组（岩石评定）：其工作是确定这个小组在这个领域里最需要给予注意的研究工作。

第Ⅱ工作小组（计算机模型）：这个小组正在着手整理一篇文章，以说明利用计算机模拟爆破破碎结果的技术水平。

第Ⅲ工作小组（炸药性能）这个小组的任务是在工业范围内建立标准的炸药试验方法，以使不同制造厂提供的炸药性能可以相互比较。这个小组的另一个目标是研究并向制造厂商提出试验建议，这个工作的重要意义在于从一个标准点出发，用以预测在破碎地质材料方面不同炸药的有效性。

第Ⅳ工作小组（爆破监测仪器）：与其他小组相比，这个小组的工作开展得较晚，主要因为缺少一名小组主席。该小组将尽力促进包括改进用于爆破方面仪器的研究工作，并以非商业方式将最新研究成果提请用户注意。

委员会认为应做更多提高爆破技术水平的工作，但是工作进程是缓慢的，因为各个小组的成员广泛地分布在世界各地。主席们应该做更多的工作，以促进小组成员的认可。各个小组的多数成员每三年在这种会议上会见一次。希望帮助工作的任何人都将受到各种小组的欢迎。

推进剂动态破裂岩石的模型和现场实例

John Schatz
(John F. Schatz Consulting, DelMar, Calif, USA)

摘　要： 钻孔周围的岩石可借助推进剂装药的燃烧所造成的高压气体加以动力破裂。已编制成一个更好的动态破裂岩石数学模型；该模型遵循公认的物理原理，并解释了许多重要的实际效应。本文描述了该模型的构思。此模型已用于石油和天然气工业的设计和评估推进剂的激励作用。本文列举了一个应用实例。推进剂破裂推广应用到其他工业的潜力是存在着的。

1　引言与背景

深钻孔内的岩石可用固体推进剂作能源予以破裂。由于能量快速释放和随之产生的高压气体，可自钻孔以不同的角度径向产生多道裂缝，其中包括那些通常同原地应力场相抗衡的裂缝。此类裂缝的产生不同于双翼，最不重要的应力向裂缝，后者通常与较缓慢的压力碎裂过程有关。虽然压力液压破裂所致裂缝可能比动态气体裂缝长得多，但液压裂缝不能以多方向扩展，也不能克服通常占主导地位的原地应力作用。推进剂所致裂缝也有别于多道分支的裂缝和破碎，后两者通常与极迅速的炸药爆轰过程相关。

描述多道动态裂缝的形成和生长的模型已编制几个（Nilson et al, 1985; Schatz et al, 1987; Christianson et al, 1988）。这些模型应用了标准的推进剂燃烧方程和动态气体在裂隙中流动的一些假设，准静态物料变形以及准静态线性断裂力学，已定性地符合开敞充气钻孔的试验室数据。以往的模型未包含在许多场合下对钻孔内压力随时间的变化以及对现场实际应用的破裂结果有着主导影响的一些作用。这些作用有：

（1）钻孔内流体的压缩、流动和加热，以及压力波自钻孔边界（如孔底）的反射；

（2）在套管钻孔中射孔，气体被限制流入裂缝；

（3）不同数量的多道裂缝的形成。

正如与早期模型的预测比较的那样，上述全部作用可能显著改变钻孔中压力随时间的变化，进入裂缝的气体数量以及最终的破裂效率。

2　动态破裂模型

编制一个岩石动态破裂数学模型，使其包含早期研究得出的物理学和岩石力学构思的一些重要因素并说明另一些重要的实际使用，乃本研究工作的目标所在。有了这样的模型，现场工作的设计和评估就可变成比较常规的工程实践。

2.1　早期方程

以往模型中所用的方程已发表在上列参考文献中。这些模型可分为以下几个总类：

本文原载于《第四届国际岩石爆破破碎学术会议论文集》，1995。

（1）钻孔中推进剂燃烧和气体状态方程。现用的已知燃烧方程包括诺贝尔—阿贝尔（Nobel-Abel）状态方程并反映与压力密切相关的燃烧速率。对于易得的工业生产的推进剂（如黑火药），这些方程的参数已测定并已公布。对用于钻孔的改型推进剂，上述参数系根据现场经验加以拟合。以往方程均建立在下列假设的基础之上：气体产物在钻孔中以固定体积膨胀且无垂直流动，进入裂缝时在入口处无任何约束。

（2）裂缝内质量平衡。设定钻孔边界达基本质量平衡，气体按照可压缩非等温流的标准一维时间相关的微分方程传入扩展的裂缝。允许泄漏入有孔岩石裂缝表面。

（3）裂缝内动量平衡。气体流主要由压力梯度驱动，并按照标准一维时间相关微分方程演变，包含各种黏滞效应，兼具层流和紊流。

（4）裂缝内能量平衡。能量平衡受制于标准一维时间相关微分方程，容许冷却和泄漏相关的能量损失于裂缝。

（5）裂缝宽度。位置相关宽度是按照多道裂缝线性弹性方程计算的，并假定为准静态。换言之，宽度即时调节适应于与时间相关的气体压力。这是一个很重要的简化假设，它使计算问题可在普通小型计算机或工作站上完成。这一假设的有效性已由早先的出版物证明。

（6）裂缝长度。假定为多道裂缝修正的线性裂缝力学模型，也采用了准静态假定。这就是说，裂缝长度即时调节适应于变化的裂隙宽度和压力。这一假设的有效性早先亦以被证实，但假定裂缝的端速远低于音速。就一维问题而言，裂缝呈直线、径向；对于二维问题，裂缝可为曲线。

（7）裂缝高度。依据简化的准二维假设，裂缝上向和下向扩展。

2.2 补加方程

早先的方程几乎完全适应于开敞、体积固定且带有裂缝数目规定的充气钻孔。当这些条件未得到满足时，预测行为可能发生重大变化。改进的模型系引进了不同条件并补加了下列新的方程或程序：

（1）钻孔流体运动　现场动态压力记录观测业已说明，钻孔内流体行为在控制压力形成和岩石破裂方面的作用远比以往想象的强，如果气体和流体在到达裂缝之前必须流过孔眼时尤其如此。发生此种现象的原因在于，钻孔内压缩和驱动流体所作的功显著改变了可用于破裂岩石的能量。正如当已知气泡同钻孔内的液体相混合时产生非寻常的低钻孔压力，所表明的这种效应在某些情况下是大的。

为解释此等钻孔流体效应，对钻孔中的流体运动和变形补加了一维可压缩非等温流体动态计算，并与进入缝隙的气体流量的计算相耦合。在推进剂气体和原钻孔流体之间，假定存在一个紊流混合和与时间相关的热平衡过程。也考虑到了可能引起反射和显著改变压力随时间变化过程的边界（如孔底）的存在。这样一来，一度几乎被忽略的钻孔流体可压缩性现在却变为该模型中的一个很重要的参数。

（2）射孔流　当前大量现场工作均是通过在套管钻孔内射孔完成的。在某些场合下（如较大的推进剂器具或较小的射孔）射孔的存在可能显著影响压力随时间的变化，因而也影响气体渗入裂缝的速率。在新模型中以标准孔板流量方程估算射孔对推进剂气体流量的约束。

(3) 裂缝数目的预测　在早期的模型中，裂缝数目系通过假定预先进行计算的，不存在预测裂缝数目的方法。模型中的裂缝力学方程是准静态的，早期决定着多道裂缝产生及可能的分叉的一些过程很可能都是动态的，因此建立一种预测裂缝数目的严格方法是不切实际的。然而，由于裂缝数目对最终长度影响很大，因而很重要。为此已制订了一个大致预测裂缝数目的方法如下。

该模型预测作为时间函数的裂缝端速。与在裂缝力学中为了与其他相一致，假定存在着一个极限裂缝扩展速度，它是所选择的破裂模式的一个重要参数。已选定选择此参数的一个简单方法，例如将最大裂缝端速限定为剪切波速的一半。然后，当一个试验计算预测的端速超过这个速度限制时，就在裂缝数目上加上另一条裂缝。如此继续下去，直至最大裂缝速度不超过上述限值为止。这一相对简单的方法看来与所得数据相吻合。

3　新计算机模型

2.2节所述的补加方程已同2.2节所述早先方程相结合，用于新的计算机程序PULSFRAC之中。该程序以分析、有限差分和迭代法综合写入。这个程序可在标准的个人计算机上运行，但为了有效执行要求高速、存贮能力和浮点能力。输入系交互性，输出为实时屏幕图形以及标准的文件保存和打印技术。一个典型模型的运行需5~50分钟。重要的输出最为钻孔压力、裂缝压力以及与时间相关的裂缝长度。裂缝形状也以图形略示之。运行时屏幕输出的一个实例示于图1。

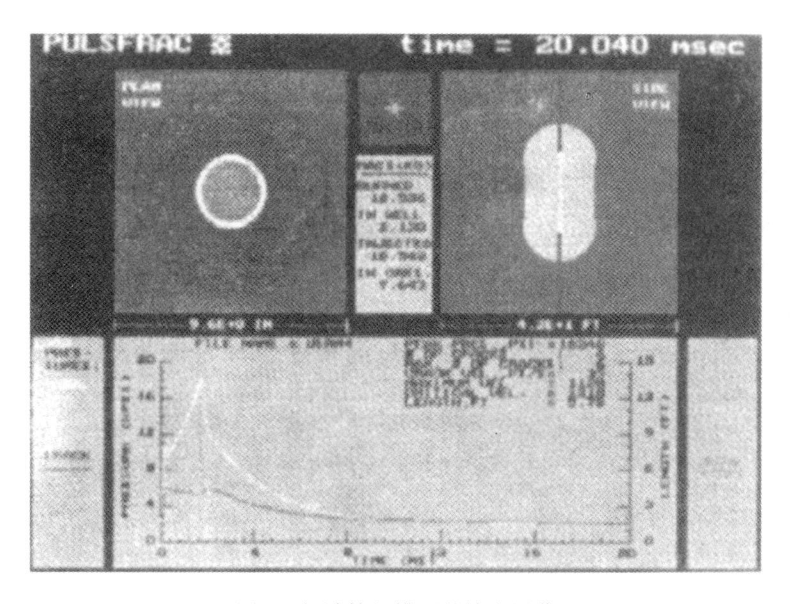

图1　新计算机模型的输出屏幕

PULSFRAC计算机模型已由符合于试验室和现场数据的计算结果大体上予以证实。在这一方面试验室数据最有用，因为有关推进剂、材料和环境条件的各种参数比较明朗。最近的一次试验室证实是针对煤矿的不同采区实施的，在这些采区中装药，应力和煤性质均不相同（Schatz and Linden，1991）。准确和完美的证实难上加难，因该问题复杂，可能涉及的参数又很多。

4　模型实例

针对现场规模应用的4个模型运行结果分析示于图2~图5。图上依次展示新方程对钻孔压力、裂缝数目和裂缝长度的作用结果。

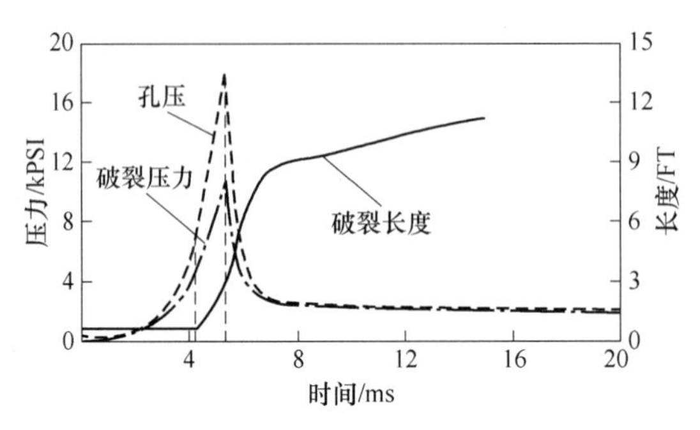

图2　无钻孔流体运动、无套管仅限于3条裂缝的充气孔的结果

注：1FT=0.3048m

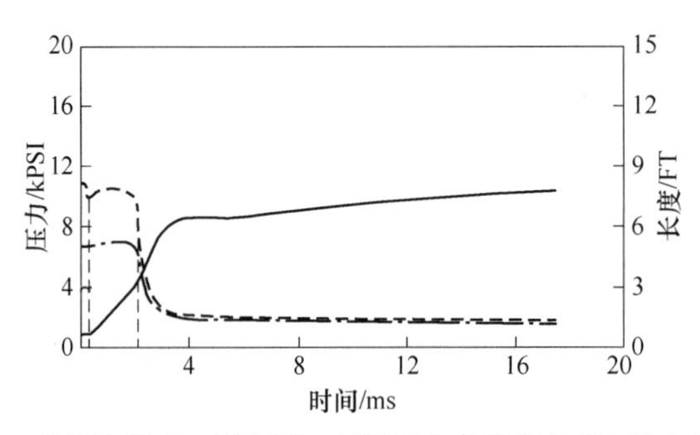

图3　有流体运动、无套管、仅限于3条裂缝的充水孔的结果

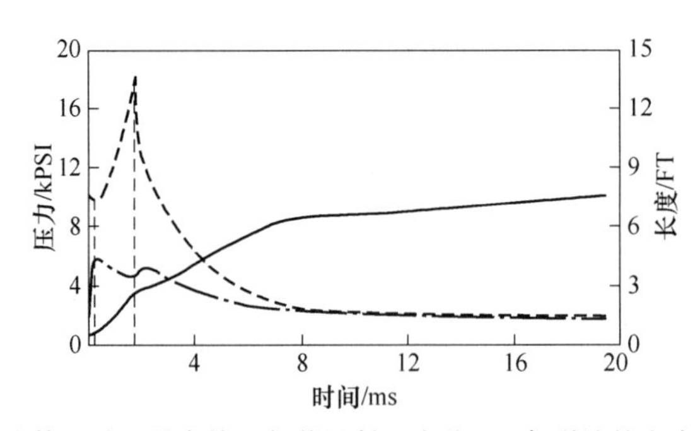

图4　有流体运动、设套管、每英尺射4个孔、3条裂缝的充水孔的结果

在全部运行中，均在一个直径5英寸（1in=25.4mm）的钻孔中插入直径2.5英寸、长12英尺（1ft=304.8mm）的标准推进剂器具。岩石力学性质依照深3500英尺中弱强度砂岩的典型值设定。

图2示出的结果本可用原先的方法计算出来。初始压力升高缓慢，但峰压高，因不容许流体在钻孔中作任何垂直运动。3条裂缝（假设所得）扩展至12.2英尺。最大裂缝速度达9400英尺/秒，此种高速不符合实际。

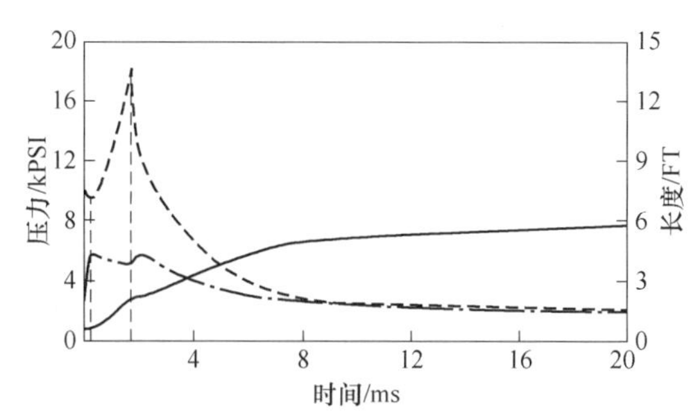

图 5　有流体运动、设套管、每英尺射 4 个孔、裂缝最佳数目为 6 的充水孔的结果

图 3 所示结果补加了新的钻孔压缩和运动计算，且孔内有水。预测的压力记录完全变了样。初起压力增高较快，因水的可压缩性低于空气；但最终压力峰值较小，因流体压缩和运动之故。3 条裂缝（仍假设所得）扩展至 7. 8 英尺。最大速度达 3700 英尺/秒，这很可能仍然太高。

图 4 所示结果系增加了孔内射孔管射孔为每英尺 4 个，直径 0. 75 英寸。因气流受到约束，钻孔压力变得高得多，升高也较快，但 3 条强制的裂缝仍扩展至 7. 5 英尺，可是扩展时间截然不同，大多在后期扩展。

图 5 所示结果系依照本文提出的方法按限制速度设定裂缝数目所得。现已有 6 条裂缝，扩展距离较小，仅 5. 8 英尺。请注意，裂缝长度缩小了，但裂缝表面积实际上却增大了。

5　模型的现场应用

新模型可供进行现场实际设计和作业评估。业已发现，确定钻孔流体压缩性的准确值至关重要，但该准确值或多或少难以预测，因孔内流体中的气泡含量不一。就当前的油田工艺而言，预测的裂缝长度约波动于 2~20 英尺之间。裂缝数目为 2 至 12 或再多一点。裂缝数目太大，则意味着粉碎。

模型的实际现场应用实例示于图 6、图 7（Schatz，1992）。现场是一个较浅的天然气井，只要求轻度的激励以克服钻井液体或射孔损坏对近钻孔流动的约束。一个直径 2 英寸、长 6 英尺的推进剂器具插入直径（内径）4 英寸的设有套管和射孔的钻孔之中。该装置距孔底约 30 英尺，一个动态压力测量装置放在该器具之下约 5 英尺处。图 6 展示模型计算结果，图 7 为现场所得数据。

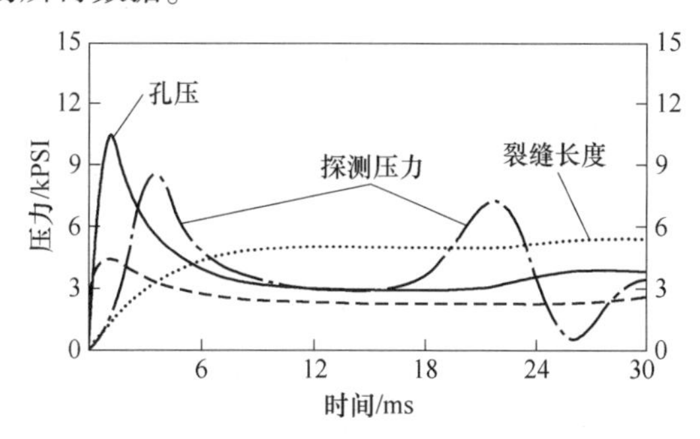

图 6　现场实例计算所得压力和裂缝长度

注：“探索压力” 系指置于推进剂器具之下 5 英尺处的测量装置所计算得的压力

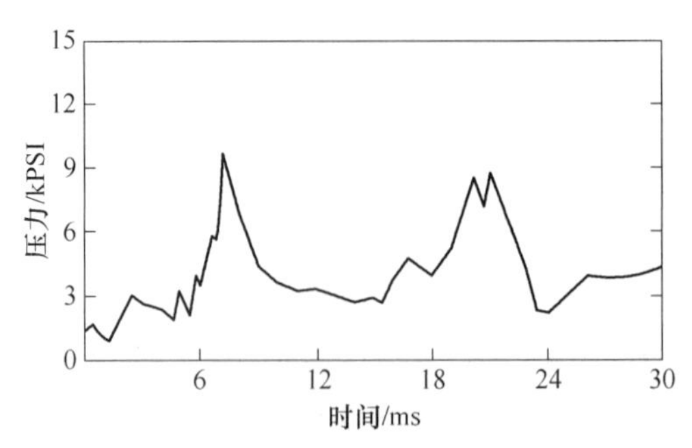

图 7　动态压力表测得的孔内压力可与图 6 中“探测压力”相比

对比图 6、图 7 可见，两者的初始压力峰值均约 9000PSI，这是主要推进剂器具燃烧起动压力，图 7 预测的数据涉及该器具的引火剂（导燃该器具的一个快速燃烧中心元素）。此时，PULSFRAC 并不计算引火剂燃烧的全部错综复杂过程。随后约隔 20 毫秒，底孔反射到达，两图上均示出其计算和数据。计算预测出 8 条裂缝扩展至 5.6 英尺。这在现场不能测定，但这是符合此激励作业的成功结果，正如钻井试验所认定的。这一实例说明，如何一同利用计算结果和现场数据提高对现场结果理解的置信度，即使裂缝本身在套管钻孔中通常不可能观测到，仍然如此。

6　讨论和结语

本文所述的推进剂气体动态破裂的改进模型已克服了以往影响实际应用效果的许多局限性。虽然充分验证困难，但本模型的证实程度足以作现场的工程计算。这些计算包括决定在给定状况下以推进剂为基础的器具是否很可能有好处，最好采用何种规格的器具，可望达到何种压力，以及可望取得何种长度的裂缝。模型预测值同动态压力记录值相比较，已成功地用于评价破裂效果。

在器具引燃、气-液相互作用以及裂缝内自撑作用的计算方法等方面，模型仍需改进。

推进剂破裂器具在其他工业部门也有潜在的用途，其中包括在振动或噪音敏感地区可以用来取代、补充或改进常规的爆破方法，为此目的，可将流行的推进剂器具系统发展为浅孔型的。

参考文献

[1] Nilson, R. H., W. J. Proffer and R. E. Duff 1985. Model of gas-driven fractures indnced by propellant combustion within a borehole. Int. J. Rock Mech. Sci. 22: 3-18.

[2] Schatz, J. F., B. J. Zeigler, J. Hansso and M. Christianson 1987. Maltiple radial fracturing from a wellbore-experimental and theoretical results, Proc. of 28th U. S. Symposium on Rock Mechanics: 821-829.

[3] Christianson, M. C. R. Hart and J. F. Schatz 1988. Numerical analysis of multlple radial fractuing. Proc, of 29th U. S. Symposium on Rock Mechanics: 441-451.

[4] Schatz, J. F. and A. Czychun 1992. Formation damage cleanup by dynamic pulse fracturing: case study in permeable sands. Proc of 1992 SPE Formation Damage Cantrol Symposiun (Abstr): 549-550.

中国工程爆破技术的现状与发展

Wang Xuguang
(Beijing General Research Institute of Mining and Metallurgy (BGRIMM), People's Republic of China)

摘　要： 本文论述了中国工程爆破技术（如硐室爆破、深孔爆破、地下采掘爆破、水下爆破和城市拆除控制爆破）、爆破器材和爆破基础理论等方面的研究、应用与发展概况。

工程爆破作为一门技术科学正在受到人们的普遍重视，并在中国国民经济建设中发挥重要作用。在改革开放方针指引下，近十几年来中国工程爆破技术发展尤为迅速，达到了前所未有的水平，取得了非常显著的经济效益。这种进展主要体现在：工程爆破日益广泛地应用于中国国民经济各部门，使用技术日趋完善；各种新型、高效、安全的工业炸药与起爆器材不断涌现，较好地适应和促进了爆破技术的变化与发展；爆破基础理论、岩石可爆性分级方法、爆破优化设计与数学模型、安全与量测技术等方面的研究工作都获得了丰硕的成果，并能逐步指导生产实践；安全规范的制订与实施、年轻爆破技术人才的培养与实践也为中国爆破技术的进一步发展打下了坚实的基础。

本文着重从上述几个方面阐述中国工程爆破技术的现状，并对今后的发展作了简要的探讨。

1　工程爆破技术日益广泛地应用于中国国民经济各部门

1.1　硐室爆破

实践表明，硐室爆破是一种投资省、效率高、速度快的施工方法。在地形复杂的山区，中国相当广泛地应用硐室爆破来完成大量石方的开挖。早在 1956 年硐室爆破就用于矿山基建剥离，白银有色金属公司露天矿完成了当时世界上规模最大的硐室爆破工程，3 次爆破总装药量为 15573t，爆破岩石量 907 万立方米，其中 227 万立方米抛出采场以外，使矿山提前两年投产。1964 年中国金川有色金属公司露天矿采用加强松动硐室爆破削平几座山尖，总装药量为 1655t，爆破岩石 218 万立方米，也使矿山提前 1 年投产。这种方法在中国冶金、建材、化工、煤炭等行业的许多露天矿山的剥离工程中获得推广应用。例如，顺昌水泥厂的石灰石矿基建初期进行了一次削顶硐室大爆破，采用了多排准平面药包布置方法，装药量为 1708t，爆破岩石量 122 万立方米，66%的岩石抛到了废石场。

1958 年中国开始应用定向爆破筑坝技术，至今已堆筑了 60 余座各种类型的石坝（如蓄水坝、尾矿坝、防泥石流坝、贮灰坝等），积累了比较丰富的实践经验和计算方法。例

本文原载于《矿冶》，1992（2）：1-8。

如，中国南水水电站定向爆破筑坝共用炸药1394.3t，爆落石方226万立方米，一次爆破堆高62.5m，后期加高至81.8m，建成后运转一直很正常。“七五”期间，中国已开展了定向爆破堆筑百米以上高坝的前期试验研究工作，取得了一批理论与技术方面的研究成果。又如，中国河北省金厂峪金矿在不利的地形条件下应用低高程双岸布置等量对称药包的方式定向爆破堆筑了尾矿坝。与人工筑坝相比，工期提前了9个月，节约投资55%，基础坝稳定性良好。

在中国铁道、公路的修筑中，主要采用硐室爆破来解决新建线路的石方工程，一次爆破的最大装药量达400余吨。如，在宝成线、鹰厦线、成昆线和大秦线等铁路建设中都不同程度采用了硐室爆破，爆破石方量达1054万立方米。尤其是近年来在硐室爆破中顺利地实现了单药包顺序微差起爆方式，确保了在复杂环境下的安全作业。此外，在处理滑坡体、修建溢洪道、平整山区工业场地等方面，定向爆破亦都发挥着良好的作用。

应该指出，中国在硐室爆破中采用条形药包或准平面药包代替集中药室法取得了显著进展，尤其是分段微差起爆技术的成功应用，达到了增大抛距、提高抛掷率、堆积集中和降低爆破震动效应的良好效果。例如，1985年12月在中国四川省石棉矿采用低高程多层条形药包、双岸微差起爆系统成功地堆筑了1座40多米高的防泥石流坝，坝体成型良好，有效抛掷率达63.5%，上坝石方量的炸药单耗仅为0.7kg/m^3。又如，1990年广东惠州港采用定向爆破方法成功地进行了移山填海浸淤修筑码头。在这次爆破中采用小平面条形药包达到了缓坡地形的远距离抛掷，使岸岛之间230m海域实现抛石回填，有效抛掷率为63%，石块普遍击穿淤泥，最大沉降量达6cm。

1.2　深孔爆破

在中国露天矿山的采剥工程、地下矿山的深孔落矿、铁路路堑开挖、平整山区工业场地、水电站基坑开挖等施工作业中，多数采用深孔爆破技术。露天矿山深孔爆破有大区多排微差爆破、挤压爆破和小抵抗线宽孔距爆破等，而在邻近边坡地段则采用预裂和光面控制爆破技术，以利于保护边坡的稳定性。大区多排微差爆破技术已在南芬铁矿、水厂铁矿、德兴铜矿、金堆城钼业公司露天矿等大型露天矿山获得推广应用，对其孔网参数、装药结构、炸药与矿岩特性匹配、起爆顺序和微差间隔时间等进行了比较深入的研究，明显地改善了爆破质量，取得了良好的技术经济指标。例如，近几年南芬露天铁矿对深孔爆破技术进行了综合研究。该矿采用ϕ250、310、380mm钻头进行钻孔，大型电铲和电动轮汽车配合使用，而微差爆破的规模达50万~80万吨，其中规模最大的一次达81万吨以上，也是中国采用装药车预装药爆破最大的一次。这次共钻505个炮孔，预装药276t，分为104段，炸药单耗0.9kg/m^3。大块率0.035%，无根底，延米爆破量108.5t（ϕ250mm炮孔），电铲效率为1921t/h，其经济效益是比较好的。此外，该矿利用编制好的爆破参数优化系统程序，可以计算与预测该矿在不同爆破作业条件下的最佳参数和爆破效果，据此绘制了优化图表，供爆破设计工作者选用。该矿还采用异步分区干扰降震起爆方法，使降震率达20%~30%。

在中国铁路新线建设的路堑开挖、水电站的基坑开挖、工业场地平整等施工爆破作业中亦广泛采用深孔爆破。例如，在葛洲坝、东江、柴水滩、东风等水电站的基坑开挖中都采用了深孔梯段微差爆破、预裂爆破、保护层一次爆破和不留保护层爆破等，特别是东江、东风等水电站成功地应用了水平预裂爆破和水平预裂加深孔梯段孔间微差顺序爆破技术，显示了我国深孔爆破技术的新水平。

1.3　地下采掘爆破

20世纪50年代初期，中国地下矿山开始应用深孔爆破大量崩矿。使用崩落采矿方法的矿山一般均采用60~100mm孔径、10~60m深的垂直或水平扇形炮孔崩矿，一次爆破的装药量可以是几吨到几十吨，甚至百吨以上，最大的已达200余吨。在地下金属矿山已普遍采用装药器装填多孔粒状铵油炸药和重铵油炸药，并与塑料导爆管非电起爆系统配合进行爆破。在选用合理的孔网参数、装药结构和起爆顺序的同时，注意应用挤压爆破技术，垂直扇形深孔采用大密集系数和孔底装填高威力炸药相结合，以改善爆破质量。

80年代初期，中国凡口铅锌矿、铜陵有色公司狮子山铜矿等一批有色金属矿山研究应用了地下大直径深孔（40~80m）球形药包分层爆破的后退式采矿法（亦称VCR法），并进一步发展为球形药包爆破切槽、柱状药包侧向崩矿的联合爆破崩矿法。它是一种高效安全的采矿方法，颇受采矿界同行们的重视。此外，还注意采用空气间隔装药与孔内分段起爆，控制边孔的能量与作用方向，以降低对侧帮的破坏作用。这种采矿方法的爆破数学模型与参数优化等研究工作亦取得了可喜的进展。

在巷道掘进工程中，特别是大断面的隧道掘进爆破中，一般采用水平深孔（5m）爆破和周边孔的不耦合装药光面爆破技术，并配以喷锚技术，以提高掘进效率和减少一次开挖量。

1.4　水下爆破

20世纪70年代初期，在中国广州黄埔港的船坞附近成功地进行了水下爆破作业，亦是当时规模最大的水下爆破。这次爆破的结果形成了一条宽80m、深9m可通过1万吨船的深水通道，破碎了30万立方米的岩石。随着中国海港码头和航道构筑物建设工程的日益增多，水下爆破的规模与技术也不断地取得新进展。

在中国港口建设过程中，急需解决水底软地基处理难题。从1979年开始，在中国南海、东海和青岛港的建设过程中，成功地进行了一系列水下爆破，也形成了一些爆破处理软地基的技术。在模型与机理试验研究的基础上，1987年在中国连云港成功地实践了爆炸排淤填石、爆炸夯实和堤下爆炸排淤等一整套处理软地基的新方法，获得了大量系统的数据与研究成果。实践表明，这些新方法适用于各种类型水下淤泥地基的处理，施工简便、造价低廉。

1986年，在长江葛洲坝水电站用爆破方法成功地拆除了800m长的水下混凝土围堰墙。这次爆破的总装药量为47.76t，3000多个炮孔，采用复式交叉连接的塑料导爆管非电起爆网路，分成324段毫秒顺序起爆，达到了100%安全准爆，获得了良好的爆破效果。

河南郑州铝业公司新建的三水源取水口位于黄河岸边，土堤围堰距泵房仅4m。在这种情况下，仍然采用多排水下深孔，分成16段毫秒爆破炸开取水口土堤，获得了非常好的效果。

此外，在水库或天然湖泊修建引水隧洞时，于进水口采用岩塞爆破方法可获得好的技术经济效果。例如，在中国丰满水电站，于30m水下，岩塞尺寸为411m×18.5m，使用了

4075.6kg 炸药。

1.5　城市拆除控制爆破

50 年代中国就在城市拆除工程中尝试使用爆破技术。近十几年来随着城市建设迅速发展和企业技术改造任务的不断增大，需要拆除的废弃楼房、构筑物（如烟囱、水塔、桥梁、废弃工事、油罐、工业厂房基础、路基等）日益增多。同时，控制爆破技术的日趋完善与普及也为人们用爆破方法承接这些拆除工作提供了技术、物质基础。目前中国已有数十个工程爆破公司，分布在全国各地进行着不同类型的城市拆除工程爆破和大量的土石方爆破。实践表明，在复杂环境下应用控制爆破方法进行废弃建筑物和构筑物的拆除是一种安全、简便、快速、经济的施工方法，可以有效地控制拆除物的倒塌方向、飞石、振动和噪声，尽量减少对周围环境的影响。

当前中国常用的拆除控制爆破方法有：炮孔爆破、水压爆破、外部爆破和静态破碎剂破碎法、静态牵引法。前三种方法是基于选用不同品种炸药进行爆破拆除，后两种方法则是利用静态失稳原理来完成拆除工作的。在大量的工程实践中，对不同拆除对象的布孔方式、装药结构与药量计算、炸药品种的选择、起爆器材与起爆顺序的合理确定及其安全防护技术器材等方面积累了许多宝贵的经验，与此同时还对建（构）筑物构件的解体、破碎和倒塌的力学过程和失稳条件进行了力学分析，并对这一过程和爆破的声响、地震等有害效应进行了观测与分析。工程实践表明，中国众多的工程爆破公司在拆除工程爆破中均能比较精确地控制倒塌顺序、方向和范围，即使在复杂环境、要求很高的条件下，也能获得好的效果。例如，地处北京闹市区的华侨大厦旧楼拆除工程，总拆除工程量 3000 多立方米，主楼 8 层高 34m，两侧楼 7 层高 28m，是一次外部条件恶劣、难度大的拆除工作。这次爆破共凿 6000 多个炮孔，装填炸药 600 多公斤，分 9 段毫秒顺序起爆，整个楼房按预定的方向与范围倒塌，既确保了安全，又达到了设计的爆破效果。

2　安全高效的工业炸药与起爆器材技术的发展

2.1　工业炸药

目前中国工业炸药的年消耗量已达 120 万吨。笔者认为，我国工业炸药的主要进展表现在含水炸药，粉、粒状炸药和中继起爆药柱 3 个方面。

一般地说，含水炸药系浆状炸药、水胶炸药和乳化炸药的总称，也是不同发展时期的代表性品种。中国从 1959 年开始研制浆状炸药，60 年代中期，浆状炸药已在中国东北地区的一些矿山推广应用，70 年代获得了进一步发展，其品种基本上都是适于露天大直径（≥150mm）炮孔爆破的。水胶炸药在我国研制起步较晚，直到 70 年代中期才有我国技术人员自己研制的水胶炸药品种。与此同时，淮北矿务局还引进了美国杜邦公司水胶炸药的生产技术与设备，促进了水胶炸药在中国的应用与发展。一般地说，乳化炸药的生产工艺有连续化生产和间断式生产之分。70 年代后期开始，从中国装备水平和劳动力充裕廉价的实际情况出发，着重研究发展了间断乳化炸药生产工艺与设备，已经形成的间断式工艺的设备与工艺条件控制，较好地满足了中国乳化炸药迅速发展的需要，具有中国自己的特色。与此同时，年产 10000t、5000t 的连续乳化炸药生产工艺与设备亦相继研制成功，并投入了工业化生产。中国乳化炸药的系列品种是多种多样的。就外观状态来说，不仅有常规软态的脂膏状品种，而且有不粘容器壁的弹塑态品种；就密度而言，既有普通密度（1.05~1.30g/cm^3）的品种，又有高密度、高爆速、高能量的品种；就使用条件看，不仅有适用于金属、非金属地下矿山爆破的岩石型品种，还有适用于有瓦斯和煤尘爆炸危险的煤矿矿井使用的许用型品种，以及适用于石油地震勘探用的乳化震源药柱和廉价的重铵油炸药（Heavy ANFO）。可以毫不夸张地说，中国现有的乳化炸药品种已能满足各种工程爆破的需要，今后应逐步使其走向统一的系列化与标准化，以利于使用者根据不同矿岩条件、爆破方法和气温条件等合理选用恰当的品种。

经验表明，要使含水炸药在矿山爆破作业中获得更显著的经济效益，其有效的手段是实现炮孔装药机械化。尽管60年代中期浆状炸药就已经在中国推广应用，但是直到70年代中期中国才有了第一台浆状炸药泵送车和可泵送的浆状炸药。与此不同，乳化炸药炮孔装药机械化在中国获得了迅速发展，乳化炸药泵送车和可泵送乳化炸药、乳化炸药混装车和车制乳化炸药均已相继研制成功，并已投入实际应用。

从50年代中期开始，廉价的铵油炸药在中国获得了推广应用，但是70年代中期以前中国应用的铵油炸药品种主要是粉状铵油炸药（以结晶硝铵、柴油、木粉为原料）和铵松蜡炸药（以结晶硝铵、松香、石蜡为原料）。随着多孔粒状硝铵产量的不断增加和乳化炸药技术的迅速发展，多孔粒状铵油炸药和重铵油炸药及其炮孔装药机械化获大量推广应用。目前中国金属矿山应用铵油炸药和铵松蜡炸药的产量比例已达75%~80%。

特定的历史条件使粉状铵梯炸药（以结晶硝铵、TNT、木粉为主要组分）在中国工业炸药中仍占有较大的比例，这种炸药的主要缺点是有毒、易吸湿结块、缺乏抗水性。近几年来，有关技术人员采用复合油相材料和复配表面活性剂等综合敏化与防潮措施，大幅度降低了铵梯炸药中TNT的含量，有效地解决了粉状硝铵炸药的防潮防结块问题。一种不含TNT且性能与2#岩石铵梯炸药基本相当的新型无梯粉状岩石炸药也已经问世。另外，专供光面爆破使用的低密度、低爆速、低威力粉状炸药亦涌现了不少新品种。

1978年以前，中国浆状炸药的起爆均是使用矿山自制的熔铸黑索金梯恩梯（RDX：TNT=1：1）药柱，大直径炮孔中的铵油炸药一般使用1kg左右的2#岩石炸药药包来起爆，效果往往不甚理想。近十几年来，中国中继起爆药柱已由专业工厂生产，其品种有压装的泰安药柱、黑索金药柱或TNT药柱，其外观、重量、起爆能力和预留中间孔等均与国外同类产品相当。此外，还出现了一些专用起爆器具，如流砂层砾石破碎弹，有效解决了砂钻勘探中的砾石破碎问题。

2.2 起爆器材

中国生产工业雷管的工厂有40余家，每年生产14亿发工业雷管。其中火雷管占35%~40%，瞬发电雷管占35%~40%，毫秒延时电雷管约占15%，1/4s、半秒、秒延时电雷管约占5%，非电雷管约占5%。毫秒延时电雷管和非电雷管通常有30个段别，高精度毫秒延时非电雷管是等间隔的，最高段别（30段）的名义秒量是1350ms。近十几年来，在提高雷管精度的同时，又研究发展了几个新的品种：(1）无起爆药雷管。它是基于炸药由燃烧转变为爆轰的原理，以内壳增强约束条件来取消雷管的第1装药——起爆药的。中国云南省东川矿务局建成了第一条无起爆药雷管生产线，其产品既有电雷管又有非电雷管，毫秒延时雷管为 1~20 段，秒延时雷管为 1~7 段，基本上形成了产品系列化。（2）安全电雷管。它是通过在电雷管的脚线与桥丝之间镶入微型安全电路来实现的。其工作原理是：电雷管的脚线接收到外界电能信号以后，在电路内部进行信号识别。若是静电、直流电或是频率低于 1000Hz 的低频交流电，电路能予以识别，不向电雷管的桥丝传输，避免了不应有的电危害。只有当输入的电信号符合预先设定的起爆信号时，电流方能顺利通过电路到达桥丝将雷管引爆，避免了外来电的危害，妥善地解决了电爆作业中的安全问题。此外，阜新矿务局 12 厂还生产销售毫秒延时传爆器材——继爆管，其品种有单向和双向之分，通常有 6 个段别。

索状起爆器材通常包括工业导火索、工业导爆索和塑料导爆管。尽管工业导火索延时不精确，但它与火雷管配合使用灵活方便，目前中国年消耗量约 5 亿米。其品种有普通导火索和石炭导火索之分，前者的燃烧速度为 100~125s/m，后者则为 180~215s/m，后者的年消耗量不及前者的 1/10。我国工业导爆索的年消耗量约 3000 万米，其品种有普通导爆索、震源爆炸索、煤矿导爆索和油井导爆索，这 4 种导爆索的每米装药量分别为 11~12g、37~38g、12~14g 和 30~32g 或 18~20g。铅皮导爆索主要用于超深油井中起爆射孔弹。塑料导爆管与非电雷管配合使用形成导爆管非电起爆系统。由于该系统在起爆操作中不使用电能，能够顺利地实现微差爆破，且塑料导爆管的生产工艺简单，所以在中国获得了非常广泛的应用，使用技术也日趋完善。此外，近年来还研制生产了高强度塑料导爆管和耐高温（80~100℃）塑料导爆管，满足了一些特殊爆破作业的需要。

值得注意的是，一些特殊用途的爆破材料亦有了较大的发展。例如，用于石油油井射孔的石油射孔弹，目前中国年消耗量约 200 万发，按入口孔径的不同和有枪、无枪的差别，其型号多达 24 种。用于钢铊射孔的钢铊穿孔弹，其入口孔径通常是 50mm，破甲深度为 520mm。又如，静力破碎剂和高能燃烧剂，近年来都在工程爆破，特别是城市拆除爆破作业中获得了比较广泛的应用。

3 爆破基础理论研究取得丰硕成果

应当承认，在以往的工程爆破的设计和计算中，对于起爆方式和参数的选择多数是以经验为主的，其原因就在于爆破的理论与实践始终存在着相当的距离。随着现代技术的迅速发展和爆破工作者的艰苦努力，中国爆破基础理论研究工作已经取得了丰硕的成果，并能比较准确地指导爆破实践。

3.1 爆破测试技术

随着电子技术的发展，爆破测试仪器也就愈来愈先进，正确掌握和使用这些先进的测试仪器，就能观测到与爆破有关的各种物理与力学参数，再用计算机处理以后便能获得有关爆区的压力、冲击波、地震波、应力应变和裂缝发展的作用规律。例如，DSVM-IA 型测振仪是一种微机控制并可根据预设值进行测试的振动测试仪，它无需信号传输电缆，可通过多种外设输出三个通道的测试与分析结果，也可将磁带仪所存信息进行数值化处理，其量化结果输至微机进行分析与处理。又如，利用工业炸药水下爆炸能量测试方法，系统地测试并比较了中国 34 种工业炸药的冲击能、气泡能、总能量、压力峰值、冲量和能量密度等各种数据。以此为基础，将炸药密度、爆速等有关性能和矿岩特性紧密结合起来考虑，就为爆破数学模型设计提供了条件。

此外，我国爆破仪器仪表也发展非常迅速。例如，具有不同起爆能力的电力起爆器系列产品、爆破电桥、杂散电流测定仪、雷电预警仪、声光数字式雷管测试仪、智能化爆速测定仪以及激光起爆器等。

3.2　爆破基础理论研究

在爆破理论研究中，已经将岩石爆破的破碎作用与断裂力学结合起来，应用数学模型研究破碎机理、运动规律和参数优化；利用计算机有限元法解析结构物的受力状态，特别是用控制爆破拆除建筑物的结构动、静态失稳问题；中国南芬露天铁矿、水厂铁矿等一批金属矿山已经实现了爆破工作的计算机辅助设计；提高炸药爆炸能量的利用率，控制能量转化过程，使工程爆破在安全、质量和经济方面获得最佳效果的研究工作亦取得了明显的进展；在大量试验的基础上，制订了岩石可爆性分级的方法与标准。

3.3　制订与实施了诸多安全规程，指导了爆破实践

自1978年以来，中国有关主管部门先后组织了全国著名爆破专家制订并颁布了国家和部颁标准：《爆破安全规程》、《大爆破安全规程》、《城市拆除爆破安全规程》、《爆破作业人员安全技术考核规定》等。有关工业部门还根据各自行业特点，制订了行业规程，如冶金工业部制订了《冶金矿山爆破与炸药加工厂安全规程》、煤炭工业部制订了《煤矿爆破安全规程》。它们既遵循了全国统一要求，又突出了行业的具体情况。与此同时，有关出版社还编辑出版了许多专著：《岩石破碎力学》、《乳化炸药》、《浆状炸药的理论与实践》、《硝铵炸药》、《矿用炸药》、《爆破工程》、《大爆破工程》、《爆破计算手册》、《拆除爆破新技术》、《矿山爆破技术与安全》等。出版发行的杂志有：《工程爆破》和《爆破器材》。

此外，中国工程爆破协会每4年召开1次学术会议，出版1本论文集，现已出版4集。1991年在北京召开了国际工程爆破技术学术会议，出版了中、英文版的论文集。中国工程爆破协会还与公安、冶金、有色、煤炭、水利水电、铁道等有关专业部门配合，举办了不同层次的专业培训班。实践表明，经过培训的技术人员和工人都在各种工程爆破中发挥了较大的作用。

4　今后的发展

笔者曾就中国工程爆破技术的进一步发展问题，与国内外工程爆破界的许多知名专家进行过切磋，获得了许多有益的启示。现综合起来提出如下看法，以期抛砖引玉。

4.1　新型的炸药与起爆器材

在工业炸药领域里，应着重研究发展多孔粒状铵油炸药、乳化炸药（包括煤矿许用型）和重铵油炸药，不断扩大它们的应用范围和数量比例。尤其要加速研制乳化炸药新品种，稳定提高产品质量，进一步发展重量轻、体积小、效率高的乳化炸药生产设备与工艺技术，力争到2000年在冶金、有色、建材等非煤矿山爆破作业中以这3种矿用炸药全部取代有毒的粉状铵梯炸药。

在起爆器材领域里，应积极完善、大力推广应用塑料导爆管非电起爆系统，进一步提高使用的可靠性和灵活性。在增加电雷管段别和提高精度的同时，积极而又稳妥地发展无起爆药雷管和安全电雷管的技术与产品。在爆破器材应用技术方面，无论是露天爆破作业还是地下爆破作业，均应大力发展矿用炸药的现场混装技术与设备，尤其要将乳化炸药、重铵油炸药的现场混制装填技术与导爆管非电起爆系统结合起来使用，以获得最佳的爆破效果和安全特性。

4.2　高效的钻爆机械及爆破新技术

已如前述，中国在硐室爆破、深孔爆破、地下采掘爆破、水下爆破和拆除控制爆破等方面都积累了比较丰富的实践经验，取得了可喜的成绩。但从综合劳动生产率角度来看，与美国、加拿大等发达国家相比仍存有较大的差距，因此我们应在进一步扩大工程爆破技术的应用范围过程中，大力发展新型高效的钻爆机械，提高爆破作业中钻爆施工的机械化水平，从而提高我们在国际上的竞争能力，并把工人从繁重的手工劳动中解放出来。同时在爆破设计中广泛应用计算机辅助设计方法，以提高爆破设计的准确性和可靠性。

此外，还应对断裂控制爆破新技术、爆破漏斗理论与量测技术、岩石可爆性分级等进行更深入的研究，以便尽早地投入实际应用。

4.3　爆破基础理论研究

在爆破基础理论研究方面，应在已有成果的基础上，进一步加强爆破机理和数学模型在工程爆破中应用的研究。前者应尽量采用一系列新的测试技术，如动光弹、动云纹、遥控地震波测试技术、X 光脉冲摄影、高速摄影以及计算机软件程序的分析应用等，继续开展对爆炸动载荷的定量和在非均匀介质材料中爆炸复杂应力—应变场的定量研究，将模型实验数据与爆破现场观测结果紧密结合，理论分析结论与实际效果相联系，使爆破机理的研究走向实用化。后者则应在学习、分析国外数学模型的基础上，利用计算机技术、图像分析与模糊识别方法，统计数据，找出规律，缩小数学模型与爆破实际间的差别，使数学模型更好地指导工程爆破实践。

布奇姆露天矿采用多组分混合炸药

马其顿共和国什蒂普采矿地质学院研究员　R. 丹波夫
布奇姆矿　T. 米捷夫　G. 西弗利干涅茨
什蒂普采矿地质学院　Z. 潘诺夫

摘　要：本文叙述了布奇姆露天矿由阿莫纳尔硝铵炸药药卷改成散装的 ANFO 和浆状混合炸药的试验情况，指出了采用散装炸药的优点和发展前景以及可能的改进措施。
关键词：散装混合炸药　ANFO　浆状炸药

1　引言

布奇姆（Buchim）矿位于马其顿共和国东南部的普拉柯维察（Plackovica）山脉西南地区。

布奇姆矿于1979年开始生产，是马其顿共和国唯一的一座铜矿山。

该矿所产铜精矿中金银含量很高，因此又称之为铜金银矿山。

采用露采方法开采铜矿石，台阶高达15m。露天采矿能力约1000万t/a，采矿和地质条件允许采用高台阶爆破矿石和废石，矿石最大块度为1150mm。

ANFO和浆状炸药（Slurry）混合物经NALIM系统后由靠近露天矿的制药站制备。

2　矿床地质

布奇姆铜矿床属于布奇姆-达米杨（Damjan）-博罗多尔（Borov Dol）矿区。该矿区形成于两大地质构造单元之间：塞尔维亚-马其顿地块和瓦尔达尔（Varder）地带。

矿石属斑岩型，铜矿带产生于片麻岩和角闪石-黑云母片岩之中。黄铜矿为主要铜矿物，次要矿物有黄铁矿、磁铁矿、辉铜矿等。

布奇姆矿床现已圈定4个矿体：丘卡尔、弗尔斯尼克、中部和布纳尔茨克。

中部矿体正在开采之中，丘卡尔和弗尔斯尼克矿体处在探测阶段。铜品位波动于0.1%～0.55%之间；金银虽含量不高，但因其有经济价值，足可回收。

3　开采的岩矿的物理-力学性质

主要的岩相已在钻爆工作中有条件地分成三种类型：安山岩、片麻岩和矿石。

岩矿的主要物理-力学性质示于表1。

表1　岩矿的主要物理-力学性质

物理-力学性质	单位	矿石	安山岩	片麻岩
容重	g/cm^3	2.78	2.67	2.6

本文原载于《矿业工程》，1995（4）：26-28。

续表 1

物理-力学性质	单位	矿石	安山岩	片麻岩
孔隙度	%	1.2	2.01	1.36
抗压强度	daN/cm^2	1289	1226	1148
拉伸强度	daN/cm^2	140	149	121
单位黏度	daN/cm^2	241	234	203
内摩擦角	(°)	52	50	52
弹性模量	kN/cm^2	4464	3532	4462
矿岩纵波速度	m/s	2600	2550	2600

4　钻爆作业一般特性

在岩矿中采用深孔爆破以开采矿石。钻孔采用英格索兰公司制造的 DM-6 和 DMM 钻机，炮孔直径为 250mm。爆破使用常规炸药和 ANFO 和浆状炸药混配的混合炸药。

开采初期，曾采用直径为 180mm 的阿莫纳尔（amonal）型硝铵炸药药卷。

由于需要采用大量炸药来进行大区爆破，促使利用了改进的装药方式和高威力炸药。

鉴于炮孔较深（>16m）和直径较大（250mm），采用大直径药卷时，爆破作业中常常发生拒爆现象，加之装药操作不方便，促使改用了 ANFO 和浆状炸药混合炸药。

对全部钻孔爆破作业所作的分析表明，在布奇姆矿山条件下使用 ANFO 和浆状炸药混合炸药的效果很好，首先是工艺-技术效果很好（图 1）。

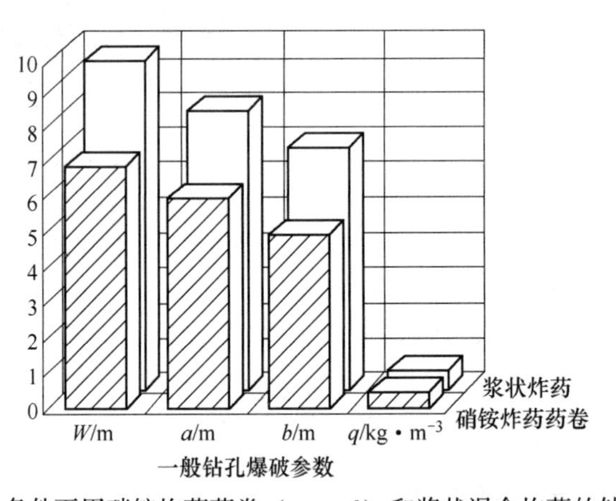

图 1　安山岩作业条件下用硝铵炸药药卷（amonal）和浆状混合炸药的钻孔爆破参数比较

钻孔直径相同时，钻孔几何参数的增大意味着单位体积岩矿的钻孔工作量的减少，其结果是降低了钻孔费用和钻孔爆破的人工费用（采用 NALIM 装药系统，炮孔的装药速度达 100kg/min）。

使大块很少的炸药的单耗量与个别微区构造不规则相关。

5　应用 ANFO 和浆状混合炸药的某些试验数据和结果

根据“NALIM”系统 ANFO 混合炸药（在炮孔中形成炸药）是装入干炮孔的。

浆状炸药混合炸药是“MAJDANIT”型，以类似方式装填。

上述炸药的使用证实了其优越性，理论上概括如下：

（1）炸药的密度可使炮孔中每米装药量达到最高值。

（2）根据物理-力学性质和钻孔几何参数，有可能通过炮孔深度来调节混合炸药的能量特性、操作和起爆的安全性。

（3）抗水性强。

（4）炮孔体积利用率高，炸药与围岩的接触较好。

（5）炮孔可装药几天且炸药性质不变，因而可进行大区爆破。

上述各点表明，浆状混合炸药有许多优点。将来随着地下水增多，此种混合炸药在该露天矿更为适用。

采用ANFO和浆状混合炸药的顺序大爆破

在正常作业中用143.35t炸药进行了顺序爆破；爆破是在“中部”和“丘卡尔”矿区之间安山岩630/615台阶矿块中进行的。

在布奇姆矿所记录的钻孔爆破参数和结果列于表2。

表2　钻孔爆破参数和结果

<table>
<tr><td colspan="2">台阶高度/m</td><td>17</td><td colspan="2">ANFO+浆状炸药总耗量/kg</td><td>143350</td></tr>
<tr><td colspan="2">钻孔直径/mm</td><td>250</td><td colspan="2">ANFO/kg</td><td>103350</td></tr>
<tr><td colspan="2">最小抵抗线/m</td><td>11</td><td colspan="2">浆状炸药/kg</td><td>40000</td></tr>
<tr><td colspan="2">孔间距/m</td><td>7</td><td rowspan="2">实际单耗</td><td>kg/m^3</td><td>0.526</td></tr>
<tr><td colspan="2">排间距/m</td><td>6</td><td>g/t</td><td>197</td></tr>
<tr><td colspan="2">孔深/m</td><td>19.5</td><td colspan="2">导爆索的总耗量/m</td><td>11100</td></tr>
<tr><td colspan="2">填塞长度/m</td><td>11.5</td><td colspan="2">彭托尼特起爆药的总耗量/kg</td><td>748</td></tr>
<tr><td colspan="2">每孔装药量/kg</td><td>383</td><td colspan="2">毫秒延时（50ms）雷管耗量/个</td><td>122</td></tr>
<tr><td colspan="2">每孔爆破矿量/m^3</td><td>728</td><td colspan="2">炮孔数量</td><td>374</td></tr>
<tr><td rowspan="2">爆破矿岩总量</td><td>m^3</td><td>272272</td><td colspan="2" rowspan="2">钻孔角度/(°)</td><td rowspan="2">90</td></tr>
<tr><td>t</td><td>726966</td></tr>
</table>

本顺序爆破采用电起爆，由两侧对称地引发。

岩体起爆的连接和顺序见图2。

6　结语

据采用ANFO和浆状炸药混合炸药进行钻孔爆破所得参数和结果，可得出如下结论：

（1）采用上述混合炸药可增大钻孔的几何参数，提高钻孔爆破作业的生产率，并使采出的物料块度更合适。

（2）进行顺序爆破有利于连续装药和运输作业，减少每月或每年的爆破次数，从而提高该矿山的整体技术经济效益。

（3）未来在应用此类炸药时尚需作进一步的改进，如寻求采用新型炸药、新的爆破、起爆和装药方法，降低爆破的地震效应，以及提高爆破作业的安全性。

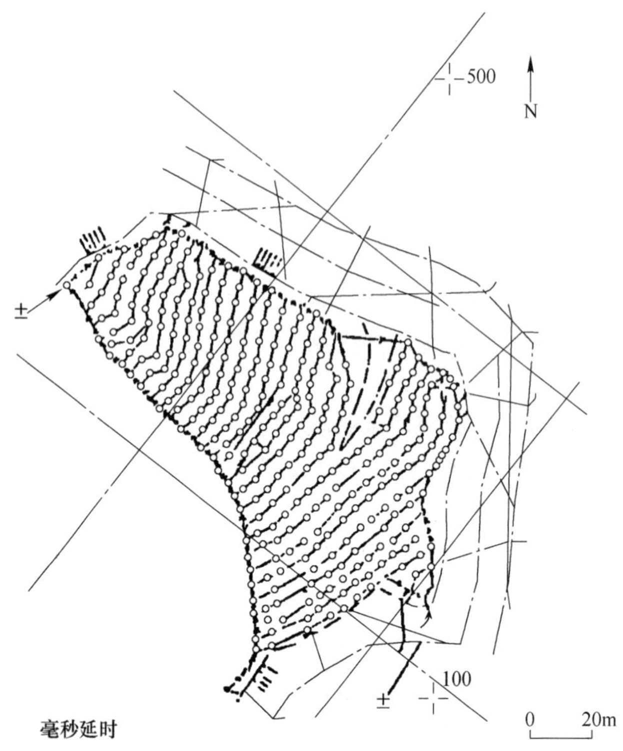

图2　爆破参数设计和起爆方式

（布奇姆露天矿；爆破顺序 S-70；630/615 台阶矿块；岩石类型——安山岩）

参 考 文 献

[1] Technical records from "Buchim" Mine.

[2] Surface Mining 2nd Edition, B. A. Kennedy, 1992.

[3] N. Purtic, Busenje i miniranje, RGF-Beograd, 1992.

（译自《16th World Mining Congress Proceedings》，1994，Vol. 2，509-514）

硫化矿和炸药的放热反应

加拿大ICI炸药公司销售经理　T. 斯泰斯　W. 埃文斯

摘　要：在某些情况下，硫化矿可同炸药发生反应而形成一种自催化化学反应。这种反应是放热性的：结果产生大量有毒气体，形成既不安全又不稳定的状况，可能引起低能爆燃，或者甚至引爆已装药的炮孔。本文概述产生此种发热反应所必需具备的条件，以及在反应矿区尽量减轻或消除这一问题应采取的预防措施。详细叙述有关北安大略矿的特例研究。

关键词：炸药放热反应　硫化矿

1　引言

北美的一座主要地下金矿日采矿石6500t以上，矿体富含硫化矿。六年生产平安无事，之后在两个月内发生了两起硫化矿同AMEXⅡ炸药（该矿所使用的一种铵油炸药）的严重反应事件。

2　详细报道

第一次反应发生于1990年10月19日9号采场。两小时前装填AMEXⅡ炸药的炮孔内发生了剧烈的化学反应，浓烟滚滚。该炮孔立即灌水，扑灭了这一反应。

加拿大ICI（帝国化学工业）炸药公司的技术人员向该矿职工介绍了有关硝酸铵和硫化矿反应的资料，该资料是由美国矿山局1979年[1]和ICI各地的炸药公司整理而成的。

在反应炮孔的孔口周围采了两个填塞材料（钻岩粉）的试样，送ICI炸药公司的炸药技术中心进行分析。

ICI公司的技术服务人员推荐了几种防止此类反应再次发生的标准措施：

（1）用砂子等惰性填塞材料取代全部钻岩粉填塞材料。这可减少硫化矿同AMEXⅡ混合的可能性。

（2）全部AMEXⅡ炸药装入平置的套管（炮孔内衬）内，起着硫化矿和AMEXⅡ之间的隔离作用。

（3）用传爆敏感的浆状炸药药卷AQUAMEX取代AMEXⅡ。AQUAMEX浆状炸药不会同硫化矿发生反应，其原因有四：

1）AQUAMEX经缓冲处理，就是说，化学添加剂可防止产品的pH偏离其自然位置。缓冲剂消耗后才能发生反应。

2）AQUAMEX的含水量高（18%），水起着散热作用，产品要同硫化矿反应需较高的温度。

本文原载于《国外金属矿山》，1995（10）：28-32。

3）AQUAMEX 的浆状或胶状形态起着屏障作用，反应矿石必须先渗透才能接触硝酸铵。

4）AQUAMEX 包装成二丁酮药卷，这种卷筒是一种有效的隔离物，而且不再需要炮孔内衬。

第二次反应发生于 1990 年 12 月 14 日。同样，大约两小时之内装填炸药的炮孔内剧烈地起泡和冒烟，炮孔内注水后反应才消除。

彼时，对填塞材料（钻岩粉）进行了试验室分析（表 1）。

表 1　矿样的分析及其反应度

矿样编号	29/1/91	12/2/91①	69694	69695	69696	69697
Fe/%	19.1	33.0	8.1	10.0	21.5	18.6
S/%	37.1	38.2	11.6	13.3	29.3	25.2
$BaSO_4$/%	0	0	20	20	5	10
pH 值（5%溶液）	3.5~4.0	7.0~7.5	5.5~6.0	5.7~5.8	5.7~5.8	5.8~5.9
分解温度/℃	75	70	190②	190①	195①	195①

① 该试样反应最强。该试样用于全部分析试验，见表 2。

② 全部分析试验均在 80℃至 90℃开始放热，但这些反应在大约 110℃时不发生并中止。

所取试样含铁、硫高，并含游离的亚铁离子（F^{2+}）。据美国矿山局和 ICI 公司研究结果，反应方程为：

$$3F^{2+} + NO_3^- + 4H^{2+} \longrightarrow 3Fe^{3+} + NO + 2H_2O$$

这一反应后来在 ICI 公司的炸药技术中心实验室进行了模拟。结果证实，该方程自身发展成放热反应。因炮孔温度高加速该反应，建议在高硫化矿采区实施监控炮孔温度的方案。此外，一切可能促使炮孔温度升高的产品均需严格控制使用或精心加以控制，如钢索锚杆泥浆、喷射混凝土等等。

加拿大 ICI 炸药公司已开始研制一种 ANFO 类炸药，其内加一种合适的抑制剂，以消除硫化矿反应。

由于使用条件的要求，上述炸药不得不具备某种品质，一些抑制剂则起到不良的作用。例如，吸湿性很强的尿素就不能用作抑制剂。尿素同 ANFO 混合后很短的时间内尿素就开始吸湿，使产品难以装填，并对产品的爆轰性能产生不良的作用。为此，曾研究了另一些抑制剂，以便开发出一种在硫化矿带不反应但装运和爆炸性能又好的产品。

3　试验程序

3.1　自催化温度的测定

试验装置包括温控硅油、加热槽和一个可浸入加热槽中的样品盆。用一个热电偶连续测定样品和加热槽的温度。试验期间控制加热槽的温度，使其温升在 1.2℃/min 左右。所有试验均始于室温（20~25℃），延续至反应失控或温度达到 200℃为止。加热槽的温度每 5 分钟记录一次，样品温度每 2 分钟记录一次。

起始校准试验采用 17.8g AMEXⅡ试样（图 1）。试验系统很灵敏地记录下硝酸铵晶体的相变和固-液转化。然后又进行了多次试验，获得了反应可能性最大的一个试样，即：

89%（17.8g）	AMEX Ⅱ
5%（1g）	黄铁矿矿石
5%（1g）	$FeSO_4 \cdot 7H_2O$
1%（0.2g）	水

往试样中再添加产生 Fe^{2+}离子的 $FeSO_4$，目的在于以比矿山现场更严峻的条件试验抑制剂。加水，因活性 Fe^{2+}离子只能在溶液中被发现。还试验了生产矿场的各种不同的黄铁矿矿石。下节所列述的结果得自反应度最高的若干矿样。

3.2　矿石分析方法

采用 X 射线荧光仪来测定矿样中存在的各种元素，包括 $BaSO_4$ 的大致含量。采用标准湿式化学分析方法精确地测定了试样中铁和硫的总量，还测定了 5%溶液的 pH 值。

3.3　爆炸性能测试

添加 2%抑制剂 A 或 10%抑制剂 B 有效地抑制了发热反应。分批制备了含上述抑制剂量的 ANFO 炸药，用以评估其爆炸性能。测定了混合物的密度；两组混合物分别散装入直径为 75mm 的容器中，用 230g PENTOMEX 起爆药柱引爆，采用逐点式电子仪表测定了爆轰速度。

4　试验结果和讨论

共收到 8 个矿样，其中第一次事故后的矿样 2 个，其余为第二次事故后取的。前两个试样的分析表明，此种矿石的组成类似于曾遭遇过同样反应的其他矿山的矿石。这符合于 ICI 炸药公司在世界各处曾发生过此类反应的矿山所收集到的有关发生此类反应所必需的条件和矿石组成的数据资料。加拿大 ICI 炸药公司、阿特拉斯（Atlas）炸药公司和澳大利亚 ICI 炸药公司目前正在进行一项合作研究与开发计划，旨在更充分地阐明此种反应的起因及其机理，并确定在不同应用条件下如何抑制各种各样炸药产品的这种反应。

第二次事故后收到的 6 个矿样已作了充分分析（表 1）。然后按现行试验标准对全部试样作了反应性试验。6 个试样全部在 70～80℃范围内开始放热。但是，含 $BaSO_4$ 的 4 个试样并未“燃烧”起来，事实上放热中止了。这并不奇怪，因为研究结果（ICI 公司和新墨西哥大学爆炸材料研究中心的研究）已表明，Ba^{2+}及若干其他金属离子可抑制放热反应。这说明为何不是全部黄铁矿矿石都同炸药反应的原因所在，换言之，不反应的矿石是自抑制的。试验发现，12-2-91 试样反应性最强，以后的试验都采用了这一试样。pH 值与反应度关系不很密切。H^+离子是放热反应所必需的，但因这一反应产生大量多于被消耗的 H^+离子，pH 值在反应一开始就迅速下降（不存在抑制剂时）。由此可见，影响这一反应的发生的一些因素（如矿石组成）比 pH 值更重要。

图 1 展示仅用 AMEX Ⅱ 的标准试验结果。晶体相变可明显看出，在 170℃下熔化是非常明显的。到 200℃时不再有放热反应。

图 2 展示添加黄铁矿矿石/$FeSO_4$/水混合物的影响。在此情况下，分解反应在 75℃左右加速。

图 3~图 8 展示添加不同数量抑制剂的影响。表 2 综述其结果。结果表明，抑制剂 A、B 均抑制这一反应（换言之，引发这一反应的温度要求高一些），而且抑制效果与抑制剂添加量成正比。得出的结论是，只需将反应抑制在 170℃（硝酸铵的熔点）即可。采用 2%抑制剂 A 或 10%抑制剂 B 可达到此目的。

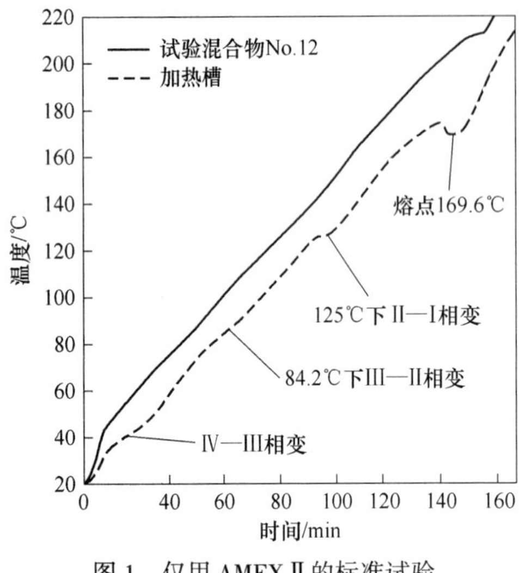

图 1　仅用 AMEX Ⅱ 的标准试验

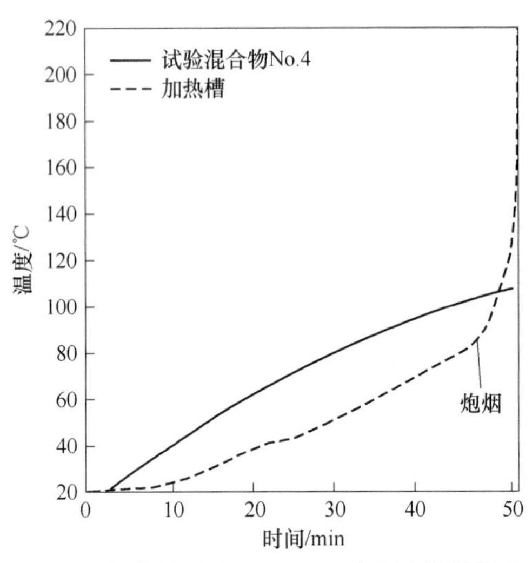

图 2　添加黄铁矿矿石/$FeSO_4$/水混合物的影响

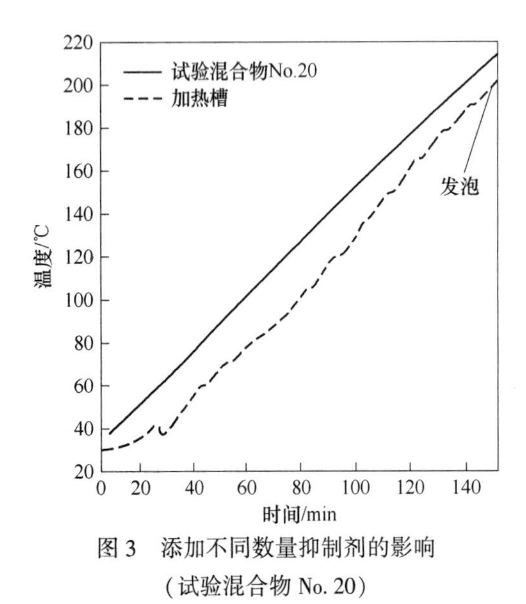

图 3　添加不同数量抑制剂的影响
（试验混合物 No. 20）

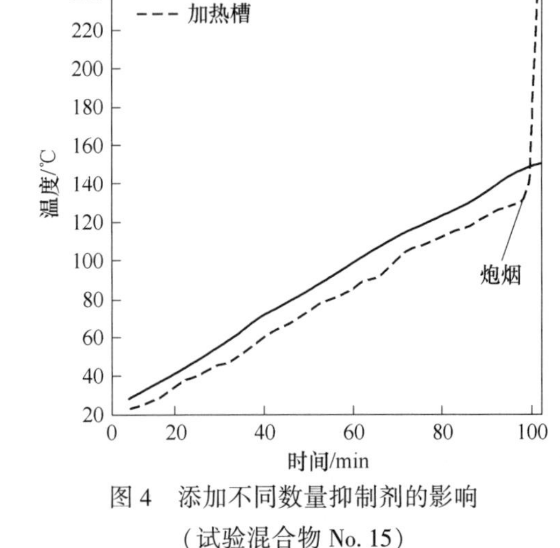

图 4　添加不同数量抑制剂的影响
（试验混合物 No. 15）

用 2%抑制剂 A 混加 AMEX Ⅱ 作了进一步试验，结果表明失控反应是自催化性的，也就是说，该反应开始可很慢，但发展快。因此，将混合物加热至 160℃，并在此温度下保持几个小时。该试样内未见任何温度变化。

最后一步试验是确保添加两种不同抑制剂的 AMEX Ⅱ 产品具有适当的爆炸性能。表 3 表明，加 2%抑制剂 A 的 ANFO 炸药爆轰速度可以接受，而混加抑制剂 B 的炸药的爆轰速度勉强可取。添加抑制剂对炸药的相对重量威力和体积威力有副作用。

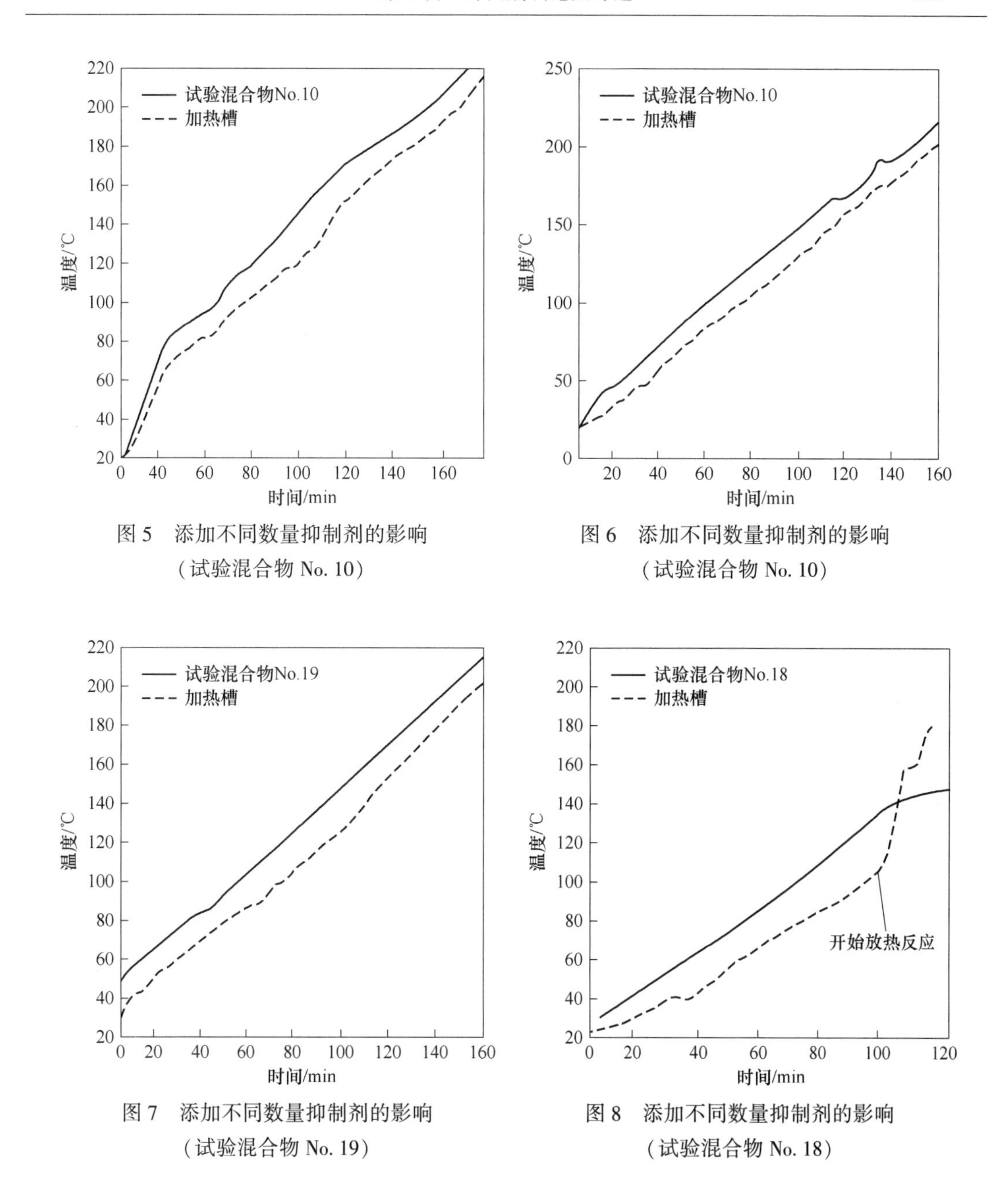

图5　添加不同数量抑制剂的影响（试验混合物 No. 10）

图6　添加不同数量抑制剂的影响（试验混合物 No. 10）

图7　添加不同数量抑制剂的影响（试验混合物 No. 19）

图8　添加不同数量抑制剂的影响（试验混合物 No. 18）

表2　抑制剂影响的试验结果

试验编号	2	20	15	18	19	14	11
图号	2	3	4	5	6	7	8
抑制剂 A①/%	0	0	0	5	3	7	11
抑制剂 B①/%	0	10	5	0	0	0	0
分解温度②/℃	75	200③	125	>195	>200	>200	110

① 6%表示与 ANFO 之百分比（如 5%表示 ANFO 与抑制剂之比为 95∶5）。所有试验中均取 89% ANFO/抑制剂、5%$FeSO_4$、1%水；

② 失控反应开始时的温度（℃）；

③ 该试样在此温度下开始燃烧。

表 3　加有抑制剂的 ANFO 炸药的爆轰性能

抑制剂	ANFO 含量/%	密度/g · cm^{-3}	爆轰速度/m · s^{-1}		
无	100	0.85	1804	2213	2010
加 2%A	98	0.77	1799	1809	1800
加 10%B	90	0.84	突爆	1440	1440

5　结语

（1）仅 AMEX Ⅱ 加热，不会在 212℃ 以下温度条件下引发放热反应。在此温度范围内发生降解和冒泡是多种其他熔化固体的特性。

（2）试样或试样浸入热水得到的液体的 pH 值并不表明该试样的反应度。曾经认为，如果溶液呈酸性，则快速测定浸出液的 pH 值可指明反应度。但是，这已被证明是不正确的，因为 pH 值在 3.5~4.0 和 7.0~7.5 的试样的反应是相同的。

（3）放热反应不依赖于高硫或高铁含量。此种反应需要有 Fe^{2+} 离子的存在，又无如锌、铅、钡等天然抑制剂存在。

（4）试验结果表明，添加 2%抑制剂 A 或 10%抑制剂 B 可防止 Fe^{2+} 离子和 AMEX Ⅱ 之间发生放热反应。

（5）加 2%抑制剂 A 的 ANFO 炸药爆轰速度足够高，而加 10%抑制剂 B 的炸药爆轰速度却低得多或者拒爆（见表 3）。

（6）为使抑制剂 A 效率高，其纯度应恰当，且不含 Fe^{2+} 或其他反应性的杂质。

（7）ICI 炸药公司已确定了抑制剂 A 为经济料源，并可以合理价格制备加有此种抑制剂的 ANFO 产品。但是，用户目前仍感到采用炮孔内衬比较经济。

参 考 文 献

[1] MIRON, Y., RUHE, T.C., and HAY, J.E., Reactivity of ANFO with pyrite containing weathering products—evaluation of additional inhibitors, United States Department of the Interior, Bureau of Mines.

（译自加拿大《CIM Bulletin》, February 1995, 54-57）

如何评价露天和地下矿山爆破性能并最大限度减轻其破坏

——炸药和起爆器材性能评价技术

美国戈尔德联合股份有限公司　高级爆破顾问　A. 卡梅伦
高级爆破工程师　B. 福赛思
高级岩石力学工程师　C. 斯蒂德

摘　要： 本文叙述了监测和评价工业炸药和起爆器材质量和性能的各种技术及矿山现场的研究结果，阐述了矿山爆破破坏的评估技术影响因素和减轻爆破破坏的各种措施。

关键词： 爆破破坏　诱发破坏　起爆器材　工业炸药　爆破性能

炸药是大多数生产矿山的主要消耗品之一。炸药提供准备挖掘岩矿的能量。由于炸药量可观，通常使用散装产品和输送系统。当今有多种不同类型的炸药，而且每一种炸药有其自身的特性，价格随之而异。炸药的重要特性包括其物理和爆轰性能。

业已查明，矿山使用的炸药和起爆器材的质量并非总是一致的，这已导致一些令人失望的爆破结果。与此相关的问题有不易挖掘，大块岩矿，对邻近构筑物破坏过大，以及过分的环境影响。

采矿界对能测量和比较不同炸药的性能的技术感兴趣。目前已存在可在矿山现场条件下对一种炸药的冲击能和鼓胀能进行定量的技术。其结果用于量化运至矿山现场的炸药质量的易变性，这为选择性质最适合于某一特定爆破条件的炸药提供判据，并评价炸药对诸如老化、污染、均匀度等因素性能的耐久性或敏感度。通过评估破碎度和测量爆堆的性质，可以将炸药性能的测定数据与爆破性能关联起来。

起爆系统是任一爆破的关键部分。构成起爆系统的组成部分或辅助材料必须全部按性能要求起作用。在评估一次爆破作业时，很重要的一点是研究起爆系统的全部组成部分及其运作。对起爆系统各组成部分已观测到的一些问题有孔内延发单元瞬时起爆，雷管和地表接线拒爆，延发单元过度散布，孔内传爆药失灵，以及运作不正确。

本文叙述了监测和评估工业炸药和起爆器材质量和性能的各种技术。这些技术均以实验室分析和矿山现场研究为基础：

(1) 对取自供应点的炸药试样的实验室分析；

(2) 延期元件的详细定时；

(3) 高速视频摄像；

(4) 近场振动监测；

(5) 爆堆形状分析；

本文原载于《国外金属矿山》，1997 (1)：35-39；1997 (2)：40-44。

（6）破碎度评估；

（7）炮孔内的爆速测定。

1　炸药的实验室分析

工业炸药基本成分的分析是检查所供应的产品质量的重要手段。与炸药产品性能相关的成分有水分、硝酸盐和燃料油含量。影响炸药性能和运搬的其他因素是化学稳定性和黏度。

化学稳定性系指一种炸药产品置放于炮孔内化学成分不发生变化的时间。最长的“置放时间”（炸药在起爆前置于岩矿中的时间）是炸药生产厂提供的，因此爆破时能量不致发生重大损失。炸药发生变化的表征可为炸药基质晶体增长，组分析离，硝酸铵颗粒溶解，以及水胶炸药胶体强度下降。上述各种情况的结果都是炸药爆轰释放的能量下降。显微镜可用于观测晶体增长或硝酸铵颗粒的溶解，利用摄像机可永久记录下此类现象。

炸药的燃料油含量是爆轰反应所需的第二种添料。为了有效的爆轰反应，燃料油含量必须同氧含量相平衡。ANFO（铵油炸药）的燃料油系柴油。表 1 示出 4 种 ANFO 炸药试样的燃油分析结果。“A2”和“B2”试样含燃油分析为 8.2%和 5.2%，在两者情况下，理论计算可用的能量均下降约 5%。

表 1　ANFO 炸药化学分析结果

炸药试样	AN 含量/%	燃料油含量/%	总计/%
A1	92.95	6.16	99.11
A2	91.62	8.19	99.81
B1	93.87	5.57	99.44
B2	94.76	5.21	99.97

测定除 ANFO 外的其他炸药的燃油含量所采用的技术取决于此种炸药的组成和所用一种或多种燃料的种类。燃料种类包括蜡、植物油、石油、六胺和高氯酸盐。

工业炸药中使用水，以此制备用于制造乳化炸药、水胶炸药和高能燃烧剂所需的硝酸铵水溶液。这些产品中的水使有效能降低，因为爆轰时水分蒸发消耗爆轰反应中的能量。

硝酸铵极易吸湿，因此易于吸收水分。炸药级硝酸铵颗粒外涂以防结块剂以减轻水的侵入。这种粒状硝酸铵的水含量应低于 0.15%。当用这种粒状硝酸铵制造 ANFO 炸药时，水分不应增高。

测量炸药含水量的技术是应用 K. 费希尔（Karl Fisher）滴定法。滴定法本身相当简易，但制定滴定试样的过程可能复杂。特别是制备乳化炸药和水胶炸药试样的过程尤为困难，因为物料的结构必须破坏但不允许变更其化学组成或吸收水分。可在矿山现场试验室进行水分分析。所需设备不太昂贵（低于 1 万美元）。

硝酸铵是散装工业炸药的主导成分。硝酸铵为爆轰反应提供氧。在某些情况下，在制造乳化炸药高强燃烧剂和水胶炸药时，向硝酸铵和水的过饱和溶液中添加硝酸钙。硝酸钙有助于稳定溶液，同时也向爆轰反应提供氧。

炸药中硝酸盐的总量对爆轰释放的能量有着直接影响。已有的化学分析技术可用于测定工业炸药中硝酸盐总量及硝酸铵含量。此类技术是基于基耶达（Kjeldahl）氮分析方法。这些技术复杂且费时。乳化和水胶炸药产品试样的制备有困难，因这些产品制备得密实，以致分析之前必须破坏其结构。

2　矿山现场研究

矿山现场研究涉及对生产和试验爆破的监测和评估。需要爆破设计及其实施的全部细节资料。生产爆破能很好说明爆破中的炸药性能。涉及的因素很多，致使准确地定量性能难以办到。采用高速摄影或炮孔起爆直接定时可以监测起爆系统的性能。应用爆速测量系统或分析来自适当安置的若干地音仪的振动记录，就可对炮孔进行直接定时。

试验爆破通常包括用多种技术来监测单个炮孔。所用的监测技术可包括对表土运动的高速视频摄影，近场振动监测，爆速测量，破碎度评估，以及对爆破漏斗的测量。这些技术可测定炸药爆轰波震面在岩石中引起的应变以及爆轰炸药的膨胀气体产生的动能。此等技术亦可用于生产爆破的分析。

当炸药装入炮孔时进行取样测试，是监测供给的产品质量的一种宝贵措施。样品应一直保存到爆破的物料全部铲装完。若发现此次爆破有问题，则对样品进行分析以判断该炸药是否有问题的根源。

测量延期雷管的延发元件和地表联接器的时间，可查明此类元件的准确度和精确度。了解起爆系统这些元件的准确度和精确度，爆破设计工程师就可利用这些信息来评估和开发最佳的爆破设计。

雷管和地表联接器的延迟期可借用适当的电路和瞬时记录仪加以测定。同一时间内可检验的单元数目取决于瞬时记录仪中的通道数。测定延发时间的准确度随延发间隔时间和记录仪的抽样率而变化。

一种炸药的爆速（VOD）系指爆轰波沿药柱的传播速度。爆速是炸药性能的一个重要指标，并受制于炸药组成、炮孔直径、炸药密度及其粒度以及药包的约束程度。炸药的爆速决定爆炸能的释放速率，也影响着能量在冲击能和气泡能之间的分配。低爆速炸药以较低的速度释放能量，而且通常总能量中的大部分以气泡或鼓胀能形式释放。高爆速炸药具有较高的冲击能分量，比较适用于爆破硬岩。

炸药的爆速表明炸药爆轰的效率。对比测定的爆速和炸药配方的理论最高爆速，可确定爆轰效率。鲍尔等于 1984 年指出，实际的爆速可用于计算在爆轰波阵面参与反应的炸药体积分量。这也反映爆轰反应效率，并以下式表示之：

$$N = (D/D')^2$$

式中　N——业已反应的炸药的体积分量；

D——测定（实际）的爆速；

D'——理论热流体动力学（理想）的爆速。

由上式可见，爆速的微量下降，不论是由于混拌不匀、起爆不当或是污染或是变质，均使炸药的总有效能量大幅度下降。也可以对已装炸药在理想条件下爆轰的同一产品取样测量，进行对比。

炸药在炮孔中的爆速用等离子连续探针来测量。该探针有一电缆，其上有相互隔离的一些分散靶子。探针的底部由起爆药包引出，探针随下向 Nonel 导爆管。靶点间的距离依据炸药包的长度来选定。靶点的数目基本上不受限制。每当爆轰波阵面通过每一靶点时，就产生一个电压“峰值”（Spike）。所得信号被捕捉，并在瞬间记录仪上观测到，并对电压峰值间的时间加以测定。根据间隔时间和靶点的间距，计算出沿炸药柱的爆速。

以高速影片或视频图像形式呈现的连续摄像，可对一次爆破的进程提供永久性的详尽记录。这通常只有在摄像机占有有利地形且光线充足的露天矿山才可能运用。最新一代的视频摄像机应具有一些必需的特征，即对爆破的记录清晰，并可供作充分细致的分析。这些必要的特性包括高速快门、逐帧控制再现、高质量静帧再现，并可设定时间、分辨率为1秒或更短。

爆破影像提供有关地表起爆系统的性能，上部岩层运动轨迹和速度、炮烟形态和炮泥柱的行为。上部岩层速度数据是鼓胀能的一个量度，鼓胀能能有效地由炸药传递给岩体。

3　鼓胀能分析

直接在每一炮孔前方的工作面上悬挂一系列的标志，可供在工作面上的许多点上定量测定工作面速度。标志是一些悬挂在绳索上的浅红色200L圆筒，沿着工作面往下以及已知间隔悬置。摄像机置放适当，使之对该工作面和目标标志具有倾斜视角。

选定一些影像画面（高速或视频摄像画面）并使之数字化，以便在试验炮孔起爆后约每隔100ms探明圆筒的位置。目标的数字化坐标按视角予以校正，然后制图，借以定量对比不同型号炸药引起上部岩层运动速度和轨迹。

由炸药传递给岩石的动能，可根据上部岩层运动速度和对已位移的物料量的估量加以计算。物料量依据岩石的平均密度、最小抵抗线和破碎间隔计算出。动能以炸药包单位长度的兆焦耳表示之。此值换算成每公斤炸药的动能，并以ANFO炸药为标准列表对比。包括上部岩层速度在内的典型结果详见表2。

表2　用高速摄像评估鼓胀能

炸药品种	密度/g · cm^{-3}	爆速/m · s^{-1}	最小抵抗线/m	破碎间隔/m	上部岩层速度/m · s^{-1}	相对鼓胀/kg^{-1}
ANFO	0.80	4300	8.4	25.0	12.5	100
D乳化炸药A1	1.18	2640	8.4	25.0	8.6	32
D乳化炸药A2	1.19	5490	8.8	26.2	15.3	111
水胶炸药B	1.13		8.4	25.0	16.3	120
D乳化炸药C	1.32		4.0	11.9	33.4	98
H ANFO A1.1	0.99		5.0	14.9	20.9	80
H ANFO B1.1	0.99	4800	4.5	13.4	22.6	76
H ANFO A1.3	1.26	5210	6.0	17.9	21.8	99
H ANFO B1.3	1.16	5050	5.4	16.1	23.0	9

应用这种方法对炸药性能进行比较，只对已作试验的岩石条件才有效。需要有一个平坦、洁净且最好是预裂的自由面，试验炮孔应平行于自由面钻出。试验区的地质条件必须一致。

4　近场振动监测

岩体中的振动主要由爆轰炸药的冲击能产生。对同种岩体不同炸药产生的振动进行测定和比较，可用此对比炸药的冲击能分量。因为几乎完全由冲击能产生岩体初始破碎（台阶破碎，而不是鼓胀或挤压破碎），对不同炸药振动特性的比较，亦即对比不同炸药的破碎潜能。

地音仪用来测定距爆破孔网不同距离点（最好是三点或更多点）上的振动质点速度。传感器连结于岩石中，其深度相当于炸药柱之半，与炸药相隔不同距离。来自传感器的信号加以记录和分析。

这种评定冲击能的方法已由据测得的爆速和炸药密度数据对爆轰压力（Pd）进行的计算所证实，见表3。在1m处的峰值质点速度（PPV）和计算爆轰压力之间有着很好的相关性（即线性回归的测定系数为0.83）。这意味着，若炸药的密度和爆速为已知，则冲击脉冲的大小可估算出。

表3　ANFO和低密度ANFO炸药性能数据

炸药	密度/$g \cdot cm^{-3}$	爆速/$km \cdot s^{-1}$	1m处的峰值质点速度/$mm \cdot s^{-1}$	理论爆轰压力/GPa
ANFO	0.91	3.70	410	4.24
Isanol 50	0.64	3.17	300	2.59
Isanol 30			200	
LD 450	0.56	3.04	130	2.18
P 50	0.70	2.90	170	2.29

这种技术只有在振动脉冲的实际表述值已测得且岩石相对地均匀、均质和致密时，才可对炸药的冲击能作比较。为此，就需要对进行评估的岩体的地质条件作详尽的检验。比较结果只有在进行试验的岩石条件下和炮孔直径接近于试验炮孔时才有效。

5　爆堆评估

爆堆的特性反映着爆破设计、岩体条件和炸药的性能。如果爆破设计和岩体条件保持不变，则爆堆特性的变化应归因于炸药性能之差异。可加以测量的爆堆特性有破碎度和形状。

爆堆的破碎度系指构成爆堆的岩块的粒度分布。现有多种技术用于评估爆堆的破碎度，但通用的技术是分析一系列不同比例相片或电视图像。相片是在爆堆挖掘时拍摄的，因而可取得有代表性的样品。地下矿的相片拍摄于放矿点或转运点，而在露天矿，则在挖掘工作面或破碎机漏斗处拍摄。所得粒度分布以通过特定粒度的累计重量百分数作曲线图，以此与爆堆的粒度分布作比较，确定已发生破碎的实际量。破碎主要产生于爆破中炸药爆轰时释放的能量之中的冲击能部分。

对爆破前的岩体和爆破后形成的爆堆的几何形状进行测量，提供定量鼓胀、抛掷和位移增量之类参数所需的数据。这些参数值指明岩体因爆破而发生的形状变化。炸药爆轰释放能量之中的鼓胀能量乃岩体变形之主因。岩体形变或爆堆物料的位移，关系着物料的松散度和挖掘难易度。

地面摄影测量、激光仿形和常规测量可用来获取一个岩体在爆破前后的详细几何信息。测量信息已用于确定近工作面炮孔上的真实上部岩层和圈定爆堆的表面积。爆堆的鼓胀依据爆破前后对爆破体积的测量计算出。

涉及不同炸药产品的一系列爆破结果列于表4。这些数据着重说明不同炸药产品的鼓胀潜能，并很好地说明了要求最大鼓胀条件下这些炸药的性能。确保对多次爆破作公正的比较有困难。欲使比较公正，则必须尽可能使爆破设计参数（即炮孔孔网、炮孔深度、炮泥长度、炸药单耗、起爆顺序和定时，等等）保持恒定。

表 4　约束生产爆破的鼓胀比较

炸药	天数/d	炸药单耗/kg · m^{-3}	平均孔深/m	平均垂直位移/m	膨胀率/%	相对膨胀率/kg^{-1}
ANFO	5	0.17	11.4	0.94	8.3	100
水胶 A	2	0.18	11.9	1.21	10.2	11.6
水胶 B1	1	0.19	12.1	1.48	12.2	131
水胶 B2	3	0.18	12.5	0.80	6.4	73
水胶 C	2	0.19	11.9	1.01	8.5	92
乳化 A	2	0.19	12.1	1.36	11.2	120
乳化 B	1	0.18	11.7	0.77	6.6	76

6　如何减轻爆破破坏

爆破诱发的破坏和贫化日益引起矿山经营者的关注，原因是矿山越来越深、生产利润缩减、地面维持费用增长。精细地设计和实施爆破，可最大限度地减轻对采场、边坡和掘进巷壁的破坏，其结果是降低贫化率和支护费用以及剥采比，并提高安全性。

地下或露天开挖设计周边以外的超爆或岩石质量显著下降，会对经济效益和巷道的稳定性产生严重影响。在一定的钻孔和爆破采掘条件下，微量的超爆和岩石质量些许下降是免不了的，但通过正确的措施可使之尽量降低。

在大型民用建筑开挖中，岩体往往以其高质量来选择，因此实行了控制超爆的大量措施，但没有理由假定，这些措施可直接转用于矿山环境。大多数矿山不得不在质量低得多的岩体中挖掘巷道。上面所讨论的振动诱使和气体压力诱使的效应在矿山环境中显得非常突出，难于使之分开。本文讨论控制爆破或最终边帮爆破技术，其中一些技术涉及在巷道周边附近总体提高炸药能量。

7　爆破破坏问题

在露天矿和采石场爆破导致的破坏表现在边帮不稳定，挖掘不易，岩块超大，底板不平。边帮事故对采矿生产的安全及其效益产生严重影响。通过恰当和精细的爆破作业，可以尽量降低边帮事故的发生率。

露天矿最终边帮角的微小变化通常对矿山的剥采比产生很大影响。精细地实施边帮控制爆破，可以显著改善安全平台和内部坑线边帮的条件。这可提高采矿生产的综合安全，并有可能使最终边帮更陡一些。

生产爆破对岩石的破坏会使下一次生产爆破的面角相对变窄。这使新工作面炮孔的底盘抵抗线变大，通常在底盘区会留下未被破碎的岩石，致使炮孔呈上向爆破漏斗而不是将岩石往前推移。结果形成不平坦的高爆堆表面，可能会使挖掘条件不安全。

地下矿山爆破诱发的破坏导致一些不良后果，如岩石冒落、矿石贫化、放矿点出现大块矿岩、矿柱破损、需增加矿山支护。这些后果的下游效应是因废石搬运量增加而使生产率下降，因贫化而使原矿品位降低以及为搬运大块岩矿而延长了作业时间。

8　爆破的破坏机理

炸药包周围的岩体受到强力的径向压缩，而当应力波阵面通过时就产生切向抗张应力。如果这种应力超过岩石的动张力破碎应力，裂缝就随之形成。在药包周围形成一个密集的径向破碎区。当切向抗张应力衰减至岩石的强度以下时，破碎作用就终止。紧靠在炮孔周围，也可能相隔一定距离，岩石的抗压强度也可能被超过。应力机理是初始破碎的原因，但也可能影响预计爆破区以外的岩体。应力诱发破坏的强度取决于下列因素：

（1）应力波的大小；

（2）岩体的动态张力强度；

（3）岩体的抗压强度。

在该破碎带附近存在一个区域，其内的裂隙优先被下降的应力波扩张。存在的裂隙也可能因振动诱发的沿裂隙表面的滑移而减弱，从而降低摩擦性质。这类破坏的程度取决于：

（1）应力波的大小；

（2）爆破诱发和已有裂隙的频率；

（3）裂隙表面的条件。

在形成径向破裂时或形成之后，气体开始膨胀和渗入爆破诱发和已有裂隙之中。在爆破气体的影响下，这些裂隙变长、变宽。气体诱发破坏的程度受控于下列因素：

（1）特定炸药产生的气体的绝对体积；

（2）可供气体渗透的通道，即爆破诱发和已有裂缝的厚度；

（3）炮孔的约束程度。

在结构强度高的岩体中，炸药气体在炮孔高压下被约束的时间越长，气体传播和扩展裂隙的几率越高。当炸药包上有过多的上部岩层时，使之移动的时间过长，就可能发生上述情况。

9　尽量减少破坏

一种炸药的爆轰压力（P_d）系指沿炸药包扩展的爆轰波内的压力。这一压力是在炸药包周围介质中形成冲击脉冲的主因。此种脉冲的大小反映炸药的冲击能，正是这种脉冲的作用引起周围岩石的破碎。

爆轰压力的大小随炸药密度和爆轰速度而变化。Bjarnholt 于 1975 年给出逼近爆轰压力的公认公式和粗略指南：

$$P_d = KD^2$$

式中　P_d——爆轰压力，Pa；

K——系数，等于 0.25；

D——爆速，m/s；或为炸药密度，kg/m^3。

工业炸药产生的爆轰压力的典型范围为 2~12GPa。当冲击脉冲传入周围岩矿时，在爆轰波阵面和药包壁之间的界面上冲击能有损失。这种能量损失表现在对物料的加热、破碎和气化。

9.1　实例研究

一项研究的目的之一是评估 ANFO 和低密度 ANFO 炸药对地下采场巷壁产生破坏的潜能。炸药吹送入直径 73mm 的炮孔，孔深约 20m，倾角 68°。用以评价的 Impact（LD450）和 Paratac（P50）炸药系列 Isanol 类型炸药（即 ANFO 和聚苯乙烯混合物），以 ANFO 与聚苯乙烯之体积比为 50∶50 制造而成，其中加粘合剂以减轻析离。Impact 系列炸药含乳胶以减轻析离，而 Paratac 系列炸药使用了粘结油。通过测量和分析炸药密度、爆速和近场振动，评估了 ANFO、Isanol 50(ANFO 与聚苯乙烯之比为 50∶50，无添加剂)、Isanol 30(ANFO 与聚苯乙烯之比为 30∶70，无添加剂)、P50 和 LD450 的相对性能的测定结果汇总于表 3。

炸药柱爆轰波阵面的压力与岩体内的初始冲击脉冲相关。应用爆轰压力计算了 ANFO 和低密度 ANFO 产品的理论爆轰压力。测定的密度和爆速用于计算，其结果列于表 3。在 1m 的估计峰值质点速度和计算得的爆轰压力之间相关性良好。这意味着，若已知炸药的密度和爆速，则可估算出冲击脉冲的大小。

在 Isanol 50 和 Isanol 30 装药时，相当量的聚苯乙烯被吹出孔外。这表现在，Isanol 50 的密度比 ANFO 密度的 50%高得多。LD450 在装药时不发生析离，从而导致较低的装药密度；与 Isanol 50 相比，其爆速因而较低。P50 在装药时喷出聚苯乙烯，致使装药密度增高而接近于 Isonol 50 的密度值。LD450 和 P50 炸药产生的振动能级低于 ANFO 之半，而 Isanol 50 产生的振动能级接近于 ANFO 的 75%。

9.2　起爆位置

为控制炸药能量的释放速率，采用一系列药柱起爆技术。这些技术包括底部起爆，顶部（孔口）起爆，中点起爆，多点起爆和侧边（连续）起爆。最常用的是从药包底部起爆药柱，因为这样爆炸气体在炮孔中被约束的时间最长，从而可获得较有效的功，而且拒爆几率下降。若炸药从药包顶端起爆，则高压气体首先在孔口岩石区聚积，岩石飞爆，因该区的抵抗线最低。

中点起爆介于底部和顶端起爆之间。多点起爆使能量释放较快，但用孔内延发雷管难以达到此目的，因为雷管的延迟时间分散。

药包侧边起爆常用于边孔，通常沿药柱的全长安设一条高强度的导爆索。起爆结果是爆轰波阵面由导爆索通过主要药包轴向膨胀。导爆索可能破坏炸药或者引起慢速或不完全的爆轰，其结果往往是爆炸产生的爆轰压力下降（亦即冲击能下降）。采用这种技术难以控制冲击能的下降量，因此爆破效果不一致。

9.3　气体能量

炮孔压力 P_b 系指爆轰产品的膨胀气体施加于炸药包周围介质上的压力。上述膨胀气体施加的压力及其作用的时间间隔乃爆炸气体能量的一个度量。此种能量往往称之为鼓胀能或气泡能。

炮孔中的压力大小与药包的约束及所形成的气体量和温度有关。炮孔压力常常以爆轰压力的百分数表示。随不同炸药和装药条件该百分数变动于 30%～70%之间，但平均约

50%。爆轰压力和爆孔压力之比表示一种炸药的冲击能与气体能的分配。已知这种分配因炸药配方和装药条件而异，因此无恒定比可用于所有情况。爆破中的爆孔压力反映为上部岩层速度或抛掷、膨胀和气体的渗透，因此通常称之为鼓胀能或气体能。

9.4 上部岩层和炮泥

当炸药起爆时炮孔上部岩层（亦即动态上部岩层）和炮孔口所用炮泥材料的长度和类型，决定着爆炸产生的高压气体被约束在炮孔中的时间长短和可能作的有效功。这些高压气体会寻找抵抗最小的通道逸出进入大气。这种通道通常是经过孔口区或早先爆轰的炮孔所生成的自由面。药包的约束越大，高压气体需扩散及在岩石内胀开裂隙的时间就越长。

当目标在于使得自炸药包的有效功最大时，炮泥材料的质量就显得重要。多角形的碎石块对炮泥喷射的抵抗力最大。最常用的炮泥材料是钻屑。

限制气体压力诱发破坏的时间常用的技术是减少炮孔上的动态上部岩层，减少或清除炮泥。这会使高压气体较快地排放，但其副作用是飞石可能增多，噪音过高。

10 操作参数

炮孔的位置是爆破设计中的一个重要特性，因为这在很大程度上决定着岩体中炸药能量的分配。如果孔钻得不精确，则在药包上的岩层变化不定，且往往不能测定。当上部岩层过多时，则药包会被过度约束，造成更严重的气体渗透诱使的破坏。

若一组炮孔相距太密，则很有可能先爆的药包诱爆或损坏邻近的药包。

炮孔装药的程序应恰当设计，以确保严格控制药包的位置和大小。炮孔装药过量或不足都会引起破坏。装药过量会引起强的振动、飞石、破坏支护系统。装药不足，因药包过度被约束，致使高压气体有过多的时间传爆裂隙，也会引起破坏。

延期雷管的选择：为了沿新边帮线产生裂缝以排出工作面上任何高压爆破气体，设计了预裂爆破。预裂线上的炮孔通常相距紧密，而且炮孔装药不多。这些炮孔的起爆往往如此设计，使所有药包名义上同时起爆。这可使可观量的炸药在一短时间内起爆。如果采用孔内延期雷管，则延期时间的分散会使药包在一短时间内无序地起爆。

获取预裂缝隙的理想方法，是在预裂线的一端开始，将裂缝朝另一端扩展。在预裂炮孔之间设计短的地表延时（即9ms）并从一端开始爆破，即可达到上述目标。其结果是，同一时间内起爆的炸药量显著降低，炮孔的随机起爆也减少或消除（取决于孔内延期元件的精确度和时间）。

对于掘进爆破，大多是设定每一炮孔的延期时间相同，来实现周边的序列化。如此设计时有一种想法，即可能产生某种“后剪切”行为。当然，已知长时间焰火延期元件的延时误差几乎肯定地忽略了相邻药包相互一致动作的可能性。作者曾经提出，若上部岩层破碎和位移的时间长，上述行为仍可能发生。但是，这仍然认可这一事实，即设定每一炮孔延时相同，我们已有效地放弃了对顶板炮孔爆轰序列的控制。

11 爆破破坏的测定

对爆破诱发破坏控制良好的最明显证据，是用于产生最终边帮的所有炮孔都存有半个钻孔“半筒”（half barrels）。“半筒”的百分数可以测得，有时可定量表示边帮或光面控制爆破的成功程度。

在平巷掘进开拓和台阶作业中，对钻孔和爆破性能结果的观测是相对容易的，因可以进入爆破工作面。在大硐室（如深孔崩落采矿、崩落区等）、无法进入的硐室（如垂直后退采矿法采场、深孔爆破天井等）或未支护的硐室，测量和评估爆破结果往往受到限制，或者只有在开采完成并已建立通道后才有可能。在至爆破面有通道时，可利用的测量技术有肉眼观察、无反射镜的 EDM 仪和铅锤测量炮孔。这些技术有的结果有限、不精确，有的费时，有的耗费大。

较新的一种安全、快速和精确的测量爆破孔穴的仪表是孔穴监测系统（CMS），该仪表由诺兰达公司研制成，现今由 Optech Systems 公司销售。该系统的核心是一个无反射镜激光测距装置，精确距离达 250m。激光仪装在双轴前置组件内，组件可装在一根长 7m 的碳纤维吊杆一端放入硐室或放入 200mm 炮孔中。该系统可编程序以自动扫描孔穴，角度 360°×270°，分辨率达测量点之间 1°。1 次 5 万点的测量可在 1 小时内完成。

来自 CMS 装置的输出可转换成被测硐室的 3-D 多线网格，后者可作为输入，供 AutoCAD 和专有软件制作任一定向的 2-D 剖面或 3-D 视图。制得的剖面图可与钻孔和地质资料叠合，用以评估爆破的效率，鉴明过分破碎和破碎不足区域，并确定破碎体积。

12　破坏最小化

爆破设计的精心施工常常是爆破破坏最小化中的关键一环。这始于钻孔，并包括装药和与之相关的爆破操作。

通常的露天矿生产爆破在最后一排炮孔后相当距离处仍引起破坏，因为炸药单耗高：多排炮孔、炮孔被约束、节理多。为保护最终边帮免受此种破坏，在主要生产爆破接近最终露天开采境界约 50m 之前应开拓一条预裂线。随后，主要生产爆破就可在最终露天矿境界内约 20m 处进行。对最终境界内最后 20m 的岩石破碎应采用修整爆破。

预裂爆破的目的是沿一排炮孔线爆出一条裂缝，对邻近岩体扰动最小。精心实施的预裂会形成带有明显半孔的相对平滑的边帮。预裂爆破设计中的一个重要参数是爆破形成边帮的单位面积所耗炸药量（即每平方米边帮的炸药公斤数，kg/m^2）。预裂孔的起爆应如此安排：一端点火，使裂缝朝预裂线的另一端扩展。采用短时间（如 9ms）孔内延期装置可达此目的。

岩石特性，特别是断层（如节理、层面等）的存在及其取向，对预裂爆破的效果有重大影响。预裂爆破形成的裂缝可阻止生产和修整爆破的裂隙传播。

修整爆破用来破碎和移动预裂线前的窄带岩石，同时使爆破破坏尽量减轻；方法是使药包不约束过度又能移动上部岩层的岩石。爆破时设计几排炮孔，炸药单耗相对较高，并确保前面炮孔不留有过多的上部岩层（即洁净近垂直面），就可达到上述目标。

掘进爆破时，通常是在巷道周边减小炸药单耗。其理由是，药量减少可产生较弱的振动，从而破坏较轻。

炮孔的序列应如此安排，使最终边帮逐步开拓，且起爆的第一个顶板炮孔是抵抗线最小的炮孔。

采场爆破时，重要之点在于控制边帮炮孔的位置，并使这些炮孔的抵抗线不致太大。

若这些炮孔被约束过度，则高压气体就有时间渗透边帮而引起破坏。

精心设计和实施爆破可大幅度减轻破坏。随之工作条件更安全，井壁更陡，地表维护要求下降，开挖生产率提高，贫化率降低，废石运搬量减小。由此而节约的费用通常大大超过因更好控制钻孔和爆破作业而增加的费用。

控制爆破作业的重要之点在于识别延期雷管的分散和恰当设计起爆系统，使药包有序地逐次起爆。这对于邻近最终边帮的炮孔极为关键（如掘进时的预裂炮孔和顶板炮孔）。

（译自美国《E&MJ》，January 1996，26-32）

使用适当能量的炸药提高钻孔生产率

［印度］印度-缅甸石油有限公司地区经理 S. R. 凯特

摘　要： 通过具体事例充分论证了扩大钻孔网度和使用适当能量的炸药来提高钻孔生产率，从而达到降低总成本的目的。

关键词： 露天开采　钻孔网度　炸药　爆破　炸药系数　能量系数

1　引言

对矿石需求量的增加，促使了露天开采工业数量和规模的增大。为了满足不断增长的产量要求，一直有建立大型露天矿的趋势，并且正在安排一些较大规模的露天矿项目。现有的露天矿正在扩大，并且推广利用一些辅助机器，基本的设备当然是钻机和与钻机规格相匹配的其他设备。无论钻机的尺寸和数量如何，最终的能力取决于它们的可用性和使用效率。在印度采矿工业中，钻机的可用性为 40%～70%，使用效率是可用时间的 50%～80%。所以实际有效时间仅为 20%～56%。本文的宗旨就是提出另外一种提高现有钻机钻孔生产率的方法。由于所有的开采作业完全取决于基本的钻孔作业方法，因此在实际操作中已经试验并建议以增大每米钻孔爆破量的方法来进一步提高产量和生产效率，从而降低总的生产成本。

钻孔是一项最主要的作业，其时间消耗多，成本高，涉及的资金费用也高，因此，它的可用性和使用效率是非常重要的。超钻是非常重要的，其目的是使爆破更有效。鉴于这些，钻孔作业必须精心安排，如：（1）每个矿山必须有确定的爆破规模。也就是说应有确定的排数。但显而易见，至少应安排 3～4 排炮孔爆破，以减少大块与根底，改善爆破效果。就炮孔排数而言，应有绝对严格的规定；（2）按确定的孔网，把它们明显地标在地上，以便在钻孔时不出现偏差。在钻孔中，网孔的偏差和其他不足（如钻孔深度不够或者没有完全钻到所设计的标高）。从而会导致不良效果；（3）对上述两方面的校核和严格控制是必要的。除非进行了检查，并且将结果记录在“钻孔计划”上，以便在爆破装药时作适当的调整，否则，不应进行爆破。检查和严格控制对避免由钻孔操作人员意识方面的原因所造成的偏差也是有益的。上述几点不仅使钻孔按计划并且在监督检查之下进行，而且使钻孔人员意识到在相同条件下钻孔精确度的重要性以及其作用。

在总的穿爆过程中，钻孔是最重要的，所需费用是高的，占穿爆总直接费用的 40%～70%。在钻孔成本所考虑的诸因素中，主要是钻头成本、燃料消耗、穿钻费用、维修、钻机寿命、折旧费、钻机费以及在资金投入上的贷款费用。

考虑上述因素及在钻孔中涉及到的成本高的因素，所以用增加每延米钻孔爆破量来提

本文原载于《国外金属矿山》，1997（3）：40-47。

高钻孔效率是绝对必要的，这只有在孔网参数增加的情况下才有可能实现。目前，每个矿山已经根据试验情况和以往错误的方法中调整了钻孔网度，以便从现有的炸药来获得理想的破碎效果。因此，现有的炸药性能已成为控制孔网参数的制约因素，这就要求考虑高能量炸药是否可用和现行的钻孔网度能否扩大的问题。就考虑的高能量炸药而言，要取得相同的爆破效果并不困难，至于钻孔网度的扩大，也是可能的，但唯一的限制因素是地质条件，它可能影响破碎块度，或者可能造成像过度抛掷和过大根底之类的问题，应采取有效的办法加以克服。如何着手对扩大钻孔网度的设计，或者说增加每延米钻孔爆破量的问题将在下面章节中予以论述。

2　提高钻孔生产率的方法

利用炸药和装药系数的标准结合研究了现有的一般孔网和最大孔网下的破碎度，从炸药的有效能量和装药系数可得到正在实行的能量系数。为了使计算免于误差，必须对大约十次爆破的平均能量系数进行研究，这个能量系数总是比从最大的孔网中得到的能量系数可靠。得到的高能量系数作为孔网至少增大 20%的理想炸药能量的计算基础，然后研究确定比增大的孔网低 4%～5%的孔网的爆破，从而依次提高使用的能量系数。这是在初步研究中按照安全因素进行的，用这种方式观察了几次爆破之后，便可以最终将增大的孔网作为常规爆破作业时的孔网。

2.1　能量和破碎范围

可以看到，使用相同直径的炮孔，但用较高能量级的炸药来扩大现有钻孔网度的经济效益是理想的，这可以用每种炸药产品的相对体积威力（RBS）的比率来计算，并且将它们进行比较，如下所示：

$$\frac{RBS_2}{RBS_1} \times 100 = \text{增加能量的百分数}(\%)$$

式中　RBS_1——现有炸药的相对体积威力；

RBS_2——建议采用的新炸药的相对体积威力。

例如：一个作业是使用相对体积威力为 115 的浆状炸药/乳化炸药，其钻孔网度为 4.27m×4.27m（14 英尺×14 英尺）。为了降低较高的钻孔成本，建议用相对体积威力为 145 的较高能量新型炸药来取代现行的炸药。对于相同的能量，计算的破碎间距如下：

$$\frac{RBS_2}{RBS_1} \times 100 = 145/115 \times 100 = 126\%(\text{能量增加})$$

孔网：

$$4.27\text{m} \times 4.27\text{m} = 18.209\text{m}^2$$

$$18.209\text{m}^2 \times 1.26 = 22.943\text{m}^2$$

$\sqrt{22.943}=4.8\text{m}$，也就是钻孔网度为 4.8m×4.8m 或 4.6m×5.0m，即在普通孔网基础上增大 26%。因此，高能量炸药提高破碎度（在钻孔网度不增大的情况下）。最终在生产成本上有好的效果。爆破所得到的位移和破碎度与作用到周围岩石的炸药能量有关。对炸药成本的分析要求在整个钻孔、爆破、装运和生产作业内对炸药能量的效果予以正确的透析。

一些研究已经确立了能量级别是如何随着装药、每延米炸药重量和相对重量威力而变化的，表 1 所给的是直径为 31mm 炮孔的数值。因此，如果炸药生产厂家能够提供炸药级别的有效值的话，炸药的选择就变得容易且实用了。

表 1　钻孔生产率

项　目	现有生产	技术上最好的提供	节省量/优点
矿体体积/m^3	9700000		
钻孔米数/m	196897	140290	56607
炮孔数/孔	13395	9545	3850
钻孔中节省的小时数/h		2830	2830
相应的生产天数/d		157	157
能量系数/$kJ \cdot m^{-3}$	1339.8	1314.66	忽略不计
炸药系数/$kg \cdot m^{-3}$	2.11	3.00	0.89
炸药数量/t	4610	3235	1375
炮孔内炸药柱高度/m	6.88	6.78	忽略不计
炮孔内炸药所占百分比/%	46.78	46.10	忽略不计
每立方米炸药成本/卢比	7.37	6.95	0.42
能源费用/百分之一卢比 · kJ^{-1}	0.550	0.529	0.021
钻孔成本/卢比 · m^{-3}	5.07	3.61	1.46
总的钻孔+炸药成本/卢比 · m^{-3}	12.44	10.56	1.88
对 9700000m^3 工程量节省的总的直接成本	1.88 卢比/m^3×9700000m^3 = 1823.6 万卢比与现有成本比较		
改进： 1 钻孔生产率 2 钻孔成本 间接优点	56607m，也就是 3850 个孔，2830 小时，相当于 157 个工作日 1.46 卢比/m^3，<9700000m^3 = 1416.2 万卢比 因为可以附加钻孔，所以增加产量，提高生产率，由于生产率的提高，使总成本降低		

例如：

（1）使用的平均钻孔网度为：6×9×12 = 648m^3；

（2）使用的炸药能量为：3014.5kJ/kg；

（3）每个炮孔的最大装药量：390kg；

（4）使用的平均装药系数为：0.6kg/m^3；

（5）使用的平均能量系数为：3014.5×0.6 = 1808.7kJ/m^3；

（6）试验的最大孔网：6.5×9×12 = 702m^3/孔；

（7）最大孔网的能量系数：2939×0.55 = 1616kJ/m^3；

（8）6×9×1.2 的孔网增加 20%：64.8m^2，也就是 64.8×12 = 777.6m^3/孔；

（9）使用 390kg/孔的装药系数：0.5kg/m^3；

（10）每公斤理想的炸药能量：1808.7/0.5 = 3617.4kJ/kg；

（11）试验的孔网为 64.8×0.97：62.8m^2，也就是 63m^2×12m＝756m^3/孔；

（12）孔网为 63m^2 的能量系数：0.52×3617.4＝1881kJ/m^3；

（13）爆破量增加的百分数：（756－648）/648＝16.66%❶。

在上述例子中，给出了使用高能量炸药提高钻孔网度的方法，用普通孔网和炸药组合，可以算出每个炮孔的平均爆破量和能量，从这个数字和所获得的装药系数，使用的能量系数可以算出。使用一般能量系数，已经试验的最大孔网也能求出，为了获得 20%的孔网提高量，用增大孔网新的装药系数除以现有的能量系数，即可得出理想的炸药能量。开始采用增大的孔网时需要试验，在最初的爆破操作中使用新的炸药能量可达到设计体积的 95%，以后可逐步扩大到 100%。

2.2　孔网扩大需采取的预防措施

（1）对于冶金方面，基础数据通常可以利用，因为有相同的爆破可资借鉴。尽管如此，最好还是观察一、二次爆破，以便了解现有的地质条件。

（2）为精确起见，要用最新数据。

（3）对于加拿大工业有限公司（CIL）的矿山，没有基础数据可供利用，所以观察一些爆破并和有经验的工程师一起讨论对建立基础数据是必要的。

（4）钻孔精确度必须按设计要求，其最大允许误差范围是 3%～4%。

（5）即使钻孔网度增加，爆破的基本关系仍必须遵循，也就是说：炮孔最小抵抗线与台阶高度的关系，炮孔最小抵抗线与炮孔间距的关系，炮孔最小抵抗线与炮孔填塞高度的关系以及与炮孔直径的关系。

（6）使用的炸药性能必须可靠，依靠使用设计的能量系数。

（7）当孔网处于临界值时，台阶需要有适当的自由面并且优先选用导爆线迟发装置。

（8）矿山管理人员的重视及投入对爆破的成功是关键，以及在适当的情况下进行修改也是必要的。

（9）当炮孔装药、填塞和设备移动时，要采取必要的安全措施。当使用高威力炸药时，作业人员应撤到安全距离之外。

为了更好地了解这方面内容，有必要了解炸药系数和能量系数这两个术语，和它们在整个穿爆过程中的重要性及含义。

3　炸药系数

炸药系数是炸药的重量与所要爆破的岩石量之间的数学关系，而炸药系数是建立在炸药重量和炸药能量是同义词这个假设基础上的，这是不现实的。在获得相同密度的浆状炸药、水胶炸药和乳化炸药之后，这些浆状炸药和乳化炸药可能是不同能量的炸药。炸药系数是由炮孔内炸药的重量决定的，而且取决于炸药的密度，具有相同密度的浆状炸药和乳化炸药的炸药能量显然不同。其炸药能量是由绝对体积威力（ABS）与绝对重量威力（AWS）的比值来表示的。由于能量的使用，像取决于密度的炸药系数的比较是没有意义的。如果炮孔内的炸药不是通常所说的浆状炸药、乳化炸药和水胶炸药的话，炸药系数这

❶ 原稿为（76＝56－648）/648＝16.66，疑有误。——译者注

个概念才是有意义的。这种情况就促进了另一种方法的发明：将炸药能量与所给的岩石质量比较并用能量系数来表示。

4 能量系数

在浆状炸药、水胶炸药和乳化炸药出现之前，炸药系数是用来表示破碎一定量的岩石的炸药能量和用来表示随着炸药密度增加的普通炸药能量的一个好的指标。然而，随着浆状炸药、水胶炸药和乳化炸药的出现，尽管炸药密度保持不变，但是能量大大地变化了。所以需要一个更好的方法把破碎一定量的岩石与所需的炸药能量联系起来。这就是已知的能量系数。能量系数是用来描述所给的岩体内的能量分布的，能量分布是由炸药能（kJ）对所要破碎岩石量（m^3）之比——能量系数 EF 表示的。

热化学能 Q 是表示一种炸药单位体积或重量的焦耳数，所给炸药的绝对体积威力 ABS 是一定量的热化学能，是用 J/m^3 表示的。所给炸药的绝对重量威力 AWS 也是一定量的热化学能，是用 J/g 来表示的。对于铵油炸药 ANFO 来说，绝对重量威力 AWS = 3483.4J/g。由于密度为 0.81g/cm^3，因此绝对体积威力 ABS = AWS，密度 = 2821.6J/cm^3。一种炸药的 ABS 对铵油炸药的 ABS 的比率即为该炸药的相对体积威力 RBS。相对体积威力是炸药单位热化学能与密度为 0.81g/cm^3 的相同体积铵油炸药之比。它是由炸药的 ABS 除以铵油炸药的 ABS，再乘以 100 而得，因此，孔内炸药的热化学能 Q = AWS×重量，能量系数 EF = Q/岩石体积。由于获得了各种炸药的能量系数，所以在炮孔内的炸药量分布能计算出来。在炮孔内的能量或炮孔内单位长度的能量分布由下列公式给出：Q_f（kJ/m）= 0.7853×D_e×P_e×AWS。式中，Q_f = 炸药能量（kJ/m）。D_e = 炸药柱长度（cm），P_e = 密度（g/cm^3），AWS = 绝对重量威力（J/g）。

5 实际的现场应用

在不同的现场条件下，钻孔网度的增加，连同使用适当的高能量炸药的试验已经成功的进行，详述如下。

5.1 贡根（Konkan）铁路有限公司（KRCL）

贡根铁路有限公司将在孟买（Bombay）和门格洛尔（Mangalore）之间，经过加特（Ghats）西部沿着西海岸线铺设一条新的铁路线，需修筑约 76km 的隧道，用相对威力为 80%～90%的普通硝化甘油炸药，将钻 4m 深的孔 80～90 个，平均每次爆破 85 个孔，所获得的一次爆破进尺变化范围是 3.0～3.4m。平均是一次爆破 3.2m。一次爆破需总钻孔 85×4 = 340m/次，每公里隧道需钻 85×313 = 26605 个孔。

随着高能量炸药印度隧道型炸药 K 的应用。每次爆破的炮孔数量减少到 65～75 个，平均 70 个，所获得的一次爆破进尺范围是 3.4～3.8m，平均 3.5m，每次爆破需要总钻孔 280m，每公里隧道炮孔数为 70×286 = 20020 个。

（1）每次爆破的钻孔米数：85 孔×4m = 340m/次；

每公里爆破次数（平均一次爆破进尺为 3.2m）：1000/3.2 = 313 次/km；

每公里钻孔米数：340m/次×313 次 = 106420m/km；

每公里孔数：85 孔/次×313 次 = 26605 孔/km。

（2）每次爆破钻孔米数：70 孔×4m＝280m/次；

每公里爆破次数（平均一次爆破进尺为 3. 5m）：1000/3. 5＝286 次/km；

每公里钻孔米数：280m/次×286 次＝80080m/km；

每公里孔数：70 孔/次×286 次＝20020 孔/km。

钻孔网度增加的优点：

每公里隧道减少钻孔米数：

$$106420 - 80080 = 26340\text{m/km}$$

每公里隧道减少孔数：

$$26605 - 20020 = 6585\text{ 孔/km}$$

每公里隧道减少爆破次数：

$$313 - 286 = 27\text{ 次 /km}$$

循环时间＝18 小时/次

$$\text{可减少 } 18\text{ 小时 / 次} \times 27\text{ 次} = 486\text{ 小时 /24 小时} = 20\text{ 天}$$

即可节省 20 天及附加天数，工程进展更快，并且可降低总成本。

表 2　某些工程的作业简况

工程名称	现有的常规作业	扩大孔网和使用高能炸药
MCP①	平均：3. 5×4. 5＝15. 75m^3	3. 8×5. 5＝20. 9m（增加 39%）
KIOCL	9×11＝99m^2 10×11＝110m^2	高能炸药：印度起爆药柱（Indoboost）和印度水胶炸药 270（Indogel-270）10×15＝150m^2（增加-39%）与高能炸药等效的 SMS 炸药
SCCL	平均 6. 4×7. 4＝47. 36m^2	6. 5×9. 5＝61. 75m^2（增加 30%），与高能炸药等效的 SMS 炸药

① 爆破结果是由经常使用的钻孔网度为 4m×6m＝24m^2 所确定的。

此外，由于浆状炸药的使用，每次排烟时间减少了 4 小时至 6 小时，这也节省了附加时间，总的循环时间从 18 小时至 20 小时降到 12 小时至 14 小时。

5. 2　其他工程

在辛格雷尼（Smgareni）有限公司（SCCL）的库德雷穆克（Kudremukh）铁矿工程（KIOCL）和马拉尼科汉德（Malanjkhand）铜矿工程（MCP），已经成功地进行了类似的扩大钻孔网度的作业。钻孔网度的扩大取得了一定的成就。

因此，很显然，使用适当能量的炸药，在总钻孔米数、炮孔数、钻孔时间上都有些具体的节省，从而能从可得到的钻孔能力中得到更大的爆破量，也就是：提高了钻孔生产率，减少了总生产成本。

实际的现场试验和应用已经充分地论证和确定了用适当的能量炸药可以使用炮孔最小抵抗线与孔间距之比为 1∶1. 5 的孔网爆破，否则，一般的爆破，其比率是在 1∶1 到 1∶1. 3 之间。如果最小抵抗线增加，那么需要采用适当的能量系数，即：增加每立方米的能量。假如仅增加钻孔间距来增大孔网的话，那么，能量系数即为现有孔网的能量系数，或每立方米能量稍微增加。但是，对于理想破碎所需增大钻孔网度的情况而言，每立方米的能量需要适当的增加。

就提高钻孔生产率而论，使用适当的炸药起着非常重要和必不可少的作用。因此，炸药的价格对整个技术经济基础的影响是必然的。除了总的方面像过剩的钻孔能力：附加的生产可能性；提高生产率和总的降低生产成本要考虑外，在考虑钻孔和炸药总直接费用的情况下，钻孔网度的扩大（在钻孔作业方面节省）和高能量炸药联合使用是最经济的。

作为由提供炸药系数为基础来进一步阐明如何提高钻孔生产率的一个实际例子，如果要求并迫使炸药生产厂家提供钻孔网度、能量系数和对理想爆破提供适当的炸药，以在技术上参与并帮助用户，才能提高钻孔生产率，这个例子进一步揭示仅仅提供炸药系数值是不够的，无论如何，它与爆破的理论和经济不相符合。

为了取得一致，要求供应商提供确保的炸药系数和钻孔网度，提供者可以三种形式提供：一是对与现有钻孔网度相同的孔网，用减少每个炮孔的炸药量来获得较高的炸药系数；二是用减少钻孔网度且使每孔炸药量低的方式来获取较高的炸药系数；三是在每孔炸药量相同的情况下，用扩大钻孔网度和高能量炸药来获得较高的炸药系数。由扩大钻孔网度和使用适当的炸药来节省钻孔，提高钻孔生产率概述如下，提供的详细资料和对它的分析在表 3 中给出，炮孔内的炸药分布，也就是炸药柱占的位置和每立方米的能量与爆破结果的比较如图 1 所示。

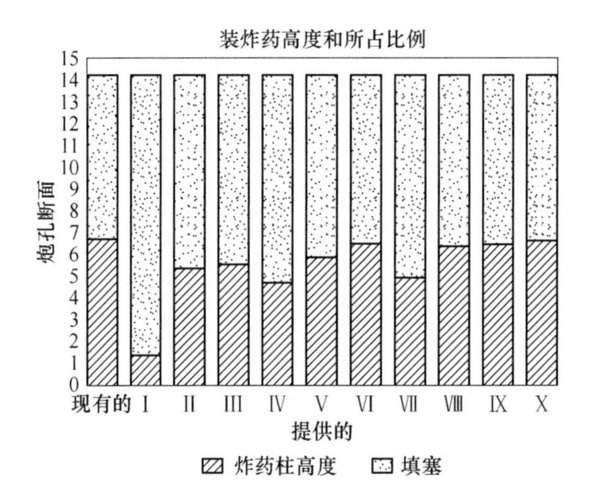

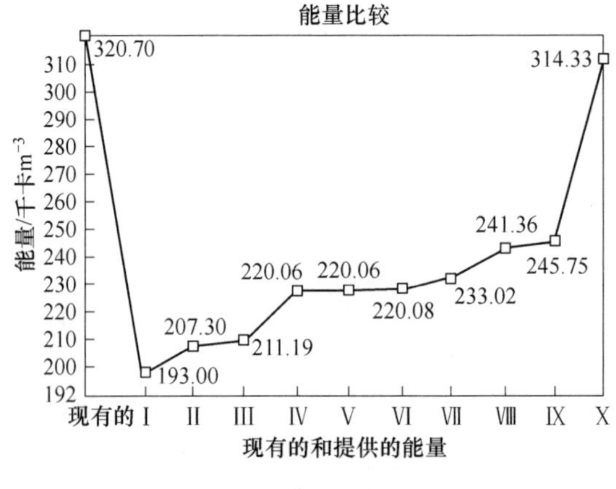

图 1　提供的评价图式

表 3　钻孔、炸药能和总成本对照表

参数	现有作业	提供的									
		Ⅰ	Ⅱ	Ⅲ	Ⅳ	Ⅴ	Ⅵ	Ⅶ	Ⅷ	Ⅸ	Ⅹ
矿体体积 9700000m^3											
钻孔网度	6.27×8.25	3.5×5	7×9	7×9①	5.7×8.4	7.2×8.7	7.9×9	6.27×8.43	7×9	7×9	7.26×10
排间距×孔间距/m^2	51.7	17.5	63	63	47.88	63	67.5	51.7	63	63	72.6
当地炸药成本/卢比·t^{-1}	15507	15752	15388	15429	15561	15706	15861	15616	15933	15745	20840
钻孔米数/m	196897	582000	161666	161666	212719	161666	150888	196897	161666	161666	140289
钻孔个数/孔	13394	39591	10997	10997	14470	10997	10264	13394	10997	10997	9543
钻孔时间/h		+19255	-1761	-1761	+791	-1761	-2300	忽略	-1761	-1761	-2830
为附加生产节省天数/d		-1070	-98	-98	-44	98	128	忽略	98	98	157
确保的炸药系数	2.11	3.5 (L_1)	3.26 (L_2)	3.2 (L_3)	2.95 (L_5)	2.95 (L_5)	2.95 (L_5)	2.9 (L_6)	2.8 (L_7)	2.75 (L_8)	3 (L_4)
能量系数/kJ·m^{-3}	1339.8	808.1	866.7	883.4	958.8	958.8	958.8	975.5	1009.0	1025.8	1314.8
炸药量/t	4610	2771	2969	3024	3285	3288	3284	3348	3464	3530	3235
孔内炸药柱高度/m	6.88	1.4	5.41	5.51	4.54	5.98	6.41	4.99	6.3	6.41	6.78
炸药所占比例/%	46.77	9.52	36.81	37.5	30.92	40.68	43.58	33.98	42.86	43.64	46.10
炸药成本/卢比·m^{-3}	7.37	4.5	4.71	4.81	5.27	5.29	5.37	5.39	5.69	5.73	6.95
能源费用/百分之一卢比·kJ^{-1}	0.550	0.557	0.543	0.545	0.550	0.553	0.560	0.553	0.565	0.557	0.529
钻孔成本/卢比·m^{-3}	5.07	15	4.16	4.16	5.48	4.16	3.89	5.07	4.16	4.16	3.61
总成本/卢比·m^{-3}（钻孔+炸药）	12.44	19.5	8.87	8.97	10.75	9.45	9.26	10.46	9.85	9.89	10.56
附注	炸药量、炸药柱高度、所占比例每立方米能量很低	炸药量、炸药柱高度，所占比例每立方米能量相当低				炸药量、炸药柱高度，所占比例相当，每立方米能量分别低 29%，27%、25%、23%				炸药量、炸药柱高度，所占比例每立方米能量相当	
总评价	技术上不可行	技术上不可行或不好				技术上不好，破碎度差于现有的破碎度				技术上可靠	

注：台阶高度 14m，钻孔深 14+0.7=14.7m；建议提供的值为炸药系数的基础，按着 L_1L_2 位置所示：炸药评价的无效和技术经济评价的优点可以清楚地看到。

① 7×9 移 5.7×8.4 之前，原文疑有误。——编者

钻孔和破碎在总的生产成本中是影响最大的两个方面。因此，炸药的能量系数和钻孔成本在总的作业成本中是最重要的。在钻孔成本中所涉及的因素是钻头成本、燃料消耗、穿钻费用、维修费用、钻机寿命和折旧费、钻机成本和在总投资中贷款费用。

遗憾的是：在一般钻孔中，执行者对成本并没有仔细计算，而且不容易得到有规律性的方法。尽管普遍认识和了解这个重要的成本因素，但是要容易的和有规律的得到这个重要的值还需走很长的一段路。只要达到这点，就与提高钻孔的生产率其含义是一致的，因此，用适当的高能量炸药，增加钻孔网度来提高钻孔生产率，也就达到了降低成本的目的。类似地，炸药能量的试验设备现在在一些国家里也是可得到的，因此，可以使用科学和技术型的炸药和爆破知识，以提高钻孔生产率和总的生产率，从而降低总的生产成本。

（译自印度《Journal of Mines，Metals & Fuels》. Jan. 1996，52-56）

地下爆破新的破坏判据

加拿大矿冶学会会员　T. R. 尤
加拿大矿物和能源技术中心　S. 冯派萨尔

摘　要：已研制出一套新的爆破破坏判据（或称爆破危害判断准则），重点论及深孔崩落采矿作业，综合应用振动水平、岩石性质、现场特点和地表支护系统的效应来判断破坏程度。主要目的是提供一个颇精确的数据库，用以优化爆破设计、数据分析和地表控制专家系统模型的开发。

介绍的新破坏判据可采用称之为爆破破坏指数（BDI）的一个无量纲参数来估量对岩石结构的破坏程度。据此可用一个统一的模式来描述爆破引发的破坏，有助于制定数字模拟的编码，用以普遍地表述爆破破坏程度。为验证这一指数，在一座大型贱金属地下矿山对若干采场生产和掏槽爆破进行了许多现场调研。调研结果表明，观测到的破坏和根据 BDI 值预测到的破坏状态之间有良好的一致性。

此外，为最大限度减轻大型地下矿深孔崩落采矿作业的爆破破坏，提出了一些实用措施。
关键词：爆破破坏判据　爆破破坏指数　地下爆破　深孔崩落采矿　动力抗张强度　爆破设计

1　引言

深孔崩落采矿是加拿大地下采矿生产中最流行的一种采矿方法。这种采矿法生产率很高、成本效益高，在许多贱金属矿山和大型金矿被采用。在深孔崩落采矿中通常均实施大型生产爆破；因此，地下巷道受爆破的破坏往往是一大生产问题。深孔崩落法的优越性，会因超负荷爆破所致的贫化率高、岩层破裂和矿山安全问题而被抵消。更有甚者，矿山可能因严重破坏和生产损失而停产。

爆破作业往往是在探索试验的基础上进行的，有关地下采矿爆破破坏判据的信息资料欠缺。迄今所设立的破坏判据使爆破破坏与单一的运动描述符——峰值质点速度相关联。然而，许多观测结果表明，在同一爆破源的周边范围内，地下巷道遭受的破坏取决于现场岩石和地质等特性因地而异（Morhard et al，1981；Singh，1992；Bawden et al，1993）。因此可见，爆破破坏的范围和程度不仅仅是振动水平的一个函数，而且与其他的现场特定参数（如，岩体强度、地质构造特点、岩层支护系统等）有关。当需要确定机械的性能和凿岩现场条件时，就需一个类比法来决定钻速。这样，就有必要依据全范围的岩石特性、地质条件和与凿岩及爆破相关的实际作业来建立爆破破坏判据，而这可由积累的数据和经验中逐步搜集起来。

本文原载于《国外金属矿山》，1997（3）：47-51；1997（4）：39-43。

本文介绍为建立一套新爆破破坏判据在基德克里克矿、鹰桥公司和加拿大矿物和能源技术中心（CANMET）三者之间开展的合作研究项目取得的结果。三者建立的判据包含振动水平、岩石特性、现场特点和岩层支护系统的效应，可用于优化大型地下深孔崩落采矿作业的爆破设计，并为数字模拟和岩层控制专家系统模型开发提供一个数据库。

2 与爆破破坏相关的参数

在本文中，爆破破坏系指超越紧靠炮孔周围破裂区以外的破坏状况。破坏只因采掘面上的冲击能所致，不受爆炸气体渗透的影响。当压缩脉冲撞击如自由面之类低声阻介质时，大部分入射压缩波呈拉伸波反射回来，如图 1 自由面上反射地震波的倒相所示。感生的动态抗拉强度可能与上述入射波重叠，其所达到的应力水平超过介质的抗拉强度，结果产生裂纹破坏。用于建立新破坏判据的相关参数分述如下。

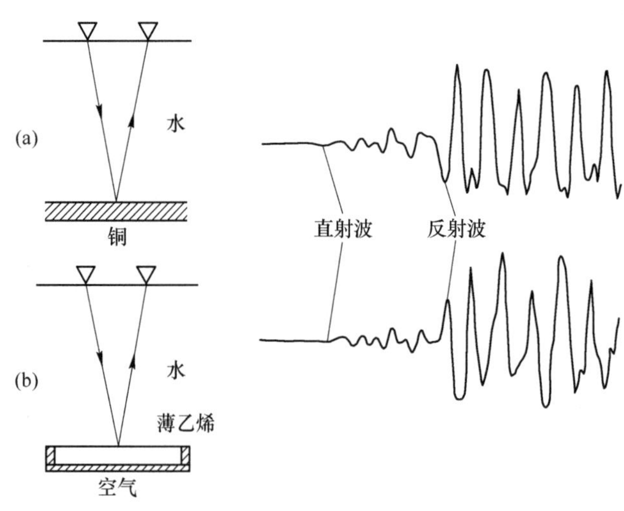

图 1　由低声阻介质至高声阻介质界面的反射波的相变（a）与上相反情况（b）
（Yu and Telford，1974）

2.1 动态抗拉强度

如上所述，当反射抗拉应力大于岩体的动态抗拉强度时，就产生裂纹破坏。一般而言，岩体的动态抗拉强度乃数倍高于其静态抗拉强度。

在试验室测定岩石动态抗拉强度的一种最熟知的方法是利用霍普金森（Hopkinson）拉杆仪器。当用子弹或小炸药包撞击平面端之一时，就在拉杆上产生压缩应力脉冲。此种传输的脉冲在稀疏区的反向自由面上转变为拉伸脉冲。通过测定该自由面的速度-时间曲线、压缩波的速度和岩片的散裂长度，便可测得破坏点的抗拉应力（Larocque et al，1967；Mohanty，1987；Hsu et al，1985）。但是，此类仪器不易获得。基德克里克矿岩样的试验没有成功，因为在本试验期间难于找到适于试验大型岩样的合适仪器。

1985 年在基德克里克矿，与爆破试验一起在现场测定了矿山岩石的动态抗拉强度。从含药包的主炮孔起开凿一系列监测炮孔，在其附近起爆一个小药包。通过已知最远的充水监测孔的记录气体压力，就可求出 0.3m 范围内炮孔的动态抗拉强度（Preston，1985）。

表1展示该现场试验结果的一部分。

莫汉蒂（Mohanty，1987）根据对一些岩样的动态抗拉强度试验结果发现，单轴抗压强度与动态抗拉强度之比介于3.2~3.9，平均3.6。而动态抗拉强度与巴西抗拉强度之比介于3.7~4.6，平均4.1（表1）。

表1　矿山岩体的动态抗拉强度及有关的强度

岩石类型	动态抗拉强度（1）/MPa	抗压强度（2）/MPa	巴西强度（3）/MPa	(2)/(1)之比	(1)/(3)之比
安山岩/闪长岩④	现场32（估计）	160			
泥质石墨	现场20（估计）				
层状石灰岩③	27		4.1⑥		
硅质角砾岩④	现场19~24②	133			
铜矿石⑤	27				
花岗岩①	32	125	8.0	3.9	4.0
花岗岩③	39		7.0⑥		
云英岩（变质花岗岩）	67	215	16.0	3.2	3.7
石灰岩①	51	198	11.0	3.9	4.6
黄铁矿	现场27（估计）④	160			
石英闪长岩①	56	180	15.0	3.2	4.2
细脉流纹岩	现场24（估计）④	120~140			
流纹凝灰岩	现场24（估计）④	140			
闪锌矿	现场25~29②	150④			
铁燧岩	91		4.8~7.0⑥		
	17~41⑤				
滑石碳酸岩（弱）④	现场12（估计）④	60			
大理岩（垂直层面）③	18.6		2.0⑥		
大理岩（平行层面）③	48		6.2⑥		

① Mohanty（1987）；

② Preston（1985）；

③ Rinehart（1965）；

④ 基德克里克矿；

⑤ Calder（1977）；

⑥ 试验方法不明。

岩体的静态抗拉强度可用来推断岩石的动态抗拉强度，其值一般约为抗压强度的1/15~1/10。用直接拉伸试验、巴西拉力试验或弯曲试验所测得的抗拉强度不等同，如表2所示。

表2　一些岩石的抗拉强度

岩石类型	直接拉伸试验/MPa	巴西拉伸试验/MPa	估计值②/MPa
安山岩/闪长岩①	13.7±4.3	20.6±2.2	
泥质石墨层			8.0（岩体）
硅质角砾岩			12.0（岩体）
黄铜矿①	8.9±2.6	11.9±1.8	
长石片岩		10~20	

续表 2

岩石类型	直接拉伸试验/MPa	巴西拉伸试验/MPa	估计值②/MPa
块状硫化矿①		8.0	
变质沉积岩		8.0	
变质流纹岩①	11.4±3.6	10.5±3.3	
流纹凝灰岩			12.5
矽卡岩	17		
闪锌矿	6.8±2.4	13.1±3.3	
滑石碳酸岩			7.0（岩体）

① Gorski，1993；
② 巴西法。

2.2　岩石的抗压强度

岩石的单轴抗压强度这一特性是用于确定现场质量常数评定岩体等级的若干强度参数之一。现场岩体的抗压强度通常均低于试验室测定岩样之值，其原因是地质缺陷。因此，在评定现场质量常数或推导岩体的动态抗拉强度时必须考虑到测量效应。

2.3　岩体密度

岩体密度因数是计算爆破感生应力所必需的。火成岩的密度介于 2.6~3.0g/cm^3 之间，变动不大；但岩石矿物的密度却因其品位含量不等而变化悬殊。

2.4　压缩波速度

压缩波速度或纵波速度通常亦称之为初始 P 波速度。为计算爆破感生应力，需要现场的岩体 P 波速度。基德克里克矿岩石的测定 P 波速度比较说明，现场的 P 波速度略低于试验室对岩心样测得之值，平均低 7%（表 3）。

表 3　一些岩石的压缩波速度比较

岩石类型	现场 P 波速度/km · s^{-1}	试验室测得 P 波速度/km · s^{-1}	前后两者之比
安山岩	6.2②	6.7①	0.93
泥质石墨	5.0（估计）		
黑云母片岩		6.0	
胶结废石充填料	3.2②		
黄铜矿	5.3②	5.4①	0.98
硅质角砾岩	5.5②		
绿泥石片岩		5.7	
砾岩	5.9		
英安岩		6.8①	
花岗岩		5.1③	
云英岩（变质花岗岩）		5.6③	
石灰岩		5.1③	
长石片岩	6.0		

续表3

岩石类型	现场P波速度/km·s^{-1}	试验室测得P波速度/km·s^{-1}	前后两者之比
镁铁质苏长岩		6.3	
块状硫化矿		5.8	
变质沉积岩	5.9		
超基性橄榄岩		4.8	
黄铁矿		6.3③	
石英闪长岩		5.0③	
石英斑岩	5.5		
细脉流纹岩	5.8②	6.1①	0.95
闪锌矿	5.8②	6.5①	0.89
滑石碳酸岩	1.7②		

① Gorski（1993）；

② Palos（1989）；

③ Mohanty（1987）。

2.5　峰值质点速度

峰值质点速度是振动水平的一个度量，传统上用作评估爆破破坏程度的手段（Bauer and Calder，1978；Langefors and Kihlstrom，1963；RSEA导报，1984；Yu，1980；Oriard，1982；Holmberg，1982）。该速度是用于计算本文所推荐的爆破破坏指数的主要参数之一，系指三个正交速度分量的矢量和。单轴音素的径向分量乘以1.2系数可逼近此矢量和（Heilig，1993）。

在预测计划爆破的破坏程度时，必须计算包括质点速度在内的相关数据。振动水平因装药方式不同而显著变化（Morhard et al，1987）。在深孔爆破作业中，常采用柱状或圆筒状药包。下列公式是在基德克里克矿分别对非分层柱状药包（Yu，1993）和圆筒状或短分层柱状药包（Yu and Quesnel，1984）而建立的。

用于柱状药包：

$$V = 600K(R/W^{1/2})^{-1.05},\ R/L < 4 \tag{1}$$

式中　V——直径114~140mm炮孔峰值质点速度（mm/s）的矢量和；

W——相当于柱状药包20个炮孔直径的药包重量，kg；

K——与监测区方向有关的空间现场常数，$K=1.0\sim3.0$；

R——距爆破的最短距离，m；

L——柱状药包的长度，m。

用于圆筒状药包：

$$V = 3030K(R/W^{1/3})^{-1.88},\ R/W^{1/3} < 10 \tag{2}$$

式中　V——峰值质点速度，mm/s；

W——每段延时的总装药量。

2.6　现场质量常数

现场质量常数是一无量纲参数，量化爆破破坏指数所采用的特性。特定现场的爆破破坏程度会受到现场岩体特性的影响。存在地质断裂会减弱岩体的总体强度，致使破坏更严重。另一方面，岩层支护系统可增强抗爆破破坏的强度。因此，这些因数在设立破坏判据时均应考虑到。

评估现场质量常数已提出两种方法。一种方法是 CSIR 岩体评级（RMR）法，此系调整岩层支护系统的基础。另一种方法是声测岩层的半定量法。

2.7 改型的 CSIR 地质力学分级系统

CSIR（科学工业研究委员会）地质力学分级系统又称岩体评级，已被发现适用于制订现场质量常数，因其易于取得有关的现场数据。关于这一系统的若干详细介绍已有公开报道（Bieniawski，1976；Hoek and Brown，1980；Afrouz，1992）。简而言之，该系统包含 5 个参数即整体岩层强度、岩石质量指标（RQD）、节理间距、节理条件和地下水条件。总体评级依照节理对巷壁的取向加以调整。

采用诸如锚杆、钢丝网、喷射混凝土之类支护系统加固岩体对现场质量常数的影响相当复杂。需进行更多的研究以量化该评级系统中的加权分。但在本文中，根据经验对个别支护系统给出了适当的评分，例如，喷浆钢丝绳锚杆定为 4%；钢丝绳紧固、喷射混凝土、金属丝网或喷浆螺纹钢筋为 3%；其他锚固方式为 2%。岩层支护的最高综合分只限于占总岩体评分的 10%。

现场质量常数用岩体得分和岩层支护调整分之和除以 100 得出，最低为极差条件下的 0，最高为极佳现场的 1.0。

基德克里克矿某些岩石类型（现场试验）的改型岩体评级（RMR）得分列于表 4。

表 4 基德克里克矿一些岩石的 RMR 值

RMR	UCS	RQD	节理间距	节理条件	地下水	节理调整	岩层支护	评级得分
安山岩/闪长岩	12	17	25	20	8	-4	—	78
泥质石墨带	10	13	15	20	6	-5	—	59
变质流纹岩	12	15	25	21	8	-2	—	79
黄铜矿带	12	17	22	20	7	-5	—	73
硅质角砾岩	12	15	20	15	8	-2	4	72
切变带流纹岩	11	11	15	16	7	-8	5	57
片状流纹凝灰岩	11	13	18	18	6	-2	—	64
无凝灰岩片状流纹岩	11	17	20	20	10	-3	—	75
流纹岩/细脉矿	12	18	22	20	10	-2	2	82
2030P 掏槽流纹岩	12	15	20	12	7	-2	4	68
硫化矿石	12	18	23	24	7	-2	—	82
滑石碳酸岩	10	17	25	18	10	-4	—	76

2.8 敲帮问顶法评估现场质量

当不易取得改型 CSIR 岩石分级所需的信息资料时，建议采用一种较不严格但快速的评估现场质量的方法，这如福赛思和莫斯（Frosyth and Moss，1990）对评估爆破破坏所建议的，用人工使用撬棍来探测岩层。特定现场的岩层条件可按表5所示来评级，得出半定量值，然后据现场建立的岩层支护方式加以调整。

表5　敲帮测音法评定岩层条件

测音法评估	岩层条件评级	测音法评估	岩层条件评级
撬棍探测声音坚实	很好（0.9~1.0）	大多发隆隆声	差（0.3~0.5）
撬石后声音坚实	良（0.7~0.9）	大多为松石	极差（0.0~0.3）
一些地方发隆隆声	可（0.5~0.7）		

3　新的破坏判据

新的破坏判据以爆破破坏指数BDI这一无量纲指数来表示爆破破坏状态。BDI类似于安全系数的倒数，用感生动态应力与量化的破坏阻力之比表示之，如公式（3）所示。

$$\text{爆破破坏指数 BDI}=\frac{\text{感生应力}}{\text{破坏阻力}}$$

$$\mathrm{BDI}=\frac{V\times D\times C}{K_1\times T} \tag{3}$$

式中　V——峰值质点速度的矢量和，m/s；

D——岩体的密度，g/cm^3；

C——岩体的压缩波速度，km/s；

K_1——现场质量常数，最大为1.0；

T——岩体的动态抗拉强度。

感生应力系指动态抗拉应力；当压缩应变波反射在自由界面出现于稀疏区就引起这一应力。感生应力是峰值质点速度的矢量和、岩石密度和介质P-波速度之乘积。因此，块状硫化矿石因具有较高的声阻（岩石密度与P-波速度之乘积），其感生的应力水平，在同等质点速度下高于如流纹岩之类围岩所感生的应力。

破坏阻力系指监测现场承受引起爆破破坏的感生应力动载荷的能力，以岩体的动态抗拉强度与现场质量常数的乘积表示之。所建议的现场质量常数考虑到两种因素：使岩体变弱的地质断裂和强化岩层条件的岩层支护系统。这两个综合参数量化现场承受与感生应力同等水平的爆破破坏的特性。

BDI可为大于零的任一数值，较大的数值相当于较高的破坏水平。通常可用0~2.0之间的数值，因为超过2.0会发生大的塌陷。表6示出BDI值与各种可预见的爆破破坏程度之间的关系。

表6　爆破破坏指数BDI与破坏状态

BDI	破　坏　状　态
≤0.125	对地下巷道无破坏（图2） 对关键性永久巷道（如破碎机房、竖井、永久性工场、矿仓、泵房等）可取最大容许值
0.25	无明显破坏（图3）

续表 6

BDI	破 坏 状 态
0.25	对长期性巷道（如竖井通道、救护站、午餐室、主变电站、主要工场、通风天井、放矿溜井等）取最大容许值
0.5	轻微不连续的断裂（图 4） 对中期巷道（如主平巷、主运输通道等）取最大容许值
0.75	中等不连续断裂破坏（图 5） 临时巷道（如横巷、凿岩平巷、采场通道等）取最大容许值
1.0	重大连续断裂破坏，要求强化修复工作（图 6）
1.5	整个巷道严重破坏，修复工作难以进行（图 7）
≥2.0	重大的塌陷，通常通道被废弃（图 8）

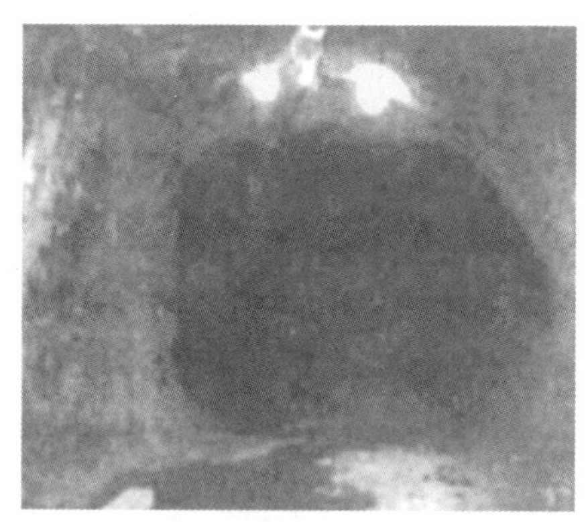

图 2 BDI = 0.11 时地下巷道无破坏

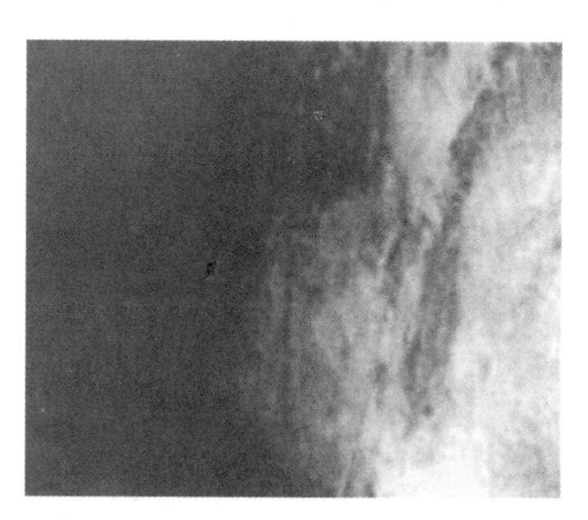

图 3 BDI = 0.25 时未观测到明显破坏

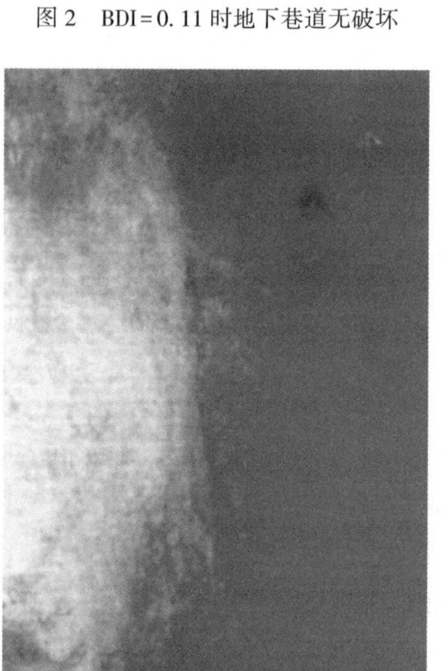

图 4 BDI = 0.5 时发生轻微断裂破坏

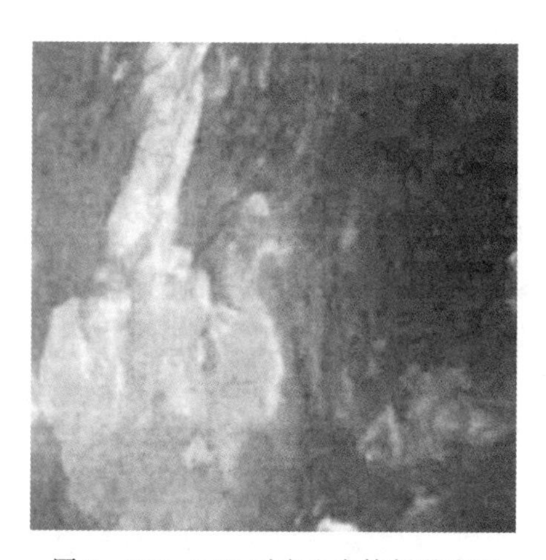

图 5 BDI = 0.75 时发生中等断裂破坏

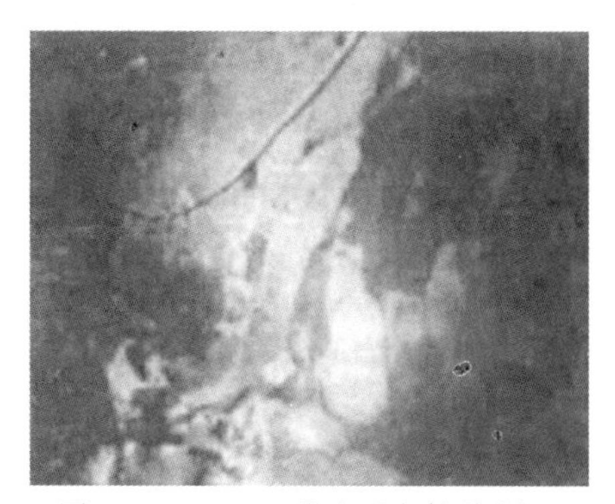

图6　BDI=1.1，发生重大断裂破坏，要求强化修复

图7　BDI=1.4，整个巷道被破坏，难于或不可能修复

在一个现场估计爆破破坏时，若岩体的物理参数未知，则对如流纹岩一类普通岩石，给出震动水平和现场质量常数，就可逼近BDI值。假定岩体密度2.71g/cm³，P-波速度5.7km/s，动态抗拉强度24MPa（流纹岩），则BDI可简化如下式：

$$BDI=\frac{0.64V}{K_1} \tag{4}$$

图8　BDI≥2.0时，发生重大塌陷，通道被废弃

4　实例研究

在基德克里克矿山进行了实地研究，用以验证所推荐的新爆破破坏指数是否适用。基德克里克矿现今约年产400万吨贱金属硫化矿石，其采矿方法主要是深孔分段崩落法，采后充填。关于该矿采矿方法的描述可见已发表的文献（Belford，1981、1988）。

对若干采场掏槽和生产爆破监测了震动水平，并评估了每次爆破对巷道的主要破坏。炮孔长度由几米至32m不等，钻头有114mm和140mm两种规格。几个炮孔一般以同等延时起爆，致使每段延时的炸药量为77kg至817kg。所用炸药主要为掺有若干ANFO的水胶炸药，间或使用乳化炸药。

采用Blastronics GPX爆破监测仪和三轴速度传感器监测了爆破震动。每次爆破的峰值质点速度之最大矢量和用于计算各自的BDI值，用以评估破坏状态，然后同观测得的破坏相比较。一次实地研究的详情叙述如后。

4.1　1624M矿柱爆破

1624M矿柱爆破产出155700t硫化矿石。炮孔直径分别为114mm和140mm，孔深由4m至31.5m不等，平均18m。采用ANFO和超1号水胶炸药。孔内未分层。装药量高达670kg的多个孔以同样延时起爆。

矿带由半块状和块状黄铁矿与闪锌矿组成。底盘由流纹凝灰岩构成，在爆破区西部接触带15m内存在一个高片状泥质石墨层。

表 7 示出对邻近现场的破坏，来自 1624M 矿柱爆破的震动水平、BDI 值以及依据新破坏判据预测得的破坏状态。

表 7　1624 M 矿柱爆破的破坏效应

位　置	最大峰值质点速度/$mm \cdot s^{-1}$	观测到的破坏	物理参数	BDI	预测的破坏
1450SX 巷道北壁距爆破 3.6m	1718	几处壁破坏	泥质①石墨岩 $K_1=0.59$	1.96	重大塌陷，通道废弃
1450SX 巷道南壁距爆破 5m	1217	几处壁破坏	泥质①石墨岩 $K_1=0.59$	1.39	整个平巷破坏，难以修复
电话站 1、1450 进路平巷东壁距爆破 6m	(1056)③	边壁中度破坏	泥质石墨岩 $K_1=0.59$	1.21	重大断裂需强化修复
1450 平巷之内距爆破 6m	1005	边壁中度破坏	泥质石墨岩 $K_1=0.59$	1.15	重大断裂需强化修复
1450 平巷之内距爆破 7.5m	795	顶板中度脱落	泥质石墨岩 $K_1=0.64$	0.84	中度至重大断裂破坏
1450 平巷东壁距爆破 9m	656	边壁中度破坏	泥质石墨岩 $K_1=0.59$	0.75	中度断裂破坏
电话站 2、距爆破 24m	(226)	无任何破坏	流纹②岩 $K_1=0.79$	0.18	无明显破坏
电话站 3、距爆破 63.1m	(85)	无任何破坏	流纹②岩 $K_1=0.79$	0.07	无破坏

① $D=2.7g/cm^3$，$C=5.0km/s$，$T=20MPa$，$K_1>0.59$，加锚杆为 0.64；

② $D=2.71g/cm^3$，$C=5.70km/s$，$T=24MPa$，$K_1=0.79$；

③ 括号内为测得的 PPV，其余用公式（1）求得。求算时用 $W=35kg$，$K=1.7$。

4.2　爆破破坏指数与质点速度的关系

图 9 示出实例研究中涉及的全部爆破破坏指数和质点速度的曲线。这些数据与回归线 $BDI=1.24V(m/s)-0.004$ 很吻合，相关系数为 0.965。由图可见，正如公式（3）所期望的，这些数据彼此相关。但是，不同现场的岩体物理特性和岩层条件对破坏的影响引起数据点的分散。离散程度说明，在各种参数之中，除了质点速度以外，现场特性也对爆破破坏产生重大影响。

5　尽量减轻爆破破坏的一些措施

任何地点的爆破破坏程度均与其感生应力水平及抗地层震动的强度相关。在用以控制和减轻地层震动的各种熟知的参数之中，最重要的是每段延期的装药量、延期时间和雷管精确度，其次为最小抵抗线、孔间距和起爆方向。在本研究中，发现以下举措有利于最大限度减轻爆破破坏，特别适用于深孔崩落采矿作业。

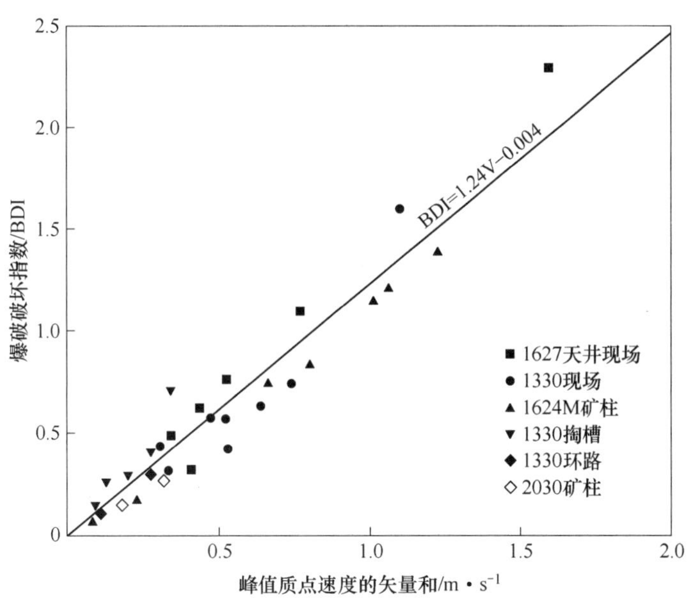

图9　爆破破坏指数与峰值质点速度的关系

（1）在直径小于140mm的炮孔中，用连续的柱状药包取代分层药包，以减小延期序列段数和增长延期时间，从而尽量减少拒爆或早爆。业已发现，在小直径炮孔中，最大的震动水平与每段延期连续柱状药包的装药量无关，而只与约20倍于炮孔直径的延期时间相关。

（2）采用较小直径炮孔来降低震动水平。装满炸药的较小直径炮孔产生的震动，小于大炮孔等量分层药包产生的震动。

（3）采用敏感度较低的炸药以消除或减少药层之间或相邻炮孔的交叉爆轰，因后者导致高振动水平。

（4）在按顺序起爆的大直径炮孔中，应用惰性分层来降低每段延期的装药量。

（5）采用准确的雷管顺序起爆炸药。当多排炮孔爆破时，在各排之间取较长的延期要比一排炮孔之间的延期达到的减压效果好。应留足延期时间，以避免限制震裂岩石的运动。

（6）改变起爆方向，避免冲击波的高峰值波幅处在单向引孔爆前的区域。

（7）应用BDI系统评估邻近现场的爆破潜在破坏，并在爆破之前，作为预防措施，设立必要的岩层支护系统。

（8）当适应岩层条件而改变爆破方法时，监测岩层震动以改善和优化爆破技术。

（9）监控炮孔开凿，减小炮孔偏移。

6　结论

根据本研究项目对若干生产爆破和采场掏槽爆破的监测和破坏观测结果，可得出如下结论：

（1）本实例研究中指出的每一现场观测到的爆破破坏程度，均与应用新爆破破坏指数（BDI）所预测得的破坏判据很一致。BDI值由0~2.0以上；数值愈大，破坏愈严重。当

BDI=1.0 时，任何监测的现场均遭重大破坏，要求大量的修复工作。

（2）BDI 定量地与震动水平、岩石特性和包括岩层支护在内的现场特性相关联。这样，就可用一个统一的模式来描述爆破所致的破坏，有利于普遍表述爆破破坏程度的数字模拟的编码。

（3）在小直径炮孔中，最大的震动水平看来与 20 倍直径等效的装药重量无关，除非有交叉起爆的可能。因此，在估计破坏时，应考虑炮孔直径的大小而不是每段延期的药量。

（4）在邻近深孔爆破区域内，震动水平随监测的空间方向而波动。底部起爆时，顶部区域的震幅较大，反之亦然。炮孔侧边区域的震动水平较低。这说明爆破破坏与起爆方式相关。

（5）地震记录表明，在采用长时间延期雷管的掏槽爆破中，常发生拒爆和交叉起爆。这引起高震动水平，其爆破破坏大于原先预期的。

参 考 文 献

[1] AFROUZ, A. A., 1992. Rock Mass Classification Systems and Modes of Ground Failure. CRC Press, p. 54-60.

[2] BAUER, A. and CALDER, P., 1978. Open Pit and Blast Seminar. Course note, Queen's University, Kingston, Ontario.

[3] BAWDEN, W. F., KATSABANIS, P. and YANG, R. L., 1993. Blast damage study by measurement and numerical modelling of blast damage and vibration in the area adjacent to blast hole. Proceedings of the International Congress on Mine Design, Kingston, Canada, p. 853-861, August 1993.

[4] BELFORD, J. E., 1981. Sublevel stoping at Kidd Creek Mine. Proceedings of the Symposium on Design and Operation of Caving and Sublevel Stoping Mines, Society for Mining, Metallurgy and Exploration, p. 577-584.

[5] BELFORD, J. E., 1988. Bulk mining at Kidd Creek. The Northern Miner Magazine, p. 22-26, July 1988.

[6] BIENIAWSKI, Z. T., 1976. Rock mass classification in rock engineering. Proceedings of the Symposium on Exploration for Rock Engineering, Johannesburg. A. A. Balkema, Vol. 1, p. 97-106.

[7] CALDER, P. N., 1977. Pit Slope Manual (Chapter 7). CANMET Report 77-14, p. 60-82. 1977.

[8] FORSYTH, W. and MOSS, A., 1990. Observation on blasting and damage around development openings. Presented at the 92nd Annual General Meeting, Canadian Institute of Mining, Metallurgy and Petroleum, Ottawa, Ontario.

[9] GORSKI, B., 1993. Tensile strength and dynamic modulus determinations of Kidd Creek Mine rocks. CANMET Report MRL 93-008 (TR), 161 p.

[10] HOEK, E. and BROWN, E. T., 1980. Underground Excavation in Rock. Institution of Mining and Metallurgy, London, 527 p.

[11] HOLMBERG, R., 1982. Charge calculations for tunnelling. In Underground Mining Methods Handbook. Edited by W. A. Hustrulid. Society for Mining. Metallurgy and Exploration, p. 1580-1589.

[12] HSU, T. R., CHEN, G. G. and GONG. Z. L., 1985. A technique for measurement of dynamic mechanical properties of oil sands; Journal of Canadian Petroleum Technology, May-June, p. 63-68.

[13] LANGEFORS, U. and KIHLSTROM, B., 1963. The Modern Technique of Rock Blasting. John Wiley &. Sons, p. 265-295.

[14] LAROCQUE, G. E, SASSA, K., DARLING, J. A. and COATES, D. F, 1967. Field blasting studies. Proceedings of the 4th Canadian Rock Mechanics Symposium, Ottawa, p. 169-203.

[15] MOHANTY, B., 1987. Strength of rock under high strain rate loading conditions applicable to blasting. Proceedings of the 2nd Symposium on Rock Fragmentation by Blasting, Keystone, U. S. A., p. 72-78.

[16] MORHARD. R. C., CHIAPPETTA. R. F., BORG. D. G. and STERNER, V. A., 1987. Explosives and Rock-Blasting. Atlas Powder Company, p. 159-203, 330-350, 662 p.

[17] ORIARD, L. L., 1982. Blasting effects and their control. In Underground Mining Methods Handbook. Edited by W. A. Hustrulid. Society for Mining. Metallurgy and Exploration. p. 1590-1603.

[18] PALOS, D., 1989. In-situ seismic velocity measurements in the Kidd Creek Mine. Report to Kidd Creek Mine. SIAL, Compagnie internationale de geophysique Inc, 36p.

[19] PRESTON. C. J.. 1985. Rock property measurements at Kidd Creek Mine. Report to Kidd Creek Mine, Dupont Canada Limited, 77 p.

[20] RINEHART, J. S. and PEARSON, J., 1954. Behavior of Metal under Impulsive Loads. Dover Publications, 256p.

[21] RSEA Reporter, 1984. Investigation into blasting effects on ground response. (Text in Chinese, Table of damage effects listed in English)

[22] SINGH, S. P., 1992. Investigation of blast damage mechanism in underground mines. Report to MRD Mining Research Directorate, Sudbury, 50 p.

[23] YU. T. R., 1980. Ground control at Kidd Creek Mine. In Underground Rock Engineering. Proceedings of the 13th Canadian Rock Mechanics Symposium, p. 73-79.

[24] YU, T. R, 1993. The development of new blast damage criteria for blasthole mining operations. Report prepared by Falconbridge Ltd., Kidd Creek Division, CANMET Project No. 1-9050, 152 p.

[25] YU, T. R. and TELFORD, W. M., 1974. A three-dimensional seismic model for laboratory use. Journal of Geological Education.

[26] YU, T. R. and QUESNEL, W. J., 1984. Applied rock mechanics for blasthole stoping at Kidd Creek Mines. In Proceedings of Geomechanics Applications in Underground Hardrock Mining. Edited by W. G. Pariseau.

（译自加拿大《CIM Bulletin》, March 1996, 139-145）

智利埃尔索尔达多矿光面爆破对岩体破坏的评估

澳大利亚爆破器材系统有限公司驱现场服务工程师　A. M. 滕斯托尔
朱利叶斯·克鲁特斯尼特矿物研究中心高级研究员　N. 焦尔杰维克
埃尔索尔达多矿地质力学室　H. A. 比利亚洛沃斯

摘　要：阐述了在智利埃尔索尔达多矿进行的评估光面爆破对岩体破坏的三种方法（金刚石钻探岩心的肉眼观察、岩石质量指数测绘和上向孔地震试验）及其研究结果，提出了由光面爆破引起岩体破坏的判据和适用范围。

关键词：光面爆破　爆破破坏判据　最终边坡　不耦合装药

由 CMD 矿物公司经营的埃尔索尔达多矿为 500 万吨/年铜生产企业，位于智利中部的海岸山脉上，距圣地亚哥西北 120km。该矿系露天和地下同时开采，但以前者为主。露天矿某些区段的边坡已达到最终极限，为尽量减小爆破对最终边坡的破坏，正在进行光面爆破试验。这样做露天矿边坡角的设计可陡一些，结果可大大减小废石量并能增加矿石回采率。并阐述了旨在确定光面爆破后破坏区破坏程度而进行的一项现场试验结果。

1　光面爆破设计

光面爆破（亦称“缓冲爆破”或“修整爆破”）的基本原理是减小靠近最终露天矿边坡的爆破能量的密度和约束条件。为此，通常要按较小的抵抗线和孔间距钻凿较小直径的炮孔，并且最后一排炮孔要采用不耦合装药。最后一排炮孔的超深不是减小就是取消。表 1 为埃尔索尔达多矿 12m 台阶的光面爆破设计；表 2 为使用的炸药特性。

表 1　光面爆破设计参数

项目	前排炮孔	中间炮孔	最后一排炮孔
孔深/m	13. 6	13. 3	10
孔径/mm	165	165	165
超深/m	1. 3	1. 3	0
倾角/(′)	80	90	90
抵抗线/m	5	5	4
间距/m	6	6	3
底部装药（HEET）/m	3	—	—
柱状装药（ANFO）/m	5. 8	7. 5	2. 0①
填塞/m	4. 8	5. 8	4. 0
炸药单耗（ANFO）/g·t^{-1}	218	124	97

① 最后一排炮孔还含 8m 0. 25 英寸不耦合的 Enaline 炸药柱。

本文原载于《国外金属矿山》，1998（1）：50-53。

表2　炸药特性

炸　药	比重	爆速/m·s^{-1}	相对重量威力	相对体积威力
HEET 950	1.25	4100	0.90	1.49
ANFO	0.78	4000	1.00	1.00
Enaline	1.10	5200	0.80	1.13
ANFO 60/40	0.50	3000	0.73	0.47

光面爆破是在有赤铁矿蚀变带的粗面岩区进行的。粗面岩质量不一，有两个垂直节理系、一个水平节理系和大量不规则节理。节理间距变化于0.3~3.0m，通常较密实，并充填有方解石和赤铁矿。蚀变区风化较重、较松散，主节理系走向与掌子面平行。

2　破坏评估

台阶眉线处可见的爆破后冲延伸到最后一排炮孔后2m处，而最后一排炮孔后面5m处的台阶表面存有小的裂隙（图1，略）。

露天矿边坡的大块岩区可见到几个半孔管，说明不耦合的Enaline装药对减少破坏所产生的效果。但在这些炮孔下部装ANFO炸药处则可见到明显的露天矿边坡破坏（图2，略）。

为了评估光面爆破对岩体的破坏程度，在距光面爆破最后一排炮孔7m、12m、17m、27m处选择了4个评估点（图3）。这些点是参照以前光面爆破预计的超爆而选择的。通

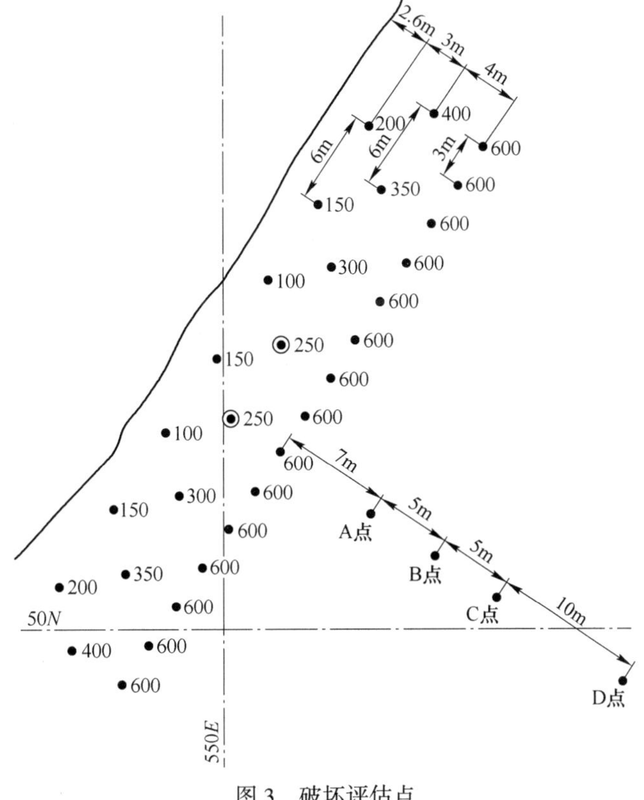

图3　破坏评估点

过对金刚石钻探岩心的肉眼观察、岩石质量指数（RQD）值和上向炮孔地震试验来评估每个点的爆前和爆后岩石质量。下面将详述这些评估方法。

2.1　金刚石钻探岩心的肉眼观察

光面爆破之前在每个评估点垂直凿 14m 深的金刚石钻孔。然后对岩心进行肉眼观察以确定岩心中裂隙的性质。

由于前一台阶超深造成的爆破破坏，每点岩心的上部 2~3m 都有非常严重的裂隙。低于 2~3m 之后的裂隙通常为自然生成或明显因岩心钻探和处理而诱发的。但在某些情况下，也观察到无规律的裂隙，根据其性质似乎是前次爆破造成的。这可能是前一台阶或同一台阶的生产爆破所致。

光面爆破之后，在每个评估点大约离爆破炮孔 1m 左右处凿 14m 深的金刚石钻孔。肉眼观察发现，爆破后的岩心中出现了有趣的变化。从离最后一排炮孔 7m 处的 A 点取出的岩心，爆破后显示出严重的爆破诱发裂隙。最典型的是岩心中有垂直或接近垂直的裂隙，而且往往与岩心的方解石细脉有关，当然也看到一些通过完好岩心的裂隙。推断是此处爆破感生的高动态拉伸应变导致在岩石中生成一些新裂隙并使现有的方解石充填裂隙裂开和延伸（图 4、图 5，略）。

在距离最后一排炮孔 12m 处的评估点 B 也见到类似的破坏，但破坏规模小得多。这个岩心中的破坏局限于已有的方解石细脉，完好岩石中未见裂隙。这表明，此处的动态应变足以使已有的胶结裂隙裂开和延伸，但不能使完好岩石产生裂隙。

爆破后在相应为 17m 和 27m 处的 C 和 D 两个评估点上没有明显的新裂隙，也未见已有方解石充填节理明显裂开。这表明，这里感生的动态应变不足以克服方解石充填的拉伸强度。虽然岩体中未愈合节理可能被松动，但这是肉眼观察岩心所不能确定的。

2.2　岩石质量指数（RQD）测绘

评估光面爆破后所受破坏的第二种方法是确定每个评估点爆前和爆后的 RQD。肉眼观察岩心后立即进行爆前和爆后的 RQD 测绘。台阶上部 2~3m 处受到超深的严重破坏，其典型 RQD 小于 20%。余下 11m 的质量各炮孔明显不同，但所有炮孔均在 6~9m 深的范围内有一高 RQD 区段。这段岩心用作爆前和爆后的 RQD 值比较。其余岩心的质量受浸滤和赤铁矿蚀变的影响很大。爆前和爆后的 RQD 值及其爆后下降百分数一并列于表 3。

表 3　爆前和爆后的 RQD 值

项目	A	B	C	D
距最后一排炮孔/m	7	12	17	27
爆前 RQD（6~9m）	94	98	98	64
爆后 RQD（6~9m）	74	87	92	70
RQD 下降值（6~9m）/%	21	11	6	9

结果表明，在评估点 A 光面爆破引起 RQD 值大幅度下降，B 点略有下降。这是在意料之中的，因为引起这两处岩心裂隙所需的高动态应变也会剪切和裂开岩心中已有的裂隙从而降低 RQD 值。距最后一排炮孔 17m 处的 C 点 RQD 下降 6%，可能在允许的试验误差

范围内，不能从中得出可靠的结论。D点得出的异常结果（爆后RQD值高于爆前值）是当地岩性学在这一深度上的变化所致，显然不能用于评估目的。

2.3　上向炮孔地震试验

光面爆破前后均进行了上向炮孔的地震试验以研究爆破引发的岩体力学性质的变化。每点钻一个直径16.5cm、深10m冲击钻孔。孔中注满水以保证震源造成的能量有效地传递至岩体。

在距孔口1.5~5.5m的地表安放4台垂直向地音探测器，用它们测量每点的振动信号并记录在1台数字爆破振动监测仪上。为保证地面振动的有效传递，用灰浆将地音探测器与地面耦连起来。记录前使用特制的放大器将振动信号放大100倍。

震源是炮孔底部起爆的一发电雷管。下一步试验从孔底向上按1m间距进行，直至到达水面为止。上向钻孔地震法示于图6。

所得P波传播速度值在1000~2000m/s范围内，说明是风化和裂隙的岩体。正如所料，爆破后各点的数值通常要低一些，但只在离最后一排炮孔7m处的A点上P波传播速度才发生有序下降。记录下来的爆后值为1550m/s，相对于爆前1700m/s，下降了8.8%。A点的典型振动记录及其相应的振幅示于图7。

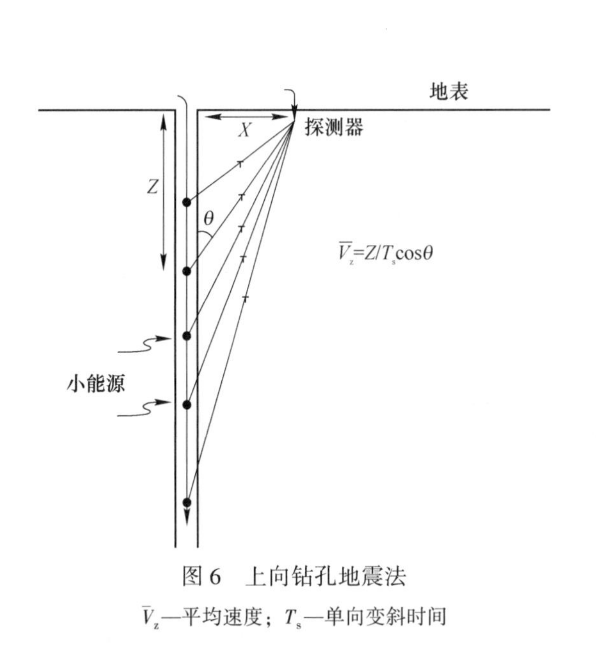

图6　上向钻孔地震法

$\bar{V}_z$—平均速度；T_s—单向变斜时间

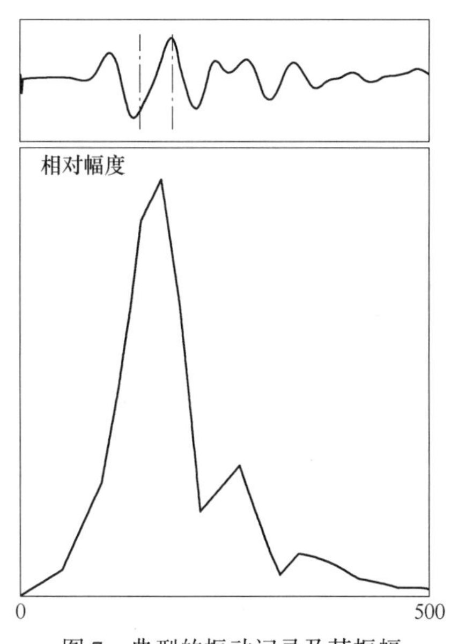

图7　典型的振动记录及其振幅

B、C和D三点的P波传播速度无可靠的有序下降。这可能是记录设备未处于探测P波传播速度微小变化的最佳状态所致。

用来估计爆破破坏程度的另一种方法是比较爆前和爆后的振动频谱。假定震源特性和传播距离是一样的，则爆前和爆后振动频谱出现系统差别的唯一原因是爆破引发的岩体性质的变化。

埃尔索尔达多矿爆前和爆后的标准振动频谱的测量值的比较显示，A点振动测量值的差别最大。B点在高频区（典型为>200Hz）也观察到振动有明显的有序下降。在C点和D点比较振动测量值与计算值，偶尔也见到某些下降的情况。这很可能是由于个别节理与弹性波传播通道相交而松散的原因。

总之，上向钻孔的地震试验表明A点岩体内产生了新裂隙。B点发现的破坏形式是已有裂隙裂开和延伸。C点和D点以已有节理的松动和裂开形式使岩体有轻度破坏。

2.4 破坏评估小结

表4总结了破坏评估的研究结果，它说明埃尔索尔达多矿光面爆破造成了适度的爆后破坏。A点和B点最严重，岩心破坏肉眼可见，其特点是胶结节理的裂隙和断裂增大。通过上向钻孔地震试验探测了C点和D点的破坏，其特点是未愈合节理的剪切、延伸和松动。

表4 破坏评估的研究结果

至最后一排炮孔距离/m	岩心裂隙	RQD下降/%	P波传播速度下降/%	衰减
7	有	21	8.8	有
12	有①	11	无结论	有
17	无	无结论	无结论	有
27	无	无结论	无结论	有

①与方解石细脉有关。

3 爆破破坏判据

研究项目的最后阶段是研究出一种将峰值质点速度与所观察到的破坏联系起来的爆破破坏判据。提出了一种评估点专用的比例距离相关关系以估计每个破坏评估点的峰值质点速度（表5）。然后将这些数值与每点上观察到的破坏联系起来，表6所示破坏判据适用于粗面岩。临界峰值质点速度指相关破坏机理开始发生效应时的速度。

表5 预计的光面爆破峰值质点速度（PPV）

项目	A	B	C	D
PPV/mm · s^{-1}	2266	964	518	319

表6 爆破破坏判据

描　述	基本的破坏机理	临界峰值质点速度/mm · s^{-1}
轻微破坏	未愈合节理的松动	500
显著破坏	方解石充填节理的张开和延伸	900
严重破坏	完整岩石的裂隙	2000

破坏判据特指埃尔索尔达多矿，对于其他岩体其峰值质点速度值很可能会高一些或低一些，反映出岩体构造和节理强度的差别。

4　结语

使用三种不同方法评估了典型的光面爆破后的破坏区：肉眼观察金刚石钻探岩心以确定有无爆破引发的裂隙、岩心 RQD 测绘确定裂隙频率的变化和上向钻孔地震试验确定岩体特性的变化。三种方法所得的结果表明了一种合理的关系。

结果表明，以完好岩石裂隙形式出现的严重破坏发生在至少距光面爆破后的 7m 处，以方解石充填裂隙的裂开和延伸形式出现的显著破坏发生在距爆破至少 12m 处。距离再远一些的主导破坏机理是岩体内已有节理的松动。埃尔索尔达多矿的粗面岩与这些破坏机理相对应的峰值质点速度相应为 2000mm/s、900mm/s 和 500mm/s。

岩矿块度与采矿生产率的关系

——特点和实例研究

加拿大魁北克省麦克马斯特市ICI炸药集团技术中心　P. 米乔德　Y. 利佐特
加拿大魁北克省麦吉尔大学矿冶工程系　M. 斯考比尔

摘　要：露天矿最优块度的概念，也就是与穿孔、爆破、铲装、运输和碎矿的最低综合成本相应的岩矿破碎程度，是30多年前产生的。最近，由ICI炸药集团加拿大公司和其他部门利用最新技术完成的现场研究表明，最优块度这个最终目的行将成为现实。

采矿工业中出现的、使现场综合研究成为可能的主要技术进步，是通过图像分析、激光制图、全球定位系统、钻机、电铲和运输汽车的监控以及数字通讯数据传输装置来实现自动的破碎效果评价。描述了评价破碎效果和估量破碎效果对矿山生产系统影响的要求，通过参考所选的实例研究，概述了最新适用技术的应用。

关键词：采矿　优化爆破　综合成本　最优块度　生产率

1　引言

全球市场竞争性的增长正促使采矿工业向着最大限度提高生产效率的目标迈进，以便控制生产成本。爆破效果对生产效率和成本有极为重要的影响。这就需要与采矿生产率有关的“最优块度”策略。现在，最优块度可以理解为与最低综合成本有关。考虑到最优爆破设计可提高整个碎磨过程的能力和产量，并且需要通过选择任何一种破碎策略最大限度减少对环境的影响，所以要重新推行和扩充这个基本概念。

图1说明了最优块度的概念。在此情况下，除了最初的4个组成部分（穿孔、爆破、装运和碎矿）外，还增加了以前研究工作中所考虑的因素，利佐特和斯考勃尔（Lizotte and Scoble）将此定义为“总体爆破优化”的概念。最优块度的概念虽然完全或部分地适用于降低综合采矿成本，但仍基本上是概念性的，因为对于主要的单元作业，可以得出具体的费用控制因素，而当与破碎程度相联系时，其他的控制因素则不可能直接确定。举例来说，在破碎较细的情况下，装载作业的效率通常较高，然而在许多情况下，要证明破碎效果的度量参数（平均块度、均匀度、80%合格块度（D_{80}）等）与装载成本或生产率之间的直接关系是不可能的。生产率受爆碎矿岩的“可挖掘性”控制，而可挖掘性本身又受除爆破块度之外的许多因素支配。这些因素连同其他因素，是用特征块度、平均块度、D_{80}、均匀度系数或这些参数的组合等术语来规定“爆破程度”的难点，也是评价爆破损坏和爆堆特征之类其他考虑因素的难点。在对炸药、起爆系统、采矿设备等不断进行改进的动态环境下，也必须应用优化爆破的概念，这就使对当前的作业“制订标准”发生困

本文原载于《国外金属矿山》，1998（2）：12-17。

难，并且阻碍了长期的成本控制因素的确定。

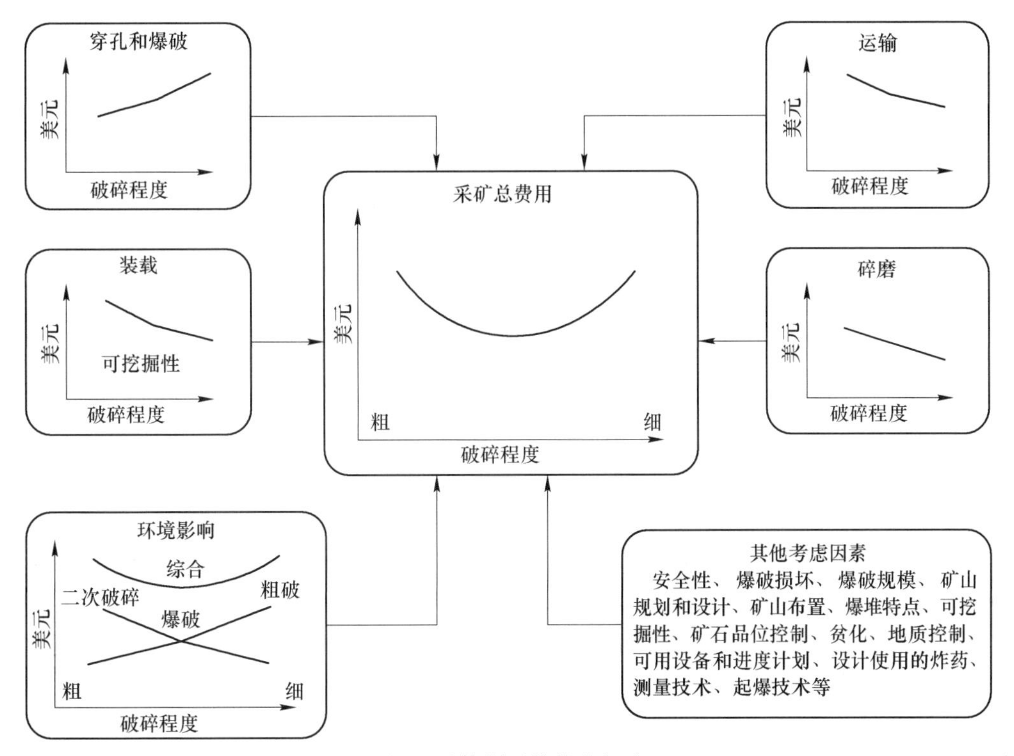

图 1　总体爆破优化的概念

在应用最优块度的概念时必须回答的关键问题是“爆碎程度如何影响采矿系统的生产率?”这个问题决不是无足轻重的，当前的文献似乎表明，自 20 世纪 90 年代初以来，全球采矿界仍在竞相作出回答。为了回答这个问题，需要应付许多困难和技术挑战，例如：爆破粒度分布的精确测量、考虑设计参数和岩体性质的爆破效果预测模型、装载设备生产效率的测量以及爆破效果对设备寿命和维修的影响。下面将对技术进步以及借以利用这些发展来回答这个关键问题的方法作出说明。实例研究展示了真实情况和完成解答的过程。后面的讨论，重点放在其他困难和环境动力学的影响上。

2　技术进步

应用最优块度概念的主要困难可以归结为精确度量破碎效果和以后精确度量采矿系统综合生产效率的能力。从具体的最新技术进步角度看，感到为克服这些困难而作出的技术进步和贡献是值得的。

2.1　图像分析

近 5 年间，用于估计爆破效果的图像分析系统已经有了重大的改进和发展。这些系统大部分是全自动的，当合理地用于统计学上有效的样品粒度时，可以十分精确地估算爆堆的块度分布。最近，富兰克林和卡察巴尼斯（Franklin and Katsabanis）从 1996 年 8 月举行的专题研讨会上收集了当前最新技术发展状况的资料。图像分析系统也可以根据原地岩块大小和不连续面的特点用来描述岩体的特征。虽然个别人对于数字照相分析技术能可靠地取代全筛分和全称重仍持怀疑态度，但作者相信，当利用图像分析系统建立采矿生产率与破碎效果的关系时，其他因素对估算的可靠性有较重大的影响。由于整个爆堆的破碎块度变化很大，所以必须进行充分的照相取样，以便从统计学的角度看，能代表装载设备会遇到的变化。此外，为了模拟装载过程，也需要直接在装载设备的前面测量爆破块度，因为这是可行的。

2.2 电铲或装载机的监控

最近的研究证明，从电铲或前装机的监控工作中获得了宝贵的资料。对装载作业进行简单的时间研究不能提供正在发生什么的“完整描述”。亨德里克斯（Hendricks）等人对牙轮钻和电铲监控的一次综合研究作了总结。利用电铲的监控，可以说明个别电铲司机如何随着矿岩“可挖掘性”的变化而调节挖掘路线的，所以挖掘时间可能不受破碎效果的直接影响，而以所测电压为依据的可挖掘性指数 DI 可描述挖掘力的特征。可挖掘性指数也许相当于矿岩的粒度测定术，也可能是爆堆其他特性的函数。汉斯帕尔（Hanspal）等人在前装机研究中也遇到过这种缺少相互关系的情况。亨特（Hunter）等人监测了电铲上的振动，从而显示了加在结构上的载荷的严重性。这份资料可用来建立维修费用与挖掘条件的关系，因此可为采矿总成本与破碎程度（或更一般地说，与可挖掘性）相联系提供成本数据。

2.3 钻机监控

钻机监控本身对测定破碎效果或生产率无多大帮助，但可以提高改进爆破设计并使其与局部岩体和地形状况较好“匹配”的能力。它也有助于通过数据通讯传输装置使单项采矿作业与爆破设计软件和装药联系起来。可以同时监测几个参数（压力、扭矩、回转、振动、轴压力、穿孔速度等），但在精确定位、角度和钻深方面得到了最大的改进。通过全球定位系统直接与钻机相联系，带来了额外的节省和改进。钻机监控数据可用来估计关键点的装药量，当与岩石和岩体的特征数据同时使用时，钻机监控数据也可用来部分地评价“可爆性”。

2.4 新技术

在露天矿，汽车运输费用可能高达总生产成本的50%，因此降低运输成本将对降低总成本有重大作用。由于破碎块度影响装载时间，所以对汽车的运输效率有直接影响。此外已经得到证实的是，整个爆堆的粒度分布较均匀，将减少装载时间的波动，因而减少汽车的排队待装现象。通过监测汽车的有效载重还可以证明，较细的破碎块度可以提高散装密度，对于容积一定的汽车来说，较细的破碎块度可使爆破岩石的装载量增加30%。强有力的随机过程模拟程序软件包已易于买到，它可以用来演示破碎块度控制能提高生产率的方法。

由于破碎块度对后续工序的影响业已得到证实，因此所有新的技术进步均应从它们降低成本（它随破碎效果而变）的潜力方面加以审视。激光制图、炮孔测量正在日益普遍地用于设计爆破，以适应当地的地形。利用全球定位系统对钻机、电铲和汽车进行定位的好处只是刚开始被发现。矿山范围内的通讯、综合调度系统以及与设备监控的结合，正在使采矿工业朝着“数字化矿山”的目标前进。这正在促使炸药和采矿工业迈向爆破优化的“系统”途径。

3　实例研究

20世纪90年代初，一项重点在于开发矿山成本模型的计划开始实施，此模型可从生产矿山收集到的现场数据中提取信息。这个采矿成本模型能确定采矿循环中每个工艺环节的实际成本，并测定爆破效果对这些成本增量的影响程度。虽然优化爆破的概念已很好确立，但作为“破碎程度”判据的参数，需用相关术语来定义，或者至少需要量化，以便把爆破后破碎效果波动的影响与综合采矿成本联系起来。第一项研究是在一个石棉露天矿中进行的，研究重点放在装、运环节上。第二项研究是在一个集料采矿场中进行的，研究重点放在各环节的终端——碎矿上。此外，还对其他两个最近的实例研究进行了总结。

3.1　LAB纤蛇纹石公司的研究

总部设在魁北克省塞特福德（Thetford）矿业公司的LAB纤蛇纹石公司是一家契约管理公司，它对同一地区3家石棉开采公司的采矿活动进行监督。这三家中，黑湖矿是研究的重点。该露天矿每年开挖的矿岩总量为1460万吨，剥采比为2.1：1，该矿平均台阶高度为12m，目前的开采深度为345m。露天坑的最终尺寸为1.7km×2.1km。生产安排是每周6天、每天24小时作业。用2台Bucyrus Erie 45R柴油动力的牙轮钻机进行穿孔作业，孔径为250mm。矿岩的运输由载重能力为50~90t的24台汽车组成的车队来完成。装载设备包括4台斗容为$10m^3$的P&H 1900电铲、2台斗容也是$10m^3$的CAT 992C装载机。破碎机是1台1680mm×2130mm的Allis Chalmers颚式破碎机，进料口为18cm。

从一次爆破中收集到的数据包括以搬运量计的装、运生产效率测定值对爆破后块度分布的关系曲线。从一次单孔爆破中收集到的数据可以较好地控制地质和/或构造地质方面的内在变化，而这些变化是控制最终爆破效果的主要因素。

斗容为$10m^3$的P&H 1900电铲（3号铲）是研究计划执行期内唯一被监控的电铲。研究期间，每斗装载都理想、顺利，没有出现过经常因坚硬的根底、过大岩块或电铲定位造成的装载作业中断现象。当铲斗装不满时，在电铲摆臂和卸载以前进行第二次铲装。载重量90.7t的DART 3100运输汽车（724号车）是研究期间唯一被监控的汽车。通过在汽车上安装一套市场上可购得的质量监测装置，进行重量监测。功能可扩展的汽车管理系统设置了各种任选功能，如电铲和汽车循环时间的实时记录和卸在汽车上的每铲斗载荷量的实时记录等。为了对专为电铲和汽车搬运的爆破岩量所配的破碎程度作出评价，利用1台汽车的装岩槽作为参考网格，这是以前由迈尔兹（Maerz）等人采用的一种方法，曾进行了改进，以适应现场条件。对卸在汽车上的每一铲斗矿岩都要进行照相，然后加以数字化。数字化是在标有尺寸比例的相片上或输入计算机的数字图像上完成的。然后，把每组图像产生的“处理过的”碎块量输给一个基本的软件包，此软件包再输出一张粒度分布图。而后，利用每车载荷的碎块粒度对过筛百分数粒度的分布曲线图，导出破碎块度指数F_1，以后再确定此指数与被装运矿岩容重的相关性。

爆破块度和挖掘参数之间的各种线性关系直觉上认为是肯定的，但却不能建立起来。这表明，还需要联系被搬运矿岩的“可挖掘性”做进一步的研究。然而。通过建立汽车有效载重与 F_1 的关系，获得了良好的相关性。一般地说，较小的破碎块度是通过增加每斗铲取量和汽车每循环的运输量来影响矿山生产效率的。虽然由图 2 表示的汽车载荷对 F_1 的关系曲线对 LAB 纤蛇纹石矿是适用的，但对其他任何矿山，它只能说明较细的破碎块度对汽车生产率的隐含关系。

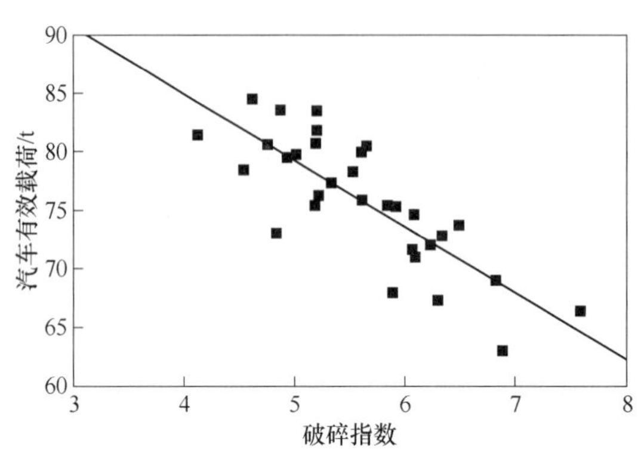

图 2　汽车有效载荷与块度优化的关系

3.2　在集料采石场的研究

以前的研究工作的重点在于确定爆破后的矿岩块度，并用它作为一种基准工具，对由爆破设计中的变化所带来的对后续工序的影响进行量化，而这个采石场的研究项目是作为以前研究工作的延续而开始实行的。以前在 LAB 纤蛇纹石露天矿所进行的研究工作，导致了 F_1 的产生，从而得出了矿山汽车运输生产率图。因此，在制定度量采矿循环中单个工序的手段和方法从而使采矿总成本达到最低方面，这个破碎机研究项目是个补充，其目的是确定破碎机额定通过能力与爆破破碎效果之间的关系。

通过对 1 台前装机进行改造，装上一个工业用载荷称量装置，就可以进行破碎机通过能力的质量监测。称量装置既可测定每循环中装载机每斗的铲装量，又能提供累积的铲装量（3 斗），这个累积量是破碎机的“一次运转的需要量”。通过记录卸入破碎机料斗中的 3 铲斗载荷所需的处理时间，就可以确定破碎机的通过能力。每次运转都要求操作工完全排空破碎机和料斗，再由装载机将 3 满斗载荷卸入料斗中，最后开动破碎机进行碎矿处理，直到碎矿系统再次完全排空。处理 3 铲斗载荷所需时间作为“轧碎时间”而被记录下来。

将处理的碎石收集起来，并根据爆堆上和破碎机料斗上摄取的数字照片进行分析。在工作面，先在爆堆上放一张 1.25m 见方的格网，并摄取照片，然后进行铲装；在破碎机上，先在破碎机机架上安置参考标记，以供相对比较，然后对卸入料斗的每铲斗料摄取照片。这些照片用 LAB 纤蛇纹石公司研究项目所用的同一种装置来进行数字化处理。

对在采石场所收集的现场数据进行分析，起到了证实在 LAB 纤蛇纹石公司所进行的某些研究工作的作用，同时补加了作为采矿循环中单独一个可定量工序的碎矿环节。装载机的挖掘时间没有形成能用来确定爆破块度与生产率相关性的任何有用的数据。为了提供一个真实的模型，有必要随同爆破鼓胀和抛掷作用一起，对爆破效果进行研究。装载机相对于有效载荷的运搬循环时间表明，较重的有效载荷增加装载机的基本循环时间。由于装载机的运行路线或距离不断变化，所以使确定装载机有效载荷和循环时间之间的相互关系发生困难，这就不可能建立起（铲斗或料斗）载重量和 F_I 之间的相互关系。在缺少时间因素的情况下，搬运量和爆破块度之间的关系是难以模拟的。对此论题，也需要根据从注重关键参数的这一研究项目中得到的知识，作进一步的研究。“轧碎时间”与 F_I 的回归分析表明，处理（由装载机铲斗装满系数确定的）一定量的进料所需的时间，对碎块粒度是十分敏感的，因为较大碎块的组成，将增加破碎机上的处理时间。同样，破碎机的通过能力对 F_I 有良好的响应，因为通过初破机的碎块其粒度较细，将提高破碎机的通过能力。破碎机通过能力对 F_I 的线性回归提供了一种手段，在由 F_I 确定的爆破块度变化的情况下，可用它对通过能力的变化程度进行量化。为了增强该模型的统计意义，需要做进一步的工作。在将来的工作中，每批中代表各个地段的样品数量也将被优化。

就以前的两项实例研究中获取的资料来看，爆破程度提高（较细），将迫使穿爆总成本增加，但转而对装、运和碎矿工序将产生有利影响，因此，综合成本乃是“优化爆破”的具体说明。为达到要求的爆破块度所需的投资必须予以考虑，因为它将影响转变的可行性。在许多采矿企业中，初碎是绝对决定爆破产生所需块度的控制因素。如果情况确是这样的话，我们的任务就是利用爆破来控制装运生产率，而无需顾及对采矿循环中其他工序的成本有任何不利的影响。

3.3　用于炸药评价的经验准则

设备监控和综合成本的基础资料并不总是可以得到的。优化可能需要较适度的目标以及定性的评价方法。在塞尔拜厄（Selbaie）矿，有一项研究利用炸药评价用的经验准则对两种产品的性能进行了比较，从该矿不同的方面，如汽车装载系数、汽车装载时间、综合生产效率、二次穿爆以及旋回式破碎机的能耗等，与每吨可能的费用相联系，对岩石爆破块度、过大尺寸的岩块、岩堆移动以及边坡破坏进行了评价。能用适当的方法加以量化的主观性最少的工序是这种爆破评价的基础，并且评价参数要经过选择，生产、工程设计、管理以及供应厂商的意见应取得一致，以便能够与现场观测相联系。每条评价准则用经验评分系数来表示，该经验评分系数的依据是它的作业因素（汽车装载、装载时间等），因而也是对总成本的潜在影响。举例来说，岩石破碎估计占成本的 60%，破碎效果最差的，打分系数为 60；最好的打分系数为 30。各项成本的最大差额约为 0.5 加元/吨。对该矿而言，这将具有每年总共可以节省 500 万加元的潜力，这个数额远远超过因消耗品费用的减少而能获得的节省。关于炮孔布置和炸药的选择，是在考虑了不能直接度量为其他因素，如与块度有关的设备维修和碎矿费用的情况下作出最终决定的。

4　讨论

就采矿工业而言，与世界最好的做法一样，一个关键的动因是降低成本，提高生产效率。炸药工业正在按照这个方向开发新产品，改进现场测量技术。总的方向不是大力开发各种高能产品，而是研制更安全的产品，它们能针对其特定用途确保更可靠的性能。对于将来开发能量可变的以及低能的炸药，也要寻求可靠的性能，以便能使这些炸药与岩石较好地相匹配以及较好地用于控制地压。起爆系统也有很大的改进，电子延时雷管已有实例证明可以改善爆破效果，减少大块、粉矿、后冲和震动。因此，用以保证爆破效果的手段正在改进，从而增大了调整和优化爆破作业的余地。

在动态环境下必须应用最优块度的概念。炸药和起爆系统的变化，地质对爆破效果的制约，开采系统所需的灵活性、社会和环境影响的考虑、品位控制策略以及对碎磨系统的改进等，都是有助于系统最佳协合作用的一些因素。对于一个采矿企业来说，最优块度策略应该作出适当选择，它必然是针对某个特定地点的，又是灵活的。

金属矿开采业以前的目标是每吨产量的费用最少，它已从这个观点向着产品单位重量费用最小的更全面的目标前进了。贫化、品位控制、回采率以及整个选矿系统的金属回收率是达到这个全面目标而要仔细研究的因素，它们可能受破碎策略的影响。现在，最优块度理应指“通过爆破最终将使产品单位重量的费用最小所应达到的破碎程度”。

5　结语

最优块度的概念在不断取得进展，因为技术进步正在为我们描述爆破效果及其对采矿生产率的影响提供新的工具。正在执行的研究项目的重点是“可挖掘性”以及与装、运和碎矿有关的破碎指数的有效性，到撰写本文时，该研究项目继续在另外两个矿山进行着。这将提高利用迄今已开发的工具时的信任度，改进我们的分析技术，研究新方法，以便朝着难以捉摸的“优化爆破”的方向努力。

散装炸药中添加铝粉可降低钻孔和爆破成本

［美国］博士、专业工程师　W. A. 克罗斯比

为了竞争和生存，采矿作业必须保持高水平的开采效率。为此目的，已经对钻孔和爆破工序给予了很大注意；改善这一工序，既可以节省直接成本，也可以通过改善破碎块度来降低后续工序的成本。在炸药产品中添加铝粉可在降低钻孔和爆破成本方面起重要作用。

成功的历史

在炸药中添加铝粉以获得最佳的钻孔与爆破成本和改善破碎块度的最早研究工作是60年代后期在秘鲁的一个铁矿开始的，不久，在澳大利亚也进行了这项工作。在秘鲁，是通过扩大孔网参数使成本明显降低的；而在澳大利亚是通过改善矿石破碎块度，使能量总输入得以降低。目前，一般的爆破实践是将较高单位体积威力的含铝炸药用作炮孔底部装药，以使钻孔和炸药成本都保持最佳。

这种最佳化可以产生惊人的结果，正如南非一些坚硬含铁岩层所证明的那样，那里使用含25%~27%铝粉的浆状炸药，其结果是钻孔和炸药成本都保持最佳。孔网参数的扩大使成本节省7%~15%，钻孔人员减少大约1/3。这是一个极罕见的例子。一般地说，炸药中含铝的经济重量百分比应是5%~15%。但是南非的例子清楚表明，应用铝粉可以大大降低总成本。

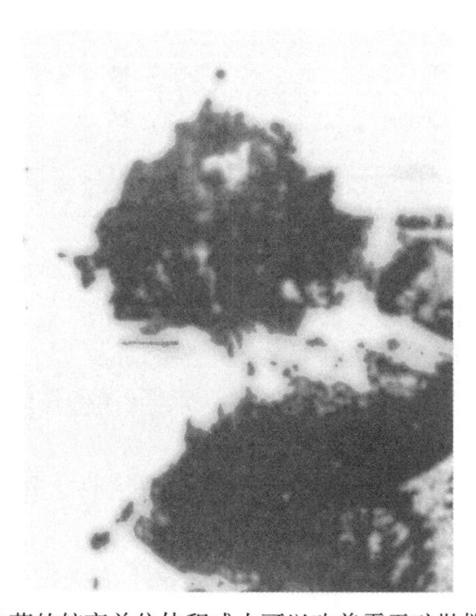

图1　含铝炸药的较高单位体积威力可以改善露天矿抛掷爆破的效果

本文原载于《国外金属矿山》，1989（10）：64-67。

另外，像一些露天矿的实践那样，在抛掷爆破时，需要增大炸药的单位体积威力。为了成功地破碎并将矿石抛掷到采空区域，不只需要破碎，还要求更高的炸药能量。在炸药中添加铝粉又是增大炸药单位体积威力的一种实际方法，这一方法无需对现用的炸药类型作太大的改变。这就是南非一个大煤矿公司当前的选择。

燃料和敏化剂

将铝粉添加到炸药中以增大其能量输出并不是全新的做法。然而，只是从 1968 年以来才开始使用高含量（13%~15%）的铝粉。目前，铝粉广泛应用于散装和包装的铵油炸药、浆状炸药和乳化炸药；这些铝粉都是作为低成本、高能量的燃料和（或）敏化剂。

作为燃料，添加到炸药或爆破剂中的铝粉可增大总的能量输出。这种增大的能量使得有可能利用相同体积的炸药来完成更多的功，从而可用较大炮孔间距并获得较好的破碎块度。然而正如图 2 所示，能量的增加不是线性的；图 2 是以等重量的普通铵油炸药为比较基础来表示不同铝粉含量的炸药的能量输出。当铝粉添加量超过 15%时，炸药能量输出增大的速率降低，这说明一般在这一添加量下达到经济限度。但是，当钻孔成本特别高时，较高铝粉含量仍可具有成本效益。

因为铝粉是作为一种燃料反应的，所以添加到混合物中的其他燃料应当减少，以保持最大的能量输出。图 3 表示为了保持最大的能量输出在不同铝粉添加量时铵油炸药中所需的燃油百分含量。

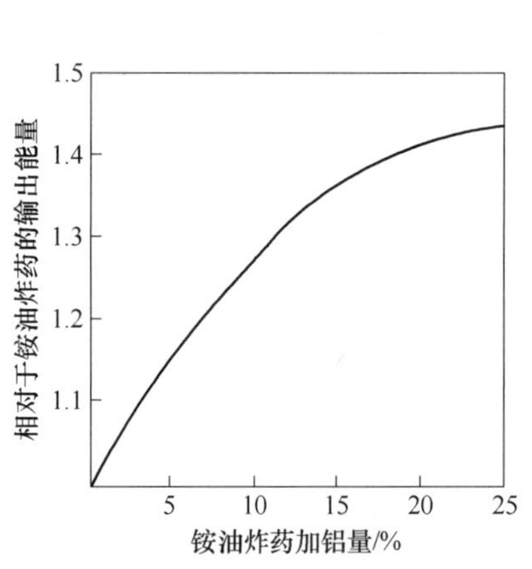

图 2　等重铵油炸药加铝量对提高炸药输出能量的影响

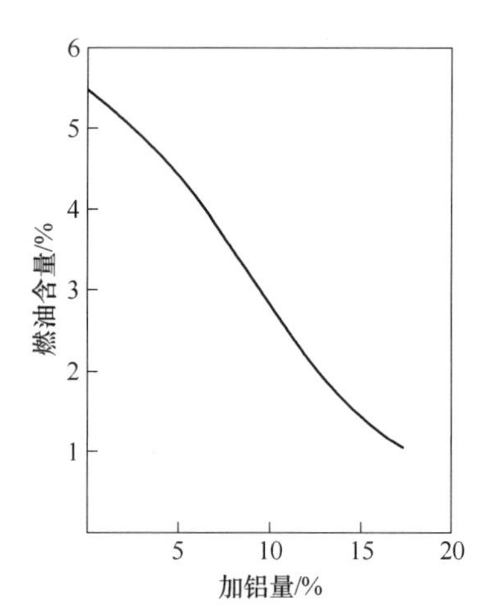

图 3　为了获得最大的能量输出不同铝粉添加量时所需的燃油百分含量

燃料级铝粉必须满足一定的规格要求，以保持活性。用于爆破剂的铝粉的通用规格是：

（1）尺寸：100%-18+150 目。如果理想的规格不能满足的话，-150 目的最大含量可允许为 1. 5%。

（2）纯度：Al>90%，用于浆状炸药和水胶炸药时镁的含量必须小于 0. 5%。

（3）粉尘：在散装混合操作中铝粉的添加应避免粉尘。

（4）密度：对散装混合来说，密度应是一致的，不应经常改变。

（5）流动性：对散装车装药时，添加的铝粉应是自由流动的。

铝粉颗粒的尺寸是重要的，因为颗粒大于20目时反应变慢，不能释放出全部的能量，而颗粒小于150目时有粉尘爆炸危险。铝粉的纯度对浆状炸药和乳化炸药比干混合物更为重要。铝粉中的杂质有可能产生电池反应，引起浆状炸药pH值的变化，并且由此破坏浆状炸药的胶凝体系。表1示出了一个铝粉供应商的产品规格。

表1

铝粉	用　途	规　格
VFN	金属化铵油炸药浆状和水胶爆破剂乳化爆破剂	纯度：99%Al，97%～99%-20+100目 平均密度：37磅/英尺^3
H-30	金属化铵油炸药浆状和水胶爆破剂乳化爆破剂	纯度：97%～98%Al，97%～99%-20+100目 平均密度：34磅/英尺^3
XX	金属化铵油炸药浆状和水胶爆破剂乳化爆破剂	纯度：91%～92%Al，97%～98%-18+100目 平均密度：54磅/英尺^3

注：密度可以在给定的范围内改变；1磅/英尺^3＝16.0185kg/m^3。

作为敏化剂，铝粉添加到浆状炸药中以提高起爆敏感度，即通过引入附加的“热点”反应中心来促进爆轰的传递。此外，铝粉可使气泡温度超过标准温度，这样就只需要较少“热点”，允许炸药在较高的密度下爆轰。铝粉可以与敏化气泡混用或取代后者，或者与猛炸药敏化剂（如TNT）一起使用，以制备小直径雷管敏感的炸药。这些雷管敏感的产品在贮存和运输时，应划归为炸药而不是爆破剂。

铝粉添加到硝酸铵基的炸药中不仅增大能量输出，而且也影响爆速、产生的压力和温度以及生成的气体的体积（图4）。

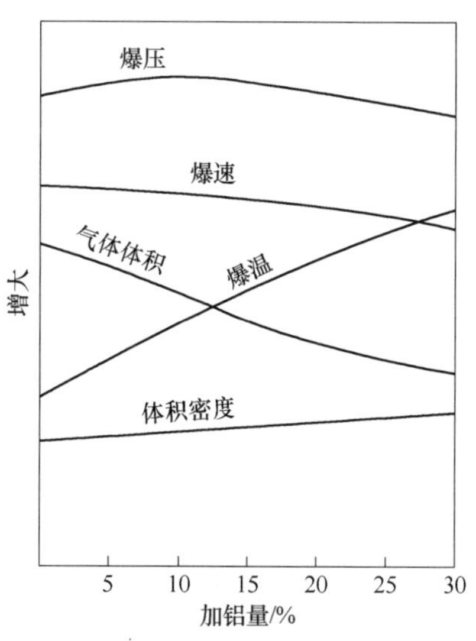

图4　增加铵油炸药中铝粉的含量对理想的爆速、爆压、爆温、生成气体的体积和散装密度的影响

在许多炸药产品的配方中含有铝粉或者可将铝粉掺合到混合物中。铵油炸药是目前作为散装炸药使用得最多的，利用铝粉增大铵油炸药的能量输出是世界范围内很通用的。由于这一点，铵油炸药被用作大多数其他硝铵基炸药的比较基础。

铵油炸药和铝化铵油炸药是相当便宜的爆炸能量源，目前还没有超过它们的品种。尽管铵油炸药固有的低体积威力可以利用铝粉来加以提高，但是它仍然缺乏抗水性。

铵油炸药的两个主要缺点——低体积威力和缺乏抗水性，通过引入浆状炸药和乳化炸药得以克服。这些产品是抗水的，且具有较高的体积威力（表 2）。

表 2

炸　药	密度/g · cm^{-3}	重量威力（铵油炸药=1.00）	相对于密度 0.85g/cm^3 铵油炸药的体积威力
铵油炸药	0.85	1.00	1.00
含铝铵油炸药（5%Al）	0.87	1.13	1.16
含铝铵油炸药（7%Al）	0.88	1.18	1.22
含铝铵油炸药（10%Al）	0.93	1.24	1.36
含铝铵油炸药（15%Al）	0.96	1.35	1.53
浆状炸药（0%Al）	1.20	0.85	1.20
浆状炸药（5%Al）	1.25	0.89	1.34
浆状炸药（7%Al）	1.30	1.00	1.53
浆状炸药（10%Al）	1.35	1.06	1.68
浆状炸药（15%Al）	1.40	1.15	1.89
乳化炸药（0%Al）	1.20	0.85	1.20
乳化炸药（5%Al）	1.32	0.89	1.38
乳化炸药（7%Al）	1.33	1.00	1.56
乳化炸药（10%Al）	1.34	1.06	1.67
铵油炸药+55%乳化炸药（0%Al）	1.40	0.82	1.35
铵油炸药+55%乳化炸药（5%Al）	1.40	0.94	1.55
铵油炸药+55%乳化炸药（7%Al）	1.40	0.99	1.63

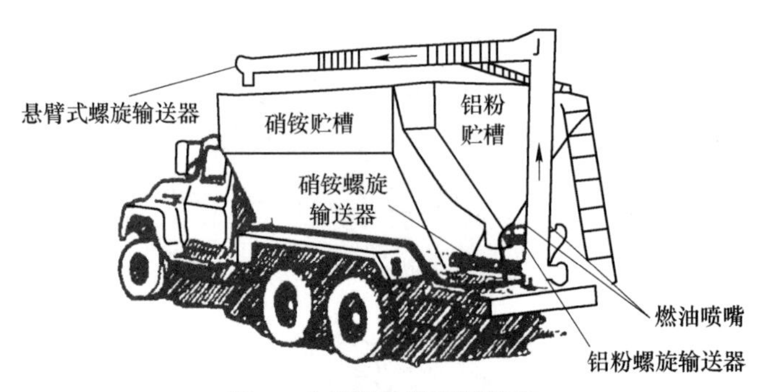

图 5　含铝铵油炸药混装车

虽然较高的体积威力已达到，但是添加到混合物中的水对这些产品却起着稀释剂的作用，其结果是重量威力的降低。这些产品的主要缺点是它们的成本高，通常又是黏稠的混合物。

重铵油炸药兼备了铵油炸药低成本和乳化炸药有抗水性这两个优点。重铵油炸药是由在其中含有乳胶基质的不同百分含量的铵油炸药组成的，它可以满足广范围的体积威力和抗水性的要求。由于混合物含有低成本的铵油炸药和高成本的乳化炸药，所以它的成本介于这两种极端情况之间。重铵油炸药已经很快地渗入澳大利亚、南非和北美的炸药市场。铝粉添加到重铵油炸药产品也可以明显增大爆炸释放的能量，它的使用在一定范围内可以提供潜在的效益。

输送系统

取决于经营者对炸药的需要，可以利用特殊的安装在汽车上的散装输送系统来满足要求。这些系统繁简不一，有能输送铵油炸药、浆状炸药或者乳化炸药的相当简单的装置，也有能输送铵油炸药和乳化炸药，或者二者混合产品的复杂装置。

炸药制造厂商正在继续致力于扩大炸药产品的品种和可利用的能量。铝粉添加到这些产品中会增大炸药的能量输出和密度，其结果是增大炸药的重量威力和体积威力。铝粉在降低采矿作业的生产成本方面会继续起重要作用，因采矿成本取决于有效的钻孔和爆破作业。

（译自美国《E&MJ》，1989，№ 2，58-60）

化学气泡敏化的乳化炸药压死过程的实验和模拟研究

瑞典岩石工程研究基金会　聂树林

摘　要：研究了化学气泡敏化的乳化炸药的爆轰性，进行了钢管中的爆炸实验及计算机模拟。研究表明，被试炸药在压死前能承受 17MPa 的压力。且压力解除后，炸药爆轰性随即恢复。此外，计算机模拟显示，压死是一个非常短暂的过程约 3ms。爆轰性恢复时间取决于压力解除速度，也非常短。模拟结果与实验数据相吻合。并叙述了该炸药的特性、实验设计及过程、模拟原则、算法以及最后结果。

关键词：炸药　乳化　压死　爆轰性

1　引言

乳化炸药包含两种物理成分：（1）乳胶基质和（2）敏化剂或密度调节剂。乳胶基质包括作为乳胶分散相的无机氧化剂水溶液和作为乳胶连续相的碳质燃料。敏化剂可以是空心玻璃微球（GMB）或化学反应或机械充气方式产生的气泡。在乳化炸药起爆过程中，敏化剂充当了“热点”的作用。

当乳化炸药受压时，乳胶基质可能开始析晶，GMB 可能破裂以及气泡可能严重缩小。倘若基质或敏化剂遭到破坏，炸药的爆轰性将降低（Matsuzawa et al，1982；Reddy & Beitel 1989；Hanasaki et al，1993）。更糟糕的情况是，出现压死的结果。

在瑞典岩石工程研究基金会（SveBeFo）进行了 4 种乳化炸药的研究，其中 3 种为 GMB 敏化，另一种为化学气泡敏化。这些研究的主要目的是查明乳化炸药的抗预压能力和压死机理。

本文介绍了化学气泡敏化的乳化炸药方面的研究，其他研究结果可从参考文献中获得（Nie，1997）。

2　实验研究

2.1　气泡敏化乳化炸药的制备和物理性能

诺贝尔公司为该研究一次性生产了约 200kg 的乳胶基质，其密度为 1360kg/m^3。然后，采用该公司提供的技术对乳胶基质进行化学气泡敏化。

气泡敏化 24 小时后炸药的最终密度为 1200kg/m^3。在普通的爆破实践中，发泡过程仅为几分钟。但是在本研究中，我们必须抑制反应速度，因为最好是在气泡形成之前将炸药

本文原载于《国外金属矿山》，1999（2）：49-56。

混合物装入铁管。这样一来，形成气泡的反应在铁管中进行，从而避免由于装药过程中可能对气泡的损坏。此外，在气泡形成前炸药的黏度非常低，有利于装药。这样，为了获得恰到好处的发泡速度和最终设计密度，初步建立了室内实验。发泡剂的数量和浓度由这些室内实验确定。业已发现，发泡技术是可靠的，发泡过程有很好的再现性，气泡最终体积含量为11.8%（Nie，1997）。

2.2　测试方法和步骤

实验配置如图1所示。钢管内径为52mm，壁厚4mm，长约1.5m。基于以下考虑确定了钢管的尺寸（Nie，1993）：

（1）装药直径必须大大超过被试炸药的临界直径。

（2）装药长度必须远远超过被试炸药的起爆或衰减距离，以避免由起爆药包所产生的不稳定爆轰的影响。

（3）装药长度必须大于熄灭距离，这种熄灭距离与密度达到压死密度范围时的第二类炸药有关（Price，1966）。

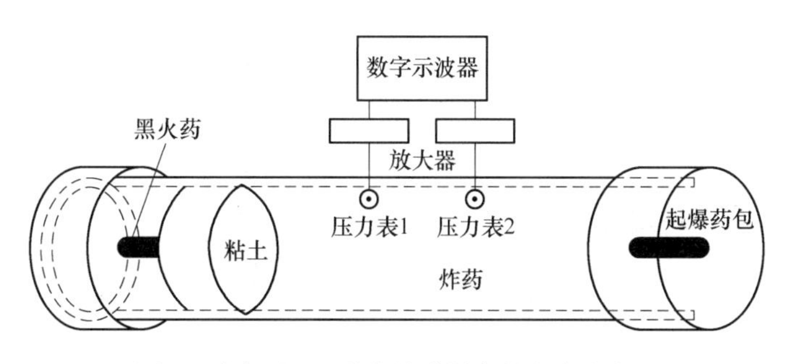

图1　动态预压下乳化炸药爆轰性的实验方法

在黏土缓冲垫安放在右端以后，乳胶基质与发泡剂适当混合，然后将混合物装入钢管，余下的是约24小时的发泡过程。

恰在爆炸实验之前，压力计、黑火药和起爆药包依次安装，陶瓷压力计（Nie et al，1993）传来的信号由1只LeCroy数字示波器记录。起爆药包由1只8号延期电雷管和1只50g压装的PETN和TNT的起爆药柱组成。

当起爆黑火药和雷管被引爆后，乳化炸药的爆轰性可通过实验现场的目测来确定。如果炸药被压死，通常可以回收到长约1m的钢管和散落在四周的炸药。否则，钢管和炸药都找不到。

曾试图用1只VODR-1爆速仪测量沿钢管的连续爆速（VOD），但由于当时VODR-1爆速仪发生了故障，没有获得对爆速有价值的资料，这样，炸药在不同爆炸中的性质不能定量化。然而，根据地面振动和空气中冲击波，已经观察到不同爆炸中炸药的性能是不一样的，这些振动和冲击波取决于预压大小。

2.3　实验结果

在图2中，炸药的爆轰性表示为峰值压力与等待时间的关系。“等待时间”被定义为预压抵达炸药的时间与炸药被起爆药包引爆的时间的差值，在图 3(a)、(b) 中展示了两组预压压力分布，分别对应于图 2 中被标示为 a、b 的测试点。

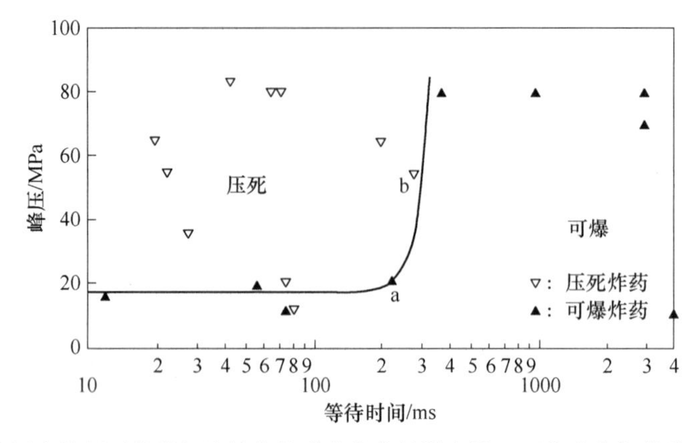

图 2　动态压力作用下化学气泡敏化的乳化炸药的爆轰性、压力峰值与等待时间的关系
(图中 a、b 分别为图 3(a)、(b) 中预压压力分布的测试点)

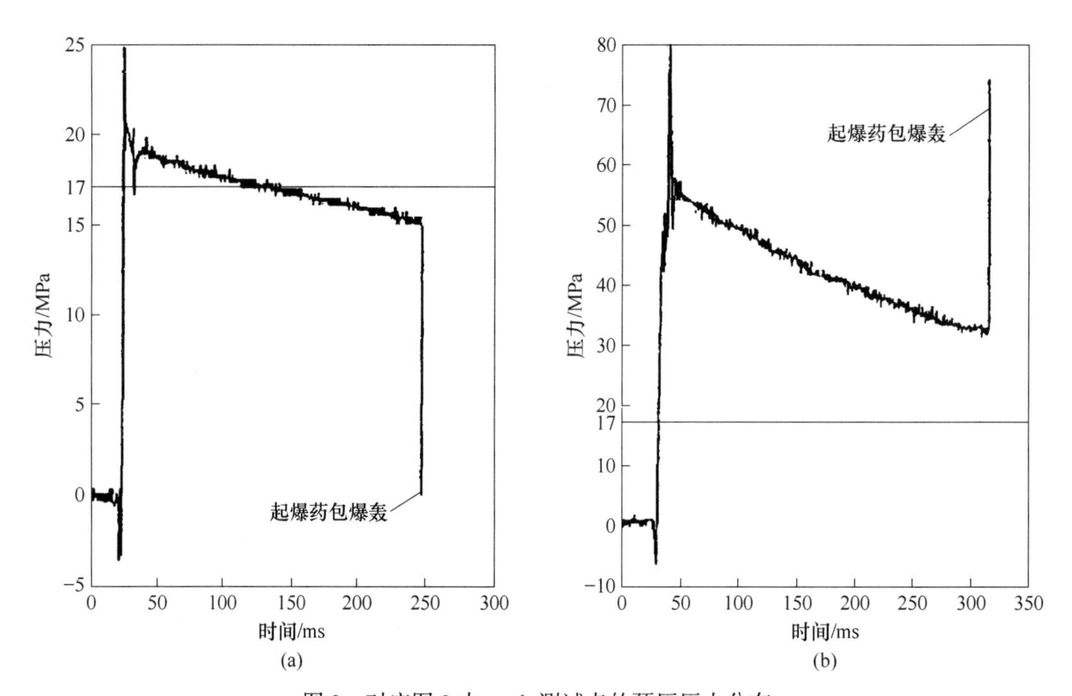

图 3　对应图 2 中 a、b 测试点的预压压力分布
(a) 起爆瞬间预压已降至低于 17MPa；(b) 尽管起爆瞬间预压压力正在下降，但仍高于 17MPa

可以得出以下结论：

(1) 实验炸药在压死之前可承受 17MPa 的压力。

(2) 实验炸药爆轰性恢复迅速。一旦压力降至 17MPa 以下气泡敏化的乳化炸药即可爆轰。这种爆轰性的快速恢复在 GMB 敏化的乳化炸药中没有观察到 (Nie，1997)。

休伊多布罗和奥斯汀也观察到气泡敏化的乳化炸药爆轰性快速恢复的特性 (Huidobro & Austin，1992)。

3　动态压死的计算机模拟和爆轰性恢复

为了认识气泡敏化乳化炸药动态压死过程和爆轰性恢复的情况，进行了计算机模拟。气泡折合成氮气，因其状态方程和其他热力学性质已知，因此能很好地描述在预压中所发生的动态过程。通过模拟，可以估算出压死所需的时间和压死之后爆轰性恢复所需的时间。

3.1　起爆和压死机理

起爆机理　猛炸药在一空腔中引爆涉及多种起爆机理，例如包括流体动力学机理（射流）、气体在空腔中的绝热压缩及空腔附近的粘塑性温升。弗雷（1985）将这种分析应用于乳化炸药，该乳化炸药的性能见3.3节。从中可见，微球或气泡周围基质的粘滞热所致温升应是该炸药冲击起爆的主要机理。

在该模拟中，起爆机理被假定为乳胶基质粘滞热所致温升和气泡压缩产热所致温升。粘滞增热及压缩气泡将加热气泡周围的乳胶基质，当乳胶基质达到临界温度时，将开始燃烧并最终起爆。根据差热分析的结果（Engsbraten，1995；Nie，1997），临界温度确定为300℃。

压死机理　压死是上述起爆机理的起爆失败，该模拟压死机理建议应用如下模型。

在预压过程中，乳胶基质向里流入气泡中，这种流动导致乳胶基质本身粘滞温升和对气泡的压缩，气泡体积减小。但是，正如气体状态方程所确定的那样，气泡温度因而升高并高于其周围的基质。因此，所产生的热量从气泡散逸到乳胶基质中（Hanasaki et al，1993）。这种热量的散失将使气泡温度降低。倘若压力没有下降的话，气泡体积将降低。

当气泡处于低温和细小状态时，炸药被一起爆药包冲击起爆的话，由于粘热温升及气泡压力不足，炸药可能不会被引爆。

爆轰性恢复机理　随着预压力的解除，气泡膨胀。当气泡体积增大，其温度相应降低。当气泡温度低于乳胶基质温度时，气泡将从乳胶基质中获得热量。气泡状态将逐渐地回复到炸药可被爆轰的程度。

3.2　计算算法

几何外形和单元分布　假定球对称，计算利用球坐标系统进行，坐标原点位于气泡中心。气泡周围乳胶基质被分成各个球面（见图4）。

预压压力分布、起爆和爆轰性恢复　预压力假定为一简化分布。在0.1ms内由1atm（10.1325kPa）增大到17MPa，然后维持为17MPa，这是基于实验量测的理想化分布（Nie，1997）。起爆压力是一大小为19.8GPa的冲击波，这是从爆轰的起爆药包传递到乳胶基质的冲击压力，这种压力可由阻抗匹配法估算到（Nie，1997）。

为模拟爆轰性的恢复，在等待时间为20ms之后，预压力从17MPa一步解除到1atm。正如后面所述的那样，这20ms的等待时间之后，根据气泡体积减小和温度降低的判断，预压不再能对炸药造成足够的损失。

但是，这种压力解除是一种人为的情况。在实际岩石爆破中总是有一个压力衰减时间，恢复过程可划分为三个独立阶段。在第一阶段，外部压力降至某一水平。在第二阶

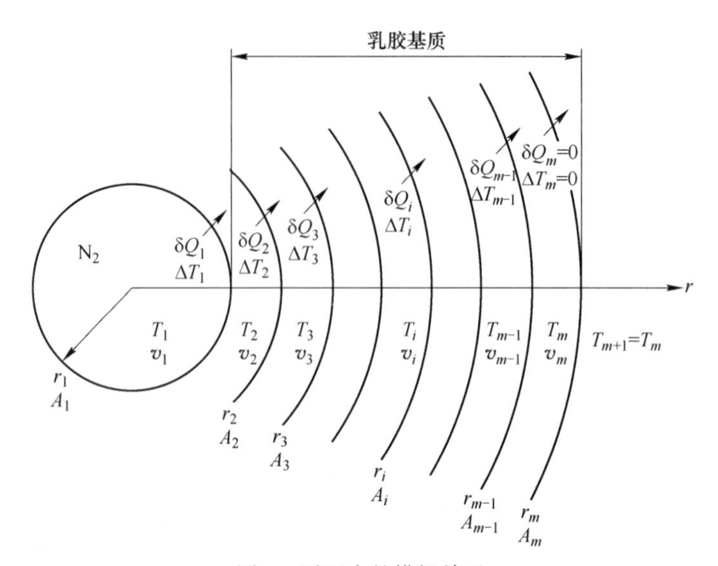

图 4　平面中的模拟单元

（模拟起始条件 r_1 = 100μm、r_m = 204.2μm（Nie，1997），相当于气泡体积占 11.8%）

段，炸药中内部压力被解除。第三阶段，气泡膨胀，气泡状态达到炸药可重新爆轰的地步。

因此总的恢复时间约为这三个阶段所需时间的总和。第二阶段所需的时间，即外部压力解降所需的时间取决于外部压力的特性。例如，依照现场压力测量（Nie，1997），岩石中的压力降至大气压需 10~40ms。另一方面，第二阶段所需时间，即内部压力的解除所需时间取决于炸药的声速。例如当稀疏波在炮孔中心及孔壁来回反射几次时（约 5~10 次），炮孔中心的炸药将被应力解除，由于稀疏波在炸药中以声速传播，且在被研究的气泡敏化的乳化炸药中声速为 100~200m/s 的数量级（Nie，1997），在一直径为 50mm 的炮孔中，炸药的内部应力解除时间为 0.6~2.5ms。

必须强调的是，这里所描述的模拟仅是模拟恢复过程的最后一阶段，即气泡本身的复原。这样，得到的恢复时间仅为实际恢复时间的一部分。

流程图　流程图示于图 5。在每次时间循环中执行 4 个主要计算。流程图中分别被标示为（1），（2），（3）和（4）。

对应各计算的基本方程分述如下：

（1）基质的粘滞流及总温升　与气泡相比，乳胶基质的可压缩性可以忽略不计。因此，在模拟中假定乳胶基质是不可压缩的，对于粘性不可压缩流体流动由 Navier-Stokes 方程（方程（1））和连续方程（方程（2））（Acheson，1990）来决定。

$$\frac{\partial u_{\mathrm{r}}}{\partial t}+(u\cdot\nabla)u_{\mathrm{r}}=-\frac{1}{\rho_{\mathrm{m}}}\frac{\partial p}{\partial r}+\frac{\mu}{\rho_{\mathrm{m}}}\left(\nabla^{2}u_{\mathrm{r}}-\frac{2u_{\mathrm{r}}}{r^{2}}\right) \tag{1}$$

$$\nabla\cdot u=0 \tag{2}$$

式中　u_{r}——线速度，m/s；

t——时间，s；

u——速度矢量=在球对称流动中的 $\{u_{\mathrm{r}},\ 0,\ 0\}$；

ρ_m——乳胶基质密度，kg/m³；

p——乳胶基质压力，Pa；

r——半径，m；

μ——乳胶基质黏度，Pa · s。

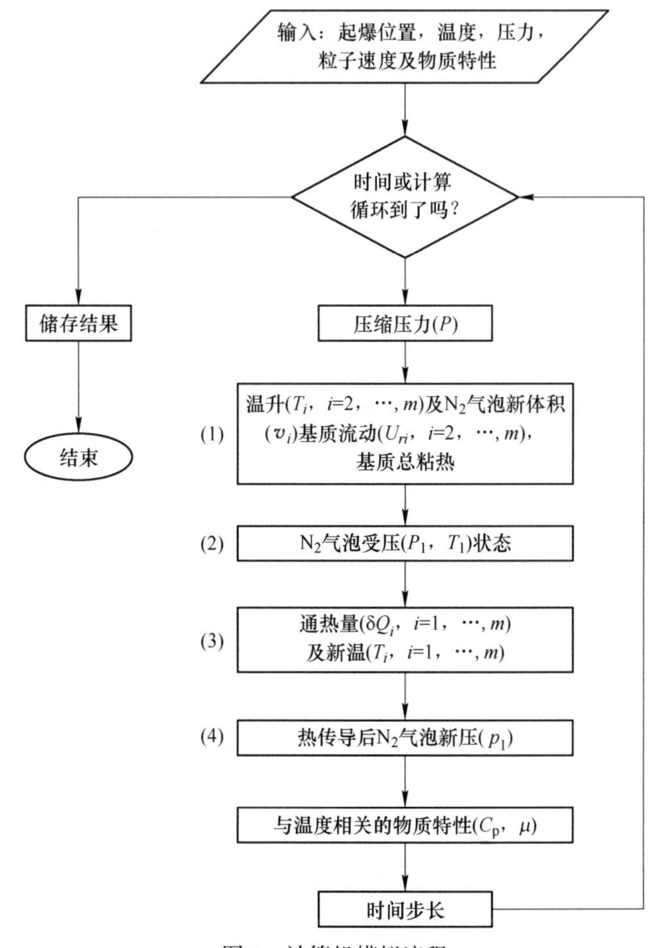

图 5　计算机模拟流程

每单位时间单位体积以粘热散逸的能量为（Acheson，1990）：

$$E = 2\mu(e_{rr}^2 + e_{\theta\theta}^2 + e_{ff}^2 + 2e_{\theta f}^2 + 2e_{fr}^2 + 2e_{r\theta}^2) \tag{3}$$

式中　$e_{rr}^2 \sim e_{r\theta}^2$——应变率张量的分量。

考虑到球对称，方程（1）、（2）、（3）可分别简化为：

$$\frac{\partial u_r}{\partial t} + \frac{1}{\rho_m}\frac{\partial p}{\partial r} - \frac{2u_r^2}{r} = 0 \tag{4}$$

$$\frac{\partial u_r}{\partial r} = -\frac{2u_r}{r} \tag{5}$$

$$E = 12\mu\left(\frac{u_r}{r}\right)^2 \tag{6}$$

从而，由于粘热所致乳胶基质单元的温度为 $E/(\rho_m \cdot C_{pm})$，式中 C_{pm} 为乳胶基质定压比热。

联立解方程（4）和（5），可求出每个时间步长的最后的乳胶基质流速及气泡最终体积（v_1）。

（2）压缩气泡的状态　随着热量由气泡传向周围基质，气泡压缩被模拟成绝热过程。绝热过程，$dS=0$，意味着：

$$de + p_1 dv_1 = 0 \tag{7}$$

或

$$nC_V dT_1 + T_1 \left(\frac{\partial p_1}{\partial T_1}\right) V_1 dv_1 = 0 \tag{8}$$

式中　S——熵，J；

e——内能，J；

p_1，v_1，T_1——气泡状态参数：压力（Pa），体积（m^3），温度（K）；

n——每个气泡的气体量，mol；

C_V——N_2 的定容比热，J/(K · mol)。

对 N_2 应用范德瓦尔斯（vander Waals）状态方程（方程（9））。

$$\left(p_1 + \frac{an^2}{v_1^2}\right)(v_1 - nb) = nRT_1 \tag{9}$$

式中　a，b——N_2 的范德瓦尔斯常数（见 3.3 节）；

R——气体常数 = 8.31541J/K · mol^{-1}。

此外，在 300~1500K 的范围内，温度与比热的关系可表示为：

$$C_V = a_1 + b_1 T_1 + \frac{c_1}{T_1^2} \tag{10}$$

式中　a_1，b_1，c_1———常数（见 3.3 节）。

对方程（8）、（9）及（10）进行数学运算可得：

$$a_1 \ln T_1 + b_1 T_1 - \frac{c_1}{2T_1^2} + R\ln(v_1 - nb) - k = 0 \tag{11}$$

式中　$k = \ln[T_0^{a_1}(v_0 - nb)^R] + b_1 T_0 - \dfrac{c_1}{2T_0^2}$；

v_0——气泡初始体积，m^3；

T_0——气泡初始温度，K。

给出由乳胶基质流确定的体积 v_1，用方程（11）可解出 T_1，然后由方程（9）可获得 p_1。

（3）单元间的热通量及总温度的变化　热量由气泡传递给周围乳胶基质发生在整个气泡表面，假定它是温度差值的线性函数，它可由方程（12）解出：

$$\delta Q_1 = \alpha A_1 \cdot \Delta T_1 \cdot \delta t \tag{12}$$

式中　δQ_1—— 1 个氮气气泡在时间 δt 内向乳胶基质（图 4）传递的热量，J；

α——热传递系数，W/(m^2 · K)；

A_1——氮气泡的表面积 = $4\pi r^2$，m^2；

r_1——氮气泡半径，m；

ΔT_1——氮气泡与其周围基质单元的温差，K；

δt——循环时间，s。

任两个相邻乳胶基质单元的热传导可由下式计算出：

$$\delta Q_i = \left(\frac{\lambda}{\Delta r_i}\right) A_i \Delta T_i \delta t \tag{13}$$

式中　i——乳胶基质单元数= 2，3，…，m（见图4）；

δQ_i，ΔT_i，Δr_i——分别为热通量（J）、温差（K）和第 i 个与第（i+1）个乳胶基质单元间的距离（见图4）；

λ——基质导热率，W/(m·K)；

A_i——第 i 个和第（i+1）个乳胶基质单元间球面面积，m^2。

热传递之后，气泡温度，$(T_1)_{新}$ 和乳胶基质温度 $(T_i)_{新}$ 为：

$$(T_1)_{新} = (T_1)_{原} - \frac{\delta Q_1}{nC_p} \tag{14}$$

$$(T_i)_{新} = \frac{\delta Q_{i-1} - \delta Q_i}{\rho_m C_{pm} v_i} + (T_i)_{原} \quad i = 2, \cdots, m \tag{15}$$

式中　C_p——氮气的定压比热，J/(K·mol)；

C_{pm}——乳胶基质的定压比热，J/(K·kg)。

（4）热传递后气泡压力　由于 v_1 和 $(T_1)_{新}$ 在这一阶段中已知，气泡压力 $(P_1)_{新}$ 可由解方程（9）得知。

3.3　模拟中所使用的物质的特性

乳胶基质的特性：

（1）20℃时密度：$\rho_m = 1360kg/m^3$。

（2）比热：$C_{pm} = 1080J/(K \cdot kg)$（Hanasaki et al，1993）。

（3）临界起爆温度：300℃（Engsbraten，1995；Nie，1997）。

（4）黏度：$\mu = 1.60765 \times 10^{12} / T^{4.25477}$ Pa（Engsbraten，1995；Nie，1997）。

氮气的性质：

（5）20℃及1atm下的密度：$\rho_N = 1.165kg/m^3$。

（6）定压比热：$C_p = 28.58 + 3.77 \times 10^{-3} T - 0.5 \times 10^5 / T^2$ J/(K·mol)（Atkins，1990）。

（7）范德瓦尔斯状态方程：$(p_1 + an^2/v_1^2)(v_1 - nb) = nRT_1$；式中 $a = 0.140835m^6Pa/mol^2$ 和 $b = 3.913 \times 10^{-5} m^3/mol$（Atkins，1990）。

（8）氮气泡初始状态：半径 $r_0 = 100\mu m = 10^{-4}m$；温度 $T_0 = 20℃ = 293K$；压力 $P_0 = 1$ 个大气压 $= 1.0132 \times 10^5 Pa$。

（9）1个气泡中的氮气量：$n = \rho_N v_0 / 0.028 = 1.7428 \times 10^{-10} mol$。

热传导率常量：

（1）氮气与乳胶基质间的热传递系数：$\alpha = 4190W/(m^2 \cdot K)$（Hanasaki et al，1993）。

（2）乳胶基质导热率：$\lambda = 0.209W/(m \cdot K)$（Hanasaki et al，1993）。

3.4　模拟结果

压死过程　图6显示在预压过程中氮气泡的半径和温度的变化，开始半径减小很快，但随后较为缓慢。另一方面，温度由于压缩起先增长，尔后由于热量传向乳胶基质而降低。在受压 1ms 之后，可发现半径和温度下降非常慢。20ms 之后，不再有大的下降。

图 6 还显示靠近氮气泡的乳胶基质单元由于粘滞热及从氮气泡中获得热量首先升温，但因其对其他温度较低单元进行传热温度随后降低。

如果炸药在压缩过程中被起爆药包引爆的话，由于起爆瞬间氮气泡的不同状态及不同基质温度，冲击将在乳胶基质中诱发不同的温度。图 7 展示氮气泡附近乳胶基质单元的冲击诱导温度（基质中的最高温度）如何随等待时间的增大而减小的。按照该图，炸药压死的等待时间大于 3ms。

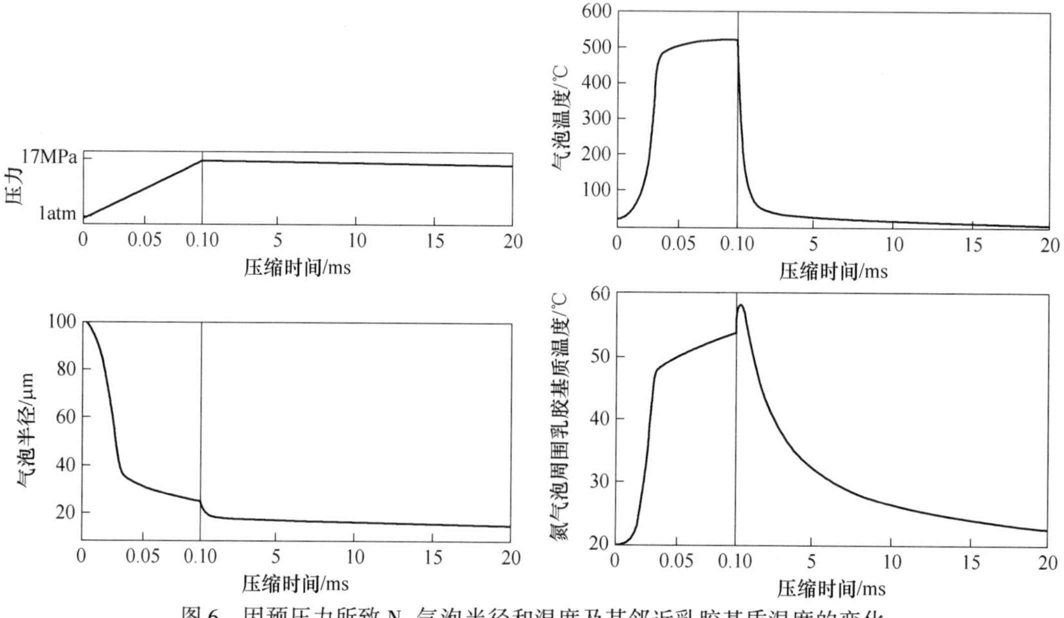

图 6　因预压力所致 N_2 气泡半径和温度及其邻近乳胶基质温度的变化

（左图显示了预压过程中相应压力分布，注意与时间刻度联系使用，1atm = 10. 1325kPa）

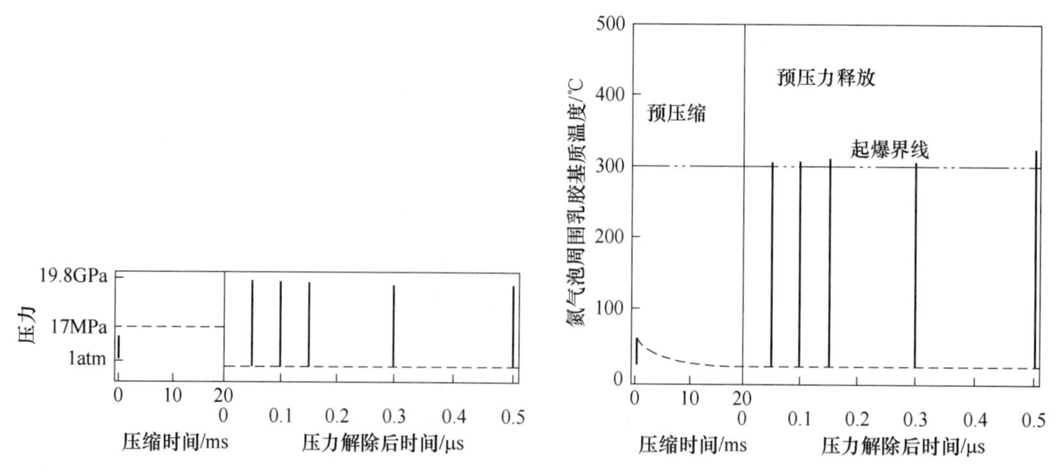

图 7　预压过程中，在不同等待时间下用起爆药包起爆时对氮气气泡周围乳胶基质单元所诱发的温度

（左图为相应的压力分布，虚线对应预压）

爆轰性恢复　当预压力解除，气泡将膨胀。这时，如果炸药被起爆药包引爆，乳胶基质中将会被诱发一新的温度。图8显示压力解除后，氮气气泡附近乳胶基质单元中的冲击诱发温度。据图8，炸药在压力解除50ns后可重新爆轰。

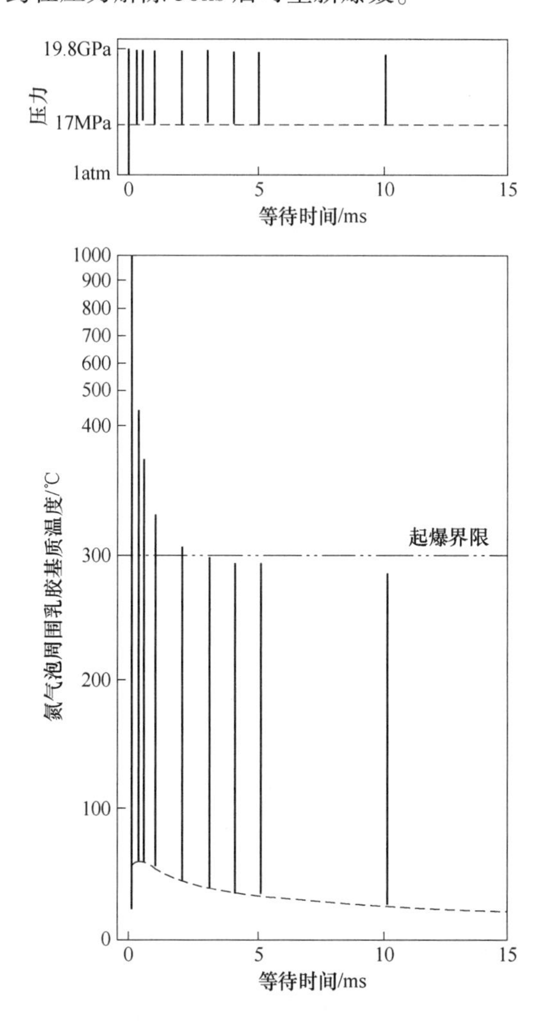

图8　预压力解除后，在不同时间下用起爆药包起爆时对氮气泡周围乳胶基质单元所诱发的温度
（上图为相应的压力分布，虚线对应预压和压力释放，注意与时间刻度结合使用）

但是，如3.2节所述，这50ns恢复时间仅为总恢复时间的一部分。实际上，爆轰恢复的直观时间为这50ns再加上外部和内部压力释放所需的时间，这种压力释放所需要的时间为10ms的数量级（见3.2节）。在这种情况下，50ns可以忽略不计。因此，整个的恢复时间由外部和内部压力释放所需时间来决定。一旦外部和内部压力释放了，炸药又将可爆轰。这种现象已在爆破实验中观察到。

它亦显示了粘热温升是起爆的主要机理。

3.5　本模拟的讨论

本模拟的目的就是为动态压死和恢复过程提供一个工程估计。所用的必要假设和简化可能会影响到模拟结果的精确性和真实性。下面是所涉及的假定和简化说明：

简化：

（1）模型是一维的。

（2）气泡大小一致、在乳胶基质中均匀分布且互不干涉。

（3）预压缩、压力释放及起爆时的压力分布都简化了。

（4）乳胶基质的许多物质特性数据都取自文献或类似的乳化炸药的数据。

预压缩及压力释放模拟中涉及的假定：

（P_1）气泡中的氮气遵循范德瓦尔斯状态方程。

（P_2）乳胶基质不可压缩。

（P_3）乳胶基质黏度仅仅取决于温度。

起爆模拟中涉及的假定：

（I_1）气泡中的氮气遵循范德瓦尔斯状态方程。

（I_2）乳胶基质不可压缩。

（I_3）起爆机理为乳胶基质中的粘热和气泡中气体压缩。流体动力学机理即射流形变没有考虑。

（I_4）起爆阈值为300℃的临界温度。起爆和增压过程没有考虑。

（I_5）乳胶基质黏度仅取决于温度。

简化仅影响模拟的准确性，而假定既影响模拟结果的准确性又影响到其真实性。然而，在预压及压力释放模拟中应用假定 $P_1 \sim P_3$ 可以认为是对的，因为所考虑的压力水准相当低。

但是，假定 $I_1 \sim I_5$ 应用于模拟的有效性值得怀疑。正如（Nie，1997）中所述，在估计这些假定的影响方面已做过努力，但没有获得任何定量的结论。

4 结论

（1）就压死压力、压死过程及恢复时间而言，模拟所得结果与实验工作很吻合。

（2）假定的压死过程及爆轰性恢复机理能解释实验现象。

（3）所研究的炸药能承受17MPa的预压力。

（4）压死发生很快。模拟研究表明压死时间小于3ms。

（5）根据实验，气泡敏化的乳化炸药能很快恢复其爆轰性。按照模拟，恢复时间由内、外部压力的释放时间来决定。压力一旦解除该炸药马上恢复其爆轰性。这种特性微球敏化乳化炸药不具有，而为气泡敏化乳化炸药所独有。

（6）气泡尺寸缩小是压死的主要原因。

（7）气泡敏化乳化炸药起爆的主要机理为气泡周围乳胶基质的粘热温升，相比源于压缩气泡中的气体所产生的热量，这种影响较大。

参考文献

［1］Acheson，D. J. 1990. Elementary Fluid Dynamics. Oxford：Clarendon Press.

［2］Atkins，P. W. 1990. Physical Chemistry（4th edn）. Oxford，Mclbourne，Tokyo：Oxford University Press.

［3］Engsbraten. B. 1995. Private communication. Dyno Nobel AB.

[4] Frey. R. B. 1985. Cavity collapse in encrgctic materials. 8th International Sympasium on Detonation. Albuquerque. New Mexico. USA: 68-77.

[5] Hanasaki K. , Terada. M. , Sakutna, N. , Yoshida. E. & Matsuda. K. 1993. Studies on the sensitivity of dead pressed sturry explosives in delay blasting. Rock Fragmentation by Blasting-FRAGBLAST-4. Vienna. Austria: 395-400.

[6] Huidobro, J. & Austin, M. 1992. Shock sensitivity of various permissible explosives. 8th Annual Sympasium on Explosives and Blasting Research. International Society of Explosives Engineer Orlaudo, Florida. USA: 27-41.

[7] Matsuzawa. T. Murakami. M. , Ikeda. Y. & Yamamoto, K. 1982. Detonability at cmulsion explosives under variable pressure. Journal of the Industrial Explosives Society Japan 43 (5): 321-329.

[8] Nic, S. 1993. A method of studying the dynamic dead - pressing of non - cap - sensitive emulsion explosives. SveBeFo Report DS 1993: 3, Stockholm.

[9] Nic, S. 1997. Pressure desensitizinion of anfo and emulsion explosives. Doctoral Thesis 1016. Royal Institutc of Technology, Stockholm.

[10] Nic, S. , Persson. A. & Deng. J. 1993. Development of a pressure gage based on a piezo ccramic material. Experimental Techniques (May/June): 13-16.

[11] Price. D. 1966. Contrasting patterns in the behaviour of high explosives. 11th International Symposium on Combustion. California, USA: 693-701.

[12] Reddy, G. O. & Beitel. EP. 1989. Effect of pressure on shock sensitivity of emolsion explosives. 9th Symposiiton (International) on Detonation, Portland, Orcgon, USA: 585-592.

气泡敏化散装乳化炸药装填性能的现场监测

[加拿大] 澳瑞凯加拿大有限公司　杨瑞林

摘　要： 要知道气泡敏化的散装乳化炸药在炮孔中的密度不是直观。装药密度是影响炸药性能的关键参数之一。因此，为准确预测炸药的爆破效果以确保有效地使用这些产品，对气泡敏化的散装产品在炮孔中的特性进行监测很重要。

叙述了气泡敏化的乳化炸药的炮孔密度、密度梯度、装药连续性的现场监测技术，该项技术包括炮孔温度、压力的测量以及所选炮孔爆轰速度的测定。研究发现，炮泥对炮孔中炸药的压力没有产生明显影响；研究还显示炮孔组拱在装药后几小时显著地影响着炮孔压力；研究观测了不同产品沿装药的炮孔密度梯度与爆速的相互关系。

关键词： 乳化炸药　气泡敏化　装药密度　炮孔压力　现场监测

1　引言

炮孔的装药条件影响着炸药的爆轰行为。对气泡敏化的乳化炸药而言，炮孔密度是炮孔压力、温度和发泡程度的函数。因此，炮孔压力和温度的监测可以成为量化炸药在炮孔中密度的有效手段。乳化炸药能流入炮孔间贯穿的缝隙，炮孔中的流水可稀释炸药。目前，尚没有监测散装炸药在炮孔中装药一致性的专门技术，炮孔压力和温度的测量可以成为检查炮孔装药一致性的有效手段。压力和温度的任何波动都与炮孔条件变化（如炸药渗入裂隙、水的渗透）相关。

装填后气泡敏化的乳化炸药密度的变化基于两方面的原因：一是与乳胶基质的热传导有关；二是由于炮孔中温度和压力的影响而导致气体体积的改变。在有限的压力和温度范围内，单位重量的气泡敏化的乳化炸药的体积在很大程度上取决于炸药内气泡的体积，气体体积由理想气体定律确定。因产品热膨胀而导致温度对密度的影响可由实验室测量确定。因此，气泡敏化的散装乳化炸药密度可利用密度杯测量发泡了的及未发泡的乳化炸药密度、炮孔中量测到压力和温度进行计算。

本文叙述了确定气泡敏化的散装乳化炸药炮孔密度和密度梯度的现场监测技术。列举了两种典型的研究实例。这种监测技术是澳瑞凯（Orica）公司所应用的爆破监测及炸药特性技术的一个组成部分。

2　研究实例 1

在采石场炮孔中装入掺进了硝酸铵的气泡敏化的乳化炸药后，对炮孔压力和温度进行了现场测量，与此同时，也测量了同一炮孔的爆速。监测的目的是为了量化沿炮孔的密度

本文原载于《国外金属矿山》，1999（6）：51-55。

分布（特别是孔底的密度）以及为优化产品的发泡过程提供数据。

在 2 个炮孔内安装了孔内压力和温度传感器。为了检测密度梯度与爆速的关系，还测量了每个炮孔的爆速。如图 1 所示，1 号孔中药柱的底部和中部都安装了压力和温度量测装置，2 号孔仅在孔底安装了压力和温度量测装置。炮孔平均直径为 4 英寸（1 英寸=25.4mm），平均孔深为 45 英尺（1 英尺=0.3048 m）。

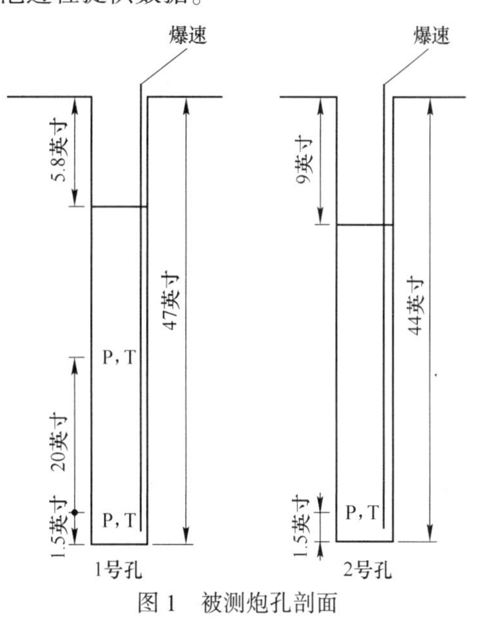

图 1　被测炮孔剖面

2.1　炮孔压力和温度测量数据

1 号孔孔底传感器的压力曲线记录显示约 8.5 磅/英寸^2（1 磅/英寸^2 = 6.89kPa）的恒定补偿压力，这是由于炮孔中有水造成的（装药前测得传感器以上水柱为 22.5 英尺）。在炮孔中部传感器记录的装药前的补偿压力为 1.5 磅/英寸^2，这与传感器以上水柱长度（2 英尺）是一致的。

孔底温度比炮孔上部温度低（差 8℃），温度差异可归因于不同深度的地层温度以及炮孔中水对底部装药的影响。压力迹线显示压力随装药而增大随后逐渐降低。

在装药 2 小时后进行堵孔，没有发现因堵孔而造成压力增加，这表明炮孔直径（4 英寸）很小足以造成坍落的岩石成拱以致传感器上没有记录到压力的增加。

随着炮孔装药的进行，炮孔温度和压力迹线没有出现反常。2 孔中压力先达到峰值然后逐渐下降，装药后 1 小时 45 分钟停止测量。装药后压力增加被认为是由于药体发泡所致，直到测量最后一刻，压力值持续下降。药体温度由于岩体温度较低而下降。压力缓慢下降意味着炮孔中药体的压力不仅是由于传感器以上药体的重量（静压）和发泡引起，而且还与药体局部组拱有关。如果由于发泡使药体能在炮孔中自由移动的话，那么量测到的压力值肯定是一个常数（等于由于传感器以上药体重量所造成的静压）。

装药后药体中的最大压力以及达到最大压力所需时间与发泡反应相关。压力降至一常数所需时间与发泡反应、药体黏度、炮孔壁的组拱效应及炮孔直径相关。为全面了解各因素对压力变化的影响有必要进一步研究。

2.2　炮孔密度及爆速测量值

对于气泡敏化的乳化炸药，炮孔密度是炮孔压力和温度的函数。几种杯密度❶及相应温度被用作被测炮孔未发泡和完全发泡了的乳化炸药的值。业已发现，对不同的试样其结果是一致的。用测量到的压力和温度可以计算炮孔密度。表 1 示出了装药后 1 小时 45 分钟的炮孔压力、温度和计算密度。由于爆速与炸药装药密度有关，因此被测炮孔爆速是检

❶　杯密度为利用密度杯测定的密度。——译者注

验药体发泡和装药一致性的有效手段，爆速值由装在孔内的设施记录。表 1 也将爆速与炮孔中各监测点的计算密度作了对比。由此可见，高爆速值对应高密度值。爆速变化与炮孔密度对应较好。

表 1　装药后 1 小时 45 分钟炮孔中压力、温度、爆速及计算密度

炮　孔	1 号		2 号
距药柱顶端的距离/英尺	19.6	39.6	33.2
温度/℃	19	11.6	10.3
压力/磅·英寸$^{-2}$	12.2	24	22
计算密度/g·cm^{-3}	1.19	1.25	1.24
爆速/m·s^{-1}	4220	4900	5190

2.3　测得压力与计算压力的对比

测得压力与以传感器以上药柱计算所得的静压以及药体计算密度（装药后 1 小时 45 分钟）的对比示于表 2。对比表明，不同炮孔中所测得的压力比用传感器以上药柱计算所得到的压力要高（2~6 磅/英寸^2）。表 2 结果还表明，药体中的压力不仅由药体重量引起而且还与炮孔的封堵物有关。

表 2　测量压力与由装药药柱计算出静压（装药后 1 小时 45 分钟）之比较

炮　孔	1 号		2 号
距药柱顶端的距离/英尺	19.6	39.6	33.2
装药后 1 小时 45 分钟测得的压力/磅·英寸$^{-2}$	12.2	24	22
据药柱计算的静压（未考虑堵塞物重量）/磅·英寸$^{-2}$	9.6	19.7	16.5
装药前水深/英尺	24		1
堵塞物长度/英尺（碎石）	5.8		9

3　研究实例 2

该研究涉及一露天矿大直径炮孔的装药。炮孔的直径为 15 英寸，孔深为 50 英尺。图 2 展示了配置了温度和静压传感器的炮孔剖面（1 号、2 号、3 号、4 号）。为检验密度梯度与爆速的对应关系，还测量了炮孔的爆速。

炮孔的温度和静压的记录工作从装药前约 40 分钟开始直到装药后约 48 小时。5 天后（即装药后 7 天），重新记录炮孔中的压力和温度。

所有传感器都成功地记录到了压力和温度。所记录的温度和压力迹线没有显示出与炮孔装药连续性任何反常现象。装药后约 4 小时堵孔，在孔底装入掺和的乳化炸药温度约为 53℃左右，然后药体温度缓慢地降至约 2.4℃。压力曲线显示压力随装药增大，然后下降。堵孔时压力陡然上升，尔后稍降，最后微微增至一几乎恒定值。这一缓慢稳定增压可能是由于堵塞物在炮孔中组拱的蠕动所产生的效应。由于岩体温度较低而导致药体温度下降。

带时间延长线的 3 号孔的压力如图 3 所示。由图可见，装药后 4 小时孔底的压力仍在下降，这种现象与研究实例 1 记录到的压力轮廓相一致。压力下降再次表明，药体中的压

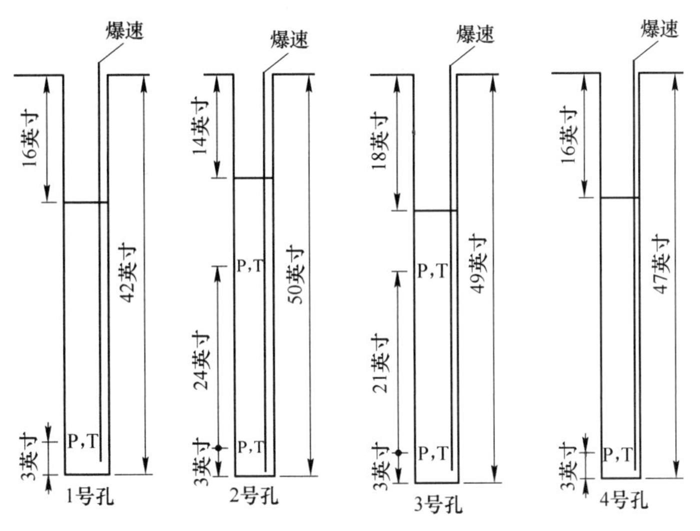

图 2　研究实例 2 中被测孔的剖面

力不仅是由于传感器以上的药体的重量（静压）引起，而且与约束条件及孔壁与药体的摩擦效应有关。如果药体能在炮孔中自由移动的话，那么所量测到的压力值必然是一个常数（等于传感器以上药体重量加上一些水压头）。从孔顶传感器所得的压力迹线为一常数，这是因为该传感器以上的药体的长度仅为 0.7 英尺，孔壁对药体的约束非常微弱。

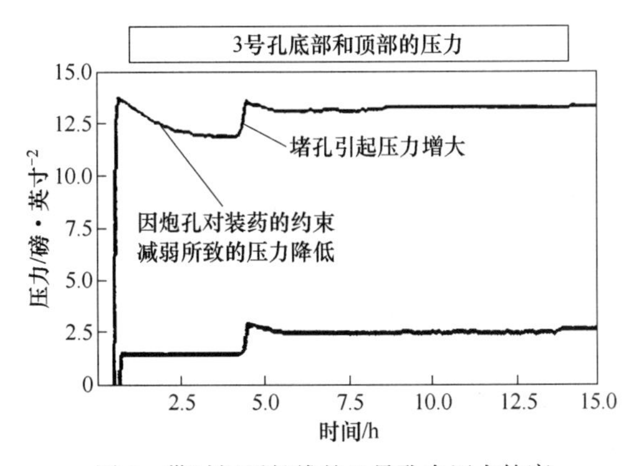

图 3　带时间延长线的 3 号孔中压力轮廓

由堵塞物而造成的压力增加值仅为 2~5 磅/英寸^2（压力紧接着有一微降）。因堵塞物而造成的压力增加值远远小于由堵塞物总重量可能造成的压力。因此，即使在非常大的炮孔中组拱效应对支撑堵塞物重量方面起着重要作用。

3.1　炮孔中的密度

为计算炮孔中的药体密度，测量了未发泡及发泡了的药体的杯密度。基于温度和压力测量值，便可计算出 1 号、2 号、3 号、4 号孔装药后密度随时间的变化。

由表 3 可见，堵孔后 48 小时药体密度约增大 0.05g/cm^3（4%），48 小时以后炸药密度几乎不再增加。

表 3　由温度和静压计算的密度

在炸药中位置	堵孔后瞬时密度/g · cm^{-3}	装药后 45 小时密度/g · cm^{-3}	装药后一周密度/g · cm^{-3}
1 号孔孔底	1. 21	1. 26	1. 26
2 号孔孔顶	1. 14	1. 19	1. 19
2 号孔孔底	1. 21	1. 26	1. 26
3 号孔孔顶	1. 16	1. 19	1. 20
3 号孔孔底	1. 21	1. 26	1. 26
4 号孔孔底	1. 21	1. 27	1. 28

如果炮孔中两记录点间的药体密度呈线性插值关系的话，那么经 48 小时静置后药体密度增大导致炸药长度减少大约 4%。因此矿山长度为 32. 8 英尺的装药将缩短 1. 3 英尺。业已观察到爆破中装药堵塞 2 天后一些炮孔的堵塞物下降 6 英寸~1. 5 英尺。本研究查明，该现象主要是由炮孔密度增加所引起的。

3. 2　爆速测量结果

19 个被测炮孔中总计有 17 个记录到爆速值。离孔底约 4 英尺处的装药爆速（4860m/s）和离孔顶 3 英尺处的装药爆速（4940m/s）比中部装药爆速值（5260m/s）低。

这种现象在不同炮孔中重复出现，可见爆速变化与炸药质量无关。炸药爆速变化似乎归因于炮孔炸药的密度梯度，这意味着孔底炸药密度可能大于爆速最优密度、药柱中部及顶部密度小于最优密度且线性地影响炸药爆速。

3. 3　测量压力与计算压力之比较

测量压力与根据药柱计算的静压及计算药体的密度（装药后 140 小时）对比如表 4 所示。对比显示装药后 140 小时测到的压力与用传感器以上药柱重量所计算出的压力非常接近。这种结果表明，装药后 24 小时炮孔中药体的压力变得与由炸药药柱引起的炮孔静压力非常接近。

表 4　测量压力与由药柱和炮孔密度计算的静压的比较

炮　孔	1 号	2 号		3 号		4 号
距炸药顶部的距离/英尺	21. 7	25. 4	1	21. 7	0. 7	20. 3
装药后 147 小时测到的压力/磅 · 英寸$^{-2}$	11. 9	10. 9	0. 5	12. 4	1. 6	15. 7
由药柱计算的静压（未考虑堵塞物重量）/磅 · 英寸$^{-2}$	11. 5	13. 5	0. 5	11. 5	0. 4	10. 9
装药前的水/英尺	0	0		0		0
堵塞物/英尺（钻孔岩屑）	16	14		18		16

如前所述，堵塞物起初使炮孔压力增大 2~5 磅/英寸^2，但是，堵孔以后由于药体冷却压力逐渐降低，然后又因为组拱蠕变而缓慢上升。最后，堵塞物对炮孔中的药体压力没有明显影响。堵孔材料为钻孔岩屑，在装药顶部置一木塞以防堵塞物混入装药，这在该矿山是一规范操作。

4 结语

炮孔压力和温度的监测是澳瑞凯公司所使用的爆破监测和炸药特性技术的一个组成部分。炮孔压力和温度的测量是监测发气泡敏化的散装乳化炸药的有力工具。结合爆速测量，该技术可用于根据某一特定用途所需的合适密度来优化气泡敏化的散装乳化炸药的发泡过程。

两个实例研究表明，装药后几小时内位于孔底气泡敏化的散装乳化炸药压力决定于发泡过程、传感器以上炸药重量（静压）、孔壁对药体的约束。装药后24小时炮孔压力接近于监测点以上药柱产生的静压力。

实例研究还表明，堵塞物对炮孔压力没有明显的影响，炮孔中堵塞物的组拱对支撑堵塞物的重量起了重要作用。

两个实例研究中观测了炸药密度梯度与沿着装药药柱的爆速的相互关系。炮孔压力和温度的现场监测可用来为所需爆速而设计所要求的炸药密度。

第2篇

乳化炸药专利译选

美国专利　3,447,978
公布日期　1969.6.3

硝酸铵乳胶爆炸剂及其制备方法

（美国阿特拉斯化学工业有限公司）

Harold F. Bluhm

本发明涉及的乳胶爆炸剂含有一种形成分散乳化相的水溶液组分、一种形成连续乳化相并且其气体吸留温度最好是在70~190℉之间的碳质燃料组分和一种分散在乳胶中并形成分散乳化相的吸留气体组分。更具体地说，本发明涉及的乳胶爆炸剂含有四种基本组分，并用一种方法来制备，这种方法可使特定的碳质燃料组分、水溶液组分和乳化剂与一定量的吸留气体结合在一起以形成一种乳胶体系，它的pH值约为2~8，并且有着十分理想的稳定性和爆炸特性。

到目前为止，由非敏化性配料如无机硝酸盐、水和碳质燃料组分制成的浆状炸药一般是难以起爆的，为此需要添加像梯恩梯、硝化淀粉、无烟火药或铝粉之类的敏化配料。这类浆状爆炸剂同样具有组分分离的趋势和抗水性差的缺点，随之发生的便是爆炸性能的恶化。加入胶凝剂可抑制组分的分离，改善其抗水性能，但增加了成本，且对爆炸性能不能起显著的改善作用。

现已发现，虽然本乳胶爆炸剂的主要组分通常是非敏化配料，但通过实际应用表明，它们有着意想不到地高的爆轰敏感度和爆炸速度，同时具有良好的抗水性能和贮存稳定性。并且还发现，甚至在没有普通胶凝剂的情况下，制备好的乳胶爆炸剂很少有或完全没有组分分离现象。

一般地说，本发明提供的新型乳胶爆炸剂含有一种形成分散乳化相的水溶液组分，一种形成连续乳化相的碳质燃料组分和一种分散于乳胶中形成分散乳化相的吸留气体组分，并且其气体吸留温度最好是在70~190℉之间。这些组分是按某一方法用一种油包水型的乳化剂使其结合成为一个乳胶体系的。在70℉和一个大气压下，该体系至少含有4%（体积）的吸留气体，70℉时乳胶的密度低于1.45克/厘米^3，其pH值为2~8。

本发明推荐的乳胶爆炸剂包括四种主要组分，形成三个乳化相。这些主要的组分是：（1）形成分散乳化相的水溶液组分；（2）形成连续乳化相的碳质燃料组分；（3）形成分散乳化相的吸留气体组分；（4）一种油包水型的乳化剂。

本乳化体系的第一种组分是形成分散乳化相的水溶液组分。水溶液组分基本上是由硝酸铵溶解于水中形成，但也可以包含其他水溶性的可与乳胶配伍的物质。

水溶液组分通常以硝酸铵为100份（按重量计）作配制乳胶的基础。市售的肥料级硝酸铵可以使用，其他品级的硝酸铵也可使用。硝酸铵在溶解以前是颗粒状的，最好是可以通过8#筛孔（美国标准）的球状、丸状或粒状的硝酸铵，因为形成水溶液时这种规格的硝酸铵可以迅速溶解于水。

以硝酸铵为100份（重量计）作基础，水溶液可含10~60份（按重量计）水。然而在推荐的实例中，水溶液组分中约含18~44份（重量计）水，形成乳胶体系的分散相或内相。

虽然形成分散乳化相的水溶液组分通常是水和硝酸铵的溶液，但本发明的推荐实例之一便是由硝酸铵和一种可与乳胶配伍的水溶性的无机含氧酸盐，如硝酸钠形成的水溶液组分。一般认为，像硝酸钠之类物质的存在可以增大含氧酸盐在给定的温度下在水中的溶解量，同时影响乳胶的最终密度。

在形成水溶液组分时可用硝酸钠取代的或可以和硝酸钠一起加入的其他可与乳胶配伍的水溶性物质包括无机含氧酸盐中的钠盐如氯酸钠和高氧酸钠，钙盐如硝酸钙、氯酸钙和高氯酸钙、钾盐如硝酸钾、氯酸钾和高氯酸钾，铵盐如氯酸铵、高氯酸铵、锂盐如硝酸锂、氯酸锂和高氯酸锂，镁盐如硝酸镁、氯酸镁和高氯酸镁，铝盐如硝酸铝、氯酸铝，钡盐如硝酸钡、氯酸钡和高氯酸钡，锌盐如硝酸锌、氯酸锌，钡盐如硝酸钡；有机物质如乙烯-二胺-二氯酸盐和乙烯-二胺-二高氯酸盐等以及这些不同添加剂的混合物和别的可与乳胶配伍的水溶性物质。上述物质通常可以硝酸铵为100份（重量计）作基础添加0~55份（重量计），最好是加入36份（重量计）。当使用硝酸铵时，上述物质的颗粒大小应以通过8号标准筛（美标）为宜，以便迅速有效地形成水溶液。

本乳胶体系的水溶液组分可以通过将水和硝酸铵的混合物加热来形成，当含有其他水溶性可与乳胶配伍的物质时，一直要加热至形成溶液为止。形成水溶液所需的加热温度为110~120℉，并可在最终制备的乳胶形成之时或之前进行加热。不管溶液怎样形成，当水溶液组分被分散成不连续的乳化相时，为了获得最优炸药性能，最好是此水溶性物料形成一种含有过量固体水溶性物质的饱和水溶液，以便爆轰时在最终制备的乳胶中呈现结晶状态。

乳胶中的结晶状态通常是在冷却最终制备的乳胶时产生的。当温度约为70℉时便在水溶液组分中出现这种结晶状态，并要求在此温度下乳胶可正常爆轰。一般地说，水溶液组分中结晶的存在增加了乳胶体系的爆炸潜力。

如果需要的话，也可将可溶性的碳水化合物，例如甘露糖、葡萄糖、蔗糖、果糖、麦芽糖和糖蜜等加入到水溶液组分中作为附加燃料。同类的其他水溶性燃料同样可以添加到水溶液组分中。

本乳胶体系的第二种组分是形成连续相或外相的碳质燃料组分。在推荐的实例中，气体的吸留温度约为70~190℉，最可取的气体吸留温度是95~130℉。这种碳质燃料组分可以广义地认为是一类非水溶性物质。当油包水型乳化剂存在时，它与水溶液组分一起形成油包水型乳胶。

气体吸留温度可以定义为这样一个温度，在此温度时乳胶体系能在冷却和搅拌时吸留气体。在温度高于70℉时，该乳胶体系实际上没有吸留气体。气体吸留温度也可以定义为这样一个温度，在此温度以下时气体或空气将逐渐截留在乳胶体系内，这可以用乳胶—吸留气体体系的密度突然降低来证明。反过来说，气体吸留温度是这样一个温度，在此温度时，充了气的低密度乳胶加热至70℉以上，如果以某种方式搅拌乳胶—吸留气体体系，使乳胶的新表面暴露于大气中，就会使吸留的气体逸入在空气中。所以除气时乳胶—吸留气体体系的密度会突然增加。

作为乳胶外相的碳质燃料组分其稠度通常对于保持吸留气体组分是重要的，这些气体对于使乳胶产品具有合乎要求的敏感度来说是必需的。如果使用和贮存时黏度太小的话，那么吸留气体组合将有凝聚的趋势或从乳胶中逸出。另一方面，在制备乳胶的温度下，使用的碳质燃料组分必须有足够的流动性，以便形成乳胶。因此，虽然最终制备的乳胶可以有一个固态或接近固态的外观，但是初配制的乳胶其外相必须是液体的或是有足够的流动性，所以碳质燃料组分应具有随着温度的变化而提供不同黏稠度的能力。

一般地说，当气体吸留温度低于70℉时，制备的乳胶在正常的贮存和使用情况下，吸留气体组分或有逸出的趋势，或有凝结的趋势，其结果必然导致产品爆炸潜力的降低。然而，业已发现，倘若贮存和使用的温度保持很低，即大大低于70℉时也可以制备得具有吸留气体。

因为从方便观点出发最好是在沸点以下的温度制备水乳胶，所以气体吸留温度在190℉以下对于制备乳胶爆炸剂是最有效的。最可取的气体吸留温度为95~130℉，这样既可避免在正常的贮存和使用情况下气体凝结，又可使工业上制备本文所说的乳胶爆炸剂也最实用。

选择用于本乳胶体系的碳质燃料组分一般取决于最终产品所要求的物理状态。乳胶体系的稳定性依所用的碳质燃料而变，尤其取决于燃料的物理稠度。由于吸留气体主要是以乳胶体系的分散相保留在燃料组分中，所以选用的碳质燃料也影响产品的爆炸性能。

碳质燃料组分最好是全蜡组分，蜡和油的混合组分，蜡与聚合物组分或蜡与聚合改良油混合组分。因此，不论是石蜡、烯烃、环烷烃、芳香烃、饱和的还是不饱和的碳氢化合物都适用于作燃料组分。

可以用作碳质燃料组分的蜡包括从石油中提取的蜡，如凡士林蜡、微晶蜡和石蜡；矿蜡如地蜡和褐煤蜡；动物蜡如鲸蜡；虫蜡如蜂蜡和中国蜡。最理想的蜡是熔点至少为80℉且能迅速与形成的乳胶相溶混的蜡。这些蜡最好具有100~160℉的熔点。

当在碳质燃料组分中添加规定的任意量的蜡时所产生的增稠效果可能是该种蜡加上蜡的调节剂如粘油或聚合物的效果。业已发现，按碳质燃料的重量计，所要求的蜡量至少为2%，最好是5%，否则就会在最终制备的乳胶中造成吸留气体不足。

任何黏度合适的石油润滑油都可以作碳质燃料组分用，并且可包括从稀薄的液体到在常温下不能流动的黏度不等的各种油。对于典型的石油润滑油，在85℉时用布鲁克菲尔德黏度计（Brook field）测得的黏度为160~5000厘泊，最好是3100厘泊。

构成天然橡胶，合成橡胶或聚异丁烯族的不挥发的、非水溶性的聚合物或弹性物可以包含在本乳胶的碳质燃料组分中。丁二烯——苯乙烯的共聚物，异戊间二烯—异丁烯或异丁烯—乙烯的共聚物和某些有关的共聚物及其三聚物同样可以有效地用于改进碳质燃料组分，并可使吸留气体在整个贮存期内保持不变。其他聚合物也可以用来达到这种要求。

按硝酸铵重量为100份计，碳质燃料组分通常加4~45份，在推荐的实例中添加5~17份。

链长最长为6~18个以上碳原子的饱和脂肪酸，高级醇等补充燃料均适于用作乳胶体系的碳质燃料组分。

适合在碳质燃料组分中使用的饱和脂肪酸型补充燃料包括：辛酸、癸酸、月桂酸、棕榈酸、山萮酸和硬脂酸。

适合在碳质燃料组分中使用的高级醇型补充燃料包括：己醇、壬醇、月桂醇、鲸蜡醇和十八醇。

其他在碳质燃料组分中用作补充燃料的不溶混的含碳物质包括植物油，如玉米油、棉籽油和十八醇。

其他在碳质燃料组分中用作补充燃料的不溶混的含碳物质包括植物油，如玉米油、棉籽油和豆油。

作为一种随意添加的燃料成分，本乳胶体系还可以包括一类细碎的非水溶性的固体粒状燃料如碳、煤、石墨、硫磺等等，或者还可以包括金属粉末类燃料如铝、镁或与它们有关的合金材料。

当需要时，也可以在碳质燃料组分中添加一些其他添加剂，但这类组分应具有形成油包水型乳胶的能力，并且在推荐的实例中气体吸留的温度至少为70~190℉。

本乳胶体系中的第三种组分是形成分散乳化相的吸留气体组分。足够的气体（通常是空气）是用适当的方法引入到乳胶体中的，例如使用一种“气体引入混合器”或直接把气体引入乳胶中，然后再掺合。“气体引入混合器”的一个例子是一种螺条混合器，而由肯塔基州的路易斯维尔城之吉尔纯利公司制造的 Votator 摩擦表面热交换器或混合器则是使引入气体直接与乳胶相混的合适方法。

当乳胶冷却至气体吸留温度以下时，就要加入气体组分，以便使制备的含有四种主要组分的乳胶在70℉和一个大气压下能保持4%~47%（体积）的气体，最好是13%~33%。

如果需要的话，可以对正在被加工的各种非气体组分进行加热，以排除截留的气体。在制造本乳胶的预掺合或掺合阶段，通过使用无截留气体的体系，可以得到标准的混合物，在这种混合物中加入的气体量可以十分精确以获得预定的密度，因此避免了制备的乳胶的密度变化过大。

本乳胶体系包括的第四种组分是油包水型表面活性剂或乳化剂。每100份（重量计）硝酸铵添加0.75~5份（重量计）乳化剂，在推荐的实例中添加1.3~3份。如果需要的话，乳化剂的添加量可以增加，因为多余的乳化剂可以作为爆炸剂的补充燃料。

适用的乳化剂是油包水型的，包括由山梨糖醇通过酯化去掉一个克分子水形成的衍生物。这种山梨糖醇酐乳化剂可以包括山梨糖醇酐脂肪酸酯，如山梨糖醇酐单月桂酸酯，山梨糖醇酐单油酸酯，山梨糖醇酐单棕榈酸酯，山梨糖醇酐单硬脂酸酯和山梨糖醇酐三硬脂酸酯。由脂肪形成的脂肪酸的单酸甘油酯和双酸甘油酯也可用作油包水型乳化剂。

其他可以使用的油包水型乳化剂有山梨糖醇酐聚氧乙烯酯，如山梨糖醇聚氧乙烯蜂蜡衍生物。像许多高分子脂肪醇和蜡酯的混合物那样，羊毛脂脂肪酸异丙基酯之类的油包水型乳化剂也可证明是有效的。各种其他油包水型乳化剂的特殊实例有聚氧化乙烯（4）月桂醚，聚氧化乙烯（2）油基醚，聚氧化乙烯（2）硬脂酰醚，聚氧化烷撑油酸月桂酸酯，油酸磷酸酯，取代的恶唑啉和磷酸酯，以上这些油包水型乳化剂虽然提到了，但很少用。这些不同种类乳化剂的混合物以及其他油包水型乳化剂也被证明是有效的。

本乳胶体系的pH值通常等于水溶液组分的pH值，此水溶液组分的pH值或可取硝酸铵水溶液的pH值，或取水溶性可与乳胶配伍的氧化剂的水溶液的pH值，或为它们混合物水溶液的 pH 值。一般地说，制成的乳胶的 pH 值约为 2~8，最好是 3.5~7。当乳胶配制得 pH 大于 8 时乳胶中的硝酸铵就会分解，而 pH 值小于 2 时又会遇到腐蚀的问题。

本乳胶体系可以用水与硝酸铵和可与乳胶配伍的水溶性氧化剂（当包含时）共溶以形成它们的水溶液的方法来制备。水溶液可以很方便地通过加热水迅速形成。另一方面，可以在容器中简单地混合所有的物料并在配制过程中进行加热来形成水溶液。也可采用其他不同的方法来配制水溶液。

本乳胶的碳质燃料组分可以通过使各种燃料和乳化剂混合的方法来配制。上述燃料组分可以单独添加并在形成乳胶时混合。

当水溶液组分和碳质燃料组分分别制备时，通过适当的混合系统使它们结合在一起形成乳胶。这种混合系统能把足够数量的气体吸留在乳胶中。另一方面，乳胶可以通过简单地把几乎不含吸留气体或完全不含吸留气体的各种组分加入混合器中进行配制。乳胶制成后再通过单独的一个步骤来吸留气体。

为了在高于气体吸留温度时形成乳胶，本乳胶最好由黏度足够稀薄的外相物质来制备。然后通过冷却来增稠以便保持吸留气体。这样形成外相的碳质燃料组分在制备乳胶的温度下呈液体状，而在贮存或使用的温度条件下成为糨糊状或固体状。

对于本发明所推荐的实例来说，碳质燃料组分和水溶液组分最好是在气体吸留温度或高于这个温度时制备。还发现，在乳胶形成时水溶液中的物料最好呈溶液状态。这样，当乳胶冷却至溶液饱和点以下时，将保证结晶态分散于水相中。因此，当乳胶温度为 70℉时结晶态将出现在乳胶的水相中，并要求在这样的温度下乳胶可以正常爆轰。

乳胶形成的温度以及气体吸留温度随加工的物料不同而变。业已发现，在所推荐的实例中，乳胶形成的温度一般为 100~135℉，气体吸留温度一般为 95~130℉。

已经发现，在用本发明的一种工艺方法混合组分的过程中，如果混合或乳化时的温度保持在掺合燃料的熔点之上即 100~160℉的话，那么在贮存时可使乳胶获得较大的均匀性。然而，如果需要的话，本发明的工艺过程也可在这些温度的限制之外进行。

本发明所推荐的工艺流程通常是：通过分别混合水溶液组分与含有油包水型乳化剂及其他所需物料的碳质燃料组分来形成乳胶体系。这个推荐的工艺流程一般是在高于气体吸留温度时混合并加热各种组分来完成的。在组分混合到基本均匀的稠度后，通过不断地搅拌，使温度逐渐降低到气体吸留温度。大约在气体吸留温度时，乳胶的密度就会突然下降，在必需的气体量吸留于乳胶中之后，温度可以任何合乎要求的速度降低而无需进一步搅拌。万一发现已吸留于乳胶中的气体量不足的话，那么再将乳胶加热到气体吸留温度，以便按要求补加一定量的气体。

向乳胶体系中引入吸留气体的方法是多种多样的。最普通的方法是在一个开口的容器中简单地搅拌乳胶，但也可以使用喷射器或用各种不同的机械方法通过一个小孔加泡法引入气体。在乳胶中采用化学方法产生气体也是可行的。也注意到，尽管吸留气体一般是空气，但其他气体如气态的碳氢化合物，氧化亚氮、氮气、二氧化碳、纯氧等均可使用。

为了进一步说明本发明，下面列举一些实例。除另有说明外，其中的含量均按重量计。

例 1

本乳胶爆炸剂是通过混合下列各种组分来制备的：

2.3 份熔点为 121～124℉ 的脆性油溶性结晶蜡，其商标为大西洋精制公司（The Atlantic Refining Co）的 Atlantic 342；

5.4 份高级精制矿物油，其商标为大西洋精制公司的 Atreol 34；

5 份油包水型乳化剂——成脂脂肪酸的单酸和双酸甘油酯，其商标为阿特拉斯化学工业有限公司（Atlas Chemical Industries Inc）的 Atmos 300；

100 份水。

这些原料都在一个带水套夹层的混合器中混合。将混合器加热至超过乳胶的形成温度（114℉），然后这些组分就有效地混合从而形成一种黏度基本均匀的乳胶。制备好的乳胶再慢慢冷却至气体吸留温度（114℉），在此温度下通过在一个敞口的容器中连续搅拌将空气吸留于乳胶中，这时可观察到乳胶的密度突然下降。当温度继续降至 110℉时停止搅拌。进一步冷却得到的最终乳胶在 70℉ 和一个大气压下含有 13.9%（体积）的吸留气体，70℉的乳胶的密度约为 1.18 克/厘米^3，pH 值等于 4。70℉时，制成的乳胶具有十分柔软的特征。该乳胶在 70℉下贮存 28 天后，用一个由一只 6 号标准电雷管引爆的 3 吋×3 吋×12 吋的药包中的爆速为 14700 呎/秒。

例 2

本乳胶爆炸剂是由下列物料混合制成的：

2.4 份蜡，其商标与例 1 相同；

5.6 份油，其商标与例 1 相同；

3 份油包水型乳化剂——油酸磷酸酯；

100 份硝酸铵；

16 份硝酸钠；

29 份水。

此外，再加 2 份低密度的空心玻璃小球，其商标为俄亥俄州标准石油公司（The Standard Oil Co of Ohio）的 Micro-balloon。

这些原料按照例 1 的步骤混合加工。该乳胶的形成温度约为 114℉，气体吸留温度为 114℉。在 70℉和一个大气压下制成的乳胶同样含有 14.2%（体积）的吸留气体，70℉时乳胶的密度为 1.15 克/厘米^3，pH 值为 4。70℉时，制成的乳胶具有柔软的特征。该乳胶在 70℉时贮存 28 天后，用一个由一只 6 号标准电雷管引爆的 3 吋×3 吋的高爆速胶质达纳迈特药包起爆时，在 3 吋×12 吋的药包中其爆速为 16400 呎/秒。

例 3

本乳胶爆炸剂是通过混合下列物料配制的：

3.4份熔点为114～119℉的改性的高黏度的微晶蜡，其商标为工业原料公司（Industrial Raw Materials Corp）的Indra 2119；

3.4份聚合物改性的高黏度润滑油，其商标为Witco，化学公司的Molol-B；

1.4份油包水型乳化剂——聚氧乙烯（2）油酸醚，其商标为阿特拉斯化学工业公司的Brij 92；

100份硝酸铵；

27份水。

蜡和油单独混合后再加入油包水型乳化剂，水和硝酸铵也是单独混合的，然后在高于硝酸铵溶液的饱和温度下并按例1的混制工艺将两种混合物混合而形成乳胶。乳胶形成温度为115℉，气体吸留温度为111℉。在70℉和一个大气压下制成的乳胶同样含有7.7%（体积）的吸留空气，70℉时乳胶的密度为1.35克/厘米^3，pH值等于5。该乳胶在70℉时具有坚硬的特征。该乳胶在70℉下贮存28天后，当用一个由一只6号标准电雷管引爆的3吋×3吋的高爆速胶质达纳迈特药包起爆时，在3吋×12吋的药包中的爆速为14900呎/秒。

例　4

本乳胶爆炸剂是通过混合下列物料配制的：

9.7份例3所用的蜡；

1.8份油包水型乳化剂——山梨糖醇酐单油酸酯；

100份硝酸铵；

31份硝酸钾；

35份水；

20份细碎的碳。

这些配料按例1的混制程序混合形成乳胶。乳胶的形成温度为121℉，气体吸留温度为110℉。在70℉和一个大气压下制成的乳胶含有19%（体积）的吸留空气，70℉时乳胶的密度为1.17克/厘米^3，pH值等于5。70℉时该乳胶具有柔软的特征。

该乳胶在70℉下贮存28天后，当用一个由一只6号标准电雷管引爆的3吋×3吋的高爆速胶质达纳迈特药包起爆时，在3吋×12吋的药包中其爆速为17400呎/秒。

例　5

一系列乳胶爆炸剂是按例1的步骤制备的。每种乳胶爆炸剂使用下列油包水型乳化剂中的一种来代替例3中的Atmos 300：山梨糖醇酐单月桂酸酯，山梨糖醇酐单油酸酯，山梨糖醇酐单棕榈酸酯，山梨糖醇酐单硬脂酸酯和山梨糖醇酐三硬脂酸酯。

乳胶的形成温度为114～116℉，气体吸留温度为114℉。在70℉和一个大气压下这些乳胶含有15.3%～19.7%（体积）的吸留气体，60℉时上述乳胶的密度为1.10～1.16克/厘米^3，pH值为4～5。70℉时，制备的这些乳胶具有很软的特征。这些乳胶在70℉下贮存28天后，当用一个由一只6号标准电雷管引爆的3吋×3吋的高爆速胶质达纳迈特药包起爆时，在3吋×12吋药包中其爆速为13900～14500呎/秒。

例 6

本乳胶爆炸剂的组分同例 1。

首先，把硝酸铵和硝酸钠溶解于水中形成溶液，然后在由蜡和油制备的碳质燃料组分中添加油包水型乳化剂。在温度高于水溶液组分温度的情况下，搅拌碳质燃料组分直至得到基本均匀的黏度。然后在两种组分温度均高于水溶液的饱和温度时，于搅拌下将制备好的水溶液组分和碳质燃料组分进行掺合，且加热到乳胶形成温度（114℉）以上。制备好的乳胶慢慢冷却至气体吸留温度（114℉）。在此温度下于一个敞口的容器中连续搅拌将空气吸留于乳胶中，这时可以观察到乳胶的密度会突然下降。温度继续下降至 110℉，此时停止混合。进一步冷却，将获得最终要制备的乳胶。在 70℉和一个大气压下该乳胶含有 12.4%（体积）的吸留气体。70℉时该乳胶的密度为 1.20 克/厘米^3，pH 值等于 4。70℉时，制备的乳胶具有很软的特征。乳胶于 70℉下贮存 28 天后，当用一个由一只 6 号标准电雷管引爆的 3 吋×3 吋的高爆速胶质达纳迈特药包起爆时，在 3 吋×12 吋的药包中爆速为 15500 呎/秒。

例 7

本乳胶爆炸剂按例 1 的程序进行制备。其乳化剂为高分子阳离子聚合脂肪胺，商标为阿特拉斯化学公司的 G-3570，用它来代替 Atmos 300 号，乳胶形成的温度为 114℉。气体吸留温度为 114℉。在 70℉和一个大气压下乳胶含有 14%（体积）的吸留气体，70℉时乳胶的密度为 1.13 克/厘米^3，pH 值为 6.5。70℉时该乳胶具有柔软的特征。乳胶于 70℉下贮存 28 天后，当用一个由一只 6 号标准电雷管引爆的 3 吋×3 吋的高爆速胶质达纳迈特药包起爆时，在 3 吋×12 吋药包中其爆速为 14000 呎/秒。

例 8

本乳胶爆炸剂是通过混合下列物料制备的：

9.1 份粘性马达油，其商标为工业原料公司的 RM-8670；

1.8 份例 1 用的油包水型乳化剂；

100 份硝酸铵；

29.1 份硝酸钠；

36.4 份水。

此外，再加 5.5 份低密度的空心玻璃小球，作为夹带气体的小球，其商标为俄亥俄州标准石油公司的 Micro-balloons。

上述原料按例 1 的程序进行混制。乳胶形成的温度为 106℉，70℉时的稠度正好使气泡基本均匀地遍及制备好的乳胶中。70℉时，如此制备的乳胶的密度为 1.15 克/厘米^3，pH 值等于 4。该乳胶在 70℉时具有十分柔软的特征。制备好的乳胶于 70℉下贮存 28 天后，当用一个由一只 6 号标准电雷管引爆的 3 吋×3 吋的高爆速胶质达纳迈特药包起爆时，在 3 吋×12 吋的药包中爆速为 16400 呎/秒。

例　9

本乳胶爆炸剂是通过混合下列物料制备的：

3.4 份熔点为 118～122℉ 的改性高黏度的微晶蜡，其商标为工业原料公司的 Ibdra 2126；

3.4 份高级精制矿物油，其商标同例 1；

1.4 份山梨糖醇酐单油酸酯油包水型乳化剂；

100 份硝酸铵；

27 份水。

蜡和油单独混合后加入油包水型乳化剂。硝酸铵和水单独混合，然后在高于硝酸铵水溶液的饱和温度下，并且按照例 1 的混制步骤将两种组分混合以形成乳胶。乳胶形成的温度为 113℉，气体吸留温度为 112℉。在 70℉ 和一个大气压下该乳胶含有 12.3%（体积）的吸留气体，70℉时乳胶的密度为 1.14 克/厘米^3，pH 值为 4.5。该乳胶具有坚硬的特征。乳胶于 70℉下贮存 28 天后，当用一个由一只 6 号标准电雷管引爆的 3 吋×3 吋的高爆速胶质达纳迈特药包起爆时，在 3 吋×12 吋药包中其爆速为 17300 呎/秒。

例　10

本乳胶爆炸剂是通过混合下列物料制备的：

3.5 份熔点为 114～119℉的改性高黏度的微晶蜡，其商标为工业原料公司 Indra 2119；

3.5 份 DNT；

1.4 份山梨糖醇酐单油酸酯油包水型乳化剂；

29.7 份硝酸钠；

100 份硝酸铵；

35 份水。

蜡与 DNT 单独混合后加入油包水型乳化剂，硝酸铵、硝酸钠与水单独混合，然后在高于硝酸钠—硝酸铵溶液的饱和温度下，按例 1 的混制程序将两种组分混合以形成乳胶。乳胶形成的温度为 114℉，气体吸留温度为 112℉。在 70℉ 和一个大气压下该乳胶含有 19.6%（体积）的吸留气体，此乳胶的密度为 1.15 克/厘米^3，pH 值等于 5。制备好的乳胶具有坚硬的特征。乳胶于 70℉下贮存 28 天后，当用一个由一只 6 号标准电雷管引爆的 3 吋×3 吋的高爆速胶质达纳迈特药包起爆时，在 4 吋×12 吋药包中其爆速为 16600 呎/秒。

例　11

本乳胶爆炸剂是通过混合下列物料制备的：

4.4 份熔点为 118～122℉ 的改性高黏度的微晶蜡，其商标为工业原料公司的 Indra 2126；

4. 4 份高级精制矿物油，其商标同例 1；

1. 8 份山梨糖醇酐单油酸酯油包水型乳化剂；

15. 3 份粒状铝；

29. 9 份硝酸钠；

100 份硝酸铵；

35. 1 份水。

蜡、铝和油单独混合后加入油包水型乳化剂，硝酸铵—硝酸钠和水单独混制。然后在高于硝酸铵—硝酸钠溶液的饱和温度下，按例 1 的混制程序将两种组分混合以形成乳胶。乳胶形成的温度为 112℉，气体吸留温度为 110℉。在 70℉和一个大气压下，制成的乳胶含有 22. 3%（体积）的吸留气体，此乳胶的密度为 1. 15 克/厘米^3，pH 值等于 6。70℉时乳胶具有坚硬的特征。乳胶于 70℉下贮存 28 天后，当用一个由一只 6 号标准电雷管引爆的 3 吋×3 吋的高爆速胶质达纳迈特药包起爆时，在 4 吋×12 吋药包中其爆速为 17700 呎/秒。

例　12

本乳胶爆炸剂是通过混合下列物料制备的：

3. 6 份结晶蜡，其商标为 Atlantic342；

3. 6 份高级精制矿物油，商标为 Atreo134；

3. 1 份山梨糖醇酐单油酸酯油包水型乳化剂；

100 份硝酸铵；

15. 4 份硝酸钠；

27. 7 份水。

以上原料在一个带有水套夹层的混合器中进行混合。将此混合物加热至超过乳胶形成的温度（117℉），然后将配料有效地混合至基本均匀的黏度。制备好的乳胶慢慢冷却至气体吸留温度（110℉）。在此温度下于一个敞口的容器中连续搅拌使空气吸留于乳胶中，此时可以看到乳胶的密度会突然下降。温度继续下降至 101℉，在此温度上停止搅拌。继续冷却到最终要制备的乳胶。该乳胶在 70℉和一个大气压下含有 37. 1%（体积）的吸留气体，此时乳胶的密度为 0. 88 克/厘米^3，pH 值等于 4。制备好的乳胶在 70℉时具有十分柔软的特征。乳胶于 70℉下贮存 28 天后，当用一个由一只 6 号标准电雷管引爆的 3 吋×3 吋的高爆速胶质达纳迈特药包起爆时，在 3 吋×8 吋药包中其爆速为 12280 呎/秒。

例　13

本乳胶爆炸剂是通过混合下列物料制备的：

4. 4 份商标为 Indra 2126 的蜡；

4. 4 份高分子量的异丁烯聚合物，商标为阿尔凯恩萨斯有限公司（Arkansas Co. Inc）的 Paratac；

1. 7 份商标为 Atmos 300 号的油包水型乳化剂；

100 份硝酸铵；

29.8份硝酸钠；
35份水。

蜡和聚合物单独混合后加入油包水型乳化剂。硝酸铵、硝酸钠和水也是单独混合的，然后在高于硝酸铵-硝酸钠溶液的饱和温度下，按例1的混制程序将两种组分相混合以形成乳胶。乳胶形成的温度为118℉，气体吸留温度为112℉。在70℉和一个大气压下该乳胶含有17.1%（体积）的吸留气体，70℉时乳胶的密度为1.16克/厘米^3，pH值等于5。制备好乳胶具有坚硬的特征。乳胶于70℉下贮存28天后，当用一个由一只6号标准电雷管引爆的3吋×3吋的高爆速胶质达纳迈特药包起爆时，在3吋×12吋药包中其爆速为16200呎/秒。

例　14

本乳胶爆炸剂是通过混合下列物料制备的：
5.2份熔点为114~119℉的改性高黏度的微晶蜡，商标为工业原料公司的Indra 2119；
3.4份船用燃料油；
1.7份商标为Atmos 300号的油包水型乳化剂；
100份硝酸铵；
31份硝酸钠；
31份水。

蜡和油单独混合后加入油包水型乳化剂。硝酸铵、硝酸钠和水单独混合，然后在高于硝酸铵—硝酸钠溶液的饱和温度下，按例1的混制程序将两种组分混合以形成乳胶。乳胶形成的温度为107℉，气体吸留温度为104℉。在70℉和一个大气压下制备好的乳胶含有16.9%（体积）的吸留空气，70℉时乳胶的密度为1.23克/厘米^3，pH值等于5。70℉时乳胶具有坚硬的特征。该乳胶于70℉下贮存28天后，当用一个由一只6号标准电雷管引爆的3吋×3吋的高爆速胶质达纳迈特药包起爆时，在3吋×12吋药包中其爆速为15820呎/秒。

通过添加夹带气体的小颗粒一般可以改善本乳胶爆炸剂的敏感度和爆炸速度，这些小颗粒至少能通过8号筛孔（美国标准）。例如加树脂形成的微球或空心玻璃小球。一般地说，以硝酸铵为100份（重量计）作基础的话，只需1份夹带气体的小球就可获益，但夹带气体的小球超过70份往往不能产生更大的好处和改善。

夹带气体的小球可以全部或部分地代替吸留的空气组分。当夹带气体小球完全取代吸留空气组分时，则要求碳质燃料组分具有一定的稠度，以便在正常的使用温度（70℉）下使夹带气体小球在整个乳胶中基本保持均匀。业已发现，在这种情况下为保持夹带气体小球所需的碳质燃料组分的黏度可能比气体简单地吸留于乳胶中时稀薄些。通常，由于这些夹带气体小球的成本比空气高，因此在乳胶中所含的这种小球最好只作补充物料。

为形成本乳胶所加入的主要组分的数量最好调整到能产生一种氧平衡约为±10%的可流动的乳胶。加入一定量的细碎固体燃料如煤或铝粉时，乳胶的氧平衡可以低到-20%，而含有随意添加剂的最终制成的乳胶，其氧平衡最好在±10%的范围内。

本乳胶通常是用起爆药包起爆的，在70℉时用吸留空气的方法制备的密度为0.90~

1.40 克/厘米^3 的乳胶对 8 号标准雷管是敏感的。8 号标准雷管通常具有相当于 2.00 克雷汞的爆炸力。

本乳胶对于一般的机械冲击是不敏感的，并且爆炸性能如同烈性炸药，但是如果不是有意添加的话，它不含有敏感性的猛炸药如 TNT 和硝基烷。如果需要的话，也可以随意添加像 DNT 之类的物料。

当用吸留气体来配制密度大于 0.90 克/厘米^3（70℉时）的乳胶时，可以安全地进行制造、贮存和运输。本乳胶可在加工厂制造并运输到爆破现场。此外，也可以在现场用自行设备进行制备。

目前配制的乳胶爆炸剂的爆速通常为 13000~20000 呎/秒。通过改变乳胶的密度或组分就可以按要求配制出具有较高和较低爆速的乳胶爆炸剂。

应当懂得，以上仅仅通过举例的方法作一详细说明，在不离开本发明原则精神的条件下，可以制成多种多样的爆炸剂。

专利权限是：

1. 一种乳胶爆炸剂，其主要组分是：形成乳胶分散相的硝酸铵水溶液，形成乳胶连续相的碳质燃料；分散在乳胶内部的吸留气体，在 70℉和一个大气压下乳胶中至少含有 4%（体积）的吸留气体；和一种油包水型乳化剂；上述碳质燃料的稠度应在 70℉时可使吸留气体固定在所说的乳胶中。

2. 专利权限第 1 条的爆炸剂，其中所说的吸留气体是一种均匀分散于乳胶中的夹带气体的颗粒。

3. 专利权限第 1 条的爆炸剂，其中所说的制备好的爆炸剂于 70℉温度下至少可稳定贮存 28 天。

4. 专利权限第 1 条的爆炸剂，其中所说的水溶液的组成为：

（1）100 份（重量计）硝酸铵。

（2）约 10~60 份（重量计）的水。

（3）除硝酸铵以外，至少含有第二种水溶性的可与乳胶配伍的其他氧化剂，其数量最高达 55 份。

其中所说的碳质燃料其数量约为 4~45 份（重量计）；

其中所说的吸留气体在 70℉和一个大气压下其体积比约为该乳胶的 4%~47%；

所说的油包水型乳化剂，其数量约为 0.75~5 份（重量）。

5. 专利权限第 1 条的爆炸剂，其中所说的水溶液的组成为：

（1）100 份硝酸铵（重量计）。

（2）18~44 份水（重量计）。

（3）除硝酸铵以外，至少含有一种水溶性的可与乳胶配伍的其他氧化剂，其重量最高达 36 份。

其中所说的碳质燃料，其数量约为 5~17 份（重量计）；

其中所说的吸留气体在 70℉和一个大气压下，其体积约占乳胶总体积的 13%~33%；

其中所说的油包水型乳化剂，其数量约为 1.3~3 份（重量）。

6. 专利权限第 1 条的爆炸剂，当水溶液处于 70℉时，其中硝酸铵以结晶相存在于水溶液中。

7. 专利权限第 4 条的爆炸剂，其中水溶性的可与乳胶配伍的氧化剂选自由硝酸钠、氯酸钠、高氯酸钾、氯酸铵、高氯酸铵、硝酸锂、高氯酸锂、硝酸镁、氯酸镁、高氯酸镁、硝酸铝、氯酸铝、硝酸钡、氯酸钡、高氯酸钡、硝酸锌、氯酸锌、高氯酸锌、乙烯—二胺—二氯酸盐、和乙烯—二胺—二高氯酸盐组成的族。

8. 专利权限第 1 条的爆炸剂，其中至少有 2%（重量）的碳质燃料是蜡，该蜡的熔点为 80℉。

9. 专利权限第 1 条的爆炸剂，其中有一种石油润滑油与燃料相中的蜡相混合。

10. 专利权限第 8 条的爆炸剂，其中有一种胶粘性的聚合材料与燃料相中的蜡相混合。

11. 专利权限第 8 条的爆炸剂，其中的蜡选自由微晶蜡和粗石蜡组成的族，其熔点约为 100~160℉。

12. 专利权限第 1 条的爆炸剂，其中含有一种辅助燃料。

13. 专利权限第 1 条的爆炸剂，其中含有一种水不溶性的固体粒状燃料。

14. 专利权限第 13 条的爆炸剂，其中水不溶性的粒状燃料是碳、煤、铝或镁。

15. 专利权限第 1 条的爆炸剂，其中油包水型乳化剂是山梨糖醇酐脂肪酸酯，它选自由山梨糖醇酐单月桂酸酯，山梨糖醇酐单油酸酯，山梨糖醇酐单棕榈酸酯，山梨糖醇酐单硬脂酸酯，山梨糖醇酐三硬脂酸酯和成脂脂肪酸的单酸甘油酯或双酸甘油酯组成的族。

16. 专利权限第 4 条的爆炸剂，其中含有约 1~70 份（重量）的夹带气体的固体颗粒。

17. 专利权限第 16 条的爆炸剂，其中夹带气体的固体颗粒是玻璃微球，它的大小应至少通过 8 号美国标准筛。

18. 一种乳胶爆炸剂的制备方法，它包括：

（1）用油包水型乳化剂制备一种含有下列内外相的乳胶：

1）作为乳胶分散相的一种硝酸铵的水溶液；

2）作为乳胶连续相的一种液体碳质燃料；

（2）用冷却的方法使所说的液体碳质燃料增稠至这样的稠度，以使气体可吸留于其中。

（3）在 70℉和一个大气压下，在稠化了的乳胶中至少吸留有 4%（体积）的气体。

19. 专利权限第 18 条的制备方法，其中所说的水溶液的 pH 值约为 2~8。

20. 专利权限第 18 条的制备方法，其中吸留气体组分的体积在 70℉和一个大气压下约为稠化乳胶的 4%~47%。

21. 专利权限第 18 条的制备方法，其中吸留气体组分的体积在 70℉和一个大气压下约为稠化乳胶的 13%~33%。

22. 专利权限第 18 条的制备方法，其中乳胶的组成是：

（1）100 份（重量）硝酸铵。

（2）约 10~60 份（重量）水。

（3）除硝酸铵以外，至少含有第二种水溶性的可与乳胶配伍的其他氧化剂，其重量最高可达 55 份。

（4）约 4~45 份（重量）碳质燃料。

（5）约 0.75~5 份（重量）油包水型乳化剂。

23. 专利权限第 18 条的制备方法，其中混合组分形成乳胶的温度约为 110～120℉。

24. 专利权限第 18 条的制备方法，其中气体是在约 70～190℉的温度下吸留于乳胶中的。

25. 专利权限第 18 条的制备方法，其中乳胶的组成是：

（1）一种水溶液，其中含有 100 份（重量计）硝酸铵，约 18～24 份（重量）水，除硝酸铵外至少还含有最高达 36 份（重量）的第二种水溶性的、可与乳胶配伍的其他氧化剂。

（2）约 5～17 份（重量）的碳质燃料，该燃料的气体吸留温度为 95～130℉。

（3）约 1. 3～3 份（重量）的油包水型乳化剂。

26. 专利权限第 25 条的制备方法，其中所说的第二种水溶性、可与乳胶配伍的氧化剂是硝酸钠。

27. 专利权限第 22 条的制备方法，其中的燃料至少含有 2%（重量）的蜡，其熔点约 100～160℉。

28. 专利权限第 27 条的制备方法，其中有一种胶粘性的聚合材料与燃料相中的蜡相混合。

29. 专利权限第 22 条的制备方法，其中油包水型乳化剂是山梨糖醇酐脂肪酸酯，它选自由山梨糖醇酐单月桂酸酯，山梨糖醇酐单油酸酯，山梨糖醇酐单棕榈酸酯，山梨糖醇酐三硬脂酸酯组成的族。

30. 专利权限第 22 条的制备方法，其中夹带气体的固体颗粒大小至少应通过 8 号美国标准筛，其数量约 1～70 份（重量）。

美国专利　3,674,578
公布日期　1972.7.4

油包水型乳胶爆炸剂

（美国杜邦公司）
George R. Cattermoe 等

内容摘要

油包水型乳胶爆炸剂含有无机含氧酸盐、氮碱盐、水和形成连续油相的不溶于水的有机燃料、亲脂的乳化剂和气泡。

本发明的背景

本发明涉及油包水型乳胶爆炸剂，这种爆炸剂含有无机含氧酸盐、氮碱盐和分散在炸药混合物中的气泡。

硝酸铵燃料油混合物通常称为铵油炸药，这些混合物对爆破来说是廉价的能源，但有严重的缺点。这些混合物不能在潮湿的钻孔中使用，除非将它们包装成防水药包或进一步加工。而且更为重要的是，对于许多工业部门使用来说，铵油炸药的爆炸作用和密度不够高。另一方面，稠化的含水炸药在工业上已获成功，因为他们可以在各种条件下，例如在含水的钻孔中使用，并且有着令人满意的密度和爆速。其典型产品均含有分散或溶解于水的氧化剂（如硝酸铵）和燃料，这种水溶液通常用胍胶（Guar gum）来增稠，并且在那些要求优良性能的地方，产品中还含有某种敏化剂。在爆炸混合物中掺入增稠剂（如胍胶）和敏化剂（TNT或铝粉）增加了爆炸剂的成本，结果导致这些产品不适用于小直径钻孔，或从其他观点讲是不希望的。因此，需要炸药工业制造低成本、高爆速的爆炸混合物，即它容易配制，能抗水，运搬安全，还要有足够的敏感度，以便能在小直径孔内传爆，最好是能从供料地泵汲到钻孔内。本发明提供了一种能够满足上述要求的油包水型乳胶爆炸剂。

本发明的概述

本发明提供了一种油包水型新的乳胶爆炸剂，其成分有无机氧化剂、无机含氧酸的氮碱盐及碱（碱选自下列物质：（1）无环氮碱，它有不多于两个与碱性氮结合的氢原子，并且每个碱性氮最多有三个碳原子；（2）苯胺）、水、在爆炸剂中形成连续油相的不溶于水的有机燃料、为使上述燃料形成稳定的油包水型乳胶所需的亲脂乳化剂和分散在爆炸剂中的5%~50%（体积分数）的气泡。

在含有氧化剂和燃料的油包水乳胶中氮碱盐和气泡相结合，结果便形成一种爆炸剂，它运搬安全，对爆轰又特别敏感，并且能在直径小至1或2英寸的钻孔内高速传爆。十分令人惊讶的是，本爆炸剂具有与含有大量猛炸药的普通水胶或浆状炸药相当的爆轰速度。如果需要的话，本发明的爆炸剂可以浇灌或泵唧，并且稠度可以在一个相当大的范围内变化，即从稍粘到稠的，粘的，一直变化到自持状。

值得注意的是，为了使混合物能在小直径钻孔（例如约2英寸的钻孔）中使用，就需要向其中掺入足够的气泡和氮碱盐。气泡可以通过任何合适的方法引入，例如将气体喷射到混合物中去，通过机械搅拌将空气混入爆炸剂或者添加细粒材料以截留空气。最好是，通过添加夹带空气的固体物料如微球或硅化玻璃的方法将气体掺入到炸药中去。爆炸剂中所含有的气泡量约为混合物总体积的5%~50%，而氮碱盐的含量为混合物总量的3%~30%。氮碱盐增加了混合物的敏感性，这样混合物就能有效地用于非常小的钻孔，例如，在直径约为2英寸或更小一些的钻孔中也能可靠地起爆和传爆，并产生高的爆轰速度。

本发明的爆炸剂可以这样来配制：将单一的无机氧化剂盐水溶液与含有亲脂乳化剂的有机燃料混合，或者将无机氧化剂盐与氮碱盐一起形成的水溶液与含有亲脂乳化剂的有机燃料混合，同时搅动此混合物直到形成稠化了的乳胶体；然后通过添加夹带气体的材料如微球或者喷射空气的方法来引入气体，这就得到油包水型乳胶爆炸剂。

本发明推荐的实例

本发明的爆炸剂中所使用的无机氧化剂的量通常约为混合物总重量的35%~85%，最好是45%~75%。无机氧化剂盐包括铵、碱金属和碱土金属的硝酸盐和高氯酸盐，以及两种或两种以上上述盐类的混合物。典型的氧化剂为硝酸铵、高氯酸铵、硝酸钠、高氯酸钠、硝酸钾、高氯酸钾、硝酸镁、高氮酸镁和硝酸钙。最好是该混合物水相中的无机氧化剂盐仅为硝酸铵，或在某些情况下与最多达35%的硝酸钠混合使用。

加入混合物中的水量约为10%~35%（按重量计），最好是15%~25%。含有无机氧化剂盐和氮碱盐的水形成油包水型乳胶爆炸剂的不连续相。

爆炸剂中使用的氮碱盐可以从无机碱如肼类得到，但最好是从胺类，特别是脂肪胺和苯胺类得到。这里所用的苯胺系泛指含有一个碳环的芳香环化合物，至少有一个最好有一或两个伯胺基团结合于该环上，满足上述要求的伯胺盐、仲胺盐和叔胺盐均可以使用，碱一部分可以有代用品，但不是碳、氢和与该系统不起化学作用的碱氮。含氧酸部分可以是任何强的无机含氧酸，最好为无机酸，例如，硝酸盐、亚硝酸盐、氯酸盐和高氯酸盐。在直径约为二英寸的钻孔中使用本发明的爆炸剂时，得到了极好的爆炸性能。这种优良的性能主要是由于有氮碱盐。

可以加入本爆炸剂中的硝酸铵或氮碱盐的代表性例子包括无机盐如硝酸肼，二硝酸肼和高氯酸肼；脂肪胺盐如一甲胺硝酸盐、一甲胺亚硝酸盐、一甲胺氯酸盐和一甲胺高氯酸盐、乙二胺二硝酸盐、乙二胺二高氯酸盐、二甲胺硝酸盐、三甲胺硝酸盐、乙胺硝酸盐、丙胺硝酸盐、乙醇胺硝酸盐、硝酸胍、硝酸脲和苯胺盐如苯胺硝酸盐、苯胺氯酸盐和苯胺高氯酸盐、邻腈氯苯胺硝酸盐和苯撑二胺二硝酸盐。上面提到过的饱和脂肪胺硝酸盐，以不超过三个碳原子的为最好，例如一甲胺硝酸盐、三甲胺硝酸盐、乙二胺二硝酸盐和乙醇胺硝酸盐，因为用它们就使炸药配制容易并具有良好的爆炸性能，例如最终混合物的爆速高和威力大。也可以使用上述各种盐的混合物。一般地说，在这种盐的混合物中，其氧平衡应比-150%正得多。

氮碱盐可以以纯品加入到混合物中；然而，最好是将由过量含氧酸中和了的氮碱的原反应混合物加入其中，这种混合物既可以单独地在水介质中制成，然后再与炸药的其余组分混合，也可以在有一种或一种以上这样的组分的情况下就地制成。

所用的氮碱盐的总量随某一特定的混合物而变，其变化范围约为混合物总重量的3%~30%。最好是把7%~20%的氮碱盐加到油包水型乳胶爆炸剂中。

用来形成连续油相的有机燃料是不溶于水的，它可以是一种液体，或是一种固体，也可是二者的混合物，但在制备混合物时都是液体。油系泛指任何碳氢化合物或代用的碳氢化合物，它们在爆炸反应中作为燃料。形成油相的有机燃料可以单独地或以混合的形式存在于混合物中。形成乳胶油相的作为燃料使用的合适的有机化合物是烃、油如柴油、石蜡、妥尔油、长链脂肪酸如油酸、硝基烷如硝基丙烷、芳烃如苯、取代的芳烃如硝基苯和硅油等等。相信油的连续相包围了无机氧化剂盐例如硝酸铵的晶体，并阻止了晶体的增长。特别好的有机燃料是在100℉时其黏度为30~300厘泊的燃料。一般地说，形成爆炸剂油相的有机燃料其量要充足，以便使氧平衡达到-30%~10%，最好是-10%~0%。通常，有机燃料的量约为混合物质量的2%~12%，最好是4%~8%。

在与形成连续相的有机燃料混合时使用亲脂乳化剂也是需要的，其量要足以形成并保持稳定的油包水乳胶。可用的亲脂乳化剂包括长链脂肪酸盐如油酸钙、油酸镁和油酸铝；山梨糖醇酐酯，如山梨糖醇酐单月桂酸酯或山梨糖醇酐单独酸酯；脂肪酸的环氧乙烷缩合物如阿默尔工业化学公司阿默尔分部制造的阿默尔剂“Ethofal”，工序香族碳酸如直链十二烷基苯碳酸；烷基酰胺（a kyokamides）如史韦夫脱公司化学部制造的史韦夫脱“F-221”；油道密宁制品公司制造的三乙醇胺油酸盐（“DominoL TO-100”）；妥尔油酰胺如由里德总公司的鲍鲁埃德分部制造的“EZ-MuL”牌四乙烯五酰胺（Tetraethylene Pentamide）的妥尔油酰胺。一般地说，为了形成稳定的乳胶，在爆炸剂中乳化剂的重量至少要有混合物总重量的0.25%。因为乳化剂可作燃料使用，所以在混合物中可以使用较大量的乳化剂而不会产生有害的影响。但是，从实用观点出发，主要根据经济来看，所用的乳化剂通常不大于4%，一般也不少于1%（按重量计）。在大多数应用中，乳化剂的用量均为1%~2%（按重量计）。

任何向本爆炸剂中引入气泡的合适的方法都可以采用。例如，用直接喷射法如喷空气或氮气将气体分散于爆炸剂中以引入气泡，或者通过机械搅拌混合物和打入空气以引入气体。但是，最好是通过添加如夹带空气的固体物料那样的细粒材料来掺入气泡，这种细粒材料可以是苯酚甲醛微球，玻璃微球或硅化玻璃等。在爆炸剂中掺入气泡的量约为混合物总体积的5%~50%，最好是10%~35%。

另一方面，如果需要的话，可以把普通燃料添加到混合物中去作辅助燃料。任何稳定的普通燃料均可以使用。值得推荐的辅助金属燃料是铝、镁、硅铁、磷铁及其混合物。其他细碎性的燃料如煤、硫、糖、植物粉或别的细碎碳也可使用。混合物中燃料（辅助燃料和有机燃料）的总量应调节到使整个混合物的氧平衡约为-30%~+10%，最好是-10%~+10%。

为了更好地理解本发明，给出以下具体例子。这些例子只是对本发明作些说明，并非是对本发明的基本原理和范围加以限制。

例 1~5

将给定量的石蜡、乌鸦座油和亲脂乳化剂加热到约 120℉以形成液体，然后加到涡轮混合器中。又将给定量的硝酸铵、硝酸钠、硝酸盐（当添加时）和水加热到约 140℉，随之作为一种水溶液加到混合器内。搅拌这些热配料以便充分混合该混合物并形成油包水型乳胶，其中油是连续相。正在搅拌情况下将玻璃微球添加到乳胶中，这样就均匀地分布在整个炸药中了。将混合物装入直径为 3 英寸和 2 英寸的药卷中以便于起爆。

成 分	例 子				
	1	2	3	4	5
硝酸铵/%	60.0	57.0	53.5	56.0	51.4
水/%	18.0	18.0	18.0	18.0	18.0
硝酸钠/%	15.0	15.0	15.0	15.0	15.0
一甲胺硝酸盐/%	—	—	—	4.0	8.6
乙二胺二硝酸盐/%		3.0	6.5	—	—
玻璃微球（按重量计）/%	3.0	3.0	3.0	3.0	3.0
乌鸦座油/%	2.0	2.0	2.0	2.0	2.0
石蜡/%	3.0	3.0	3.0	3.0	3.0
“EZ-MuL”（四乙烯五胺的妥尔油酰胺）/%	2.0	2.0	2.0	2.0	2.0
密度/克 · 厘米$^{-3}$	1.29	1.29	1.29	1.29	1.29
爆速/米 · 秒$^{-1}$					
3 英寸药卷	5235	5442	5442	5442	5442
2 英寸药卷	拒爆	4618	4618	4618	4916

从上表中可以看出，例 2~例 5 中所描述的混合物含有硝酸铵，可在直径 2 英寸的药卷中爆轰，其爆速比不含硝酸铵的要高，不含硝酸铵的混合物在直径 2 英寸的药卷中拒爆。

例 6

按例 5 中所叙述的工艺，只是用 8.6%的三甲胺硝酸盐来代替一甲胺硝酸盐。将部分产品装入直径为 2 英寸和 3 英寸的药卷中并进行起爆。混合物在各种情况下都以例 5 所给定的爆速进行爆轰。

专利权限是：

1. 一种油包水型乳胶爆炸剂，其成分有无机氧化剂盐、无机含氧酸的氮碱盐和碱（碱选自下列物质：（1）无环氮碱，它有不多于两个与碱性氮结合的氢原子，并且每个碱性氮最多有三个碳原子；(2) 苯胺)、水、在爆炸剂中形成连续油相的不溶于水的有机燃料、为上述燃料形成稳定的油包水型乳胶所需的亲脂乳化剂、和分散在爆炸剂中的 5%～50%（按体积计）的气泡。

2. 专利权限第 1 条的产品，其中形成连续油相的有机燃料是碳氢化合物。

3. 专利权限第 2 条的产品，其中氮碱盐是硝酸铵。

4. 专利权限第 3 条的产品，含有夹带空气的固体物料，该物料含气泡。

5. 专利权限第 4 条的产品，含有 3%～30%的脂肪胺硝酸盐，此脂肪胺硝酸盐所含的碳原子最多不超过三个。

6. 专利权限第 5 条的产品，含有夹带空气的固体物料，此物料的量要足以使混合物中的气泡量达到 10%～35%（按体积计）。

7. 专利权限第 4 条的产品，其中硝酸铵是一甲胺硝酸盐。

8. 专利权限第 4 条的产品，其中硝酸铵是乙二胺二硝酸盐。

9. 专利权限第 4 条的产品，其中亲脂乳化剂是四乙烯五胺的妥尔油酰胺。

10. 专利权限第 4 条的产品，其中无机氧化剂盐是硝酸铵。

美国专利 3,715,247
公布日期 1973.2.6

含有吸留气体的油包水型乳胶炸药

（卜内门化学公司美国有限公司）

Charles G. Wade

（摘 译）

本发明论及了含有爆炸敏化剂的油包水型乳胶炸药混合物。

本发明雷管敏感的爆炸混合物含有约占乳胶炸药总重量1%~10%的碳质燃料油，55%~87%的氧化剂，0.1%~15%的爆炸敏化剂，10%~25%的水，0.5%~2%的乳化剂和足量的敏化气泡，以使炸药的密度降至0.9~1.40克/厘米^3。推荐的这种混合物在直径为1英寸的药卷中是雷管敏感的，它含有2%~6%碳质燃料，75%~85%氧化剂，2%~6%爆炸敏化剂，15%~20%水，0.75%~1.25%乳化剂和适量的敏化气泡。该混合物的密度为1.05~1.25克/厘米^3。

该混合物还可含有最高达10%的辅助燃料，如硫、糖、脲、甲酰胺、二甲基甲酰胺、碳、铝或镁，为了获得最大的敏感度，最好使用铝、铝合金或硫。可以用水溶性的燃料如乙二醇、甲醇、乙醇、丙醇来代替三分之一的水，但水是最好的，因为它既经济又是氧化剂盐较好的溶剂。

碳质燃料是水不溶性的可乳化的燃料，它在最高达200℉，最好是在110~160℉之间是可液化的。熔点至少是80℉，最好是110~200℉的蜡是适用的。其蜡包括从石油产品中分离出来的蜡如矿脂蜡、微晶蜡和粗石蜡；矿物蜡如地蜡和褐煤蜡；动物蜡如鲸蜡；虫蜡如蜂蜡和中国蜡及其混合物。最好的蜡是工业原料公司销售的，其商标为“Indra 2119”和“Indra 1153”的蜡。为了延长储存期，可以用一种油来代替60%的蜡。适用的油有各种石油、DNT和各种植物油。由大西洋精炼公司销售的、其商标为“Atreol-34”的高精制矿物油是最好的。

氧化剂可以由约20%~95%的硝酸铵，约5%~40%的别种硝酸盐，高达60%的乙二胺二硝酸盐，高达40%的烷基胺硝酸盐和高达30%的无机氯酸盐或高氯酸盐所组成。为了获得最大的敏感性，氧化剂最好由约55%~80%硝酸铵、5%~15%硝酸钠、10%~20%乙二胺二硝酸盐和5%~10%高氯酸铵所组成。适用的别种硝酸盐有硝酸钠、硝酸钾、硝酸锂、硝酸钙、硝酸镁、硝酸钡和硝酸锌。适用的烷基胺硝酸盐有甲胺硝酸盐、乙胺硝酸盐和遭受胺硝酸盐。适用的烷基醇硝酸盐有乙醇胺硝酸盐、丙醇胺硝酸盐和异丙醇胺硝酸盐。适用的氯酸盐有氯酸钠、氯酸钾、氯酸钙和氯酸锂。适用的高氯酸盐有高氯酸铵、高氯酸钠、高氯酸钙、高氯酸钾、高氯酸锂、高氯酸镁、高氯酸钡和高氯酸锌。

爆炸敏化剂是原子序数等于或大于13的无机金属化合物，最好是铜、锌、铁或铬的化合物。铝、锰、钴、镍、铅、银和汞的化合物也可用。对于本发明的目的而言，硅和砷不算作金属。就敏感性和溶解性而言，最好是硝酸盐、卤化物、铬酸盐、重铬酸盐和硫酸盐。氯化物也可以使用，但并非都可以，因为它们的溶解度低。如果爆炸敏化剂也是氧化剂的话，那么在计算氧化剂总重量时就要考虑它。

乳化剂是油包水型的。实际是山梨糖醇通过酯化作用去掉1克分子水所得的衍生物——山梨糖醇酐脂肪酸酯，例如山梨糖醇酐单油酸酯、山梨糖醇酐单棕榈酸酯、山梨糖醇酐单硬脂酸酯、山酸酯。成脂脂肪酸的单酸甘油酯和双酸甘油酯也可使用。其他的实例则包括聚氧乙烯山梨糖醇酯，例如聚氯乙烯山梨糖醇蜂蜡衍生物，聚氧乙烯（4）月桂醚、聚氧乙烯（2）醚、聚氧乙烯（2）硬脂醚、聚氧化烷撑油酸/月桂酸酯、油酸磷酸酯，取代的恶唑啉和磷酸酯。各种乳化剂的混合物也可使用。

气泡可以是吸留空气或夹带气体的物质，例如苯甲醛或脲甲醛树脂空心微球，膨胀珍珠岩或空心玻璃微球。

本发明的混合物最好按如下步骤制备：首先制备水、无机氧化剂和爆炸敏化剂的混合物，第二种混合物是碳质燃料和乳化剂。这两种混合物均加热，第一种加热至盐类全部溶解（约120~205℉），第二种加热至碳质燃料液化（约120℉或更高）。然后把它们掺合到一起并乳化，并把吸留空气引入到乳胶中。

下列混合物是这样制备的：首先在160℉时制备水、无机氧化剂和爆炸敏化剂的混合物，在130℉时制备第二种混合物——碳质燃料和乳化剂。然后于强烈搅拌下将第一种混合物慢慢添加到第二种混合物中，以获得油包水型乳胶。边搅拌边冷却至吸留气体进入乳胶中。该混合物挤压或填塞至高密度聚乙烯管中，它装入塑料雷管后密封并爆炸。

表1~表3给出了各混合物实例。直径大小和雷管号数系指混合物被引爆时的，结合水算作水而不算为爆炸敏化剂部分。混合物6和20的密度是爆炸时的密度，其余的密度系制造时的密度。混合物6和20是在直径为4英寸的药卷中爆炸的，其目的是为了测定爆速和爆压。

混合物41使用的蜡是Arco化学公司销售的其商标为“AmPro 15”的含有少量油的蜡。其余者均使用微晶蜡，这些蜡是工业原料公司销售的，其商标、熔点分别为：商标“Indra 2119”，熔点114~119℉（混合物1~7，10~17、20，22~26，28，30，31，33~40，42和45）；商标“Indra 133-S”、熔点142℉（混合物8和9）；商标“Indra 1153”、熔点153℉（混合物18、19、27、29、32、43和44）。

混合物10、11、18、19、27、29、32、43和44中的油是大西洋精炼公司销售的其商标为“Atreol34”的高精制矿物油。混合物8中的油是工业原料公司销售的、其商标为“Indro124-53BE”的矿物油。混合物9中的油是Alox公司销售的，其商标为Alox600的油。

混合物15、20、25、26、33、36、37、39~42和45使用的乳化剂是阿特拉斯化学工业有限公司销售的，其商标为“Span 80”的山梨糖醇酐单油酸酯。其余者使用的乳化剂是阿特拉斯化学工业有限公司销售的，其商标为“Atmos 300”的成脂脂肪酸的单酸甘油酯和双酸甘油酯。

表 1

配 料	混 合 物											
	1	2	3	4	5	6	7	8	9	10	11	12
蜡	2.0	2.0	2.0	2.0	2.0	2.0	2.0	2.5	2.0	2.5	3.0	2.0
油	—	—	—	—	—	—	—	0.5	1.0	0.5	1.0	—
硝酸铵	37.0	42.55	35.55	47.0	37.0	37.0	30.0	30.0	30.0	40.0	30.0	42.58
硝酸钠	10.0	10.0	10.0	10.0	10.0	10.0	14.0	16.0	16.0	3.0	15.0	10.0
乙二铵二硝酸盐	20.0	20.0	20.0	20.0	20.0	20.0	20.0	20.0	20.0	20.0	20.0	20.0
高氯酸铵	—	—	10.0	—	10.0	10.0	10.0	10.0	10.0	10.0	—	—
高氯酸钠	—	—	—	—	—	—	—	—	—	—	10.0	—
乳化剂	1.0	1.0	1.0	1.0	1.0	1.0	1.0	1.0	1.0	1.0	1.0	1.0
水	20.0	20.0	17.0	17.0	17.0	17.0	17.0	17.0	17.0	20.0	17.0	20.0
乙二醇	—	—	—	—	—	—	3.0	—	—	—	—	—
$AL(NO_3)_3 9H_2O$	10.0	—	—	—	—	—	—	—	—	—	—	—
$CrCl_3 \cdot 6H_2O$	—	4.45	4.45	—	—	—	—	—	—	—	—	—
$(NH_4)_2Cr_2O_7$	—	—	—	3.0	3.0	3.0	3.0	3.0	3.0	3.0	—	—
$K_2Cr_2O_7$	—	—	—	—	—	—	—	—	—	—	3.0	—
$Co(NO_3)_2 6H_2O$	—	—	—	—	—	—	—	—	—	—	—	4.42
密度/克 · 厘米$^{-3}$	1.16	1.15	1.13	1.15	1.17	1.21	1.15	1.14	1.13	1.13	1.12	1.15
直径/英寸	1	1	1	1	1	1	1	1	1	1	1	1
雷管号数	8	6	6	6	6	6	6	6	6	6	6	8
爆速/英尺 · 秒$^{-1}$						19550						
爆压/千巴						120						

表 2

配 料	混 合 物															
	13	14	15	16	17	18	19	20	21	22	23	24	25	26	27	28
蜡	5.0	2.0	5.0	2.0	2.0	4.5	2.0	2.0	2.0	2.0	2.0	2.0	2.0	2.0	4.5	2.0
油	—	—	—	—	—	0.5	0.5	—	—	—	—	—	—	—	0.5	—
硝酸铵	54.0	37.0	54.0	33.0	30.0	57.0	60.2	36.4	36.0	36.0	36.0	36.0	36.0	36.4	60.2	36.42
硝酸钠	10.0	10.0	10.0	12.0	15.0	19.0	10.0	10.0	10.0	10.0	10.0	10.0	10.0	10.0	10.0	10.0
乙二胺二硝酸盐	—	20.0	—	20.0	20.0	—	—	20.0	20.0	20.0	20.0	20.0	20.0	20.0	—	20.0
高氯酸铵	10.0	10.0	—	10.0	10.0	—	4.0	10.0	10.0	10.0	10.0	10.0	10.0	10.0	4.0	10.0
高氯酸钾	—	—	10.0	—	—	—	—	—	—	—	—	—	—	—	—	—
乳化剂	1.0	1.0	1.0	1.0	1.0	1.0	1.0	1.0	1.0	1.0	1.0	1.0	1.0	1.0	1.0	1.0
胶凝剂	—	—	—	—	—	—	—	0.6	1.0	1.0	1.0	1.0	1.0	0.6	—	—
水	17.0	17.0	17.0	17.0	17.0	17.0	15.0	16.8	17.0	17.0	17.0	17.0	17.0	17.0	16.8	17.0

续表 2

配 料	混 合 物															
	13	14	15	16	17	18	19	20	21	22	23	24	25	26	27	28
硫	—	—	—	—	2.0	—	—	—	—	—	—	—	—	—	—	—
夹带气体材料①	—	—	—	2.0	—	—	—	—	—	—	—	—	—	—	—	—
$CuCl_2 \cdot 2H_2O$	3.0	3.0	3.0	3.0	3.0	3.0	3.0	3.0	3.0	3.0	3.0	3.0	3.0	3.0	3.0	—
$CuSO_4 \cdot 5H_2O$	—	—	—	—	—	—	—	—	—	—	—	—	—	—	—	3.58
密度/克·厘米$^{-3}$	1.11	1.14	0.98	1.20	1.14	0.92	0.975	1.20	1.15	1.14	1.16	1.09	1.15	1.15	0.92	1.15
直径/英寸	1	1	1	1	1	$1\frac{1}{4}$	1	4	1	1	1	1	1	1	1	1
雷管号数	6	6	6	6	6	6	6	6	6	6	6	6	6	6	6	6
爆速/英尺·秒$^{-1}$	—	—	—	—	—	—	—	16000~18748	—	—	—	—	—	—	—	—
爆压/千巴								84								

① 是 Interpace 公司销售的，其商标为“Corcel”的空心玻璃微球。

表 3

配 料	混 合 物																
	29	30	31	32	33	34	35	36	37	38	39	40	41	42	43	44	45
蜡	4.5	2.0	3.0	2.0	2.0	2.0	3.0	2.0	2.0	2.0	2.0	2.0	2.0	2.0	4.5	4.5	2.0
油	0.5	—	1.0	1.0	—	—	0.5	—	—	—	—	—	—	—	0.5	0.5	—
硝酸铵	58.6	42.3	28.36	28.36	29.56	44.0	40.0	39.0	31.7	39.24	44.76	44.0	36.4	34.4	60.0	60.0	44.0
硝酸钠	10.0	10.0	15.0	16.0	15.0	10.0	3.0	10.0	10.0	10.0	10.0	10.0	10.0	10.0	15.0	10.0	10.0
乙二胺二硝酸盐	—	20.0	20.0	20.0	20.0	20.0	20.0	20.0	10.0	20.0	20.0	10.0	20.0	20.0	—	—	10.0
高氯酸铵	4.0	—	10.0	10.0	10.0	—	10.0	—	10.0	—	—	10.0	10.0	10.0	—	4.0	10.0
乳化剂	1.0	1.0	1.0	1.0	1.0	1.0	1.0	1.0	1.0	1.0	1.0	1.0	1.0	1.0	1.0	1.0	1.0
胶凝剂	—	—	—	—	0.8	—	—	—	—	—	—	—	0.6	0.6	—	—	—
水	16.75	20.1	17.0	14.0	17.0	20.0	20.0	20.0	20.0	20.0	20.0	20.0	17.0	17.0	16.0	17.0	20.0
乙二醇	—	—	—	3.0	—	—	—	—	—	—	—	—	—	—	—	—	—
硫	—	—	—	—	—	—	—	—	—	—	—	—	—	2.0	—	—	—
夹带气体材料①	—	—	—	—	—	—	—	—	3.0	—	—	—	—	—	—	—	—
$FeCl_3$	4.65	—	—	—	—	—	—	—	—	—	—	—	—	—	—	—	—
$FeCl_3 \cdot 16H_2O$	—	4.6	4.64	4.64	4.64	—	—	—	—	—	—	—	—	—	—	—	—
Fe_2O_3	—	—	—	—	—	3.0	3.0	—	—	—	—	—	—	—	—	—	—
$Pb(NO_3)_2$	—	—	—	—	—	—	—	8.0	—	—	—	—	—	—	—	—	—
$Mg(NO_3)_2 \cdot 6H_2O$	—	—	—	—	—	—	—	—	12.3	—	—	—	—	—	—	—	—

续表 3

配　料	混　合　物																
	29	30	31	32	33	34	35	36	37	38	39	40	41	42	43	44	45
$Hg(NO_3)_2 \cdot H_2O$	—	—	—	—	—	—	—	—	—	7. 76	—	—	—	—	—	—	—
$Ag(NO_3)_2$	—	—	—	—	—	—	—	—	—	—	2. 24	—	—	—	—	—	—
$ZnCl_2$	—	—	—	—	—	—	—	—	—	—	—	3. 0	3. 0	3. 0	3. 0	3. 0	—
$ZnCrO_4$	—	—	—	—	—	—	—	—	—	—	—	—	—	—	—	—	3. 0
密度/克 · 厘米$^{-3}$	0. 95	1. 13	1. 14	1. 14	—	1. 14	1. 13	1. 15	0. 94	1. 13	1. 14	1. 14	1. 19	1. 12	0. 90	0. 92	1. 13
直径/英寸	1	1	1	1	—	1	1	1	1	1	1	1	1	1	1	1	1
雷管号数	6	6	6	6	—	8	8	6	6	6	8	8	6	6	6	6	8
爆速/英尺 · 秒$^{-1}$	16000																

① 是 InterPace 公司销售的其商标为“Corcel”的空心玻璃微球。

美国专利　8,765,964
公布日期　1973.10.16

含有锶离子催爆剂的油包水型炸药

(卜内门化学公司美国有限公司)

Charles Gary Wade

(摘　译)

本发明涉及含有催爆敏化剂的油包水型乳胶炸药。具体地说，本发明论述含有一种改进的敏化剂——催爆剂体系的含水浆状型的无机氧化剂盐炸药。此外，本发明论述一种具有高能量、高敏感度、高爆速和特别高密度的炸药。

表1所列的实例说明了锶离子的敏化作用。

表1

配方（质量分数）/%	实例					
	1	2	3	4	5	6
蜡	4.5	4.5	4.5	2.0	2.0	2.0
油	0.5	0.5	0.5	—	—	—
硝酸铵	60.0	60.2	60.0	44.0	31.7	34.4
硝酸钠	10.0	10.0	10.0	10.0	10.0	10.0
乙二胺二硝酸盐	—	—	—	10.0	10.0	10.0
高氯酸铵	10.0	4.0	10.0	10.0	10.0	10.0
乳化剂	10.0	10.0	10.0	10.0	10.0	10.0
水	16.8	16.8	17.0	20.0	20.0	17.0
胶凝剂	—	—	—	—	—	0.6
空气截留材料	—	—	—	—	3.0	—
硫	—	—	—	—	—	2.0
Sr^{2+}	(1.2)	(1.2)	(1.2)	(0.55)	(2.0)	(4.90)
$Sr(NO_3)_2$	3.0	3.0	3.0	—	—	—
$SrCl_2$	—	—	—	1.0	—	—
$Sr(Oac)_2$	—	—	—	—	5.0	—
$Sr(OH)_2$	—	—	—	—	—	5.5

续表 1

配方（质量分数）/%	实　例					
	1	2	3	4	5	6
密度/克·厘米$^{-3}$	1.15	1.15	1.08	1.14	0.95	1.12
直径/英寸	1	1.25	2	1	1	1
雷管号数	8	8	6	8	6	6
爆炸时的温度/℉	70	70	70	70	70	70

例 1~6 的爆炸剂是按照如下方法制备的：先在 160℉时混制水、无机氧化剂和催爆剂的预混合物，然后在 130℉时混制第 2 个预混合物——碳质燃料和乳化剂混合物。接着于强烈搅拌下将第一个预混物缓慢加入到第二个预混物中，以获得油包水型乳胶，边搅拌边冷却以吸留气体，直至密度降到所希望的范围。例 5 中的空心玻璃微球是为代替吸留空气而添加的，该微球是由 Interpace 公司销售的，其商标为“Corcel”。然后将炸药挤压或填塞到高密度聚乙烯塑料管中，这些药管再用塑料桶密封并于 70℉下贮存，直至爆炸为止。其他的包装材料如纸、卡纸板和聚乙烯薄膜之类的塑料也是可用的。

表 1 中所列的各组分比例系指质量百分比，其密度、直径和温度均系爆炸时的数据，标准雷管号数是为了引爆这些炸药所需的。

所推荐的蜡是熔点为 153℉和 114~119℉的微晶蜡，这些蜡是工业原料公司销售的，其商标分别为“Indra 1153”（例 1~3）和“Indra 2119”（例 4~6）。例 1~6 中推荐的油是大西洋精炼公司销售的高精炼的矿物油，其商标为“Atreor 34”。

例 1~6 中的乳化剂是成脂脂肪酸的单酸甘油酯和双酸甘油酯或山梨糖醇酐单酸甘油酯，它们是卜内门化学公司美国有限公司销售的，其商标分别为“ATMOS 300”和“SPAN80”。

例 6 中提及的胶凝剂是 Stein Hall 公司销售的其商标为“Jaquar EXCM”的胍胶。

例 5 中的空气截留材料是 InterPace 公司销售的其商标为“Corcel”的烧结的空心玻璃颗粒。

爆炸时，上述炸药的爆速可望在 16000~20000 呎/秒。

美国专利　3,770,522
公布日期　1973.11.6

含有硬脂酸铵或碱金属硬脂酸盐的乳胶型炸药

（美国杜邦公司）
Ernst A. Tomic

（摘　译）

本发明涉及乳胶型爆炸剂。更具体地说，涉及的爆炸剂含有一种无机氧化剂盐、碳质燃料和一种硬脂酸盐乳化剂。

用于本发明炸药的无机氧化剂盐的含量通常是炸药总量的20%~85%，最好是45%~75%。无机氧化剂盐包括铵、碱金属和碱土金属的硝酸盐、高氯酸盐及其混合物。乳胶炸药水相中的无机氧化剂盐可以全部是硝酸铵，最好是硝酸铵与25%的硝酸钠相混合。

添加到炸药中的水分约为5%~30%（重量），最好是10%~25%。

本发明的主要特点是使用硬脂酸盐作为乳化剂。值得注意的是硬脂酸盐形成油包水型乳胶。因为硬脂酸盐如硬脂酸钠的亲水亲油平衡值（HLB）约为18。HLB值为11~20，特别是HLB值接近20的乳化剂趋向于形成水包油型乳胶。最值得惊奇的是，利用硬脂酸盐作为乳化剂时形成的乳胶有着极好的抗水性能。添加到混合物中的硬脂酸盐的含量变化于0.5%~6%（重量），通常为1%~4%。

用于形成连续油相的碳质燃料既可以是液体的，也可以是固体，其加入量一般为化合物总重量的2%~12%，通常约为4%~8%。

添加到乳胶中的典型敏化剂包括三硝基甲苯、季戊四醇四硝酸酯、2,4,6-三硝基-N-甲基苯胺、环三甲撑三硝胺、环四甲撑三硝胺、硝化淀粉、一甲胺硝酸盐、乙二胺硝酸盐、炸药级硝化纤维素和无烟火药等单质炸药。铝、镁之类的金属粉也是可用的。用合适的方式向爆炸剂中引入气泡也是可行的。例如直接喷射引入气泡，机械搅拌引入气泡。但最好是添加夹带气体的固体物料，例如玻璃微球或硅玻璃等。也可加入由于分解产生气泡的化学物质。其加入量按体积计为5%~50%，最好是10%~35%。

如果需要的话，可选择一些普通燃料作为补充燃料。在炸药中燃料总量要正好使炸药的氧平衡为-30%~+10%，最好是-10%~+5%。

举例如下。

例　1

将7份固体硝酸铵和15份硝酸钠添加到72份75%硝酸铵水溶液中。混合物加热至

160℉以溶解固体物料。把 1 份硬脂酸钠添加到 5 份 2 号燃料油（含有 0.2 份 85%的一水合肼）中，并在 160℉时进行混合。把含有硬脂酸盐的燃料油添加到硝酸铵溶液中，混合并冷却至 150℉，这样就形成增稠的乳胶。当乳胶的温度为 150℉时，混入 1 份 3%的过氧化氢溶液，于是在整个爆炸剂中就形成了起敏化作用的微小气泡。

形成的爆炸剂有着 1.25 克/厘米^3 的密度。本爆炸剂试样（约 3.5 磅）于 35℉时在 2 英寸管中爆炸，其爆速为 4233 米/秒。

例　2

将 7 份固体硝酸铵和 15 份硝酸钠添加到 71 份 75%的硝酸铵水溶液中。混合物加热至 160℉以溶解固体物料。将 1 份硬脂酸钠和 1 份硬脂酸添加到 5 份 2 号燃料油（含有 0.2 份 85%的一水合肼）中，并在 160℉时混合。然后将含有硬脂酸和硬脂酸盐的燃料加到硝酸铵溶液中，混合并冷却至 145℉，以形成稠厚的乳胶体。当乳胶的温度为 145℉时，混入 1 份 3%的过氧化氢，于是在整个爆炸剂中形成起敏化作用的小气泡。

这样形成的稠厚爆炸剂具有 1.2 克/厘米^3 的密度。爆炸剂的试样（约 3.5 磅）于 35℉时在 2 英寸管中以 4000 米/秒的爆速进行爆炸。

例　3

为了比较，将 7 份固体硝酸铵和 15 份硝酸钠加到 71 份 75%的硝酸铵溶液中。将 2 份乳化剂“EZ-MuL”（四乙撑五胺的妥尔油酰胺）和 0.2 份一水合肼（85%）加到 5 份 2 号燃料油中并加热至 160℉。把 1 份 3%的过氧化氢加到稠厚的乳胶中并混合，以便乳胶中形成小气泡，从而敏化爆炸剂。

比较试验

（1）将 417 克按照例 1 所叙述的工艺制备的爆炸剂试样制成一个球形药包，并放入带 600 毫升水的 1 升容器中。24 小时以后使爆炸剂在 45℉时爆炸，并使其压缩 1~1/7 英寸铅块。

（2）将 398 克按照例 2 所叙述的工艺制备的爆炸剂试样制成球形药包，并放入带有 400 毫升水的 1 升容器中，此时水完全覆盖了爆炸剂。7 天后倒出水，并称量爆炸剂，其重量为 399 克。浸过水的爆炸剂被引爆并压缩 1~5/8 英寸的铅块。

（3）将 363 克按照例 3 所述的工艺制备的爆炸剂试样制成球形药包，并放入带有 600 毫升水的 1 升容器中。24 小时后，由于水的浸入，爆炸剂增重至 560 克。浸过水的爆炸剂拒爆。

例　4

将 210 份粒状硝酸铵加到 720 份 75%的硝酸铵溶液中，并加热至 160℉，以便使固体硝酸铵溶解。将 20 份 2 号燃料油和 30 份石蜡与 20 份硬脂酸钠混合，并加热至 160℉，以便使石蜡液化。含有乳化剂的燃料被加到硝酸铵溶液里并冷却至150℉，于是得以稠化。将2份60%的N,N′-二硝基五亚甲基四胺加入稠厚的乳胶中，在整个乳胶中分解形成小气泡。

爆炸剂在120℉时无约束条件下进行爆炸以压缩2~13/16英寸铅块，其爆速为5644米/秒。这种爆炸剂试样包装在聚乙烯袋中，贮存约1个月后从袋中取出，观察爆炸剂是否粘附于袋壁，观察结果，袋子完全没有粘附爆炸剂。

例　5

将14份固体硝酸铵和30份硝酸钠加到144份75%的硝酸铵溶液中。混合物加热至160℉以溶解固体物料。将2份硬脂酸钠和1份硬脂酸加到10份2号燃料油（含有1份微球）中并在160℉时混合，然后将含有硬脂酸盐和微球的燃料油添加到硝酸铵溶液中，并于150℉时混拌形成稠厚的乳胶。

这样形成的爆炸剂具有1.33克/厘米^{3}的密度。爆炸剂试样在75℉下爆炸压缩2~5/16英寸的铅块，在40℉下爆炸时压缩1~13/16英寸铅块。

例　6

除用1份颜料级铝粉来代替微球外，其余按上述例5的工艺进行制备。

如此形成的爆炸剂具有1.39克/厘米^{3}的密度。爆炸剂试样在75℉时爆炸压缩2~5/16英寸铅块，在40℉下爆炸压缩11/16英寸铅块。

例　7

除用1份粒状铝粉来代替微球外，其余按上述例5的工艺进行制备。

如此形成的爆炸剂有着1.35克/厘米^{3}的密度。爆炸剂在75℉下爆炸时压缩2~1/4英寸铅块，在40℉下爆炸压缩11/16英寸铅块。

例　8

将5.5份固体硝酸铵和15份硝酸钠加到72份75%的硝酸铵溶液中，并加热至160℉，以便溶解水溶性的固体物料。将5.5份乌雅座油与2份硬脂酸钠混合并添加于硝酸铵溶液中。混合物搅拌至所有物料彻底混匀，在此过程中使其冷却至147℉并形成稠厚的乳胶。将1份玻璃微球直接添加到稠厚的乳胶中并充分混合，使夹带空气的材料均布于乳胶中。

如此形成的爆炸剂在5英寸药包中于78℉和无约束条件下爆炸，其爆速为5422米/秒。

例　9

在160℉时，将99份硝酸铵和46份硝酸钠与40份水相混，以便溶解固体物料。将2

份硬脂酸钠和 2 份硬脂酸添加到 11 份燃料油中并在 160℉下进行混合。然后将含有硬脂酸盐的燃料油也加到硝酸铵水溶液中，混合并冷却至 150℉，因此形成稠厚的乳胶。当乳胶的温度约为 150℉时添加 1.4 份 60%的 N,N′-二硝基五亚甲基四胺，同时混入起敏化作用的小气泡，使其遍布整个爆炸剂。

该爆炸剂试样包装于聚乙烯塑料袋中，贮存约 2 周后从容器中取出该爆炸剂，其结果不粘容器壁。

例　10

将 24 份固体硝酸铵和 15 份硝酸钠添加到 54 份 75%的硝酸铵水溶液中。混合物加热到 170℉，以溶解固体物料。将 1 份硬脂酸锂和 1 份硬脂酸添加到由 2.5 份 2 号燃料油和 2.5 份粗石蜡构成的热（170℉）混合物中。然后将含有硬脂酸和硬脂酸盐的燃料油添加到硝酸铵溶液中。为了充分混合各种物料，应搅拌该混合物，稠厚的乳胶在 156℉时形成。将 0.13 份 60%的 N,N′-二硝基五亚甲基四胺加入乳胶中，同时混入起敏化作用的小气泡，使其遍布整个爆炸剂。

该爆炸剂试样放置 6 个月后，于 40℉下爆炸压缩 2~11/16 英寸铅块。

例　11

将 24 份固体硝酸铵和 15 份硝酸钠添加到 54 份 75%的硝酸铵水溶液中，混合物被加热到 170℉，以便溶解固体物料。将 1 份硬脂酸铵加入到 5 份乌雅座油的热（170℉）混合物中。然后将含有硬脂酸盐的燃料添加到硝酸铵溶液中，为了充分混合各物料，应强烈搅拌该混合物，稠厚的乳胶在 156℉时形成。添加 0.11 份 60%N,N′-二硝基五亚甲基四胺到乳胶中，同时混入起敏化作用的小气泡，使其遍布整个爆炸剂。

该爆炸剂的试样于 46℉下爆炸压缩 2~13/16 英寸铅块。

美国专利　4,104,092
公布日期　1978.8.1

乳胶敏化的凝胶炸药

（美国阿特拉斯火药公司）

John J. Muliay

本发明的背景

本发明一方面论述了以油包水型乳胶爆炸混合物作敏化剂的水凝胶炸药；另一方面论述了利用油包水型乳胶爆炸混合物来代替水凝胶炸药中猛炸药和金属燃料作敏化剂；另外还涉及了应用油包水型乳胶炸药作敏化剂的敏化水凝胶炸药的制备方法。

由于含水浆状爆炸剂具有制备容易、抗水性强、搬运方便等特点，所以它在爆破工业中变得日益重要。炸药工业中用添加胶凝剂的方法来形成水凝胶炸药已日益普遍，因为这种炸药抗水性强、充填性好。通常，凝胶炸药是由氧化剂、水、燃料、敏化剂、膨胀剂❶和胶凝剂组成的。通过控制存在于混合物中胶凝剂的数量，可以使凝胶炸药取为可流动的液体形式，也可以取为相当干硬的胶凝混合物的形式，这种干硬的凝胶炸药可以用不同的容器进行包装。过去曾认为，为了使凝胶炸药具有满意的爆炸威力和起爆性能，它必须含有一种敏化剂。以往曾使用猛炸药或粒状金属敏化剂来敏化氧化剂——水的混合物。然而，使用猛炸药如TNT作敏化剂，会在凝胶炸药的处理、制造和运输过程中产生安全问题。此外，过去使用过的敏化剂均是相当昂贵的。

一类独立而截然不同的炸药就是油包水乳胶型爆炸剂。这些爆炸剂主要含有一种无机氧化剂盐的水溶液，该溶液在连续碳质燃料相中被乳化成分散相。油包水型乳胶还含有一种均匀分布的作为敏化剂的气体组分。油包水乳胶型爆炸剂是布鲁姆（Blnhm）在3，447，978号美国专利中首次透露的。和凝胶炸药的情况一样，由于油包水型乳胶炸药具有优良的抗水性能和搬运特性，所以它已为炸药工业广泛接受。然而，在油包水型乳胶爆炸剂和上述水凝胶炸药之间有着明显的区别。凝胶炸药主要由一种氧化剂的水溶液、燃料和敏化剂组成，它们是用各种水溶性胶凝剂中的一种如胍（Guar）胶和一种合适的交联剂进行胶凝的。与此相反，油包水型乳胶炸药是由两种不同的乳化相与一种均匀分布于整个乳胶中的分散气体组分所组成的，其中碳质燃料油是连续相，氧化剂水溶液是不连续的分散相。

---

❶ 即密度调整，下同。——译者注

由于凝胶炸药迅速而广泛地得到了认可，所以需要发展不使用相当昂贵或危险材料（如猛炸药）的较敏感的凝胶炸药。以前，为了在凝胶炸药中不使用猛炸药敏化剂，曾做过各种各样的尝试。例如，3，431，155号美国专利曾透露过用甲胺硝酸盐作为凝胶炸药的敏化剂。然而这是一种相当昂贵的配料，并且不能完全消除使用猛炸药敏化剂时存在的安全问题。在3，923，565号美国专利中透露了供水胶炸药使用的另一种敏化剂。该专利透露，十二烷基二苯基醚二磺酸钠可以在水胶炸药中作敏化剂用。但是，那份资料提供的最终爆炸混合物的密度必须低于约1.15克/厘米^3，以便获得最大的有效爆轰性。因此，炸药工业需要继续寻求这样一种水凝胶炸药，它不用很昂贵或危险的敏化剂进行敏化，并且具有一个有效的密度范围。

本发明的概述

本发明的水胶

本发明的水胶炸药克服了以前技术的缺点，使用了一种相当安全的低成本的油包水型乳胶炸药作敏化剂。尽管这些乳胶炸药本身在某些情况下可以称作“猛炸药”，可它们不如TNT之类炸药昂贵，冲击敏感性也较低。此外，可以在把它们加入到水凝胶炸药中的同一地方制备它们，因此减少了搬运问题。业已发现，油包水型乳胶炸药可以与水凝胶炸药混合形成一种乳胶炸药敏感的水凝胶炸药，这种炸药在有效的密度范围内具有良好的爆轰特性。本发明的乳胶炸药敏化的水凝胶炸药可以含有约占混合物总重量1%～80%的油包水型乳胶炸药敏化组分。另外还含有约占混合物总重量0%～90%的氧化剂盐，约5%～25%的水，约0.2%～2%的水溶性胶凝剂以及约0.2%～10%的膨胀剂。另外，根据需要，还可添加最高达20%的辅助敏化剂和最高达15%的燃料。作本发明的水胶炸药敏化剂用的油包水型乳胶炸药一般含有氧化剂盐的水溶液，它借助乳化剂的乳化作用分散在碳质燃料中。在乳胶炸药敏化剂内也可以存有膨胀剂和辅助燃料，这要视需要而定。

本发明的详述

于是我发现，水胶炸药可用乳胶炸药代替猛炸药或其他危险或昂贵的敏化剂来进行敏化。用乳胶炸药作敏化剂可以提供很宽的配方范围，允许凝胶炸药特性如密度和氧平衡按要求进行调节。此外还发现，用乳胶炸药作凝胶炸药的敏化剂可以使凝胶炸药具有更大的威力，因为这样加入到混合物中的无机氧化剂的数量比用传统方法敏化的凝胶炸药中所用的数量大得多。

在此所用的术语“凝胶部分”系单指不含任何乳胶炸药敏化剂的水凝胶炸药；术语“乳胶炸药敏化剂”系指加入“凝胶部分”中以改善其爆轰特性的乳胶炸药敏化剂。当然，乳胶炸药敏化剂由两种截然不同的相所组成，即连续的油相以及分散在连续油相中的不连续水相。

为清楚起见，首先讨论本发明的乳胶炸药敏化的水胶炸药的凝胶部分，然后叙述乳胶炸药敏化剂，最后叙述如何用乳胶炸药敏化剂来敏化凝胶部分，以便形成乳胶炸药敏化的凝胶炸药。

本发明的凝胶部分可用的无机氧化剂包括硝酸以及无机硝酸盐和高氯酸盐。无机氧化剂盐一般选自铵、碱金属或碱土金属以及第Ⅲ族元素的硝酸盐或高氯酸盐。最好的无机氧化剂盐是硝酸铵、硝酸钠和高氯酸钠。

本发明的凝胶部分所含的燃料既可以是固体，也可以是液体。固体燃料可以是燃煤或石墨之类的碳质燃料。其他的固体燃料如铝粒、硫或磷铁也可以使用。此外，可以使用水溶性有机物之类的液体燃料，如醇类、酰胺类或糖类。乙二醇是最好的燃料。像柴油、苯、二甲苯之类的水不溶性的液体燃料也可以使用。一般来说，乳胶炸药敏化的凝胶炸药中含有最高约达15%的燃料。

凝胶部分还含有适当的膨胀剂，其量约为乳胶炸药敏化的凝胶炸药重量的0.2%~10%。这些膨胀剂可以是玻璃或树脂微球、珍珠岩，也可以是吸留的空气或其他气体。

除了本发明的凝胶炸药中使用的乳胶炸药敏化剂外，凝胶部分还可加进以前熟知的辅助敏化剂，例如工业级的硝基甲烷，也可用乙二胺二硝酸盐作辅助敏化剂。其他的敏化剂如硝基烷、硝酸铵以及像氯化铜之类的重金属化合物也可使用，其重量一般可高达乳胶敏化的凝胶炸药总重量的20%左右。

含有上述组分的水介质的胶凝剂可以是以前工艺所知的各种胶凝剂中的一种。胍胶是最好的增稠剂。但其他的增稠剂如聚丙烯酰胺，羧甲基或羧乙基纤维素，生物聚合物如Xanthan胶或胍胶的衍生物——羟乙基胍胶或羟丙基胍胶等也可使用。此外，还可按照需要添加合适的交联剂，如焦锑酸钾、硼酸、氯化铁或其他重金属化合物。一般来说，如焦锑酸钾、硼酸、氯化铁或其他重金属化合物。一般来说，水溶性胶凝剂的量约为乳胶炸药敏化的凝胶炸药总重量的0.2%~2.0%。

如前所述，上述物质可以与水混合形成一种凝胶炸药，这种炸药与以前所知的凝胶炸药基本相似。然而，已经发现可用乳胶炸药代替十分昂贵而又危险的猛炸药与凝胶炸药相混合，从而获得一种具有优良爆轰和储存性能的敏感的凝胶炸药，乳胶炸药的添加量约为最终混合炸药重量的1%~80%。在本发明中作敏化剂使用的乳胶炸药可以是雷管敏感的，也可以是非雷管敏感的。业已发现，不管是用雷管敏感的乳胶炸药作凝胶炸药的敏化剂，还是用非雷管敏感的乳胶炸药作凝胶炸药的敏化剂，都能形成一种敏感的混合炸药，这种炸药能以包装的形式使用，也能以散装的可流动的状态使用，而且可在相当小直径的药卷中例如等于或大于2英寸的药卷中进行爆轰。

一般来说，本发明的乳胶炸药敏化剂大约含有40%~90%的无机氧化剂盐，4%~20%的水，0.2%~5.0%的乳化剂，2%~50%的碳质燃料；视需要而定，还可含有最高达40%左右的其他敏化剂，最高达15%的膨胀剂，以及最高达20%的辅助燃料。

本发明的乳胶敏化剂的无机氧化剂盐最好选自碱金属或碱土金属的硝酸盐如硝酸钠、硝酸铵。这些硝酸盐的含量约占乳胶炸药敏化剂总重量的40%~90%。还可使用最高达20%的无机高氯酸盐，例如高氯酸钠。

本发明的乳胶炸药敏化剂的碳质燃料组分可包括大部分的碳氢化合物，例如链烷烃、烯烃、环烷烃、芳烃、饱和或不饱和的碳氢化合物。一般来说，碳质燃料是一种水不溶性的可乳化的燃料，它或是液体，或是在温度高达200℉时最好是110~160℉时可液化的。从敏感性的观点考虑，碳质燃料最好是一种蜡和油的混合物。一般适用的蜡的熔点至小应为80℉，最好是110~200℉。适用的蜡的例子包括从石油中提取的蜡如矿脂蜡、微晶蜡和石蜡；矿物蜡如地蜡、褐煤蜡；动物蜡如鲸蜡；虫蜡如蜂蜡和中国蜡。适用的油的例子包括各种石油，各种植物油等等。柴油是本发明范围内使用的石油产品中最好的一种。这些碳质燃料的使用量约为乳胶炸药敏化剂重量的 2%~50%，最好是 2%~10%。

可以在本发明范围内用来形成乳胶炸药敏化剂的合适的乳化剂是油包水型乳化剂，如由山梨糖醇通过酯化作用除去 1 克分子水所得的衍生物——山梨糖醇酐脂肪酸酯，例如山梨糖醇酐单月桂酸酯、山梨糖醇酐单油酸酯、山梨糖醇酐单棕榈酸酯、山梨糖醇酐单硬脂酸酯和山梨糖醇酐三硬脂酸酯。其他可用的乳化剂包括成脂脂肪酸的双酸甘油酯以及聚氧乙烯山梨糖醇酯，如聚氧乙烯山梨糖醇蜂蜡衍生物、聚氧乙烯（4）月桂醚、聚氧乙烯（2）油酸醚、聚氧乙烯（2）硬脂酸醚、聚氧化烷撑油基酯、聚氧化烷撑月桂酸酯、油酸磷酸酯、取代的恶唑啉、磷酸酯以及它们的混合物等等。此外，还可以应用铵和碱金属的硬脂酸盐如硬脂酸钠，它既可单独使用，也可与硬脂酸混合使用。这种乳化剂的用量一般应等于乳胶炸药敏化剂重量的 0. 2%~5. 0%。

膨胀剂的用量最高可达乳胶炸药敏化剂的 15%（按重量计），对本发明炸药的凝胶部分而言，一般可使用与上述相同类型的膨胀剂。最好使用玻璃或树脂微球作膨胀剂。

可以使用最高约达乳胶敏化剂重量 40%的其他敏化剂。适用的敏化剂有烷基胺和链烷胺的硝酸盐和高氯酸盐，例如甲胺硝酸盐。

另外，可将辅助燃料添加到乳胶炸药敏化剂中，添加数量最高可达敏化剂重量的 20%左右。一般地说，像铝、铝合金和镁等等之类的辅助燃料是可以使用的，粒状铝是最好的辅助燃料。

乳胶敏化剂可以按照像布鲁姆在 3，447，978 号美国专利中所叙述的那样一种普通方法进行制备。例如，本发明的乳胶炸药敏化剂可以这样制备：在第一次预混时，先把无机氧化剂盐与水（其含量约为乳胶敏化剂重量的 4%~20%）混合，在第二次预混时再把碳质燃料和乳化剂混合。如果需要的话，可以对预混物进行加热，以促进无机盐在水溶液中的溶解和使碳质燃料预混物获得适当的稠度。一般来说，第一次预混物加热到无机盐全部溶解，其温度通常约为 120~205℉。如果需要的话，第二次预混物可以加热至碳质燃料液化（如果使用蜡的话，其加热温度一般约等于或大于 120℉）。然后把两种预混物掺合在一起进行乳化，此后，可向其中加入玻璃微球这类的膨胀剂。在连续制造乳胶敏化剂时，最好在一个槽中制备氧化剂的水溶液，在另一个槽中制备有机燃料的混合物，然后分别把这两种液体混合物泵送到混合器中，在这里添加乳化剂，以生产出乳胶敏化剂。如果使用膨胀剂和辅助燃料的话，就可以很方便地掺入到如此形成的乳胶中。

于是，按照上述方式形成的乳胶敏化剂可用来生产本发明的最新凝胶炸药，它实际上是用乳胶炸药敏化剂敏化的一种凝胶炸药。一般地说，在凝胶部分中所用的氧化剂盐于适当的加热和搅拌情况下可溶解入凝胶炸药的水中。然后把燃料、其他的辅助敏化剂和膨胀剂加到氧化剂盐的水溶液中进行混合。如果需要的话，也可混入胶凝剂和交联剂，以使最终的炸药混合物增稠。最后，在充分搅拌的情况下把乳胶敏化剂加到凝胶炸药中，以便使它分散在凝胶炸药中。视需要而定，也可以于搅拌下将乳胶敏化剂加入水溶液中，以使其均匀地分散于溶液中，然后加入水溶性的胶凝剂，以形成乳胶敏化的水胶炸药。其他各种添加顺序和分散乳胶炸药敏化剂于凝胶炸药中的方法也可以应用。

业已发现，本发明的乳胶敏化的水胶炸药具有优良的储存和爆轰特性。当然，为了长时间地保持适当的爆轰特性，乳胶敏化剂的连续油相和/或蜡相最好是对炸药的胶体的水相完全不溶混和不渗透的，以防止乳胶炸药敏化剂受到侵蚀和破坏。

本发明的乳胶炸药敏化的水胶炸药的另一个优点是，较大量的无机硝酸盐可以加入到整个炸药中而不会发生不合要求的晶体增长。这显然是由于乳胶敏化剂外部油相的保护作用阻止了乳胶敏化剂中的氧化剂水溶液与炸药凝胶部分中的氧化剂盐相接触的结果。这样，在混合炸药中氧化剂盐的总含量就可以比全部氧化剂均存在于单一的水溶液中要高。

此外，由于乳胶敏化剂可以配制得具有正氧平衡，所以从氧平衡的观点看，配方范围可能很宽。大多数常用的敏化剂具有负氧平衡（它们起燃料作用）。例如，硝基甲烷、三硝基甲苯、二硝基甲苯、季戊四醇四硝酸酯/硝酸胺和涂料级铝都是常用的敏化剂，它们具有负氧平衡，因此当加到炸药中时，就需要同时添加非敏化的氧化剂盐，以便达到最佳的氧平衡。由于本发明的乳胶敏化剂既可以配成负氧平衡，也可以配成正氧平衡，所以在乳胶炸药敏化的水胶炸药之凝胶部分中既可以添加较多的燃料，也可以添加较多的氧化剂。

本发明的乳胶炸药敏化的水胶炸药的另一个重要优点是：已经发现，一种非起爆药包敏感的水胶炸药可以与一种非起爆药包敏感的乳胶炸药混合形成一种起爆药包敏感的乳胶炸药敏化的凝胶炸药。因此，非起爆药包敏感的凝胶部分和非起爆药包敏感的乳胶敏化剂可以分别运输到使用地点，然后再在使用地点将二者形成一种起爆药包敏感的炸药。

乳胶炸药敏化剂的使用量会受到经济因素以及凝胶炸药最终使用量的影响。例如，如果使用一种相当敏感的（如对 6 号雷管敏感的）乳胶敏化剂的话，则相当少的乳胶敏化剂就足以使水胶炸药敏化。这样，相对于在凝胶炸药中使用其他的敏化剂而言，就可以大大节省费用和扩大配方范围。另一方面，在凝胶炸药中使用大量的乳胶敏化剂可以使整个混合炸药含有较大量的无机氧化剂，因而增加了炸药的能量输出。

为便于理解本发明，下面举出几个例子作一说明，但这不是限制其范围。

例　1

表 1 中所列的混合炸药可以这样来制备：先在约 150℉的温度下把氧化剂盐溶解于水中并搅拌，然后于搅拌下把燃料、辅助敏化剂和膨胀剂加入其中，接着再加胶凝剂并搅拌，此时混合物就增稠；最后于搅拌下加入乳胶敏化剂，以使乳胶充分分散于水胶炸药中。该乳胶敏化剂的组分配比列于表 2 中。

表 1

配　料	混合炸药各组分（质量分数）/%									
	1	2	3	4	5	6	7	8	9	10
硝酸铵	43.5	43.5	43.5	43.5	46.1	46.1	50.0	45.0	42.7	43.5
硝酸钠	8.9	4.5	4.5	4.5	4.5	9.5	10.6	4.5	4.5	4.5
高氯酸钠	—	4.5	4.5	4.5	4.5	4.5	4.5	4.5	4.5	4.5
水	18.8	18.8	18.8	18.8	19.0	19.0	19.0	19.0	19.0	19.0
乙二醇	8.9	8.9	6.7	8.9	8.9	8.9	8.9	4.5	8.9	8.0

续表 1

配　料	混合炸药各组分（质量分数）/%									
	1	2	3	4	5	6	7	8	9	10
B28/750（玻璃微球）	1.3	1.3	1.3	1.3	1.3	1.3	1.3	1.3	—	1.3
珍珠岩	—	—	—	—	—	—	—	—	1.2	—
乳胶炸药 I	17.9	17.9	17.9	13.4	15.0	10.0	5.0	18.0	18.5	15.0
硝基甲烷	—	—	—	4.5	—	—	—	—	—	—
乙二胺二硝酸盐	—	—	—	—	—	—	—	—	—	3.5
Alcoa 1620 铝	—	—	2.2	—	—	—	—	—	—	—
烟煤	—	—	—	—	—	—	—	2.3	—	—
胍胶	0.54	0.54	0.54	0.54	0.60	0.60	0.65	0.65	0.65	0.65
焦锑酸钾	0.0063	0.0063	0.0063	0.0063	0.007	0.007	0.0075	0.0075	0.0075	0.0075
Percol 155	0.089	0.089	0.089	0.089	0.1	0.1	0.1	0.1	0.1	0.1
混合炸药的最终密度/克·厘米$^{-3}$	1.21	1.15	1.17	1.16	1.19	1.20	1.30	1.15	1.19	1.22

表 2

配　料	质量分数/%	配　料	质量分数/%
蜡	3.0	硝酸铵	67.6
油	1.0	硝酸钠	3.0
乳化剂	1.0	高氯酸钠	10.4
水	12.0	玻璃微球	2.0

表 2 中所列的乳胶敏化剂可以这样来制备：先在约 210℉温度下把水和无机氧化剂混合形成第一种预混物，再在约 160℉时把碳质燃料和乳化剂混合形成的一种预混物。然后于搅拌下把第一种预混物慢慢添加到第二种预混物中，以获得油包水型乳胶。此后，再把玻璃微球渗入乳胶中，以形成可供表 1 所列的各混合炸药使用的乳胶炸药敏化剂。单是这种乳胶炸药敏化剂，可以在直径为 1/2 英寸的药卷中用 6 号雷管来引爆。

表 1 中所列的第一种混合炸药在检验其爆轰特性之前存放了 7 个月。储存 7 个月后，该炸药可在 3 英寸直径的塑料药柱中用一个 3×8 英寸的强力起爆药包（由阿特拉斯火药公司供应）和一个 6 号雷管起爆。表 1 中所列的第二到第十种混合炸药在制造后二周内进行测试，在所有情况下于一个 $2\frac{1}{2}$×12 英寸的塑料药柱中都能用一个 $2\frac{1}{2}$×8 英寸的强力起爆药包和一个 6 号雷管顺利起爆。此外，第二种混合炸药在 70℉的温度下大约储存二周后进行测试，发现它可以用三个 10 克的 Deta 起爆药包［是由特拉华州威尔明顿城的杜邦（E. I. Dupont de Nemours）公司制造的含有泰安的小起爆药包］和一个 6 号雷管起爆。

例　2

为了探查乳胶敏化剂是否就是表 1 中所列凝胶炸药具有爆轰特性的主要原因，遂在不含乳胶敏化剂成分的情况下重新生产了混合炸药2、6和7。这些混合炸药列于表3中并被称为2a、6a和7a。生产这些混合炸药的工艺与上述的工艺完全相同，只是不加乳胶炸药。

表3中所列的三种混合炸药于70℉的温度下存放不到一周之后就不能被一个2×10英寸的强力起爆药包（该起爆药是由阿特拉斯火药公司供给的）和一个6号雷管所起爆。

表3

用于说明乳胶炸药敏化作用的混合炸药各组分的重量份数

配　料	2a	6a	7a
硝酸铵	43.5	46.1	50.0
硝酸钠	4.5	9.5	10.6
高氯酸钠	4.5	4.5	4.5
水	18.8	19.0	19.0
乙二醇	8.9	8.9	8.9
B28/750	1.3	1.3	1.3
胍胶	0.54	0.60	0.11
焦锑酸钾	0.012	0.007	0.0075
Percol 155	0.092	0.090	0.095
混合炸药的最终密度/克·厘米$^{-3}$	1.27	1.27	1.29

例　3

列举这个例子的目的在于说明非雷管敏感的甚至是非起爆药包敏感的乳胶炸药敏化剂可以在本发明的混合炸药中用来敏化水胶炸药。因此，按照上面的例1中所述的工艺生产第二种乳胶敏化剂，但在这种乳胶敏化剂中不添加微球。这样形成的乳胶炸药（在表4中列为“乳胶Ⅱ”）除了由于没有微球而不能用一只6号雷管和一个$2\frac{1}{2}$英寸×8英寸的强力起爆药包起爆外，其他各方面都和乳胶Ⅰ完全一样。然后按上述例子中所述的方式制备一种用乳胶Ⅱ敏化的凝胶炸药，其组分列于表4中。

表4

配　料	质量分数/%	配　料	质量分数/%
硝酸铵	41.1	乳胶Ⅱ	17.9
硝酸钠	4.5	B28/750（玻璃微球）	1.3
高氯酸钠	4.5	胍胶	0.65
水	18.8	焦锑酸钾	0.0075
乙二醇	8.9	Percol 155	0.1

表中所列混合炸药的凝胶部分（它含有除了乳胶Ⅱ之外的所有配料）不能被一个2英寸×10英寸的强力起爆药包和一只6号雷管所起爆。但是表4中所列的含有非起爆药包敏感的乳胶Ⅱ的凝胶炸药于70℉下存放约一周后则可被一个（由阿特拉斯火药公司供应的）

2 英寸×10 英寸的强力起爆药包和一只 6 号雷管所起爆。

上述诸例说明：不管是雷管敏感的还是非雷管敏感的甚至是非起爆药包敏感的油包水型乳胶炸药可以作为水胶炸药的敏化剂。这种雷管敏感的、非雷管敏感的以及非起爆药包敏感的乳胶敏化剂可以与起爆药包敏感的或非起爆药包敏感的凝胶炸药相混合而形成对起爆药包敏感的乳胶敏化的水胶炸药。使用这种乳胶敏化剂的优点有：（1）由于不用猛炸药，故原材料搬运时的安全性较好；（2）较经济；（3）由于无机氧化剂的加入量增大，故能量输出增大；（4）良好的储存稳定性；（5）由于乳胶敏化剂既可以具有正氧平衡，也可以具有负氧平衡，所以乳胶敏化剂既能起燃烧剂的作用，又能起氧化剂的作用。

当用有关的推荐实例对本发明作了说明时，应懂得，对熟悉本技术的人来说，在阅读本说明的基础上会对本发明作各种各样的修改则是显而易见的，而所有这些修改方案都属于本专利的权限范围。

专利权限是：

1. 一种水胶炸药，该炸药是由 1%～80%的乳胶炸药敏化剂均匀分散于凝胶部分形成的。其凝胶部分包括：最高约达 90%的无机氧化剂，5%～25%的水，0. 2%～2. 0%的水溶性胶凝剂，0. 2%～10%的膨胀剂。乳胶炸药敏化剂是由连续的碳质燃料相和不连续的水相组成的。

2. 专利权限第 1 条的水胶炸药，其中所说的无机氧化剂选自铵、碱金属、碱土金属或第Ⅲ族元素的硝酸盐和高氯酸盐、硝酸及其混合物。

3. 专利权限第 2 条的水胶炸药，其中所说的无机氧化剂选自硝酸铵、硝酸钠、高氯酸钠及其混合物。

4. 专利权限第 3 条的水胶炸药，其中所说的无机氧化剂包含约占水胶炸药重量 10%～90%的无机硝酸盐和 0%～30%的无机高氯酸盐。

5. 专利权限第 1 条的水胶炸药，其中所说的膨胀剂选自玻璃微球、树脂微球、珍珠岩、吸留空气及其混合物。

6. 专利权限第 1 条的水胶炸药，它还含有最高达 15%（重量比）的燃料，此燃料选自烟煤、石墨、粒状铝、硫、磷铁、乙醇、胺、糖、乙二醇及其混合物。

7. 专利权限第 6 条的水胶炸药，其中所说的燃料是乙二醇。

8. 专利权限第 1 条的水胶炸药，除了油包水型乳胶炸药外，还含有最高可达水胶炸药重量 20%的辅助敏化剂。

9. 专利权限第 8 条的水胶炸药，其中所说的辅助敏化剂选自硝基烷、硝酸铵、重金属混合物及其混合物。

10. 专利权限第 9 条的水胶炸药，其中所说的辅助敏化剂选自硝基甲烷、甲胺硝酸盐、乙二胺二硝酸盐及其混合物。

11. 专利权限第 1 条的水胶炸药，其中所说的水溶性胶凝剂选自胍胶、聚丙烯酰胺、羧甲基纤维素、羧乙基纤维素、生物聚合胶、羟乙基胍胶、羟丙基胍胶及其混合物。

12. 专利权限第 11 条的水胶炸药，它还含有对上述胶凝剂有效的交联剂。

13. 专利权限第 1 条的水胶炸药，其中所说的油包水型乳胶炸药的组分为：约 2%～50%的碳质燃料，约 0. 2%～5. 0%的乳化剂，约 40%～90%的无机氧化剂盐，约 0%～40%

的敏化剂以及 4%~20%的水（以上含量皆为重量百分比）。

14. 专利权限第 13 条的乳胶炸药，其中所说的无机氧化剂盐选自硝酸铵、硝酸钠、高氯酸钠及其混合物。

15. 专利权限第 13 条的乳胶炸药，其中所说的碳质燃料的含量约为乳胶炸药重量的 2%~10%。

16. 专利权限第 13 条的乳胶炸药，其中所说的碳质燃料选自链烷烃、烯烃、环烷烃、芳烃、饱和及不饱和的碳氢化合物及其混合物。

17. 专利权限第 16 条的乳胶炸药，其中所说的碳质燃料含有一种蜡，它选自矿脂蜡、微晶蜡、粗石蜡、地蜡、褐煤蜡、动物蜡、虫蜡、中国蜡及其混合物。

18. 专利权限第 13 条的乳胶炸药，它还含有最高的占该乳胶炸药重量 15%的膨胀剂，该膨胀剂选自玻璃微球、树脂微球、珍珠岩、吸留空气及其混合物。

19. 专利权限第 13 条的乳胶炸药，除了所说的碳质燃料外还含有一种含量最高可达该乳胶炸药重量 20%左右的辅助燃料。

20. 专利权限第 19 条的乳胶炸药，其中所说的辅助燃料选自铝、铝合金、镁及其混合物。

21. 一种用分散的油包水型乳胶炸药敏化的水胶炸药，其中所说的水胶炸药的组分列于下列：

配　料	质量分数/%	配　料	质量分数/%
无机氧化剂盐	10~90	膨胀剂	0.2~10.0
水	5~25	乳胶炸药敏化剂	1~80
水溶性胶凝剂	0.2~2.0		

其中所说的油包水型乳胶炸药敏化剂的组分列于下表：

配　料	质量分数/%	配　料	质量分数/%
无机氧化剂盐	40~90	敏化剂	0~40
水	4~20	碳质燃料	2~50
乳化剂	0.2~5.0	膨胀剂	0~15

22. 在由无机氧化剂、水及水溶性胶凝剂构成的水胶炸药中，添加一定有效数量的作敏化剂用的油包水型乳胶炸药，其爆炸性能获得了改善。

23. 专利权限第 22 条的乳胶炸药敏化的水胶炸药，其中所说的水胶炸药在添加上述油包水型乳胶炸药之前是非起爆药包敏感的。

24. 专利权限第 23 条的乳胶炸药敏化的水胶炸药，其中所说的作敏化剂用的油包水型乳胶炸药是非起爆药包敏感的。

25. 专利权限第 23 条的乳胶炸药敏化的水胶炸药，其中所说的作敏化剂用的油包水型乳胶炸药是非雷管敏感的。

美国专利 4,110,134
公布日期 1978.8.29

油包水型乳胶爆炸混合物

（美国阿特拉斯火药公司）

Charle G. Wade

本发明的背景

本申请是1976年11月9日提出的而现已放弃的740094号（申请号）专利的继续。

本发明涉及油包水型乳胶爆炸混合物，具体来说，本发明涉及改进的油包水型乳胶爆炸混合物，该混合物可以用6号雷管起爆，并且是由非爆炸性组分构成的。

油包水型乳胶爆炸剂是由布卢姆（Bluhm）于3,447,978号美国专利中首次透露的。这些乳胶型爆炸剂含有一种被乳化了的作为碳质燃料连续相内的分散相的氧化剂盐水溶液和一种均匀分散的气体组分。这种乳胶型爆炸剂具有许多超越于含水浆状爆炸剂的优点，但它们不是雷管敏感的。所以，为了有效地引爆这种材料，就需要一种起爆药。

在美国的Re 2830号专利中，卡特莫尔（Cattermole）等人指出，可以把一定量的硝胺类化合物加到油包水型乳胶混合物中，以保证一旦起爆，爆轰将能在直径为2英寸或3英寸的炮孔中传递。然而，仅仅把硝胺类物质添加到普通的油包水型乳胶爆炸剂中还不能使这种材料变成对雷管敏感的。3,770,522号美国专利提出，把三硝基甲苯、季戊四醇四硝酸酯之类材料加到普通的油包水型爆炸剂中，以使它们变成对雷管敏感的。然而，众所周知，这些材料是猛炸药，并且比加入油包水型乳胶爆炸剂中的普通配料更昂贵，同时，最终的产品对小直径炮孔不适用。从另外观点看，也是不受欢迎的。

美国3,715,247和3,765,964号专利透露，油包水型乳胶爆炸混合物可以制备成保留上述乳胶爆炸剂的优点，而且是雷管敏感的又无需使用爆炸性配料。这两个专利透露，上述特点是通过添加一种爆炸敏化剂或催爆剂来获得的，例如添加原子序数为13或更大一些的金属无机化合物和锶的化合物等。

因此，到现在为止，由于添加了一种爆炸性配料或特殊催爆剂，油包水型乳胶爆炸剂已成为雷管敏感的爆炸剂了。

本发明的概述

按照本发明，改进的油包水型爆炸混合物在直径等于或小于1.25英寸的药卷中可被一只6号雷管所引爆，并且既不含有爆炸性配料也不含有催爆剂。本发明改进了的雷管敏感的油包水型乳胶爆炸混合物的主要组成是：包括乳化剂在内的碳氢化合物燃料约为3.5%到8%（按重量计），水约为10%到22%（按重量计）；封闭性空心材料（Vlosed Cell Void Containing materials）约为0.25%到15%（按重量计）（这种材料足以使所说的爆炸混合物的密度变化于0.90～1.35克/厘米^3）；无机氧化剂约为65%到85%（按重量计）；选用诸如铝之类的辅助燃料时，最高含量可达15%（按重量计）。无机氯化剂盐主要由硝酸铵构成，并可以含有另一种无机硝酸盐或高氯酸盐，也可以两者同时都有。

本发明的详述

因而，金民经发现，油包水型乳胶爆炸混合物是可以利用碳氢化合物燃料、水、氧化剂盐、封闭性空心材料和铝之类的物质（按上述规定的百分比）以及在没有炸药组分或催爆剂的情况下制成，该混合物可以在直径等于或小于1.25英寸的药卷中用一只6号雷管引爆。其组分比例必须保持在上述规定的范围内，并且必须使用封闭性空心材料。

本发明的油包水型爆炸性乳胶最好含有约3.5%～8%（按重量计）的碳质燃料组分（包括乳化剂）作为连续相。在本发明范围内可用的碳质燃料组分可以包括大部分的碳氢化合物，例如连烷烃、烯烃、环烷烃、芳烃、饱和或不饱和的碳氢化合物。一般地说，碳质燃料是一种不混溶于水的可乳化的燃料，它或是液体，或是在温度达200℉时，最好是在100～160℉时是可液化的。总组分中，按重量计至少应有2.5%的蜡或油或者是二者的混合物。最可取的碳质燃料是一种蜡和油的混合物。蜡的含量最好约为乳胶总重量的2.5%～4.5%，油含量最好约为乳胶总重量的0.5%～5.5%。

本发明所适用的蜡有：熔点至少为80℉的蜡——如矿脂蜡、微晶蜡和粗石蜡；矿物蜡——如地蜡和褐煤蜡；动物蜡——如鲸蜡；虫蜡——如蜂蜡和自蜡（中国蜡）。最可取的蜡包括：由工业原料公司销售的具有如下商标的蜡——INDRA 1153、INDRA 5056-G、INDRA 4350-E、INDRA 2123-E和INDRA 2119，以及由Mobil石油公司销售的一种类似的蜡，其商标为Mobil 150。其他适用的蜡为Witco化学公司销售的其商标为WITCO 110X和WITCOML-445。最可取的蜡是微晶蜡和石蜡的掺合物，例如以商标INDRA 211出售的蜡。关于这一点，现场试验已表明，用微晶蜡和石蜡掺合物比单独用微晶蜡或石蜡能获得储存稳定性更好的乳胶。

适用的油包括：各种石油、植物油、各种品级的二硝基甲苯和由大西洋精炼公司销售的商标为ATREOL的高度精炼的矿物油以及由Witco化学公司销售的商标为KAYDOL的白色矿物油等等。

碳质燃料组分还包括本发明范围内使用的乳化剂。这种乳化剂是油包水型的，如山梨糖醇通过酯化作用除1克分子水所得的衍生物——山梨糖醇酐脂肪酸脂，例如，山梨糖醇酐单月桂酸酯、山梨糖醇酐单油酸酯、山梨糖醇酐单棕榈酸酯、山梨糖醇酐单硬脂酸酯以及山梨糖醇酐三硬脂酸酯。其他有用的材料包括：成脂脂肪酸的单酸甘油酯和双酸甘油酯，以及聚氧乙烯山梨糖醇酯，如聚乙烯山梨糖醇蜂蜡衍生物和聚氧乙烯（4）月桂醚、聚氧乙烯（2）醚、聚氧乙烯（2）硬脂基醚、聚氧亚烃油酸酯、聚氧亚烃月桂酸酯、油酸磷酸酯、取代的恶唑和磷酸酯及其混合物等等。一般来说，乳化剂约为组分总重量的0.5%～2.0%，最好是0.8%～1.2%。

尽管辅助燃料的存在不一定是必要的，但本发明的乳胶也可以含有最高达15%（重量比）的辅助燃料，如铝、铝合金、镁等等。粒状铝是最可取的辅助燃料。

本乳胶的不连续水相应有无机氧化剂盐，它们溶解在约占乳胶总重量的10%~22%的水中。

无机氧化剂盐一般约为乳胶重量的65%~85%。虽然该组分总重量的20%可以是另一种无机硝酸盐如碱金属或碱土金属的硝酸盐，也可以是一种无机高氯酸盐如高氯酸铵或碱金属或碱土金属的高氯酸盐，或是它们的混合物，但无机氧化剂盐主要应由硝酸铵组成。无机氧化剂盐最好含有占组分总重量10%的它种无机硝酸盐和10%的一种无机高氯酸盐。硝酸铵约为组分总重量的50%~70%较好，但最好是57%~70%。此外，在本发明的乳胶中还可以含有相当少量的其他氧化剂盐。当氧化剂中含有另一种无机硝酸盐时，该硝酸盐最好是硝酸钠，不过，如硝酸钾和硝酸钙之类的盐也可以用。当含有高氯酸盐时，尽管如高氯酸钾和高氯酸钙那样的盐也可以用，但最好是用高氯酸铵或高氯酸钠。

当本发明混合物中的氧化剂盐只含硝酸铵和另一种无机硝酸盐而无高氯卤时，建议所说的另一种无机硝酸盐至少应是乳胶总重量的2.5%，最高达20%，最好约为5%~10%。在这种情况下，硝铵与另一种无机硝酸盐的比约为（5~7）：1较好。此外，当氧化剂盐由硝酸铵和高氯酸盐组成时，其高氯酸盐的含量约为乳胶总重量的3%~20%较好，最好是5%~10%，硝铵与高氯酸盐之比最好也是（5~7）：1到（6~7）：1：0.5。

本发明范围内使用的封闭性空心材料系指含有封闭孔的空心粒状材料，这种材料的每个颗粒都有一个或一个以上的封闭孔，而且孔中可含有空气之类的气体，或者可以全部或部分地被排空。应使用足够的封闭性含孔材料，以使乳胶的最终密度达到0.9~1.35克/厘米^3。一般地说，对于按照本文所述的范围配制的任何乳胶爆炸混合物来说，当水含量变化于10%~22%（重量比）时，其最大密度变化于1.35~1.0克/厘米^{3}之间。因此，如果燃料和无机氧化剂盐的含量保持不变，且水含量在10%~22%范围内变化时，水含量每增加1%，其最大的密度将降低0.01~0.04克/厘米^3。这里所说的“最大密度”是指在上述范围内配制的任何乳胶爆炸混合物于混制后放置18~24小时后在直径为1.25英寸的药卷中和温度为70~80℉的条件下可用一只6号雷管起爆的最大密度。此外，对于在上述范围内任何给定的水含量而言。虽然本发明的乳胶炸药最好至少含有2.6%（重量）的蜡，但在碳质燃料相中用油代替蜡时，每取代1%（重量）将使乳胶炸药的最大密度降低约0.005~0.15克/厘米^3。

当用一种无机硝酸盐（硝酸铵除外）来取代无机高氯酸盐组分时，这种无机硝酸盐每增加1%（重量）就会使本乳胶炸药的最大密度降低约0.008~0.01克/厘米^3。当用无机高氯酸盐取代其他无机硝酸盐时，无机高氯酸盐每增加1%（重量）就会使炸药的密度约增加0.08~0.01克/厘米^3。

当用硝酸铵取代配方中其他无机硝酸盐或高氯酸盐组分时，硝酸铵每增加1%（重量），炸药的最大密度就会降低约0.002~0.01克/厘米^3。另一方面，用硝酸铵取代其他无机硝酸盐和高氯酸盐两种组分时，尽管乳胶炸药的爆炸性能和低温感度会减弱，但最终的乳胶炸药的最大密度基本上保持不变。

对于本发明的任何配方，其最大密度都是很容易测定的。大体上，当密度大于和等于0.9克/厘米^{3}时，本发明的所有配方在直径为1.25英寸的药卷中都能用一只6号雷管起爆。然而，正如上面概述的那样，最大密度是变化的。这个最大密度可以用只提高本发明任何一个配方的密度的方法来确定，即通过改变封闭性空心材料的含量，使密度按0.01~0.02克/厘米^{3}的间隔逐步提高、直到使直径为1.25英寸的药卷不能用6号雷管起爆为止。遵照上面规定的准则，要确定某个特定配方的最大密度，对于每个基质所需制备的样品最多不超过2~4个。

本发明所推荐的爆炸混合物具有大约1.1~1.3克/厘米^{3}的密度。一般来说，本发明的油包水型乳胶炸药可以含有大约0.25%~15%（重量）的封闭性空心材料。在本发明范围内可以利用的最好的封闭性空心材料是玻璃微球，其粒度约为10~175微米。这种微球的堆积密度一般为0.1~0.4克/厘米^3。本发明推荐使用的几种最优的玻璃微球是3M公司销售的，这些微球的粒度大约分布在10~160微米范围内，其公和乐粒度约为60~70微米，密度约为0.1~0.4克/厘米^3。由3M公司销售的最优微球的商标为B15/250。其他可取的这种玻璃微球是由Emerson和Cumming公司销售的，其商标为Eccospheres，粒度大小一般约为44~175微米，堆积密度约为0.15~0.4克/厘米^3，其他适用的微球包括由Philadelphia石英公司销售的其商标为Q-CEL的无机微球。本发明的油包水型乳胶炸药可以含有约0.9%~15%（重量比）的玻璃微球。

封闭性空心材料可以由惰性物质或还原性材料制成。例如，在本发明的范围内可以利用的有苯酚甲醛。然而需要注意的是，如果用苯酚甲醛的话，由于这种微球本身是炸药的一种燃料成分，所以在设计油包水型乳胶爆炸混合物时应考虑其燃料值。另一种在本发明范围内可以使用的封闭性空心材料是由道化学公司销售的萨冉树脂微球。萨冉树脂微球的直径约为30微米，颗粒密度约0.032克/厘米^3。由于萨冉树脂微球的堆积密度低，所以在本发明的油包水型乳胶爆炸混合物中使用时仅仅以0.25%~1%（重量）为最好。

总之，我们已经发现，就其他方面而言是属于本发明范围内的混合物如果只通过带进气泡或用多孔玻璃的附聚物等等而不用封闭性空心材料来使其具有同样密度的话，将不会产生在直径为1.25英寸和更小的药卷中会对6号雷管敏感的炸药。因此，在本发明的油包水型乳胶炸药配方中使用上述玻璃微球会有助于形成雷管敏感的炸药是完全出乎意料的，尤其是玻璃微球和其他封闭性空心材料已经用于普通的水胶炸药中，并且它们的在这样的水胶中没有产生像在本乳胶配方中所产生的同样的效果。

雷管敏感性的一般准则就是炸药在直径为1.25英寸的药卷中于正常的温度条件下对6号雷管是敏感的。本发明的这种雷管敏感的爆炸性乳胶在储存时是稳定的，这就是说，它们至少有6个月的稳定储存期，典型的可达一年或者更长一些。本发明的这种炸药在正常作业期间不会因不利的气候条件之类的因素而降低感度，也不易受到压死。当从一个炮孔中的爆炸传来的冲击波压缩相邻炮孔中的炸药，以致使该炸药的密度增高到它不再能起爆的程度时就会出现压死。

此外，本发明的炸药不是敏感得会引起孔与孔之间的传爆。当一个炮孔爆炸并且来自该爆炸的冲击波引爆相邻孔中的炸药时就会出现孔与孔的传爆。当出现孔与孔的传爆时，所有的炮孔就会同时爆炸。由孔与孔的传爆引起的同时爆炸会产生巨大的冲击波和强大的震动，这对爆区附近的房屋、公路、桥梁或其他构筑物是不利的。

因此，本发明的雷管敏感的爆炸性乳胶得以使用在各种环境中，其中包括寒冷和潮湿的矿山、潮湿和干的炮孔、开拓区的掘沟作业、河下和湖下的挖沟之类的水下使用，以及采石作业。

一般来说，本发明的油包水型乳胶爆炸混合物在20℉和更低温度时是敏感的，且具有极好的储存稳定性。设计在严寒条件下使用的或储存6个月以上的乳胶炸药，最好应含有无机高氯酸盐，以此作为乳胶炸药无机氧化剂盐的部分组分。

本发明改进了的乳胶炸药最好这样制造：首先预混水和无机氧化剂，第二预混燃料和乳化剂。如果需要的话，这两次预混均加热。第一次预混一和肌加热到盐全部溶解（约120~205℉），第二次预混必要时加热到碳质燃料液化（如果用蜡质材料时一和肌为120℉或120℉以上）。然后把预混物掺合到一起并乳化，以后再加玻璃微球，直到密度降到所需要的范围。在乳胶炸药的连续制造过程中，最好在一个槽中制备含有氧化剂的水溶液，在另一个槽中制备各有机燃料的混合物（不含乳化剂）。然后把这两种液态混合物和乳化剂分别泵入一个混合装置中进行乳化。乳胶体再被泵到一个掺合器中，在此加进玻璃微球，需要时可加进辅助燃料，然后均匀地掺合；以便制成油包水型乳胶炸药。如此产生的乳胶炸药再经过一台Bursa包装机或其他的普通装置加工包装成所需直径的药卷。例如乳胶炸药可以包装成螺旋状或盘旋叠合的纸药卷。

下述各例对于了解本发明是有利的，但不想限制其范围。

例 1

表1中列出的混合物可以通过如下方法混制：先在160℉时把水和无机氧化剂预先混合，再在130℉时把碳质燃料和乳化剂预先混合，然后在搅拌下把第一次的预混物慢慢地加到第二次的预混物中，以便获得油包水型乳胶。此后，再把玻璃微球掺入该乳胶中，必要时可掺入铝，以形成最终的混合物。

表1中列出的所有混合物都被挤进或填塞进直径为1/2英寸的纸管中，再密封起来，然后用一只普通的6号雷管起爆。此外。配比与混合物1~4相同的乳胶炸药已储存长达2年之久而不失去敏感度。

表1

配料	混合物			
	1	2	3	4
蜡①	3	2.85	3.0	2.85
油②	1	0.95	1.0	0.95
乳化剂③	1	0.95	1.0	0.95
水	12	11.40	12.0	11.40
硝酸铵	61	57.95	67.6	64.22
硝酸钠	10	9.5	3.6	2.85
高氯酸铵	10	9.5	0.0	0.00
高氯酸钠	0	0.0	10.4	9.88

续表1

配　料	混　合　物			
	1	2	3	4
玻璃微球④	2	1.90	2.0	1.90
铝⑤	0	5.00	0.0	5.00
密度/克·厘米$^{-3}$	1.15	1.17	1.15	1.17

① 系工业原料公司销售的粗石蜡，其商标为：INDRA 2119。

② 系 Witco 化学公司销售的 Kaydol 油。

③ 系美国卜内门化学公司销售的山梨糖醇酐单油酸酯，其商标为 SPAN80。

④ 系 3M 公司销售的微球，商标为 B15/250。

⑤ 系 Reynolds 铝公司销售的铝粉，商标为 HPS-10。

例　2

表2中所列混合物可以采用与制备表1中1~4种混合物的同样的方法来制备。

表2

配　料	混　合　物			
	5	6	7	8
蜡①	2.71	2.660	3	2.85
油②	0.90	0.885	1	0.95
乳化剂③	0.90	0.885	1	0.95
水	10.84	10.62	12	11.40
硝酸铵	55.00	59.60	66	52.70
硝酸钠	9.03	8.85	10	9.5
高氯酸铵	9.03	5.00	5	4.75
玻璃微球④	1.50	1.50	2	1.90
铝⑤	10.00	10.00	0	5.00
密度/克·厘米$^{-3}$	1.25	1.25	1.25	1.17

① 系 Witco 公司销售的粗石蜡和微晶蜡的混合物，其商标为 Witco 110X。

② 系 Witco 化学公司销售的 Kaydol 油。

③ 系美国卜内门化学公司销售的成脂脂肪酸的单酸甘油和二酸二油酯，其商标为 ATMOS 300。

④ 系 3M 公司销售的微球，商标为 B15/250。

⑤ 系 Reynolds 铝公司销售的铝粉，商标为 HPS-10。

表2中所列的混合物5和6被挤进或填塞进直径为1.25英寸的纸管中；混合物7和8被挤进或填塞进直径为1英寸的纸管中，它们都被密封并用一只普通6号电雷管起爆。

例　3

通过把不同数量的例2中所述的B15/250微球和水加到表3所列的乳胶基质配方中，可以制造一系列的乳胶爆炸混合物。

表 3

配　料	基质中所用的质量分数①/%	配　料	基质中所用的质量分数①/%
蜡②	1.71～1.78	硝酸铵	78.46～78.61
蜡③	1.71～1.78	硝酸钠	3.44～3.54
油④	1.16～1.22	高氯酸钠	12.06～12.13
乳化剂⑤	1.15～1.22		

① 在各种试样中使用的配料的实际重量可以变化，但不能超出表 3 中所规定的范围。

② 系 Witco 化学公司销售的微晶蜡，其商标为 Witco X145a。

③ 系 Witco 化学公司销售的粗石蜡，其商标为 Aristo 143。

④ 系大西洋精炼公司销售的白色矿物油，其商标为 Atreol 34。

⑤ 系 Glyco 化学制品有限公司销售的山梨糖醇酐单油酸酯，其商标为 Glycomul O。

样品用上述配料制备，其水含量变化于 10%～22%（重量）。这种乳胶炸药被包装成 1.25 英寸×8 英寸的纸药卷，并且在制成后放置约 18～24 小时用 6 号雷管试验。然后，通过改变上述微球含量使样品的密度按 0.01～0.02 克/厘米^3 的间隔变化直到拒爆为止的方法来测定每种水含量时的最大密度。这些试验的结果列于表 4 中。

表 4

产品基质中的水含量/%	最大的起爆密度/克·厘米$^{-3}$	产品基质中的水含量/%	最大的起爆密度/克·厘米$^{-3}$
10.0	1.32	18.0	1.20
14.0	1.28	20.0	1.14
12.2	1.30	22.0	1.07
16.0	1.26		

例　4

采用碳质燃料相中不同的蜡与油之比和不连续水相中不同的硝酸铵、硝酸钠、高氯酸钠之比，就可以制备一系列的乳胶爆炸混合物。通过在 160℉时先把水和无机氧化剂预混，然后在 130℉时把碳质燃料和乳化剂预混，就可以制成含水量相同的五种不同基质。然后于搅拌下把第一次的预混物慢慢地加到第二次的预混物中，以获得油包水型乳胶炸药，其后，用例 3 中所述的方法测定每种基质的最大密度。这五种基质的组分和最大密度列于表 5 中。

表 5

配　料	基质（质量分数）/%				
	1	2	3	4	5
蜡①	1.5	1.5	—	—	—
蜡②	1.5	1.5	—	—	—
油③	1.0	1.0	4.0	4.1	4.0

续表 5

配　料	基质（质量分数）/%				
	1	2	3	4	5
乳化剂[④]	1.0	1.0	1.0	1.0	1.0
硝酸铵	67.6	67.6	67.6	65.9	81.0
硝酸钠	3.0	13.4	3.0	15.0	—
高氯酸钠	10.4	—	10.4	—	—
水	14.0	14.0	14.0	14.0	14.0
最大密度/克·厘米$^{-3}$	1.28	1.18	1.25	1.21	1.25

① 系 Witco 化学公司销售的微晶蜡，其商标为 WITCO X145a。

② 系 Witco 化学公司销售的粗石蜡，其商标为 Aristo 143。

③ 系大西洋精炼公司销售的白色矿物油，其商标为 Atreol 34。

④ 系 Glyco 化制品有限公司销售的山梨糖醇酐单油酸酯乳化剂，其商标为 Glycomul O。

上述诸例说明，按照本发明可以制造极其敏感的炸药，此炸药制成油包水型乳胶。本发明的油包水型乳胶炸药对普通的 6 号雷管是敏感的，并且适用于直径约为 1.25 英寸和更小的小直径药卷爆破。此外，该炸药宜作其他低感度炸药的起爆药。

本发明的油包水型乳胶炸药没有使用传统的猛炸药来敏化，也没有使用特殊的起爆剂和催爆剂，可是具有普通油包水型乳胶爆炸剂的全部优点。它们不会引起头痛；由于物理状态的固有特性，它们具有抗水性；不会被火、步枪子弹、冲击、摩擦或静电引爆；有利于连续加工，而且在制造时可以挤压；它们是无腐蚀性的，即既不是强酸又不是强碱。

当用有关的推荐实例对本发明作了说明时，应懂得，对熟悉本技术的人来说，在阅读本说明的基础上会对本发明作各种各样的修改则是显而易见的，而所有这些修改方案都属于本专利的权限范围。

专利权限是：

1. 在药卷直径约为 1.25 英寸和 1.25 英寸以下时，可以用 6 号雷管起爆的油包水型爆炸混合物的组成如下：

（1）一个碳质燃料的连续相。

（2）一个含有无机氧化剂的不连续水相，此氧化剂主要由硝酸铵组成。

（3）约占混合物总重量 0.3%～2%的一种乳化剂，它是从下列物质组成的族中选择的：山梨糖醇酐脂肪酸酯、成脂脂肪酸甘油酯、聚氧乙烯山梨糖醇酯、聚氧乙烯醚、聚氧亚烃油酸酯、聚氧亚烃月桂酸酯、油酸磷酸酯、取代的恶唑啉和磷酸酯及其混合物。

（4）一种辅助燃料，其量可达混合物重量的 15%。

（5）足量的封闭性空心材料，以使所说的爆炸混合物的密度约为 0.90～1.35 克/厘米^3。

2. 专利权限第 1 条的爆炸混合物，其中约含有该混合物总重量的 2.5%～20%的别种无机硝酸盐而不是硝酸铵。

3. 专利权限第 2 条的爆炸混合物，其中约含有该混合物总重量的 5%～10%的别种无机硝酸盐而不是硝酸铵。

4. 专利权限第 2 条的爆炸混合物，其中所说的无机硝酸盐选自由碱金属和碱土金属的硝酸盐组成的族。

5. 专利权限第 4 条的爆炸混合物，其中所说的无机硝酸盐是硝盐钠。

6. 专利权限第 1 条的爆炸混合物，其中约含有 3%~20%（重量）的无机高氯酸盐。

7. 专利权限第 6 条的爆炸混合物，其中约含有 5%~10%的无机高氯酸盐。

8. 专利权限第 6 条的爆炸混合物，其中所说的无机高氯酸盐选自由铵、碱金属和碱土金属的高氯酸盐组成的族。

9. 专利权限第 1 条的爆炸混合物，其中所说的碳质燃料系指不混溶于水的可乳化的材料，该材料选自矿脂、微晶蜡、粗石蜡、矿物蜡、动物蜡、虫蜡、石油润滑油及植物油组成的族。

10. 专利权限第 9 条的爆炸混合物，其中约含有 5.5%（重量）的油。

11. 专利权限第 9 条的爆炸混合物，其中约含有 4.5%（重量）的蜡。

12. 专利权限第 11 条的爆炸混合物，其中所说的蜡系微晶蜡和粗石蜡的混合物。

13. 专利权限第 1 条的爆炸混合物，其中所说的辅助燃料是细粒铝。

14. 专利权限第 1 条的爆炸混合物，其中所说的封闭性空心材料的含量约为该混合物总重量的 0.25%~15%。

15. 专利权限第 14 条的爆炸混合物，其中所说的封闭性空心材料是玻璃微球，其含量约为混合物总重量的 0.9%~15%。

16. 专利权限第 14 条的爆炸混合物，其中所说的封闭性空心材料是萨冉微球，其含量约为混合物总重量的 0.25%~1%。

17. 专利权限第 1 条的混合物，其中所说的不连续水相的含水量约为合成物总重量的 10%~22%。

18. 专利权限第 1 条的爆炸混合物，其中所说的碳质燃料的连续相包括所说的乳化剂在内，其含量约为该爆炸混合物总重量的 3.5%~8%。

19. 专利权限第 1 条的爆炸混合物，其中所说的无机氧化剂盐的含量约为该乳胶炸药重量的 65%~85%。

20. 既不含爆炸性化合物也不含催爆剂的但在直径为 1.25 英寸或更小的药卷中能用 6 号雷管起爆的油包水型爆炸混合物的主要成分是：

（1）一个碳质燃料的连续相。

（2）一个含有无机氧化剂盐的不连续水相，此氧化剂盐主要由硝酸铵组成。

（3）足量的封闭性空心材料，以使所说的爆炸混合物的密度约为 0.9~1.35 克/厘米^3。

21. 专利权限第 20 条的油包水型爆炸混合物，其中所说的包括乳化剂在内的碳质燃料的连续相的含量约为该混合物重量的 3.5%~8%。

22. 专利权限第 20 条的油包水型爆炸混合物，其中存在于所说的不连续水相中的水含量约为该混合物重量的 10%~22%。

23. 专利权限第 20 条的油包水型爆炸混合物，其中所说的无机氧化剂盐的含量约为该混合物重量的 65%~85%。

24. 专利权限第20条的爆炸混合物，其中所说的碳质燃料含有一种不混溶于水的材料，此材料选自矿脂、微晶蜡、粗石蜡、矿物蜡、动物蜡、旱蜡、石油润滑油和植物油组成的族。

25. 专利权限第24条的爆炸混合物，其中约含有0.5%~5.5%（重量）的油。

26. 专利权限第24条的爆炸混合物，其中约含有2.5%~4.5%（重量）的蜡。

27. 专利权限第24条的爆炸混合物，其中所说的蜡是微晶蜡和粗石蜡的混合物。

28. 专利权限第20条的爆炸混合物，其中所说的辅助燃料系选自由铝、铝合金和镁组成的族。

29. 专利权限第28条的爆炸混合物，其中所说的辅助燃料是铝。

30. 专利权限第20条爆炸混合物，其中所说的乳化剂是选自由如下物质组成的族：山梨糖醇酐脂肪酸酯、成脂脂肪酸甘油酯、聚氧乙烯山梨糖醇酯、聚氧乙烯醚、聚氧亚烃油酸酯、聚氧亚烃月桂酸酯、油酸磷酸酯、取代的恶唑啉和磷酸酯及其混合物。

31. 专利权限第20条的爆炸混合物，其中所说的无机氧化剂盐是硝酸铵和另一种无机硝酸盐，该硝酸盐选自由碱金属和碱土金属硝酸盐组成的族。

32. 专利权限第31条的爆炸混合物，其中硝酸铵与另一种无机硝酸盐之比为（5~7）：1。

33. 专利权限第20条的爆炸混合物，其中所说的无机氧化剂盐是硝酸铵和一种无机高氯酸盐，该高氯酸盐是从铵、碱金属以及碱土金属的高氯酸盐中选出的。

34. 专利权限第33条的爆炸混合物，其中硝酸铵与无机高氯酸盐的比约为（5~7）：1。

35. 专利权限第20条的爆炸混合物，其中所说的无机氧化剂盐是硝酸铵和另一种无机硝酸盐以及一种无机高氯酸盐。无机硝酸盐选自由碱金属和碱土金属的硝酸盐所组成的族，无机高氯酸盐则选自由高氯酸铵、碱金属和碱土金属的高氯酸盐所组成的族。

36. 专利权限第35条的爆炸混合物，其中硝酸铵与另种无机硝酸盐、无机高氯酸盐之比约为（5~6）：1：1到（6~7）：1：0.5。

37. 专利权限第35条的爆炸混合物，其中所说的另一种无机硝酸盐是硝酸钠。

38. 专利权限第35条的爆炸混合物，其中所说的无机高氯酸盐是高氯酸铵。

39. 专利权限第35条的爆炸混合物，其中所说的无机高氯酸盐是高氯酸钠。

40. 专利权限第20条的爆炸混合物，其中所说的封闭性空心材料是玻璃微球，其含量约为混合物总重量的0.9%~15%。

41. 专利权限第20条的爆炸混合物，其中所说的封闭性空心材料是萨冉微球，其含量约为混合物总重量的0.25%~1%。

美国专利　4,111,727
公布日期　1978.9.5

油包水型爆炸混合物

Robert B. Clay

发明的背景和以前的技术

近年来，在硬岩采矿、挖掘等爆破作业中作为爆炸剂使用的传统化合物炸药已经在相当大程度上被较便宜的混合炸药所取代，即高级的和昂贵的化合物炸药，如TNT、达纳马特、硝化甘油、硝化淀粉及其类似物质等已经大大地被廉价硝铵，特别是肥料级硝铵（FGAN）为基的混合物所排挤。因此，“ANFO”——硝铵（AN）和燃料油（FO）的混合物——已在那些条件适宜的地方例如炮孔没有严重积水的地方广泛地应用了，在那些ANFO不太适用的地方，则广泛应用浆状炸药，这种炸药在组成上可以有很大的变化，但通常还是以含有增稠剂、交联剂、粒状或液体燃料等的硝铵饱和水溶液为基础的。

转向使用这些新的混合物的主要原因是考虑成本。肥料级硝酸铵的来源广泛而且是相当廉价的。燃料油尽管能量不足，还是比为了氧平衡使用的大多数其他燃料便宜得多。虽然浆状炸药的某些配料，如增稠剂、作为燃料使用的细碎高能金属——粉碎的铝、镁之类的物质通常是不便宜的，但浆状炸药中用以携带氧化剂盐的水当然是很廉价的。

但是，这些新爆炸剂有其自己的缺点。ANFO具有低的堆积密度，这限制了它的爆炸能量。还有它不抗水，除非把它包装在密封的防水药包中，否则是不能用于有水炮孔的。低的堆积密度——通常约为0.85克/厘米^3——常常是它的严重缺点。浆状炸药可以制成比ANFO密度更大，但随着密度增加，起爆变得越来越困难。常常必须对它进行充气或产气，以使它获得足够的起爆敏感度，从而用普通起爆。此外，当浆状炸药用于相当深的圆柱炮孔时，静压力将使圆柱下部炸药的密度增加，于是这部分炸药可能会拒爆，从而在必须进行进一步开采和挖掘作业的地区残留下未爆炸的但很危险的药量。为此提出了许多改进建议，如按比例充气以补偿正常充气的压缩作用、加交联剂以固定存在的气泡，以促进爆轰波的传递等等。很小的气泡聚结成较大的气泡有着明显的减敏作用。已经使用了各种各样的燃料，仍可提出一些别的燃料来达到氧平衡，并给炸药以高的能量，但是这些燃料常常是昂贵的。铝粉作为燃料是很有效的，但像已经提到的其他配料一样，它们大大地增加了浆状炸药的成本。

在以前的技术中，为了把浆状炸药和铵油炸药结合起来以图获得二者的优点，曾提出过各种各样的建议。例如，已经提出如果在硝铵表面涂上油脂的话，就使其更抗水，一个推荐的方法是在球状硝铵的表面蒙上脂肪酸盐粉末，这样的粉末可与油作用而提供一个防水涂层（Wilson，美国专利 3,287,189）。如此处理后，涂了层的硝铵可用于浆状炸药，但浆状炸药需要充气以提高敏感度等等问题仍然存在。Egly 在美国专利 3,161,551 中已建议使用油包水型乳化剂，以提供燃料并使其完全充满粒状硝铵的空隙，由此改进了抗水性，但是这种类型的混合物没有充气时不能可靠地爆轰（见布卢姆（Bluhm）美国专利 3,447,978）。

由于密实的浆状炸药是不敏感的和难于或者不可能起爆的，因此常常利用引入热空气的方法使其充气，参见卡特莫尔（Cattermole）的美国专利 Re28,060 一例。这份资料也建议油包水型乳胶来改进抗水性，这种乳胶由溶于水的硝铵、油和合适的乳化剂所构成。为了充气以提高敏感性，建议添加玻璃珠或微球。该资料认为，从成本观点看，应不用胍胶（guar gum）。Wade 和 Bluhm 分别在美国专利 3,765,964 和 3,447,978 中提出了相类似的建议。后者是富有兴趣的，因为在那里叙述的油包水型乳胶本身与本发明推荐的两个主要组分之一比较相似，因而布卢姆叙述了作为整个爆炸混合物的油包水型乳胶的制备方法。这个混合物的主要组分是硝铵、水、由特种蜡所组成的碳质燃料和油包水型乳化剂所组成。他还建议，硝铵可用别的合适的氧化剂，如硝酸钠来代替。其混合物必须混入相当数量的空气作为吸留气体，该气体的体积比例高达 37%或更多。许多人曾提出用"微球"，最好是用微小玻璃珠作产气剂。在深的炮孔中使用可压缩的、含有气泡的炸药，会产生已经提到的有关密度升高的问题。玻璃珠是昂贵的，而且往往不是非常有帮助的，但是，他们有时是有用的。

还有一些人在以前的技术中提出了各种别的方案、工艺和添加剂来提供充气，充气被认为对于密度控制是十分需要的，因为敏感度或起爆性与密度密切相关。尽管由于密度的减小，这些混合物变得比较敏感，但当其他条件相同时，这些混合物也与炮孔中其堆积密度的下降成比例地损失其威力。

如上所述，许多浆状炸药需要胍胶或者等价的增稠剂把各配料固定在一起，并使其具有抗水性。它们还常常需要利用补充的增稠剂或交联剂把气泡固定在原来的位置上，或防止气泡聚结而失去其效力。所有这些配料，即使是很少量的配料均大大地增加最终炸药的成本。此外，它们还常常产生不稳定性的问题。本发明的一个重要目的是通过避免使用所有昂贵的配料和利用粒状硝铵的自然多孔性或空隙来保持其低成本。本发明的另一目的是简化制备爆炸混合物的生产工艺，由此进一步降低成本。

概括地说，本发明论及了一种新颖的爆炸混合物，它是由两种主要的而又是相当简单的组分最终放在一起构成的。这两种组分即（1）一种油包型乳胶（2）ANFO 或 AN。当使用 ANFO 而不是 AN 时，在它们混合以前，这两种组分中的每一种，即乳胶和 ANFO 在推荐的方法中大致是氧平衡的，所以这样形成的产品将必然是氧平衡的，另一种可以是负氧平衡，因为在这种情况下，油包水型乳胶包含大部分或全部的油，而另一组分基本上是氧化剂盐（硝铵或菹铵加其他性能基本类似的盐），不含燃料，或含有对氧平衡来说不足的燃料。

两种主要组分，即乳胶（或浆液）和固体物料用很简单的方法混合，最好是在装入炮孔前混合。一般的设备如螺旋输送机可用来将乳胶混于 AN 或 ANFO 中，这样就制备了一种密实得多和更有效的但仍可起爆的爆炸剂，而又在很大程度上保持了 ANFO 的简单性和经济性。

因此，本发明的另一个目的是通过简单的操作混合便宜的配料以获得改进的爆炸混合物，这种混合物具有较大的堆积密度，但只对良好起爆有适当的敏感度。这样避免了所需要的产气或充气，因而有助于消除与以前技术中充气浆状炸药有关的困难。优点是保持了硝铵或铵油炸药的结构，提供了一种基本上不可压缩的充气。

本发明的概述

简单来说，本发明的新颖混合牧师通过混合约10%~40%（重量）油包水型乳胶和约90%~60%（重量）的普通或改进的铵油炸药或相等物料制成的，这里的乳胶不含有单独添加的空气或气体和由产气剂产生的游离气体，不含有胶化剂及其类似物质。混合按如下方法进行：铵油炸药或粒状结构的盐，固体球状、结晶或片状盐它们起到留出间隙或提供空气间隙的作用，以给出所需的微小气泡，小气泡作为“热点”促进其爆轰。对于正常使用时的铵油炸药（或缺油的铵油炸药或甚至是硝铵颗粒）的结构，乳胶只是部分地充满其中的空隙。因此，简单的双组分混合物的堆积密度是可控制的。这种混合物可制得比普通铵油炸药密实得多，为方便起见，可称它为密实的铵油炸药或重铵油炸药（HANFO）。

两种主要组分可以用不同的方法（包括在这类技术中大家熟悉的方法）各自混制。浆状或油包水型乳胶可以通过混合水、氧化剂、部分油或者在某些情况下是普通铵油炸药所使用的全部油和油包水型乳化剂来制备。氧化剂可以全部是硝酸铵，或者在某些情况下是硝铵和别的强氧化剂如碱金属或碱土金属硝酸盐、氯酸盐、高氯酸盐的混合物。在掺合前分别加热各种配料或在掺合时一起加热各种配料可以促进乳化作用。为了把乳胶与部分（或全部）干铵油炸药（或硝铵）或部分加油的硝铵（它可含有或不含有上述的其他氧化剂盐）进行混合，可以把液体乳胶加到炮孔装药设备的普通输送螺旋中，通过这种方法可以按常规把铵油炸药输送到爆破地点进行装孔。这只需要对普通的铵油炸药的输送设备稍加改动就行了。

液体组分即油包水型乳胶本身最好有类似糨糊或不稠的润滑脂的稠度，即类似凡士林的稠度。但是，它可以制造得稍衡一点或稍稠一点，黏度稍高一点或稍低一些。当它与铵油炸药（或缺油的硝铵等）混合时，整个混合物是一种衡浆状的物质，它可以是颇湿的或比较干的。它大部分是固体或颗粒状，但最好具有液体或塑性体的一些流动性，并且用普通的方法和输送设备就很容易充满炮孔。

乳胶或似液体的组分本身可以由简单的浓的、最好是饱和的硝铵等的水溶液、油（普通铵油炸药组分中的部分或全部油）和乳化剂所构成。典型的铵油炸药是由94%（重量）的硝铵和6%的燃料油制成的。这些比例是可以变化的。燃料油或柴油是经常使用的，但其他的矿物油或别的油也可以与燃料油联合使用。后面这些配料和它们的相对比例当然是可变的。在本体系中，部分油需要制成乳胶；如果需要的话，它可全部与乳胶混合而在固体部分中不使用。其余的配料若有的话，可与粒状硝铵（或结晶状的片状的硝铵或大家熟知的其他配料）结合，肥料级球状硝铵是铵油炸药中最广泛使用的盐，乳化剂或表面活性剂可以是许多有效化合物中的一种或几种。许多这种化合物是一元醇或多元醇的酯或其他衍生物，这些醇与长链组分或其他亲脂类物质相结合。乳化剂最好掺于油中，它容易溶解于其中。这种掺合是水相添加之前进行的，但并非总是需要这样。典型的相当好用的表面活性乳化剂是山梨糖醇酐单油酸酯、山梨糖醇酐单硬脂酸酯、山梨糖醇酐单棕榈酸酯或其他长链酸的类似衍生物，羊毛脂脂肪酸的酯类如异丙酯可以使用。各种醚也是有用的。正如大家所知，只要这些化合物有一亲水部分和一个油溶性的碳链或支链就行，以后还会提到许多其他的化合物。

当乳胶准备与铵油炸药或缺油的硝铵等掺混时，最好是类似软的润滑脂或接近液体的稠度。在某些情况下，乳胶在稠度上可以是相当稠的或更黏的，类似于轴用润滑油。

按照上述建议，乳胶水溶液中的氧化剂盐（水溶液组分是分散相）可以是硝铵，但最好是含有其他可用的氧化剂。在许多情况下，硝铵可以与硝酸钙、硝酸钠混用，或单独与硝酸钙混用而不添加硝酸钠等、或与碱金属或碱土金属的硝酸盐、氯酸盐和高氯酸盐的各种混合物混用，以及与那些在水中溶解度比硝铵或别的单个盐大的铵盐混用。盐类的这种高溶解的或“共晶的”混合物有助于制备流动性更好的乳胶，并且较易掺入干料中。世界上的有些地方，使用硝酸钠较经济。已经发现含有少量其他组分的工业硝酸钙是一种合意的组分，下面给出了含有这种材料的混合物应用实例。在溶解度的极限范围内，水溶液组分中可以使用许多不同的盐及其混合物。这对熟悉该项技术的人来说则是易于理解的。

在适于用作乳胶组分的盐类中间，可以提及的有硝铵、高氯酸铵或高氯酸钠、硝酸钠、硝酸钾、高氯酸钾、硝酸镁、硝酸钙和高氯酸镁。硝酸铵通常是一种主要的组分，因为它易溶于水，但是添加某些经过选择的盐类，特别是添加那些可与硝铵形成一种共晶混合物的盐可以增加其溶解度。

水的用量可变，在保持乳胶必须的流动性的前提下，希望水含量保持最少。如以乳胶为基重，其比例最好小于5%，甚至低达3%，多至15%。通常，总水量保持在最终混合物重量的15%以下，最好是不超过10%~12%。与此相反，以前有些油包水型乳胶中水含量高达35%或更多。在本发明的混合物中，这样高的水含量是很不希望的，它将大大损失给定炸药的能量。

适用的乳化剂上面已经提到。它们还可包括某些金属的盐如油酸盐，胺的衍生物如三乙醇胺油酸盐。月桂胺醋酸盐、或有关的脂肪酸酰胺如妥尔油酰胺也可以使用；即由National Lead公司Barord分部制备的商业上取名为“EZ-MUI”的四乙撑五胺的妥尔油酰胺也是适用的。还可以列举许多其他的例子。已有的和可以利用的油包水型乳化剂为数众多。它们添加至足够的比例，就可以获得一种稳定而流动的乳胶，或一种非常黏性的容易与干硝铵或铵油炸药拌合的乳胶。所说的乳化剂的比例可有少许变化，推荐的比例范围约为总混合物重量的0.1%~1.5%，若以乳胶本身为基重，则为这个比例数的3~4倍。一般地说，乳化剂占乳胶重量的1%~8%。

如同以前的浆状和乳胶一样，辅助燃料可以添加到本乳胶中。这些燃料可以是液体的，最好是极性的液体，如甲酰胺、某些胺、酮、醛和醇等，或是固体粉状物质，如金属铝粉或具有高燃值和氧平衡能力的其他金属如镁粉、硅粉等。本身是炸药的粉状物质如TNT、无烟火药等也可使用。在许多情况下，它们将增加混合物的成本，当经济是重要因素时，最好不用它们。其他的廉价燃料如煤、硬沥青等以及某些能大量溶于乳胶或其水相中的固体物料，如糖和其他碳水化合物可以应用。正如以前熟知的那样，硫、磨细的硬果壳和多种含碳固体物质均可使用。下面描述了本发明推荐的实例。

推荐实例的详述

作为第一个例子，制造混合物的第一步是构成以下乳胶组分：

28 份（重量）肥料级球状硝酸铵与 48 份 Norsk Hydro 硝酸钙（简称为 NHCN）相混合，这种“NHCN”本身含有 80%（重量）硝酸钙，5%硝酸铵和 15%的结晶水，外加 5%（重量）硝酸钠。这种氧化剂盐的混合物溶解于 10 份（重量）水中。这个含水混合物本身的结晶析出点（fudge point）约 16℃，即在 16℃时盐开始晶析。

一种类似的溶液仅利用 5 份水制成。这种溶液具有较高的结晶析出点——68℃，但它仍然是可用的并且可混制成具有相当软的油脂状的、类似凡士林的油包水型乳胶。把 91 份（重量）10%的水溶液搅拌混入 7 份燃料油和 2 份油包水型乳化剂的预混物中，约有软油脂或凡士林的稠度。

上述乳胶在最终混合物中占 30 份（重量），将上述乳胶与 70 份（重量）的铵油炸药（94%硝铵、6%燃料油）掺合在一起。由此形成的“HANFO”的密度为 1.15 克/厘米^3。该混合物在直径时的药包中于室温下不能被普通雷引爆，因此证明它是一种安全爆炸剂。用 150 克朋托尼特（Pentolite）起爆药可使其完全爆轰。

表 1 给出了另外几个例子，它们是按刚刚描述的相同工艺制备的，但变更其组分。有两例是添加硅粉和煤粉作为燃料的。

上述混合物没有试验所有直径下的爆轰情况，在表 1 所示的几种直径的药包中有一些是拒爆的。但是，能起爆的那些药包具有适当的爆速，可用于煤矿开采及其类似作业希望鼓包作用而不希望破碎作用的地方。在所有情况下，均需使用起爆药，以保证其完全爆轰，这对熟悉本技术的那些人来说将是易于理解的。

表 2 给出了两个附加的实例，在这两个例子中，全部的油均混入乳胶中，干的或固相中不含油，在一种情况下使用肥料级球状硝铵，在另一种情况下使用结晶硝铵。

在制备乳胶时，最好于添加氧化剂水溶液之前把大约 2 份（重量）乳化剂加到 6 或 7 份油中。在表 2 中所列的 6、7 两例中使用的乳化剂是商标为“T-chem Emulsifier No5”，它是从美国犹他州盐湖城的 Thatcher 化学公司得到的。本发明不知道它的准确组分，但呈现出上述各种特性。在任何情况下，均可得到光滑的油脂状的乳胶，其中油是外相或连续相。

表 1

实　例		1	2	3	4	5
		(70/30)	(63/35)	(60/40)	(带有 Si)	(带有煤)
乳胶的配料占总混合物的质量分数/%	NHCH	14.4	16.8	19.1	12.0	14.4
	AN	8.4	9.8	11.2	7.0	8.4
	SN	1.5	1.8	2.0	1.3	1.5
	H_2O	3.0	3.5	4.0	2.5	3.0
	燃料油	2.1	2.5	2.8	1.8	2.1
	乳化剂	0.6	0.7	0.8	0.5	0.6

续表1

实　例		1	2	3	4	5
		(70/30)	(63/35)	(60/40)	(带有 Si)	(带有煤)
干或接近干的 ANFO	干 AN	65.8	61.0	56.5	58.0	64.0
	燃料油	4.2	3.9	3.6	3.7	—
	煤	—	—	—	—	6.0
	硅	—	—	—	13.0	—
	密度/克·厘米$^{-3}$	1.15	1.25	1.35	1.20	1.15
	爆速/米·秒$^{-1}$					
	直径4吋时	2500			2500	拒爆
	直径5吋时	—	拒爆	—	—	2500
	直径6吋时	3000	2500	拒爆	—	—

表2

实 例 编 号		6	7
乳胶的配料占混合物总量的质量分数/%	NHCN	14.4	12.0
	AN	8.4	7.0
	SN	1.5	1.3
	燃料油	6.3	1.8
	乳化剂	1.1	1.1
	作为燃料用的苯乙烯（液体）	—	4.5
干组分	AN	65.3（球状）	70.5（结晶状）
	密度/克·厘米$^{-3}$	1.15	1.20
	直径6吋药包之爆速/米·秒$^{-1}$	2800	2500

过多的水分会减低炸药的效率。水含量最好不要超过乳胶重量的15%，可以用低达5%甚至3%的水含量。当以最终混合物作基重时，水含量仅为这些比例的1/4~1/3。乳胶中的水分由10%变为5%时，除低温下低水含量者较硬外，在稠度方面是相当类似的。将它们在-16~+40℃的温度范围内循环一周没有发现乳胶破乳。二者在所有的温度下均是能搅动的。

概括地说，本发明的混合物含有约60%~90%（重量）的固体物料和10%~40%的乳胶，乳胶掺入固体物料中。乳胶的数量足够充填固体间部分而不是全部的孔隙或间隙。所谓固体，它应包括用油处理过的盐的颗粒（通常可以使用以燃料油喷雾过的而不是浸油的硝铵）。如上所述，在某些情况下，当全部油均加入乳胶时，形成大部分固体的球状、结晶状的硝铵或其他盐类将全部是干的。这些固体的主体组分是硝铵，因为肥料级球状硝铵通常是最经济的氧化剂。但是在某些地方硝铵可以是结晶状或片状的。在另一些地方，硝酸钠可能是不贵的，可以代替硝铵，至少可以部分代替硝铵。在ANFO情况下，除了其含油量外，固体最好含有30%~90%（重量）硝铵，0%~30%硝酸钠，0%~30%硝酸钾和

0%～40%硝酸钙。为了促进爆轰，可以添加空心玻璃珠或微球以降低密度提供“热点”。

很明显，总混合物中的油至少必须有部分包含在乳胶中，这些油可以是下列各种油中的一种或几种：燃料油、煤油、柴油（常常同燃料油难以区分）、石脑油和其他的矿物油或烃油以及蜂蜡、粗石蜡和沥青等物质，为了将它们加到乳胶中，这些物质在适当的温度下应是可液化的。其他的油如鱼油、植物油以及回收的马达润滑油等可以使用。易熔的聚合油如苯乙烯和其他的烯烃以及苯、甲苯和其他的非极性油可以使用。当这些是固体时，在制备油包水型乳胶过程中必须把他们熔化。

上面提到过名字的和包括山梨糖醇酐单油酸酯、山梨糖醇酐硬脂酸酯、山梨糖醇酐单月桂酸酯、山梨糖醇酐单棕榈酸酯和其类似物在内的乳化剂以及上述的和/或在上面列举的资料中所提及的那些乳化剂，可以用来将氧化剂盐水溶液和油相物料形成油包水型乳胶。添加到乳胶中的燃料可以包含像乙二醇、丙二醇、甲酰胺和它们的类似物，甲醇或乙醇等等之类的液体。固体燃料可按比例增加10%甚至是20%。

乳胶约占混合物总重的10%～40%，最好是20%～35%，其本身约含有3%～15%（重量）的水，最好是5%～10%，约含2%～15%油，最好是5%～10%，以及大约70%～90%（重量）溶于水相中的盐。氧化剂盐选自可溶性的铵、碱金属和碱土金属的硝酸盐、氯酸盐和高氯酸盐，最好是上面特别提到的那些能形成盐的高溶解度化合物的那些盐。在乳胶以及“干”组分或ANFO组分中，硝酸铵通常占有一个大的比例。乳化剂的比例应以获得良好的稳定的油包水型乳胶为宜，但允许乳化剂过量，因为这些乳化剂常常可以作为混合物的燃料。在整个混合物中，乳化剂的总量可以少至0.1%，多到5%，通常为0.2%～2%。

除了以上特别列举的实例外，在本发明的精神和范围内可作许多其他的改进、替代、结合和再结合，或采用其他配料以及工艺，这对那些熟悉本技术的人来说，则是显而易见的。在此，想通过下述专利权限像全部允许的工艺状态那样广泛地包含这些和所有其他明显的可供选择的方法和变化。

专利权限是：

1. 一种主要由10%～40%（重量）的脂膏状油包水型乳胶和60%～90%的大部未溶解的粒状固体氧化剂盐所组成的爆炸混合物，其中的乳胶含有约3%～15%（重量）的水，70%～90%包括硝酸铵在内的合适氧化剂盐，硝酸铵也可以包含其他合适的氧化剂盐，其中的固体组分包括硝酸铵和夹于其中的足量充气组分，它大幅度地增加混合物的敏感度，并且其中的乳胶组分是用占混合物总量0.1%～5%（重量）的一种油包水型乳化剂乳化的，以使其水溶液组分成为分散相或内相。

2. 按照专利权限第1条的一种爆炸混合物，其中固体组分基本上由粒状硝铵组成，并含有少量的燃料以为上述硝酸盐提供氧平衡。

3. 按照专利权限第1条的一种爆炸混合物，混合物中大部分的固体组分基本上是硝酸铵。

4. 按照专利权限第1条的一种混合物，混合物中油包水型乳胶里的油基本上是燃料油，并且固体成分至少主要比例是硝酸铵。

5. 按照专利权限第1条的一种混合物，混合物中油包水型乳胶包含硝酸钙和硝酸铵，它们溶于水中作为乳胶的分散相。

6. 按照专利权限第5条的一种混合物，它还含有硝酸钠。

7. 按照专利权限第1条的一种爆炸混合物，其中乳胶包含硝酸铵、硝酸钙和硝酸钠的水溶液，并且附带含有一种水溶性的燃料，此燃料选自乙二醇、丙二醇、醇和甲酰胺等。

8. 按照专利权限第1条的一种混合物，其中乳胶包含一种正常可熔化的固体烃类化合物。

9. 按照专利权限第1条的一种爆炸混合物，其中乳胶在其连续相中包含选自液体和正常是固体的烃类燃料，它们将水溶液乳化成适合氧化剂盐的分散相，这些盐选自铵、碱金属和碱土金属的硝酸盐、氯酸盐和高氯酸盐。

10. 按照专利权限第1条的一种爆炸混合物，其中乳胶包括一种燃料，此燃料选自燃料油、煤油、石脑油、粗石蜡、蜂蜡、植物油、鱼油、回收的马达油和烯烃的衍生物等，在制备乳胶过程中它们可以熔化成液体。

11. 按照专利权限第10条的一种爆炸混合物，混合物的乳胶中和固体物料中都含有一种液体油，乳胶掺于固体物料中。

12. 按照专利权限第1条的一种爆炸混合物，混合物中固体粒状成分是硝酸铵（主要部分）和燃料油（少量）的混合物，此燃料为上述硝酸铵提供氧平衡。

13. 按照专利权限第1条的一种混合物，混合物中大部分的固体成分包含0%～10%的液体烃类燃料，剩余部分是50%～100%的硝酸铵、0%～50%的硝酸钠、0%～50%硝酸钙和0%～50%硝酸钾。

14. 按照专利权限第1条的一种混合物，混合物中油包水型乳胶含有约占混合物总重量的0.1%～2%的一种乳化剂。此乳化剂选自：山梨糖醇酐单油酸酯、山梨糖醇酐单硬脂酸酯、山梨糖醇酐单棕榈酸酯、山梨糖醇酐单月桂酸酯、硬脂酸和长链脂肪酸的金属衍生物，这些衍生物可溶解于水。

15. 按照专利权限第1条的一种混合物，该混合物总的氧平衡在-12%～+4%之间。

16. 一种爆炸混合物，它由下列物质结合构成的：

（1）一种固体粒状的且未溶解的硝酸盐氧化剂，其比例至少是混合物总重量的50%。

（2）0～10%碳氢化合物与粒状硝酸盐氧化剂混合。

（3）一种固体粒状燃料。

（4）10%～40%（重量）稠密的油包水型乳液，该乳胶含有一种作为连续相的油和一种作为分散相的合适氧化剂盐水溶液，此盐选自由铵、碱金属和碱土金属的硝酸盐，氯酸盐和高氯酸盐，所说的乳胶是利用一种油包水型乳化剂稳定的。

17. 按照专利权限第16条的一种混合物，混合物中粒状氧化剂是由硝酸铵与至少一种其他硝酸盐所组成的。

18. 按照专利权限第16条的混合物，混合物中粒状氧化剂主要是硝酸铵。

19. 按照专利权限第16条的混合物，它包含充满颗粒中的气体以便使混合物具有充气组分，由此赋予混合物爆轰敏感度。

20. 按照专利权限第1条的一种爆炸混合物，混合物中乳胶是一种含有粉粒状燃料以及铵、钙和钠的硝酸盐水溶液的浆状物，在这种乳胶中大部分的固体成分基本上是硝酸铵，此硝酸铵用燃料油处理过，以改善供氧平衡。

21. 按照专利权限第16条的一种爆炸混合物，混合物中乳胶含有水溶性燃料。

美国专利　4,138,281
公布日期　1979. 2. 5

乳胶炸药的生产

（美国阿特拉斯火药公司）

Robert S. Olney，Charles G. Wade

本发明的背景

本发明一方面论述了油包水型乳胶爆炸混合物的制备方法，另一方面叙述了雷管敏感的或非雷管敏感的油包水型乳胶爆炸混合物工业级连续生产的设备，此外还涉及了乳胶爆炸混合物制备过程中的安全与质量控制方法。

由于乳胶爆炸混合物具有极好的爆炸特性和便于使用，所以近年来已获得了炸药工业界的广泛承认。直到最近，油包水型乳胶爆炸混合物通常是一类需要使用起爆药方能使其有效爆轰的爆炸剂。这些乳胶型爆炸剂是由布鲁姆（Bluhm）于3,447,978号美国专利中首次透露的。这样的乳胶型爆炸剂有许多超越于非雷管敏感的含水浆状爆炸剂的优点。过去，通过添加爆炸性配料或特定的催爆剂曾制成过雷管敏感的乳胶爆炸混合物。在Re28,060号、3,770,522号和3,765,964号美国专利中曾描述过这种雷管敏感的乳胶型爆炸混合物的几个例子。

最近发现，不含有爆炸性配料或催爆剂的可在直径等于或大于1.32英寸的药卷中用6号雷管引爆的一种雷管敏感的油包水型乳胶爆炸混合物，可以用萨冉微球或玻璃微球之类的封闭性空心材料（Closed Cell Void Containing materiais）与一定比例的烃类燃料组分、乳化剂、水、无机含氧酸盐以及铝粉之类的辅助燃料来配制。在1977年11月9日提出申请的美国专利740,094（申请号）中曾对这些雷管敏感的油包水型爆炸混合物作过详尽的描述。

对于制备吸留气体敏化的非雷管敏感的油包水型乳胶爆炸剂以及雷管敏感的混合炸药的方法在以前的技术中是熟悉的。这些方法有一定的缺点，因为这些产品的质量取决于起敏化作用的吸留空气，所以必须严格控制含氧酸盐的水溶液与烃类燃料组分相混合时的工艺条件。生产过程中的温度条件必须调节得使含氧酸盐水溶液的温度不至于低到引起溶液中的无机含氧酸盐结晶并析出。然而，这种方法又必须在足够低的温度下操作，以便作为油包水型乳胶油相的烃类燃料组分充分冷凝而在其中吸留住空气。

像上面提到过的以及在740，094号（申请号）美国专利中透露的这样一些雷管敏感的油包水型乳胶爆炸混合物，其制备过程不需要使轻类燃料组分处在冷凝温度下，因为这样的乳胶炸药不依靠吸留空气起敏化作用。不过从生产观点看，雷管敏感的油包水型爆炸混合物有较高危险性，因为感度的提高会增加该种炸药在生产过程中偶然爆炸的危险性。

因此，需要一种相当安全和有效的方法来工业生产雷管敏感的油包水型乳胶爆炸混合物。这种方法所面临的问题与以所谈的生产吸留气体敏化的乳胶爆炸混合物工艺过程中所克服的问题其性质迥然不同。

发明的概述

本发明提供一种生产油包水型爆炸混合物的改进方法，该混合物不含有爆炸性配料或催爆剂，并且在直径等于或小于 1.25 英寸的药卷中可用一只 6 号雷管引爆。这些爆炸性乳胶混合物像微球的非雷管敏感的油包水型乳胶爆炸剂一样也可按下述方法制备。这里所说的方法和设备能够按工业规模生产这种乳胶炸药，就某种意义上讲，这种方法和设备能在生产过程中严格控制产品质量和保证最大的安全。

本发明的生产方法主要是形成二种预混物，其一由无机含氧酸盐的水溶液所组成；其二由烃类燃料所组成，它形成油包水型乳胶爆炸混合物的油相；然后将这两种预混物与适量的乳化剂进行连续混合，以便形成一种乳胶基质。含氧酸盐的水溶液要加热到溶液结晶点以上的温度，以免与氧化剂的水溶液混合时引起温度骤降。往体系中添加乳化剂的方式应保证在形成乳胶基质之前燃料和氧化剂溶液的热量不致引起乳化剂分解。乳胶基质是在混合器内通过使烃类燃料组分、针对含氧酸盐的水溶液以及乳化剂受到能充分获得乳化剪切速率的混合条件而形成的。这里所用的术语“乳化剪切速率”，其定义是指剪切条件至少要等于上述组分在连续再循环混合器（下面将进一步说明）中混合时所获得的剪切条件，混合时的压力约为 10~80 磅/平方英寸，最好为 35~40 磅/平方英寸，滞留时间约 4.5 秒，典型的搅拌速度至少约为 1400 转/分（当使用一个带有直径为 6 英寸搅拌器的连续再循环混合器时）。用这种方式制备的乳胶基质连续给到桨式或螺条式连续掺合器中，在这里掺入玻璃或树脂微球。如果需要的话，还可掺合铝粒之类的辅助燃料，以形成雷管敏感的油包水型乳胶爆炸混合物。通过改变乳胶爆炸混合物的组分，例如减少所用的微球量，也可以生产非雷管敏感的乳胶炸药。业已发现，为了获得组分均匀的产品，必须从一个容器中把微球给到连续掺合器中，该容器中装的是一定数量的排除了空气的微球。正如下面将要进一步说明的那样，由于微球的形状独特，密度低且具有流散性，所以难于计量。如果微球在输送到掺合器的过程中与空气接触因而混入了正常数量的空气的话，就难以按预定的方式添加了。

通过应用氧化剂溶液生产线对流向连续再循环混合器（或相当的混合器）的氧化剂溶液进行溶制、过滤和计量，同时利用烃类燃料生产线对油包水型乳胶爆炸混合物的油相进行同样的处理，就能很容易地从工业规模上完成上述过程。在把二种预混物混合成乳胶基质后，就可以应用乳胶基质加工线获得雷管敏感的炸药，准备进行包装。

本发明的另一件事是在形成乳胶基质的连续再循环混合器和掺合器之间设置防爆器，在掺合器内将微球和粒状铝掺入乳胶基质中，以生产出雷管敏感的乳胶爆炸混合物。防爆器基本上是一根挠性导管，它安装在混合器和掺合器这间，这样，在混合器中可能引发的任何爆燃都不会传给正在掺合器（位于混合器的下游）中生产的雷管敏感的物质。

本发明的方法和设备的各种其他功能和优点可从研究本生产方法的一个实例的流程图和以下的详细说明中看到。

本发明的详述

现在参看流程图，以此说明本发明方法的一个推荐实例。无机氧化剂盐的水溶液中至少含有64%（重量）的无机氧化剂盐，这些氧化剂盐选自硝酸铵、碱金属和碱土金属的硝酸盐和高氯酸盐。一般，硝酸铵至少占溶液重量的53%。无机氧化剂盐的水溶液可以用如下的一种生产线方式来制备。硝酸铵水溶液（其中含硝酸铵80%~97%，最好含93%）的储箱2应通过蒸汽螺旋管4之类的适当供热方式进行加热，使其温度保持在180~290℉。一般来说，整个体系的温度要求保持得足够高，以防止水溶液中浓的无机含氧酸盐结晶。硝酸铵溶液由输出管5通过泵送装置6经导管8和9被泵送到氧化剂配制箱10中。高氯酸钠的水溶液也可以通过导管14和9以及泵送装置16加到氧化剂配制箱10中。由于所需的高氯酸钠溶液浓度一般无法从市场上得到，所以设置了一个带有搅拌装置和螺旋管22的高氯酸钠配制箱18；高氯酸钠溶液可以通过输出管24和泵送装置16被泵送到上述氧化剂配制箱10中。高氯酸钠再循环管26可以用来使过量的高氯酸钠溶液返回到高氯酸钠配制箱18中，因此提供了辅助的搅拌。此外，固体硝酸钠可以从硝酸钠储仓31经导管28和9添加到氧化剂配制箱10中，其加料方式既可以用手工、也可以用普通固体给料运输装置如螺旋运输机等。如果为了调节无机含氧酸盐溶液的浓度需要加水的话，可以经过水计量装置32按控制方式用水管30加水。

氧化剂配制箱安置在测压计12上，该测压计能自动感知氧化剂配制箱10中氧化剂盐溶液的重量。当配制箱10中已经积存了预订量的氧化剂溶液时，测压计12就会自动地关闭与其相连的泵送装置6和16。测压计12还能用来控制固体硝酸铵的流量。氧化剂配制箱的搅拌装置34保证在氧化剂配制箱10中制备各种无机含氧酸盐的均质溶液。蒸汽螺旋管之类的加热装置36用来使无机氧化剂溶液保持在约190℉，或保持在个别氧化剂溶液的结晶温度以上。硝酸铵溶液储存箱2、高氯酸钠配制箱18和氧化剂溶液配制箱10中的温度可以通过图中所示的许多温度自动记录控制装置（TRC）来加以控制。

无机氧化剂盐溶液从氧化剂配制箱10中经输出管38、泵送装置40和导管42泵送。过滤装置44可以由滤网式或织物式过滤器组成，它过滤掉任何粒状污物和没有进入溶液中的无机氧化剂盐。然后，过滤后的无机含氧酸盐溶液将通过导管46输到氧化剂储箱48中，该储箱的容量最好比氧化剂配制箱10稍大一点。氧化剂储箱48也装有搅拌装置50和蒸汽螺旋管52。如果需要的话，可以通过水计量器54和水管56把水加到氧化剂储箱中。另一方面，为了提高无机氧化剂盐的浓度，就必须降低氧化剂水溶液中的水含量；在这种情况下，可能要用蒸汽螺旋管52供热，以便从氧化剂储箱48中蒸发水。氧化剂溶液的泵送装置58最好是一种高精度计量泵，例如正排量的薄膜泵。这样的泵能以大约±1%的精度计量通过它的流速。合适的这种泵是Milton Roy公司销售的其商标为MILROYAL的泵。

当溶液离开计量泵58时，双重过滤器60a和60b用来二次过滤无机氧化剂盐溶液。使用双重过滤器可以减少每个过滤器上的过滤量，并增加过滤器清洗作业之间的运行时间。此外，当一个过滤器正在清洗时，可以通过另一个过滤器继续泵送，因而不会中断生产。为了衰减由正排量薄膜型计量泵58产生的摆动压力脉冲，生产线中设置了蓄能器62，它包括压缩空气源64和压力测量装置66。氧化剂溶液通过其上包有热水套70的给料管

68，热水套内有蒸汽或热水，其温度应足以使无机氧化剂溶液保持在它的结晶温度（约190℉）以上。计量装置72对流过导管68的无机氧化剂溶液进行精确计量，安全阀74通过排放管76保证把系统中过高的压力或过多的无机氧化剂溶液释放掉。自裂盘78是供无机氧化剂盐溶液流量过大时的紧急释放之用。单向阀80保证烃类燃料相（以下将说明）不会回流到该系统的氧化剂溶液中而使其污染。无机氧化剂盐溶液给料管68与烃类燃料导管82的接头保证把两种组分输送到连续再循环混合器168（下面将说明）或其等效装置中。

现在用图说明一下如何用本发明的方法来制备油包水型爆炸混合物的烃类燃料相。燃料组分也可以用生产线的方式来制备，以便能工业规模连续生产乳胶爆炸混合物。用来配制本乳胶炸药的碳质燃料组分包括大部分的烃类，例如烷烃、烯烃、环烷烃、芳香烃、饱和或不饱和的烃。一般来说，碳质燃料是一种水不溶性的可乳化的燃料，它既可以是液体，也可以是在温度达200℉时最好是110~160℉时可液化的。碳质燃料最好是蜡和油的混合物。但是蜡并不总是需要的。为本乳胶爆炸混合物所适用的油包括石油、各种植物油和各种品级的二硝基甲苯；由大西洋精炼公司（Atlantic Refining Company）销售的其商标为ATREOL的一种高度精制矿物油；由威特科化学公司（Witco Chemical Company Inc.）销售的其商标为KAYDOL的一种白色矿物油等等。

因此，设置储油箱84，以便通过导管86和油泵88向该系统供油，油通过导管90泵送到燃料配制箱92中。正常情况下，碳质燃料中的油在常温下就可以泵送而无需使设备加热。

正如上面说明的那样，在本发明推荐的一个实例中使用了油和蜡的混合物。适用的蜡至少应有80℉的熔点，最好是110~200℉的熔点。一些适用的蜡的例子包括：从石油中提到的蜡如石油蜡、微晶蜡、石蜡；矿蜡如地蜡和褐煤蜡；动物蜡如鲸蜡；以及虫蜡如蜂蜡和中国蜡。最好的蜡是由工业原料公司（Industrial Raw Materials Corporation）销售的其商标为INDRA 1153、INDRA 6066-G、INDRA 4350-E、INDRA 2126-E和INDRA 2119的蜡；由莫比尔石油公司（Mobil Oil Corporation）销售的其商标为MOBIL 150、由威特科化学公司销售的其商标为WITCO X 145-A以及由尤尼恩76公司（Union 76 CO.）销售的其商标为ARISTO 143°的类似的蜡。这些蜡可以用手工方式或通过自动运输机加到熔蜡箱94中。熔蜡箱装有蒸汽螺旋管加热装置96和搅拌装置98，以便使蜡熔化，并通过输出管100和泵送装置102经导管104把蜡泵送到燃料配制箱92中，然后配制箱92也装有蒸汽螺旋管加热装置106，以便使油—蜡混合物的温度保持在它的凝固点之上。搅拌装置108用来保证油和蜡的均匀混合。测压计110用来自动控制泵油装置88和泵蜡装置102。当预定重量的燃料组分已经输送到燃料配制箱92中时，这些泵送装置会自动停机。燃料输出管112和泵送装置114可以通过导管116把燃料组分输送到燃料储箱118中，该储箱也装有搅拌装置120和蒸汽螺旋管加热装置122。上述加热装置用来使烃类燃料组分的温度升高到与上述氧化剂溶液的温度大致相同。这样，当燃料组分与氧化剂组分混合到一起时，氧化剂溶液不致冷却而造成不希望有的无机氧化剂盐的结晶。燃料储箱118保证在制药过程中连续供给烃类燃料组分（油和蜡的混合物）。管线124把烃类燃料组分输送到燃料计量泵126的入口，计量泵最好也是上述正排量薄膜型的。蓄能器128与缓冲装置、压力传感装置130和压缩空气源可以减小经过燃料管134流到过滤器136的烃类燃料组分的脉动。过滤后的烃类燃料组分（用过滤器使其与任何凝固的固体燃料分开）经过装有加热套 140 的导管 138 进行输送。计量装置 142 用来控制通过管道 82 的烃类燃料组分的流量。在管 68 和 82 的交会处，燃料组分与无机氧化剂盐的水溶液接触。在计量装置 142 与管 68 和 82 的交会点之间装有安全阀 144，该阀把通过计量器 142 输送的燃料组分过高的压力泄放掉。自裂盘 146 用来紧急释放流经管线 82 的过高压力。万一出现回流而使无机氧化剂盐溶液回流到导管 82 中时，单向阀 148 保护燃料管线免受污染。

在用上述无机氧化剂水溶液和烃类燃料形成乳胶基质时需使用合适的乳化剂，为此备有乳化剂备用箱 150。乳化剂从该箱经导管 125、泵送装置 154 以及导管 156 输送到乳化剂储箱 158 中。用于制备油包水型乳胶炸药的乳化剂有：山梨糖醇通过酯化作用去掉一克分子水的衍生物——山梨糖醇酐脂肪酸酯，例如山梨糖醇酐单月桂酸酯，山梨糖醇酐单油酸酯，山梨糖醇酐单棕榈酸酯，山梨糖醇酐单硬脂酸酯和山梨糖醇酐三硬脂酸酯。其他有用的物质有：成脂脂肪酸的单酸甘油酯和二酸甘油酯以及聚氧乙烯山梨糖醇酯如聚乙烯山梨糖醇蜂蜡衍生物、聚氧化乙烯（4）月桂醚、聚氯化乙烯（2）醚、聚氧化乙烯（2）硬脂基醚、聚氧化乙烯油酸酯、聚氧化乙烯油酸磷酸酯、取代的恶唑啉和磷酸酯及其混合物等等。这种类型的乳化剂通过输出管 160 和计量泵 162（最好是上述正排量薄膜型的）被输送到乳化剂导管 164 中。乳化剂导管在导管 82 和 68 的交会处附近接到燃料组分的导管 82 上。业已发现，本发明的乳胶爆炸混合物中可用的许多乳化剂如果承受相当高的加工温度的话，就会发生随时间之分解。因此，已经查明，最好在常温下于燃料组分和无机氧化剂盐溶液刚刚混合形成乳胶基质之前加入乳化剂。当然，乳化剂可以直接加入混合器中，或与无机氧化剂盐溶液同时加入，但是已经查明，最好是在乳化剂和燃料组分与无机氧化剂盐溶液刚要混合之前使前二者先进行混合。

现在利用附图详细叙述燃料组分与无机氧化剂盐溶液混合加工步骤。如上所述，乳化剂最好是在导管 82 与氧化剂溶液的导管 68 连接处之前的某点进入燃料组分的导管 82 中。然后无机氧化剂盐溶液和燃料组分的混合物可用单独的一条乳胶基质加工线进一步加工。该加工线主要由如下设备构成：一台形成乳胶基质的连续再循环混合器，一台用于添加微球之类敏化剂用的掺合装置。基于下述安全上的原因，混合器和掺合器用防爆器隔开。因此，氧化剂溶液和燃料混合物经过导管 166 被输送到诸如连续再循环混合器 168 那样的混合装置中。温度传感器 169 和 167 分别与连续再循环混合器 168 的出入口连通，它们监控混合器内的加工状态，万一混合器发生机械故障时可以作报警装置用。合适的连续再循环混合器可以从契默特龙公司（Chemetron Inc.）买到，其商标为 VOTATOR CR MIXER。连续再循环混合器使物料在一系列相互交织的销柱上连续再循环，以便在有乳化剂的情况下，使烃类燃料和氧化剂溶液充分混合。除此之外，连续再循环混合器保证物料在其中滞留恒定的时间。连续再循环混合器依靠夹在两盘之间的一个多叶片的浆来完成这种搅拌作用。每个盘上有一系列的销柱，它们与混合器外壳上的销柱相啮合。由于盘上有小孔，可以使混合器中的物料在排出混合器之前通过相互啮合的销柱往回再循环，这就完成了再循环混拌作用。混合器中的这种混拌作用，使燃料组分与无机氧化剂盐溶液混合得极为均匀，并保证生产出稳定的乳胶。业已发现，使带有 6 英寸直径搅拌桨的这种混合器在 1400 转/分的转速下和 35~40 磅/平方英寸的压力下运转，并且物料的平均滞留时间约 4.5 秒，其结果形成极为稳定的乳胶基质，这种乳胶基质可用来生产雷管敏感的油包水型乳胶爆炸混合物。当然，也可以采用其他的运转参数，这主要取决于混合器的特定尺寸和被加工产品的数量。但为了获得稳定的乳胶，必须保持乳化剪切速率的条件。尽管已经查明连续再循环混合器是获得必要的乳化剪切速率的最好装置，但其他混合器也可用，它们包括在管线中的混合器，如马萨诸塞州索斯布里奇城陶伯特工业有限公司（Tobert Industries Inc.）销售的其商标为 TURBON 的混合器；或胶体型混合器，如红约州艾斯利普城 E. T. 奥克斯公司（E. T. Oakes Corc.）销售的其商标为 OAKES 的混合器。

在混合器 168 中形成的乳胶爆炸基质通过输出管 170 经防爆器 172 被输送到压紧阀（Pinch Valve）174。为了在混合器 168 中生产出稳定的乳胶基质，压力传感装置 176 最好与调节混合器压力的压紧阀装置 174 自动相连，以便使其压力保持在上述范围之内。此外，压力传感装置 176 也用来监控经过导管 170 离开混合器 168 的乳胶基质，以保证混合物被乳化到所要求的程度。如果乳胶破坏的话，即如果氧化剂水溶液不逐渐乳化成由连续油相包裹的分散液滴的话，基质流过输出管 170 的泵送特性将急骤变化，引起压力传感器 176 所示的压力降低。因此，或通过人工检查，或通过自动装置，压力传感器 176 将会指示出不合乎要求的破坏了的氧化剂溶液和燃料组分的混合物正从混合器 168 中排出。于是可以人为或自动地采取适当的补救措施，例如控制压紧阀 174，以免污染下段生产管线中的产器。

隔爆器 172 基本上是一般挠性导管，已经发现，它可以防止混合器 168 或导管 170 中引起的爆燃穿过它传播到下述连续掺合器中。隔爆器 172 可由任何化学惰性的弹性物质来制造，这些物质不但能够承受住加工过程中所加的温度和压力，而且能抵抗在其中通过的乳胶基质的化学作用。举例来说，在通过导管 170 的流速约为 50 磅/分的加工过程中，用橡胶、聚乙烯或这些材料的合成物以及类似材料制成的其内径为 $1^1/_2$ 英寸长度约 18 英寸的挠性导管就可以作本发明的隔爆器用。可用的一种典型的挠性管是由俄亥俄州阿克伦市 Goodyear 轮胎橡胶公司销售的其商标为 FLEXWING 的挠性管，它由一根聚乙烯管和一加固胶涂层所组成，且在编辑的人造线层之间绕有螺旋状金属线。

乳胶基质经压紧阀 174 进入导管 178，然后进入连续掺合器 180 中。连续掺合器 180 是供乳胶基质与诸如玻璃或树脂微球之类的封闭性空心材料的混合之用的。空心材料以玻璃微球为最好。在连续掺合器 180 中也可添加粒状铝之类的粒状金属燃料等等，使其与乳胶基质充分混合。虽然包括螺条型掺合器在内的其他类型的掺合器也可以使用，但连续掺合器 180 最好是桨叶型的连续掺合器，例如由 Sprout Walton 公司、Day Mixing 公司以及 Cleveland Mixer 公司销售的那种掺合器。

微球是通过真空管道 182 加到该系统中的，真空管道从储存器或其他容器 184 中吸取微球。这种给料方法保证微球最少散布于空气中，以免危害健康。真空导管 182 把微球输送到微球储存器 184 中。业已发现，由于微球的细粒性质，所以一定数量微球的流动特性主要取决于微球通过真空源（在此，微球与空气相混）运输后允许沉淀多长时间。因此，已经输送的并与空气混合的微球具有非常类似于水的流动特性，同时将以难于控制的速度灌入掺合器 180 的给料机中。这种状态是完全不合要求的，因为严格控制与乳胶基质混合的微球数量对于能否获得合乎质量的产品是个关键。因此，微球在储存器 184 中至少应有 4 分钟的滞留时间，以允许除掉气体并封存在储存器 184 中。然而，一旦微球除掉气体并在储存器中沉淀，其流动特性就变得与正常的固体物料一样，并且将不会在只有重力作用下以均匀的速度从储存器中流出。所以，可以用像 Ktron 公司出售的 Soder 预给螺旋机构那样的螺旋给料装置 186 从储存器 184 中把微球给到给料机构 188 的称量皮带上。螺旋给料器必须是螺旋片啮合的双螺旋型给料器，以便能够控制沿其流动的微球流量。称量皮带可以是新泽西州葛拉斯堡罗市 Ktron 公司销售的其商标为 KTRON 的皮带机。称量皮带机 188 与螺旋给料机 186 一起可以把数量严格控制的微球输送到连续掺合器 180 中。根据需要，微球的数量既可以按体积控制，也要以按重量控制。由于所选粒级的微球密度变动很大，所以这种控制特点尤为重要。例如所列密度为 0.15 克/厘米^3 的微球，其实际密度变化于 0.12~0.18 克/厘米^3。因此，如果最终产品要求含有一定重量百分比的微球，那么根据乳胶基质经过导管 178 进入混合器 180 中的流速，可以用称量皮带给料机 188 把已知量的微球输送给连续掺合器 180。另一方面，如果需要控制产品密度的话，那么可以用螺旋给料机 186 把一定体积的微球加到称量皮带给料机 188 上（在这种情况下只起皮带运输机的作用），然后输送到掺合器 180 中，以保证生产出具有已知密度的产品。

最终制成的油包水型爆炸混合物通过导管 190 和筛网 192 从掺合器 180 中排出，并送到包装机，包括机可按要求包装乳胶炸药，例如用纸卷、塑料袋等等进行包装。

当就有关的推荐实例对本发明作了说明时，应懂时，对熟悉本技术的人来说，在阅读本说明的基础上会对本发明作各种各样的修改则是显而易见的，而所有这些修改方案都属于本专利的权限范围。

专利权限为：

1. 一种用微球敏化的乳胶爆炸混合物的生产方法。其主要步骤如下：

（1）形成无机氧化剂盐的水溶液，该溶液至少含有 64%（重量）的无机氧化剂盐，并且使该溶液的温度保持在结晶温度之上。

（2）形成烃类燃料组分，并把它加热到和上述氧化剂溶液大致相同的温度。

（3）把上述氧化剂溶液、烃类燃料组分以及乳化剂加到混合器中，在足以获得乳化剪切速率的条件下混合，以形成一种乳胶基质。上述乳化剂按这样的方式添加，就是乳化剂与加热的氧化剂溶液和烃类燃料组分的接触时间不致在乳胶基质形成之前造成乳化剂的分解。

（4）使上述乳胶基质与从除了气的供料装置中输出的预定数量的微球掺合，以形成乳胶炸药。

2. 专利权限第 1 条的加工过程，其中所说的氧化剂盐溶液应保持约 187℉的温度。

3. 专利权限第 1 条的加工过程，其中所说的粒状金属是指粒状铝。

4. 专利权限第 3 条的加工过程，其中所说的粒状金属是指粒状铝。

5. 专利权限第 1 条的加工过程，还包括在上述无机氧化剂盐溶液和烃类燃料组分进入混合器中之前对它们进行过滤。

6. 将上述乳胶基质与预定数量的微球掺合，由此形成雷管敏感的油包水型乳胶炸药。

7. 专利权限第 10 条的加工过程，还包括将预定数量的粒状金属燃料组分与上述乳胶基质相混合。

8. 专利权限第 11 条的加工过程，其中所说的粒状金属燃料组分是指粒状铝。

美国专利　4,141,767
公布日期　1979.2.27

乳胶爆炸剂

（美国埃列克化学公司）

Waiter B. Sudweeks 等

本发明论及改进的爆炸混合物及其制备方法。更具体地说，本发明论及乳化的含水爆炸混合物，它含有一个不连续的水相和一个由油或不溶于水的液烃构成的连续相。此混合物含有：（1）无机氧化剂盐类水溶液的分散液滴；（2）不混溶于水的液烃燃料，它形成连续相，水溶液液滴分散在整个连续相中；（3）乳化剂，它形成一种使氧化剂盐类溶液分散于液烃连续相中的乳胶。最好是该体系中还含有一种均匀分布的密度降低剂，如玻璃或塑料微球，它们在较高压力下可增加混合物的敏感度。本发明的关键成分是乳化剂，此乳化剂是脂肪酸胺或铵盐，其链长为14~22个碳原子。本发明的方法是先在烃类燃料中预先溶解乳化剂，然后把二者加到氧化剂盐溶液中去进行混合。这就提高了乳化的容易程度，因而减少了所需的混合或搅拌量。

浆状炸药一般有一个连续的水相，不混溶的液烃燃料液滴或固体组分则分布于该连续相中。与此相反，由于油包水型乳化剂的存在，所以本发明提供的混合物被称为“逆相”。

逆相的浆状炸药或混合物是大家所熟知的。该类炸药有某些超过传统浆状炸药的明显优点，由于具有成本低、安全、有流动性（至少在配制时是如此）和抗水性等特点，工业上已经成为最受欢迎的品种。浆状炸药一般含有增稠剂，它使连续水相稠化，以便使之能抗水和防水固体、分散的燃料和敏化剂等诸成分的分离。为了防止分散的不溶混液体燃料的液滴和敏化气泡（如果存在的话）的聚结和移动，也需要增稠剂。增稠剂不仅很贵而且性能还随着时间增长而逐渐恶化，特别是在恶劣的环境下，更是如此。由此便造成混合物失去其稳定性，随之失去其均匀性。稳定性和均匀性对于保持混合物的敏感度和爆轰性能都是必需的。事实上，逆相浆状炸药尽管没有增稠剂，却非常抗水。

逆相浆状炸药，特别是本发明提供的乳胶炸药的其他优点是明显的：

（1）本发明的逆相混合物是比较敏感的，即它们不需要添加昂贵的金属粉末或其他高能的敏化剂或危险的分子炸药型敏化剂，就能在低温条件下于小直径药卷中以高的爆速进行爆炸。其混合物的敏感度至少可部分归因于氧化剂和燃料的均匀混合，这是由于分散得很好的小的氧化剂溶液液滴的存在所引起的，这些液滴都有大的表面积，并且都包有一层液烃燃料的薄膜。

（2）逆相混合物的敏感度与温度关系不大。这至少可部分归因于这样的事实：即任何氧化剂减敏晶体的增长，是受盐溶液液滴的大小所限制的，而这些氧化剂晶体可以在该混合物冷却的情况下结晶。再者，这种混合物在冷却和盐结晶以后能保留其柔软性，而这是普通浆状炸药所不具备的一种性质。

（3）本发明的混合物虽然敏感，但不是危险的敏感。严格地说，尽管在直径小至 1 英寸时能起爆，但他们仍然属于非雷管敏感的。

（4）此混合物允许有效地使用价格比较低廉的液体烃类燃料。虽然在某些情况下，在普通的混合物中已有效地使用了不混溶于水的液烃类燃料，如在美国专利 3,787,254、3,788,909 和 1,055,449 中所见，但已经发现，要使很好地分散在整个水相中的烃类液体燃料稳定是困难的。已经知道，散装的混合物由于出现燃料分散的破坏和聚结，就会在几小时内失去其敏感性，所以储存期是很短的。虽然在美国专利 4,055,449 中透露的发明大大改善了这些普通混合物的储存稳定性，但本发明的逆相混合有着更长的储存期，因为完全没有燃料聚结的危险，即使观察到有氧化剂溶液聚结的话，也是很少的。

（5）其他的优点是：能抗压死、沟槽效应小、保持低温下的敏感性和高密度下容易起爆等。

本发明的乳化剂是独特的，并且在上述任何一个参考专利中都没有透露过。为使气泡和泡沫稳定（美国专利 4,026,738 和英国专利 1,456,814），或使共晶的硝酸铵和硝酸钾的混合晶体具有亲脂的表面特性，使用了脂肪胺作为一种表面活性剂。此外，英国专利 1,306,543 建议可用月桂胺醋酸盐（12 个碳原子）作为乳化剂，但是已经不用链长为 14~22 个碳原子的脂肪胺作为油包水型乳胶爆炸剂的乳化剂。本发明的脂肪酸胺或铵盐乳化剂除了乳化作用以外实际上还完成两个作用，它在氧化剂溶液中也起晶形改性剂的作用，以控制和限制可能析出的任何盐类晶体的大小和增长。这就增强了敏感性，因为已知大晶体是减少浆状混合物敏感性的。此乳化剂还可以加强烃类燃料在可能形成的小的盐晶体上的吸收（美国专利 3,684,596）。这会增加氧化剂和燃料的亲和力。

本发明的概述：

本发明的混合物是一种逆相的含水爆炸混合物，它含有作为连续的不混溶于水的液体有机燃料，作为不连续相的乳化了的无机氧化剂盐水溶液以及一种链长为 14~22 个碳原子的脂肪酸胺或铵盐的乳化剂。

本发明的配制方法是：在配制混合物时，先在液烃燃料中预溶乳化剂，然后再将两种成分加到无机氧化剂盐溶液中去进行混合和乳化。

本发明的详细说明：

氧化剂是从铵、碱金属和碱土金属的硝酸盐和高氯酸盐中选取的。最好是单一硝酸铵（AN）或是它与硝酸钙（CN）和硝酸钠（SN）的混合物。但是，也可用硝酸钾及高氯酸钾。所使用的氧化剂的量一般约为混合物总重量的 45%~94%，最好是 60%~86%。

在配制此混合物时，最好所有的氧化剂盐都溶解于水，形成水溶液。但是，在制成并冷却到室温以后，有一些氧化剂盐可能从溶液中析出。因为这种溶液是以独立分散的小液滴存在于混合物中的，所以任何析出的盐类的晶体大小均将自然受到限制。这是有利的，因为它可以使氧化剂燃料结合的更好，它是逆相浆状炸药的主要优点之一。除了晶体尺寸自然受到限制以外，本发明的乳化剂同样也起着控制和限制晶体增长的晶形改性剂的作用。因此，晶体的增长既受乳化的限制，又受晶形改性作用的限制。如上所述，乳化剂的这种双重作用是本发明的优点之一。

水约为混合物总重量的 2%～30%，其中以 5%～20%较好，而最好是 8%～16%。水溶性的有机液体能部分代替燃料。此外，某些有机液体还可以起冰点抑制剂和降低溶液中氧化剂盐类的结晶析出点（fudge point）的作用。这可以提高炸药低温条件下的敏感度和柔韧性。水溶性的液体燃料可包括醇类，如甲醇，如乙二醇；酰胺类，如甲酰胺和类似的含氯的液体。正如大家所知道的那样，所用的液体总量将随盐溶液的结晶析出点和所希望的物理性质而变。

形成连续相的不溶混的液体有机燃料的量约为 1%～10%，最好是 3%～7%。使用的实际数量可依使用的具体的不溶混燃料和辅助燃料（如果有的话）的种类而变。当燃料油作为唯一的燃料使用时，其使用量最好为 4%～6%（按重量计）。不溶混的有机燃料可以是脂肪族的、脂环族的和/或芳香族的，并且可以是饱和的和/或不饱和的，只要它们在配制温度下是液体就行。较好的燃料包括苯、甲苯、二甲苯和一般称之为石油馏出物的液体碳氢化合物的混合物，如汽油、煤油和柴油等。特别优先选用的液体燃料是 2 号燃料油。也可使用妥尔油、蜡、石蜡油、脂肪酸及其衍生物以及脂肪族的和芳香族的硝基化合物。任何上述燃料的混合物均可使用。

除了不溶混的液体有机燃料外，还可以按选定的数量任意使用固体燃料、其他液体燃料或两者都使用。可以利用的固体燃料的实例是细碎的铝粒；细碎的含碳物料，如硬沥青或煤；细碎的植物谷类，如麦子和硫磺。上面列举了也起液体补充剂作用的可溶混的液体燃料。这样附加的固体和/或液体燃料，一般可以按重量加到 15%。如果想要的话，不溶解的氧化剂盐可以和任何固体燃料或液体燃料一起加到溶液中去。

本发明的乳化剂是一种脂肪酸胺或铵盐。乳化剂的链长一般含有 14～22 个碳原子，最好是含有 16～18 个碳原子。乳化剂最好是不饱和的，和从动物脂中衍生出来的（16～18 个碳原子）。如前所述，除了作油包水型乳化剂外，该乳化剂还作为溶液中氧化剂盐的晶形改性剂，它也可以增加液体有机燃料在任何从溶液中析出的微小盐晶体上的吸附作用。乳化剂的使用量约为 0.5%～5%（重量比），最好是 1%～3%。

本发明的混合物从其 1.5 克/厘米^3 左右或更高的天然密度降到约 0.9～1.4 克/厘米^3 的较低密度。正如大家所知道的那样，密度的降低大大提高了敏感性，特别是如果这种密度降低是通过微小气泡分散在整个混合物中来完成的话，则感度的提高就更明显。气泡的这种分散作用可以用几种方法来完成。当各种成分机械混合时，气泡可以被带入混合物内。可以添加一种密度降低剂以便用化学方法来降低其密度。可以使用少量（0.01%～0.02%左右或更多一些）的发泡剂如亚硝酸钠来降低密度，发泡剂是在混合物中进行化学分解时产生气泡的。还可以采用小的空心颗粒如玻璃球、泡沫聚苯乙烯颗粒和塑料微粒作为密度降低剂，这是本发明优先选用的密度降低方法。在混合物将要经受较高压力（例如 20 磅/平方英寸或更大一些）的地方，使用空心颗粒特别有利，因为这些粒子在起爆以前是不可压缩的，这样就能使混合物在高压下保持其低密度，而低密度乃是适当的敏感度和爆轰特性所必需的。也可以同时使用两种或两种以上的上述普通的起泡方法。

如前所述，逆相浆状炸药超越于普通浆状炸药的主要优点之一是不需要添加增稠剂和交联剂来获得其稳定性和抗水性。但是，如果想要的话，这样的药剂也可以添加。通过添加一种或一种以上的这类增稠剂，并按本技术中一般所使用的量添加，就可以使混合物的水溶液变成黏稠的。这些增稠剂包括：甘露半乳聚糖胶（最好是胍胶）；如在美国专利3,850,171中所描述的降低了分子量的胍胶；聚丙烯酰胺和类似的合成增稠剂；面粉和淀粉。还有像美国专利3,788,090中描述的那些生物胶也可使用。除了面粉和淀粉以外，增稠剂的一般用量约为0.05%~0.5%，而面和淀粉的使用量可以多达10%左右，在这种情况下，他们也大量地起了燃料的作用。使增稠剂交联的交联剂也为大家所熟知。这些交联剂通常以微量添加，它们常含有金属离子如重铬酸盐或锑的离子。如果需要的话，形成连续相的液态有机物也可以通过使用在有机液体中起作用的增稠剂来增稠，这些增稠剂是大家所熟知的。

本发明的混合物最好这样来配制：先在25~110℃的温度下（温度取决于盐溶液的结晶析出点），将氧化剂盐溶解于水中（或溶解于水和可溶混液体燃料的溶液中）。然后，将乳化剂和不溶混的液体有机燃料加到水溶液中去，并强烈搅拌使其逆相且形成油包水型乳胶。通常，这可以通过快速搅拌瞬时完成（此混合物也可以通过把水溶液加到液体有机物中来制备）。对一种给定的混合物来说，逆相所需的搅动量可由常规的实验来确定。搅拌应连续进行，直到组分均匀为止。然后添加固体成分（如果有的话），如微粒或固体燃料，并彻底搅拌此混合物。下面的例子提供了搅动程度的具体说明。

已经发现，在将有机燃料加到水溶液中去以前，在液体有机燃料中预溶乳化剂是特别有利的。最好是在溶解的温度下将燃料和预溶的乳化剂加到水溶液中。这种方法只要稍许搅拌就可使乳胶很快形成。如果在液体有机燃料添加到水溶液中的当时或以前将乳化剂加入水溶液中的话，就需要相当大量的搅动。这种方法是本发明的另一个重要概念。

作为本发明的例证，下表包含了本发明各种不同混合物的配方和爆炸结果。

例子A~L、P和X是根据上述工艺制备的，只是乳化剂不预先溶解在液体碳氢化合物中。例子M、N、O和Q~W，则是乳化剂预溶在液体碳氢化合物中，一般来说，混合物是在一个约20公升的容器中成批制备的，每批为10公斤（约10公斤），并且用一个2~2.5英寸直径的螺旋桨搅拌，此螺旋桨是一台工作压力为90~100磅/平方英寸的2马力马达驱动的。但是，有些混合物是在一个约为95公升的开口锅内配制的，并用一个由同样大小的风马达驱动的3~4英寸直径的螺旋桨来混合搅拌。例子A~E、C和H中的合成物另外通过一个1/2马力的Gifford-Wood型胶体磨（7200~9500转/分）来进行搅动。这些例子的爆炸结果表明，在胶体磨内增加搅动没有显示出任何特殊的优点（比较例E和F）；但是，已经发现，通过胶体磨强烈搅动混合物，则增加了乳胶的稳定性。

炸药结果是通过用一个重量为5~40克或更重一些的朋托尼特起爆药包按照表中所规定的药包直径进行起爆获得的。这些结果证明，不需要添加昂贵的金属或炸药型敏化剂的这些混合物，在低温下于小直径药卷中有着相当高的的敏感性。例子A、E、G、I和J作了雷管敏感性试验，并已发现这些混合物不是对雷管敏感的，或只是极个别的（例子G）对雷管敏感。例子A~D只含有硝酸铵作唯一的氧化剂，并说明了加水对敏感性的影响。正如这些例子和其他一些例子所证明的那样，当水含量增加时，混合物的敏感性就降低了。但是，含水量较高的混合物较柔软。

例子P含有烷基铵醋酸盐乳化剂，此乳化剂的链长低达12个碳原子，此链长低于本发明推荐的链长为14个碳原子的下限，因而该合成物不起爆。

本发明的混合物可以包括形如圆柱的香肠形式，或者直接装入钻孔随后起爆。另外，它们可以再从包装袋里或容器里泵入或挤入钻孔内。根据水相和油相的比例，这些混合物可以用普通设备来挤压和/或泵汲。但是，混合物的黏性可以随时间的增长而增加，这要视溶解了的氧化剂盐是否从溶液中析出和离析到什么程度而定。突出的优点是可以用泵将混合物从钻孔上部泵送到含水的钻孔内，这些混合物既可以就地混制（如用一台可移动的混装泵车），立即浇灌，也可以分批混制，随后浇灌。使用普通浆状炸药时，一般通过软管将炸药泵入含水钻孔中，软管放在钻孔的底部（在水与浆的接触面下有喷嘴），并且为了防止水与浆混合，要随着钻孔被充填而逐渐抽出软管。由于本发明混合物的固有抗水孔被充填而逐渐抽出软管。由于本发明混合物的固有抗水孔被充填而逐渐抽出软管。由于本发明混合物的固有抗水性，它们可以从钻孔顶部装药而不必担心会有过多的水和浆的混合。

混合物固有的防水性和低温小直径的敏感性，使该混合物在经济上有利于广泛应用。

当用某些说明性的例子和推荐的实例对本发明作了说明时，对于熟悉该技术的人来说，会对本发明作各种改进则是显而易见的，而任何这种改进都属于本发明的范围，如附属专利权限中所述。

专利权限为：

1. 在逆相含水爆炸混合物中有一个不溶于水的液体有机燃料作为连续相、一个被乳化的无机氧化剂盐水溶液作为不连续相和一种乳化剂；其改进包括：以链长为14~22个碳原子的脂肪酸铵或铵作乳化剂，乳化剂的用量约为混合物总重量的0.5%~5%。

2. 专利权限第1条的混合物，其中乳化剂的链长为16~18个碳原子。

3. 专利权限第2条的混合物，其中乳化剂是烷基铵醋酸盐。

4. 专利权限第1条的混合物，其中液体有机燃料是从苯、甲苯、二甲苯和石油馏分物如汽油、煤油和柴油中选取。

5. 专利权限第4条的混合物，其中燃料是2号燃料油。

6. 专利权限第1条的混合物，其中的氧化剂是从硝酸铵、硝酸钙和硝酸钠及其混合物中选取的。

7. 专利权限第1条的混合物含有一密度降低剂，其用量要足以将此混合物的密度降低至0.9~1.4克/厘米。

8. 专利权限第7条的混合物，其中密度降低剂从小而分散的玻璃或塑料微球、化学起泡剂或发泡剂及其混合物中选取。

9. 专利权限第1条的混合物，其中的水溶液包含有一水溶性的有机液体燃料。

10. 专利权限第9条的混合物，其中可混溶于水的有机液体燃料是从甲醇、乙二醇、甲酰胺及其混合物中选取，其用量为混合物总重量的1%~15%。

11. 在逆相含水爆炸混合物中，不混溶于水的液体有机燃料的用量约为混合物总重量的1%~10%，水的用量约为5%~20%，无机氧化剂盐的用量为60%~94%，乳化剂的用量约为0.5%~5%。

12. 专利权限第11条的混合物由3%~5%的燃料油、8%~12%的水和烷基铵醋酸盐乳化剂所组成。

表 1

合成物成分（份数按重量计）	例子																							
	A	B	C	D	E	F	G	H	I	J	K	L	M	N	O	P	Q	R	S	T	U	V	W	X
硝酸铵	75.4	74.5	72.4	67.5	62.0	62.0	44.1	33.5	41.0	48.0	60.0	51.5	40.0	30.0	35.2	63.0	38.0	38.0	38.0	38.0	40.0	37.0	38.0	—
硝酸钙[i]	—	—	—	—	—	—	39.2	40.0	41.0	—	30.0	20.0	40.0	50.0	37.0	20.0	40.0	40.0	40.0	40.0	40.0	38.0	40.0	—
硝酸钠	—	—	—	—	13.9	13.9	—	—	—	14.4	—	—	—	—	—	—	—	—	—	—	—	—	—	5.0
高氯酸钠[m]	—	—	—	—	—	—	—	—	—	—	—	—	—	—	—	—	—	—	—	—	—	—	—	54.8
高酸钾	—	—	—	—	—	—	—	—	—	19.2	—	—	—	—	—	—	—	—	—	—	—	—	—	—
水	15.1	17.0	20.1	25.0	13.9	13.9	4.9	15.0	8.2	2.9		10.0	2.0	5.0	9.3		10.0	10.0	10.0	10.0	9.0	9.0	9.0	18.2
乳化剂	1.5[a]	1.5[b]	1.5[a]	1.5[a]	1.9[b]	1.9[b]	2.0[b]	2.0[b]	2.1[a]	2.9[a]	2.0[n]	2.0[n]	2.0[n]	1.5[n]	1.7[n]	1.0[c]	3.0[n]	3.0[n]	3.0[n]	3.0[n]	5.0[n]	3.0[b]	2.5[n]	1.0[n]
液体碳氢化合物	4.0[j]	3.8[j]	3.5[j]	3.0[j]	4.6[j]	4.6[j]	5.9[j]	5.5[j]	6.0[j]	5.3[j]	3.0[j]	2.5[j]	3.0[j]	2.5[j]	2.8[j]	2.0[j]	2.0[j]	5.5[s]	5.5[t]	5.5[u]	4.0[j]	10.0[j]	4.0[j]	3.0[j]
密度降低剂	4.0[d]	3.5[d]	3.5[d]	3.0[d]	3.7[d]	3.7[d]	4.0[d]	4.0[d]	1.5[e]	4.0[d]	1.5	4.0[d]	4.0[d]	0.5[e]	4.0[d]	1.0[d]	0.3[q]	4.0[d]	4.0[d]	4.0[d]	2.0[e]	2.0[e]	2.0[e]	3.0[d]
液体补充剂	—	—	—	—	—	—	—	—	—	—	10[f]	—	—	10[o]	—	13.0[f]	—	—	—	—	—	—	—	15.0[k]
其他燃料	—	—	—	—	—	—	—	—	—	—	—	—	10.0[h]	—	10.0[p]	—	2.5[r]	—	—	—	—	—	5.0	—
配制温度/℃	80~90	70~80	60~70	35~40	75	80~90	70~80	25	50	110	110	90	80	40	70	110	70	60	60	60	70	70	70	50
在5℃时的密度/克·厘米$^{-3}$	1.13	1.10	1.15	1.13	1.19	1.20	1.15	1.18	1.1	1.16	1.21	1.26	1.28	1.41	1.27	1.42	1.10	1.29	1.26	1.26	1.19	1.17	1.22	1.30
在5℃时的爆炸结果[g]：																								
药包直径																								
76毫米（3英寸）	—	—	—	5.2	—	—	—	4.5	—	—	—	—	—	—	—	—	—	—	—	—	—	—	—	—
63.5毫米（2$^1/_2$英寸）	5.4		5.1	F	5.7	5.1	—	—	—	—	—	—	—	—	—	F	—	—	D	4.6	D	4.9	D	—
51毫米（2英寸）	5.3	5.2	5.0		5.3	4.9	4.6	4.4	—	—	—	—	5.0	4.9	—	—	—	4.2	4.6	4.6	5.0	4.7	4.7	—
38毫米（1$^1/_2$英寸）	4.4	4.5	F	—	5.5	F	4.6	F	4.7	4.5	5.1	4.4	4.6	F	3.8	—	5.0	F	F	F	4.5	D	4.5	—
25.4毫米（1英寸）	4.4	F	—	—	4.4	—	4.9	—	—	D	—	F	4.3	—	F	—	—	—	—	—	F	F	4.2	F
19毫米（$^3/_4$英寸）	F	—	—	—	F	—	D	—	D	F	—	—	F	—	—	—	—	—	—	—	—	—	F	—

表1注释如下：

a. 烷基铵醋酸盐，与下面的“b”相等。

b. 链长为16~18个碳原子的饱和的烷基铵醋酸盐（其牌号为Armak公司的“Armac HT”）。

c. 链长为12~18个碳原子的烷基铵醋酸盐，其牌号为“Armac C”。

d. 玻璃微球（牌号为3~M公司的“E22X”）。

e. 塑料微球（牌号为道化学公司的“Saran”）。

f. 甲酰胺。

g. 小数是爆速（公里/秒）；F=不爆轰，D=爆轰。

h. 糖。

i. 由81：14：5=硝酸钙：水：硝酸铵组成的肥料级硝酸钙。

j. 2号燃料油。

k. 乙二醇。

l. 甲醇。

m. 高氯酸钠。

n. 链长为16~18个碳原子的不饱和的烷基铵醋酸盐（牌号为“Armac T”）。

o. 甲醇。

p. 铝粒。

q. 化学发泡剂。

r. 石蜡。

s. 苯。

t. 甲苯。

u. 二甲苯。

v. 硫。

13. 专利权限第12条的混合物包含有小而分散的玻璃或塑料微粒，其用量要足以将此混合物的密度降到0.9~1.4克/厘米^3。

14. 专利权限第11条的混合物，其中氧化剂盐溶液中可含有1%~10%水溶性的有机液体燃料，此燃料从甲醇、乙二醇、甲酰胺及其混合物中选取。

15. 配制逆相含水爆炸混合物的方法，该混合物的成分为：有一不混溶于水的液体有机燃料作为连续相，有一乳化了的含水无机氧化剂盐溶液作为不连续相，以及其量约为混合物总重量0.5%~5%的脂肪酸铵和铵盐乳化剂，此乳化剂的链长为14~22个碳原子；其制备步骤如下：先将乳化剂溶解在液体有机燃料中，然后把这两种成分加到盐溶液中，并混合或搅拌这些成分，以及成逆相的乳胶炸药。

美国专利 4,149,916
公布日期 1979. 4. 17

含有高氯酸盐和吸留气体的雷管敏感的乳胶炸药及其制备方法

(美国阿特拉斯火药公司)

Charles G. Wade

本发明的背景

本发明论及了油包水型乳胶爆炸混合物。另一方面，本发明论及了改进了的含有硝酸盐、高氯酸盐和吸留气体的油包水型乳胶爆炸混合物，该混合物可用标准的8号雷管引爆，并且是用非爆炸组分制成的。本发明还进一步论及了除吸留气体外不含其他敏化剂的对8号雷管敏感的油包水型乳胶炸药。

布卢姆（Bluhm）在美国专利3,447,978中透露了油包水乳胶型爆炸剂。这些乳胶型爆炸剂含有无机氧化剂盐的水溶液和均匀分布的气体组分，其水溶液被乳化成连续碳质燃料相中的分散相。这种乳胶型爆炸剂具有许多超越于含水浆状爆炸剂的优点，但它们是非雷管敏感的。因此，为了有效地引爆这些材料，需要使用起爆药。

在美国专利Re 28,060中卡特莫尔（Cattermole）等指出，可以把一定量的硝胺类化合物添加到油包水型乳胶混合物中，以保证一旦起爆，爆轰将能在直径为2或3英寸的炮孔中传递，然而，仅仅把硝胺类物质添加到普遍的油包水乳胶型爆炸剂中还不能使这种材料变成为对雷管敏感。美国专利3,770,522提出，把诸如三硝基甲苯，季戊四醇四硝酸酯之类的物质添加到普通的油包水爆炸剂中，以使其变成对雷管敏感。但是，众所周知，这些材料是猛炸药，并且比加入油包水型乳胶爆炸剂中的普通配料更昂贵，同时最终产品对小直径炮孔不适用。从其他观点来看，也是不受欢迎的。

美国专利3,715,247和3,765,964透露，油包水型乳胶爆炸混合物可以制成保留上述乳胶爆炸剂的全部优点，但是是雷管敏感的，又无需使用爆炸性配料。后两个专利透露，上述特点是通过添加一种爆炸敏化剂或诸如原子序数为13或更大一些的金属无机化合物和锶化物之类的催爆剂来获得的。

因此，这种除吸留气体外不使用其他敏化剂就能达到雷管感度的，且具有良好的低温起爆性能和持久的稳定储存期的油包水型乳胶爆炸混合物是需要的。

本发明的概述

根据本发明，可以提供改进的油包水型乳胶爆炸混合物，它们含有一个连续的碳氢化合物燃料相和一个不连续的水相，此水相溶有作为氧化剂的无机硝酸盐和高氯酸盐。这些混合物既不含爆炸性配料、催爆剂，除吸留气体外也不含任何其他敏化剂，而且能够在药卷直径等于或小于1.25英寸时，用1只8号雷管引爆。

本发明改进了对雷管敏感的油包水型乳胶爆炸混合物含有约14%~20%（重量）的水、约3%~7%（重量）的燃料、约56%~63%（重量）的硝酸铵，约2%~12%（重量）的另一种无机硝酸盐和约3%~12%（重量）的无机高氯酸盐。燃料组分含有至少约2%（重量）的蜡、约0.5%~1.5%（重量）的油包水型乳化剂和0~1%的油。炸药制造时的密度约为0.80，小于1克/厘米^3，最好是约0.90~0.95克/厘米^3。本发明改进的油包水型爆炸混合物具有良好的低温起爆性能和持久的稳定储存期。

本发明的详述

因此，我已发现，油包水型乳胶爆炸混合物可用烃类燃料、水、无机硝酸盐和高氯酸盐来制成，而且除吸留气体外没有任何其他敏化剂。该混合物在直径等于或小于1.25英寸的药卷中至少可用一只8号雷管引爆。在以前的文章中所提到的于混合物中使用的其他敏化剂有铝、炭黑、氯化铜、氯化锌、猛炸药、无烟火药等，这些在本发明中是不需要的。

本发明范围内可用的碳质燃料组分可包括大多数碳氢化合物，例如链烷烃、烯烃、环烷烃、芳香轻、饱和的或不饱和的碳氢化合物。总之，烃类燃料是一种不混溶于水的可乳化的燃料，此燃料或者是液体或者是在温度约达200℉时，最好是在100~160℉时是可液化的。乳胶最好含有约3%~7%（重量）的燃料，此燃料包括蜡、乳化剂和油；油是可要可不要的。油包水型乳胶应含有至少约2%（重量）的蜡、约0.5%~1.5%（重量）的乳化剂和0%~1%（重量）的油。

适用的蜡包括：从石油产品中分离出的蜡、如矿脂蜡、微晶蜡和粗石蜡；矿物蜡，如地蜡和褐煤蜡；动物蜡，如鲸蜡；虫蜡，如蜂蜡和中国蜡及其混合物。最好的蜡是由工业原料公司（Industrial Raw Materials Corporation）销售的其商标为INDRA 1153和INDRA 2119的蜡。适用的油包括各种牌号的石油润滑油、植物油、二硝基甲苯以及由大西洋精炼公司销售的其商标为ATREOL的高度精炼的矿物油，需要时，本发明的乳胶可含有高达5%（重量）的别种燃料，如硫磺。

碳质燃料组分还包括本发明范围内使用的乳化剂。此乳化剂是油包水型的，如山梨糖醇通过酯化除去一克分子水所得的衍生物——山梨糖醇酐脂肪酸酯，例如，山梨糖醇酐单月桂酸酯、山梨糖醇酐单油酸酯、山梨糖醇酐单棕榈酸酯、山梨糖醇酐单硬脂酸酯和山梨糖醇酐三硬脂酸酯，其他有用的材料包括：成脂脂肪酸的单酸甘油酯和二酸甘油酯以及聚氧乙烯山梨糖醇酯如聚乙烯山梨糖醇蜂蜡衍生物、聚氧化乙烯（4）月桂醚、聚氧化乙烯（2）醚、聚氧化乙烯（2）硬脂酰醚、聚氧化烷撑油酸酯、聚氧化烷撑月桂酸酯、油酸磷酸酯、取代的恶唑啉和磷酸酯及其混合物等。

本发明的油包水型乳胶可含有约14%~20%（重量）的水。

本发明的油包水型乳胶一般由三种不同的无机氧化剂盐构成。尽管较好的主要无机氧化剂盐是硝酸铵、但该乳胶还可含有较少量的另一种无机硝酸盐，如碱金属或碱土金属的硝酸盐，以及一种无机高氯酸盐，如碱金属或碱土金属高氯酸盐。本发明的油包水型乳胶应含有约 56%~63%（重量）的硝酸铵、约 2%~12%（最好是 10%（重量））的另一种无机硝酸盐（如硝酸钠）和约 3%~12%（最好是 4%~8%（重量））的高氯酸盐（如高氯酸铵、高氯酸钠或高氯酸钾）。

一般地说，本发明的油包水型乳胶爆炸混合物在常温或较低的温度条件下对一只标准 8 号雷管是敏感的，并且有极好的储存稳定性。这些乳胶于 32℉条件下和储存了一年多以后，仍表现出对 8 号雷管的敏感性。本发明改进的乳胶最好这样来制备：首先预混水和无机氧化剂盐，然后预混碳质燃料和乳化剂；如果需要的话，这两种预混物均加热。第一种预混物一般要加热到盐类全部溶解（约 120~205℉），第二种预混物需要加热到碳质燃料液化（对于蜡质材料，一般为 120℉或者更高一点）。然后将这些预混物掺合在一起并乳化。在乳胶混合物的连续制造过程中，最好在一个槽中制备含有氧化剂的水溶液，在另一个槽中制备有机燃料组分的混合物（不含有乳化剂）。然后，将此两种液体混合物和乳化剂分别泵入一混合装置中进行乳化。然后将制成的乳胶用 Bursa 包装机或其他的普通装置包装成所需直径的药卷。根据本发明的最优方案，是将这样制成的乳胶爆炸混合物包装在聚乙烯塑料袋中或纸卷中。

一般来说，如果在制造后 24 小时内不爆炸的话，本发明乳胶的制造密度约为 0.80~1 克/厘米^3，最好为 0.90~0.95 克/厘米^3。乳胶的密度是通过调节碳质燃料相中的吸留气体量来控制的。气体，最好是空气，是用一种像美国专利 3,642,547 中透露的那种混合装置将其吸留在碳质燃料内的。空气是在碳质燃料通过混合区时加入的，混合区两端要有至少约 5 磅/英寸^2（最好为 25 磅/英寸^2）的压力降。通过变更进入该系统的气体流的流速，几乎可以立即改变产品的密度。为了有利于在乳胶中吸留足够的空气，在碳质燃料中，至少要有约占混合物总重量 2%的蜡。乳胶离开混合器时的密度称之为“排料密度”（dump density）。如果乳胶的排料密度大于 1 克/厘米^3 的话，则它们存放 24 小时以上时就不能用 1 只 8 号雷管引爆了。但是，如果该乳胶制造时的排料密度约为 0.8，小于 1 克/厘米^3，并且以后让它存放到密度约大于 1 克/厘米^3 的话，则它们仍将保持对 8 号雷管的敏感性。

为了更全面地描述本发明，列举了下述实例。但要知道，列举这些例子的目的只是为了证券交易说明，而不能认为是对本发明范围的一种不适当的限制。

例 1

表 1 所列的混合物按如下步骤来制备：先在 146℉条件下将水和无机氧化剂混合成第一种预混物，再在 130℉条件下将碳质燃料和乳化剂混合成第二种预混物；然后于搅拌下将第一种预混物慢慢地加到第二种预混物中，从而获得本发明的油包水型乳胶。

表 1

组　分	混合物质量分数/%			
	1	2	3	4
蜡①	4.5	4.5	4.5	4.5
油②	0.5	0.5	0.5	0.5
乳化剂③	1.0	1.0	1.0	1.2

续表1

组　分	混合物质量分数/%			
	1	2	3	4
水	20.0	17.0	17.0	16.8
硝酸铵	56.0	63.0	63.0	62.2
硝酸钠	10.0	10.0	10.0	9.9
高氯酸铵	8.0	4.0		3.9
高氯酸钾			4.0	
性能				
排料密度/克·厘米$^{-3}$	0.92	0.94	0.92	0.89
药卷直径/英寸	1.25	1.25	1.25	1.25
在常温条件下乳胶保持对8号雷管敏感的存放期/月	2	17	14	$4^1/_2$

① 系工业原料公司销售的，商标为INDRA 1153的粗石蜡。

② 系大西洋精炼公司销售的，商标为ATREOL 34的矿物油。

③ 美国卜内门化学公司销售的，商标为ATMOS 30的甘油酯类油包水型乳化剂。

表1所列的各种混合物都包装成直径为1.25英寸的药卷，密封并储存。药卷制成后一周、二周、四周，用8号雷管进行引爆试验，以后每四周试验一次。感度试验是在常温和90℉两种条件下进行的。

混合物1在制造后四周可用8号雷管引爆，其时密度为0.97克/厘米^3 混合物1制造后存放8周于90℉条件下，仍可用8号雷管引爆。

混合物2储存64周后用8号雷管引爆没有拒爆，其时密度为1.07克/厘米^3。混合物2储存76周后在90℉条件下仍可用8号雷管引爆，其时密度为1.04克/厘米^3。

混合物3储存60周后在常温下保持对8号雷管敏感，其时密度为0.99克/厘米^3。混合物3在储存52周后在90℉条件下可用8号雷管引爆。

混合物4储存20周后于常温和90℉条件下可用8号雷管引爆。两个试样的密度分别为1.13克/厘米^3 和1.06克/厘米^3。这些结果表明，本发明改进的油包水型乳胶虽然除吸留气体外不含其他敏化剂，但经长时期的储存后仍保持对8号雷管敏感。

例　2

表2所列的混合物采用与制备表1中的混合物1~4的相同的方法进行制备。

表2

组　分	混合物质量分数/%	
	5	6
蜡①	3.0	2.5
油②		0.5
乳化剂③	1.0	1.0

续表 2

组　分	混合物质量分数/%	
	5	6
水	20.0	20
硝酸铵	59.0	61.0
硝酸钠	2.0	2.0
高氯酸铵	10.0	10.0
硫	5.0	3.0
性能		
排料密度/克·厘米$^{-3}$	1.12	1.13
药卷直径/英寸	1.0	1.0
敏感性	6号雷管	6号雷管

① 系工业原料公司销售的，商标为 INDRA 2119 的石蜡。

② 系大西洋精炼公司销售的，商标为 ATREOL 34 的矿物油。

③ 系美国卜内门化学公司销售的，商标为 ATMOS 300 的甘油酯类油包水型乳化剂。

表 2 中所示的各混合物与表 1 中的混合物不同，差别在于表 2 的各混合物均含有少量的硫。此外，表 2 中的混合物是在制造后 24 小时内进行敏感性试验的，因此没有必要像制造后 24 小时内不使用的乳胶那样，要求它的排料密度必须小于 1 克/厘米^3。混合物 5 和 6 包装成直径为 1 英寸的药卷。虽然这两种混合物除吸留气体外不再含其他敏化剂，但二者均对 6 号雷管敏感。

以上的例子说明，根据本发明可以制造出除吸留气体外不含任何其他敏化剂的油包水型乳胶炸药，该炸药是非常敏感的。这里所透露的爆炸混合物至少对普通 8 号雷管是敏感的，并且适合于在直径等于或小于 1.25 英寸的炮孔（药卷）中爆轰。此外，这里所说的爆炸混合物宜作其他低感度炸药的起爆药之用。

因此，我已发现油包水型乳胶爆炸混合物可以制造得对 8 号雷管敏感，而且这些混合物除了吸留气体外不用其他任何敏化剂。本发明的油包水型乳胶炸药不使用传统的猛炸药、催爆剂或其他敏化剂来敏化，但是在低温条件下仍能获得雷管敏感性，且经长期贮存后仍能保持其敏感性。此外，不会引起头痛；由于物理状态的固有特性，因而它们具有抗水性；它们不会被火、步枪子弹、冲击、摩擦或静电所引爆。

它们有利于连续加工，并在制造时可以挤压；同时它们是无腐蚀性的，即它们既不是强酸，也不是强碱。

当用一些最优的具体实例对本发明作了描述时，应懂得，在阅读本发明的基础上，对于熟悉本技术的人来说，对本发明会作各种各样的修改则是显而易见的，而所有这些修改方案都属于本专利的权限范围。

专利权限是：

1. 一种雷管敏感的乳胶爆炸混合物，该混合物具有一个连续的碳质燃料相和一个溶有无机硝酸盐和高氯酸盐的非连续水相。所说的混合物主要组成如下：

（1）含有约 3%~7%（重量）的碳质燃料，该燃料至少含有约 2%（重量）的蜡、约

0.5%~1.5%（重量）的乳化剂和 0%~1%（重量）的油。

（2）含有约 14%~20%（重量）的水。

（3）含有约 56%~63%（重量）的硝酸铵。

（4）含有约 2%~12%（重量）的另一种无机硝酸盐。

（5）含有约 3%~12%（重量）的另一种无机高氯酸盐。

（6）含有少量有效的吸留空气，以便在制造时使所说混合物的密度降到约 0.80，小于 1 克/厘米^3。

2. 专利权限第 1 条的爆炸混合物，其中（d）部分的无机硝酸盐选自由碱金属和碱土金属的硝酸盐组成的族。

3. 专利权限第 2 条的爆炸混合物，其中的另一种无机硝酸盐是硝酸钠，其含量约为乳胶总重量的 10%。

4. 专利权限第 1 条的爆炸混合物，其中的无机高氯酸盐选自由碱金属和碱土金属的高氯酸盐组成的族。

5. 专利权限第 4 条的爆炸混合物，其中的无机高氯酸盐选自高氯酸铵、高氯酸钠和高氯酸钾。

6. 专利权限第 1 条的爆炸混合物，其中无机高氯酸盐的量约为乳胶总重量的 4%~8%。

7. 专利权限第 1 条的爆炸混合物，其中碳质燃料系指不溶混于水的可乳化的材料，这种材料选自矿脂，微晶蜡、粗石蜡、矿物蜡、动物蜡和昆虫蜡；石蜡润滑油、植物油、二硝基甲苯及其混合物等。

8. 专利权限第 1 条的爆炸混合物，其中乳化剂选自那些可由山梨糖醇通过酯化作用去掉一克分子水所获得的衍生物——山梨糖醇酐脂肪酸酯，例如山梨糖醇酐单月桂酸酯、山梨糖醇酐单油酸酯、山梨糖醇酐单棕榈酸酯、山梨糖醇酐单硬脂酸酯和山梨糖醇酐三硬脂胺酯；成脂脂肪酸的单酸甘油酯和二酸甘油酯以及聚氧化乙烯山梨糖醇酯，如聚乙烯山梨糖醇蜂蜡衍生物和聚氧化乙烯（4）月桂醚、聚氧化乙烯（2）醚、聚氧化乙烯（2）硬脂酰醚、聚氧化烷撑油酸酯、聚氧化烷撑月桂酸酯、油酸磷酸酯、取代的恶唑啉和磷酸酯及其混合物等。

9. 专利权限第 1 条的爆炸混合物，其中混合物制造时的密度为 0.9~0.95 克/厘米^3。

10. 专利权限第 1 条的爆炸混合物，需要时还包括约达乳胶总重量 5%的硫。

11. 一种乳胶爆炸混合物，它于常态下在直径为 1.25 英寸的药卷中可用一只标准 8 号雷管引爆。该混合物有一个连续的碳质燃料相和一个溶有无机硝酸盐和高氯酸盐的非连续水相。该混合物主要组成如下：

（1）约 3%~7%（重量）的碳质燃料，它至少含有约 2%（重量）的蜡、约 0.5%~1.5%（重量）的乳化剂和 0%~1%（重量）的油。

（2）约 14%~20%（重量）的水。

（3）约 56%~63%（重量）的硝酸铵。

（4）约 2%~12%（重量）的另一种无机磷酸盐。

（5）约 3%~12%（重量）的一种无机高氯酸盐。

（6）少量有效的吸留空气，以使所说的混合物在制造时的密度降到约 0.8，小于 1 克/厘米^3。

12. 专利权限第 11 条的爆炸混合物，其中（4）部分的无机硝酸盐选自碱金属和碱土金属硝酸盐。

13. 专利权限第 12 条的爆炸混合物，其中的另一种无机硝酸盐是硝酸钠，其量约为乳胶总重量的 10%。

14. 专利权限第 11 条的爆炸混合物，其中的无机高氯酸盐选自碱金属和碱土金属的高氯酸盐。

15. 专利权限第 14 条的爆炸混合物，其中的无机高氯酸盐选自高氯酸铵、高氯酸钠和高氯酸钾组成的族。

16. 专利权限第 12 条的爆炸混合物，其中无机高氯酸盐的量约占乳胶总重量的 4%~8%。

17. 专利权限第 11 条的爆炸混合物，其中碳质燃料系指不溶混于水的可乳化的材料，此材料选自矿脂；微晶蜡、粗石蜡、矿物蜡、动物蜡和昆虫蜡；石油润滑油、植物油、二硝基甲苯及其混合物。

18. 专利权限第 11 条的爆炸混合物，其中乳化剂选自那些由山梨糖醇通过酯化作用去掉一克分子水所得的衍生物——山梨糖醇酐脂肪酸酯，例如山梨糖醇酐单月桂酸酯、山梨糖醇酐单油酸酯、山梨糖醇酐单棕榈酸酯、山梨糖醇酐单硬脂酸酯和山梨糖醇酐三硬脂酸脂；成脂脂肪酸的单酸甘油酯和二酸甘油酯以及聚氧化乙烯山梨糖醇酯，如聚乙烯山梨糖醇蜂蜡衍生物和聚氧化乙烯（4）月桂酸醚、聚氧化乙烯（2）醚、聚氧化乙烯（2）硬脂酰醚、聚氧化烷撑油酸酯、聚氧化烷撑月桂酸酯、油酸磷酸酯、取代的恶唑啉和磷酸酯及其混合物等。

19. 专利权限第 11 条的爆炸混合物，其中制造时的密度约为 0.9~0.95 克/厘米^3。

20. 专利权限第 1 条的爆炸混合物还包括最高达乳胶总重量 5%左右的硫。

21. 在制备一种乳胶爆炸混合物的工艺中，该混合物具有一个连续的碳质燃料相和一个非连续的水相，且于常态下在直径为 1.25 英寸的药卷中可用一只标准 8 号雷管引爆，所说的混合物主要含有约 3%~7%（重量）的碳质燃料、约 14%~20%（重量）的水，约 2%~12%（重量）的一种无机硝酸盐但不是硝酸铵、约 56%~63%（重量）的硝酸铵、约 3%~12%（重量）的无机高氯酸盐和吸留空气。改进措施是在混合物内吸留足量空气，以便使混合物在制造时的密度约为 0.8，小于 1 克/厘米^3。

22. 按照专利权限第 21 条的工艺制成的产品。

23. 专利权限第 21 条的工艺，其中混合物制造时的密度约为 0.9~0.95 克/厘米^3。

24. 按照专利权限第 23 条的工艺制成的产品。

25. 专利权限第 21 条的工艺，其中包括允许混合物在离开乳化器后贮存 24 小时以上的附加步骤。

26. 按照专利权限第 25 条的工艺制造的产品。

27. 专利权限第 25 条的工艺，其中爆炸混合物的密度在贮存期间增加到大于 1 克/厘米^3。

28. 按照专利权限第 27 条的工艺制造的产品。

29. 制备一种有一个连续碳质燃料相和一个非连续水相的能在直径为 1.25 英寸药卷内用一只标准 8 号雷管引爆的乳胶爆炸混合物的工艺。该工艺包括：

（1）将约占混合物总重量 14%~20%的水、约 2%~12%的一种无机硝酸盐但不是硝酸铵、约 56%~63%的硝酸铵和约 3%~12%的一种无机高氯酸盐混合成第一种预混物。

（2）将至少约占混合物总重量 2%的蜡、约 0. 5%~1. 5%的乳化剂和 0%~1%的油混合成第二种预混物。

（3）将这两种预混物在混合器内掺合在一起。

（4）在这样形成的混合物内吸留足量的空气，以便使密度达到约 0. 8~1 克/厘米^3。

30. 按照专利权限第 29 条的工艺制造的产品。

31. 专利权限第 29 条的工艺，其中两种预混物在乳化以前先分别加热。

32. 专利权限第 31 条的工艺制造的产品。

33. 专利权限第 29 条的工艺，其中第一种预混物加热到盐类全部溶解为止。

34. 专利权限第 33 条的工艺：其中第一种预混物加热到约 120~205℉。

35. 专利权限第 29 条的工艺，其中第二种预混物加热到碳质燃料液化为止。

36. 专利权限第 35 条的工艺，其中第二种预混物加热到约大于 120℉。

37. 专利权限第 29 条的工艺，其中制造时的密度约为 0. 9~0. 95 克/厘米^3。

38. 按照专利权限第 37 条的工艺制造的产品。

39. 专利权限第 29 条的工艺，其中包括允许混合物在制造和使用之前有 24 小时以上的贮存期的附加步骤。

40. 按照专利权限第 39 条的工艺制造的产品。

41. 专利权限第 39 条的工艺、其中爆炸混合物的密度增加到约 1 克/厘米^3 以上。

42. 按照专利权限第 41 条的工艺制造的产品。

美国专利　4,149,917
公布日期　1979. 4. 17

除吸留气体外不含任何敏化剂的雷管敏感的乳胶炸药

（美国阿特拉斯火药公司）

Charles G. Wade

本发明的背景

本发明论及了油包水型乳胶爆炸混合物。另一方面，本发明论及了改进了的含有吸留气体的油包水型乳胶爆炸混合物，该混合物是由非爆炸性组分制成的，并可用标准 8 号雷管引爆。本发明还进一步论述了除吸留气体外不含其他敏化剂的油包水型乳胶炸药。

布卢姆（bluhm）在美国专利 3,447,978 中透露了油包水乳胶型爆炸剂。这些乳胶型爆炸剂含有一种无机氧化剂盐的水溶液和一种均匀分布的气体组分，其水溶液被乳化成为连续碳质燃料相中的分散相。这种乳胶型爆炸剂具有许多超越于含水浆状爆炸剂的优点，但它们不是雷管敏感的。因此，为了有效地引爆这些材料，需要使用起爆药。

在美国专利 Re 28,060[1] 中卡特莫尔（Cattermole）等指出，可以把一定量的硝胺类化合物添加到油包水型乳胶混合物中，以保证一旦起爆，爆轰将能在直径为 2 或 3 英寸的炮孔中传递。然而，仅仅把硝胺类物质添加到普通油包水乳胶型爆炸剂中还不能使这种材料变成对雷管敏感。美国专利 3,770,522 提出，把诸如三硝基甲苯、季戊四醇四硝酸酯之类的物质添加到普通的油包水型爆炸剂中，将使它们变成对雷管敏感的。但是，众所周知，这些材料是猛炸药，并且比加入油包水型乳胶爆炸剂中的普通配料更昂贵；同时最终产品对小直径炮孔不适用，从其他观点看也是不受欢迎的。

美国专利 3,715,247 和 3,765,964 透露，油包水型乳胶爆炸混合物可以制成保留上述乳胶爆炸剂的全部优点，而又是雷管敏感的，且无需使用爆炸性配料。这两个专利透露，上述特点是通过添加一种爆炸敏化剂或诸如原子数为 13 或更大一些的金属无机化合物和锶的化合物之类的催爆剂来获得的。

因此，除吸留气体外不使用任何其他敏化剂就能达到雷管感度的油包水型乳胶爆炸混合物是需要的。

本发明的概述

根据本发明，可以提供改进的油包水型乳胶爆炸混合物，它们含有一个连续碳氢化合

---

[1] 原文有误（原文为 28，060）。——译者注

物燃料相和一个非连续的水相，此水相溶有作为氧化剂的无机硝酸盐。这些混合物既不含爆炸性配料、催爆剂，除吸留气体外也不含其他敏化剂，但是可以在直径等于或小于 1.25 英寸的药卷中用 8 号雷管引爆。本发明改进了雷管敏感的油包水型乳胶爆炸混合物含有 14%~17%（重量）的水、约 3%~7%（重量）的燃料，其余的部分为无机硝酸盐。本乳胶爆炸混合物所用的无机硝酸盐为硝酸铵和约占乳胶总重量 10%~20%的另一种可溶性无机硝酸盐和硝酸钠。燃料组分还含有至少约 2%（重量）的蜡、约 0.5%~1.5%（重量）的油包水型乳化剂和 0%~1%（重量）的油。爆炸混合物的密度在制造时约为 0.8，小于 1 克/厘米^3，以约 0.9~0.95 克/厘米^3 为最好。

本发明的详述

因此，我已发现，油包水型乳胶爆炸混合物是可以利用烃类燃料、水和无机硝酸盐，而且除吸留气体外不用任何其他敏化剂来制成。该混合物在直径等于或小于 1.25 英寸的药卷中至少可用一只 8 号雷管起爆。在以前文献中提到的混合物中使用的其他敏化剂有铝、炭黑、氯化铜、氯化锌、猛炸药、无烟火药等等，这些在本发明中是不需要的。

本发明范围内可用的碳质燃料组分可以包括大部分碳氢化合物，例如链烷烃、烯烃、环烷烃、芳香烃、饱和或不饱和的碳氢化合物。通常，碳质燃料是一种不混溶于水的可乳化的燃料，此燃料或者是液体或者是在温度约达 200℉时，最好是在 110~160℉时是可液化的。乳胶最好含有约 3%~7%（重量）的燃料，此燃料包括蜡、乳化剂和油，油是可要可不要的。油包水型乳胶应含有至少约 2%（重量）的蜡、约 0.5%~1.5%（重量）的乳化剂和 0%~1%（重量）的油。

适用的蜡有：从石油产品中分离出的蜡，如矿脂蜡、微晶蜡和粗石蜡；矿物蜡，如地蜡和褐煤蜡；动物蜡，如鲸蜡；昆虫蜡，如蜂蜡和白蜡（中国蜡）及其混合物。最好的蜡是工业原料公司销售的，其商标为 INDRA 1153 和 INDRA 2119 的蜡。适用的油包括各种牌号的石油，植物油、二硝基甲苯和由大西洋精炼公司销售的其商标为 ATREOL 的高度精炼的矿物油。

碳质燃料组分包括本发明范围内所使用的乳化剂。此乳化剂是油包水型的，如山梨糖醇通过酯化除去一克分子水所得的衍生物——山梨糖醇酐脂肪酸脂，例如山梨糖醇酐单月桂酸酯、山梨糖醇酐单油酸酯、山梨糖醇酐单棕榈酸酯、山梨糖醇酐单硬脂酸酯和山梨糖醇酐三硬脂酸酯。其他有用的材料包括：成脂脂肪酸的单酸甘油酯和二酸甘油酯及山梨糖醇聚氧化乙烯酯，如聚乙烯山梨糖醇蜂蜡衍生物和聚氧化乙烯（4）月桂醚、聚氧化乙烯（2）醚、聚氧化乙烯（2）硬脂酰醚、聚氧化烷撑油酸酯、聚氧化烷撑月桂酸酯、油酸磷酸酯、取代的恶唑啉和磷酸酯及它们的混合物等等。

本发明的油包水乳胶可含有约 14%~17%（重量）的水。本发明的乳胶一般由两种不同的无机氧化剂盐构成。尽管主要的较好的无机氧化剂盐是硝酸铵，但此乳胶还可含有约占混合物总重量 10%~20%的另一种无机硝酸盐，如碱金属或碱土金属的硝酸盐。一般地说，本发明的爆炸混合物在常温或较低温度的条件下对一只标准 8 号雷管是敏感的，并且有极好的储存稳定性。这些乳胶在储存几个月之后仍表现出对 8 号雷管的敏感性。

本发明改进了的乳胶最好这样制造：首先预混水和无机氧化剂盐，然后预混碳质燃料和乳化剂。如果需要的话，这两种预混物均加热。第一种预混物一般加热到盐类全溶解

（约120~205℉），第二种预混物需要加热到碳质燃料液化（对于蜡质燃料，一般约为120℉或更高一些）。然后将这些预混物掺合在一起并进行乳化。在乳胶混合物的连续制备过程中，最好在一个槽中制备含有氧化剂的水溶液，在另一个槽内制备有机燃料组分的混合物（不含有乳化剂）。然后，将这两种液体混合物和乳化剂分别泵入一个混合装置中进行乳化。然后，将制得的乳胶炸药用 Bursa 包装机或其他的普通装置包装成所需直径的药卷。按照本发明最优的方案，是将这样制成的乳胶爆炸混合物包装在聚乙烯塑料袋或纸卷中。

通常，如果它们在制造后 24 小时内不爆炸的话，本发明乳胶的制造密度约为 0.8，小于 1 克/厘米^3，最好为 0.9~0.8 克/厘米^3。乳胶的密度是通过调节碳质燃料相中吸留的气体量来控制的。气体，最好是空气，是用一种像美国专利 3，642，547 中透露的那种混合装置将其吸留在碳质燃料内的。空气是在碳质燃料通过混合区时加入的，混合区两端要有至少约 5 磅/平方英寸（最好为 25 磅/平方英寸）的压力降。通过变更进入该系统的气体流的流速，几乎可以立即改变产品的密度。为了有利于在乳胶中吸留足够的空气，在碳质燃料中要有至少约占混合物总重量 2%的蜡。乳胶离开混合器时的密度称为“排料密度”。如果本发明乳胶的排料密度大于 1 克/厘米^3 的话，则它们在存放约 24 小时以上时就不能再用一只 8 号雷管引爆了。但是，如果乳胶制造时的排料密度小于 1 克/厘米^3，并且以后让它们存放到密度约大于 1 克/厘米^3 的话，则它们仍将保留对 8 号雷管的敏感性。

为了更全面地描述本发明，列举了下述实例。但要知道，列举这些例子的目的只是为了说明，而不能认为是对发明范围的一种不适当的限制。

例　1

为了制备本发明的乳胶炸药，首先将 60 份硝酸铵、19 份硝酸钠和 15 份水进行预混，并在 146℉的温度下增溶。然后制备碳质燃料和乳化剂的预混物，并在 130℉下增溶。碳质燃料由 4.5 份工业原料公司销售的商标为 INDRA 1153 的蜡和 0.5 份大西洋精炼公司销售的商标为 ATREOL 34 的矿物油所组成。乳化剂为一份美国卜内门化学公司销售的商标为 ATMOS 300 的甘油酯类油包水型乳化剂。接着于搅拌下将第一种预混物缓慢加入到第二种预混物中，就可以获得本发明的油包水型乳胶。将混合物搅拌到足以在乳胶内吸留足够量的空气，以便使排料密度降到 0.95 克/厘米。

制成的乳胶包装成直径为 1.25 英寸的药卷，密封并储存。在制造后的一周、两周和四周进行了敏感度试验，以后每四周试验一次。此混合物的敏感度试验是在 80℉下进行的。两个月后，该混合物可用一只 6 号雷管顺利引爆。八个月后仍可用 8 号雷管引爆，此时，这批材料用完了。

例　2

另一种混合物的制备过程与例 1 类似。先在 160℉下将 60 份硝酸铵、19 份硝酸钠和 15 份水预混成第一种预混物，然后在 130℉下制备碳质燃料和乳化剂的第二种预混物。碳质燃料仍由 4.5 份商标为 INDRA 1153 的蜡、0.5 份商标为 ATREOL 34 的矿物油和 1 份商标为 ATMOS 300 的甘油酯类油包水型乳化剂所组成。然后于搅拌下将第一种预混物缓慢加入到第二种预混物中，以获得本发明的油包水型乳胶。对于混合过程要加以控制，以便获得0.9克/厘米^{3}的“排料密度”。然后将所制得的产品包装成直径为1.25英寸的药卷，密封并储存。

药卷在制造后的一周、两周和四周可用8号雷管成功地引爆，其后每四周试验一次，直至40周为止。这些敏感度试验均是在常态下进行的。

以上各例说明：根据本发明可以制造出除吸留气体外不含其他敏化剂的油包水型乳胶炸药，该炸药是非常敏感的。这里所透露的爆炸混合物至少对普通8号雷管是敏感的，并且适合于在直径等于或小于1.25英寸的炮孔（药卷）中爆轰。此外，这里所说的爆炸混合物宜作其他低感度炸药的起爆药之用。

因此，我已经发现，油包水型乳胶爆炸混合物可以制成对8号雷管敏感，且这些混合物除吸留气体外不使用任何其他的敏化剂。本发明的油包水型乳胶炸药不使用传统的猛炸药、催爆剂、微球或其他敏化剂进行敏化，但是在低温下仍能获得雷管敏感性，并且经长时间存放后仍能保持其敏感性。此外不会引起头痛；由于其物理状态的固有特性，因而它们具有抗水性；它们不会被火、步枪子弹、冲击、摩擦或静电等等所引爆。它们有利于连续加工，并且在制造时可以挤压；同时它们是无腐蚀性的，即它们既不是强酸，也不是强碱。

当用一些最优的具体实例对本发明作了描述时，应懂得，在阅读本说明的基础上，对于熟悉该项技术的人来说，对本发明会作各种各样的修改则是显而易见的，而所有这些修改方案均属于本专利的权限范围。

专利权限是：

1. 一种雷管敏感的乳胶爆炸混合物，此混合物具有一个连续的碳质燃料相和一个溶解无机硝酸盐的非连续水相。

（1）硝酸铵。

（2）约有3%~7%（重量）的碳质燃料，此燃料至少含有2%（重量）的蜡，约0.5%~1.5%（重量）的一种乳化剂和0%~1%（重量）的油。

（3）约14%~17%（重量）的水。

（4）约10%~20%（重量）的无机硝酸盐，但不是硝酸铵。

（5）少量有效的吸留气体，以使所说的混合物的密度在制造时降至约0.8，小于1克/厘米^3。

2. 专利权限第1条的爆炸混合物，其中（d）部分中的无机硝酸盐是选自由碱金属或碱土金属硝酸盐所组成的族。

3. 专利权限第2条的爆炸混合物其中的无机硝酸盐是硝酸钠。

4. 专利权限第1条的爆炸混合物，其中的碳质燃料系指水不溶混的可乳化的材料，此材料选自矿脂；微晶蜡、粗石蜡、矿物蜡、动物蜡和昆虫蜡；石油润滑油、植物油、二硝基甲苯及其混合物等。

5. 专利权限第1条的爆炸混合物，其中的乳化剂选自那些由山梨糖醇通过酯化作用去掉一克分子水所获得的衍生物——山梨糖醇酐脂肪酸酯类，例如山梨糖醇酐单月桂酸酯、山梨糖醇酐单油酸酯、山梨糖醇酐单棕榈酸酯、山梨糖醇酐单硬脂酸酯和山梨糖醇酐三硬脂酸酯；成脂脂肪酸的单酸甘油酯和二酸甘油酯以及聚氧化乙烯山梨（4）月桂醚、聚氧化乙烯（2）醚、聚氧化乙烯（2）硬脂酰醚、聚氧化烷撑油酸酯、聚氧化烷撑月桂酸酯、油酸磷酸酯、取代的恶唑啉、磷酸酯及其混合物等。

6. 专利权限第 1 条的爆炸混合物，其制造时的密度约为 0.9~0.95 克/厘米^3。

7. 一种乳胶爆炸混合物，它在直径为 1.25 英寸的药卷中于常态下可用一只标准 8 号雷管引爆，并且含有一个连续碳质燃料相和一个溶有无机硝酸盐的非连续水相。所说的混合物主要组成如下：

（1）硝酸铵。

（2）约 3%~7%（重量）的碳质燃料，此燃料含有至少 2%（重量）的蜡、约 0.5%~1.5%（重量）的一种乳化剂和约 0%~1%（重量）的油。

（3）约 14%~17%（重量）的水。

（4）约 10%~20%（重量）的一种无机硝酸盐，但不是硝酸铵。

（5）少量有效的吸留气体，以使所说的混合物在制造时的密度降到约 0.8，小于 1 克/厘米^3。

8. 专利权限第 7 条的爆炸混合物，其中（4）部分中的无机硝酸盐是选自由碱金属和碱土金属的硝酸盐所组成的族。

9. 专利权限第 8 条的爆炸混合物，其中的无机硝酸盐是硝酸钠。

10. 专利权限第 7 条的爆炸混合物，其中的碳质燃料系指不混溶于水的可乳化的材料，此材料选自矿脂；微晶蜡、粗石蜡、矿物蜡、动物蜡和昆虫蜡；石油润滑油、植物油、二硝基甲苯及其混合物。

11. 专利权限第 7 条的爆炸混合物，其中的乳化剂选自山梨糖醇酐脂肪酸酯，如成脂脂肪酸的单酸甘油酯和双酸甘油酯、聚氧乙烯山梨糖醇酯、聚氧乙烯（4）月桂醚、聚氧乙烯（2）醚、聚氧乙烯（2）硬脂酰醚、聚氧烷撑油酸酯、聚氧烷撑月桂酸酯、油酸磷酸酯、取代的恶唑啉和磷酸酯及其混合物等。

12. 专利权限第 7 条的爆炸混合物，其制造时的密度约为 0.9~0.95 克/厘米^3。

13. 在制备一种乳胶爆炸混合物的工艺中，此混合物具有一个连续的碳质燃料相和一个不连续的水相，它于常态下在直径为 1.25 英寸的药卷中可用一只标准 8 号雷管引爆，所说的混合物主要含有：约 3%~7%（重量）的碳质燃料、约 14%~17%（重量）的水、约 10%~20%（重量）的无机硝酸盐但不是硝酸铵、硝酸铵和吸留空气。改进措施是在混合物中吸留足量的空气，以便使混合物在制造时的密度约为 0.8，小于 1 克/厘米^3。

14. 按照专利权限第 13 条的工艺所制成的产品。

15. 专利权限第 13 条的工艺，其中制造时的密度约为 0.9~0.95 克/厘米^3。

16. 按照专利权限第 15 条所制成的产品。

17. 专利权限第 13 条的工艺，其中包括允许混合物在离开乳化器以后存放 24 小时以上的附加步骤。

18. 按照专利权限第 17 条的工艺所制成的产品。

19. 专利权限第 17 条的工艺，其中爆炸混合物的密度在存放时增加到大于 1 克/厘米^3。

20. 按照专利权限第 19 条的工艺制成的产品。

21. 制造乳胶爆炸混合物的一种工艺，此混合物具有一个连续的碳质燃料相和一个分散的水相，并可在直径为 1.25 英寸的药卷中用一只标准的 8 号雷管引爆。其工艺过程为：

（1）将约 14%~17%的水、约 10%~20%的别种无机硝酸盐（不是硝酸铵）和硝酸铵混合成第一种预混物。以上百分比是就混合物的总重量而言的。

（2）将至少约 2%的蜡、约 0.5%~1.5%的乳化剂和约 0%~1%的油混合成第二种预混物。百分比是相对混合物总重量而言的。

（3）在这样形成的混合物中吸留足量的空气，以使其密度达到约 0.8，小于 1 克/厘米^3。

22. 按照专利权限第 21 条的工艺制成的产品。

23. 专利权限第 21 条的工艺，其中两种预混物在乳化前分别加热。

24. 按照专利权限第 23 条的工艺制成的产品。

25. 专利权限第 21 条的工艺，其中的第一种预混物加热到盐类全部溶解。

26. 专利权限第 25 条的工艺，其中第一种预混物加热到温度 120~205℉。

27. 专利权限第 21 条的工艺，其中第二种预混物加热到碳质燃料液化。

28. 专利权限第 27 条的工艺，其中第二种预混物加热到温度高于约 120℉。

29. 专利权限第 21 条的工艺，其中混合物制造时的密度约为 0.9~0.95 克/厘米^3。

30. 按照专利权限第 29 条的工艺制成的产品。

31. 专利权限第 21 条的工艺，其中包括允许混合物在制造和使用之间贮存 24 小时以上的附加步骤。

32. 专利权限第 31 条的工艺制成的产品。

33. 专利权限第 31 条的工艺，其中爆炸混合物的密度增大到 1 克/厘米^3 以上。

34. 按照专利权限第 33 条的工艺制成的产品。

美国专利　4,181,546
公布日期　1980.1.1

抗水爆炸剂及使用方法

Robert B. Clay

本发明是1978年9月5日公布的4,111,727号美国专利的继续。

发明的背景和以前的技术

正如4,111,727号美国专利所描述的和在该项技术中大家所熟知的那样，在开采、挖掘和建筑业等硬岩爆破作业中使用的比较昂贵的化合物炸药如TNT等，已大量地被廉价的其主要组分为肥料级硝酸铵（FGAN）的爆炸剂所取代。廉价型的一种特别重要的爆炸剂是用燃料油轻微涂覆的球状硝酸铵制成的，其配比是约6%的油和约94%的硝酸盐。由此形成的混合物通常称为“铵油炸药”（ANFO），它的体积威力不像TNT那样大，但成本却比TNT便宜得多。在干孔条件下，可以将它灌入钻孔内，并用适当大小的起爆药包进行起爆。但是，它有一些缺点，在遇有地下水和钻孔全部或部分充水的地方尤为明显。虽然单个硝酸铵球具有等于或大于1.4克/厘米^{3}的密度，但球状硝酸铵的堆积密度只有0.85克/厘米^{3}左右。细碎的硝酸铵不会更密实。细粒状硝酸铵或球状硝酸铵与油的混合物具有大致相同的堆积密度。添加细粒的或较重的燃料如硅铁或磷铁可以增加其密度，以致包装好的混合物能沉入水中，但是有些添加物是昂贵的，或者有着其他的缺点。因而普通铵油炸药的体积爆炸威力比较低，在钻孔有水的情况下，如果将其包装成防水药包或防水药管时，它就不会沉入水中，并且这种炸药对于水对盐的沥滤只有很低的抵御作用。

为了克服其中的某些缺点，已研制了对某些使用是成功的浆状炸药。它们通常具有较高的堆积密度，但是需要添加昂贵的燃料如细粒状铝和/或本身是炸药的化合物如TNT、无烟火药等。为了使其抗水，这些浆状炸药已混入胶凝剂，这又需要使用稳定剂和密度控制剂或采取其他措施。它们通常需要复杂的混制工厂，这在爆破现场是难于建造或由于费用太贵而无法建造的。由于浆状炸药难于起爆，所以常常使其充气，以改善爆轰敏感性。但充气本身是不稳定的或使炸药不稳定。在浆状炸药中添加乙醇类、乙二醇类、酰胺类等有机液体燃料有时是有利的，但一般会提高成本。因此迫切需要研制出一种廉价的且相当密实的以便沉入水中的炸药；同时，这种炸药具有良好的抗水性能和爆炸体积威力或能量，并且搬运安全，起爆可靠。生产这种炸药乃是本发明的主要目的。

本发明的另一目的是要在取得良好性能的同时尽可能降低成本，并设计进一步影响爆破作业经济性的用途或使用方法。

本发明的炸药基本上是由两种主要组分充分混合而成的，即由一种基本上是固体的颗粒或球状的干氧化剂盐和一种是由浆状或脂状乳胶混制而成的。其氧化剂盐通常是硝酸铵，但其他的硝酸盐、氯酸盐或高氯酸盐至少可以部分取代硝酸铵；而乳胶是由溶解在水中的合适的氧化剂盐并用一种少量而有效的油包水型乳化剂使其稳定地乳化成一种油状外相制成的。第一种主要组分的堆积密度是相当低的，所以另一种组分必须是可流动的，以充填铵油炸药间的空隙，从而获得一种总体密度比水大的炸药。但是密度不应过大，以保证在适当直径的柱准确度药包条件下能用大小合适的起爆药所引爆。为此需要添加适量的控制密度的敏化剂，此敏化剂最好是由聚苯乙烯或苯乙烯或其他类似材料形成的空心微球或微球。在 4,111,727 号美国专利中叙述的炸药描述了用乳胶部分充填球状硝铵间空隙的情况。现已发现，假如这些空隙尽可能完全被充满的话，则会改善其抗水性。然而，若没有密度控制的话的，这种炸药是不能满意地被引爆的。

以前的文章还曾建议，把脂状材料与球状硝酸铵或与球状硝酸铵和油的混相混合，例如，1,306,456 号英国专利中所做的那样。在那份资料中，硝酸铵和其他硝酸盐的水溶液与油一起乳化或乳胶，然后将加油或不加油的肥料级硝酸铵与其混合。但是这种炸药需要添加过氧化氢和其他的敏化剂，加上添加大量的乳化剂和配比上的差别，所以这样制得的炸药与本发明的炸药是完全不同的。在 Butter worth 专利中描述的炸药需要更多的乳化剂，而且如果不添加密度降低剂的话，这种炸药一般不适合在深孔中使用。因为高的药柱会使底部炸药的密度增加到使其难于起爆或不可能起爆的程度。几份以前的参考文献说到过作爆炸剂用的油包水型乳胶，如 Bluhm 在美国 3,447,978❶ 号专利，杜邦公司在英国 1,329,512 和 1,335,097 号专利和卜内门化学公司的 Egly 在英国 1,405,348 号专利中说的那样。Neckar 在美国 3,161,551 号专利中建议，用油包水型乳化剂去敏化球状硝酸铵并充填其中的空隙，以作爆破用；Wilson 等人在美国 3,287,189 号专利中建议，在加油之前用脂肪酸盐来涂复球状硝酸铵以改善抗水性。

本发明中使用的油包水型乳化剂必须是高效的，因为它们的用量很少。特别适用的乳化剂是下列物质：山梨糖醇酐单油酸酯、山梨糖醇酐单硬脂酸酯、或山梨糖醇酐单棕榈酸酯以及这些酯和其他长链酸的类似衍生物。脂肪酸酯如羊毛脂脂肪酸的异丁酯可以使用。正如本项技术中所熟知的那样，其他各种物质如果本身具有所需的亲水基团和亲油的直链或支链的话，那它们也是可用的。某些高级脂肪酸的金属盐如油酸钠，胺的衍生物如三乙醇胺油酸盐也是可用的。像妥尔油之类的月桂基醋酸胺及与脂肪质材料有关的胺也可以用，例如由国家铅公司百劳依德分部（Baroid Division of National Lead Co.）生产的名为“FZ-MUL”的产品，据认为，这是四乙烯五胺的妥尔油酰胺。其他凡是已知有效的油包水乳化剂均是适用的，其乳化剂的最佳配比要小至炸药总重量的 0.02%~0.3%。其他满意的乳化剂有：卜内门化学公司美国有限公司的“Agrimul 26B”（Diamond Shamrock）、Span85 和 Span65，以及该公司 Armak 化学分部生产的“Armac 18D”和“Armeen 18”，对本发明来说，商标为“Glycomul O”的乳化剂是最好的。

下面是对一个推荐实例的详细说明，参照此说明将会更好地理解本发明。

推荐实例的说明

第一种组分由 94%（重量比）的肥料级球状硝酸铵和 6%（重量比）的普通 2 号燃料

---

❶ 原文有误（原文为 3,447,078）。——译者注

油轻微涂覆于硝酸铵表面而成。涂覆后的硝铵颗粒基本上是干的。这种组分的堆积密度约 0. 85 克/厘米^3。第二种组分是由下列各配料制成的：41 份（重量比）硝酸铵；41 份含有若干硝酸铵的工业硝酸钙（Norsk hydro 硝酸钙）；9. 75%的水、6. 5%的 2 号燃料油、0. 17%的油包水型乳化剂（这种乳化剂分子中含有一种良好的水溶性原子或基团和一种油溶性的基团）以及 1. 5%的聚苯乙烯微球。这些微球的单个颗粒的密度约 0. 08 克/厘米^3，堆积密度约 0. 04 克/厘米^3，其粒度组成为-20～+30 目，第二种组分混合时要适当加热，但只有当温度降到 40℃以下时才能加微球。因为已经发现，如果在较高温度下添加时，这些微球会软化和下瘪。

上述两种组分以相等的重量配比进行混浆，即一半对一半进行混合。第二种组分——乳胶，其外观像脂状重油，添加微球之前的密度为 1. 5 克/厘米^3。添加微球之后，其密度降到约 1. 15 克/厘米^3。当它与干料即第一种组分混合时，总的堆积密度为 1. 25 克/厘米^3。浇灌的这种混合物像湿的混凝土。用 2 号燃料油配制的第二种组分，在稠度上与润滑脂相比则更像一种油。当使用 2 号燃料油和 5 号船用油各一半的混合油时，乳胶则相当硬实。

上述专用的乳化剂是山梨糖醇酐单油酸酯，这可以从 Glyco 化学有限公司买到，其商标为“Glycomul O”，其他乳化剂也可使用，但其中有些乳化剂的需要量要比上述这种大得多。除非使用高剪切速率的混拌机，否则乳化剂的需要量就得增加。当使用普通的混拌机或搅拌器时，只有增加乳化剂用量的情况下才能足以获得稳定性良好的乳胶。为了经济，就要求把乳化剂的用量减弱到最低程度。现已发现，如果使用高级乳化剂，同时进行高剪切速率的乳化工艺的话，乳化剂的用量将低达炸药总重量的 0. 025%。如果使用高剪切速率工艺制造乳胶的话，乳化剂的用量无须超过 0. 1%。

上述炸药的密度为 1. 25 克/厘米^3，把它装入具有 55 英尺水压头（25 磅/平方英寸）的充水炮孔中，在此水压作用下，它的密度提高到 1. 30 克/厘米^3，但用中等尺寸的起爆药包仍能使它起爆，所以这种密度和压力是允许的。在充气浆状炸药情况下。25 磅/平方英寸的压力就会把充气气泡压缩得使该爆炸剂不能起爆而失效。在这种情况下，当施加 25 磅/平方英寸的压力时，密度为 1. 25 克/厘米^3 的充气炸药就会使密度提高到 1. 39 克/厘米^3。由于这种密度时的炸药不能被起爆，所以这样的密度和压力是不允许的。

在上述炸药中，乳化剂的用量只是炸药总重量的 0. 05%。当使用高速乳化器或胶态磨时，只要用 0. 025%的乳化剂就能制造出稳定的乳胶。

下表列举了上述炸药和普通铵油炸药性质的相对比较。

项　目	50/50 浆状铵油炸药	普通铵油炸药
堆积密度	1. 25	0. 85
配料成本	1. 15	1. 00
重量威力	0. 87	1. 00
体积威力	1. 28	1. 00
抗水性	好	差
流动性	好	好

续表

项　目	50/50 浆状铵油炸药	普通铵油炸药
临界直径	6 英寸	4 英寸
所需要的最小起爆药量	130 克（朋托尼特）	20 克（朋托尼特）
爆速	3000 米/秒	2500 米/秒
储存稳定性	好	好

这些产品在 5℃时于硬纸管中爆炸。本发明炸药的显著优点是在成本、堆积密度、体积威力、抗水性以及爆速等方面。

本发明的浆状铵油炸药含有比用普通浆液泵泵送的浆状炸药多得多的干料，但它可以像混凝土一样进行浇灌，并且能采用和输送干铵油炸药一样的方式通过一台螺旋给料器进行输送。

通过把标准铵油炸药的油含量直接添加到浆状乳胶中，同时使用完全不浸油的球状硝酸铵作干料，则此种混合物的流动性要比使用普通铵油炸药和乳胶中含油量较少的流动性更好些。如果乳胶中的油是 2 号燃料油的话，那么一种由 40%的铵油炸药和 60%的乳胶组成的混合炸药，就差不多像马达油一样可倾斜。当将铵油炸药中的油先加到乳胶中成一种含有 62. 5%的乳胶和 37. 5%的干料的混合物时，此种混合物则容易倾注。对大多数使用目的来说，一种含有 40%~60%的乳胶和 60%~40%的干料（铵油炸药或纯的球状硝酸铵）的混合物就相当满意了。

当使用粒度为-20~+30 目的不同数量的聚苯乙烯微球来控制密度时，便获得了如下表所列的结果。

混 合 物	密　度	直　径	结　果
50/50 乳胶——铵油炸药混合物	1. 16 克/厘米^3	4 英寸	爆轰
50/50 乳胶——铵油炸药混合物	1. 20 克/厘米^3	4 英寸	拒爆
60/40 乳胶——铵油炸药混合物	1. 16 克/厘米^3	5 英寸	爆轰

将上表中的最后一种炸药慢慢地灌入 2 英尺深的水中，然后在不移动这 5 英寸管子的情况下爆破。在混合物上面的水中没有盐可测试。

现已注意到，有几个因素影响到本发明浆状炸药的稳定性：

（1）乳化剂的选择：所试验的几十种乳化剂中，约有三分之二者完全不能产生良好的乳胶。其他一些乳化剂与最好的相比则不太合乎要求，在所有这些乳化剂中，山梨糖醇酐油酸酯型乳化剂（Glycomul O）是最满意的。其中有些乳化剂虽然能形成相当好的乳胶，但所需要使用的乳化剂数量却相当大。为了形成油包水型乳胶，乳化剂在水中应该有足够的溶解度。

（2）乳化剂用量不足的影响：用 0. 067%“Glyomul O”乳化剂配成的乳胶，经过-20~+20℃冷热变化三个循环之后，就会发生离析而在盐晶体的上部留下一层油。但用 0. 167%的“Glycomul O”乳化剂制备的这种混合物，经过四个冷热循环之后仍能保持稳定。

（3）较重燃料油的影响：当使用一种由一半 2 号燃料油和一半 5 号船用油配成的油

时，所配制的乳胶要比完全用 2 号燃料油配制的乳胶更加稳定。又发现，可以完全使用船用油，但这样配制的乳胶十分黏稠，因而不能像使用较稀的油那样渗进和充填颗粒间的空隙。广义地说，燃料可以选自下列物质中的一种或几种：轻类燃料油、芳烃、煤油、石脑油、石蜡、植物油、鱼油、回收的马达油以及在制备乳胶时可以液化的烯烃的油衍生物。

（4）高能搅拌的影响：当使用 0. 25%的乳化剂并且用马达驱动的，其转速为 1500 转/分的涂料搅拌器进行搅拌时，如此形成的乳胶只要在上述温度范围内冷热一个循环就会离析。而同样组分的混合物放在加热的掺合器中掺合（转速约 10000 转/分），形成的乳胶经五个冷热循环之后不仅不变化，反而更加黏稠。因此，要获得稳定性好的乳胶，除了需要性能良好的乳化剂外，还需要有充分剪切速率的混合器。

（5）浆液中不同盐类组成的影响：4，111，727 号美国专利叙述的一种产品的溶液大约含有 28 份硝酸铵、48 份 Norsk 硝酸钙、5 份硝酸钠和 10 份水（以上配比皆为重量百分比），该溶液的结晶点为 16℃，由这种溶液形成的乳胶比由含有 41 份硝酸铵、41 份 Norsk 硝酸钙和 10 份水的，其结晶点为 40℃的溶液形成的乳胶更稳定。一般来说，固体组分中含有 20%~60%的硝酸铵和最高含量各为 35%的硝酸钠、硝酸钙/或硝酸钾（以上配比均为重量比）。

在要乳化的水溶液中用几种盐的混合物代替纯硝酸铵是有利的。因为在一定量的水中，两种盐的溶解量比单单一种盐的溶解量要大。低共溶体是以前技术中为大家所熟知的。用油乳化过程中，水溶液中的盐最好保留在该溶液中。在这种溶液中，虽然各种配料的比例可以变化很大，但硝酸铵应是混合物的主体组分。尽管各种各样的乳化剂都可使用，但希望它们具有和上述山梨糖醇酐油酸酯大致相同的乳化质量。和以前的技术一样，本乳胶炸药可以含有乙醇或甲醇、酰胺类，乙二醇类等液体燃料，只要还含有足够的油或含油类物质，就可以制得稳定的油包水型乳胶炸药。所含的油不必是通常能自由流动的液体油，它在常温下可以是真正的固体。当加热时能有效乳化的重油和润滑脂也可使用。事实上与干粒状硝酸铵或铵油炸药相混合的乳胶组分本身可能就是一种很黏稠的脂膏状物，只要它能有效地充填氧化剂固体颗粒间的空隙就行。如果它不能完全充填这些空隙，那么水就会渗透进去，而最终导致爆炸剂失效。如果暴露于水中的时间非常短暂的话，那么乳胶炸药就无需像在爆炸前长时间泡在水中的情况那样完全防水。

对于那些熟悉本技术的人来说，在不违背本发明精神和目的的前提下，对本发明的炸药作各种各样的改变则是显而易见的，为此，想通过下面叙述的专利权限，像以前技术状态所适当允许的那样广地包括这些修改和变化。

在炮孔仅部分充水的情况下，本发明的炸药可以注入水中，直到露出水面，然后按照所需的装药高度在剩下的炮孔部分装填干的铵油炸药，或装填密实的或加重的铵油炸药（即往铵油炸药中添加一些不防水的浆状炸药）。由于孔底抵抗线大，需要最大的爆炸能量，所以这样做可以经济地均布炸药，把最大的威力放在最需要的地方。同时，在那些不需要发挥较昂贵炸药全部功率的炮孔上部，可以使用较廉价的炸药。这是在不违背本发明精神和目的的前提下，于本工艺的技能范围内可以改变发明的另一个方面。

专利权限是：

1. 一种混合炸药，其组成如下：

（1）占炸药总重量 40%～60%的油包水型乳胶，该乳胶含有分散于油连续外相中的氧化剂盐水溶液和吸留气体密度降低剂。吸留气体是用以敏化该炸药并改善其爆轰特性的。

（2）占炸药总重量 60%～40%的固体粒状氧化剂，它主要由硝酸铵组成。

（3）将乳胶掺入固体粒状氧化剂中，以便完全充满固体颗粒内部和相互间的空隙，从而使炸药具有抗水性。

2. 专利权限第 1 条的炸药，其中乳胶中的氧化剂选自铵、碱金属和碱土金属的硝酸盐、氯酸盐和高氯酸盐。

3. 专利权限第 1 条的炸药，其中乳胶组分本身基本上是氧平衡的，而与燃料油成氧平衡的粒状氧化剂主要是硝酸铵。

4. 专利权限第 1 条的炸药，其中固体粒状氧化剂是硝酸铵，而乳胶组分含有足量的油，以便与粒状硝酸铵保持氧平衡。

5. 专利权限第 1 条的炸药，其中乳胶组分含有硝酸钙和硝酸铵。

6. 专利权限第 5 条的炸药，其中乳胶组分含有硝酸钠。

7. 专利权限第 1 条的炸药，其中乳胶组分含有一种硝酸铵和硝酸钙的水溶液，还含有一种水溶性的液体燃料，该燃料选自水溶性的醇、乙二醇以及甲酰胺。

8. 专利权限第 1 条的炸药，其中油是一种常温下基本上是固体的含油物质。

9. 专利权限第 1 条的炸药，其中燃料选自下列物质中的一种或几种：烃类燃料油、芳烃、煤油、石脑油、石蜡、植物油、鱼油、回收的马达油以及在制备乳胶时可液化的烯烃油衍生物。

10. 专利权限第 9 条的炸药，其中液态油在乳胶和固体组分中都有。

11. 专利权限第 1 条的炸药，其中油包水型乳胶含有约占炸药总重量 0.02%～0.3%的一种乳化剂，它选自下列物质：山梨糖醇酐单油酸酯、山梨糖醇酐单硬脂酸酯、山梨糖醇酐单棕榈酸酯、山梨糖醇酐单月桂酸酯、硬脂酸以及溶于水形成乳胶的金属长链衍生物。

12. 专利权限第 1 条的炸药，其中基本上为固体的氧化剂含有最高达 10%的液烃燃料，另外还含有 20%～60%的硝酸铵、最高达 35%的硝酸钠、最高达 35%的硝酸钙、最高达 35%的硝酸钾（以上配比均为重量百分比）。

13. 专利权限第 1 条的炸药，其总的氧平衡为-12%～+4%。

14. 专利权限第 1 条的炸药，其中浆状炸药含有粒状燃料以及硝酸铵、硝酸钙和一种碱金属硝酸盐的水溶液。其中固体粒状氧化剂基本上是为改善氧平衡而用燃料油处理过的硝酸铵。

15. 一种炸药，其组成如下：

（1）一种基本上是固体硝酸盐的氧化剂组分，其含量至少占炸药总重量的 40%。

（2）最高达 10%（重量比）的固体氧化剂组分相混合的含油燃料。

（3）一种固体胶状燃料。

（4）将 40%～60%（重量比）致密的油包水型乳胶掺入固体氧化剂中，它基本上充满了固体氧化剂颗粒内部和相互间的空隙。

（5）均匀分散于整个乳胶中的空心充气微球，其添加数量要足以降低总的密度并增加爆轰敏感度。

16. 专利权限第 15 条的炸药，其中氧化剂由硝酸铵和至少一种其他的硝酸盐所组成，其他硝酸盐是为增加水溶性的。

17. 专利权限第 15 条的炸药，其中乳胶浆含有一种水溶性燃料。

18. 炮孔下部含水情况下的爆破方法。该方法的要点如下：先在炮孔中装一种抗水炸药（这种炸药含有固体粒状硝酸盐氧化剂和油包水型乳胶，乳胶充入固体氧化剂颗粒间的空隙，因而这种炸药是抗水的），一直装到露出水面，然后在炮孔的上部装填基本上是干的铵油炸药或密实的铵油炸药，炮孔下部的抗水炸药其密度比水大，体积威力比铵油炸药高；而炮孔上部的炸药要比下部的炸药便宜。

美国专利　3,442,727
公布日期　1969. 5. 6

乳化的硝酸爆炸混合物及其制备方法

(美国阿特拉斯化学工业有限公司)

James R. Thornton

本发明论述一种乳化的含硝酸的爆炸混合物，它是利用磷酸单酯或双酯或其相应的盐作为乳化剂来制备的，以改善该产品的贮存稳定性和保证使用时能获得较大的可靠性。

敏化的硝酸爆炸混合物是大家熟知的，它可以包含诸如下列基本组分：一种硝酸水溶液，一种无机硝酸盐，一种碳质燃料，一种油包水型表面活化剂和一种耐酸凝胶稳定剂。像甲基乙烯基醚——马来酐共聚物之类的化合物是耐酸凝胶稳定剂的典型例子，它已经用于敏化的硝酸爆炸混合物中，以防止在拉长贮存期的延长阶段组分分离。另一方面，这种爆炸混合物的硝酸组分最终水解形成乳胶所使用的材料，使乳胶中各组分分离。

现已发现，按照本发明的操作工艺，在含有硝酸的爆炸混合物中，利用磷酸单酯或双酯或其盐类作为乳化剂，其结果形成一种贮存稳定，使用比较可靠的乳胶爆炸混合物，并无需像以前那样，为长期稳定而考虑进一步添加耐酸凝胶稳定剂。

本发明的乳胶爆炸混合物大致包括一种含酸水相。一种油相和一种本发明所规定的磷酸酯乳化剂。乳胶爆炸混合物可以包含一些主要组分，例如一种硝酸水溶液，一种无机氧化剂盐和一种碳质燃料。此外，还包含磷酸单酯或双酯或其盐类，在贮存期间它有效地帮助产生和保持所制备的爆炸混合物的乳胶特性。

一般地说，本发明提供了一种制备新型的稳定的硝酸乳胶爆炸混合物的方法。这种混合物是用磷酸单酯或双酯或其盐类来乳化的。这些磷酸酯乳化剂对于该含酸乳胶的乳化和贮存期间保持其乳胶特性是有用的，它们可以按照下列酸式加以确定：

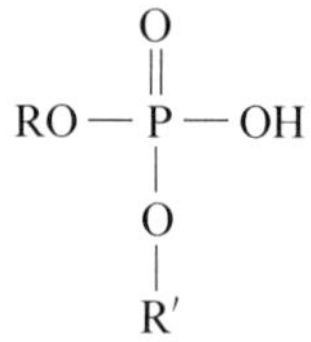

$$\mathrm{RO-\overset{\overset{\displaystyle O}{\|}}{P}-OH} \quad \text{（P 下接 }-\mathrm{O-R'}\text{）}$$

这里 R 选自氢和烷基所组成的族，R′是烷基。通常，上式的烷基中可以包含 12~30 个碳原子，最好是 12~18 个碳原子。这些碳原子可以形成一种直链，支链或环烷基，可以用其他的基团如在油包水型乳化剂中存在的典型惰性基团来代替。这些不同酸的磷酸酯及其盐的混合物也可以使用。

可以使用的磷酸酯乳化剂的代表性例子是月桂酸磷酸酯，十四酸磷酸酯、单乙醇胺十四酸磷酸酯、乙烯二胺十四酸磷酸酯、十六酸磷酸酯、月桂酸磷酸酯的钠盐、油酸磷酸酯、硬酯酸磷酸酯、硬酯酸磷酸酯的钠盐、二-十四酸磷酸酯及其类似物。这些不同材料的混合物也可以有效地使用。

可以使用的磷酸酯乳化剂的代表性例子是月桂酸磷酸酯，十四酸磷酸酯、单乙醇胺十四酸磷酸酯、乙烯二胺十四酸磷酸酯、十六酸磷酸酯、月桂酸磷酸酯的钠盐、油酸磷酸酯、硬酯酸磷酸酯、硬酯酸磷酸酯的钠盐、二-十四酸磷酸酯及其类似物。这些不同材料的混合物也可以有效地使用。

为乳化本发明爆炸混合物所使用的磷酸单酯或双酯或其盐的数量可以变化于0.25~20份（以硝酸水溶液的重量为100份为基础）之间。就要求而言，这种磷酸酯乳化剂的重量为0.5~7.5份是足够的。但是，更多数量的乳化剂也是可以添加的，因为多余的磷酸酯乳化剂可以作为混合物的补充燃料。

本乳胶的含酸水溶液相是由硝酸组分形成的，大致100份（重量）硝酸水溶液中含有至少为0.06%（即乳胶pH值为2）至95%（重量）的硝酸。通常推荐使用硝酸浓度大于20%的硝酸水溶液。一般地说，由此生产的最终乳胶具有令人满意的爆炸速度和敏感度。硝酸重量约为60%的硝酸水溶液特别适用于本混合物，因为这种溶液在市场上容易买到。

本乳胶混合物的油相是由不溶混的碳质燃料形成的，即不能与硝酸水溶液形成稳定的均匀混合物，事实上，它不与约含在20%~80%（重量）硝酸的硝酸水溶液进行反应。因此，油相能与本发明推荐的乳化剂一起形成乳胶的连续相或外相。

一般地说，若以硝酸水溶液的重量为100的话，本混合物含有大约6~150份（重量）不混溶的碳质燃料。

选作本乳胶体系油相的碳质燃料通常取决于最终产品所要求的物理状态。乳胶体系的稳固性随所用的碳质燃料性质而变，特别取决于燃料的物理稠度。选用的碳质燃料同样影响本产品的爆炸性能，因为影响这种性能的吸留气体作为乳胶体系的分散相主要保留在所推荐的燃料中。

碳质燃料既可以全部是油，也可以全部是蜡，蜡和油混合组分，或者是蜡和油可溶的、不与酸反应的聚合物组分。石蜡族碳氢化合物通常适用于作碳质燃料组分。如果需要的话，其他物质如饱和脂肪酸也可以用作补充燃料。

这里使用的油类可以是任何所需的黏度，并且通常是以耐酸的石油产品为其特征。85℉时典型的石油润滑油的布鲁克菲尔德（Brookfield）的黏度约为160厘泊。

可以用作碳质燃料组分的蜡包括从石油中提取的蜡，如凡士林蜡，微晶蜡和石蜡。在推荐的实例中，最理想的蜡是熔点至少为80℉且能迅速与形成的乳胶相溶混的蜡。这些蜡最好具有100~160℉的熔点。

气体吸留温度可以定义为这样一个温度，在此温度时乳胶体系能在冷却和搅拌时吸留气体。在温度高于70℉时，该乳胶体系实际上没有吸留气体。气体吸留温度也可以定义为这样一个温度，在此温度以下时气体或空气将逐渐截留在乳胶体系内，这可以用乳胶-吸留气体体系的密度突然降低来证明。反过来说，气体吸留温度是这样一个温度，在此温度时，充了气的低密度乳胶加热至770℉以上，当以某种方式搅拌乳胶-吸留气体体系，使乳胶的新表面暴露于大气中时，就会使吸留的气体逸入大气中。正如上述，除气时乳胶-吸留气体体系的密度会突然增加。

推荐作为乳胶外相的碳质燃料组分之黏度对于保持吸留气体组分是重要的，这些气体对于使乳胶产品具有较高的敏感度来说是最好的。如果使用和贮存时黏度太低的话，那么吸留气体组分将有凝聚的趋势或从乳胶中逸出。另一方面，在制备乳胶的温度下，碳质燃料组分必须有足够的流动性，以便形成乳胶。因此，虽然所推荐的最终制备的乳胶可以有一个固态或接近固态的外相，但是当乳胶在第一种情况制备时，通常配制的乳胶其外相必须是液体的，或具有足够的流动性，所以推荐的碳质燃料组分应具有随着温度的变化而提供不同黏度的能力。

一般地说，当气体吸留温度低到70℉以下时，制备的乳胶在正常的贮存和使用情况下，吸留的气体或有逸出的趋势，或有聚结的趋势，其结果必然导致产品爆炸潜力降低。然而，业已发现，倘若贮存和使用的温度保持很低，即大大低于70℉时也可制备得具有吸留气体。

因为从方便的观点出发一般希望沸点以下制备硝酸乳胶，所以气体吸留温度低于190℉，对于制备本乳胶是最有效。最可取的气体吸留温度为95~130℉，这样既可避免在正常的贮存和使用情况下气体聚结，又可使工业上制备本文推荐形式的乳胶最实用。

当在所推荐的碳质燃料组分中添加规定的任意量的蜡时，所生产的增稠效果可能是该种蜡加上蜡的调节剂如粘油或油溶性不与酸反应的聚合物的效果。业已发现，按最佳的碳质燃料重量计，所要求的蜡量至少为2%，最好是5%，否则就会在最终制备的乳胶中造成吸留气体不足。

有许多种方法将吸留气体引入到推荐的乳胶体系中。最普通的方法是在等于或高于气体吸留温度下简单地混合可流动的乳胶，与此同时在敞口的容器中将乳胶冷却至吸留气体所需的温度以下。气体也可以由起泡的气体通过喷嘴，利用气体喷射器或其他机具引入。在乳胶中采用化学产气也是可行的，尚应指出，尽管吸留气体通常是空气，如果需要的话，也可使用其他可与乳胶相容的气体。

足量的气体可以通过适当的方式引入到乳胶体中去，例如气体引入混合器或直接把气体引入到乳胶中然后再掺合。气体引入混合器的一个例子是一种螺条混合器，而由肯塔基州的路易斯维尔城之吉尔德利尔公司制造的Votator摩擦表面热交换器型设备则是使引入气体直接与乳胶相混的适当设备。气体可以这样来添加，使最终制备的混合物在70℉和一个大气体下含有4%~47%（体积）的吸留气体，最好为其体积的13%~33%。

由于本发明的推荐实例之一要求各种组分严格按照某一特殊比例范围配制，所以就可对正加工的推荐混合物进行加热，以排除截留的气体。在制备本乳胶的预掺合或掺合阶段，通过使用无截留气体的体系，可以得到标准的混合物，可以十分精确地预先确定。70℉时该炸药的密度通常约为0.50~1.50克/厘米^3，最好是1.05~1.30克/厘米^3。

以硝酸水溶液的重量为100作基础的话、本发明的乳胶可含有高达800份（重量）的无机氧化剂盐，如硝酸铵、碱金属硝酸盐或其混合物。而市售的肥料级硝酸铵适用于作本发明的无机氧化剂盐，硝酸钠和硝酸钾也是可以使用的。如果需要的话，也可使用各种其他的普通无机氧化剂盐。无机氧化剂最好是颗粒状的，即大小可以通过8号美国标准筛孔的小球、小丸或颗粒。

本发明乳胶的敏感度和爆速随添加到乳胶中的惰性的非爆炸性但能支持传递爆轰的材料而变，例如，膨胀珍珠岩颗粒或空心玻璃微球。一般地说，为了获得好的效益每100份

60%的硝酸水溶液需要添加 1 份（重量）支持传递爆轰的材料，通常这种材料大于 70 份（重量）时将产生拒爆。适宜用作支持传递爆轰材料的颗粒大小应通过美国 8 号标准筛孔。

本发明的工艺一般是通过混合硝酸水溶液、无机氧化剂盐、不与硝酸溶液溶混的碳质燃料和磷酸单酯或双酯或其盐类来形成乳胶爆炸混合物。这种基本工艺通常是通过很迅速混合所有的配料来完成的，这些配料在为每一混合设备所确定的控制范围内。

本发明的工艺也可以通过首先形成硝酸水溶液和无机硝酸盐的预掺合物，不与硝酸溶混的碳质燃料和本发明的磷酸酯乳化剂的预掺合来完成。然后通过搅拌将混合这两种黏度均匀的预掺合物混合以形成基本上均匀的最终混合物。在这种工艺中通过制备两种预掺合物使所有配料在贮存或在装运处理中比全部配料都单个掺合到一起的工艺要方便得多。本炸药混合物可以在工厂里制备，然后运到爆破现场。相反，本混合物也可以用自行设备在爆破现场来制备。

在本方法中将预掺合物混合到一定的步骤中，已经发现，如果混合期间温度保持在 100~150℉范围内的话，可以得到比较均匀的产品。但是，如果需要的话，本发明的制备工艺也可在上述温度范围以外的温度下来完成。

为了进一步说明本发明，给出下述实例。除另有说明外，其中所有份数均为重量比。

例 1

一种乳胶爆炸混合物是通过混合下列配料来制备的：

配　料	份数（按重量计）	配　料	份数（按重量计）
硝酸铵	100	十四磷酸酯	2.2
60%的硝酸水溶液	100	矿物油	11.1
石蜡	8.9		

上述配料在温度 115℉时混合，搅拌并冷却到 105℉。制备的乳胶 70℉时的密度约为 1.08 克/厘米^3。贮存 28 天后，该乳胶在 70℉下，其密度约为 1.10 克/厘米^3，当用一个由 1 只 6 号标准电雷管引爆的 3 吋×3 吋的高爆速胶质达纳迈特药包起爆时，3 吋×12 吋药包的爆速约为 17220 尺/秒。

例 2

一系列乳胶爆炸混合物是按例 1 的步骤制备的，每一种乳胶混合物使用下述磷酸酯乳化剂的一种来代替例 1 中的十四酸磷酸酯：月桂酸磷酸酯，单乙醇胺十四酸磷酸酯，乙烯二胺十四酸磷酸酯，硬脂酸磷酸酯的钠盐，油酸磷酸酯，硬脂酸磷酸酯和月桂酸磷酸酯的钠盐。70℉时制备的乳胶之密度为 1.15~1.20 克/厘米^3。贮存 28 天后，这些乳胶具有 1.20~1.28 克/厘米^3 的密度，当用一个 3 吋×3 吋的高爆速胶质达纳迈特药包起爆时，3 吋×12 吋药包的爆速为 15000~18500 尺/秒。

例　3

一种乳胶爆炸混合物是通过混合下列配料制备的：

配　料	份数（按重量计）	配　料	份数（按重量计）
60%的硝酸水溶液	100	Indrawax 2119②	12.9
硝酸铵	139	Microballoons③	5.7
硝酸钠	20	Alkapent BD-10④	2.9
Atreo 134①	11.4		

① 系大西洋精炼公司提供的高精制矿物油的商标。
② 系工业原料公司供给的一种熔点约在114~119℉的高粘性微晶蜡的商标。
③ 系俄亥俄州标准石油公司提供的空心的细碎的低密度玻璃小球的商标。
④ 系 Wayland 化学公司提供的平均碳链长为C18的单和双直链烷基磷酸酯的商标。

上述配料在水套混合器内进行混合。加热混合器直至通过形成乳胶的温度，然后有效地混合各种配料。以形成一种黏度大体均匀的乳胶。制备的乳胶慢慢冷却至105℉的气体吸留温度，该温度继续冷却至100℉，此时停止混合，当进一步冷却时，最终制备的乳胶在70℉时约具有1.20克/厘米^{3}的密度。并且在70℉和1个大气体下约含有12%（体积）的吸留空气。该乳胶贮存28天后，当用一个3吋×3吋的高爆速胶质达纳迈特药包起爆时，3吋×12吋的乳胶药包的爆速为16800尺/秒。

例　4

一种乳胶爆炸混合物是通过混合下列配料来制备的：

配　料	份数（按重量计）	配　料	份数（按重量计）
60%的硝酸水溶液	100	Indrawax 2119②	22.5
硝酸铵	100	硬脂酸磷酸酯	5
Atreo 134①	20	硝酸钠	50

① 系大西洋精炼公司提供的高精制矿物油的商标。
② 系工业原料公司供给的一种熔点约在114~119℉的高粘性微晶蜡的商标。

上述配料按照例3的工艺进行混合。制备的乳胶约在100℉时吸留空气，混合在95℉时停止。在70℉和一个大气体下制备的乳胶含有15%（体积）的吸留气体，此时乳胶的密度约为1.18克/厘米^3。该乳胶存放28天后，当用一个3吋×3吋的高爆速胶质达纳迈特药包起爆时，在3吋×12吋的药包中的乳胶爆速为13300尺/秒。

例　5

一种乳胶爆炸混合物系通过首先混合下列配料作为预掺合物来制备的：

预掺合物 A		预掺合物 B	
配　料	份数（按重量计）	配　料	份数（按重量计）
60%的硝酸水溶液	100	Atreo 134①	20
硝酸铵	302.5	Indrawax 2119②	22.5
硝酸钠	50	月桂酸磷酸酯	5

① 系大西洋精炼公司提供的高精制矿物油的商标。

② 系工业原料公司供给的一种熔点约在 114～119℉的高粘性微晶蜡的商标。

预掺合物 A 和 B 均制成基本上均匀的掺合物，然后在搅拌下将预掺合物 A 添加到预掺合物 B 中。在混制期间通过例 3 的工艺将足量的空气引入到掺合物中，如此制备的乳胶在 70℉和 1 个大气压下含有 28%（体积）的吸留空气，此时乳胶的密度约为 1.00 克/厘米^3。该乳胶在贮存 28 天后，当用 3 吋×3 吋高爆速胶质达纳迈特药包起爆时，在 3 吋×12 吋药包的爆速为 13000 尺/秒。

本发明的混合物还可包含其他的配料，以调整混合物的物理性质。例如：可以使用硫酸钡或有关的材料，以增加所制备乳胶的密度。

本发明的混合物具有可作烈性炸药使用的优点，但在推荐的实例中不含敏感的猛炸药组分。这种混合物对一般的机械冲击是很不敏感的，但是，当用本技术中常用的普通起爆药包来引爆时对爆轰是敏感的。

应当懂得，以上仅仅通过举例的方法作一详细说明，在不离开本发明的原则精神的条件下，可以制成多种多样的爆炸剂。

专利权限（略）。

美国专利　4,008,108
公布日期　1977. 2. 15

泡沫乳胶型爆炸剂的形成

(美国杜邦公司)

Joseph Dean Chrisp

本发明的背景

1. 发明的范围

本发明论及了乳胶爆炸剂的形成，这种爆炸剂由无机氧化剂盐，碳质燃料，水和乳化剂组成，通过乳胶的化学起泡方法来降低其密度，从而提高它们的起爆敏感性。

2. 对过去技术的描述

乳胶型半固体胶态分散体的含水爆炸剂是通过混合无机氧化剂盐，液态碳质燃料，乳化剂（这些组分至少每种有一样）和水而制备的，一般是通过往混合物内加小气泡或截留气体材料来进行敏化。例如，在美国专利 3,706,607、3,711,345、3,713,919、3,770,522 和 3,790,415 中描述了由于起泡剂的分解，用就地化学产气法使气泡加入乳胶中。如在该技术中所描述的那样，起泡剂在乳胶形成以后加到其他组分的混合物中，因起泡时混合物的黏度足以保持住气泡。

用高速连续药卷机，能很方便地将用于小直径或中等直径（例如约 1~4 英寸直径药卷）炮孔爆破的乳胶型爆炸剂包装成“Chub”型，药卷机先制造塑料薄膜管，然后将爆炸剂装入塑料管内，并最后将装好药的塑料管的两端用机械方法封口。为实用起见，用泵把乳胶泵送到包装设备中，但是，泵送以及制备乳胶的其他程序例如混拌，改变乳胶流动过程的这些程序，例如通过剪切作用，会使泡沫乳胶爆炸剂出现问题，因为这些程序引起气体逸出，乳胶密度就可能增大，从而影响乳胶的起爆敏感性。

这些程序也曾在用化学方法使水胶或浆状型炸药技术中作过描述。这些爆炸剂含有增稠剂，以提供所需的稠度。例如，美国专利 3,288,658 就提到：通过一种水溶性碳酸盐和一种酸的原地反应在敏化的浆状炸药中产生二氧化碳来调节炸药威力。此专利表明：水、氧化剂盐、敏化剂、胍胶（增稠剂）和醋酸（产气剂的一种组分）的混合物从第一混合器中排出，碳酸氢钠（释放气体的盐）和能交联的胍胶混合物从第二混合器排到从第一混合器排出的物料流中。胍胶发生交联，使混合物稠度增加，从而有利于夹带由碳酸氢盐和酸反应而释出的二氧化碳。该专利没有描述泵送对充气后的水胶炸药的影响，更为突出的是没有示意所述水胶炸药在大量起泡后进行泵送可能是有害的，也没描述在添加所述的产气剂后，水胶炸药的混合情况。

本发明的概述

本发明提供了一种使乳胶化学起泡的改进方法以形成爆炸剂，该乳胶由无机氧化剂盐、碳质燃料、水和乳化剂所构成。本方法是将产气剂如 N、N′-二亚硝基 5 甲基撑四胺或一种或两种双组分产气剂如高锰酸钾和过氧化氢，连续注入乳胶流内，然后将注入产气剂的乳胶流输送到一个或一个以上的包装容器如 Chub 药卷机所制成的塑料薄膜管内，产气剂起反应而释出气体使乳胶起泡，如要对加了产气剂的乳胶流要进行的加工如泵送或混拌的话，必须在乳胶产生大量泡沫以前进行。

虽然对于泵送或混合时不会引起气体逸出，也不会对其密度也就是对其敏感性产生坏作用的乳胶来说，其中容许的起泡程度在任何给定的情况下取决于所需密度以及泵送或混合之前密度可以达到多低，但一般来说，最好在达到总密度降（可通过完全起泡来达到）的约 50%以上之前进行泵送或混合之类的加工。

关于对含有产气材料的乳胶流所施加的一种作用，本文中用“加工”一词来表达，它是指一种机械作业，这种机械作业通过诸如剪切作用能快而重复地（例如搅动）改变乳胶流的流动，其中包括各种类型的泵送程序、混拌程序等等。

乳胶流可以从一连续的或间歇型的混合装置中直接泵入包装容器，或间接地通过第二混合器泵入，第二混合器将产气剂分散于乳胶中，并可在乳胶进入容器之前提高它的黏度。产生剂可以在混合器和把乳胶流输送到容器或第二混合器的泵之间注入乳胶流中，或在所说泵的下游注入，这是比较好的，但最好在乳胶流进入第二混合器之时或之前注入。

图的简述

附图是乳胶制备作业的流程图，是本发明乳胶制备方法的一个具体方案。

本发明的详细说明

根据本发明，将产气剂（或释气剂）添加到乳胶中使之起泡，从而使乳胶密度降低而敏化，是以一种控制的方法完成的。因此，当加产气剂后紧接着进行乳胶包装时，在包装容器中乳胶就达到所需的低密度，并且所有的包装中密度都是均匀的。这种密度控制是通过下述途径达到的：把产气剂加到乳胶流中（而不是大量地加到容器中），并且，在由于产气剂反应气体释出而使乳胶大量起泡以前完成乳胶流任何必要的泵送或混拌作业，业已发明，如果快而反复地改变乳胶流流动，以致使气体从中逸出的任何工作、如剪切作用，是在没有达到（在大气压下测定的）总密度降的 50%以上，最好是在没有达到 25%以上的时候进行的话，那么，按本加工工艺对起泡超过 50%的乳胶进行加工及达到相当低的最终密度是可能的；尽管如此，但在加工以前起泡 50%以上并不是可取的，因为依靠这种办法可能达不到最低密度。在乳胶爆炸剂中，为了使爆炸剂对用一个 6 号雷管的起爆是敏感的，其密度要求为 1.20 克/厘米^3 或更低一些。

在图中所示的本工艺的方案中，在大容量的第一混合器 1 中制备粗乳胶（例如在 150℉下具有约 12000 厘泊黏度的乳胶），此混合器对一种或一种以上的无机氧化剂盐（如硝酸铵和硝酸钠）的水溶液、碳质燃料（如烃油）和乳化剂（如硬脂酸钠和硬脂酸）的混合物施加中等大小的剪切力。具有中等大小剪切力的混合器1，其输出管道与泵2相通，泵2将粗乳胶从第一混合器中抽出并送到小容量的第二混合器3中，例如送到剪切泵中，此剪切泵对粗乳胶施加一大的剪切力，使之转变为细乳胶，使乳胶黏度增加，例如，至少增加十倍，在许多情况下，至少增加100倍，例如在130℉下，乳胶黏度约为4000000厘泊。泵4对正好在粗乳胶进入高剪切混合器3之前将产气剂（例如N,N′-二亚硝基5甲基撑四胺水浆）加进粗乳胶流中并进行连续计量。加有产气剂的乳胶以均匀的滞留时间（如1~5秒左右的时间）连续地通过混合器3。因而，在粗乳胶进入混合器3之前或在混合器3中时，产气剂基本上不发生发泡反应。细乳胶可以由泵2泵入包装容器5（例如塑料薄膜管），乳胶在此管内起泡。如果混合器3具有搅拌作用同时又有泵送作用，则也可以通过混合器3进行泵送。

本工艺中，产气剂加到乳胶流中，而不加到大容量混合器1中。如果与本发明的工艺相反，把产气剂加到混合器1中，并且不等到整个混合物完全起泡就进行泵送，那么用泵2泵送的乳胶，其起泡程度将根据添加产气剂后乳胶在混合器1中可停留的时间长短而变化。由于在混合器1中滞留的时间不同，一部分乳胶将比另一部分乳胶起泡更多，并且由于在混合器3中混合而由泵2泵送的乳胶之起泡程度不同，从混合器3中排出的乳胶之密度将是不同的，已经大量起泡的部分乳胶或者可在混合器1中完全起泡的乳胶，由于泵送和混拌作业，其密度将增加。在图示的本工艺方案中，乳胶在混合器3中基本上不滞留，并且在其中搅拌的乳胶其起泡程度也没有机会发生大的变化。因而，克服了密度变化问题。

在上述程序中，假如在乳胶进入混合器3之前没有发生大量起泡，产气剂可以在泵2的上游或下游加入粗乳胶流。另外，产气剂可以通过直接注入混合器3的方法而加入乳胶流，或者直接注入离开混合器3的细乳胶流。在所有的情况下，由于离开混合器3的乳胶流需经泵输送到容器5，因此就要使乳胶流在大量发泡之前到达容器5。

为了达到所需的乳胶黏度，可以不必用两台混合器，例如，可以不用混合器3来增加乳胶黏度。如果这样做，细乳胶将在混合器1内形成，此乳胶或者直接泵到容器5中，产气剂在泵2和容器5之间的某个位置注入细乳胶流中，这个位置应保证乳胶流在进入容器5之前不会产生大量气泡；或者最好将乳胶流泵入如图所示的混合器3中，混合器3将把产气剂掺入细乳胶。

也可用连续混合器代替图中所示的大容量间断型混合器1。

在技术中有许多产气剂已为大家所知，假如它们可以乳胶稳定的温度下分解而释放气体就可在本工艺中用来使乳胶爆炸剂发泡。这些产气剂包括：（1）释氮发泡剂如N,N′-二亚硝基5甲基撑四按（美国专利3,713,919），N,N′-二甲基-及N,N′-二乙基-N,N′-二亚硝基对苯二甲撑酰胺，苯基磺化酰肼，偶氮双异丁基腈和P-特丁基-苯基叠氮；（2）碱金属的硼氢化物（美国专利3,711,345）；（3）双组分的肼系（美国专利3,706,607）例如肼和肼的衍生物及其氧化剂如过氧化氢，或锰酸盐，重铬酸盐，次氯酸盐，碘酸盐，或高碘酸盐；（4）双组分过氧化氢系（美国专利3,790,415），即过氧化氢连同使过氧化氢氧化或催化分解的化合物，如高锰酸盐，重铬酸盐或次氯酸盐、二氧化锰、锰离子源，或铜离子源；（5）碱金属碳酸盐或碳酸铵，碳酸氢盐，或硝酸盐，需要时也可和一种酸结合。

在双组分产气系中，组分的添加方式可以变化。例如在过氧化氢和高锰酸钾系中，其中高锰酸盐用来促使更快地起泡，两种组分可在同样的地方或者大致相同的地方注入乳胶流，也可以在分隔很远的地方加入，最好高锰酸钾在最后注入乳胶流。例如，图中所示方案中，高锰酸钾可以通过泵 4 计量加入粗乳胶流，而过氧化氢可以预先加入，例如加到混合器 1 内，另一方面，如果在此系统中将高锰酸盐加到混合器 1 中，可能需要较长的混合时间，并且，由于高锰酸盐和乳胶组分反应，会使泵送发生困难。当产气系的两种组分都注入乳胶流时，最好将它们混合在一起注入乳胶流，这保证了乳胶中各种组分所需的接触和反应。

产气剂的使用量取决于所需的密度和所使用的具体材料，并已在前面提到的专利中已作了说明。在过氧化物和高锰酸盐的系统中，应避免高锰酸盐过量，例如超过快速起泡所需量的两倍，因为这么多的高锰酸盐可能与其他乳胶组分起反应。

无机氧化剂盐，碳质燃料和乳化剂，以及它们在本工艺中可以使用的量和乳胶爆炸剂中一般使用的一样，并在前面提到的美国专利 3,706,607、3,711,345、3,713,919、3,770,522 和 3,790,415 中已作了说明。就高锰酸盐为产气剂之一种组分的这种体系而论，当用烃油作为燃料时，则这种烃油最好是饱和的。否则，由于烃油和高锰酸盐起反应，泵送就可能发生困难。

而且，制备乳胶时的温度约在 120~180℉之间。乳胶流在产气剂注入时，和乳胶加产气剂后一直到送到包装容器时的温度，取决于所使用的具体产气系。一般来说，温度在 120~180℉的范围内是适宜的。

下述例子是说明本发明工艺之具体方案的。

例 1

将固体硝酸铵（110 磅；50 公斤）和 75 磅（34 公斤）硝酸钠加到 280 磅（127 公斤）75%的硝酸铵水溶液中，并将此混合物加热到 180℉，使固体溶解。溶液的 pH 值被调整到 5。将此溶液（465 磅，211 公斤）装至 550 磅（250 公斤）的涡轮混合器 1 内，此后，将乳化剂，硬脂酸钠（4.7 磅；2.1 公斤）和硬脂酸（5.3 磅；2.4 公斤）加到此 180℉的溶液中，以 120 转/分的转速搅拌 2 分钟。此后，加入 25 磅（11 公斤）Gulf Endurancc35 的油（在 100℉时赛波特黏度约为 50 厘泊的一种烃类馏出物），接着再搅拌 2 分钟。其后，将 50 磅（23 公斤）在制备过程中预制的相同成分的细乳胶（黏度在 130℉下约为 4000000 厘泊）加到混合器内，这种细乳已由于“Unicel” ND 的反应而起泡，获得了 1.18~1.23 克/厘米^3 的密度。细乳胶的添加，减少了形成粗乳胶所需的时间。混合器的速度提高到 180 转/分，并一直连续搅拌到总的搅拌时间为 8.5 分钟后形成粗乳（黏度在 150℉时约为 12000 厘泊）时止。

用泵 2 以 50 磅/分（23 公斤/分）的速度将温度为 156℉的粗乳胶从涡轮混合器 1 泵入剪切泵 3。就在粗乳胶进入剪切泵之前，在 3800 毫升水中含有 861 克 Unicel ND（二亚硝基戊撑四胺/惰性填料之重量比约为 42/58 的混合物）的浆液以 150 毫升/分的速度计量加入粗乳胶流。剪切泵 3 将粗乳胶转变成细乳胶（黏度在 130℉时约为 4000000 厘泊），并将

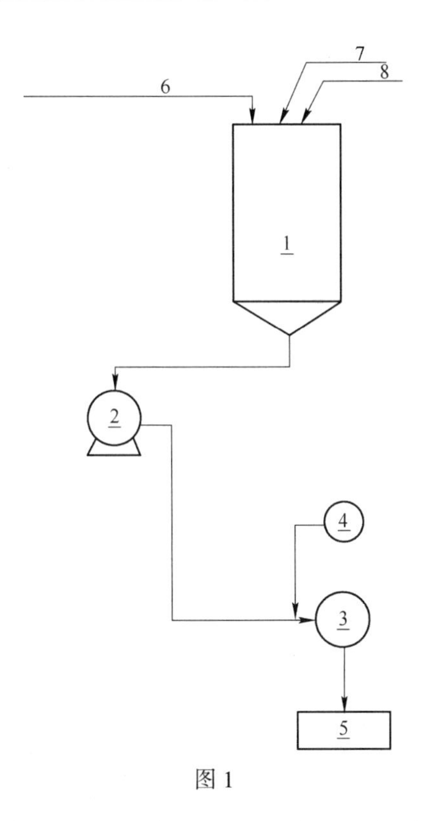

图1

细乳胶泵入堆在剪切泵输出管上的聚对苯二酸乙二酯薄膜管内。细乳胶的温度约为165~170℉。因为从产气剂注入给定单位体积的粗乳胶流中到同样体积的乳胶流到达包装容器内，其间所经历的时间只有几秒钟，所以由剪切泵搅拌和泵送的乳胶基本上是没有起泡。

30分钟后，由于在包装容器内发泡了，所以27个取过样的包装容器内的乳胶密度为1.18~1.23克/厘米^3，27个中有23个为1.19~1.22克/厘米^3，此后，将薄膜管扎紧形成药卷，以待使用。

当两个16英寸（41厘米）长，2.5英寸（6.4厘米）直径的药卷尾对尾对接其中一个药包在空气中用HDP-3（杜邦公司1966年出版的Blaster's Handbook一书第15版67页中有叙述）起爆药包起爆时，另一药包就以38~5600米/秒的速度爆轰。

例　2

除了用Unicel 100来代替Unicel ND之外，其他制备过程同例1。Unicel 100约为99%的N，N′-二亚硝基戊撑四胺。Unicel浆液的组成是390克Unicel 100溶于4300毫升水中。基本上获得了相同的结果，在此情况下，27个包装容器内的乳胶密度为1.18~1.24克/厘米^3，27个中有23个为1.18~1.21克/厘米^3。爆速为4800~5200米/秒。

例　3

除了以下各点外，其他制备过程同例1：涡轮混合器的容量为200磅（91公斤），硝铵溶液的重量为 169. 6 磅（77 公斤），其中有 101 磅（46 公斤）75%的硝酸铵水溶液，41. 4 磅（18. 3 公斤）固体硝酸铵和 27. 2 磅（12. 3 公斤）硝酸钠。所加的硬脂酸钠的量为 1. 72 磅（0. 78 公斤），硬脂酸的量为 1. 94 磅（0. 88 公斤）。在添加 9 磅（4 公斤）油之后，再加 120 毫升 30%~35%的含水过氧化氢，添加的预制细乳胶量为 20 磅（9 公斤）。总共搅拌了 6. 5 分钟后在 158℉下形成粗乳胶。取代 Unicel ND 的 5%（按重量计）高锰酸钾的水溶液以 170 毫升/分的速度计量加入粗乳胶流。起泡后的密度为 1. 10~1. 12 克/厘米^3。用一个 6 号雷管代替 HDP-3 起爆药包，爆速为 5200 米/秒。

例　4

除了过氧化物溶液的量和高锰酸盐溶液的浓度皆为例 3 的 1/2 外，其他制备过程同例 3，这时粗乳胶在搅拌 7 分钟之后，于 164℉的温度下形成。起泡后的密度为 1. 22~1. 24 克/厘米^3。爆速为 5400~5600 米/秒。

控制试验

除了将 Unicel ND（570 克）加到涡轮混合器内不加到乳胶流内以外，其他程序同例 1，这时，为了在泵入剪切泵和包装之前就完全起泡、已在混合器内滞留了 33~38 分钟的乳胶具有 1. 26~1. 34 克/厘米^3 的包装密度。而在泵入剪切泵和包装之前，仅在混合器内停留 8~12 分钟的乳胶，其包装密度为 1. 08~1. 11 克/厘米^3。

试验表明，用一定量的给定的产气剂可达到的所需低密度，在乳胶完全起泡的情况下泵送和搅拌后是达不到的。试验也表明，将产气剂注入乳胶流而不是注入盛有乳胶的大容量容器中是个关键。当在大容量的混合器内大批量制备乳胶时，虽然在混合器内仅停留 8~12 分钟的乳胶，在此系统中将具有适当的低密度，但大部分乳胶将在混合器内停留更长的时间，这是由于要泵出大量乳胶需要时间、为了与包装速度相匹配需要降低泵送速度以及混合器停转等等，结果，由于起泡程度不同，包装密度也将不同，如果在泵送和混拌作业之前起泡度高，则乳胶密度就将比所要求的高。

在本工艺中，可以在输送乳胶流至第二混合器或包装容器的泵之上游将产气剂加入乳胶流，也可在其下游加入，如果产气剂反应得相当快，例如用高锰酸盐和过氧化物体系，则最好在泵的下游注入，因为这可保证正在加工的乳胶的起泡度最小。

专利权限（略）。

美国专利　4,052,939
公布日期　1977.10.11

可捣实的筒状药卷

(美国杜邦公司)

Walter John Simmons, Frank Marsden Willis

本发明的背景

1. 发明的范围

本发明涉及一改进的薄膜包装的药卷，尤其是装有含水炸药的一种筒状药卷。

2. 对以前技术的叙述

半固态胶状含水爆炸剂的分散体，即水胶或浆状炸药或乳胶型炸药，目前能以小直径（即小于44.5毫米）的形式用于井下爆破作业。

这种药卷常称为“Chub”药卷，它是装填了爆炸剂的一根塑料薄膜管，两端收拢并通过用金属密封带绕扎收拢部分的方法进行密封。

筒状药卷的薄膜包装必须具有足够的耐撕性和耐磨性，以便在用外力把药卷装进钻孔，尤其是装进孔壁粗糙或多砾的钻孔时，药卷将不会严重破裂。薄膜的耐撕性也应满足以下条件：当为了把雷管装进起爆药卷而在薄膜上撕一裂口时，这个裂口将不会扩展到在装进钻孔前造成药卷损坏并使爆炸剂大量逸出。薄膜包装的抗冲击强度也必须足够高，以便万一在装药前碰到恶劣的运搬条件能确保防止药卷损坏和爆炸剂的损失。此外，薄膜应有足够的尺寸稳定性，防止药卷产生变形而使装药困难，但最好也不要太硬，以便在药包串装时刚性的圆形药卷端部因有串药包的绳子而卡住。

对药卷的进一步要求是，它是可以捣实的。一般地应理解为，当药卷在钻孔里受到炮棍持续猛烈的推力或冲击时它应破裂，使爆炸剂能从药卷里逸出而较容易地充满钻孔。

以前，筒状药卷的包装薄膜大多数采用聚乙烯、聚对苯二酸乙二酯或两者结合使用。然而，聚乙烯薄膜的尺寸稳定性是如此之差，以致难以把药卷装入钻孔，捣实也困难。聚对苯二酸乙二酯薄膜包装的药卷有良好的尺寸稳定性，并且是可以捣实的，但其耐撕性和耐磨性差，在药卷串联装药时，绳子就会使药卷难于装入钻孔。一层聚对苯二酸乙二酯和一层聚乙烯粘合在一起的层压薄膜，或在聚对苯二酸乙二酯两侧各粘一层乙烯的层压薄膜兼有聚对苯二酸乙二酯所提供的尺寸稳定性和聚乙烯提供的耐磨性。

1975年11月25日加拿大工业有限公司公布的专利号为3,921,529的美国专利叙述了一种硬薄膜包装的药卷。这种药卷的薄膜是一硬化（非柔软的）层，例如粘合在有弹性的柔软薄膜如聚乙烯的一个或两个面上的再生纤维素、醋酸纤维素、聚酯、纸或聚丙烯。这种药卷适合于如下情况：在钻孔里当炮棍对药卷端部施加压力时由于硬化层中有一个或多个纵向弱面而会产生径向扩张。硬化层是在药卷壳的内侧，最好是夹在两层柔软薄膜之间。据说当内硬化层破裂时外层的柔软的薄膜可进一步延展而允许药卷向四周膨胀，所以实际上药卷的包装改变成了尺寸不稳定的全聚乙烯的包装。尽管这种药卷具有装药时的尺寸稳定性和良好的耐磨性，但在用雷管截穿药卷时，其耐撕性稍差些。而且由于药卷向四周的膨胀往往随着端部压力的消失而收缩，所以想用这种药卷达到充满整个钻孔直径的可能性是不可靠的。还有，就药卷制造技术而论，薄膜包装材料是连续地从卷轴上输给一个制管装置的。因为必须在所推荐的三层的层压薄膜的里层进行切割，所以必须在制备层压薄膜之前切断硬化薄膜，并且不可能对已制备好的层压薄膜按切割位置或深度进行调节来控制包装质量。

本发明的概述

本发明提供了一种适合于在钻孔里靠炮棍所施加的端部压力而使其破裂的药卷，这种药卷的外壳是一个两端收拢并封闭起来的塑料薄膜管，里面装满了含水炸药。薄膜由有向薄膜层的交错层压薄膜或有相同组成和柔软性的几层薄膜组成，最好是由两层高密度聚烯烃的交错层压薄膜组成。这种交错层压薄膜在其大部分长度上有或适于形成至少一个非层压区，该层压区最好大体平行于管的纵轴方向，借此薄膜层沿着非层压区在不同的方向上撕裂，因而药卷在钻孔里当用炮棍对其端部施加压力时就会破裂。

最好的具体方法是，或者在由两层交错层压薄膜组成的药卷包装壳的里层，或者在其外层，有一个或多个与相邻的无刻痕薄膜层的取向斜交的纵向刻痕区，刻痕区域通过在药卷的端部施加压力而胀开，从而邻近的非刻痕层从该处开胶，并在沿其取向方向上有多处破裂。这样，药卷就会因原位脱层而破裂。

另一个具体的方法是，由两层交错层压薄膜组成的药卷包装壳有一个或多个预先形成的纵向非层压区，与非层压区相邻的每一层平行于它的取向方向破裂，这些方向是不相同的，例如，对每一层来说约60°或90°。

本发明的交错层压薄膜药卷包装壳一方面提供了药卷的尺寸稳定性，良好的耐磨性和撕裂强度，另一方面非层压区或药卷可形成非层压区的性能使药卷易被捣实。薄膜的交错层压强度和对捣实压力的破裂性使药卷具有如下性能：在往钻孔里装药时和装药前能经受恶劣的运搬处理条件；在斯一小口插入雷管时能防止裂口的进一步扩展；能防止装药时显著的变形；而捣实时又容易破裂（不是膨胀）以使爆炸剂流进钻孔里；不需要粘合昂贵的不同包装材料，也不需要在包装薄膜封闭层上制备薄弱面，而这种包装条件会在药卷加工过程中影响有效的质量控制。

附图的简述

本发明的药卷壳将参照附图进行叙述，其中：图1是一个药卷壳正视的局部剖面图，该药卷壳由两层交错层压的包装薄膜组成，在交错压层里有一预先形成的纵向非层压区；图2是一个药卷壳正视的局部剖面图，该药卷由两层交错层的包装薄膜组成，在交错层压薄膜的里层有两个纵向刻痕；图 3 和图 4 分别是图 1 和图 2 药卷壳在施加端部压力时的正视图；图 5 是药卷壳制备机的部分示意图，这种机器可用来以连续的方式制造像图 2 所示那样的一系列药卷壳。

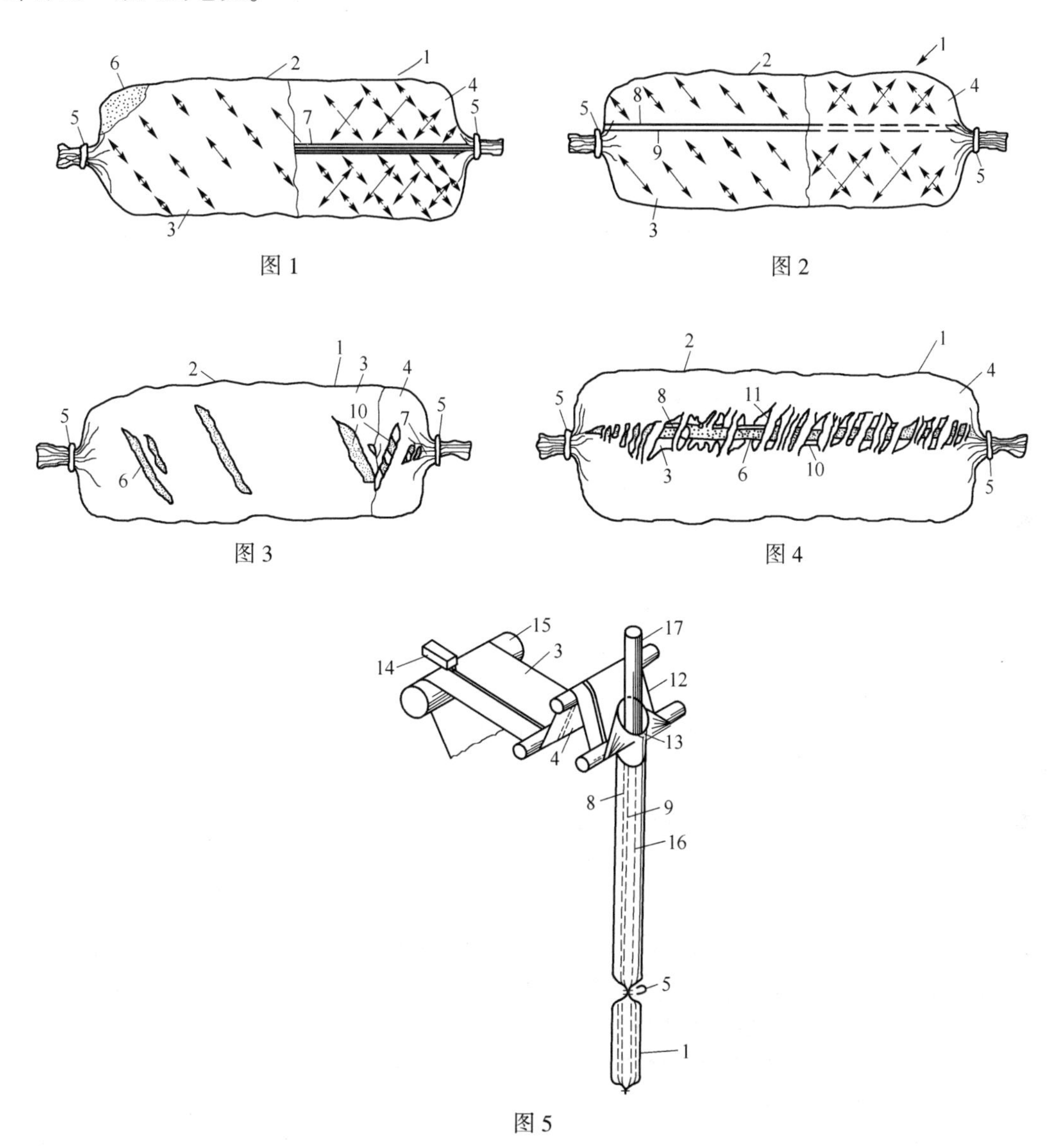

图 1　图 2　图 3　图 4　图 5

本发明的详述

形成药卷管的薄膜包装是一种有向薄膜，最好是聚乙烯或聚丙烯那样的交错层压制品。尤其好的是目前可以买得到的一种由两层有向高密度聚乙烯薄膜组成的交错层压制品。这样一种层压制品是可以用 3,322,613、3,471,353 和 3,496,059 号美国专利中所叙述的那些方法，通过粘合定向薄膜来制作的。叠层由同轴定向的薄膜组成，它们的取向方向彼此相互斜交。定向薄膜可用 2,943,356 号美国专利所描述的连续方法制成一条其取向斜交的带。在这些交错怪压薄膜里，一个取向方向和另一个取向方向之间的角度通常是从约

60°变化到 90°。

交错层压薄膜包装有一个或多个沿着药卷管长度的主要部分伸展的非层压区，或最适宜的办法是通过刻、切、划和穿孔等办法形成一个或多个分离层的区。在非层压区，用炮棍在药卷端部上施加压力时，这些层就会像参照附图所描绘的那样在它们取向的不同方向上破裂。

图 2 是本发明的一种较可取的管状药卷，其中，在两层交错层压薄膜包装的一个层上有一个纵向刻痕区，这个刻痕区与邻近的非刻痕层的取向方向斜交。在图 2 中，用数字 1 表示的一个管状药卷，由两层交错层压薄膜即一种两层有向高密度聚乙烯薄膜交错层压制品的管 2 组成，内膜 3 的分子取向（由箭头标出）与外层薄膜 4 的取向成 80°角。如图所示那样，薄膜管 2 的两个端部收拢并封闭，用夹片 5 卡紧，里面装有含水炸药合成药 6 即交取的水胶炸药。交错层压薄膜的厚度是 0. 102 毫米。药卷直径为 31. 75 毫米，而药卷长度为 30. 5 厘米。薄膜的粘着强度，即分离两层薄膜所需要的力是每厘米 250 克。内层 3 有两个基本连续的刻痕区 8 和 9，它们在药卷整个长度上延伸并基本平行于药管的纵轴。刻痕区 8 和 9 都是基本上连续的单条切口，它们切入层 3 0. 051 毫米深而相隔 0. 794 毫米的距离。在层 3 里的刻痕 8 和 9 以 40°角与非刻痕区的取向方向斜交。

图 2 中所示药卷独特的破裂模式示于图 4 中。典型的情况是，当一持续猛烈的推力或冲击力施加于药卷端部时，内层 3 上的一刻痕区加 9 被胀开，由于非刻痕层 4 从层 3 沿刻痕区 8 和 9 开胶，结果形成了许多非层压区 11。如图 4 所示，层 4 撕裂并且顺着刻痕区 8 和 9 的方向多处出现薄薄层分离，层 4 撕裂的方向是顺着其取向方向的，所以与层 3 撕裂的方向（平行于纵轴）不同。炸药通过在撕开了的刻痕区 9 和层 4 的碎片之间许多撕裂处产生的裂口 10 挤出来。

从药卷装进钻孔之前影响整个药卷的尺寸以及施加端部压力时药卷破裂性的观点来看，上述破裂模型是有用的。如果由于装药前恶劣的运搬条件，药卷会受到非常猛烈的冲击，那么沿着刻痕区会形成许多小孔或裂口，但含水爆炸剂不会损失，尤其是如果其黏度是适当高的话，则更不会损失。倘若在装药前由于恶劣的运搬条件形成这样的裂口，那么当由炮棍输出的端压力推压爆炸剂时，就会出现图 4 那样严重的药卷破裂，同时爆炸剂会通过捣实时或捣实前沿刻痕区形成的许多裂口挤进钻孔里。

当上述药卷（参照图 2）装进直径为 41. 23 毫米的钻孔时，只要对药卷端部施加一压力（相当于正常情况下由炮棍产生的压力）就会使药卷破裂并且使爆炸剂无孔隙地填满炮孔，这是为了更有效地利用炸药的能量。

图 1 所示的也是一种管状药卷 1，其尺寸和图 2 的相同，也由具有两层厚度为 0. 076 毫米的交错层压薄膜的管 2 组成，薄膜取向与图 2 相同。薄膜 3 和 4 有宽度为 12. 7 毫米的非层压区 7，它是像管子一样的区域，基本上是平行于药卷的纵轴（和薄膜的取向成 40°）并伸展在整个药卷的长度上。

当捣实压力施加在如图 1 所示的药卷的端部时，层 3 和 4 在非层压区 7 附近撕裂，撕裂部位的数目取决于区域 7 的宽度、交错层压膜薄的厚度和所施加力的大小等。尽管层 3 和层 4 由于它们的不同取向方向而在不同的方向撕裂，但一般看来这种药卷与图 2 和所示的药卷相反，沿药卷的长度上出现的撕裂处较少。图 1 药卷在典型情况下的撕裂模式描绘在图 3 中。对这种药卷的端部施加捣实压力造成层 3 和层 4 顺着区域 7 在层的取向方向多处撕裂。压力导致水胶炸药穿过薄膜中的交错撕裂处产生的裂口 10 从药卷壳里挤出。虽然这种药卷是可捣实的，其裂口的大小和数目通常可通过加宽非层压区或减小薄膜的厚度来增加，但因图2中的药卷对捣实压力反应较快，所以这种药卷略次于图2中的药卷。

本药卷中的非层压区（或膜层可分离的区，即刻痕区）是沿着药卷的纵轴方向伸展的，并且可以是直线的或曲线的（即螺旋的）、连续的或不连续的。薄膜较少的复杂性和药卷的加工条件与药卷具有非层压区或膜层可分离区有关，这些非层压区或膜层可分离层区基本上是连续的，基本上平行于药卷管的纵轴并基本上在整个药卷的长度上延伸。因此这种药卷是较好的。然而，如果非层压的或可分离层的区域是不连续的或短于药卷的长度，但只要每一个这样的区域的总长度约大于药卷长度的一半，就能获得足够的可捣性能。因此，药卷有一个或多个这样不连续区或较短的区域属于本发明的权限。

虽然交错层压薄膜的具体层数不是关键，可以是三层或更多，但为使药卷取得所需要的强度和可捣实性，不需要多于两层。然而，如果交错层压膜多于两层，则其中所有相邻两层之间的界面应当有或适宜形成一个或多个非层压区，以便药卷在捣塞时将会破裂。当有刻痕区时，相邻两层中的每层可有一刻痕区，只要这些区彼此相互错开，错开的距离至少等于6.35毫米。然而，最好是相邻两层之中只有一层有一刻痕区，因为这种条件一方面提供良好的捣实性能，另一方面保有了邻近层的定向排列强度。

最好的刻痕层是刻在最里层或最外层。例如，在较好的两层交错层压膜里，是刻在里层还是刻在外层是不重要的，不过，最好根据药卷的加工容易程度来决定。刻痕区基本上是单独的一条轴向切口，最好是基本连续的，或是多个切口，即与药卷纵轴方向斜交的多个短切口的一个区。例如可以有一排由滚花工具产生的许多交叉的切口。

刻痕可穿透或割透膜层整个的深度，或只是透入膜层的部分厚度形成一条刻痕或一条切口。对于一给定的薄膜粘着强度，刻痕越深越能使膜层分离和撕裂。通常，刻痕的深度一般约为层厚的50%到100%。如上面用附图所描述的那样，当膜厚为0.1016毫米而刻深为0.0254~0.0508毫米时，以及用同样的薄膜其厚度为0.076毫米而刻深为0.0178~0.0381毫米时，在强度和可捣实性方面都获得了好的效果。穿透整个膜层厚度的刻痕对捣实压力的敏感度是最好的。

关于预先形成的非层压区，正如上面所提及的那样，非层压带较宽，有效范围约是12.7毫米至19.1毫米时就较容易出现撕裂。非层压区和薄膜的取向方向之间的角度不是关键。较薄的薄膜，例如约只有0.76毫米厚的薄膜，具有预形成的非层压区是合乎要求的。

药卷里有一个非层压区或一个膜层可分区就足以提供所需要的捣实性。然而，特别是在薄膜粘着强度高的情况下，最好如图2所示那样在一个层里有两个间距很小的刻痕区。这两个刻痕区的间距通常约为0.381毫米至3.18毫米。在同一层里也可制备多于两个的刻痕区或多于一个的预形成的非层压区，但通常其优点不太显著。

在本药卷中，关于装药前药卷的完整性以及捣实时药卷的破裂性的综合性能主要取决于层压膜中薄膜取向方向的不同，也就是取决于各向异性的强度特性，而不取决于一层薄膜的性质与另一层薄膜的性质之间的任何绝对不同。由于这个原因，层压膜中的各层膜基本上都具有同样的组成和柔韧性。

本发明的药卷可用2,831,302号美国专利中所述的包装机以连续的方式进行制造。为制作有非层压区的药卷，在这种机器里形成了管子的薄膜有一个非粘合区，这是在制作交错层压膜期间形成的，例如，在层压加工之前通过应用一狭长条的膜具在薄膜表面上涂放防粘剂。当薄膜在进入到成管装置之前从其卷轴上展开时，用一切割工具在一个层上进行刻划来形成刻痕区。后面这项技术的优点在于：只要按照包装控制试验所标明的那样调节一个切割机械就可以进行加工过程中的调节。例如参照图 5，其中所使用的数目字与图 2 所使用的代表同样的部件，薄膜 12 由两层有向聚烯烃 3 和 4 的交错层压膜组成，它可连续地输进一形成圆柱形管的部件 13，交错层压薄膜的一个层 3 被刻划。最好当薄膜在刻划装置 14 的刀刃和拉紧滚筒 15 之间向着形成管子的部件运动的时候，使薄膜和刻划装置 14 接触，进行基本上连续地刻划。利用这种方法，在形成的管子上会有两条基本上是纵向的刻痕区，即在交错层压薄膜的里层 3 上有直线切口 8 和 9。如图 2 所示，层 3 上的刻痕区 8 和 9 是与 3 和 4 的取向方向斜交的。形成的管子沿纵向封接而形成接缝 16，然后通过顶杆 17 把含水炸药装进密封的管里，装好药的管子以一定的距离间隔收紧，再在收紧处加上一对环状密封器 5，并在这对密封器之间切断管子而形成单个的药卷 1。用于使管子移动、封接、端部密封和切断的装置在前面提到的 2，831，302 号美国专利中有说明。另一种办法是，可以在薄膜制造过程中于薄膜绕到卷筒上之前在薄膜上形成刻痕。

美国专利　4,205,611
公布日期　1980. 6. 3

乳化炸药层压塑料的包装

（美国阿特拉斯火药公司）

Frank E. Slawinski

发明的背景

用塑料袋包装浆状炸药混合物是使这种炸药成为畅销品的一种重要方法。塑料袋可很容易地用市场上现有的包装设备进行封边制作，这种塑料袋是生产这类炸药成品的一种特别有效的包装方法。过去，曾成功地使用柔软的聚氯乙烯薄膜包装油包水乳胶型浆状炸药混合物。这种包装材料的 1 个例子是 Slawinski 在美国专利 3,731,625 中描述的表皮型密封包装。

特别是关于油包水型乳胶炸药混合物，已经发明，最近改进的这类产品是用空心材料作敏化剂，而不用过去乳胶炸药中所用的吸留气体或其他气体。在 1977 年 11 月 3 日提出的申请号为 848，333 的美国专利中，陈述了这种新的改进的乳胶炸药的例子。这些新的乳胶炸药混合物的加工温度比普通乳胶炸药混合物的温度高得多。一般为 150～200℉，因此，包装作业通常在这种较高的温度下进行。高温对聚氯乙烯薄膜的结构性能具有不利的影响，并且可能引起溶胀从而在包装袋中产生空气间隔或凹陷，这两种情况都是令人讨厌的，当炮孔中装入许多药包时，可能影响药包之间的传爆，因此就需要这样的包装薄膜，它们最好能为普通的包装设备使用，以便使包装作业自动化，并且在 150～200℉的温度范围内能保持良好的结构完整性。

对包装乳胶炸药混合物的薄膜的另一个要求是能抗裂解，这种裂解可能是由于某些塑料与这种爆炸混合物的外油相接融而产生的，在贮存条件下，塑料薄膜包装袋与外油相连续不断地接触会引起包装袋溶胀或起皱。因而抵抗这种裂解的能力是实用包装薄膜所需的一个特点。

最后，乳胶爆炸混合物的包装薄膜必须有足够的强度，以便在正常运搬过程中或现场使用条件下掉落时，能经得起冲击而不致破裂。

本发明的概述

现已发现，使用某些层压塑料薄膜就可以用机器加工生产装有油包水乳胶炸药混合物的包装成品，这种材料能抵抗爆炸混合物油相的裂解作用，并且在 150～200℉的产品包装温度下不会变形。这些层压塑料薄膜包装的炸药在恶劣的搬运条件及现场使用条件下不会破裂。通过一层内密封膜，一层外结构膜，和介于内外膜之间的隔油层的层压加工，就可制成生产这些包装炸药用的薄膜；外层结构膜可以从现有的编织型和交叉型聚烯烃类薄膜系中选择。

这三层合在一起就可制成乳胶炸药混合物的香肠型包装容器，这种包装容器不会在储存条件下由于产品有外油相而裂解，并且这种包装容器有足够的强度，可以防止现场使用时破裂。

内密封薄膜层应保证当一般薄膜材料缠绕在自动包装机型芯轴上，并对其重叠的边进行封接时，这种薄膜材料的内表面（密封膜薄）和外表面（结构薄膜）之间将产生良好的粘结因而使用一种与外结构薄膜相同类型的较薄的聚烯烃薄膜，就能获得同类材料与同类材料的粘结。隔油层可以是单独一层耐油薄膜，也可以是用来使内密封薄膜层与外结构薄膜层粘合的一层耐油粘结剂，或一层耐油的层压底衬涂料，隔油层用于抑制乳胶炸药油外相可能产生的裂解作用，从而保护外层薄膜的结构性能，外结构膜层具有足够的强度，以便：(1) 使包装成品在装运时或遇到恶劣的运搬条件时不会破裂；(2) 在现场使用时，可以使包装成品经相当大的距离落入钻孔而不会破裂；(3) 在高的室温（例如 90℉）下储存时不会伸长或展宽。

在本发明一个特别推荐的方案中，乳胶炸药的包装就是用上述典型的薄膜制成的塑料管，塑料管两端中的任意一端用金属夹子封住，形成一个类似香肠的容器。此外，可用塑料编织品或其他防滑耐磨材料，沿着用薄膜制成的管子纵向布置，并且在包装容器的每一端，都用金属夹子把此防滑耐磨材料系列包装在容器上，以便多个乳胶炸药包可以连在一起或系成一串下放到钻孔中，所用的防滑材料可以在包装设备用上述类型薄膜制成管子的同时一并制成，因此，在包装时能自动系到乳胶炸药的包装容器上。

通过对系有塑料编织品的乳胶炸药包装容器的透视图的研究，可更清楚地了解本发明的乳胶炸药的包装。

本发明的详细描述

只要采用本文中所描述的层压塑料薄膜来制成乳胶炸药的包装容器，那么，在 150℉以上的温度下包装油包水型乳胶炸药时出现的上述类型的问题是可以克服的，同时能保持包装工艺的自动化。生产本发明包装的炸药成品所用的层压薄膜基本上有三层层压层，其中每一层都具有一种特性，这些特性结合起来，就可使包装的炸药获得所需的优良特性。参看此图、结构薄膜 1 使包装的爆炸混合物具有结构强度，所以最终加工好的包装将不会破损、开裂，否则在正常运搬条件下或在现场使用时就会胀裂。结构薄膜 1 最好是聚烯烃类薄膜，这种薄膜可以用普通包装设备很容易地封接，并且最好是交叉层压的或编织型的。为了大大加强层压薄膜的性质，可以将两层或两层以上的定向高强度聚乙烯薄膜层压在一起，用这种方法，就可以制成高强度聚乙烯薄膜的交叉层压制品。例如，有一种这样的交叉层压制品，就是由美国得克萨斯州休斯敦 Van Lear 塑料公司销售的，其商标为 Valeroa 合适品级的编织型高强度聚乙烯有 8×8、10×10、9×12 和 12×12 的编织聚乙烯。相似类型的聚丙烯也可用作结构薄膜。如上所述，外结构薄膜 1（见图）所起的作用是为包装提供强度，以便使包装的乳胶爆炸混合物在储存和使用时不致破裂和变形，并且使之具有一个能用普通包装设备很容易封接的表面。

中间层 2 是一耐油隔层，它防止外结构薄膜层 1 由于与油包水乳胶炸药产品的外油相接触而裂解。因此，可通过压一层耐油薄膜到结构薄膜 1 上而获得此中间层 2。为此，可使用一种比较薄的尼龙膜。或者，可在结构薄膜 1 和密封薄膜 3 之间使用过量的具有耐油性的黏结剂例如由国家粘结剂公司销售的商标为 30-9133-34 的尿烷基粘结剂，业已发现是有效的。最后，也可使用具有耐油性能的层压底衬涂料。除了尼龙以外，由道（Dow）化学公司销售的聚氨酯（或尿烷键粘结剂）和耐油的底衬涂料，聚酯，萨冉树酯，聚偏二氯乙烯，赛璐玢和表面处理阻油剂已证明可作隔油层使用。当使用尼龙或聚酯时，厚度最好为 0.1~3 密耳左右。

如图 1 所示，密封薄膜 3 可以是低密度聚烯烃薄膜，这提供了一内密封表面，使用普通类型的包装设备可以很容易地将外结构薄膜材料粘合到内密封面上。当结构薄膜 1 也是用聚乙烯制作时，最好用低密度聚乙烯。这种低密度聚乙烯薄膜的合适厚度最好为 0.5~4 密耳左右。这样，当低密度的内密封薄膜层可能被乳胶炸药的外油相侵蚀和裂解时，它将为自动包装作业提供所需的密封性能，而中间隔油层 2 将提供所需的耐油性，以保护由结构薄膜 1 给予包装材料的结构性能。

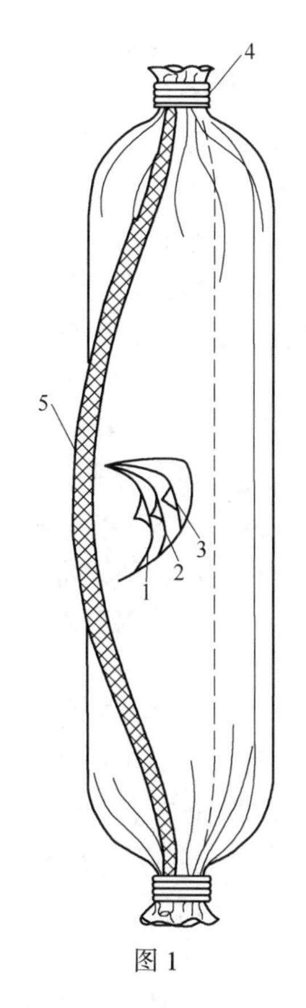

图 1

表 1 列举了六种薄膜，这六种薄膜具有生产本发明包装乳胶炸药产品所需要的性能。这些只是推荐的薄膜，并不是对本发明的限制。

表 1　典型的层压薄膜材料

1. 纽约州东奥罗拉（East Aurora）A. P. 工业公司供应的 petex 1082。这种层压制品由 2 密耳低密度聚乙烯层间的 12×12 编织型高密度聚乙烯组成，隔油层是在进行层压加工时用的粘结剂。

2. Ludlow 公司［美国马萨诸塞州霍利奥克（Holyo-ke）］的 6 密耳 Valeron 层压薄膜，具有与耐油底衬涂料相粘合的 2 密耳低密度聚乙烯。

3. Bryce 公司［美国田纳西州孟菲斯（Mcmphis）］的 6 密耳 Valeron 薄膜，使用国家粘结剂公司的 30-9133-34 尿烷粘结剂层压到 3M 公司的 Scotchpak229 上。Scotchpak229 是 1/2 密耳聚酯和 2 密耳中等密度聚乙烯的共挤塑薄膜制品。

4. 与上面第三种薄膜相同，但是用 Scotchpak6#来代替 Scotchpak229#。其中不同点只是 Scotchpak6#在共挤制品中有低密度聚乙烯而不是中密度聚乙烯。

5. 包装产品公司［美国北卡罗来纳州夏洛特（Charlotte）］的 6 密耳 Valeron 薄膜，使用国家粘结剂公司的 30-9133-34 厚层（0.15 密耳）尿烷粘结剂粘合到 2 密耳低密度聚乙烯上。

6. 包装产品公司（美国北卡罗来纳州夏洛特）的 6 密耳 Valeron 薄膜，用国家粘结剂公司的 30-9133-34 尿烷粘结剂合到 1 密耳厚的中间尼龙薄膜层和 2 密耳厚的低密度聚内层上。

上述类型的层薄膜可与普通形式的封装机，如由 Kartridg-Pak 公司销售的封装机一起使用。特别是 Kartridg-Pak 公司的 43 型和 50 型 Chub 包装机，可与上述类型的薄膜一起使用，这些机器由一滚筒连续供给薄膜，并使薄膜绕在型芯轴上，从而形成叠好的管子。用热空气或挤压式侧边封接机对此管子在重叠处进行连续侧边封接。然后，制得的管子通过喷嘴，于是油包水型乳胶炸药就装入管中了。装满药的管子用诸如金属夹子 4 那样的夹子夹住，并按预定的长度切断而成一个个香肠型的药卷（Chubs）。

在本发明的一个推荐实例中，一段防滑材料借助夹子能牢靠地连接到上述包装的各个封口上端。这种材料可由塑料层压材料的滚筒同时供给，因此，上述管子被制成而绕到包装机的型芯轴上时，防滑材料就沿着层压塑料管纵向安置好了。合适防滑材料的例子有表面有节的塑料薄膜（如聚氯乙烯）和塑料网织材料，如杜邦公司销售的商品名称为 VEXAR 的网织材料。透视图描绘了这种网织材料 5 的使用。因为用金属夹子 4 夹住了管的两端，此网织材料 5 将在每一端收拢，因而形成一根沿着乳胶炸药包的侧面从一个金属夹子 4 到另一个夹子纵向布置的连续网织物 5。以这种方式应用一根防滑材料是特别有用的，因为它把包装好的炸药一个个串在一起，便于将炸药装入钻孔。而且，标签可以贴到此材料上或可在上面印上标记。此外，在雷管以管理方式插入药包以后，雷管的脚线可以接到此材料上。

为了试验包装好的乳胶炸药产品在现场条件下的性能和评价上述类型薄膜的强度，对由不同类型薄膜材料制成的包装乳胶炸药产品进行了一系列试验。基本上进行了两种不同类型的试验。进行的第一种类型试验是 DOT（运输部门）作药箱掉落试验。试验中，用各种不同试验薄膜包装的乳胶炸药的 60 磅箱子受到 3、4 英寸的平落。要通过此试验，包装一定不能有任何破损，产品也不能有任何损失。在第二类试验中，通过将包装袋装入钻孔中以及使包装产品下落 50 英尺投入 10 英尺深的水中来测试现场条件下包装产品的性能，要通过此试验，包装好的乳胶炸药产品必须迅速穿过水，并且必须不破。最后，为了试验产品的储存性能，将装了炸药的样品药卷在监视下放置 90℉温度下储存，以便检验高温储存条件下薄膜的变质情况。这些试验的结果列于表 2。

表2　装有乳胶炸药的3英寸×16英寸薄膜包装袋的试验

薄　膜	侧封类型	运输部门4英尺下落试验	现场钻孔的装药试验	90℉下的储存试验
Alathon 3442 低密度聚乙烯 （10密耳）控制	—	通过试验	10个药卷 有6个失败	两个月内延长了6%
包装产品 6密耳 Valeron 1密耳尼龙 2密耳低密度聚乙烯	挤压	通过试验	12个药卷 全部通过	两个月内无变化
Apitex1082 2密耳低密度聚乙烯 12×12编织型聚乙烯 2密耳低密度聚乙烯	热空气	通过试验	12个药卷 全部通过	两个月内无变化
Ludlow公司的6密耳 Valeron耐油底衬涂料 2密耳低密度聚乙烯				
Bryce公司的 Scotchpak#229 6密耳 Valeron	挤压	通过试验	36个药卷中 35个通过试验①	两个月内无变化
6密耳 Valeron Scotchpak#229	挤压	通过试验	16个药卷 全部通过	两个月内无变化
包装产品 6密耳 Valeron 0.15密耳尿烷 2密耳低密度聚乙烯	挤压	通过试验	16个药卷 全部通过	两个月内无变化

① 密封破坏，薄膜完整无损。

可以看到，Alathon 3442，10密耳低密度聚乙烯控制药卷通过了运输部门4英尺高度的炸药箱下落试验，但在现场钻孔装药试验中证明了60%失败了。此外，因薄膜在90℉的储存试验中，储存2个月后显示了过多的裂解。可是，使用本发明透露的薄膜材料包装的爆炸混合物储存中没有裂解，除了一个药卷发生密封破坏以外，所有的药卷都成功地通过了现场钻孔装药试验和运输部门的炸药箱下落试验。

专利权限（略）。

美国专利 4,213,712
公布日期 1980. 7. 22

连续生产含有乳状液组分浆状炸药的方法和设备

（挪威戴诺工业公司）

Bent Aanonsen. Paul-Johny Odbevg Eirik Samuelsen

本发明的背景

本发明论及了连续生产主要组分为氧化剂盐的水溶液（盐溶液）和一种不溶于盐溶液的可燃液体这类炸药的方法和设备。

在浆状炸药的生产中，通常使用能产生氧的各种盐类和各种燃料。盐类，一般为硝酸铵和其他硝酸盐，全部或部分地呈现为一种增稠的、含水的、通常为可泵送的溶液，而燃料可以是固体的或液体的，也可以是溶于水的或不溶于水的。

就地制备这些浆状炸药现已变为一种很好的实用方法了，该方法是连续地将盐溶液和燃料混合，然后将制得的炸药直接泵送到钻孔中。当燃料为颗粒物料时，必须在混合器内进行混合，物料在混合器内受到机械搅拌作用。如果燃料是可泵送的，或者是均质液体或者是有粒状物质分散在里面的液体，则混合器可以是静态混合器。

使用静态混合器原则上有两个重要的固有优点。第一，这样混合的炸药不承受任何机械搅拌作用，在各种不正常的工作条件下，机械搅拌会使炸药产生不合要求、无法控制的、并且可能是危险的热。第二，生产设备从输送组分的泵到下到孔内的装药软管可以建成一个完全封闭的系统。用这种方法，可以省掉一个泵送混合炸药的泵，而且可以消除无法控制的发热的危险和由于存在异物所引起的危险。

不溶于盐溶液的液体的使用归入一专门类别。燃料油是这些液体中最典型的一种。虽然这些材料在封闭系统中原来就比粒状材料容易计量，但在静态混合器内，要使这种液体均匀分散在盐溶液中通常是不可能的。

在静态混合器中，液体的流动状态通常是层流状的，这无助于乳胶的形成，特别是对黏度相当高的盐溶液更是如此。在混合器中延长停留的时间和使混合器出入口之间产生压力降是改进一种液体在另一种液体中的形成乳胶的已知方法。但用这种技术来生产在此所讨论的这类炸药，则必然被认为是不合乎要求的或不恰当的。

迄今，甚至在使用液体燃料时，仍需要使用机械驱动的混拌装置。这意味着，混合含有粒状物质的炸药时所具有的上述缺点在混合含有液体燃料的炸药时也会存在的。

本发明的概述

本发明是利用存在于盐溶液中的动能和/或压力能来驱动混拌转子，再用此混拌转子来制备不溶性液体燃料处在盐溶液中的乳胶。

本发明还包括一个装置，在此装置中混拌转子在一外壳内自由旋转并装有叶片，转子是通过盐溶液流动作用在叶片上而旋转的。混拌转子和外壳的形状，使在不溶性的燃料组分与盐溶液混合形成乳胶的区域内产生足够的剪动力和湍流。在这一方法中混合炸药不需要在混合器内作任何不必要的停留，就能快而有效地制成，并且也与封闭系统中的装药软管相耦合。转子的连续旋转将取决于盐溶液的流动和混合炸药开式排放口的存在状态，如果这些条件中的任意一个或两个不再存在，转子将随着易爆炸药的进一步生产而停止旋转。应该认为这与安全有很大关系。

现参照所附的示意图，描述本发明的两个具体方案。

图的简述

图1为本发明一个方案的横断面图。

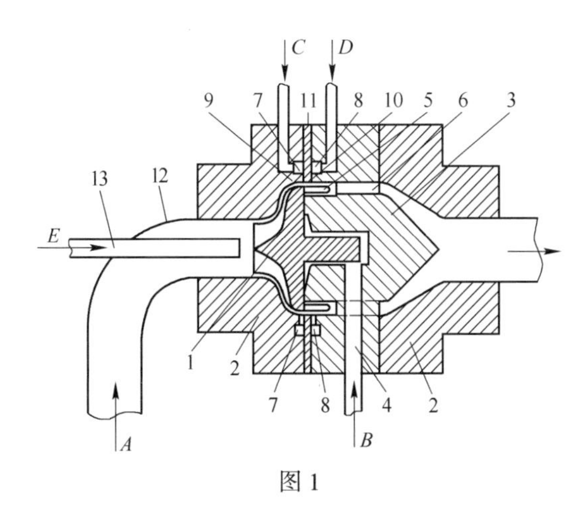

图1

图2a和b分别为图1所示方案的搅拌转子的侧视图和前视图。

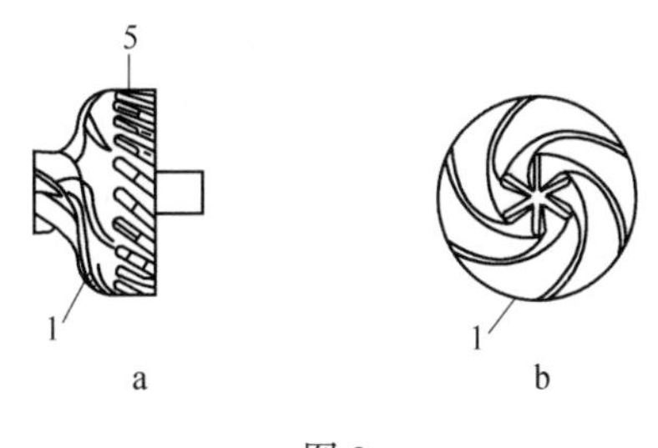

图2

图3为本发明第二方案的横断面图。

图4a和b分别为图3所示方案的搅拌转子的侧视图和前视图。

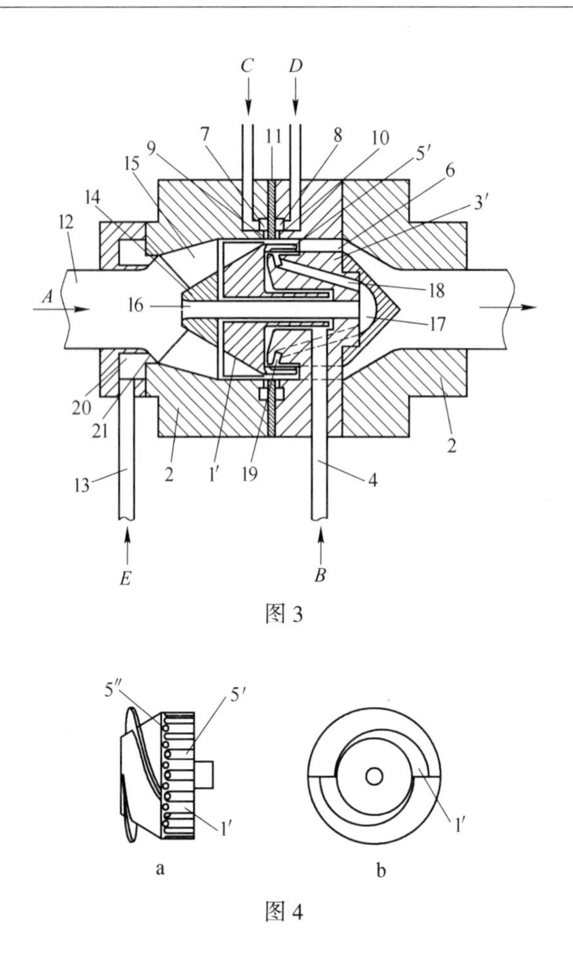

图 3

a　　b

图 4

本发明的详细说明

就其一般形式而言，本设备由一个形似涡轮机叶轮的搅拌转子 1（图 1）和一个形状与转子相配的外壳 2 所组成，在外壳 2 内可以安装转子，通过盐溶液流 A 使转子转动。而且，该设备应具有这样的形式，即它可以把不溶性燃料 B 带到一个或一个以上的区域中和盐溶液混合，在此区域中，盐溶液中的剪切力湍流足以使不溶性液体燃料在盐溶液中乳化。但是，该设备的结构决不限于图 1 中所示的那种。因而，不溶性液体燃料可以同样很好地通过包围转子的外壳 2 中的通路或通过支撑转子所必需的中心定子 3 引入。

搅拌转子的一种可能方案是其形状基本为径流涡轮机叶轮式，最大直径远大于盐溶液通过它流向转子前方的入口径，通过改变转子的叶片和外壳的形状，使转子排料处有效流域的横断面比入口处的横断面小得多，就可增加液体的流速。这既适合于转子起涡轮机叶轮的作用，也适合于乳胶的制备。图 1 表示的就是这样一种结构，图 2a 和 b 表示相应的转子。

图 3 和图 4a 及图 4b 表示带有叶片的转子的第二种形式。本方案的转子形状是轴流涡轮机叶轮式，当盐溶液被增稠因而黏度比较高时，最好采用这种型式。

业已发现，采用这些高黏度的盐溶液时，适于缩小盐溶液通过域的横断面，以便溶液的流速大大增加，而盐溶液是经这个通过域流入其穿过转子的通路。这样的横断面最好沿转子缩小至少 80%，这样，溶液的终速度就可以增加到转子入口处溶液速度的 5 倍。

对转子进行液体静力支撑也是可取的，即入口侧转子上的推力由另一侧的液体压力来平衡。这也可以通过下述方法来达到，即将转子布置在定子3内或定子3上的轴承内运转，而定子则位于外壳2的中央，同时按这种方式布置外壳2中不溶性液体燃料的供应通路：各种组分将流过转子的全部表面，而转子周围却没有盐溶液。用这种方法，保证转子在运转时，摩擦阻力非常小，并且只要不溶性液体燃料的计量装置在工作，此设备就能有效地作业。用图中所示的例子还有一个优点，盐溶液穿过转子流动所产生的压力降主要被从定子和转子间流出来的不溶性液体燃料吸收了。由于不溶性液体燃料层非常薄，所以速度非常快，并且比较容易获得所需的乳胶。

图3表示一个特别推荐的方案，此方案保证制成一种好的、完善的不溶性液体燃料的乳胶，转子在其轴承上的推力是用这种不溶性液体燃料来达到液力平衡的。此方案是引导部分盐溶液轴向通过环形通路16，环形通路是与定子3′相对固定，并与转子1同轴安装。通路16通到定子中的小室17，通过此通路流动的部分盐溶液进一步通过多通路18，向前通过定子到达环形的孔道19，流入其上有不溶性液体燃料流过的表面附近的液体混合区，用这种方法，不溶性液体燃料被迫逆着产生湍流的搅拌转子部分，因而不会在混合区出现不溶性液体燃料不经混合而沿着定子面从混合区流出的情况。

当转子是轴流涡轮机叶轮型时，特别是在本方案中，部分盐溶液经一通路被引至上述转子的下游侧时，截头圆锥形的分流器14可有利地布置在转子1的前面（即上游），如图3所示。分流器最大的直径大约应与转子的最小直径一样。用这种方法，可获得转子上盐溶液的合适入口，同样，这也是迫使部分盐溶液通过通路16、18到环形孔19的最佳可能压力条件。

对于黏度非常大的盐溶液，如图3所示那样布置，使盐溶液流流过分流器14和外壳2的内壁之间的许多固定导向叶片15也将是有利的。用这种方法，转子的转速将稍有增加，因而混合区的情况将更有助于乳胶的形成。

本发明的其他有利方案包括为简化和强化制备乳胶工艺所设计的其他细节。因而，一种明显的方案是提供这样的转子：在其两种液流相遇的那部分表面上，环绕四周有许多槽或销钉。这种形式示于图2a中，由该图可以看到，转子具有一顶多槽的顺流冠，而槽与旋转轴成一角度。

对于图3、图4a和b所示的方案，其中部分盐溶液是通过定子3′流到环形孔19的，被认为特别有利的是将搅拌转子的顺流部分加工成裙子样，上面有许多基本上与转子轴平行的内外交替的槽。在此裙子中形成相应数量的孔5″，以便交换裙子内外侧的液流。当此裙子在裙子内外侧都提供液体的情况下于外壳2与定子3′之间的空间内旋转时，沟槽在液流中将产生一很大的湍流，孔5″将允许不溶性液体燃料与通过涡轮叶片的主盐溶液流相接触，也和通过环形孔道19的少量盐溶液接触。

该区的湍流可以通过设置外壳内壁和带有沟槽的转子外侧面，而进一步增加。

最后一个有利的特点是使液体流在流过准备要形成乳胶的区域后流过相当大量的肋和分隔墙6。这些肋和隔墙起两个作用：一是支撑外壳2中的定子3，二是使剪切力和湍流增加到高于液流孔不受限制时应当存在的水平。

设备结构细节也是本发明的一个不可分割的部分，这些结构细节使此设备特别适用于生产除了盐溶液和不溶性液体燃料外还含其他组分的炸药。

众所周知。往炸药中加入较少量的溶液 C 往往是需要的或必需的，溶液 C 含有一种为盐溶液增稠剂所需的交联剂。这用来改善炸药的抗水性。在同样的实例或其他实例中，加较少量的含产气剂的溶液 D 也是需要的或必需的。这使炸药产生必要的敏感度。通常，这些药剂必须在炸药泵送到钻孔之前立即加入。

所以，最好使这种设备的结构制造得这样：除了达到由上述方案所达到的主要目的外，还可以用一种和两种添加剂溶液对炸药的主流起搅拌作用。

特别合适的是在外壳内形成一个或两个供应通路 7、8、经几个较小的孔 9、10 通入剪切力和湍流最大的区域或通到此区域的附近，一个特别推荐的方案是通过在转子直径最大处用垂直于其轴的平面将外壳分成两部分而形成大部分供应通路，并且在这样形成的一个或另一个平面上预先形成环形沟槽。通过在相同的表面上开小槽，就能很方便地形成通至湍流区的许多较小的孔。当需要两个通道时，可在外壳 2 的两部分之间安装一块环形的平隔板。采用本发明的这种方法可在炸药中特别简单迅速而有效地混入适当的添加剂。

最终，对于特殊情况，本发明有一推荐方案，除了不溶性液体燃料外，还可混入爆炸性燃料，而本发明最初是为使用不溶性溶体燃料而设计的。如果这些其他的组分是能溶于盐溶液的液体，则它们可在该设备转子上游的任何地方与盐溶液混合。但是，如果燃料是粒状物料，例如铝粉或其他可燃粉，业已发现以非常黏稠的分散体或膏体的形式添加这种燃料不仅是可能的也是恰当的。增稠的硝酸盐溶液可作分散介质用，而分散体或膏体必须制成可以在如螺旋给料器、泵等计量装置的帮助下以均匀流的形式流动。这种高黏度的分散体或膏体 E 可通过图 1 中的中央入口 13 轴向引向搅拌转子，而对于转子没有任何轴向通路的情况，盐溶液就通过一环形入口 12 进入。

如果转子有一轴向通路，如图 3 中所示的通路 16，最好让分散体首先通过环形孔口 20 进入（图 3），从这儿分散体通过一环形孔道或几个较小的孔道 21（图 3），均匀地分布在溶液的外表面上。用这种方法，可保证分散的颗粒不被带入转子中的轴向通路 16，因为这种粒状材料可使小室 17 或定子中的通路 18 发生堵塞。

如上面描述和附图所透露的那样，对本发明只作了一般性的描述，并对特殊目的用的一些可取形式作了说明。但是，本发明不限于图中所示的这些形式、其中搅拌转子 3，外壳 2 和用于支承转子轴承的方法均可有许多极其不同的形式。炸药中除盐溶液和不溶性液体燃料之外的其他组分的入口，除了图中所示的那些以外，也可有其他路线和形状，如果需要省略的话，也可省掉其中的一些或全部。

虽然本发明的主要目的是要在一可接装药管的封闭系统中生产炸药，但这并不是说本发明只能在要使用炸药和炸药被直接引入钻孔中的地方应用。事实上，本发明也适用于以药卷形状或其他可运输的容器形式生产炸药的地方。

美国专利　4,216,040
公布日期　1980.8.5

乳胶型爆炸混合物

(美国埃列克化学公司)

Walter B. Sudweekd

本专利是1978年3月3日提出的申请号为883077而现在是4,141,767号美国专利的接续部分。

本发明论及改进的爆炸混合物。更具体地说，本发明论及油包水乳胶型爆炸混合物，它有一个不连续的水相和一个连续的油相或不溶于水的液体连续相。这种混合物的组成是：(1) 无机氧化剂盐水溶液的分散液滴。(2) 不溶于水的液体有机燃料，它形成连续相，水溶液液滴分散在整个连续相中。(3) 乳化剂，它形成一种使氧化剂盐类溶液的液滴分散在整个连续体有机相中的乳胶。该混合物最好含有一种均匀分散的密度降低剂，如玻璃或塑料小球或微球，它们可以提高混合物在较高压力下的感度。本发明的乳化剂是阳离子型的，其亲脂部分有一个不饱和烃链。本发明的另一方面是这种乳化剂与特定燃料的协合作用。

含水爆炸混合物或浆状炸药一般有一个连续的水相，不溶性的液烃燃料液滴或固体组分则分布于该连续水相中，与此相反，本发明的混合物由于有油包水型乳胶存在，故被称作“逆相”混合物。

逆相浆状炸药或混合物在本技术范围内是为大家所熟知的。例如可查看美国专利4,110,134、3,447,978、R28,060、3,765,964、3,770,522、3,715,247、3,212,945、3,161,551、3,376,176、3,296,044、3,164,503和3,232,019。逆相浆状炸药有某些明显的优点超过普通浆状炸药。由于浆状炸药成本低、安全、有流动性（至少在配制时是如此）和抗水性，它们在工业上已越来越受欢迎。含水爆炸混合物一般含有使连续水相稠化的增稠剂，以提供抗水性并防止固体、分散的燃料和敏化剂等组分的分凝。为了防止分散的水溶性液体燃料液滴和敏化气泡（如存在的话）的聚结或移动，也需要增稠剂。增稠剂不仅昂贵，而且会随时间而变质，特别在恶劣的环境下更是如此，因此会使混合物失去稳定性，继而失去均匀性。均匀性对于混合物的感度和爆轰性是十分重要的。逆相浆状炸药的一个主要优点在于它们不需要增稠剂和交联剂。事实上，逆相浆状炸药尽管没有增稠剂，但抗水性却非常好。

逆相浆状炸药，尤其是本发明的浆状炸药的其他优点表现在：

1. 本发明的逆相混合物是相当敏感的，即它们在低温下于小直径药卷中能以高爆速起爆，而无需添加昂贵的粒状金属或其他高能敏化剂或危险的分子炸药型敏化剂。该混合物的敏感度至少部分地归因于氧化剂和燃料的均匀混合，这是由于分散得很好的氧化剂溶液小液滴的存在所引起的，而这些液滴总的表面积很大并都包有一薄层液烃燃料。本混合物可以制成雷管敏感的，在需要时也可制成非雷管敏感的。

2. 逆相混合物的敏感度与温度关系不大。这至少部分归因于这样的事实：即任何氧化剂减敏晶体的增长是由盐溶液液滴的大小所限制的，而这些氧化剂晶体可以在该混合物冷却的情况下结晶，再者，这种混合物冷却后能保持柔软性，而这是普通浆状炸药所不具备的一种性质。

3. 本混合物可以有效地利用价格比较低的液烃燃料。

4. 其他的优点是能抗压死、沟槽效应小、能抗低温的减敏作用以及高密度下容易起爆等。

业已发现，其亲脂部分具有不饱和烃链的阳离子乳化剂要比亲脂部分具有饱和烃链的阳离子乳化剂好。如在下面比较性例子中所表明的那样，使用不饱和阳离子乳化剂的混合物比用饱和阳离子乳化剂的混合物稳定，并且感度也高。

还发现，不饱和阳离子乳化剂与特定液体有机燃料的某些化合物对保证爆炸混合物的稳定性和感度特别有效。

本发明的概述

本发明的混合物是一种逆相的或油包水型的爆炸混合物，它含有一种作为连续相的不溶于水的液体有机燃料，一种作为不连续相的乳化了的无机氧化剂盐水溶液以及一种由亲水部分和亲脂部分组成的有机阳离子乳化剂，其中亲脂部分是一种不饱和的烃链。

本发明的详述

氧化剂盐或盐类是从铵和碱金属的硝酸盐和高氯酸盐以及铵和碱土金属的硝酸盐和高氯酸盐组成的族中选取的。氧化剂盐最好是单一硝酸铵（AN），或者是硝酸铵与硝酸钙（CN）或硝酸钠（SN）的混合物，但也可以用硝酸钾以及高氯酸钾。所用氧化剂盐的数量一般约为混合物总重量的45%~94%，最好约为60%~86%。

在配制本混合物时，最好所有的氧化剂盐全溶解成氧化剂盐的水溶液。不过在配制和冷却到室温后，有些氧化剂盐可以从溶液中析出。因为这种溶液以独立分散的小液滴存在于混合物中，所以任何析出的盐类的晶体大小在形体上将受到抑制。这是有利之点，因为它可以使氧化剂——燃料具有较大的亲和力，这是逆相浆状炸药的主要优点之一。事实上，本发明的不饱和乳化剂可以抑制任何明显的晶体增长，就这点而言，就远远优于饱和的乳化剂。除了从形体上抑制晶体大小外，本发明的脂肪酸胺乳化剂还起控制和限制晶体增长的晶形改性剂的作用。因此，混合物乳化性质和晶形改性剂的存在都对晶体的增长起抑制作用。

所用的水量约为混合物总重量的2%~30%，其中以5%~20%较可取，最好是8%~16%。水溶性的有机液体也可以部分地取代水质而作盐类的溶剂用。这样的液体对混合物来说也起燃料的作用，而且某些有机液体起凝固点降低剂的作用，同时可以降低溶液中氧化剂盐类的晶析点。这就可以提高炸药在低温下的感度和柔软性。可溶性液体燃料可以包括醇类如甲醇、甘醇类如乙二醇、酰胺类如甲酰胺以及类似的含氮液体。正如大家对本技术所熟知的那样，根据盐溶液结晶析出点和所要求的物理性质的不同，所用溶液的总量将是不同的。

形成本混合物连续相的不溶性液体有机燃料的用量约为 1%~10%，最好约为 3%~7%。所用的实际数量可以不同，这要视具体使用的不溶性燃料和辅助燃料（如果有的话）而定。当用燃料油或矿物油作为唯一的燃料时，其使用量最好约为 4%~6%（质量分数）。不溶性的有机燃料可以是脂肪族的、脂环族的和/或芳香族的，并且可以是饱和的和/或不饱和的，只要它们在配制温度下是液体就行。较好的燃料包括矿物油、蜡、石蜡油、苯、甲苯、二甲苯以及通常称作石油馏出物如汽油、煤油和柴油等液烃燃料的混合物。特别优先选用的液体燃料是矿物油和 2 号燃料油。也可用妥尔油、脂肪酸和衍生物、脂肪族和芳香族的硝基化合物。任何上述燃料的混合物均可使用。像下面所述的特定燃料与特定乳化剂相配合是特别有利的。

除不溶性的液体有机燃料外，还可按选定的数量使用固体的或其他的有机燃料，或者两者同时使用。可以使用的几种固体燃料的例子是细碎的铝粒；细碎的含碳材料如硬沥青或煤；细碎的谷类如小麦；以及硫。上面所列的可溶性液体燃料也起液体补充剂作用。这些固体和/或液体燃料一般可以按最高达 15%（重量分数）的数量添加。如果需要的话，不溶解的氧化剂盐可以与任何固体或液体燃料一起加到溶液中。

本发明的乳化剂是阳离子型的，既有亲水部分也有亲脂部分。亲脂部分是一种不饱和的烃链，这种乳化剂可以是一种脂肪酸胺或铵盐，其链长为 14~22 个碳原子，最好是 16~18 个碳原子。脂肪酸胺乳化剂最好是动物脂（16~18 个碳原子）的衍生物。脂肪酸胺除了起油包水乳化剂的作用外，也起溶液中氧化剂盐的晶形改性剂的作用。另一种乳化剂的例子是取代的恶唑啉，其分子式为：

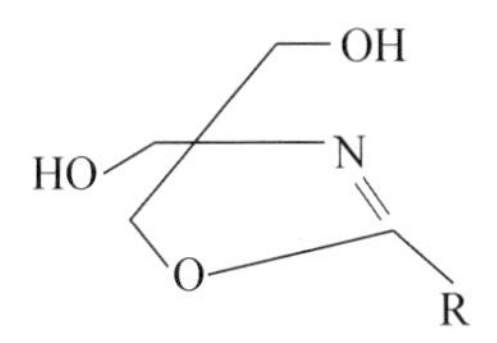

其中 R 代表由不饱和脂肪酸最好是由油酸衍生出来的不饱和烃链。乳化剂的用量约为 0. 2%~5%（重量分数），最好为 1%~3%左右。

当乳化剂与特定的液体有机燃料相结合时，产生一种协合作用。例如 2-(8-十七烷基)-4，4′-双（羟甲基)-2-恶唑啉与精炼矿物油相结合是一种非常有效的乳化剂和液体有机燃料体系。如下述例子表明的那样，这种混合物产生二号雷管敏感的爆炸混合物。这种爆炸混合物的临界直径等于 13 毫米，具有低温感度（在-40℃时是 4 号雷管敏感的），稳定储存期达几个月，并且只需要相当少量的乳化剂。这种乳化剂和这种燃料在不同类的混合物中效果就差。

本发明的混合物从其 1. 5 克/厘米^3 左右或更高的天然密度降低到大约 0. 9~1. 4 克/厘米^3。正如大家对本技术所熟知的那样，密度的降低会大大地提高感度，如果这样的密度降低是通过把微小气泡分散在整个混合物中来完成的话，效果更好。气泡的分散作用可以用几种方法来完成。在对不同配料进行机械搅拌时可将气泡带进混合物中。可以加一种密度降低剂，通过化学方法来降低密度。可以用少量（0. 01%~0. 2%或稍多一点）的产气剂和硝酸钠来降低密度，因为硝酸钠在混合物中发生化学分散而产生气泡。还可以用小的空心颗粒如玻璃小球，泡沫聚苯乙烯微珠和塑料微球作为密度降低剂。这是本发明优先选用的密度降低方法。在混合物会承受 20 磅/平方英寸或更高的压力的地方，使用空心颗粒特别有利。因为这样的颗粒在起爆之前是不可压缩，所以能使混合物保持较低的密度。而低密度是混合物在高压下保持适当的感度和爆轰特性所必需的。可以同时应用两种或两种以上的上述一般的产气方法。

如前所述，逆相浆状炸药超越于连续水相浆状炸药的主要优点之一是不需要添加增稠剂和交联剂来获得稳定性和抗水性。不过，如果需要的话，这样的药剂也是可以添加的。通过添加一种或一种以上该类增稠剂，但为基本工艺中的常用量，就可以使混合物的水溶液变得黏稠。这样的增稠剂包括甘露半乳聚糖胶（最好是胍胶）；如美国专利 3,890,171 中所述的降低了分子量的胍胶；聚丙烯酰胺和类似的合成增稠剂；面粉和淀粉。如美国专利 3,788,909 中所述的那种生物胶也可以使用。增稠剂除面粉和淀粉以外，其用量一般约为 0.05%~0.5%，而面粉和淀粉的用量可以大些，最高达 10%左右，在这种情况下，它们显然也起燃料的作用。使增稠剂交联的交联剂在本技术中也是众所周知的。这种交联剂一般由重铬酸盐或锑离子之类的金属离子组成，其添加量一般很少。如果需要的话，形成混合物连续相的这种液态有机物也可以用对有机溶液能起作用的增稠剂进行增稠。这样的增稠剂在本技术中是众所周知的。

本发明的混合物最好这样配制：首先把氧化剂盐溶解于水（或溶解于水和可溶性液体燃料的水溶液）中，溶解温度范围为 25~110℃，具体温度根据盐溶液的晶析点来定。然后，最好在和盐溶液一样的温度下把乳化剂和不溶性的液体有机燃料加到水溶液中。由此产生的混合物要进行充分搅拌使其倒相，且形成一种油（即连续液烃燃料）包水（溶液）型乳胶。一般来说，这基本上可在快速搅拌下瞬时完成（把水溶液加到有机溶液中也可以制备这种混合物），对于一种给定的混合物，倒相所需的搅拌工作量可以根据常规的实验来确定。搅拌应连续进行，直到组分均匀为止。然后添加如微球或固体燃料（如需要的话）之类的固体成分，并彻底搅拌所配制的混合物。下面几例对搅拌程度作了具体说明。

业已发现，在把有机燃料加到水溶液中之前，先把乳化剂溶解在有机液体燃料中是特别有利的。最好约在溶解温度下把燃料和预溶的乳化剂加到水溶液中。这种方法只要稍加搅拌就可以使乳胶很快形成。如果在加液体有机燃料的当时或之前把乳化剂加到水溶液中的话，就需要很大的搅拌工作量。

如果使混合物通过一个高剪切力的装置使分散相破碎成较小的均匀液滴的话，就可以改善此混合的感度和稳定性。这种通过胶体磨的辅助加工对流变学和性能有改善效果。表 1 表示了通过胶体磨进一步加工前后的爆轰结果。该胶体磨有一台 3450 转/分速度运转的 15 马力电动机，且有 0.25~6 毫米的可变径向间隙。在精细加工之后混入玻璃微球。

在对本发明的进一步说明中，表 2 中的例子 A、B 和 C 为本发明最好的混合物的配方和爆轰效果。这三个例子就是按上述工艺制备的，其中包括使用胶体磨。它们说明了前面说过的矿物油和取代的恶唑啉混合物的效力。例 D 与例 C 相同，只是例 D 中的乳化剂是饱和型的。爆轰效果表明，不饱和的乳化剂有很大的优越性。

表 3 中，例 A、B 和 L 是按上述工艺制备的，只是乳化剂不是预溶在有机溶液中的。而在例 C、D、E 和 F~K，乳化剂是预溶在有机溶液中的。这些例子说明，在非雷管敏感

的混合物中使用脂肪酸胺乳化剂。一般来说，这些混合物分批制备，每批10公斤（约10公斤），容器约为20公斤，用一个2~2.5英寸直径的搅拌桨进行混合并搅拌，搅拌桨由一台以压力为90~100磅/平方英寸的压气开动的2马力风马达驱动。然而，这些混合物中有些是用95公斤左右的开口锅制备的，用3~4英寸直径的搅拌桨进行搅拌，搅拌桨用与以上相同的风马达驱动。这些混合物不通过胶体磨。这些混合物进行起爆后获得了爆轰结果，起爆药包的直径如表中所示，起爆药为朋托尼特，重量为5~40克或40克以下。爆轰结果证明，这些混合物尽管无需昂贵的金属敏化剂或本身是炸药敏化剂，但在低温下于小直径中却具有很高的感度。

表4是使用有饱和亲脂部分之脂肪酸胺乳化剂的混合物和使用不饱和乳化剂的基本相同的混合物之间在5℃时爆轰结果的比较，虽然差别不显著，但使用饱和乳化剂的混合物A~D具有较大的临界直径，因此其感度比使用不饱和乳化剂的混合物E~G要小。所有这些混合物对8号雷管来说都是非雷管敏感的。

表4中混合物所使用的乳化剂对保证所需的黏度是最好的。当使用2%的饱和乳化剂时，乳胶炸药的黏度大致和使用3%的不饱和乳化剂时黏度一样。

比爆轰结果更有意义的是表4中的混合物在物理性质上的差别。当冷却时，饱和乳化剂混合物的氧化剂盐结晶量比不饱和乳化剂混合物的大得多。这样结晶作用趋向于使混合物降低感度和稳定性。在5℃或5℃以下时，饱和乳化剂混合物如果搅拌或揉搓的话将很快结晶而形成一种硬实体；不饱和乳化剂混合物则要搅拌相当长时间才出现结晶，在这种情况下，甚至晶体也不会粘合在一起。物理性质上的这些差别反映在表4中的储存效果上。储存效果表明，不饱和乳化剂的混合物稳定得多。

本发明的混合物可以包装成诸如圆柱香肠的形式，或者可以直接装入钻孔而后起爆。另外，它们可以从包装袋或容器中重新泵入或挤入炮孔中。根据水相和油相的比例，这些混合物可以用普通设备来挤压和/或泵送。然而，混合物的黏度可随时间而增加，这要视溶解了的氧化剂盐是否从溶液中析出和离析到什么程度而定。突出的优点是可以用泵将混合物从钻孔上部泵到含水的钻孔内；这些混合物既可以就地混制（如用一台可移动的混合和泵送车），立即泵灌，也可以分批混制，随后泵灌。使用普通浆状炸药时，一般通过软管将炸药泵入含水钻孔中，软管放在钻孔的底部（所带的喷嘴在水与浆的接触面以下），并且为了防止水浆混合，要随着钻孔被充填而逐渐抽出软管。由于本发明混合物的固有抗水性，它们可以从钻孔顶部装药而不必担心会有过多水和浆的混合。

混合物固有的防水性和低温小直径感度使这些混合物在经济上有利于广泛应用。

表1

混合物成分（按重量计的份数）		
硝铵		67.7
硝酸钠		13.5
水		11.4
乳化剂①		1.0
矿物油		4.4

续表 1

混合物成分（按重量计的份数）		
玻璃微球		2.1
密度/克·厘米$^{-3}$		1.24
精加工	精加工前	精加工后
5℃时的爆轰结果②		
13 毫米	拒爆	3.3
19 毫米	3.9	4.5
25 毫米		4.9
32 毫米	5.1	4.7
38 毫米	5.1	
最小起爆药包（雷管）（爆轰/拒爆）	#5/#4	#4/#3
-20℃时的爆轰结果，二周后		
32 毫米	拒爆	爆轰
最小起爆药包（雷管）（爆轰/拒爆）	—/#8	#5/#4

① 2-(8-十七烷基)-4，4′-双（羟甲基)-2-恶唑啉（IMC 化学集团的产品，商标为“Alkaterge-T”）。
② 小数为爆速（千米/秒）。

表 2

混合物成分（按重量计的份数）	A	B	C	D
硝酸铵	65.8	65.0	67.7	66.7
硝酸钠	13.2	13.0	13.5	13.2
水	11.1	11.0	11.5	11.3
乳化剂	2.5①	1①	1.0①	1.0②
矿物油	4.2	4.3	4.7	4.6
玻璃微球	3.0	4.0	1.5	3.1
产气剂③	0.2	—	—	—
密度/克·厘米$^{-3}$	1.05	1.04	1.25	1.05
爆轰结果④				
5℃，13 毫米	3.8	—	—	—
19 毫米	4.1	—	4.2	—
25 毫米	4.2	—	—	—
28 毫米	—	—	4.9	—

续表2

混合物成分（按重量计的份数）	A	B	C	D
32毫米	4.5	4.5	—	—
50毫米	—	—	—	拒爆
64毫米	—	—	—	拒爆
-20℃，13毫米	4.0	—	—	—
19毫米	4.0	—	—	—
25毫米	4.4	—	—	—
32毫米	4.3	—	—	—
-40℃，32毫米	4.2	—	—	—
最小起爆药包（雷管）（爆轰/拒爆）				
5℃				
-20℃				
-40℃				
临界直径/毫米				

① 同表1。

② 2-十七烷基-4，4′-双（羟甲基）-2-恶唑啉（TMC化学集团产品，商标为“Wax-TF-254-AA”）。

③ 甲苯磺酰替酰肼。

④ 小数是爆速（千米/秒），50毫米直径的药包用一个170克的朋托列特起爆药包时拒爆，64毫米直径的药包用一个370克的朋托列特起爆药包时拒爆。

表3

混合物成分（按重量计的份数）	A	B	C	D	E	F	G	H	I	J	K	L
硝酸铵	60.0	51.5	40.0	30.0	35.2	38.0	38.0	38.0	38.0	40.0	38.0	—
硝酸钙①	30.0	20.0	40.0	50.0	37.0	40.0	40.0	40.0	40.0	40.0	40.0	—
硝酸钠	—	—	—	—	—	—	—	—	—	—	—	5.0
高氯酸钠②	—	—	—	—	—	—	—	—	—	—	—	54.8
水	—	10.0	2.0	5.0	9.3	10.0	10.0	10.0	10.0	9.0	9.0	18.2
乳化剂	2.0④	2.0④	2.0④	1.5④	1.7④	3.0④	3.0④	3.0④	3.0④	5.9④	2.5④	1.0④
液体有机物	3.0⑤	2.5⑤	3.0④	2.5⑤	2.8⑤	2.0⑤	5.5⑥	5.5⑥	5.5⑦	4.0⑤	4.0⑤	3.0⑤
密度降低剂	1.5⑧	4.0⑨	4.0⑨	0.5⑧	4.0⑨	0.3⑩	4.0⑧	4.0⑨	4.0⑨	2.0⑧	2.0⑧	3.0⑨
液体补充剂	10⑪	—	—	10⑫	—	—	—	—	—	—	—	15.0⑬
其他燃料	—	—	10.0⑭	—	10.9⑮	2.5⑯	—	—	—	—	5.0⑰	
配制温度/℃	101	90	80	40	70	70	60	60	60	70	70	50
5℃时的密度/克·厘米$^{-3}$	1.21	1.26	12.8	1.41	1.27	1.10	1.29	1.26	1.26	1.19	1.22	1.30

续表 3

混合物成分 （按重量计的份数）	A	B	C	D	E	F	G	H	I	J	K	L
5℃时的爆轰结果③												
药包直径：76 毫米	—	—	—	—	—	—	—	—	—	—	—	—
63.5 毫米								D	4.6	D	D	—
51 毫米	—	—	5.0	4.9	—	—	4.2	4.6	4.6	5.0	4.7	—
38 毫米	5.1	4.4	4.6	F	3.8	5.0	F	F	F	4.5	4.5	D
25.4 毫米	—	F	4.3	—	F	—	—	—	—	F	4.2	F
19 毫米	—	—	F	—	—	—	—	—	—	—	F	—

① 肥料级，其构成为 81∶14∶5（硝酸钙∶水∶硝酸铵）。

② 高氯酸钠。

③ 小数是爆速（千米/秒）；F=拒爆，D=爆轰。

④ 烷基铵醋酸盐，其不饱和分子有 16~18 个碳原子的链长（Armak 公司的产品，牌号为“Armac T”），主要组分是不饱和的。

⑤ 2 号燃油。

⑥ 苯。

⑦ 二甲苯。

⑧ 塑料微球（道化学公司的产品，其牌号为“Saran”）。

⑨ 玻璃微球（3M 公司的产品，其牌号为“E22X”）。

⑩ 化学发泡剂。

⑪ 甲酰胺。

⑫ 甲醇。

⑬ 乙二醇。

⑭ 糖。

⑮ 粒铝。

⑯ 石蜡。

⑰ 硫。

表 4

混合物成分（按重量计的份数）	A	B	C	D	E	F	G
硝酸铵	38	38	38	38	37.8	37.5	38.2
硝酸钙①	40	40	40	40	39.8	39.4	40.2
水	10	10	10	10	9.9	9.8	10.1
乳化剂	2②	2②	2②	2②	3③	3③	3③
燃料油	6	6	6	6	5.5	5.5	5.5
微球	4	4	4	4	4	5	3
密度/克·厘米$^{-3}$	1.21	1.23	1.22	1.22	1.22	1.17	1.28
临界直径（爆轰/拒爆）/毫米	25/18	32/25	18/12	32/25	18/12	18/12	32/25

续表 4

混合物成分（按重量计的份数）	A	B	C	D	E	F	G
给定直径下的爆速							
18 毫米/(米·秒)$^{-1}$	—	—	—	—	—	4180	—
25 毫米/(米·秒)$^{-1}$	4100	—	4700	—	4300	—	—
28 毫米/(米·秒)$^{-1}$	—	—	—	—	—	—	—
32 毫米/(米·秒)$^{-1}$	—	4850	—	4790	—	—	4770
38 毫米/(米·秒)$^{-1}$	4900	—	—	—	—	4740	—
50 毫米/(米·秒)$^{-1}$	—	—	5040	—	—	—	—
储存效果（储存天数/爆轰结果）							
18 毫米	—	—	—	—	36/4300	—	—
25 毫米	—	—	—	—	—	—	—
32 毫米	—	—	—	—	—	—	—
38 毫米	—	—	63/4030	45/拒爆	—	300/4380	—
50 毫米	74/拒爆	56/拒爆	—	—	—	—	—
65 毫米	74/爆轰	—	—	—	—	—	—

① 肥料级。

② 和下面的③相同，但为饱和乳化剂（Armak 公司产品，商标为“Armac HT”）。

③ 和表 3 中的④相同。

专利权限（略）。

美国专利　4,231,821
公布日期　1980. 11. 4

用珍珠岩敏化的乳胶爆炸剂

（美国埃列克公司）

Walter B. Sudweeks，Larry D. Lawrence

用珍珠岩敏化的乳胶爆炸剂

本发明论及改进的爆炸混合物。更具体地说，本发明论及油包水乳胶爆炸混合物，它含有一个不连续的水相和一个由油或不溶于水的液体有机燃料构成的连续相。此混合物含有：（1）无机氧化剂盐类水溶液的分散液滴；（2）不溶于水的液体有机燃料，它形成连续相，水溶液液滴分散在整个连续相中；（3）乳化剂，它形成一种氧化剂盐类溶液液滴分散在整个液体有机燃料连续相中的乳胶；（4）细粒的珍珠岩。使用了细粒珍珠岩使混合物变为雷管敏感。此处所用的“雷管敏感”一词是指混合物在20℃时，在直径等于或小于32毫米的药卷中，可用一只8号雷管将它引爆。

含水爆炸混合物或浆状炸药一般有一个连续水相，不混溶的液烃燃料液滴或固体组分可以分散在整个连续水相中。与此相反，本发明的混合物有一个连续油相，水溶液的分散液滴分散在整个连续油相中。

油包水乳胶爆炸剂在本技术中已为大家所知，例如可见美国专利4,141,767；4,110,134；3,447,978；Re28,060；3,765,964；3,770,552；3,715,247；3,212,945；3,161,551；3,376,176；3,286,044；3,164,503和3,232,019。如在美国专利4,141,767所述的那样，这些爆炸剂有某些超过普通爆炸剂的明显优点。

为了获得油包水乳胶爆炸剂的雷管敏感性，已使用了各种方法。美国专利3,770,522建议，通过往普通油包水爆炸剂中添加爆炸性组分如三硝基甲苯和季戊四醇四硝酸酯就可获得雷管敏感性。但是，使用这些自爆性组分是比较昂贵的，并且要求小心的搬运。美国专利3,715,247和3,765,964透露，可使用非爆炸性组分使油包水爆炸剂成为雷管敏感。这两个专利透露，可分别添加爆炸敏化剂或催化剂如原子序号为13或更大一些的金属无机化合物和锶的化合物。但这些组分也比较昂贵。美国专利4,110,134透露，可往爆炸剂中添加玻璃微球或微泡使之成为雷管敏感。玻璃球和微泡同样也是比较昂贵的。

本发明是对以前那些混合物敏化技术的改进，在本发明的混合物中，雷管敏感性可用一种既不危险又不昂贵但仍能使油包水爆炸剂成为雷管敏感的组分来获得。这种不危险的价格比较低廉的组分是如下文所述的细粒珍珠岩。

在此之前，珍珠岩已在有连续水相的普通浆状爆炸剂中作为一种密度降低剂使用，有的专利，例如美国专利3,765,964的第三项，曾建议把珍珠岩用于油包水爆炸剂。如前所述，此专利不是使用于本发明中使用的具有临界粒度的珍珠岩，而是使用锶离子催爆剂来获得雷管敏感性的。以前所用的或建议用的珍珠岩，其平均粒度比本发明使用的珍珠岩粒度大得多，因此，不能像本发明的细粒珍珠岩那样使混合物变成雷管敏感的，除非添加极大的量，也许才能有足够量的细粒珍珠岩。敏感度的差以下面所举的例子加以说明。

本发明的概述

本发明的混合物是一种雷管敏感的油包水型的爆炸混合物，它含有作为连续相的不溶于水的液体有机燃料，作为不连续相的乳化了的含水无机氧化剂盐水溶液，乳化剂以及珍珠岩，珍珠岩的平均粒度约为100~150微米，最好为约100~120微米。

本发明的详细说明

氧化剂盐或盐类是从铵和碱金属的硝酸盐和高氯酸盐中选取的。所使用的氧化剂盐的量一般为混合物总重量的45%~94%左右，最好为60%~86%左右。氧化剂盐最好是单一硝酸铵（约为50%~80%，按重量计）或是它与硝酸钠（最高达30%左右，按重量计）的混合物。但是，也可用硝酸钾，高氯酸钾或较少量的硝酸钙。

在配制本混合物时，所有氧化剂盐最好都溶解于盐的水溶液中。但是，在制成并冷却到室温以后，那些氧化剂盐可能从溶液中析出。因为这种溶液是以独立分散的小液滴存在于混合物中的，所以任何析出的盐类的晶体大小均将自然受到限制。这是有利的，因为它可以使氧化剂燃料结合得更好。

所用的水量约为混合物总重量的2%~30%左右，其中以5%~20%较好，而最好是8%~16%。水溶性的有机液体能部分代替水作为盐类的溶剂，而这样的液体也可以作为该混合物的燃料。此外，某些有机液体还可起冰点抑制剂的作用。并降低溶液中氧化剂盐的结晶析出点。这可以提高炸药低温条件下的敏感度和柔软性。水溶性的液体燃料可包括醇类，如甲醇；甘醇类，如乙二醇；酰胺类，如甲酰胺和类似的含氮液体。正如大家所知道的那样，所用的液体总量将随盐溶液的结晶析出点和所要求的物理性质而变。

形成混合物连续相的不混溶的液体有机燃料的量约为1%~10%，最好为3%~7%。使用的实际数量可依所用的具体的不混溶燃料和辅助燃料（如果有的话）的种类而变。当燃料油或矿物油作为唯一的燃料使用时，其使用量最好为4%~6%（按重量计）。不混溶的有机燃料可以是脂肪族的、脂环族的和/或芳香族的，并且可以是饱和的和/或不饱和的，只要它们在配制温度下是液体就行。较好的燃料包括矿物油、蜡、石蜡油、苯、甲苯、二甲苯和一般称之为石油馏出物的液体碳氢化合物的混合物，如汽油、煤油和柴油等。特别优先选用的液体燃料是矿物油和2号燃料油。也可使用妥尔油、脂肪酸及其衍生物，以及脂肪族的和芳香族的硝基化合物。任何上述燃料的混合物均可使用。将如下所述的特定的乳化剂和特定的燃料混合是特别有利的。

除了不混溶的液体有机燃料外，还可以按选定的数量任意使用固体燃料、其他液体燃料或两者都使用。可用的固体燃料的实例是细碎的铝粒；细碎的含碳物料，如硬沥青或煤；细碎的植物谷类，如麦子和硫磺。上面列举了也起液体补充剂作用的可混溶的液体燃料。这些附加的固体和/或液体燃料一般可以按重量加到15%。如果想要的话，不溶解的氧化剂盐可以和任何固体燃料或液体燃料一起加到溶液中去。

本发明的乳化剂可以是平常所使用的那些，在上面提到的专利中列举了各种不同类型的乳化剂。乳化剂的用量约为0.2%~5%（按重量计）。最好为1%~3%左右。当特定的乳化剂和特定的液体有机燃料混合时，产生一种协同作用。例如，与精炼矿物油混合使用的2-(8-十七)-4，4-双（羟甲基）-2-恶唑啉是一种非常有效的乳化剂和液体有机燃料系。

本发明混合物主要是通过添加本发明的珍珠岩，使其密度从1.5克/厘米^{3}左右的天然密度开始下降的。珍珠岩应均匀地分散于整个混合物中。其他密度降低剂也可使用。当对各种组分进行机械搅拌时，可以把气泡代入混合物内。也可以添加一种密度降低剂以便用化学方法来降低其密度。可以使用少量（0.01%~0.02%或更多一些）的发泡剂如亚硝酸钠来降低密度，发泡剂是在混合物中进行化学分解时产生气泡的。可以添加空心小颗粒如玻璃球，泡沫聚苯乙烯微珠和塑料微球。可以同时使用两种或两种以上的上述普通起泡方法。

本发明的珍珠岩，其平均粒度约为100~150微米，最好为100~120微米左右。其中有90%左右的颗粒小于300微米为较好，最好小于200微米。珍珠岩的添加量为混合物总重量的1%~8%，最好为2%~4%。这种珍珠岩可从雷夫科（Grefco）公司买到，商品牌号为“GT-23 Microper Ⅰ”，“GT-43 Microper Ⅰ”和“Dicalite DPS20”。莱希布劳克（Lehi Block Co.）公司生产的名为“InsuLite”的产品也符合规定的粒度大小的要求。这些产品的物理性能如表1所示。

表1

性质		数值			
物理状态		CT-23 细粉状	GT-43 自由流动粉末	DPS-20	InsuLite
颜色		白	白	白	
堆积密度/磅·英尺$^{-3}$		4~6	4~6	4.5~7.5	
平均粒度/微米		110	110	125~150	
分析（美国标准筛）		质量分数/%	质量分数/%	质量分数/%	质量分数/%
	+50	<1	<1	—	—
-50	+70	9	9	—	—
-70	+100	22	22	—	—
-100	+140	27	27	—	—
-140	+200	11	11	—	—
-200	+325	22	22	—	—
-325		10	10	—	—
	+20	—	—	0	—
-20	+30	—	—	<1	—
-30	+50	—	—	9.5	—

续表1

性 质		数 值			
分析（美国标准筛）		质量分数/%	质量分数/%	质量分数/%	质量分数/%
-50	+100	—	—	34.5	—
-100	+200	—	—	30.0	—
-200	+325	—	—	11.5	—
粒度分析(泰勒型筛)					
	+14	—	—	—	<1
-14	+20	—	—	—	8.7
-20	+28	—	—	—	9.3
-28	+35	—	—	—	10.6
-35	+48	—	—	—	10.4
-48	+60	—	—	—	3.7
-60	+100	—	—	—	15.2
-100	+150	—	—	—	14.2
-150	+200	—	—	—	12.4
-200	+325	—	—	—	10.4
-325		—	—	—	4.7

油包水型爆炸剂相比于普通连续水相浆状炸药的主要优点之一是不需要添加增稠剂和交联剂来获得其稳定性和抗水性。但是，如果想要的话，上述药剂也可以添加。通过添加一种或一种以上的这类增稠剂，并按本技术中一般所使用的量添加，就可以使混合物的水溶液变成黏稠的。这些增稠剂包括：甘露半乳聚糖胶（最好是胍胶）；如在美国专利3,890,171中所描述的降低了分子量的胍胶；聚丙烯酰胺和类似的合成增稠剂；面粉和淀粉。还有像美国专利3,788,909中描述的那些生物胶也可使用。除了面粉和淀粉以外，增稠剂的一般用量约为0.05%~0.5%，而面粉和淀粉的使用量可多达10%左右，在这种情况下，他们也大量地起燃料的作用。使增稠剂交联的交联剂也为大家所熟知。这些交联剂通常以微量添加，它们常含有金属离子如重铬酸盐或锑的离子。如果需要的话。形成连续相的液态有机物也可以通过添加一种在有机液体中起作用的增稠剂来增稠。这些增稠剂是大家所熟知的。

本发明的混合物最好这样来配制：先在25~110℃的高温下（温度取决于盐溶液的结晶析出点），将氧化剂盐溶解于水中（或溶解于水和可混溶液体燃料的溶液中）。然后将乳化剂和不混溶的液体有机燃料加到水溶液中去，最好在与盐溶液同样高的温度下添加，并对此混合物进行强烈搅拌，使其反相，且生成连续液烃燃料相包围水溶液的乳胶。通常，这可以通过快速搅拌瞬时完成（此混合物也可以通过把水溶液加到液体有机物中的方法来制备）。搅拌应连续进行，直到组分均匀为止。然后添加珍珠岩和其他固体组分（如果有的话），并彻底搅拌此混合物。

业已发现，在将有机燃料加到水溶液中去以前，在液体有机燃料中预溶乳化剂是特别有利的。最好在溶解温度下将燃料和预溶的乳化剂加到水溶液中。这种方法只要稍许搅拌就可以使乳很快形成。

在添加珍珠岩以前，使混合物通过一高剪切系统以便使分散相破裂成更小的液滴，这可以提高混合物的敏感度和稳定性。使混合物通过胶体磨这一附加工序已证明可以改进流变学和性能。

为了对本发明作进一步的说明，表 2 列出了本发明所推荐的各种混合物的配方和爆炸结果。所有这些混合物在小直径的情况下都是雷管敏感的。

表 3 表示在中等药包直径的情况下使用不同量的细粒珍珠岩的效果。混合物 A 只含 0. 50%的珍珠岩，没有发生稳定的爆轰；但是，混合物 B 含有 0. 99%的珍珠岩，爆轰成功。

表 4 为含有各种不同类型珍珠岩的混合物的比较。混合物 A～F 含有本发明所要求的平均粒度细的珍珠岩，如表中所示，所有这些混合物都是雷管敏感的。混合物 G 所含的珍珠岩，其平均粒度较大，即使它们所含的珍珠岩和混合物 A～C 所含的一样多，也不是雷管敏感的。混合物 H 也含有和混合物 G 中所含的那种粗粒珍珠岩，但其量要大得多，为了提供与混合物 A～F 差不多相同的密度，这么大的量是需要的。因为混合物 H 被证明是雷管敏感的（虽然其爆速比混合物 A～F 的小），所以在一般粗粒混合物中有足够量的细粒珍珠岩使之具有这种敏感性。为此，可以看到混合物 H 中的珍珠岩只有在含量非常大时才使混合物具有雷管敏感性。

本发明的混合物可以包装成如圆柱状的香肠形式，或者直接装入钻孔随后起爆。此外，它们可以再从包装袋里或容器里泵入或挤入钻孔内。根据水相和油相的比例，这些混合物可以用普通设备来挤压和/或泵汲。但是，混合物的黏度可以随时间的增长而提高，这要视溶解了的氧化剂盐是否从溶液中析出和离析到什么程度而定。

本混合物固有的抗水性和低温小直径敏感性，使它们用途广泛并对大多数应用来说在经济上是有利的。

表 2

混合物成分（质量分数）/%	A	B	C	D	E	F
硝酸铵	66. 60	65. 26	63. 98	64. 55	66. 66	66. 60
硝酸钠	13. 32	13. 05	12. 80	12. 91	13. 33	13. 32
水	11. 27	11. 04	10. 83	10. 92	11. 29	11. 27
乳化剂①	1. 02	1. 00	0. 98	2. 48	1. 48	1. 02
矿物油	4. 71	4. 62	4. 53	4. 17	4. 26	4. 71
珍珠岩②	3. 07	5. 02	6. 89	—	2. 96	—
珍珠岩③	—	—	—	4. 97	—	—
珍珠岩④	—	—	—	—	—	6. 74
密度/克 · 厘米$^{-3}$	1. 20	1. 12	1. 01	1. 12	1. 14	1. 19
爆炸结果⑤						
5℃，38 毫米	#8/4. 5	#8/4. 7	#8/4. 5	—	—	—

续表2

混合物成分（质量分数）/%	A	B	C	D	E	F
32毫米	#8/4.4	—	—	#4/4.6	#8/4.5	#8/3.5
19毫米	#8/4.0	#8/3.9	#8/4.0	#6/3.9	#8/3.5	#8/3.3
12毫米	—	—	—	#6/3.4	#8/2.9	#8/3.0
20℃，38毫米	#8/4.7	#8/4.6	#8/4.3	—	—	—
19毫米	#8/4.1	#8/4.1	#8/4.1	—	—	#8/2.8
最少起爆药（雷管）（起爆/拒爆）						
5℃						
20℃						

① 2-(8-十七)-4，4-双（羟甲基)-2-恶唑啉。

② 格雷夫科公司的“GT-23 Microper Ⅰ”。

③ 格雷夫科公司的“GT-43 Microper Ⅰ”。

④ 莱希布劳克公司的“InsuLite”。

⑤ 第一个数为雷管号，小数为爆速，千米/秒。

表3

混合物成分（质量分数）/%	A	B	C	D	E
硝酸铵	68.96	68.61	67.94	66.63	65.38
硝酸钠	13.71	13.66	13.53	13.27	13.02
水	10.55	10.50	10.39	10.19	9.99
乳化剂①	1.00	0.99	0.98	0.96	0.94
矿物油	5.27	5.25	5.20	5.10	4.99
珍珠岩②	0.50	0.99	1.96	3.85	5.66
密度/克·厘米$^{-3}$	1.39	1.34	1.32	1.23	1.15
5℃时的爆炸结果					
124毫米	2.3④	4.0	5.3	5.3	4.9
100毫米	1.5④	4.7	5.1	5.1	5.1
75毫米	1.2④	3.3	5.1	D	4.9
64毫米	拒爆	2.1	4.7	—	—
32毫米	拒爆	拒爆	4.4	4.9	4.5
最少起爆药（雷管）（起爆/拒爆）	#6/#5⑤	#6/#5	#5/#4	#6/#5	#6/#5

① 2-(8-十七)-4，4-双（羟甲基)-2-恶唑啉。

② 格雷夫科公司的“Dicalite DPS-20”。

③ 小数为爆速，千米/秒。

④ 这些低的平均爆速表示不完成起爆。

⑤ 根据噪声水平和没有未反应的爆炸剂来看，最少起爆药起爆了，但从低的爆速来看，稳定的爆轰是有问题的。

表 4

混合物成分（质量分数）/%	A	B	C	D	E	F	G	H
硝酸铵	66.60	66.60	66.60	66.60	66.60	66.60	66.60	62.99
硝酸钠	13.32	13.32	13.32	13.32	13.32	13.32	13.32	12.60
水	11.27	11.27	11.27	11.27	11.27	11.27	11.27	10.66
乳化剂①	1.02	1.02	1.02	1.02	1.02	1.02	1.02	0.96
矿物油	4.71	4.71	4.71	4.71	4.71	4.71	4.71	4.45
珍珠岩②	3.07	—	—	4.0	—	—	—	—
珍珠岩③	—	3.07	—	—	4.0	—	—	—
珍珠岩④	—	—	3.07	—	—	4.0	—	—
珍珠岩⑤	—	—	—	—	—	—	3.07	8.33
密度/克·厘米$^{-3}$	1.26	1.27	1.33	1.22	1.19	1.19	1.33	1.21
爆炸结果⑥								
20℃，64 毫米	—	#4/4.9	—	#4/4.9	#5/5.1	#4/D	#8/F	—
50 毫米	#6/4.0	—	#5/3.8	—	#4/4.0	—	#8/F	#8/3.5
38 毫米	#8/4.5	—	#8/3.1	—	—	—	#8/F	—
32 毫米	#8/4.4	#8/3.7	#8/3.0	—	#8/3.3	#8/4.0	—	#8/3.0
25 毫米	#8/3.7	#8/F	#8/F	#8/4.0	#8/3.3	#8/4.0	—	#8/3.0
19 毫米	#8/2.8	—	—	#8/F	#8/3.3	#8/2.8	—	#8/3.0
5℃，64 毫米	—	—	#6/2.3	—	#4/4.9	#4/D	#8/F	—
50 毫米	—	#5/4.7	—	#4/5.1	—	—	#8/F	—
38 毫米	#8/4.7	#8/3.8	#8/3.0	—	—	—	#8/F	#8/3.2
32 毫米	#8/4.4	#8/F	#8/F	—	—	#8/3.5	#8/F	#8/2.5
25 毫米	—	—	—	#8/4.2	#8/4.1	#8/3.3	—	#8/2.5
19 毫米	#8/F	—	—	#8/4.0	#8/3.4	#8/3.0	—	#8/F
最少起爆药（雷管）（起爆/拒爆）								
20℃	#6/#5	#4/#3	#5/#4	#4/#3	#4/#3	#4/#3	F⑦	#5/#4
5℃	#8/#6	#5/#4	#6/#5	#4/#3	#4/#3	#4/#3	F⑧	#6/#5

① 与表 1 和表 2 中的①同。

② 格雷夫科公司的“GT-23 Microper Ⅰ”。

③ 格雷夫科公司的“Dicalite DPS-20”。

④ 莱希布劳克公司的“InsuLite”。

⑤ 帕克斯公司“Paxlite”。

⑥ 第一个数为雷管号，F=拒爆，D=起爆，小数为爆速，千米/秒。

⑦ 用 170 克朋托列特起爆药时拒爆。

⑧ 用 1 只 8 号雷管起爆时拒爆，而用 40 克朋托列特起爆药时则起爆。

粒度分析

泰勒型筛		质量分数/%
	+8	21.0
-8	+10	16.2
-10	+14	13.0
-14	+20	9.4
-20	+28	9.4
-28	+35	6.2
-35	+48	4.6
-48	+60	1.6
-60	+100	3.6
-100	+150	2.6
-150	+200	2.6
-200	+325	4.2
-325		8.0

美国专利　4,248,644
公布日期　1981. 2. 3

熔化乳胶爆炸混合物

（南非 AECI 有限公司）

Niget A. Healy

本发明论及一种爆炸混合物，更具体地说，本发明论及了一种适合于爆破的爆炸混合物。

根据本发明的一个方面，爆炸混合物是一种在燃料中包含硝酸铵熔化物的乳胶，此熔化物形成乳胶的非连续相，燃料形成乳胶的连续相，该混合物还包括一种乳化剂，此乳化剂使该混合物具有油脂稠度。此混合物基本上是无水的。

当燃料是液体时，乳胶是由熔化物在它熔化条件下分散在燃料中形成的，但是规定将“乳胶”解释为也包含一种在低于形成乳胶的温度并且在非连续相可能是固体或呈过冷液体的液滴形式的爆炸混合物。所谓油脂稠度是指爆炸混合物在常温条件下可以挤压，但是除了受到某种压力外在常温下不会自己流动。

熔化物除了硝酸铵以外至少可包含一种混合物，这种混合物与硝酸铵一起在加热釜中形成一种比硝酸铵熔点低的熔化物。这种混合物可以是一种无机盐，如硝酸锂、硝酸银、硝酸铅、硝酸钠、硝酸钙、硝酸钾或这些盐类的混合物。代替或者还有能够与硝酸铵混合在一起加热形成一种比硝酸铵熔点低的混合物可以是醇类，如甲醇、乙二醇、丙三醇、甘露糖醇、山梨糖醇、季戊四或它们的混合物。其他可代替或另外可用于同硝酸铵一起形成熔融物的混合物可以是碳水化合物，如糖、淀粉类、糊精类和脂肪族羟酸类以及它们的盐类如甲酸、甲酸铵、甲酸钠、醋酸钠和醋酸铵。更进一步能代替或另外可用于同硝酸铵在一起熔化的混合物包括氨酸、氯化醋酸、乙醇酸、丁二酸、酒石酸、己二酸和低脂肪酸类如甲酰胺，乙酰胺以及尿素，硝酸脲也可像使用某些含氮物质诸如硝基胍、硝酸胍、甲胺、硝酸甲胺和二硝酸乙二胺一样加以使用。这些物质中的每一种可以单独地与硝酸铵一起使用或者用它们的混合物形成硝酸铵的熔化物。那些选作同硝酸铵一起形成熔化的混合物有适宜的熔点并且所选择的燃料中基本上是不溶的。

一般来说，所选择同硝酸铵形成熔化的物质除了成本之外是按以下标准进行选择的，它们形成的熔化物应具有可接受的安全性和低熔点，例如在 80～130℃的温度范围内，虽然可以使用高于 130℃熔点的熔化物，但并不选用。

燃料最好是一种非水溶和非自爆的燃料，这种燃料选自碳氢化合物，卤化碳氢化合物以及它们的混合物。从方便这个角度来说，此燃料是从矿物油、燃料油、润滑油、液体石蜡、微晶蜡、石蜡、二甲苯、甲苯、二硝基甲苯以及它们的混合物中选择的。最好的混合物包含矿物油和石蜡的混合物形成一种使用方便并且便宜的燃料，燃料可以构成爆炸混合物重量的 2.5%～25%，最好为 3%～12%。

一般来说，适合于形成油包水型乳胶的乳化剂都适用于使本发明的爆炸混合物具有油脂的稠度。这样的乳化剂例如有山梨糖醇酐倍半油酸酯，山梨糖醇酐单油酸酯，山梨糖醇棕榈油酸酯，山梨糖醇酐单硬脂酸酯和山梨糖醇酐三硬脂酸酯。成酯脂肪酸单甘油酸酯和成酯脂肪酸双甘油酸酯和大豆卵磷脂和羊毛脂的衍生物一样适用。其他适用的乳化剂包括烷基苯磺酸酯，油酸磷酸酯，月桂胺醋酸，十甘油，十油酸酯和十甘油硬脂酸酯。也可以选用合适的乳化剂的混合物。

本专利申请人在实践中已发现该混合物的合适配方是熔化物构成混合物重量的 75%～95%，燃料为 5%～12%，乳化剂 1%～10%。

根据爆炸混合物所需要的感度，该混合物可含有敏化剂。敏化剂可以是自爆的，非自爆的或为两者的混合物，合适的自爆敏化剂例如有机高威力炸药，诸如三硝基甲苯或泰安（PETN），非自爆的敏化剂包括吸留的空气泡，就地生成的气泡，或空心颗粒，诸如空心硅酸盐玻璃球，尿素甲醛微球，苯酚甲醛微球，膨胀的珍珠岩，颗粒状的泡沫聚苯乙烯或它们的混合物。在就地形成气泡时，它们可从硝酸钠和硝酸的混合物中产生或者从碳酸钙同硝酸的混合物中产生，最好敏化剂不要超混合物总体积的 30%。

根据发明的另一方面，一种加上文所述的爆炸混合物的制备方法是：形成一个包含硝铵的熔化物，一个燃料和乳化剂的均质液体混合物加到燃料中并搅拌这个混合物以形成一在常温条件下具有油稠度的乳油。

在将熔化物加到燃料中之前可以通过加热硝酸铵和硝酸一起的一个混合物的预混物来制备此熔化物，此预混物在低于硝酸铵熔点的温度下形成熔融物，燃料和乳化剂的预混也进行加热，其加热温度要达到使这一混合物成为一种为形成乳胶体所需要的合适黏度的均匀液体。然后当希望将气泡或空心颗粒敏化剂分散到爆炸混合物中去时，熔化物最好慢慢地加到燃料中同时进行强力搅拌，这种搅拌是随着冷却而继续进行的，然后可将混合物装到蜡纸套或低密度聚苯乙烯的薄膜套中。

表 1 列举了本发明混合物的一些例子并列出了它们的爆轰直径和起爆该爆炸混合物所用的起爆药包。

表 1

合成物成分（份数按重量计）	混合物序号								
	1	2	3	4	5	6	7	8	9
润滑油	2.0	2.0	2.0	2.2	2.2	2.2	2.2	2.2	2.2
蜡	2.0	2.0	2.0	1.5	1.5	1.5	1.5	1.5	1.5
山梨糖醇酐倍半油酸酯	2.0	2.0	2.0	1.5	1.5	1.5	1.5	1.5	1.5
大豆磷酸酯	2.0	2.0	2.0	1.5	1.5	1.5	1.5	1.5	1.5
硝酸铵	64.5	69.7	61.0	64.9	59.7	68.4	67.8	67.8	67.8
硝酸钠	14.0	16.0	—	16.3	14.9	17.3	17.1	17.1	17.1
尿素	15.5	14.3	—	8.1	7.5	7.6	—	—	—
硝酸锂	—	—	20.0	—	—	—	—	—	—

续表 1

合成物成分（份数按重量计）	混合物序号								
	1	2	3	4	5	6	7	8	9
硝酸银	—	—	19.0	—	—	—	—	—	—
硝酸钙	6.0	—	—	—	—	—	—	—	—
硝酸钾	—	—	—	4.0	—	—	4.2	4.2	4.2
硝酸铅	HVI	—	—	—	11.2	—	—	—	—
甲酸铵	—	—	—	—	—	—	4.2	—	—
甲酸铵	—	—	—	—	—	—	—	4.2	—
甲酸铵	—	—	—	—	—	—	—	—	4.2
直径/毫米	50	50	32	32	32	32	32	32	32
密度/百万克·米$^{-3}$	1.5	1.2	1.42	1.20	1.20	1.20	1.20	1.20	1.20
起爆药包（克泰安）	30	30	30	0.72	0.36	0.72	0.72	0.72	0.72

以上的配方的实验表明根据本发明的具有油脂稠度并且不包含水的爆炸混合物具有高威力，能很好地与油包水型乳胶炸药相匹敌。

本发明的爆炸混合物进一步的优点是它具有油脂稠度，所以在往纸卷或塑料套的挤压期间易于输送，而且当与普通的硝酸铵燃料油的爆炸剂比较时，本发明的爆炸混合物密度增加和威力提高，并且能用于有水的地方诸如湿炮孔内。

当与浆状型（水胶型）爆炸剂或油包水型乳胶爆炸剂比较时，本发明的爆炸混合物有许多优点，尽管在湿的炮孔内可使用已知的浆状爆炸剂或乳胶爆炸剂，但它们却未形成浆状或乳胶。因而需要燃料诸如雾化铝或敏化剂如薄片铝以改善它们的性能，此外浆状型爆炸剂需要增稠剂如古尔胶，这些附加的燃料，敏化剂以及增稠剂增加了成本。

在比较中，本发明的一个重要的优点是提供了一个完全不用的混合物，因而消除了由于水的蒸发和导致生产性的水蒸气的产生所损失的能量，并且不需要雾化铝去获得令人满意的性能，并且可以用便宜的敏化剂来代替片状铝。

这里所论及的本发明混合物的各种组分，例如表中的组分是在它们无水或基本无水条件的组分，这是值得赞赏的。因此本发明建议应用这些无水形式的组分以获得一个无水产品混合物，当然在工业规模生产中，虽然尽各种努力来避免这种水，但在组分中仍会不时地出现小到可以忽略不计的水量。

这一发明重要优点是提供了一种方法和产品，此产品包含分散极好的硝酸铵安全分散在一个适宜的燃料中而没有在分散体中用水进行辅助从而使性能恶化的缺点。

关于盐类诸如含有结晶水的或者能吸湿和容易吸收湿气的硝酸锂或硝酸钙，只要产品生成时它们基本上是无水的，虽然在超过规定的储存期之后可能发生一些吸水，但最终产品连续相的油脂稠度会阻止水的吸收。因此含这种盐类的产品混合物应该在混成以后的适当的期间内应用，最好尽可能快地应用。

英国专利　2037269A
公布日期　1980.7.9

油包水型乳胶爆炸剂

（加拿大工业有限公司）

R. Binet，P. F. L. Seto

本发明叙述一种乳胶类型的爆炸剂，它以一种含水盐溶液作为分散相，以一种能液化的炭质燃料作连续相和以含有吸留气泡或加带气体的材料作另一分散相。本发明详细地描述了一种加带气体的高感度乳胶炸药，它尽管不含有本身是炸药的成分，却能在小直径药卷中起爆。

乳胶型炸药混合物，在炸药技术领域内是众所周知的。布鲁姆在美国专利3,447,978中曾透露过一种炸药混合物，它是由被溶解的氧化剂盐组成的含水分散相、由面料质燃料组成的连续相、吸留气体和油包水型乳化剂所构成。必要时也可以含有粒状的炭质燃料或金属燃料。布鲁姆所提出的炸药混合物在实际应用中是有限的，因为只有采用大直径药卷才能引爆，并且该混合物必须采用相当大的起爆药包才能起爆。卡特莫尔等人在美国专利3,674,578中叙述了一种油包水型乳胶炸药，它是由一种无机盐、氮硷盐如硝胺、水、一种作燃料的不溶于水的油、一种亲油乳化剂和加入其中的气泡所构成。卡特莫尔的这种混合物尽管在药包直径小于2英寸时可引爆，但需要采用一种氮碱盐例如二硝酸乙二胺，而这种东西本身就是可爆炸的材料。威德在美国专利3,715,247中叙述了一种小直径雷管敏感的乳胶型炸药，其组分是炭质燃料、水、无机盐、一种乳化剂、气泡和一种溶于水的经挑选的金属盐组成的催爆剂。威德又在美国专利3,765,964中叙述了一种对美国3,715,247的混合物作了改进的混合物。在改进后的混合物中加入了一种溶于水的含锶化合物，以使炸药更加敏感。

尽管以上提到的所有炸药混合物是值得称赞的，但他们并不是没有缺点的。例如布鲁姆的混合物只适用于大直径药卷，并需要用强力的起爆药包才能起爆。卡特莫尔等人和威德的混合物虽然可用于小直径药包，但需要使用昂贵的原料，由于配料中采用敏感的组分，因此运搬时需要采取格外的预防措施，因而导致了成本的增加。

现已发现，以上提到的所有缺点是可以克服的。本发明提供一种改进了的小直径油包水型乳胶炸药混合物，它甚至在不含任何敏感的炸药组分时也是雷管敏感的，在密度大于1.10克/厘米^{3}时用一个普通的雷管就能引爆。本发明的这种改进了的混合物包括：一种作分散的无机氧化剂盐的水溶液、一种作连续相的不溶解但能液化的炭质燃料、吸留气泡、一种油包水型乳化剂和一种由高氯化链烷烃组成的乳化促进剂。高氯化链烷烃，是指长链（典型的是C_{10}~C_{20}）链烷烃经过氯化作用所得到的一种产品，并且此产品中氯的含量按重量比不得低于 50%。这种材料可以从英国伦敦的帝国化学工业有限公司买到，其出售的登记商标为“CERECLOR”。

优先推荐在本发明改进的炸药混合物中所用的合适无机氧化剂盐是硝酸铵，可是一部分硝酸铵可用其他无机氧化剂盐如硝酸钠和硝酸钙来代替。

在混合物中适用的不溶于水而可乳化的燃料包括石油如 2 号燃料油、石蜡油、矿物油以及植物油。可液化的蜡如石蜡、微晶蜡和矿物蜡同样是合适的燃料。为了提供良好的稳定性和敏感度，特别推荐一种石蜡与中等黏度的石蜡油的混合物。

对本混合物适用的乳化剂包括由山梨糖醇通过酯化作用衍生出来的乳化剂，例如山梨糖醇酐单油酸酯和山梨糖醇酐倍半油酸酯，除此之外还可用成脂脂肪酸的甘油一酸酯和甘油二酸酯。以上这些乳化剂的混合物也可以使用。值得注意的是这些乳化剂根据它们来源的不同，其中所存在的杂质数量的不同而在性能上稍有不同。业已惊人地发现，在本发明的混合物中，一部分油包水型乳化剂可以用一种植物卵磷脂，恰当的技术等级的大豆卵磷脂代替。尽管植物卵磷脂本身对本发明的混合物是不适用的，但当它以最高达 50%的比例与山梨糖醇酐倍半油酸酯这样一种典型的油包水乳化剂相结合时，其作用与单独采用山梨糖醇酐倍半油酸酯时相同。这样，相当一部分昂贵的油包水乳化剂就可以被成本较低的植物卵磷脂所代替，而产品的质量不会受到影响。

较可取的炸药混合物包括按重量比占 55%~85%的氧化剂盐、按重量比占 2%~10%的液体或可液化的炭质燃料、按重量比占 0.5%~2.0%的油包水型乳化剂、按重量比占 10%~25%的水和按重量比占 0.1%~2%的一种高氯化链烷烃乳化促进剂。一种特别可取的炸药混合物是由按重量比占 75%~83%的氧化剂盐、按重量比占 10%~16%的水、按重量比占 3%~6%的可液化的燃料、按重量比占 0.7%~1.6%的乳化剂和按重量比占 0.2%~1.0%的乳化促进剂组成。

本发明的乳胶炸药混合物可以使用乳化工艺中常用的高剪切混合装置来制作。

在制备过程中，炭质燃料、乳化剂和乳化促进剂首先加到混合器搅拌槽中并加热到 60~85℃，直到全部液化为止。一种氧化剂盐溶液、水和任何缓冲剂是单独制备的，在温度达到 60~85℃时加入到搅拌器内的液体燃料之中。搅拌要继续到一种粘性的油包水乳胶形成为止。当混合物中所用的无机盐含有添加剂如抗结块的材料等时，氧化剂盐溶液在加入到已液化的燃料之前，最好过滤一下，以便去掉可能存在的任何不溶物，已经注意到这些不溶物对乳化作用和最终产品的稳定性有不利的影响。冷却时由于不断地搅拌，空气被打入到混合物中。如采用含气的微粒材料如玻璃微球，也可在乳胶形成之后在任何时刻加入。含气微粒材料加入的数量，将足以使炸药混合物的密度保持在 1.0~1.25 克/厘米^3。混合后产品可以包装成药卷或运往爆破地点直接泵送到有衬里的炮孔中。

因此，本发明提供的这种炸药混合物，无需依靠任何助爆药包或起爆药包就可在小直径药包中引爆。由于这种炸药混合物不含任何本身是炸药的组分或其他敏感剂，因此它可以既完全又低成本地大量制造，同时储存和运输不危险。本炸药混合物既适合在炸药加工厂制备并进行包装，也可以采用移动的混合设备在爆破地点制备。

以下的例子和表格，说明了本发明的效用。

例　1

制备两种油包水乳胶炸药混合物，它们是由水、无机氧化剂盐、能液化的炭质燃料和乳化剂制备的。两种混合物之一加入了少量的按重量比含氯 70%的高氯化链烷烃乳化促进剂。制作方法是将能液化的炭质燃料（蜡）、烃油、混合乳化剂和乳化促进剂一起加热到温度为 60~85℃，直到蜡配料成为液体为止。另一种无机盐水溶液和硼酸钠缓冲剂，在温度达 60~85℃时制备并混入到燃料乳化剂溶液中，采用高剪切的混合装置搅拌直到形成油包水乳胶。然后冷却到燃料溶液凝结温度时，空气可以被吸留住的程度时，再把空气打入乳胶中。

炸药混合物的配比及最终混合物的密度和敏感度如表 1 所示。所示的数量以重量百分比来表示。

表 1

成　分	1 号混合物	2 号混合物
硝酸铵	61.4	61.4
硝酸钠	17.0	17.0
硼酸钠	0.2	0.2
水	15.4	15.0
乳化剂		
山梨糖醇酐一个半油酸酯	0.69	0.69
成酯脂肪酸的一酸甘油酯①及二酸甘油酯	0.69	0.69
植物卵磷脂	0.02	0.02
CERECLOR（登记商标）70L	0.58	—
石蜡	1.85	2.5
TEXACO（登记商标）52 2 号矿物油	2.20	2.5
密度/克·毫升$^{-1}$	1.10	1.10
氧平衡	+2.2	-0.3
药卷直径/英寸	5/8	5/8
温度/℃	-1	5
最小起爆药量	含泰安 0.8 克的高威力雷管	2.5 克助爆药

① 可使用如 AtmoS 300 那样的氢化油。

从表 1 的结果可以看出，1 号混合物由于含有 CERECLOR，甚至在很低的温度下用一发高威力雷管就能可靠起爆，而 2 号混合物因不含 CERECLOR，则需用 2.5 克的助爆药才能使其达到爆轰。

例　2

用例 1 所描述的类似方法制作一组油包水乳胶炸药，只是加入到各种混合物中的氯化链烷烃的数量不同，然后测定各种混合物的感度，结果示于表 2 中。所示数量，以重量百分比表示。

表 2

成　分	3 号混合物	4 号混合物	5 号混合物	6 号混合物
硝酸铵	61. 7	61. 6	61. 5	61. 3
硝酸钠	16. 6	16. 6	16. 5	16. 5
硼酸钠	0. 5	0. 5	0. 5	0. 5
水	12. 6	12. 6	12. 6	12. 6
乳化剂（山梨糖醇酐单油酸酯）				
GLYCOMULO（商标）	1. 4	1. 4①	1. 4	1. 4
CERECLOR70L	—	0. 2	0. 5	1. 0
石蜡	2. 0	2. 0	2. 0	2. 0
石蜡油	2. 9	2. 8	2. 7	2. 5
玻璃微球	2. 3	2. 3	2. 3	2. 3
氧平衡	0	+0. 1	−0. 1	−0. 1
密度/克・毫升$^{-1}$	1. 17	1. 16	1. 12	1. 15
药卷直径/英寸	1. 0	1. 0	1. 0	1. 0
试验药卷爆炸时的温度/℃	7	7	7	7
最小起爆药量	2. 5 克高能助爆药	10 号雷汞氯酸盐雷管	6 号雷汞氯酸盐雷管	电雷管

① 包括重量比为 0. 2%的植物卵磷脂。

表 2 列举的结果表明，3 号混合物因不含 CERECLOR，所以需要相当大的助爆药才能起爆。而 4 号、5 号和 6 号混合物采用标准的雷管就能起爆。6 号混合物进一步说明，使用 CERECLOR 的数量按重量比大于 1%时对提高敏感度没有特别的好处。事实上，由于标准的电雷管的起爆力比雷汞/氯酸盐系列的雷管更强大，从而说明了这个系列的炸药（指 6 号混合物）敏感度是有微小的降低。可是曾发现当 CERECLOR 的数量按总组分的重量比增至 2%时是有效的。

例　3

用例 1 所描述的类似方法制作一组三种油包水乳胶炸药。含氯数量不同的氯化烷烃加入到各种混合物中，然后测定各种混合物的感度，结果示于表 3 中。所示数量以重量百分比表示。

表 3

成　分	7 号混合物	8 号混合物	9 号混合物
硝酸铵	61. 6	61. 5	61. 5
硝酸钠	16. 5	16. 4	16. 5
硼酸钠	0. 5	0. 5	0. 5

续表3

成　分	7号混合物	8号混合物	9号混合物
水	12.6	12.6	12.6
乳化剂（山梨糖醇酐单油酸酯）			
GLYCOMULO（商标）	1.4	1.4	1.4
CERECLOR54①	0.5		
CERECLOR65L②		0.5	
CERECLOR70L③			0.5
石蜡	2.0	2.0	2.0
玻璃微球	2.3	2.3	2.3
石蜡油	2.7	2.7	2.7
密度/克·毫升$^{-1}$	1.15	1.12	1.12
氧平衡	-0.3	-0.2	-0.1
药卷直径/英寸	1	1	1
温度/℃	7	7	7
最小起爆药量	电雷管	9号雷汞氯酸盐雷管	6号雷汞氯酸盐雷管

① 含氯54%；
② 含氯65%；
③ 含氯70%。

从表3中显示的结果可以看到，采用含氯高的氯化烷烃的混合物感度（9号混合物），比采用含氯低的氯化烷烃的混合物感度要稍高些。

例　4

为了说明植物卵磷脂代用乳化剂在本发明混合物中的效果，按例1中所描述的方法制作了三种混合物。对混合物的每个品种加入不同数量的卵磷脂/油包水乳化剂，并测定这三种混合物的敏感度。其结果记录在表4中，所示数量以重量百分比表示。

表4

成　分	10号混合物	11号混合物	12号混合物
硝酸铵	61.6	61.5	60.3
硝酸钠	16.5	16.5	16.6
硼酸钠	0.5	0.5	0.5
水	12.6	12.6	14.6
乳化剂（山梨糖醇酐单油酸酯）	1.2	1.0	0.6
植物卵磷脂	0.2	0.4	0.6
CERECLOR70L	0.6	0.6	0.5

续表 4

成　分	10 号混合物	11 号混合物	12 号混合物
石蜡	2. 0	2. 0	1. 5
石蜡油	2. 5	2. 6	2. 5
玻璃微球	2. 3	2. 3	2. 3
密度/克 · 毫升$^{-1}$	1. 16	1. 17	1. 12
氧平衡	+0. 4	+0. 1	+206
药卷直径/英寸	1	1	1
温度/℃	6	6	4
最小起爆药量	9 号雷汞氯酸盐雷管	9 号雷汞氯酸盐雷管	电雷管

从表 4 中可以看出，采用混合乳化剂，其中植物卵磷脂按重量比可占 50%以上，可以保证较好的乳化效果，混合物的敏感度和质量都没有受到影响。

英国专利　2055358A
公布日期　1981. 3. 4

乳化型爆炸混合物及其制备方法

(美国杜邦公司)

James Herman Owen

本发明论及了油包水乳胶型的含水爆炸混合物。该混合物含有一种无机氧化盐水溶液作为碳质燃料连续相内的分散相。并论及了这类混合物的一种改进制备方法。

因为乳胶型含水炸药提供了凝胶含水炸药或增稠含水炸药在性能和安全方面的优点，同时制备方法比较简单，组分成本比用凝胶剂来约束组分分离和提高抗水性能的凝胶型炸药低，所以乳胶型含水炸药在近几年中变得愈来愈受欢迎。

在 3,447,978 号美国专利中布鲁姆（Bluhm）叙述了油包水乳胶爆炸剂，其中碳质燃料含有蜡，并且有在 21℃ 的温度下可以在乳胶中保持住规定量吸留气的稠度。具体透露的乳化剂一般为非离子型的，例如山梨糖醇酐脂肪酸酯。这种爆炸剂据说在 21℃ 的温度下储存 28 天之后能被一个 8 公分×8 公分的代那买特起爆药包引爆。美国专利 3,715,247、3,765,964、4,110,134、4,138,287、4,149,917 描述了布鲁姆（Bluhm）以各种各样方式使之成为对雷管敏感的爆炸乳胶。

在美国 3,161,551、4,111,727、4,104,092 号的美国专利中分别描述了含有硝酸铵乳胶与固体硝酸铵，铵油炸药及凝胶炸药混合的混合物。

除了在 Bluhm 和有关的专利中描述的非离子型乳化剂外脂肪酸盐也可用于乳胶型炸药。例如在 3,770,522 号美国专利中汤密克（Tomic）描述了硬脂酸盐的使用最好与硬脂酸配合使用，以使缩短乳化时间，这个乳化系统在 4,008,108 号美国专利中描述过，克里斯普（chrisp）在 3,706,607 号美国专利中附带地提到油酸钠加油酸或者不加油酸。而卡特迈尔（Cattermole）等在 3,674,578 号美国专利中，详细说明了油酸钙、油酸镁以及油酸铝。

上述油包水型乳胶炸药在储存稳定性或储存寿命等方面需要改进，很明显，虽然混合物的合格爆炸性能等条件下暴露后必须仍能按所要求的方式保持它的性能。而乳胶炸药爆炸性能，例如爆速，爆炸猛度，起爆的难易主要与具体使用的氧化剂和燃料系统及其中的敏化材料，这些性能也大大受到该混合物的物理结构的影响。由于一种炸药的可靠性能需要使含氧化剂盐类的水相以合适大小的液滴在碳质燃料连续相内保持必要的分散。虽然在此技术领域中已经涉及了某些乳胶炸药的储存稳定性或储存寿命，但所透露的混合物只限于在 21℃ 或更低的温度下储存并且某些采用在经济上更具吸引力的非离子型乳化剂的乳胶炸药在储存以后还需要一些令人讨厌的重的起爆药包使它们爆轰。

乳胶炸药在储存期间的各个阶段在运输时或存放到使用的地方以后，很可能遇到21℃以上的温度条件。所以爆破工作需要乳胶炸药在暴露于21℃以上，至少高达32℃或者高到49℃以后其化学组成或物理结构不发生有害的变化，也就是保持其爆炸性能。虽然这种在较高的温度条件下也稳定的混合物毫无疑问地会广泛地受到欢迎，但是具体关于利用非离子型乳化剂的爆炸乳胶甚至在不高于21℃的条件下储存以后用一个比较小的起爆药包能起爆的这类乳胶仍然是有用的。

本发明提供了一种乳胶型炸药混合物，其组分为：

（1）碳质燃料，即一种油，这种油形成连续乳胶相。

（2）一种无机氧化盐水溶液，它形成一分散乳胶相分散在所说的连续相中。

（3）至少为所说混合物体积的5%左右的分散的气泡或空隙。

（4）铵或碱金属的脂肪酸盐，例如油酸盐。

（5）一种脂肪酸，例如油酸。

（6）数量超过例如最少为25%的铵或碱金属的氢氧化物，这些氢氧化物将由所说的脂肪酸盐在水中的水解而形成。

本发明也提供了一种制备上述乳胶爆炸混合物的方法，这种方法是在脂肪酸和铵或者碱金属氢氧化物中边搅拌边混合无机氧化盐水溶液和液相碳质燃料（油），无机氧化盐水溶液最好是硝酸铵单独地使用或者与硝酸钠联合使用，并在所形成的油包水型乳胶中导入分散的气泡或空隙。根据这个方法一个包括脂肪酸盐的乳化系统是在含水溶液和碳质燃料混合时或者它们正好在混合前或混合后由脂肪酸和氢氧化物的反应就地形成的。通过搅拌使水溶液作为非连续相被分散到作为连续相的碳质燃料中从而形成乳胶。用这种方法形成的乳胶，即在乳胶快要形成时把脂肪酸和氢氧化物加到该系统中去，在该系统中除了含有脂肪酸盐以外还含有脂肪酸和氢氧化物。不考虑本工艺中脂肪酸有关的氢氧化物使用量，所生成的乳胶还含有脂肪酸和氢氧化物。如果混合物中的脂肪酸盐要水解，就可能形成过多的氢氧化物。可以想象，在没有添加氢氧化物的系统中添加事先制成的脂肪酸盐所生成的乳胶，可能含有少量的氢氧化物。但其数量很少，只能是脂肪酸盐可被无机氧化盐水溶液水解所产生的那些。本发明的乳胶可以与这些产品区别开。因为除别的以外，本发明的乳胶的氢氧化物含量超过乳胶中脂肪酸盐在水中水解所产生的氢氧化物。

用本发明的方法所生产的乳胶型爆炸混合物具有极好的爆炸性能，包括在-12℃和21℃如果在加工过程中没有添加预制的脂肪酸盐，那么也可以在49℃的条件下储存了几天之后，用一个小的起爆药包时，具有压缩铅块的能力约为3.8厘米或3.8厘米以上。

要知道术语“炭质燃料”“无机氧化盐”“碱金属氢氧化物”“脂肪酸”和“碱金属脂肪酸盐”在用来定义本爆炸混合物时，最少表示这种特定材料中的一种，因此必须包括一种以上的炭质燃料，一种或一种以上的无机氧化盐，一种或一种以上的碱金属氢氧化物，一种或一种以上的脂肪酸，一种或一种以上的碱金属脂肪酸盐，此外还应知道碱金属氢氧化物和碱金属脂肪酸盐可以分别与氢氧化铵和脂肪酸铵一起存在或单独存在，术语“氢氧化铵”包括没有取代的氢氧化铵及其有机衍生物如四甲铵氢氧化物。

本发明的爆炸混合物在此称之为“乳胶型”或简称乳胶，这些术语在这里要用于这样的系统，在这些系统中在乳胶形成期间连续的燃料相是液态，这些系统可以是一种不混溶的液体（含水盐溶液）分散在另一种液体中（当燃料相是液体时），以及在常温条件下连续燃料相是固体的那些系统，第一种乳胶的例子是用油酸盐/油酸/氢氧化物乳化剂系统；第二种类型的例子是用硬脂酸盐/硬脂酸/氢氧化物乳化剂系统形成乳胶，两种系统在此都认为是乳胶。

本发明是基于这样一种发现：如果当一种由无机氧化盐的水溶液通过搅拌混合在一起时用脂肪酸和铵或者碱金属氢氧化物就地形成脂肪酸盐来代替将脂肪酸盐预先制成然后加以油相和水相中去的这样的方法来制备乳胶炸药，乳胶炸药的稳定性得到了明显的改善。正如前所述的那样，最终产品含有脂肪酸盐，脂肪酸和氢氧化物。尽管不想使这一发明受到理论概念的限制，但本发明的方法使脂肪酸盐（皂）可在油和水的界面上脂肪酸盐与游离的脂肪酸一起存在，从而在界面上酸/皂之间，即在油相中的脂肪酸和水相中的氢氧化物之间建立了稳定的平衡。

皂的就地形成对最终产品的爆炸性能有着有益的影响，甚至在此系统中可以有一些预先形成的皂，例如氢氧化物和无机氧化盐水溶液加到含皂和脂肪酸的油中。这一有益的影响体现在乳胶在-21℃和21℃的条件下储存三天以后产生一个大的压缩铅块的能力上，例如当用一个小的起爆药包，例如用3克的橡胶样的泰安和弹性材料粘结剂的挤压混合物起爆时，其压缩量大于3.8厘米。然而在基本上没有预先形成皂的情况下进行这一过程就好得多，乳胶炸药的稳定性显著改善，因为最终所生成的乳胶甚至在49℃的条件下储存三天以后仍有上述压缩铅块的能力。如果所用的溶液和混合物都是液体状态，那么混合水相和油相的具体方法及为使皂就地形成的激发材料也就是脂肪酸和氢氧化物并不是关键问题。为了就地形成乳化系统同时也为了在所说的已存在的乳化系统中形成油包水型乳胶，需要让脂肪酸和氢氧化物适当接触。这种方法的一个具体例子，如将两种预混物，即（1）液体碳质燃料（油）和脂肪酸的混合物和（2）一种铵或碱金属的氢氧化物和无机氧化盐水溶液的混合物进行混合并搅拌。在这种情况下，乳化系统在含水盐溶液和油混合时形成。另一个具体例子，氢氧化物和含水溶液分别加到油/酸的混合物中，最好先加氢氧化物。在这种情况下乳化系统正好在水溶液和油混合前（最好）或后形成。虽然并不需要也不很好如前所述的那样可以加一些预先制成的皂加到油中。油，液体，脂肪酸和氢氧化物可以有其他各种添加顺序和方向，但通常先混合油和脂肪酸然后再加氢氧化物和液体是比较有利的。在硝酸铵溶解在液体中的这种最好的情况下，在温度升高时作为溶液沸腾和损失铵的一种措施把这种液体导入油面以下是有利的。这高温是为使此液体保持液态所需的。

为了使液体保持液态需要加热到一定的温度，这温度取决于所加的具体盐类和它们的浓度，但对生产乳胶炸药通常使用的过饱和硝酸铵水溶液最少要加到43℃左右，最好在约为71~88℃的范围内。在某些例子中，例如，当脂肪酸是硬脂酸时，在乳胶的制备期间必须将混合后的油和脂肪酸加热到维持其液态。不管油和脂肪酸混合物的熔点可能有多低，但是脂肪酸要加热到同液体一样的温度，以便当它们混合时防止液体固化。

在本发明的方法中，混合的液体要进行搅拌，所用的具体搅拌速度和时间取决于所希望的内相液滴尺寸和黏度，就像所证明的那样，黏度较高快速和长时间的搅拌会使液滴的尺寸变小。这一方法导致高的内相浓度，例如乳胶体积的90%的液滴尺寸小到足以保证乳胶的稳定性，而不需要像用匀化器那么高的剪切速度。

乳胶的非连续相或分散相（内相）是一种含水液体或一种无机氧化盐的水溶液，例如铵碱金属或碱土金属的硝酸盐或高氯酸盐。具有代表性的盐类是硝酸铵、高氯酸铵、硝酸钠、高氯酸钠、硝酸钾和高氯酸钾。硝酸铵单独使用或者与例如高达50%（以无机氧化盐总重量为基准）的硝酸钠混合使用为最好。在本发明的乳胶体系中最好用一价的阳离子盐，因为多价阴离子有引起乳胶体不稳定的趋向，除非它们可以络合或螯合。

任何不溶于水的并且在形成乳胶的温度下是液体的碳质燃料都可以用来形成连续相。在至少为-23℃左右的低温时是液体的燃料为最好。

碳质燃料是一种油，即一种碳氢化物或在与无机氧化盐反应中起燃料作用的氢氧化物的代用品，适合的油类包括燃料油，重芳香族的环烷族的或石蜡族的润滑油、矿物油、脱蜡油等。油的黏度对本发明乳胶炸药的稳定没有决定性的影响。

本发明工艺中所用的以及在产品中所出现的脂肪酸是饱和的一、二或三或最少含12~22碳原子的不饱和的一元羧酸，这种酸的例子有油酸、亚油酸、亚麻酸、硬脂酸、异硬脂酸、棕榈酸、内豆蔻酸、月桂酸、巴西烯酸。除了商业级的脂肪酸外，还可以使用两种或两种以上这样的酸的混合物。根据使用价值来说，油酸和硬脂酸是最好的。低冻结点的油酸由于所形成乳胶的燃料相在常温时保持液体有时是有利的条件，所以特别适宜。

脂肪酸与氢氧化铵（如前面所定义的）或碱金属氢氧化物的就地反应，碱金属氢氧化物最好为氢氧化钠或氢氧化钾，以便形成铵或碱金属的脂肪酸盐，例如油酸铵或硬脂酸铵，油酸钠或硬脂酸钠，或油酸钾或硬脂酸钾。

本发明工艺中，乳化系统中的就地形成取决于控制相对于所用的脂肪酸的量所添加的氢氧化物的量，该乳化系统在乳胶中产生一个稳定的平衡。如在最好的情况中，在液体中出现铵离子（即硝酸铵是氧化盐或是其中的一种时）并且脂肪酸和氢氧化物在已经存在的铵离子中混合时，必使用更多的氢氧化物与规定的量的脂肪酸混合，在这种情况下所用的氢氧化物与酸的当量比将大于1，但不大于12，以1~7的当量比为最好。在这个例子中需要过量的氢氧化物是由于在这个能形成氢氧化铵的系统中的缓冲能力所引起。另一方面当在液体中由于缺少铵离子在系统中没有缓冲能力时，应当采用0.4~0.7左右的氢氧化物和酸的当量比。假如氢氧化物是在添加含有铵离子的液体以前加到油和脂肪酸的混合物中（在这种情况下，实际上会在无缓冲的系统中形成皂）应当用0.4~0.6的氢氧化物和酸的当量比。

在考虑形成乳化剂系统中有限的反应物是氢氧化物还是脂肪酸时，发现所成的乳胶中除了脂肪酸外还有游离的脂肪酸和氢氧化物。对乳胶进行分析表明，在含有铵离子的系统中，即缓冲系统中，当制备乳胶用的氢氧化物和脂肪酸的当量比为2∶1时，大约60%~70%的脂肪酸在制备过程中转换成皂，从含油乳胶的提出物中可发现有30%~40%没有转化的脂肪酸。将脂肪酸从乳化物中完全提出来能引起递降分解作用。使用前所述的用一个小的起爆药包起爆铅块压缩量最少为3.8厘米，作为乳胶稳定的标准，当加入的脂肪酸重量为形成乳胶所用配料总重量的0.4%~30%的范围内时可获得在-12℃，21℃和（或）49℃的温度条件下储存三天后仍然稳定的乳胶。使用在这范围内浓度较低的脂肪酸有利于低温稳定性，较高的浓度有利高温稳定性，脂肪酸的浓度为乳胶体总重量的1.0%~2.0%为最好，因为这会产生高温稳定性和低温稳定性。然而用高浓度脂肪酸制备高温稳定性和这样的乳胶中通过剪碎使之成为较小的液滴（含水相分散液滴的尺寸）而达到低温稳定性是可行的。

根据加入的脂肪酸量，最终的乳胶可含有皂和脂肪酸，每种数量都为乳胶总重量的

0.2%~2.85%。

由本工艺所产生的稳定平衡也与产品中存在的氢氧化物有关。乳胶中氢氧化物的量超过（通常最少为25%左右）乳胶中全部的皂在水中的水解得到的量。乳胶可以含有0.02%~5.0%重量的氢氧化物。

液体中盐的浓度和乳胶中水相的浓度取决于爆炸混合物所需要的氧平衡。无机氧化盐将构成爆炸混合物总重量的50%~95%，最好为70%~85%。在最终的混合物中应有足够的燃料以提供-30%~10%左右最好为-10%~5%的氧平衡。虽然碳质燃料可以构成乳胶总重量的1%~10%，但一般为2%~6%，最好为3%~5%乳胶可以含有5%~25%的水（按重量计），一般为6%~20%，最好为8%~16%。

本发明的乳胶炸药最少含有5%体积的分散气泡或空隙，这些气泡或空隙起敏化混合物的作用，因此它能始终可靠地起爆。气泡可以通过直接注入气体，例如可以注入空气或氮气使气加到此混合物中，或者靠机械搅拌混合物在其中搅打空气将气泡加入。也可以用一定细粒材料加入气体，诸如能携带气体的固体材料，例如苯酚甲醛微球，玻璃微球，飘珠，含硅玻璃；或靠化学混合物的分解作用就地产生气泡，也可用真空的密闭壳体。最好的气体或空隙的体积在5%~35%的范围以内。气体或间隙的体积通常不希望大于50%，否则可能引起炸药性能降低。气体或间隙最好不大于300微米。玻璃微球可以构成乳胶重量的0.3%~30%，但通常为0.5%~20.0%，最好为1.0%~10.0%。

其他可以加到乳胶中去的敏化剂包括水溶性的无机氧化酸的硝基盐，最好是硝酸一甲基胺。如在美国专利3,431,355号中所描述的（该专利所透露的内容以参考的形式引入本文）一些细粒猛炸药如梯恩梯（TNT），泰安（PETN），环三亚甲基三硝胺（RDX），环四亚甲基四硝胺（HMX）或它们的混合物如朋托尼特（pentolite）（泰安和梯恩梯的混合物）和混合物B（梯恩梯和三甲撑三硝基胺的混合物）；细粒的金属燃料如铝和铁以及这些金属的合金诸如铝镁合金、硅铁、磷铁合金以及前面提到的金属和合金的混合物也可以用。

现在借助于下面的例子对本专利发明做一解说性的描述。

例 1

将50%的氢氧化钠水溶液（3.2毫升）加到一加压容器内维持在77℃的300毫升硝酸盐水溶液中，以防止沸腾。这种液体是由70.8%的硝酸铵，15.6%的硝酸钠和13.6%的水（按重量计）组成的溶液。将含碱硝酸盐水溶液边搅拌边慢慢地加到77℃的8克商品油酸中。该油酸在16克的Gutf Endurance 9号油（一种具有291分子量和在38℃时的赛波特黏度为9.7×10^{-6}米^2/秒的碳氢化物的分馏物）中，水溶液引到油液面的下面，由叶片端部速度为119厘米/秒的混合器进行搅拌，油酸的冻点为5℃，并含有9%的饱和脂肪酸、18%的非油酸的不饱和脂肪酸和73%的油酸。

5~30秒以后，当添加含碱液体的余留物（200~250毫升）时，叶片的端部速度增加到203厘米/秒，120秒以后全部液体都输送完了时，叶片的端部速度增加到600厘米/秒，从而当混合物逐渐冷却到43~46℃时受到剪切（冷却时间为120~600秒），此时混合物的密度是1.4~1.3克/厘米^3，然后用一个木质的刮勺将47克颗粒密度为0.23克/厘米^{3}的玻璃微球和 14.1 克颗粒密度为 0.7 克/厘米^3 的飘珠（叫做“Extendos-pheres”）混合黏稠的混合物中。混合物的最终密度约为 1.30~1.33 克/厘米^3。

在制备刚刚描述的上述产品中：氢氧化物和酸的当量比为 2/1，所加的油酸量为形成该产品所用组分总重量的 1.7%，以产品的重量为基础，其中硝酸铵的重量为 63.8%，硝酸钠 14.0%，水 12.8%，油 3.3%，玻璃微球 1.0%，飘珠 2.9%和残余的油酸钠和油酸铵、油酸和氢氧化物。此产品是一种乳胶，即含水液体分散在油中，含水相的液滴尺寸（显微镜下确定的）在 0.5~2.0 微米范围内。

乳胶中的油酸皂（油酸钠和油酸铵）用下面的方法来形成。

将 Gulf Endurance 9 号油（3 毫升）加入到 4 克的乳胶中，同时加以搅拌，对独立的从乳胶中提取的油酸油层进行红外光谱分析，然后将 2 毫升的 0.3N 盐酸加到油中，搅拌这一混合物，对分离的油层进行红外分析，由此发现附加的油酸。仅在酸处理以后在油中发现的油酸是由油酸盐的离子（由乳胶中提取的），与盐酸反应得出的。

含 34%水的低感度相同乳胶通过除乳胶加 20 毫升的水，密封在试管中，并加热到 49℃直至离相而解胶，冷却以后，用 0.1N 盐酸滴定来确定分离含水层中氢氧化物的数量。根据这一分析发现乳胶中氢氧化物的数量大于假若制备乳胶所用的全部油酸都进行转化所产生最大量的油酸皂在水中水解所能单独获得的氢氧化物的计算量（因为所用的全部油酸没有全部转化成油酸盐，甚至实际上能用于水解的油酸的量比计算“水解可得的”氢氧化物所用油酸盐的量要少）。

乳胶的爆炸性能是将重 425 克的试样放在一个 10.2 厘米高的铅柱顶部的一块 1.27 厘米厚钢板上，用一个雷管引爆 3 克泰安炸药的起爆药包时用它的压缩铅柱的能力来确定的。在-12℃，22℃和 49℃的温度条件下储存 3 天以后乳胶给予铅柱的压缩量分别为 4.8、5.0 和 5.3 厘米。

直径为 12.7 厘米的 14 公斤的无约束药包（聚乙烯包的）用 0.45 公斤的起爆药包起爆时爆轰速度为 5800~6000 米/秒。乳胶在-18℃的温度储存 30 天，在-12℃的条件下储存 200 天以上，在 4℃储存 360 天以上，在 38℃储存 100 天以上和在 49°~60℃的温度下储存 40 天以上后爆速均未下降。

例　2

除了用硬脂酸代替脂肪酸和在剪切及加入微球飘珠时的温度为 65~70℃以外重复例 1 的步骤。硬脂酸产品按重量含有 95%的硬脂酸和 5%的棕榈酸，冻点为 69℃。所制备乳胶中的硝酸铵、硝酸钠、水、油、玻璃微球和飘珠的含量相同，液滴尺寸与例 1 中所述的乳胶相同。该乳胶含有硬脂酸铵和硬脂酸钠硬脂酸（代替例 1 乳胶中的油酸酯和油酸）和如例 1 中所描述的可测定的氢氧化物。

例 1 中所述的铅柱压缩试验，该乳胶在-12℃、22℃和 49℃的温度下储存 3 天以后，铅柱的压缩量为 5.1 厘米。

控制试验

按美国专利 3,770,422 号的例 5 中所规定的量将硬脂酸钠，硬脂酸和微球加到 2 号燃料油中，将油的混合物加到在同一专利中所述的71℃的硝酸钠硝酸铵的水溶液中，并且在一个 Wariug 掺合器中在66℃的温度下进行混合所制得的混合物在上述试验中经受了上面所规定的储存条件以后给予铅柱压缩量为0.3厘米。这些结果表明用完全预先形成的脂肪酸盐并在系统中没有附加的氢氧化物的条件下所制备的产品不能被3克的小起爆药包起爆以至在-12℃、22℃和49℃温度下储存3天以后得不出任何令人满意的铅柱压缩量。

当用油酸钠和油酸来代替在完全预先形成的皂系统中的硬脂酸钠和硬脂酸，得到了相似的结果。

例 3

除了将相同的氢氧化钠水溶液加到油中，继之将硝酸盐的水溶液（不含氢氧化物）加到含氢氧化物的油和油酸的溶液中以外重复例1中所述的步骤，乳胶产品在规定的三种温度条件下储存以后进行铅柱压缩试验所获得的铅柱压缩量为5.1厘米。

例 4

除下列几点以外重复例1中所述的步骤。

（1）用7.7克的油酸钠和0.8克的油酸代替8克的油酸；氢氧化钠溶液的用量为1.6毫升。

（2）用4.3克的油酸钠和4克的油酸代替8克的油酸，氢氧化物溶液的用量为1.6毫升。

（3）像（1）中一样，用相同的替换物来代替油酸，但是氢氧化物溶液的用量为0.8毫升。

乳胶（1）在12℃、22℃和49℃的条件下储存3天以后给予铅柱的压缩量分别为5.6厘米、5.3厘米和0.3厘米。乳胶（2）的相应压缩量为5.6厘米、5.6厘米和0.3厘米。乳胶（3）为5.1厘米、5.8厘米和0.3厘米。

例 5

当用冻点为5℃的亚油酸（6%的饱和脂肪酸，除了亚油酸以外，31%的不饱和脂肪酸和63%的亚油酸）代替例1所述工艺中的油酸，用这样所得的乳胶在规定的三种温度下储存以后所得的铅柱压缩量为5.1厘米。

例 6

用30~120秒的时间将不同数量的50%的氢氧化钠水溶液加到22℃的300毫升50%的硝酸钠水溶液中，所生成的溶液加到16克 Gulf Endurance 9号油中22℃的8克油酸溶液中，同时加以搅拌（搅拌叶片的端部速度为203厘米/秒）。加料结束以后，再对混合物进行2~5分钟的剪切搅拌（搅拌器叶片的端部速度约为203厘米/秒）。加料结束以后，再对混合物进行 2~5 分钟的剪切搅拌（搅拌器叶片的端部速度约为 600 厘米/秒），所形成的乳胶在 49℃的条件下储存并分别用肉眼观察来检验各样品的稳定性。

氢氧化钠溶液/毫升	氢氧化物/酸（当量比）	49℃时的稳定性储存的天数
0.4	0.27	5
0.6	0.40	11~12
0.8	0.54	16
1.0	0.67	19
1.1	0.74	0

这些结果表明，在这个非缓冲系统中（在这种情况下没铵离子出现）氢氧化物/酸的当量比至少为 0.4，但不大于 0.7。

例　7

除了氢氧化钠的用量不同之外，其他重复例 1 所述的步骤：

氢氧化钠溶液/毫升	氢氧化物/酸（当量比）	49℃温度储存的铅柱压缩量/厘米
（1）1.6	1.1	4.3
（2）12.0	8.1	4.1

西德专利　2937362
公布日期　1980. 4. 24

用于包装粘性、粘生、塑性或粗细粒粉状产品的管状容器

（瑞典硝基诺贝尔 AB 公司）

Lagerkvist Conny Borje，Nors

本容器专用于装炸药，它由管 1 组成，其两头是密封的。管子采用容许炸药在内膨胀的可塑性材料做成。这种可适当膨胀并不和装入物起反应的可塑性材料是聚氧尿脘基聚乙烯或聚酯，这类可塑性材料的分子可在管 1 内轴向或径向延伸。用材料和管 1 相同和端管 2 进行密封，端盖用超声波焊接法焊在管上，其四周有槽 11 和 12，密封效果较好。端盖还可带有内表面略呈锥形的部分，便于插入雷管（图 5 未示出）。

本发明涉及一种管状塑料容器，这种容器用于装填粘性、粘弹性、塑性或粗细粒粉状的产品。容器两端各有一个盖封住它，端盖固定在管的末端，起着朝向里面的法兰的作用。

这种管状容器可由聚氯乙烯制成。在斯堪的纳维亚国家，这种管已被广泛地用来装填达纳迈克斯 DYNAMEX 之类的炸药。其他粉状炸药也可以装入该管内，粉状炸药的销售商标为 NABIT 和 GURIT。这种管状容器运到东方国家后，在使用上遇到很多问题。在热带气候条件下，由于炸药成分的缘故，包围炸药的塑料套管受到影响，容器变软，以致失去应有的硬度而不能插入钻孔内。

由于炸药通常含有硝酸铵，而硝酸铵五个结晶转换温度中的一个是 32℃，存放在塑料管内的炸药在此温度下会引起无数结晶转换，造成炸药膨胀，端盖破裂的后果。炸药晶体转换约 20 次后，其体积会增加 6%~8%。端盖一旦破裂，里面的炸药就不能再用。因为端盖破裂，炸药便暴露在外，发生晶体转换时，它就可能吸入无限量的水分而丧失塑性，并且变硬成为固态。钻孔不一定都是直的，很可能还是偏斜的，因此炸药必须具有可塑性。

本发明的目的在于解决上述热带气候条件下所出现的问题。此处所介绍的两头封闭的管状容器，用于存放粘性、粘弹性、塑性或粗细粒粉状的产品。烯族塑料或具有烯烃类塑料同样性能的塑料的采用，使上述问题得到了解决。烯族塑料的分子在管状容器内排列成轴向或径向，径向排列的分子呈固相，即低于塑料的熔点。一个分子实际像一条正弦曲线，这种曲线可以多种方式和塑料管轴线排列在一起。如果分子是这样排列的话，则它们在受热时就会收缩。也可以认为具有这种分子排列的塑料管已失去了它的弹性记忆。

本发明的容器，其两头用的材料和管相同的端盖封住，端盖牢牢地固定在管端，使管子在充满装入物时是密封的。

选用的烯族塑料由聚丙烯组成，它具有不和炸药组分起反应的特性。由于塑料分子以上述方式径向地排列成固相，而不是压得很紧的，聚丙烯做成的管可纵向扩张，不会断裂。这种管子还能承受由于没有内应力的聚丙烯分子的弹性所产生的冲击应力。

聚丙烯还有渗水性极低的有益特性。

为聚丙烯管内包含有无张力的分子，装在管内的炸药就会膨胀，但管子不会受到破坏。

管端盖的材料和管本身的材料相同，它们的形状像配有管状部件的倒盖。两个盖子插在管子的两端，管状件又焊在管状容器的内表面，最好用超声焊接法焊接。端盖和管通过焊接完全连接在一起，这是由于按上述方式做成的管子没有弹塑性记忆，也就是说当塑料分子按上述方式排列时，管子已失去其受热时收缩的能力。

可以在每个端盖的管形件外部刻一个或几个槽子，使每个盖能焊在管状容器的相应端部上。如果每个端盖四周至少有两个槽子的话，则可得到绝对密封的效果。

每个端盖的中央有一个面向管子的突起物，并还配有断裂指示装置。雷管通过突起物固定位置。

本发明容器采用的塑料可为聚丙烯塑料。但在某些情况下可用由聚丙烯塑料和高密度聚乙烯（PEHD）组成的共聚物。这些单元结构间的比例应是高密度聚乙烯组分约占 10%～40%，最好是 15%。采用共聚物的目的是使最终生成物的玻璃温度至少能降低到-10℃以下，降到低于-50℃更好。

本发明容器的其他特性通过对以下附图的说明便可清楚地了解到：

图 1 为本发明容器的主要组成部分管 1，端盖未装。

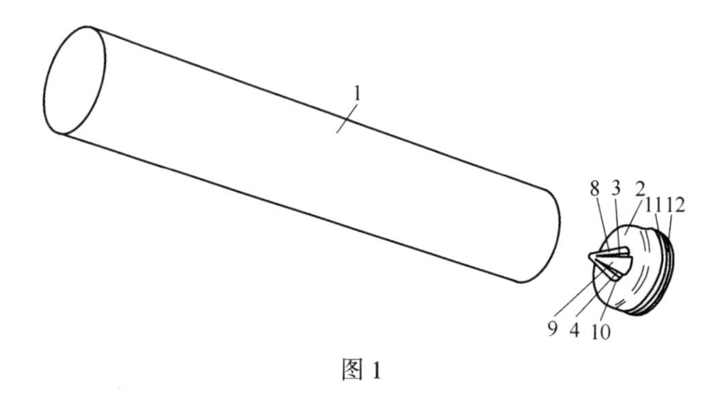

图 1

图 2 为图 1 所示之管 1，端盖已装好，炸药正被装入管内。

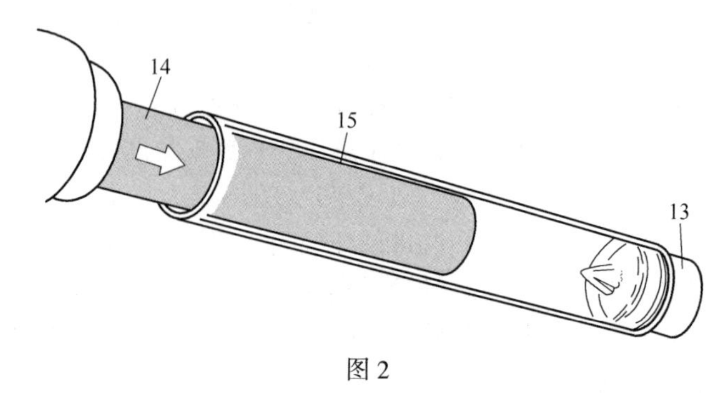

图 2

图3示出图2中的管已装满炸药，第二个端盖正待装到管上去。

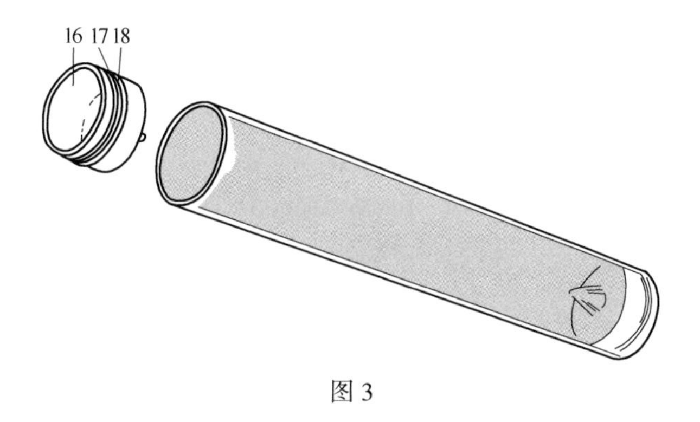

图3

图4示出图1中的管已装满炸药，并配有两个端盖。

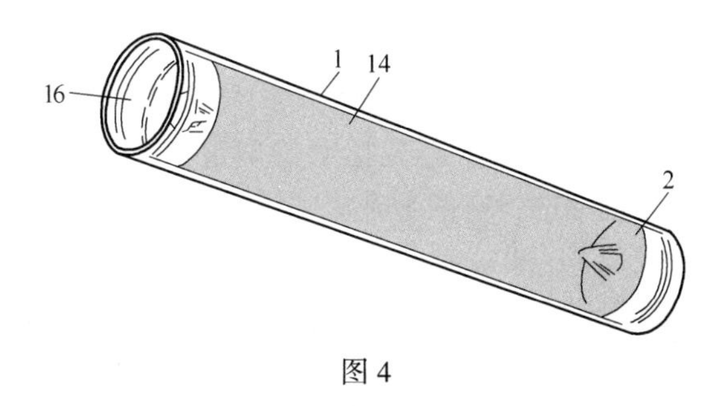

图4

图5为端盖示意图，插入的雷管用端盖固定。

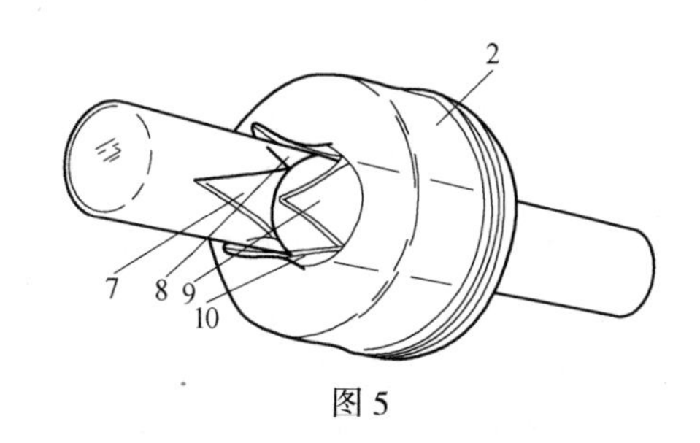

图5

图6为装满炸药的管已用端盖密封，膨胀的炸药已对端盖产生影响。

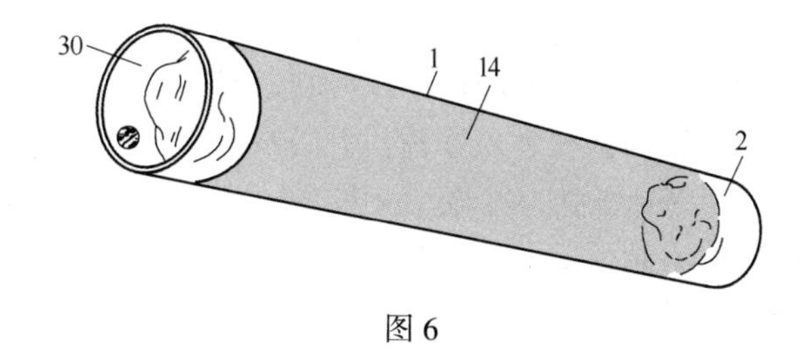

图6

图中1为用烯族塑料做成的管，此处系采用聚丙烯。具有和聚丙烯同样性能的任何一种其他塑料亦可采用。管1用挤压法制成，即管内的塑料分子是轴向和径向排列的，且没有内应力，也就是说管子可以延伸而不会破裂。由于分子没有张力并具有一定的弹性，管子因而可能承受相当大的冲击应力而不致断裂。

如此生产的管子在32℃和相对湿度为50%的条件下，具有以下物理特性：

抗应力/MPa	DIN53455	27
软化点/℃	DIN53455	约900
抗挠强度/MPa	DIN53452	32
扭曲刚度/MPa	DIN53447	300
弯缩模数（24小时，25℃）/g · m^{-2}	DIN50122	1000
水气渗透性（24小时，40℃）/g · m^{-2}		0.81
水气渗透性		3.30

层厚应为0.04mm，可以伸展。

管1还具有无论在什么情况下不受商标为DYNAMEX，GURIT和NABIT的炸药组分影响的特点。

图1的右侧示有端盖2，它呈管形，朝左收入。端盖有一个突起物，该突起物配有几个断裂指示器（3、4、5、6）。这四个断裂指示器确定7、8、9、10这四个簧片的位置(见图5)。端盖2也可称为端部件，有两个外周螺纹或槽11和12，它装入到管1的右端。端盖固定盖上以后，外周螺纹11和12就和管1的内表面紧密配合。心轴13装到已就位的端部件内，使端盖的管形部分的表面和管的表面相互接触。然后用超声波焊接法将端部件顺着外周螺纹11和12焊到管1上。端部件2和管1通过焊接连成一体。选用的焊接次数和焊距应适用所用的聚丙烯塑料。所有其他材料都会从焊接点脱开，这是选用聚丙烯的一大优点。

管1的直径可为11~63毫米，长度为400~1200毫米，厚度为0.35~0.55毫米。

端部件2焊于管1后，管1便可装入炸药（图中标以14)，在管子和炸药14之间留有管形间隙15，以便空气可由此间隙逸出。图3为装满炸药14的管子。接着便在管1上装第二个端盖16，此盖同样有两个外向螺纹或槽17和18。端盖16可以压入到管内，使其外缘和管1的左侧外缘相重合，见图4所示。当用超声波焊接法焊接端盖时，要先装心轴13后进行焊接，如图4所示。图4所示的炸药容器可以运到热带气候国家，容器不会破裂，炸药也不会失效。由于管1选用的材料适当，因此容器不受内装炸药的影响，且能保持得当，其挠性和弹性犹如炸药本身。由于热带气候24小时内温度变化大，要避免炸药内硝酸铵的晶体转换是不可能的，如前所述，这就导致了管内炸药某种程度的膨胀，因为管内分子在到达热带气候区之前是无应力的，管便能经受得住封闭在内的炸药体积上的膨胀。此外，由于密封容器不能吸入液体，炸药仍能保持其塑性。

本发明可使热带气候国家的钻孔装入炸药，方法是采用塑性炸药，这种炸药能适应钻孔内的不平度。雷管通常从装入的第一个端盖上的中央突起物上插进去。见图5。

一旦容器的延伸能力达不到预期的效果或有所不足，端盖总是可以变形的，它可以经受部分炸药体积上的膨胀，见图6。

应该明白，当将其他组分，即在运往热带气候国家途中会发生变化的炸药组分以及必须储存若干时间的组分装入管内时，也会出现和炸药有关的某些问题。管状容器在这种管理下必须具有不与炸药起反应的能力并能经受炸药体积上的变化。

上面已说明这种管子具有一个圆形的横断面，但很明显，它也可以呈本发明范围以外的任何一种横断面形状。例如，横断面可以是椭圆形的，圆形的，三角形的等。

本文提到应采用烯族塑料。具有同样功用的其他塑料如聚缩醛塑料和聚氧化甲烯的单聚体或共聚物均可使用。聚酯也可以用。它用注模法制得，其销售商标为 ULTRADUR 和 FORVENDO。另一种可用的塑料是聚甲基戊烯 TPX。

本发明可作如下的结论：

本发明指出了，在热带国家里因昼夜温差对液态的、半液态的、塑性的和粉末或颗粒状的产品用塑料管状容器包装的重要问题业已解决。在某种情况下这些产品膨胀，塑料管的端盖容易胀裂以至产品流出或漏出或因产品的组分而对塑管状容器的包装性质有损害。通过对烯族塑料制成的管状容器的选择和设计，此种塑料管状容器用烯族塑料制成的端盖进行密封，此外塑料分子在管中以轴向和径向排列，保持塑料密封不因产品膨胀而破裂。密封的产品则不受影响。

（注：本专利同英国专利 GB2031838A）

西德专利　2948463
公布日期　1980. 6. 26

油包水型乳胶炸药混合物

(美国阿特拉斯火药公司)

Brockington James Wallace

专利说明

本发明涉及只含单一氧化剂盐的油包水型乳胶爆炸剂，以及利用在刚性纸筒中的该爆炸物在深水中进行爆炸的方法，该混合物具有水下传爆的能力。

长期以来就需要一种可靠的廉价的可用于深水炮孔的硝基碳硝酸盐爆炸剂（NCN)。以前通常使用包装的高密度的由硝酸铵和燃料油组成的铵油炸药。在水下使用这种包装的铵油炸药常常效果不好。就是一种合适的浆状或乳胶产品遇到上述情况也是不合用的。油包水型乳胶爆炸剂的使用是布鲁姆（Bluhm）于3,447,978号美国专利中首次透露的。这种乳胶爆炸剂含有一种被乳化了的作为碳质燃料连续相的分散相的无机氧化剂盐溶液和一种均匀分散的气体组分。这种爆炸剂需要空气使其敏化，并且只能承受低的水压。这种已知的爆炸剂主要基于空气相的存在或添加微球以使其敏化。

利用玻璃微球获得的雷管敏感的油包水型乳胶炸药是由瓦德（Wade）于4,110,134号美国专利中介绍的。这一专利介绍的爆炸混合物有一个最大的爆炸密度，超过这个密度就不是雷管敏感的。同时最大爆炸密度是与所使用的水量、氧化剂种类和油的含量有关。这个专利没有阐述或公开说明非雷管敏感并能承受高水压的爆炸混合物。

托迈克（Tomic）在3,770,522号美国专利中透露了一种油包水型乳胶，它是一种由无机氧化剂盐溶液、一种不溶于水的碳质燃料和一种敏化的气候，它既可是吸留气泡也可是微球和一种作为乳化剂的硬脂酸盐形成的，这种硬脂酸盐选自铵和碱金属。

桑顿（Thornton）在3,442,727号美国专利中叙述了一种非雷管敏感的爆炸剂，它含有一种硝酸水相和若干氧化剂盐如硝酸铵和作为硝酸乳化剂的单或双磷酸酯或盐。此外，该混合物也可以包括吸留空气或供给气体的材料，例如使用的珍珠岩或空心玻璃微球。

卡特莫尔（Cattermole）在美国的Re28,060号专利中指出，可以把一定量的硝胺类化合物加到油包水型乳胶混合物中，以保证一旦起爆，爆轰可在直径为5.08厘米或7.62厘米的炮孔中传递。

瓦德（Wade）在美国3,715,247和3,765,964号专利中说明，油包水型乳胶炸药混合物可以制备成保留上述乳胶爆炸剂的优点，并且是雷管敏感的又无需添加爆炸组分。这种乳胶爆炸剂是通过添加一种爆炸敏化剂或催爆剂来获得的，例如加原子数等于或大于13

的无机金属化合物和锶化合物等。

因此，到目前为止还没有一种硝基碳酸盐乳胶爆炸剂它可在深水中有效爆轰，并且可在这种条件下于卡板纸容器中使爆轰由一端传到另一端。对于来自在运搬，甚至在极端不好的气候情况下发生撞击时不丧失敏感性。

本发明的任务在于提供了一种保持上述特性的硝基碳酸盐——乳胶爆炸剂。它应是价廉物美的、制备简单并且能承受深水压力。

这一任务是通过只含有一种氧化剂的油包水型乳胶爆炸剂而予以解决的，它可在水下爆炸。其组成如下：

（1）一个碳质燃料组成的连续相。

（2）一个非连续的水相，它仅含有硝酸铵这单一氧化剂，且水相与燃料的重量比例大约为 95∶5 至 93∶7。

（3）乳化剂约占混合物总重量 0.7%~2%。

（4）油约占混合物总重量 2.0%~4.0%。

（5）蜡与油的重量比不大于 1∶1。

（6）含有一种足量的封闭性空心材料，以使爆炸剂的密度约为 1.20~1.35 克/厘米^3。

本发明的硝基碳硝酸盐（NCN）爆炸剂本身制备简单，并且经受高的水压。

本发明的油包水型乳胶爆炸剂基本上由大约 75.5~77.50 的硝酸铵、14.0%~18.0%的水、0.7%~2.0%的乳化剂、约 0.95%~2.0%的蜡和 2.0%~4.0%的油（这百分含量均相对于混合物总重量而言）以及一种足够的封闭性空心材料所组成。其混合物密度控制为约 1.20~1.35 克/厘米^3。

一般地说，储存时乳胶的密度升高，且最终混合物的密度大于 1.20 克/厘米^3，但不超过 1.35 克/厘米^3。

可以添加一种辅助燃料到本发明的混合物中，例如每 88 份（重量）上述混合物中最多添加 12 份（重量）的粒状铝，通常每 96 份（重量）上述混合物中添加 4 份（重量）的辅助燃料。

在特殊推荐的实例中，蜡和油比例约为 1∶3。

本发明的爆炸混合物最好包装在刚性纸（卡板纸或硬纸）药卷或塑料薄膜袋中。该混合物有着意想不到的良好特性，例如可在深水中爆轰的能力，当爆炸剂包装在卡板纸容器中并具有良好的敏感性的情况下在深水中药卷间进行传爆的性能以及在运输时，甚至在极不利的气候情况下发生撞击时不丧失敏感性的性能。

本发明的混合物由构成非连续水相的一种硝酸铵水溶液和形成连续相碳质燃料（蜡油）以及乳化剂所组成。本发明的油包水型乳胶爆炸剂可在深水（约至 55 米）中爆轰，当爆炸剂包装在卡板容器里，甚至在极不利的气候条件下进行运输后可在水下传递爆轰。

本发明的爆炸混合物使用硝酸铵作为氧化剂盐，其含量约占混合物总重量的 75.5%~77.5%（质量分数），较好是 75.76%~77.45%（质量分数），而最好约为 76.85%（质量分数）。本发明的爆炸混合物不使用另外的氧化剂盐。使用硝酸铵作为单一的氧化剂盐结果导致不期望的敏感性。一般地说，像高氯酸钠、硝酸钠或者这些盐与硝酸铵的混合物之类的氧化剂盐比仅仅使用硝酸铵作为氧化剂具有较高的敏感性。只含有硝酸铵作为氧化剂的本发明的乳胶爆炸剂是很敏感的，当该爆炸剂用壁厚为 1.587~3.175 毫米的卡板纸圆柱形容器中，其敏感性以在水下传递爆轰。

水量约占混合物总量的 14%~18%，约为 14.20%~17.78%（质量分数）较好，最好是 15.74%（质量分数）。因此，该混合物可以使用 83%硝酸铵水溶液来形成。这种制备方法是简单的，因 83%硝酸铵溶液是一种容易获得的标准工业产品，因此导致最终产品成本低廉。

混合物中乳化剂的量约为占混合物总重量的 0.7%~2%（质量分数）。最好是 1%（质量分数）。乳化剂是油包水型的如山梨糖醇，通过酯化作用除去一克分子水所得的衍生物—山梨糖脂肪酸酯例如山梨糖醇酐单月桂酸酯、山梨糖醇酐单油酸酯、山梨糖醇酐单棕榈酸盐酯、山梨糖醇酐单硬脂酸酯以及山梨糖醇酐三硬脂酸酯。其他有用的材料包括成脂脂肪酸的单酸甘油酯和双酸甘油酯，以及聚氧乙烯山梨糖醇酯，如聚乙烯山梨糖醇蜂蜡衍生物和聚氧乙烯（4）月桂醚、聚氧乙烯（2）醚、聚氧乙烯（2）硬脂基醚、聚氧亚烃油酸酯、聚氧亚烃月桂酸酯，油酸磷酸酯、取代的恶唑啉和磷酸酯，以及混合物等。最好的乳化剂是由 Glyco 化学有限公司销售的山梨糖醇单月桂酸酯，其商标为“Glycomul”。

根据本发明混合物中需要有一个特定的蜡和油比例，以防止药卷间爆轰传递中断和提供性能稳定的产品。例如，当蜡和油的比例减小，且混合物在寒冷的气候条件下使用，就可能丧失敏感性。根据本发明，蜡和油的比例最好约在 1：1 至 1：4 之间。在所有的推荐实例中蜡和油之比为 1：3。大家熟知的配方，如在 4,110,134 号美国专利中阐述的配方，其蜡和油之比为 3：1。因此不能期待像本发明所公布的蜡和油的重量比那样，提高敏感度和减少由撞击引起丧失敏感度的趋势，这种撞击是在爆炸剂输送装运或使用时可能发生的。变动本发明的蜡和油的重量比例可能导致丧失敏感度和在水下传爆失灵。

一般地说，蜡的含量约占混合物总量的 0.95%~2.2%（质量分数），最好是 0.98%~2.11%（质量分数），在所有推荐实例中蜡约为 1.24%（质量分数）。本发明所适用的蜡：其熔点至少为 26.7℃，例如矿脂蜡、微晶蜡和粗石蜡；矿物蜡——如地蜡和褐煤蜡；动物蜡——如鲸蜡；虫蜡——如蜂蜡和白蜡。最可取的蜡是 Witco 化学公司销售的其商标为 WitcoX145-A 和 Aristo143 的蜡。一般来说，最可取的是后两种蜡的混合物。其他适用的蜡包括工业原料公司销售的其商标为 Indra 1153，Indra 5055-G，Indra 4350-E，Indra 2126-E 和 Indra 2119 的蜡，以及蒙比尔石油公司（Mobil Oil）销售的商标为 Mobil 150 的蜡。

本发明的油包水型爆炸剂含有约占混合物总量的 2.0%~4.0%（质量分数）的油，最好是 2.11%~3.92%（质量分数）。在推荐的实例中，含油量约占混合物总量的 3.68%。适用的油包括各种石油、植物油和各种品级的二硝基甲苯。最好的油是由 Witco 化学有限公司销售的其商标为“Kaydol”的白色矿物油；另一种可用于本发明的矿物油是大西洋精炼公司销售的其商标为“Atreal”的矿物油。

本发明的爆炸剂最好使用一种硝酸铵水溶液制成，硝酸铵的浓度约为 81%~84.5%（质量分数），最好是 83%（质量分数）。氧化剂与燃料（燃料=蜡、油和乳化剂的总质量）的质量比例约为 95：5~93：7，最好在 94：6。混合物中蜡与油的重量比不大于 1：1，通常约为 1：1~1：4，最好为 1：3。可是蜡与油的质量比也是可低至 1：10。

把足够的夹带气体的空心材料添加到本发明的乳胶爆炸剂中，以形成混合物制备时的密度约为 1.20~1.35 克/厘米^3。本发明爆炸剂的最佳制造密度为 1.23 克/厘米^3。因此当人们将它放入水中时，这种爆炸剂本身就下沉。粒度约为 10~175 微米的作为夹带气体玻璃微球是本发明可用的最好的空心微球，最好的微珠用PQ有限公司销售的商标为“Q-Cel-200”的微球。另外可适用的微球是3M公司销售的其粒度为10~160微米，并且标准尺寸为60~70微米和密度为0.1~0.4克/厘米^{3}的微球。

可以添加一种辅助燃料到由硝酸铵、水、油、蜡、乳化剂和夹带气体的空心材料组成的总混合物中。上述规定的重量是没有考虑辅助燃料的。混合物中包含辅助燃料的话，所称的重量百分比较小。例如，当辅助燃料占最终产品的3%，推荐的硝酸铵重量为76.85%，在没有考虑辅助燃料时，那么添加辅助燃料以后硝酸铵占混合物总量的百分数即要均为76.85%×(100-0.03)=74.54%。同理，其他组分的重量百分数也将由于添加燃料而以类似的系数减小。此时，最终混合物为总混合物加辅助燃料或每88份总混合物中有12份辅助燃料，最好的辅助燃料是粒状铝，尽管其他材料，如铝合金、镁等也是可用的。

本发明的硝基碳硝酸盐（NCN）乳胶爆炸剂可以这样来制备，即将蜡、油和乳化剂的混合物与市售的83%硝酸铵水溶液进行掺合。通常硝酸铵水溶液加热到硝酸铵完全溶解（约在48.9~96℃），并把碳质燃料预混物也加热至液态。然后添加微气球直至借助碳质燃料混合物与硝酸铵溶液所形成的混合物的密度下降至所要求的密度范围内。

制备好的乳胶装入一定形状的容器内使用。例如乳胶爆炸剂可以包装在塑料薄膜袋中，或者包装在卡板纸或纸叠制的药卷中，该药卷是壁厚约为1.587~3.85毫米的容器。药卷直径至少为3.81厘米。使用卡板纸容器可简化炮孔装药，例如卡板纸容器的刚性允许其外形变形，且炸药外形易与炮孔形状相一致。乳胶炸药也可以使用其他类似的卡板纸外壳来包装，还可以包装在如聚乙烯塑料薄膜容器中。

本发明的NCN/W/O乳胶爆炸剂可以在高压水头下（水深为55米以上）爆轰，并且在卡板纸容器中使爆轰从一端传爆到另一端。本发明的乳胶经受撞击时仍保持这种敏感性，这种撞击是在运输，甚至遇到极端不利的气候条件作业时发生的。

本发明的乳胶可以包装在塑料薄膜或刚性纸或卡板纸筒里，它们是价格便宜的，并且配方简单制作容易。

例　1

按照以下所列的配方Ⅰ和Ⅱ制备乳胶爆炸剂。

配　料	配方Ⅰ	配方Ⅱ
硝酸铵	76.85	76.85
水	15.74	15.74
Aristo143蜡	1.84	0.62
WitcoX145-A蜡	1.84	0.62
Kaydal油	1.24	3.68
Glycomul O①	0.99	0.99
玻璃微气泡Q-Cel-200	1.50	1.50

① 系Glyco化学制品有限公司销售的乳化剂。

在配方Ⅱ中涉及本发明的混合物组分。除配方Ⅰ中蜡和油之重量比为3∶1外，配方

Ⅰ与Ⅱ是相似的，但它不在本发明范围之内。配方Ⅱ含有推荐的蜡与油的重量比为1∶3。两种混合物都分别包装在直径为7.62厘米、长为40.64厘米的卡板纸药卷中。药卷间的传爆试验按如下两种情况进行，即包装好的混合物不但在正常作业情况下，而且也在严寒的气候下进行模拟运输试验。在这些实验中第一个药卷被引爆，第二个药卷的爆速经测定有如下试验结果：

试验结果

试验号	混合物	在严寒天气下试验经受撞击的考验	起爆药柱[1]	爆速/米·秒$^{-1}$
1	配方Ⅰ	没有	1起爆药柱	5907
2	配方Ⅰ	有	1起爆药柱	0（拒爆）
3	配方Ⅱ	没有	1起爆药柱	5752
4	配方Ⅱ	有	1起爆药柱	5444
5	配方Ⅱ	有（与试验4相同）	1起爆药柱	5645

① 起爆药柱装药均等于15~20克的太安（PETN）。

上述实验结果表明，含有按照本发明所推荐的蜡与油之比和组分的配方Ⅱ有着极好的药卷间的传爆性能。配方Ⅰ没有按照本发明所推荐的蜡和油之比“当在寒冷的气候条件下经受粗糙运输处理的模拟试验时，起爆时便会丧失敏感性和产生拒爆”。

例　2

试验是在水下炮孔中进行的，而且使用例1中所列的配方Ⅰ和Ⅱ的乳胶爆炸剂。第一个炮孔使用同一配方的8个药卷。药卷1位于炮孔底部，在它下面引爆。在药卷4和5之间放置一个带有延迟装置的起爆药包作进一步的起爆。测定了药卷1、4、5和8的爆速。在装药之前这些药卷都要经受模拟严寒气候下的运输作业试验。获得了如下试验结果：

项　目	配方Ⅰ	配方Ⅱ	配方Ⅱ
炮孔直径/厘米	17.145	17.145	17.145
炮孔深度/米	14.94	15.85	27.13
装药后的水深/米	11.89	10.06	10.97
爆速/米·秒$^{-1}$			
药卷1	拒爆	5861	6485
药卷4	拒爆	开始短路	5976
药卷5	拒爆	5861	6096
药卷8	拒爆	5839	5642

正如例1所示，试验结果表明，按照本发明所要求的最佳比例配制的爆炸剂在经受了寒冷条件下粗糙运输处理的模拟作业后，有良好的水下药卷间的传爆性能。而不遵循本发明所要求的蜡与油的重量比的配方Ⅰ，在水下爆炸时会丧失敏感性和发生拒爆。

西德专利　1058977
公布日期　1959. 6. 11
批准日期　1959. 12. 10

特别适于制备油包水型乳状液的混合均化装置

Friedrich Heinrich Flottmann，Bochum

本发明介绍一种特别适于制备油包水型乳状液的混合均化装置，该装置是根据喷射器或喷射泵的原理工作的。

喷射器或喷射泵用于利用一种介质的流动能量来吸入另一种介质。这种装置适用于在一定范围内混合液体。为了处理一种很好混合物，混合物的粒子要求如此之小，以致要求均化以形成稳定的混合物，这样普遍使用的喷射器或喷射泵已不能满足要求，而需要另外一些装置。

为了改善涡流搅拌，喷射泵的扩散器没有冲击板强化流动和混合组分的混合过程，在另一种通用的装置上装有两个同心的有很多小孔的管状的壳体。但这种装置不能调整流量和混合比。

另一种众所周知的装置具有这种调整的可能性。这是因为在相重叠推移的管子中设有隙孔，可罩复不同的密度。但这种调整不可能使混合比保持不变。

迄今为止所有已知的装置与本发明相比还有另一个缺点，即不能提供制造乳状液所需的很好的混合和不能自动调整混合比。而特别适用于制备油包水型乳状液的混合均化装置，在其喷射液体和吸引混合介质的工作喷嘴上连接一个扩散器，并在扩散器上接一个旋转冲击以构成均化装置。将这些部件安装在一个设备上，则可根据要求，完成制造一种成分可调的均匀的液体的任务。

本发明的进一步改进是有一个带固定锥形心的扩散器，此锥形心和一个圆柱体部件一起装进工作喷嘴的孔中，并与喷嘴形成一个环形缝隙槽。通过这种配置，可以去掉扩散器中其他可能与吸入介质没有混合好的和自由穿过锥形心的一部分喷射物。扩散器锥形心的圆柱体部分装有叶片式导向头，通过导向头将圆柱体装入工作喷嘴中，并可使流动介质通过。

本发明装置的另一个特点是，可以调整待混合液体的比例。为此工作喷嘴可纵向移动，并备有作为吸气用的环形裂隙喷嘴的调整部件。

根据上述可得出这样的结论，即扩散器的锥形心部分首先应有一个圆柱形的，并与之相接的随着流动方向逐渐增大的截面，以便以扩散器锥形心的锥形部分能构成和扩散器内壁几乎平行的截角锥。

为改善涡流搅拌，在逐渐增大的扩散器锥形心部分的外壳表面上设有纵向或/和横向叶片或槽沟。

这说明，用于制备长期稳定的乳状液的液体混合物须通过均化器。均化器的导入表面应与通过扩散器内壁和扩散器锥形心部分的表面构成的自由的叶片横截面相当。由此横截面出来的液体混合物导入驱动轮，后者作为这台由旋转冲击机构组成的均化器的驱动。按本发明，驱动轮的平均直径，大约与扩散器肋片横截面的平均端部直径相当。为了对均化装置进行润滑，本发明规定冲击机的旋转部件的轴承的支承面通过孔与扩散器肋片横截面相连接。

本发明的结构实例示于图中。该图为均化装置的纵截面，其中示出可调整的工作喷嘴，扩散器的锥形心，冲击机构连同驱动轮及导向装置的部分外观图。

外壳 1 中有钻孔 2 用于导入加压液体。3 是工作喷嘴。它是沿纵向空心钻孔，不要与横向钻孔 4 的中心看混淆了。此喷嘴周围的钻孔与环形空间 5 相联。扩散器的锥形心 6 与圆筒部分 7 向纵向孔 5a 一起构成环形沟 8。圆柱体部分 7 在其最终端有一个叶片导向头 29，借此将扩散器的锥形心 6 支撑在工作喷嘴中。

工作喷嘴 3 的前端呈锥形旋转，这样便与扩散器 10 的孔 8 一起构成一个环形缝隙式喷嘴 11，通过此喷嘴添加的液体经孔 27 吸入。环形缝隙式喷嘴 11 可通过工作喷嘴 3 的纵向移动进行变化，主要借助有刻度的螺母 12 来实现。为提高混合物的涡流程度和改善其混匀性，扩散器的锥形心 6 的锥形部分设有纵向槽沟 13 和横向槽沟 14。围绕扩散器锥形心的环状横截面 15 与导向轮 16 相接。带有冲击销 18 且用 1 部件制成的驱动轮 16 相接。带有冲击销 18 且用 1 个部件制成的驱动轮 17 可旋转地安在轴 19 上。为了能够对由驱动和冲击销构成的转动体 30 进行润滑，将孔 20、21、22 导向环形空间 23。从那里把乳胶分布在滚动面上。底座 24 设有排放孔 25。

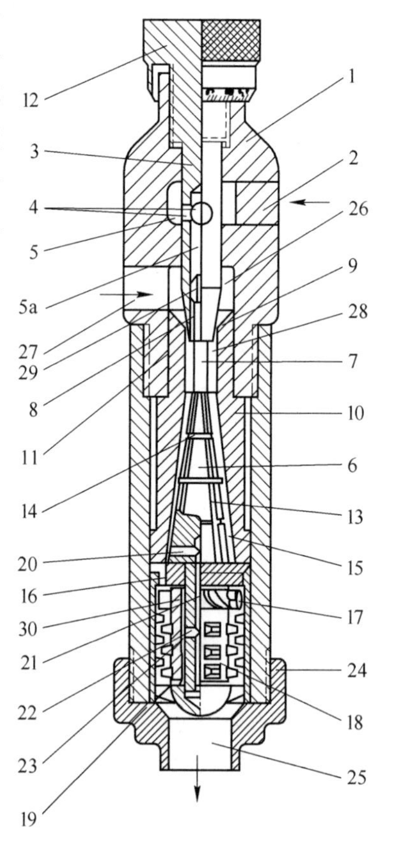

该装置的操作方法如下：将加压液体通过钻孔 2 导向设备并流过环形空间 5，流过横向孔 4、纵向孔 5a 和环形沟 8。由于以环形沟在全部压力介质的导入中流通断面最小，于是出现最大的流速。加压液体亦以非常高的速度离开环形沟 8。借此在空间 26 中造成真空，通过真空将第二种待混合的液体通过孔 27 吸入。加压液体和吸入的液体在环形沟 28 中混合。混合比可通过以下方式变化，即调节锚栓 12 纵向推进工作喷嘴 3 可使缝隙式喷嘴 11 变窄和扩大，通过环形断面 15 使混合物流向导向叶片 16，再由导向叶片将混合物导向作为驱动轮的涡轮机 17。此轮在流动能量的作用下旋转并借此驱动十字桨混合器，因而使混合物的液体小滴破碎得很细，而形成一种均匀的液体，然后从孔 25 流出。

高威力多用途炸药的新发展

得克萨斯州拉斯城泰勒有限股份公司的子公司阿特拉斯火药公司已研制了一种新的多用途A级高威力炸药，这种炸药兼有代那买特炸药装填容易和起爆可靠的性能及水胶浆状炸药较为安全和防水的性能。

商品名称为Powermax的Atlas公司新炸药是一种获得专利权的敏化的油包水型乳胶炸药，该产品在该公司宾夕法尼亚雷诺斯（Reynolds）生产联合企业的一个新制造厂以三种品级进行生产。

Powermax100和Powermax200将以直径为1~3吋，长度为8、12、16和24吋的规格进行生产，装成Redislet（阿特拉斯火药厂的商品名称），或螺旋缠绕纸管药卷，这种品级都特别适合于井下垂直炮孔或水平炮孔的装药。炸药很容易装到各种类型的炮孔中。可以用炮棍将药卷装入不光滑的炮孔中，并结结实实地把炸药填塞到指定的位置上。其强度和结实的程度几乎同代那买特炸药一样。

井下的应用

列为1级炮烟的Powermax100和Powermax200炸药在地下爆破中减少了爆破后的炮烟，这意味着几乎消除了硝甘类炸药或水胶浆状炸药爆破后产生的那类有毒气体，从而提供了更舒适的工作条件，但是必须遵守用其他的炸药时在爆破以后重新进入工作面所规定的等待时间。

爆　速

Powermax100和Powermax200表现出极好的爆炸性能，Powermax100的爆速为16000呎/秒，爆轰压力为116千巴；而Powermax200的爆速为15000呎/秒，爆轰压力为110千巴，Powermax100的密度为1.12克/厘米^3，Powermax200的密度为1.14克/厘米^3，从而保证了在充水炮孔中有效地下沉。

Powermax355主要供地表爆破用。通常，生产的药卷直径为2~3吋。其间隔增量为1/4吋，药卷长度为16~24吋，装成螺旋缠绕纸管药卷，具有1.2克/厘米^{3}的高下沉密度，爆速为16000呎/秒，爆轰压力为100千巴。

所有三种品级的产品均列为A级高威力炸药。Powermax100和Powermax200可以用一个6号雷管成功地起爆，在低于30℉的温度下需要用阿特拉斯公司的Atlas起爆药包（Atlas Atlaprimer），Kinepak强力起爆药包（Kincpak Power Boostor）或强力起爆药包（Power Primer）进行起爆。

Powermax355是属于感度较低的炸药类，需要相当于或大于9#雷管起爆药包起爆。上述三种起爆药包或AtlasG起爆药包都是被推荐的起爆装置。这些乳胶炸药可以与小型导爆线起爆系统相匹敌，并且对摩擦和撞击而引起的意外爆炸具有高的抗爆能力。防水性很好，储存期定为一年。

据阿特拉斯公司说，该产品系列在三年内于各种各样的爆破条件下进行了大量的现场试验。

（译自“Pit and Quarry”1977 Vol 90 No. 5）

用亲水亲油平衡——温度体系来选择油包水型乳胶的乳化剂

KOZO SHINODA, HIROMICHI SAGITANI

引　　言

用非离子乳化剂（如聚氧乙烯烷基醚或烷芳基醚）稳定的乳胶通常在低温时形成水包油型乳胶，在高温时形成油包水型乳胶。这就存在着一个相变温度（PIT），当达到这个温度时乳胶的类型发生改变。以前的作者把相变温度作为以非离子表面活性剂稳定的乳胶的重要特性，并开始用亲水亲油平衡（HLB）-温度（或 PIT）体系来选择乳化剂。

已经发现，当贮存温度比乳化剂各自的 PIT 值 72℃和 76℃高 10~20℃和 15~40℃时，油包水型乳胶有着极好的抗聚结稳定性，合适的乳化剂的 PIT 是低于 0℃的，如果贮存温度是 25℃时，这个温度不能确定。因此，需要设计某选择乳化剂的修正方法。本文研究了 PIT 和随温度和乳化剂 HLB 而变的乳胶稳定性之间的关系，由此可以相当容易地选择出能形成稳定或不稳定乳胶的乳化剂。

实验方法：

原材料：一系聚氧乙烯壬苯基醚，$R_9C_6H_4O(CH_2CH_2O)_nH$，这些醚是由 Kao-Atlas 有限公司提供的。

超纯环乙烷，普通纯的液体石蜡。

未经纯化的轻质石蜡矿物油（Exxon 有限公司的 Crysto170）。

方法：先把一组氧化乙烯链长不同的 *X*%（质量分数）聚氧乙烯壬苯基醚，(50~*X*/2)%（质量分数）水和（50~*X*/2)%（质量分数）油盛入安瓶中，然后振摇 5 秒钟（振幅 15cm，频率 4 次/秒），紧接着静置 5 秒，这一过程重复三次。在不同温度条件下，研究了该体系中水相，乳油相和油相体积份数随时间的变化。根据观察，绘制了乳胶（在其中没有观察到聚结相）外形稳定性与温度和乳化剂氧化乙烯链长的关系图。

结果与讨论：

研究了温度和非离子乳化剂的氧化乙烯链长对含有 3%~5%（质量分数）乳化剂的 1∶1 油-水乳胶稳定性的影响。图 1 表示温度对以 3%（质量分数）$CoH_{19}C_6H_4(CH_2CH_2O)_{7.4}H$ 体系稳定的环已烷-水乳胶稳定性影响的一例。

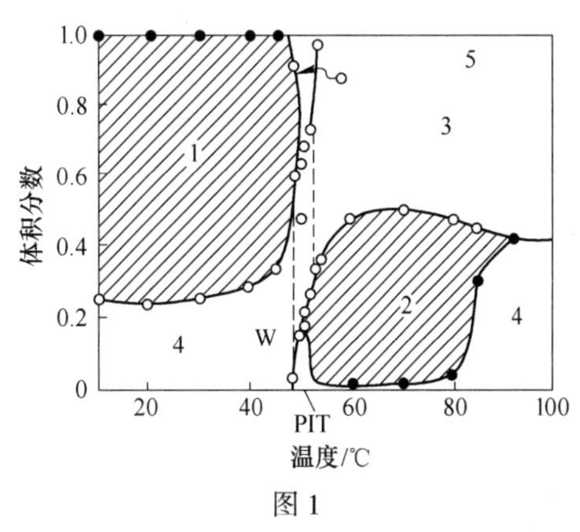

图 1
○—排出相与乳油相分界线；
●—凝聚相与乳油相分界线

图 1 所示为温度对乳胶类型的影响和振摇后

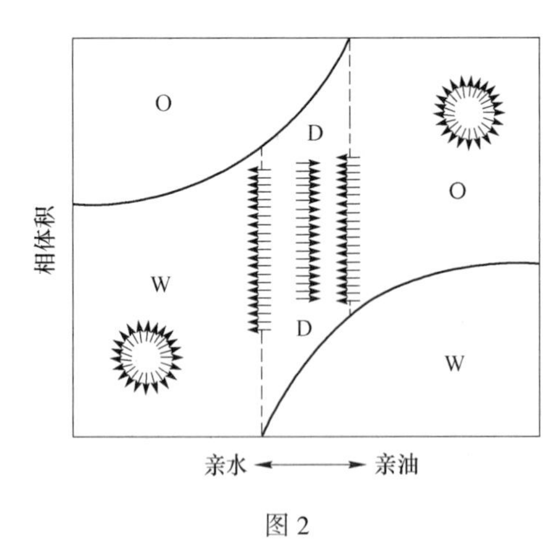

图 2

放置 1 天的油相，乳油相与水相的体积分数。

相当稳定的油包水型乳胶（这种乳胶振摇后放置一天只有少量的凝聚水相）的温度范围比本体系的 PIT(51℃) 高 10~30℃。稳定的温度范围随乳胶的 PIT 而变。接近 PIT 时乳胶是不稳定的，并且该体系分离成三个相，即水相，表面活性剂相和油相。如图 1 所示，低温时水相转变成三相区之中的表面活性剂相（D)，然后转变成三相区之上的油相。这种不寻常的现象大略地表示于图 2 中。

图 2 中所示的体系各相完全分离后的水相；表面活性剂相和油相的示意图。较高温度时表面活性剂是亲油的。

以前的文献表明，增高非离子表面活性剂溶液的温度和不改变温度而降低乳化剂的氧化乙烯链长实际表现出同样的效果。因此，图 1 中 PIT（HLB-温度）之上或之下的稳定温度范围相当于形成稳定乳胶的乳化剂的氧化乙烯链长之较短区或较长区，即形成稳定乳胶的乳化剂 HLB 值较大或较小的区。乳化剂的亲水亲油性在 PIT 处正好相平衡。

乳化剂的亲水链长对在 25℃ 时用 $C_9H_{19}C_6H_4O(CH_2CH_2O)_nH$稳定的环己烷-水乳胶类型和稳定性的影响示于图 3。

氧化乙烯链长（$\bar{n}$）

$R_9C_6H_4O(CH_2CH_2O)_nH$ 3%（质量体系）；

水：环已烷为 1：1（质量比）。

图 3 所示为乳化剂的亲水链长对 25℃ 时用 3%（质量分数）$C_9H_{19}C_6H_4(CH_2CH_2O)_nH$ 稳定的环已烷-水乳胶类型和稳定性的影响。

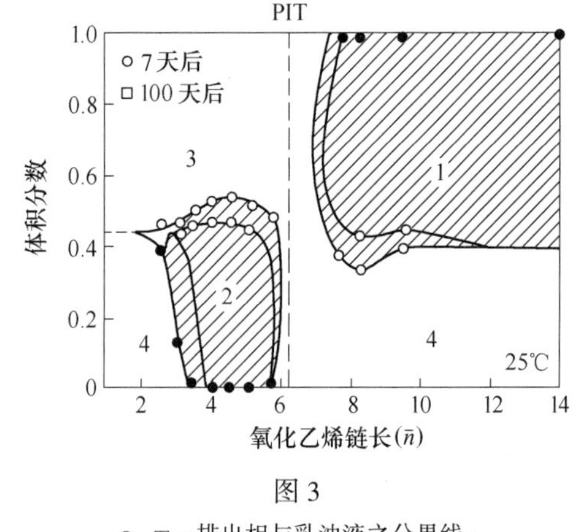

图 3

○，□—排出相与乳油液之分界线；

●，■—凝聚相与乳油液之分界线

图 3 中的 PIT 是指用 $C_9H_{19}C_6H_4O(CH_2CH_2O)_{6.2}H$ 乳化的乳胶之相变温度为 25℃，并且愈亲油的乳化剂形成 W/O 型乳胶，而愈亲水的乳化剂形成 O/W 型乳胶。根据这些数据绘制了液体石蜡-水和环已烷-水体系的乳胶外形稳定性与温度和非离子乳化剂的氧化乙烯链长的关系图，并且示于图 4 和图 5 中。

图 4 所示为用 5%（重量）$C_9H_{19}C_6H_4(CH_2CH_2O)_nH$ 稳定的液体石蜡-水乳胶外形（在这里没有观察到凝聚相）的稳定性是温度和乳化剂的氧化乙烯链长的函数。

图 5 所示为用 3%（重量）$C_9H_{19}C_6H_4(CH_2CH_2O)_nH$ 稳定的环已烷-水乳胶外形（在这里没有观察到凝聚相）稳定性是温度和乳化剂氧化乙烯链长的函数。

在 0~25℃ 范围内 PIT 与乳化剂的氧化乙烯链长关系曲线的斜率是很陡的。由乳胶外形稳定性可以证明对 25℃ 时稳定的 W/O 型乳胶适用的乳化剂之假定的 PIT 是远远低于 0℃ 的。图 4 和图 5 对选择形成 W/O 型乳胶的乳化剂是有用的。

当乳化剂的氧化乙烯链长与 PIT 等于贮存温度的相比大约是 0.7~0.88 倍时，对于两种情况即对于25℃时对液体石蜡-水乳胶使用$R_9C_6H_4O(CH_2CH_2O)_{3.2\sim4}H$和对环乙烷-水乳胶使用$R_9C_6H_4O(CH_2CH_2O)_{4.3\sim5.6}H$乳化剂这两种情况，W/O型乳胶均是非常稳定的。

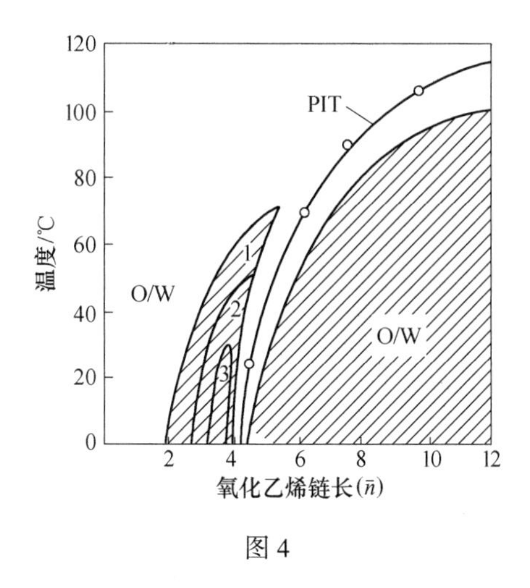

图4

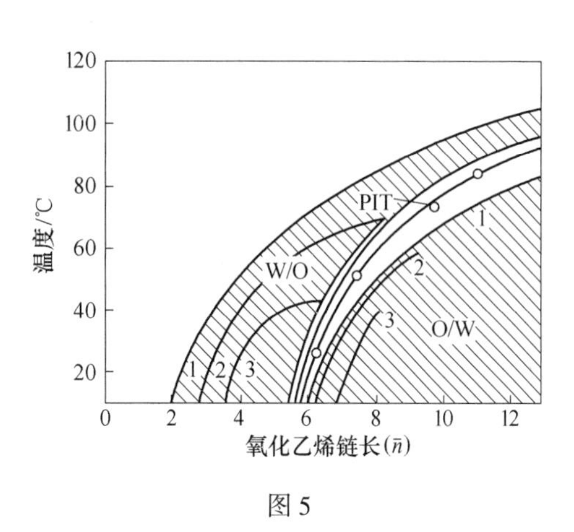

图5

由图4和图5可清楚看出：(1) PIT是乳化剂的重要特征温度：在此温度下乳胶是不稳定的；(2) PIT等于贮存温度（25℃）的乳化剂的HLB值对相应的油来说是一个平衡的HLB值。形成稳定的W/W或O/W型乳胶所需要的HLB值是小于或大于对油平衡的HLB值的。

表1所示为Atlas要求的HLB值和由HLB-温度的研究获得的HLB值间的比较。

表1

油的种类	要求的HLB值W/O	平衡乳化剂的HLB值	要求的HLB值O/W
液体石蜡（石蜡）环乙烷	4±1（Atlas）	9.5	10~12（Atlas）
	7.8~9.0		10.0~11.7
	—	11.0	15±1（Atlas）
	9.2~10.6		11.7~13.5

基于大量的实验数据，格里芬（Griffin）发现，所有掺合成乳胶的油，蜡和其他的物质均有各自确定的HLB值。这意味着具有确定的HLB值（±1）的乳化剂或复合乳化剂将比具有其他HLB值的乳化剂形成更稳定的乳胶，从乳化各种油相所需的HLB值的数据出发，对于形成O/W型乳胶来说，环己烷需要HLB值为15的乳化剂，而石蜡矿物油则需要10~12(O/W型）和4(W/O型）的乳化剂。

在本研究中形成最稳定的W/O型乳胶的乳化剂的HLB值是利用下式进行计算的：

$$\text{HLB值}=E/5 \tag{1}$$

式中　E——乳化剂中氧化乙烯量的质量分数，这里仅仅利用乙烯氧化物作为亲水部分。

在PIT处乳化剂的HLB正好相平衡。PIT等于25℃（图4和图5）的乳化剂之HLB

值也可由乳化剂的分子式进行计算。众所周知，当乳化剂的 PIT 比贮存温度 25℃高 20～55℃时，O/W 型乳胶有着最好的抗凝聚稳定性。由这个事实，我们可以借助于图 4 和图 5 来计算形成最稳定 O/W 型乳胶的乳化剂的氧化乙烯链长和 HLB 值的范围。把这些 HLB 值汇总在表 1 中并与 Atlas 所推荐的 HLB 值进行了比较，其一致性是不错的。两种体系，即 HLB 值和 HLB-温度体系间的差别将另文讨论。

齐聚型乳化剂——聚氧乙烯山梨糖醇四油酸盐的一些特性

H. TSUTSUMI，H. NAKAY-AMA，K. SHINODA

摘　要

合成了分子量为 2000~40000 的聚氧乙烯山梨糖醇四油酸盐。可把它们视为由一个亲水基团和一个亲油基团组成的普通表面活性剂的四聚物。本文研究了包括相变温度（PIT、HLB-温度）在内的四聚型表面活性剂的一些乳化特性。这些表面活性剂在相当低的含量时是有效的，对凝聚是稳定的，并且刺激性比普通乳化剂小，尤其是对不饱和的甘油三酸酯如橄榄油它们被证明是良好的乳化剂。乳化液滴的平均直径是小的（1.5 微米）。对于橄榄油来说，这些齐聚型乳化剂的乳化活性通过添加 0.2%~0.9%（质量分数）的油酸钠而获得显著改善。这些表面活性剂的这种有效性在普通表面活性剂中没有见到过。预期这些齐聚型表面活性剂可以在各种工业部门找到应用。

引　言

在分子的一端具有碳氢链而在另一端具有亲水基团的非离子表面活性剂已经广泛被利用。在分子中含有多于两个碳氢链作为疏水部分的表面活性剂。如蔗糖或山梨糖醇的二元酸酯、气溶胶、磷酸二酸酯也已经被应用。如果分子中含有一个碳氢链的表面活性剂被视为单体型表面活性剂的话，那么分子中含有两个碳氢链的表面活性剂就是二聚型表面活性剂，而聚氧乙烯山梨糖醇四油酸盐可以视为一种齐聚型表面活性剂。库沃默拉（Kuwamura）研究了结构对具有多链结构的非离子表面活性剂性能的影响。他断定，如果疏水部分具有两个碳氢链的话，表面活性剂的全部作用，如乳化、分散和润湿性能均是良好的。齐聚型表面活性剂的临界胶束浓度（CMC）通常低于相应的单元型表面活性剂，这是因为它的分子大或混合焓大之故。所以预期齐聚型表面活性剂即使在低浓度时也会有良好的性能，用它制备的乳胶具有抗凝聚稳定性。由于通过增加分子量可以抑制表面活性剂对人体皮肤的刺激将比单体型表面活性剂小。目前的工作，正在对齐聚型表面活性剂的这些特性进行研究。

实验步骤

材　料

聚氧乙烯山梨糖醇四油酸盐按如下方法合成。在 2~3 公斤/厘米的压力和 125~135℃

的温度下并有少量氢氧化钠作为催化剂时，把乙烯氧化物加到85%山梨糖醇水溶液中，反应产物分别含有86.8%，90.8%，92.9%和95.9%（重量）的乙烯氧化物，相当于每种产物中分别有20、30、40和60氧化乙烯单元（P）。在这个反应中同时得到聚氧乙烯山梨糖醇和聚乙烯乙二醇。在220～230℃时于氢氧化钠存在的条件下，用油酸使这些混合物酯化，所产生的酯在本文中称之为ESTO—C，它是聚氧乙烯山梨糖醇四油酸盐和聚乙烯乙二醇油酸盐的混合物。此外，它含有少量游离的油酸和油酸钠，油酸钠是由油酸与催化剂反应形成的。ESTO—C的组分用凝胶渗透气谱法进行分级，并用化学分析进行鉴定，其结果示于表1中。

表1

成　　分		基重（质量分数）/%	计算重（质量分数）/%
$CH_2(EO)_nCOR$ | $CH(EO)_nCOR$ $CH(EO)_nCOR$ $CH(EO)_nCOR$ $CH(EO)_nH$ $CH_2(EO)_nH$	聚氧化乙烯(30) 山梨糖醇四油酸盐	60.4	62.0
$HO(EO)_mCOR$	聚乙烯乙二醇油酸盐	34.1	33.5
RCOOH	油酸	4.3	3.5
RCOONa	油酸钠	1.2	1.0

表1所示为ESTO—C型聚氯乙烯（30）山梨糖醇四油酸盐的化学组成。

为了生成纯的齐聚型表面活性剂，在110℃和2.5公斤/厘米^{2}压力下将264克乙烯氧化物添加到182克干的山梨糖醇、200毫升干的二甲苯和0.2克金属的混合物中，在125℃和0.05毫米汞柱情况下，同其中添加1056克乙烯氧化物。在这个反应中得到在一个分子（$p=30$）中含有87.9%（重量）乙烯氧化物的聚氧乙烯山梨糖醇。再用少量氢氧化钠作催化剂，使它与油酸进行酯化。利用活性白土除掉副产物油酸钠，于是就得到了本文称为ESTO—P的聚氧乙烯山梨糖醇四油酸盐。

工业级的聚氧乙烯单油酸盐、山梨糖醇单油酸盐和聚氧乙烯山梨糖醇单油酸盐不必进一步纯化就可用于比较，因为研究是与实际应用紧密相连的。

方　法

相变温度（PIT）：首先在70℃时用振摇的方法制备含有47.5%（质量分数）水，47.5%（质量分数）油和5%（质量分数）表面活性剂的乳胶。然后在缓慢改变温度的情况下测量该体系的电导率。按常规以电导率-温度曲线的拐点确定该体系的相变温度。当油相是连续相时，电导率是很小的，小于1微伏/厘米，当水是连续相时，电导率是大的，大于50微伏/厘米。

乳胶稳定性：用下列方法研究了作为乳化剂浓度的函数的乳胶稳定性。先把油和表面活性剂的混合物，置于100毫升玻璃烧杯中，并加热至70℃。然后把已经加热到同样温度的水边搅拌边缓慢地添加到混合物中。在乳胶搅拌冷却后，将其注入内径为15毫米的试管中。乳胶在25℃条件下放置7~10天，然后根据分离相的体积确定乳胶的稳定性。

乳胶粒度分布范围：乳胶在25℃条件下保持24小时，然后用0.9%（重量）氯酸钠溶液衡释1000~10000倍用ZB型Goulter计数器测定乳胶的粒度分布。再由粒度分布计算乳胶液滴的平均直径。

结果与讨论

乳化性质

PIT：用5%（重量）表面活性剂稳定的1∶1油和水混合物的PIT示于图2。由皂化值计算的齐聚型表面活性剂的HLB值大约比PIT相等的单体表面活性剂的HLB值大0.5~0.8。这就表明，在乳胶体系中齐聚型表面活性剂比单体表面活性剂有更强的疏水性。

锡诺达（Shinoda）和塞托（Saito）曾经研究过O/W型乳胶稳定性和PIT间的关系。当乳胶在低于其相变温度25~60℃情况下贮存时，乳胶是稳定的。因此，具有50~85℃相变温度的乳胶在25℃下贮存时是稳定的。具有和上述相同的相变温度的乳化剂之HLB值可能是乳化油的最佳HLB值。人们利用具有不同HLB值的乳化剂混合物制备试验乳胶的方法可以确定一种油所需的HLB值，乳化效果最好的乳化剂的HLB值就是这种油所需的HLB值。由乳化试验得到的油所需的HLB值和由PIT所得的最佳HLB值间的关系综合列于表2。把一种油所需的HLB值取作形成稳定乳胶（在25℃时放置7天后不分离）的乳化剂的HLB值。最佳的HLB值可由50~80℃的相变温度范围来估算。结果表明，所需的HLB值和最佳的HLB值彼此一致。这个事实意味着PIT测量值可直接用于评价不同表面活性的乳化性质。

表2所示为由乳化试验得到的各种油所需的HLB值和由PIT得到的最佳HLB值间的关系。

表2

油	液体石蜡		低凝固点高级润滑油		十六烷基二十乙基己烷
乳化剂	ESTO—C	POE(P) 单油酸盐	ESTO—C	POE(P) 单油酸盐	ESTO—C
所需的HLB	10.0~12.8	10.2~11.5	9.4~12.7	10.6~11.6	9.5~13.5
最佳的HLB	11.2~12.8	10.4~12.1	10.7~12.5	10.5~11.6	10.8~12.5

由表2可明显看出，ESTO—C具有较宽的HLB值的值域，用它制备的乳胶比用普通表面活性剂制备的乳胶稳定。这个事实表明，ESTO—C对实际问题有更强的适应性。

O/W型乳胶的稳定性：乳化剂浓度对各种油组成的乳胶之稳定性的影响示于图2。采用具有最佳相变温度的乳化剂使每一种油乳化。已发现，ESTO—C在低浓度时对乳化每一种油均是最有效的。这结果可从ESTO—C的CMC值获得。由表面张力测量得到的ESTO—C之CMC值和聚氯乙烯单油酸盐的CMC值分别为1.5×10^{-4}和1.2×10^{-3}摩尔/升。这可能是由于ESTO—C溶液比单体表面活性剂有较大热量之故。所以ESTO—C对橄榄油和十六烷基2-乙基己醇（三者都有相当强的极性）的乳化效果比其他的乳化剂要好。实际上，4%（质量分数）的ESTO—C产生一种极好的橄榄油乳胶。相反，在用5%（质量分数）单体表面活性剂稳定的乳胶中观察到40%（体积分数）凝聚相或排出相。

对于用5%（质量分数）的每一种表面活性剂稳定的乳胶，用Coulter计数器测量了它们的粒度分布，并示于图3中。在各种不同表面活性剂稳定的液体石蜡乳胶中，液滴平均直径和粒度分布范围没有明显的差别。另一方面，在用ESTO—C稳定的橄榄油乳胶中液滴平均直径为1.5微米，并且粒度分布曲线是成尖角的，而用别的表面活性剂稳定的乳胶液滴平均直径是5~8微米，且粒度分布范围是宽的。由这些数据可以清楚看出，只有ESTO—C可以稳定橄榄油体系。而纯齐聚型表面活性剂ESTO—C是不能稳定这个体系的。

不同组分对稳定性的影响，为了比较用ESTO—C和EPTO—P分别稳定的橄榄油乳胶的粒度分布范围，假定ESTO—C的各种组分均参与橄榄油的乳化作用。为了阐明它们的作用，研究了用ESTO—P乳化的以及其各种组分乳化的橄榄油乳胶的稳定性，其结果示于图5。在用5%（质量分数）ESTO—P稳定的乳胶中存在分离相。当添加0.2%~0.9%（质量分数）的油酸钠时，这种乳胶变得很稳定并且没有分离相，而在用普通表面活性剂稳定的乳胶中，没有观察到油酸钠对乳胶稳定性的这样一种影响。当油酸钠的添加量大于1.5%（质量分数）时，用ESTO—P稳定的橄榄油乳胶的稳定性降低了，这可能是由于添加阴离子表面活性剂使该体系的亲水油平衡变得太亲水了。

生理特性

表面活性剂的毒性和刺激性在化妆和医药领域里是重要的，对人的皮肤进行24小时的紧贴试验，ESTO—C没有引起皮肤反应。客观存在的刺激性与低刺激性的酯型非离子表面活性剂是类似的，Draize方法表明，这些化合物不刺激眼睛。它对鼠的急性口服中毒试验在LD_{50}中为大于40克/公斤。

这些研究结果表明，ESTO—C与同类表面活性剂相比有着较低的毒性和刺激性。

图1所示为表面活性剂的HLB值和用5%（质量分数）表面活性剂稳定的各种乳胶的

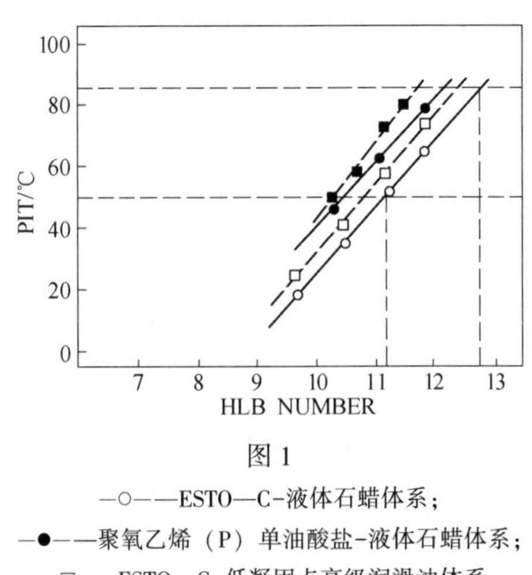

图1

—○——ESTO—C-液体石蜡体系；

—●——聚氧乙烯（P）单油酸盐-液体石蜡体系；

…□…—ESTO—C-低凝固点高级润滑油体系；

…■…—聚氧乙烯（P）单油酸盐-低凝固点高级润滑油体系

PIT之间的关系。

图2所示为表面活性剂浓度对乳胶稳定性的影响。

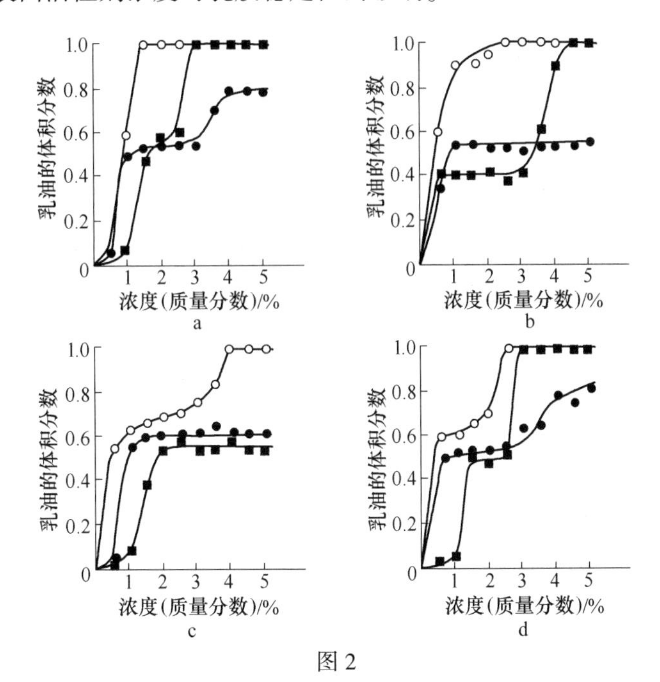

图2

a—液体石蜡体系。○：ESTO—C，P=40；●：聚氧乙烯（13）单油酸盐；■：聚氧乙烯（20）山梨醇酐单油酸盐/山梨醇酐单油酸盐=53/47；b—橄榄油体系。○：ESTO—C，P=30；●：聚氧乙烯单油酸盐；■：聚氧乙烯（20）山梨醇酐单油酸盐/山梨醇酐单油酸盐=53/47；c—十六烷基2—乙基己醇体系；d—低凝固点高级润滑油体系。○：ESTO—C，P=40；●：聚氧乙烯（13）单油酸盐。■：聚氧乙烯（20）山梨醇酐单油酸盐/山梨醇酐单油酸盐=53/47

图3所示为乳胶的粒度分布范围。

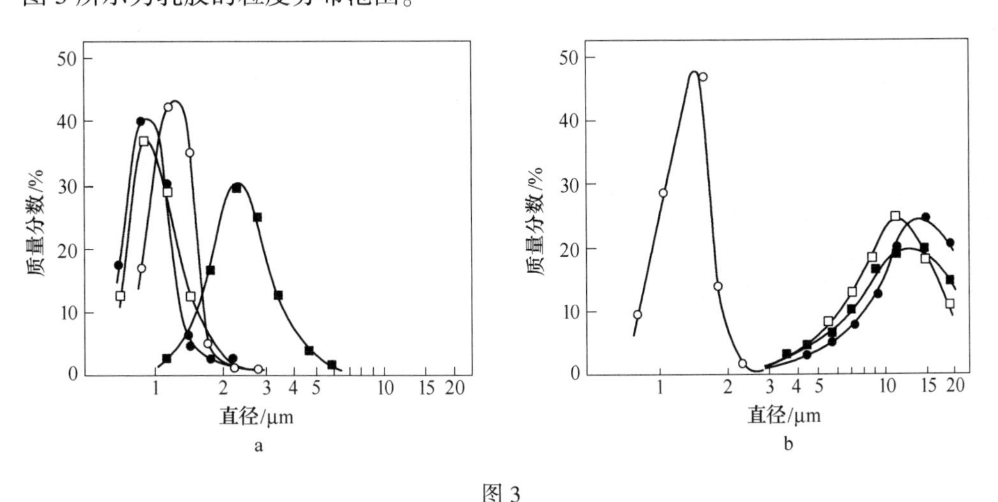

图3

a—液体石蜡体系。○：ESTO—C，P=40；□：ESTO—P；●：聚氧乙烯（13）单油酸盐；■：聚氧乙烯（20）山梨醇酐单油酸盐/山梨醇酐单油酸盐=53/47；b—橄榄油体系。○：ESTO—C，P=30；□：ESTO—P，●：聚氧乙烯（10）单油酸盐；■：聚氧乙烯（20）山梨醇酐单油酸盐/山梨醇酐单油酸盐=53/47

表 3 所示为表面活性剂中油酸钠的量对用 5%（重量）表面活性剂稳定的橄榄油-水乳胶稳定性的影响。

表 3

乳化剂组分				乳液相体积
Ⅰ	Ⅱ	Ⅲ	Ⅳ	0.2　0.4　0.6　0.8　1.0
100	—	—		
99.5	—	—	0.5	
99.0	—	—	1.0	
97.5	—	—	2.5	
95.0	—	—	5.0	
—	—	—	—	
—	100	—	0.5	
—	99.0	—	1.0	
—	97.5	—	2.5	
—	95.0	—	5.0	
—	—	100		
—	—	99.5	0.5	
—	—	99.0	1.0	
—	—	97.5	2.5	
—	—	95.0	5.0	
90	10	—	—	
70	30	—	—	
89.5	10	—	0.5	
69.5	30	—	0.5	
60.4	34.1	4.3①	1.2	

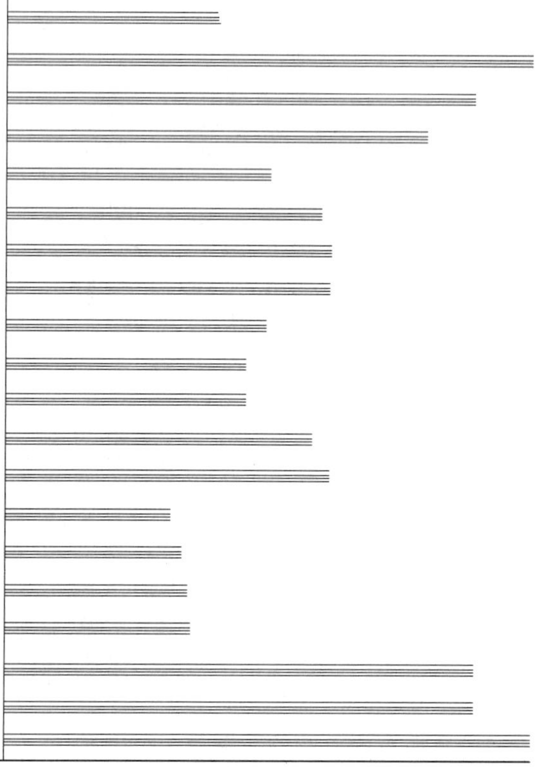

注：□：分离相，■：O/W 乳液，Ⅰ：ESTO—P，Ⅱ：聚氧乙烯（10）单油酸盐，Ⅲ：聚氧乙烯（20）山梨醇酐单油酸盐/山梨醇酐单油酸盐=43/57，Ⅳ：油酸盐，Ⅴ：ESTO—C，P=30。

① 橄榄油酸。

添加剂——聚乙二醇-正十二烷基醚-2吡咯烷酮-5-羧酸盐对乳胶稳定性的影响

H. Sbimada，M. Ueno，K. Meguro

引　言

DL-2-吡咯烷酮-5-羟酸（简称PCA）盐是一种存在于人体表皮角质相里的憎水性化合物，并作为一种最重要的天然憎水因素（NMF）而被注意。许多工作者早已报道，较高的憎水效果通过添加少量的PCA衍生物，可使作为化妆品的乳胶特性获得提高。因此，PCA衍生物的使用是值得注意的。而实际上，萜烯醇衍生物、甘油酸酯高级醇和聚乙二醇烷基醚很早就被用作乳化剂或分散剂。

通常都知道，像高级醇之类的添加剂，常常被用作乳胶的稳定剂。这就是为什么通过添加少量高级醇而使乳胶变得稳定的原因。它说明乳化剂与高级醇之间形成某些较稳定的络合物。此外，可以设想，乳化剂与高级醇之间的分子聚结取决于碳氢链间的范德华尔力或端部基团间的离子偶极相互作用。因此，可以预料，通过添加各种亲水基团可进一步增加乳胶的稳定性。本工作系为了研究添加剂的亲水性质的影响。制备了十二烷基醇的PCA酯和聚乙二醇十二烷基醚。对于水包甲苯的乳胶体系来说，PCA酯和相对应的十二烷基醇以及聚乙二醇十二烷基醚作为乳胶稳定剂的影响，将基于本实验的结果予以讨论，这些结果可利用，Wilbelmy型表面张力计和多滴法来测定。

实验程序

材料：本实验中所用的高纯十二烷基醇（>99%）是瓦科纯化学工业有限公司的产品。使用时无需进一步提纯。本实验所用的乙二醇正十二烷基醚（IED）和二甘醇正十二烷基醚（2ED）是由日本东京利科（NKKo）化学制钻公司提供的。由于薄层色层法，等离子光谱法和气-液色层法的结果，可保证使其具有类似的聚乙二醇链长。

十二烷基醇酯的PCA，乙二醇正十二烷基醚和二甘醇正十二烷基醚（简称PCA-0ED，PCA-ED和PCA-2ED）通常是由2-吡咯烷-5-羟酸与0ED、1ED和2ED在甲苯溶剂中用ρ-甲苯碳酸作催化剂通过酯化制备的。

产品中形成的水是甲苯共沸分离出来的，其体积可以测量。可以从产物的水量来决定反应的终点。未反应的PCA和微量催化剂可以通过添加约1克分子（10%质量分数）的碳酸钠溶液而从甲苯溶液里除去。在甲苯蒸出之后，反应产物用正己烷结晶三次而使其纯化。样品的纯度可用等离子和元素分析来鉴定。

生物化学使用的十二烷基硫酸钠（SDS）（瓦科纯化学工业有限公司的产品）是用石

油醚萃取 100 小时，以除去微量的乙醇。然后再从乙醇结晶三次使其纯化，使用前于真空条件下仔细干燥 60 小时。样品的纯度可以通过表面张力对浓度的曲线的最小值来鉴定。SDS 的 CMC 值可在 25℃水中用电导法来测定，其浓度为 8.00 毫摩尔/升。该值与文献上 25℃时 CMC 值有着良好的一致性。

$$\text{O=C}\langle\text{CH}_2\text{—CH}_2,\ \text{NH}\rangle\text{CH—C(=O)—O—H} + C_{12}H_{25}\text{-}(OCH_2CH_2)\text{-}nOH$$

$$\xrightarrow{\text{催化剂}} \text{O=C}\langle\text{CH}_2\text{—CH}_2,\ \text{NH}\rangle\text{CH—C(=O)—O—}(CH_2CH_2O)n\text{-}C_{12}H_{25} + H_2O$$

甲苯是 GR 级的，使用时不必再提纯。所用的水是通过 Milli—O 水提纯系统（Nihon MilliPore Co）直到它的导电系数低于 $10^{-7}\Omega^{-1}$为止。

仪器和操作

界面张力是用 Wilbelmg 型表面张力仪（Shimadzu 表面张力仪 ST-1）测定的。油溶性的物质（0ED、1ED、2ED、PCA-0ED、PCA-ED 和 PCA-2ED）溶于甲苯中作为油相，而 SDS 溶解在水相里。在甲苯（含有油溶性物质）/水（含有 SDS）界面的界面张力在 25℃时用油溶性物质的不同浓度来测定之。在水相里的 SDS 浓度是固定在 8 毫摩尔/升左右，在所有的测量中作为乳状液油滴稳定性测定的情况下其液滴稳定值 CMC 并获得均匀的稳定的液滴。这些测量都必须在两相接触后的 10 分钟开始，因为这些界面要在 5 分钟之后才达到平衡。

测量油滴在油-水界面的稳定性或持久性，其仪器如图 1 所示，这与 COCKBAIN 和 McROBERTS 相类似。

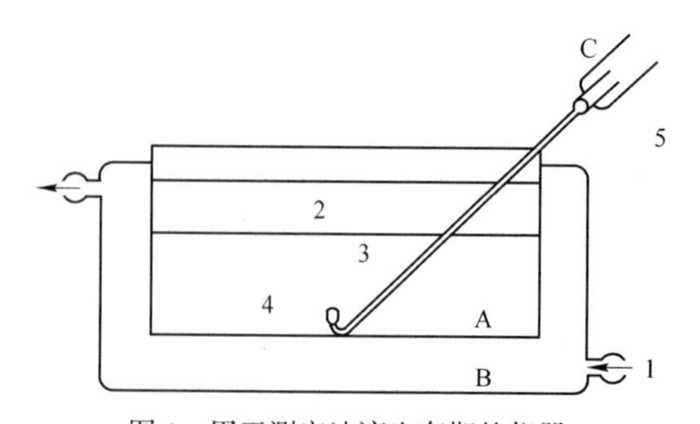

图 1　用于测定油滴生存期的仪器

1—水；2—油相；3—水相；4—油滴；5—微注射器

仪器由构成油-水界面的容器 A9（直径 21cm）外套一个恒温水浴 B 和形成油滴的环 C 所组成。铁环 C 由注射器（容量 2 毫升），扁平环状的注射针和一个测微器三部分组成。

测微器修正注射器活塞的推进。然后测定活塞通过的距离。正如科克贝恩（Cockbain）及其同事所发现的那样，油滴的稳定性仅仅在体积为0.005~0.01毫升范围内通过改变针尖的大小，可使油滴保持在约 2×10^{-3} 毫升。从铁环 C 到界面的距离约为 2 毫米。从铁环 C 分出 1 油滴之后，它就在容器 A 中往上升，然后进到与一个油-水相接触的界面，最后在一定的时间内聚结。这个聚结时间或油滴的生存期直到 30 个油滴在界面上聚结为止，可以用秒表在 25℃ 下测定出来。当最后 1 油滴进入油-水相接触的界面时，生存期的测定停止。

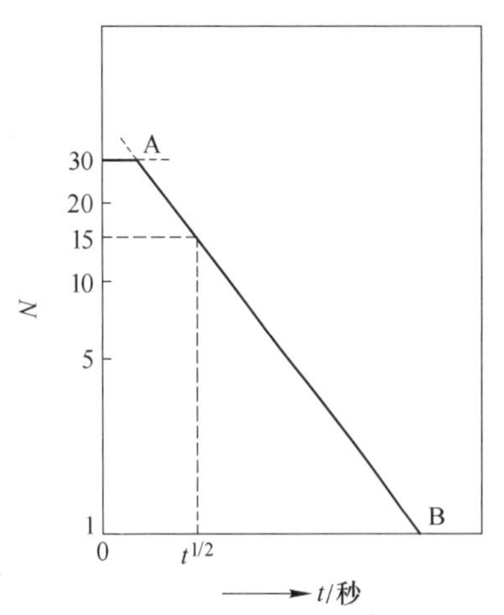

图 2　油滴数 N 反对数与对应时间 t 的关系

实验是这样做的：用在甲苯相里含有不同的浓度的油溶性物质的甲苯-水体系作添加剂，以及在水相中含有 8 毫摩尔/升 SDS 作乳化剂。以没有聚结的剩余油滴数 N 反对数与对应的时间 t 作图。正如图 2 所示，可见曲线上 AB 部分为直线。这与科克贝恩及其同事所得的结果是一致的。

一般地说，所有油滴的稳定性可以通过小油滴聚结所需要的一半时间来估计。在本实验中为了评价油滴的稳定性，采用半生期的概念。

结果与讨论

在有添加剂（油溶性物质）存在下，影响乳状液物质稳定性较为重要的因素，似乎是界面张力和界面膜的机械强度。因此，为了讨论乳状液稳定性，油滴的聚结与界面张力乃是最重要的因素。

图 3 表明，在甲苯/SDS 溶液中添加不同组分作为油溶性物质对界面张力的附加影响。

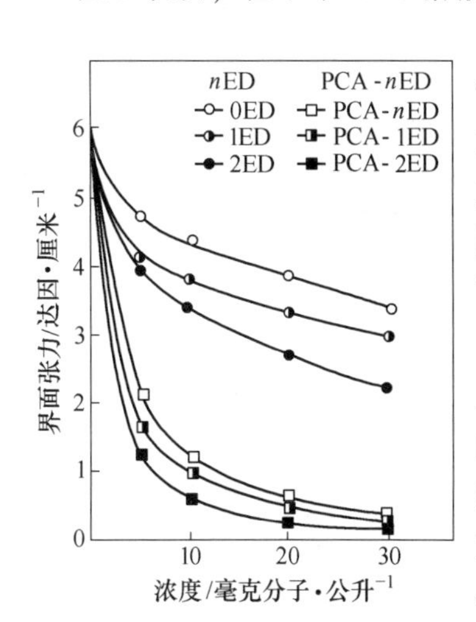

图 3　在甲苯/SDS 溶液界面油溶性物质对界面张力的影响
（水相：8 毫摩尔/升 SDS 溶液）

如图 3 所示，很明显，由于添加油溶性物质大大地降低其界面张力，而且添加 PCA 衍生物（PCA-nED）比添加 0ED、1ED 和 2ED（nED）时在所有浓度范围其界面张力降低的程度都大。如吡咯烷酮环在所有添加剂的浓度范围内只能降低界面张力的 2~3 达因/厘米，其降低程度按下列顺序递减：PCA-2ED>PCA-1ED>FCA-0ED>2ED>1ED>0ED。特别值得指出的是即使稀 PCA-nED 甲苯溶液里其界面张力至少也减少 2 达因/厘米。此外，在高浓度的 PCA-nED，高浓度的 PCA-nED 甲苯溶液中，其界面张力几乎不存在。这说明 SDS 分子与 PCA-nED 分子相互作用比 nED 分子强。这或许是由于 SDS 和添加剂之间偶极离子相互作用的差别所致。为了弄清楚添加剂中亲水基团对界面张力的影响，将 nED 和 PCA-nED 的二组界面张力与其相对应的 nED 的乙烯氧化物链长作图（见图 4）。

物质里亲水基团对界面张力的影响，如图 4 所示，这两组界面张力均随亲水链长增加而降低，业已发现，每一个乙烯氧化物链将使 *n*ED 和 PCA-*n*ED 两组界面张力各约降低 0.5 达因/厘米。即添加剂与 SDS 相互作用是随着添加剂中亲水基团作用的增加而增加。

图 5 所示添加剂对在甲苯/SDS 溶液界面里油滴稳定性的影响。

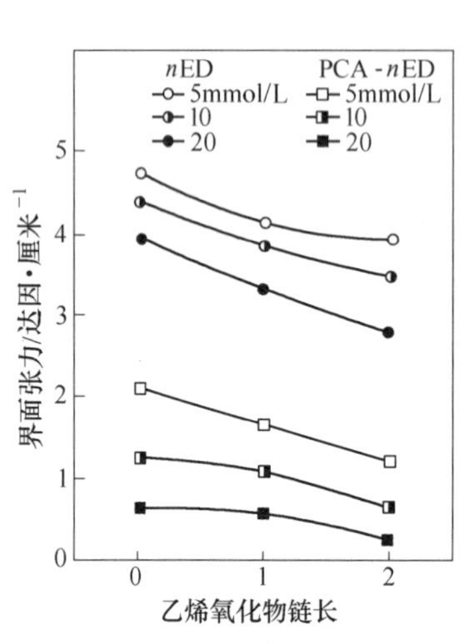

图 4　在甲苯/SDS 溶液界面油溶性

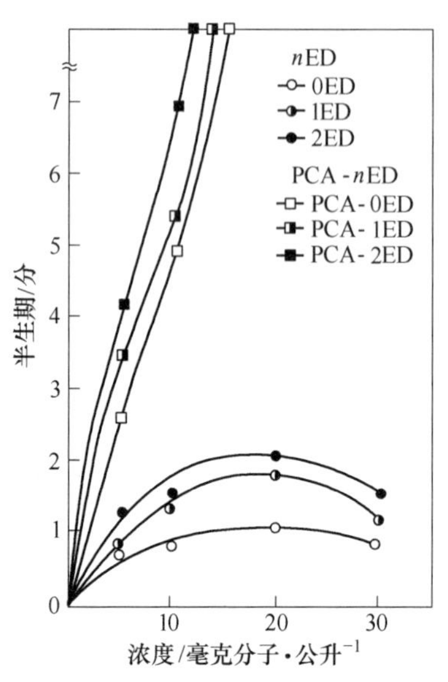

图 5　在甲苯/SDS 溶液界面里油溶性物质对油滴半生期的影响

（水相 8 毫摩尔/升 SDS 溶液）

在 *n*ED 情况下，油滴稳定性是随添加剂的浓度增加而增加，但浓度过高时反而降低。这种结果表明，油滴的一面完全被 *n*ED 分子所占据，于是在油-水界面吸附 SDS 的量就减少。在 PCA-*n*ED 情况下，在上述某一浓度下油滴的稳定性显著的增加，而油滴的聚结几乎不发生。因此，可知在所有浓度下，油滴在 PCA-*n*ED 体系中的和 *n*ED 体系中显著增加。此外，SDS 与 PCA-*n*ED 间相互作用似乎比与 *n*ED 间相互作用更强些。这也说明，吡咯烷酮环具有从水溶液中 SDS 分子捕获到油滴表面上的能力。因此，可以认为在 SDS 和 PCA-*n*ED 分子间的油-水界面上分子的结合与 *n*ED 间的分子结合不同。

图 6 表示 *n*ED 和 PCA-*n*ED 乙烯氧化物链长对各自在甲苯/SDS 水溶液界面的油滴稳定性的影响。

对 SDS 添加剂体系来说，在所有浓度里，油滴的稳定性取决于乙烯氧化物的链长，并且随着乙烯氧化物链长的增加而增加，这似乎是由于乙烯氧化物与 SDS 之间相互作用较强的结果。在 *n*ED 体系情况下，每一个乙烯氧化物链长约使半生期增加 0.5 分钟。而在 PCA-*n*ED 体系情况下，每一个乙烯氧化物链长约

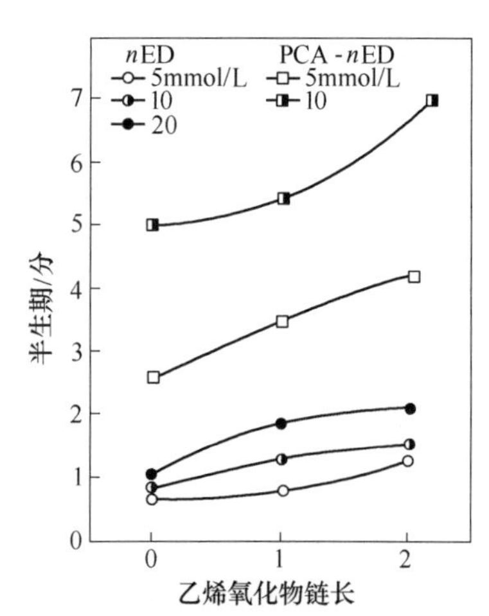

图 6　在甲苯/SDS 溶液界面油溶性物质亲水基团对油滴半生期的影响

使半生期增加1分钟。所以当添加剂含有吡咯烷酮环时，对每一个乙烯氧化物链稳定性的影响比不含吡咯烷酮环的添加剂大。而某些多因素似乎存在于吡咯烷酮环和乙烯氧化物链之间。从这个实验得出如下结果即可以断定，SDS与添加剂间的分子结合是依靠它们端部基团间离子，偶极相互作用的结果。因为在各类添加剂和SDS中其亲水基团是相同的。还表明，由于SDS和添加剂分子间的相互作用较强所形成界面膜的机械强度较大。一般地说，对SDS的离子特性早已报道，在油-水界面产生双电层以及相对应的静电斥力，形成薄膜层以阻止聚结。所以，可以认为，油滴的稳定性取决于对阻止聚结有益的SDS量的吸附。同样可以认为SDS与添加剂的一个凝缩的混合单分子层形成油滴稳定性的油滴表面是必需的。而油滴的不稳定性是由于不完全的油表面覆盖所致。因此，也可以认为，油滴的稳定性是依靠形成较强而紧密的界面膜或稳定的“二元体络合物”。许多研究者已经报道，在油-水界面中较高级醇能与SDS形成稳定的络合物。但是，当添加剂表现弱的亲水特性时，可以预料，由于静电斥力的存在，在油-水界面中SDS分子并不完全被吸附，因此，当*n*ED被用作油相添加剂时，甚至形成SDS-*n*ED络合物也不能形成稳定的二元络合物。可是，当PCA-*n*ED被用作油相添加剂时，则形成强而紧密的界面膜。因为SDS上的部分电荷被PCA-*n*ED偶极所中和。于是吸附到油-水界面上的SDS量将增加。最后。在*n*ED体系情况下，SDS分子或SDS-*n*ED络合物能较容易地从油-水界面上除去。而在PCA-*n*ED体系情况下，由于PCA-*n*ED与SDS之间较强的相互作用，SDS分子将固定在油-水界面上。因此，当PCA-*n*ED被用作油相添加剂时，油滴的稳定性显著增加，如图5所示；这是由于形成牢固的界面膜以及稳定的双电层之故。以及相对应的静电斥力，形成薄膜层以阻止聚结。所以，可以认为，油滴的稳定性取决于对阻止聚结有益的SDS量的吸附。同样，可以认为SDS的一个凝缩的混合对形成油滴稳定性的油滴表面是必需的。

表1 使用的添加剂的特性

化学组分	简称	乙烯氧化物链长	熔点/℃
12烷基-2吡咯烷酮-5-羧酸盐	PCA-0ED	0	59.7
乙二醇-正十二烷基醚-2-吡咯烷基酮-5-羧酸盐	PCA-1ED	1	45.5
二甘醇-n12烷基醚-2-吡咯烷基酮-5-羧酸盐	PCA-2ED	2	39.0
12烷基乙醇	0ED	0	24.0
乙二醇-正十二烷基醚	1ED	1	19.5
二甘醇十二烷基醚	2ED	2	17.6

第3篇

乳化炸药

EMULSION EXPLOSIVES

ЭМУЛЬСИОННЫЕ ВЗРЫВЧАТЫЕ ВЕЩЕСТВА

1 Introduction

1.1 Technical Development of Industrial Explosives

Explosives are among huge energies frequently utilized by mankind; they are not only used for military purposes (military explosives) but also widely used in many branches of national economy (industrial or commercial explosives) . Explosives have various applications in national economy and therefore attract general attention. Although this book deals only with emulsion explosives, the author believes that for better understanding of the characteristics and developments of this kind of explosives it is beneficial to first briefly discuss the important technical developments of industrial explosives.

The black powder was invented more than two thousand years ago, but the invention and large scale application of modern industrial explosives has only one hundred years history, with the recent two decades being the most changing, fastest developing period in the world commercial explosives development history. The following will list and describe, in chronological order, some important and significant discoveries and inventions in the industrial explosives development history.

(1) Black Powder[1,2]: As well known throughout the world, black powder was invented by Chinese. This invention opened the first era of human utilization of explosives—black powder era. As early as in 220 B. C. , the Chinese laboring people already had primary knowledge of black powder. Around in 11th to 12th centuries, black powder began to spread to Arabian countries, and then to Europe. In about 1627, black powder was used for mining. Compared to the original method of breaking rock by fire, blasting rock by black powder was proved to be more effective. Therefore, the application of black powder in mining was considered a mark of the ending of Middle Ages and the beginning of Industrial Revolution. As the only kind of explosive, black powder was used until the middle of 1870s, lasted for several hundreds of years.

(2) Mercury Fulminate[3]: In 1803, the Englishman Howard composed mercury fulminate and laid the foundation for the invention of blasting cap.

(3) Nitroglycerine and Nitrocellulose[2]: In 1845, Sobrero, an Italian, discovered nitroglycerine and in 1846 Schoenbein in Switzerland found nitrocellulose, both of which provided material basis for the development and practical application of modern industrial explosives.

(4) Trinitrotoluene (TNT)[3]: In 1863, Wilbrand discovered trinitrotoluene.

(5) Dynamite[4]: In 1865, Alfred Nobel, in Sweden discovered dynamite explosive composed of 75% nitroglycerine and 25% of kieselguhr. And in 1875 Nobel formed gelatin dyna-

mite from nitroglycerine and nitrocellulose. Because of its good explosion properties, dynamite rapidly replaced black powder and undoubtly dominanted the market until the middle of 1930's. Doubtless, such long period of use represented another era of commercial explosives development—dynamite era. In the development of modern explosives, the distinguished achievements of Mr. Nobel should be fully affirmed.

For the past century, dynamite had played an important role in engineering blasting. However, high sensitivity, toxicity which easily causes headaches, and further, relatively high cost of production of this kind of explosives called for the research on technical ways of lowering sensitivity as well as improving the safety and reliability in their usage. The spray nitrification and fully automatic production line and its corresponding product—Dynamex, developed in Sweden by Nitro Nobel AB, were among the typical representatives of such research and development. Dynamex, in the main, keeps the merits of dynamite but greatly improves its safety. For example, its friction or shock sensitivity is four times lower than that of dynamite[4].

(6) Mixed Explosives Based on Ammonium Nitrate (AN)[2,3]: Almost at the same time when Nobel discovered dynamite, J. V. Olsson and J. Norrbein invented mixed explosives made from ammonium nitrate and various combustibles and laid the foundation of competitive developments of ammonium-nitrate-based and nitroglycerine-based explosives.

(7) Nitramon[3]: In 1934, Du Pont Company in US Patents No. 1 992 216 and No. 1 992 217 revealed a kind of non-nitroglycerine, high ammonium-nitrate-content explosive—Nitramon. This patent was so effective that during the period from 1934 to 1955 Nitramon became the most popular type of industrial explosives used in surface mining and quarry blasting. In the meanwhile, Soviet Union also used one kind of ammonium nitrate explosive called "Dynamon", which consisted mainly of ammonium nitrate and woodflour or other combustibles.

As early as in the 1930s, China also invented and used explosives composed of ammonium nitrate and liquid combustibles during the period of Anti-Japanese War, which were embryonic form of ammonium nitrate-fuel oil explosives[5].

(8) Ammonium Nitrate-Fuel Oil (ANFO) and Slurry Explosives[6-9]: Beginning in the middle of 1950s, industrial explosives entered a new development period—the modern blasting agent era, marked mainly by the spread and application of ammonium nitrate-fuel oil explosives and slurry explosives.

1) Ammonium Nitrate-Fuel Oil (ANFO) Explosives. In 1943, Consolidated Mining and Smelting Corporation in Canada developed and manufactured porous ammonium nitrate prill. In the process of manufacture, a small amount of kieselguhr was added as coating to prevent hardening and lump forming, thereby providing convenient conditions for making and mechanical charging of explosives.

Ammonium nitrate-fuel oil explosives were first successfully tested in borehole in 1954 at a mine in the U. S., where a mixture of 3. 8 liters of diesel oil and about 36 kilograms of porous ammonium nitrate prills was used; but they were not used, as a type of industrial explosives, in full scale for mine blasting until 1955. In that year, the Cleveland-Cliff Company in the U. S. carried out a series of field blasts at iron mines in Mesabi and Michigan. Depending on the forms of ammonium nitrate, this type of explosives can be classified into two types: granular or powdered. Explosives in granular form consist of 94. 5% porous ammonium nitrate prills and 5. 5% fuel while in powdered form they usually consist of ammonium nitrate, fuel, and woodflour. Take a few examples in China: the No. 1 ANFO explosive consists of 92% ammonium nitrate, 4% woodflour, and 4% fuel; while the ANFO explosive for open-pit mine consists of 3% fuel, 5% woodflour, and the same amount of ammonium nitrate.

In 1958, field mechanical loading of porous ANFO prills was realized by Iron Ore Company of Canada and Canadian Industrial Limited, and based on this a pneumatic loading truck was developed in U. S. A. in 1960. ANFO explosives have many advantages such as broad source of raw materials, low cost, being easy to prepare and mechanically load, as well as convenient and safe to use. And consequently, they have attracted overall attention throughout the world, developed very quickly, and have become the major kind—about 70% of total usage-explosives used in mine blasting. However, it should be pointed out that the major disadvantages of ANFO explosives are lack of water resistance and low volume strength.

2) Slurry Explosives. In December of 1956, Professor M. A. Cook from University of Utah and H. E. Farnam from Iron Ore Company of Canada invented slurry explosives which overcame the two disadvantages of ANFO-type explosives. The good water resistance of slurry comes from the following unique idea: to add water in the mixture of ANFO explosives followed by gelatinating the system so as to stop incursion of water or dissolution of oxidant salts and to obtain relatively high density, which makes the mixture easier to reach the bottom of watered borehole. The emergence of slurry represents the cream of modern chemistry and physics, and has shattered the traditional idea—explosives being incompatible with water. It also represents a leap forward in man's knowledge about explosives and another major revolution, following dynamite, in the development history of industrial explosives.

In the 50s, Cook and Farnam mainly studied and developed slurry with TNT and aluminum powder as sensitizer. In 1963 Irec Chemicals U. S. A. developed slurry explosives with non-metallic combustibles as sensitizer, and realized a field Slurry Mixing System (SMS) . In 1969, Du Pont Company in U. S. A. produced slurry (water gel) using mono-methylamine nitrate (MMAN) as sensitizer. At the beginning of 70s, non-explosives sensitized, small-diameter, cap-sensitive slurry explosives of various types and brands; related packing machinery and application techniques; and low-cost, fuel-bearing, bubble-sensitized slurry explosives came out one after the other in many countries, which promoted spread and application of slurries. China began its research on slurry in 1959, and slurry was used in mining blasting in the middle of 60s, with No. 4 slurry explosive being a representative. In the early 70s, slurry explosives developed very rapidly in China. First came the breakthrough in gelatinizer (Sesbania gum, pagoda tree-seeds gelatine) and cross-linking techniques, then the increase of brands and types, which were typically represented by No. 10 Sesbania gum, Huai No. 1 (without TNT), No. 5, Poly No. 1, and so on. The emergence of slurry loading truck and pumpable slurry better fulfilled the need of surface mine blasting. Today, slurry explosives have become an independent and rather complete series of water–resistant industrial explosives, and by replacing traditional dynamite they are developing and competing with dry blasting agents—ANFO explosives.

(9) Emulsion Explosives[10]: Emulsion Explosives were first revealed by H. F. Bluhm in U. S. patent No. 3 447 978 on June 3, 1969. They are a new kind of water–based, ammonium–nitrate type explosives and currently are vigorously rising. Details of their development will be discussed in section 1. 3 of this chapter.

1. 2 Definition and Types of Emulsion Explosives

1. 2. 1 Definition of Emulsion Explosives

Currently, unified opinion on the name of this type of explosives has not yet been reached in China, with relatively popular names, such as emulsion explosives, emulsified – oil explosives, emulsoid explosives, opposite phase slurry explosives, etc. In recent years, the author has exchanged opinions with a number of colleagues about the name of this type explosives and many experts believe that it is more appropriate to use emulsion explosives or emulsions in this book, considering their preparation techniques and major characteristics. Therefore, when referring to related literatures a general name: emulsion explosives or emulsions is used in this book, regardless of the names used wherever in other sources.

Emulsion explosives generally refer to a category of water–in–oil (W/O), emulsoid–type, water–resistant industrial explosives which are made by emulsification technique. And it is indeed quite difficult to give this type explosives a concise and clear definition. In general, it is believed that emulsions are a kind of water–in–oil (W/O) type, specially emulsified system in which tiny liquid – droplets of oxidizer water solution, as dispersion phase, are suspended in a continuous medium, composed of oil–like substance and containing scattered bubbles or hollow glass microballoons or other porous materials. Obviously, such definition can not include water–free emulsions, which in fact do exist.

For further comparison between emulsions and slurries (water gels), Table 1. 1 lists the compositions of these two types of explosives. Fig. 1. 1 sketches the block diagrams of technological processes for production of emulsion and slurry explosives.

Table 1. 1 Compositions of emulsion and slurry explosives

Component classification	Emulsions		Slurries	
	Names of possible ingredients	Percentage (%)	Names of possible ingredients	Percentage (%)
Oxidant	AN, SN, CN, SP, AP, UP, HNO_3,	50–85	AN, SN, CN, SP, AP	50–80
Combustible	A	2–7	A′	2–10

Continued 1. 1

Component classification		Emulsions		Slurries	
		Names of possible ingredients	Percentage (%)	Names of possible ingredients	Percentage (%)
Water			8-15		6-20
Water-soluble thickener		Rarely used		B′	0. 54
Surface-active agent		C	0. 5-2. 5	C′	0. 1-1. 0
Sensitizer	Water soluble	Don't add or add MMAN, HN etc.	0-30	MMAN, HN MEAN, EGMN	5-30
	Non-Water soluble	D	0-15	D′	0-25
Sensitizing bubble		E	15-35 (Volume percentage)	Same as left	15-35 (Volume percentage)
Small amount of additive		F	0. 05-1. 0	F′	0. 5-2. 0

Note: AN—Ammonium Nitrate; SN—Sodium Nitrate; CN—Calsium Nitrate; SP—Sodium Perchlorate; AP—Ammonium Perchlorate; UN—Urea Nitrate; HN—Nitric Acis; MMAN—Monomethy-lamine Nitrate.

A: Non-water-soluble combustibles (such as paraffin wax, fuel oil).

A′: Liquid or solid combustibles (both water-soluble and non-soluble).

B′: Guar gum, sesbania gum starch, etc.

C: Emulsifiers with HLB value of 3 to 7 or compound emulsifiers (such as M-201, S-80).

C′: Water-soluble surface-active agent, auch as soldium alkyl sulphonate; ignorable.

D: Aluminium powder, nitro compounds; ignorable.

D′: Aluminium powder, nitro compounds.

E: Glass microballoon, expanded pearlite, chemical foamer, etc.

F: Stabilizer, emulsification promoter, crystal form modifier.

F′: Usually do not add or add stabilizer

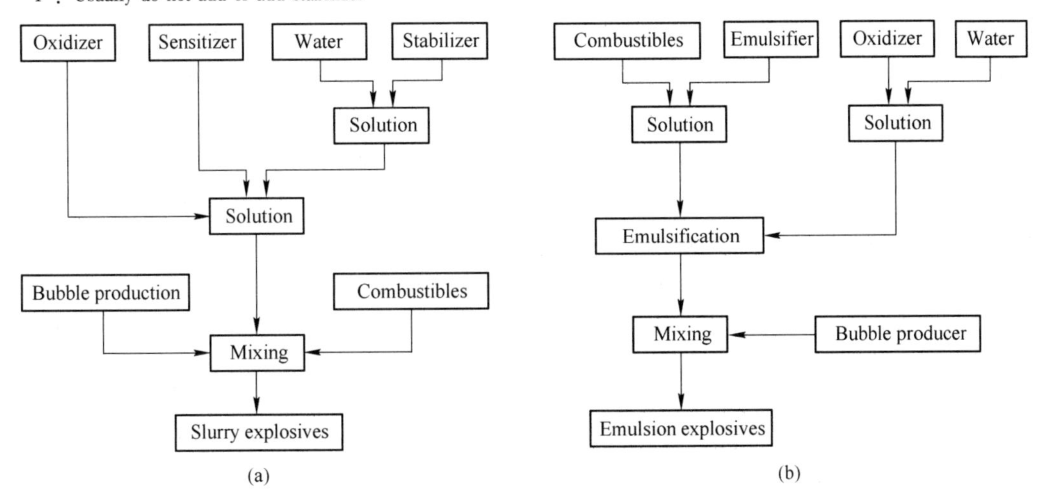

Fig. 1. 1 Technological flowcharts for production of emulsion and slurry explosives

(a) Technological flowchart of slurries; (b) Technological flowchart of emulsions

Table 1. 1 and Fig. 1. 1 show that in the light of their basic compositions, emulsions essentially are not different from slurries and other water-bearing explosives but in other aspects, such as the effect of each component in the system, the inner structure of the system, external form, manufacture process, and so on, they are entirely different. Composed of ammonium nitrate and other inorganic oxidizer salts dissolved in water as continuous phase and insoluble combustibles, sensitizer (solid or liquid) as dispersion phase, slurries are gelatine systems belonging to oil-in-water (O/W) group. In other words, slurry explosives are controlled by the concentrations of oxidizer, sensitizer, water-soluble gelatine and insoluble solid particles as well as water content prevented from solid-liquid separate coagulation and liquid-liquid stratification prevented by means of fixing water-soluble components. On the other hand, emulsions are emulsified systems which are composed of oxidizer water solution as dispersion phase and insoluble ingredients as continuous phase. Such system belongs to water-in-oil group. And it is owing to its internal water-in-oil physical structure, that a good water resistance is obtained and component separation prevented.

Because oxidizer water solution in emulsions exists in the form of tiny liquid droplets, oxidizers are in a close and sufficient contact with combustibles and detonation would be easier to initiate and propagate. Consequently, no sensitizer is added into emulsions in general and all that is needed is an ingenious combination of plain ingredients. In the composition of emulsions, however, water-in-oil type emulsifier is a crucial and indispensable component. When necessary, small amounts of additives such as emulsification promoter, crystal form modifier, emulsoid stabilizer, etc. must be added in order to improve emulsion explosives' properties.

In summary, emulsion explosives contain four major components forming three emulsification phases[11]. These are:

(1) Component of inorganic oxidizer salts water solution forming dispersion, emulsified phase. It is the base for making emulsions and is basically formed by heating ammonium nitrate and dissolving it in water. Certainly, there may also be included other water-soluble and emulsoid compatible oxidizers, such as sodium nitrate, calcium nitrate, potassium nitrate, barium nitrate, zinc nitrate, ammonium perchlorate, sodium perchlorate, calcium perchlorate, mono-methylamine nitrate, urea nitrate, and so on.

(2) Component of carbonaceous combustible forming continuous emulsion phase. Generally speaking, any petroleum product with proper viscosity can be chosen as a carbonaceous combustible for emulsion explosives. The selection principles are: they must both form steady water-in-oil emulsoid and make the emulsion system thick enough to avoid flowing at specified temperature. This requires that the carbonaceous combustible should have the ability to provide different viscosities with the change of temperatures. Diesel oil, heavy oil, machine oil, white oil, vaseline, synthetic wax, paraffin wax, micro-crystal wax, lignite wax, bee wax, whalewax, or their mixtures, etc. are all combustibles to be selected. Doubtless, candidates may also be many other organic compounds, such as alkene, aromatic hydrocarbon, naphthenic hydrocarbon, higher alcohol, saturated fatty acids.

(3) Component of sensitizing gases forming dispersed emulsion phase. Generally speaking, this

component is added as the third phase and can be both air spaces that form covering and micro-bubbles, which are produced from dissolution reaction by means of adding certain chemicals (such as sodium nitrate and so on). They can also be solid particles with entrapped gases (such as hollow glass microballoons, expanded pearlite microparticles, hollow resin microballoons, and so on).

(4) Water-in-oil type emulsifiers. Experience shows that most emulsifiers (one kind or compound of two) with HLB (Hydrophile Lipophile Balance) value of 3 to 7 can be selected for emulsion explosives, for example, D-sorbitan monooleate, xylitol monooleate (or mixed ester) and so on.

1.2.2 Types of Emulsion Explosives

1.2.2.1 *Classification of types of emulsion explosives*[12-15]

Currently, there is no general agreement on method for classification of emulsion explosives. In general, emulsion explosives can be classified into two groups of cap-sensitive and non-cap-sensitive according to detonation sensitivity; or put into another two groups of rock-type and permissible emulsions according to usage; or classified according to packing and products form, into five groups: cartridges, bag products, bulk products, liquid emulsive products and mixture of emulsoid and ANFO explosives. Brief discussion of these five types of product is given as follows.

(1) Emulsion explosive in cartridges. Cartridge emulsions are all cap-sensitive and do not require primer. These cartridges are usually produced in factory and can be stored within a relatively long period of time. The packing materials of cartridge are: waxed paper, cloth-covered plastic film, polyethylene, and so on. These products are mainly used in small diameter (25-50mm) cartridges and directly loaded into borehole, where they can be either directly top primed or bottom primed and initiated in an inverse direction by one No. 8 commercial detonator. The EL and RJ series emulsion explosives manufactured in China, Powermex-series emulsion explosives from Atlas Powder Company U. S. A., and some others are typical examples of this type cartridge products.

(2) Bag Emulsion Explosives. Bag emulsions are usually in large diameter and their packing materials are polyethylene plastic bags or kraft paper tubes with cloth-covered plastic film. Most of these bag products are not cap-sensitive and need booster during blasting. These bag products can be either directly loaded into borehole or cut *in situ* and poured into borehole. The EL-106 and CLH series emulsions available in China are this kind bag products.

(3) Bulk emulsion explosives. Bulk emulsion explosives are mostly non-cap-sensitive. They are usually mixed and prepared *in situ* and directly loaded into borehole by mixing-loading truck or pumping truck. Because the types of loading truck used are different, the mixing and loading methods also vary in two forms. The first method, which is called mixing-loading truck method, is to transport raw materials to place near blasting area followed by emulsifying and mixing all materials in the same truck, and then to pump mixed materials into borehole. An example is Gelmaster system and corresponding BL series emulsion explosives manufactured by Canadian Industrial

Limited. The second method, which is called pumping-loading truck method, is to send emulsive base materials, which are emulsified in a stationary factory, to the field and then, on the truck, mix them with sensitizing and other solid materials, and finally to pump all materials into borehole. An example is the EM 182 pumping truck and corresponding Tovex E emulsion explosives made by Du Pont Company, U. S. A.

(4) Liquid emulsoid products. Liquid emulsoid is actually a semifinished product and an emulsion based solution without explosive ingredients. Its mixing and transportation costs are low and it can be transported as ordinary liquid oxidant in the U. S. A. Although it can be directly put into use, under most circumstances it is transported to the field and sensitized and mixed into final product. Tomex E of Du Pont Company, U. S. A is one of such liquid emulsoid products.

(5) Mixture of emulsoid and ANFO explosives. Such mixed products are produced by mixing high energy emulsoid with porous ANFO prills, and the content of emulsoid can be zero to one hundred percent. During bulk loading, energy per meter of borehole for this kind of products can be 40% higher than plain ANFO explosives. When loaded in packages, they can be used in wet hole with certain water resistance. Such mixture is the combination of emulsion explosives with ANFO explosives and is full of vitality. The BME series emulsion prill developed by Beijing General Research Institute of Mining and Metallurgy (BGRIMM) of China and Power AN from Atlas Powder Company, U. S. A are all such mixed products.

1. 2. 2. 2 *Examples of various product types*

Currently, research and development works on emulsion explosives are carried out very vigorously in China, United States, Sweden, Japan, and many other countries; and there are manufacturers (companies) and dealers numbering in the tens, producing about a hundred or more kinds of products. Table 1. 2 just lists some of the varieties.

Table 1. 2　Actual examples of various types of emulsion explosives

Country	Company	Brands			
		Cartridge and bag products	Bulk product	Emulsified ANFO	Emulsion solution
China[16]	BGRIMM	EL-, CLH-, SB-, BSE-, BY-series	CLH B-series EL-106	EME-series	
	Changsha Research Institute of Mining	RJ-series			
	Mining Research Institute of Wuhan Iron & Steel Corp.	WR-5			
	Nanling Chemical Plant	RJ-series		Emulsified ANFO	
	Fushun Institute of Coal Research	Permissible rocktype			
	Fushun Plant No. 11		Surface-111, 112		

Continued 1.2

Country	Company	Brands			
		Cartridge and bag products	Bulk product	Emulsified ANFO	Emulsion solution
United States[12,17,18]	Atlas Powder Co.	Powermex 120, 140 420, 440, 460, 840		Power AN	
	Du Pont Co.	Tovex E, EA, 881	Bulk Tocex E	Special ANFO 25, 50, 70	Tomix E
	Irec Co.	Iremite 22, 42, 62, 82, PX-2	Iregel 312		
Sweden[19]	Nobel	Imarite A, B, K, M	Imarite W, X	Imana	
Canada[15]	CIL		BL-838, 853, 854, 860, 862, 863, 866, 895		

1.3 Development of Emulsion Explosives

As is known to all, in the development of industrial explosives nitroglycerine type and ammonium nitrate type explosives have been competing and developing in two independent, different directions for a century. People have tried hard to lower the sensitivity of dynamite and other nitroglycerine explosives, i. e. , to find a way to increase their safety while keeping their explosion properties. On the other hand, ammonium nitrate explosives have been developing in a direction of increasing detonation sensitivity in order to obtain reliability and effectiveness in usage. In the light of this, emulsion explosive has developed for solving these problems; and its appearance has made two types of explosives develop in the same level. In emulsion explosive system, because contact areas between ammonium nitrate (and other oxidant water solution) and emulsifier, oil-phase materials are large and close; and the distance between oxidant and reductant is close to that between oxidation-reduction groups in molecules of simple explosives, the detonation, initiation, propagation and other explosion properties demonstrate ideal values (for example, emulsions' detonation velocity is close to theoretic value), many of which are different from compound explosives. This is to say that it is quite possible to make the emulsion explosives' general properties reach the level of dynamite but to make their safety similar to ordinary ammonium nitrate explosives and superior to dynamite. Therefore, it is believed that emulsion explosives combine the specific properties of the two types of explosives. Exactly because of this, emulsion explosives are soon generally accepted as a new type of water-resistant industrial explosives and attract wide attention. This is the general situation and the following will briefly discuss major courses in the development of emulsion explosives.

In the process of developing emulsion explosives, their earliest initial form, which was formed by mixing water-in-oil emulsion with ordinary water-bearing slurry explosives, was made in 1961 by R. S. Egly[19] and others of the Commercial Solvents Corporation, U. S. A. and in 1963 N. E. Gehrig of Atlas Chemical Industrial Limited[19], U. S. A. further developed emulsions without slurries. Although these persons individually obtained patents, it was H. F. Bluhm[10] of Atlas Chemical Industrial Limited, U. S. A. , who first fully described the techniques of emulsion explosives. Therefore, it is generally believed that water-in-oil emulsion explosives were first revealed by Bluhm on June 3, 1969. The emulsion explosives revealed by Bluhm, which was non-cap-sensitive emulsions and initiated with the aid of booster charge, neither could satisfy the need for small diameter borehole blasts, nor could be used conveniently in large - diameter boreholes. Later, Atlas Powder Company, Du Pont Company, Imperial Chemical Industries America Incorporation, Ireco Chemicals Incorporation and others in the United States all actively involved in the research work on new types and brands of emulsion explosives, new equipments and techniques, emulsifiers, and so on. And soon progress was made and many patents were published one after the other.

In 1972, G. R. Catermole[20] from Du Pont Company, U. S. A. described a formula and associated preparation method, which increased the detonation sensitivity by using organic amine nitrates (such as nonomethyl amine nitrate), and thereby provided a type of emulsion explosives which can steadily detonate in small diameter—25-76mm (1-3 in)—boreholes.

In 1973, Charles G. Wade[21,22] of Imperial Chemical Industries America Incorporation successively published two patents—emulsions explosives containing entrapped gases and emulsions containing strontium-ion explosion catalyzer, which improved detonation sensitivity of emulsion explosives but required addition of explosive ingredients or explosion catalyzer.

In November of 1973, E. A. Tomic[23] of Du Pont Company published a patent on making free-flowing, water-in-oil emulsion explosives by using ammonium stearate or alkali stearates as emulsifier. The major characteristic here is to use stearates as emulsifier. According to HLB value, they belong to oil-in-water emulsifier whereas Tomic made water-in-oil emulsion explosives from them.

In 1977, Charles G. Wade of Atlas Powder Company put forward emulsion explosives which did not contain explosive sensitizer and other organic amine nitrates sensitizer and could be reliably initiated by a No. 6 blasting cap[24]. This type of explosives, which obtained patents in the United States, Japan, and other countries, has the major features of being cap-sensitive, which is due to sensitizing action achieved by proper grain size and good-quality hollow glass microballoons.

In 1978, Wade was permitted to publish another paper[25] about continuous manufacturing equipment and techniques for water-in-oil emulsion explosives. It should be said that publication of this patent and Wade's paper— "Emulsions Viva la Difference"[26], which was published on the Fourth U. S. Conference on Exlosives and Blasting Techniques held in 1978, showed that emulsion explosives had entered a period of industrial production and field application, and as a new type of water-resistant industrial explosives, they had aroused great interest among people. Afterwards, many new patents on controlling technique for emulsion's density, compound emulsifier, emulsifying equipment and process, field emulsion loading truck, water-free emulsion explosives, emulsion gelatine explosives, emulsion ANFO explosives, and so on were permitted to be published, which showed the rapid development and increasing perfection of emulsion explosive techniques.

Atlas Powder Company, U. S. A was the earliest to realize commercial production of small-diameter, cap-sensitive, and paper-packed emulsion explosives. It is said that this company could provide, in different scale, techniques and complete set of equipment for continuous production of emulsion explosives, loading trucks for open-pit blast jobs, and could produce and sell finished emulsion products of various specifications. Now the number of companies (or research institutes), which can sell technical patents on emulsion explosives, provide consulting service, or manufacture and sell them, has been continuously increasing. The major ones are: Atlas Powder Company, Du Pont Company, Ireco Chemical Limited in the U. S. A., Nitro-Nobel Company in Sweden; Japan Oil, Japan Chemical; Beijing General Research Institute of Mining and Metallurgy (BGRIMM), Changsha Research Institute of Mining, Fushun Coal Research Institute, Longyan Iron Mine No. 201 Plant, Red-Flag Chemical Plant, Nanling Chemical Plant, etc. in China. Among them, Nitro-Nobel Company is the most active in various parts of the world[27].

The fact that surface-active agent can improve the properties of slurry explosives inspired Chinese scientists and technicians to make efforts in finding ways to modify the inner structure of slurries. The full introduction of emulsion techniques soon led to the birth of EL-series emulsion explosives—the first-generation emulsion explosives in China. Using batch production process, a plant capable of producing 1500 t/y EL-series emulsion explosives was first built in Longyan Iron Mine, China. And the products were used in this mine's underground and surface operations for mining or stripping blasts and also in tunneling for "Water Diverting from Luan River into Tianjin" project with satisfactory results. In China, officials and technicians in relevant departments have paid great attention to emulsion explosive techniques, which are developing very quickly. This can be shown mainly in the following aspects:

(1) New types of emulsion explosives (see Table 1.2) which can satisfy the needs for different ore/rock geological conditions and can be used for different blast works are coming out one after the other, and the products'properties are improving and becoming stable all the time, forming series of products with unique Chinese characteristics.

(2) Based on the actual conditions in China, proper production technology and regulation methods have been worked out and both batch production process with matching equipment and continuous production techniques with matching equipments or instruments are now available. In the meanwhile, emulsification parameters and affecting factors for specific emulsion explosive systems have been studied quite thoroughly, and some effective technical ways of improving emulsion's stability have been suggested.

(3) By selecting oil-phase materials and their combinations of different types and viscosities, the outward appearance of emulsion explosives can vary from soft paste to tough, free-flowing

(non-sticking) gelatine. In the same time attentions are paid to mixing emulsions with ANFO explosives (to make them supplement to each other) and to studying, producing, and using emulsion explosive prills. As a consequence, good technical and economical results have been obtained.

(4) In search of proper oil-phase materials, new type and compound emulsifiers, density controlling techniques, and so on, much practical experience has been accumulated and a set of actually feasible technical measures elaborated, which have greatly lowered the production cost of emulsion explosives.

(5) In using emulsions in mining blasts, characteristics of emulsion explosives and proper rules in usage have been gradually established, and different types and certain combination ratios can be selected according to different rock and ore properties so as to achieve good technical and economical results.

Progress of emulsion explosives and their demonstrated favorable performance have gained advantage in competing development of industrial explosives and drawn general attention. However, emulsions have not yet developed for long and there are still many problems to be understood and studied, and, after all, they are new and young type among industrial explosives. In which direction the emulsion explosives will develop and what are the problems to be carefully examined remain questions most people concern about. Comprehensively analyzing main activities concerning emulsion explosives development both in China and abroad, the author gives the following suggestions:

(1) To begin systematic studies on basic theory of emulsion explosives, which should include: (a) study of factors affecting emulsion explosives' stability and other various additives; (b) study on new types (including compound ones) and quality of emulsifier as well as their proper amount of addition; (c) measurement and study of rheological behaviors of emulsion explosive matrix; (d) thorough study of explosion properties and factors affecting them.

(2) To develope production technology and equipment, which should include: (a) continuous emulsification process and associated cooling systems; (b) high-efficiency emulsification equipment, packing machines and dosage-measuring control systems; (c) suitable parameters and controlled conditions for batch production process.

(3) To study on seriation of all types and brands of emulsion explosives, which should include: (a) search for reasonable formulae and cheap, effective raw materials; (b) research on different types and brands compatible with rock and ore properties; (c) study of mutual supplement and combination of emulsion and ANFO explosives to further bring their respective advantages into full play.

(4) To study application techniques, which should include: (a) R & D of mechanized loading (including both surface loading truck and underground mechanical loader) and its proper application; (b) mixed loading of different types of explosives.

References

[1] Wang Xuguang, Foreign Metal Mining Magazine, 10, 1981, pp. 15-23. (in Chinese)
[2] Lex L. Udy etc. , A Preliminary Technical Proposal for the IRECO Site Mixed Slurry System, 1978.
[3] Yun Qingxia *et al.* , Foreign Commercial Explosives for Mining, Metallurgical Industry Press, 1975, pp. 2-7. (in Chinese)
[4] Wang Xuguang, Blasting Materials, 3, 1982, pp. 32-41. (in Chinese)
[5] Lu Hua, Wang Shanhong, Ammonium Nitrate Explosives, National Defence Industry Press, 1970, p. 218. (in Chinese)
[6] Wang Xuguang, Nonferrous Metals (Mining Section), 5, 1979, pp. 45-51. (in Chinese)
[7] Makoto Kimura, Property and Use of Slurry Explosives, Sankaido, 1975, pp. 1-21. (in Japanese)
[8] M. A. Cook, The Science of Industrial Explosives, pp. 1-26, Printed in the United States of America by Graphic Service & Supply, Inc. , 1974.
[9] Wang Xuguang, Metal Mines, 5, 1979, pp. 3-79. (in Chinese)
[10] U. S. Patent, 3 447 978.
[11] Wang Xuguang, Metal Mines, 2, 1980, pp. 24-27.
[12] G. A. Strachan, Tovex E Du Pont Emulsion Explosives, E. I. Du Pont de Nemours & Co. , 1984.
[13] Wang Xuguang, Mining Technology, 6, 1983, pp. 10-17. (in Chinese)
[14] H. A. Bampfield, W. B. Morrey, Emulsion Explosives, Explosives Division CIL, Inc. , 1984.
[15] CIL, Explosives Information Report No. 161.
[16] Chen Jisong, Metal Mines, 8, 1982, pp. 3-8. (in Chinese)
[17] Atlas Powder Co. , Blasting Data Sheet, No. 706-715.
[18] U. S. Patent 4 141 767.
[19] S. Takeuchi, *et al.* , *Journal of the Industrial Explosives Society*, Japan, Vol. 43 (1982), No. 5, pp. 285-293. (in Japanese)
[20] U. S. Patent 3 674 578.
[21] U. S. Patent 3 715 247.
[22] U. S. Patent 3 765 964.
[23] U. S. Patent 3 770 522.
[24] U. S. Patent 4 149 916-7.
[25] U. S. Patent 4 138 281.
[26] Charles G. Wade, Proceedings of the Fourth Conference on Explosives and Blasting Technique, 1978, pp. 222-233.
[27] Wang Xuguang *et al.* , Optimal Exploitation of Solid Mineral Resources, Vol. Ⅲ, Round Table Ⅲ, 304, 12th World Mining Congress, 1984, pp. 1-10, 12.

2 Surface-Active Agents

It is well known that surface-active agents play a very important part in both preparing and stabilizing emulsion explosives. Therefore, a brief description is needed of such agents. Here in this book only the fundamentals of these agents are discussed because the space is limited and the agents are developing rapidly with so many varieties.

2.1 Surface Activity and Surface-Active Agents

2.1.1 Surface activity

It is obvious that when one substance (oil, for example) is dispersed as droplets in another liquid (water, for example), its interfacial area will increase considerably. For instance, when 10 mL oil is dispersed in water forming droplets of 0.1μm radius, its interfacial area will increase to about $300m^2$, i.e. one million times the original area[1]. Thus, the surface and interfacial features will exhibit very important functions while the system energy changes remarkably.

2.1.1.1 *Surface free energy*

As shown in Fig. 2.1, a surface molecule and an interior molecule of a substance have different energy because of different surroundings. The molecule *A* is located in the liquid without doing work because of its surrounding molecules showing the same acting forces upon it due to the counter-action. But the molecule *B* on the surface is a different case, it is subjected to a larger attraction of the interior molecules and a smaller attraction of the exterior gas (usually air), i.e. molecules on the surface layer are subjected to a inward pulling force, resulting in the trend of a liquid surface towards spontaneous shrinkage. If the molecule A is to be moved from the interior towards the surface, some work should be done against the attraction, i.e. the energy of surface molecule is larger than that of interior one. Increasing the surface of a system requires some

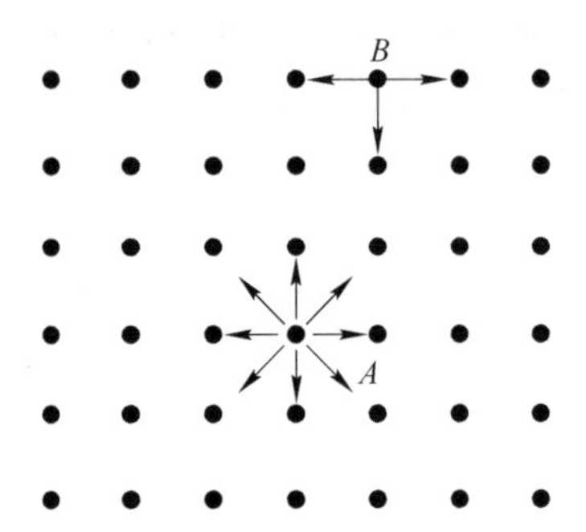

Fig. 2.1 Scheme of forces acting on molecules in the interior and on the surface of a liquid

work to be done, which will increase the total energy of the system. Changes in surface area and calculated values of surface free energy of different-sized cubic particles, cut apart from a 1 cm^3 cube, are given in the Table 2. 1.

Table 2. 1 Changes in the surface area and free energy of a cube cut to different sizes

Length of cubic side, cm	Number of cubes after cuts	Total surface area, cm^2	Total surface free energy Joule
1	1	6	4.37×10^{-5}
1×10^{-1}	10^3	60	4.37×10^{-4}
1×10^{-2}	10^6	600	4.37×10^{-3}
1×10^{-3}	10^9	6000	4.37×10^{-2}
1×10^{-4}	10^{12}	6×10^6	4.37×10^{-1}
1×10^{-5}	10^{15}	6×10^7	4.37×1
1×10^{-6}	10^{18}	6×10^8	4.37×10
1×10^{-7}	10^{21}	6×10^9	4.37×10^2

It can be seen from Table 2. 1 that the smaller size a cube is cut to, the larger the surface area and the higher the surface free energy, and thermodynamically more unstable the system will be.

Physically, surface free energy (γ) means the increment of energy of a system under defined conditions when the surface area of the system is enlarged by a unit. Its unit usually is J/cm^2 or $J \cdot cm/s^2 \cdot cm$.

From the point of view of energy, and comparing the difference between the molecules on the surface and those in the interior of a liquid, we have introduced the concept of surface free energy as discussed above. Considering the differently acting forces, a concept of surface tension can also be introduced. Its unit being 10^{-5} N/cm. That is to say, surface tension can be understood as the force acting upon a unit length along the surface of liquid. It should be noted that surface tension and surface free energy are essentially the same although they are introduced from different points of view. They are all resulting from heterogeneous forces acting upon the molecules on the surface layer of a substance, being the same both in value and dimension. Therefore, both can be used at will in the study of surface characteristics of liquid. Values of surface tension of common liquids and oils are given in Table 2. 2.

Table 2. 2 Surface tension of common liquids and oils at 20℃, dynes/cm

Mercury	485.0×10^{-5}	Chloroform	27.13×10^{-5}
Water	72.80×10^{-5}	Carbon tetrachloride	26.66×10^{-5}
Acety lene	49.67×10^{-5}	Ethyl caproate	25.81×10^{-5}
Tetrabromide nitrobenzene	43.38×10^{-5}	Methyl propyl ketone	24.15×10^{-5}
Nitromethane	36.82×10^{-5}	Diisoamyl	22.24×10^{-5}
Beomobenzene	36.26×10^{-5}	*n*-Octane	21.77×10^{-5}

Continued 2. 2

Chloracetone	35. 27×10^{-5}	n-Hexane	18. 43×10^{-5}
Oleic acid	32. 50×10^{-5}	Ethyl ether	17. 10×10^{-5}
Carbon disulfide	31. 38×10^{-5}	Cator oil+	39. 0×10^{-5}
Benzene	28. 86×10^{-5}	Olive oil+	35. 8×10^{-5}
Caprylic acid	28. 82×10^{-5}	Cottonseed oil+	35. 4×10^{-5}
Toluene	28. 4×10^{-5}	Liquid petrolatum+	33. 1×10^{-5}
n-Octyl alcohol	27. 53×10^{-5}		

It should be noted that the values of surface tension given in Table 2. 2 are values only for the plane surface of a liquid, since surface tension is dependent upon the curvature of a droplet. As shown in Fig. 2. 2, on a plane surface or on curved surface the same droplet is subjected to different forces. In the case of plane surface, attractions on both sides acting upon a molecule are counteracting while they become a composite force in the case of curved surface. So it is evident that the smaller the curvature, the greater the composite force, i. e. the smaller the curvature radius R of a droplet, the higher the surface tension or surface free energy.

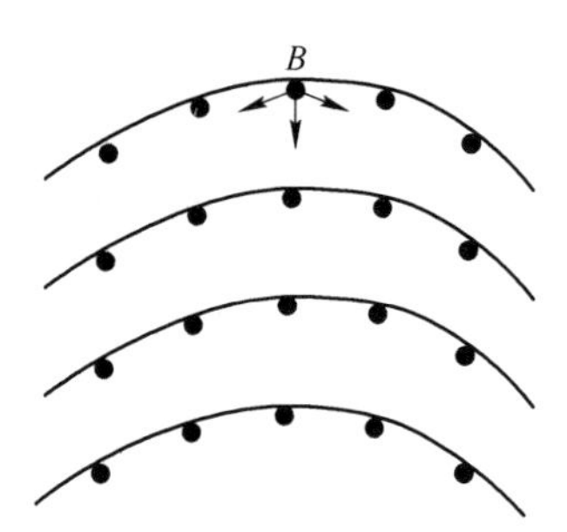

Fig. 2. 2 Force acting upon the molecule on a curved surface

It is known that the steam pressure of a droplet is the pressure value of gas phase under the balance of two phases. When the curvature of surface and the surface tension become bigger, the interior attraction towards the molecule on the surface layer will be higher and, consequently, the steam pressure to counteract it will surely become higher. The following figures are the P_R/P values corresponding to the decreasing radius R of a droplet at 2333. 14Pa steam pressure and 20℃

R, cm	P_R/P
10^{-4}	1. 001
10^{-5}	1. 011
10^{-6}	1. 111
10^{-7}	2. 950

where P_R is the value of balanced steam pressure of a droplet of radius R, and P is the balanced steam pressure of a plane droplet, i. e. 2333. 14Pa.

It can be seen from the above figures that the influence of droplet radius on the steam pressure is considerable, which can be proved thermodynamically. The relation between P_R and P can be expressed by the equation:

$$\frac{P_R - P}{P} = \frac{2\gamma m}{R'TDR} \tag{2.1}$$

where γ is surface tension, m is relative molecular mass, D is specific gravity, R' is constant, T is absolute temperature, and R is radius of the droplet.

The surface free energy is also connected with temperature. The surface tension of most liquids tends to drop down with temperature going up. For instance, the surface tension of water is 7.28×10^{4} N/cm at 20℃, but it will be 6.618×10^{-4} N/cm at 56℃. This is easily understood from the molecular theory. Since the temperature rises, the kinetic energy of surface molecules will consequently go up, which is beneficial for them to get rid of the attraction of the bulk liquid. When the temperature of a liquid approaches to the critical one, the coherence between molecules approaches zero, and so does the surface tension. Ramsay and Shields[2] suggested the following relationship:

$$\gamma(Mv)^{2/3} = k(T_c - T - d) \tag{2.2}$$

where M is relative molecular mass, v is specific volume, T_c is critical temperature of liquid, k is universal constant, which is 2.2 for the non-polar liquid, and d is constant, which is about 6.0.

Eq. (2.2) shows that the surface tension value of a liquid becomes zero when the practical temperature T is 6℃ lower than the critical one.

The surface tension of a substance is dependent upon the molecular characteristics of the substance itself. Generally, if both polarity and relative molecular mass of a molecule are higher, the value of surface tension becomes higher due to the higher attraction of interior molecules towards those at the surface layer. Among substances of similar relative molecular mass, the higher the polarity of molecules, the higher the surface tension will be. For instance, the relative molecular mass of water is only 18, but its value of surface tension reaches 72.8×10^{-4} N/cm. This is caused by the permanent dipoles of water molecules, which strengthen the attraction of interior molecules towards those at the surface. It can be seen from the surface tension values of n-octyl alcohol, n-octane and n-hexane given in Table 2.2 that they are decreasing successively in line with the decreasing polarity of molecules. As for the homologs, the relative molecular mass is increasing with the surface tension.

2.1.1.2 *Interfacial tension*

Interface is formed when different substances are in contact. The situation of liquid-gas interface has been discussed as above. However, the interfacial tension between different liquids (for example, water and oil) is more important to emulsion explosives. Now we will discuss the situation of molecules between interfacial layers, which are subjected to forces. Usually, surface tension is concerning liquid-gas interface, where forces acting upon molecules are mono-directional and oriented inwardly, because the attraction of gas molecules is negligible. However, the liquid-liquid interface is another case, where molecules at the interfacial layer are subjected to the acting forces of two liquids. Due to the unbalance of the forces acting from two sides, interfacial tension comes from the added value of vectors. Values of interfacial tension of selected liquids against water at 20℃ are given in Table 2.3.

Table 2.3 Interfacial tension of selected liquids against water at 20℃, N/cm

Mereury	375.0×10^{-5}	Nitrobenzene	25.66×10^{-5}
n-Hexane	51.10×10^{-5}	Ethyl caproate	19.80×10^{-5}
n-Octane	50.81×10^{-5}	Oleie acid	15.59×10^{-5}
Carbon disulfide	48.36×10^{-5}	Ethyl ether	10.70×10^{-5}
Carbon tetrachloride	45.0×10^{-5}	Nitromethane	9.66×10^{-5}
Brombenzene	39.82×10^{-5}	*n*-Octhl alcohol	8.52×10^{-5}
Acetylene tetrabromide	38.82×10^{-5}	Caprylic acid	8.22×10^{-5}
Toluene	36.1×10^{-5}	Chloracetone	7.11×10^{-5}
Benzene	35.0×10^{-5}	Methyl propyl ketone	6.28×10^{-5}
Chloroform	32.80×10^{-5}	Olive oil	22.9×10^{-5}

From the figures given in Table 2.2 and Table 2.3 it can be seen that the interfacial tension of some substances (e.g. mercury, oleic acid, ether, *n*-octylic acid, *n*-octyl alcohol, etc.) with water is smaller than their surface tension, while values of the interfacial tension of other substances (e.g. *n*-hexane, *n*-octane, benzene, dimethyl benzene, carbon disulfide, etc.) with water are larger than those of their surface tension. That is to say, the interfacial tension of polar substances with water is smaller than their surface tension, but that of non-polar substances with water is greater than their surface tension. In the first case, the interfacial tension becomes smaller because molecules at the interface are subjected to the attraction of liquids on both sides, resulting in partial counteracting; in the second case, however, molecules at the surface layer are subjected to repulsion on one side and attraction on the other side, leading to higher values of interfacial tension.

For quantitative explaining the relationship between surface tension and interfacial tension, here are introduced two concepts: adhesion and cohesion.

As shown in Fig. 2.3(a), if a pure liquid column is pulled apart at the surface S, two new surfaces will be formed. The work done in this moment is 2γ; this work is defined as the cohesion work of this liquid, expressed in W_C. As shown in Fig. 2.3(b), when two different liquid columns are in contact, the interfacial area is 1 cm^2 and interfacial tension γ_{12}. If these two liquid columns are pulled apart at S, two new surfaces are also formed, the surface tensions being γ_1 and γ_2 respectively. The work W_A done in this moment is called the adhesion work between two surfaces, which can be expressed by the following equation[3]:

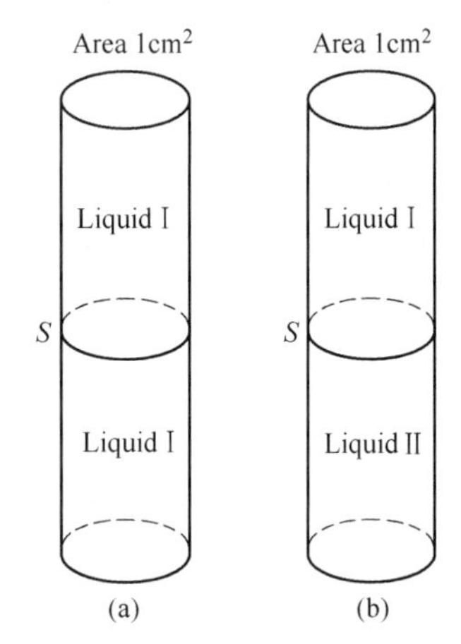

Fig. 2.3 Work done when liquid columns pulled apart[3]
(a) Pure liquid column;
(b) Column of different liquids

$$W_A = \gamma_1 + \gamma_2 - \gamma_{12} \tag{2.3}$$

Strictly speaking, Eq. (2.3) is applicable only to totally immiscible liquids; however, in fact no such liquids exist. For systems where mixing characteristics cannot be undervalued, Antonoff proposed a rule[4] to express the relationship between interfacial tension and the two surface tensions as follows:

$$\gamma_{12} = \gamma_1 - \gamma_2 \tag{2.4}$$

where γ_1, γ_2 are not the values of surface tension of pure liquids but those of liquids saturated by another one. Such system is typical for most cases but exceptions also exist[5].

A few substances insoluble in water can spread on the water surface, forming a special interface. The spreading degree depends upon the relative values of adhesion work (W_A) and cohesion work (W_C) done between two liquid phases. When $W_A > W_C$, they can spread; when $W_A < W_C$, they cannot spread. If we suppose $S = W_A - W_C$, then the spreading happens when $S > 1$ and does not when $S < 1$; where S is called the coefficient of spreading. Values of the spreading coefficient of selected substances on the water surface are given in Table 2.4.

Table 2.4 Spreading coefficient *S* for selected liquids on water surface at 20℃

Ethyl ether	45.0	Benzene	8.94
Methyl propyl ketone	42.37	Diisoamyl	3.76
n-Octyl alcohol	36.75	Nitrobenzene	3.76
Caprylic acid	35.76	*n*-Hexane	3.27
Chloracctone	30.42	Carbon tetrachloride	1.14
Ethyl caproate	27.19	*n*-Octane	0.22
Nitromethane	26.32	Brombenzene	-3.28
Oleic acid	24.71	Carbon disulfide	-6.99
Olive oil	14.1	Acetylene tetrabromide	-15.74
Chloroform	12.87	Mereury	-787.0

2.1.2 Surface active agents

2.1.2.1 *Surface characteristics of solution*

From studies on the surface tension of a number of solution it is found that, when a solute is put into water, the surface tension will change with the solute concentration in three patterns[6] as roughly shown in Fig. 2.4. Generally, these curves are drawn under isothermal conditions, so called isothermal curves.

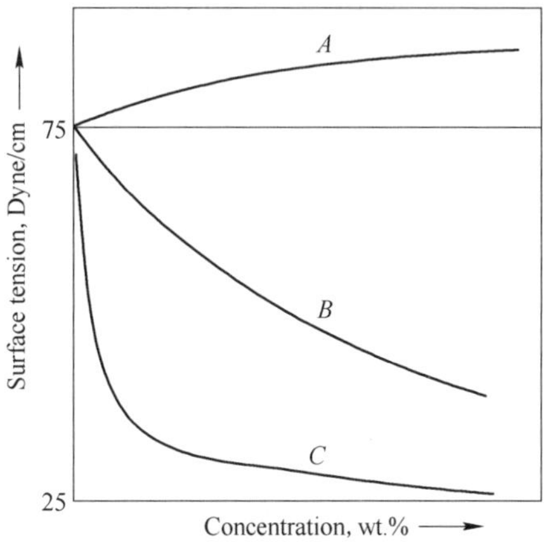

Fig. 2.4 Major patterns of surface tension-concentration curves[6]

It can be seen from Fig. 2.4 that in the first case the surface tension of water is going up with increasing solute concentration in roughly straight line (curve *A*); in the second case the surface tension is dropping down with increasing solute concentration (curve B); and in the third case, the surface tension drops quickly at initial stage (when the concentration is very dilute) and to a certain concentration it changes negligibly (curve C). Based on large quantities of experimental data solutes can be correspondingly classified into three categories. Examples are cited as follows.

(1) Solutes of category A: NaCl, Na_2SO_4, KOH, NH_4Cl, KNO_3 and other inorganic salts, and organic substances such as sucrose and mannite.

(2) Solutes of category B: Most organic compounds such as alcohols, aldehydes, acids and esters.

(3) Solutes of category C: Soap, organic acids and alkalies of straight chain above C_8, metallic soaps, high carbon and straight chain alkyl sulfate or sulfonate, benzene sulfonate, etc.

As a common rule, substances which can markedly reduce the surface tension of water are called surface active agents[7] or surfactants; on the other hand, those which can increase or slightly reduce the surface tension of water all called nonsurfactants.

Surely, in a broad sense, if substance A can reduce the surface tension of substance B, substance A can be called the surfactant for substance B. However, surfactants are generally referred to their activity towards water, without extra exlanation. In case other liquid is concerned, it should be specified.

Generally, all substances which can remarkably reduce the surface tension of water have, to some extent, such abilities as emulsification, detergency, foaming and wettability. And substances of low relative molecular mass have no such abilities if they do not markedly reduce the surface tension of water, and therefore they have no considerable value of practical use. For example, CH_3OH, HCOOH, CH_3NH_2, etc. do reduce the surface tension but unremarkably, so they rarely exhibit the abilities as mentioned above. The effect of the concentration of low relative molecular mass homologs of fatty acid upon the surface tension of water is shown in Fig. 2. 5.

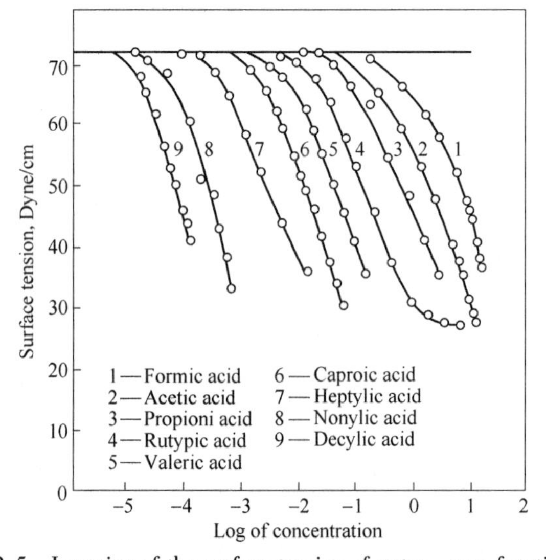

Fig. 2. 5 Lowering of the surface tension of water, as a function of concentration, by the homologous series of lower fatty acids[7]

It can be known from Fig. 2. 5 that in the case of diluted homologous solutions, in order to reduce the surface tension by the same amount, the necessary concentration of solution is reduced by 1/3 per each $—CH_2$ added into the molecules[8]. The reason is that the molecules of surfactants are orientedly adsorbed onto the water-gas interface while polar groups of homologs oriented towards water. Since the polar groups of fatty acid are all —COOH with different length at carbon chain, the hydrophobicity is getting higher with elongated $—CH_2$, leading to reduced attraction of the interior polar molecules of water, and therefore the surface tension drops down.

Most practice has shown that molecules of surfactants exist at the water surface as monomolecular film. For instance, molecules of stearic acid can be compressed along water - gas interface by a hydrophilic balance instrument. Fig. 2. 6 shows the relationship between the film area and the compressive force. At initial stage when the area is large enough, the area can be compressed by only a slight force (see Fig. 2. 6, section *ab*) . Then suddenly, a slight compression of the film area requires much enhanced force (see Fig. 2. 6, section *bc*) . At last the section is nearly plane, which demonstrates that further compression of the area requires no markedly increased force. The above mentioned experimental results can be explained by the molecular arrangement. Molecules of stearic acid in the surface film at section *ab* are crowded closer and closer, and closest until the point *b*, which requires much added force to slightly compress them. Finally, the film will buckle or even collapse, therefore, nowhere can further force be applied. Strain lines can be seen on the film before it is fractured.

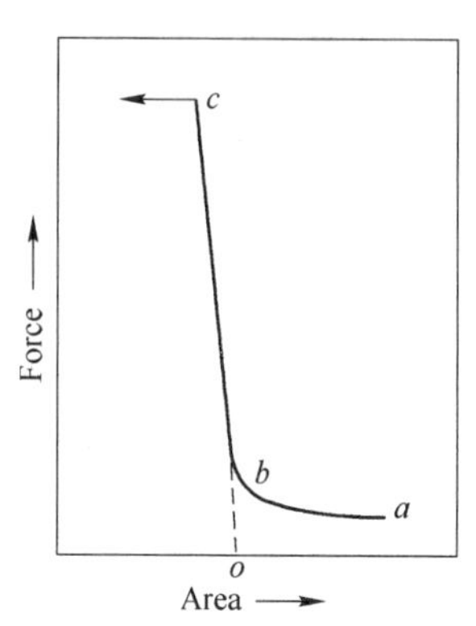

Fig. 2. 6 Typical compressive force-area curve for monomolecular film (such as the film of saturated fatty acids)

Extending section *cb* to point *o*, the area of the most densely packed monomolecular film can be calculated. For pure substances, we can determine the number of molecules in the film. Suppose the weight of the film mass is W, its relative molecular mass M, then the number of molecules $N=(W/M) \cdot N_A$. where N_A is Avogadro number (6.023×10^{23}) . From this we can know the area occupied by each molecule, and calculate the cross-sectional area of each molecule.

Cross-sectional areas of single molecules of various long chain compound are given in Table 2. 5. Structure of these compounds is $C_nH_{20+1}X$, where X is varying. For these compounds to be detected, n must exceed a certain number (10-17) .

Table 2. 5 Area per molecule for condensed films of compounds $C_nH_{2n+1}X$

Series	End group X	Area/molecule, Å^2
Fatty acids	—COOH	20. 5
Dibasic esters	$—COOC_2H_5$	20. 5
Amides	$—CONH_2$	20. 5
Methyl ketones	$—COCH_3$	20. 5

Continued 2.5

Series	End group X	Area/molecule, Å^2
Triglycerides (area per chain)	$—COOCH_2$	20.5
Esters of saturated acids	—COOR	22.0
Alcohols	$—CH_2OH$	21.6
Phenols, and other simple	$—C_6H_5OH$	24.0
p-substituted benzene	$—C_6H_5OCH_3$	24.0
Compounds	$—C_6H_5NH_2$	24.0

From the data in the above table it can be seen that the cross-sectional areas of a number of different homologous compounds are very close. Areas of many compounds are 20.5Å^2, and those of the opposite derivatives of benzene are 24Å^2. These molecules have a common feature, i.e. their structure includes both polar and non-polar parts. The polar part is composed of hydrophilic groups easily soluble in water, while non-polar part composed of hydrophobic groups, i.e. C—H chain, which are insoluble in water. Fig. 2.7 demonstrates such structure for stearic acid[9].

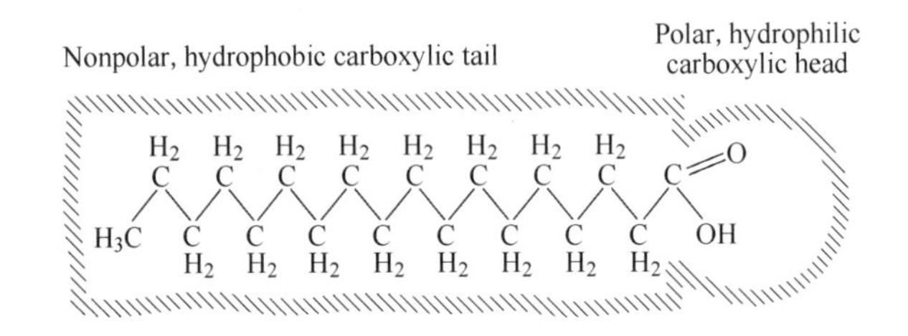

Fig. 2.7 Scheme of the structure of amphipathic molecule (stearic acid)[9]

Now using what is shown in Fig. 2.7 we can more straight-forwardly explain the curve in Fig. 2.6. As shown in Fig. 2.8, the film of stearic acid is totally spread with the molecules irregularly arranged but oriented to some degree. That is to say, most carboxylic heads are "immersed" in water while non-polar hydrocarbon tails lean out of or over the water surface (that is the point *a* in Fig. 2.6). When the film is compressed, the surface area is consequently confined, all available space area is occupied by the polar groups due to their hydrophilicity, and finally all molecules are crowded in order (i.e. point *b* in Fig. 2.6) as shown in Fig. 2.9. In this moment amphipathic molecules are so arranged that polar heads are all immersed in water while hydrocarbon tails stand straightly. From this it can be understood that in fact 20.5 Å^2 in Table 2.5 is the cross-sectional area of hydrocarbon chain. Similarly, 24.0Å^2 is the cross-sectional area of benzene ring. The area of alcohols and esters is larger than 20.4Å^2, probably due to the formation of hydrogen bond.

Since the total volume of the film is usually known and its area can be accurately calculated, its thickness is not difficult to calculate. For instance, the length of hydrocarbon chain of stearic acid is thus calculated at 27.5Å, which is in compliance with the value calculated for the same length from the known *C-C* distance in saturated hydrocarbons.

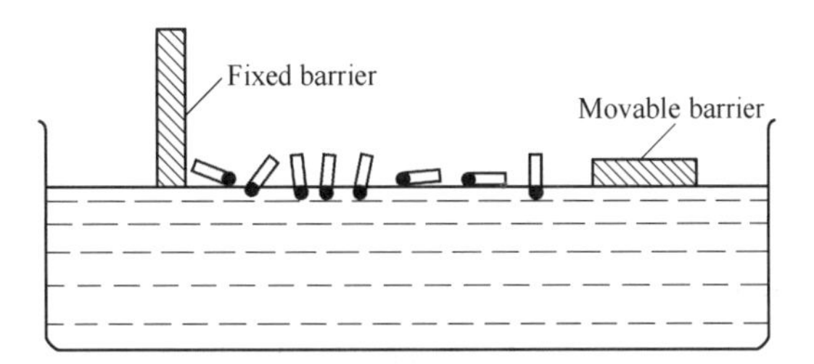

Fig. 2. 8 Fully expanded monomolecular film of stearic acid[1]

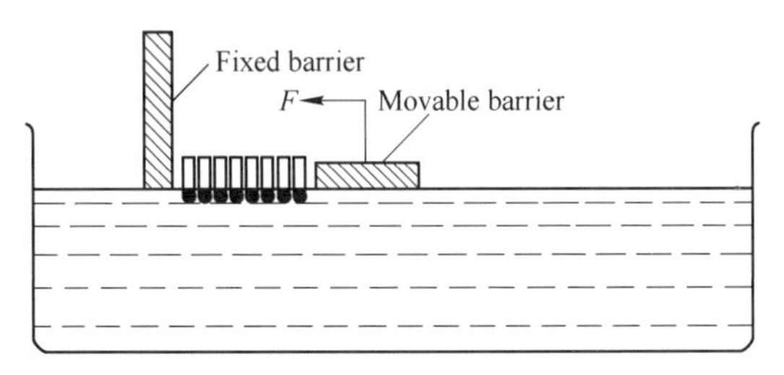

Fig. 2. 9 Fully compressed monomolecular film of stearic acid[1]

2. 1. 2. 2 *Classification of surfactants*

As discussed above, usually those substances which, in small dosage, can markedly reduce the surface tension of water are called surfactants. However, this definition applies to all surfactants of lower relative molecular mass, but not always to those of higher relative molecular mass. This is because many substances of higher relative molecular mass, although cannot reduce the surface tension of water to a considerable extent, are also excellent surfactants, because they exhibit such abilities as emulsification, wetting, foaming, and solubilization. Therefore, Tsunetaka Sasaki[7] suggested the following definition: all substances which, in small additions, can markedly change the surface characteristics of water are surfactants.

Surfactants are classified in many ways. Here discussed are only more common and convenient ways: by ionic type, and by relative molecular mass. For more detailed classification and features of surfactants please refer to relavent literatures[10-13].

(1) Classification by ionic type: Surfactants which can ionize and release ions in water solution are classified as ionic surfactant, while those which cannot do so as nonionic ones. And ionic surfactant in turn are subdivided into anionic, cationic and ampholytic or zwitterionic types.

1) Nonionic surfactants: These surfactants cannot ionize in water. They are formed by adding —OH, $—CH_2 \cdot CH_2 \cdot O$, etc. to hydrophobic groups. Since these groups are weakly hydrophilic, usually several such groups are added to one hydrophobic group to obtain the surface activity desired. Typical such groups are mono-glyceride of fatty acid

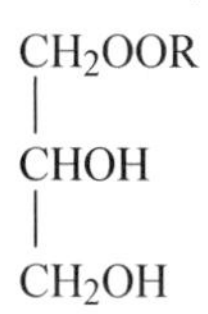

polyoxyethylenated ether of higher alcohols

$$R-O-(CH_2-CH_2-O)_nH, \text{ etc.}$$

The nonionic surface active emulsifier is a kind of emulsifier which has the largest variety for the time being, develops in the fastest pace and also enjoys the widest use in emulsion explosives both in China and abroad. Special description will be given of this kind of emulsifier later.

2) Cationic surfactants: When these surfactants are dissolved in water, the dissociated active groups are hydrophobic cations. Considering the molecular structure, it can be understood that the hydrogen in ammonia is replaced by suitable hydrophobic groups. A typical example of this kind of surfactant is trimethyl-alkylamine-bromide, its form of dissociation is as follows:

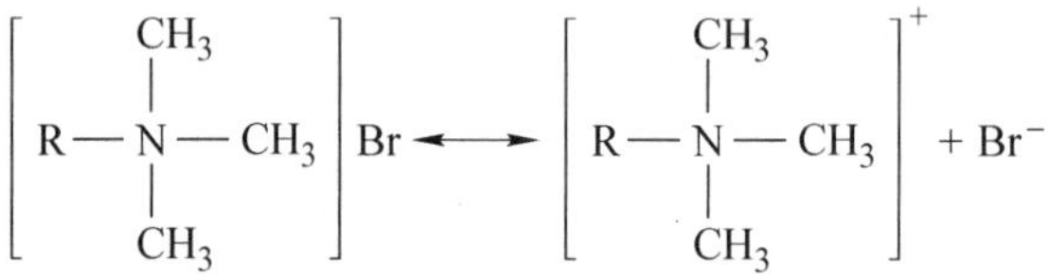

$$\left[R-\overset{\displaystyle CH_3}{\underset{\displaystyle CH_3}{\overset{|}{\underset{|}{N}}}}-CH_3 \right] Br \longleftrightarrow \left[R-\overset{\displaystyle CH_3}{\underset{\displaystyle CH_3}{\overset{|}{\underset{|}{N}}}}-CH_3 \right]^+ + Br^-$$

Cationic surfactant are mainly used in pesticides, although they are also used in emulsification and solubilization. However, their application in emulsion explosives has just started.

3) Anionic surfactants: When anionic surfactants are dissolved in water, their dissociated hydrophilic groups in water are anions, which will connect to the hydrophobic groups. Typical examples are fatty acid sodium and sodium alkylbenzene sulfonate, etc.

Fatty acid sodium: $RCOONa \longleftrightarrow RCOO^- + Na^+$

Sodium alkylbenzene solfonate:

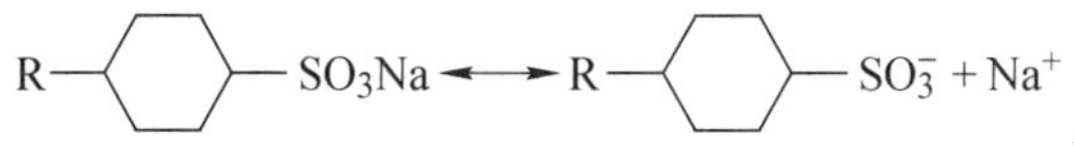

$$R-C_6H_4-SO_3Na \longleftrightarrow R-C_6H_4-SO_3^- + Na^+$$

Many surfactants of this kind are used as detergent, emulsifier, and solubilizer. In the field of emulsion explosives, anionic surfactants are used mainly as crystal modifier and complex emulsifier. For example, sodium dodecyl sulfate is widely used in emulsion explosives made in China, with marked results.

4) Ampholytic surfactants: In a broad sense, this kind of surfactants includes all agents whose molecule contains both anions and cations, or nonions and cations or anions, which exhibit characteristics of two kinds of ion. However, they are customarily referred to as the first kind, i. e. surfactants composed of both anions and cations. In other words, in their molecular structure exist ions of opposite properties.

Generally, it is advantageous to classify surfactants according to the ionic type, because each ionic surfactant has its own characteristic features, and its scope of application can be predicted based on the knowledge of its type. From the point of view of practical use, surfactants used for emulsification and detergency are mostly anionic and nonionic. In fact, emulsifiers used in emulsion explosives are almost nonionic type.

There is no great variety of hydrophilic groups in various surface-active agents, the more important ones are listed in Table 2. 6.

Table 2.6　Classification of surfactants according to hydrophilic groups

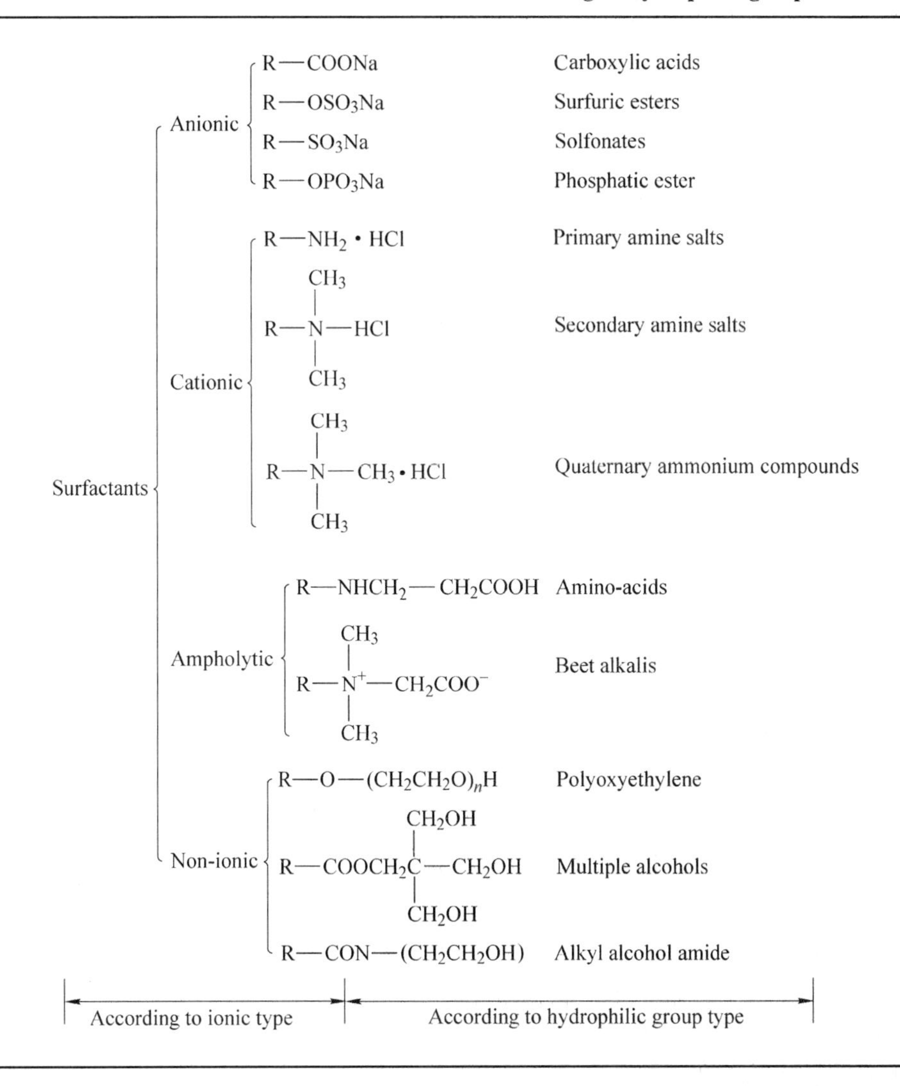

It should be recognized that the list of hydrophilic groups is not complete, but includes almost all for commercial use. The variety of hydrophobic groups is even more simple, and generally involves only fatty hydrocarbons and aromatic hydrocarbons. For further subdivision, the difference resides only in the number of carbon atoms contained in molecular chains, and in the position of hydrophilic groups against hydrophobic ones, i. e. in the end or in the middle of the chains.

(2) Classification by relative molecular mass[14].

1) Lower molecular surfactants: These surfactants possess relative molecular mass around 200–1000, and find wide application in industry. Examples are sorbitan mono-oleate, glycerin monoester, lauryl alcohol sodium sulfate, etc.

2) Medium molecular surfactants: They have relative molecular mass about 1000–10000, for example, linked copolymers. These surfactants exhibit the common properties of those of lower relative

molecular mass, but some of higher relative molecular mass have more or less the properties of high molecular surfactants. The typical representative is polyoxypropylene · polyoxyethylene ether.

$$HO(C_2H_4O)_a \cdot (C_3H_6O)_b \cdot (C_2H_4O)_cH$$

where a, b, c=20−80.

3) High molecular surfactants: These agents possess molecular weight above 10000, and generally have no ability to markedly reduce the surface tension of water. But they do exhibit specific abilities in emulsification, solubilization, etc. Future development is expected in this field.

Moreover, from the point of view of practical use, surfactants can also be classified into emulsifier, solubilizer, foamer, defoamer, detergent, anti - static agent, pesticide, penetrating agent, wetter, etc.

2.1.3 Nonionic surfactants[15]

One of the principal uses of nonionic surfactants is as emulsifying agent; this is now the largest and fastest growing group among emulsifying agents. Since these agents are nonionic, they are independent of water hardness and pH value. Moreover, the effectiveness of the hydrophobic and hydrophilic portions of the molecule can often be modified, so that a most suitable emulsifier can be tailor-made for a particular application. It is well known that an emulsifier is one of the key components in emulsion explosives. At present, emulsifying agents in the widest use and greatest amounts for emulsion explosives are various nonionic surfactants. For better choice of an emulsifying agent to make emulsion explosives, it is necessary to give further description of nonionic surface-active agents. Practice has shown that for describing these surfactants it is most convenient to classify them according to the hydrophilic groups into two types: polyglycol and polyatomic alcohol.

2.1.3.1 *Polyglycol types*

Plyglycol type is also called polyoxyethylene type. Compounds of this kind are formed by the reaction of a hydrophobic hydroxyl (OH) containing compound (e.g. an alcohol or phenol) with ethylene oxide or propylene oxide. This reaction is a kind of polymerization.

The ethylene or propylene oxide may be added to any extent desired. Obviously, for a given hydrophobic group, the number of ethylene oxide groups added affects the solubility and surface activity of the product resulted. For example, the hydrophilic group of polyglycol ether from higher alcohols,

$$R—O—(CH_2CH_2O)_n—H$$

consists of ether bond and hydroxyl group, its hydrophilicity is limited because there exists only one hydroxyl group (—OH) near the molecular end. Therefore, its hydrophilicity develops mainly by the combination of ether bond (—O—); as a result, the larger the number of ethylene oxide molecules added to the hydrophobic group, i.e. the larger the n and the more the number of combined ether bonds, the higher the hydrophilicity and the solubility in water.

Since these are polymeric products, a kind of compound nominally containing n number of ethylene oxide units per hydrophobic group, actually contains a series of such groups, with a distribution peaking at the normal value n. The form of this distribution is controlled by the mode of manufacture. The products of different manufacturers, though have same name and n-value, may have quite different properties. Different lots from the same manufacturer may also vary. Therefore, this must be kept in mind when using these surfactants.

At present there is a considerable variety of this type products available in China[16]. They are mostly polyoxyethylene alkyl ether, polyoxyethylene alkyl phenyl ether, polyoxyethylene alkyl ester and polyoxyethylene alkyl amine, which are the addition products or adducts of polyoxyethylene (CH_2—CH_2 bridged by O) to higher fatty alcohols, alkylphenol, higher fatty acids and higher fatty amine, respectively. Their molecular structures are:

$$R—O—(CH_2CH_2O)_n—H,$$
(Commonly called POEAE)

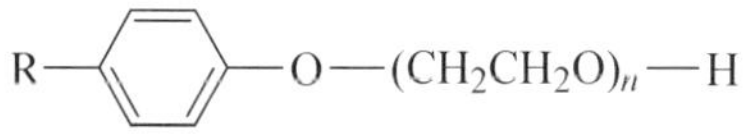

$$R—C_6H_4—O—(CH_2CH_2O)_n—H$$
(Commonly called on)

$$RCOO—(CH_2CH_2O)_n—H,$$
(Commonly called SG)

$$R—N\begin{cases}(CH_2CH_2O)_p\\(CH_2CH_2O)_q\end{cases} \quad p+q=n$$
(Commonly called Ninol)

Emulsifiers of POEAE (polyethylene alkyl ether) type mostly belong to polyoxyethylene fatty alcohol ether. Useful compounds can be obtained by reaction of oleyl alcohol with 6-8 mole ethylene oxide. For instance, the adduct of 15 mole polyoxyethylene is POEAE O, which is the earlier type of nonionic surfactant produced outside China, its structure being

$$C_{17}H_{33}O—(CH_2CH_2O)_{15}—H$$

In addition to oleyl alcohol, commonly used compounds include lauryl alcohol, hexadecanol, whale shot alcohol, and so on. These surfactants have a disadvantage of being dissociated under alkaline conditions or at temperature above 180℃.

OП type emulsifiers are a kind of polyoxyethylene alkylphenol, such as the adduct of polyoxyethylene to nonaphenol, i. e.

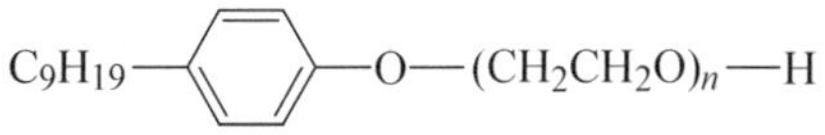

$$C_9H_{19}—C_6H_4—O—(CH_2CH_2O)_n—H$$

It will be OП-4, when $n=4$, OП-7, when $n=7$, OП-10 when $n=10$. OП-4 is more oleophilic and difficult soluble in water while OП-10 and OП-7 are hydrophilic and possess good penetration and detergency power, often used as emulsifier.

Fatty acid can also be polyoxyethylated, forming polyoxyethylene fatty ester, e. g. polyoxyethylene ester of stearic acid:

$$C_{17}H_{35}COO—(CH_2CH_2O)_n—H$$

where n usually rang between 15 to 20. Since ester bond is easily hydrolyzed, these compounds will hydrolyze in a strong alkaline medium and form soaps.

Polyglycol chain's chemical formula may be written as a straight line, but the real patterns of its molecule are not the case. It has saw-tooth form when there is no water, and has mainly zigzag form when dissolved in water, as shown in Fig. 2. 10.

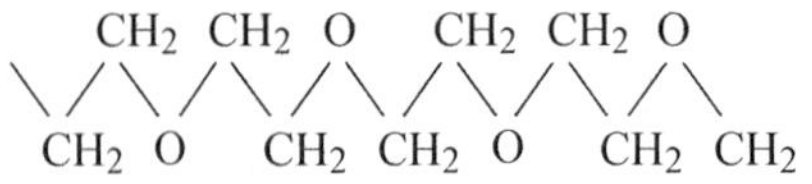

```
    CH2 CH2 O    CH2 CH2 O
 \/\/\/\/\/\/\/\/\
  CH2 O   CH2 CH2 O   CH2 CH2
```

(a)

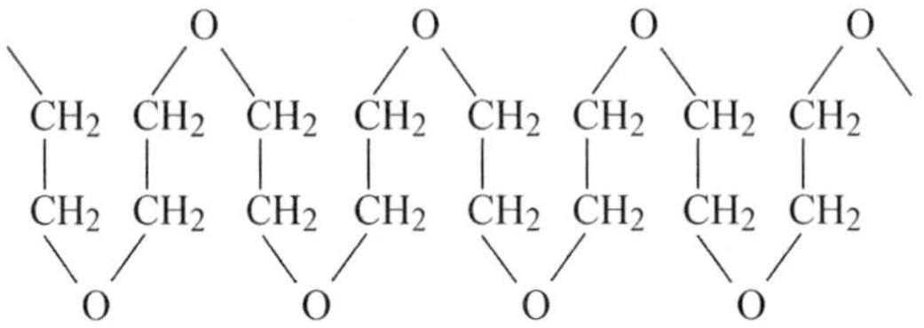

```
      O         O         O         O
 \   / \       / \       / \       / \
 CH2 CH2 CH2 CH2 CH2 CH2 CH2 CH2
 |    |   |    |   |    |   |    |
 CH2 CH2 CH2 CH2 CH2 CH2 CH2 CH2
   \ /       \ /       \ /       \ /
    O         O         O         O
```

(b)

Fig. 2. 10 Form of the surfactants of polyglycol type

(a) Saw-tooth form (without water); (b) Zigzag form (in water solution)

Polyglycol chain exhibits hydrophilicity because the oxygen atoms combine with water relatively laxly in the ether bond. The oxygen atoms in the ether bond combine with the hydrogen in water by a slight chemical force, forming hydrogen bond, which results in its higher solubility in water. When it is in water, due to the effect of the hydrogen bond of water molecules, the oxygen atoms are forced to the outside of the chain while the hydrophobic $—CH_2—$ groups are in its interior, therefore, its molecules change from saw-tooth form into zigzag one and then dissolve in water. However, such combination of hydrogen bonds appear to be weak. When the temperature rises or some electrolyte is added, such hydrogen bonds will be destroyed, and the combined water at —O— of ether bond will get off. As a result, the hydrophilicity will dramatically drop, and the transparent aqueous solution will change into white turbid one. When gently heating the transparent aqueous solution of the nonionic surfactants of polyoxyethylene type, they will release, and the solution will become turbid at a temperature called turbidity point. Surfactants of this type are soluble in water below this turbidity point and insoluble in water over this point. In view of this, when selecting suitable nonionic surfactants, attention should be paid to keep the operative temperature below the turbidity point. In contrast, anionic surfactants are independent of temperature.

Generally, the values of turbidity point are dependent upon the length and structure of the hydrophobic chains of carbon atoms, and also upon the number of polyoxyethylene added. For the same hydrophobic groups, the turbidity point will go up with increasing number of added polyoxyethylene or of ether bonds until 100℃; above 100℃ the turbidity point rises very gently. When the number of added polyoxyethylene is the same but the hydrophobic groups are different, the turbidity point of nonionic surfactants decreases with increasing number of the carbon atoms of hydrophobic groups. In other words, to keep a certain turbidity point, the higher the number of carbon atoms of hydrophobic groups, the more the polyoxyethylene molecules are needed. This shows that the turbidity point can reflect the relative strength ratio between hydrophilic and hydrophobic groups in the molecule of polyglycol type surfactants. Fig. 2. 11 demonstrates the relationship between the turbidity point of polyglycol nonaphenol ether and the molar number of added polyoxyethylene in a molecule. For the 2% solution of nonaphenol with 9 molar polyoxyethylene adduct, the turbidity point is around 50℃; such point is about 65℃ for that with 10 molar adduct; and with 12 molar adduct, it is about 75℃.

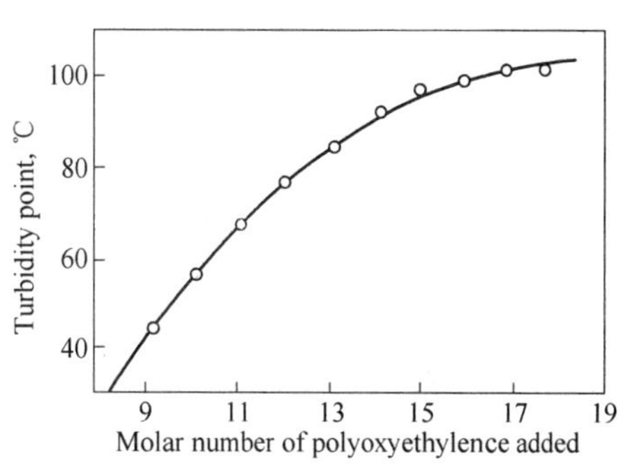

Fig. 2. 11 Relationship of the turbidity point of polyglycol nonaphenol ether and the molar number of polyoxyethylene added

For certain solutions with very low hydrophilicity and a turbidity point lower than ambient temperature, water number is usually used. The water number means the number of consumed distilled water (in mL) for titrating 1g surfactant dissolved in 20 mL anhydrous alcohol to a turbid state under agitation. The bigger the water number, the higher the hydrophilicity of a surfactant. Since the water number is affected by temperature, the corresponding temperature should be specified.

2. 1. 3. 2 *Polyatomic alcohol types*

The nonionic surfactants of polyatomic alcohol type feature a multihydroxyl structure of the hydrophobic group formed by the hydrophobic group of higher fatty acids adhered to the molecule of such polyatomic alcohols as glycerin, pentaerythritol, xylose alcohol and sorbitol. Examples are:

$$\underset{\text{(Fatty acid)}}{RCOOH} + \underset{\text{(Glycerin)}}{\begin{matrix} CH_2-OH \\ | \\ CH-OH \\ | \\ CH_2-OH \end{matrix}} \xrightarrow{\text{Esterification}} \underset{\text{(Fatty acid monoglycerin ester)}}{\begin{matrix} RCOOCH_2 \\ | \\ CH-OH \\ | \\ CH_2OH \end{matrix}}$$

$$\underset{\text{(Fatty acid)}}{RCOOH} + \underset{\text{(Pentaerythritol)}}{HOCH_2-\begin{matrix} CH_2OH \\ | \\ C \\ | \\ CH_2OH \end{matrix}-CH_2OH} \xrightarrow{\text{Esterification}} \underset{\text{(Fatty acid mono-pentaerythritol ester)}}{RCOOCH_2-\begin{matrix} CH_2OH \\ | \\ C \\ | \\ CH_2OH \end{matrix}-CH_2OH}$$

$$\underset{\text{(Fatty acid)}}{C_{17}H_{33}COOH} + \underset{\text{(Sorbitol)}}{\begin{matrix} CH_2OH \\ | \\ H-C-OH \\ | \\ HO-C-H \\ | \\ H-C-OH \\ | \\ H-C-OH \\ | \\ CH_2OH \end{matrix}}$$

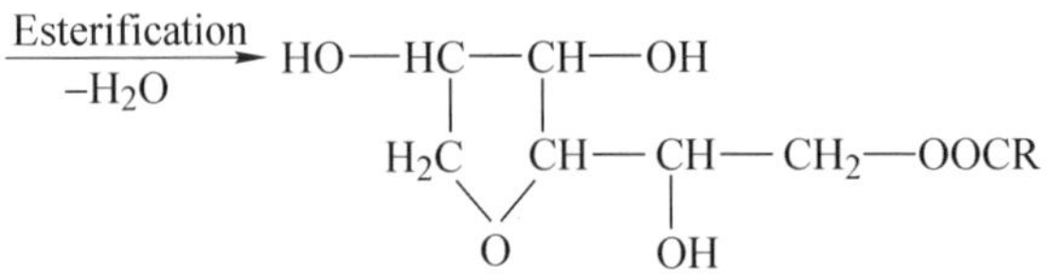

```
Esterification
──────────────► HO—HC—CH—OH
   -H2O             |    |
                   H2C  CH—CH—CH2—OOCR
                     \  /    |
                      O      OH
```

(Sorbitan monooleate)

The aqueous solution of polyatomic alcohol type nonionic surfactants is rarely transparent. However, when the hydrophobic group has several cane fatty monoester of —OH, the aqueous solution appears transparent.

Polyatomic alcohol means such an alcohol whose molecule contain three or more hydroxyl groups. Since alcohols of this kind contain several hydroxyl groups, they are easily soluble in water. Combination of such alcohols with hydrophobic groups of fatty acid or similar ones can result in a great variety of nonionic surfactants of polyatomic alcohol.

In addition, amino-alcohols (e. g. diethyl alcohol amine) with $—NH_2$ or —NH groups and grape sugar with —CHO group are also easily soluble in water. The nonionic surfactants made from the reaction of these compounds with hydrophobic groups are also called polyatomic alcohol type.

Table 2. 7 shows the classification of nonionic surfactants. They are first divided into two categories; polyglycol type and polyatomic alcohol type. The first is subdivided into 9 subcategories according to the hydrophobic group, while the second is subdivided according to the hydrophilic group or the type of polyatomic alcohol.

Table 2. 7　Classification of nonionic surfactants

- Nonionic surfactants
  - Polyglycol type
    - Adducts of ethylene oxide to higher alcohol
    - Adducts of ethylene oxide to alkyl phenol
    - Adducts of ethylene oxide to fatty acid
    - Adducts of ethylene oxide to polyatomic alcohol fatty ester
    - Adducts of ethylene oxide to higher fatty amine
    - Adducts of ethylene oxide to fatty amide
    - Adducts of ethylene oxide to grease
    - Adducts of ethylene oxide to polypropylene glycol
    - Others
  - Polyatomic alcohol type
    - Fatty acid ester of glycerin
    - Fatty acid ester of pentaerythritol
    - Fatty acid ester of sorbitol and sorbitan
    - Fatty acid ester of cane sugar
    - Alkyl ether of polyatomic alcohol
    - Fatty amide of alcohol amine
    - Others

Major kinds of raw materials for the hydrophilic groups to prepare polyatomic alcohols and others for the nonionic surfactants are listed in Table 2. 8.

Table 2.8　Raw materials for hydrophilic groups of monionic surfactants of polyatomic alcohol type

Raw material		Chemical formule	Water solubility of fatty ester or amide
Type of polyatomic alcohol	Glycerin (Hydroxyl number = 3)	CH_2—OH | CH_2—OH | CH_2—OH	not soluble, self-emulsifying
	Pentaerythritol (Hydroxyl number = 4)	CH_2OH | $HOCH_2$—C—CH_2OH | CH_2OH	not soluble, self-emulsifying
	Sorbitol (Hydroxyl number = 6)	CH_2—OH | CH—OH | HO—CH | CH—OH | CH—OH | CH_2—OH	not and difficult soluble, self-emulsifying
	Sorbitan (Hydroxyl number = 4)	O ／　＼ H_2C　CH—CH_2OH | HO—CH　CH—OH ＼　／ CH | OH HO—CH—CHOH |　| H_2C　CHCH—CH_2 ＼　／　|　| O　OH　OH	not soluble, self-emulsifying
Type of aminoalcohol	Monoethyl alcohol amine	$H_2NCH_2CH_2OH$	not soluble
	Diethyl alcohol amine	HN$\langle$ CH_2CH_2OH CH_2CH_2OH	Soluble with 1 : 2 molar type Difficult soluble with 1 : 1 molar type

2.2　Actions of Surfactants and Their Principles

Generally, surfactants have such abilities as wetting, emulsification, foaming and solubilization. Although the emulsification ability of surfactants is used mainly for emulsion explosives, wetting, foaming, solubilization and other actions are also connected to the cooling of emulsion. In view of this, in the research work on the formulation and manufacture technology of emulsion explosives, first of all an excellent knowledge of the important functions of surfactants and their principles is needed so as to select proper surfactants or combinations of several surfactants.

2.2.1 Wetting and penetration

Wetting usually occurs at the interface between liquid and solid; the phenomenon of replacing the air on surface of a solid by a specific liquid is called wetting. Put it in another way, when the two phases of liquid and solid are in contact, wetting occurs if the system's free energy drops. The amount of free energy drop represents the degree of wetting. For instance, the interface between metal and oil replaces that between metal and air—this phenomenon can be referred to as wetting metal by oil. The phenomenon of immersing a liquid in a porous capillary substance is referred to as penetration. For example, there exists an interface between fiber and water within the fiber structure, which is designated as water penetration into fiber.

Generally, a liquid with lower surface tension exhibits higher wetting or penetrating power. For other substances, due to different physical and chemical properties and the state of their surface, the wetting or penetrating velocity is different. This kind of force is quite difficult to express by a common physical constant. Suppose a solid and a liquid of 1 cm^2 area each, their total surface free energy before contact is γ_{SA}, γ_{LA} respectively. After being contacted, a solid-liquid interface is formed, whose free energy is γ_{LS}. Thus, the free energy of the system is changed:

$$W = \gamma_{SA} + \gamma_{LA} - \gamma_{LS} \tag{2.5}$$

When a liquid is placed on a solid surface, three interfaces of liquid-gas, solid-gas and solid-liquid are formed, their tensions are γ_L, γ_S and γ_{LS}, respectively. These three interfaces intersect at a point, forming a contact angle θ between the liquid and solid phases (Fig. 2.12).

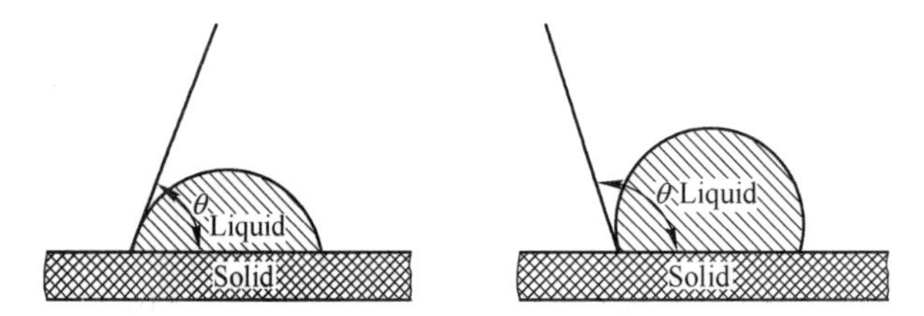

Fig. 2.12 Schematic presentation of contact angle θ

The value of θ is dependent upon the relation between γ_L, γ_S and γ_{LS}. When they are in equilibrium, the adhesion work W_A between liquid and solid is expressed as follows[17]:

$$W_A = \gamma_L(1 + \cos\theta) \tag{2.6}$$

Experience shows that the magnitude of contact angle θ can be used to evaluate the degree of wetting after liquid-solid contact. When $\theta>90°$, no wetting occurs, as is the case of water droplets on paraffin wax; when $\theta<90°$, wetting occurs as is the case of water droplets on solid ammonium nitrate; when $\theta=180°$, $\theta=0°$, these are the cases of complete absence of wetting. It is customary to refer a solid capable of being wetted by liquid to as lyophilic; the counterpart is lyophobic. The most common liquid is water, so all polar solids are hydrophilic, and non-polar solids are mostly hydrophobic. From the point of view of solid structure, the first group are mostly those solids which are composed of ionic lattices or with strong acting forces between molecules, such as sulfates, carbonates, silicates, and metal oxides. The second group are low-polar sulfides, graphite, organic, etc. Tables 2.9 and 2.10 list values of contact angle between water and selected substances.

Table 2.9 Contact angle between pure water and the surface of various substances

Substance	Contact angle, degree	Substance	Contact angle, degree	Substance	Contact angle, degree	
					Advancing	Receding
Mineral wax	108	Azobenzene	64	Silver	7-10	0
Benzene	105	Soft fatty acid	111	Gold	6-7	0
Naphthalene	60	Stearic acid	106	Platinum	56	25
Anthracene	92	Benzoic acid	65	Silica	0-10	0
Tribenzomethane dyestuff	45	Tristearin	110	Calcite	0-10	0
		Zinc stearate	135	Galena	47	0
Tetrabenzomethane dyestuff	15	Polyacitic ethylene	68	Talc	69-77	52
		Polybenzoethylene	107	Graphite	55-60	59
Dibenzene ether	88	Polychloroethylene	65	Glass	0-5	0
Tetradeeyl alcohol	60	Polyethylene alcohol	37	Chalcopyrite	47	42
Hexadeeyl alcohol	46	Polytetraflnoro-ethylene	98			
Benzene ketone	65					
Dibenzene ketone	65	Phenol aldehyde resin	60			
β-benzene phenol	35					
Dibenzene amine	80	Urea resin	70			
Ethanamide	15	Polyethylene	88			

Table 2.10 Apparent contact angle between water and fiber or thread

Material	Form	Advancing angle, degree	Receding angle, degree
Polyethylene	Fiber	86	49
	Thread	25	16
Amide fiber	Fiber	83	60
	Thread	55	33
Polyester fiber	Fiber	79	74
	Thread	49	20
Wool	Fiber	85	34
	Thread	108	21

Use of different polar groups of surfactants can change the surface properties of a solid by adsorption or forming surface compounds, hence changing its wettability. If the nonionic end adsorbs onto the hydrophobic surface, the latter can be changed into a hydrophilic one; in contrast, adsorption of the polar end onto the hydrophilic surface changes the latter into a hydrophobic one.

2.2.2 Solubilization[18-20]

Surfactants such as soaps have the ability to resolve such non-polar hydrocarbons as benzene, oil and so on in water; this is the solubilizing power of surfactants. Generally, solubilization features the following points:

(1) Solubilization can considerably reduce the chemical potential of a solubilizate, thus making the whole system more stable.

(2) Solubilization is a reversible equilibrium process. On solubilization the saturated solution of a substance solubilizated by soap can be obtained from an oversaturated solution or the gradual resolving of the substance. Experiments have shown that the results gained by both routes are completely the same. This indicates that solubilization is a reversible equilibrium process.

(3) Solubilization is different from real solution. The latter can greatly change the colligative properties of the solvent (e. g. lowering freezing point and penetration pressure); in contrast, when hydrocarbons solubilize, for instance, isooctane resolves in sodium oleate solution, the colligative properties are rarely affected. This indicates that on solubilization the solute is not dissociated into molecules or ions, but resolved, as a whole group, into soap, i. e. in the micellae of the molecules of surfactants.

Surfactants as soaps are amphipathic. Their solutions possess properties of both electrolyte solution (e. g. electroconductivity) and high-molecule solution (such as higher viscosity, protective property). X-ray studies have shown that when the concentration of soap solution increases to a certain level, micellae are forming, and larger ions or molecules in the solution associate into considerable aggregations, in whose interior mutually attracted hydrocarbon groups are concentrated while polar portions oriented towards water. From the colligative properties of soap solution it can be also proved that micellae are formed.

Regarding the mechanism of solubilization, a lot of experiments have proved that solubilization results from micellae forming in large quantities.

Some people presume that there are only micellae of ball shape in the soap solution, as shown in Fig. 2. 13. Hydrocarbon groups are oriented towards the ball core, while polar groups forming the ball surface. Hence, ball of this kind can be regarded as one consisting of a liquid hydrocarbon, and in its interior is some resolved solute, leading to solubilization. Other people suppose that micellae are in layer form as shown in Fig. 2. 14. X-ray diffraction results on long-chain soaps and salts have shown that there exist two crystal lattices in a denser solution: short and long. The short lattice is about 4. 2 Å, which does not change with the concentration of sodium oleate and the length of soap chain. This is the distance between parallel and closely packed molecules. The value for long lattice is varying, which linearly drops with increasing concentration of sodium oleate (about 50-150 Å). Based on the surface free energy, these lattices should be parallelly arranged with hydrocarbon chains adjacent one to another, and polar groups also adjacent one to another. Addition of hydrocarbon to soap solution increases the amount of long lattices, which is proportional to the amount of solubilization, but exhibits no effect upon short lattices. This accounts for penetration of solubilized hydrocarbon only into the crevices between hydrocarbon groups. In point of maintaining minimum energy, presumptions of either ball micellae or layer ones are in some contradiction.

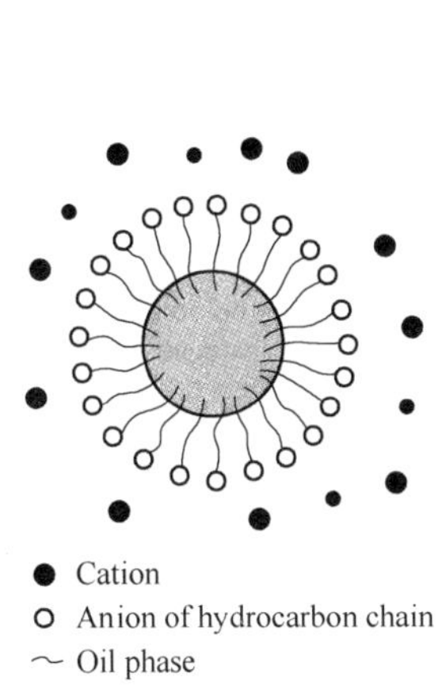

Fig. 2. 13　Micellae of ball type[13]

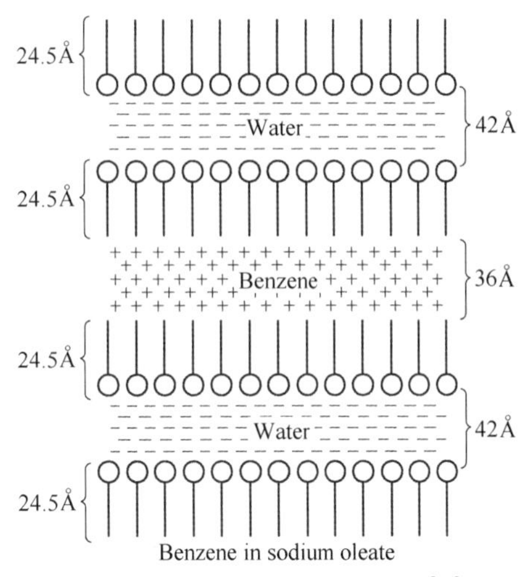

Fig. 2. 14　Micellae of layer type[13]

Fig. 2. 15 shows the conversion of different phases. $S_1(A,\ B)$ represents the oil resolved in the interior, water being the outer phase; $S_2(C,\ D)$ is the opposite, water is the interior phase, oil being the outer phase. E, G are special phases, representing gelatin, which seems to compromise two presumptions described above.

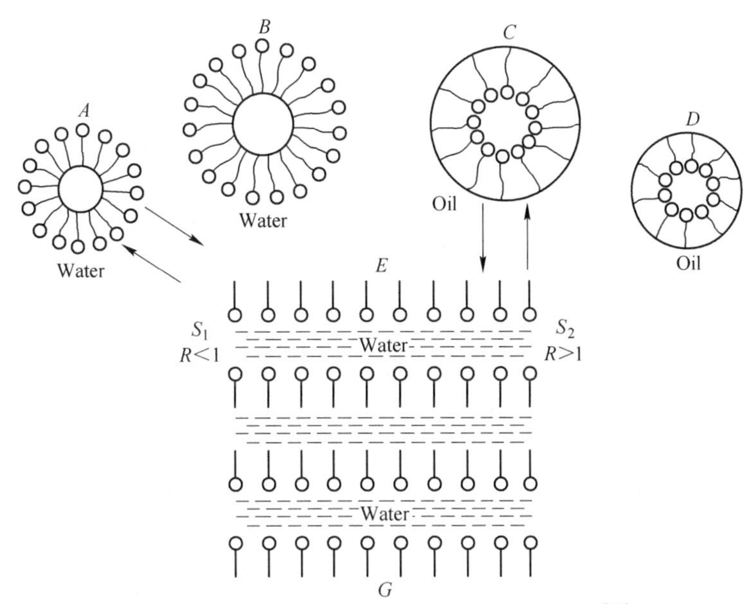

Fig. 2. 15　R value and the conversion of micellae[13]

The structure of surfactants features amphipathic molecules. The energy of their interaction with water and oil can be expressed by A_{CW}, A_{CO} respectively. Solubilization occurs only when difference between the two values is not very large. When $A_{CW}>A_{CO}$, most gelatinous electrolyte will remain in water, and the oil and water phases still immiscible. The ratio between them can be expressed by $R=\dfrac{A_{CO}}{A_{CW}}$. When $R<1$, the hydrophilicity is higher and the oleophilicity lower, oil will solve in water as S_1 type micellae. When $R>1$, S_2 type micellae will form. $R=1$ represents the equal energy of two actions; in this case the micellae are in a plate form, i. e. G type micellae, the molecules of gelatinous electrolyte project towards neither the water phase nor the oil phase. It has the structure of liquid crystal in the form of gelatin. Although the R value is connected with the properties of various components in solution, their relative concentration, temperature, etc. various types of micellae can change into one another with changing R.

Some emulsions appear translucent, they can prevent the liquid-liquid stratification and the liquid-solid separation, and have the heat resistance and storage stability. In point of properties, they are also dispersive systems of solubilization, for instance, substrate of emulsion explosives.

Solubilization is the limit stage of emulsification and dispersion, resulting in a transparent solution. The phenomenon that relatively small quantities of insoluble substances such as benzene and mineral oil penetrate into the micellae in the aqueous solution of surfactants and reach complete solution is referred to as solubilization. The solution in this case appears nearly transparent, tike real solution. Continuous addition of benzene and mineral oil may gradually lead to the emulsion (O/W type).

2.2.3 Foaming[21,22]

Foam is a system comprising a gas phase dispersed in a liquid phase. Gas bubbles are isolated by the liquid film (bubble wall) from each other and from the adjacent continuous gas phase. Experience tells us that by agitating pure water gas bubbles are formed in very small quantities and remain for very short time. In contrast, when agitating soap or other detergent aqueous solution foam can exist for longer time. That is to say, no stable foam can be created in a pure liquid. For obtaining a stable foam, another substance, i. e. foaming agent is needed. Most foaming agents are surfactants. To form foam the area of a system must be enlarged and its free energy increased. Undoubtedly, from the point of view of thermodynamics such a system is not stable and the foam will break. To make the system stable, low free energy should be present on the liquid-gas interface, this can be done by adding some specific surfactant, i. e. foaming agent.

A bubble is a gas phase surrounded by a liquid film, as shown in Fig. 2. 16. When a surfactant is adsorbed onto the gas-liquid interface, a more stable liquid film is formed, leading to its lower surface tension and larger contact area between air and liquid. Furthermore, protected by the adsorbed surfactant, this film becomes more stable. Such phenomenon is referred to as the foaming action of a surfactant.

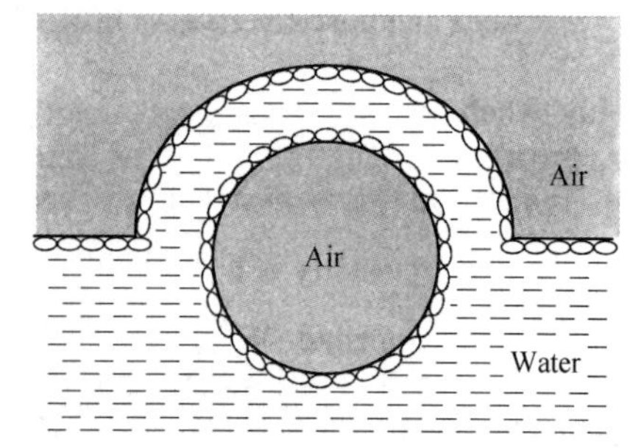

Fig. 2. 16 Foaming action of a surfactant[22]

Just by lowering surface free energy of a system is not enough to keep the foam stable, because it is often subjected to the external force from the surrounding. Hence an important factor to a stable foam is a solid film at the gas-liquid interface, which should have a certain mechanical strength. Some substances have no high surface activity, but can form a solid protective film. They are good foaming agents, such as sulfonated oil and castor oil sodium soaps. For a film to have good mechanical strength, the molecules of foaming agents should be long-chain type; the longer the hydrocarbon chain, the higher the Van der Waals attraction force between the chains and the higher the mechanical strength of the film. For the protein molecules, in addition to Van der Waals force, hydrogen bonding force exists betweenand $\rangle C=O$ and $\rangle N—H$, therefore, its film will be extremely solid and the foam very stable.

The liquid film between gas bubbles is subjected to two forces: gravitation and pressure from the curved surface. As a result, gas bubbles flow away with the liquid, the liquid wall becomes thinner and thinner, leading to the breakdown of gas bubbles. If the liquid possesses higher viscosity, the liquid is not easy to flow away but prevents gas bubbles from arising to the liquid surface. Higher viscosity of surface may lead to higher mechanical strength. However, if the viscosity is too high, molecules of the foaming agent in the film cannot flow freely, and the film may become fragile. In this case, when the film layer is partially damaged, it cannot be rapidly recovered, and the foam is easy to break down.

When an ionic surfactant is used as foaming agent, the film resulted will be charged. Higher surface potential φ is beneficial to the stability, and the repulsive force between charges may prevent bubbles from connecting.

In the system of emulsion explosives microbubbles are usually used to create thermo-isolated and compressed flashing points, thus enhancing the sensitiveness of explosives to detonation. For this purpose, specific properties of surfactants can be used to increase the strength of bubble-liquid film and the viscosity of external phase, thus preventing bubbles from coalescing and enhancing the stability of air bubbles. However, in the process of preparing high density emulsion explosives foam is undesirable, and strict control should be exerted on foaming so that the foam will reduce or dispelle quickly. Defoaming can be divided into two principal categories: physical and chemical. Means for the first one are agitation, and changing of temperature and pressure. There are three methods for chemical defoaming.

(1) Adding small amounts of alcohol or ether with medium length carbon chain (e.g. C_5—C_8), because their surface activity is large enough to expel foaming substances and they cannot form solid film, hence the foam can easily be breakdown.

(2) Adding another foaming agent, i.e. combined use of two agents, e.g. soap and soap substrate, to depress foaming.

(3) Proper use of defoaming agent, for instance, adding methyl silicone oil into a number of emulsions can speed up defoaming. Using mixture of silicone oil with silica, ethyl alcohol and benzene dimethyl dibutyl ester can yield better results.

2.2.4 Emulsification and detergency[23,24]

Obviously, the emulsification effect of surfactants is the subject necessarily to be discussed when describing emulsion explosives, which will be dealt with later in Chapter 3. Since detergency is the combined result of multiple actions such as wetting, penetration, emulsification and dispersion resulted from lowered interfacial tension by surfactants, a brief description is given here of emulsification and detergency.

(1) A system of two immiscible liquids in which one liquid is homogeneously dispersed in another as micro - particles (e. g. oil in water) is called emulsion. Such micro - particles have diameter ranging from about 0. 1 μm to some dozens of microns. As described above, oil dispersed as microparticles has enlarged contact area with water, and the system energy and the repulsive force between oil and water are also enhanced. Adding some surfactants (emulsifiers) can reduce the interfacial tension between oil and water, facilitating emulsification or dispersion. Moreover, since surfactants are present, oil droplets become electrically charged, forming a protective film on the surface. Therefore, this can affect the electrically or mechanically dispersed particles.

(2) In daily life, the detergency of surfactants is mainly utilized for cleaning purpose. Products ranging from soap to detergent use surfactants as the main component.

"Dirt" consists of mineral substance (e. g. dust) and organic substance (oil) . When dirty textiles are put into the surfactant solution, subjecting complete wetting and penetration, the solution penetrates into the fiber, facilitating the detachment of dirt. Finally, the detached dirt is emulsified by surfactant, and dispersed in the solution.

The detergency of surfactants is different from their other actions. It is a complex and comprehensive effect, connected with all their properties. However, it does not mean that surfactants with good detergency will surely enjoy all good properties such as wettability and emulsibility. It should be noted that reduction of surface tension is the basic role of surfactants, a principal factor for other abilities. Other factors are also complex, for example, effects of the brand, molecular structure and relative molecular mass, etc. the cooperative effect resulted from combination of surfactants, and dramatic changes in the properties due to the addition of non-surfactants. In view of this, it is unfit to evaluate all properties of surfactants based only on the measurements of surface tension or interfacial tension.

2. 3 Relation of the Chemical Structure of Surfactants to Their Properties

All surfactants consist of two portions: hydrophobic group and hydrophilic group. Since hydrophilic groups are of different categories: cationic, anionic and ampholytic, surfactants are different from each other in their properties. Furthermore, considering the types of hydrophobic groups, the hydrophilic-lipophilic balance of the molecule of surfactant and its shape and relative moleocular mass, the difference in the properties of surfactants will be even bigger. In view of this, thorough investigation and sound knowledge of chemical structure and its relation to properties is extremely important. This provides the basis for the evaluation, selection and utilization of surfactants.

2. 3. 1 The HLB value

2. 3. 1. 1 *Concept*

Many actions of surfactants are usually determined by the relative strength of hydrophilic and lipophilic groups. Experience has shown that this relation can be expressed by HLB (hydrophile-lipophile balance) value. The approach of HLB was first suggested by Griffin[25] in 1949 for evaluation of nonionic surfactants. Suppose the relative molecular mass of hydrophilic portion of a surfactant is M_W, and that of hydrophobic M_O, the HLB relation is:

$$HLB = 7 + 11.7\log\frac{M_W}{M_O} \tag{2.7}$$

It can be seen from Eq. (2.7) that for a surfactant molecule, the stronger the polar group, the higher the HLB value and hydrophilicity; the longer the nonpolar group, the smaller the HLB value. (HLB=1 for the most lipophilic surfactant, while HLB=20 for the most hydrophilic surfactant). Table 2.11 shows the HLB range for various applications[26].

Table 2.11 HLB ranges and their applications

Range	Application	Range	Application
1.5-3	Defoamer	8-18	O/W emulsifier
3-6	W/O emulsifier	13-15	Detergent
7-9	Wetting agent	15-18	Solubilizer

It can be seen from the table that only those surfactants with HLB values in the range of 3-6 or 8-18 are suitable as emulsifiers. Agents with other HLB ranges cannot be employed as emulsifying agents. Since emulsion explosives are W/O system, only those agents with HLB values in the range of 3 to 6 are of practical interest for such system.

Since HLB value is in linear relation to the logarithm of dielectric constant, HLB is consequently in parallel relationship to the polarity of molecule. Hence approximation of HLB for surfactants by water solubility can be given in Table 2.12[27].

Table 2.12 Approximation of HLB by water solubility

Behavior when added to water	HLB range
No dispersibility in water	1-4
Poor dispersion	3-6
Milky dispersion after vigorous agitation	6-18
Stable milky dispersion (upper end almost translucent)	8-10
From translucent to clear dispersion	10-13
Clear solution	>13

Exceptions for certain surfactants exist, but approximation by water solubility serves as a quick method for estimating the HLB range.

2.3.1.2 *Calculation of HLB values*

It is rather troublesome to calculate and estimate the HLB value for each surfactant. Several commonly used methods are described as follows.

(1) Atlas method[26]: Tests to determine the HLB value were first started by Griffin from Atlas

Powder Co. He developed equations which permit the calculation of HLB values for certain types of nonionic surfactants, in particular, polyoxyethylene derivatives of fatty alcohols and polyhydric alcohol fatty acid esters, including those of polyglycols. The formulae for determining HLB values may be based on analytical or composition data. For most polyhydric alcohol fatty acid esters, approximate values may be calculated by the equation:

$$HLB = 20\left(1 - \frac{S}{A}\right) \tag{2.8}$$

where S is the saponification number of the ester; and A is the acid number of the fatty acid.

As calculated from Eq. (2.8), the upper and lower limits of HLB is 20, 0, respectively. Thus, for a glyceryl monostearate with $S=161$ and $A=198$, the HLB value is calculated as follows:

$$HLB = 20 \times \left(1 - \frac{161}{198}\right) = 3.8$$

For those fatty acid esters such as esters of rosin oil, rosin, beeswax and lanolin, Griffin gives the following relation:

$$HLB = \frac{E + P}{5} \tag{2.9}$$

where E is the weight percentage of oxyethylene content; and P is the weight percentage of polyhydric alcohol content.

For products where only ethylene oxide is used as the hydrophilic portion, and for fatty alcohol and ethylene oxide condensation products, Eq. (2.9) may be reduced to:

$$HLB = \frac{E}{5} \tag{2.10}$$

HLB values can be obtained through the calculations described above, which can express by the simplest way the balance of lipophilic and hydrophilic groups of surfactants. However, such method has the following drawbacks: (i) This method is suitable only for nonionic surfactants; (ii) It neglects the features of proper lipophilic and hydrophilic groups which are the basis for calculations. As a result, a number of other calculation methods have been suggested to improve the Atlas method.

(2) Kawakami method[28]: This method is similar to the method for dealing with the pH value of the electrolyte. Suppose the relative molecular mass of lipophilic and hydrophilic groups to be M_O, M_W, respectively (the total relative molecular mass of the surfactant is M_O+M_W), the HLB value can be determined by the following equation:

$$HLB = 7 + 11.7\log\frac{M_W}{M_O} \tag{2.11}$$

when $M_W/M_O=1$, 4, 1/4, the corresponding HLB values are 7, 14, 0.

In addition, the HLB value can also be calculated through the critical micelle concentration *cmc* as follows:

$$HLB = 7 + 4.021\log\frac{1}{cmc} \tag{2.12}$$

The HLB value calculated from Eq. (2. 12) is approximate to that from the Atlas method.

(3) Davies method[29]: Davies deals with the HLB number (value) as the total sum of constitutional factors. In view of this, he has tried to divide the structure of surfactants into some groups, each contributing to the HLB value (negative or positive).

Numbers of groups obtained from some known structures with certain HLB are listed in Table 2. 13. Substitution of group number into the following equation gives the HLB value of this structure:

$$HLB = 7 + \sum (\text{number of hydrophilic groups}) - \sum (\text{number of lipophilic groups}) \quad (2.13)$$

where the last term in the right is usually 0. 475 n, n being the number of $—CH_2—$ groups in the lipophilic portion. It should be noted that it does not include $—CH_2—$ in polyoxyethylene chain, since polyoxyethylene is calculated as one unit.

Table 2. 13 Group HLB numbers

Hydrophilic groups	HLB	Lipophilic groups	HLB
$—SO_4Na$	38. 7	$—CH_2—$, $—CH—$, $—CH_3—$, $—CH=$ } - 0. 475*	- 0. 475
—COOK	21. 1		
—COONa	19. 1		
Sulfonate	about 11. 0		
—N(tertiary amine)	9. 4	$—(CH_2—CH_2—O)—$	0. 35
Ester(sorbitan ring)	6. 8	$—(CH_2—CH_2—CH—O)—$	- 0. 15*
Ester(free)	2. 4		
—COOH	2. 1		
—OH(free)	1. 9		
—O—	1. 3		
—OH—(sorbitan fing)	0. 5		

* Negative value means that the group is lipophilic. When calculated by Eq. (2. 13), the positive value should be used.

The HLB values of a number of surfactants calculated from the group numbers indicated in Table 2. 13 are given in Table 2. 14, with satisfactory results. This method, however, is not suitable for other types of surfactants. For instance, for polyoxyethylated alcohols, the HLB values calculated from Eq. (2. 13) appear too low.

Table 2. 14 HLB values obtained by various method

Name or trademark of surfactant	Value from literature	Value calculated
Tween-80	15	15. 8
Tween-81	10	10. 9
Span-20	8. 6	8. 5
Span-40	6. 7	7. 0

Continued 2. 14

Name or trademark of surfactant	Value from literature	Value calculated
Span-60	4. 7	5. 7
Span-80	4. 3	5. 0
Glyceryl monostearate	3. 8	3. 7
Span-65	2. 1	2. 1

(4) Organic and inorganic group method[30,31]: All surfactants consist of organic (lipophilic) groups and inorganic (hydrophilic) groups. Japanese scholars Oda *et al.* starting from the conceptual scheme of organic compounds, suggest that the position of substances in the scheme can reflect their hydrophilicity and lipophilicity, and enable to find out the relatively simple linear relationship between the conceptual scheme and HLB values. On the basis of extensive experiments, the organic or inorganic values for each group have been deduced and listed in Tables 2. 15 and 2. 16. Thus, the HLB value of surfactants can be approximately calculated:

$$HLB = \frac{\text{Inorgainc value}}{\text{Organic value}} \times K \qquad (2.14)$$

where K is constant, usually 10; inorganic value is the total sum of inorganic values of each group in the molecule of surfactant; organic value is the total sum of organic values of each group in the molecule of surfactant.

Table 2. 15　Organic and inorganic properties of surfactants

Properties of surfactant = organic + inorganic

Organic property = the characteristic trend of basic hydrocarbon

Inorganic property = the characteristic trend caused by the effect of substituting group and changing portion (combination of two, three bonds)

Organic basic value = the value for one carbon atom is set at 20

Inorgantc basic value = the values shown in Table 2. 16

Table 2. 16　Inorganic and organic valus of various groups

Inorganic group	Value	Inorganic group	Value
Salts of light metals	>500	>CO	65
Salts of heavy metals, amine and its salts	>400	—COOR	60
		>C=NH	50
—AsO_3H—AsO_2H	300	—N=N—	30
—SO_2NHCO—, —N NH—NH_2	260	>O	20
—SO_3H	250	Benzene ring	10
—SO_2NH—	240	Non-aromatic ring	10
—CONHCO—	230	Triple bond	3
=NOH	220	Double bond	2

Continued 2. 16

=N—NH—	210	Orgainic and Inorganic group	Organic value	Inorganic value
—CONH	200			
—CSSH—	180	$>SO_2$	40	110
—CSOH, —COSH	160	—SCN	70	80
Anthracene	155	—NCS	70	75
—COOH	150	$—NO_2$	70	70
Interior ester	120	—CN	40	70
—CO—O—CO—	110	—NO	50	50
		$—ONO_2$	60	40
—OH	100	—NC	40	40
—Hg(organic)	95	—NCO	30	30
Naphthalene	85	—I	60	20
—NH—NH—, —O—CO—O—	80	—Br, —SH, —S—	40	20
$—NH_2$, —NHR, —NR	70	—Cl, —P	20	20

Taking up octyl benzene phenol ether as an example, the calculation process by this method is described as follows:

C_8H_{17}—⟨benzene⟩—O—$(C_2H_4O)_{10}$—H

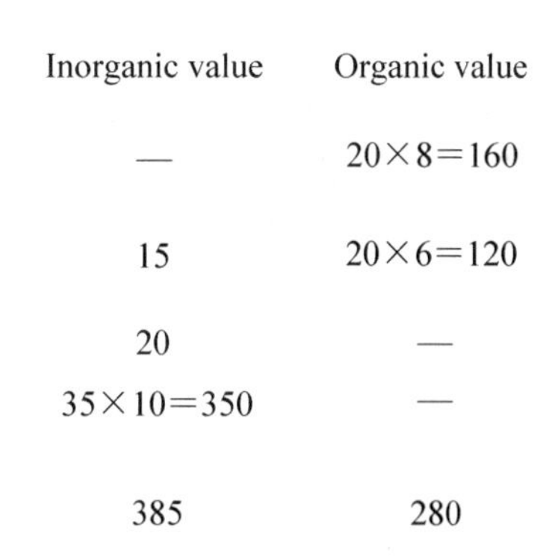

	Inorganic value	Organic value
C_8H_{17}	—	20×8=160
—⟨benzene⟩—	15	20×6=120
—O—	20	—
$(C_2H_4O)_{10}$—H	35×10=350	—
Total		
Hence HLB=385/280×10=13.7	385	280

In addition to the four methods for calculating HLB values as described above, other methods also exist. However, they give only approximate values for the same surfactant. Fig. 2. 17 shows the comparison of calculated results between Atlas method and Kawakami method[32]. Table 2. 17 indicates the comparison of values collected by Atlas Powder Co. through experiments and calculated by Davies method. These results are close to each other. As a result, HLB values are always calculated by the simple Atlas method for practical use.

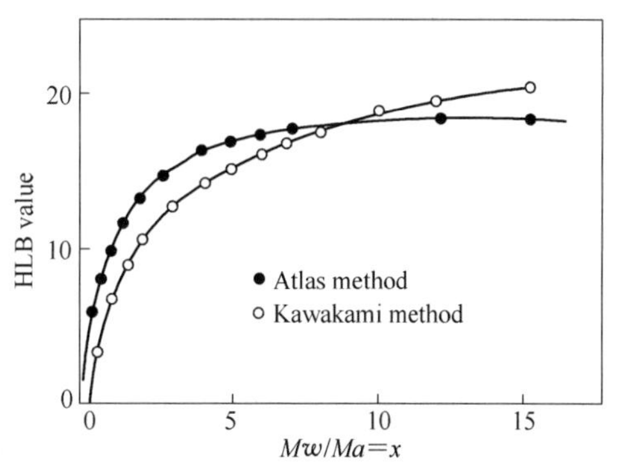

Fig. 2. 17 Comparison of HLB values calculated by different methods[14]

Table 2. 17　HLB values calculated by Atlas Method

Surfactant	HLB from experiment	HLB calculated
Dodeeyl alcohol sulfuric ester sodium salt	40	(40)
Potassium oleate	20	(20)
Sodium oleate	18	(18)
Tween-80	15	15. 8
Sorbitan monooleate+10(C_2H_4O)	~13. 5	12. 5
Tween-81	10	10. 9
$C_{15}H_{37}N(C_2H_4OH)(C_2H_4O)(C_2H_4OH)$	10	(10)
Span-20	8. 6	8. 5
Methyl alcohol		8. 4
Ethyl alcohol		7. 9
Span-80+2(C_2H_4O)	~7	7. 0
n-propyl alcohol		7. 4
n-butyl alcohol	7	7. 0
Span-40	6. 7	6. 6
Span-62	5. 9	5. 7
Span-80	4. 3	5. 0
Propylene glycol monododecyl ester	4. 5	4. 6
Sorbitol zinc stearate	~3. 5	3. 9
Glyceryl monostearate	3. 8	3. 7
Propylene glycol stearate	3. 4	1. 8
Span-65	2. 1	2. 1
Hexadecyl alcohol	1	1. 3
Oleic acid	1	(1)
Sorbitan tetrastearate	~0. 5	0. 5

Practice has shown that the HLB value of a surfactant has the additive property. Hence for a combination of two or more kinds of surfactants, the HLB value of the mixed surfactant can be calculated by the following equation:

$$HLB_{AB} = \frac{(HLB_B) \times W_A + (HLB_B) \times W_B}{W_A + W_B} \tag{2.15}$$

where　W_A = weight of surfactant A;

W_B = weight of surfactant B;

HLB_A = HLB value of surfactant A;

HLB_B = HLB value of surfactant B;

HLB_{AB} = HLB value of mixed A, B surfactant.

Taking the mixture of 30% Span-80 and 70% Tween-80 as an example, its effective HLB value is:

$$\frac{0.30 \times 4.3 + 0.70 \times 15.0}{0.30 + 0.70} = 11.8$$

It should be noted that because HLB takes no good account of the specific features of molecular structure, it cannot exactly represent the properties of surfactants. Therefore, just HLB value is not enough for careful selecting most suitable surfactants.

2.3.1.3 *Applications of the HLB method*

(1) HLB values of surfactants[32]: Tables 2.18 and 2.19 list the HLB values of surfactants for the Atlas system and those of nonaphenol-polyoxyethylene eater, respectively. Fig. 2.18 shows the comparison between HLB values of various kinds of surfactants. Table 2.20 list the HLB values of common surfactants in an increasing order.

Table 2.18　HLB values of surfactants for the Atlas System

Trade-name	Chemical designation	HLB value
Span-20	Sorbitan monolaurate	8.6
Span-40	Sorbitan monopalmitate	6.7
Span-60	Sorbitan monostearate	4.7
Span-65	Sorbitan tristearate	2.1
Span-80	Sorbitan monooleate	4.3
Span-85	Sorbitan trioleate	8
Tween-20	Polyoxyethylene sorbitan monolaurate (EO: 20 mole)	16.7
Tween-21	Polyoxyethylene sorbitan monolaurate (EO: 4 mole)	13.3
Tween-40	Polyoxyethylene sorbitan monopalmitate (EO: 20 mole)	15.6
Tween-60	Polyoxyethylene sorbitan monostearate (EO: 20 mole)	14.9
Tween-61	Polyoxyethylene sorbitan monosteartae (EO: 4 mole)	9.6
Tween-65	Polyoxyethylene sorbitan tristearate (EO: 20 mole)	10.5
Tween-80	Polyoxyethylene sorbitan monooleate (EO: 20 mole)	15.0
Tween-81	Polyoxyethylene sorbitan monooleate (EO: 5 mole)	10.0
Tween-85	Polyoxyethylene sorbitan trioleate (EO: 20 mole)	11.0

Table 2.19　HLB values of nonaphenol polyoxyethylene ester

Mole of EO added	HLB	Mole of EO added	HLB
2	5.7	10	13.3
4	8.9	12	14.1
6	10.9	14	14.7
8	12.3	16	15.2

HLB scale: 0, 2, 4, 6, 8, 10, 12, 14, 16, 18, 20

Oleid acid soap: K (20); N (18); (Triethyl amine) (12)

Polythlene ethylene glycol fatty ester:
(Lanrate mono-ester): (1000), (800), (600), (400), (200); (Di-ester) (200)
(Lanrate ester): (Mono-ester) (200); Figure in paren-theses is the portion of polyeth-ylene glycol
(Fatty mono-ester): (Lanrate mono-ester) (200); (Octadecyl mono-ester) (200)

Polyoxyethylene alkyl phenolic ether:
(Octyl benzene phenol): (30), (20), (15), (10), (8), (6), (4), (2); Figure in paren-theses are moles of EO added
(Alkyl benzene acid): (Octyl benzene phenol) (10); (10) (Nona-benzene phenol)

Polyoxyethylene alkylether:
(Laryl alcohol): (30), (20), (15), (10), (8), (6), (4), (2), (1)
(Alkyl ether): (Lanryl ether) (10); (10) (Oleic ether)

Sorbitan satty ester (Octadecyl acid): (Mono-ester); (Di-ester); (Tri-ester); (Tetra-ester)

Polyoxy-ethylene sorbitan sattymono-ester (Octadecyl acid): (30), (20), (15), (10), (8), (6), (4), (2), (1), (0)

Fig. 2. 18　Comparison between HLB values of various kinds of surfactants

Table 2. 20　HLB values for common surfactants

Number	Chemical designation	HLB
1	Sorbitan trioleate	1. 8
2	Sorbitan tristearate	2. 1
3	Propylene glycol monostearate	3. 4
4	Sorbitan sesquioleate	3. 7
5	Glycerol monostearate (not self-emulsifying)	3. 8
6	Sorbitan monooleate	4. 3
7	Propylene glycol monolaurate	4. 5
8	Sorbitan monostearate	4. 7
9	Diethylene glycol monostearate	4. 7
10	Glycerol monostearate (self-emulsifying)	5. 5
11	Diethylene glycol monolaurate	6. 1
12	Sorbitan monopalmitate	6. 7
13	Sorbitan monolaurate	8. 6
14	Polyoxyethylene (4) lauryl ether	9. 5
15	Polyoxyethylene (4) sorbitan monostearate	9. 6
16	Polyoxyethylene (5) sorbitan monooleate	10. 0

Continued 2. 20

Number	Chemical designation	HLB
17	Polyoxyethylene (4) sorbitan tristearate	10. 5
18	Polyoxyethylene (4) sorbitan trioleate	11. 0
19	Polyoxyethylene glycol 400 monooleate	11. 4
20	Polyoxyethylene glycol 400 monooleate	11. 6
21	Triethanolamine oleate	12. 0
22	Polyoxyethylene (9) nonabenzene phenol	13. 0
23	Polyoxyethylene monolaurate	13. 1
24	Polyoxyethylene (4) sorbitan monolaurate	13. 3
25	Polyoxyethylene (20) sorbitan monostearate	14. 9
26	Polyoxyethylene (20) sorbitan monooleate	15. 0
27	Polyocyethylene (20) oleyl ether	15. 3
28	Polyoxyethylene (20) fatty ether	15. 4
29	Polyoxyethylene (20) sorbitan monopalmitate	15. 6
30	Polyoxyethylene cetyl alcohol	15. 7
31	Polyoxyethylene (30) monostearate	16. 0
32	Polyoxyethylene (40) monostearate	16. 9
33	Sodinm oleate	18. 0
34	Polyoxyethylene (100) monostearate	18. 8
35	Potassium oleate	20. 0
36	*N*-cetyl-ethyl morpholinium ethosulfate	25-30
37	Pure sodium lauryl sulfate	App. 40

(2) Practical application of HLB values and the bell-shaped curve: The HLB values and the applications of various surfactants are given in Table 2. 11. Since in the system of emulsion explosives emulsions liquids are mainly concerned, the HLB values for special emulsions are given in Tables 2. 21 and 2. 22.

Table 2. 21 HLB values for varions emulsion applications

Application	Emulsion type	HLB range
Cream, multi-purpose	O/W	6-8
Cream, antiperspirant	O/W	14-17
Cream, cold	O/W	7-15
Cream, stearate	O/W	6-15
Cream and detergent	W/O	4-6
Detergent	O/W	6-18
Perfume	O/W	9-16

Continued 2. 21

Application		Emulsion type	HLB range
Oil, mineral		O/W	9-12
Oil, plant		O/W	7-12
Oils, Nitamin		O/W	5-10
Soft grease base	Adsoption type	W/O	2-4
	Washable type	O/W	10-12
Soft grease (skin protection)		O/W	8-14
Polish		O/W	8-12
Matrix for emulsion explosires		W/O	3-6

Table 2. 22　HLB values required to emulsify various oil phases

Oil phase material	W/O Emulsion	O/W Emulsion	Oil phase material	W/O Emulsion	O/W Emulsion
Benzene Ketone		14	Kerosene		14
Acid, dimer		14	Lanolin, anhydrous	8	12
Lauric acid		16	Oil		
Linoleic acid		16	Mineral, aromatic	4	12
Castol alcohol acid		16	Mineral, alkyl	4	10
Oleic acid		17	Mineral oil essence		14
Stearic acid		17	Mineral fat	4	7-8
Hexadecyl alcohol		15	Pine oil		16
Decyl alcohol		14	Wax		
Dodecyl alcohol		14	beeswax	5	9
Tridecyl alcohol		14	candelilla		14-15
Benzene		15	carnauba		12
Carbon tetrachloride		16	microcrystalline		10
Castol oil		14	paraffin	4	10
Paraffin chloride		8			

Since the HLB value has the additive property, in practical uses HLB values can be properly adjusted by blending two or more surfactants for particular emulsions. For instance, the mixture of 30% Span-80 and 70% Tween-80 has the HLB value 11. 8 suitable for preparing the emulsion with anhydrous lanolin as the oil phase. It should be noted, however, that this mixture is not the only one which would yield this HLB value, and, indeed, might not be the one which would yield the most stable emulsion.

Base on the data of a series of experiments on emulsions, Griffin plotted a curve of relationship of emulsifier efficiency to emulsion mixture, which is called the bell-shaped curve, as shown in Fig. 2. 19. The *Y* axis in the figure represents the emulsifier efficiency, in fact being the reversion of emulsion consumption. It means that the higher the emulsifier efficiency the less the consumption. In practical uses, the bell-shaped curve can be plotted against a specific emulsion. A series of emulsions can be made with a given pair of agents at a variety of ratios, one agent having smaller HLB value while the other having bigger HLB value. HLB values calculated for each mixed emulsion enables the bell-shaped curve to be plotted.

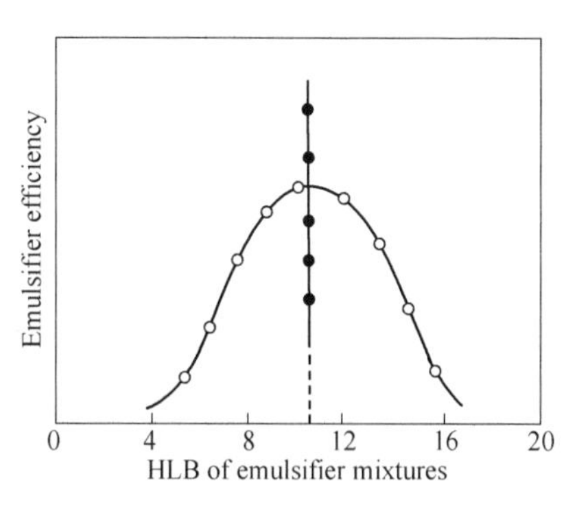

Fig. 2. 19 Relationship of HLB emulsifier mixtures to its efficiency (bell-shaped curve)[32]

As can be seen from the curve in Fig. 2. 19, there is a peak. If the HLB value of an emulsifier mixture is at this peak point, the emulsifier efficiency will be the highest i. e. the least consumption of emulsifier will be needed for emulsification. Practice has shown that the bell-shaped curve may change with different emulsifier mixtures, but for the same object emulsified the highest efficiency is at the same peak HLB value. Emulsifiers have different efficiency, i. e. the values at *Y* axis are different (see points at the middle), but the HLB value at *X* axis remains unchanged.

The area covered by the bell-shaped curve (open circles) represents the emulsifiable area, beyond which is the opposite. Desirable emulsifiers should exhibit wider emulsifiable area. This means that the peak at the curve should be higher with wider coverage on both sides. Hence, from the bell-shaped curve plotted in advance from experiments one can qualitatively judge the properties of a pair of emulsifiers by the peak value and form of the curve.

The HLB values of emulsifiers and those required to be emulsified can be jointly evaluated using the bell-shaped curve. This is much beneficial to preparing emulsion explosives, since the additions of emulsifier can be previously determined.

2. 3. 2 Relations of the molecular structure and relative molecular mass of surfactants to their properties

The molecular structure and weight of surfactants have considerable effect on their properties. A brief description will be given as follows:

(1) Surfactants with the hydrophilic group at the end of hydrophobic group exhibit better emulsifying and solubilizing abilities compared with the case where hydrophilic group locates at the middle. Such surfactants are suitable for emulsifier and detergent. On the contrary, surfactants with the hydrophilic group close to the middle of hydrophobic group show better wetting and penetrating abilities.

(2) Hydrophobic groups with branched chains demonstrate better wetting and penetrating abili-

ties compared with those without branched chains.

(3) Surfactants with higher relative molecular mass are better suitable as detergent, emulsifier and dispersant. On the other hand, surfactants with lower relative molecular mass more suitable as wetting and penetrating agents.

To further illustrate the effects above described, a few examples are given below.

2.3.2.1 *Effect of hydrophilic group position*

The molecular formulae of octodecen alcohol sulfuric ester sodium salt and succinici diester (α-ethyl alcohol) sulfonic sodium are as follows:

$$CH_3(CH_2)_7CH{=}CH(CH_2)_7CH_2{-}OSO_3Na$$

(Octodecen alcohol sulfuric ester sodium salt)

$$\begin{array}{cccccccccccccc}
 & & CH_3 & & & & & & & & & & \\
 & & | & & & & & & & & & & \\
 & & CH_2 & & & & & & & & & & \\
 & & | & & & & & & & & & & \\
CH_3{-}(CH_2)_3 & {-} & CH & {-} & CH_2 & {-} & O & {-} & O & {-} & CH_2 & {-} & CH_2 \\
 & & | & & & & & & & & & & | \\
CH_3{-}(CH_2)_3 & {-} & CH & {-} & CH_2 & {-} & O & {-} & O & {-} & CH_2 & {-} & CH \\
 & & | & & & & & & & & & & | \\
 & & CH_2 & & & & & & & & & & SO_3Na \\
 & & | & & & & & & & & & & \\
 & & CH_3 & & & & & & & & & &
\end{array}$$

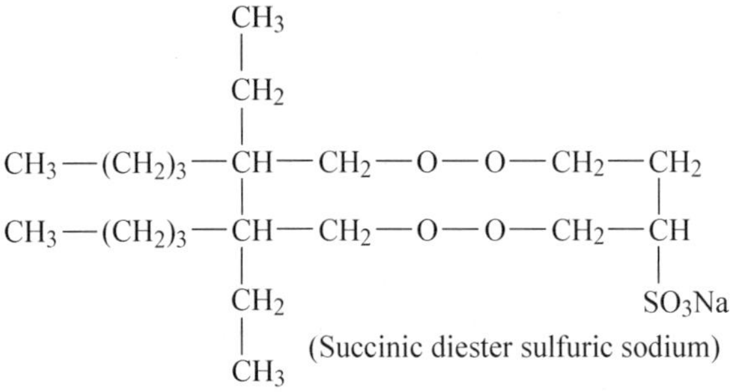

(Succinic diester sulfuric sodium)

In comparison, the latter has the hydrophilic group located at the middle of hydrophobic group, showing excellent penetrating power but the worst detergency. On the contrary, the first has the opposite properties because its hydrophilic group is at the end.

2.3.2.2 *Effect of branched chain*

Among the homologs of alkyl benzene sulfonic sodium, agents with the highest wetting ability have shorter carbon chain than those with the highest detergency; in addition, the more the $—CH_3$ group at the end of hydrocarbon chain, the higher the wetting ability.

Comparing *n*-dodecyl benzene sulfonic sodium to tetra-polypropylene benzene sulfonic sodium, the latter has stronger penetrating power but lower detergency due to presence of branched chains, although both have the same number of carbon atoms.

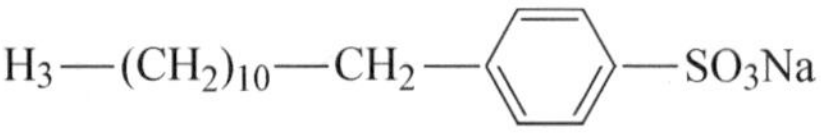

$$H_3{-}(CH_2)_{10}{-}CH_2{-}C_6H_4{-}SO_3Na$$

(*n*-dodecyl benzene sulfonic sodium)

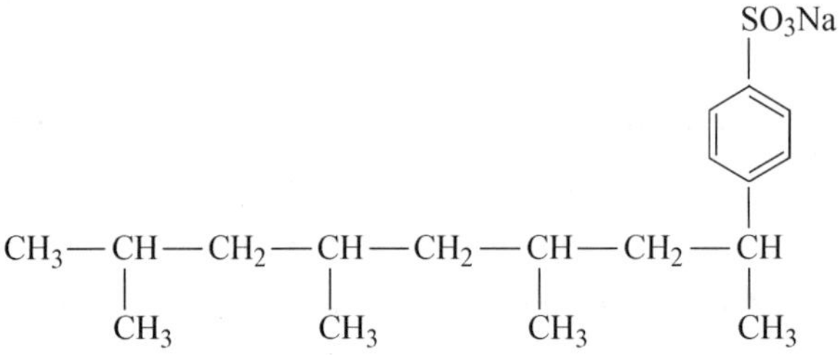

$$\begin{array}{ccccccccccccccc}
 & & & & & & & & & & & & & & SO_3Na \\
 & & & & & & & & & & & & & & | \\
 & & & & & & & & & & & & & & C_6H_4 \\
 & & & & & & & & & & & & & & | \\
CH_3 & {-} & CH & {-} & CH_2 & {-} & CH & {-} & CH_2 & {-} & CH & {-} & CH_2 & {-} & CH \\
 & & | & & & & | & & & & | & & & & | \\
 & & CH_3 & & & & CH_3 & & & & CH_3 & & & & CH_3
\end{array}$$

(Tetra-polypropylene benzene sulfonic sodium)

2. 3. 2. 3 *Effect of relative molecular mass*

When both the HLB and the types of hydrophobic and hydrophilic groups are the same, relative molecular mass becomes an important factor affecting the properties of surfactants. Generally, for cationic and anionic surfactants, their relative molecular mass cannot be changed at will when the hydrophobic and hydrophilic groups are fixed with rather stable HLB. However, relative molecular mass of nonionic surfactants can easier be modified by adding more molecules of hydrophilic group. For instance, in the additive reaction of lauryl alcohol, hexadecyl alcohol, oleic alcohol, octodecyl alcohol, etc. to epoxy ethane, their HLB is adjusted first to the same level, followed by successive increasing their molecular weight. As a result, the products with lower relative molecular mass exhibit higher penetrating power while those with higher relative molecular mass show better emulsifying and dispersing abilities.

Fig. 2. 20 shows the relationship of the wetting and penetrating abilities of nonaphenol polyoxyethylene ether to the additive mole number of polyoxyethylene.

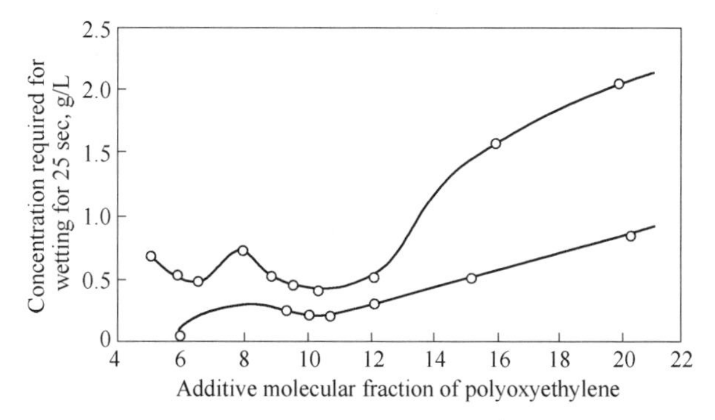

Fig. 2. 20 Relationship of wetting and penetrating abilities of nonaphenol polyoxyethylene ether to additive mole number of polyoxyethylene[32]

2. 3. 3 Relations of the type of hydrophobic groups of surfactant to their properties

Regarding the properties of surfactants, the types of both hydrophilic and hydrophobic groups are important factors next to the HLB. Hydrophobic groups, although with hydrocarbons as main substrate, can be divided into four types for practical uses:

(1) Fatty hydrocarbons: dodecyl, octodecyl compounds, etc.

(2) Aromatic hydrocarbons: naphthalene, benzyl, benzene phenol, etc.

(3) Aromatic hydrocarbons at the fatty branched chains: dodecyl benzene, nonaphenol, etc.

(4) Weakly hydrophilic groups presented in hydrophobic groups: castol oil acid (—OH group), oleic butyl ester (—COO— group), polypropylene glycol (—O— group), etc.

It should be noted that the same type of hydrophobic groups in such classification is still different in the hydrophobic level. The typical example is the hydrophobic group of polypropylene glycol; when its relative molecular mass is less than 800, it becomes soluble in water and hydrophilic.

Experience shows that the hydrophobic level can be arranged in the decreasing order as follows:

Fatty hydrocarbons (paraffin > ethylene hydrocarbons) > aromatic hydrocarbons with fatty branched chains > aromatic hydrocarbons > groups with weakly hydrophilic groups.

The types of hydrophobic groups are extremely important in selecting practical surfactants, for instance, in emulsifying operations. In selecting suitable surfactant for the substance to be emulsified, the first thing to be considered is the HLB value, secondly the affinity between the substance being emulsified and the hydrophobic group of surfactant (see Fig. 2. 21). If the affinity is not very strong, the surfactant used will separate from the emulsified particles and resolve in water as micelles, leaving the substance separated. Usually, the closer the molecular structure of two molecules, the stronger the affinity between them. In view of this, agents with fatty hydrocarbons are expected suitable for emulsifying mineral oil, and agents with aromatic hydrophobic groups suitable for emulsifying and dispersing pigments and dyes.

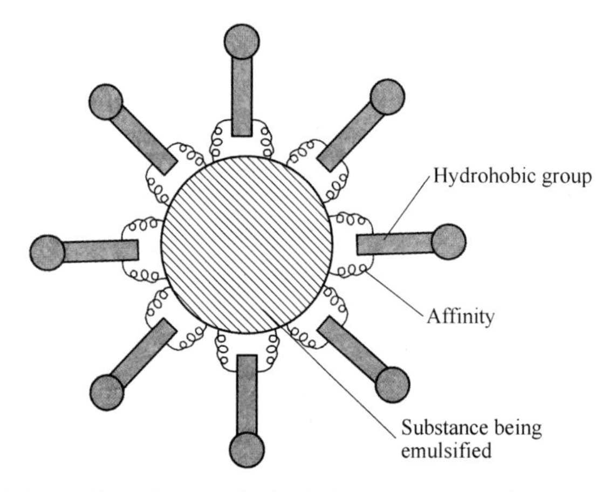

Fig. 2. 21　Affinity between hydrophobic groups and substance emulsified

Detergent action lies mainly in emulsifying and dispersing the dirt for removal. Since the oil components in dirt are mostly fatty, surfactants with similar structure are recommended as detergent. On contrast, surfactants with only aromatic hydrophobic groups cannot effectively be used as detergent. Hydrophobic groups with weakly hydrophilic groups featuring low foaming ability are very important for commercial use.

In summary, the effect of chemical structure upon the properties of surfactants is quite complicated. For clearer understanding, a brief summary seems necessary of the chemical factors capable of affecting the properties of surfactants:

Hydrophilicity—can be expressed by the HLB value and others;

Type of hydrophilic groups—cannot be expressed in numerical figures for the time being;

Molecular structure—cannot be expressed in figures at present;

Molecular dimension—can be expressed by relative molecular mass and others.

Since the hydrophilicity and molecular dimension can be expressed in figures, a coordinate system can be plotted using these two points for such surfactants as polyether. For instance, if the number of carbon atoms of higher alcohols is expressed on the Y axis while HLB on the X axis, then the properties of the additive products of higher alcohols and epoxy ethane can be illustrated as show in Fig. 2. 22.

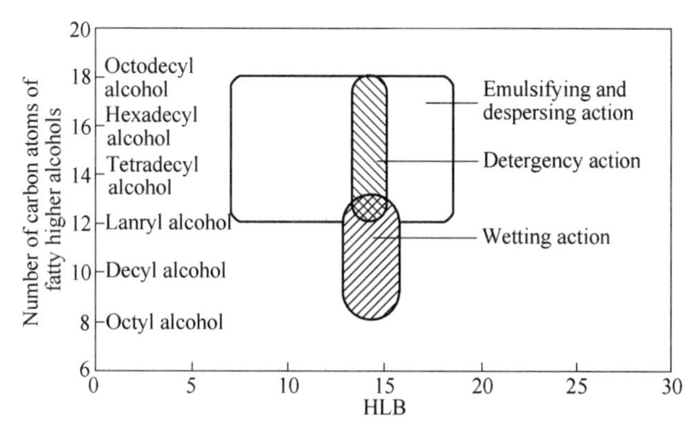

Fig. 2. 22　Chemical structure and properties of additive products of higher alcohols and epoxy ethane

References

[1] P. Becher, *Emulsions, Theory and Practice*, p. 4: Translated Chinese version by Fu Ying, Science press, 1964.

[2] R. Ramsey and J. Shields, *Trans. Roy. Soc. (London)*, A184, 647, 1893.

[3] A. Dupre, *Theorie Mechanique de la Chaleur*, p. 393, 1869.

[4] G. Antonoff, *J. Chim. Phys.*, 5, 372, 1907.

[5] N. K. Adam, op. cit., p. 214.

[6] J. W. Mcbain, T. F. Foprd and D. A. Wilson, *Kolloid. Z.*, 78, 1, 1937.

[7] Tsunetaka Sasaki, *Oil Chemistry*, p. 116-124, Vol. 17, No. 3, 1968. (in Japanese)

[8] J. Trauble, Ann., 265, 27, 1891.

[9] Zhao Guoxi, *Physico-Chemistry of Surface Active Agents*, p. 5, Peking University Press, 1984. (in Chinese)

[10] Hiroshi Horigochi, *Synthetic Interfacial Active Agent*, p. 9-20, Sankyo Publication Co., Ltd., 1957. (in Japanese)

[11] A. M. Scheartz, J. W. Perry and J. Berch, *Surface Active Agents*, Vol. 2, Interscience, New York, 1958.

[12] J. P. Sisley, *Encyclopedia of Surface-Active Agents*, Chemical Publ., Vol. 1, 1952.

[13] J. L. Moilliet, B. Collie, and W. Black, *Surface Activity*, E. and F. N. Spon, London, 1961.

[14] Susumeru Tsuji, *Technology of Emulsification and Solubilization*, Kogaku Tosho Co. Ltd., p. 5-8, 1976. (in Japanese)

[15] Isamu Iwama, *Chemical Industry*, Vol. 14, No. 5, pp. 434-454. (in Japanese)

[16] Tianjin Chemical Aids Manufacturer, Product Specification of Surface Active Agents. (in Chinese)

[17] J. R. Partington, op. cit., p. 163.

[18] M. E. L. Mcbain and E. Hutchinson, op. cit., pp. 1-13.

[19] J. W. Mcbain, *Colloid Science*, Boston, D. C. Heath and Co., 1950, p. 59.

[20] G. S, Hartley, *Nature*, 163, 767, 1949.

[21] A. G. Brown, W. C. Thuman and J. W. Mcbain, *J. Colloid Sci.*, 8, 491, 508, 1953.

[22] J. J. Bikermann, *Foams*, Springer Verlag, New York, 1973.

[23] N. K. Adam, D. G. Stevenson, *Edeavour*, 12, 25, 1953.

[24] W. Kling, *Kolloid. Z.*, 115, 37, 1949.

[25] W. C. Griffin, *J. Soc. Cosmetic Chemists*, 1, 311, 1949.

[26] W. C. Griffin, *J. Soc. Cosmetic Chemists*, 5, 249, 1954.

[27] N. C. Griffin, *Offic. Dig. Federation Paint and Varnish Production Clubs*, 28, 466, 1956.

[28] Yasoto Kawakami, *Science*, 23, 1953. (in Japanese)

[29] Davis, *2nd Inter. Congress of Surface Activity*, 1, 1957.

[30] Oda, *Teijin Times*, p. 22, No. 9, 1952. (in Japanese)

[31] Fujita, *Chemical Laboratory*, *Piece of Basic Operation*, Kashutsu Shobo, p. 255. (in Japanese)

[32] Susumeru Tsuji, *Technology of Emulsification and Solubilization*, Kogaku Tosho Co. Ltd., 1976, pp. 1-14. (in Japanese)

3 General Description of Emulsions

Emulsions and techniques for their preparation constitute the base for developing emulsion explosives. They are connected with various properties (such as physico - chemical properties, explosion performance and stability) of emulsion explosives and affecting factors. A general description of the fundamentals, physicochemical properties, techniques for preparing emulsions, etc. is, therefore, extremely necessary.

3.1 Basic Concept of Emulsion

3.1.1 Definition of emulsion

The term "emulsion" is usually referred to as a dispersed system of two immiscible liquids (such as oil and water) in which one liquid in the form of micro-droplets is homogeneously dispersed in another one. Since such dispersed system often appears milky, the term of emulsion is adopted. The phase of droplets is called dispersed or internal phase while another phase is called continuous or external phase.

In the long process of its development, a wide variability existed in the definition of the term "emulsion" by numerous scholars[1]. It seems necessary to quote here a series of such definitions collected by P. Becher[2]:

(1) An emulsion is a system containing two liquid phases, one of which is dispersed as globules in the other.

(2) An emulsion is a very fine dispersion of one liquid in another with which the former is immiscible.

(3) An emulsion is a two-phase liquid system consisting of fairly coarse dispersions of one liquid in another with which it is not miscible.

(4) Emulsions are intimate mixtures of two immiscible liquids, one of them being dispersed in the other in the form of fine droplets.

(5) Emulsions are microscopically visible droplets of one liquid suspended in another.

(6) Emulsions are stable and intimate mixtures of oil with water.

(7) An emulsion consists of a stable dispersion of one liquid in another liquid.

All these definitions are of some value but not complete; some make reference to stability and instability, some make reference to the limit size of the dispersed phase. A more clear definition synthesized from the above quotations may be made as follows:

An emulsion is a heterogeneous system, consisting of at least one immiscible liquid intimately dispersed in another in the form of droplets, whose diameter is usually very small. Such systems possess a minimal stability, which may be accentuated by adding a surfactant or solid powder.

Emulsions are widely used in industry and everyday life but are subjected to different requirements. Sometimes the stability is emphasized in such cases as emulsion explosives, emulsion cooling liquid for protecting diesel from rusting, perfuming grease, cream, etc, and sometimes instability is desired for emulsions such as emulsions in petroleum. However, the main consideration in industry is to enhance the stability. On the other part, when emulsification and solubilization should be distinctly differentiated, the limit of particle size is of importance.

It should be noted that emulsions here mean the emulsified and dispersed systems formed by the emulsification of surfactants to keep the dispersed phase as droplets relatively stable in the continuous phase, and such surfactants capable of emulsifying are usually called emulsifier. In this respect emulsifiers play an extremely important part, since during the formation of emulsions the dispersed phase is cut into a huge amount of micro-particles, and the surface free energy is sharply increased with increase of the surface area (see Chapter 2, Table 2. 1). For an emulsion to reduce its surface free energy, the interfacial area should be reduced, leading to coagulation, incorporation and separation of droplets, and finally to separation into the original oil and water phases. If suitable emulsifiers are added, they will spread over the oil-water interface and therefore reduces its surface tension dramatically. As a result the stability of the system will undoubtedly be enhanced.

Moreover, a relatively long-term stability is usually required for the emulsions used in emulsion explosives or other industries. Hence in addition to emulsifiers, some kind of stabilizing agent or stabilizer is used and other measures are adopted, such as control of external phase viscosity and addition of auxiliary agents, so as to keep the emulsion in a good state for rather long time. Concerning these aspects, more detailed description will be given later.

3. 1. 2 Classification of emulsions[3]

Emulsions can be classified into natural and synthetic, based on the origin; and also into W/O type and O/W type, based on the types of materials constituting the internal and external phases of emulsions.

3. 1. 2. 1 *Natural and synthetic emulsions*

(1) Natural emulsions: Among the emulsions present in nature, milk is the most typical of O/W type emulsion. The composition of milk is given in Table 3. 1. In such emulsion system fat is dispersed as micro-globules in water, covered by the film of protein and surrounded by adsorbed particles of phosphorus fat, ferent and enzyme, which is beneficial to emulsification. For natural milk, the fat globules are different in dimension, ranging mostly from 1 to 10μm (averaging about 3μm). It is evident that with the time passing bigger fat particles tend to separate. Milk on the market is homogenized. Density of milk fat is 0. 93 g/cm^3 while that of milk itself 1. 034-1. 036 g/cm^3. Making use of the difference in density, fat film can be separated by centrifugation, and this fat is called cream.

Butter is the W/O type emulsion made from fermented cream with additives such as salt. Its composition is also given in Table 3. 1. This means that in the process of manufacturing butter from milk the emulsion is changing from O/W type into W/O one. In processing natural materials a variety of emulsions are formed. For instance, when crude oil is processed into various petroleum products, a number of O/W type or W/O type emulsions are extracted. Similar cases are emulsions formation and separation for degreasing and clearing in metal working and other industries.

Table 3. 1 Compositions of milk and butter

Milk		Butter	
Water	88. 05	Water	15. 9
Protein	3. 40	Protein	0. 6
Fat	3. 05	Fat	81. 2
Sugar	4. 75	Sugar	0. 2
Ash	0. 75	Fiber	0. 0
Vitamin	trace	Ash	2. 1
Others	trace	Vitamin	trace
100. 00		100. 00	

(2) Synthetic emulsions: Synthetic emulsions are those emulsions made by mechanical stirring or emulsifying with suitable agents. Emulsions of this type have found wide use in industry, such as emulsion explosives, emulsion cutting oil, emulsion cooling liquid that can prevent diesel engine from rusting, perfume fat, cream, etc. In general, emulsification can provide the following effects:

1. Dilution: A liquid is diluted by means of emulsification; for instance, a hydrophobic synthetic pesticide can be emulsified in water.

2. Dispersion: It is the most basic effect of emulsification for practical application. For example, in the process of cleaning the liquid hydrophobic dust attached to a substance is dispersed in water by emulsification and then removed.

3. Combined utilization of the properties of two phases: An example is simultaneous dissolution or dispersion of water-soluble soil and oil-soluble soil by using O/W type emulsions.

4. Utilization of physico-chemical properties of emulsions: Emulsions possess obviously different properties from those of individual constituents, which can be utilized in many cases. For instance, emulsification of aqueous solution of oil wax, ammonium nitrate, etc. of low viscosity by Span-80 to a W/O emulsion can produce grease-like emulsion explosives.

5. Utilization of emulsion droplets: Fine and homogeneous dispersed droplets in emulsions remarkably change the properties of the system. For instance, the solid mixture of fuel oil and ammonium nitrate has poor explosion performance, but its W/O emulsion will possess much higher explosion properties because the finely and homogeneously dispersed aqueous solution of oxidant is in intimate contact with oil phase.

It should be noted that when preparing emulsions combined usage of several effects mentioned above is desirable. It is rare to use only one effect for a kind of emulsion.

3. 1. 2. 2 *O/W type and W/O type emulsions*

(1) O/W, W/O and multiple type emulsions: O/W and W/O are the basic types of emulsions. In the O/W type emulsions, water is the continuous phase while oil dispersed one; W/O type emulsions are the opposite. Fig. 3. 1 shows the patterns of these two emulsions.

It can be seen from Fig. 3. 1 that the hydrophilic and lipophilic groups of surfactants extrude to both sides of the oil-water interface respectively and aligned in order. In this case one end of the surfactant molecule extends into the interior of dispersed phase droplet while the other end into the continuous phase. They act as clips to fix the oil-water interface. It is no doubt that such structure is beneficial to the stability of emulsion, in which lies the important role of emulsifiers.

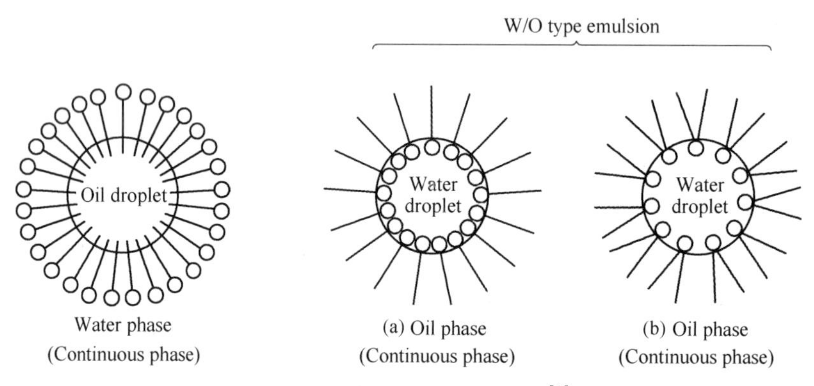

Fig. 3. 1　Emulsification patterns[3]

(a) Emulsion formed by sodium oleate; (b) Emulsion formed by calcium oleate

Multiple emulsions are in fact the composite form with simultaneous presence of the first two types. That is, an oil droplet may be present in the water phase, and one or more water droplets present in this oil droplet. It is commonly expressed by W/O/W. There is no reason why such process cannot continue further. As a matter of fact Seifriz has published a photograph of quinque-multiple emulsion. Fig. 3. 2 shows the microphotograph of a multiple O/W type emulsion, where water droplets are present in oil ones.

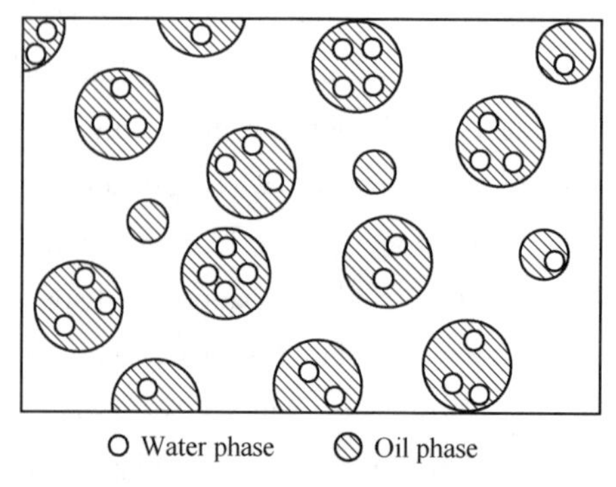

Fig. 3. 2　Model pattern of multiple emulsion where oil droplets include droplets of continuous (water) phase[5]

(2) Methods for identification of O/W type or W/O type emulsion[4]: Measurement and identification of the types of emulsions are extremely important for both research and production. A brief description of several types is given below.

1. Dye solubility method: A colored dye soluble in one component, but insoluble in the other, is added in a small quantity to the emulsion, and the mixture gently agitated. If the color spreads through the whole emulsion the phase in which the dye is soluble is the continuous one; if the color appears in discontinuous spots, it is the disperse phase. In general, "Brilliant Blue GF" is used as the water-soluble dye, and "Oil Red XO" as the oil-soluble dye.

2. Phase dilution method: This method is based on the fact that an emulsion is readily dilutable by the liquid of the continuous phase. Two drops of the emulsion are placed on a glass plate. A drop of water is added to one drop of the emulsion, and a drop of oil-like component to the other, and stirred lightly. Whichever component blends easily with the emulsion is considered to be the continuous phase, otherwise it is the inner phase.

3. Conductivity method: Since most oils are poor conductors while aqueous systems are, in the main, good conductors, measure of conductance may serve to identify the continuous phase. A simple device for conducting such tests is illustrated in Fig. 3. 3. In water-continuous emulsion, the neon lamp will glow when the electrodes are immersed in the liquid; when the oil phase is continuous, the lamp will not light.

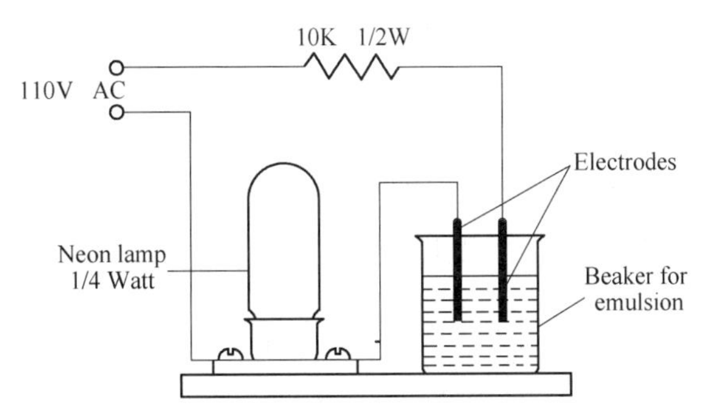

Fig. 3. 3 A simple conductance device for the determination of emulsion type[2]

4. Fluorescence method: This method utilizes the fact that many organic substances fluoresce under ultraviolet light. Thus examination of a drop of the emulsion under fluorescent light microscope may serve to identify the emulsion type. If the whole field fluoresces the emulsion is W/O; if only a few fluorescing dots are evident the emulsion is O/W.

5. Wetting of filter paper: This method applies to emulsions of heavy oils and water and depends on their respective abilities to wet filter paper. A drop of the emulsion is placed on a piece of filter paper. If the liquid spreads rapidly, the emulsion is O/W. If no spreading occurs, the emulsion is W/O.

In addition to the above methods, other methods such as viscosity method and refractivity method may be used. Readers may refer to relevant literatures.

3. 1. 3 Factors influencing the types of emulsions

An emulsion is an unstable system. Even from two stable liquid phases either W/O type or O/W type can be formed depending upon methods of emulsification and the governing factors. In commercial practice the principal factors influencing the types of emulsions can be outlined as follows.

3. 1. 3. 1 *Molecular structure of emulsions*

(1) HLB values of emulsions: The influence of HLB value on non-ionic surfactants is especially pronounced. In general, the HLB value of emulsifier becomes an important factor governing the types of emulsions when minimum quanity of agents is required to obtain good emulsions. It can be known from Chapter 2, Table 2. 13 that W/O type emulsions are formed with emulsifiers of HLB values from 3 to 6, while O/W emulsions formed with emulsifiers of HLB values from 8 to 18. As for other surface-active emulsifiers, there is a trend: among homologs more lipophilic emulsifiers is easy to form W/O emulsions while more hydrophilic ones —O/W emulsions.[5]

These effects are quite important for selection or formulation of suitable emulsifiers for emulsion explosives.

In a number of cases, however, the opinion on optimum HLB value is not so absolute. That is to say, emulsions and methods of emulsification should be selected carefully. Non-ionic surfactants containing polyoxyethylene usually form O/W type emulsions at lower temperature, which tend to invert to W/O type with the rising temperature. For example, fatty acid polyoxyethylene ester having HLB value of 8 forms O/W emulsion at ambient temperature; when the temperature rising to over 30℃ it will invert to W/O type; and finally, at still higher temperature oil and water will separate into two distinct phases. The reason is the free energy of water increases with the temperature, leading to reduced hydrophilicity of polyoxyethylene chains.

(2) Steric coordination features of emulsifiers: Practice shows that the steric dimension occupied by the hydrophilic and lipophilic groups of an emulsifier also affects the types of emulsions, which can be explained by the example of sodium and calcium oleates.

Sodium oleate as emulsifier usually forms O/W type emulsion while calcium oleate forms W/O emulsion. The reason is the two oleic molecules combined with calcium occupy larger steric space, and the lipophilicity of calcium oleate is thus enhanced, leading to higher possibility of forming W/O type emulsion. Fig. 3. 4 gives as explanatory diagram. Similar phenomena can also be seen for magnesium and zinc oleates.

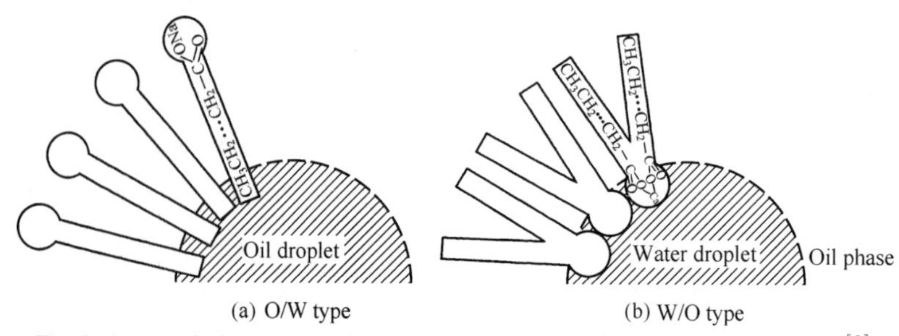

(a) O/W type (b) W/O type

Fig. 3. 4 Emulsification patterns for sodium (a) and calcium (b) oleates[3]

3.1.3.2 *Difference in interfacial tensions*

It is known that in the emulsion system emulsifiers are distributed on the oil-water interface and form a film, covering the particles of dispersed phase. Thus emulsifiers form two interfaces with oil and water respectively. Assume the interfacial tension between oil and emulsifier film to be A, and that between water and emulsifier film to be B, then, if $A>B$, O/W type emulsions are formed; if $A<B$, W/O emulsions formed. When $A\approx B$ is approaching to zero, the interfacial tension between water and oil is believed to be also approaching to zero. In this case both oil and water become extremely easy emulsified even under least forces. In addition, when $A\approx B$ is approaching to zero, from the point of view of HLB values, W/O type emulsions will be formed with optimum HLB vales ranging from 3 to 6, and optimum HLB values for O/W emulsions are 8-18.

Furthermore, since the lipophilic group of an emulsifier are connected by many $—CH_2—$ chains, an emulsifier film is considered as a phase of considerable thickness; it does have a certain thickness even when it is monolayer.

3.1.3.3 *Mechanical conditions for emulsification*

Even by using the same emulsifier one can obtain different types of emulsions due to various mechanical conditions for emulsification. For example, an original O/W emulsion can be inverted to a W/O one when water is mechanically dispersed in oil and proper addition of emulsifiers is used as stabilizer. Tsemura *et al.* have confirmed this effect by experiments. They used sodium oleate as emulsifier to emulsify benzene-water solution with different vibration methods, and obtained various types of emulsions.

3.1.3.4 *Material of container wall*

In general, emulsification carried out in containers made of such hydrophilic materials as glass makes water readily continuous phase, while emulsification in containers of lipophilic materials such as plastics easier makes oil continuous phase[7]. Table 3.2 lists the results of emulsifying kerosene, water, etc. by sodium sulfonate soap in various containers[8].

Table 3.2 Effect of container wall on emulsion types

Concentration of sodium sulfonate solution, wt.%	Kerosene		Oil for antimissile head	
	Plastics	Glass	Plastics	Glass
0.1	W/O	O/W	W/O	O/W
0.2	W/O	O/W	W/O	O/W
0.5	W/O	O/W	W/O	O/W
2.0	O/W	O/W	W/O	O/W

3.1.3.5 *Change of external conditions*

Experiments show that even the same emulsifier may result in different types of emulsions due to the change of external conditions such as temperature and additives. For instance, the emulsion system of water in benzene (W/O) emulsified and stabilized by sodium salts may invert to O/W emulsion if the temperature rises with gentle stirring.

3.1.3.6 *Phase volume ration*

In an emulsion formed by two liquids, the liquid phase in bulk quantity is usually a dispersed one. For example, when using potassium oleate as emulsifier, in one part of water 99 parts of paraffin oil can be emulsified, resulting in a dense emulsion. This is the same case for W/O emulsion explosives, where oil-wax component (as continuous phase) accounts for only about 4% while oxidant water solution (as dispersed phase) up to over 85%.

3.2 Physico-Chemical Properties of Emulsions

3.2.1 Dependence upon temperature

In the process of preparing emulsions, in order to facilitate the emulsification process and obtain more homogeneous product the common practice is to reduce the viscosity of two phases and enhance the flowability. However, at higher temperature the dispersed droplets are more likely to coalesce, incorporate and drain, so at higher temperature, therefore, the stability of emulsions is generally unsatisfactory.

Thermo-chemical properties of emulsifiers are the factors of prominence. Since HLB values practically are the function of temperature, they should be put into full play in the preparation and storage of emulsions.

In the process of preparing emulsion explosives the oxidant salt solution and the mixed oil-wax solution are separately prepared (at elevated temperature) by heating, followed by emulsification by adding emulsifiers at sufficiently low viscosity and good flowability. Then the solution is vigorly stirred mechanically with the temperature decreasing gradually. Obviously, at elevated temperature emulsifiers cannot always play full function, but gradually exhibit their inherent activity with the temperature decreasing. Principally, it is desirable at the temperature for emulsion storage to have the emulsifiers showing both excellent emulsifying performance and stability. Many emulsifiers, however, cannot possess both. That is, emulsifiers which can exert full emulsifying ability at higher temperature show decreasing emulsifying performance with temperature going down; and vice versa. For ensuring the emulsifying ability one can use both high-temperature stabilizers and enhanced mechanical shearing strength; for the stability, it can resort to enhanced viscosity, and addition of stabilizers and solid powder, etc.

Isemura and Kimura[9] have noticed that among the benzene-water systems emulsified and stabilized by newly formed oleic acid or sodium stearate salts, the type of emulsion obtained is dependent upon the vibration mode, the original concentration of NaOH in water phase, and the temperature. For example, vibrating up and down the solution of <0.002 mol NaOH and 0.0025-0.01 mol acid at 10-20℃ can obtain W/O type emulsion, but when the concentration of NaOH is higher than 0.2 mol and at temperature 28-30℃ O/W emulsion is obtained.

3.2.2 Particle size and distribution

In general, the disperse phase of an emulsion consists of droplets whose diameter are greater than 0.1μm, but in more stable emulsions the droplets of disperse phase are 0.2−5μm in diameter. Droplets of smaller diameter tend to grow up and disappear due to the enhanced Brownian motion. However, emulsions prepared by adding adequate quantity of emulsifiers can possess droplets of 0.01μm in diameter which can exist for a length of time. Such emulsions appear almost transparent and are used in commercial practice. Table 3.3 shows the comparison of particle sizes between dispersed droplets of emulsions and other natural or synthetic systems[10].

Microscopic examination shows that in any emulsion the droplets' diameters may be far from uniform. Droplet-size distribution curve showing a maximum of micro diameter droplets, and a sharp peak apparently represents a situation of maximum stability, with all other conditions being equal. Thus, change in the droplet-size distribution curve with time, leading to a more diffuse distribution and move of the maximum to larger diameters, is a measure of the instability of an emulsion. Fig. 3.5 shows the change of emulsion particle size distribution with time[11].

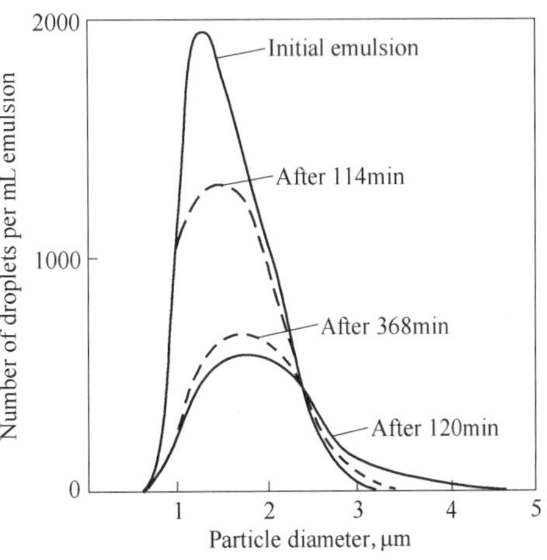

Fig. 3.5 Relationship of particle size distribution to time[11]

It can be seen from the description above that the disperse phase particle size and size distribution is an important criterion of emulsion stability. Practice has shows that the smaller the particles with more homogeneous distribution, the more stable the emulsion and the better the storage performance. In general, the particle size is controlled by the preparation method and the addition of emulsifiers. With the same operation for emulsification, emulsions prepared by adding small amounts of emulsifiers have much smallest particles than those prepared without emulsifiers, and the former has far more homogeneous distribution. The reason is that the addition of emulsifiers can markedly reduce the oil-water interface, thus leading to micronization.

A thorough study has been made by Schwarz and Benzemer[12] on the particle size distribution of emulsions. They found that the particle number distribution or the percentage of different droplets is:

$$\frac{\mathrm{d}n}{\mathrm{d}x}\cdot\frac{100}{N}=\frac{100}{6}\frac{\mathrm{e}^{a/x}}{1+\frac{a}{x}+\frac{a^2}{2x^2}+\frac{a^3}{6x^3}}\frac{a^4}{x^5}\mathrm{e}^{-a/x} \tag{3.1}$$

where n = number of droplets of x diameter;

N = total number of droplets;

x = constant, equivalent to the diameter of the largest droplet in an emulsion;

a = constant.

Table 3.3 Relative particle sizes

Range of dimensions	Visibility	Description of state	Examples in nature, μm		Examples in emulsions and paints, μm	
10^{-1}cm = 1mm	Plain visibility with the naked eye	Coarse dispersions	Frog's egg Fine sand	1000 500		
10^{-2}cm	Limit of visibility with the naked eye (approx. 50 μm)		Ameba Potato starch Corn starch	100 45–110 15–20	Mesh of No. 325 screen Coarse pigments Coarse emulsions	44 30 5–25
10^{-3}cm	Plain visibility with the microscope	Fine dispersions	Red blood corpuscle Rice starch	7.5–8.5 3–7	Mesh of No. 1, 250 screen Butterfat particles in milk Finest earth colors	10 5–10 2–3
10^{-4}cm = 1μm	Limit of microscopic resolving power (approx. 0.25 μm)	EMULSIONS	Average bacteria (typhoid) Wavelength of visible light Colloid gold particles Smallest bacteria	1 0.4–0.65 0.2 0.1	Butter particles in homogenized milk Oil droplets in good emulsion vehicle Precipitated pigments Finest emulsion droplets Lampblack	1–2 0.5–1.5 0.3–0.8 0.25 0.1
10^{-5}cm		Colloid dispersions	Filterable virus (probable)	nm		nm
10^{-6}cm	Limit of ultramicroscopic resolving power (5–10nm) Field of the electron microscope	Molecular range	Largest molecules e.g., protein (probable)	6	Colloidal carbon black	10–30
10^{-7}cm = 1nm	Below any visibility		Palmitic acid (long chain)	2.4		
10^{-8}cm = 1Å		Atomic range	Methyl group Hydrogen (H_2)	0.14 0.1		

If a/x is smaller than 1, Eq. (3.1) can be simplified with minor error as:

$$\frac{dn}{dx}\frac{100}{N} = \frac{100}{6}\frac{a^4}{x^5}e^{-a/x} \tag{3.2}$$

It can be seen from the equation that for any droplet size distribution, the diameter of most droplets is a function of a. For Eq. (3.1), this value is $a/5$. And x and a can be found by plotting experimental data.

It has been found that the above equations are applicable to all emulsions prepared by mechanical method (such as homogenizer, vibration). Based on these equations the Gauss Distribution Curve is readily plotted as shown in Fig. 3.6, which shows the rule of particle size distribution.

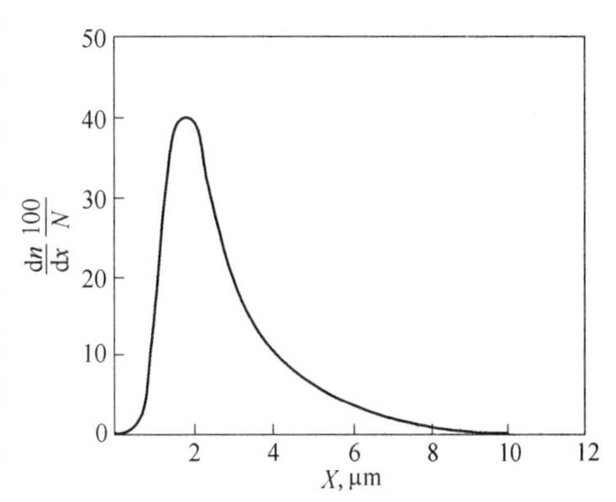

Fig. 3.6 Particle size distribution curve[13]

The effect of droplet particle size on emulsion appearance has been studied by Griffin, which is shown in Table 3.4[13].

Table 3.4 Effect of particle size on emulsion appearance

Particle size	Appearance
Macro globules	Two phases may be distinguished
Greater than 1 μm	Milk white emulsion
1 to approximate 0.1 μm	Blue-white emulsion
0.1 to 0.05 μm	Gray semitransparent (dries bright)
0.5 μm to smaller	Transparent

3.2.3 Viscosity

The resistance to flow of emulsions is one of their most important gross properties, both from the theorectical and practical considerations. The practical consideration arises from the fact that a commercial emulsion may be marketable only at a specific viscosity. Generally, viscosity measurements, in combination with hydrodynamic theory, are capable of giving considerable information about the structure of emulsions.

Assume two parallel planes existent in a liquid, the distance between them being Y. One plane fixed, another plane is subjected to a shearing force and moved at a velocity of u cm/sec along X direction. The liquid at this plane is also moving, but different layers move at different velocities, hence resulting in a velocity gradient $\frac{du}{dy}=D$. Basically it is assumed that the acting force F is proportional to the velocity gradient and plane area:

$$F \propto A\frac{du}{dy} = \eta A\frac{du}{dy} = \eta A v \tag{3.3}$$

For a unit area, the equation becomes:

$$\frac{F}{A} \equiv \tau = \eta v \tag{3.4}$$

where the proportional constant η is called coefficient of viscosity or roughly viscosity.

The relationship of the liquid shearing areas τ to shearing rate is defined as rheological behavior. Liquids can be classified into Newtonian and non-Newtonian, the latter can be divided into plastic, pseudoplastic and dilatant. Rheological behaviors of major liquids are shows in Fig. 3. 7. It can be seen from this figure that the rheological behavior of Newtonian liquid features a straight line passing the origin, while non-Newtonian liquids characterized by curves or lines by-passing the origin. The viscosity value reflects only the behavior of Newtonian liquid, but rheological behavior curves reflect the behavior of non-Newtonian fluids.

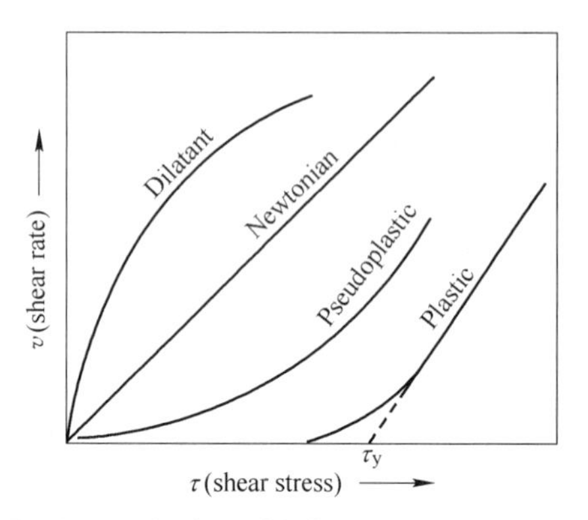

Fig. 3. 7 Rheological behavior curves of fluids

In general, the viscosity value of a definite point at the rheological behavior curve for non-Newtonian fluids is regarded as an apparent viscosity at this point. Most emulsions are typical non-Newtonian fluids, their apparent viscosity is a function of shearing rate D. Practice has shown that the apparent viscosity of emulsions is affected by the following factors.

3. 2. 3. 1 *Viscosity of external phase* η_0

In general, the viscosity of the external phase η_0 is considered to be of prime importance in defining the viscosity of the final emulsion. Most equations indicate a direct proportionality between the viscosity of the emulsion and that of the external phase, which can be put in the form:

$$\eta = \eta_0(x) \tag{3.5}$$

where x represents the summation of all the other properties which may affect the viscosity.

Sherman[14] makes a valuable point that, in many emulsions, the emulsifier is dissolved in the external phase, and hence η_0 is the viscosity of this solution, rather than that of the pure liquid. This is especially important when colloidal stabilizing agents are added, since they have a marked effect on the viscosity.

3. 2. 3. 2 *Viscosity of internal phase* η_i

The effect of the viscosity of the internal phase has not had much consideration. Taylor[15], proceeding from the principle of transmission of tangential stress, arrived at the relation:

$$\eta = \eta_0 \left[1 + 2.5\varphi \left(\frac{\eta_i + \frac{2}{5}\eta_0}{\eta_i + \eta_0} \right) \right] \tag{3.6}$$

where φ = volume fraction of internal phase;

η_i = viscosity of internal phase; and

η_0 = viscosity of external phase.

In a study of the viscosity of emulsions of milk fat in skim milk, Leviton and Leighton[16] introduced a power series of φ in order to make it applicable at higher concentrations.

$$\ln\frac{\eta}{\eta_0} = 2.5\left(\frac{\eta_i + \frac{2}{5}\eta_0}{\eta_i + \eta_0}\right)(\varphi + \varphi^{5/3} + \varphi^{11/3}) \tag{3.7}$$

Obviously, at low values of φ, Eq. (3.7) reduces to Eq. (3.6) .

Sherman[17] has studied the viscosity of W/O emulsions and pointed out that η_i is not so important, but the chemical composition of the internal phase is of extreme importance.

3.2.3.3 *Volume concentration of internal phase*

Regarding the effect of the volume concentration of the internal phase, a relaion can be deduced from the hydrokinetic theory[18]:

$$\eta = \eta_0(1 + 2.5\varphi) \tag{3.8}$$

When Eq. (3.8) is modified by a power series of φ, a general form is obtained:

$$\eta = \eta_0(1 + \alpha_0\varphi + \alpha_1\varphi^2 + \alpha_2\varphi^3 + \cdots) \tag{3.9}$$

where α_0, α_1, and α_2 are constants; α_0 is taken as 2.5.

3.2.3.4 *Interfacial film and emulsifying agents*

The presence of the interfacial film can affect the circular flow in droplets, hence the viscosity of the emulsion. And the interfacial film and its behavior are created by the emulsifier itself; therefore, the viscosity of emulsions is a function of the emulsifier type and concentration. Within the same extent, it is also a function of pH value. The reason is that an emulsifier can be effective only in a considerably narrow pH range, especially for cationic or anionic emulsifiers. It may be also true for high alcaline esters nonionic emulsifiers.

In an attempt to indicate the effect of the emulsifying agent on the viscosity, Sherman[18] has empirically derived the equation:

$$\ln\eta_r = ac\varphi + b \tag{3.10}$$

where $\eta_r = \eta/\eta_0$; c is the emulsifier concentration; and a and b are constants.

3.2.3.5 *Droplet size and its distribution*

It is a well-known experimental fact that when crude emulsions are homogenized, and thus subjected to a radical change in particle size distribution, a marked increase in viscosity often occurs. This is probably due to a reduction in particle size, resulting in increased interfacial area and mutual interaction between the globules.

Sherman has made a careful study of the effect of the globule size on the viscosity of the emulsions of both oil-in-water and water-in-oil types. From numerous experimental data he concludes that the viscosity is strongly affected by the values of the droplet diameters, and the effect is quite different for the two types of emulsions. All the W/O emulsions, irrespective of φ, follow a relationship of the form[14]:

$$\eta = x\frac{1}{d_m} + c \tag{3.11}$$

where d_m is average globule diameter; and x and c are constants.

On the other hand, for the most concentrated O/W emulsions, the product $\eta \times d_m$ is a constant for all values of d_m. Sherman ascribes the different trends for O/W and W/O emulsions to the difference in structure of their respective interfacial stabilizing films of emulsifying agent. The globules in W/O emulsions behave as undeformable spheres, while the globules of O/W systems deform to an extent depending on the applied rate of shear.

3. 2. 3. 6 *Electroviscous effect*

The effect was first investigated theoretically for hydrophobic colloids by Smoluchowski[20]. In his work it was shown that hydrophobic particles bearing an electric charge would show a viscosity exceeding that of a similar system of uncharged particles. Taking this effect into account, Smoluchowski modified Einstein's equation to:

$$\frac{\eta - \eta_0}{\eta_0} = 2.5\varphi\left[1 + \frac{1}{\eta_0 k a^2}\left(\frac{\varepsilon\zeta}{2\pi}\right)^2\right] \tag{3.12}$$

where a is the radius of the particles; k is the specific conductivity of the system; ε is the dielectric constant of the external phase; and ζ is the electrokinetic potential of the charged particles.

It can be seen from the above equation that the effect of the charge will always be to increase the viscosity, since the term $\left(\frac{\varepsilon\zeta}{2\pi}\right)^2$ will always be positive, irrespective of the sign of the charge. At infinite dilution, Eq. (3.12) reduces to the Einstein relation, i. e. as φ approaches zero, $\frac{\eta-\eta_0}{\eta_0}$ approaches 2.5φ. This is readily understandable: the electroviscous effect arises from interactions between the charges on adjacent droplets. As the system grows more dilute, the distance between the droplets increases, and the interaction, of course, falls off rapidly because the attraction is inversely proportional to square of distance. At infinite dilution, therefore, the electroviscous effect becomes zero.

3. 2. 4 Optical properties

It can be seen from Table 3. 4 that emulsions are normally opaque-milky liquids, but emulsions in which the particle size is quite small may be transparent. X-ray studies on such emulsions have yielded valuable information on the structure of the interfacial phase. Same refractive indices of disperse and continuous phases may also result in transparent emulsions. If the two liquids have the same refractive indices but different optical dispersive powers, then, instead of a transparent, but a multi-colored or chromatic emulsion will result. Brilliant colors may be observed in such emulsions when reviewed by transmitted light through light barrier. The color appears at the barrier and is a function of the temperature and composition of the emulsion. The series of colors observed is complementary to the rainbow colors and includes pink and purple (but not green). This phenomenon is used in the observation of refractive indices of liquids above their normal boiling points.

The interfacial area in emulsions can be determined by optical measurements. Photoelectric measurements of light transmission relative to clear fluids were carried out by Langlois *et al.*[21]

with an optical probe which was inserted in the emulsion. The relative light transmission was found to be related to the interfacial area by the equation:

$$\frac{I_0}{I}=1+\beta A \tag{3.13}$$

where I_0/I is the ratio of light intensity transmitted by the clear liquid to that transmitted by the emulsion; A is the total interfacial area; and β is constant which is a function of the ratio of the refractive indices of the internal and external phases.

It should be noted that the original clear liquid in the emulsion is an external phase.

3.2.5 Electrical properties

Emulsions in which water is the continuous phase may be expected to show higher conductivity than those with oil as the continuous phase, and their conductivity is two to three times that of petroleum containing no water. This property can also be used to distinguish O/W and W/O emulsions. It is well known that static phenomenon occurs at fluid-fluid, fluid-solid and other interfaces. Since the total interfacial area of an emulsified disperse systyem is much larger than that of the disperse phase, such static phenomenon is of critical importance to emulsions.

The hydrophobic dispersed droplets in aqueous solutions usually carry negative charge, but the opposite case is also found. Dissociable cationic and anionic surfactants adsorb onto the dispersed droplets. With the enhancement of static phenomenon at dispersed droplets, the so-called electrical double layer is formed around these droplets. Fig. 3.8 shows the electrical double layer[22].

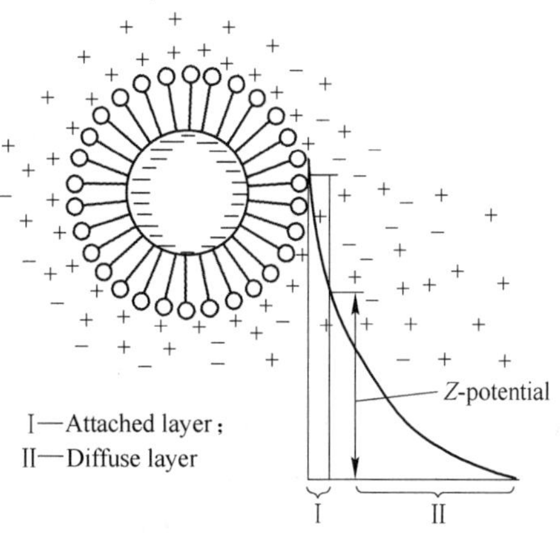

Fig. 3.8 Scheme of electrical double layer[22]

As shown in Fig. 3.8, because the anionic surfactant is adsorbed, the (−) charge of droplets is intensified. As a result, (+) ions from water dissociation are densely distributed around droplets. Within the range subjected to the droplet static effect, the static potential resulted is inversely proportional to the distance from droplets. Such phenomenon is electrical double layer. In such electric double layer, the (+) ions closer to the droplet surface are attached to droplets while the outer ionic layer can move around, the former is designated attached layer, the latter diffuse layer. If an emulsifier is placed into the electric field, charged droplets move to the electrode of opposite charge; such motion is called electrophoresis . The corresponding moving potential is designated E potential.

In general, the breaking of emulsion is caused by a combination of such factors as flocculation and coalescence resulting from the difference in specific gravity of dispersed droplets and continuous phase, and mutual attraction or Van der Waals force between particles. When the dispersed droplets possess stronger charge, the mutual electrical repulsive force is enhanced to compensate the factors for coalescence, leading to more stable emulsions.

For the same reason, when cationic surfactants are used for emulsification, the hydrophobic droplets carry positive charge, also resulting in a potential difference, and hence an electrical double layer. When non-ionic surfactants are used for emulsification, the alcaline or acidic groups absorb H^+ or OH^-, which will increase positive or negative charge, and enhance the stability.

3.3 Microemulsions[23]

3.3.1 Basic concept of microemulsions

The term of microemulsion was first named by Schulman *et al.*[24] The so-called microemulsion is quite different from conventional emulsions. Microemulsions possess infinite thermal stability, and excellent property of being mixed at low shear rate. As described in the former Chapter, one distinguished feature of emulsions is that disperse phase particles are sized above 0.1μm, therefore emulsions are usually milk-white, non-transparent disperse system. In the 40s, Schulman *et al.* studied concentrated emulsions and found that transparent or nearly transparent emulsions could be obtained when using larger amounts of emulsifiers or such polar organics as alcohols. Further study confirmed that such transparent emulsions had such small disperse phase particles that all particles are smaller than 0.1μm, even down to tens angstrom. The term "microemulsion" is thus coined. In fact, microemulsions have long been in practical uses, such as wax floor polishes, cutting oils. Recently, microemulsions have been introducrd in emulsion explosives, remarkably increasing the stability of such explosives.

Experience shows that adding adequate quantity of oleic acid (about 10%) to benzene or hexadecane, followed by neutralization and homogeneous stirring with potassium hydroxide yields a turbid emulsion. If *n*-hexyl alcohol is gradually added under stirring to such emulsion up to a certain level, a transparent liquid can be obtained. This liquid shows very high stability, its dispersed particles cannot be distinguished under a conventional microscope; it is a microemulsion system. In the field of emulsion explosives, the inorganic oxidant salt (for example, ammonium nitrate) aqueous solution and mixed solution of oil and wax are emulsified by conventional emulsifiers such as Span-80, resulting in a conventional emulsion system. However, if they are emulsified by a combination of an ampholytic, synthetic and polymeric emulsifiers with a conventional W/O type emulsifier, a microemulsion will be yielded which exhibits infinite thermal stability. In addition, if petroleum, amyl alcohol, petroleum sulfonate, etc. are mixed with water and stirred, microemulsions can also be obtained.

It can be known from the description above that there is a rather common rule in formulating microemulsions, i.e. considerable quantities of cosurfactants should be added, in addition to internal and external phases and emulsifiers. That is to say microemulsions consist of oily substance, water, emulsifier and co-emulsifier.

3. 3. 2 Properties of microemulsions

As described above, microemulsions are transparent disperse systems, most of them appear milky, and their particles cannot be detected under microscope. The studies on some microemulsions by such methods as light scattering, ultracentrifugal sedimentation and electronic microscope have shown that all particles in the internal phase are very small (<0. 1μm) and more homogeneous. For instance, examination of the microemulsion of alcoholic acid resinby electronic microscope revealed that the higher the dispersity (i. e. the smaller the particles) the more homogeneous the particle size distribution; when particles were sized 0. 03μm, they were all spheres of the same size. On the other hand, conventional emulsions are heterogeneous dispersed systems with wide range of particles size.

Microemulsions have similar electric conductivity to that of conventional emulsion. Microemulsions with water as disperse medium, or continuous phase, show better conductivity; but those with oily substances as disperse medium exhibit worse conductivity.

Microemulsions show very high stability in storage and infinite thermodynamic stability. That means during long term storage microemulsions exhibit no stratification and demulsification, and cannot be stratified by conventional centrifuge. Thus, centrifuge can generally be used to distinguish emulsions from microemulsions. Such high stability of microemulsions is of extreme importance in improving the storage stability of emulsion explosives.

Measurements show that in microemulsion systems the interfacial tension between internal and external phases (oil and water) is usually too low to be measured. It is undoubtedly the important reason of high stability for such systems. For instance, as described before, the substrate of emulsion explosives prepared by mixed emulsifiers (the ratio of synthetic polymeric emulsifier to conventional W/O emulsion is from 1 : 5 to 1 : 1, addition ranging from 0. 6% to 1. 0%) is microemulsion, but that formulated with conventional W/O emulsifier (such as Span-80) is emulsion. Changes in mixed free energy of these two systems can be observed by microcalorimetric method. In the former case, during the formation of microemulsion a change in mixed free energy of large negative value was observed (for oil phase, it was from -5 to -7 J/g); in the latter system, during the formulation of emulsion a change in mixed free energy approaching zero was recorded (for oil phase, -0. 5 to 0. 9 J/g). Again, as shown in Fig. 3. 9, in the case of the system of water and benzene, when the concentration of sodium oleate in water is 0. 01 M and that of potassium chloride 0. 5 M, adding n-hexyl alcohol to benzene will result in reducing the interfacial tension from above 4×10^{-5} N/cm to an unmeasurable level; when the molar concentration of n-hexyl alcohol in benzene approaches 0. 1, a microemulsion will be created, and the mixed system

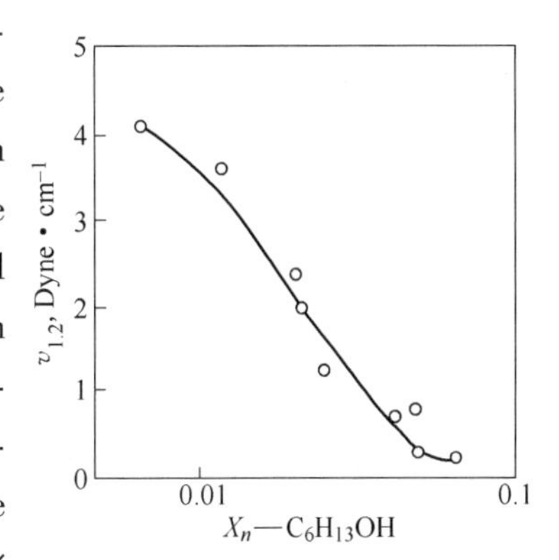

Fig. 3. 9 Interfacial tension between n-hexyl alcohol-benzene solution and 0. 01 M sodium oleate (0. 5 M KCl in water phase)[23]

becomes transparent. In this system the benzene–water interfacial tension has no physical meaning.

Table 3. 5 lists some properties of emulsion, microemulsion and micellar solution, which can be helpful to understanding the essential features of microemulsions.

Table 3. 5 Properties of emulsion, microemulsion and micellar sloution

Properties	Systems		
	Emulsions	Microemulsion	Micellar solution
Dispersity	Coarse disperse system; particles > 0. 1 μm, visible under microscope, some even by naked eye; particles usually heterogeneous	Particles are usually 0. 01 – 0. 1 μm unvisible under microscope, homogeneous	Micelles are generally –0. 01 μm, unvissible under microscope
Particle	Usually sphere	Globule	Globule in dilute solution, various shapes in concentrated solution
Light transmittance	Non–transparent	Translucent to transparent	Generally transparent
Stability	Non – stable, can be stratified by centrifuge	Stable, can't be stratified by centrifuge	Stable, can't be stratified
Consumption of surfactant	Small; addition of cosurfactant is not necessary	Greater addition of cosurfactant is a must	Require only to exceed critical micelle concentrations, but higher when oil or water solubilized in large amounts
Miscibility with oil or water	O/W type is immiscible with oil, and W/O type immiscible with water	Miscible with oil and water within some limits	Can resolve oil or water below the solubilized saturated quantity

In summary, a microemulsion is the transitional disperse system between the conventional emulsion and the micellar solution. An emulsion can become a microemulsion when the addition of emulsifier is increased to some level together with addition of some cosurfactant. A concentrated micellar solution can also become a microemulsion when considerable amount of oil or water is resolved. Therefore, a microemulsion combines the properties of emulsion and those of micellar solution.

3. 3. 3 Mechanism of microemulsion formulation

As described in 3. 3. 1 and 3. 3. 2, conventional emulsions are created owing to the emulsifier (s) adsorbed onto the oil–water interface, forming a solid protective film and simultaneously reducing the interface tension, which facilitates the dispersion of oil or water. It is well known that the formation of the interface of different liquid phases always accompanies the interfacial tension. From the point of view of thermodynamics, therefore, conventional emulsion systems are not stable, tending to reduce the interfacial area. As a result, "oil and water are immiscible", stratification occurs.

Observations by microcalorimetric method show that during the formulation of microemulsions the mixed free energy changes and gets negative value. That is, under such conditions a negative interfacial tension appears, and the dispersion of droplets goes on spontaneously, leading to very stable oil or water disperse system.

When no surfactants are present, the oil-water interfacial tension is normally about $(30-50)\times 10^{-5}$ N/cm. With the addition of surfactants, the interfacial tension drops; if some quantity of polar organic substances are added, the interfacial tension can be reduced to an unmeasurable level; after this, a stable emulsion begins to form. From this it can be known that when the quantity of emulsifier and cosurfactant is adequate, the interfacial tension of oil-water system can temporarily be smaller than zero (negative value). But the negative interfacial tension cannot stably exist, and the whole system approachs to an equilibrium. It is nessasary to expand the interface, resulting in higher dispersity of droplets and finally the formulation of microemulsion. At this time the interfacial tension changes from negative value to zero. This process is normally regarded as the mechanism of microemulsion formulation.

Formulation of conventional emulsions is normally an enforced process while that of microemulsions is a spontaneous one. Due to the thermal motion, particles tend to aggregate. Once the particles become larger, a negative interfacial tension temporarily appears, which causes the particles to be dispersed and the interfacial area enlarged. Thus, the negative interfacial tension is eliminated, and the system reaches equilibrium. So the microemulsion is a stable system, the dispersed particles will not subject to coalescence and stratification.

Spontaneous dispersion of these large particles into smaller ones has also been found and confirmed by experiments. For example, the mixed solution of 30% benzene phenol, 3% sodium aleate and 67% dimethyl benzene is diluted by water, and in the storage process the dispersity of particles is found increased. A microemulsion of emulsion explosive substrate[25] was ultra-centrifuged for 30 min under 35000 time gravity acceleration, no any insoluble additives were found.

Another mechanism accounting for the formulation of microemulsion is that under certain conditions and due to the solubilization of the surfactant micellar solution towards oil or water, a dilatant (solubilized) micellar solution, i. e. microemulsion is formulated.

In general, the rule concerning the formulation of emulsion also applies to that of microemulsions. That is when the emulsifier is easier resolved in water, an O/W type is formulated; when it is easier resolved in oil W/O type is formed. With more oil, the microemulsion tends to form with oil external phase, and with more water, the microemulsion formulates with water external phase.

3. 3. 4 Amount of emulsifier required for microemulsion formulation

As shown in Fig. 3. 10, if the intermediate phase between oil and water phases has a thickness T of 25 Å (it is reasonable for the emulsifier moleculae to pack in order on the oil-water interface),

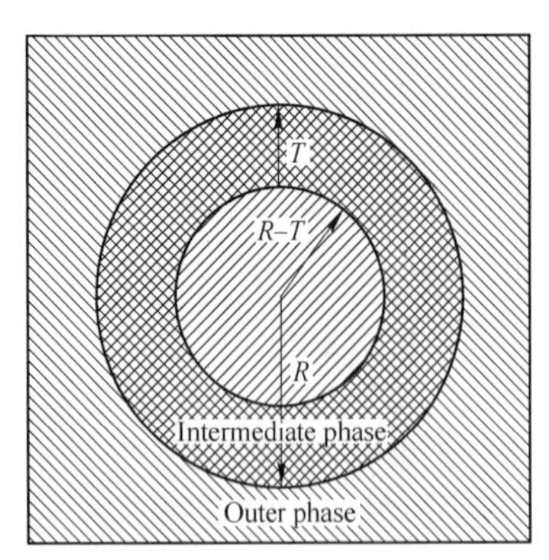

Fig. 3. 10　Enlarged model of microemulsion droplet

the emulsifier quantity required for reaching the microemulsion dispersity can be evaluated.

In Fig. 3. 10, R is the radius of a dispersed spheric particle and T the thickness of intermediate phase, then the volume ration of the intermediate phase layer and all disperse particles can be expressed by

$$\frac{\frac{4}{3}\pi R - \frac{4}{3}\pi(R - T)^3}{\frac{4}{3}\pi R^3} = 1 - \left(\frac{R - T}{R}\right)^3 \quad (3.14)$$

It can be calculated from Eq. (3. 14) that when the particle dimension (2R) is 0. 1 μm, the ratio will be 0. 27. Thus it can be concluded that the quantity of emulsifier required for formulating microemulsion is considerable, and the smaller the particle, the more the consumption of emulsifier. Obviously, it is only a rough estimation. In fact, the intermediate phase layer cannot be totally filled by the emulsifier molecules, but is also occupied by a considerable number of oil and water molecules.

3. 4　Technology of Emulsification

3. 4. 1　Techniques for producing emulsions

3. 4. 1. 1　*Mode of emulsifier addition*

It is well known that the emulsifier is of great importance to both the quality and stability of an emulsion, hence it is necessary to know the mode of emulsifier addition in the process for producing emulsions. In general, there are four modes of addition as follows:

(1) Agent-in-water method: In this method, the emulsifying agent is dissolved directly in the water, and the oil is then added with strong agitation. This procedure makes O/W emulsions directly; should a W/O emulsion desired, the oil addition is continued until inversion takes place.

(2) Agent-in-oil method: The emulsifying agent is dissolved in the oil phase. The emulsion may then be formed in two ways:

1. By adding the mixture directly to the water. In this case, an O/W emulsion forms spontaneously.

2. By adding water directly to the mixture. In this case, a W/O emulsion is formed. In order to produce an O/W emulsion by this method, it is necessary to invert the emulsion by adding more water.

(3) Nascent soap method: This method is suitable for those emulsions stabilized by soaps, and may be used to prepare either O/W or W/O type emulsion. The fatty acid part of the emulsifying agent is dissolved in the oil, and the alkaline part in the water. The formation of the soap (at the interface), or the two phases are brought together, resulting in stable emulsions.

(4) Alternate addition method: In this method, the water and oil are added alternately in small proportions to the emulsifier. This method is particularly suitale for the preparation of food emulsions, e. g. mayonnaise, and other emulsions containing vegetable oils.

The agent-in-water method usually results in quite coarse emulsions, with a wide range of particle size. Obviously, such emulsions tend to be unstable. This can be corrected by passing the emulsion through a homogenizer or colloid mill, following the initial mixing.

On the other hand, the agent-in-oil technique results in uniform emulsions, with an average droplet diameter of about 0. 5 μm. It probably represents the most stable type of emulsion. It should be noted that in practice whether the agent-in-water method or the agent-in oil method is used should be properly selected, depending on the affinity of the emulsifier for water.

In all cases where soaps are used as emulsifiers the nascent soap method is the best one. Table 3. 6 shows the particle-size distributions of four different emulsions prepared by Dorey[26]. All of these emulsions had the same composition, olive oil 10%, soap 0. 5%, and water 89. 5%, but different methods of preparation were used. Emulsion Ⅰ was prepared by the agent-in-water method, using simple mixing with a high-speed mixer. Emulsion Ⅱ was also prepared by the same method, but with homogenization following mixing. Emulsion Ⅲ was prepared by the nascent soap method, with simple mixing. Emulsion Ⅳ was also prepared by the nascent soap method, but with mixing and homogenization. As it can be seen, the nascent soap technique yields, by mixing, an emulsion (Ⅲ) almost as uniform as that obtained by homogenizing an agent-in-water type emulsion (Ⅱ), while the homogenized nascent soap emulsion (Ⅳ) is the most uniform, and consequently the most stable product.

Table 3. 6 Particle size distribution for olive oil emulsions

Size range of particles, μm	Percent of particles in range			
	Emulsion Ⅰ	Emulsion Ⅱ	Emulsion Ⅲ	Emulsion Ⅳ
0-1	47. 5	71. 8	68. 5	80. 7
1-2	41. 1	26. 4	28. 4	17. 1
2-3	7. 4	1. 4	2. 0	2. 0
3-4	2. 1	0. 3	0. 5	0. 2
4-5	0. 1		0. 1	
5-6	0. 7	0. 1	0. 3	
6-7	0. 1			
7-8	0. 6		0. 1	
8-9	0. 1			
9-10	0. 2			
10-11				
11-12	0. 1			

The methods described above are basic ones. In practical applications necessary combination of methods and variations are often required, and measures such as strong mechanical stirring, addition of adequate promoters and stabilizers are also needed. Table 3.7 lists the methods used by Rohm & Haas Company for preparing emulsions with emulsifiers[27].

Table 3.7 Examples of emulsion preparation methods

Solubility of Emulsifier Triton	Viscosity of 1st phase after adding Emulsifier Triton	Viscosity of 2nd phase	Emulsification method
When soluble in water, acid and alcaline solutions	Sticky	Non-sticky	O/W emulsion is formed by stirring water phase at low speed and gentle addition of oil phase to water phase. It can be inverted to W/O type by further addition of oil phase, if desired.
		Sticky	Emulsion with outer phase of higher viscosrty is formed by stirring the phase of higher viscosity at low speed and gentle addition of the phase with lower viscosity. Further addition of lower viscosity phase will cause type inversion.
	Non-sticky	Non-sticky	Sticky O/W emulsion is formed by mixing two phases at initially set ratio and high speed stirring, or by high speed strring water phase and gentle adding part of oil phase; when W/O type is desired, low speed stirring is required with addition of the balanced oil phase, followed by high speed stirring.
		Sticky	W/O emulsion is formed by low speed stirring oil phase with gentle addition of water phase. O/W type will be formed by further addition of water; further addition of oil can produce W/O type.
When soluble in oil	Sticky	Non-sticky	W/O emulsion is formed by stirring oil phase at low speed and gentle adding water phase. It is inverted to O/W emulsion by further addition of water.
		Sticky	Stirring phase of high viscosity at low speed and gentle addition of low viscosity phase. Type inversion can be done by further addition of low viscosity phase in large quantity.
	Non-sticky	Non-sticky	Sticky W/O emulsion is formed by mixing two phase at initially set ratio and high speed stirring of oil phase and gentle adding part of water phase. When O/W type is desired, low speed stirring of the water remained is required, followed by high speed stirring.
		Sticky	O/W emulsion is formed by low speed stirring of water phase with gentle addition of oil phase. Further addition of oil phase is needed to produce W/O type; further addition of water can result in O/W type.

3.4.1.2 *Mixing technique and its influencing factors*

Generally, emulsion mixing can be achieved by three techniques: simple stirring, homogenization, or colloid milling. These will be discussed from the point of view of the devices in later section. Here a simple discussion is given only on the role of these mixing techniques.

Practice has shown that the mixing technique is as important as the mode of addition of materials in defining the final particle size distribution. Table 3. 8 shows the experimental results made by Dorey[26] where the same emulsion (olive oil : soap : water = 10. 0 : 0. 5 : 89. 5) was prepared with different methods. The Emulsion Ⅴ was prepared by the agent-in-water method, in which the oil and water phases were added individually to the homogenizer; Emulsion Ⅵ is Emulsion Ⅴ after another pass age. Emulsion Ⅶ is an emulsion prepared by the nascent soap method, with the individual phases being fed to the homogenizer. Emulsion Ⅷ represents an additional passage through the equipment.

Table 3. 8 Particle size distribution for olive oil emulsions

Size range of particles, μm	Percent of particles in range			
	Emulsion Ⅴ	Emulsion Ⅵ	Emulsion Ⅶ	Emulsion Ⅷ
0-1	80. 8	87. 7	88. 6	97. 3
0-2	18. 1	11. 6	10. 7	2. 5
2-3	0. 8	0. 7	0. 5	0. 2
3-4	0. 2		0. 2	
4-5	0. 1			

Griffin[28] has presented data for a number of oil-in-water emulsions showing the broad particle-size range obtained with different mixing techniques and emulsifier concentrations (Table 3. 9). It should be said that these data are consistent with those of Dorey.

Table 3. 9 Particle size distribution as a function of agitation

Type of agitation	Particle size range, μm		
	1%Emulsifier	5%Emulsifier	10%Emulsifier
Propellor	No emulsion	3-8	2-5 (0. 1-0. 5) *
Turbine	2-9	2-4	2-4
Colloid mill	6-9	4-7	3-5
Homogenizer	1-3 * *	1-3	1-3

* Proper choice of emulsifying agent and carful controlling technique.

* * 50% oil, nonionic emulsifier.

Hutig and Stadler[29] studied the effect of agitation on unstabilized dispersions of 1-methylnaphthalene in water. For each mixing velocity, a characteristic distribution of particle sizes was found after 30-60 minutes agitation. The process leading to the distribution is apparently reversible, since a fine dispersion obtained by high-speed agitation reverts to a coarse dispersion after mixing for an hour at a lower velocity.

A number of other workers have conducted more thorough studies on emulsions of different compositions, by their own different techniques, devices and emulsifiers, and presented numerous experimental data. Their results are similar. Due to the space limited, readers interested in this field please refer to the literatures concerned[30-35].

3.4.1.3 *Ultrasonic emulsification and spontaneous emulsification*

(1) Ultrasonic emulsification: As early as in 1927, Wood and Loomis[36] were able to produce emulsions using ultrasonic vibrations with a frequency of 200000 cps. There are four general methods whereby ultrasonic vibrations can be generated:

1. Piezoelectric effects: Certain crystals contract in an electric field. If an alternating current which has the same frequency as the natural mode of vibration of the crystal is applied across the crystals face, extremely powerful oscillations can be produced.

2. Electromagnetic effects: In principle, this method is the same as involved in the production of sound waves by means of the moving-coil loudspeaker.

3. Magnetostriction effects: Certain ferromagnetic metals, particularly nickel, are found to change in length when put in a magnetic field. If an alternating magnetic field whose frequency coincides with the natural frequency of the metal rod is imposed, large amplitude oscillations can be obtained.

4. Mechanical effects: The principle involved is similar to that of an organ pipe. Pohlman, based on this principle invented the so-called liquid whistle. This method has found practical applications.

The energies obtained by these four methods are sufficiently high, beneficial to the formation of emulsions. Some workers[37] explain the phenomena involved in the formation of liquid-liquid emulsions as being due to cavitation. A sound wave travelling through a liquid compresses and stretches it. When the stretch is moderate and the liquid contains no gas nothing happens, but if the liquid is saturated with gas, bubbles appear. What actually seems to happen is that the liquid disrupts under the action of the vibrations, and this disruption forms actual cavities in the liquid.

It should also be noted that the intense agitation brought on by ultrasonic effects is very useful for droplet dispersion; on the other hand, the intense agitation has the property of increasing the number of collisions between the dispersed droplets, hence increasing the possibility of coalescence. That is, in the process of ultrasonic emulsification competition occurs between dispersion and coalescence. It is necessary to choose operating conditions and frequencies which the dispersion effect predominates. Only in this way can an emulsion form; otherwise demulsification happens. This has been examined by Krishnan *et al.*[38] who presented the following equation to calculate the overall rate of emulsification:

$$\frac{\mathrm{d}(VC)}{\mathrm{d}t} = A\alpha - \beta VC^n \tag{3.15}$$

where V is the volume of the emulsion; t is the emulsification time; C is the concentration of internal phase; A is the interfacial area; α and β are constants; and $n = 1$ or 2, depending on whether the coalescence step is unimolecular or bimolecular.

If the emulsions are dilute, V may be regarded as constant, and for the case $n=1$,

$$C = C_x[1 - \exp(-at)]; \quad C_x = \frac{A\alpha}{V\beta}; \quad \alpha = \beta \tag{3.16}$$

For the case $n=2$

$$C = C_x \tanh bt; \quad C_x = \left(\frac{A\alpha}{V\beta}\right)^{1/2}; \quad b = \left(\frac{A\alpha}{V\beta}\right)^{1/2} \tag{3.17}$$

The variation of these parameters with the energy of the ultrasound is considered in these equations; it appears that there exists a critical energy, above which only dispersion takes place.

(2) Spontaneous emulsification: The phenomenon of spontaneous emulsification was discovered in 1878[39], which is the process of producing emulsions in the absence of any mechanical agitation. For instance, in the presence of high effective emulsifiers emulsions can be formed by quiet contact of oil with water. In such cases, the effect of emulsifiers is extremely sensitive and important. When sodium oleate is resolved in water followed by contact with oil, no emulsions happen; if sodium oleate is resolved in oil followed by addition of NaOH aqueous solution, emulsions form as oil enters into water. This is due to the fact that the interfacial tension is partially reduced by sodium oleate, and the disturbance at the interface entraps part of the oil, leading to stabilizing particles.

Petroleum oils containing naphthenic acids can show spontaneous emulsification in aqueous alkali, which is due to the diffusion across the interface carrying solvent molecules along.

When toluene and spirit mixture is in quiet contact with water, an emulsion is formed, which is due to the diffusion of spirit along with toluene into the water.

When xylene is placed upon moderately dilute solutions of dodecylamine hydrochloride, the pure organic liquid violently divides itself into many small globules on the solutions and, spontaneous emulsification occurs rapidly, leading to the formation of an emulsion. The emulsified droplets consist of pure liquid stabilized by a coating of the emulsifier. It is proposed that the source of the required energy comes from the energy adsorption of the surface-active agent (emulsifier) in the interface, as well as the energy of solubilization of the organic liquid in the aqueous surfactant. In addition, benzene, toluene, mesitylene, and cyclohexene also produce spontaneous emulsification on the surface of 0.2 mol dodecylamine hydrochloride solution. The rate of emulsification and the extent of the emulsion layer formed decreases in the following order: cyclohexene, benzene, toluene, xylene, mesitylene. This is also the order of decreasing solubility and solubilization. That is, there is a parallelism between spontaneous emulsification and solubility and solubilization.

In summary, principal parameters for spontaneous emulsification are the disturbance on the liquid-liquid interface, diffusion, negative interfacial tension, etc. When partially negative interfacial tension happens, the interfaces will be spontaneously mixed, leading to even lower negative value. The spontaneous emulsification phenomenon occurs, as shown in Fig. 3.11, due to the lowered surface pressure of adsorbed film[40].

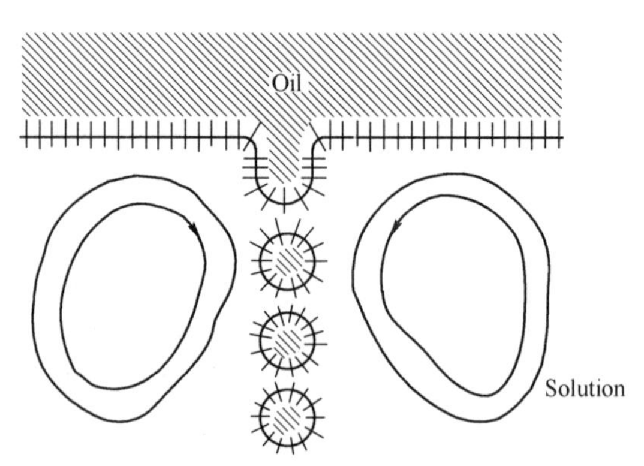

Fig. 3. 11　Scheme of spontaneous emulsification[40]

3. 4. 2　Emulsification equipment

3. 4. 2. 1　*Selection of emulsification equipment*

Commercial preparation of emulsions requires, in addition to suitable emulsifiers, emulsification equipment of reasonable structure, aimed at obtaining good emulsification and dispersion effect. So the performance of emulsification equipment is of extreme importance. In view of this, the following points should be conidered.

(1) Effect of mechanical action: Obviously, if the mechanical action imposed to the solution is not homogeneous, the size distribution of emulsion particles will be wider, which is harmful to the stability. Therefore, the basic requirement for the emulsification equipment is a homogeneous and adequate mechanical action exerted on the solution to be emulsified.

Moreover, the mechanical dispersion is regarded as the combination effect of pure agitation and high speed shearing. The former shows full effect for the emulsion system in nearly spontaneous emulsification; the later (shearing force) is employed in most emulsion systems. Agitation is preferred for emulsion systems of lower viscosity. But it is important to exert shearing action upon emulsions of higher viscosity in order to get a micronized and homogeneous disperse phase.

Jurgen-Lohman[41] developed a laboratory device whereby the disperse phase is injected through an orifice, which is also used as agitator. The disperse phase injected through the orifice will consist of homogeneous droplets when the velocity is low, and the process is governed mainly by the surface tension of two liquids. When the injection velocity is high, the droplets become larger, because the inertia of the injected droplets and the relative viscosity of two liquids become the major factor.

(2) Agitation speed: As discussed in "Ultrasonic emulsification", when emuls ifying dispersion is carried out with the help of emulsification equipment, the problem of competition also occurs between the dispersion and coalescence of the disperse phase. Obviously, the effective emulsification can be conducted only when the velocity of dispersion exceeds that of coalescence. Therefore, the agitation speed should be determined carefully.

(3) Agitation mode: It is well known that the inclusion of air bubbles is harmful to the stability

of emulsions. Use of emulsifiers reduces not only the oil-water surface tension, but also the air-water interfacial tension, facilitating the inclusion of air bubbles. The entrained air bubbles adsorb the emulsifier on the interface, which not only consumes emulsifiers, but also raises the adsorbed emulsion droplets because of their lower specific gravity, worsening the stability of emulsion. Usually, this should be avoided.

When an emulsification equipment is used for agitation, the agitation action should take place under the solution surface, instead on the surface, in order to prevent the air bubbles from entering the solution.

Based on these considerations, suitable emulsification equipment can be designed and selected. When emulsifiers are used in adequate quantities, agitators with simple rotating paddles or complex type agitators can be adopted to obtain good emulsions. When the mechanical dispersion is dominant, colloid mill and homogenizer are preferred.

3. 4. 2. 2 *Types of emulsification equipment*

For practical manufacture of emulsion there are mainly four types of emulsification equipment: simple mixers, homogenizers, colloid mills, and ultrasonic devices.

(1) Simple mixers: Simple mixers may be of various types, ranging from very simple, high-powered propeller shaft stirrer immersed in a tank or drum to large self-contained units with propeller or paddle systems, scrapers, combined paddles, stators and rotors, and jacketed tanks with heating, etc. Generally, they can be classified into propeller, turbine, paddle, sweeper and composite types.

Generally, for stirring solutions of lower viscosity and good emulsibility, it is enough to use a shaft stirrer with short rotating paddles, as shown in Fig. 3. 12. But such simple stirrer cannot provide homogeneous and complete agitation for solutions of higher viscosity. In this case, the shaft stirrer with eccentric rotating paddles, as shown in Fig. 3. 13 is recommended. For still stronger emulsification and stirring, a multi-shaft stirrer is preferred, as shown in Fig. 3. 14. This kind stirrer has two or more stirring devices, such has central shaft and eccentric shaft. The central shaft rotates more gently while the eccentric one is equipped with fast rotating paddles, and rotates around the central shaft. Combining these stirring actions, the multi-shaft stirrer provides both dispersion and strong shearing, yielding excellent emulsification and dispersion effect.

(2) Colloid mill: A standard colloid mill consists of mainly a stator and a rotor. There is an adjustable clearance between the stator and the rotor, which may be as small as 0. 02 mm. The rotor revolves usually at speeds ranging from 2000 to 8000 rpm. In operation, liquids (usually two kinds) to be mixed are forced to pass the clearance between the rotor and the stator, and the disperse phase is micronized by the centrifugal and shearing forces brought about by the high speed rotation. This is a kind of device for continuous emulsification. Fig. 3. 15 shows the JTM-E type vertical-operation colloid mill made in China; Fig. 3. 16 demonstrates the operating parts. Its production rate ranges from 500 to 1000 kg/h.

(3) Homogenizers: A homogenizer is a device in which dispersion, emulsification and homogenization are effected by forcing the mixture to be emulsified through a small orifice under very

high pressure, and due to the dual effect of sudden pressure drop and expansion as well as impact and collision under high speed. The mixture is pulverized into micro particles Fig. 3. 17 shows the structure of a common homogenizer[42]. Homogenizers are widely used in food, medical and other industries. They are generally used to treat the prepared emulsions from stirrers or colloid mills to make the disperse phase droplets more homogeneous.

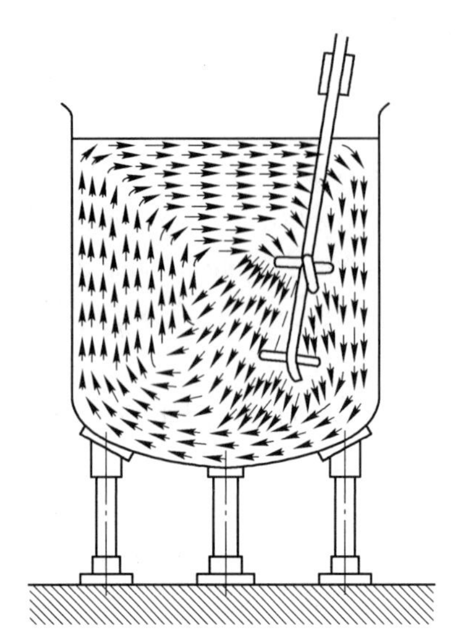

Fig. 3. 12　Model of stirrer with rotating paddles for low viscosity solutions

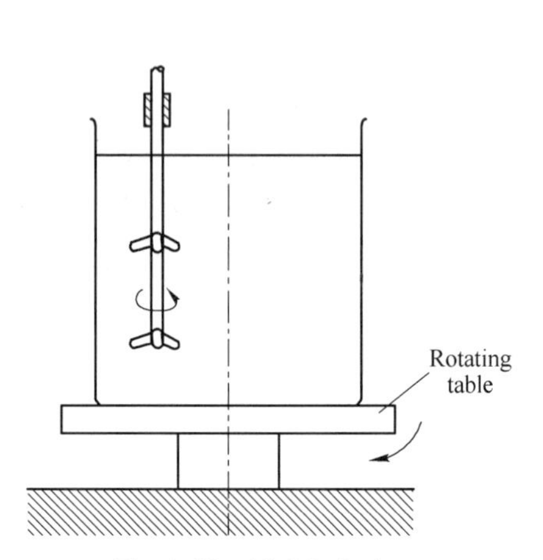

Fig. 3. 13　Model of stirrer with eccentric shaft

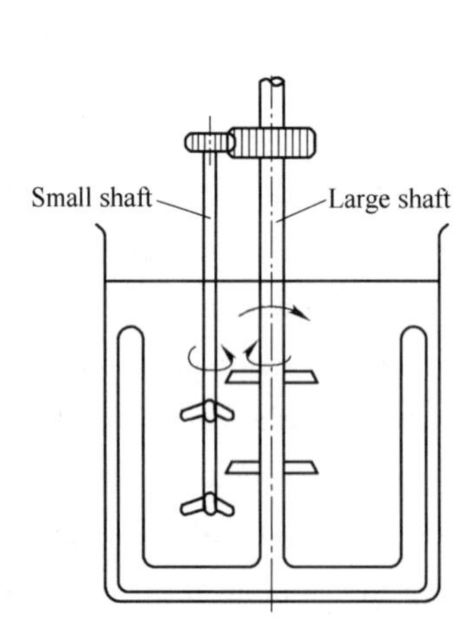

Fig. 3. 14　Model of multi-shaft stirrer

Fig. 3. 15　JTM-E type vertical operation colloid mill

(4) Ultrasonic emulgators: A diagrammatic representation of the piezoelectric and magnetostrictive emulgators (or emulsators) are given in Fig. 3. 18 (a, b). Although they are used in

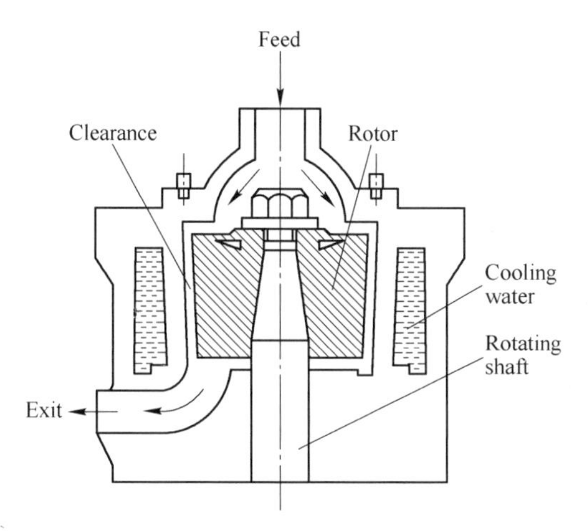

Fig. 3. 16 Cross-section of JTM-E type vertical-operation colloid mill

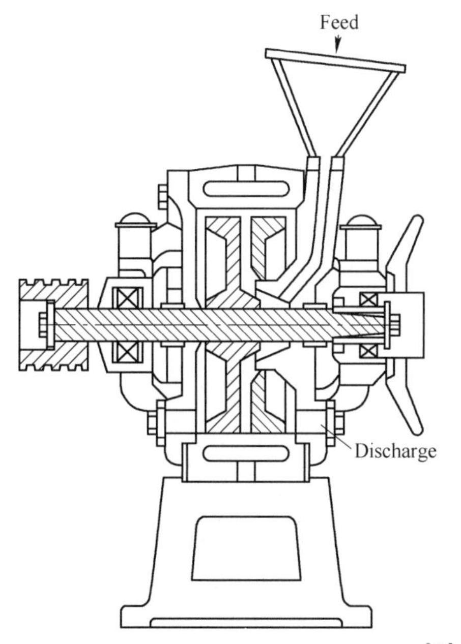

Fig. 3. 17 Structure of common homogenizer[42]

practice, both magnetostrictive and piezoelectric transducers suffer the disadvantage that it is difficult to transmit the ultrasonic energy from them to liquid loads. An ingenious solution to this problem is the invention of the so-called Pohlman "liquid whistle", as schematically shown in Fig. 3. 19. A jet of liquid is forced through the orifice and impinges on a blade, which is thus forced into vibration at its resonant frequency. As it vibrates, the stream of liquid is alternately forced up and down, and if the frequency is sufficiently high (this depends solely on the dimensions and physical characteristics of the blade), powerful oscillations are set up in the liquid. They are strongest near the blade, and it is in this region that emulsification takes place. Fig. 3. 20 shows a production model of this device designed on the basis of Pohlman whistle principle.

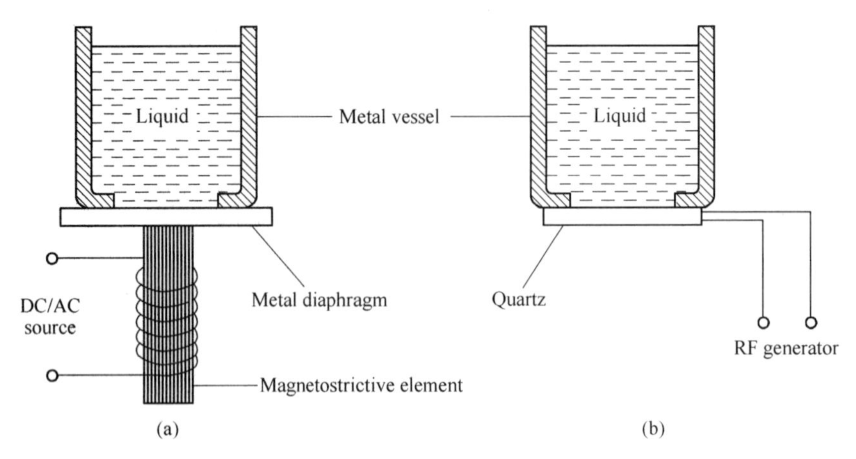

Fig. 3. 18 Schematic representation of homogenizing vessel for piezoelectric and magnetostrictive ultrasonic emulgators

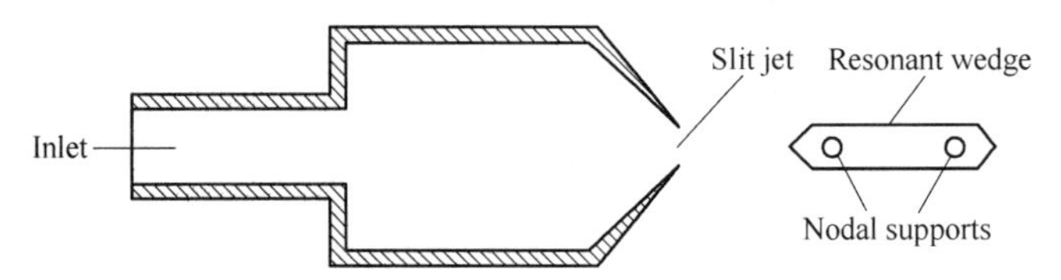

Fig. 3. 19 Schematic diagram of a Pohlman whistle[43]

The nodal supports of the blade are separated by a distance equal to the half of wave-length of the characteristic vibration of the system

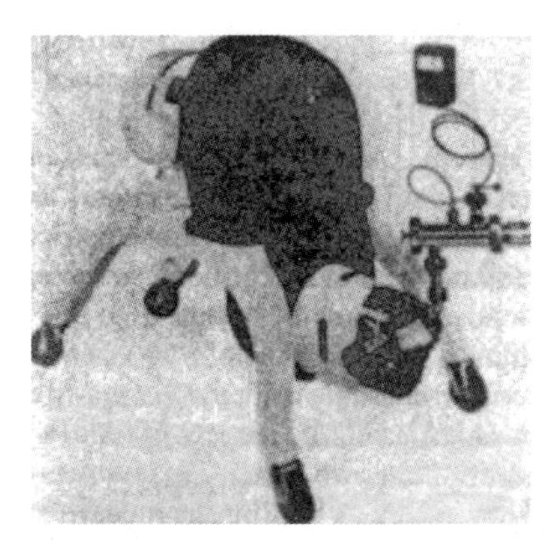

Fig. 3. 20 A commercial emulgator based on the Pohlman whistle principle[2]

3. 4. 2. 3 *Energy required for various types of emulsification equipment*

Griffen[28] pointed out, the particle size distribution of an emulsion is dependent upon the type of emulsification equipment used. Fig. 3. 21, also according to Griffin, shows the relationship of the rated power with the productivity for various equipments. According to his conclusion, the power required for various equipments is in the following order of increment: propeller stirrers, turbine stirrers, homogenizers, colloid mills.

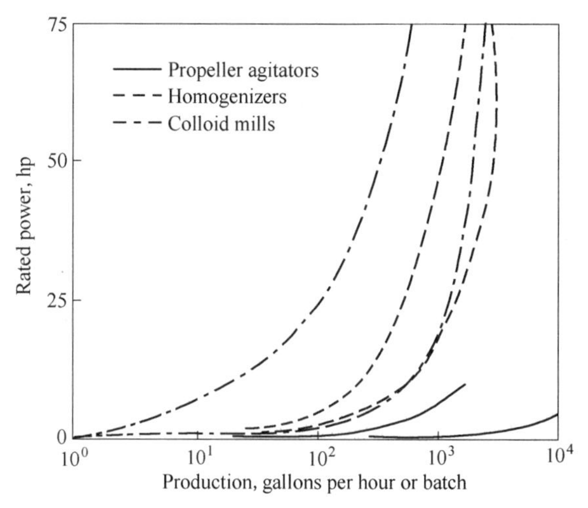

Fig. 3. 21　Relationship of rated power with productivity for different emulsification devices[28]

For the homogenizer, the pressure to inject the liquid through the orifice has considerable effect on the final pattern of an emulsion, it is therefore a controllable factor. Fig. 3. 22, based on the data from some manufacturers, indicates the relationship between the required power of homogenizers and their productivity and pressure.

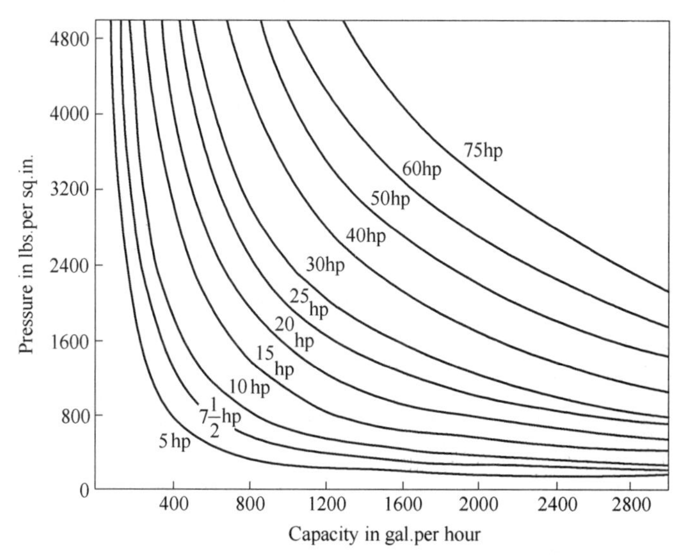

Fig. 3. 22　Relationship of rated power with productivity under different pressures for homogenizers[22]

The same is true for colloid mills. However, for these mills the controllable factor is the gap between the stator and the rotor. When the gap is reduced but the rotation is at a fixed velocity, the required power will be decreased, and the output also decreased. Increasing the viscosity at a fixed gap reveals the same effect. Hence, the net efficiency of a homogenizer may be higher than that of a colloid mill of the same rated power.

3.4.3 Some factors influencing the preparation of emulsions

In preparing emulsions, in order to get better quality, the following points should be considered together.

3.4.3.1 *Properties of components*

(1) Chemical property: It is necessary to know the respective chemical properties of the disperse and continuous phases, especially the pH value, since it to a large extent defines the kinds of suitable emulsifiers.

(2) Physical property: A number of physical properties of the disperse and continuous phases, such as melting point and softening point, are of extreme importance. For the agents of higher melting or softening point, it is necessary to heat them to such point to reach emulsification. Furthermore, they should readily become a solution of lower viscosity. For those substances which cannot be fully liquidized when heated, some adequate solvent should be added to facilitate liquidation.

(3) Surface chemistry: When the disperse phase is a surface-active agent, the optimum HLB number of an emulsifier will be affected. For instance, the optimum HLB of the O/W emulsion of solid paraffin is 10-13, while that of octadecyl acid is 17. Such difference is due to the presence of weakly hydrophilic group —COOH at the molecular chain of octadecyl acid.

On the other hand, when the disperse phase is a mixture of non-polar compound and surface-active agent, the surfactant will be densely adsorbed on their interface. In this case, selection of emulsifiers which can readily form a coordinated complex with the surface-active agent may facilitate the emulsification, and the emulsion formed can stand stable.

In general, good emulsions can be made by means of the chemical affinity of the hydrophobic group of emulsifier for the disperse phase components. For example, in the mixture of Tween-60 and Span - 60, use of stearic acid as hydrophobic group substance can be suitable for emulsification of chain type paraffin oil and others. And in the mixture of Tween-80 and Span-80, using oleic acid as hydrophobic group substance can suit to emulsification of plant oil, etc.

(4) Volume ration between disperse and continuous phases: This volume ratio will affect the consumption of emulsifiers, and can cause subtle change in optimum HLB number.

3.4.3.2 *Objects and conditions for application of emulsions*

In a number of cases, the consumption of emulsions is desired to be limited to a minimum extent. For this purpose, the following points should be paid attention to:

(1) Type of emulsion: When large amount of water are used to dilute hydrophobic materials in small quantity, O/W emulsion or spontaneous emulsion can be employed, and the later is the most effective.

(2) Dimension and homogeneity of emulsion droplets: Generally, the smaller the dispersed droplets, the higher the stability of emulsion. But in practical applications, the dimension of droplets should be defined according to the practical requirements, considering the following points: 1) Save of emulsifier. From both economic and product application points of view, the consump-

tion of emulsifier should be limited to a minimum extent. 2) Assurance of whiteness. For maintaining a certain whiteness the particle size should also be properly controlled, since an emulsion of very fine droplets will reduce the whiteness. 3) Application object. A minimum addition of emulsifier is desired to obtain a well stabilized emulsion with all droplets of similar size; on the other hand, very fine droplets are not needed for some applications. For example, very fine droplets in the emulsion for farm chemicals may reduce the efficiency.

(3) Stability of product: The stability of final products dictates the conditions for use and storage of emulsions.

3.4.3.3 *Emulsifier and stabilizer*

Experiments show that an optimum HLB number is needed for a material to be dispersed and emulsified, hence a suitable emulsifier should be selected with a matching HLB number.

If the optimum HLB number for a material to be emulsified is known, a composite emulsifier consisting of two or more agents is preferred to one single emulsifier. Undoubtedly, there is a great variety of emulsifier combinations for the same HLB number; and for preparing a good emulsion, different emulsifier combinations are used in deferent quantities. Therefore, a specific combination of emulsifiers, which can yield optimum economic returns and suit the application purpose, should be determined by experiments.

In order to improve the emulsification conditions, emulsifiers which are readily to form complexes with the components of disperse phase should be considered, or small quantities of agents which are readily to form complexes with emulsifiers should be added to the components of disperse phase. Small addition of stabilizers can also be used if necessary.

Use of non-ionic and anionic emulsifiers may result in emulsions of different physical properties. So adequate mixtures of them are commonly used to comprehensively employ their ionic properties.

3.4.3.4 *Emulsification methods*

(1) Homogeneous mixing of two parts of components: In emulsification process, usually all components are divided into two parts of components, belonging to disperse phase and continuous phase respectively. Nevertheless, all these components should be mixed homogeneously. Addition of emulsifiers should ensure complete solution. When both oleophylic and hydrophilic emulsifiers are used together, the former is added to the oil phase in advance and the later to the water phase.

A stabilizer is generally soluble in water phase. At its initial addition, however, the viscosity of solution increases markedly, making the emulsification process more difficult. In this case, the stabilizer is preferred to be added into the continuous phase and made homogeneously dispersed after the emulsion is formed. Once an emulsion is formed, further addition of emulsifiers and the components of disperse phase should be avoided, since it is harmful to homogenization.

(2) Temperature: Generally, in emulsification process a lower viscosity is desired for both disperse and continuous phases. When the viscosity of components is higher, heating to raise the temperature is usually practised to reduce the viscosity and facilitate emulsification. When heating ei-

ther phase to reduce its viscosity, it should be kept in mind that sudden drop of temperature should be prevented during the mixing of two phases, and the another phase should be at the same or a bit higher temperature. For instance, when preparing emulsion explosives, first the oil wax is heated to liquidation with the viscosity being lowered, and simultaneously the oxidant solution is prepared by heating. Then, when the temperature of water phase is equal to that of oil phase, both phases are mixed and emulsified to form an emulsion. For any emulsifier an adequate temperature exists for its most effective action. Ideally, this temperature is equal or near to that for the formation and storage of the emulsion. However, the initial temperature for emulsification is often not the optimum one for emulsifiers. In such cases, mixing can still be done at higher temperature, and strong and effective mechanical agitation is used to bring about a strong dispersive force; the emulsifying effect of emulsifiers will be enhanced with the temperature dropping.

(3) Time for stirring and emulsification: When a standard mechanical agitation method is used for emulsification, even for the same components of disperse phase, the time required for emulsification is far different due to the different volume ratios of disperse and continuous phases. Brigg[45] studied the effect of different volume rations on the emulsification time, using 1% sodium oleate solution to emulsify benzene to form O/W type emulsion, and the results are given in Table 3. 10.

Table 3. 10 Relationship of volume ratio to emulsification time for emulsion systems

Content of benzene in vol. %	Time for full emulsification, min	Test conditions
99	not full after 8 hr	Volume container: 125 mL
96	125	Emulsion: 50 mL
95	40	Agitation mode: horizontal
90	23(22)	Vibration: 400 rpm
80	17(11)	
70	10	
60	7	
50	3	
40	2	
30	1	

It can be seen from the figures in Table 3. 10 that the time for mechanical agitation is quite different. Obviously, for a certain emulsion system of fixed composition, longer stirring time does not necessarily mean a good resulting emulsion. But a certain length of stirring time is required to ensure full dispersion. When the intensity of mechanical agitation reaches some limit and the dispersion and coalescence of droplets are in equilibrium, further stirring cannot cause additional dispersion. At too high intensity of agitation and with changes in other factors (e. g. temperature), coalescence may prevail. It is obvious that too intensive agitation is not necessarily a favor to emulsification. In summary, both agitation intensity and time should be properly selected.

3. 4. 3. 5 *Prevention of oxidation and corrosion*

Entraininent of air bubbles within an emulsion should be prevented. However, a number of emulsification processes may entrain more or less air bubbles, so a certain amount of oxidation preventives is usually added to an emulsion. Furthermore, corrosion of emulsions should also be prevented from the invasion and reproduction of microbes, which may cause damage to the emulsion system.

References

[1] G. M. Sutheim, Emulsion Technology, 2nd Ed., Brooklyn, Chemical Publishing Co., 1964, pp. 285-286.

[2] P. Becher, Emulsions: Theory and Practice, pp. 1-2; Translated Chinese version by Fu Ying, Science Press, 1964.

[3] Susumeru Tsuji, Technology of Emulsification and Solubilization, Kogaku Tosho Co., Ltd., 1976, pp. 61-65. (in Japanese)

[4] Masayoshi Wada, *J. Min. Inst. Jap.*, 59, 681, 1948. (in Japanese)

[5] J. T. Davies, *Proc. 2nd Intern. Congr. Surface Activity*, 426, Butterworth, London, 1957.

[6] Murasuzo Ise, Yyzo Kimura, *Daily Chemistry*, 73, 405, 1952. (in Japanese)

[7] J. T. Davies, E. K. Rideal, Interfacial Phenomena, Chapter 8, 2nd Ed., Academic Press, New York, 1963.

[8] L. M. Dvoretzkaja, *J. Colloid.*, 13, 432, 1951.

[9] T. Isemura and Y. Kimura, Mem. Inst. Sci. Ind. Research Osaka Univ., 6, 104, 1948.

[10] G. M. Sutheim, J. J. Matiello, Protective and Decorative Coatings, 4, New York, John Wiley and Sons, Inc., 1944, p. 282.

[11] E. K. Fisher and W. D. Harkins, *J. Phys. Chem.*, 36, 98, 1932.

[12] N. Schwarz and C. Bezemer, *Kolloid. Z.*, 146, 139, 1956.

[13] W. C. Griffin, in Kirk-Othmer Encyclopedia of Chemical Technology, 5, New York, Interscience Encyclopedia, Inc., 1950, p. 695.

[14] P. Sherman, Research, 8, 396, London. 1955.

[15] G. I. Taylor, *Proc. Roy. Soc.*, A138, 41, London, 1955.

[16] A. Leviton and A. Leighton, *J. Phys. Chem.*, 40, 71, 1936.

[17] P. Sherman, *Mfg. Chemist*, 26, 306, 1955.

[18] A. Einstein, *Ann. Physik.*, 19, 289, 1906.

[19] P. Sherman, *J. Soc. Chem. Ind.*, 69, Suppl. No. 2, S 70, London, 1950.

[20] M. V. Smoluchowski, *Bull. Acad. Sci. Cracovie*, 1903, 182.

[21] G. E. Langlois, J. E. Gullberg and T. Vermeulen, *Rev. Sci. Instruments*, 25, 360, 1954.

[22] The same as in [3], p. 76.

[23] L. M. Prince Ed., Microemulsion, Theory and Practice, Academic Press, New York, 1977.

[24] M. Rosoff, Progress in Surface and Membrane Science, Vol. 12, Academic Press, New York, 1978, p. 405.

[25] E. P. -0018085.

[26] H. B. Cf. Weiser, Colloid Chemistry, John Wiley & Sons, New York, 1953, p. 202.

[27] Rohm and Hass Co., Triton Surface Active Agents.

[28] H. C. Baker, *Trans. Inst. Rubber Ind.*, 13, 70, 1937.

[29] G. F. Hutig and H. Stadler, *Monatsh. Chem.*, 88, 150, 1957.

[30] L. H. Howland and A. Nisonoff, *Ind. Eng. Chem.*, 46, 2580, 1954.
[31] E. G. Cockbain, *Trans. Faraday Soc.*, 48, 185, 1952.
[32] W. G. Alsop and J. H. Percy, *Proc. Sci. Sect. Toilet Goods Assoc.*, No. 4, 1945, p. 24.
[33] P. Sherman, Research, 8, 396, London, 9515.
[34] G. H. A. Clowes, *J. Phys. Chem.*, 20, 407, 1916.
[35] G. M. Sutheim, Introduction to Emulsion, Brooklyn, Chemical Publishing Co., p. 132.
[36] H. Muller, *Kolloidchem. Beih.*, 26, 257, 1928.
[37] R. M. Wiley, *J. Colloid Sci.*, 9, 427, 1954.
[38] R. S. Krishnan, V. S. Venkatasubramanian and E. S. Rajagopal, *Brit. J. Appl. Phys.*, 10, 250, 1959.
[39] J. W. Mcbain, op. cit., pp. 19-21.
[40] M. Stackelberg, E. Klockner, P. Mohlhauer, *Kolloid-Z.*, 115, 53, 1949.
[41] Jurgen-Lohmann, *Kolloid-Z.*, 124, 41, 1951.
[42] The same as in [3], pp. 97-98.
[43] W. Janovsky and R. Pohlman, *Z. Angew. Phys.*, 1, 222, 1948.
[43] Brigg Schmidt, *J. Phys. Chem.*, 19, 1951.

4 Components of Emulsion Explosives and Their Functions

In order to ensure good explosion properties, safety and stability of an emulsion explosive, components of the emulsion explosive should include many kinds of raw materials such as aqueous solution of an inorganic oxidizer salts, oil, wax, emulsifier, density modifier and small amount of additives, etc. For this reason it is necessary to discuss main components of an emulsion explosive and their functions. This is helpful to selection of proper types and contents of these raw materials and determination of suitable preparing process and application technique of the emulsion explosive.

4.1 Oil-Phase Materials Forming a Continuous Phase

4.1.1 Functions of oil-phase material

Oil-phase material for emulsion explosives can be broadly regarded as a group of water-insoluble organic compounds. In the presence of an emulsifier, it may form a water-in-oil (W/O) emulsion together with an aqueous oxidize salt solution. Obviously, it is one of the key components of emulsion explosives because no W/O emulsion system can occur without oil-phase material forming a continuous phase. Principal functions of oil-phase material may be summed up in the following points.

4.1.1.1 *Forming a continuous phase*

The most principal function of oil-phase material is to form continuous phase of emulsion in an emulsion explosive system.

It is well known that a slurry (water-gel) explosive is a gelling system composed of sensitizer, aqueous oxidizer salt solution, water-soluble gelling agent and water-insoluble solid particles, etc. This gelling system, in which water is a continuous phase, is an oil-in-water system. On the contrary, an emulsion explosive is an emulsion system in which aqueous oxidizer salt solution is a dispersion phase and water-insoluble oil-phase material a continuous phase. This emulsion system is a W/O system. Owing to the limit of oxygen balance and the requirement for explosiveness, the content of oil-phase material is below one twentieth of that of dispersion phase material. Therefore, viscosity, chain length and molecular structure of oil-phase material and its coupling with emulsifiers are very important for making oil-film of continuous phase strong enough, thus preventing deformation or rupture of the oil film when inorganic oxidizer salt such as ammonium nitrate crystallizes out.

4.1.1.2 *Being both combustion agent and sensitizer*

An emulsion explosive is typical of multicomponent mixed explosives. In order to obtain the oxygen balance necessary for an emulsion system and to enhance it's explosiveness, one or more combustion agents or sensitizers is necessary to be added in it. Since oil-phase material is chosen from hydrocarbons like oils, waxes, polymers, etc., it is obviously a good combustion agent in an emulsion explosive. In blasting reaction, combustion agent can rapidly go into the reaction, resulting in a vast amount of heat and gases which do work by expansion. Furthermore, evenly dispersing droplets of aqueous oxidizer salt solution can closely contact with oil-film of continuous phase (oil-phase material), which is helpful to excitation and transmission of detonation. Although all of oil-phase materials are common hydrocarbons, they also function as a sensitizer under this specified condition. Hence, all one has to do for the emulsion explosive is to properly compound the common components without addition of any special sensitizers.

It should be pointed out that an emulsion explosive's many properties are very similar to a simple explosive because the contact distance between the molecules of oxidizer and combustion agent (oil-phase material) in an emulsion explosive system is close to the distance between oxidation-reaction radicals in simple explosive's molecules.

4.1.1.3 *Good water-resistance*

Good water-resistance of emulsion explosives is closely related to oil-phase materials because the continuous phase (oil-phase material) in W/O emulsion explosives encloses water-soluble oxidizer salt, thus preventing both liquid-liquid stratification and erosion and leaching from external water.

4.1.1.4 *Proper appearance*

Usually, final consistence of an emulsion explosive is dependent on the consistence of oil-phase material chosen. In the early days of the development of emulsion explosives, conventional oils or waxes were chosen as external phase materials. Most emulsion explosives prepared with these materials appeared in soft grease state and adhered easily to walls of a container, which was inconvenient to use, especially when was used in bulk. With the progress of research work, various types of high polymer are in succession chosen as oil-phase material. With steady increase of continuous phase consistence and because of adsorption-crosslinkage of high polymers, stability of emulsion explosives is obviously increased with different their appearances for different usage, for example, pumpable fluid, soft grease, plastic, and gelling products inadherent to hands and packages.

In addition, proper consistence is very important to fix sensitive microbubbles (or gas-retained solid particles) and thus to keep suitable detonating sensibility during production and storage of emulsion explosives.

4.1.1.5 *Good safety*

Practice has shown that emulsion explosives have relatively low sensitivities to friction, impact and shooting. These are related to slipping contact of particles, enhanced toughness and reduced resistance in W/O emulsion system.

4.1.2 Selection of oil-phase materials

There are a number of organic compound types usable as oil-phase material of emulsion explosives, with a vast range for selection. Normally, selection of an oil-phase material is closely related to its function in emulsion explosives. The author thinks the following principles may be used as reference for selecting an oil-phase material in practice.

4.1.2.1 *Ability to provide different consistences*

Although final products of emulsion explosive may be in solid or solid-like state in appearance, the external phase of an originally prepared emulsion system must be a liquid or fully flowing for the convenience of forming an emulsion at temperatures suitable for emulsification and mixing. In other words, oil-phase material components should be able to provide different consistences at varying temperatures. For instance, diesel oil, machine oil, paraffin, wax-like polymer, etc., which are common oil-phase materials used for emulsion explosives, have different appearances at normal temperature, but they are easy to become a fluid on he ating, which is convenient to emulsify and mix with emulsifiers and aqueous oxidizer solutions.

4.1.2.2 *Convenience to emulsify*

With a given emulsifier, matching between HLB value of oil-phase material chosen and that of this emulsifier must firstly be considered to obtain optimal em ulsifying effect by using least amount of emulsifier. For example, HLB of Span-80 is 4.3 while HLB necessary to emulsify a mineral oil into a W/O emulsion is 4.0, therefore they match each other. Secondly, those organic substances which are easy to form complexes with emulsifier should preferentially be selected as oil-phase material to obtain emulsion explosives of good stability.

4.1.2.3 *Proper consistency*

Commonly, consistency of oil-phase material as external phase of emulsion explosive is very important to retain sensitive microbubbles which are necessary for providing emulsion explosive products with desirable sensitiveness. If consistency of a product is too low during production, storage and use, the sensitive microbubbles in it will tend to aggregate and escape, which is obviously detrimental to detonating sensitivity of emulsion explosives. On the other hand, if the consistency is too high, the emulsion system formed will be easy to "age", which is unfavorable to stability in storage. It is common to accept the proper consistency of oil-phase material at 3.1 Pa·s.

Some high polymers, such as copolymer of butadiene-styrene, copolymer of isobutene-ethylene, random polypropyrene and the like, may efficiently be used to improve oil-phase material composition. Since these substances may both adjust consistency of oil-phase material and construct the high molecular frame in an emulsion explosive, they may obviously improve the storage stability of emulsion explosives.

4.1.2.4 *Convenient application, extensive source and low cost*

It should be pointed out that any type of oil-phase materials cannot meet all the above requirements at the same time. In practice, different types of water-insoluble organic compounds in a certain proportion is normally chosen as oil-phase material so as to fully use individual specific properties of each compound. For example, mixture of waxes and synthetic polymers or waxer, oil and synthetic polymers can be chosen as oil-phase material when final products are required to be elastic and inadherent to hands in appearance whereas mixtures of oils and paraffin, or oils, paraffin and ozocerite can be chosen as oil-phase material when final products are needed to be pumpable or greasy in appearance.

Besides, the oil-phase material must be extensive in source and low in cost.

4.1.3 Types and technical characteristics of conventional oil-phase materials[1-5]

4.1.3.1 *Types*

Generally speaking, any hydrocarbon having a proper consistency may be chosen as oil-phase material for emulsion explosives. Therefore, they may include all waxes, oil and various polymers.

The waxes which may be used as oil-phase material involve waxes extracted from petroleum, such as vaseline wax, microcrystalline wax and paraffin wax; mineral waxes such as earth wax and montan wax; animal waxes such as spermaceti wax; insect waxes such as beeswax and Chinese wax, etc.

All liquid petroleum products having a proper consistency may be used as oil-phase material. They may include all sorts of oils having varying consistency from thin liquid to nonfluid at normal temperature, for example, all kinds of diesel oil, machine oil and vash oil.

Polymers are often used to thicken oil-phase material and to change the appearance of final products. They also involve many kinds, for example, non-volatile and water-insoluble polymers forming natural rubber, synthetic rubber or isobutylene group, copolymers of butadiene-styrene, copolymers of isoprene-isobutene or isobutene-ethylene, random polypropyrene, polyethylene and so on.

Besides, saturated fatty acids with a chain length more than 6 carbon atoms, higher alcohols and some plant oils may also be used as oil-phase materials. For example, saturated fatty acids include caprylic acid, capric acid, lauric acid, palmitic acid, behenic acid and stearic acid, etc.; higher alcohols include hexanol, nonanol, dodecanol, lauric alcohol, spermol and octadecyl alcohol, etc.; plant oils include corn oil, cottonseed oil, soyabean oil and peanut oil, etc.

4.1.3.2 *Technical characteristics of conventional oil-phase materials*

(1) Paraffin wax

Paraffin wax is a solid crystalline product derived from petroleum. It composes mainly of normal paraffin hydrocarbons and also contains a few solid isomeric paraffin hydrocarbons, naphthenic hydrocarbons and small quantity of aromatic hydrocarbons. Commercial paraffin waxes have carbon atom number of 22-36, relative molecular mass of 360-540, and boiling point range of 300-550 centigrade. With increasing of relative molecular mass, boiling point and melting point of paraffin wax and normal hydrocarbons in composition decrease while those of isomeric hydrocarbons and solid naphthenic hydrocarbons increase. Paraffin waxes from varying crude petroleums are also different in chemical composition.

The process of extracting paraffin wax from petroleums is normally as follows: the lubricating oil fraction obtained by distillation of petroleum is dewaxed and deoiled, then paraffin wax resulted is refined and formed, thus obtaining packaged paraffin product (see Fig. 4. 1) .

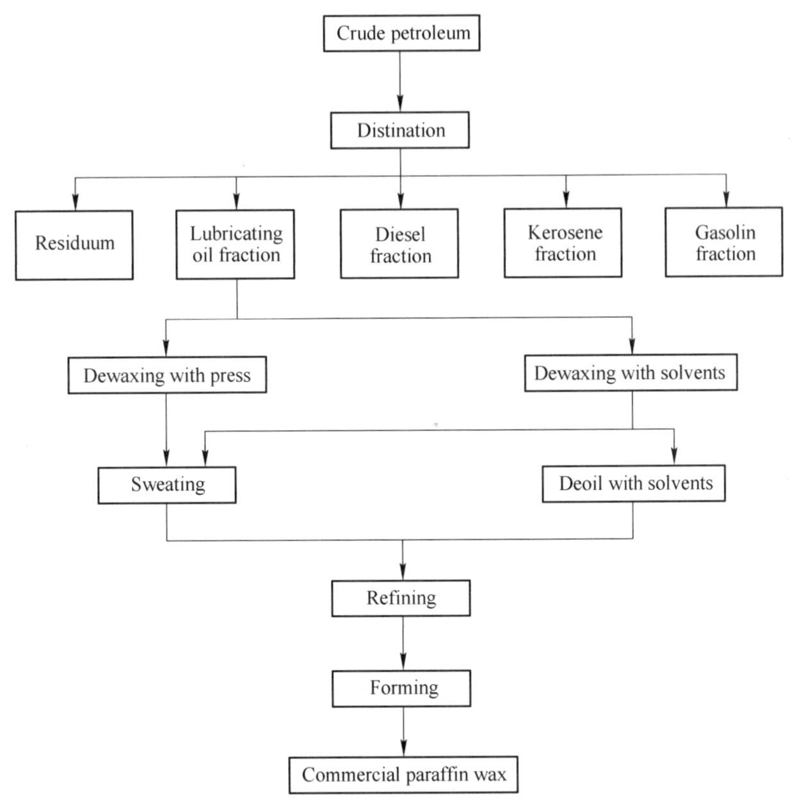

Fig. 4. 1 Sketch of production process of paraffin wax

According to processing and melting point, paraffin products in China may be classified as three grades of refined white wax, white paraffin and yellow wax with 19 trademarks all together. Main differences of these grades in quality are described as follows.

1) Refined white wax and white paraffin are relatively white in color because they have been deeply deoiled and refined. Yellow wax is normally yellowish because it has not been refined by white clay and only mechanical impurities in it have been removed by means of filtering.

2) The oil contents of these three grades are different. Refined white wax has a lower oil content of 0. 5%, but white wax with the same trademark is 0. 2% lower in oil content than yellow wax.

3) Yellow wax, or poorly refined wax, contains trace amounts of non-hydrocarbon components, for example, complex organic compounds composed of sulfur, nitrogen and oxygen. These compounds are trace in content, but they may greatly cut down the stability of paraffin wax.

Main properties of paraffin wax involve melting point, oil content, colority, stability to light, odor, moisture, mechanical impurities, water-soluble acids and alkalies. In Table 4. 1, the indices of these properties and relevant testing methods a relisted for varying trademarks of three grades of paraffin wax made in China.

Table 4.1 Quality indices of paraffin wax series of China

Indices of property		Trademark of refined white wax								Trademark of white paraffin							Trademark of yellow wax				Testing method
		52	54	56	58	60	62	66	70	50	52	54	56	58	60	62	52	54	56	58	
Melting point, ℃	Above	52	54	56	58	60	62	66	70	50	52	54	56	58	60	62	52	54	56	58	SYB2851-60
	Below	54	56	58	60	62	66	70	—	52	54	56	58	60	62	—	54	56	58	—	
Oil content, %, not more than		0.5								2.0	1.8	1.6	1.4	1.2	1.0	1.0	2.0	1.8	1.6	1.4	SY2855-75S
Colority (No.), not more than		1								4							8				SY2853-75S
Stability to light (No.), not more than		4	4	4	4	5	5	5	5	6							—				SY2854-75S
Odor		Nil								Nil							Nil				SY2851-60
Machine impurities		Nil								Nil							Nil				SY2851-60
Moisture		Nil								Nil							Nil				SY2851-60
Watersoluble acids and alkalies		Nil								—							—				SY2851-60

Principal indices to the quality of paraffin wax listed in Table 4. 1 are very important for different applications. The usabilities of waxes, which in effect are their physical properties, include hardness and tensile strength, contraction and heat expansion, flowability and temperature-related viscosity, crystallization and luster, oxidation stability, chemical stability, solubility, deflectivity and permeability, cold-and heat-resistance, bound force and agglomerativity, plasticity and toughness, grease-and oil resistance, specific gravity, specific heat, melting heat, heat-transmission coefficient, electric properties, ignition point, etc. Due to limited space, the specific indices of above properties are not described here in detail. Interested readers may refer to relevant specialized documents. For different applications, the property indices which must be emphatically understood are not the same. For example, for a wax used as coating and packing materials, it is necessary to know its adhesiveness, hardness, luster, etc. ; for a wax used as oil-phase material of emulsion explosives, it is necessary to know its temperature-related viscosity, crystallization, plasticity and toughness, etc. for a wax used for electrical industry, it is necessary to understand dielectric constant, unit resistance, etc. of the wax.

(2) Ceresine wax (microcrystalline wax)

Originally, ceresine wax was named after natural ceresine ore. Since the crystal of this wax is very fine, it is also called microcrystalline wax or amorphous wax abroad. In China, however, such wax is still traditionally named as ceresine wax and the ceresine obtained from petroleum is designated by the name of petroleum ceresine.

At present, the ceresine wax is mainly taken from petroleum. Both paraffin and ceresine waxes are separated from crude petroleum, but the process of manufacture and the resulting products are quite different. Paraffin wax is separated from fractional lubricating oil while ceresine wax is separated from residual lubricating oil, i. e. it is a product resulted from deeply-solvent-deoiling of the wax paste, which is produced by de-asphalting and solvent dewaxing of depressed oil residues. Extensive X-ray diffraction work has indicated differences in the chemical structure of the paraffin and ceresine molecules. Paraffin waxes have been found to consist mainly of straight-chain molecules:

$$\mathrm{H-\overset{H}{\underset{H}{C}}-\overset{H}{\underset{H}{C}}-\overset{H}{\underset{H}{C}}-\left[\overset{H}{\underset{H}{C}}\right]_n-\overset{H}{\underset{H}{C}}-\overset{H}{\underset{H}{C}}-\overset{H}{\underset{H}{C}}-\overset{H}{\underset{H}{C}}-H}$$

and less amount of molecules containing branched chains:

$$\mathrm{H-\overset{H}{\underset{H}{C}}-\overset{H}{\underset{H-\underset{H}{C}-H}{C}}-\overset{H}{\underset{H}{C}}-\left[\overset{H}{\underset{H}{C}}\right]_n-\overset{H}{\underset{H}{C}}-\overset{H}{\underset{H}{C}}-\overset{H}{\underset{H}{C}}-H}$$

In some paraffin waxes, aromatic hydrocarbons may also exist. The ceresine contains some straight-chain molecules, but mostly branched chain molecules. The branched chains in the ceresine are probably located at random along the carbon chain while in paraffin wax, they are near the end of the chain. There are indications that the ceresine also contains much more ring-type compounds than paraffin. These two kinds of wax are different in many properties because of the differences in chemical structure and composition. For further detail, see Table 4. 2.

Table 4. 2　Properties of ceresine and paraffin

Item	Ceresine	Paraffin
Crystal (observed under microscope)	Small	Large
Relative molecular mass	550-700	360-540
Boiling point, ℃	650-690	300-550
Specific gravity, viscosity, reflective	Greater	Small
Contraction	Greater	Small
Reaction with fuming sulphuric acid	Intense reaction with foaming and burning	Not reactive

The non-refined ceresine is yellowish-brown or brown while the refined one is yellowish or yellow. Up to now, commercial ceresine in China may be classified as three trademarks of No. 67, 75 and 80 according to the dropping point.

Ceresine has many characters of use. Because of much smaller crystal than paraffin wax, ceresine has a very strong lipophilic capacity and can form a stable and homogeneous mixture with oils. Using this character, the quality of emulsions may markedly be improved by addition of ceresine (in an amount of 0. 1% to 0. 2% by weight of total explosive) to oil-phase materials of emulsion explosives. Besides, the addition of ceresine may change the structure of paraffin. 0. 5% addition amount may make the paraffin crystals evidently fine; addition of 5% to 30% may raise, in different degrees, the melting point, hardness and toughness of paraffin and improve the adhesiveness and anti-air permeability of coating; 0. 5% to 1% addition may also improve the oxidation stability of paraffin wax.

(3) Liquid petroleum products

The liquid petroleum products used as the oil-phase of emulsion explosives refer mainly to diesel oil, machine oil and white oil. Of course, there are also certain emulsion formulas in which liquid oil-phase materials are not added. It is universally accepted in China and abroad that diesel oil is the best fuel for ANFO. This is because:

1) It has a higher heating value (about 41868 kJ/kg) which makes it readily react in explosion with ammonium nitrate.

2) It has a moderate consistency which make it to be adsorbed readily by ammonium nitrate.

3) It is rich in source, lower in cost and convenient in use.

4) It has a smaller volatility, a higher flash point and a higher burning point and hence it is safe in use.

For emulsion explosives, diesel oil is not helpful to emulsification. In consideration of comprehensive performance of detonation, however, diesel oil is still used in many formulas of emulsion explosives in a proper proportion. Based on the weather conditions in China, diesel oils No. −10, 0 and+10 are the most suitable for use. Table 4. 3 exhibits quality standards of varying trademarks of Chinese light diesel oils.

Table 4. 3 Quality standards of light diesel oils

Item	Quality indices				
	+10#	0#	10#	20#	35#
Cetane number, not less than	50	50	50	45	43
Engler viscosity (at 30℃, 0℃)	1. 2−1. 67	1. 2−1. 67	1. 2−1. 67	1. 15−1. 67	1. 15−1. 67
Ash, %, not more than	0. 025	0. 025	0. 025	0. 025	0. 025
Sulfur content, %, not more than	0. 2	0. 2	0. 2	0. 2	0. 2
Mechanical impurities, %	Nil	Nil	Nil	Nil	Nil
Moisture, %, not more than	Trace	Trace	Trace	Trace	Trace
(Closed) flash point, ℃, above	65	65	65	65	50
Condensation point, ℃, below	+10	0	10	20	35
Water-soluble acids and alkalies	Nil	Nil	Nil	Nil	Nil

Generally, all types of oil products from which the viscosity may be raised are advantageous to emulsification and stability of emulsion explosives. For this reason, machine oils and white oil, which have higher consistency than diesel oil, are used in most emulsion explosive's formulas at home and abroad. Table 4. 4 shows the quality standards of all trademarks of Chinese machine oils.

Table 4. 4 Quality standards of all trademarks of machine oils

Item	Quality indices							Testing method
	HJ−10	HJ−20	HJ−30	HJ−40	HJ−50	HJ−70	HJ−90	
Kinematic viscosity, mm^2/s (at 50 ℃)	7−13	17−23	27−33	37−43	47−53	67−73	87−93	GB 265—64
Freezing point 1), ℃, below	−15	−15	−10	−10	−10	0	0	GB 510—65
Carbon residue (%), not more than	0. 15	0. 15	0. 25	0. 25	0. 3	0. 5	0. 6	GB 268—64
Ash, %, not more than	0. 007	0. 007	0. 007	0. 007	0. 007	0. 007	0. 007	GB 508—65
Water-soluble acids and alkalies	Nil	Nil	Nil	Nil	Nil	Nil	Nil	GB 259—64
Acid value 2) (mg KOH/g), not more than	0. 14	0. 16	0. 2	0. 35	0. 35	0. 35	0. 35	GB 264—65
Mechanical impurities, %, not more than	0. 005	0. 005	0. 007	0. 007	0. 007	0. 007	0. 007	GB 511—65
Moisture, %	Nil	Nil	Nil	Nil	Nil	trace	trace	GB 260—64
Flash point (opened), ℃, above	165	170	180	190	200	210	220	GB 267—64
Corrosion (T_3 copper flake, at 100℃, for 3 hours)	Qualified	Qualified	Qualified	Qualified	Qualified	Qualified	Qualified	SY 2614—56
Colority, mm	3)	3)	3)	3)	—	—	—	—

1) When consumers require that the anti-freezing agents are not added, machine oils of No. 10−50 are allowed to leave factory at a freezing point below −5℃;

2) All trademark of machine oils refined with furfuraldehyde or phenol is specified to contain neither the former nor the latter;

3) The colorities of machine oil products should be determined before leaving factory, but limiting indices to colority are not set.

It should be pointed out that HLB value of machine oil necessary for emulsification increases with the raising of its viscosity. This means that HLB values of machine oils No. 10, 20, 30 and 50, i. e. the HLB values corresponding to top points of the bell-type curve, are 11. 8, 12. 0, 12. 3 and 12. 5 respectively. This is attributed to the fact that if all the machine oils are highly refined and composed completely of hydrocarbons, then machine oil of higher viscosity has longer carbon chain in its molecule, organic value and inorganic value of each $—CH_2—$ being 20 and 0 respectively. It is readily seen that the longer carbon chain of molecule, the greater organic value. Based on the formula:

$$HLB = 10 \times \frac{\text{inorganic value}}{\text{organic value}}$$

the HLB value of machine oils of higher viscosity should be smaller. However, the machine oils of lower viscosity are usually easier to be refined and contain only small amount of gummy aromatic hydrocarbons after they are treated with same acid and alkali. And machine oils of higher viscosity are more difficult to be refined and hence contain greater amount of gummy aromatic hydrocarbons, which have not only organic value but inorganic one. For machine oils, it has been realized from comprehensive consideration on above two factors that the latter has a greater influence and so, for the machine oils of higher viscosity, HLB value necessary for emulsification will increase.

(4) High-molecular organic compounds

High-molecular organic compounds have been found to have two distinct effects on emulsion explosives, that is, they may increase the stability of emulsion explosives and improve their appearance. Therefore, high molecular organic compounds, as a complex oil-phase material, have been employed in emulsion explosives. Depending on application purposes and preparing process, the type and amount of the organic polymer added to an emulsion explosive will vary. The following is a brief description of the properties of some common organic polymers.

1) Polyethylene: It is a straight-chain vinyl polymer, and has a molecular structure of $(CH_2=CH_2)_n$. According to production method, it may be classified as three types, or high-, moderate-and low-pressure products. High-pressure polyethylene means a product formed by polymerization using a free radicle catalyst under the pressures of $5.067\times10^{7}-3.04\times10^{-8}$ Pa. This product has an average relative molecular mass of 19000-48000 and a density range from 0. 918 to 0. 920 g/cm^3. When a metallic catalyst is used, poly-reaction may be carried out only under the pressures of $3.04\times10^{6}-1.01\times10^{7}$ Pa and the final products have an average molecularweight up to a few hundred thousands and a density of about 0. 96 g/cm^3. The low-pressure polyethylene is formed by polymerization using organic metallic compounds as a catalyst under the pressures of 1.01×10^{6} Pa and the final products have a relative molecular mass of $(5-300)\times10^{4}$ and a density range from 0. 94 to 0. 955 g/cm^3. As a result high-pressure polyethylene has lower relative molecular mass, but low-pressure one higher relative molecular mass; the polyethylene having a relative molecular mass of 5000-2000 is relatively ideal to use as oil-phase materials of emulsion explosive. Normally, a liquid mixture of polyethylene (preferably, cerate-and powder-like) and paraffin, or mixture of polyethylene, paraffin and oil is firstly prepared in a given proportion

under heating; then this mixture is emulsified by additions of, first, emulsifier and afterwards, aqueous oxidizer solution under agitating of high speed. If the polyethylene that has greater relative molecular mass is used, a poorer emulsifying result will occur. The reason is that the greater relative molecular mass of polyethylene is, the higher its viscosity. Thus, not only the interdissolvability with waxes or oils become poor, but also the viscosity of the mixture rise obviously, which is unfavorable to emulsification.

In addition, if polyethylene is added in paraffin, it will be helpful for the formation of microcrystalline structure in paraffin, thus improving the usability of paraffin. For example, when polyethylene with a molecular wright of about 20000 is added to refined white wax No. 56 in an amount of 1% by weight, crystal size of the wax may be reduced by half and when added in an amount of 2% to 5%, the size is only about 5% of the original size. As a result, addition of polyethylene to paraffin may increase the hardness, dropping point and luster of paraffin and enhance its sealing strength and binding property at higher temperature. Depending on requirements, addition amount of polyethylene may vary from 0. 5% to 40% (by weight), preferably about 5%. Table 4. 5 shows the physical property change of paraffin to which polyethylene is added.

Table 4. 5 Physical properties of paraffin with polyethylene added

Wax sample	Addition of polyethylene, %	Dropping point, ℃	Viscosity (at 120 ℃) mm^2/s	Penetration 1/10 mm
White paraffin No. 54 (with added polyethylene of relative molecular mass 25000)	0	55	2. 89	16
	0. 5	59	3. 26	14
	2	65	6. 96	12
	5	83	20. 54	10
Refined white wax No. 58 (with added polyethylene of relative molecular mass 25000)	0	57	2. 81	10
	0. 5	64	3. 64	8
	2	70	7. 14	7
	5	86	25. 9	5

2) Polypropylene: It is a polymer of propylene. According to the structure, it may be classified as two types, isotactic and random. Isotactic polypropylene is a monoclinic or triclinic crystal and random one an amorphous polymer. Main diferences between them are shown in Table 4. 6.

Table 4. 6 Main differences between isotactic and random polypropyrmes

Item	Isotactic	Random
Appearance	White solid	Rubber or glass-like
Softening or melting temperature, ℃	170	Below 100
Tensile strength	High	Low

Usually, random polypropylene is suitable to be used as an oil-phase material of emulsion explosives with an addition amount not more than 0. 1% by weight of the total explosive. Practice has shown that if random polypropylene is added (preferably, two or more types of polymers are added simultaneously), finished emulsion explosive products may be markedly improved in their appearances and thus become an elastoplastic body inadherent to hands.

Besides, addition of polypropylene may raise melting point, mechanical strength, heat-and cold-resistance of paraffin waxs, prevent them from deforming at high temperatures and enhance their shock resistance at low temperatures. Normally, the addition amount of polypropylene ranges from 0.5% to 10% (by weight). Table 4.7 shows examples illustrating physical property change of paraffin waxes with polypropylene added.

Table 4.7　Influence of polypropyrene on physical properties of paraffin waxes

Wax sample	Addition amount of polypropyrene, %	Dropping point, ℃	Viscosity (at 160 ℃) mm^2/s	Penetration 1/10 mm
White paraffin No. 54	0	55	1.7	16
	0.5	56	2.1	14
	2	60	3.14	13
	5	102	7.0	11
Refined white wax No. 58	0	57	1.8	10
	0.5	59	2.32	9
	2	72	3.6	8
	5	120	7.5	8

3) Copolymer of ethylene—vinyl acetate: This product is called E. V. A. for short. It may be classified in many types according to the percentage of ethylene and vinyl acetate in it. It has characteristics common to polyethylene and polyvinyl acetate, that is, moderate hardness, higher tensile and bending strength. It may change physical properties of paraffin waxes, such as hardness, sealing property under warm condition, adhesiveness, plasticity and toughness. Moreover, the above effects will be a function of percent ratio of ethylene to vinyl acetate in polymers. Higher content of ethylene makes hardness of waxes become higher while higher content of vinyl acetate leads to better toughness of waxes. Usually, this copolymer is employed in emulsion explosives together with other polymers.

In addition to the above polymer additives, poly-isobutylene, copolymer of ethylene-propylene, copolymer of butadiene-styrene or the like may also be used.

4) Complex wax[6]: Complex wax, developed and widely used by Beijing General Research Institute of Mining and Metallurgy, China, is an oil-phase material specially used for emulsifying and shows good superposition effects when it is used together with many types of W/O emulsifier. Emulsion explosives formed by using this wax as oil-phase material are of fine and even distribution of their dispersion phase particles, and stable in storage. It has two types, or No. 1 and No. 2.

Gas chromatogram of complex wax No. 2 is presented in Fig. 4.2 in which carbon number distribution is C_{15}–C_{32} and peak carbon number C_{29}.

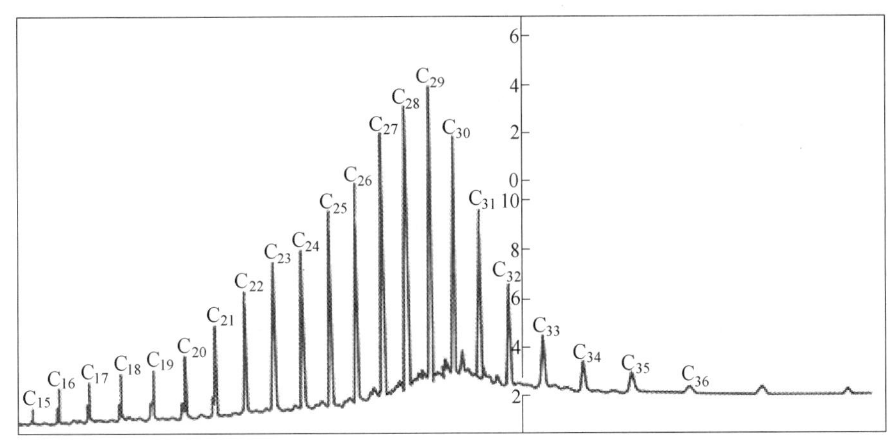

Fig. 4. 2 Gas chromatogram of complex wax No. 2

The complex wax contains 82. 29% saturated hydrocarbons, 16. 46% aromatic hydrocarbon and 3. 29% non-hydrocarbon components. Main physical properties of the complex wax are shown in Table 4. 8.

Table 4. 8 Properties of complex wax

Properties data					
Relative molecular mass	Sulfur, %	Flash point (open), ℃	Specific gravity g/cm^3	Melting point ℃	Predistillating point ℃
387	0. 05–0. 11	119	0. 8	51–53. 8	245–398
Testing methods					
Steam osmotic pressing	X-ray fluorescence sulfurmeter	GB 267—77			

4. 2 Aqueous Oxidizer Solution Forming the Disperse Phase

4. 2. 1 Functions of aqueous oxidizer solution

Anhydrous emulsion explosives do exist and have a number of advantages. For most emulsion explosives, however, the dispersion phase is mainly composed of aqueous oxidizer solution which accounts usually for about 90% by weight of the total explosive. Main functions of aqueous oxidizer solution are described as follows.

Firstly, it forms emulsion explosive's dispersion phase and provides the oxidizer. It is a source for the system oxidation – reduction reaction by which energy is released to do mechanical work. With additions of methylamine nitrate, perchlorates and alcohol amine nitrate, it is also a sensitizer, which may enhance detonating sensitivity of explosives.

Secondly, it may increase emulsion explosives' density. It is well known that the density of powdered and grained ammonium nitrate explosives are usually in the range from 0. 8 to 0. 95 g/cm^3 while that of emulsion explosives from 1. 05 to 1. 35 g/cm^3, maximum to 1. 50–1. 55 g/cm^3. This is due to the fact that when inorganic oxidizer salts such as ammonium nitrate, sodium nitrate and sodium perchlorate dissolve in water, intergranular gaps are filled up by water, thus leading to higher density. The densities of saturated aqueous ammonium nitrate solution at various temperatures are enumerated in Table 4. 9. If the composition includes varying quantities of alkali metal and alkali–earth metal nitrates, the density of emulsion explosives will be further increased.

Table 4. 9　Density of aqueous ammonium nitrate solution

Temperature, ℃	AN content, %	Density, g/cm^3	Temperature, ℃	AN content, %	Density, g/cm^3
20	66. 4	1. 3115	100	91. 0	1. 4145
40	73. 3	1. 3415	120	94. 7	1. 4260
60	80. 2	1. 3519	140	97. 4	1. 4320
80	85. 9	1. 3940	160	99. 4	1. 4360

Thirdly, it may improve blasting performance of emulsion explosives. From the point of view of reaction rate, every type of existing industrial explosives having contacting interfaces is an inhomogeneous system, and hence blasting reaction of such system is controlled by interfacial reacting rate. In order to cut down the interfacial effect, it is necessary to strive for elimination of interfaces. The inevitable out–come for this effort is that industrial explosives have experienced the developing process—from use of solid oxidizer (ammonium nitrate) to use of aqueous oxidizer solution and from solid–phase contact of AN–TNT explosive, solid–liquid contact of ANFO to solid–liquid inhomogeneous system of emulsion explosives[7]. In an emulsion system, the size of droplets of aqueous oxidizer solution as dispersion phase become very small, and thus contacting area between the oxidizer and the combustible agent is considerably expanded. For example, for the particles of a diameter 0. 3 microns, the contact area is about forty thousand times of surface area of a small ball having one cubic centimeter volume. Obviously, close contact between the combustible agent and oxidizer in the form of droplets approximate to the size of a molecule is helpful to excitation and transmission of detonation and thus to enhancement of detonating sensibility of emulsion explosives. Moreover, higher density and continuity of the system may also increase, to a certain degree, the detonating velocity and brisance of emulsion explosives.

Fourthly, compared with solid oxidizer salts, it can provide a greater flexibility for selection of raw materials and adjustment of explosiveness. For instance, storage stability and low temperature usability of emulsion explosives are notably improved by some technical means such as use of mixed oxidizers, proper selection of water content, addition of crystal shape modifiers and antifreezers and so on.

Finally, water has a higher heat–capacity and hence absorbs 539 cal/g of evaporating latent heat when evaporating. This reduces considerably the mechanical sensitiveness (sensitiveness to impact, friction), sensitiveness to firing, etc. of emulsion explosives, thus providing very favorable conditions for mechanized and continuous production, field preparation and mechanized charging of emulsion exlosives.

It should also be pointed out that because of chemically inactive property and greater evaporating latent heat, water in emulsion explosives becomes a typical inactivating agent, which consumes part of energy released by explosion of the system when it is heated and evaporated. For this reason, water content must be limited to a proper amount[8].

4.2.2 Selection of aqueous oxidizer solution

Experience has shown that considerations of selecting aqueous oxidizer solution are roughly as follows.

4.2.2.1 *Type of oxidizers and their combinations*

Generally speaking, aqueous oxidizer solution for emulsion explosives is basically formed by dissolving ammonium nitrate in water. All types of commercial and farming grade ammonium nitrate available on the market may be used. As long as convenient to transport (preferably, within the same area of a factory), unvacuum-crystallized aqueous ammonium nitrate solution with a concentration greater than 80% (by weight) is the most simple and economic one in use. Generally, crystalline ammonium nitrate needs to be crushed by a crushing plant before being employed while granular ammonium nitrate may be used directly. Ammonium nitrate, before dissolved in water, is preferably in the form of prills or granules having a size that will pass through a No. 8 standard sieve. As based on 100 parts by weight of aqueous ammonium nitrate solution, the solution contains about 70 to 85 parts by weight of solid ammonium nitrate and about 5 to 30 parts by weight of water. The oxidizer forming aqueous oxidizer solution is normally ammonium nitrate, but other inorganic or organic oxidizer salts compatible with emulsions may also be used. Examples of these are sodium and methylamine nitrates or the like, which may be used together with ammonium nitrate in many types of emulsion explosive at home and abroad. It is generally thought that the former may increase the dissolving amount of inorganic oxygen-containing salts, such as ammonium nitrate, at a given temperature; drop the fudge point, increase oxygen supplying quantity, and raise the final density of emulsion explosives. The latter is considered mainly as a sensitizer except for the lowering of crystallization temperature.

Other inorganic oxygen-bearing salts, which may form aqueous solution components together with ammonium, sodium or methylamine nitrates, may include potassium salts such as nitrate, chlorate and perchlorate of potassium; sodium salts such as chlorate and perchlorate of sodium; calcium salts such as nitrate, chlorate and perchlorate of calcium; ammonium salts such as chlorate and perchlorate of ammonium; lithium salts such as nitrate, chlorate and perchlorate of lithium; magnesium salts such as nitrate, chlorate and perchlorate of magnesium; aluminum salts such as nitrate, chlorate and perchlorate of aluminum; barium salts such as nitrate, chlorate and perchlorate of barium; zinc salts such as nitrate, chlorate and perchlorate of zinc; or the mixtures of these substances in various proportions. Generally speaking, these substances, if necessary, may be added to aqueous solution component of emulsion explosives in a proportion of about 25%. Needless to say, these substances, prior to dissolving in water, should also have a size that will pass through a No. 8 standard sieve for rapid and efficient formation of aqueous oxidizer solution.

Sometimes, organic amides or nitrates of hydrazine, may be added in a suitable quantity to the aqueous oxidizer solution component with the aim of sensitizing emulsion explosives. The typical examples of these include hydrazine; fatty amine salts such as nitrate, nitrite chlorate and perchlorate of monomethylamine, dinitrate and diperchlorate of ethylenediamine, dimethylamine, trimethylamine, ethylamine, propylamine and ethanolamine nitrates, guanidine and urea nitrates; aniline salts such as nitrate, chlorate and perchlorate of aniline, orthochlorobenzamine nitrate and phenylene diamine dinitrate, and so on. The mixtures of above substances may also be used. Every kind of above substances may be added to aqueous oxidizer solution in the form of pure product and preferably, the original reactive mixture of amine or hydrazine, neutralized with excessive oxy-acid, is added to the solution. This mixture may be either formed alone in water medium and then blended with other oxidizer salts, or formed in situ in the presence of one or more other oxidizer salts. Generally speaking, addition amounts of these substances to aqueous oxidizer solution may be unlimited as long as necessary in technical process and performance and permissible in cost. However, normal addition amount of these substances vary from about 5% to 25% by weight of the total emulsion explosive.

In addition, if desired, water-solution carbohydrates, i. e. , mannitose, glucose, saccharose, fructose, maltose and molasses may be added as a supplementary fuel in aqueous oxidizer solution component. Other water-soluble fuels similar to these may also be added in aqueous oxidizer solution, but addition amount of them will be limited by the oxygen balance of whole system.

4. 2. 2. 2 *Oxygen-supplying quantity and fudge point of aqueous oxidizer solution*

Ammonium nitrate is an inexpensive, efficient and widely available oxidizer used for industrial explosives. Because of greater temperature gradient of its dissolubility in water, it will crystallize out from aqueous solution as temperature decreases, thus its dissolubility goes down. Obviously, this is unfavorable to the stability of emulsion explosives. For this reason, the mixed oxidizers are usually chosen to prepare the aqueous solutions for emulsion explosives and other aqueous explosives. Practice has shown that addition of supplementary oxidizers may both lower the fudge point of aqueous solution and increase the oxygen-supplying quantity. The changes of the fudge point of aqueous solutions with varying oxidizer salts added are shown in Table 4. 10 and the oxygen-supplying quantity of varying oxidizers in Table 4. 11.

Table 4. 10　Fudge pionts of aqueous solutuons with various oxidizer salts added

(Concentration: percent content)

Water	Ammonium nitrate	Sodium nitrate	Sodium perchlorate	Calcium nitrate	Fudge point, ℃
15. 0	85. 0				77
20. 0	80. 0				59
20. 6	61. 8	17. 6			45
21. 4	50. 0	14. 3	14. 3		33

Table 4. 11　Oxygen supplying quantity of varying oxidizers

Name of oxidizer	Oxygen balance, g/g	Oxygen-supplying quantity per kg of oxidizer, g
Ammonium nitrate	+0. 20	200
Sodium nitrate	+0. 47	470
Sodium perchlorate	+0. 532	532
Calcium nitrate	+0. 488	488
Hydrazine nitrate	+0. 084	84
Methylamine nitrate	0. 340	340

From the data in Tables 4. 10 and 4. 11, it can be readily seen that the aqueous oxidizer solutions formed by ammonium nitrate respectively with sodium nitrate, sodium perchlorate and calcium nitrate may simultaneously give consideration to both the increasing of supplying-oxygen quantity and the lowering of fudge point. At present, the mixed oxidizer of ammonium and sodium nitrates (usually with a proportion of about 4 to 1) is mainly used for preparing the aqueous solutions of emulsion explosives in China. For those emulsion explosives containing sulfur powder, the optimal proportion of sodium nitrate to sulfur powder should yet be considered.

4. 2. 2. 3　*Determination of water content*

It has been found that water content has remarkable influence on emulsion explosive's stability, density and blasting properties. In a certain range of water content, its storage stability increases while its density decrease with increment of water content. The maximum detonation velocity and brisance of emulsion explosive occur when its water content is in the range from 10% to 12%. Experience shows that for cap-sensitive emulsion explosive, its water content is more appropriate to be lower than 15%, with 10%-12% to be the best. For large-diameter borehole in open-pit mines, the pumpable non-cap-sensitive emulsion explosive's water content is better to be lower than 20%, with 15%-17% to be the best.

And of course, the selected aqueous oxidizer solution must be extensive in source, lower in cost and safe in production.

4. 2. 3　Properties of common oxidizer salts

4. 2. 3. 1　*Ammonium nitrate*[9]

In 1867, ammonium nitrate was first used for manufacture of explosives. Over the past one hundred years, ammonium-nitrate-type explosives have been developed greatly and almost replaced all dynamites that is based on nitroglycerin. Today, this type of industrial explosive has formed a complete series of variety and the largest annual output. As a result, ammonium nitrate is one of the most important raw materials for industrial explosives and also the most principal oxidizer for emulsion explosives. The physical and chemical properties of ammonium nitrate relative to emulsion explosives will be briefly described here as well as the quality standards of ammonium nitrate products. And for the crystal-shape change, hygroscopicity and agglomeration, and production process, etc. of ammonium nitrate, reader may refer to relative professional documents.

(1) Physical property

Molecular formula of ammonium nitrate is NH_4NO_3; relative molecular mass 80.0; energy formation −4424 kJ/kg; enthalpy formation −4563 kJ/kg; nitrogen content 35%; oxygen balance +0.20 g/g and density between 1.59 and 1.71 g/cm^3. Melting point of ammonium nitrate is 169.6 ℃, which will drop to about 100 ℃ if the water content is up to 8%.

Heat conduction coefficient of ammonium nitrate is related to temperature and its density. At a temperature range from 0 to 100 ℃ and a bulk density from 0.68 to 0.78 g/cm^3, its average heat conduction coefficient is 0.238 W/(m · h · K).

The pure ammonium nitrate is ia white crystal substance while the ammonium nitrate containing trace ferric salts often appear yellowish. The water-resistant ammonium nitrate produced especially for manufacturing mining explosives in China is formed by the addition of ferric ammonium sulfate, ammonium stearate and paraffin, etc. There are also dense prilled ammonium nitrate (fertilizer for farming) and porous prilled one (especially used for ANFO explosives). Any kind of ammonium nitrate may be used for preparing the aqueous oxidizer solution of emulsion explosives, but the saturated aqueous solution of ammonium nitrate is most suitable.

Ammonium nitrate is soluble in liquid ammonia and nitric acid, readily soluble in acetone, carbinol and alcohol, and very readily soluble in water. Its solubility in water increases with rise of temperature (see Table 4.12).

Ammonium nitrate absorbs heat when dissolving in water. For example, dissolving 6 parts of ammonium nitrate in 10 parts of water may drop the solution's temperature by about 27 ℃. Table 4.13 exhibits molal solution heat of solid ammonium nitrate dissolved in aqueous ammonium nitrate solutions of varying concentration.

Table 4.12 Solubility of ammonium nitrate in water at varying temperatures

Temperature	Solubility, g	
	In 100 g water	In 100 g solution
0	20	54.5
10	150	60.0
20	187	65.2
30	233	70.0
40	280	73.7
50	339	77.2
60	411	80.4
70	501	83.4

Continued 4. 12

Temperature	Solubility, g	
	In 100 g water	In 100 g solution
80	618	86. 1
90	772	88. 5
100	994	90. 9

Table 4. 13 Molal solution heat of ammonium nitrate

Concentration of ammonium solution %	Solution heat, J/mol	
	Crystal shape Ⅳ, 28 ℃	Crystal shape Ⅲ, 36 ℃
0	-24. 66	-22. 36
20	-19. 31	—
34. 8	—	-14. 38
50. 0	-13. 92	—
56. 8	-13. 33	—
57. 0	—	-11. 95
65. 6	-12. 62	—
70. 0	—	-10. 62
70. 6	-12. 25	-10. 58

The following is the specific heat of ammonium nitrate at various temperatures.

Temperature, ℃	Specific heat C_p, kcal/(kg · deg)
-22. 31	0. 383
1. 91	0. 393
29. 83	0. 420
41. 06	0. 361
100. 00	0. 428

With urea, sodium nitrate, calcium nitrate, guanidine nitrate, formamide and mannite, etc. , ammonium nitrate may forms an eutectic mixture which greatly drops the fudge point of ammonium nitrate. As stated before, this character, that is, a mixed aqueous oxidizer solution formed by sodium or calcium nitrate with ammonium nitrate, or by addition of urea, is often used for emulsion explosives to drop the fudge point of emulsion system, thus improving the stability and low-temperature resistance of emulsion explosives.

(2) Chemical property

Ammonium nitrate, an oxidizer, is easy to enter an oxidation-reduction reaction with reducing agents. In the processing and production of explosives, the paper, cloth, wood flour and gunny-bag that are mixed with ammonium nitrate should not be piled together over a long period of time, especially nearby a heat source, otherwise, self-combustion will take place due to the oxidation-reduction reaction.

Ammonium nitrate is a salt formed by a strong acid and a weak base, and hence it is easy to react with the salts formed by weak acids and strong bases. For this reason, the mixing of ammonium nitrate with the latter should be avoided as far as possible. Also, ammonium nitrate should not be piled together with nitrites or/and chlorates, because it can have a replacement reaction with these substances, thus producing very unstable ammonium nitrite or/and ammonium chlorate which readily lead to an explosion. However, this character is often used for emulsion explosives, that is, a small amount of sodium nitrite is added to produce microbubbles which sensitize the explosives. If mixed with those substances which can produce a free acid, ammonium nitrate will decompose at speed and even cause self-combustion. A base will decompose ammonium nitrate, accompanied by releasing of ammonia.

Dry ammonium nitrate hardly reacts with metals, but it may react severely with lead, nickel and zinc, especially cadmium and copper when containing moisture or being in melting state. Interaction of ammonium nitrate with these metals produces unstable ammonium nitrite which enhances the possibility of ammonium nitrate explosion. For this reason, ammonium nitrate is allow neither should allow to contact with these metals, nor to be stored in a galvanized container for a long time. Because ammonium nitrate is difficult to react with such metals as aluinum and iron, the equipments and tools made of both, instead of copper, are often used in production and processing of emulsion explosives. And because mutual impact between ironwares will be easy to produce sparks, the tools contacting with steel-or iron-made equipments should be made of aluminum.

(3) Explosion property

Ammonium nitrate is a vastly used oxidizer. It is also a very passive explosive substance. Ammonium nitrate was synthesized in 1658. However, its explosibility was not recognized until two accidents of its severe explosion happened in Germany in 1921. Thereafter, its explosibility was further recognized from another accidents of ammonium nitrate explosion. Today, ammonium nitrate has become one of the most important raw materials for industrial explosives.

Purified ammonium nitrate is difficult to be ignited by a naked fire. On heating, decomposition of ammonium nitrate take places and is speeded up under elevated temperatures. The decomposed products and heating effect of ammonium nitrate vary with different temperatures. At 110 ℃, for example, ammonium nitrate decomposes by the following equation:

$$NH_4NO_3 \xrightarrow{10\ ^\circ\mathrm{C}} HNO_3 + NH_3 - 172.9\ \mathrm{kJ/mol}$$

When ammonium nitrate decomposes at a temperature range from 185 to 200 ℃, brownish yellow nitrogen oxide and water are produced, accompanied by release of heat which further speeds up the decomposition:

$$NH_4NO_3 \xrightarrow{185 \sim 200\ ℃} N_2O + 2H_2O + 42.705\ kJ/mol$$

Over 230 ℃, ammonium nitrate begins to decompose rapidly, with the production of nitrogen, oxygen and water and the release of large quantity of heat, accompanied by a faint flash.

$$2NH_4NO_3 \xrightarrow{230\ ℃} 2N_2 + O_2 + 4H_2O + 128.5\ kJ/mol$$

Under the condition of severe heating, ammonium nitrate may decompose by the following reaction equation:

$$2NH_4NO_3 \xrightarrow{\triangle} 2NO + N_2 + 4H_2O + 38.5\ kJ/mol$$

At the temperature above 400 ℃, the ammonium nitrate decomposes according to the following equation and an explosion will take place:

$$4NH_4NO_3 \xrightarrow{> 400\ ℃} 2NO_2 + 3N_2 + 8H_2O + 123.5\ kJ/mol$$

It is self-evident that when an explosion of ammonium nitrate happens, its decomposition reaction is very complex and all of above reactions are possibly more or less involved. However, it is generally agreed that when an explosion of ammonium nitrate happens, its decomposition reaction often conducts according to the following fundamental equation:

$$8NH_4NO_3 \longrightarrow 2NO_2 + 5N_2 + 4NO + 16H_2O + 69.5\ kJ/mol$$

It should also be pointed out that ammonium nitrate is usually used as an oxidizer in various industrial explosives and that no accident of its explosion will take place as long as the regulations for its storage, handling and use are complied with.

Purified ammonium nitrate is insensitive to various priming energies. For example, ammonium nitrate is not detonated when impacted by a 20 kg hammer dropping from a height of one meter and it is irresponsive when the impact stick bears a load up to 353.04 N. Therefore, iron-made tools and such equipments as a teeth crusher may be used to crush the crystal-state ammonium nitrate. Another example is that 1.0-1.4 g of initiating explosive (a mixture of fulminate and potassium chlorate) is necessary to detonate broken ammonium nitrate which is charged in a steel tube with inner diameter of 12.5 mm and wall thickness of 2 mm and length of 50 mm. In the case of a strong priming, ammonium nitrate may completely be detonated with detonating heat of 1611.9 kJ/kg, a volume of gaseous products 980 lit/kg and lead block test value of 180 mL per 10 g. The ammonium nitrate with a density of 0.8-0.9 g/cm^3 have a detonating velocity of 2000-2700 m/sec. The explosibility of ammonium nitrate varies with factors such as particle size, density, moisture, initiating energy and confined condition.

It should also be pointed out that purified dry ammonium nitrate under normal temperature will decompose very slowly, but ammonium nitrate mixed with some impurities will decompose at a much higher speed and even result in self-combustion or explosion. Substances capable to speed up the decomposition of ammonium nitrate include inorganic matters such as chromate, permanganate, sulfide, chloride; organic ones such as paraffin, asphalt, tar, compounds of fatty and naphthenic hydrocarbons, coal powder and wood flour. These matters may drop decomposing and self-combusting temperatures of ammonium nitrate and enhance its chemical activity. The data in

Table 4. 14 indicate that compared with purified ammonium nitrate, those mixed with coal powder or wood flour not only show a lower decomposing temperature and a shorter decomposing time, but may cause self-combustion. For this reason, full care must be taken to this during use of ammonium nitrate.

Table 4. 14 Influence of wood flour and coal powder on decomposition of ammonium nitrate

Sample	Weight, g	Decomposition temperature, ℃	Full decomposition time, min	Minimum temp. necessary for self combustion, ℃
Purified AN	100	160	23	No self-combustion
AN and wood flour (10 : 1)	100	80	10. 5	85
AN and coal powder (10 : 1)	100	140	15	160

(4) Quality standards

Ammonium nitrate is produced by synthesizing coal (or coke), air and water as raw materials into ammonia followed by neutralization reaction with nitric acid according to the reaction equation as follows:

$$NH_3 + HNO_3 \longrightarrow NH_4NO_3 + Q$$

The production process of ammonium nitrate will vary with varying types designed. For example, the production process of crystal ammonium nitrate involves neutralization, evaporation, crystallization and packing and that of granular ammonium nitrate includes neutralization, evaporation, granulation and packing. Usually, ammonium nitrate is granulated by use of a granulating column. In China, porous granulated ammonium nitrate is produced by using a vacuum-boiling granulating way in which only a small workshop area and simple processing equipment are needed with high production efficiency. In China, crystal ammonium nitrate (also called industrial AN) is mostly used for manufacture of emulsion explosives. For the quality standards of crystal ammonium nitrate, see Table 4. 15.

Table 4. 15 Quality standards of crystal AN in China

Item	First grade	Second grade
Appearance	White and fine crystal; no impurities visible to the naked eye	White and granulated crystal; no visible impurities to the naked eye; allowable slight yellow color
AN content (on dry basis) not more than	99. 5%	99. 0%
Moisture, not more than	0. 5%	0. 5%
Acidity	Neutral	Neutral
Water-insoluble matter, not more than	0. 05%	0. 08%
Glow residue, not more than	0. 15%	0. 15%
Sulfate content, not more than	0. 15%	0. 15%
Oxidable matter	Trace	Trace

Different countries has basically the same requirement on quality of ammonium nitrate which is used as raw material of industrial explosives. The following is ammonium nitrate specifications, which are introduced by Rudolf Meyer in "*Explosives*"[10].

Net content (e. g. by N-determination)	At least 98. 5
Glow residue (not sand)	Not more than 0. 3%
Chlorides, as NH_4Cl	Not more than 0. 02%
Nitrites	None
Moisture	Not more than 0. 15%
Ca, Fe, Mg	Traces
Reaction	Neutral
Abel test at 82. 2 ℃	At least 30 min
pH value	5. 9±0. 2
Solubles in ether	Not more than 0. 05%
Insolubles in water	Not more than 0. 01%
Acidity (as HNO_3)	Not more than 0. 02%
Specificatin for prills:	
Boric acid	0. 14%±0. 03%
Density of grain	At least 1. 5 g/cm^3
Bulk density	At least 0. 8 g/cm^3

4. 2. 3. 2 *Sodium nitrate*[10,11]

Because ammonium nitrate has a greater temperature gradient of dissolubility in water, a mixed oxidizer is usually used in a perfect formula of emulsion explosive so as to raise its dissolubility and to drop the fudge point of aqueous oxidizer solution. Sodium nitrate is the most common supplemental oxidizer suitable for emulsion explosives. A suitable proportion of sodium nitrate to ammonium nitrate is 1 : 4 in the mixed oxidizer.

For sodium nitrate, molecular formula is $NaNO_3$; relative molecular mass 84. 99; formation energy −5505. 6 kJ/kg; formation enthalpy −1315 kcal/kg; nitrogen content 15. 48%; density 2. 265 g/cm^3; melting point 317 ℃; oxygen balance +0. 471 g/g. It can be seen from this that the oxygen-supplying quantity of sodium nitrate is 2. 35 times that of equivalent ammonium nitrate, and sodium nitrate may raise the density of emulsion explosives.

Sodium nitrate is a colorless and transparent, or white and yellowy, rhombic crystal. It is readily soluble in water and liquid ammonia, less soluble in glycerine and alcohol. It is readily hygroscopic. If containing very small amount of sodium chloride impurity, sodium nitrate will have a greatly increased deliquescence.

At 380 ℃, sodium nitrate begins to decompose. At a temperature range from 400 ℃ to 600 ℃, nitrogen and oxygen are liberated. On heating to 700 ℃, nitrogen oxide is released. At a temperature range from 775 ℃ to 865 ℃, a small quantity of nitrogen dioxide and nitrogen monoxide are produced. Final decomposing residue is sodium oxide. If mixed with some reductive matters such as organic substances and sulfur, the decomposition of sodium nitrate will be speeded up and even result in combustion or explosion.

Production methods of sodium nitrate include neutralization, absorption and double decomposition. The neutralization, in which sodium nitrate is obtained from the reaction of nitric acid with sodium carbonate, is rarely used in industrial production because of high cost. The absorption, in which sodium nitrate is obtained by making sodium carbonate solution absorb the nitrogen oxide in tail gas of nitric acid, may make comprehensive use of waste gas resource, thus being favorable to elimination of environmental pollution. The double decomposition, in which sodium nitrate is obtained from double decomposition reaction of calcium nitrate with sodium sulfate, may save sodium carbonate and hence lower cost, but sodium nitrate produced is lower in purity.

Quality standards of sodium nitrate produced by absorption method in China are shown in Table 4. 16.

Table 4. 16 Quality standards of sodium nitrate produced by absorption

Item	First grade	Second grade
Appearance	White crystal, permit of light grey or pale yellow	
$NaNO_3$(on dry basis), %	≥99. 3	≥98. 5
NaCl(on dry basis), %	≤0. 5	Indeterminate
$NaNO_2$(on dry basis), %	≤0. 03	≤0. 25
H_2O, %	≤2. 0	≤2. 0
Insolubles in water, %	≤0. 1	Indeterminate

The dissolubility of sodium nitrate in water is as follows.

Temperature, ℃	0	10	20	30	40	50	60	80	100
Dissolubility, g/100 g water	73	80	88	96	104	114	124	148	180

The viscosity of aqueous sodium nitrate solution at 20 ℃ is as follows:

Concentration, mol/L	1. 0	0. 5	0. 25	0. 125
Viscosity η, mm^2/s	1. 0200	1. 0583	1. 0334	1. 0226

For the density of aqueous sodium nitrate solution, see Table 4. 17.

Table 4. 17 Specific gravity of aqueous sodium nitrate solution

Concentration wt. %	Temperature, ℃					
	0	20	40	60	80	100
1	1. 0071	1. 0049	0. 9986	0. 9894	0. 9779	0. 9644
2	1. 0144	1. 0117	1. 0050	0. 9956	0. 9849	0. 9704
4	1. 0290	1. 0254	1. 0180	1. 0082	0. 9964	0. 9826
8	1. 0587	1. 0532	1. 0447	1. 0340	1. 0218	1. 0078
12	1. 0891	1. 0819	1. 0724	1. 0609	1. 0481	1. 0340
16	1. 1203	1. 1118	1. 1013	1. 0892	1. 0757	1. 0614
20	1. 1526	1. 1429	1. 1314	1. 1187	1. 1048	1. 0901

Continued 4. 17

Concentration wt. %	Temperature, ℃					
	0	20	40	60	80	100
24	1. 1860	1. 1752	1. 1629	1. 1496	1. 1351	1. 1200
28	1. 2204	1. 2085	1. 1955	1. 1816	1. 1667	1. 1513
30	1. 2380	1. 2256	1. 2122	1. 1980	1. 1830	1. 1674
35	1. 2843	1. 2701	1. 2560	1. 2413	1. 2258	1. 2100
40	1. 3316	1. 3715	1. 3027	1. 2875	1. 2715	1. 2555
45	—	1. 3683	1. 3528	1. 3371	1. 3206	1. 3044

The following is sodium nitrate specifications which are introduced by Rudolf Meyer in "*Explosives*" .

Net content	Not below 98. 5%
Moisture	Not more than 0. 2%
Insoluble in water	Not more than 0. 05%
NH_4^-, Fe^-, Al^-, Ca^-, Mg^- and K^- salts	Nil
NaCl	Not more than 0. 2%
Na_2SO_4	Not more than 0. 2%
Reaction	Neutral
Abel test at 80 ℃	Not less than 30 min

It should be also pointed out that the detonating sensitiveness of explosives will be improved if sodium nitrate and sulfur flour are simultaneously used. This is because reaction products of sodium nitrate and sulfur flour contain sodium sulfate or sodium sulfite, nitrogen oxide and oxygen, etc. , which provide the energy necessary for transmission of detonating wave. The optimal proportion of sodium nitrate to sulfur flour is equal to (5-7) : 1.

4. 2. 3. 3 *Calcium nitrate*[1]

Calcium nitrate, also called calcinitre, is a rather good supplementary oxidizer for emulsion explosives. It may not only drop the fudge point of aqueous oxidizer solution, but also promote emulsification, thus improving the quality of emulsions.

Calcium nitrate, which usually exists in the form of four crystal-water molecules, or $Ca(NO_3)_2 \cdot 4H_2O$, is a colorless crystal and has relative molecular mass of 236. 1. The waterless calcium nitrate, or $Ca(NO_3)_2$, is a white powder with relative molecular mass of 164. 1 and has formation energy of -5656. 4 kJ/kg, formation enthalpy of -5715 kJ/kg, oxygen balance of +0. 488 g/g, nitrogen content of 17. 07% and melting point of 561 ℃.

Calcium nitrate is readily soluble in water, carbinol alcohol, amyl alcohol, propanone, methyl -acetate and liquid ammonia. It is very readily hygroscopic in atmosphere. When heated up to a temperature range from 495 ℃ to 500 ℃ , calcium nitrate is decomposed with the release of to oxygen and hence changed into calcium nitrite. When continuously heated, gaseous nitrogen oxide and calcium oxide are produced.

Production methods of calcium nitrate include neutralization in which calcium nitrate may be obtained by neutralizing calcium carbonate with nitric acid, absorption in which calcium nitrate may be obtained by making lime milk absorb the tail gas of nitric acid, and by-product method in which calcium nitrate is a by-product derived when phosphoric ores are decomposed by nitric acid to produce nitrogen-phosphoric complex fertilizers. Neutralization is the basic method for producing commercial-grade calcium nitrate. The following is the quality standards of calcium nitrate produced by neutralization.

Item	Determinative index
Calcium nitrate [as $Ca(NO_3)_2 \cdot 4H_2O$]	Not below 99%
Insoluble in water	Not more than 0. 2%

The dissolubility of calcium nitrate in water is shown in Fig. 4. 3.

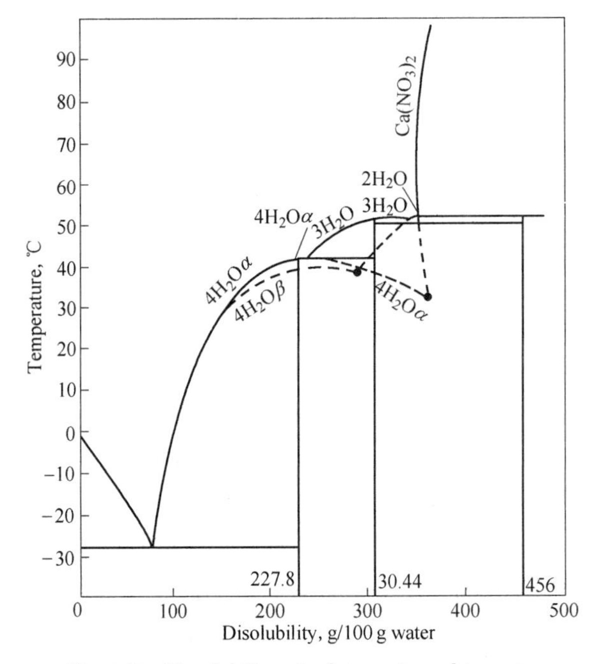

Fig. 4. 3　Dissolubility of calcium nitrated in water

4. 2. 3. 4　*Sodium perchlorate*[11]

Sodium perchlorate has a molecular formula of $NaClO_4$, relative molecular mass of 122. 44, oxygen balance of +0. 523 g/g, density of 2. 5 g/cm^3, melting point 482 ℃ (waterless product). The waterless salt is a colorless or white prismatic crystal without hygroscopicity and shows a transformation temperature of 308 ℃ at which prismatic crystal is changed into equiaxed one. It is readily soluble in water and alcohol, but not soluble in ether. When the mixtures of sodium perchlorate with organic or combustibles are impacted, or when sodium perchlorate contacts with concentrated sulfuric acid, explosions will take place. Its monohydrate salt is a colorless hexagonal crystal and hygroscopic. The temperature for transferring waterless salt to monohydrate one is

52.75 ℃.

The production methods of sodium perchlorate include electrolysis and auto-oxidation. In the electrolysis, sodium perchlorate is obtained by such a way that sodium chlorate solution is first electrolyzed and then the resulting electrolyte is thickened and crystallized. In auto-oxidation, sodium perchlorate is obtained by extraction from an auto-oxidated melted sodium chlorate using concentrated chlorhydric acid and then the extracted product passes through the evaporation process in order to remove chlorhydric acid from it.

The dissolubility of sodium perchlorate in water is as follows:

Temperature, ℃	Dissolubility, wt. %
-3.0	10
-6.8	20
-11.1	30
-17.8	40
-22.0	45
-32.0	56
0	62.64
15	65.51
30	68.71
40	70.88
50	73.16
50.8	73.3
60	74.3
75	75.0

The viscosity of aqueous sodium perchlorate solution at 25 ℃ is as follows:

$NaClO_4$, mol/lit	Viscosity, mm^2/s
0.0008987	8.905
0.01000	8.911
0.1000	8.937
1.0008	9.339
1.9975	10.24

For the density of aqueous sodium perchlorate solution, see Table 4.18.

Table 4.18 Specific gravity of aqueous sodium perchlorate solution

Dissolubility, wt. %	Temperature, ℃	d_4^t
62.87	0	—
65.63	15	1.663
67.82	25	1.683
70.38	38	1.713
73.26	50	1.749

Continued 4. 18

Dissolubility, wt. %	Temperature, ℃	d_4^t
73. 94	55	1. 756
75. 01	75	1. 757
76. 75	100	1. 758
79. 03	143	1. 759

Sodium perchlorate is both a strong oxidizer and a sensitizer. It is of great advantage for improving detonating sensitiveness, performance and storage stability of emulsion explosives. So far, however, in few cases sodium perchlorate is used in emulsion explosives in China because of such reasons as safety and cost.

4. 2. 3. 5 *Nitric acid*[12]

Nitric acid is a strong oxidizer. In oxygen content, it is most outstanding among the oxidizers usable for various industrial explosives so far. It may form a compound explosive having good blasting performance, together with one or more liquid or solid fuels. As early as 1969, James R. Thornton, Atlas Chemical Industries, Inc. , the United States, declared an emulsified nitric acid blasting composition and its preparing method in United States patent No. 3442727. The blasting composition uses acid-resistant alkyl monoester or diester of phosphoric acid as emulsifier and acid-resistant stabilizer such as methyl vinyl ether-maleic anhydride copolymers to prevent emulsion component separation.

First actual formula given by this patent is as follows:

Ingredient	Part by weight
Ammonium nitrate	100
Aqueous nitric acid solution (60%)	100
Paraffin	8. 9
Tetradecyl acid phosphate	2. 2
Mineral oil	11. 1

It should be pointed out that nitric acid is an inexpensive raw material when use as an oxidizer of emulsion explosives, but its strong corrosivity and unstability are problems which must be fully considered. Otherwise, the nitric acid containing emulsion explosives will be difficult to be used in various blasting operations.

4. 3 Density Modifier

4. 3. 1 General

Density modifier (or composing product) forming third emulsifying dispersion phase refers to a group of substances which can introduce a great number of microbubbles into emulsion explosives. Firstly, the micro-bubbles introduced can reasonably modify the density and energy of emulsion explosives. In other words, the density of emulsion explosives may be controlled in a desirable range by addition of different quantities of the density modifier and by change of addition process. For example, the density of a small diameter cap-sensitive emulsion explosive may usually be limited to the range of 1.05 to 1.25 g/cm^3 by a density modifier. For detonating sensitiveness, the lower its density (in a certain range) is, the higher its sensitiveness will be. From the point of view of use in blasting operations, however, the decreasing of density will be bound to cause corresponding dropping of explosive strength, which is unfavorable to blasting effect. For this reason, the density of emulsion explosives should be limited to a suitable range. Secondly, the microbubbles introduced may markedly improve detonating sensitiveness according to the hot-spot theory on the detonation of explosives. Because evenly distributed microbubbles are adiabatically compressed by the action of mechanical energy of external detonating impulse, the mechanical energy is gradually transformed into heat energy, and the microbubbles, due to continuous heating, form a series of hot spots when the temperatures increase from 400 to 600 ℃ in very short time of $10^{-3}-10^{-5}$ second, thus activating emulsion explosives.

Research results in China and abroad have pointed out that the microbubbles which are introduced into explosives by density modifier should be as small as possible in volume, fairly homogeneous in distribution, and must be stable to prevent themselves from agglomerating or escaping. Thus, higher sensitiveness of explosives during storage may always be maintained, that is, the microbubbles are sharply heated up and form hot spots when adiabatically compressed.

Results of microscopic observation have shown that sensitive microbubbles produced by decomposition of chemical foaming agents or occluded gas show a fine structure and usually their diameters are in the range of 0.5 to 100 microns, mostly of 5 to 50 microns. So, the number of effective bubbles in one cubic centimeter of explosive volume is estimated at the order of 10^4-10^7.

In general, occluded gas introduced by mechanical means, chemical foaming agents and gas-retaining closed solid particles are common density modifiers now for production of emulsion explosives in China and abroad. Relevant companies in the United States, Sweden and Japan, etc. basically use hollow glass microballoons as density modifier, sometimes, expanded perlite and occluded gas are used too. In China, chemical foaming agent and expanded perlite are mainly used as density modifier. Practice has shown that all of these substances may fairly function as agents for modifying density and introducing sensitive bubbles, provided that addition amount is reasonable and addition process is suitable. However, they are greatly different in source and cost. The hollow glass microballoons are simple in addition process and stable in quality, but expensive and limited in source. And expanded perlite is extensive in source and much lower in price than glass microballoons. Provided that expanded perlite is suitable in particle size, strength and oil-resistance, it will be simple in addition process and may make the explosion properties more stable. For the similar ingredient composition, the explosive performance indices, especially detonating velocity and brisance, of explosives with perlite will be lower than those of explosives prepared with glass micro-balloons. Chemical foaming agent is less in quantity, lower in cost, better in sensitive effect and higher in explosive performance indices, but sensitive microballoons have a tendency to agglomerate or escape. Generally, chemical foaming agent added will drop quickly during storage. Practice has shown, however, that the storage stability of emulsion explosives may be obviously improved as long as a suitable external phase viscosity is chosen and a finely dispersing process and a special density modifying way are used.

It goes without saying that in order to make full use of various density modifiers to correctly know the moment and quantity of addition of these substances and to effectively control various influencing factors, specifications, performances of these substances and influence of them on explosive characteristics must be understood as much as possible.

4. 3. 2 Density modifier

4. 3. 2. 1 *Occluded gas*[1]

Usually occluded gases refer to microbubbles of air, nitrogen, carbon dioxide, nitrogen monoxide and gaseous hydrocarbons, etc. retained and evenly distributed in emulsion explosives by means of mechanical stirring and other methods in the process of preparing explosives.

Normally, every emulsion matrix has a specific gas-occluding temperature. For example, an emulsion system formed by use of ordinary diesel oil and paraffin (in the ration of 1 : 3) as oil phase material has a gas-occluding temperature of about 43℃. At this temperature, the emulsion system will demonstrate the ability to occluded gas on cooling and agitating while above this temperature, the emulsion system will be substantially free of occluded gas. Therefore, the gas occlusion temperature may be defined as a temperature below which gas or atmospheric air will become entrapped within the emulsion system as evidenced by a sudden decrease in the density of the emulsion matrix—occluded gas system. Conversely, the gas occlusion temperature is such a temperature over which an aerated emulsion of low density upon heating will lose occluded gas to the atmosphere when the emulsion-occluded gas system is agitated in some manner to expose new surfaces of the emulsion to the atmosphere. So, deaeration will make the density of an emulsion explosive including occluded gas suddenly increase.

Because the final state of an emulsion explosive is dependent on the consistency of oil phase materials, the consistency of oil phase material selected is very important for retention of occluded gas component. If the consistency at ambient storage and use conditions is too low, the occluded gas tends to agglomerate or be expelled from the explosive, which have an obviously unfavorable effect on the explosiveness of the explosive product.

Many variations exist for introducing occluded gas into emulsion explosives. The most common method is simplely mixing an emulsion system in an open vessel (for example, a ribbon-type mixer) . However, sensitive bubbles may also be introduced by the use of gas injectors (for example, Venturi injector), or by various other mechanical means through an orifice. By use of a Gas Introducing Mixer, for example, atmospheric air may be introduced into an emulsion which is subsequently blended.

The proportion of occluded gas in an emulsion explosive vary with use purposes. Normally, the occluded gas accounts for about 13-33% by volume of total emulsion under 1.01×10^5 Pa. For example, an emulsion explosive is found to have a density of about 1.18 g/cm^3 and pH value of about 4, when it contains about 13.9% (by volume) occluded gas under 1.01×10^5 Pa. However, the emulsion explosive is found to have a density range of about 1.10 to about 1.16 g/cm^3 and pH value of about 4-5, when it contains 15.3-19.7% (by volume) occluded gas.

4.3.2.2 *Chemical foaming agent*[11,13,14]

The chemical foaming agents refer to those substances which can enter chemical reaction and hence produce a great number of microbubbles evenly dispersed throughout an explosive. In general, all substances having a suitable decomposing temperature and higher gas yield and being easy to be dispersed evenly may be chosen as chemical foaming agent for emulsion explosives. Chemical foaming matters may be classified as two groups, inorganic and organic.

The inorganic foaming agents include nitrites such as sodium and potassium nitrites; carbonates such as sodium hydrocarbonate and ammonium carbonate; and ammonium chloride.

The organic foaming agents include azo-compounds such as azoaminobenzene, foaming agent AG and azo-isobutyric dinitrite; hydrazine compounds such as hydrazine hydrate, benzenesulfonyl hydrazine and para-tolylsulfonyl hydrazine; nitroso-compounds such as foaming agent H, etc; ureido compounds such as para-tolylsulfonyl semicarbazide, etc.

Now extensively used chemical foaming agents in emulsion explosives are some inorganic matters. Main properties and influencing factors of these matters are described as follows.

(1) Sodium nitrite

Sodium nitrite has molecular formula of $NaNO_2$, relative molecular mass 69.00, melting point 271℃, decomposing temperature 320℃, dissolution heat -14, 708 kJ/mol (when one mol $NaNO_2$ is dissolved in 250 mols water) and formation heat -85.9 kcal/mol (solid $NaNO_2$). It is a white or light-yellow prismatic crystal, readily soluble in water and liquid ammonia and less soluble in carbinol, alcohol and ether. Aqueous sodium nitrite solution is indicative of alkalinity (pH=9).

At ambient temperature, sodium nitrite, if exposed to air, will be oxidized at a very slow speed. It decomposes when heated to temperatures above 320℃, accompanied by releasing nitrogen, oxygen and nitrogen monoxide, with final product of sodium oxide. Sodium nitrite has a very strong hygroscopicity. Crystal sodium nitrite has a transition temperature which is between 160℃ and 162℃, at which some physical properties such as expansibility, conductivity, specific heat and piezoelectricity are changed. Usually, sodium nitrite is produced by use of the absorption method. A tail gas from production of nitric acid and nitrates contains a few nitrogen monoxide and nitrogen dioxide. Industrially, these gases are often absorbed by sodium carbonate or caustic soda solution, thus producing a neutral solution including sodium nitrite and sodium nitrate which then are separated by use of the difference between their dissolubility.

Contact of sodium nitrite with organic substances causes readily combustion and explosion. So, care must be taken during its storage and use. Besides, it is toxic and has a person fatal dose of 2g. The limiting concentration of sodium nitrate touchable to people's skin is 1.5%, above which skin inflammation and maculae will be observed.

The quality indices of sodium nitrite product specified by National Standard (HG 1-526-67) of China are shown in Table 4. 19.

Table 4. 19　Quality indices of sodium nitrite products

Index	$NaNO_2$(dry basis) %	$NaNO_3$(dry basis) %	H_2O,%	Water insoluble matter,%	Appearance
First grade	≥99. 0	≤0. 9	≤2. 0	≤0. 05	Slightly yellow or white crystal
Second grade	≥98. 0	≤1. 9	≤2. 5	≤0. 10	

The density of solid sodium nitrite is 2. 168 g/g. The dissolvability in water and the density of aqueous solution are:

Temperature,℃	0	10	20	30	40	50	80	100
Dissolubility, g/100g water	72. 1	78. 0	84. 5	91. 6	98. 4	104. 1	132. 6	163. 2
Weight percentage	1	2	4	6	8	10		
Density d_4^{20}	1. 0058	1. 0125	1. 0260	1. 0397	1. 0535	1. 0675		
Baume gravity	0. 8	1. 8	3. 7	5. 5	7. 4	9. 2		
Weight percentage	12	14	16	18	20			
Density d_4^{20}	1. 0816	1. 0959	1. 1103	1. 1248	1. 1394			
Baume gravity	10. 9	12. 7	14. 4	16. 1	17. 7			

Meeting of sodium nitrite with ammonium nitrate will produce ammonium nitrite which is unstable and easily decomposed, that is:

$$NH_4NO_3 + NaNO_2 \longrightarrow NH_4NO_2 + NaNO_3$$

$$NH_4NO_2 \longrightarrow N_2 + 2H_2O$$

Just the above reaction is used for introducing sensitive bubbles into emulsion explosives and other aqueous explosives. These microbubbles spread throughout emulsion are mainly nitrogen (N_2) .

Practice has shown that when sodium nitrite is used as a foaming agent, addition of thiocyanate-radical-containing compounds may promote the yielding of microbubbles. If an amine compound is added at the same time, such promotion will further be enhanced. For the quantity used, the former is 0. 05%-0. 1% of total explosive weight and the latter more than 0. 01%.

When thiocyanate radical ion is used as a promoter of sodium nitrite foaming agent, the following reaction takes place:

$$H^- + SCN^- + HONO \rightleftharpoons NOSCN + H_2O$$

where NOSCN, which is more active than nitrites or nitric acid, reacts with organic amine or inorganic ammonium salts in the solution by the electrophilic reaction, that is:

$$RH_2N + NOSCN \longrightarrow RH_2N^- NO + SCN^-$$

The resulting amine nitrite will soon decompose and nitrogen, water and R^+ are formed. Thus, even under extremely unfavorable conditions (for example, lower temperature or higher pH value), sodium nitrite can still quickly supply a suitable quantity of gas to meet the requirement of modifying density. The comparative data listed in Table 4. 20 clearly show that addition of sodium thiocyanate may promote decomposition of sodium nitrite. The data in Table 4. 21 further show that amino compounds may enhance the promotion of sodium thiocyanate.

Table 4. 20 Effect of addition of sodium thiocyanate on the change rate of explosive density[1)]

Explosive density, g/cm^3	With addition of 0. 2% sodium thiocyanate (at 38℃)	Without addition of sodium thiocyanate (at 38℃)
Beginning	1. 37	1. 38
One minute	1. 12	—
Two minutes	1. 05	—
Three minutes	1. 02	—
Five minutes	—	1. 32
Ten minutes	0. 95	1. 21
Fifteen minutes	—	1. 16

1) Except for sodium thiocyanate, the fundamental formula and the addition quantity of sodium nitrite are the same for both cases.

Table 4. 21 Enhancement of the promotion effect of sodium thiocyanate by amino compounds

No.	Composition of promoter	Molecular ratio	Gas evolution half-life, min
1	Without promoter	—	60
2	Sodium thiocyanate/sodium nitrite	2/1	14
3	Ethanloamine nitrate/sodium thiocyanate/sodium nitrite	2/2/1	11
4	Acrylamide/sodium/thiocyanate/sodium nitrite	2/2/1	13
5	Urea/sodium thiocyanate/sodium nitrite	2/2/1	13. 5

In physical structure of W/O emulsion explosives, oxidizer salt is protected by oil phase screen against direct contact between ammonium nitrate and sodium nitrite, which is unfavorable for both formation and decomposition of ammonium nitrite, thus influencing forming rate of microbubbles. In order to counteract this deficiency, a proper amount of urea and ammonium nitrate (or ammonium thiocyanate) should usually be added when a foaming agent solution is prepared so as to promote formation and homogeneous dispersion of sensitive microbubbles.

(2) Sodium hydrocarbonate[11,15]

Sodium hydrocarbonate, also called sodium bicarbonate, has a molecular formula of $NaHCO_3$, relative molecular mass 84. 00. It is a white powder of a nontransparent monoclinic fine crystal. It is odorless, saline, readily soluble in water, but not soluble in alcohol. It is easy to decompose when heated. At temperature above 65℃, it decompose quickly. At 270℃ it completely loses carbon dioxide. It is intact in dry air, but slowly decomposed in moist air.

Aqueous sodium carbonate solution presents light-alkalinity because of hydrolytic action. When meeting with acids, it decomposes and produces carbon dioxide which forms evenly dispersed microbubbles in an explosive, thus sensitizing the explosive. Generally, sodium hydrocarbonate and acetic acid are simultaneously added, in equal quantity, to emulsion explosives. With the increasing of usage amount of the foaming agent — sodium hydrocarbonate and hence the increasing of the number of sensitive bubbles, the density of explosive linearly drops and formation rate of micro-bubbles is not obviously limited by temperature.

The production methods of sodium hydrocarbonate usually include: gas-solid-phase method and gas-liquid-phase method.

1) Gas-solid-phase method: This method is also called stationary bed method. In this method, sodium carbonate is first put in a reaction bed (pool) and mixed with water, and then blown in carbon dioxide from lower part of the bed. Sodium carbonate may be shaped and carbonified, too.

2) Gas - liquid - phase method: This method may be distinguished by interruptive and continuous ways. In interruptive way, the finished product of sodium hydrocarbonate may be obtained through such a way that sodium carbonate solution is first carbonified by blowing carbon dioxide into a carbonifying column followed by separating and drying processes. The carbonification may be carried out in batches. In the continuous way, sodium carbonate solution is carbonified continually in a carbonifying column.

The quality indices of sodium hydrocarbonate product, which are shown in Table 4.22, are specified in Ministerial Standard HG 208 - 65 of the Ministry of Chemical Industry of China. Sodium hydrocarbonate has a formation heat of 960 kJ/mol (at 18℃), solution heat of 18.13 kJ/mol (at 18℃, in 223 mol water). The dissolubility of sodium hydrocarbonate in water is shown in Table 4.23.

The density of aqueous sodium hydrocarbonate solution is as follows:

Concentration, %	1	2	3	4	5	6	7	8
d_4^8	1.0059	1.0132	1.0206	1.0280	1.0354	1.0429	1.0505	1.0581

Table 4.22 Quality indices of sodium hydrocarbonate product

Index	Industrial	Edible	Medicinal
Total base, % (as $NaHCO_3$)	≥99-101		
Sodium hydrocarbonate, %	≥98	≥99-101	≥99
Sodium carbonate, %	≤1.0		
Moisture, %	≤0.4-0.5		
Water-insoluble matters, %	≤0.2	≤0.02	Defecated
Fineness, pass through 60 meshes, %	≥95		
Chloride (Cl^-), %	—	≤0.1	≤0.024
Sulfate (SO_4^-), %		≤0.05	≤0.048
Ferric salts (Fe), %	≤0.005	≤0.0055	≤0.0016
Ammonium salts, %		No ammonium odor	No ammonium odor
pH			8.6
Heavy metal (Pb), %		≤0.0005	≤0.0005
Arsenic salt (As), %		≤0.0002	≤0.0004

Table 4. 23 Dissolubility of sodium hydrocarbonate in water

Temperature, ℃	$NaHCO_3$, g/100g	
	Water	Solution
0	6. 9	6. 5
10	8. 15	7. 5
20	9. 6	8. 8
25	10. 35	9. 4
30	11. 1	10
40	12. 7	11. 3
50	14. 45	12. 6
60	16. 4	13. 8

4. 3. 2. 3 *Gas-retained solid particles*[16-20]

In general, the gas-retained solid particles added to emulsion explosives may be either glass or resin hollow microballoons, or expanded particulate perlite. For emulsion explosives, it is desirable that these particles should have lower volume weight, suitable size and good oil-resistance. Compared with gas-occluded or chemical foaming sensitization method, the emulsion explosives sensitized by use of this method is able to bear tremendous external pressure and not to be inactivated. Therefore, glass or resin hollow microballoons and particularly perlite are a group of very effective density modifier.

(1) Glass or resin hollow microballs

Glass hollow microball (microballoon), a new silicate material, has such features as light in mass (or small specific gravity), good roundness, and good chemical stability, etc. It has wide use. Besides used as a density modifier of aqueous explosives such as emulsion explosives, it is also used for solid buoyant material, light-weight materials for aviation industry, super low temperature and heat-protection materials and the like. The glass hollow microball is produced and sold by Shanghai Glassworks, China and 3M Company, the United States, etc.

Physical properties of glass hollow microball from Shanghai Glassworks, China are as follows:

Coefficient of heat conductivity	0. 041 kcal/m · hr · deg
Hydroscopicity	70. 9 (relative humidity of 82±3% at 27℃)
Bulk density	0. 2-0. 3g/cm^3
Size	Below 60 mesh/cm (150 mesh/in)
Coefficient of spalling resistance	Repeately from room temperature to −195℃ without amy spalling

The glass hollow microball produced by 3M Company, the United States under a trademark of B15/150 has a bulk density of 0. 1-0. 4 g/cm^3, a size distribution of 10-160 microns with a normal size about 60-70 microns. Usually, addition amount of this microball in emulsion explosives is about 0. 9%-4. 5%. Additionally, the glass microballs produced and sold by Emerson and

Cumming Companies, the United States under a trademark of Eccospheres have usually a size of 44–175 microns. The glass hollow microball with a bulk density of about 0. 15–0. 4 g/cm^3 is also desirable.

Normally, resin hollow microball refers to the closed hollow microball made of phenol– or urea–formaldehyde resins. For example, Saran microball produced and sold by Dow Chemical Company, the United States is made up of phenoltoluene resin. This microball has a diameter of about 30 microns, a bulk density of about 0. 032 g/cm^3. Usage quantity of this microball in emulsion explosives is desirably to be 0. 25%–1% (by weight). The hollow phenol–formaldehyde resin microball produced by BGRIMM, China has been used in emulsion explosives. The specifications of this microball are as follows:

1. Appearance: Smooth surface, all–closed round ball;
2. Diameter: 40–60 microns;
3. Bulk density: 0. 04–0. 05 g/cm^3;
4. Acidity or basicity: Neutral;
5. Bearing pressure: Up to 0. 49 MPa, without deformation;
6. Solubility: Insoluble in both water and oil;
7. Thermal conductivity: 0. 063 W/(m^2 · K);
8. Temperature diffusivity: 0. 00261 m^2/hr;
9. Specific heat: 2. 43 kJ/(kg · K).

(2) Expanded particulate perlite

Expanded particulate perlite, a white porous loose particulate material, is made by crushing, preheating and roasting acidic volcanic glass lava (or perlite ore). At present, it is a low–cost, gas–retained solid density modifier which has extensively been used for emulsion explosives in China and abroad. With gradual improvement of production technology and quality, application of the particulate perlite in emulsion explosives will have a vast prospective.

The chemical composition of expanded perlite is as follows:

Components	SiO_2	Al_2O_3	Fe_2O_3	CaO
Content, %	69–75	12–16	1. 5–4. 0	1. 0–2. 0
Components	MgO	MnO_2	TiO_2	Na_2O+K_2O
Contents, %	0. 1–0. 4	<0. 1	0. 1–0. 3	5. 0–9. 0

The properties of expanded particulate perlite produced and sold by Grefco Company under trademarks of GT–23, GT–43 and DPS–20 are described in U. S. patent No. 4231821 by Walter B. Sudweeks, et al. of IRECO Chemicals, the United States. For details, see Table 4. 24.

Table 4. 24　Physical properties of particulate perlite produced by Grefco Company

Trademark	GT–23	GT–43	DPS–20
Physical state	Fine powder	Free–flowing powder	Fine grain
Colour	White	White	White

Continued 4. 24

Trademark		GT-23	GT-43	DPS-20
Mean Size, miron		110	110	125-150
Size distribution, standard screen of US		wt. %		
	+50	<1	<1	—
-50	+70	9	9	—
-70	+100	22	22	—
-100	+140	27	27	—
-140	+200	11	11	—
-200	+325	22	22	—
-325		10	10	—
	+20	—	—	0
-20	+30	—	—	<1
-30	+50	—	—	9. 5
-50	+100			34. 5
-100	+200			30. 0
-200	+325			16. 5
-325				11. 5

Expanded perlite No. 6 produced by Jinzhou Perlite Works in China, a product specially designed as density modifier for emulsion and slurry explosives, is used in production of many types of emulsion explosive. Main technical characteristics of this product is as follows:

Density 72 kg/m^3

Size: 18-30 meshes 15%

30-50 meshes 50%

50-100 meshes 30%

Below 100 meshes 5%

Water-resisrance Total water quantity: from 250 mL

water recovered 190-210mL

Use temperature Below 400℃

In addition, an oleophobic particulate perlite produced by Dalian Refractory Works in China has also been used as density modifier of emulsion explosives with good results.

With the same fundamental formula, different addition quantities and types of particulate perlite will make a marked effect on the detonating sensitiveness and detonating velocity of emulsion explosives. The data in Tables 4. 25 and 4. 26 show this effect.

Table 4. 25　Effect of different contents of perlite on detonating sensitiveness

Raw material and performance	*A*	*B*	*C*	*D*	*E*
Ammonium nitrate	68. 96	68. 61	67. 94	66. 63	65. 38
Sodium nitrate	13. 71	13. 66	13. 53	13. 27	13. 02
Water	10. 55	10. 50	10. 39	10. 19	9. 99
Emulsifier	1. 00	0. 99	0. 98	0. 96	0. 94
Mineral oil	5. 27	5. 25	5. 20	5. 10	4. 99
Perlite	0. 50	0. 99	1. 96	3. 85	5. 66
Density, g/cm^3	1. 39	1. 34	1. 32	1. 23	1. 15
Explosion result at 5℃ 1)					
124mm	2. 3 2)	4. 0	5. 3	5. 3	4. 9
100mm	1. 5 2)	4. 7	5. 1	5. 1	5. 1
75mm	1. 2 2)	3. 3	5. 1	—	4. 9
64mm	Failed	2. 1	4. 7	—	—
32mm	Failed	Failed	4. 4	4. 9	4. 5
Minimum initiator (cap number) (Detonate/fail to detonate)	6#/5#	6#/5#	5#/4#	6#/5#	6#/5#

1) The numerics in each column refer to detonating velocity expressed in kilometer per second;

2) Lower average detonating velocities mean incomplete detonation.

Table 4. 25 represents detonating results of medium－diameter charges with different addition quantities of fine perlite. For example, blasting compound *A*, containing only 0. 5% of perlite, fails to detonate with a cartridge of diameter of 64 mm, but it is successfully detonated when perlite content is increased to 0. 99%. Table 4. 26 represents comparison of emulsion explosives containing different types of perlite. The mean size of perlite used for emulsion explosives *A* to *D* is in accordance with that specified in Table 4. 24 and hence these explosives are cap－sensitive. The perlite included in emulsion explosive *E* has a greater mean size, so *E* is non－cap－sensitive even if the perlite content of *E* is the same as *A* and *B*. Emulsion explosive *F* also contains the same coarse perlite as is included in *E*, but usage quantity is much more. Therefore, *F* has about the same density as *A* through *D* and it is cap－sensitive, too. Thus, it can be seen that in order to keep the same sensitiveness, addition quantity of coarse perlite is much more than that of fine perlite.

Table 4. 26　Effect of different types of perlite on the detonating sensitiveness of emulsion explosives 1)

Type of perlite and explosion performance	*A*	*B*	*C*	*D*	*E*	*F*
CT－23	3. 07	—	4. 0	—	—	—
DPS－20	—	3. 07	—	4. 0	—	—
Paxlite 2)	—	—	—	—	3. 07	8. 33
Density, g/cm^3	1. 26	1. 27	1. 22	1. 19	1. 33	1. 21

Continued 4. 26

Type of perlite and explosion performance	*A*	*B*	*C*	*D*	*E*	*F*
Explosion result at 20℃						
64mm	—	$4^{\#}$/4. 9	$4^{\#}$/4. 9	$5^{\#}$/5. 1	$8^{\#}$/failed	—
50mm	$6^{\#}$/4. 0[3]	—	—	$4^{\#}$/4. 0	$8^{\#}$/failed	$8^{\#}$/3. 5
38mm	$8^{\#}$/4. 5	—	—	—	$8^{\#}$/failed	—
32mm	$8^{\#}$/4. 4	$8^{\#}$/3. 7	—	$8^{\#}$/3. 6	$8^{\#}$/failed	$8^{\#}$/3. 0
25mm	$8^{\#}$/3. 7	$8^{\#}$/failed	$8^{\#}$/4. 0	$8^{\#}$/3. 3	—	$8^{\#}$/3. 0
19mm	$8^{\#}$/2. 8	—	$8^{\#}$/failed	$8^{\#}$/3. 3	—	$8^{\#}$/3. 0
Explosion result at 5℃						
64mm	—	—	—	$4^{\#}$/4. 9	$8^{\#}$/failed	—
50mm	—	$5^{\#}$/4. 7	$4^{\#}$/5. 1	—	$8^{\#}$/failed	—
38mm	$8^{\#}$/4. 7	$8^{\#}$/3. 8	—	—	$8^{\#}$/failed	$8^{\#}$/3. 2
32mm	$8^{\#}$/4. 4	$8^{\#}$/failed	—	—	$8^{\#}$/failed	$8^{\#}$/3. 0
25mm	—	—	$8^{\#}$/4. 2	$8^{\#}$/4. 1	—	$8^{\#}$/2. 5
19mm	$8^{\#}$/failed		$8^{\#}$/4. 0	$8^{\#}$/3. 4	—	$8^{\#}$/failed
Minimum initiator (detonative/fail to detonate)						
at 20℃	$6^{\#}$/$5^{\#}$	$4^{\#}$/$3^{\#}$	$4^{\#}$/$3^{\#}$	$4^{\#}$/$3^{\#}$	failed[4]	$5^{\#}$/$4^{\#}$
at 5℃	$8^{\#}$/$6^{\#}$	$5^{\#}$/$4^{\#}$	$4^{\#}$/$3^{\#}$	$4^{\#}$/$3^{\#}$	failed[5]	$6^{\#}$/$5^{\#}$

1) The composition of various explosives are the same, except for perlite;

2) Paxlite is trademark of perlite produced by Pax Company, the United States. It has greater mean size than CT-23 and DPS-20;

3) For No. 6/4. 0, No. 6 represents cap number and 4. 0 detonating velocity expressed in kilometer per second;

4) Failed to detonate when using 170 g pentolite;

5) Failed to detonate when using a cap No. 8, but detonated when using 40 g pentolite.

4. 4 Water-in-oil Emulsifiers

4. 4. 1 Selection of emulsifiers

It is self-evident that W/O emulsifiers are a key component of emulsion explosives and usually their content is 0. 5%-2. 0% of total explosive weight. Practice has shown that although an emulsifier is less in content, it may play an extremely important role, that is, quality of an emulsion explosive—emulsifying efficiency of inorganic aqueous oxidizer salt solution and carbonaceous fuel — depends principally on the types and activities of the emulsifiers selected and their proportions. Hence, proper selection of an emulsifier is in close relationship with its action in emulsion explosives. The author believes that the following points should be considered when selecting an emulsifier in practice.

4. 4. 1. 1 *Hydrophile-lipophile balance* (*HLB*) *numbers of emulsifiers*

Emulsion explosive matrix is a typical W/O emulsion system. It has been known from Table 2. 22

in Chapter 2 that the HLBs of emulsifiers for preparation of emulsion explosives should be between 3 and 6. If non–ionic surfactants are used, this requirement will be easy to be met. For example, non–ionic dehydrated sorbitan monooleate with 4. 3 HLB–number is very useful for preparation of emulsion explosives and it is therefore widely used in formulas of emulsion explosives in China and abroad. Practice has shown that whether HLB number of an emulsifier is suitable or not is of great importance to the storage stability of emulsion explosive using minimum quantity of the emulsifier. However, it should be noted that an emulsion explosive is a considerably complex multi–component system and that with the changing type and usage amount of additives and the temperature, the HLB of an emulsifier actually exhibits a slight change which also influences the stability of the emulsion explosive. In practice, care must be taken to adjust HLB of the emulsifier to suit the changes of components in the emulsion system.

Table 4. 27 exhibits the HLB values of emulsifiers necessary for preparing selected products for commercial use and it may be taken as a general reference. When emulsifying, however, type and quantity of an emulsifier are also controlled by the compositions of dispersion phase and continuous phase and their contents i. e. , every composition must be considered when HLB of an emulsifier is selected and calculated. Table 4. 28 lists optimal HLB values of emulsifiers necessary for emulsification and solubilization of various oleophylic substances. Since these substances are industrially in common use, knowledge of the contents of this table is useful for selection of emulsifiers.

Table 4. 27 HLBs Necessary for selected products for commercial use

Uses	HLB	Use quantity of surfactant, %
Luster materials for automobiles	13	3
Polishing for cleaning	16	5
Grinder	15	3
Lubricating oil	4	—
Emulsifying of cutting in mineral oil system	11	—
Microcrystalline wax, paraffin wax, yellow wax	10	—
Defoaming agents	1–9	—
Prevention of odors in a room	15–17	14
Solutions for electroplating	10	—
Luster materials in mineral oil system for furniture	11	7
Polishing of soldering flux for brazing	9	10
Release agent	13	5–8
Cutting oil	10	—
Paraffin (yellow wax) dispersed by water	11	—
Insecticide	4	—
Fluxing agent for soldering tin	9–16	2
Water–soluble emulsion paint	14–16	1–2
Spray paint emulsion for furniture	15	—

Table 4. 28 HLBs necessary for emulsification and solubilization of various substances

Oil-phase materials	HLB	
	Emulsification	
	W/O	O/W
Kerosene	6-9	(12. 5)
Spindle oil	—	12-14
Machine oil	—	10-13
Liquid paraffin	6-9	12-14
Solid paraffin	—	11-13
Vaseline	—	10-13
Mineral oil (light)	4	10
Mineral oil (heavy)	4	10-12
Mineral oil (oil seal)	4	10. 5
Rust-preventative oil	—	10. 5
Petroleum	4	10. 5
Creosote oil (No. 1)	—	12-14
Cypress oil	—	12-14
Palm wax	—	(14. 5)
Wax	—	14-16
Paraffin	4	9
Wood wax	—	12-14
Octadecylic acid	—	17
Oleic acid	7-11	16-18
Oleic alcohol	6-7	16-18
Spermol	—	13
Silicone	—	10. 5
Cottonseed oil	—	7. 5
Soyabean oil	—	12-14
Rapeseed oil	—	7-9
Palm oil	—	7-9
Tallow	—	7-9
Wool fat	8	14-16
Fatty acid ester	—	11-13
Castor fatty acid-methyl ester	—	11-13

Continued 4. 28

Oil-phase materials	HLB	
	Emulsification	
	W/O	O/W
Dimethyl phthalite	—	15
Refined oil	—	15
Carbon disulfide	—	16-18
Ethylene trichloride	—	16-18
Carbon tetrachloride	—	16-18
Ortho-phenylphenol	—	15. 5
Ortho-dichlorobenzene	—	(13)
Benzene	—	(13)
Camphor oil	—	(13)
Dimethyl binzene	—	(13)
Crude gasline	—	(13)
Petroleum essence	—	13
Chlorinated paraffin wax	—	14-19

It must also be pointed out that since the HLB takes no full account of specific features of molecular structure of various surfactants, it can not precisely indicate the properties of surfactants. Therefore, the HLB should cautiously be used for careful selection of the most suitable surfactant.

4. 4. 1. 2 *Spatial characteristics of molecular configuration of emulsifiers*[2]

The spatial structure characteristics of hydrophilic—and lipophilic—groups of emulsifier molecules influence the emulsifying performance of emulsifiers, that is, whether an emulsion is of W/O type or of O/W type will depend upon spatial size of the hydrophilic—and lipophilic—groups of this emulsifier on oil-water interface of the emulsion system. As have been described in Section 3. 1 of Chapter 3, an evidence of this effect is that sodium oleate and calcium oleate may form two different types of emulsion system.

4. 4. 1. 3 *Utilization of coordination complexes*

It has been found from long time of industrial practice that when an emulsifier mixes with those substances easy to form coordination complexes with it, its emulsifying ability is often enhanced. Generally, most substances which may coordinate with emulsifiers are long-chain compounds showing surface activity, for example, higher fatty alcohol, fatty acid and fatty amine, etc. If coordinated substances and emulsifiers have the same hydrophobic groups in their molecular structures, the enhancing effect on emulsifying ability will be more obvious. The examples in Table 4. 29 illustrate this effect. In example *A*, the surfactant dissolved in 40 ml water is used as an emulsifier which emulsify the liquid mixture formed by dissolving surface-active material into 10 ml lubricating oil. In example *B*, dodecanol dissolved in paraffin oil is emulsified by aqueous dodecanol sulfate solution.

Table 4. 29 Examples of complexes capable of improving emulsifying ability

Example *A*		
Complex		Emulsion state
Surfactant (75mg)	Surface-active material (140mg)	
Hexadecanol	—	Very poor stability
Sodium sulfate	Cholesterin ($C_{27}H_{45}OH$)	Good emulsion
	Oleic alcohol	Good stability
	Elaidic alcohol	Excellent emulsion
	Hexadecanol	Excellent emulsion

Example *B*			
Complex		Time at which oil droplets begin to merge, min	Time at which droplets number of oil is reduced to half, min
Dodecanol sulfate, m · mol/L	Dodecanol, m · mol/L		
6	0	1. 7	16. 4
6	3	1. 8	17. 2
6	6	2. 8	23. 5
6	3	3. 8	17. 1

It can obviously be seen from two examples in Table 4. 29 that the formation of suitable complexes makes the emulsifying ability markedly improved. The reasons may be summarized as follows:

(1) If two substances forming a complex are regarded as a mixed emulsifier, compensating action will exist when unsuitable HLB number of an emulsifier is selected.

(2) Due to the formation of stronger complex bodies there are, nearby interface, dense coordinations which form tough interfacial film.

(3) Surface film of coordinated complex is flowable and hence it has stronger recoverability and adaptability to interfacial torsional deformation.

4. 4. 1. 4 *Mixed emulsifiers*[22]

Mixed emulsifiers are often used for preparation of an emulsion. If the emulsion prepared with a single emulsifier is not stable enough, this unstability may be remedied by use of a mixed emulsifier composed of two or more emulsifiers. For EL-series of emulsion explosives in China, Span-80 or M-201 emulsifier alone, or their mixture is used in some formulas, but mixed emulsifiers composed of Span-80 and high molecular substances are often used in formulas for other purposes. Compared with single Span-80, combinations of Span-80 and dodecyl sodium sulfate or 6503 may give much better emulsifying effect. Addition amount of an emulsifier is based on its full dissolution. In the case of using Span-80 and dodecyl sodium sulfate, oil-soluble Span-80 and water-soluble dodecyl sulfate should be added respectively to oil phase and aqueous oxidizer salt solution, and direct mixing of them is never allowed.

In addition, although high molecular emulsifiers, unlike low molecular ones, can not form a homogeneous absorbing film on the interface of dispersion phase droplets, they may have the functions of preventing the mergence of droplets and the drainage, because their high viscosity and cross-linking action to the droplets allow dispersing droplets to occupy the frame work of micellar structure formed by them. Therefore, even extremely minor addition of high molecular substances is often of great advantage to the storage stability of emulsion explosives. The above description is a principal objective of selecting high molecular emulsifiers. Of course, the above functions of high molecular emulsifiers can not be simply explained by HLB number.

4.4.1.5 *Extensive source and lower cost*

From the point of view of economy, the emulsifiers selected should not only have good performance but be inexpensive and available with the aim of lowering the final cost of explosives, which is helpful for using them in practice.

4.4.2 Common emulsifiers

Emulsifiers used for emulsion explosives, usually being of W/O type, are composed of derivants formed by the esterifying of sorbitol after removing one mol water from it. These derivants may include sorbitan fatty acid ester such as sorbitan monolaurate, sorbitan monoolerate, sorbitan monopalmitate, sorbitan monostearate and sorbitan tristearate; mono- and di-glyceryl esters of fatty acid from fats, or the like.

W/O emulsifiers which may also be used include sorbitan polyoxyethylene ester such as sorbitol polyoxyethylene beeswax derivants and other substances such as polyoxyethylene (4) lauric ether, polyoxyethylene (2) oleyl ether, polyoxyethylene (2) stearoyl ether, polyoxyl alkylene oleic acid laurate, oleic phosphate, substituted oxazoline, phosphate and others.

For the convenience of comparison, emulsifiers revealed in relevant patents of China, the United States and Japan, etc. are listed in Table 4.30[7,23].

Table 4.30 Emulsifiers disclosed in relevant patents

Country	Patent No.	Designation of emulsifier used
China		Dehydrated sorbitol monooleate (Span-80)
		Dehydrated xylitol monooleate (M-201)
		Complex emulsifier (formed by mixing two nonionic emulsifiers in a given proportion)
United States	U.S.P. 3161551	(1) 4, 4-di (methylol) -1-heptadecane-2-oxazoline
		(2) 4-methyl-4-mthylol-1-heptadecane-2-oxazoline
	U.S.P. 3212945	(1) Propyl-triol stearic ester
		(2) Abietic acid alkyl ester and its metal salts
		(3) Polyethylene glycol ether
		(4) High fatty amine and additive product of ethylene oxide
		(5) Poly ethylene alcohol
		(6) Long chain fatty acid and esters of higher alcohol
		(7) Salts of long chain fatty acid

Continued 4. 30

Country	Patent No.	Designation of emulsifier used
United States	U. S. P. 3442727	Alkyl phosphate
	U. S. P. 3164503 U. S. P. 3447978 U. S. P. 3765964	Sorbitan fatty acid ester
	U. S. P. 3356547	(1) Calcium stearate (2) Zinc stearate
	U. S. P. 3770522	(1) Ammonium stearate (2) Alkali metal stearate
	U. S. P. 4008108	Sodium stearate
	U. S. P. 3617406	(1) Poly oxyethylene alkyl ester (2) Poly oxyethylene alcohol (3) Poly oxyethylene alkyl ether
	U. S. P. 3674578	(1) Metal oleate (2) Sorbitan fatty acid ester (3) Epoxy ethane condensation compounds of fatty acid (4) Dodecyl benzene sulfonic acid (5) Tall oil amide
Japan	Japanese patent (A) 55-75994	Sulfur alcohol (R-SH, in which R is alkyl oralkylene with carbon atom number of 8 to 26)
	Japanese patent (A) 55-75995	Copolymers of hydroxythyl and hydroxypropionic groups (having a relative molecular mass of 3000-20000 and containing 5%-70% ethylene oxide)
European patent	EP-0018085	A mixture of amphiphate syntheticpolymeric emulsifier and conventional water-in-oil emulsifier (for example, sorbitan monooleate)

Although a large number of emulsifiers are listed in Table 4. 30, they are not all described in patents published so far. Practice has shown, however, that there are only very few emulsifiers which may reasonably used in industrial production of emulsion explosives in a large quantity. The following is a more detailed introduction to commonly used emulsifiers for emulsion explosives.

4. 4. 2. 1 *Dehydrated sorbitol monooleate*

Commercial designation of dehydrated sorbitol monooleate is Span-80. It is a representative non-ionic surfactant having good emulsifiability, dispersivity, permeability and solubilization. It has widely been used in textile, medicine, food, petroleum and metal cutting industries for a long time. Today, it has become an important material for W/O emulsion explosives.

Span−80 is a product obtained from esterifying reaction of sorbic alcohol and oleic acid as raw materials under the catalysting of sodium hydroxide at a given temperature. The preparation reaction goes according to following equation:

```
                                       ┌          O                          ┐
     CH2OH                             │       ╱     ╲                       │
       |                               │   H2C         CH — CH2 — OH         │
  H — C — OH                           │    |           |                    │
       |                               │ HO — CH        CH — OH              │
 HO — C — H                            │        ╲     ╱                      │
       |                               │          C — OH                     │   Oleic acid
  H — C — OH        -H2O               │          H                          │ ────────────→
       |         ──────────→           │                                     │  C17H33COOH
  H — C — OH                           │       H     H                       │
       |                               │  HO — C  —  C — OH                  │
     CH2OH                             │       |     |                       │
                                       │     H2C     C — CH — CH2OH          │
                                       │        ╲   ╱     |                  │
                                       │          O       OH                 │
                                       └                                     ┘

 ┌        O                                          ┐
 │     ╱     ╲                                       │
 │ H2C         CH — CH2 — OOCH33C17                  │
 │  |           |                                    │
 │ HOCH        HCOH                                  │
 │      ╲     ╱                                      │
 │        C — OH                                     │
 │        H                                          │
 │                                                   │
 │   H         H                                     │
 │ HOC         C — OH                                │
 │  |          |                                     │
 │ H2C         CH — CH — CH2 — OOCH33C17             │
 │     ╲     ╱          |                            │
 │        O             OH                           │
 └                                                   ┘
```

Because dehydrating reaction of sorbitol is very complex and reaction product is a mixture of many types of compounds, the products of esterifying reaction of sorbitol are also various. The above reaction equation is only a representative of dehydrating and emulsifying reactions of sorbitol. In other words, the products of dehydrating and emulsifying reactions of oleic acid and sorbitol involve mainly monoester, but also contain complex substances such as diester and triester, etc. Experience has shown that emulsifying process of emulsion explosives relies mainly on emulsifying action of dehydrated sorbitan monooleate. Therefore, a critical step of preparing Span−80 is to control conditions which are helpful to the forming of monoester. The emulsifying reaction of dehydrated sorbitol with oleic acid may proceed under either the protection of inert gases such as nitrogen (N_2) or carbon dioxide (CO_2), or under a reduced pressure. Fig. 4. 4 is a process chart for producing Span−80 by the depressurization method.

Without doubt, emulsifying reaction is a critical step in production process of Span−80. With a suitable proportion of ingredients selected, important conditions influencing the product quality are heating speed, vacuum, sort and distillating of oleic acid, dehydrating of sorbitol and others.

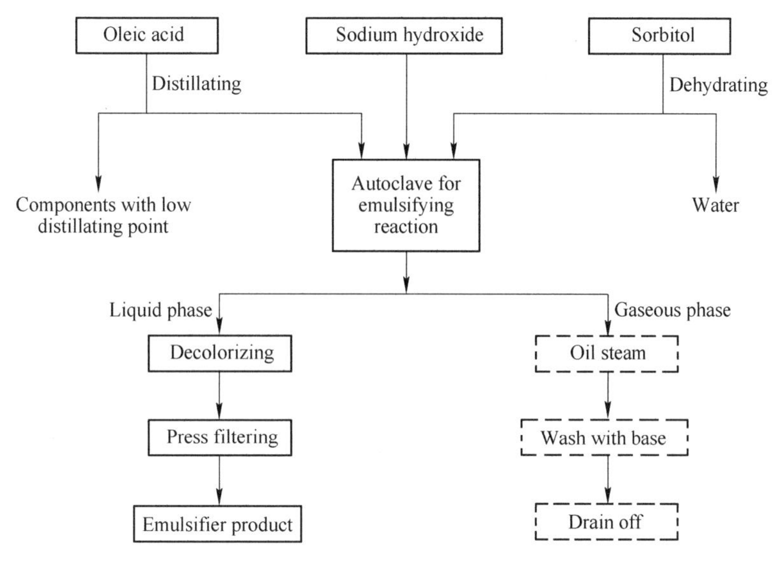

Fig. 4. 4 Process chart for producing Span-80

Note: The part shown by dashline is optional

The following is the indices[25] of physical and chemical properties of Span-80 specified in China:

Acid valence	Below 7	Freezing point	Below-10℃
Saponification valence	153-157	Flash point (opened)	Above 240℃
Iodine valence	65-75	Specific gravity (at 20℃)	0. 998-1. 05
Hydroxy valence	200-220	Appearance	Yellow-to-brown consistent oil-like matter

In the long term of production and use of Span-80, acid, saponification, iodine and hydroxy valences (called "Four Valences" for short) have been used as basic indices for examination of Span-80 quality. For other nonionic emulsifiers, there is a similar quality requirement, which needs to be briefly described in a contain space[26].

(1) Acid valence

Acid valence refers to milligram-number of potassium hydroxide necessary to neutralize free fatty acid (oleic acid) in one gram of Span-80 sample. If percentage content of oleic acid is converted into acid valence, the former should be multiplied by 1. 99. Testing method of acid valence is outlined as follows: 0. 5 g of Span-80 sample (weighed with precision up to 0. 0002 g) is put into a 250 mL cone bottle in which 50 ml of 95% neutral alcohol is added; the bottle is heated until Span-80 dissolves completely and then shaken and added with a few drops of phenothalin indicator; next, titration is made using 0. 1N KOH standard solution until pink color appears. If pink doesn't fade within 30 seconds, final point is reached.

Acid valence of the sample is calculated by the following equation:

$$\text{Acid valence} = \frac{N \times V \times 56.1}{G}$$

where N is equivalent concentration of KOH standard solution; V is millilitre number of KOH standard solution consumed by titration of the sample; G is sample weight, g; 56.1 is milli-equivalent of KOH.

(2) Saponification valence

Saponification valence refers to milligram number of KOH necessary to neutralize free fatty acid and to saponify combined acid (ester group) in one gram of Span-80 sample. Testing method of saponification valence is outlined as follows: 1 - 1.5 g of Span - 80 sample (weighed with precision up to 0.0002 g) is put into a 250 mL cone bottle and 25 mL of alcohol solution of 0.5 N KOH sucked by a pipette is also put into the same bottle which is connected with a reflux condenser. With the bottle being uninterruptedly shaken, the matter inside the bottle is boiled for one hour, followed by opening of the condenser; at the same time, 0.5 mL of 0.1% phenothalin solution is added to saponified solution and the titration is at once made by use of 0.5N hydrochloric acid standard solution until red color just disappears.

Under the same operative conditions, a blank test is carried out.

The result may be obtained by the following equation:

$$\text{Saponification valence} = \frac{28.05 \times (V - V_1)}{G}$$

where V is millilitre number of 0.5N hydrochloric acid solution necessary for titration of blank check; V_1 is millilitre number of 0.5N hydrochloric acid solution necessary for titration of the sample; G is sample weight, g; 28.05 is milligram number of potassium hydroxide equivalent to one ml of 0.5N hydrochloric acid solution.

(3) Iodine valence

Iodine valence refers to gram number of iodine which can be absorbed by 100 grams of Span-80 sample. The size of iodine valence represents degree of unsaturated bond in molecules of the sample. A common method, (Weissenberg method), used for testing of iodine valence is outlined as follows; 1-1.5 g of Span-80 sample (weighed with precision up to 0.0002 g) is put into a 500 mL iodine measuring bottle and 25 mL of Weissenberg iodine solution is added in the same bottle which is slightly shaken to fully mix the contents in it; then the bottle is kept for 60 minutes at 25 ±5℃ at a dark place; after the bottle is taken from the dark place, 20 mL potassium iodide and 100 mL distilled water are added in it; titration is made using 0.1 N sodium hyposulfite solution until yellow color just disappears; next, 1-2 mL of starch indicator is added and the titration continues until blue color just disappears. At the same time, a blank test is carried out. The result may be obtained by the following equation:

$$\text{Iodine valence} = \frac{(V - V_1) \times N \times 0.1269}{G} \times 100$$

where V is millilitre number of sodium hyposulfite solution consumed by the blank test; V_1 is millilitre number of sodium hyposulfite solution consumed by the titration of the sample; N is equivalent concentration of sodium hyposulfite solution; 0.1269 is milli-equivalent of iodine; G is sample weight, g.

(4) Hydroxy valence

Hydroxy valence refers to milligram number of potassium hydroxide necessary to neutralize acetic acid which is able to acetylize one gram sample. Testing method of hydroxy valence is outlined as follows: 1-1.5 g of Span-80 sample (weighed with precision up to 0.0002 g) is put into a 500 mL iodine measuring bottle and 5 mL of acetylizing agent is added by use of a pipette in the same bottle which is slightly shaken to promote interaction of the agent with the sample; after a two-hour rest at room temperature, 5 mL distilled water is added in the bottle to decompose excessive acetic anhydride. After another 15-20 minute rest, 15 mL 95% neutral alcohol and a few drops of phenothalin indicator solution are added and titration is made using 1 N potassium hydroxide standard solution until rose-red color appears, which is the end point. At the same time, a blank test is carried out. The result may be obtained by the following equation:

$$\text{Hydroxy valence} = \frac{(V - V_1) \times N \times 56.1}{G}$$

where V isi millilitre number of potassium hydroxide consumed by the blank test; V_1 is millilitre number of potassium hydroxide consumed by titration of the sample; N is equivalent concentration of potassium hydroxide solution; G is the sample weight, g.

Dehydrated xylitol monooleate (M-201), which is obtained by dehydrating the concentrated mother solution (with a xylitol content of 60% - 70%) for production of xylitol and then esterifying the same solution with oleic acid, is also a W/O emulsifier, which may be used for the preparation of emulsion explosives. The basic preparation reaction is as follows:

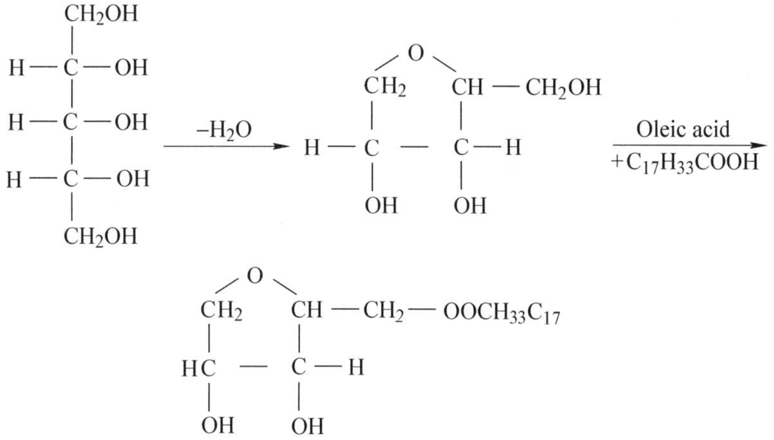

```
      CH2OH
        |
  H — C — OH                      O
        |                      /     \
  H — C — OH                CH2       CH — CH2OH
        |        -H2O         |        |                 Oleic acid
  H — C — OH   ------->  H — C    —   C — H          ---------------->
        |                     |        |              +C17H33COOH
      CH2OH                  OH       OH

              O
           /     \
        CH2       CH — CH2 — OOCH33C17
         |         |
        HC    —    C — H
         |         |
        OH        OH
```

Experience has shown that the dehydrated xylitol monooleate is similar to Span-80 in emulsifying performance and may substitute Span-80 by equal quantity. Particularly, the optimal result may be obtained when a mixture of both is used in the proportion of 1 to 1. Because of using the by-product of concentrated mother solution from production of xylitol as raw material, dehydrated xylitol monooleate is lower in cost, which is beneficial to its wider application.

The data of physical and chemical properties of dehydrated xylitol monooleate are:

Acid valence	Below 7
Saponification valence	135-160

Iodine valence	70–75
Hydroxy valence	220–280
Alcohol–insoluble matters	Not more than 1. 5%
Flash point	206℃
Appearance	Yellow to brown consistent oil–like substance.

4. 4. 2. 2 *Polyisobutylene–butylacetaimine*[22,28]

It is a non–ester emulsifier and is widely used for engines of internal combustion as a cleaner. It can clean off the paint film attached to and carbon deposited on a piston, and also can neutralize the acidic substances formed from oxidation of lubricating oils or combustion of fuel. Practice has demonstrated that it is also an excellent W/O type emulsifier, an important raw material for preparing emulsion explosives.

Raw materials for preparing polyisobutylene – butylacetaimine are polyisobytylene, polyethylenamine and butadiene anhydride. First, in an addition reactor polyisobutylene butyl anhydride is produced at a certain temperature, which after removal of mechanical impurities by filtration is send to an acetylator. Then under agitation condition polyethylenamine such as triethylene tetremine or tetraethylene pentamine is added drop by drop. Finally, upon acetylation completed the final product is obtained. Preparation reactions are shown as follows:

(1) Addition reaction

$$R + \begin{array}{l} CH-C(=O) \\ \| \qquad\quad\;\; \rangle O \\ CH_2-C(=O) \end{array} \longrightarrow \begin{array}{l} R-CH-C(=O) \\ \qquad\; | \qquad\quad \rangle O \\ \quad\; H_2C - C(=O) \end{array}$$

(2) Acetylation reaction

$$2R-\begin{array}{l} CH-C(=O) \\ | \qquad\quad\; \rangle O \\ H_2C - C(=O) \end{array} + H_2N(CH_2CH_2NH)_nCH_2CH_2CH_2 \longrightarrow$$

$$R-\begin{array}{l} CH-C(=O) \\ | \qquad\quad\; \rangle N(CH_2CH_2NH)_nCH_2CH_2N\langle \\ H_2C - C(=O) \end{array} \begin{array}{l} (O=)C-CH-R \\ \qquad\quad\;\; | \\ (O=)C-CH_2 \end{array} + 2H_2O$$

where

$$R = CH_3-\underset{CH_3}{\overset{CH_3}{\underset{|}{\overset{|}{C}}}}-CH_2-\underset{CH_3}{\overset{CH_3}{\underset{|}{\overset{|}{C}}}}\cdots CH_2-\overset{CH_2}{\overset{\|}{C}}-CH_3$$

$$n = 0 \sim 4$$

Undoubtedly, with proceeding of the above reactions a series of negative side reactions are expected to happen. Consequently, qualified product of polyisobutylene – butylacetaimine can be made only with adequate selected raw materials, strict control of technological conditions, and depression of negative reactions. In order to increase product yield and equipment availability, in a mass production process dry chlorine gas is generally introduced to the addition reactor to speed up the reaction process. Hydrochloride formed in the process can be absorbed into hydrochloric acid, but for this purpose absorbing facility of hydrochloride should be installed with devices for preventing the leakage of chlorine and hydrochloride gases.

Polyisobutylene – butylacetaimine is dark brown colored, sticky oily, clean and transparent, having the odour of amine, whose density is 0. 9 g/cm^3. It is difficult to be solved in water but readily soluble in oil and organic solvents. Its physico – chemical properties are shown in Table 4. 31.

Table 4. 31 Physico–chemical properties of butylacetaimie

Item	Single butylacetaimine	Dibutylacetaimine	Polybutyl–acetaimine
Dynamic viscosity, m^2/s	Determ.	Determ.	Determ.
Sulfuric acid ash, %		Determ.	Determ.
Total N_2 contents, %	1. 85	≮1. 2	≮1. 0
Cl_2 contents, %		≯0. 5	≯0. 5
Mechanical impurities, %		≯0. 1	≯0. 1
Moisture, %		≯1. 5	1. 5≯
Cleaness, grade		≯1. 0	≯1. 0
Stains dispersion test		Determ.	Determ.

4. 4. 2. 3 *Mixed emulsifiers*[24,30]

Mixed emulsifiers refer to those formed by mixing two or more surface–active substances in a certain proportion. They may give better emulsifying effect. As an example, the mixed emulsifiers in European patent 0018085 is described below. It is formed by the mixing of at least one amphipathic synthetic polymeric emulsifier and at least one conventional W/O emulsifier. The ration of polymeric emulsifier to conventional W/O emulsifier is in the range of 1 : 5 to 1 : 1. The addition amount of the mixed emulsifier in emulsion explosives is about 0. 6% to 1. 6%. A phosphatide stabilizer, if necessary, may be added in a suitable quantity.

Amphipathic synthetic polymers means a polymer comprising from at least two or more segments, one of which is only soluble in an oil phase and the other only soluble in an aqueous phase, each segment having a molecular weight of at least 500. For example, one of such polymers is copolymers with the general formula $(A—COO)_m—B$ wherein m is 2, each polymeric component A is the acid radical group of an oil–soluble complex monocarboxylic acid having the general formula:

in which R is hydrogen or a hydrocarbon group containing up to 25 carbon atoms; R_1 is hydrogen

$$R-CO-\left[-O-\underset{\displaystyle H}{\overset{\displaystyle R_1}{\underset{|}{\overset{|}{C}}}}-(R_2)_n CO-\right]_p-O-\underset{\displaystyle H}{\overset{\displaystyle R_1}{\underset{|}{\overset{|}{C}}}}-(R_2)_n-COOH$$

or a straight-chain hydrocarbon group containing up to 12 carbon atoms; n is zero or 1; p is an integer greater than or equal to 2; and wherein each polymeric component B is the divalent group of a water-soluble polyalkylene glycol having the general formula:

$$\left[H-O-\underset{\displaystyle H}{\overset{\displaystyle R_3}{\underset{|}{\overset{|}{C}}}}-CH_2-\right]_q-O-\underset{\displaystyle H}{\overset{\displaystyle R_3}{\underset{|}{\overset{|}{C}}}}-CH_2OH$$

in which R_3 is hydrogen or C_1 to C_3 hydrocarbon group; q is an integer greater than or equal to 23. The polyalkylene glycol may be polyethylene glycol, polypropylene glycol, mixed polyethylene-butylene glycol, but preferably polyethylene glycol. For better emulsifying results, the proportion of polymeric component B in the copolymer is between about 25% and 35% by weight of the total copolymer.

The conventional W/O emulsifiers used in the mixed emulsifiers may be one or two of the following emulsifiers: sorbitan monooleate, sorbitan sesquioleate, sorbitan monostearate, mono-and di-glycerides of fat-forming fatty acids, polyoxyethylene sorbitol ester, glycerol monooleate, glycerol decaoleate, sodium petroleum sulphonates or the like.

Furthermore, a small amount of phosphatide emulsion stabilizer may be added in the mixed emulsifiers to further improve the long-term stability and sensitivity of the emulsion. Particularly effective phosphatides are those having the structural formula:

$$\begin{array}{l} CH_2-O-N \\ | \\ CH_2-O-M \\ | \\ CH_2-O-M \end{array}$$

where in M group has the structural formula:

$$-\underset{\displaystyle O}{\overset{\displaystyle O}{\underset{|}{\overset{\|}{P}}}}-OR'-\underset{\displaystyle R''''}{\overset{\displaystyle R''}{\underset{|}{\overset{|}{N}}}}-R''$$

in which R' is a lower alkylene radical having from 1 to 10 carbon atoms R'', R''' and R'''' are lower alkyl radicals having from 1 to 4 atoms. The addition quantity of the phosphatide compound is from about 0.5 to about 1.5% by weight of the total explosive. The ration of mixed emulsifiers (polymeric plus conventional) to the phosphatide stabilizer is in the range of 1 : 3 to 5 : 1.

As introduced in this patent, the emulsion matrix prepared with the mixed emulsifier is a micro-emulsion having indefinite thermodynamic stability and possessing extreme intimacy of mixing which is achievable under the condition of low shear rate.

4.4.2.4 *Stearate emulsifiers*[31]

E. A. Tomic, in U. S. Patent No. 3770522, disclosed a W/O emulsion matrix formed by use of stearates as an emulsifier of emulsion explosives. This is a noticeable fact because stearates such as sodium stearate, with a HLB number of about 18, which, as for HLB-number, should be an O/W emulsifier and usually can only form an O/W emulsion. In an emulsion explosive system however, the case is just the opposite. Moreover, the emulsion matrix formed by use of stearates as an emulsifier possesses excellent water-resistance and a prepared emulsion explosive packed in a polyethylene plastic bag is inadherent to the bag wall after having stored for a period of time. The addition quantity of stearates is usually from 1% to 4% by weight of the total explosive. For example, 7 parts of solid ammonium nitrate and 15 parts of sodium nitrate are added to 71 parts of 75% aqueous ammonium nitrate solution which then is heated up to 71℃ to dissolve the solid materials while 1 part of sodium stearate and 1 part of stearic acid are added to 5 parts of fuel oil which is evenly mixed at 71℃. Next, the fuel oil containing stearic acid and stearate is added to the aqueous ammonium nitrate solution which then is evenly mixed and cooled to 62.8℃ in order to form a consistent emulsion matrix.

4.5 Other Additives

The fundamental components of an emulsion explosive have been described in previous sections of this chapter. In many formulas of emulsion explosives at home and abroad, minor amounts of other components are often added also with the aim of further improving their performances. In summary, there are the following sorts of the additives.

4.5.1 Crystal-shape modifier[32]

A crystal-shape modifier, with an addition quantity usually from 0.1% to 0.3% of the total explosive weight, is added for effective control of the dissolution ⇌ crystallization balance of inorganic oxidizer salts such as ammonium nitrate. Generally speaking, most of crystal-shape modifiers are water-soluble surface-active agents and have better emulsifying and dispersing effects. The addition quantity greater than 0.5% not only increase the cost of an explosive but also is not favorable to the emulsification, in which a W/O emulsion is formed.

Practice has shown that among anionic, cationic, nonionic and amphoteric surface-active agents, the anionic surface-active agent, if added, will give the best emulsifying effect. On operating, these surface-active agents should be put into aqueous solution of oxidizer salts such as ammonium nitrate prior to emulsification so as to give full play to their functions. Usually, these agents may include alkyl (C_{12}-C_{18}) alcohol alkali metal sulfonate, alkyl alcohol alkali metal sulfate, phenyl or naphthyl alkali metal sulfonate and phenyl or naphthyl alkali metal sulfate. Among them, dodecyl sodium sulfate, dodecyl sodium sulfonate and dodecanol acyl phosphate are in common and effective use. The following is a brief description of the performances of three surface active agents.

4.5.1.1 *Dodecyl sodium sulfate* (K_{12})

Dodecyl sodium sulfate, also called fatty alcohol sodium sulfate, has a moleclar formula of $C_{12}H_{25}SO_4Na$, relative molecular mass of 288.39 and a structure formula of $CH_3(CH_2)_{11}OSO_3Na$. The product formed by the esterifying, neutralizing and powdering of cocoa oil alcohol or C_{12} to C_{14} alcohol as raw materials is known as dodecyl sodium sulfate while the product formed by the sulfonating, neutralizing and powdering of synthetic fatty alcohol as raw material, which is formed by the esterifying and hydrogenating of synthetic fatty acid in the presence of a catalyst, is called synthetic fatty alcohol sodium sulfate. Practice has shown that the effects of both on emulsion explosives are almost the same.

Dodecyl sodium sulfate is a white to slightly-yellow powder and has a slight special odor. Its bulk density is 0.25 g/mL and melting point 180℃ to 185℃. It is readily soluble in water, and nontoxic.

The quality standard of the product is shown in Table 4.32.

Table 4.32 Quality standard of dodecyl sodium sulfate

Matters	Fatty alcohol sodium sulfate	Synthetic fatty alcohol sodium sulfate
Total alcohol, % not less than	60	57
Unsaponifiable matters, % not more than	2	4
Moisture, % not higher than	3	3
Inorganic salt content, % not more than	5	7
pH value	8-9	7.5-9.5
Foam, mm not less than	190	190

4.5.1.2 *Dodecyl sodium sulfonate* (*AS*)

Dodecyl sodium sulfonate, also called petroleum sodium sulfonate, has a molecular formula of $C_{12}H_{25}SO_3Na$ and relative molecular mass 272.37. The finished product of dodecyl sodium sulfonate may be obtained from reaction of sodium hydroxide with alkyl sulfonyl chloride, which is firstly formed by reaction of saturated petroleum hydrocarbon with sulfur dioxide and chlorine which are blown into the former at 65℃ under the irradiation of a ultraviolet light.

The product is a yellowish liquid and has an offensive odor. Its specific gravity is 1.09. It is fully soluble in water, stable to both acid or base and has stronger detergent, permeable and foaming performances. When used for preparation of emulsion explosives, it is added in the form of 25% to 30% aqueous solution and in an addition amount of 0.1% to 0.2% by weight of the total explosive. The quality standard of dodecyl sodium sulfonate is as follows: effective matters—28±1%; unsaponifiable matters—below 6%; sodium chloride content—below 6%; pH value of 1 % aqueous soluble—7 to 8.

4.5.1.3 *Dodecanol acyl phosphate* (*6503*)

Dodecanol acyl phosphate is also named cocoa oil alkylol acyl phosphatide or detergent

No. 6503. It is a condensation compound produced from the reaction of cocoa oil acid alkyl diethanol amide with phosphorus. The molecular formula is:

```
          O
          ‖
  C11H23C —N— CH2CH2OH
           |
           |         O                  CH2CH2OH
           |         ‖                  |
       CH2CH2O — P —OCH2CH2—NH2
                     |
                     OH
```

It can be known from the above formula that the compound is an amphoteric surface-active agent. At room temperature, it is an amber-color consistent liquid in appearance. It can dissolve each other with aqueous sodium chloride solution having a concentration up to 20%, and thus transfers into transparent homogeneous body. Even if it is put into hard water or electrolyte solution of salts, it will remain its excellent performances such as detergency, emulsification, foaming and foam-stabilization. Its addition quantity in emulsion explosives is in the range of 0.1% to 0.2%. It has very obvious effect on the improvement of emulsification and stability, but it is unsuitable to those emulsion explosives sensitized by means of chemical foaming.

4.5.2 Emulsification promoter

R. Binet, Canadian Industries Limited[33] has found from his experiment that addition of highly chlorinated paraffinic-hydrocarbon has an obvious promoting action on emulsification of emulsion explosives. A small addition amount of highly chlorinated paraffinic-hydrocarbon can result in good quality, increased detonating sensitivity and longer storage stability of the emulsion matrix of emulsion explosives with the completely same formula. Usually, its addition amount is from 0.2% to 0.8% and the content more than 1% doesn't result in a further effect. By highly chlorinated paraffinic-hydrocarbon is meant a product obtained by the chlorination of long-chain (typically C_{10}-C_{20}) paraffinic hydrocarbons which contains at least 50% by weight of chlorine. Such product is sold by Shenyang Oil-Fat Plant, China and Imperial Chemical Industries Limited, England.

The emulsification promoter is used in conjunction with carbonaceous fuel and emulsifiers in a premixture form. Generally speaking, the higher chlorination degree is, the stronger promoting action on emulsification will be (see Table 4.33).

Table 4.33 Affect of chlorination degree on emulsification promoting action

Sample No.	1	2	3
Addition of 0.5% chlorinated paraffinic hydrocarbons with different chlorination degree	Chlorine content 54%	Chlorine content 65%	Chlorine content 70%
Density, g/cm³	1.15	1.12	1.12
Cartridge diameter, mm	25.4	25.4	25.4
Temperature of detonation, ℃	7	7	7
Minimum initiator	Electric blast cap	No. 9 fulminate/chlorate cap	No. 6 fulminate/chlorate cap
Detonating sensitivity	Low ⟵	⟶	high

4. 5. 3 Emulsion stabilizer

It has been found that phosphatide compounds (for example, soybean lecithin) and solid fine powder are effective stabilizers for emulsion explosives.

4. 5. 3. 1 *Soybean lecithin*

It is a plant lecithin. Of all surface active agents usable in food industry, it is the only ionic activator usable as an emulsifier. In emulsion explosives, however, it is usually used as a stabilizer. An addition amount of about 0. 5% of this stabilizer may obviously improve long-term storage stability of emulsion explosives. The optimal ratio of the stabilizer to emulsifiers is preferably 1 : 5. In the preparing process of emulsion explosives the stabilizer, together with emulsifies, is usually firstly dissolved in oil-phases, followed by emulsification. Also, such stabilizer may replace part of an emulsifier with a replaced quantity up to 50%.

Phosphatide, a substance similar to fat, is formed through esterifying the triglyceride, after which one fatty acid radical in it has been replaced by phosphoric acid radical, by choline or cholamine. The phosphatide formed in the esterification by choline is called the lecithin while that formed in the esterification by cholamine the cephalin[28]:

```
                 H
                 |
          ⎧ H—C—  —OOCR   ⎫
          ⎪      |         ⎬ Fatty acid radical
Glyceryl  ⎨ H—C—  —OOCR'  ⎭
          ⎪      |
          ⎪      |               O
          ⎪      |             //
          ⎩ H—C—  —O — P — O — CH2 · CH2 · N+(CH3)3
                 |              |
                 H              O—
                     Phosphoric acid      Choline radical
                         radical
                      α-Lecithin

                 H
                 |
          ⎧ H—C— OOCR   ⎫
          ⎪      |       ⎬ Fatty acid radical
Glyceryl  ⎨ H—C— OOCR'  ⎭
          ⎪      |
          ⎪      |            O
          ⎪      |          //
          ⎩ H—C— O — P — O — CH2 · CH2 · NH2
                 |           |
                 H           OH
              Phosphoric acid    Cholamine radical
                  radical
               α-Cephalin
```

If the fatty acid on α-place is replaced by phosphoric acid radical, the resultant is called α-lecithin or α-cephalin and if the fatty acid on β-place is replaced by phosphoric acid radical, the resultant is called β-lecithin or β-cephalin. In normal fats and oils, content of α-lecithin is higher.

Like protein, resin and others, phosphatide can dissolve only in waterless fats and oils. In the presence of water, it may form together with water, a stable emulsion, even a colloidal solution. Both lecithin and cephalin are soluble in organic solvents such as chloroform, petroleum ether, carbon disulfide and benzene, but insoluble in solvents such as acetone and methyl acetate. In addition, lecithin is soluble in alcohol, but cephalin insoluble in it. This character may be used for separation or purification of them.

A plant phosphatide is commercially known as lecithin and usually contains from 60% to 65% phosphatide and from 35% to 40% of fats and oils. Commercial lecithin, known as soybean lecithin, is mostly obtained from soybean oil. The soybean lecithin on the market is often paste-like, slight acidity (pH value is nearly 6.6) and generally contains 33% to 40% of soybean oil. The specification of soybean lecithin in Japan[34] is:

Acid valence	Not more than 40
Insollubles in benzene	Not more than 40%
Solubles in acetone	Not more than 40%
Arsenic	Not more than 2 ppm
Heavy metals	Not more than 20 ppm
Decrement after dry	Not more than 2%

The quality indices of concentrated soybean phosphatide from Anda Oil Manufacturer, Heilongjiang Province, China are as follows:

Insolubles in acetone	60%-63%
Moisture	Not more than 1%
Insolubles in ethyl ether	Not more than 39
Acid valence	Not more than 39
Colority	Not more than 9

4.5.3.2 *Solid fine powder*

P. Becher, in "*Emulsion: Theory and Practice*", described the stabilizing action of solid fine powder on emulsions. In the EL-series of emulsion explosives[24] produced in China and in a patent entitled "An Emulsion Explosive Composition Added with an Emulsification Stabilizer" published by S. Takeuchi[35] *et al.*, a small quantity of solid powder is added to improve their stability in storage and performance under low temperature. S. Takeuchi et al. point out that the dispersing directivity of solid powder stabilizers is better to be easy to transfer toward continuous phase side or the interface between dispersion phase and continuous phase. Average particle diameter of solid powder should be under 1.0 micron, preferably between 0.005 and 0.5 microns. Practice has shown that one, or a mixture of over two of the following substances may be used as stabilizers in emulsion explosives, i.e., zinc stearate, tetradecoic acid zinc, aluminum stearate, tetradecoic acid magnesium, carbon black, waterless silicon dioxide, iron oxide, titanium dioxide, kaolin, chinese white, sulfur, aluminum, zinc and others. Addition amounts of them are usually in the range from 0.1% to 1%.

4.5.3.3 *Beeswax and borax*

Practice has shown that if a suitable quantity of beeswax and borax are added to emulsion explosives, their stability in storage will be improved. Beeswax is one of animal waxes. Chemically, beeswax is composed of myricyl palmitate, cerotic and homologous acids and small amounts of hydrocarbons, cholesterol ester and ceryl alcohols. The free fatty acid contained is an important factor in emulsifiability because beeswax is easily saponified by strong bases. This is the basic principle of using the combination of beeswax and borax as a stabilizer. Since the presence of hydroxy and carboxy, beeswax has both hydrophilicity and oleophylicity and is itself an auxiliary emulsifier. Borax of suitable quantity can neutralize free fatty acid in beeswax, forming beeswax fatty acid sodium which enhances the emulsifying and stabilizing action of beeswax. Spectroscopic and gas chromatographic examination of beeswax after saponification shows its following composition:

Hydrocarbons 16%
Monohydric alcohols 31%
Diols 3%
Acids 31%
Hydroxy-acids 13%
Pigments, propolis, etc. 6%

The properties of beeswax are as follows. Natural beeswax is amorphous, and varies in color from a deep brown to a light taffy shade. The wax has a distinctive honey odor, an aromatic taste, and it does not adhere to the teeth or become pasty when chewed. When beeswax is heated to 150−250℃, the acid number decreases whereas the ester and saponification numbers increase and the melting point is also raised. Similar changes take place when beeswax is held in the liquid state at lower temperatures for certain periods of time. Continued heating causes re-esterification or the formation of estolide with decrease of ester and saponification number.

Beeswax is sparingly soluble in cold alcohol, completely soluble in chloroform, ether and in fixed and volatile oils. It is partly soluble in cold benzene and cold carbon disulfide, and is completely soluble in these liquids at about 30℃. It may mix with fats, oils, waxes and resins when melted with them.

Beeswax may be classified into yellow beeswax, white beeswax and extraction beeswax. Constants of different grades of beeswax are listed in Table 4.34.

Table 4.34 Constants of different grades of beeswax

Grades	Specific gravity at 15℃	Melting point, ℃	Acid No.	Saponification No.	Ester No.	Ratio No. 1)	Unsaponifiable %
Yellow Beeswax	0.958−0.970	62−64	17−23	87−97	70−80	3.3−4.0	50−56
White Beeswax	0.958−0.970	62−64	18−24	90−102	70−80	3.3−4.0	50−56
Extraction Beeswax (Unbleached)	0.953−0.957	61−62.5	23−27	92−95	66−70.5	2.4−3.0	50−56
Extraction Beeswax (Bleached)	0.970−0.984	22−30	91.5−104	69−77.5	2.5−3.3	50−56	

1) ester No. divided by acid No.

Generally speaking, the addition amount of beeswax in an emulsion explosive is about 0. 3%. Relevantly, the addition amount of borax is from about 0. 4% to 0. 7%, depending on free fatty acids in beeswax chosen. This amount should never be exceeded, otherwise the alkalinity resulted from excessive borax will decompose ammonium nitrate with releasing of ammonia, which influence the stability of emulsion explosives. Furthermore, beeswax should first react with borax to transform all of free fatty acid in beeswax into beeswax fatty acid sodium, and then the mixture of them is used for emulsification.

References

[1] U. S. Patent 3, 447, 978.

[2] H. Bennett, *Commemrcial Waxes*, First volume, Translated Edition, Petroleum Industry Press, 1982, pp. 8-120. (in Chinese)

[3] Wang Xuguang, *Metal Mines*, 2, 1980, pp. 24-27. (in Chinese)

[4] Fushun Petroleum Research Institute, *Paraffin*, Petroleum-Chemical Industry Press, 1978, pp. 3-41. (in Chinese)

[5] N. I. Iernozukov *et al.*, *Chemistry of Mineral Oils*, Translated by Gu Zhenjun, Petroleum Industry Press, 1957, pp. 11-66. (in Chinese)

[6] Toy Suiyun *et al.*, *Explosion*, 2, 1984, pp. 64-68. (in Chinese)

[7] Wang Xuguang *et al.*, *Mining Technology*, 6, 1983, pp. 10-17. (in Chinese)

[8] Wang Xuguang *et al.*, *Slurry Explosives: Theory and Practice*, Metallurgical Industry Press, 1985, pp. 19-23. (in Chinese)

[9] Chemical Fertilizer Factory, Jilin Chemical Industry Cooperation, *Technology and Operation for Production of Ammonium Nitrate*, Chemical Industry Press, 1980, pp. 4-27. (in Chinese)

[10] Rudolf Meyer, *Handbook of Explosives*, Translated by Chen Zhenhen *et al.*, Coal Industry Press. 1980, p. 80. (in Chinese)

[11] Tianjin Chemical Industry Research Institute, *Handbook of Commercial Inorganic Salts*, First volume, Chemical Industry Press, 1981, pp. 844-850. (in Chinese)

[12] Dai Anban *et al.*, *Textbook of Inorganic Chemicstry*, Second volume, People; s Education Press, 1959, pp. 519-523. (in Chinese)

[13] National Standard HG 1-526-67. (in Chinese)

[14] B. P. 2031673 A.

[15] Standard of the Chemmical Industry Ministry, China, HG 208-65. (in Chinese)

[16] U. S. Patent 4, 110, 134.

[17] Shanghai Glass Works, Specification of Glass Microsphere Products. (in Chinese)

[18] Dalian Refractory Materials Works, Petrographic Evaluation of Perlite, 1978. (in Chinese)

[19] Dalian Refractory Materials Works, Specification of Expanded Perlite and Its Products. (in Chinese)

[20] U. S. Patent 4, 231, 821.

[21] Susumeru Tsuji, *Technology of Emulsification and Solubilization*, pp. 67-68, Kogaku Tosho Co. Ltd. 1976. (in Japanese)

[22] Jin Yaoqing *et al.*, *Metal Mines*, 4, 1990, pp. 18-21. (in Chinese)

[23] Wu Longxiang, *Explosive Materials*, 5, 1990, pp. 10-12. (in Chinese)

[24] BGRIMM *et al.*, *Metal Mines*, 8, 1982, pp. 9–15. (in Chinese)

[25] Jpn. Kokai Tokkyo Koho, Showa 55–75994. (in Japanese)

[26] P. Becher, *Emulsion: Theory and Practice*, Translated by Fu Ying, Science Press, 1964, pp. 162–163. (in Chinese)

[27] Tianjin Chemical Aids Factory, Specification of Surface Acting Agents. (in Chinese)

[28] Zhang Zhixian, *Testing of Oils, Fats and Waxes*, Shanghai Science and Technology Press, 1959, pp. 111–148. (in Chinese)

[29] Ge Taowu, *Explosion Materials*, 4, 1983, pp. 17–19. (in Chinese)

[30] EP–0018085.

[31] U. S. Patent 3, 770, 522.

[32] Yun Qingxia *et al.*, *Commercial Explosives Used in Mines Abroad*, Metallurgical Industry Press, 1975, pp. 86–87. (in Chinese)

[33] B. P. 2037269A.

[34] Fumio Kitahara *et al.*, *Apply Example of Interfacial Active Agent*, pp. 130–131, Fuhan Publishing Press, 1979. (in Chinese)

[35] S. Takeuchi *et al.*, *Journal of the Industrial Explosives Society, Japan*, 1982, Vol. 43, No. 5, pp. 285–293. (in Japanese)

[36] Same as in [2], pp. 215–218.

5 Formulation and Preparation Technology of Emulsion Explosives

5.1 Oxygen Balance and Its Calculation

An explosive is usually composed of oxidizer (or combustion - promoting element) and combustible agent (or combustible element) . The explosion process of an explosive is essentially an oxidation reduction process in which the oxidizer chemically reacts with the combustible agent and rapidly produces such new products as carbon dioxide, water and carbonic oxide, etc. Practice indicates that only when the combustible agent is completely oxidized (for example carbon and hydrogen are oxidized into carbon dioxide and water) can the explosion releases maximum energy and produces minimum toxic gas. Therefore, from the view point of the energy volume released and the toxic gas volume produced, there must be surplus or short of oxidizer in the explosion reaction. Oxygen balance is just a thermal chemical parameter measuring whether the oxidizer contained in an explosive or a material is surplus or not enough after it completely oxidizes the combustible agent contained in the explosive or the material. Based on the content of the oxidizer (oxygen) in an explosive there are three cases in the oxygen balance of the explosive:

(1) Positive oxygen balance: oxidizer is surplus after oxidizing the combustible agent completely; (2) zero oxygen balance: the oxidizer is just enough to completely oxidize the combustible agent; (3) negative oxygen balance: the oxidizer is not enough to oxidize the combustible agent completely. In view of the formulation of an industrial explosive the oxygen balance in design shall be adjusted usually to zero or close to zero oxyghen balance so that the maximum energy can be released. There must be CO, H_2, even solid carbon among the explosion products of the negative oxygen-balanced explosive while there must be NO, NO_2, etc. among the explosion products of the positive oxygen balanced explosive. These two cases are not only unfavorable to release of full explosion power in explosive but also can produce large quantity of toxic gases and can not be used in underground blasting operations.

As the molecular formula of a single-ingredient explosive is fixed, its oxygen balance value can be determined. The oxygen balance of an explosive is calculated without consideration of nitrogen which is present in the reaction. That is to say that the nitrogen is assumed to become N_2 during explosion. For the explosive of carbon-hydrogen-oxygen-nitrogen system, if the molecular formula is $C_aH_bO_cN_d$ (where a, b, c, d represent gram-atom numbers of carbon, hydrogen, oxygen and nitrogen in 1 molal explosive respectively), the formula for calculating the oxygen balance is usually as follows[1]:

$$\text{Oxygen balance} = \frac{\left[c - \left(2a + \frac{b}{2}\right)\right] \times 16}{M} \quad (g/g) \tag{5.1}$$

where, 16 is gram atom weight of oxygen; M is molar weight of explosive.

It is well known that the emulsion explosive is a complicated and mixed system composed of multiple materials. This explosive contains not only such elements as carbon, hydrogen, oxygen and nitrogen but also other elements such as aluminum, magnesium, sodium, potassium, silicon, iron and sulphur in different quantities. Obviously, for the emulsion explosive, the above-mentioned formula can not be used and it must be modified for calculating the oxygen balance. According to the principle of complete oxidization, the final oxidized products of all elements in the explosion reaction of the emulsion explosive are as follows:

$C \rightarrow CO$; $H \rightarrow H_2O$; $Na \rightarrow Na_2O$;

$K \rightarrow K_2$; $Al \rightarrow Al_2O_3$; $Mg \rightarrow MgO$;

$S \rightarrow SO_2$; $Si \rightarrow SiO_2$; $Fe \rightarrow Fe_2O_3$;

………

On the basis of the above-mentioned ideas, the following two methods can be used in calculation of the oxygen balance of emulsion explosive[2]:

(1) Take 1 kg of emulsion explosive as base and write the experimental formula as $C_aH_bO_cN_dX_e$ (X represents any combustible element other than carbon and hydrogen), the oxygen balance can be calculated by the following formula:

$$\text{Oxygen balance} = \frac{\left[c - \left(2a + \frac{1}{2}b + me\right)\right] \times 16}{1000} \quad (g/g) \tag{5.2}$$

where e is number of gram atoms of x element in 1 kg of of explosive; m is the ratio between number of gram atoms of oxygen and that of x when x is completely oxidezed. For example, for aluminium, as Al is completely oxidized to give Al_2O_3, so $m = 3/2$; the meaning of other variables is the same as in formula (5.1)

(2) It should be understood that as the ingredients of emulsion explosive are various, the formula (5.2) is complicated for calculating the oxygen balance because the mol ration between all elements must be sought out first. To simplify the calculation, the oxygen balance can be calculated using the sum of products of ingredients' percentages multiplied by the ingredients' oxygen balance values, that is as follows:

$$\text{Oxygen balance} = h_1H_1 + h_2H_2 + \cdots + h_nH_n \tag{5.3}$$

Practice shows that the formula (5.3) is a simple, reliable and widely spread method for calculation of the oxygen balance of the complex and mixed explosive system such as emulsion explosive. Therefore, knowing the oxygen balance values of concerned materials will make it convenience for the calculation of oxygen balance of the mixed explosive system. Table 5.1 gives the oxygen balance values of common ingredients of emulsion explosives available in China and foreign countries.

Table 5.1 Oxygen balance values of common ingredients of emulsion explosives

Substance	Formula	Atomic weight or moleuclar weight	Oxyen balance, g/g
Ammonium nitrate	NH_4NO_3	80	+0.20
Sodium nitrate	$NaNO_3$	85	+0.471
Potassium nitrate	KNO_3	101	+0.396
Calcium nitrate	$Ca(NO_3)_2$	154	+0.488
Sodium nitrate	$NaNO_2$	69	+0.348
Sodium perchlorate	$NaClO_2$	122.5	+0.523
Ammonium perchlorate	NH_4ClO_4	117.5	+0.340
Potassium perchlorate	$KClO_4$	138.5	+0.462
Potassium chlorate	$KCiO_3$	122.55	+0.392
Potassium bichromate	$K_2Cr_2O_7$	430.35	+0.082
Hydrazonium nitrate	$N_2H_5NO_3$	95	+0.084
Methylamine nitrate	$CH_3NH_2 \cdot HNO_3$	94.1	-0.34
Trimethtlamine nitrate	$C_3H_{10}N_2O_3$	122.1	-1.04
Light diesel	$C_{16}H_{32}$	224	-3.42
Composite wax - 1	$C_{18}H_{38}$	254.5	-3.46
Composite wax - 2	$C_{22-28}H_{46-58}$	392	-3.47
Span - 80	$C_{24}H_{44}O_6$	428	-2.39
M - 201	$C_{23}H_{42}O_5$	398	-2.49
Sodium dodecane sulfate	$C_{12}H_{25}SO_4Na$	288	-1.83
Sodium dodecane sulfonate	$C_{12}H_{23}SO_3Na$	272	-2.00
Mineral oil	$C_{12}H_{26}$	170.5	-3.46
Paraffin	$C_{18}H_{38}$	254.5	-3.46
Micro crystaled wax	$C_{39-50}H_{80-102}$	550 - 70	-3.43
Asphalt	$C_8H_{18}O$	394	-2.76
Stearic acid	$C_{18}H_{36}O$	284.47	-2.925
Calcium stearate	$C_{36}H_{70}O_4Ca$	607	-2.74
Vaseline	$C_{18}H_{38}$	254.5	-3.46
Aluminium	Al	26.98	-0.889
Magnesium	Mg	24.31	-0.658
Ferrum	Fe	55.85	-0.286
Silicon	Si	28.09	-1.139
Manganese	Mn	54.94	-0.582
Sulphur	S	32.06	-1.00

Continued 5. 1

Substance	Formula	Atomic weight or moleuclar weight	Oxyen balance, g/g
RDX	$C_3H_6O_6N_6$	222	- 0. 216
Ethyleneglycol	$C_2H_4(OH)_2$	62	- 1. 29
Propanediol	$C_3H_6(OH)_2$	76. 09	- 1. 68
Urea	$CO(NH_2)_2$	60	- 0. 80
TNT	$C_6H_2(NO_2)_3CH_3$	227	- 0. 74
Charcoal	C	—	- 2. 667
Coal	$C_{55}H_{34}O_6S$	822. 82	- 2. 559
Graphite	C	—	- 0. 727
Rosin	$C_{19}H_{39}COOH$	312. 52	- 2. 97
Nitrobenzene	$C_6H_4(NO_2)_2$	168. 11	- 1. 144
PETN	$C_5H_8(ONO_2)_4$	316. 15	- 0. 101
Nitroglycerine	$C_3H_6(ONO_2)_3$	228. 11	+ 0. 035
Nitroglycol	$C_2H_4(OMO_2)_2$	152. 07	0. 000
Asphalt	$C_{30}H_{18}O$	394. 44	- 2. 76
HMX	$C_4H_8N_8O_8$	296. 18	- 0. 216
Nitroguanidine	$NH_2CN_4NHNO_2$	145. 1	- 0. 346
Piric acid	$C_6H_2(NO_2)_3OH$	213. 11	- 0. 454

The author believes that the following examples of calculation of oxygen balance values can further prove that the formula (5. 3) is a simple method for calculating the oxygen balance of mixed system such as the emulsion explosive.

Example 1. The formulation given in Table 5. 2 is the example of one formulation of EL-series emulsion explosive. Now calculate the oxygen balance[3]. The ingredients' oxygen balance values sought from the Table 5. 1 are also tabulated in the Table 5. 2.

Table 5. 2 Examples of emulsion explosive's formulation and the ingredient balance values

Ingredient	Percentage, %	Oxygen balance, g/g
Ammonium nitrate	69. 7	+0. 20
Sodium nitrate	10	+0. 471
Water	12	0
Emulsifier	1. 0	−2. 39
Diesel	1. 5	−3. 42
Composite wax	2. 5	−3. 47
Density adjuster	0. 3	—
Sulphur	1. 0	−1. 00
Aluminium	2. 0	−0. 889

Substitute all values tabulated above into the formula (5.3) for calculating the oxygen balance:

$$\begin{aligned}\text{Oxygen balance} &= (+0.20)\times 0.697+(+0.471)\times 0.10+(-2.39)\times \\ &\quad 0.010+(-3.42)\times 0.015+(-3.47)\times 0.025+ \\ &\quad (-1.00)\times 0.010+(-0.889)\times 0.020 \\ &= +0.1394+0.0471-0.0239-0.0513-0.0868-0.01-0.0178 \\ &= -0.0033(g/g)\end{aligned}$$

Example 2. Table 5.3 is the formulation of an emulsion explosive described in US Patent 4, 149, 917[4]. Now calculate the oxygen balance. The oxygen values sought from the Table 5.1 are also tabulated in Table 5.3.

Table 5.3 The formulation and ingredient oxygen balance of emulsion explosive of American Atlas Powder Co.

Ingredient	Percentage, %	Oxygen balance, g/g
Ammonium nitrate	60.0	+0.20
Sodium nitrate	19.0	+0.471
Water	15.0	0
Oil	0.5	-3.42
Wax	4.5	-3.46
Emulsifier	1.0	-2.39

Substitute all above tabulated values into the formula (5.3) for calculation:

$$\begin{aligned}\text{Oxygen balance} &= (+0.20)\times 0.60+(+0.471)\times 0.19+(-3.42)\times \\ &\quad 0.005+(-3.46)\times 0.045+(-2.39)\times 0.01 \\ &= +0.2095+(-0.1967) \\ &= +0.0128(g/g)\end{aligned}$$

5.2 Formulation Design of Emulsion Explosives

5.2.1 Principle of emulsion explosives formulation design[5]

5.2.1.1 *Oxygen balance*

Usually, only when the formulation of the explosive is zero or close to zero oxygen balance can all or almost all products of explosion reaction be H_2O and CO_2. At this time the energy released is most powerful and the blasting or the work resulted is optimal. Therefore, in the formulation design of common industrial explosives the ingredients are often adjusted to zero or close to zero oxygen balance so as to obtain the highest energy release and the least formation of toxic gas. As mentioned above, one of the important characteristics of the emulsion explosive is that the explosive contains large quantity of water and various ingredients. In practice, the water content in the emulsion explosive has a certain effect on the oxygen balance. Water content can improve the emulsion explosive's (including other water bearing explosives) oxygen balance condition, making the oxygen balance shift towards the zero.

In other words, if the ingredients other than water are negative or positive oxygen balance, the oxygen balance of the emulsion explosive will be shifted towards the zero oxygen balance with the increment of the water content. Test also indicated that for the water-bearing explosives like the emulsion explosive the smaller negative oxygen balance is favorable to bring the explosion energy into full play. Therefore the oxygen balance always is better to be slightly towards the negative oxygen balance in the formulation design of emulsion explosives.

It shall be pointed out that although water can improve the oxygen balance condition of emulsion explosive, it is unfavorable to making the explosion energy fully utilized. Moreover, the explosion energy of explosive system will be decreased with the increment of water content. For this reason, the water content must be controlled strictly within 8-15% during the formulation design of emulsion explosives.

5.2.1.2 *Trade-off among safety, property, cost and application*

No doubt that safety is the factor which shall be considered first in designing the formulation and manufacturing of an emulsion explosive. It is possible to select all non-explosive materials as its ingredients in designing the formulation of emulsion explosive because the emulsion explosive possesses a special W/O physical internal structure and unique detonation behavior. Therefore, although the explosive materials such as RDX, TNT added to the composition of emulsion explosive can improve some of explosion behavior, they are usually not adopted due to consideration of the safety in both manufacturing and products applications.

Low cost and convenient application is another aspect which shall be considered carefully in designing the formulation of emulsion explosive. For instance, the addition of aluminum is to enhance the explosion power of emulsion explosive and it is better to select coarse-grained fuel aluminum powder and unnecessary to select coating-grade aluminum powder because it is uneconomic. Again, for example, the appearance of emulsion explosive shows grease status which is not convenient for the upward hole-loading in underground mines and the manual loading of large diameter-holes in open pits, therefore the oil-like material, which is helpful in densifying the appearance of explosive, shall be selected as the explosive's external phase material and their compositions must be in right proportion so that the appearance of emulsion explosive can be controlled and satisfy the demand.

Of course, it is not easy to successfully deal with all aspects of safety, behavior, cost and application in designing the formulation of emulsion explosive. However, the experience has showed that it is possible to take into consideration of special conditions in blasting rocks and application methods of the explosive. No doubt that the seriation and standardization of emulsion explosive categories will create favorable conditions for balancing all aspects with the development of the technology of emulsion explosives and gradual understanding of emulsion explosives.

5.2.1.3 *Manufacturing technology*

Experiment has shown that the formulation of emulsion explosives not only affects the behavior of explosives but also decides in one way or another the arrangement of manufacturing process of explosives. That is to say, the selection of a suitable formulation of explosive compositions can not only improve the properties of explosives but also be beneficial to the proper arrangement of production process and equipments and to simplification of operations. This is one of subjects which should be considered during the design of emulsion explosive's formulation. For instance, when methylamine nitrate is selected as the sensitizer of emulsion explosive, the manufacturing process and equipments of methylamine shall be taken account with consideration of manufacturing process and lower cost. Again as an example, if solid powder such as aluminum and sulfur powder is added to the composition, vibration sieves shall be mated with the equipments. The vibration sieves are convenient to operate and are of advantage for improving the explosion behavior and extending the storage stability of explosives.

5.2.1.4 *Environment protection*

To control the pollution of environment, the author upholds that the following points shall be kept in mind by all means in the design of emulsion explosive's formulation:

(1) Don't add toxic components or try to add less amount of them.

(2) Added components should not produce dust and release waste solution during production.

(3) All ingredients shall be easy to be dispersed and mixed uniformly and the oxidizer shall completely and tightly contact the reducer for the smooth chemical reaction so as to minimize production of toxic gases.

5.2.2 Key point in designing formulation of emulsion explosives

5.2.2.1 *Familiarization of basic data and rules*

It is obvious that there are many materials which may be added to composite explosives, and to properly select necessary materials from so many kinds of materials, their oxygen balance, physical-chemical properties, and compatibilities with commonly used materials should be familiarized and their functions in the emulsion explosive should be understood.

5.2.2.2 *Confirming the predetermined requirements of the mixed system*

From the viewpoint of predetermined appearance status, explosion behavior and application requirements of an emulsion explosive, one can preliminarily select the materials to be added to the composition and one or several possible percentages of these materials.

5.2.2.3 *Tabulation and calculation*

Tabulate the selected materials, name, formula, molecular weight and oxygen balance values (the latter can be obtained from the table of oxygen balance values), then on the basis of determined percentage calculate the oxygen balance value of the predetermined mixed-explosive system in compliance with the principle of zero oxygen balance. At the same time, calculate some thermochemical parameters and detonation parameters for reference.

5.2.2.4 *Adjustment of formulation and check of properties*

Experience has shown that a calculated formulation usually should be proved through practice——preparation of explosive, checking of the properties to see whether it is optimal. If necessary, the compositions and their percentages should be adjusted to obtain the optimal properties.

5.2.3 Examples of emulsion explosive's formulation

There are many examples of formulations of emulsion explosives in patents and literatures in China and abroad. It is impossible and unnecessary to cite such examples one by one. The author has only selected the typical examples of formulation of emulsion explosives which is tabulated in Table 5.4 for the readers to offer comments.

Table 5.4 Examples of formulation of emulsion explosive

Raw materials	Countries							
	China[3-6]		U. S. A[7,8]		Sweden[9]	Japan[10]		UK[11]
	Trademark or Corporation							
	EL-101	RJ-1	Atlas	Ireco	Nobel	Nippon Oil		ICI Nobel
Ammonium nitrate	56-68	58-69	56-63	67.7	56-63	49.7	62.1	61.6
Sodium nitrate	8-14	10-12	5-12	13-15	5-12	12.4	15.5	16.5
Sodium perchlorate	—	—	5-12	—	5-10	12.4 (calcium nitrate)	—	—
Metlylamine nitrate	—	5-20	—	—	—	—	—	—
Urea	2-3	2-3	—	—	—	—	—	—
Water	8-13	10-12	10-15	10-15	10-15	11.2	11.5	12.6
Emulsifier	0.5-1.5	0.85-1.3	1-1.5	2-3	1-1.5	2.5	2.0	1.9
Composite wax-2	1.5-3.5	—	—	—	—	—	—	—
Wax	—	2.5-3.5	3-4	3-4	2-4	4.3	3.8	2
Fuel oil	1-2	0.85-2.0	1-1.5	1-2	1-1.5	—	—	2.7
Sulfur powder	2-5	—	—	—	—	—	—	—
Aluminium powder	—	—	0-10	0-10	0-15	—	—	—
Hollow glass micro balls	—	—	4-5	4-5	4-5	—	5.1	2-3
Density adjuster	0.1-0.3	0.2-0.7	—	—	—	7.5 silicone rubber	—	—
Oxygen balance g/g	-0.0068	—	-0.0068	-0.0072	-0.0036	—	—	-0.0076

5.3 Manufacturing Technology of Cartridges and Bagged Products

5.3.1 General

As stated in Section 1.2 of Chapter 1 of this book, small diameter cartridges of emulsion explosives are usually cap-sensitive and they are required to have a longer stable storage life. They are generally manufactured in factory and their quality can be strictly controlled and safety guaranteed to the full extent. Although bagged-emulsion explosive products with large and medium diameter are not cap-sensitive, most of them are also manufactured in factory and the manufacturing steps, process conditions, and safety measure are similar to those of cartridges. On the whole, the manufacturing process of these two kinds of products include the following 4 steps.

5.3.1.1 *Preparation of two kinds of premixed solutions*

One of them is inorganic oxidizer salt solution such as the solution of ammonium nitrate. The inorganic oxidizer salt solution contains at least 60%-80% inorganic oxidizer salt. They are selected from ammonium nitrate, sodium nitrate, calcium nitrate, sodium perchlorate and nitrates, perchlorates of other alkali metals and alkali earth metals. Usually ammonium nitrate accounts for at least 50-70% of the solution by weight. The storage tank for preparation the solution is usually equipped with a jacket to provide steam heating or with steam coil, thermometer, solution-measuring meter and stirrer. While water in the storage tank is being heated and stirred, the crashed and measured inorganic oxidizer salts such as ammonium nitrate are added to it by feeder (the ammonium nitrate solution supplied by factory can also be used directly). The steam shall be supplied continuously to heat the aqueous oxidizer solution to about 90℃ (higher than the recrystallization point of the solution), dissolving the oxidizer salt completely, maintaining the temperature until forming the matrix of emulsion explosive.

Another one is mixed solution composed of oil, paraffin and emulsifying agent. The storage tank for preparing this solution is similar to that for preparing oxidizer solution, which is also equipped with a steam jacket, steam coil, stirrer, thermometer and solution-measuring meter, etc. While the tank is being stirred, the steam is supplied to liquidize the mixed components. Paraffin and oil are also heated to the same temperature as for the water solution so as to benefit the emulsion formation. It is worth pointing out that just before the emulsification starts the emulsifying agent is added to the mixed components with fuel so as to prevent it from decomposing due to prolonged stay at higher temperature.

5.3.1.2 *Emulsification*

It is well known that emulsification is the key step in the production of emulsion explosives. Of course there are continuous and discontinuous processes for emulsification (they will be specially discussed afterward) depending on different material-feeding mode and different equipments used, but for the two kinds of mixed solution, the course of forming W/O emulsion solution through high-speed shearing function is the same. That is to say that the mixed fuel solution (including emulsifying agent and auxiliary additive) and the oxidizer solution (including water-phase additive) are sent to the mixer at controlled feeding rate and temperature, and there they stay for a certain time so that the mixed fuel solution and the oxidizer solution can be mixed uniformly to guarantee the stable produced-W/O emulsion explosive matrix at the presence of emulsifying agent.

5.3.1.3 *Mixing*

To obtain the necessary detonation sensitivity and sufficient explosion energy, usually the prepared emulsion explosive matrix shall be transferred to the mixer (or blender) for mixing. Appropriate quantity of density adjuster (or modifier) and solid fuel such as aluminum powder shall be added to the mixer (when necessary). Through the stirring function of the stirrer, the mixture becomes uniform blend, which is then pumped to a packer by high-pressure compressed-air-pump.

5.3.1.4 *Packing*

Transferring the prepared emulsion explosive to a hopper of the packer, where the emulsion explosive is packed into different cartridges or bags of different specifications in terms of application requirements, and finally sent to stores (or storage trucks) for use.

It should be pointed out that loading and packing of cartridges is very important. On the basis of categories of emulsion explosive and their different appearance conditions and properties, it should be considered to select different cartridge chargers to ensure the production safety and maintain the matching of the equipments and their convenient application conditions.

5.3.2 Cotinuous emulsifiction process

In the United States and Sweden, the continuous emulsification process is adopted for most of emulsion explosive productions. Now cite some examples to explain the arrangement of this production process and its equipments.

5.3.2.1 *Manufacturing process of emulsion explosive of Swedish Nitro Nobel AB*[12]

The manufacturing process includes the basic steps: preparing two predetermined mixtures; mixing and emulsifying the prepared mixtures into emulsion matrix with an appropriate quantity of emulsifying agent; blending and packing.

As shown in Fig. 5.1, preparing inorganic oxidizer salt solutionin tank 1 and 2, heating the mixture of nitrate and water (usuallyat 90℃ or higher) with team coils and maintaining the predetermined temperature to completely dissolve the oxidizer. Tank 1 and 2 are controlled at constant temperature and equipped with stirrer, thermometer and discharging pipe.

The oxidizer solution is pumped to the filter 3 for removing solid matter and impurities. Apparatus 4 is a positive discharge diaphragm pump to transfer the oxidizer solution with high accuracy of counting. Self cracking tray 5 releases the extra pressure. The filtered oxidizer solution is transferred to flow meter 7 through pipe 6. In this way, the solution can either go back to storage tank 1 or 2 through recycle pipe 8 or enter fixed (stationary) mixer 10 through one way valve 9.

Heating the prepared mixed hydrocarbon fuel solution to 75℃ in storage tanks 11 and 12 (more than 2 storage tanks are needed in case of continuously feeding of raw materials) with steam coils. Storage tanks 11 and 12 like tanks 1 and 2 are equipped with stirrer thermometer, constant temperature apparatus and discharging pipe. Passing the fuel solution through filter 13 to remove the impurities with pump 14, the filtered solution is transferred to flowmeter 17 through pipe 16, then sent either back to the storage tank through recycle pipe 18 or to fixed mixer 10 through one-way valve 19.

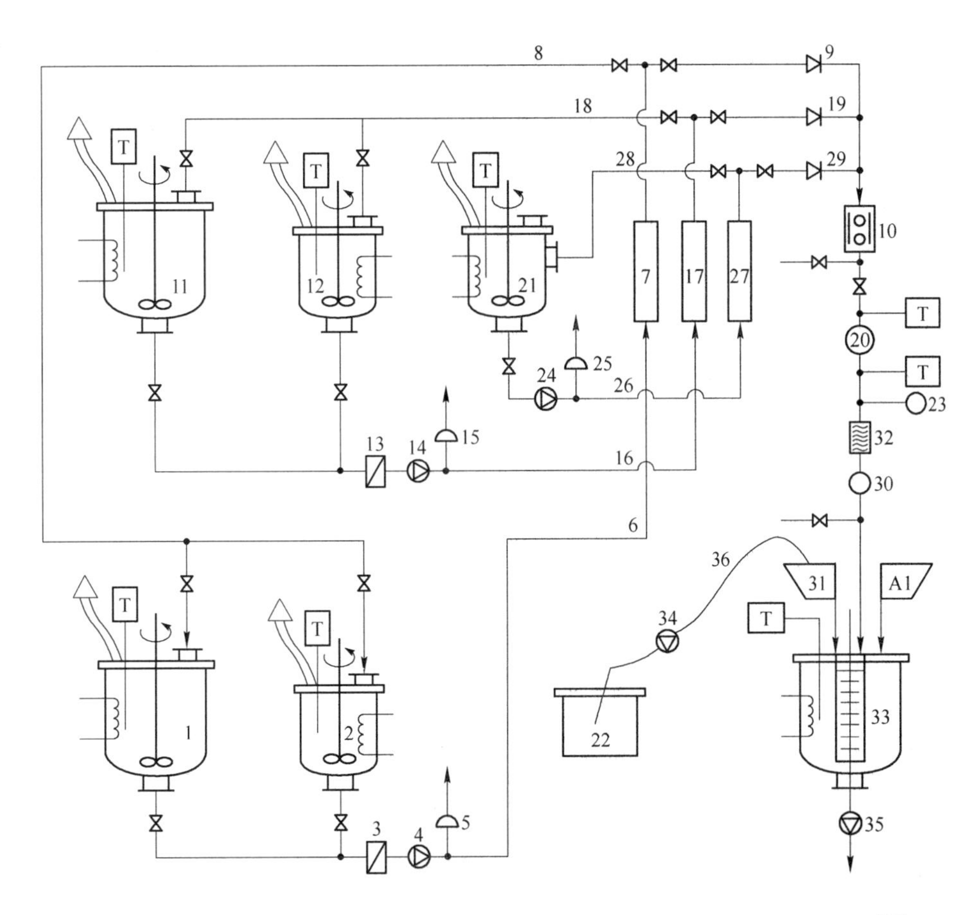

Fig. 5. 1 Manufacturing flow chart of emulsion explosives of Swedish Nitro Nobel AB[12]

1, 2—Storage tanks for oxidizer solution; 3—Water phase filter; 4—Water phase pump with measurer; 5—Water phase; 6—Water phase pipe; 7—Water phase flowmeter; 8—Water phase recycle pipe; 9—Water phase one way valve; 10—Fixed mixer; 11, 12—Storage tanks for fuel solution; 13—Oil phase filter; 14—Oil phase pump with measurer; 15—Oil phase self-cracking tray; 16—Oil phase pipe; 17—Oil phase flowmeter; 18—Oil phase recycle pipe; 19—Oil phase one way valve; 20—Recycle mixer; 21—Storage tank for emulsifying agent; 22—Storage tank or glass micro-balls; 23—Pressure gauge; 24—Emulsifying agent; 25—Self-cracking tray for emulsifying; 26—Emulsifying agent pipe; 27—Emulsifying agent flowmeter; 28—Emulsifying agent recycle pipe; 29—One way valve for emulsifying agent; 30—Compress valve; 31—Screw feeder; 32—Spacer against explosion; 33—Blender; 34—Counter for glass microballs; 35—Compressed-air pump; 36—Vacuum pipe; T—Constant temperature controller

Heating the emulsifying agent to 40℃ in storage 21. As the emulsifying agent will be decomposed after some passing time at high temperature, tank 21 is controlled at constant temperature by thermo-water-jacket. Pumping the emulsifying agent through flowmeter 27 with pump 24, it can either go back to the storage tank through recycle pipe 28 or enter fixed mixer 10 continuously through oneway valve 29.

Under a certain pressure (under pressure about 0. 098-0. 196 MPa), the pressure sustained by various kinds of solution must be equal for maintaining balance, the solution of fuels is mixed in pipes in a certain ratio, then enters mixer 10 and mixes with the oxidizer salt aqueous solution in a certain ratio, where the mixed solution stays for 4. 5 seconds on average, being emulsified into

W/O emulsion at 25–50 kg/min ($1\ kg/cm^2 = 9.80665 \times 10^4\ Pa$) . If the produced emulsion is coarse, it enters recycle mixer 20 continuously. Mixer 20 is equipped with a paddle-type agitator composed of multiblades between two plates. Each plate has a series of pins which match with the pins of the mixer wall. The small holes of the plates get the solution recycling and coming back through meshed pins before leaving the mixer so as to complete recycling mixing function.

The formed emulsion matrix in mixer 20 is transferred to blender 33 through compress valve 30. Pressure gage 31 is designed for the emulsion matrix leaving the mixer unidirectionally so as to ensure that the mixture can be emulsified to the desirable extent. If the emulsion is spoiled, namely if the oxidizer aqueous solution is not emulsified to dispersed W/O liquid drops, the behavior of the matrix being pumped through the exit will change rapidly and the pressure figure shown on the pressure gage will drop. Behind mixer 20 is spacer 32 against explosion, which is a flexible hose made of polyethylene. Prepared emulsion matrix enters vertical blender 33 through the spacer against explosion. The blender is designed for the emulsion matrix to be mixed with such closed materials with holes as microglass or resin balls. Metallic materials such as aluminum powder may be added to the blender and mixed with the emulsion matrix completely. Microballs are added to the blender from storage tank 22 by duplex screw feeder 31.

Blended emulsion explosives are pumped to the vertical cartridge packer by compressed-air pump 35 for packing into various cartridges with different specifications. It is said that this packer is a modified Rotabelt packer for small diameter cartridges and the basic principle and charging action of them are the same. But considering the characteristics of the emulsion explosive's appearance viscosity, the charging tube and plastic drum or paper drum are modified vertical ones, therefore the packer becomes a vertical Rotabelt packer. The charging efficiency of this machine is high and usually two packers are enough for an emulsion explosive factory with a capacity of 4000 tons/year.

5.3.2.2 *Continuous emulsification process of emulsion explosives of American Atlas Powder Co*[13]

Manufacturing flow diagram of emulsion explosives of American Atlas Powder Co. is shown in Fig. 5.2.

As shown in Fig. 5.2, ammonium nitrate aqueous solution (containing about of 93% AN) in storage tank 1 is heated to 82–143℃ by water phase steam heating coil 2. Usually, the temperature of the whole system should be maintained adequately high so as to avoid the recrystallization of dense inorganic oxidizer salt from the aqueous solution. Ammonium nitrate aqueous solution is transferred to preparation tank 7 (for oxidizer salt solution) through water phase outlet 3, pump 4, pipe 5 and pipe 6. Also add the sodium perchlorate aqueous solution to water phase preparation tank 7 through pipe 9, pipe 6 and pump 10. The sodium perchlorate aqueous solution is prepared in preparation tank 8 (for sodium perchlorate aqueous solution) equipped with stirrer and steam heating coil 11. Recycle pipe 12 for sodium perchlorate solution can be used to send the extra sodium perchlorate solution back to preparation tank 8. Add solid sodium nitrate to preparation tank 7 from storage tank 13 through pipe 14 and pipe 6. The water necessarily to be added for preparing

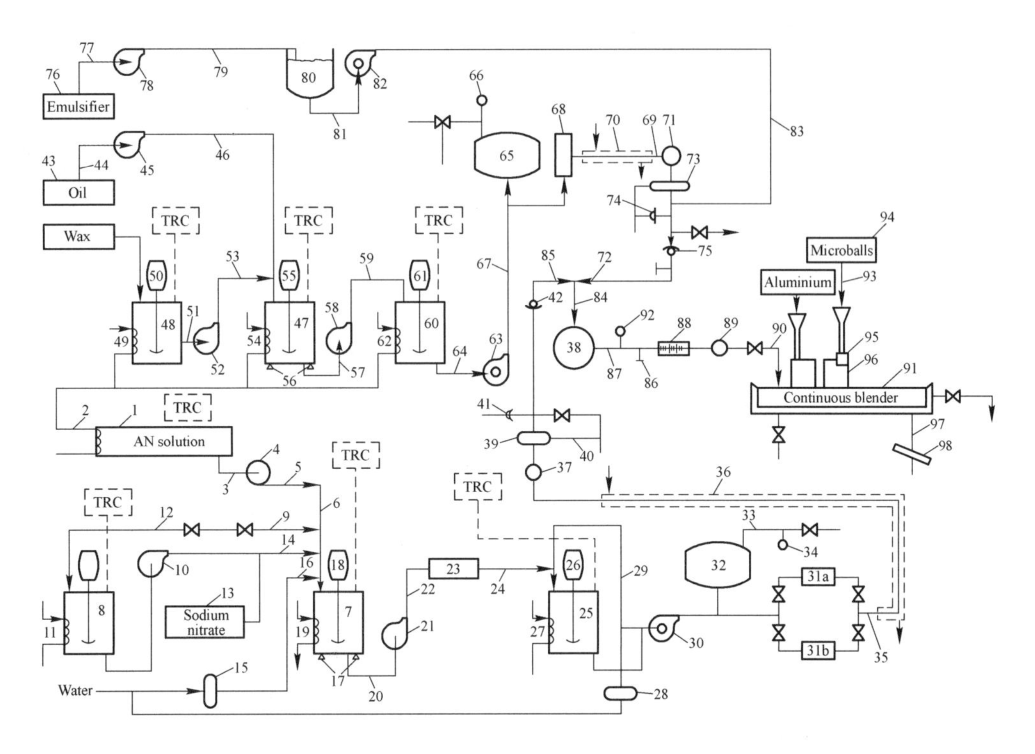

Fig. 5. 2　Manufacturing flow chart of the emulsion explosive of Atlas Powder Co. [13]

1—Storage tank for aqueous ammonium nitrate solution; 2—Water phase steam heating coil; 3—Water phase outlet; 4—Water phase pump; 5, 6—Water phase pipes; 7—Preparation tank for oxidizer salt aqueous solution; 8—Preparation tank for sodium perchlorate aqueous solution; 9—Pipe; 10—Pump; 11—Steam heating coil; 12—Recycle pipe; 13—Storage tank for sodium nitrate; 14—Pipe for sodium nitrate; 15—Water gage; 16—Water pipe; 17—Pressure gage of preparation tank 7; 18—Stirrer of preparation tank for oxidizer salt aqueous solution; 19—Heating coil for preparation tank 7; 20, 21, 22—Outlet pump and pipe for oxidizer aqueous solution; 23—Water phase filter; 24—Pipe; 25—Storage tank for oxidizer aqueous solution; 26—Stirrer for storage tank 25; 27—Heating coil; 28—Water gage; 29—Water pipe; 30—Positive displacement diaphragm pump with counter; 31a, 31b—Two-way filter; 32—Energy store; 33—Air compressor; 34—Pressure gage; 35—Water phase feeding tube; 36—Thermowater jacket for feeding tube 35; 37—Measurer; 38—Continuous recycle mixer; 39—Safety valve; 40—Drain pipe; 41—Selfcracking tray; 42—One-way valve; 43—Oil storage tank; 44, 46—Oil pipe; 45—Oil pump; 47—Fuel preparation tank; 48—Wax-melting tank; 49—Heating coil for the wax-melting tank; 50—Stirrer of wax-melting tank; 51—Wax outlet; 52—Pump fortransferring wax; 53—Liquid wax pipe; 54—Heating coil for preparation tank 47; 55—Stirrer of fuel-preparation tank; 56—Pressure gage for pumped oil and wax; 57—Fuel outlet; 58—Pump for transferring fuel; 59—Pipe for transferring fuel; 60—Fuel storage tank; 61—Stirrer of storage tank 60; 62—Heating coil for storage tank 60; 63—Pump for transferring fuel; 64, 67—Fuel solution pipes; 65—Energy store; 66—Pressure gage; 68—Fuel solution filter; 69—Pipe for filtered fuel; 70—Thermowater jacket; 71—Measurer; 72—Pipe; 73—Safety valve; 74—Self-cracking tray; 75—One-way valve; 76—Emulsifier spare tank; 77, 79—Emulsifier pipes; 78—Pump for transferring emulsifying agent; 80—Emulsifying agent storage tank; 81—Outlet; 82—Pump for measuring emulsifying agent; 83—Pipe; 84—Water-oil phase pipe; 85, 86—Temperature sensors; 87—Emulsion outlet; 88—Spacer against explosion; 89—Compression valve; 90—Vacuum pipe; 91—Continuous blender; 92—Pressure gage; 93—Vacuum pipe; 94—Micro-balls store; 95—Screw feeder; 96—Belt scale; 97—Finished product pipe; 98—Sieve oxidizer aqueous solution can be supplied by water pipe 16 and through water gage 15 according to the controlling mode.

Preparation tank 7 is installed over pressure gage 17 which can automatically monitor the weight of oxidizer salt aqueous solution in preparation tank 7. When preparation tank 7 has accumulated the oxidizer aqueous solution to the predetermined quantity, pressure gage 17 will automatically close pumps 4 and 10 which are connected with pressure gage 17. Stirrer 18 is used to ensure that preparation tank 7 can prepare uniform solution of various inorganic oxidizer salts. Heating coil 19 is used to heat the inorganic oxidizer solution and maintain it at about 88℃. The temperatures of storage tank 1 for ammonium nitrate solution, preparation tank 8 for sodium perchlorate and preparation tank 7 for oxidizer solution can be controlled by their automatical thermographs (or temperaturerecording-controller).

The inorganic oxidizer salt solution in preparation tank 7 is transferred through outlet 20, pump 21 and pump 22. Filter 23 is a net filter or a weaving net filter which filters off any dirty grains and undissolved oxidizer salt. Filtered inorganic oxidizer salt solution will be sent to storage tank 25 for oxidizer salt solution through pipe 24. To maintain temperature, storage tank 25 is also equipped with stirrer 26 and heating coil 27. If necessary, one may add water to storage tank 25 through water gage 28 and water pipe 29. Pumpe 30 with counter is a highly accurate positive displacement diaphragm pump to transfer oxidizer salt solution at about ±1 % accuracy. When the solution comes out of pump 30 the leaving solution is filtered by two-way filters 31a and 31b. Two-way filters can reduce the filtered quantity through each filter and increase duration of cleaning operation of each filter. Moreover, the two filters can work in turn so that the filtering operation can not be interrupted. To attenuate the pressure pulse generated by pump 30, energy store 32 is installed in the production line, including compressed air source 33 and pressure gage 34. The oxidizer salt aqueous solution is transferred to continuous recycle mixer 38 through feeding tube 35 (with thermo-water jaclet 36) and measurer 37. Safety valve 39 can release extra pressure and inorganic oxidizer salt solution in the system through the drain tube 40. Self-cracking tray 41 can release the extra flow of the inorganic oxidizer salt solution in the case of emergency. One-way valve can prevent the fuel mixture solution from flowing back and contaminating the oxidizer solution in the system.

Oil storage tank 43 can supply the system with oil through pipe 44 and oil pump 45. The oil is pumped to tank 47 for the fuel solution preparation through pipe 46. Wax-melting tank 48 is installed to melt the wax because it is solid at normal temperature. Wax-melting tank is equipped with steam coil 49 and stirrer 50 so as to melt the wax. The liquid wax is pumped to preparation tank 47 through pipes 51, 53 and pump 52. Preparation tank 47 is also equipped with steam coil 54 and stirrer 55 to maintain the temperature of the oil-wax mixture above its solidifying point and to uniformly mix the solution. Pressure gage 56 can control oil pump 45 and wax pump 50 automatically. When the predetermined quantity of fuel is pumped to fuel preparation tank 47, the pumping apparatus will stop automatically. The fuel can be transferred to fuel storage tank 60 through outlet 57, pump 58 and pipe 59. To keep necessary temperature the storage tank is equipped with stirrer 61 and heating coil 62. The temperature of the fuel solution in the storage tank shall be kept close to that of the above mentioned oxidizer solution. In this way, when the fuel component mixes with the oxidizer solution, the inorganic oxidizer salt solution can not be so cold as to crystallize. Pump 63 is a positive displacement diaphragm pump from which the fuel solution is transferred through pipe 64. Energy store 65, pressure gage 66 and compressed air source are designed for reducing the flow pulse of fuel solution, namely reducing the pulse generated by the fuel solution flowing into filter 68 through pipe 67. The filtered fuel solution is transferred to the continuous recycle mixer to mix and emulsify with the oxidizer aqueous solution through pipe 69 (equipped with thermowater jacket 70), measurer 71, pipe 72, safety valve 73 and self-cracking tray 74. Measurer 71 controls the flow of fuel solution passing through pipe 72. Safety valve 73 can release the extra pressure of the fuel solution passing through measurer 71. Self-cracking tray 74 can release the extra pressure passing through pipe 72 in the case of emergency. In case of counter flow of the inorganic salt solution back into pipe 72, one-way valve 75 can keep the fuel pipe from being contaminated.

Emulsifying agent is a key element of an emulsion explosive and it can not be heated for a long time. Therefore spare tank 76 for the emulsifying agent is designed so that the emulsifying agent can be stored in it and can be transferred from it to storage tank 80 through pipe 77, pump 78 and pipe 79. The emulsifying agent in the storage tank can be sent to pipe 83 through outlet 81 and pump 82 (positive displacement diaphragm pump). The emulsifying agent pipe is connected with pipe 72 for fuel solution near the place where pipe 72 meets with pipe 35 and the emulsifying agent in the pipe meets the fuel solution here. Generally speaking, a lot of nonionic emulsifying agents can decompose with time when they subject to high processing temperature. Therefore the emulsifying agent shall be added to the mixer just before the fuel solution and the oxidizer salt aqueous solution are going to be mixed into the emulsion matrix during manufacturing process. Of course, the emulsifying agent may be directly added to the mixer, but it had better first mix with the fuel solution before mixing with the oxidizer aqueous solution to form emulsion (W/O).

The mixed solution of oxidizer and fuel solution 13 transferred to mixer 38 through pipe 84 and temperature sensors 85 and 86 are connected with the inlet and outlet of mixer 38 respectively to monitor the processing status in the mixer and can be used as alarm in case of mechanical failure. It shows in practice that the continuous recycle mixer can be used in forming stable W/O emulsion. The mixer makes the mixture continuously recycle on the series of mated pins so that the fuel solution and oxidizer solution can be mixed in full scale in the presence of emulsifying agent. The mixer completes the stirring function with its paddle-type agitator between two disks and lets the mixture stay in it for a constant period of time. Each disk has a series of pins to mate with the pins on the housing of the mixer. Owing to the small holes on the disks, the mixed material in the mixer can recycle to perform the recycling-mixing function thorough the mutually mated pins before leaving the mixer. For example, the parameters of Votator CR mixer made by Chemetron Inc. are as follows: diameter of paddle—152 mm, revolution—1400 rpm, pressure—0.235-0.275 MPa and average stay time of material in the mixer-about 4.5 sec. Due to the mixing-stirring function in the mixer, the fuel solution (including emulsifying agent) very uniformly mixes with the inorganic oxidizer salt aqueous solution and a stable W/O emulsion can be ensured.

The emulsion explosive matrix formed in mixer 38 is transferred to continuous blender 91 through outlet 87, spacer 88 against explosion, compression valve 89 and pipe 90. Pressure gage 92 shall be automatically coupled with compression valve 89 (to adjust the pressure of mixer) to maintain the pressure at 0.235-0.275 MPa. At the same time, pressure gage 92 is used to monitor and control the emulsion matrix leaving mixer 38. If the quality of the emulsion can not meet the requirements or is spoiled, in other words, if the oxidizer salt aqueous solution is not emulsified to form dispersed solution drops surrounded by continuous oil phase, the pumping characteristics of the matrix flowing off outlet 87 will change rapidly, causing drop of the pressure shown on pressure gage 92. In this case the flow of the unqualified emulsion is cut off by the workers on inspection or by the automatic apparatus. At the same time remedy measures shall be taken to improve the quality of newly formed emulsion and compression valve 89 shall be controlled to avoid the contamination of the products in the following production pipe.

Spacer 88 against explosion is a flexible tube designed to prevent the deflagration in mixer 38 or pipe 87 from spreading to the continuous blender. Generally speaking, spacer 38 against explosion can be made of any chemical inert elastic materials (such as rubber, polyethylene or their synthetics). These materials are required to not only sustain the temperature and pressure applied in processing but also sustain the chemical action caused by the emulsion matrix passing through. For example, the polyethylene flexible tube of 38-mm internal diameter and 457-mm length is a representative of such spacers against explosion.

Continuous blender 91 is used to mix the emulsion matrix with such closed hollow materials as glass or resin microballs. If necessary, solid fuels such as grained aluminum powder can be added to the mixture. The emulsion matrix and the solid materials are mixed very uniformly here. It should be pointed out that strict control of the quantity and quality of microballs is a key to obtain the qualified products. Microballs are added to the blender through vacuum pipe 93 which takes in the microballs from microballs store 94. Usually, the microballs shall stay in store 94 for at least 4 minutes so as to remove the gas and be sealed in store 94. In this way they will be as the same as normal solid materials. Screw feeder 95 is a doubly screwed one which is screw-blade mated and can properly control the flow of passing through microballs. The screw feeder sends the microballs to belt scale 96 from store 94, and then they enter blender 91. The microballs fed can be controlled either by weight or by volume in line with needs to yield products of predetermined density.

The finished W/O emulsion explosive leaves blender 91 through pipe 97 and sieve 98 and is finally transferred to the cartridge charger, where different size paper cartridges or plastic cartridges are made according to needs. After the cartridges passing the cooling room for cooling on a belt conveyer, they are packed and stored.

5.3.2.3 *The manufacturing process of emulsion explosive of CIL*[14]

Fig. 5.3 is the flow diagram of continuous emulsification manufacturing process of emulsion explosive at CIL.

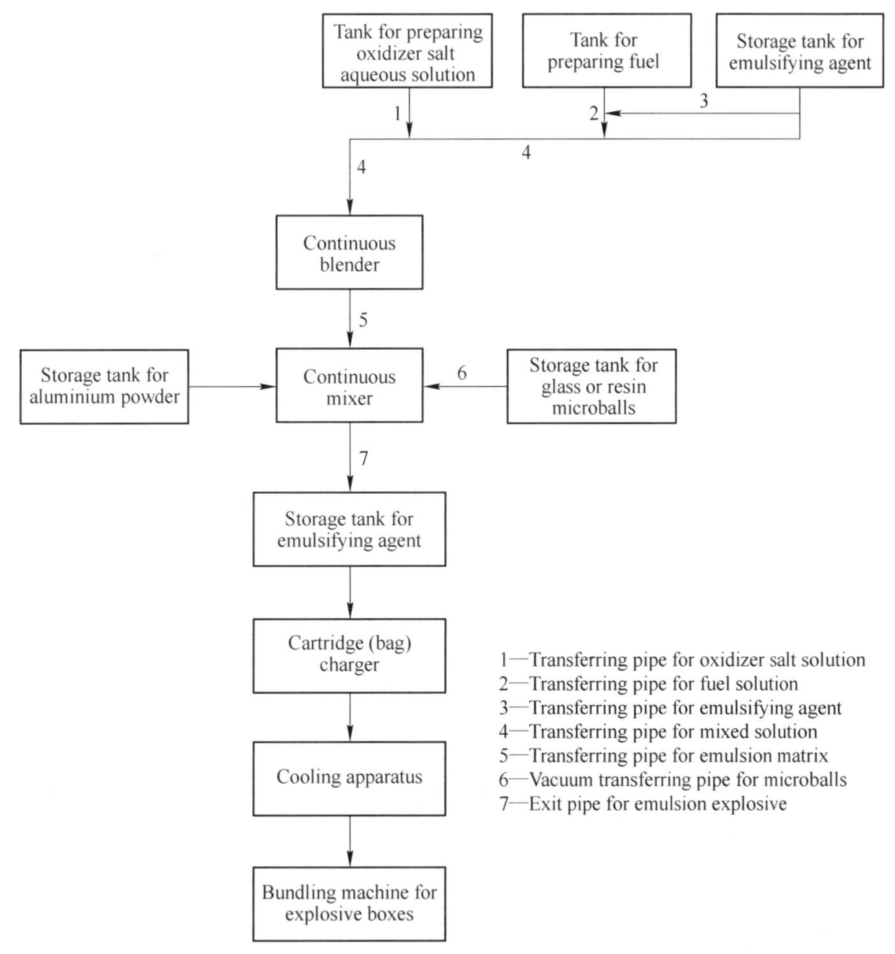

Fig. 5. 3 Flow diagram of manufacturing process of mulsion explosive at CIL[14]

Tank 1 for preparing oxidizer salt solution is equipped with agitating apparatus and heating coils. Under the conditions of stirring and heating, inorganic oxidizer salts such crushed ammonium nitrate and water are added to tank 1 in a certain ratios and heated to 95–105℃ so as to dissolve the oxidizer salt completely. Tank 2 for preparing fuel solution is also equipped with agitating apparatus and heating coils, which heat the compositions such as oil and wax to the same temperature as that for the oxidizer salt solution so that they become liquid. The emulsifying agent is pumped through pipe 6 to mix with the fuel solution in pipe 5 in a certain ratio. The mixed solution obtained by such method is pumped through the pipe to mix with oxidizer salt water solution according to the predetermined ratio and entered into the continuous blender 10 quickly. Under the action of paddle-type agitator with multiple blades and pressure, the mixed solution returns to pass through the pins in gear so that they can be mixed very uniformly and become stable W/O emulsion. Here it is also inspected for its quality through monitoring system so as to guarantee its uniformity from the beginning to the end. As soon as there is abnormal phenomenon, the monitoring system immediately issues a warning signal and emergent measures should be taken to prevent the manufactured products from being polluted.

The manufactured emulsion matrix is pumped to the continuous blender 10 through exit pipe 9. The glass or resin hollow microballs in storage tank 11 are sent to blender 10 through vacuum pipe 12 in certain flowability. If necessary, send certain amount of the aluminum powder from storage tank 13 to blender 10. Here with mixing function of blades, the solid dry materials, emulsion, microballs and aluminum powder are mixed uniformly to give the finished emulsion explosive. This viscous emulsion explosive is pumped to the hopper of charger in which it is wrapped into paper cartridges or plastic cartridges of different specifications according to the requirement. Cooled to ordinary temperature, these cartridges are packed in boxes and sent to the storage house.

5. 3. 2. 4 *Example of continuous-manufacturing process in China*

Generally speaking, in the case of proper control of the temperature, the preparation of emulsion explosives is an entire liquid phase process, so it is preferable to manufacture such explosives by continuous method. So called continuous manufacturing process means that the main operations such as melting, emulsifying, pumping, cooling, sensitizing and charging must be connected into one unit so that all the equipments in different positions can be linked up for production capacity adjustment and can match each other to form a perfectly continuous material feeding and discharging system. Technological flowsheet for continuous manufacture of emulsion explosives developed by Changsha Mining Research Institute *et al.* is shown in Fig. 5. 4 and the emulsion explosive's constituents are listed in Table 5. 5.

Table 5. 5 Formulation of continuously manufactured emulsion explosives

Type of raw materials	Weight ratio of water phase solution(water, AN, SN)	Weight ration of oil phase solution		Comments
		Basic constituent	Dilution agent	
I	94-95	7. 0	0. 0	Oil phase contains 4 parts of compound wax
II	94-95	6. 5-7. 0	0. 5-0. 0	Oil phase contains 3 parts of parrafin

It can be seen from Fig. 5. 4 that this production system comprises such major equipment as preparation and storage tanks for both water phase and oil phase solutions, thermometric devices, dosing pumps and filters for both water and oil phase solutions, thermometric devices, dosing pumps and filters for both water and oil phase solutions, continuous emulgator, dosing pump of emulsoid, storage tank and dosing pump for density regulator and continuous mixer. The production process is controlled by an electronic control board. The temperature measuring apparatus is first switched on to monitor and adjust the temperature at all operations, followed by switching on of continuous emulgator, dosing pumps of oil and water phases according to the preset program. Various ingredients for explosives production are then pumped to the continuous emulgator at proportions desired for high speed emulsification. Emulsified emulsoid is pumped to the continuous mixer for high speed cooling with addition of density regulator and solid powders (e. g. fuel aluminum powder sulfur powder) in amounts required. Finally, the product is packed according to various requirements of clients into different cartridges which are stored for shipment.

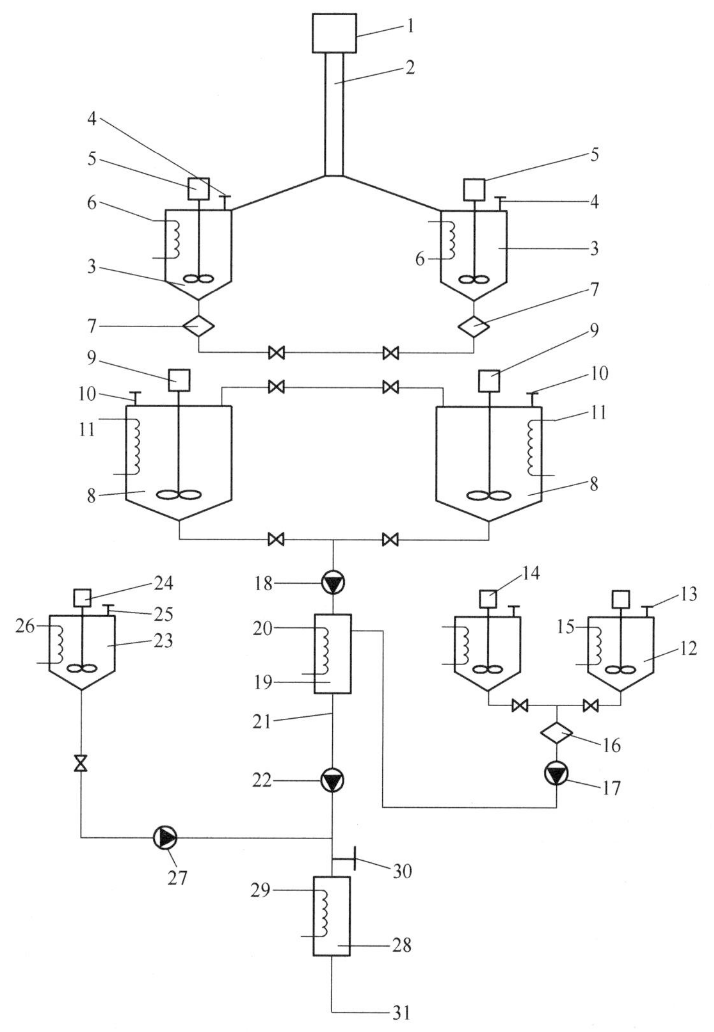

Fig. 5.4 Technological flowsheet for continuous manufacture of emulsion explosives and equipment layout developed in China

1—Crusher of ammonium nitrate; 2—Spiral conveyor; 3—Water phase solution preparation tank; 4—Thermometer; 5—Mixing device; 6—Steam heating coil; 7—Filter for water solution; 8—Water solution storage tank; 9—Mixing device; 10—Thermometer; 11—Coil for both heating and cooling; 12—Preparation tank for oil phase mixture; 13—Thermometer; 14—Agitator; 15—Heating coil; 16—Filter for oil phase solution; 17—Dosing pump for oil phase; 18—Dosing pump for water solution; 19—Continuous emulgator; 20—Cooling device; 21—Thermometer; 22—Dosing pump for emulsoid; 23—Storage tank for density regulator; 24—Mixer; 25—Thermometer; 26—Heating device; 27—Dosing pump for density regulator; 28—Continuous mixer; 29—Fast cooling device; 30—Thermometer; 31—Packing and storage of finished product

The above described continuous production technology has been realized at Mining Co. of Capital Iron and Steel Corp. and Daye Iron Mine of Wuhan Iron and Steel Corp. in China. The process is centralized and remote controlled by means of microprocessor networks. The system is equipped with microprocessor electronic scale, WJK microprocessor temperature control apparatus and WLJ-2 type microprocessor flow integral proportion regulation system; their schemes are shown in Figs. 5.5, 5.6 and 5.7, respectively.

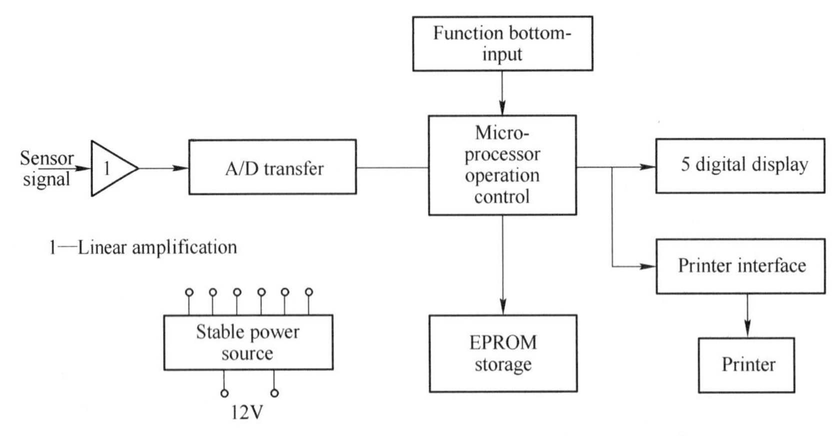

Fig. 5. 5　Block diagram of microprocessor electronic scale

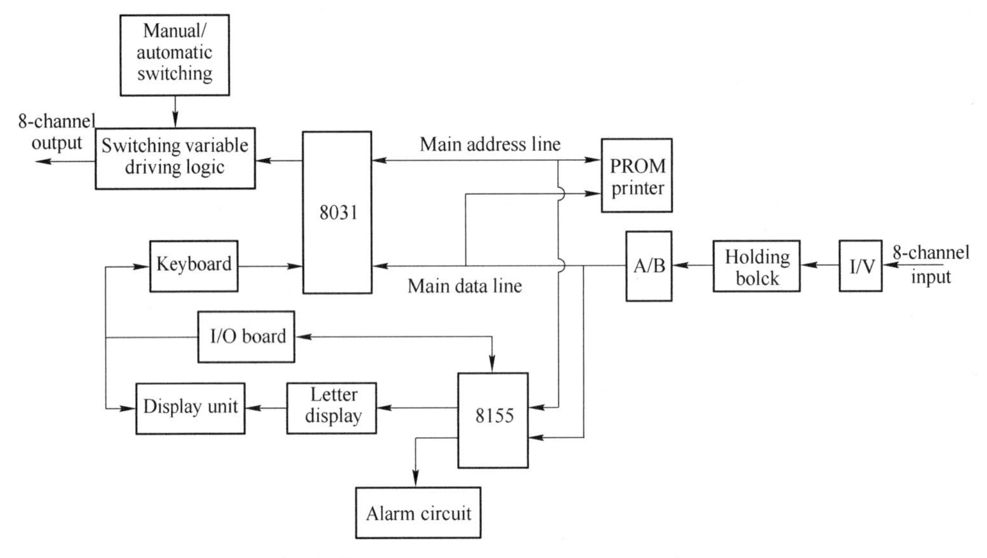

Fig. 5. 6　WJK microprocessor temperature control apparatus

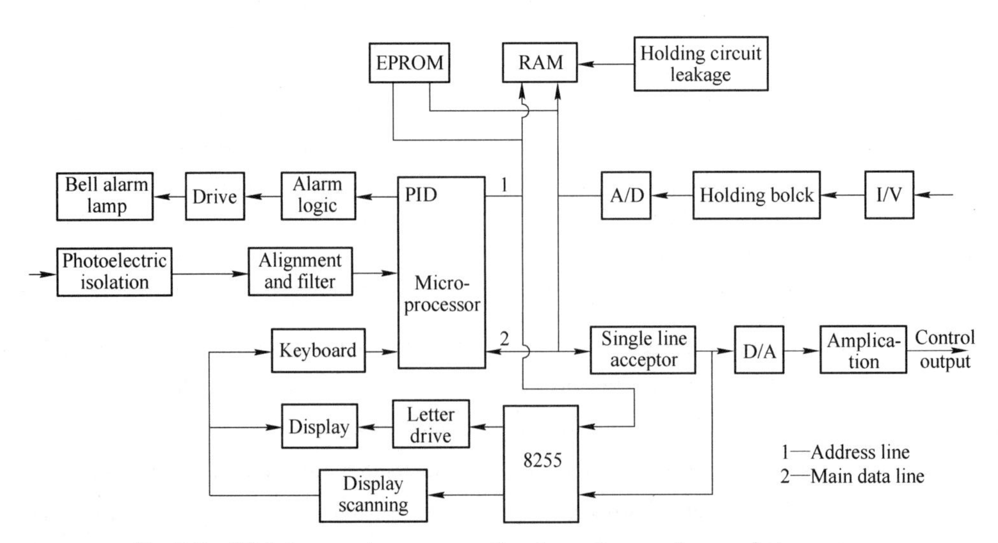

Fig. 5. 7　WLJ-2 type microprocessor flow integral proportion regulation system

5. 3. 3 Discontinuous emulsifying production process

In the development of emulsion explosives in China, many kinds of discontinuous emulsifying production process have been established. The flow process arrangement, the process conditions, and controls are different because of different kinds of explosives and different materials. Now take the production processes of EL-series emulsion explosive, RJ-series emulsion explosive and elastic emulsion explosive as examples to describe the characteristics of the discontinuous emulsifying production process.

5. 3. 3. 1 *Production process of EL-series emulsion explosive*[3]

Experience has shown that a reasonable production process (its condition and control) is one of the key technologies for obtaining the emulsion explosive with good performance property. Fig. 5. 8 is the production process flow chart of EL-series emulsion explosive: (a) means that according to the difference in deviation of the mountain topography, the flow process is arranged step wise and the feed materials are kept free flowing; (b) means that all equipments are installed in a small area of a platform and the materials are pumped into the equipments and we call it as a plain flow process.

From Fig. 5. 8 it can be seen that the preparation of EL-series emulsion explosive is done batch by batch and it belongs to the discontinuous emulsifying production process. The production flow process mainly includes two parts: mixing and cartridge loading.

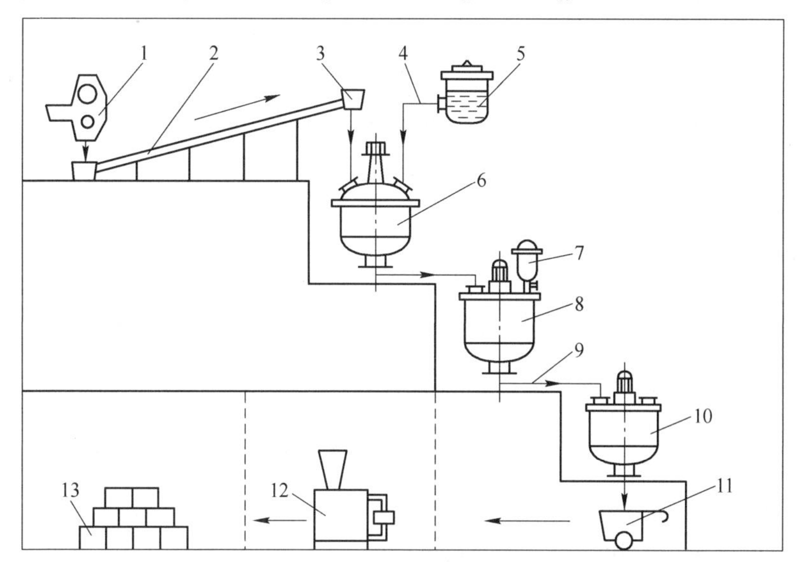

(a) Flow chart of stepwise production process

1—Platform and crusher; 2—Belt conveyer; 3—Hopper; 4—Preparation tank for water—phase solution; 5—Flow directing pipe; 6—Preparation and measuring tank for oil—phase solution and emulsifying agent; 7—Emulsifier; 8—Discharging pipe; 9—Mixer; 10—Finished products transporter; 11—Cartridge charger; 12—Finished explosive; 13—Water measuring tank

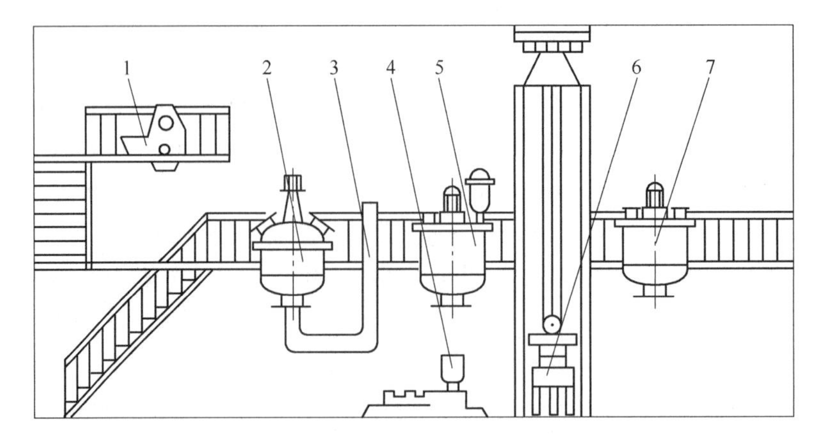

(b) Plain production process flow chart

1—Crusher; 2—Preparation tank for oxidizer aqueous solution; 3—Flow directing pipe; 4—Transporter; 5—Emulsifier; 6—Lifer; 7—Mixer

Fig. 5. 8　Production process flow chart of EL-series emulsion explosive

In the operations of preparing the explosive (Fig. 5. 8a), first prepare the mixed solution of two phases— oxidizer salt saturated aqueous solution and hydrocarbon fuel (such as oil and wax) solution in accordance with the formulation and designated temperature. Tank 4 for preparing water phase solution is a reaction enamel equipped with an agitator and steam-heated jacket. After water is added to preparation tank 4 from the measuring water tank, start the agitator and turn on the steam valve to heat the water; then crush the measured ammonium nitrate and sodium nitrate and send them to the hopper by the belt conveyer, followed by adding both to tank 4 slowly. Stop heating when temperature rises up to 95-105℃ and stir the solution continuously to get all oxidizer salts dissolved completely while the temperature is kept at about 95℃. Measuring tank 6 for preparing oil-phase solution (Fig. 5. 8a) is also equipped with a heating and agitating apparatus. Oil, wax and other oil-phase materials are added to the preparation tank in fixed ration of the formulation. In the case of heating and agitating, get the materials liquidized and mixed uniformly and maintain their temperature close to that of the water-phase solution so as to benefit the emulsifying. Before two phases of solution are mixed, add the emulsifying agent to the oil-wax mixed solution, then put them into the emulsifier as shown in Fig. 5. 9.

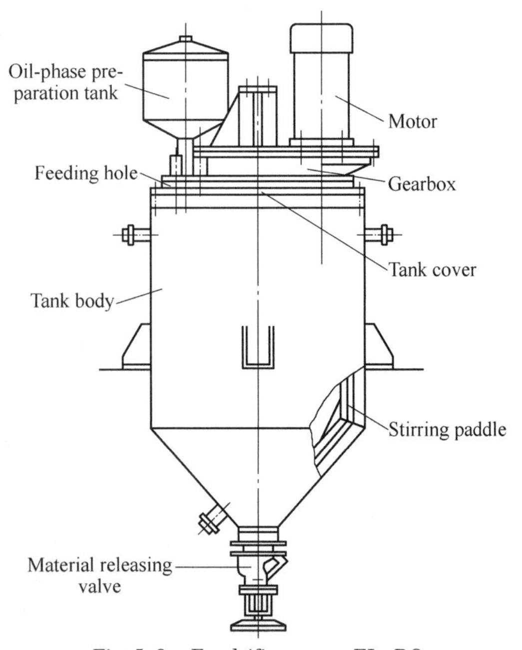

Fig. 5. 9　Emulsifier, type EL-RQ

With the predetermined flow rate (20-30 kg/min) and stirring strength (linear speed 12. 4

m/s), put (or pump) the water-phase solution into the oil-phase solution uniformly so as to form a stable and uniform W/O emulsifying system. Tests have shown that it is absolutely necessary to dissolve the additive — dodecane sodium sulfate in the oxidizer salt aqueous solution first and dissolve the emulsifying agent in the oil-phase solution before it is added to the water-phase solution because the emulsion can be formed rapidly and the agitation minimized in this way. It should be pointed out that the particles of internal phase in the emulsifying system will become smaller by increasing the speed of agitating and shearing strength as well as extending the emulsifying time. Their size is also related to the category of emulsifying agent and its compositions. Experience has shown that when the agitating speed, shearing strength, emulsifying agent and mixing speed are fixed, the emulsifying time will become an important factor affecting the particle size of internal phase and the system stability. Only appropriate time for emulsifying is selected can the radius of the internal liquid drops be in the required size range.

Fig. 5. 10 is a EL-LH type mixer which is a blending equipment for obtaining the finished emulsion explosive. This mixer is equipped with snail-curve-type mixing mechanism and corresponding apparatus for releasing materials. It also has a jacket apparatus for heating and heat-retaining or cooling. Therefore, it is functioning as both mixer for all phase materials and cooler. The mixed and emulsified viscous emulsion is pumped to the mixer through discharging pipe and filter, and additives such as density modifier and fuel aluminum powder (if necessary) are also added to the mixer at continuous agitating and fixed temperature. The snail-curve mixing and discharging mechanisms inside the mixer can either make all phases (solid, emulsion and liquid) of materials roll forward and backward and mix uniformly and rapidly during blending or let the viscous finished emulsion explosive with greater viscosity gather around the center discharging hole at the bottom so as to ensure discharginng 500 kg finished product within 5-10 minutes.

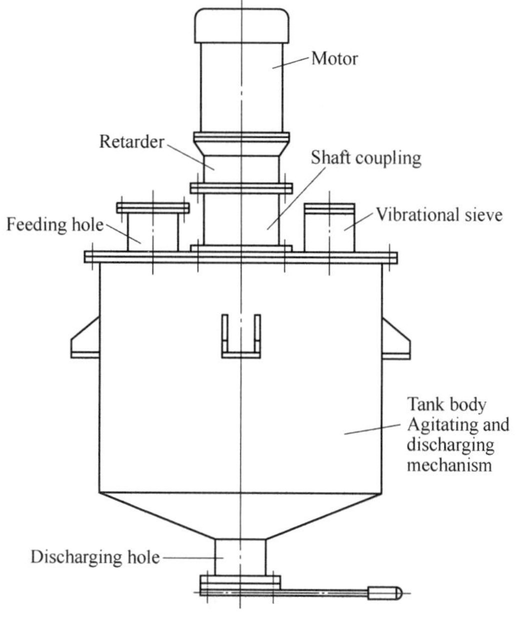

Fig. 5. 10 EL-LH mixer (diagram)

In terms of the requirement set in the safety regulations on designing civil bla sting materials factory in China, the mixing and preparing operations of emulsion explosive must be separated from the operation of cartridge－loading and wrapping, and the distance between the two workshops shall be at least more than 50 meters and the connection by belt conveyor between them is not permitted. For this reason, the prepared emulsion explosive is pumped to the finished product transporter first and then transferred to the hopper of cartridge charger lot by lot.

Figs. 5. 11 and 5. 12 are respective diagrams of chargers EL－PZ and EL－BZ. The former is used mainly in loading and wrapping small diameter (25－35 mm) cartridges and the latter used in loading bagged products.

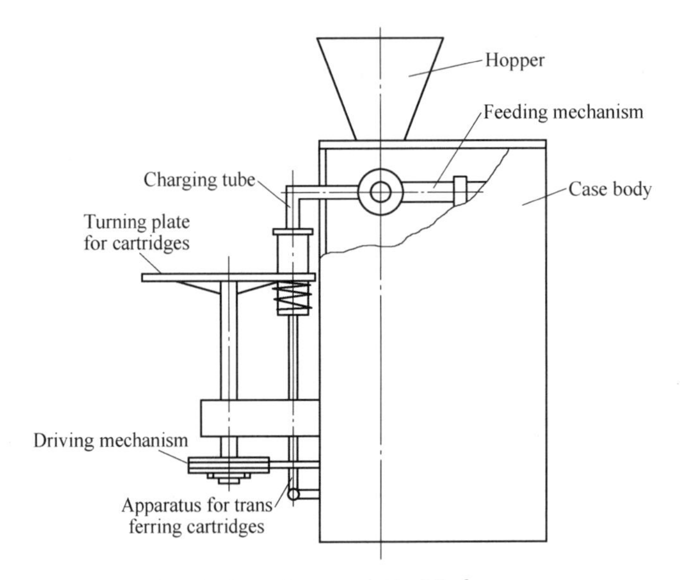

Fig. 5. 11　Diagram of EL－PZ charger

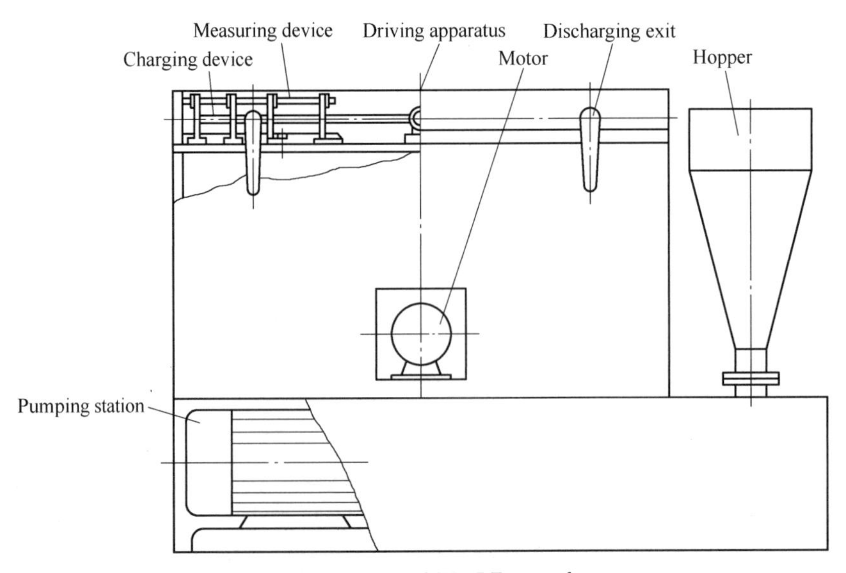

Fig. 5. 12　Diagram of EL－BZ type charger

In the operation of cartridge-loading and wrapping, usually one should complete quantitative cartridge-loading, sealing, density-modifying, middle wrapping, casing and bundling as soon as possible. The quantitative loading of small-diameter cartridges for EL-series emulsion explosive is carried out in EL-PZ type charger. Suitable selection and maintenance of reasonable pressure is very important, which can both keep the quantitative cartridge body and also fill the explosive into the tube uniformly and compactly. According to needs, load and wrap them into cartridges of different specifications, followed by middle wrapping, casing and storing in warehouse. For big diameter cartridges (plastic or paper cases) used in open pit mines, or plastic cartridges used by VCR method, ususally they are loaded quantitatively by EL-BZ type charger. After charging, generally they are not packed but directly sent to the blasting site for application.

5.3.3.2 *Production process of RJ-series emulsion explosive*

Fig. 5.13 is the production process flow diagram for RJ-series emulsion explosive.

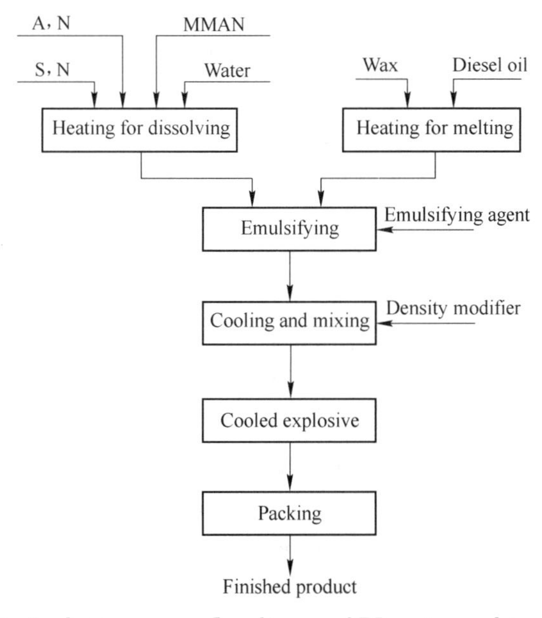

Fig. 5.13 Production process flow diagram of RJ-series emulsion explosive

From Fig. 5.13 it can be seen easily that the composition of emulsion explosive contains methylamine nitrate. Its production process is also to prepare two kinds of mixed solutions first—oxidizer salt aqueous solution (water-phase solution) and fuel composition solution (oil-phase solution). They are prepared respectively in two stainless steel dissolving tanks equipped with heating and agitating apparatuses. Experience has shown that the temperature of two phase solutions is not fixed and different formulations should comply with different temperatures for two phase solutions. Usually, the temperature of the water-phase solution should be higher than its crystallization temperature, otherwise it will cause the crystals-separating out phenomenon in initial period of emulsifying and mixing. However, the higher temperature of oil phase solution can increase volatile of oil materials and decrease the function of emulsifying agent. For RJ-series emulsion explosive, it is preferable to control the temperature of water-phase solution at 30-95℃

while to control the temperature of oil-phase solution at 65-80℃. When the temperature of water-phase solution is higher than 110℃, the emulsifying efficiency decreases significantly and further, when it is higher than 120℃, the emulsifying efficiency is almost zero. Therefore, appropriate selection and control of the temperature of both phase solutions is very important to forming a stable W/O emulsoid.

In the production process of RJ-series emulsion explosive, the emulsifier is equipped with a mixing-emulsifying apparatus, which composes of steam heating jacket and variable speed-agitating blades, and a rolling mechanism for turning down the emulsifier to make the emulsoid flow into the mixing tank at higher temperature. In the discontinuous production process of emulsion explosive, the stable emulsoid is easily formed by pouring water-phase solution into oil-phase solution and the emulsifying effect of the spraying method is better than the single tube-pouring. Pour the oil-phase solution and the emulsifying agent into the emulsifier before slowly pouring the oxidizer salt aqueous solution into the oil-phase solution. It is very important to agitate the solution at high speed. When the agitating linear speed of the emulsifier is controlled at 7.5-22 m/s, the dispersive-phase solution drops will decrease with increasing linear speed. In consideration of the features of various stages in emulsifying process of this series emulsion explosive, the agitating linear speed is greater at first and then smaller. That is to say, at the initial stage of emulsifying process, high-speed agitation is adopted and with increasing viscosity of the emulsified solution the agitating linear speed is decreased. The time for mixing and emulsifying a batch of materials is usually 15-20 minutes.

The mixing tank is a blender for cooling the emulsoid and blending the density modifier. It is built with a lifting agitating apparatus and cooling jacket. The emulsified emulsoid is discharged into the mixing tank for cooling and foamer is added into it; and the time for uniform mixing should be as short as possible. The cooling jacket should be supplied with cold water for cooling the emulsoid and the emulsoid should be reasonably agitated. Under the conditions of agitating, the liquid chemical foamer is sprayed in and the temperature for spraying should be higher than crystallization temperature (5-10℃) of the oxidizer salt solution and the time for mixing the sprayed material should be only 3-5 minutes. The emulsion explosive obtained by such method should be cooled to the room temperature before being loaded and wrapped by charger.

Fig. 5.14 is the outside view of the charger for RXB-1 emulsion explosive cartridge. It adopts a double-position pump. Its nozzle pouring mechanism runs semiautomatically and continuously and its capacity is 500 kg/h. The charger whose hopper is filled with the cooled emulsion explosive is started to load paper cartridges or plastic tubes with different specifications according to requirement. Then the loaded cartridges and tubes are packed, cased and stored for application.

5.3.3.3 *Production process of elastic-plastic emulsion explosive*

Elastic-plastic emulsion explosive refers to the finished explosive whose appearance is a viscous elastic-plastic material not sticking to hands and bags. As its body is harder, its cartridges can be conveniently used in underground small-diameter holes, especially in the upward loading of holes by hand. RJ-emulsion explosive developed by Nanling Chemical Plant and SB-series emulsion

Fig. 5. 14 Outside view of the charger for RXB-1 emulsion explosive cartridges

explosive developed by BGRIMM belong to such class of explosives. This explosive is obtained mainly by suitable selection of viscosity of external phase (oil-phase) material, addition of stabilizer, mixing of powdered density modifier and appropriate production technology. Fig. 5. 15 is a typical production process block diagram of the elastic-plastic emulsion explosive.

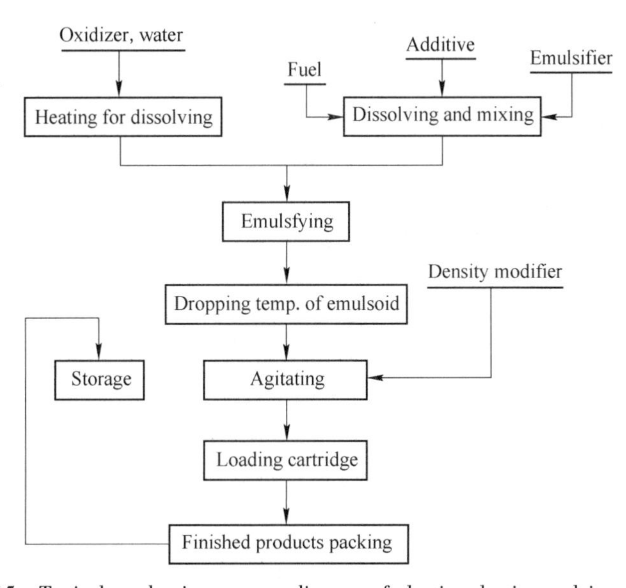

Fig. 5. 15 Typical production process diagram of elastic-plastic emulsion explosive

From Fig. 5. 15 it can be seen easily that the production process of this explosive is similar to that of EL-series emulsion explosive, i. e. to prepare the mixture of oxidizer salt aqueous solution and fuel composition solution first. However, the compositions added into two kinds of explosive are different from each other. The oxidizer salt in this case usually includes ammonium nitrate, sodium nitrate and ammonium (sodium) perchlorate. The temperature of oxidizer salt aqueous solution is usually kept at around 88℃. Experience has shown that higher or lower temperature can negatively affect the quality of emulsion explosive. Fuel composition usually includes oil, wax, vaseline and stabilizer—mixture of bees-wax and borax or water glass. Under the condition of agitating and heating, add the fuel composition (including bees-wax) to the preparation tank for oil-phase solution according to the formulation and agitate it slightly for dissolving when it is warmed up to about 90℃; then add the weighed borax (can relace bees-wax and borax by a suitable quantity of water glass) in proportion and agitate it homogeneously. To prevent the emulsifying agent from decomposing and to fully play its role in emuls ifying, usually the emulsifying agent is added to the mixed fuel solution before emulsification begins.

Emulsification is done in an emulsifier equipped with toothed disk-type agitating blades and thermo-isolation jacket. Add 1/2 oxidizer salt solution into the emulsifier first and add the fuel composition (including emulsifying agent) solution to it slowly while starting the agitating blades. After the addition of the fuel composition solution, add the remained 1/2 oxidizer solution again when the material in the emulsifier is emulsified. The linear speed of the toothed disk-type agitating blades is 17.67 m/s, the temperature of the thermo-isolation jacket is about 90℃ and the time for emulsifying is 6-10 minutes. For the emulsoid obtained by such method, the greater the viscosity is the better the storage stability will be. Cooled to about 80℃ by a cooler, the emulsion matrix is directly pumped to the mixer where it is cooled and agitated to about 80℃ by adding cold water. Also at the same temperature, add a certain quantity of expanded fine pearlite grains or phenolic resin microballs and, if necessary, may add some solid fuels such as aluminum powder to it. With the blending function, all phase materials are blended uniformly. Temperature of the blended materials should be decreased further to ambient temperature. At this time, the emulsion explosive is an elastic-plastic material not sticking to bags. It is sent to the shearer for cutting and wrapping into various cartridges with different specifications. After intermediate packing they are cased for application.

5.4 Production Process of Bulk Products

5.4.1 General

Just as its name implies, bulk explosive products are unwrapped emulsion explosive which can be used directly. It is a natural result of the development of both mixing technology and application of emulsion explosive on spot. Generally speaking, bulk products are not sensitive to detonators. Having been mixed and prepared, most of the products are immediately loaded into the holes for blasting. Therefore there are no special requirements for the storage period. At present, these products are mostly used in the blasting of big-diameter holes at open pit and they are almost not used in the blasting of underground small-diameter holes.

5. 4. 1. 1 *Advantages of bulk products*

There are following advantages from the technical and economical analysis for pumping or sending the bulk products to the site by a pumping transporter or mixing–loading truck:

(1) Saving cost on packing and reducing freight, therefore, decreasing the final cost of explosive and bringing the economic benefit to both manufacturer and user.

(2) Storing only non–explosive materials in the site of user, unnecessary to store the explosive on spot and reducing the cost on storing and the hazard.

(3) On the contrary to wrapped products, the viscosity of bulk products is lower (250–300 Pas) and they are pumped easily. Therefore, they can be easily loaded regardless the holes are filled with water or not. The jamming phenomenon will not occur in the holes as in case of using cartridge.

(4) High efficiency of charging (250–300 kg/min), so the time for loading is shorter and the efficiency for blasting operation can be raised.

(5) As contrasted with wrapped products, bulk products can be loaded into the hole fully which results in increasing the utilization coefficient of explosive energy and expanding the drill hole pattern parameters of blasting, saving the cost for drilling holes.

(6) In accordance with the user's requirement, adjusting the explosive's compositions to meet the need of different air–gap or characteristics of various rocks, therefore there is flexibility in application.

5. 4. 1. 2 *Mixing–preparing method of bulk products*

There are two kinds of mixing–preparing method for bulk products. One is to send all materials for mixing/preparing the explosive and store them in the designated place near the blasting site. Before every blasting operation, send ammonium nitrate, water, oil, wax, emulsifying agent and density modifier to storing rooms respectively on the chassis of the truck, which will be driven to the blasting site. The operations of emulsifying, blending and pumping are done on the truck, which transfers the quantitative finished–explosive to the hole. This method is called mixing–loading truck method. The second method is to send the emulsion matrix, emulsified in the factory, to the blasting site and add the density modifier and aluminum (if necessary) to it on the truck; after blending it uniformly, send it to the hole by pump. Also can send the emulsion explosive, emulsified and blended in the factory, to the blasting site and finally pump it to the hole. This method is called pumping–loading truck method. It is self–evident that for the pumping–loading truck method the formulation of raw materials for the explosive is determined before hand and it can not be adjusted on site to meet the specific cases and characteristics of the rocks, so its adaptability is poorer.

In contrast to pumping–loading truck method, mixing–loading truck method is more flexible and can be adapted to meet the characteristics of rock. This is because that the storing rooms are established for ammonium nitrate, water, oil, wax, emulsifying agent and density modifier on the truck and the explosive is mixed and prepared on site. According to the site conditions, one can adjust the composition ratio quantitatively and make the emulsion explosive to meet the blas ting operator's requirements for energy, density and viscosity so as to obtain better blasting effect. Therefore this method is more popular.

Additionally, with the development of mixing-preparing technology of emulsion explosives one can manufacture an emulsion explosive whose appearance is like common slurries and therefore it can be packed in a plastic bag, which then is sent to the blasting site and loaded into the hole by hand.

5.4.2 Examples of production process of bulk products

5.4.2.1 *Production process of the bulk emulsion explosive of CIL Inc.* [15,16]

The bulk emulsion explosive of CIL Inc. has eight trade marks, namely BL-838, BL-853, BL-854, BL-860, BL-862, BL-863, BL-866, BL-895. Of them BL-854 is an emulsion explosive with low power and low cost; the oxidizer of BL-853 is ammonium nitrate and sodium nitrate which can form an emulsion explosive with best storage stability; BL-895's oxidizer is ammonium nitrate and calcium nitrate and its finished products have the best stability; BL-838 is emulsion composed of ammonium nitrate and sodium nitrate aqueous solution with grained-ammonium nitrate added, having higher power; the oxidizer of BL-862 is ammonium nitrate and sodium nitrate. In order to increase the power, add 5% fuel aluminum powder to it. BL-863 contains 10% aluminum powder; BL-860 is an emulsion sensitized by 19% TNT and its oxidizer salt is still ammonium nitrate and sodium nitrate; BL-866 is an emulsion explosive which can be repumped in cooled status. Oil-phase material is a paraffin oil with low viscosity and 2% glass microballs is added to decrease the density and increase its sensitivity to detonation. All above mentioned marks of emulsion explosive can be initiated by 809 pentolite primary explosive when their diameter is equal to or greater than 75 mm.

Above mentioned marks of emulsion explosive of the corporation are mixed and prepared on the mixing-loading truck "Gelmaster". Fig. 5.16 is the external view of the mixing-loading truck "Gelmaster". Fig. 5.17 is the mixing-preparing flow diagram of the bulk emulsion explosives of CIL Inc.

Fig. 5.16 External view of Gelmaster mixing-loading truck[15]

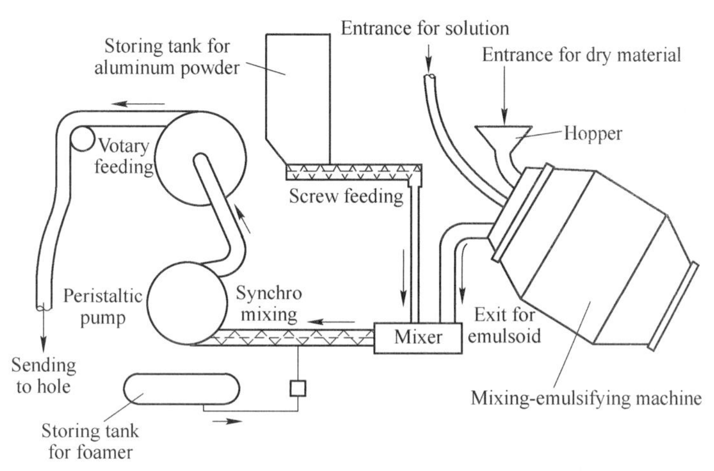

Fig. 5. 17 Mixing-preparing flow diagram of bulk products of CIL Inc. [16]

The mixing-preparing flow processes of above mentioned trade marks of bulk products are similar to that shown in Fig. 5. 17, i. e. to prepare two kinds of solution—oxidizer salt solution and fuel (including oil, wax and emulsifying agent) mixing solution in the stationary supplying station. The temperature of the former should be maintained at about 75℃ while that of the latter at 80-85℃. Add the prepared hot fuel-mixed solution to Gelmaster tank (the tank body's temperature is 80-85℃) and then add the oxidizer salt aqueous solution (the temperature of crystallization is 50-60℃) to the mixing tank at a certain rate when the tank body rotates slowly. After the water-phase solution is added to it the mixing tank rotates for a certain time at faster speed until a stable W/O emulsoid is formed. After that, reduce the rotating speed of the mixing tank and add the required additives (such as grained ammonium nitrate and TNT) to the mixing tank; then rotate again the mixing tank until the materials of various phases are mixed homogeneously. Then pump the emulsoid mixture to the blender and add aluminum powder and density modifier as required, blend them uniformly to the finished bulk products. Then measured by peristaltic pump, the bulk products are pumped into holes. The loaded quantity shall be determined according to the design requirements. The capacity for mixing/preparing bulk products of Gelmaster Mixing-Loading Truck is 9 tons per lot, the time for mixing-preparing is 30-40 minutes per lot and the loading efficiency is 250 kg/min.

For the Gelmaster Mixing-Loading Truck a stationary supply factory should be set up near the blasting site. Fig. 5. 18 is a typical layout of the stationary supply factory with capacity of 20000 tons/year and the area occupied by the factory is 169 m^2 (13m×13m).

5. 4. 2. 2 *Mixing-loading truck system of bulk emulsion explosive of American IRECO Chemical Co.* [17]

Figs. 5. 19 and 5. 20 are respectively side view and back view of the mixing-loading truck for bulk emulsion explosive of IRECO Chemical Co.

Fig. 5. 21 is an overhead view of the storage tank for hot solution at atmospheric pressure. This storage tank for hot solution can be divided into 3 - 4 sections according to the practical

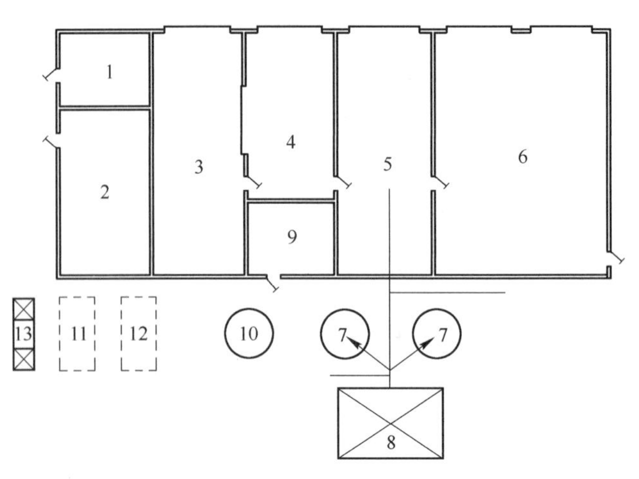

Fig. 5. 18　Typical layout of stationary factory of bulk products (20000 tons/year) of CIL Inc. [16]

1—Office and laboratory; 2—Change room, lounge; 3—Storing room for duel composition (including emulsifying agent); 4—Preparation room for fuel composition solution and foamer solution; 5—Loading and washing room for mixing-loading truck; 6—Garage (for two trucks) and maintenance room; 7—Preparation tank for oxidizer salt aqueous solution; 8—Storage house for oxidizer salt; 9—Motor-controlling center and boiler house; 10—Storing box; 11—Diesel tank; 12—Defective products box; 13—Fuel station

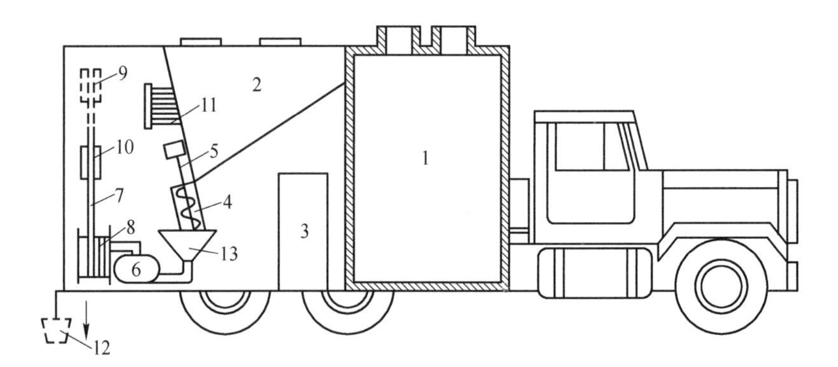

Fig. 5. 19　Side view of mixing-loading truck for emulsion explosive of IRECO Chemical Co. [17]

1—Storage tank for hot solution; 2—Grained AN warehouse; 3—125CFM screw-stem air compressor; 4—Mixer; 5—Pneumatic high speed agitator; 6—Wilden pump; 7—Charging hose; 8—Roller; 9, 10—Fixed pulley and fixed pulley's telescopic holder for supporting the hose; 11—Automatical controlling panel; 12—Paddle; 13—Hopper for finished products

requirement and is made of stainless steel. Generally, the fuel solution occupies 1/4 volume of the tank and the other 3/4 of the tank are sections for oxidizer salt aqueous solution. The oxidizer salt aqueous solution (its temperature is kept at about 90℃) and fuel composition solution (its temperature is close to that of the former) prepared by the stationary supply factory are pumped respectively to the different sections of hot solution storage tank (if necessary, hot solution can be prepared on the truck).

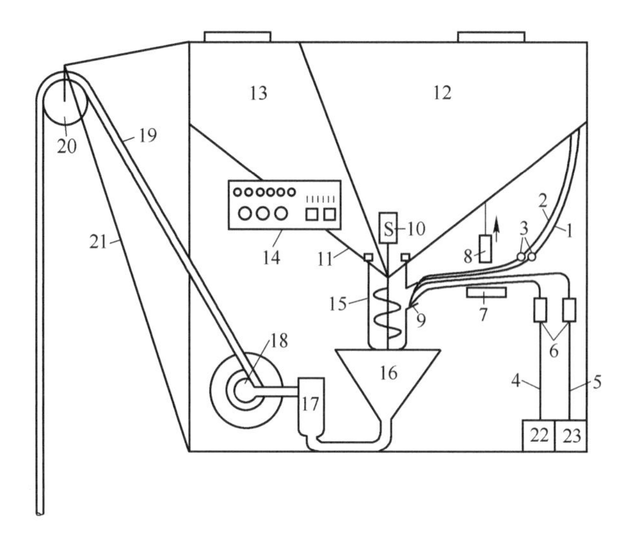

Fig. 5. 20 Back view of mixing-loading truck of IRECO Chemicals'emulsion explosive[17]

1—50. 8mm-internal-diameter discharging duct (which is covered by hot water jacket) for the oxidizer salt aqueous solution; 2—19mm-internal-diameter discharging duct (which is covered by hot water jacket) for fuel composition mixed solution; 3—Ball-valve; 4—Discharging duct for solution from storage tank 22; 5—Discharging duct for solution from storage tank 23; 6—Rotary flowmeter; 7, 8—Controlling block for pipe solution; 9—Branch tube of mixer; 10—Valve for controlling solid oxidizer flowrate; 11—Valve for controlling solid fuel flowrate; 12—Hopper for grained ammonium nitrate; 13—Hopper for flowable solid fuel (Such as grained aluminum); 14—Automatical controlling panel; 15—Mixer; 16—Hopper for finished products; 17—Wilden pipe; 18—Roller; 19—Charging hose; 20—Fixed pulley; 21—Telescopic holder for supporting the hose; 22, 23—Storage tank for trace solution

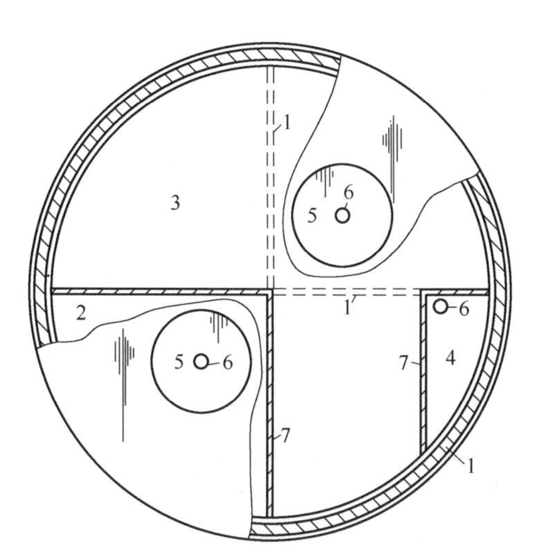

Fig. 5. 21 Overhead view of hot solution (at ambient pressure) storage tank on the mixing-loading truck[17]

1—Perforated buffer (used for minimizing fluctuation of the solution during transportation);
2—Section for hot fuel solution; 3—Section for oxidizer salt aqueous solution; 4—Section for hot water;
5—457mm-diameter entrance hole; 6—76 mm-diameter inspection hole; 7—Stainless steel inspection plate

The procedure of mixing–preparing–loading explosive are described as follows according to the structural pattern provided by Fig. 5. 19. Discharging duct 1 and 2 are extended to mixer 15 from the bottom of storage tank and two kinds of hot solution flow into mixer 15 through these ducts. In order to prevent siphonic phenomenon in the hot solution, install a safety ball–valve respectively in the duct 1 and 2 just outside the storage tank so that the valve can close in case of failure occurring in any part of duct 1 and duct 2 on the solution's surface in the storage tank. These valves remain open during normal operation while in other time, especially in the time when the fully loaded truck is driven to the mine the valves are closed. Duct 1 and duct 2 are covered by hot water jacket from globe valve 3 to controlling block 7 and 8.

Agitated by a pneumatic motor at high speed, the oxidizer salt aqueous solution and fuel composition (including emulsifying agent) solution in mixer 15 are emulsified into W/O emulsoid. Grained ammonium nitrate stored in storage 13 flow into mixer 15 through the dial valves 10 and 11 located at the bottom of storages. If necessary, trace solution (such as foamer solution), by the function of pneumatic pressure, flows into mixer 15 through a small transparent polyethylene tube and it is measured and controlled by a rotatory flowmeter. The three phase materials (solid, liquid and emulsion) are mixed uniformly by agitator. The mixed – prepared emulsion explosive flows into finished product hopper 16 from mixer 15, then is pumped into holes by wilden pump through loading hose. It must be noted here that the average speed of the explosive flowing from mixer 15 to finished product hopper 16 should be the same as average speed of pumping by wilden pump. Either too high or too low location of hopper 16 is not beneficial to loading. Therefore making the pump run at a suitable speed and maintaining the finished product hopper 16 in an appropriate position is an important task for the operator to perform.

It should be pointed out that only compressed–air but not hydraulic or electric apparatus is used as the power for the mixing–loading truck's operations. Usually use one R5CFM screw air compressor to supply compressed–air for operations of the following equipments: self–controller, hot solution discharging ducts 1 and 2, trace solution pipes 4 and 5, vibrator over the solid material store, agitator, wilden pump, roller and a compressed – air hose. This compressed – air hose is used in blowing off the emulsion explosive from the loading pipe and also can be used for cleaning. Using single compressed–air as power for all operations is an important feature of this mixing–loading truck. Fig. 5. 22 is layout of air–compressing system for all operations.

For the control of pressure, the driving of hot solution by compressed–air is the most important, because the flowing speed of fuel and oxidizer solutions varies with the change of driving pressure, therefore, the formation of the explosive also changes accordingly, which is not desired. The effective driving pressure of these solutions are determined by two kinds of pressure: air pressure P_2 over the top solution surface of every section of the storage tank and solution pressure P_1. It is very important that every kind of hot solution and total pressure P_2+P_1 of the storage tank remain unchanged during all pumping stages. However, P_1 is directly proportional to the product of density ρ and height h of the fuel solution and oxidizer salt solution above the entrance. Therefore the pressure gage should be based on the pressure (P_2+P_h) existing in output end of compressed–air

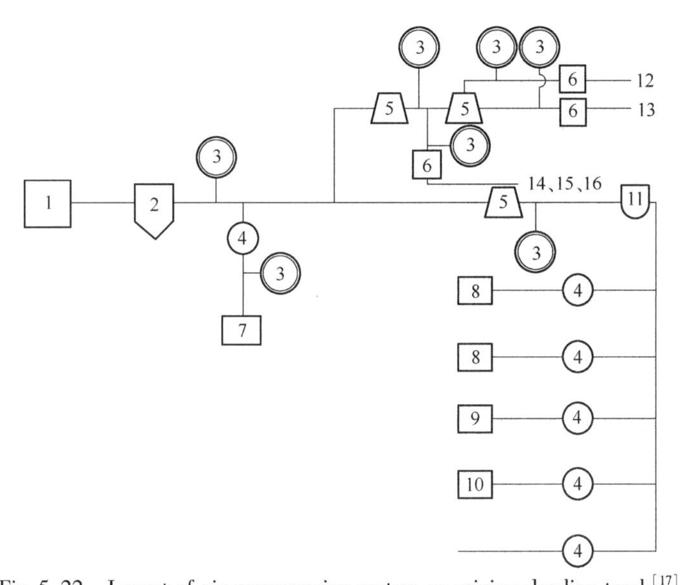

Fig. 5. 22 Layout of air-compressing system on mixing-loading truck[17]

1—Air-compressor; 2—Filter; 3—Pressure gauge; 4—Globe valve; 5—Pressure regulator; 6—Retaining valve; 7—Wilden pump (or other type slurry pump); 8—Vibrator; 9—Agitator of mixer; 10—Roller; 11—Lubricator; 12—Section for storing hot fuel solution; 13—Section or oxidizer aqueous solution; 14—Section for storing hot water; 15, 16—Storage tank for trace solution

pipe. In order to keep the same pressure on both fuel solution and oxidizer salt solution, the level of every compressed-air pipe exit and the level of every solution pipe entrance outside the storage tank must be at entirely same height. On other hand, exactly same levels are unnecessary in practice. Only the difference corresponding to every pipe remains unchanged, can the relative pressure in pipe 1 and pipe 2 for driving solution be fixed at a given pressure value without any relation to the predetermined value (applied pressure) in pipe 5 of Fig. 5. 21. The best way for meeting this requirement is to keep the four solution pipes at same depth from bottoms of storage tanks. In this way, as long as they are driven by regulator 5 (Fig. 5. 21), the readings of all pressure gauges are always equal. If pump the explosive to load holes with different depth and different quantity of water, usually use the explosives with various rheology and density. Such explosive can be obtained easily through changing emulsifying agent and density modifier.

It is also very effective to use the mixing-loading truck to load common slurries with strong adaptability.

5. 4. 2. 3 *Chinese DRHC-12 type mixing-loading truck system for emulsion explosives*

DRHC-12 type mixing-loading truck system for emulsion explosives was jointly developed by Changsha Mining Research Institute, Changzho Metallurgical Machinery Factory and Hainan Iron Mine in China. This truck, depending upon requirements of blasting site, can be used for mixing and loading of various emulsion explosives, such as normal emulsion explosives, heavy ANFO and emulsion explosives bearing Al powder or sensitizer. Its capacity is up to 12 tons, loading efficiency 250-300 kg/min, maximum distance of delivery 30 m and maximum hole depth of loading 20 m.

This mixing-loading truck is composed mainly of storage tanks and pumping-dosing systems for water phase, oil phase, density regulator and dry materials (e. g. porous granulated ammonium nitrate or Al powder), hot water and pneumatic cleaning systems, hydraulic and computer control systems. All equipment, apparatus and driving mechanisms are mounted on a single truck chassis in their own places. This multi-functional truck is capable of transportation, preparation and loading of explosives, which are controlled by microprocessor. It operates according to a technological flowsheet for open, effective and continuous emulsification and automatic preparation and loading of explosives, e. g. under the control of computer water and oil phases are delivered at a preset sequence and proportions through tubes into the emulgator, where high speed emulsification make them a emulsion matrix. Then the matrix is delivered to an open-to-air continuous mixer, where dry materials and density regulator are added and blended into the matrix. Finally the explosives prepared are pumped into blast holes through a hose.

In order to keep the accuracy of dosing and transportation of different ingredients, the mixing-loading truck operates in a close cycle system, consisting of flowmeters, computer, proportional amplifier, electrohydraulic proportional valve, oil motor and pump. Its operation is based on the principle of negative feedback, i. e. when the flowrate in tubes/hoses is changing, the flowmeters immediately send out signals to the computer, which upon receiving such signals delivers orders to the electro-hydraulic proportional valve to adjust the valve gap and regulate the rotation velocity of hydraulic motor/pump. In this way the flowrate is modified and stabilized at preset value thus ensuring the stable flowrate of various ingredients and accurate formulation. The microprocessor single-cycle automatic control concept of DRHC-12 type mixing-loading truck for emulsion explosives is shown in Fig. 5. 23.

To quarantee the supply of DRHC-12 type mixing-loading truck for emulsion explosives, a semi-product preparation station is required to set up near the blasting site; its size is depending upon the user's annual consumption of explosives. For instance, the annual consumption of explosives at Hainan Iron China is about 3500 tons, with daily explosive consumption averaging between 15-20 tons, maximum 35 tons. Blasting operation takes place 2-3 times a week. The capacity for the station at this mine is designed to be 20 tons per shift for preparation. Taking into consideration of the possible more blasts, two water phase storage tanks have been installed at this station. Technological flowsheet of the surface preparation station at Hainan Iron Mine is shown in Fig. 5. 24.

Practice has shown that the temperature of explosives at the outlet of truck usually exceeds 70℃. To reliably detonate the emulsion explosives prepared by such truck, thermal-resistant blasting materials with due characteristics are needed. DHms-2 millisecond-delayed detonating system with low energy detonating cord and slip case is among such temperature resistant blasting devices adaptable to mixing/loading trucks. It is composed of low energy detonating cord, plastic slip case, initiating column, explosion sensitive elements, heat-resistant detonating tube millisecond detonator of differential delays. Explosion of low energy detonating cord initiates the explosion sensitive elements, which in turn initiate the detonating tube. After preset delay the detonator explodes, thus initiating the charge and emulsion explosives in a blast hole. Experience has proved that such system can be reliably and safely used at 80℃, satisfactorily meeting the need for mixing, loading and blasting operations.

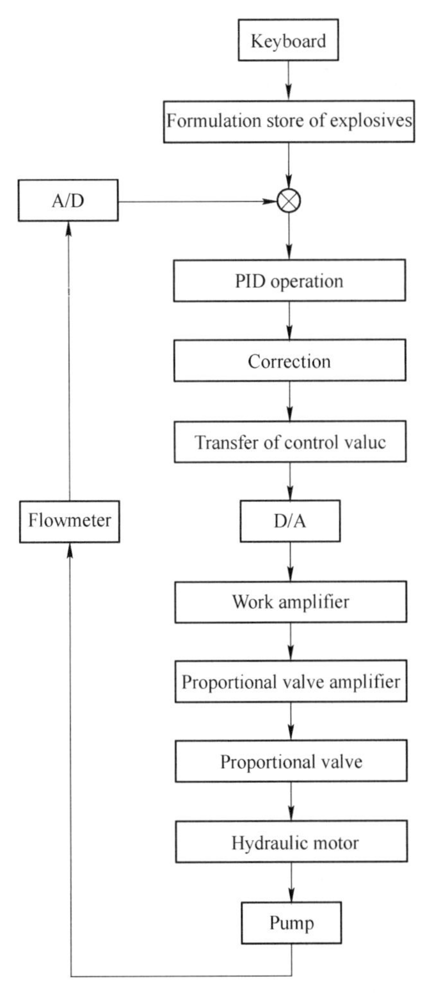

Fig. 5. 23 Block-diagram of microprocessor single-cycle automatic control

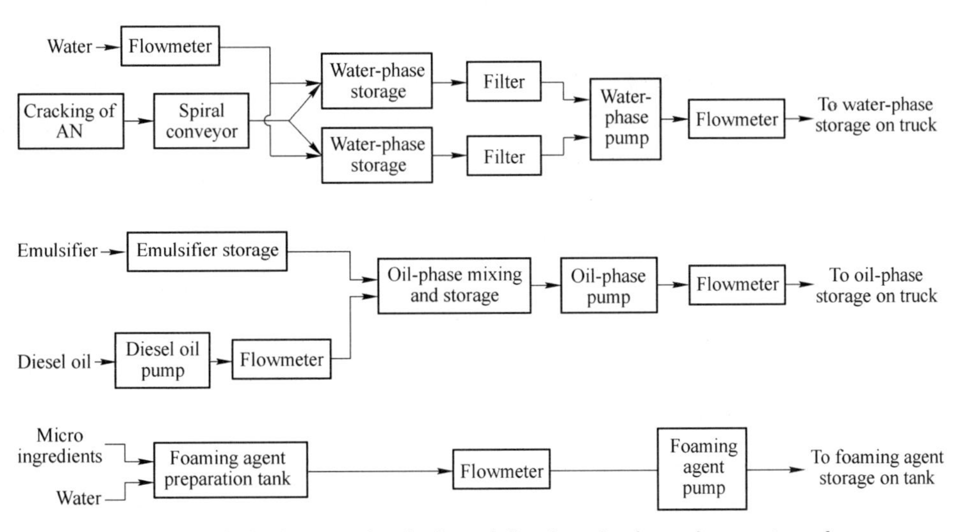

Fig. 5. 24 Block-diagram of technological flowsheet for the surface semi-product preparation station at Hainan Iron Mine, China

5.5 Production Process of Emulsion-ANFO Blended Products

5.5.1 General

No doubt that in the field of current industrial explosive ammonium nitrate fuel oil explosive (ANFO) is still a cheapest basic product, but low density and failure to resist water is the main disadvantages of this kind of explosive. In order to overcome the disadvantage of poor water resistance, waterbearing explosives (slurries and emulsion explosive) have been developed to meet the need for blasting operations in wet holes, underwater blasting or hard rock blasting with great air gap. To overcome the disadvantage of low energy density of ANFO it is possible to increase its energy density by using finely ground high-density AN and mixing it with a suitable quantity of liquid fuel. The achievement has been obtained in trying to add high energy liquid fuels such as nitroalkane and nitromethylic alcohol to fine ammonium nitrate, but the most effective energy additive is fuel grade aluminum powder. Aluminized ANFO is widely used in Canada and the United States. However, expensive aluminum powder increases the cost of ANFO and blasting cost.

As shown in Fig. 5.25(a), there are air gaps among grains when grained ammonium nitrate naturally piles up and therefore its density is lower. High density emulsion matrix can easily fill the air gaps, either increasing ANFO's energy density or sensitizing ANFO. A cold emulsion matrix which can be pumped may be taken as this basic emulsion added to grained ANFO to form a new mining explosive—blended product of emulsion and ANFO. This product is called "Heavy ANFO" abroad (also called special ANFO). In China it is usually called emulsified-grained ANFO, also called emulsion ANFO. Fig. 5.25 (a), (b), (c) are diagrams which respectively show the density differences between common grained ANFO, fine high-density ANFO, and Heavy ANFO[18].

In this physically blended material, the emulsion matrix weight ratio can vary from 0 to 100% while ANFO ration can vary from 100% to 0. The property of blended materials vary with the respective different composition ratio and property of the emulsion matrix. Figs. 5.26, 5.27 and Table 5.6 show the varying relations.

It can be seen from Fig. 5.26 that the relative bulk strength of blended material (ANFO = 100) increases with increasing of the emulsion percentage. In the figure, the relative bulk strength of aluminized ANFO containing 5% and 10% of aluminum powder gives the reference point of energy. The bulk strength of 30 : 70 (emulsion : ANFO) blended material is equal to that of ANFO containing 5% aluinum powder while the bulk strength of 40 : 60 blended material is closed to that of ANFO containing 10% of aluminum powder. After the emulsion matrix content is increased to 40%, the bulk strength decreases accordingly. Obviously, the density of blended material will increase with increasing of its emulsion content. When the density of the blended material is about 1.30 g/mL, its energy value reaches maximum.

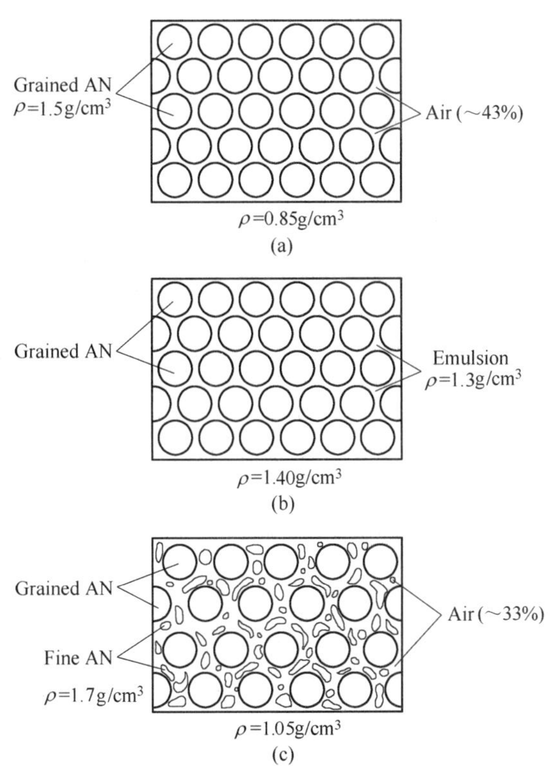

Fig. 5. 25 Diagram showing the density difference among grained ANFO (a) high density ANFO (b) and Heavy ANFO (c)[18]

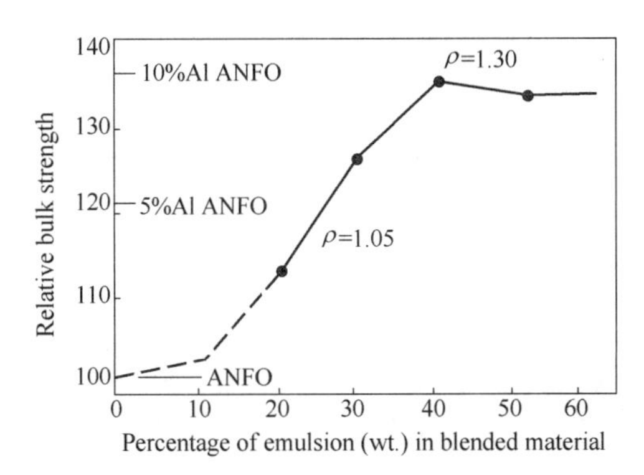

Fig. 5. 26 Relation between relative bulk strength of heavy ANFO and emulsion matrix weight ration in blended product

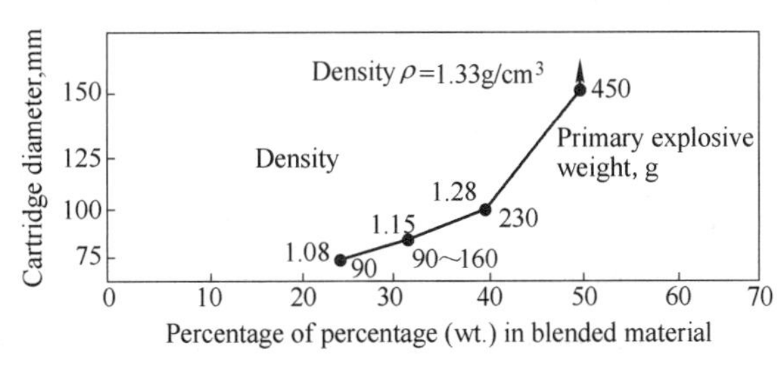

Fig. 5. 27 Relation between charge diameter and emulsion weight ratio in blended product

From Fig. 5. 27 it can be seen easily that the blended material's sensitivity to detonation will decrease with increasing of its emulsion content. When the density is 1. 08 g/cm^3 (containing 23% of emulsion matrix), the blended material can be initiated to detonation by a 90 g pentolite cartridge. With increasing of density, the weight of primary explosive cartridge becomes greater. When the density is 1. 33 g/cm^3, the minimum primary explosive cartridge weight is 450 g of pentolite. It is very interesting to observe that the peak values for both energy and sensitivity occur at the density close to 1. 30 g/cm^3. Undoubtedly, adding microballs into the mixed emulsion matrix can raise blended material's sensitivity to detonation, but its cost will increase significantly. Therefore tradeoff should be made carefully between aluminized ANFO and blended material.

Table 5. 6　Relation between properties of blended material and weight ratio of its two compositions

Item	Weight ratio of compositions										
Emulsion ANFO	0 100	10 90	20 80	30 70	40 60	50 50	60 40	70 30	80 20	90 10	100 0
Density, g/cm^3	0. 85	1. 0	1. 10	1. 22	1. 31	1. 42	1. 37	1. 35	1. 32	1. 31	1. 30
Burning rate, m/s cartridge diameter 127 mm	3800[1)]	3800	3800	3900	4200	4500	4700	5000	5200	5500	5600[1)]
Expansion work, cal/g	908	897	886	876	862	846	824	804	784	768	752
Shock work, cal/g diameter 127 mm under water	—	—	—	—	—	827	—	—	—	—	750
Molecular gas/100 g	4. 38	4. 33	4. 28	4. 23	4. 14	4. 14	4. 09	4. 04	3. 99	3. 94	3. 90
Relative weight strength	100	99	98	96	95	93	91	89	86	85	83
Relative bulk strength	100	116	127	138	146	155	147	141	133	131	127
Water-resistance	None	being initiated on the same day			On unconfined condition, being initated within 3 days					Unwrapped, can be kept for 3 days	
Minimum diameter, mm	100	100	100	100	100	100	100	100	100	100	100

1) Is determined value, others are estimated values.

In this physically blended material, the emulsion matrix weight ration can vary from 0% to 100% while ANFO ration can vary from 100% to 0%. The property of blended material varies with their respective different ration and the emulsion matrix property relations.

Water-resistance of the blended material depends on the quality of emulsion matrix and how well it is blended. Generally speaking, the blended emulsion matrix improves the water-resistance of ANFO and the water-resistance will become stronger with increasing of emulsion matrix content in blended material.

The mixing-preparing process of blended material is relatively simple. Emulsion matrix can be prepared in a stationary factory in advance and then is sent to the working site by a tank truck for storing or pumping to a fixed storage tank. ANFO is also manufactured in advance, in a stationary factory or on a bulk ANFO mixing truck. Then add the emulsion matrix into ANFO in proportion and blend them uniformly to yield blended products. The production process will be explained through the following examples of several corporations.

5.5.2 Practical examples on production process of emulsion-ANFO blended products

5.5.2.1 *Production process of blended products of CIL*[16]

Fig. 5.28 is production process flow diagram of bulk heavy ANFO of CIL, of which (a) means that the emulsion matrix, diesel oil and grained ammonium nitrate are transferred to various spaced rooms on screw mixing truck; (b) means that mixed uniformly screw feeder in proportion, the three kinds of components are loaded into a hole.

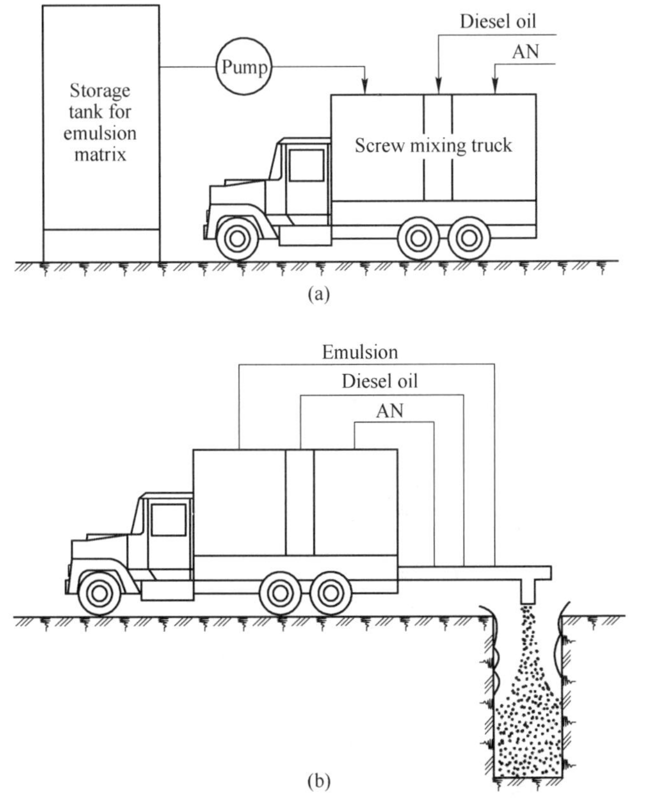

Fig. 5.28 Diagram of mixing-preparing bulk heavy ANFO on spot (CIL)[16]

It can be seen easily from above figure that the mixing-preparing process of bulk heavy ANFO in CIL includes two parts: preparing emulsion matrix in stationary factory or on Gelmaster mixing-loading truck; mixing/preparing ANFO on a screw mixing truck first, then blending emulsion matrix into it and sending the blended product into a hole by a screw feeder. The process of the former is similar to that of wrapped products or bulk products, that is, to prepare oxidizer salt aqueous solution (heating to about 90℃) and fuel composition mixed solution (also heating to about 90℃) first, then to add emulsifying agent to fuel-composition-mixed solution; after that, mixing and emulsifying the oxidizer salt solution and fuel-mixed solution (including emulsifying agent) in predetermined proportion to form W/O emulsoid in the continuous recycling mixer or in the mixing-agitating tank of Gelmaster mixing-loading truck. Generally speaking, the emulsoid obtained in such way is the emulsion matrix to be blended. That is to say, if there are no special requirements usually do not add density regulator and solid fuel powder (such as aluminum powder) to the emulsion matrix to be blended. Fig. 5. 29 shows the process of mixing-preparing ANFO (if necessary, one can add aluminum powder), blending emulsion matrix, mixing it uniformly and loading it to the hole. From the figure it can be seen that the prill ammonium nitrate is finely crushed by hammer crusher 11 first, then diesel oil is sprayed into the fixed screw mixer 8 to continuously and quantitatively mix with the fine ammonium nitrate by the diesel measuring pump 2; after that the mixed material is transferred to the movable screw mixer 9. The emulsion matrix is transferred from storage tank 5 to movable screw mixer 9 to mix with ANFO quantitatively through the emulsion pump and transferring duct. After being mixed uniformly by the screw of movable screw mixer, it is transferred quantitatively to the hole.

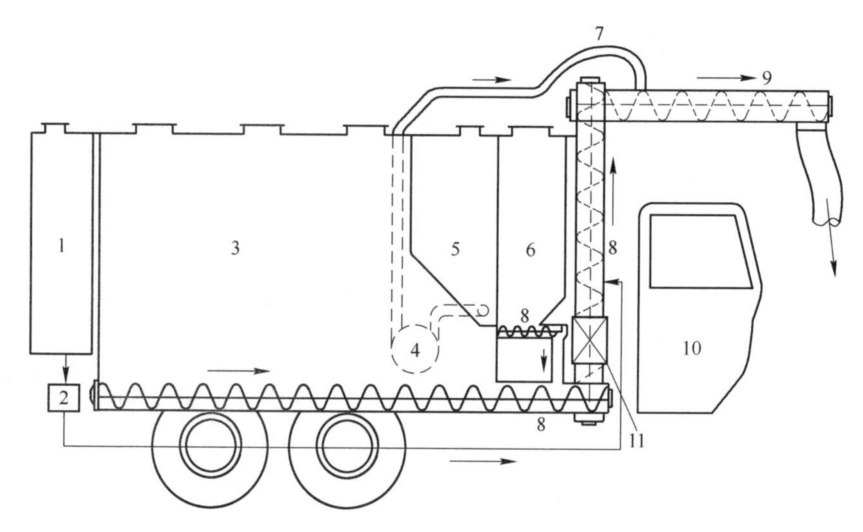

Fig. 5. 29　Mixing-preparing process of emulsion-ANFO mixture of CIL[16]

1—Diesel storage tank; 2—Diesel transferring and measuring pump; 3—Granular AN storage tank; 4—Emulsion transferring and measuring pump; 5—Emulsion storage tank; 6—Aluminum powder storage tank; 7—Emulsion transferring duct; 8—Fixed screw mixer (feeder); 9—270-degree screw mixer; 10—Cabin and control panel; 11—Hammer crusher

5. 5. 2. 2　*Production process of blended products of American Du Pont*[18]

Du Pont calls "emulsion-ANFO blended product" as a "special ANFO". The emulsion matrix is bulk TOVEX-E emulsion explosive of Du Pont. ANFO is composed of 94% prill of ammonium nitrate and 6% of diesel. The weight ration of two parts for the blended products are ranging from 100% emulsion substrate to 100% ANFO. Fig. 5. 30 is production process flow diagram of bagged blended-products of Du Pont.

From Fig. 5. 30 it can be known that the emulsion matrix is prepared on Du Pont mixing-loading truck. Prepare oxidizer salt aqueous solution and fuel composition mixed solution in a stationary supply factory in advance, then send the two kinds of solution to the different spaced rooms of the truck; finally mix and emulsify them into TOVEX-E in proportion. The blended emulsion matrix

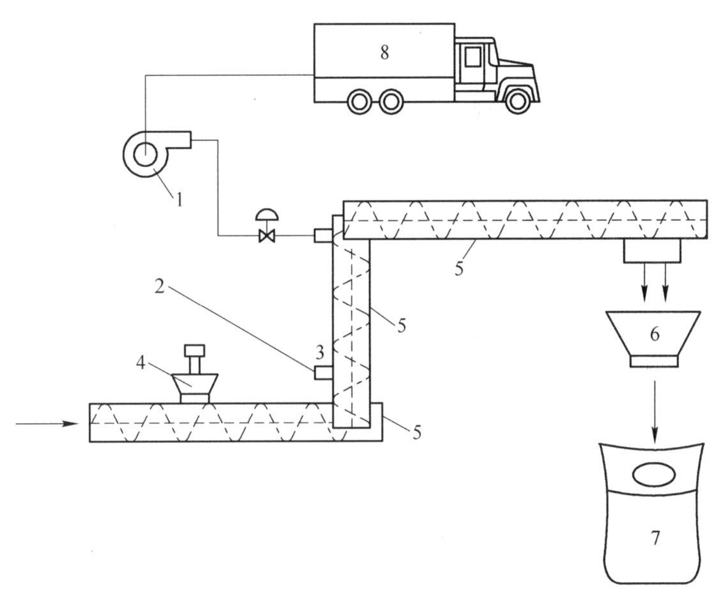

Fig. 5. 30 Production process flow chart of bagged blended-products of Du Pont[18]

1—Wilden pump; 2—Valve; 3—Nozzle; 4—Grained ammonium nitrate hopper;

5—Screw mixer; 6—Finished product hopper; 7—Bagged finished-product

is obtained in such a way. Use wilden pump to transfer the mixed emulsion matrix (namely TOVEX-E) to the upper part of the vertical screw mixer. Transfer the prill ammonium nitrate and aluminum powder (if necessary) to the screw mixer through hopper and spray the measured diesel to the lower part of the vertical screw mixer. That is, the prill ammonium nitrate meets the diesel first, after transferred and mixed uniformly by the screw (feeder), then mixed with emulsion, they are sent to the blending hopper where they are packed into bagged products of different specifications (such as 50 kg/bag) based on the requirement.

5. 5. 2. 3 *Mixing-preparing process of BME-series emulsion explosive*[19]

BME-series emulsion explosive is developed by BGRIMM. It is composed of EL-series emulsion explosive's emulsion matrix and certain amount of prill ammonium nitrate. Its mixing-preparing process flow diagram is shown in Fig. 5. 31.

As shown in the figure, the emulsion matrix preparation of this series of explosive and blending of emulsion matrix and prill ANFO are done in different workshops according to China's safety regulations. The preparation of emulsion matrix is the same as the melting and emulsifying of EL-series emulsion explosive, which has been described in Chapter 3. Blending is conducted in a horizontal mixer. Prill ammonium nitrate is sent to the mixer by the screw feeder in determined weight ratio. At the same time, the measured diesel is also pumped to the mixer where the prill ammonium nitrate and diesel are agitated uniformly to form prill ANFO rapidly. Then send the prepared emulsion matrix quantitatively to meet with the well mixed ANFO in the mixer. Blended by the mixer, the two parts are mixed uniformly to yield final products. Generally speaking, the more uniform they are mixed, the better the properties of the final products will be.

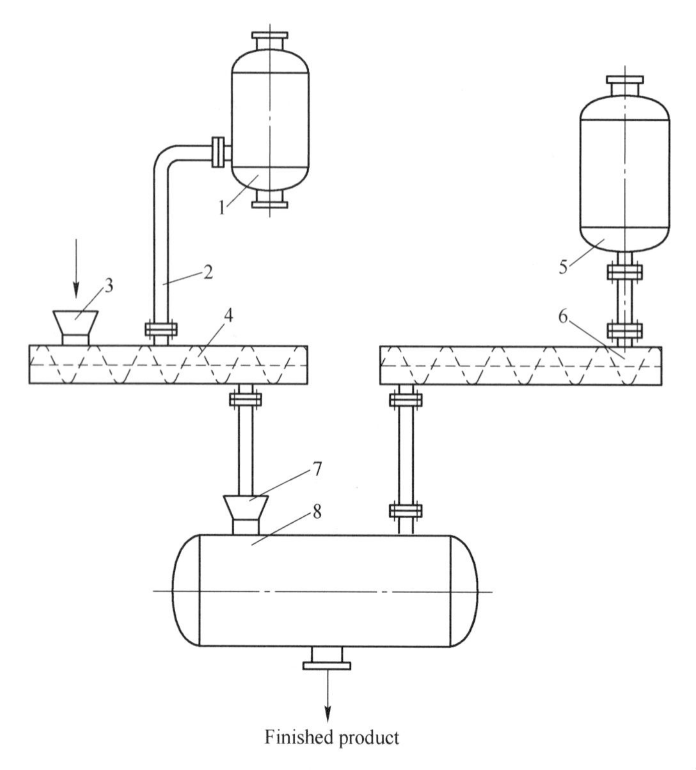

Fig. 5. 31　Mixing-preparing process flow diagram of BME-series emulsion grained explosive
1—Diesel storing and measuring tank; 2—Oil transferring pipe; 3, 7—Hopper;
5—Emulsion storage tank; 4, 6—Screw mixer and feeder; 8—Mixing tank

5. 6　Production Technology of Emulsified Powdered Explosives

5. 6. 1　General

As described in 1. 1 of this book, emulsion explosives generally refer to W/O emulsion water-resistant commercial explosives prepared by emulsification technique. Although they may be pumpable grease paste material or non-sticky elasto-plastic one, their matrix remains emulsoid without crystallization of ammonium nitrate and other inorganic salts. This is the essence of coventional emulsion explosives (EE). However, with the steady development of preparation technology of EE and practical applications for various rock blasting, emulsified powdered explosives (EPE) have come into being. At present they are named differently, the commonly encounted names are powdered EE, EPE, solid mixed explosives, etc. The author holds that the name EPE more or less precisely reflects such explosives, hence this name is temporarily used in this book.

EPE has made breakthrough into the conventional concept of EE matrix, its final product is no more emulsoid in appearance but crystalline powder of ammonium nitrate and other inorganic oxydant salts coated by a very thin oil film. Owing to its completely close contact of oxydants with combustibles remained and powder formed, such kind of EE exhibits higher detonation sensitivity (may be exploded by one No. 8 commercial detonator) and better explosiveness. Without intended introduction of sensitizing bubbles (micro-chemical bubbles, glass or resin hollow microspheres, solid micro-particles of expanded perlite with inclusion of air bubbles, etc. or their combination). Moreover, loose microcrystalline powder state facilitates packaging into more solid cartridges, which is helpful to transportation and small drill-hole charging, and, therefore, to more effective blasting.

Since the production process of EPE involves preparation of W/O emulsoid and solidification and dispersion of micro-crystalline powder, the composition of EPE includes both continuous and dispersion phases for emulsoid formation, and possibly substances for helping to solidification and crystallization. Generally, its dispersion phase is composed of water and inorganic oxydant salts; any oxydant is suitable in this respect which can release enough oxygen at quite high rate in explosion environment. Salts of such oxydant include nitrates, chlorates and pyrochlorates of ammonium, alkali metals and alkali-earth metals, etc. for example, nitrates of ammonium, solidum, potasium, lithium and calcium, pyrochlorates of ammonium, sodium, potassium and calcium, chlorates of sodium, potassium and calcium, etc. However, as shown in practice, ammonium nitrate is the most essential oxydant in such explosives. Only when necessary are added one or two substances which can form eutectics with ammonium nitrate in the process of heating, such as calcium, lead and sodium nitrates, urea, monomethyl amine nitrate, hexa-methyltetramine, methylamide, mannite pentaerythritol, maltose, etc. The dispersion phase generally accounts for 85%-95% of the total weight of emulsoid, and the water content no more than 6%, preferably in the range of 3%-4%. The continuous phase of emulsoid functions as conbustible and sensifizer of such explosives. Generally, the continuous phase accounts for 5%-15%, preferably 8%-10% of the total weight of explosives, which is dependent upon the oxygen balance of explosives. This continuous phase generally involves diesel oil, paraffin and its oil, microcrystalline wax, bee wax, palm wax, emulsifier etc. ; when necessary, one or two high polymers can be added, such as polyisobutylene, polyethylene, ethyl acetate, etc. Practice has demonstrated that it is also very useful to add into emulsoid some auxiliary solid combustibles such as coal, graphite, char, sulphur, aluminium, magnesium or their mixture. As a rule, addition of these auxiliary solid combustibles is preferably no more than 5% of the total weight of explosives.

In addition, in order to reduce overcooling of dispersion phase and speed up crystallization of oxydant salts, sometimes it is necessary to add into emulsoid one or two kinds of solid micro-particle substances as nucleation agent. Such agent is preferably high dispersion colloid particle, which must be insoluble in emulsoid, but can be mixed with well prepared emulsoid or mixed with some component before emulsiod preparation. Colloid silica or titania or their suspension in water can be mixed with emulsoid formed. Before emulsoid preparation, preliminary mi xing of Al salt particles (for example, Al sulfate) with oxydant salts enables solid colloid particles to be formed in site in the emulsoid, i. e. colloid particles can directly be formed with the help of Al-salt hydrolization or double decomposition. In this way precise control of solidification time can be guaranteed for the droplets of oxydant salts in emulsoid, and only slight rupture can be found in combustible barrier between droplets.

5.6.2 Production technology

Production technology of EPE involves: 1. Preparation of W/O type emulsoid with low water content (<5%) or fusion compound coated by combustible but without water; 2. Cooling of emulsoid formed and pulverization into microcrystalline powder of oxydant salts, followed by packing into different diameter cartridges by various packing machines or leaving it in bulk state for direct use. More detailed description is given as follows.

(1) Preparation of W/O emulsoid with low water content (<5%). In this process, firstly, an oversaturated aqueous solution of inorganic oxydant salts is prepared with water content less than 5% of the weight of final mixed explosives. Usually such aqueous solution is formed by heating ammonium and other oxydant salts together with water. It is worth to mention that heating duration will be a bit longer due to lower water content and higher temperature in preparation of over-saturated solution; that is to say, heat energy will be more consumed. To overcome this shortcoming, auxiliary oxydants such as calcium or sodium nitrate or other organic substances are added to cut down the solution temperature required as more as possible. Among those additives, preferably one can form eutetics when heated together with ammonium nitrate. At the same time, oil phase mixed solution is prepared, i. e. various combustibles (such as paraffin, microcrystalline wax and mineral oil) are mixed according to a given proportion in weight, heated and fused. Immediately before emulsification emulsifier is added into this solution, after homogeneous mixing an oil phase mixed solution is obtained. It should be noted that the temperature of oil phase mixed solution should be close to that of aqueous phase solution so as to avoid crystallization of oxydant salts due to differential temperature when aqueous solution enters oil phase. It is obvious that the crystallization is undesirable before the formation of W/O type emulsoid. In consideration of the low emulsifiability of Span-80 emulsifier at higher temperature (e. g. 120-140℃), it is desirable to use high-temperature-resistant high polymer emulsifier for preparation of emulsoid of low water content to ensure formation of quality emulsoid in due time at the initial period of emulsification.

Emulsification is a key step in preparing W/O type emulsoid, also an important step in producing high-quality powder explosives. From the point of view of technology, it is basically the same as emulsification operation for conventional EE, but it is done with more care. Two mixed solution prepared, i. e. solutions of oxydant salts and combustibles (including emulsifier) are simultaneously transferred in an emulsion machine at a given controlled rate, and kept for a given time. Under the effect of emulsifier both solutions are mixed rather homogeneously, resulting in a stable, high quality emulsion matrix. Practice has shown that quality of emulsoid directly affects the operation of pulverization and properties of final product, i. e. high-quality emulsoid is a prerequisite for obtaining super powder product.

(2) Obtaining final product through cooling and pulverization of emulsoid. Key to the process of cooling and pulverization of emulsoid lies in both speeding up the formation of oxydant salt crystalls

in the continuous phase and ensuring slight rupture of the combustible carrier between droplets of crystalline emulsoid, resulting in micro-crystalline product of oxydant salts coated by extremely thin oil film. Final powdered products obtained by different companies and researchers are basically the same, their technical route, production equipment and technological conditions are quite different. For explanation, hereafter are cited the emulsoid cooling and pulverization technology more popular at present in China and manufacture technology of solid-mixed explosives of British Imperial Chemical Inc. Ltd. (ICI).

1) Emulsoid cooling and pulverization technology popular in China.

Such technology is shown in Fig. 5. 32.

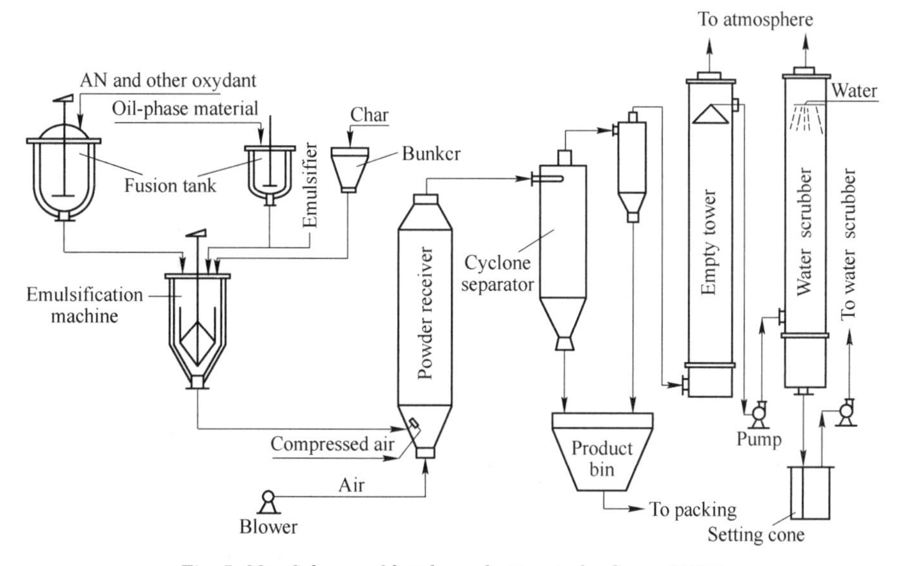

Fig. 5. 32 Scheme of batch production technology of EPE

It is seen from Fig. 5. 32 that micro-crystals of oxydant salts mostly coated by extremely thin oil film are formed in the pulverization tower after emulsoid passing through the nozzle, then they are transferred into the primary and secondary gas-solid separators, and the powdered explosive product is obtained as required. The tail gas goes to the atmosphere after water scrubbing and other cleaning steps. As shown in practice, proper dimension and shape of nozzle, matching of nozzle to pulverization tower, quality and feed pattern of emulsoid, introduction pattern of gas flow and its flowrate, etc. —all exert an important influence upon obtaining homogeneous micro-crystallization. It is therefore necessary to carefully select different technological parameters and conditions and optimum matching of various influential factors. Such technology is based on enforced quick cooling for improving crystallization without adding any nucleation solid to the emulsoid; however, it is necessary to strictly control water content ($\leqslant 5\%$) and properly select oil phase material to densify emulsoid.

2) Solidification technology for solid-mixed explosives developed by British Imperial Chemical Inc. (ICI).

This technology involves first addition of at least one kind of microparticle substance to the emulsoid as nucleation agent, followed by quick cooling of this emulsoid. In the cooling process micro-particle substance of nucleation agent will speed up the crystallization of oxydant salts. It is well known that typical emulsoid contains $10^{10}-10^{12}$ droplets per milliliter, and to guarantee the homogeneous nucleation and crystallization of droplets, the particle substance added is preferably high dispersion colloid solid particles. An example for explanation is given as follows.

An emulsoid mixture is prepared comprising oil-coated fused compound of the following composition:

Fused phase	Fraction	Oil phase	Fraction
Ammonium nitrate	49. 0	Mineral oil	4. 0
Sodium nitrate	5. 0	Sorbitol sesquioleate	2. 0
Potassium nitrate	5. 0		
Lithium nitrate	10. 0		
Binitro-ethylamine	25. 0		

Oxydant fused at 105℃ is gently added to an emulsification vessel containing oil phase at 95℃, after intense agitation of such mixture an emulsoid is formed, containing oil-coated fused compound of droplets averaged about 1. 5 micron. It is then treated under the following different conditions:

1. 100 g emulsoid matrix is kept in a glass bottle for 5 days at 0-10℃, no crystallization happens; the sample exhibits flowing and translucent state.

2. 100 g emulsoid matrix is mixed and agitated with 1 g (*n*-butyl) primary titanate (which is decomposed as colloid titania in the emulsoid). After 10 sec the sample is condensed into micro-powder.

3. 100 g emulsoid matrix is mixed with 2 g tetramethyl silicate (which is decomposed as silica in the emulsoid). After about 18 hours the sample is condensed into fine particle solid.

4. 100 g emulsoid matrix is mixed with 1 g tetramethyl silicate and 1 g water. After 18 hours the sample is condensed into fine particle solid.

References

[1] LU Hua, WANG Shanhongg, *Ammonium Nitrate Explosive*, National Defence Industry Press, 1970, pp. 20-23. (in Chinese)

[2] YUN Zhuhui, *Blasting devices*, 2, 1980, pp. 14. (in Chinese)

[3] BGRIMM etc., *Metal Mine*, 8, 1982, pp. 9-15. (in Chinese)

[4] U. S. Patent 4, 149, 917.

[5] WANG Xuguang, *Yunnan Metallurgy*, 6, 1983, p. 18. (in Chinese)

[6] Changsha Research Institute of Mine, *Metal Mine*, 8, 1982, pp. 16-20. (in Chinese)

[7] U. S. Patent 4, 110, 134.

[8] U. S. Patent 4, 216, 040.

[9] P. A. Persson and Bjom Engsbraten, Emulsionssprangamne-energy Generation AV Vattenbaserade, Sweden Nitro Nobel AB, 1982.

[10] Japanese Patent 55-75995.

[11] WANG Xuguang, *Yunnan Metallurgy*, 6, 1983, p. 19. (in Chinese)

[12] WANG Xuguang, *Blasting Devices*, 3, 1983, pp. 39-40. (in Chinese)

[13] U. S. Patent 4, 138, 281.

[14] H. A. Bamfield, W. B. Morrey, *Emulsion Explosives*, Explosives Division CIL. Inc.

[15] CIL, Bulk Emulsion-Manufacturing Procedure, Explosive Division of CIL Inc.

[16] CIL, The Gelmaster System, CIL Explosives Information Report No. 161.

[17] U. S. Patent 4, 195, 548.

[18] G. A. Strachan, TOVEX-E Du Pont Emulsion Explosives, E. I. Du Pont de Nemours Co. , 1984.

[19] Explosives Research Group of BGRIMM, *Metal Mine*, 5, 1982, pp. 23-25. (in Chinese)

6 Properties of Emulsion Explosive and Factors Affecting Them

It is well known that an emulsion explosive is a complex emulsifying system consisting of multiple components and a typical composite explosive. Practice has shown that the main properties of emulsion explosive depend not only on the reasonable formulation but also on the correct manufacturing process and the control of its conditions. It is evident that only when we well understand the properties of emulsion explosive and the factors affecting them, can we properly select its raw material compositions and formulation and draw up reasonable manufacturing process and operation conditions to make the properties of emulsion explosive meet the practical requirements and to ensure lower cost.

6.1 Chemical-Physical Properties and Factors Affecting Them

6.1.1 Appearance status and its control

As stated in Chapter 1, 5, the emulsion explosive is a stable W/O type emulsion system whose resistance value is infinite. On the basis of different colors of outer phase, the emulsion explosive matrix can be slightly grey to slightly brown and semitransparent, which is like a common butter fat (milk fat). Generally, the appearance of emulsion explosive varies in a large range, from flowable fluid to elastic solid. No doubt that the variation of emulsion explosive status provides convenient condition for its site application. For example, for the mechanized loading of large diameter holes in open pits and easy mixing with emulsion ANFO (usually referring to grained ANFO explosive), emulsion explosive which can flow easily at ambient temperature is manufactured and provided so as to be pumped to load the holes or mixed with ANFO uniformly at cold state[1,2]; for manual loading of large diameter holes in open pits, the emulsion explosive[3], which is similar to the common slurries, elastic and not sticky to the bag wall (or hole wall), is manufactured and provided so as to be loaded into the holes manually in bulk; for loading of upward holes and fan holes at underground mines, the harder emulsion explosive packed with paper is manufactured and provided so as to be loaded by hand or by cartridge loader, and the viscous and bulk emulsion explosive is also manufactured and provided so as to be loaded mechanically in bulk.

Of course, properties of emulsion explosive vary significantly. But practice has shown that the appearance status of emulsion explosive depends mainly on the category of oil phase materials selected and their proportion in the formulation of explosive, particularly depending on the physical consistency of fuel composition. That is to say that the carbonaceous fuel shall be selected as the emulsion explosive's composition based on the required appearance status of finished emulsion explosive. Table 6. 1 summarizes the different rheologic properties and applications of the emulsion explosives composed of different fuels[4].

Table 6. 1　Corresponding relations between the fuel composition and the rheologic properties and applications of emulsion explosives

Fuel	Consistency of finished emulsion explosive	Applications of emulsion explosive
Fuel oil	Being diulte when cold and can be pumped	Cold emulsion explosive can be pumped; to be loaded into small-to medium-diameter holes; being used as heavy ANFO
Paraffin oil	Being dilute when hot and can be pumped	Large - diameter explosive in bulk; medium - to large - diameter viscous packed-explosive
Paraffin oil+paraffin	Dense; soft and viscous	Small-diameter plastic cartridges; auxiliary blasting cartridges
Crude wax	Dense and paste like	Small-to medium-diameter paper cartridges; can be loaded and stable
Flexible wax (micro crystals)	Paste without viscosity	Small-diameter paper cartridges; can be loaded and stable

It is not difficult to find from Table 6. 1 that different fuels and reasonable formulation can make the appearance status of emulsion explosive change significantly and so does its application scope. This must be noted first. At the same time, it should be pointed out that when the appearance of emulsion explosive changes because of changing the fuel, its manufacturing process must be adjusted accordingly. The different formulations (see Table 6. 2) and manufacturing flow process (see Fig. 6. 1) of the emulsion explosives, series EL and SB, are good examples to explain above mentioned relations[5].

Table 6. 2　Examples of formulation for emulsion explosives, series EL and SB

Materials	Examples of series of emulsion explosives	
	EL-102-2	BME-2-2
Ammonium nitrate	73. 0	63. 0
Sodium nitrate	10. 0	9. 0
Ammonium perchlorate	—	6. 2
Water	12. 0	11. 0
Emulsifier	1. 0	1. 0-1. 5
Wax	2. 5 (composite wax)	1. 5
Vaseline	—	2. 0
Micro-cry staled wax	—	0. 8
Oil	1. 5	—
Density adjustor	—	2-4
Appearance status	Like common, emulsion paper or plastic cartridge	Elastic plastics not sticking to hands, paper-cartridge

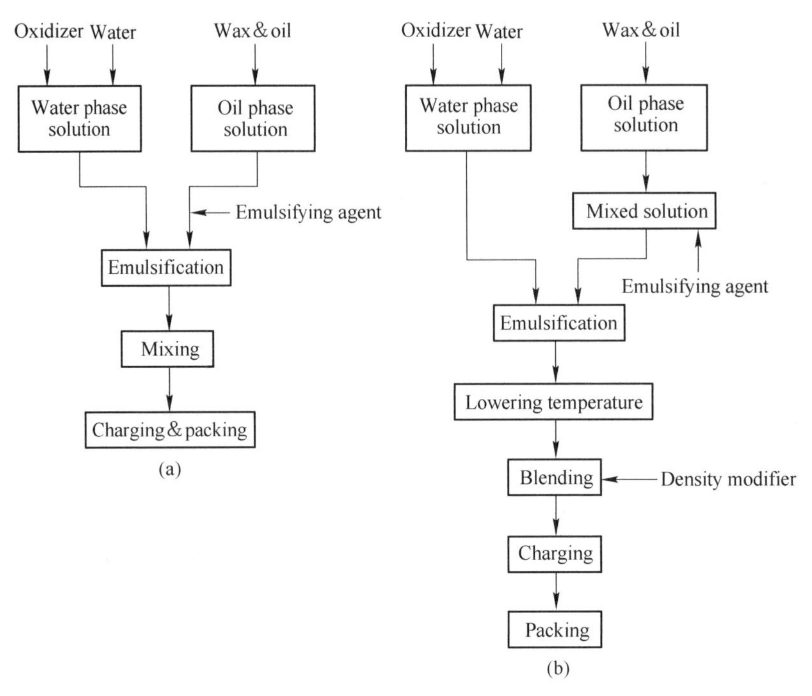

Fig. 6. 1　Block-diagram of manufacturing process of emulsion explosives
(a) series EL; (b) series SB

6. 1. 2　Density and its influential factors

Generally, the density of the emulsion mixture without density-modifier is usually about 1. 45 kg/cm^3 and its detonation rate is rather low. To increase the detonation sensitivity the density of emulsion explosive shall be adjusted through adding density-modifier into the composition during manufacturing. Usually it is reduced from 1. 45 g/cm^3 to 1. 0-1. 35 g/cm^3.

Experience has shown that the decrement of density greatly increases emulsion's sensitivity to detonation, and especially, if the decrement of density is realized through dispersing microair bubbles throughout the emulsion mixture, the sensitivity to detonation will be increased significantly[6]. Usually, emulsion explosive does not contain single-ingredient explosive because it is composed of inorganic oxidizer salt aqueous solution such as ammonium nitrate and fuels.

In accordance with the hot nucleus theory (hot spot) of explosive initiation, the numberless micro-air bubbles dispersed uniformly in the explosive are hot spots for initiating the explosive. By the mechanical energy of initiation shock applied outside, the explosive is compressed adiabatically and the mechanical energy is gradually converted into heat energy, the micro-air bubbles are heated continuously and at the shortest period of $10^{-3}-10^{-5}$ seconds, series of hot spots (400-600℃) are formed and finally the explosive is stimulated to detonate. Study indicates that sensitive air bubbles contained in the emulsion explosive should be as small as possible and must be dispersed uniformly so that when the explosive is compressed adiabatically many uniform hot spot are formed because of rapid warming. Usually, the diameter of air bubble is 1-100 μm, but preferred below 50 micrometers. The reasonable number of air bubbles contained in the emulsion explosive is $10^4-10^7/cm^3$. It is very clear that when the quantity of air bubbles to be intaken is decided, we must consider both favorable factor that increases the exploive's sensitivity to detonation and unfavorable factor that lowers the power of explosive.

Methods for adjusting the density of water-bearing explosives (emulsion explosive, slurries and water-gel explosive) are different. Generally speaking, these methods are effective and can meet the different needs of various purposes, but they have their respective advantages and shortcomings. Air-intaking (mechanical inflation method) is a simple inflating method. The micro-air bubbles are dispersed uniformly and the sensitizing effect is better, and therefore the detonation rate and brisance are higher. But storage property of the explosive obtained by this method is poorer. Adding sealed air containing hollow micro-balls (such as hollow glass microballs, hollow resin micro-balls and expending pearlite micrograins) to adjust density is very simple and the sensitizing effect and stability of storage is rather desirable, but microballs such as glass balls are expensive, which increases significantly the cost of explosive. When small quantity of chemical foamer is used (such as sodium nitrite, sodium hydro-carbonate) to adjust density, the cost is lowered, operation is convenient, and longer storage time can be achieved than by the method of air-intaking. However, if the chemical foamer is not used properly, the density of finished explosive will change with the temperature. Nevertheless, practice has shown that combination of suitable consistence of explosive, fine skill for dispersion, and wonderful density-adjusting process can make the method rather effective and the storage life of finished explosive longer (6 months)[5].

Above mentioned conditions are general ways for adjusting density of emulsion explosives. When the explosive is applied in VCR blasting method, the density of emulsion explosive is required to be larger than 1. 35 g/cm^3. For example, the density of emulsion explosive, series CLH, developed and manufactured by Beijing General Research Institute of Mining and Metallurgy (BGRIMM) was 1. 35-1. 55 g/cm^3 and it obtained a good blasting effect when applied in the spherical cartridge blasting method such as VCR method[7]. In such cases, the selection of raw materials, formulation of explosive, and the process conditions for manufacturing explosive must be beneficial to increasing the density of explosive. Especially, the air can not be kept inside and the foaming material can not be mixed in it. Generally, each emulsion explosive matrix has its own specific temperature for air-intaking. For example, the temperature for air-intaking of emulsion matrix formed by common diesel and wax as oil phase material is about 43℃. Below this temperature, the emulsion system can keep gradually gas or air within it and suddenly lower the density of the system at cold and agitating conditions. Therefore, to maintain the high density of emulsion explosive, all operations of production have to be stopped above the air-intaking temperature. The data below show the relation between the temperatures for stopping the operations and the density of emulsion explosive[8]. For the formulation, one should try to appropriately reduce water content, increase the content of alkali metal nitrate, perchlorate, and select suitable additive to make it effective.

Temperature of the emulsion explosive for stopping operation, ℃	65	60	55	50	40
Density of the finished emulsion explosive, g/cm^3	1. 44	1. 44	1. 41	1. 37	1. 15

It should be pointed out that the density of the emulsion explosive sensitized by air bubbles is not constant and is increased with the increment of the pressure applied to the explosive. Therefore, in the explosive charge for large-diameter deep hole, the density of different parts of emulsion explosive is increased with the depth due to different loads applied on them. This must be taken into consideration during designing the borehole explosive charge and overcoming the burden in blasting operations. Of course, in the blasting operation of open pit big-diameter hole, the increment of density with the depth can correspond to the different burden along the hole, therefore it is beneficial for utilizing full energy of the explosive and improving blasting quality. However, the increment of the density of emulsion explosive containing sensitizing bubbles is limited and when the density is increased to a certain value, misfire occurs. Therefore, one of the important values which should be evaluated for this kind of explosive is the permitted maximum pressure sustained by the explosive. Generally speaking, when the emulsion explosive needs to sustain higher pressure (such as blasting in deep water) it is preferable to use sealed micro hollow balls in the explosive, especially micro glass balls and resin microspheres. Because these micro balls can not be compressed before being exploded, such emulsion explosive can maintain its low density at high pressure. Low density is required for suitable detonation sensitivity and detonation properties. Experience shows that the optimum density of emulsion explosive for general purposes usage shall be 1. 15-1. 25 g/cm^3.

Compared with grained ammonium nitrate explosive with similar compositions, emulsion explosive has higher density. Especially, the bulk-loaded emulsion explosive can fill the hole densely and couple well with the wall of hole, and the resulted charge density is therefore greater than that of grained ammonium nitrate explosive. Table 6. 3 compares the densities of main mining explosives.

Table 6. 3　Density of main mining explosives

Item	Name of explosives				
	EL-series emulsion explosive	CLH series emulsion explosive	Emulsion ANFO	No. 2 Rock AN explosive	ANFO
Explosive density, g/cm^3	1. 05-1. 31	1. 35-1. 55	0. 85-1. 43	0. 9-1. 0	0. 85-0. 95
Mechanically loaded density, g/cm^3	1. 3-1. 45	—	1. 1-1. 45	—	1. 0-1. 1

Obviously, the basic reason for higher density of emulsion explosive is that the explosive contains moisture and inorganic oxidizer salt (such as ammonium nitrate) in the form of saturated aqueous solution. Therefore, the emulsion explosive's density depends on the concentration of inorganic and its moisture content. Usually, the denser the concentration of aqueous solution is, the higher the density will be. Table 6. 4 shows the density of ammonium nitrate aqueous solution at various concentrations. The effect of moisture content upon the density of emulsion explosive is shown as follows: When the moisture content is respectively 7%, 8%, 9%, 10%, 11%, 12%, 13%, 14%, 15%, 16% and 17%, the density of emulsion explosive is respectively 1.47, 1.46, 1.46, 1.43, 1.43, 1.42, 1.42, 1.41, 1.40, 1.39 and 1.36 g/cm^3. From these figures we can see that suitable reduction of moisture content is helpful to increasing the density of emulsion explosive and raising the volume strength of explosive. When the content of fuel component and of inorganic oxidizer salt remains unchanged and the moisture content varies in the range of 10%-22%, the density of emulsion explosive will be reduced in the range of 0.01-0.04 g/cm^3[9] with increment of 1% moisture content.

Table 6. 4 Density of AN aqueous solution

Temperature, ℃	AN weight per 100 g of solution	Density of solution, g/cm^3
0	54.5	—
20	66.0	1.310
40	70.4	1.345
60	80.5	1.370
100	91.0	1.425

Additionally, the density of emulsion explosive is also effected by carbonaceous fuel content and inorganic oxidizer salt content. When the moisture content and the fuel content are fixed, replacement of 1% wax by 1% oil will reduce the density of emulsion explosive by 0.005-0.015 g/cm^3. For the inorganic oxidizer salt, when inorganic perchlorate is used to replace other inorganic nitrate (except for ammonium nitrate) in the formulation, increment of 1% (weight) inorganic perchlorate will increase the density of explosive by 0.008-0.01 g/cm^3.

When AN is used to replace other inorganic nitrate or perchlorate in the formulation, increasing 1% (weight) of AN will reduce the density of emulsion explosive by 0.002-0.01 g/cm^3.

6. 1. 3 Particle size and its distribution

6. 1. 3. 1 *Particle size distribution of emulsion explosives*

No doubt that particle size and its distribution of the dispersive phase of emulsion explosive are the basic criteria and characteristic for judging the quality of emulsion explosive.

As discussed in Chapter 3, during the development of emulsion solution, researchers made extensive studies of its dispersive phase particle size and particles size distribution, which provided much beneficial enlightenment for studying this topic. But it should be pointed out that since the dispersive phase composition of emulsion explosive contains large quantity of inorganic oxidizer salt and most carbonaceous fuel components are solid at ambient temperature, emulsion explosive is a grease system of W/O type at ambient temperature and is a specific colloidal dispersed system that is different from classical conception of emulsion. Therefore, emulsion explosive has its own specificity. For example, the thickness of carbonaceous fuel as continuous phase in emulsion explosive becomes very thin, making the particles of dispersive phase separated from each other; and therefore it is difficult to take a photograph of them. It is also impossible to use the method in determining particle size of emulsion solution to determine directly the particle size of emulsion explosive.

Particle of dispersive phase of emulsion explosive can become submicron particles depending on the emulsifying agent, carbonaceous fuel, and selection of blen ding – emulsifying conditions. Table 6. 5 shows the calculated results of the diameter of dispersive phase particle and the thickness of continuous phase film[10]. For example, according to the data shown in the Table, when the diameter of dispersive phase particle is 0. 3 micron, the thickness of continuous phase film is 82. 2 angstrom; and the thickness of continuous phase film is increased to 205. 4 angstrom when the diameter of dispersive phase particle is 1μm.

Table 6. 5　Diameter of dispersive-phase particle and thickness of continuous-phase film of emulsion explosive[1)]

Diameter of dispersive phase particle, μm	Thickness of one particle, Å			Thickness of continuous-phase film
	Emulsifier ply	Fuel/oil/paraffin ply	Total	
1	30. 73	72. 0	102. 7	205. 4
0. 5	15. 7	36. 8	52. 5	105. 0
0. 3	12. 3	28. 8	41. 1	82. 2
0. 1	3. 1	7. 2	10. 3	20. 5

1) The formulation ratio of compositions for emulsion explosive is: dispersive phase/fuel/oil and parafin phase/emulsifing agent phase = 36/2. 3/1 (volume ratio); dispersive phase/continuous phase = 10. 8/1 (volume ratio).

Soap bubble is well known to everybody. From the formation of soap bubble till its disappearance, its molecular arrangement keeps the form of two molecular films. This point can give us enlightenment that in the matrix of emulsion explosive emulsifying agent also forms two molecular films which has the thickness as shown in Table 6. 6. As the emulsifying agent can not from a film smaller than two molecular films, the minimum diameter of the dispersive phase particle is 0. 15 micron. It is obvious that when the diameter of dispersive phase particle becomes smaller, the contact area between oxidizer and combustible agent will become larger. When the diameter of particle is 0. 3 micron, the contact area will be about 40000 times of a 1 cm^3 microball's surface area.

Table 6. 6　Thickness of grease film

Categories of grease film	Thickness, Å
Lecithin	48-77
Phospholipid	74
Oxide cholesterol	40
Monoglyceride	47
Monogliceride sorbitol	48
C_{18} chain length×2	46
C_{18}+hydrophilic group (lecithin)	60-74

There is a practical example to describe the particle size and dispersive-phase distribution of EL-series emulsion explosive. It is well known that observation methods for the dispersive-phase particles of emulsion are generalized as follows: direct observation under microscope or micrograph, precipitation, light scattering, transmission and instrument counting[11]. Cui Anna *et al.* of BGRIMM, based on the paste characteristics of emulsion explosive, have suggested that optical microscope and automatical image analyzer should be adapted to measure the diluted dispersive phase particles of emulsion explosive[12] and did a lot of practical observations and statistical analyses on EL-series emulsion explosive. They found that the dispersive-phase particle size and distribution scope of emulsion explosive was: particles of diameter less than 0.5 micron accounted for 30%-40%; particles of diameter 0.5-1 micron 50%-60%; particles of diameter 1-2 micron 6%-15%; and no particles of diameter larger than 3 microns existed.

Fig. 6.2 shows the curve of particle distribution of EL-series emulsion explosive.

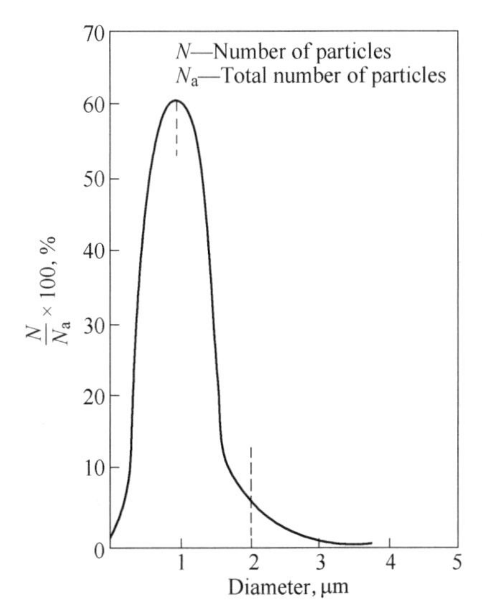

Fig. 6.2 Curve of particle size and distribution of EL-series emulsion explosive

Fig. 6.2 shows that the peak value of dispersive-phase particle size and distribution of EL-series emulsion explosive is in the region where the diameter is 0.5-1 micron, its starting peak is steep and narrow. It is clear that the status of the particle size and distribution of EL-series emulsion explosive is in compliance with its good storing stability.

Now examples of observed results of dispersive-phase particle size and distribution of EL-series emulsion explosive stored for different time are given in Table 6.7.

Table 6.7 Examples of observed results of particle size of EL-series emulsion explosive

Code of examples	Storing period day	Particle size (in micron) and distribution				
		<0.5	0.5	1-2	2-3	3-5
527-5#	100	31.65	54.26	13.15	0.58	0
527-3#	99	31.24	59.72	9.04	0	0
716-1#	50	38.00	54.89	7.10	0	0

Continued 6. 7

Code of examples	Storing period day	Particle size (in micron) and distribution				
		<0. 5	0. 5	1-2	2-3	3-5
818-2#	17	38. 41	53. 63	7. 96	0	0
825-1#	8	40. 00	55. 92	4. 08	0	0
829-2#	3	37. 25	59. 41	3. 14	0. 20	0

6. 1. 3. 2 *Structure features of emulsion explosive*

What is shown in Fig. 6. 3 is the micrograph (observed with 400×microscope) of dispersive-phase particles of emulsion explosive, which is taken on the fluorescent screen of TAS automatic image analyzer. We can see clearly the micro particles of diluted emulsion explosive covered with very thin oil film in the sight field of microscope. In the substance of emulsion explosive, however, the volume ration of the formed dispersive-phase inorganic oxidizer salt solution can reach about 90% because of the oxygen balance requirement. In such case, particles of dispersive-phase oxidizer salt solution drops can not be maintained as balls (in case of diluted emulsion explosive) in order to keep the densest piled-packing. As the phase volume ration of the most densely packed hexagons reaches more than 75%, particles of inorganic oxidizer salt solution drops should be piled in polygon in actual emulsion explosive. Fig. 6. 4 is the structure pattern of W/O emulsion explosive.

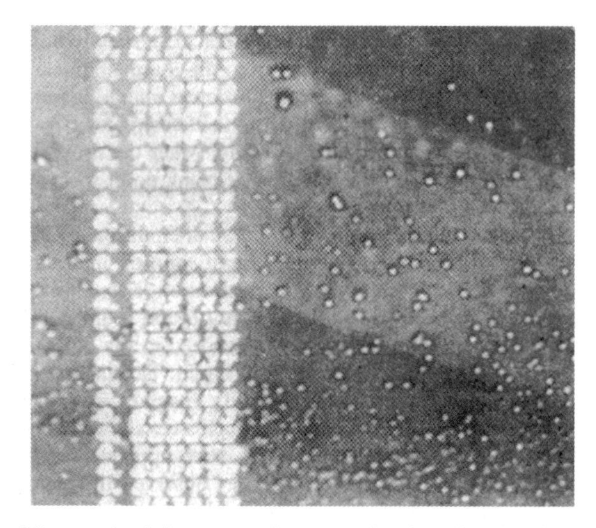

Fig. 6. 3 Micrograph of dispersive-phase particle of emulsion explosive (400×)

It should be noted that due to the micro-miniaturization of solution drops of inorganic oxidizer salt (dispersive-phase) in emulsion explosive, its surface area is enlarged rapidly and the free energy in the interface is also increased so that the balance between crystallization and dissolution of oxidizer salt (ammonium nitrate) is affected and the crystallization is hampered. This is because that when particles become smaller the ratio of surface area to particle volume is increased. That is to say, the ratio of interface-energy to the energy in nuclei of crystal is increased

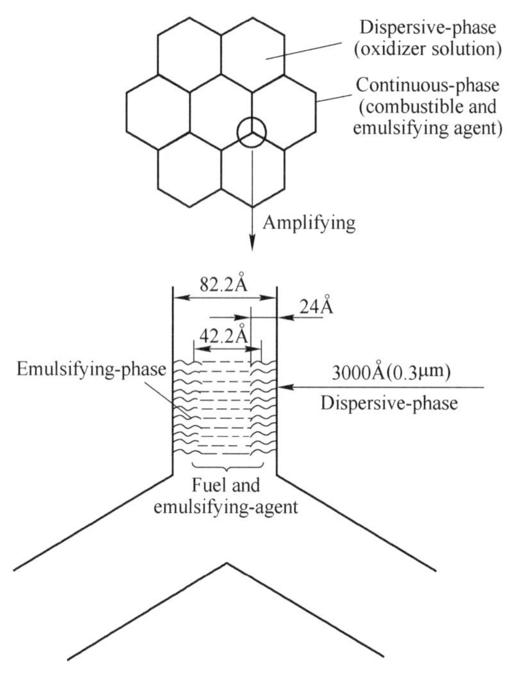

Fig. 6.4 Structure pattern of W/O emulsion explosive

and therefore the dissolving status becomes stable. Bigg studied the relation between the diameter of water drops and the freezing temperature and the obtained result[13] is shown in Fig. 6.5. Namely, when the drops become smaller, oversaturation tends to become stable. The freezing point was found to decrease in experiment.

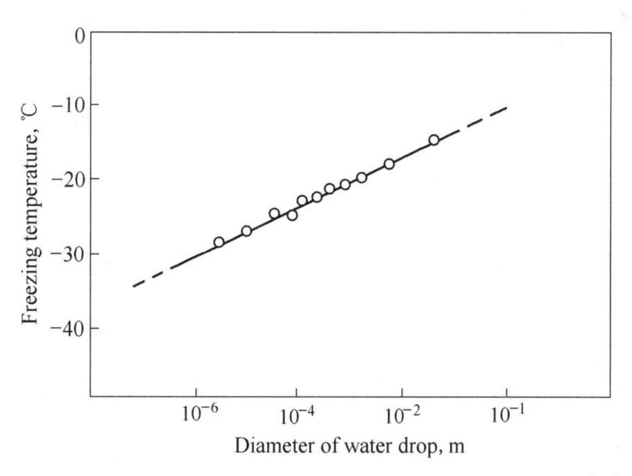

Fig. 6.5 Diameter of water drop vs freezing temperature[13]

Fig. 6.6 is the thermal decomposition curve of emulsion explosive EL-103[12]. The result of tests proved that the oxidizer salt solution in emulsion explosive's dispersive phase existed in the form of oversaturation. From the figure we can see that the conversion of AN-crystal form was not found in the course of warming. This shows that no solid ammonium nitrate existed in the explosive and the oxidizer salts such as AN existed in the form of liquid. Takeuchi *et al.* also used the destructive test of shock wave in water to verify this phenomenon[10]. They manufactured and tested three kinds of emulsion explosives shown in Table 6. 8. Under the same conditions, shock waves in water were applied on them so that the emulsoid was destroyed instantaneously. They observed the increasing temperature due to the crystallization of inorganic oxidizer salts (such as ammonium nitrate) in the dispersive phase. The temperature for crystallization of samples No. 1 and No. 2 was below 0℃ while that of sample No. 3 was 60–70℃. Crystallization temperature increase of sample No. 3 due to emulsoid breaking might be caused by the crystallization heat formed.

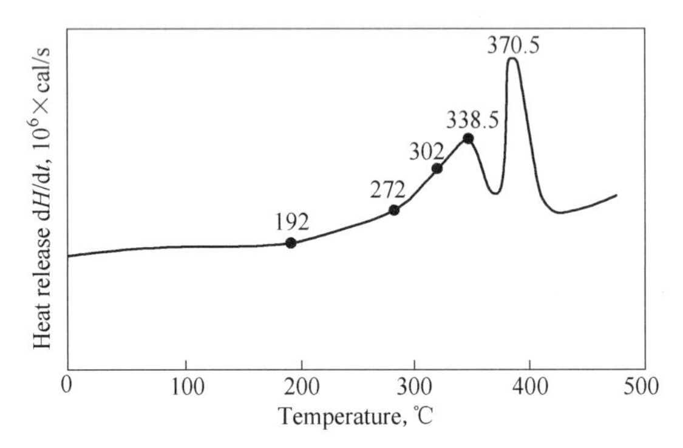

Fig. 6. 6　Thermal decomposition curve of emulsion explosive EL–103

Table 6. 8　Results of the test on crystallization–wanning of different emulsion explosives

No.	AN	Nitric acid	Water	Oils	Emulsifing–agent	Bubble–maintaining agent	$T^{1)}$, ℃
1	46. 85	—	46. 85	3. 15	3. 15	—	-3
2	—	—	87. 72	6. 14	6. 14	—	-3
3	74. 64	4. 50	10. 79	2. 52	2. 52	5. 03	12

1) crystallization heat.

6. 1. 3. 3 *Main factors affecting the particle size and distribution of emulsion explosive*

Those technical factors which can increase interface film strength, decrease point of crystallization of oxidizer solution, benefit dispersion of particles, and prevent particles from gathering can all produce positive influence on particle size and distribution, making the particles of emulsion explosive finer, more uniform and stable as well as improving the detonation properties and storage stability of emulsion explosives. The specific factors are as follows.

(1) Emulsifying agent　Usually those non–ion emulsifying agents whose HLB value is 3–6 can form W/O type emulsion. As for the specific system of emulsion explosive, however, only a few of non–ion emulsifying agent can form a stable emulsion having uniform and fine particles. In practice, suitable emulsifying agents and composite products can be selected and especially, the selected agent should match with high molecular emulsifying agent. At the same time, the chemical molecular structure of emulsifying agent and fuel; and the relation between them should be considered. The more close their chemical structure is, the stronger the affinity will be and the emulsifying effect can be raised[13].

(2) Fuel　Carbonaceous fuel has two aspects of influence on emulsion explosive: matching

ability with emulsifying agent and viscosity. Tests showed that for a certain emulsifying agent, when different oil-phase materials of different viscosity and chain length matched with the agent, the emulsifying effect was different. When the emulsifying agent matched with a specific oil-phase material, its emulsifying effect would be significantly improved. For example, when Span - 80 matched with Composite Wax 2, its additive emulsifying effect was quite significant[14], and particle size and distribution of the emulsion explosive obtained by this method is shown in Fig. 6. 2. When emulsifying by agitation was adopted, the influence of carbonaceous fuel's viscosity on the particles size can be decided by the following formula[15]:

$$d_K = k\varphi f_0\left(\frac{f_\varphi}{D}\right)\cdot\left(\frac{d^3n^3\bar{\rho}}{\sigma}\right)^{k_1}\cdot\left(\frac{dn^2}{g}\right)^{k_2}\cdot\left(\frac{\mu_e}{\mu_d}\right) \tag{6.1}$$

where k = Coefficient of blade form, different type of blades have different values;

φ = Fraction volume of dispersive-phase;

f_φ = Coefficient related to φ;

f_0 = Effect coefficient of critical particle diameter, its physical meaning is that when the rotating speed of blade is increased further, the particle diameter of carbonous fuel can not be decreased;

d = Diameter of blade, cm;

D = Diameter of agitating tank, cm;

μ_d = Viscosity coefficient of dispersive-phase, g/(s · cm);

μ_e = Viscosity coefficient of continuous-phase, g/(s · cm), It refers to carbonous fuel in emulsion explosive;

σ = Interface tension for the mixed solution of dispersive - phase and continuous - phase, dyne/cm;

$\bar{\rho}$ = Average density of mixed solution, g/cm^3:

$$\bar{\rho} = 0.4\rho_c + 0.6\rho_d$$

ρ_c = Density of continuous-phase, g/cm^3;

ρ_d = Density of dispersive-phase, g/cm^3.

(3) Oxidizer When a mixed oxidizer is used and small quantity of additive (such as crystal-form modifier and emulsifying promoter) is added, the point of crystallization of the oxidizer salt solution can be decreased, which is beneficial to the emulsifying quality and stability. The influence of oxidizer salt solution's density and viscosity on the particle size can be seen from formula (6. 1).

(4) Technology of emulsification As for emulsifying by agitating, the technological parameter of emulsification refers mainly to k, coefficient of blade form; d, diameter of blade; n, rotating speed of blade; D, diameter of agitating tank; t, emulsifying temperature and the sequence for feeding materials[15]. The first four factors' (k, d, n, D) influence on the fineness and uniformity of particles can be determined comprehensively from the formula (6. 1). Operations for emulsi fying usually are done above the point of crystallization of inorganic oxidizer salt solution. Sequence for feeding materials must be determined according to such factors as conditions of specific equip-

ment, formulation and agitating strength. Generally speaking, during manufacture of W/O emulsion explosive, it is better to gently add the inorganic oxidizer salt solution into the oil-phase. For such operation the agitating speed can be slower and agitating time shorter, which usually lead to more uniform emulsoid with smaller diameter particles.[16]

6.1.4 Water-resistance

It is well known that the dispersive-phase of emulsion explosive is composed of inorganic salts (such as ammonium nitrate) solution, therefore there is a problem of water-resistance for this explosive when it is used in the case where water presents. Among the performance indexes for the modern explosives used in mining, water-resistance is one of the basic characteristic criteria for measuring the quality of explosive and determining its application. So called "water-resistance" is essentially the ability to guard agaianst and minimize the dissolution of dissolvable materials (such as ammonium nitrate) in the composition of explosive, to prevent the water outside from penetrating into the explosive so as to ensure that the sensitivity to detonation and the explosion performance cannot be severely worsened.

Due to the internal W/O physical-structure of emulsion explosive, all inorganic oxidizer salt solution drops are protected by the continuous oil phase screen. It has proved by the practice that when an emulsion explosive is immersed in water, the above mentioned structure can either minimize the loss of inorganic salt solution such as AN caused by dissolution in water or prevent the water outside from entering the matrix of emulsion explosive. Therefore this explosive has good water - resistance. For example, Swedish Nitro Nobel Co. immersed different kinds of bare cartridges (dia. 32 mm×L 200 mm) in water for 12 hours to determine their loss caused by dissolving and compare their water-resistance. The results are shown in Table 6.9[17]. The data in the Table demonstrate that emulsion explosive Emulite A exhibits the best water-resistance. As another example, after a 32mm-diameter standard paper cartridge of EL-series emulsion explosive was immersed in water for more than 1000 hours, its sensitivity to cap-detonator still remained unchanged and detonation velocity did not change significantly[5].

Table 6.9 Results of water-resistance testing of different explosives

Explosive	Dissolution rate, %
Dynamex B	61.1
Bemite (water gel explosive)	72.9
Nabit (ANFO)	100
Reomex AM	57.6
Tovex 220	60.5
Emulite A (emulsion explosive)	1.2

There are two main factors affecting water-resistance of emulsion explosive are:

(1) Quality of emulsion explosive matrix: Generally speaking, the better the emulsifying

quality of emulsion explosive is, the better its water-resistance will be. All factors affecting the emulsifying quality, such as the quality, quantity and molecular structure of emulsifying agent, its matching with the oil-phase materials, volume ratio between two phases, emulsifying equipments and technological conditions, can affect the water-resistance of emulsion explosive.

(2) Packing and external conditions: There are two forms for using emulsion explosives: bulk and packed. When bulk emulsion explosive is used, its water-resistance is affected by mechanized loading and manual loading. Usually, mechanized loading can make the charge compactly filled in the hole to remove the water to the upper part and therefore its water-resistance is good. At the same time, stationary water and flowing water also produce different effects on the water-resistance of emulsion explosive. In stationary water, emulsion explosives can withstand soaking by water for a long time and do not lose their explosion performance. In flowing water, the speed of dissolving and losing of an emulsion explosive increases largely and the time for water-resisting is shortened accordingly. When packed emulsion explosive is used, its water-resistance depends mainly on the perfection of packing.

6.2 Explosion Properties and the Factors Affecting Them

6.2.1 Detonation sensitivity

Detonation sensitivity is a measure of minimum energy, pressure of power required to initiate explosive, usually expressed by the detonator intensity or quantity of explosive for detonating.

Generally, an emulsion explosive can have different detonation sensitivities by appropriate adjustment of formulation, by modification of technological conditions and emulsifying-mixing strength, and by control of density and so on. That is to say, detonation sensitivity has quite wide range of variation, from the sensitivity to blasting cap $8^{\#}$ till the sensitivity to a certain quantity of explosive for detonating[18]. An undefined emulsion explosive cartridge of diameter 18-50 mm can be initiated to detonation by a blasting cap $8^{\#}$ even at wider range of temperature (-40-+40℃); product of medium diameter can be initiated to detonation by blas ting cap $8^{\#}-10^{\#}$ or by small quantity of initiating explosive cartridge; product containing higher granular aluminium powder and product of higher density can all be initiated to detonation by stronger initiating explosive cartridge; bulk product of large diameter, especially product mechanically loaded into hole also need to be initiated to detonation by a certain quantity of initiating explosive cartridge (column). In the general, all emulsion explosives can be initiated by suitable initiating explosive cartridge at -18℃ or lower temperature. At such wide range of temperature, products of emulsion explosive of all different diameters can maintain adequate flexible sensitivity of detonation. Undoubtedly this provides convenient conditions for users to select kinds of explosives and to design hole charge, and also assures adequately the blasting operation at mines in southern and northern China in winter and summer times.

There are many factors affecting emulsion explosive sensitivity to detonation, the important factors of them are: density, sensitizer or explosion promoter, oxidizer and water, blend, emulsifier and fuel composition, emulsifying technology conditions and so on.

6.2.1.1 *Effect of density*

Depending on whether the composition of emulsion explosive contains single-ingredient explosive, the effect of its density on detonation sensitivity is different. When an emulsion explosive contains only emulsifier and fuel, detonation sensitivity decreases with increasing density (see Table 6.10). When the density increases to about 1.35 g/cm^3 and the diameter of cartridge is smaller than 50 mm, usually misfire occurs. As for the emulsion explosive containing single explosive compound, the detonation sensitivity increases with the increasing content of single explosive compound. The detonation sensitivity also increases as the density increases. The above-mentioned difference in detonation sensitivity reflects the difference in explosion reaction mechanisms. As for the emulsion explosive containing single explosive compound, initiating to detonation relies mainly on action of sensitizer and the increasing of density is advantageous to the explosion reaction. However, for the emulsion explosive containing no single explosive compound, the explosion reaction mechanism is such as described in Section 6.1 of this chapter. It should be pointed out that emulsion explosives usually do not contain single explosive compound and are only made of inorganic oxidizer and ordinary fuel composition.

Table 6.10 Detonation sensitivity of emulsion explosive at different temperature and density

Temperature of explosive being initiated to detonation, ℃	Density, g/cm^3		
	1.13-1.20	1.14-1.21	1.25-1.30
21	No. 6[1)]	No. 6	No. 6
7	No. 6	No. 6	2g PETN
-18	No. 6-No. 8[2)]	NO. 6-No. 8	2g PETN

1) Refers to blasting cap 6# containing 0.3 g of PETN;

2) Refers to blasting cap 8# containing 0.6 g of PETN.

6.2.1.2 *Effect of sensitizer or explosion-promoter*

When the density remains unchanged, the detonation sensitivity of emulsion explosive increases with increasing content of sensitizer or explosion promoter. For instance, the basic formulations of example 4, 5 of the table revealed by C. G. Wade in USP 3, 765, 964 were same but contained different quantity of strontium ion-explosion promoter, hence, detonation sensitivity showed difference. The cartridge of diameter 25.4 mm containing 2.0% strontium ion in example 5 can be initiated to detonation (at temperature 21℃) by only one blasting cap 6#; but the cartridge containing 0.55% strontium ion in example 4 needs to be initiated to detonation by blasting cap 8# under the same condition.

6.2.1.3 *Effect of oxidizer and water*

Emulsion explosive contains a large quantity of ammonium nitrate. It is well known that dissolving temperature coefficient of ammonium nitrate is higher and its solubility in water decreases sharply with decreasing temperature with a large quantity of fine crystals being separated out. It is evident that this is very unfavorable to forming W/O type emulsoid and hence its detonation sensitivity is decreased. When the inorganic oxidizer salts (sodium nitrate, calcium nitrate and sodium (ammonium) perchlorate) are added, the point of releasing ammonium nitrate crystals will be decreased significantly and the nitrate will be prevented from recrystallizing, which undoubtedly will be favorable to emulsifying and promoting miniaturization of dispersed phase particles and increasing the detonation sensitivity.

Practice also shows that perchlorate is not only a good auxiliary oxidizer but also an effective sensitizer. That means addition of perchlorate may increases both the detonation sensitivity and the storage stability of emulsion explosive evidently. For example, when 6% sodium (ammonium) perchlorate replaces only the same quantity of ammonium nitrate in the emulsion explosive of SB-series under the same formulation and production process, its critical diameter decreases to 16 mm from original 20 mm.

6.2.1.4 *Effect of blend*

The blend described here is some solid powder (such as aluminum powder) and small quantity of additives (such as modifier of crystal form and promoter of emulsion) added to the emulsion explosive. Now we illustrate their effect on detonation sensitivity as follows: the addition of coating grade aluminum powder can increase the detonation sensitivity of emulsion explosive. Oppositely, the addition of granular aluminum powder as a fuel often makes an emulsion explosive have higher density, and stronger energy of initiation is needed to initiate such emulsion explosive. That is to say that the addition of granular aluminum powder will lead to decreasing detonation sensitivity of emulsion explosive. Generally, the addition of crystal-form modifier and emulsifying promoter can all promote emulsifying, improve the quantity of emulsoid, and consequently improve the detonation sensitivity. The data shown in Table 6.11 illustrate this effect[91].

Table 6.11 Effect of emulsion promotor on detonation sensitivity of emulsion explosive[1)]

Example No.	1	2	3	4
Quantity of emulsion promotor added, %	0	0.2	0.5	1.0
Density, g/cm^3	1.17	1.16	1.12	1.15
Diameter of cartridge tested, mm	25.4	25.4	25.4	25.4
Temperature of the explosive being initiated to detonation, ℃	7	7	7	7
Minimum quantity of primary explosive	25 g high primary explosive	Blasting cap 10# mercury fulminatel chlorate	Blasting cap 6# mercury fulminatel chlorate	Electric dtonator

1) Besides the emulsion promotor, the formulation and preparation process of different emulsion explosives are the same.

6.2.1.5 *Effect of emulsifier and fuel composition*

The effect of an emulsifier and fuel composition on detonation sensitivity of an emulsion explosive is shown mainly in the effect on the size and the distribution of dispersed phase particles, because the size and distribution of dispersed phase particles affects directly the detonation sensitivity of an emulsion explosive. This point has been described in Section 6.1 of this chapter.

6.2.1.6 *Effect of emulsification condition*

Generally, in the process of preparation of an emulsion explosive, any operation factor making dispersed phase articles become finer and more homogeneous can produce a favorable effect on detonation sensitivity of an emulsion explosive, the concrete effect factors are given in Section 6.1 of this chapter.

6.2.2 Detonation velocity and brisance

6.2.2.1 *Detonation velocity*

The velocity for a detonation wave to propagate through an explosive charge is named as detonation velocity and generally expressed in unit of m/s.

As described in Section 6.1 of this chapter, in the system of emulsion explosives, the combustible agent is in contact with an oxidizer at the similar size of a molecule, their contact area is very large and is favorable to the reaction on C–J front. Consequently, as regards the industrial explosive containing single explosive compound sensitizer, the emulsion explosive has considerably high detonation velocity under the condition of non–confining. Table 6.12 lists the theoretical values and experimental values of detonation velocity of emulsion explosive[10].

Table 6.12 Theoretical values and experimental values of detonation velosity of emulsion explosive

Item	Emulsion explosive	ANFO
Density, g/cm^3	1.10	0.80
Theoretical detonation velosity, m/s	5834.2	4896.4
Experimental detonation velosity, m/s	5750	2900
Reaction ratio	0.97	0.35

From the listed data, we can see that as compared with powdered ammonium nitrate explosive (such as ANFO), the values concerned are very different. Using the 2nd power of the ratio of experimental to theoretical values of the detonation velocity, the reaction ratio at C–J front can be deduced at 97% for the emulsion explosive. Undoubtedly, the value is considerably high. As a contrast example, the reaction ration of ammonium nitrate in a slurried explosive at C–J front deduced by the same way is much lower. For the slurried explosive containing methylamine nitrate (MMAN) sensitizer, the reaction ratio of ammonium nitrate at C–J front is only 50%–70%. Thus it can be seen that the reactivity of an emulsion explosive is much stronger than that of the slurried explosive containing MMAN and the detonation velocity of the former is close to the theoretical value. Undoubtedly, in the field of industrial ammonium nitrate explosives, it is unexpected that an unconfined cartridge of small diameter can exhibit such high detonation velocity. This is mark of successful application of emulsification technology to the field of aqueous industrial explosives.

Generally, the factors affecting the detonation velocity of an emulsion explosive are as follows.

(1) Effect of density: As a whole, the detonation velocity of an emulsion explosive increases with increasing density when the composition ratio and the process condition are unchanged. Curves

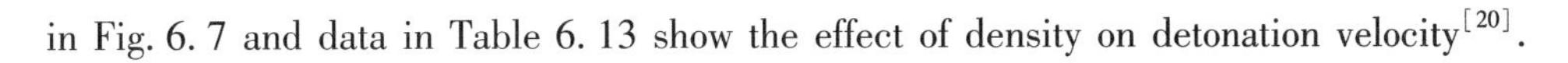

in Fig. 6. 7 and data in Table 6. 13 show the effect of density on detonation velocity[20].

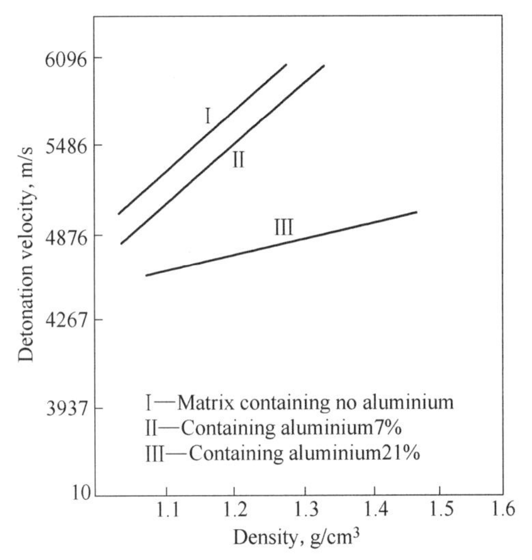

Fig. 6. 7 Detonation velocity vs density for emulsion explosive[20]
(diameter of cartridge -101. 6 mm)

Table 6. 13 Comparison between experimental and theoretical detonation velosities of an emulsion explosive

Density, g/cm^3	Experimental detonation velocity, m/s	Theoretical detonation velocity1), m/s	Detonation velosity obtained by extrapolation2), m/s
1. 02-1. 04	5420	5540	5070
1. 07-1. 08	5610	5790	5390
1. 12	5800	6040	5610
1. 15-1. 17	5910	6190	5820

1) It is calculated by Kihara-Hikita equation of state;

2) The detonation velosity value extrapolated from experimental value until the diameter of glass micro ballon comes down to zero.

As everyone knows, in the system of aqueous explosive such as emulsion explosive etc, density regulation is realized by addition of solid micro particles entraining gas for introduction of air bubbles. The number, form and size of sensitizing bubbles will have a certain effect on detonation velocity[21-24]. In recent years, Shen Ying *et al*[19]. of Japan Oil and Fats Limited observed more systematically the effect of glass micro balloon's diameter on the detonation velocity in an emulsion explosive. The compositions of the emulsion explosives they tested are as follows:

Oxidizer1)	Water	Fuel2)
83. 1%	11. 4%	5. 5%

1) It is made of ammonium nitrate and sodium nitrate.

2) The fuel includes oil, wax and emulsifier.

The size of glass micro balls used, which are manufactured by US 3M Company, is shown in following table.

Average diameter of micro-balls	Standard deviation
μm	μm
33	7
54	6
79	10
125	8

Ion-gap method and resistance wire method were used to measure detonation velocity. They compared and examined the detonation velocity *vs* charge density of an emulsion explosive under the confined condition (Fig. 6. 8), the detonation velocity *vs* density of an emulsion explosive under the unconfined condition (Fig. 6. 9), the detonation velocity of an emulsion explosive *vs* glass micro ball diameter size under the unconfined condition (Fig. 6. 10) and the number of glass micro balls *vs* density and micro ball diameter (Fig. 6. 11).

From all curves in Figs. 6. 8 – 6. 11 the following points can be readily seen. 1) In the unconfined system, the detonation velocity varies with the glass ball diameter. The detonation velocity increases with decreasing glass ball diameter when the density is unchanged; if the glass ball diameter is infinitely small, the detonation velocity is considerably close to the detonation velocity of a cartridge with infinitely big diameter, and the density giving the highest detonation velocity moves to high density. 2) In the system of the cartridge of infinitely large diameter, the detonation velocity can not vary with the glass ball diameter and higher detonation velocity can be obtained than that in the unconfined system. When the loading density is about 1. 3 g/cm^3, the highest detonation velocity (~6500 m/s) can be generally obtained.

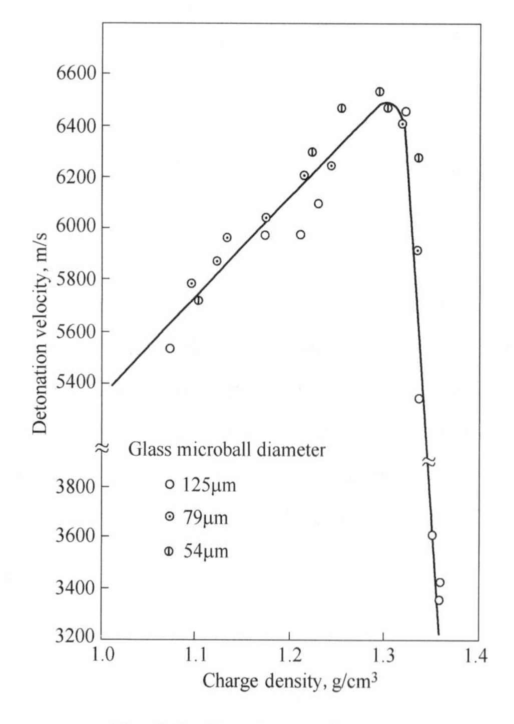

Fig. 6. 8　Detonation velocity vs charge density (confined)[19]

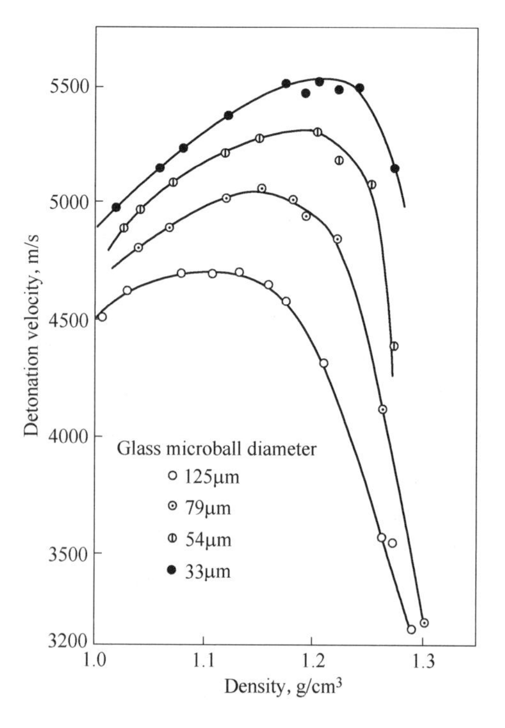

Fig. 6. 9　Detonation velocity vs density (unconfined)[19]

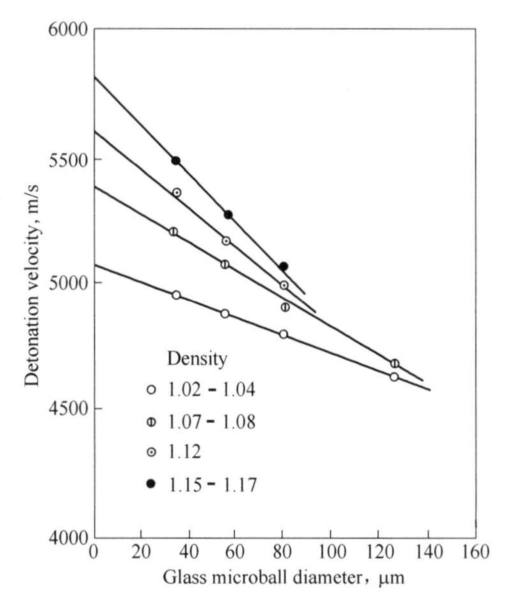

Fig. 6. 10 Detonation velocity vs glass ball diameter[19] (unconfined)

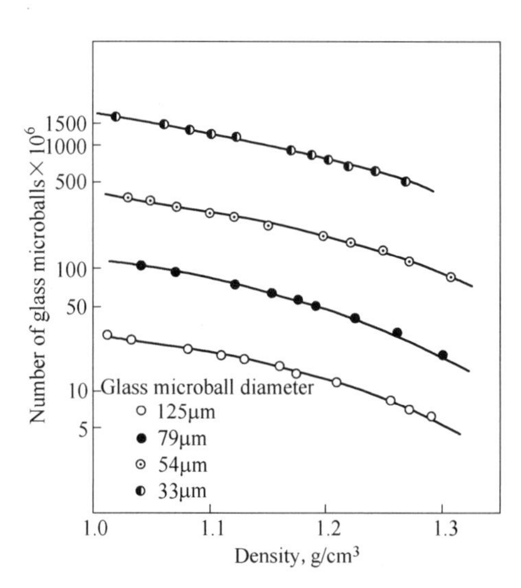

Fig. 6. 11 Number of glass balls in explosive vs density and micro ball diameter[19]

Inflated pearlite is also one of the density modifiers usually used. Practice has proved that the particle size and the quantity of pearlite added will have an effect on the detonation velocity[25]. Table 6. 14 shows the effect of different additions of fine pearlite into cartridges of medium diameter. Emulsion explosive *A* contains 0. 5% pearlite and its detonation velocity is unstable. Emulsion explosive *B* contains 0. 99% pearlite and its detonation velocity is stable. When its content is less or equal to 4%, the higher the content of pearlite, the higher detonation velocity will be. Table 6. 15 shows the effect of pearlite size. For Emulsion explosives *A*−*F*, the average particle size of pearlite is finer, so, they are sensitive to detonator and their detonation velocity is higher too. For Emulsion explosive *G*, the average particle size of pearlite is bigger so it is not sensitive to detonator even if the pearlite content is as much as in *A*−*F*. The average particle size of Emulsion explosive H is so adequate as to provide the nearly same density as that of *A*−*F* and therefore it maintains the sensitivity to detonator, but its detonation velocity is less than that of *A*−*F*. That is to say, addition of finer pearlite can help an emulsion explosive obtain higher detonation velocity while addition of coarser pearlite can only make the explosive obtain lower detonation velocity.

Table 6. 14 Effect of different contents of fine pearlite on the sensitivity and detonation velocity of emulsion explosive

Item	Code of emulsion explosives				
	A	*B*	*C*	*D*	*E*
Pearlite content1), %	0. 50	0. 99	1. 96	3. 85	5. 66
Density, g/cm³	1. 39	1. 34	1. 32	1. 23	1. 15

Continued 6. 14

Item	Code of emulsion explosives				
	A	*B*	*C*	*D*	*E*
Detonation velocity at 5℃, km/s					
Cartridge diameter 124 mm	2. 3[2)]	4. 0	5. 3	5. 3	4. 9
Cartridge diameter 100 mm	1. 5[2)]	4. 7	5. 1	5. 1	5. 1
Cartridge diameter 75 mm	1. 2[2)]	3. 3	5. 1	—	4. 9
Cartridge diameter 64 mm	misfire	2. 1	4. 7	—	—
Cartridge diameter 32 mm	misfire	misfire	4. 4	4. 9	4. 5
The least primer (detonator) (initiation/misfire)	6#/5#	6#/5#	5#/4#	6#/5#	6#/5#

1) The trade mark is "Dicalite DPS-20" made by Grafco Co., average particle size is 125-150 μm;

2) These low average detonation velosities show incomplete initiation.

(2) Effect of addition of solid powdered material: It is a common practice that aluminum powder and sulfur powder, etc. are added into emulsion explosive to increase its energy or stability. Tests show that addition of granular aluminum powder or sulfur powder can increase the stability of an emulsion explosive, but decrease its detonation velocity. What's more, the detonation velocity is decreased gradually with increasing content of granular aluminum or sulfur powder. Table 6. 15 shows the relation between detonation velocity and aluminum content of emulsion explosive[18].

Table 6. 15 Effect of pearlite particle size on detonation properties

Item	Code of emulsion explosive							
	A	*B*	*C*	*D*	*E*	*F*	*G*	*H*
Pearlite content[1)]	3. 07	—	—	4. 0	—	—	—	—
Pearlite content[2)]	—	3. 07	—	—	4. 0	—	—	—
Pearlite content[3)]	—	—	3. 07	—	—	4. 0	—	—
Pearlite content[4)]	—	—	—	—	—	—	3. 07	8. 33
Density, g/cm³	1. 26	1. 27	1. 33	1. 22	1. 22	1. 19	1. 33	1. 21
Explosion result[5)]								
20℃, 64 mm	—	4#/4. 9	—	4#/4. 9#	5#/5. 1	4#/J	8#/I	—
50 mm	6#/4. 0	—	5#/3. 8	—	4#/4. 0	—	8#/I	8#/3. 5
38 mm	8#/4. 5	—	8#/3. 1	—	—	—	8#/I	—
32 mm	8#/4. 4	8#/3. 7	8#/3. 0	—	8#/3. 6	8#/3. 6	8#/I	8#/3. 0
25 mm	8#/3. 7	8#/I	8#/I	8#/4. 0	8#/3. 3	8#/4. 0	—	8#/3. 0
19 mm	8#/2. 8	—	—	8#/I	8#/3. 3	8#/2. 8	—	8#/3. 0

Continued 6. 15

Item	Code of emulsion explosive							
	A	*B*	*C*	*D*	*E*	*F*	*G*	*H*
5℃, 64 mm	—	—	6#/2. 3	—	4#/4. 9	4#/J	8#/I	—
50 mm	—	5#/4. 7	—	4#/5. 1	—	—	8#/I	—
38 mm	8#/4. 7	8#/3. 8	8#/3. 0		—	—	8#/I	8#/3. 2
32 mm	8#/4. 4	8#/I	8#/I		—	8#/3. 6	8#/I	8#/3. 0
25 mm	—	—	—		8#/4. 1	8#/3. 3	—	8#/2. 5
19 mm	8#/J	—	—		8#/3. 4	8#/3. 0	—	8#/I
The least primer (initiation/misfire)								
20℃	6#/5#	4#/3#	5#/4#	4#/3#	4#/3#	4#/3#	I_f	5#/4#
5℃	8#/6#	5#/4#	6#/5#	4#/3#	4#/3#	4#/3#	I_g	6#/5#

1) "GT-23 Microperi" made by Grafco Co. , average particle size 110 μm;

2) "Dicalite DPS-20" made by Grafco Co. ;

3) "Insulite" made by Leuxibroc Co. ;

4) "Paxlite" made by Pax Co. ;

5) First number is the number of detonator, "I" is misfire, "J" is initiation, small number is detonation velosity (km/s). "f" —misfire when initiated 170 g pentonite. "g" —misfire when initiated by a 8# blasting cap, but initiated by 40 g pentonite.

The curve in Fig. 6. 12 shows that the detonation velocity of an emulsion explosive decreases straightly with the increasing of aluminum content. In the density range from 1. 2 to 1. 35 g/cm^3, the detonation velocity of emulsion explosive de-creases approximately from 5639 to 4938 m/s when its aluminum content increases from 0% to 21%. The substantial reason why the detonation velocity decreases with the increasing of aluminum content is that aluminum usually forms Al_2O_3 at detonation wave front and the reaction is an endothermic one.

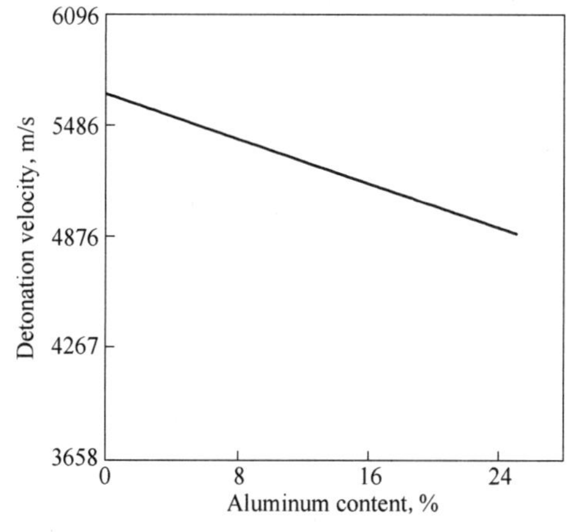

Fig. 6. 12 Detonation velocity *vs* aluminum content of an emulsion explosive[18]

(Cartridge diameter -101. 6 mm)

(3) Effect of cartridge diameter: Generally speaking, the detonation velocity of an emulsion explosive is affected to less extent by cartridge diameter. Curves in Fig. 6. 13 shows detonation velocity *vs* cartridge diameter of an emulsion explosive.

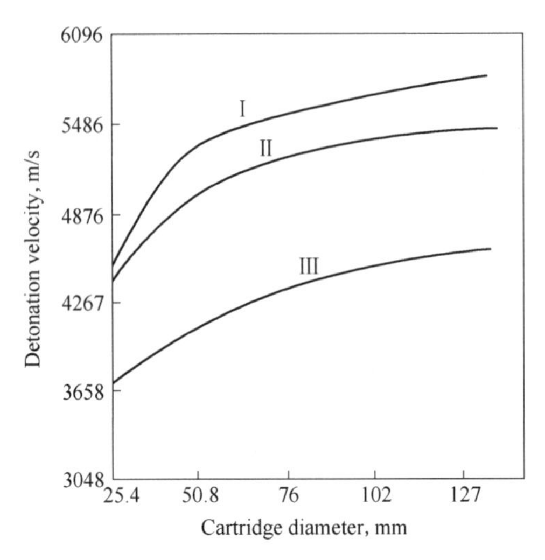

Fig. 6. 13　Relation between detonation velocity and cartridge diameter of emulsion explosive and slurry explosive

Ⅰ—Matrix containing no aluminum; Ⅱ—Containing 5% of aluminum; Ⅲ—Slurry explosive

It can be seen easily from the curves in Fig. 6. 13 that the difference in detonation velocity between different diameters is not significant although the relation between detonation velocity and diameter of an emulsion explosive cartridge is nearly linear. For example, when the cartridge diameter is increased from 25 mm to 100 mm, the difference in the detonation velocity values will not be changed by addition of aluminum powder. Although curves in the figure only represent the product containing 5% of aluminum powder and emulsion matrix, similar relation is observed for all products, even the product containing more than 20% of aluminum powder. Curves in the figure also show that the emulsion explosive can stably detonate when the cartridge diameter is less than 25. 4 mm. The detonation velocity of slurry explosive is always less than that of emulsion explosive.

(4) Effect of confined conditions: Owing to the considerably high detonation sensitivity of emulsion explosive, it detonates stably under the unconfined condition and its detonation velocity reaches a considerably high value, therefore, strengthening the confined condition of a cartridge to be initiated gives no significant effect on the detonation velocity of an emulsion explosive. The comparison data in Table 6. 14 illustrate such negligible effect.

(5) Effect of temperature: It has been established that inorganic oxidizer salts such as ammonium nitrate in the dispersed phase of an emulsion explosive are stable in the supersaturated form, that is to say that their crystals are not separated out in supersaturated form and can remain in liquid state. The smaller particle diameter is, the more stable the supersaturation will be, and the more significantly the ice point lowers and therefore the emulsion explosive has very good antifreezing ability. The better the quality of the emulsoid is, the stronger the antifreezing ability will

be. Generally speaking, the detonation velocity of an emulsion explosive almost does not vary with the temperature in the range from −40 to +40℃. That is to say, when the temperature increases from −40℃ to +40℃, the detonation velocity almost remains unchanged for the emulsion explosive cartridge with a certain diameter.

6.2.2.2 *Brisance*

When an explosive detonates it produces a lot of gaseous products, at the instant before expansion, its temperature is the highest and the pressure the largest, therefore, the solid materials (such as rock, etc. in contact with the explosive cartridge in a hole) directly contacted with it will be broken severely. Brisance of an explosive is a measure of extent to which the local solid medium in contact with explosion products is directly broken by these gaseous products at the instant of explosion, and is closely related to detonation velocity of an explosive. It can be expressed in two methods, i. e. theoretical method and experimental one.

In the United States, Canada, Australia etc., brisance is not measured for water-bearing explosives and the brisance value is not provided in the detonation property indexes. China has been maintaining that brisance is one of the important indexes to determine whether an explosive is good or not. For any explosive which can be reliably initiated by one $8^{\#}$ blasting cap, its brisance value is generally measured by standard Hess test method (lead block compression test). A large quantity of statistical test results show that the brisance value of emulsion explosive is considerably high. For example, the brisance values of Chinese EL-series emulsion explosives are 16-20 mm (varying with different trade marks and density). Table 6.16 gives some practical examples of tested brisance results for different trade marks of EL-series emulsion explosives. Table 6.17 gives the comparative brisance values of some explosives *vs* EL-series emulsion explosives. Fig. 6.14 shows the actual picture of lead-block-compression-test results of EL-series emulsion explosives.

Table 6.16 Brisance values of different trademarks of EL-series of emulsion explosives

Trade mark	Brisance value, mm	Test conditions
EL-101	17.30, 18.25, 18.38, 19.12, 19.40	Paper shell, d 40 mm, charge weight 50g;
EL-102	18.54, 19.22, 19.43, 20.28	Lead block: d 40 mm, H 60 mm; Steel gasket:
EL-103	18.99, 18.92, 19.82, 18.85	steel $45^{\#}$, d 41 mm, thickness 10 mm
EL-104	18.69, 19.39, 19.61, 20.07	
EL-105	16.70, 17.19, 17.97, 17.73	

Table 6.17 Brisance values of several explosives

Explosive	Density, g/cm^3	Brisance value, mm	Explosive	Density, g/cm^3	Brisance value, mm
TNT	1.0	16-17	Open mining explsive No. 2	0.9-1.0	8-11
TNT	1.2	18.8	Ammonium nitrate-asphalt wax explosive	0.9-1.0	8-9
Coal mine explosive No. 2	0.9-1.0	10-12	EL-series emulsion explosive	1.05-1.30	16-20
Rock explosive No. 2	0.9-1.0	12-14			

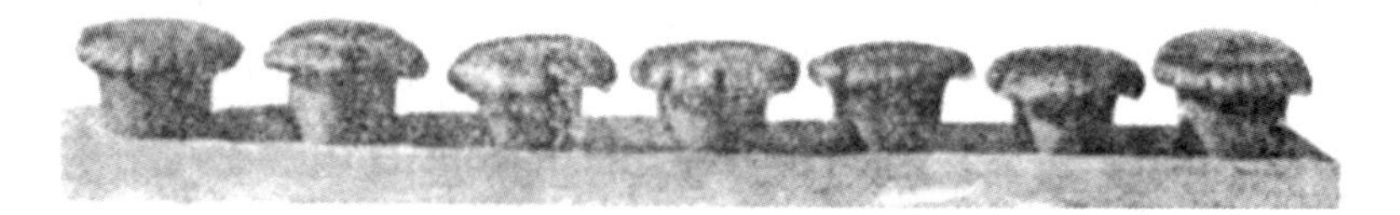

Fig. 6. 14　Picture of lead block compression after the brisance test of EL-series emulsion explosives

Generally, the brisance of an explosive increases with the increasing of its detonation velocity and density. Any factors which affect the detonation velocity of emulsion explosive can affect brisance significantly. The effect of density shown in Fig. 6. 15 is an example. That is to say, in a certain range of density, the brisance and detonation velocity increase with the increasing of density. After the density increases to some specific value (such as 1. 31 g/cm^3), the brisance value suddenly decreases because the detonation sensitivity of explosive decreases significantly. For another example, the effect of confined conditions is also similar to that of detonation velocity, i. e. , the brisance value increases with the strengthening of confined conditions.

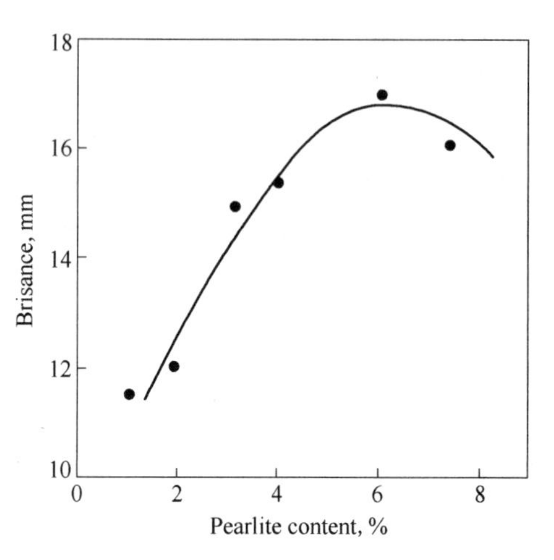

Fig. 6. 15　Brisance *vs* density of emulsion explosives

6. 2. 3　Sympathetic detonation distance (air-gap)

The phenomenon that explosion of an explosive charge causes the adjacent charge not in contact with it to explode is defined as sympathetic detonation. To a certain extent, sympathetic detonation reflects the sensitivity of an explosive to the shock wave. In accordance to the different medium between donor charge and acceptor charge the sympathetic detonation is classified as three categories: sympathetic detonation in air, sympathetic detonation in dense medium and sympathetic detonation in hole. Generally mentioned sympathetic detonation is the sympathetic detonation in air, i. e. , when the medium between donor charge and acceptor charge is air, the cartridge of donor charge initiates the cartridge of acceptor charge. And the largest distance for the initiation between them is named as sympathetic detonation distance or air-gap. Therefore, sympathetic detonation distance rep-resents the sympathetic detonation capability of an explosive and is one of the main criteria for inspecting the quality of the products. In China, sympathetic detonation distance is stipulated as a day-to-day inspection item of emulsion explosives and is used in checking whether the quality of an explosive is good or not, because after the brand of explosives, cartridge diameter, explosive quantity, confined condition and direction of detonation transmission are given, sympathetic detonation distance reflects either the shock sensitivity of the acceptor charge or the initiation capability of the donor charge.

Table 6. 18 tabulates the sympathetic detonation distances of relevant emulsion explosives made in China and by the American Atals Corp. It can be seen from the listed data that the sympathetic detonation distances of small diameter emulsion explosive cartridges are relatively large. Undoubtedly, such sympathetic detonation distance value can sufficiently satisfy the need of various blasting operations at underground mines. From the view point of application, this is very beneficial. However, for the safety distance in the design of explosive factories, dangerous workshops and stores, it is undesirable that the sympathetic distance is very large. That is to say: a balance should be considered between the need of its usage and the safety distance.

Table 6. 18 Sympathetic detonation distance values of some Chinese and overseas emulsion explosives

<table>
<tr><th rowspan="2">Country</th><th rowspan="2">Series</th><th rowspan="2">Trade mark</th><th colspan="2">Sympathetic detonation distance, mm</th></tr>
<tr><th>Cartridge diameter 32 mm</th><th>Cartridge diameter 40 mm</th></tr>
<tr><td rowspan="7">China</td><td rowspan="5">EL</td><td>EL-101</td><td>100-110</td><td>100-120</td></tr>
<tr><td>EL-102</td><td>100-130</td><td>110-140</td></tr>
<tr><td>EL-103</td><td>100-130</td><td>110-150</td></tr>
<tr><td>EL-104</td><td>100-140</td><td>115-150</td></tr>
<tr><td>EL-105</td><td>100-120</td><td>100-130</td></tr>
<tr><td rowspan="2">RJ</td><td>RJ-1</td><td>>90</td><td>—</td></tr>
<tr><td>RJ-2</td><td>>70</td><td>—</td></tr>
<tr><td rowspan="4">USA[1)]</td><td rowspan="3">Powermax</td><td>100</td><td>25-100</td><td>100-150[2)]</td></tr>
<tr><td>200</td><td>25-125</td><td>100-150[2)]</td></tr>
<tr><td>355</td><td>—</td><td>100-150[2)]</td></tr>
<tr><td>Iremite</td><td></td><td></td><td></td></tr>
</table>

1) Powermax is the product of American ATLAS Powder Co.; Iremtie is the product of American IRECO Chemicals Co.;

2) Cartridge diameter 50 mm.

The sympathetic distance of emulsion explosives is affected by many factors, such as composition ratio, cartridge density, charge weight, cartridge diameter, the confined conditions and so on. Their effect not only follows the general rule for conventional industrial explosives, but also has its own characters. Now we concisely discuss these factors as follows.

6. 2. 3. 1 *Effect of water*

As for usual powdered and granular industrial explosives, water can decrease the sensitivity of acceptor charge, making its sympathetic distance to decrease, and this effect is considerable. Effect of water on the sympathetic detonation distance of No. 2 rock explosive is shown as follows.

Water content, %	0. 14-0. 18	0. 80-0. 90	1. 50-1. 80	2. 8-3. 0
Sympathetic detonation distance, mm	100-110	70-80	60-70	30-40

For an emulsion explosive, however, the effect of water on the sympathetic detonation distance is negligible within a certain range of water content. For example, when the water content varies in the range of 8%-16% in the composition formulation, the sympathetic detonation distance will not vary significantly so long as the density of explosive remains basically unchanged.

6. 2. 3. 2 *Effect of charge temperature*

The effect of charge temperature on the sympathetic detonation distance of single compound explosive and powder-grain mixture explosive is not significant. For example, when ammonium nitrate explosive was tested for its sympathetic detonation at 0℃ in field, sympathetic detonation distance was only 5-10 mm less than the value at normal atmospheric temperature. Compared with other waterbearing explosives, because the inorganic oxidizer salt solution drops of emulsion explosive still exist in saturated form and maintains higher detonation sensitivity at lower temperature, the emulsion explosivs's sympathetic detonation distance was only 10-20 mm less than the value at normal atmospheric temperature after it was freezed for several tens of hours at -15 to -20℃. When the temperature drops to -25℃, the average emulsion explosive's sensitivity to shock and detonation usually decreases significantly and its sympathetic detonation distance also drops greatly. However, for some specific explosives, such as BSE-series emulsion seismic source column for petroleum exploration, their sensitivity to detonation still remains higher even at -40℃ temperature, and the sympathetic detonation distance basically remains unchanged as compared with that at normal temperature. It should be pointed out that when the inflation method is used in adjusting the density, the temperature above 40℃ has a great effect on the sympathetic detonation distance, because very high charge temperature causes the density drops the sympathetic detonation distance and accordingly decreases.

6. 2. 3. 3 *Effect of charge density*

It is well known that the effect of charge density is different for the donor charge and the acceptor charge.

Test has shown that after the conditions of the donor charge is fixed, as the density of the acceptor charge becomes smaller, its sympathetic detonation distance usually increases and the relation between them is almost linear with respect to the emulsion explosive. When the charge density is 0. 95-1. 25 g/cm^3, the charge density's effect on the sympathetic detonation distance generally follows the above-mentioned relation, but when the charge density is bigger than 1. 25 g/cm^3 or smaller than 0. 90 g/cm^3, the sympathetic detonation distance value drops; especially when the acceptor charge density is larger than 1. 30 g/cm^3, the sympathetic detonation distance almost straightly drops with increasing density.

Donor charge density's influence on sympathetic detonation distance is that the sympathetic detonation distance increases with increase of donor charge density. This is because that the detonation velocity and the strength of related gaseous product flux and shock wave increase with increasing charge density, which is just the energy source for initiating the acceptor charge to detonation. When the donor charge density of emulsion explosive is smaller than 1. 25 g/cm^3 such effect is also very significant. However, when the charge density is larger than 1. 30 g/cm^3, the sympathetic detonation distance suddenly greatly drops, because the donor charged detonation sensitivity rapidly drops.

6.2.3.4 *Effect of charge weight and cartridge diameter*

Experience has shown that for the emulsion explosives, effect of charge weight and cartridge diameter on the sympathetic detonation distance is similar to other industrial explosive. The increase of charge weight and charge diameter of both donor charge and acceptor charge can increase the sympathetic detonation distance, because the increased charge weight and diameter can increase the shock wave strength of the donor charge and enlarge the acceptor charged area accepting the shock wave, which will certainly increase the sympathetic detonation distance.

Additionally, the confined condition of cartridge, the position of donor charge and acceptor charge and the media of surroundings, etc. can produce significant effect on the sympathetic detonation distance. Their effect pattern is similar to that on other industrial explosives.

6.2.4 Thermochemical energy[18]

In order to increase the energy of the system, usually a certain quantity of aluminum powder is added to emulsion explosive. The effect of aluminum on the thermochemical property is described in Fig. 6.16. Curves in the figure show clearly that the relation between the total thermochemical energy and aluminum content is almost linear. However, the work function A—he highest energy value to do work—does not increase straightly along with aluminum content. Dropping of the curve gradient shows that when the aluminum content is higher its utilization coefficient drops significantly, but when aluminum content is about 19% the thermochemical pressure P reaches the highest value. No doubt that this is because when the aluminum content is higher, the reaction produces improper ration between solid products and gas products.

Practice has shown that bubble energy of emulsion explosive is more practical to reflect the effect of aluminum content on thermochemical energy. Some typical bubble energy data of emulsion explosive is shown in Fig. 6.17. The values shown in the figure are the energy values of equal weight and equal volume expressed by relative comparison based on ANFO (AN : FO = 94.5 : 5.5). From the energy value of relative weight, we can see that in the range of usually recommended aluminum content, the bubble energy increases straightly with the increment of aluminum content. On the basis of curves calculated by the energy value of relative volume, the effect of aluminum content on the bubble energy can be assessed more practically, showing the higher energy density of the aluminized products. Therefore, energy-*vs*-volume curve increases with the increment of aluminum content at a faster rate. Experience has shown that it usually more complies with the practical condition to design composition ratio and hole charge weight of emulsion explosive according to the energy values expressed by relative volume's energy.

Fig. 6.18 shows the total efficiencies, namely the ration between A_0, total expansion work performed in underwater explosion tests, and Q, the stoichiometrical energy of explosion for American Atlas Powder's emulsion explosives Power max 100 and 200, other slurries and Swedish Nitro Nobel Co.'s explosive Dynamax.

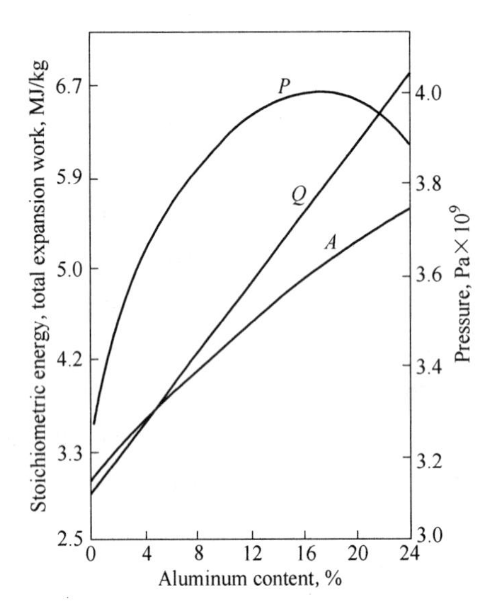

Fig. 6. 16 Thermochemical property of emulsion explosive[18]

P—Thermochemical pressure;

Q—Detonation heat; *A*—Work function

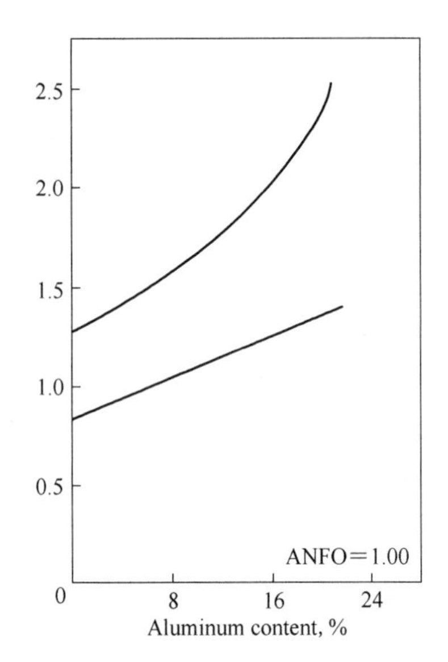

Fig. 6. 17 Relative bubble energy *vs* aluminum content of emulsion explosive[18]

Ⅰ—Calculated by volume;

Ⅱ—Calculated by weight

Explosive	Corporation	m/s
Dynamex A	Nitronoble Co.	131
Water-gel explosive 7		222
Water-gel explosive 3		262
Water-gel explosive 5		309
Water-gel explosive 2		312
Water-gel explosive 6		315
Remex A	Nitronoble Co.	341
Water-gel explosive 1		352
Water-gel explosive 8		358
Rcomex AM	Nitronoble Co.	507
Water-gel explosive 4		517
Powermax 100	Atlas Powder Co.	539
Powermax 200		551

0 100 150 200 250 300 350 400 450 500 550 600

Reaction

Explosion

Fig. 6. 18 Total efficiency expressed by ratio between A_0 and Q[18]

Fig. 6. 17 shows curve of the bubble energy *vs* aluminum content of emulsion explosive. In the case of fixed composition ratio, which factors affect the energy of emulsion explosive? Now they are explained briefly as follows.

6.2.4.1 *Water content vs energy* [26]

Similar to other water-bearing explosive, when emulsion explosive compositions don't contain metal powder such as aluminum powder, the increment of water content can lead to the drop of energy because usually water is an inert additive and the addition of it replaces the content of some explosive compositions. At the same time, vaporization of water consumes energy (41868 J/mole) but increases the amount of gas products. B. B. Yofe *et al.* [26] once took the mixture of RDX/TNT (20/80) as a subject to calculate the explosion heat and specific volume in the case of different water contents and his results is as follows.

Water content, %	0	5	8	10	12	15	20
Explosion heat Qv, kcal/kg (water-vapor)	1144	1057	1009	985	943	890	806
Specific volume V_0, L/kg (water-vapor)	648	678	694	708	720	738	769

The values show that the explosion heat value decreases with increasing water content while the specific volume increases.

Now take the diesel-ammonium nitrate mixture of 0-oxygen balance as an example to calculate the explosion heat and specific volume at different water contents (see Table 6.19) and to explain the above-mentioned relation.

Table 6.19 Water content *vs* explosion heat and specific volume in diesel-ammonium nitrate mixture (5.52/94.48)

Water content X/%	Exposion heat Q_v (kilo calorie/kg) (water-vapor)	Specific volume V_0 (liter/kg) (water-vapor)
0	917.13	969.69
3	873.07	977.933
5	843.69	983.43
7	814.31	988.923
10	770.25	997.17
12	740.87	1002.66
15	696.81	1010.90
20	623.37	1024.64

The yielded water content *vs* explosion and water content *vs* specific volume formulas in the mixture are as follows:

$$Q_V = 917.13 - 1468.8x \quad (6.2)$$

$$V_0 = 969.69 + 274.76x \quad (6.3)$$

Where x is water content, Q_v is exposion heat, and K_0 is specific volume.

From Table 6.20 and formulas (6.2), (6.3) it can be seen that when the water content in the mixture with ammonium nitrate as oxidizer increases, the explosion heat gradually drops but the specific volume gradually rises. The dropping amplitude of explosion heat is wider while the rising amplitude of specific volume is smaller. When the water content increases by 1%, the drop of explosion is about 13-16 kilocalorie but the increment of specific volume is only 2.7-3.5 liters. Japanese researcher Makoto Kimura also pointed out[27] that for relative power $S=A/A_0$ (A and A_0 are highest effective energy for tested and standard slurries respectively), when $S=1.0$, water content increased by every 1% and relative energy decrease by 2%; when $S=1.5$, water content increased by each 1% and relative energy decreased by 2.6%.

Table 6.20　Channel effect values of some explosives

Country	China			USA			
Explosive trade mark and type	EL-series emulsion explosive	EM-type emulsion explosive	2# rock AN explosive	Iremite Ⅰ aluminized explosive	Iremite Ⅱ emulsion explosive	Iremite Ⅲ crystal-form-controlled	Iremite M slurries sensitized by methylamine nitrate
Channel effect value (Propagation length of detona tion), m	>3.0	>7.4	≤1.9	1-2	≥3.0	3.0	1.5-2.5
Test conditions	Cartridges of 32 mm diameter to be tested were put one by one into a PVC plastic pipe (or steel tube) of 42-43 mm internal diameter and 3 meter length and then initiated to detonation by a blasting cap 8#.						

As a general rule it is worth paying attention to the water content in waterbearing explosives such as emulsion explosive. How to calculate an optimum water content which can ensure good physico-chemical property and at same time do not make the energy drop too much is very important.

6.2.4.2　*Density vs energy*

Under the precondition of guaranteed certain sensitivity to detonation (usually the sensitivity to a blasting cap 8#) the effective utilization of explosion heat and energy of emulsion explosive can be increased with the increment of the explosive density so as to increase the ability of doing work.

6.2.5　Channel effect

Channel effect is also called tube effect or gap effect, that is such phenomenon that when there is a crescent space between cartridge and hole wall, the cartridge to be exploded exhibits a self-suppression—the explosion energy gradually attenuates until misfire. Practice has shown such effect often occurs in blasting operations of small diameter holes, which is one of the important factors affecting the blasting quality. With more research work, people are more aware of the importance of this problem. In recent years, the channel effect has been taken as one important performance index for industrial explosives in China, United States and other countries. Test results have shown that the channel effect of emulsion explosive is smaller among various mining explosives, that is to say that in small diametered holes, its propagation length of detonation is considerably long. Table 6.20 tabulates the determined values of channel effect of Chinese EL - series emulsion explosives[28] and American Ireco Chemical's Iremite - series explosives[29]. For the convenient comparison, Table 6.20 also shows the channel effect value of No. 2 rock explosive.

The channel effect in underground blasting operations is well known. Its usul explanation is that when the explosion products compress the air between the cartridge and the hole wall, the shock wave is produced and it is in the front of the detonation wave and compresses the cartridge, restraining its detonation. On the contrary to this explanation, after having done a series of tests[29] on the channel effect, M. A. Cook and L. L. Udy *et al.* of American IRECO Chemicals upheld that the channel effect was caused by the plasma generated by the detonation of the external explosive of cartridge. That meant before detonation wave front there was a plasma layer (ion light wave) producing compression on the surface of unreacted cartridge in the back (see Fig. 6. 19) and hampering the complete reaction of this explosive layer. The wider the gap between plasma wave front and detonation wave front was or the stronger the plasma wave was, the deeper the surface layer was penetrated and the more severely the energy was attenuated. The back cartridge would be extinguished finally with further strengthening the plasma wave. The detonation velocity of cartridge and the velocity of plasma light wave before the detonation wave front could be determined simultaneously with the apparatus shown in Fig. 6. 20. The apparatus shown in Fig. 6. 21 could be used in determining the side pressure and the detonation velocity of cartridge. The trace observed on the aluminum plate caused by the shock wave after initiating the explosive to detonation was used to determine whether there was channel effect and the propagation length of detonation. The test showed that the speed of plasma light wave was about 4500 m/s.

The above-mentioned two explanations on the channel effect are popular at present. It should be pointed out that both explanations have been based on their own data but should be developed and perfected further and unified.

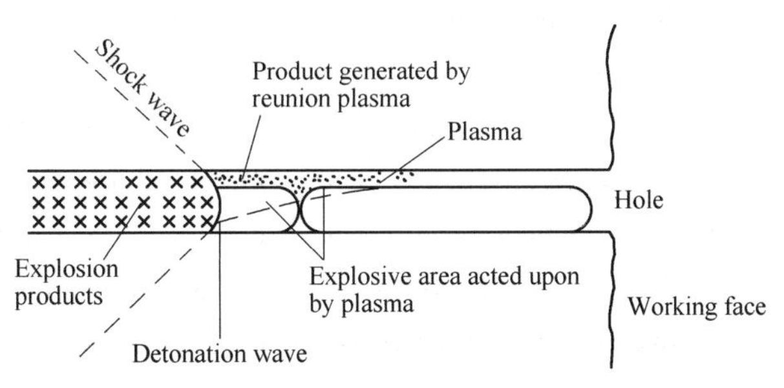

Fig. 6. 19　Sketch showing the influence of plasma effect on the unreacted cartridge in a small-diameter hole[29]

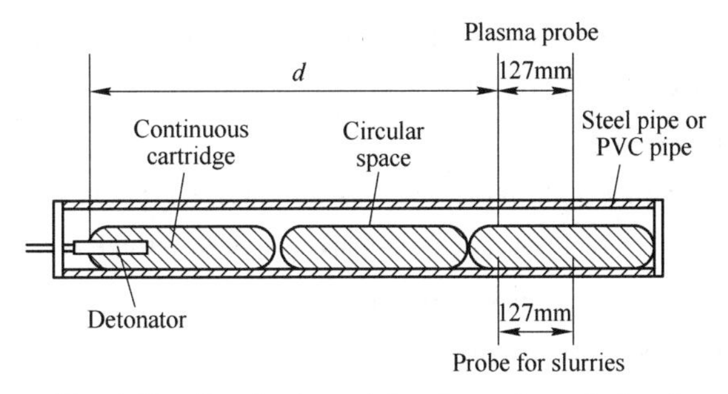

Fig. 6. 20　Test for determining detonation velocity of cartridge and velocity of plasma light wave[29]

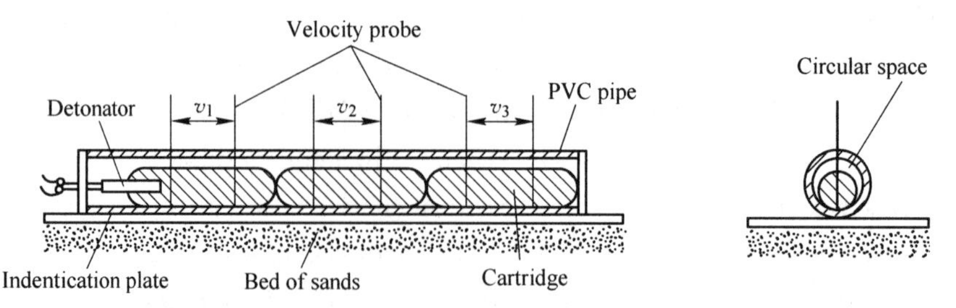

Fig. 6. 21　Test diagram of determination of side pressure and detonation velocity[29]
(size of identification aluminum plate: 20. 3 cm width×122 cm length)

Experience has shown that under same charging conditions the propagation length of detonation of explosive having smaller channel effect is longer and the blasting result is better. Generally speaking, the channel effect is related to the explosive's formulation, physical structure, packing condition and manufacture technology.

(1) As emulsion explosive is manufactured with emulsifying technology, it has an internal fine W/O physical structure and the oxidizer contacts tightly with the combustible composition at a distance close to molecule size, its detonation propagates rapidly, the detonation velocity approaches or exceeds the velocity of plasma wave and therefore, the advanced compression of plasma no longer exists. According to the theory of Udy *et al.*, the channel effect of emulsion explosive must be little, or even does not exist. For the emulsion explosive containing sensitizing bubbles however, its channel effect can gradually become significant with extension of storage time and the attenuation of explosion properties such as detonation velocity.

(2) As described in Chapter 5, the change of technology conditions can affect the quality of emulsion explosive significantly. As regards to the channel effect, those technological factors which can improve and strengthen the emulsifying – mixing conditions (e. g. increasing the shearing strength) can raise the quality of emulsion explosive and reduce the channel effect.

(3) Different packing conditions can also affect the channel effect of emulsion explosive. For example, increasing the case strength can reduce the channel effect significantly or even can eliminate it. The reason is that strengthening confining conditions can not only raise the detonation velocity but also resist the compression and penetration action of plasma.

Research results show that the following technological measures can minimize or eliminate channel effect and improve blasting result.

(1) Chemical technology.

1) To select different coating materials, such as tar asphalt, paraffin wax, etc; 2) To adjust the formulation and processing technology of explosive so as to reduce the difference between detonation velocity of explosive and. velocity of plasma.

(2) Blocking the propagation of plasma.

1) Inserting a ply of thin plastic sheet or stemming into cartridges in the hole; 2) Using water or organic foam to fill the crescent gap between hole wall and cartridge; 3) Increasing the cartridge diameter.

(3) Placing a primacord along the whole length of cartridges for initiation.

(4) Using bulk technology to load the hole fully without any cavity so that no advanced plasma layer can exist.

6.2.6 Critical diameter

Critical diameter refers to the smallest diameter of a cartridge which can detonate stably after it is initiated. It is an important criterion for measuring explosives's sensitivity to detonation and is also an important base for comparing and determining the application scope of various explosives in small-diameter blasting operations. Table 6.21 tabulates the test results on the critical diameter of some emulsion explosives.

Table 6.21 Critical diameter of some emulsion explosives

Country	China								USA (ATLAS Powder Co.)				
Series trade mark	EL series					EM series	RJ series		Powermax			APEX	P-DTNE
	101	102	103	104	105	I-V	1	2	100	200	355	700	
Critical diameter mm	14	12	12	12	14	18	12-16	12-16	13	13	32	37	37

From the above-tabulated values it can be easily seen that although the emulsion explosive's compositions contains much water (6%-13%) and usually do not contain explosive-type sensitizer, its critical diameter is rather small. This is because that in the basic structure of emulsion, the carbonaceous fuel in continuous phase overcomes the cooling effect caused by water, and at the same time the oxidizer contacts with the fuel tightly, which is beneficial for simulating and propagation of detonation. Undoubtedly, such small critical diameter can fully satisfy the needs of multiple applications.

6.3 Safety and Storage Stability

6.3.1 Safety

It is well known that due to the wide range of application and complexity of industrial explosives, it is usually required for them to have quite good safety so as to guarantee the safety and reliability in production, transportation and application. Here the so-called safety and its affecting factors refer to performance indexes of emulsion explosive's mechanical sensitivity (shock sensitivity and friction sensitivity), combustion sensitivity, ignition point, rifle bullet impact sensitivity, etc. and the factors affecting them. It is an important, more comprehensive and complete concept for measuring the safety and reliability of an explosive. The domestic and international practice has shown that even when the emulsion explosive is inspected by such concept, its safety is also very high. One of outstanding characteristics of this explosive is its good safety. The following practical examples are cited to explain it and analyze the factors affecting safety.

6.3.1.1 *Powermax-series emulsion explosive*[18]

Powermax explosive is the product of american Atlas Powder Co. , its safety is as follows.

(1) There is no any reaction in the following conditions of impact and friction tests: 1) Falling hammer (5 kg) test from a 100 cm height; 2) Friction test (200 kg) .

(2) The rifle bullet impact test on Powermax explosive showed that when the velocity of bullet was more than 500 m/s, the reaction occurred. When the velocity of bullet was 300–350 m/s the water–gel explosive started to react while dynamite usually started to react when the bullet's velocity was below 100 m/s.

(3) The differential thermal analysis showed that until water was vaporized completely the exothermic reaction of Powermax emulsion explosive was not observed. At 180–243℃, a weak exothermic reaction occurred. The dry residue without water could burn at 250–255℃.

6.3.1.2 *Safety of Chinese EL–and CLH–series emulsion explosives*[5,8]

(1) Mechanical sensitivity: Test results on the mechanical sensitivity of these two emulsion explosive are tabulated in Table 6.22.

Table 6.22 Mechanical sensitivity values of EL–and CLH–series emulsion explosives

Sensitivity	Explosive persentage		Test conditions
	EL–series	CLH–series	
Shock sensitivity	≤8%	≤16%	10 kg of hammer, 250±1 mm of falling heigth, 50±2 mg of charge weight
Friction sensitivity	0%	4%	1500±1 g of hammer, 96° of swinging angle, 4840 kg/cm^2 of charge pressure, 20 mg of charge weight

(2) Combustion sensitivity test: Place the thin stripes of EL – or CLH – series emulsion explosives on a steel plate and burn it directly with gas welding flame.

When it is ignited by the gas welding flame, it starts to burn. When the flame leaves, the burning stops at once and does not lead to explosion.

(3) Riffle bullet impact test: Five kilograms of each explosive sample is loaded into a plastic bag and the size of the cartridge is 200 mm×300 mm. The testing cartridge is tied on a wooden support and then it is shot from the distance of 50 meters with an automatic rifle, type 63. When the bullet velocity is 820 m/s, every sample does not burn and does not explode after 10 shots.

(4) Thermal decomposition: The test results of thermal decomposition of CLH–series emulsion explosive are shown in Table 6.23.

Table 6.23 Differential scanning calorimetry (DSC) analysis

Trademarks of explosive	Weight of test sample, mg	Initial decomposition temperature, ℃	Endotherm peak temerature, ℃		Exothermal peak temperature, ℃			
			Ⅰ	Ⅱ	Ⅰ	Ⅱ	Ⅲ	Ⅳ
CLH–1	1.60	193	—	—	220	349	392	—
CLH–2	1.05	200.5	200.5	—	231	330	381	—

Continued 6. 23

Trademarks of explosive	Weight of test sample, mg	Initial decomposition temperature, ℃	Endotherm peak temerature, ℃		Exothermal peak temperature, ℃			
			I	II	I	II	III	IV
CLH-3	1. 47	198	198	—	232	343	378	—
CLH-4	1. 05	158	—	—	222	232. 5	305	—

(5) Ignition point: The ignition point in 5 seconds for EL-series emulsion explosive usually is not less than 330℃.

6. 3. 1. 3 *Analysis of affecting factors*

(1) Effect of additives: In order to explain this effect Table 6. 24 tabulates test results on mechanical sensitivity of some emulsion explosives and other explosives.

Table 6. 24 Mechanical sensitivities of some explosives

Explosives[1)]	Impact sensitivity	Friction sensitivity	Sliding friction coefficient[2)]	
	Exploded percentage, %	Exploded percentage, %	μ_1	μ_2
No. 1 emulsion explosive	0	0	—	—
No. 2 emulsion explosive	0-4	0	—	0. 14
No. 3 emulsion explosive	16	0-4	—	0. 16
Ball-grain explosive	16-32	0	—	—
94 RDX/6 wax	4-20	0	—	0. 14
75 RDX/5 wax/20 Al	24-36	8-24	—	0. 16
TNT	8-24	0-4	0. 07	0. 07
Standard tetryl	44-52	4-20	0. 12	0. 08
RDX	72-88	48-52	0. 18	—

1) No. 1 emulsion explosive contains no aluminium powder and any explosive material; No. 2 and No. 3 emulsion explosives are made of No. 1 emulsion explosive plus aluminium powder and RDX and the RDX content in No. 3 emulsion explosive is the highest;

2) μ_1 is sliding friction coefficient between tested sample and sliding column; μ_2 is friction coefficient between tested sample and steel sliding column, namely, the mean of the sum of sliding friction coefficient between steel and steel plus sliding friction coefficient between steel sliding column and test sample.

From the data shown in Table 6. 24 it can be seen easily that whether they are composite explosive or single explosive compound, their mechanical sensitivity are related to their friction coefficient. The order of RDX, tetryl and TNT in relation to the metal friction coefficient is in compliance with their order of mechanical sensitivity. After the addition of aluminum powder into passivated RDX, the friction coefficient is increased and the mechanical sensitivity is increased accordingly. Emulsion explosives is in W/O emulsion form and their friction resistance among its compositions is much lower compared with the powder and granular explosives containing the same compositions and therefore the mechanical sensitivity of No. 1 emulsion explosive without addition of any compositions is very low. Addition of aluminum powder and RDX into No. 2 and No. 3

emulsion explosives increases their mechanical sensitivity. The friction coefficient and mechanical sensitivity of No. 3 emulsion explosive is greater than No. 2 emulsion explosive because RDX content in the former is higher than that in latter.

It should be pointed out that increasing mechanical sensitivity of emulsion explosive through addition of RDX is affected not only by the friction coefficient but also by RDX's self conditions. Because RDX has greater sensitivity and exists in emulsion explosive in the form of 0. 1−0. 2 mm grains and its critical size for hot spots is 10^{-5} cm, when it receives mechanical action, hot spots are formed on its crystals and the hot spots may propagate and therefore increase the mechanical sensitivity. Study of E. P. Bowden *et al.* [30] has shown that addition of materials whose melting point is higher than the critical temperature (350−450℃) of hot spots can increase the mechanical sensitivity. As aluminum powders melting point is 660℃, addition of aluminum powder into emulsion explosives can increase their mechanical sensitivity, but the effect of aluminum powder on emulsion explosives is smaller than its effect on other explosives. The author also thinks that with the development of the gel dispersive explosives such as emulsion explosive, it is necessary for the researchers to probe into the suitable method carefully for determining the mechanical sensitivity of differentphased explosives.

(2) Effect of temperature and bubbles: As described in Section 6. 1, the crystallization of oxidizer aqueous solution can not be formed, that is, the oxidizer is still in form of solution at low temperature (e. g. −20℃) because of miniaturization of dispersive−phase grains. When the temperature changes to 100℃ from −20℃, the reactivity almost does not change and therefore it has little effect on the safety.

It is well known that the uniformly distributed micro−bubbles in emulsion explosives are very beneficial to raising the detonation sensitivity of emulsion explosives. However, it should be noted that under mechanical shock, these micro−bubbles can easily form adiabatically compressed hot spots so as to stimulate the explosive to explosion.

6. 3. 2　Toxic gases

Of course, theoretically, proper adjustment of the composition of emulsion explosives to maintain zero oxygen balance can avoid the formation of toxic gases such as CO and N_xO_y during explosion. But more or less toxic gases can be produced during explosion because of different kinds of emulsion explosives, storing conditions, initiating modes, and blasting conditions encountered in practical blasting operations. These toxic gases are mainly carbon monoxide and nitrogen oxides. At specific conditions, small quantity of hydrogen sulfide and sulfur dioxide can also be produced. These gases are very harmful to the organs of human body. When their content exceeds a certain limit, they can lead to the operators to be poisoned or even to death. Therefore, the quantity of toxic gases formed in explosion becomes an important safety index for emulsion explosives.

When any explosive is recommended for various applications in underground blasting operations its quantity of toxic gases formed in explosion must be determined and its safety level (blasting smoke) must be stipulated. At present, most countries stipulate their own standard for permitted toxic gases on the basis of their respective conditions. For example, the relevant departments in China stipulate that CO content can not exceed 16 ppm, N_xO_y 2. 5 ppm, H_2S 6. 6 ppm, SO_2 7 ppm and the total quantity of toxic gases can not exceed 100 liter/kg (on the basis of CO) . In Japan their permissible content for CO is below 100 ppm, and N_xO_y below 5 ppm. In the United States and Canada, the blasting smoke from explosives used in underground blasting operations is limited to a certain levels (see Table 6. 25)[31], moreover, USBM also stipulates that it cannot permit workers to breathe air containing 100 ppm of CO or 5 ppm of N_xO_y more than 8 hours.

Table 6. 25 Standards of toxic gases in the United States and Canada

the United States1)		Canada
Mining industrial explosive	1st class, below (23 L/kg)(0. 16 ft^3/200 g)	Same as in the United States but 2nd and 3rd classes are not permitted in underground mine operations
	2nd class, below (23–50 L/kg)(0. 16–0. 33 ft^3/200 g)	
	3rd class, below (50–100 L/kg)(0. 33–0. 67 ft^3/200 g)	
The content of toxic gases for tested explosives is below 160 L/kg (2. 5 ft^3/1b)		

1) Tabulated data were from testing with cartridge 31. 75 mm×203 mm (1. 25 in×8 in) by Crawshaw–Jones Method.

One of the important safety features of emulsion explosives is less quantity of toxic gases formed in explosion. Now it is cited as follows.

The following is the results of toxic gases sampled and determined from a certain volume of underground space after EL–and CLH–series emulsion explosives' explosion at different periods:

Explosive / Toxic gases	EL–series emulsion explosive	CHL–series emulsion explosive	No. 2 rock explosive	National standard
L/kg	22–29	16–22	36–42	100

The blasting smoke of Powermax–series emulsion explosive is determined as first class.

The quantity of toxic gases formed by explosion of EM–series emulsion explosive and second class coal mine emulsion explosive: EM–series emulsion is rock type explosive and its quantity of toxic gases formed is 31. 53–43. 46 L/kg (for different kinds of explosives); the quantity of toxic gases for second class coal mine emulsion explosive is 19. 72 L/kg. The determination of toxic gases was based on the analysis of the sample taken from a certain quantity of explosive exploded in a special explosion cylinder.

The factors affecting the quantity of toxic gases for emulsion explosives are summarized as follows.

(1) Internal factors: The internal factors for the emulsion explosive to produce less quantity of toxic gases are: 1) Although most of emulsion explosives are designed at negative oxygen balance, they are moving to zero oxygen balance due to function of water. 2) Oxidizer and combustible materials tightly contact with each other at the distance close to molecule size, which is favorable for completing explosive reaction and oxidation —reduction.

(2) External factors: Usually, when the diameter of cartridge is bigger, the formation of CO, N_xO_y is less; when loading density is higher N_xO_y content is decreased. In practical blasting operations, the denser loaded hole charge can control the formation of toxic gases.

6. 3. 3　Storage stability

The storage stability for emulsion explosives can be observed from the following two sides.

6. 3. 3. 1　*The stability at high and low temperatures*

Using devices one can create artificial high and low temperature environment and let emulsion explosives undergone the high-low temperature change so as to observe their properties at high and low temperature and or to examine its storage stability.

Test conditions: Usually store the sample at −15 to −20℃ for 2−3 hours and then store it at +40 to +45℃ for 3−4 hours. This is one cycle of cold and hot temperature. In general, having undergone the high and low temperature cycle the sample tested should be examined for its conductivity and state change.

The major sign of damage for the test sample is that it becomes conductive, forms crystals of nitrate on the surface, or it begins to segregate.

Before being damaged, the more times of cold-hot cycles an emulsion explosive undergoes, the better its high-low temperature stability will be; and the smaller the difference in property of an emulsion explosive between high and low temperature is, the better its quality will be. Usually, for an emulsion explosive without any addition of dry materials, it can undergo high-low temperature change for 15−20 times before it starts to separate out very fine nitrate crystals, its properties begin to change more significantly, and its explosion property index drops. However, for an emulsion explosive with addition of small quantity of dry materials such as sulfur flour and aluminum powder, its status and properties will not change significantly even after having undergone the cold-hot temperature cycle for more than 25 times.

The above-mentioned test results show that the high-low temperature stability of emulsion explosives is quite good and all items of properties are relatively stable. They also show that addition of small quantity of dry powder materials such as sulfur flour and aluminum powder can improve the stability and low temperature resistant property of emulsion explosives. For example, Chinese EL-series emulsion explosive still keeps its original flexible status, nonconducting property and does not separate out crystals after having undergone the high-low temperature cycles for more than 25 times.

6. 3. 3. 2　*Storage stability at ambient temperature*

Storage stability at ambient temperature means the storage stability of emulsion stored in the ordinary warehouse under the natural change of temperature in four seasons of a year. Experience has shown that for an emulsion matrix, after it has been stored at ordinary temperature for 2−3 years, there is no breaking and stratification of emulsion observed. However, for the emulsion explosive with density modifier added, its storage property at ordinary temperature will vary with different density-modifying methods and different density-modifiers, and sometimes the difference is considerable. For example, when the density of an emulsion explosive is adjusted with pressure-resistant hollow glass microballs, its storage period at ordinary temperature can be up to about one year or up to two years. When its density is adjusted with resin (phenolic resin), hollow microballs and inflated pearlite, its storage period at ordinary temperature is usually about 0. 5 years. It should be pointed out that the storage period is directly related to the quality of hollow microballs and the mode of its addition. For example, addition of specially manufactured fine grains of pearlite into an emulsion explosive not only can improve its property but also helps it to have more than 0. 5 year of stable storage. When common fine pearlite grains are added into it, its property is not good, and its storage period is shortened usually by about 1-2 months as well. If the density of an emulsion explosive is adjusted with the air-retained method or chemical inflation method, its storage period is usually shorter than the case where hollow microballs is used. This is because that the sensitized bubbles during storage tend to aggregate and escape, which increase the density and gradually lower the detonation sensitivity and explosion properties. Practice has shown, however, that through suitable selection of external phase viscosity, fine dispersing technology and specific stabilizing measures, the storage period of an emulsion explosive obtained by such modifying methods can also remain stable for more than half a year.

References

[1] G. A. Strachan, *Tovex E—Du Pont Emulsion Explosives*, E. I. Du Pont de Nemours Co., 1984, pp. 30-35.

[2] CIL, *Buck Emulsion—Manufactoring Procedure*, Explosives Division CIL, 1984, pp. 6-14.

[3] BGRIMM's Explosives Research Group, *Metal Mines*, 5, 1982, pp. 23-25. (in Chinese)

[4] H. A. Bampfield and W. B. Morrey, *Emulsion Explosives*, Explosives Division CIL, 1984, p. 4.

[5] BGRIMM *et al.*, *Metal Mines*, 8, 1982, pp. 915. (in Chinese)

[6] US Patent 3, 447, 978.

[7] BGRIMM *et al.*, *Nonferrous Metals (Mining section)*, 2, 1984, pp. 7-16. (in Chinese)

[8] BGRIMM *et al.*, *Metal Mines*, 11, 1984, pp. 49. (in Chinese)

[9] US Patent 4, 110, 134.

[10] S. Takeuchi *et al.*, *Journal of the Industrial Explosives Society, Japan*, 1982, Vol. 43, No. 5, pp. 285-293. (in Japanese)

[11] P. Becher, *Emulsions: Theory and Practice*, Translated Chinese version, 1978, Science Press, pp. 401-406.

[12] Cui Anna *et al.*, *Explosive Materials*, 1, 1984, pp. 30-32. (in Chinese)

[13] Susumeru Tsuji, *Technology of Emulsification and Solubilization*, Kogaku Tosho Co. Ltd., 1976, p. 66. (in Japanese)

[14] Guo Suyun *et al.*, Blasting, 2, 1984, pp. 64-68. (in Chinese)

[15] Lin Yuanjie, *Explosive Materials*, 4, 1984, pp. 14-15. (in Chinese)

[16] Wang Xuguang, *Explosive Materials*, 3, 1982, p. 3. (in Chinese)

[17] M. Cechanski, *Foreign Metal Mining Magazine*, 7, 1980, pp. 25-26. (in Chinese)

[18] BP 2, 037, 269A.

[19] Katsuhide Hattri *et al.*, *Journal of the Industrial Explosives Society, Japan*, 1982, Vol. 43, No. 5, pp. 295-300. (in Japanese)

[20] Kumao Hino, *Journal of the Industrial Explosives Society, Japan*, 63, 8, 1948. (in Japanese)

[21] Kumao Hino, *Journal of the Industrial Explosives Society, Japan*, 9, 9, 1948. (in Japanese)

[22] M. M. Chaudhri and J. E. Field, *Proc. Roy. Soc.*, A340, 1974, p. 113.

[23] V. K. Mohan and J. E. Hay, *7th Symp. on Detonation*, 1981, p. 190.

[24] US Patent 4, 231, 821.

[25] Yun Zhuhui, *Explosive Materials*, 1, 1983, pp. 13. (in Chinese)

[26] V. B. Jaffe, B. A. Melshikiv, *Effect of Moisture on Various Performances of Granular Type Explosive Mixture*, Proceedinigs, 71/28, 1971.

[27] Makoto Kimura, *Property and Use of Slurry Explosives*, Sankaido, 1975, pp. 85-96. (in Japanese)

[28] Wang Xuguang, *Nonferrous Metals*, (*Mining section*), 5, 1979, pp. 85-96.

[29] Lex. L. Udy, CIM BULLETIN, 1979, Vol. 72 No. 802, pp. 126-133.

[30] E. P. Bowden *et al.*, *Initiation and Growth of Explosion in Liquid and Solids*, 1952.

[31] same as [27], pp. 113-116.

7 Устойчивость эмульсионных ВВ

Как известно, древнегреческий ученый Dr Galen первым открыл эмульсионную способность воска, эмульсии существуют тысячи лет. Следует сказать, что изучать эмульсии стали давно. Но полная, последовательная и пригодная теория об эмульсиях появилась недавно. Так как эмульсионные системы термодинамически неустойчивы, длительное время велись поиски путей стабилизации систем. Эмульсионные ВВ способствовали появлению техники для эмульгирования и развитию теории эмульсий.

Следовательно, устойчивость эмульсионных ВВ–одна из ключевых проблем в совершенствовании их качества. Это является главной причиной, по которой автор посвятил целую главу дискуссии по устойчивости эмульсионных ВВ. Кроме того, так как составы ВВ содержат большое количество неорганических солей, таких как нитрат аммония, натриевый и кальциевый нитраты и другие окислители, а материалов, подбираемых для масляной фазы значительно меньше, чем материалов для жидкой фазы и эти материалы находятся в твердом состоянии при температуре внешней среды, эмульсионные ВВ представляют собой воду в масле (В/М), жирные системы при температуре внешней среды. Характеристики этой специально диспергированной желатинизированной системы, которая может отличаться от классической теории об эмульсиях, заслуживают специальной дискуссии. На основе теорий об устойчивости эмульсий, предложенных ранее исследователями, автор будет пытаться анализировать и обсуждать отдельные факторы, влияющие на устойчивость эмульсионных ВВ и технические процессы по совершенствованию их устойчивости. Автор надеется, что систематизированное описание и обсуждение предшествующих теорий будет полезно для совершенствования эмульсионных ВВ и их устойчивости.

7.1 Введение в теорию устойчивости эмульсий

7.1.1 Ранние теории устойчивости эмульсий

7.1.1.1 *Влияние эмульгатора на межфазовое натяжение*

На ранних стадиях изучения эмульсий имелось мало объективных наблюдений и обсуждений их, пока W. O. Ostwald в 1910 г впервые не обнаружил существование двух типов эмульсий–масла в воде М/В и воды в масле В/М. Основываясь на этом, он вскоре установил, что эмульгатор является решающим фактором, который определяет тип эмульсии. Например, при использовании в качестве эмульгатора мыл, содержащих Na, K и

Li, образуются М/В эмульсии, а при использовании мыл, содержащих Mg, Sr, Ba, Fe, Al и т. п., образуются В/М системы[1]

С расширением применения эмульсий исследователи постепенно установили, что многие используемые эмульгаторы являются поверхностно-активными веществами. Quineke,[2] Donnan[3] и др. указали на влияние эмульгатора на межфазное натяжение. Например, межфазовое натяжение оливкового масла с водой составляет 22,9 дина/см, но, если в этот состав добавить 2% мыла, межфазное натяжение снизится до 2 дина/см. Несомненно, что с добавлением соответствующего эмульгатора потенциальная энергия системы понижается. Так как эмульгатор может понижать межфазовое натяжение, онбудет концентрироваться на поверхности, которая играет определенную роль в устойчивости.

Однако, раньше этот механизм устойчивости с образованием межфазовой пленки не был полностью понят. Например, Bancroft[4] полагал, что действие пленки является чисто механическим, но позднее исследователи показали, что пленка имеет определенную структуру и поэтому некорректно утверждать, что ее стабилизирующая функция является только механической. Hence Lewis[5] позднее установил важность электрического заряда на поверхности жидких капелек.

Приняв, что эмульгатор является важным фактором для типа эмульсии, Bancroft предложил правило: эмульгатор будет находиться во внешней фазе, если его растворимость в этой фазе сравнительно высока. Позднее он и Tucker[6] дополнили это правило и дали следующее объяснение. В поверхностной пленке имеются две поверхности, и в связи с этим натяжение усиливается. Из-за разницы в силе натяжения пленка гнется в сторону высокого натяжения, которое будет уменьшать площадь поверхности в эту сторону. В результате жидкость на более напряженной поверхности становится внутренней фазой.

7. 1. 1. 2 *Теория адсорбции*

Хорошо известно, что эмульгатор адсорбируется на поверхности. Harkins[7] и др. исследовали эту поверхность. Основываясь на результатах изучения ими молекулярной ориентации поверхностно-активных агентов с использованием гидрофильного баланса, они отказались от понятия мультимолекулярной пленки и ввели понятие ориентированного мономолекулярного уровня, в котором полярные радикалы вытягиваются по направлению к водной фазе, а неполярные радикалы-в сторону масляной фазы.

М/В эмульсии с эмульгатором на основе натриевого мыла схематически показаны на Рис. 7. 1.

После серии экспериментов Fisher и Harkins[8] обнаружили, что распределение частиц в эмульсии, стабилизированной 0,1 М мылом почти не изменяется, а эмульсия, стабилизированная разжиженным мылом (0,005 М, к примеру), со временем быстро изменяется. Например, можно видеть из результатов вычислений, основанных на концентрации эмульгатора и площади поверхности раздела, что средняя величина площади молекулы мыла на поверхности уменьшается до 44,6 Å^2 за 648 час. Очевидно, что за это время

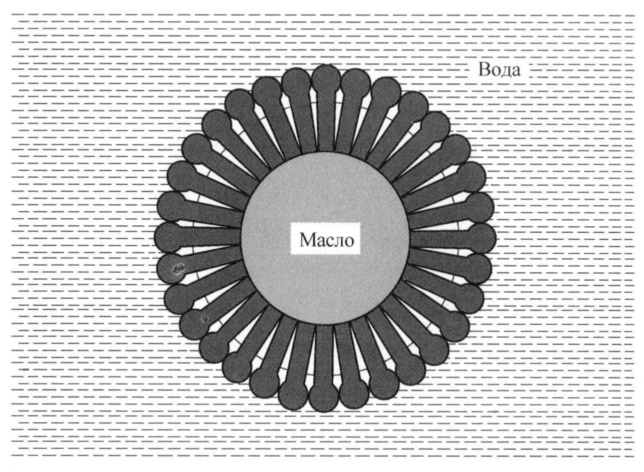

Рис. 7. 1 Стабилизирующий эффект натриевого мыла в М/В эмульсиях. [7]

происходит аккумуляция жидких капель. Данные табл. 7. 1 наглядно показывают результаты изучений различных эмульсий. Из таблицы следует, что средняя величина площади, занимаемая олеатом натрия, изменяется от 27 до 45 Å^2, что недостаточно для толщины межфазной пленки.

Таблица 7. 1 Молекулярные площади олеата натрия в межфазной пленке в М/В эмульсиях.

Возраст эмульсии, час	Площадь межфазной пленки, см^2/см^3×10^3	Молярность устойчивого мыла, молярная концентрация	Площадь молекулы натрия олеата Å^2
18	11,2	0,0025	44,5
138	6,08	0,0043	26,1
78	11,9	0,0047	18,2
720	5,58	0,0053	30,2
168	6,00	0,0059	24,2
3	5,43	0,00718	27. 8
48	6,64	0,00634	27,6
144	11,2	0,00920	38,2
190	6,17	0,0199	37,4
72	9,96	0,0341	33,6
36	10,8	0,0655	32,4
3	12,9	0,112	27,0

7. 1. 1. 3 *Теория фазового клина*

Как упоминалось ранее, используя мыла с Na, K, Li и другими одновалентными металлами в качестве эмульгаторов, можно получать М/В эмульсии, а, используя мыла с Mg, Sr, Ba, Al и другими двухвалентными или многовалентными металлами, можно получать В/М эмульсии. Согласно концепции напряженности молекулы в монослое в сорбционной теории, главным фактором, который вызывает такое различие, является геометрическое различие эмульгаторов (мыл с различными металлами). На рис. 7. 2 показана структура В/М эмульсии, приготовленная на мыле с двухвалентным металлом, которая объясняет, почему такая геометрическая форма способствует образованию В/М эмульсий.

Сравнивая рис. 7. 1 и 7. 2, можно увидеть влияние различных металлических мыл и понять сущность теории клина Harkins'а и ее роль в образовании эмульсий. Однако, бывают и исключения. Например, по этой теории серебряное мыло должно бы образовывать эмульсию М/В, в действительности же образуется эмульсия В/М. Тем не менее, теория клина пока еще имеет практическую ценность и может быть использована для объяснения, почему добавка олеата кальция (соли двухвалентного металла) в эмульсию, стабилизированную олеатом натрия (солью одновалентного металла) вызывает изменение типа эмульсии. Glowes[1] способствовал доказательству того, что, когда как эмульгатор используется смесь мыл с одновалентным и двухвалентным металлами, тип получаемой эмульсии зависит от ионной концентрации. Этот феномен называется ионным антагонизмом.

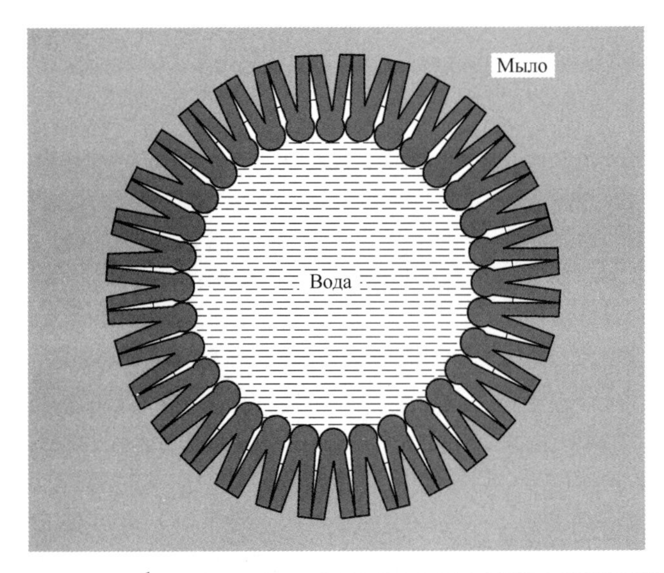

Рис. 7. 2 Схематическое изображение структуры эмульсии на мыле с двухвалентным металлом.

7. 1. 1. 4 Теория фазового объема

Эта теория предложена W. O. Ostwald, исходя из стереометрии. С его точки зрения могут быть два способа уплотнения сфер одинакового радиуса в напряженном состоянии. Вне зависимости от метода сферы уплотняются до 74,02% общего объема, в то время как остальные 25,98% пустуют. Ostwald рассматривал капельки в дисперсной фазе как вид однородных сфер одинакового радиуса и заключил, что когда объем фазы больше 74% ($\phi > 0{,}74$), напряженность (натяжение) совокупности капель превосходит максимально возможный объем. Другими словами, метод, который увеличивает внутренний фазовый объем больше 0,74, приводит к разрушению эмульсии.

Основываясь на этом аргументе, нетрудно придти к следующему заключению: для некоторых эмульсионных систем, когда фазовый объем находится между 0,74 и 0,26, могут быть получены оба типа эмульсии (В/М и М/В), но вне этого правила может существовать только один тип эмульсии.

S. S. Bhatnagar[9] подтвердил эту теорию экспериментально. Изучая эмульсии, полученные из оливкового масла и гидроокиси калия методом электропроводности, он установил, что теория фазового объема применима, если щелочность очень низкая (например, 0,001 N), но когда щелочность была увеличена, фазовый объем, полученный экспериментально, был выше теоретического.

Однако, имеют место случаи, не вписывающиеся в эту теорию. Так, автор приготовил В/М эмульсионное ВВ с использованием Span - 80 и другого неионного эмульгатора, которое содержало только около 4% масляно-восковой смеси. Несомненно, существование этой эмульсионной системы не может быть объяснено теорией фазовых объемов.

7.1.1.5 *Теория инверсии*

Поскольку теория фазового объема исходит исключительно из стереометрии и полагает, что капельки эмульсии дисперсной фазы имеют форму идеальных однородных сфер, она не согласуется со многими наблюдаемыми фактами. Эта теория корректируется теорией инверсии. Последняя полагает, что размеры жидких капель непостоянны, объем внутренней фазы может быть больше 74,02%, инверсия необязательно происходит при фазовом объеме, равном 74,02%. Причины этого следующие: группа разных по размеру сфер может быть упакована плотнее, меньшие по размеру сферы могут быть зажаты между большими. Кроме того, существование неправильных многогранников также увеличивает напряженность совокупности молекул. Очевидно, эта теория более правильная, чем теория фазового объема, она иллюстрируется ниже приведенными рисунками.

На рис. 7.3 показана однородная эмульсия в идеальных условиях, где капли занимают

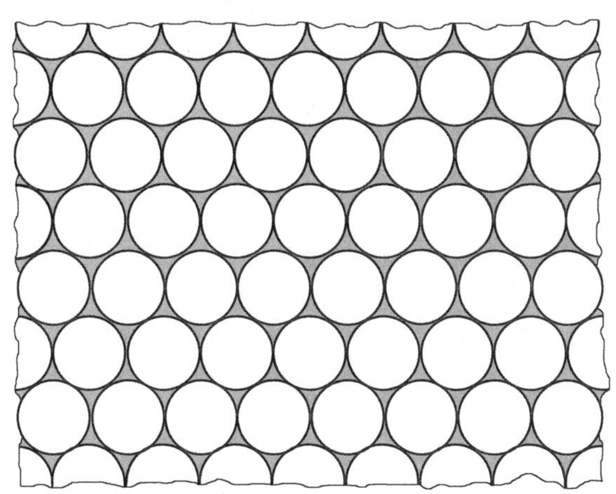

Рис. 7.3　Схематическое изображение плотной упаковки, образуемой из однородных эмульсионных капелек[10]

74,02% раствора, что подтверждает теорию фазового объема. На рис. 7. 4 показана ситуация в условной разреженной эмульсии, где большинство эмульсионных капелек имеют форму сферы, но отличается размерами и плотно упаковано. Когда жидкие капли собираются в виде многогранников, объем внутренней фазы может достигать 90% и выше. Рис. 7. 5 показывает взаимосвязь между необходимым фазовым объемом и формой капель, гарантирующую устойчивое состояние,[10] и графически описывает теорию инверсии.

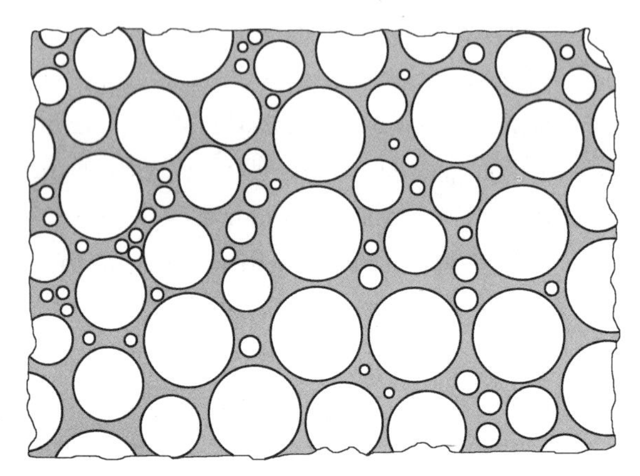

Рис. 7. 4　Схематическое изображение плотной упаковки, образованной каплями в условной разреженной эмульсии

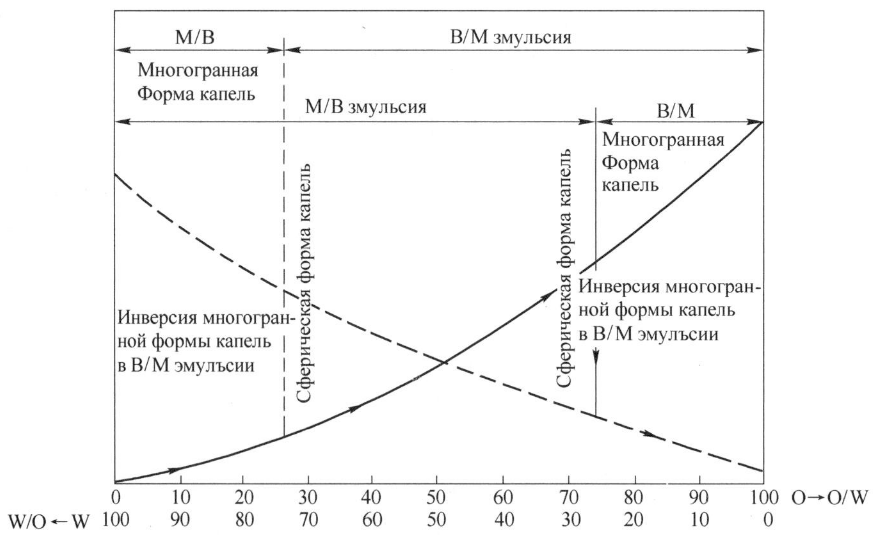

Рис. 7. 5　Взаимосвязь между формой жидких капель и фазовым объемом, гарантирующая устойчивость эмульсии.

Обсужденные теории являются типичными представителями ранних теорий устойчивости эмульсий. Существуют и некоторые другие теории, которые мы здесь не рассматриваем.

7.1.2 Эволюция теории устойчивости эмульсий в наши дни

Как упоминалось выше, ранние теории устойчивости эмульсий, в основном, описывали типы и инверсию эмульсий. В настоящее время главным считается вопрос характеристик межфазной пленки и их теоретический смысл, здесь мы обсудим эти аспекты, за исключением эффекта электрического заряда и электрического двойного слоя, которые рассмотрим позднее.

7.1.2.1 Свойства межфазной пленки

Основываясь на различных факторах устойчивости эмульсий, A. King[11] полагал, что эмульсии делятся на три типа:

Раствор воды в масле–главным образом, это эмульсии М/В без стабилизатора, содержащие менее 1% внутреннего фазового вещества.

Эмульсии, стабилизированные электролитами. Лишь небольшое число электролитов могут стабилизировать В/М эмульсии.

Эмульсии, стабилизированные эмульгирующими агентами, которые могут быть поверхностно-активными или твердыми веществами. Мы обсудим этот тип эмульсий в деталях.

A. King полагал, что важнейшими факторами, влияющими на устойчивость, являются прочность и сплошность межфазной пленки, другие факторы имеют второстепенное значение. Среди этих второстепенных факторов более важным является концентрация эмульгатора, так как, когда количество эмульгатора недостаточно для образования сплошной пленки, покрывающей масляные капельки, капельки могут становиться электролитами, существенно влияющими на устойчивость эмульсий. Он также полагал, что влияние внутреннего напряжения на устойчивость могло бы быть менее значительным, но адсорбция эмульгатора увеличивает поверхностное натяжение, что очень важно. Он также считал, что вязкость влияет на устойчивость эмульсий, но не определяет ее.

В порядке дальнейшего изучения свойств межфазной пленки I. H. Schulman и др. [12] использовали гидролитический баланс для анализа мономолекулярных пленок. Ими было установлено, что, когда нерастворимые мономолекулярные пленки находятся в водном растворе, некоторое количество растворенного вещества может проникать в пленку из воды.

I. H. Schulman и I. A. Friend полагают, что, если вещество только проникает в мономолекулярные пленки, оно будет вытеснено из них при сжатии пленок. Однако, если проникающие молекулы и нерастворимые материалы, находящиеся внутри пленки, образуют соединение (《компаунд》) с пленкой, тогда эта двухсторонняя пленка становится сильнее, чем мономолекулярная пленка и выдерживает более высокое давление. G. G. Sunner [13] установил, что в эмульсиях, образованных из двух жидкостей, проникновение в межфазные пленки зависит от плотности расположения молекул эмульгатора. Он также считал, что проницаемость пленок в большой степени влияет на свойства и устойчивость эмульсий.

В последние годы для изучения свойств межфазных пленок используется современная экспериментальная техника, такая как оптические и электронные микроскопы и рентгеноустановки. Например, I. M. Moreno и F. Catalina и др. [14] использовали электронный микроскоп для изучения устойчивых В/М эмульсий, эмульгированных алкарил сульфонатами и сульфонированными сукцинатами. Межфазная пленка липопротеина относительно плотная и может изменять свою форму в зависимости от формы капель масла, пленка ионного эмульгатора тонкая и легко морщится (складывается). Это объясняет, почему эмульсии, стабилизированные липопротеином, очень устойчивы.

7.1.2.2 Двойная межфазная пленка и устойчивость эмульсий

I. H. Shuman и E. G. Gocklain[15] установили, что, если в межфазной пленке образуется《компаунд》, прочность пленки увеличивается. В то же время компактная упаковка капелек достигается легче, пленку труднее разрушить, капельки не аккумулируются, и эмульсия более стабильна.

Понятие двойной пленки не используется в производстве эмульсионных ВВ. Кроме эмульгатора должны добавляться некоторые другие материалы, которые могут《взаимодействовать》с эмульсией, для формирования так называемых межфазных пленок смешанных эмульгаторов.

Вообще говоря, субстанция, которая может образовать устойчивый《компаунд》в водно-воздушной межфазной пленке, играет важную роль в стабилизации эмульсий. Например, если вода содержит гексадецил натрия, а масло содержит холестерол или элейдиловый спирт, могут образоваться водно-воздушные двойные межфазные пленки. С другой стороны, холестерол и олеиновый спирт (стереоизомер элейдилового спирта) не могут образовывать двойную пленку на водно-воздушной поверхности раздела, и эмульсия получается нестабильной. I. H. Schuman и T. G. Gocrbain использовали рис. 7.6 для объяснения связи между упаковкой молекул и устойчивостью эмульсий. Из рисунка можно видеть, что для того, чтобы получить устойчивую эмульсию, необходимо подобрать количество растворимых в воде и в масле материалов так, чтобы количество двух видов молекул в компактной пленке на границе раздела было бы одинаковым. Они также установили, что для получения стабильной эмульсии диаметр капель должен быть не более 3 мкм, если диаметр капель меньше, эмульсия более стабильна.

Ситуация, описанная этим рисунком, в значительной степени отражает сущность структуры эмульсии, которая имеет определяющее значение для стабилизации эмульсий.

Как известно с давних пор, смесевые эмульгаторы дают более стабильные эмульсии, чем простые эмульгаторы, так как во многих случаях являются причиной образования двойной пленки на поверхности раздела. Бывают и исключения, поэтому нужно быть осторожным, используя понятие двойной пленки на поверхности раздела.

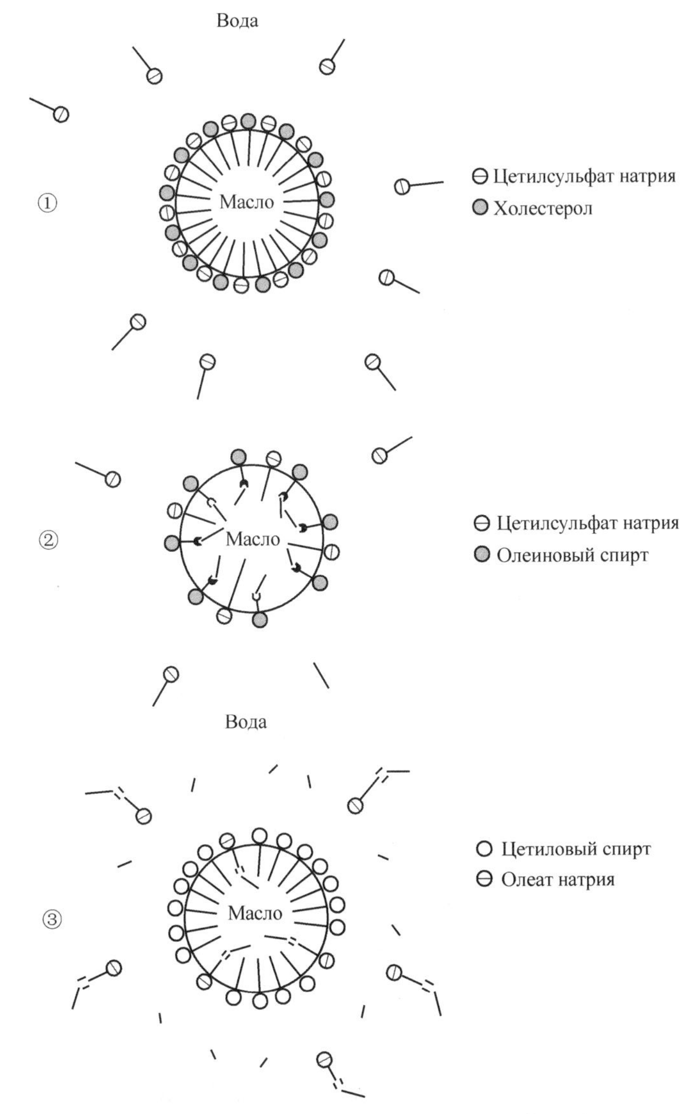

Рис. 7. 6 Schuman's схема двойной системы, образованной на водно-масляной поверхности раздела эмульсий[15]

1—Компактно упакованная двойная пленка, состоящая из гексадецил натрия сульфата и холестерола, образующая очень стабильную эмульсию.

2—Свободно упакованная двойная пленка, состоящая из гидродецила натрия и олеинового спирта, образующая экстремально нестабильную эмульсию.

3—Относительно плотно упакованная двойная пленка, состоящая из гексадеканола и натрия олеата, образующая умеренно стабильную эмульсию.

7. 1. 2. 3 Толщина межфазной пленки и устойчивость эмульсий

В последние годы многие ученые при изучении эмульсий больше обращают внимания на толщину пленки, чем на ее структуру. L. Ya. Kremnev и C. A. Soskin[16] изучали образование эмульсий в 5% водном растворе натрия олеата. Они добавляли бензол в этот раствор и трясли емкость до тех пор, пока последующая добавка бензола не делала эмульсию нестабильной. Авторы назвали такие критические эмульсии желатиновыми. Этот тип эмульсий может быть охарактеризован V_M – максимальным объемом бензола, который может быть эмульгирован в 1 $см^3$ раствора натрия олеата. После измерения объема и площади капель можно рассчитать толщину межфазной пленки δ по следующей формуле

$$\delta=\frac{\theta V_1}{A} \tag{7.1}$$

где θ = отношение объема раствора натрия олеата к объему дисперсной фазы материалов; V_2, V_1, A = объем и площадь капель, которые могут быть измерены с использованием микроскопа.

Во многих системах, изученных L. Ya. Kremnev и др., δ критических эмульсий равнялась приблизительно 0,01 мкм. Подобно кривой распределения частиц δ определяет взаимосвязь процесса изготовления и контроля среды. Между тем, толщина пленки поверхности раздела и площадь каждой индивидуальной молекулы также изменяются с изменением вида эмульгатора. Эти параметры вычислены для олеатов Na, K, Rb и Cs и представлены в табл. 7.2, где направление изменений δ и площади, занимаемой каждой молекулой, такое же как направление радиуса положительного иона.

Таблица 7.2　Эмульгирующая сила некоторых олеатов.

Наименование олеата	V_m	δ МКН	Площадь молекулы $Å^2$
Олеат натрия	178	0,01	50
Олеат калия	190	0,005	103
Олеат рубидия	223	0,0035	147
Олеат цезия	247	0,0020	258

L. Ya. Kremnev и др. также изучали влияние межфазной пленки на стабильность плотной эмульсии, образуемой бензолом в 5% растворе олеата натрия. Они предположили, что капли приближены друг к другу, тогда расстояние между ними 2δ может быть вычислено из капель. Если снижение количества эмульгатора описывается dm/dt, применяется следующая формула:

$$\frac{dm}{dt}(2\delta - 2\delta_0) = const \tag{7.2}$$

где δ_0 = толщина пленки на поверхности раздела в критическом количестве эмульгатора.

Когда $2\delta_0$ равняется 0,02 мкм, 2δ находится в ряду 0,03–0,12 мкм. Когда δ больше, эмульсия будет более стабильной, так как свободный раствор эмульгатора может исправлять поврежденную стабилизирующую пленку и выполнять функцию смазки, когда капли скользят одна по другой. Исследования также показали, что на толщину пленки на границе раздела влияет электролит[17]. Возьмем, к примеру, эмульсию бензола в воде, стабилизированную натрия олеатом, толщина пленки зависит от концентрации натрия олеата в воде. Если добавлено малое количество олеата и концентрация его ниже 0,01N, он не влияет на толщину пленки. С увеличением его концентрации от 0,02 до 0,25N толщина пленки также увеличивается. Когда количество хлорида натрия увеличивается и его концентрация достигает 0,30–2,0N, образуется В/М эмульсия, и толщина пленки будет уменьшаться с концентрацией.

7.1.2.4 Коэффициент смачивания и устойчивость

По результатам исследований[18] прослеживается определенная связь между коэффициентами смачивания материалов двух фаз эмульсии и ее устойчивостью. Коэффициент смачивания S определяется как разность между работой адгезии и когезии в определенной жидкости или твердом веществе. Используя понятие работы адгезии S_a и когезии S_c, мы имеем:

$$S = W_a - W_c \tag{7.3}$$

На основе этого определения работы адгезии и когезии связь между S и поверхностным натяжением двух жидкостей может быть представлена так:

$$S = \gamma_2 - \gamma_1 - \gamma_{12} \tag{7.4}$$

Если $S>0$, жидкость будет проникать в другую жидкость, если $S<0$, жидкость не проникает в другую жидкость, но образует линзы, плавающие на поверхности. Рассмотрим капли в В/М эмульсии, например, для дальнейшего объяснения этой темы. Как показано на рис. 7.7, капля, поднимающаяся в эмульсии, должна отстаиваться или находиться в непрерывном движении. Когда она достигает поверхности, возможны два варианта:

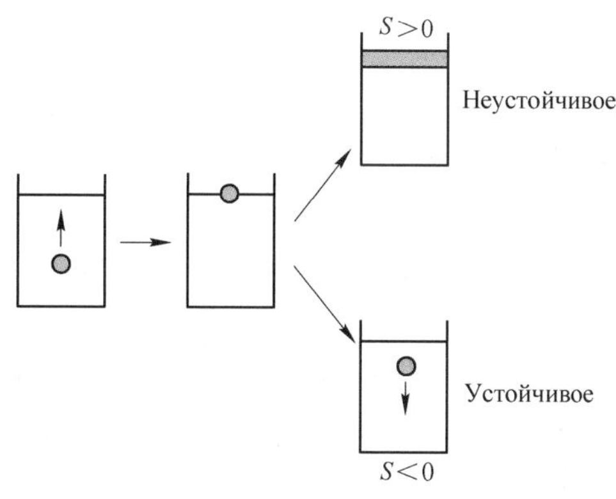

Рис. 7.7 Различные положения капли воды в В/М эмульсии[18]

Капли воды будут растекаться по поверхности и образуют пленку ($S>0$), т. е. не существуют, как таковые. Когда этот процесс постоянно повторяется, происходит деструкция эмульсии.

Капли воды не будут растекаться по поверхности ($S<0$) и в соответствующем случае будут снова возвращаться в эмульсию. Очевидно, стабильная эмульсия требует отрицательного значения коэффициента смачивания между двумя жидкостями, т. е. S должно быть меньше нуля.

7. 1. 3 Электрическая теория устойчивости эмульсий

7. 1. 3. 1 Несколько терминов, связанных с электрической теорией

(1) Двойной электрический слой. Двойной электрический слой (рис. 7. 8) образуется из ионов, закрепленных на самой поверхности и находящихся в среде ионов противоположного знака, расположенных параллельно.

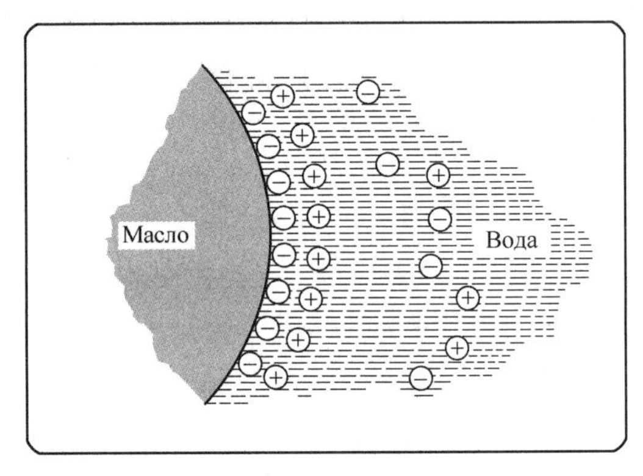

Рис. 7. 8 Схематическое изображение двойного электрического слоя на водно-масляной поверхности раздела в эмульсии[18]

(2) Диффузионный двойной слой. Как можно видеть из рис. 7. 9, электрический потенциал капли на поверхности раздела будет неровным, но в настоящей жидкости ионы могут двигаться, и молекулы находятся в термодинамическом движении. Другими словами, при движении ионов и молекул двойной электрический слой образуется диффузионно, и плотность электрического заряда в обоих ионных слоях с увеличением расстояния уменьшается по экспоненте. Для более детального анализа определения электрического заряда в двойном слое в дальнейщем могут быть рассмотрены две версии. Первая, обычно называемая схемой Helmholt's, сводится к следующему. На частице вдоль поверхности раздела прочно удерживаются заряды одного знака и подвижные заряды другого знака, что приводит к возникновению разницы потенциалов. Другая версия, именуемая схемой Gouy, сводится к тому, что потенциал капли снижается постепенно по экспоненте по мере рассеивания и распространения капель в дисперсной фазе.

Рис. 7. 9 Схематическое изображение диффузионного двойного слоя.

(3) Электрофорез. В эмульсии, находящейся в электрическом поле, жидкие капли, несущие заряды,

движутся по направлению к электродам противоположных знаков. Этот феномен называется электрофорезом. Скорость движения по поверхности раздела между эмульсией и дисперсной фазой является среднеарифметическим значением скорости жидких капель.

Результаты электрофореза обычно характеризуются электрофоретической скоростью:

$$D = \frac{v}{E} \quad (\mu m/c/V/cm) \tag{7.5}$$

где v = скорость частицы, μм/с; E = ингредиент приложенного потенциала, V/см.

(4) Дзета-потенциал. Он также называется электрокинетическим потенциалом и представляет потенциал в определенной точке двойного электрического слоя, который приблизительно равен потенциалу в районе перемещения (рис. 7.9). Эксперименты показали, что приложенное электрическое поле может заставлять отрицательно заряженные частицы и положительно заряженный слой воды в эмульсии двигаться по направлению к электродным пластинам, скорость электродиализа, v, может быть выражена следующим уравнением:

$$v = \frac{\xi \varepsilon E}{4\pi\eta} \tag{7.6}$$

где ξ-дзета-потенциал; ε-диэлектрическая константа; E-приложенный потенциал; η-вязкость среды.

7.1.3.2 Электрические заряды поверхности раздела и устойчивость эмульсии

Как известно из многочисленных исследований, капли в очень устойчивых эмульсиях несут электрические заряды. Нетрудно понять, что в М/В эмульсии, насколько она описана, электрические заряды на поверхности раздела возникают от ионизации растворенных в воде радикалов. Например, в эмульсии, эмульгированной ионным поверхностно-активным веществом (мылом олеата натрия, например,), как эмульгатором, карбогидроген препятствует проникновению в масляную фазу при пограничной адсорбции эмульгатора и полярного радикала (например, COONa), который в основном ионизирован (т. е. COO^- и Na^+) в водной фазе, таким образом формируя двойной электрический слой на поверхности раздела. Следовательно, диффузионное движение Na^+и других неорганических ионов формирует так называемый диффузный двойной электрический слой. В самом деле, трудно непосредственно представить существование двойного электрического слоя в В/М эмульсиях, и совсем немногие ученые отрицали способность частиц быть заряженными в таких системах. В действительности, однако, уже в 1920 г. S. S. Bratnagar[9] обнаружил существование измеряемых электрических потоков, двигающихся в В/М эмульсии. В 1933 г. R. M. Foss и др. доказали нахождение небольшого количества ионов в неполярном растворе. В этих условиях электрическая емкость двойного слоя мала, и как раз малое количество зарядов может быть достаточным для образования заметного поверхностного потенциала. Эмпирическое правило Goehn'a указывает: если два вещества находятся в контакте, одно с относительно высокой диэлектрической константой несет положительный заряд. Так как вода в эмульсии имеет более высокую диэлектрическую постоянную, чем другие растворители, обычно применяющиеся, капли раствора в М/В эмульсиях обычно несут отрицательный заряд, в то время как капли воды в В/М эмульсиях несут положительный заряд.

Это подтверждает, что нет материалов, которые образуют в эмульсии двойной электрический слой, образуются капли, несущие заряд, существование их может стабилизировать эмульсионную систему. Так как капли в определенной эмульсии, несущие определенный электрический заряд и создающие или структурирующие двойной электрический слой, идентичны, имеет место взаимный отталкивающий эффект между каплями и двойными слоями. Другими словами, когда они подходят близко друг к другу, они будут отталкивать друг друга и поэтому эффективно препятствовать контакту и слиянию капель.

Так, для эмульсий, приготовленных с использованием ионного поверхностного вещества, как эмульгатора, плотность заряда на поверхности, безусловно, пропорциональна количеству адсорбированных ионов и было показано экспериментально, что это связано с понижением поверхностного натяжения. Рис. 7. 10 показывает соответствующее изменение скорости электрофореза капель и поверхностного натяжения в зависимости от концентрации поверхностно-активного вещества. При более высокой плотности заряда образуются более компактная молекулярная пленка и более прочная межфазная пленка. Этот фактор и тот факт, что поверхность раздела несет электрические заряды, мешают жидким каплям аккумулироваться, поэтому стабильность эмульсии увеличивается.

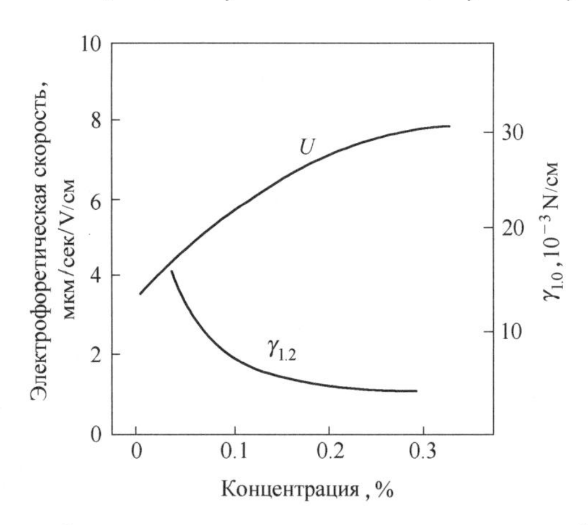

Рис. 7. 10 Электрофоретическая скорость масляных капель парафинового воска в жидком растворе сульфата натрия (2-этил-гексаналь) сукцината и поверхностное натяжение между двумя фазами (25℃)[17]

7. 1. 4 Стабилизирующий эффект твердых порошков

Подобно поверхностно-активным веществам твердый порошок играет роль эмульгатора, если он присутствует на масляно-водной поверхности. Эксперименты показали, что многие твердые порошки такие, как черный уголь, канифоль, ланолин, карбонат кальция, глина, кварц, основные соли металлов, оксиды и сульфиды металлов, могут использоваться в качестве эмульгаторов.

Тип эмульгатора, приготовленного из твердого порошка, зависит от свойств поверхности используемого порошка. Вообще говоря, основное требование для М/В эмульсии–это то, чтобы порошок был склонен к смачиванию водой. Наоборот, твердый порошок в В/М эмульсии должен легко смачиваться маслом. Как показано на рис. 7. 11, если твердый порошок полностью смачивается водой, он будет находиться в воде во взвешенном состоянии, если он смачивается маслом, он будет находиться во взвешенном состоянии в масле, если он смачивается обеими жидкостями, он будет оставаться на масляно-водной поверхности.

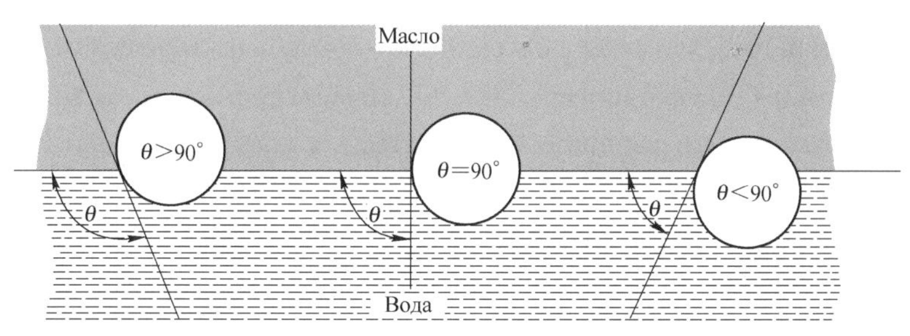

Рис. 7. 11 Три вида расположения твердой частицы на границе раздела масла и воды.

Согласно принципу смачивания, описанному во второй главе этой книги, связь между контактным углом θ и межфазным натяжением в растворе масла или растворе воды может быть выражена следующим уравнением

$$\gamma_{\text{ТМ}} - \gamma_{\text{ТВ}} = \gamma_{\text{ВМ}}\cos\theta \tag{7.7}$$

где $\gamma_{\text{ТМ}}$, $\gamma_{\text{ТВ}}$, $\gamma_{\text{ВМ}}$ = поверхностное натяжение между твердым веществом и маслом, твердым веществом и водой, маслом и водой; θ–угол контакта с водной фазой.

Когда $\theta<90$, $\cos\theta>0$, тогда $\gamma_{\text{ТМ}}\gamma_{\text{ТВ},}$ в водной фазе будет находиться наибольшее количество порошка, когда $\theta>90$, $\cos\theta<0$, тогда $\gamma_{\text{ТМ}}<\gamma_{\text{ТВ}}$ наибольшее количество твердого вещества будет находиться в масляной фазе. Если $\theta=90$, $\cos\theta=0$, тогда $\gamma_{\text{ТМ}}=\gamma_{\text{ТВ}}$, порошок будет поровну распределен в обеих фазах.

Как хорошо известно, качество эмульсии лучше, если на границе раздела находятся капельки воды–масла с малой площадью. Рис. 7. 12 показывает, когда порошки в основном распространены в дисперсной среде и смачиваются только материалами внутренней фазы, площадь поверхности раздела сводится к минимуму. Другими словами, жидкость, которая лучше смачивает порошки, при образовании эмульсии будет находиться во внешней фазе. Когда θ больше или меньше 90℃, соответственно получаются М/В или В/М эмульсии, когда θ равен 90℃, может быть получена нестабильная эмульсия. Например, в системе вода–керосин (бензол, дизельное топливо и т. д.), образованной на сульфатах алюминия, цинка, магния, меди, никеля, железа и других металлов, сульфиде мышьяка, двуокиси кремния, гидрооксиде железа и других твердых порошках, которые легко смачиваются водой, образуются М/В эмульсии, в то время как черный уголь, канифоль и др. порошки, которые легко смачиваются маслом, образуют В/М эмульсии.

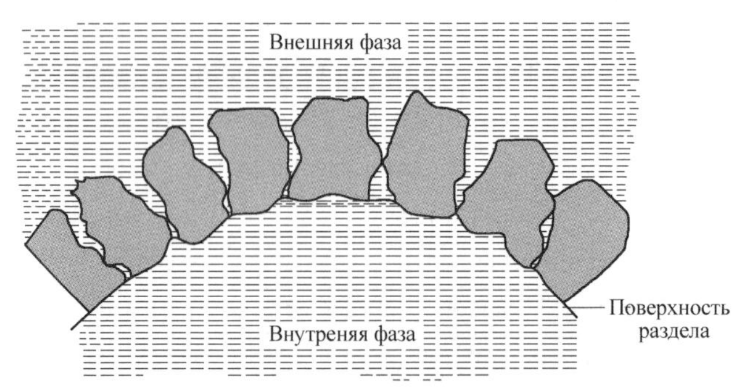

Рис. 7. 12 Эмульсия, стабилизированная частицами твердого вещества[17]

Когда твердый порошок является поверхностно-активным веществом, при котором поверхность раствора абсорбирует другие поверхностно - активные веществ определенным образом, его свойства изменяются, т. е. будет изменяться контактный угол. Например, когда порошок $BaSO_4$ используется в качестве эмульгатора вместе с натрия додецилсульфатом, образуется относительно устойчивая В/М эмульсия, и угол контакта увеличивается до 120℃, если используется 0,001М натрия додекант (имеющий pH = 12) $C_{11}H_{23}COONa$, получается М/В эмульсия, контактный угол составляет около 80℃. Короче, стабилизирующий эффект твердого порошка проявляется в образовании прочной, устойчивой межфазной пленки из твердых веществ, аккумулированных поверхностью.

7. 1. 5 Коагуляция, инверсия и деэмульгирование

Следует сказать, что коагуляция, инверсия и деэмульгирование являются факторами неустойчивости эмульсий. Необходимо понять феномен их действия, чтобы сделать их полезными

7. 1. 5. 1 Коагуляция[20,21]

Она делит эмульсии на два типа. В первом типе материалов дисперсной фазы больше, чем материалов, содержащихся в эмульсии, в то время как в другом случае, наоборот, их меньше, чем в эмульсии. Как правило, поверхностная пленка не разрушается из-за коагуляции, и поэтому коагуляция не означает разрушения эмульсии. Однако, так как капли становятся больше, они легче коагулируют, что в конечном итоге приводит к деэмульгированию.

Как показано в работах G. G. Strokes, скорость опускания сферических капель в вязкой жидкости может быть выражена следующим уравнением

$$u = \frac{2gr^2(\rho_1 - \rho_2)}{9\eta} \tag{7.8}$$

где g = гравитационная константа; r = радиус капли; η = вязкость жидкости; ρ_1, ρ_2 = плотности капли и жидкости.

Из уравнения 7.8. нетрудно видеть: 1) преимущественное направление движения капель зависит от соотносительного значения ρ_1 и ρ_2 (в М/В эмульсии, где плотность масляных капель ρ_1 обычно больше, чем плотность капель воды, капли масла при коагуляции двигаются вверх, а капли воды-вниз); 2) когда радиус капель мал, или когда различие в плотностях незначительно, или когда вязкость фазы, содержащей материал, велика, коагуляция в эмульсии затрудняется, и ее стабильность будет лучше.

Строго говоря, уравнение 7.8 описывает только скорость коагуляции капель. Когда рассматривается действительное состояние эмульсий, где диспергированные капли имеют различные по радиусу капли, может быть предложено такое уравнение для описания центра тяжести дисперсного материала в эмульсии:

$$\bar{u} = \sum_i \frac{8\pi}{27V\eta} g n_i r_i^5 (\rho_1 - \rho_2) \tag{7.9}$$

где V=общий объем дисперсной фазы; n_i=количество капель; r_i=радиус капли, другие символы те же, что и в уравнении 7.8.

Легко видеть, что, когда все капли имеют одинаковый радиус, уравнение 7.9 тождественно уравнению 7.8.

7.1.5.2 *Инверсия*[22]

Установлен феномен, благодаря которому М/В эмульсия превращается в М/В и наоборот. Как определено работами P. Pitcher, в ходе инверсии различные изменения концентрации в фазе определяются типом и концентрацией эмульгатора. Рис. 7.13 иллюстрирует связь между концентрациями масляной фазы и эмульгатора, когда М/В эмульсия превращается в В/М эмульсию.

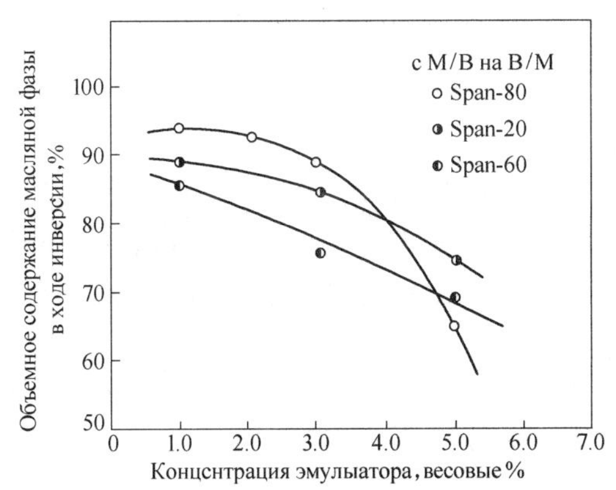

Рис. 7.13 Влияние концентрации эмульгатора на концентрацию масляной фазы в ходе инверсии (изменение типа эмульсии с М/В на В/М)[22]

Рис. 7.14 показывает противоположный процесс в системе, где эмульсия минерального масла и воды приготовлена с неионным эмульгатором (типа Span-80 и Twin). Можно видеть, что инверсия происходит с большим изменением концентрации, но она меньше зависит от структуры системы.

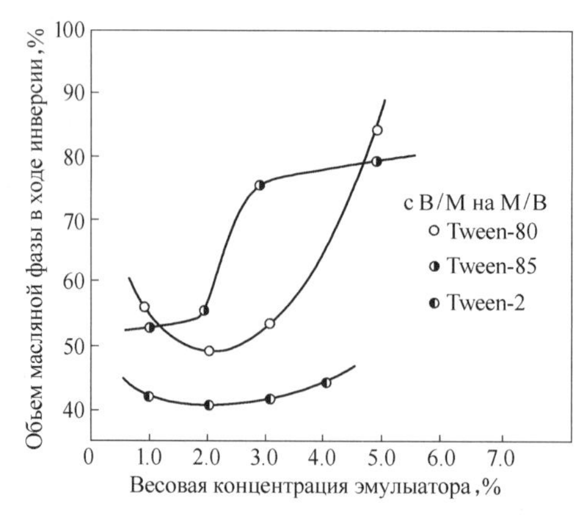

Рис. 7. 14　Влияние концентрации эмульгатора на концентрацию масляной фазы в ходе инверсии (изменение типа эмульсии с В/М на М/В)[22]

Вязкость масляной фазы также оказывает определенное влияние на инверсию эмульсии, что показано на рис. 7. 15.

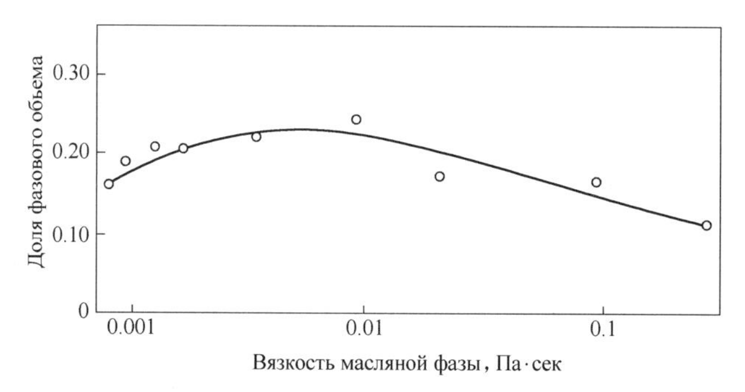

Рис. 7. 15　Влияние вязкости масляной фазы на инверсионную концентрацию[22]

7. 1. 5. 3　Деэмульгирование

Под этим феноменом имеют ввиду полную деструкцию или разрушение эмульсии. Не хотелось бы, чтобы это явление имело место в эмульсионных ВВ. В основном, деэмульгирование происходит двумя способами: флоккуляцией и коалесценцией. При флоккуляции капли дисперсной фазы собираются в агрегаты, но мицеллы еще существуют, и процесс обычно обратим. При коалесценции агрегаты объединяются в большие капли, этот процесс необратим, его результатом является уменьшение количества капель и окончательное разрушение эмульсии.

Скорость коалесценции капель определяет время существования эмульсий и зависит от двух различных процессов. В первом процессе содержащийся в фазе материал вытягивается из пространства между каплями и межфазной пленкой, во втором процессе пленка разрушается и капли исчезают. В 《контактном》 пространстве между каплями и межфазной пленкой, поверхностная пленка является тончайшей по периферии. Когда пленка разрушается на мельчайшие кусочки, она разрушается по периферии. Вдоль этих

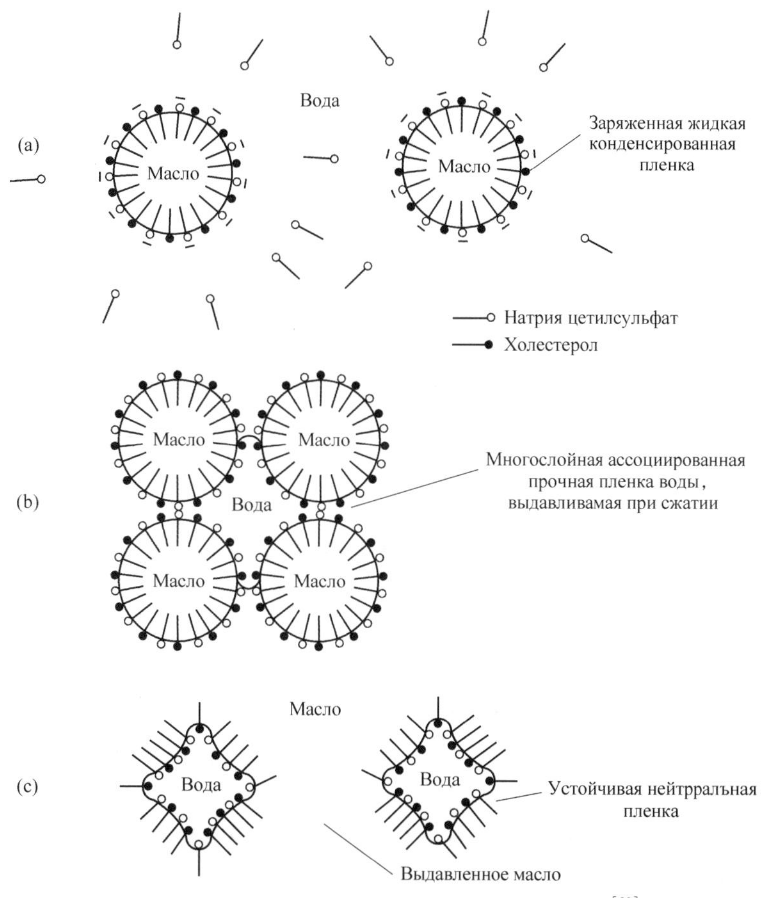

Рис. 7. 16 Механизм инверсии в М/В эмульсии[22]

А) Эмульсия, стабилизированная двойной пленкой из холестерола и гексадецила натрия сульфата, в которой отрицательный заряд на поверхности делает систему более устойчивой;

Б) Заряды поверхности, нейтрализованные высоковалентными ионами и нерегулярными зарядами водяных капель, приводящие в порядок поверхностную пленку;

В) Коалесценция капель масла в постоянной фазе и завершение процесса инверсии.

периферийных линий, образованных вибрационным или термическим эффектом, тонкость в какой-либо точке изменяется ниже или выше средне-арифметического значения, и деэмульгирование займет определенную слабейшую точку и образует дырку. Дырка распространяется, пока не произойдут полное разрушение и деструкция молекулы. Исследования G. E. Charles и S. G. Mason показали, что скорость распространения дыр в межфазной пленке может быть выражена следующей формулой:

$$v = \sqrt{\frac{4\gamma}{(\rho_1 + \rho_2)\delta}} \tag{7.10}$$

где γ = поверхностное натяжение, ρ_1, ρ_2 = плотности двух фаз материалов, δ = толщина пленки. Как можно видеть из этой формулы, скорость разрушения межфазной пленки увеличивается с увеличением поверхностного натяжения и уменьшается с увеличением толщины пленки и плотностей материалов двух фаз. Это согласуется с ранними выводами о межфазной пленке и стабильности.

7.2 Результаты экспериментов по стабильности эмульсионных ВВ[23,24]

Так называемая стабильность эмульсионных ВВ отражает их способность сохранять свое физическое состояние и взрывчатые свойства неизменными. Стабильность измеряется периодом времени, за пределами которого эмульсионное ВВ имеет тенденцию к коагуляции, инверсии и деэмульгированию и теряет способность к детонации в условиях внешней среды. Сохранение стабильности–это основной технический показатель для оценки качества ВВ и определения цены продукции, условий и порядка применения конкретного типа или марки эмульсионного ВВ. Поэтому люди обращают внимание и проводят поиски техники для улучшения этих свойств. В дальнейшем мы представим результаты исследований стабильности эмульсионных ВВ, которые проведены в некоторых институтах Китая.

7.2.1 Результаты наблюдений размера частиц растворов[25]

Как указано в шестой главе этой книги, посредством автоматической записи анализов или с помощью сильных оптических микроскопов был определен размер частиц матриц эмульсионных ВВ. Были получены следующие результаты:

(1) В хорошо эмульгированных, высокого качества, ВВ дисперсные частицы с диаметром менее 1 мкм составляют 90% или больше от общего объема частиц, размер максимальной частицы не превышает 4 мкм, и такого распределения частиц следует придерживаться в эмульсионных ВВ.

(2) В разжиженном состоянии водные растворы окислителей, как и в обычных эмульсиях, диспергированы в мелкие сферы, содержащиеся в материале масляной фазы. В визуальном поле микроскопа можно наблюдать многочисленные миниатюрные сферы с ядрами и пленкой, ядра миниатюрных капель раствора окислителя, и наружная сторона их гораздо тоньше относительно прочной масляной пленки. В настоящих эмульсионных ВВ, однако, капли водного раствора неорганических окислителей упакованы в виде многогранников, модель структуры которых показана на рис. 6.4.

(3) Тесты на термический распад эмульсионных ВВ показывают, что в мелких каплях эмульсий растворы окислителей существуют в насыщенном состоянии и в них нет растворенного нитрата аммония. Эти результаты соответствуют факту, что эмульсионные ВВ сохраняются относительно длинный период времени, и могут быть положены в основу последующих наблюдений и исследований стабильности ВВ.

7.2.2 Результаты исследований по влиянию прочности межфазной пленки и вязкости внешней фазы на стабильность[26,27]

При температуре внешней среды процесс кристаллизации неорганических растворителей в дисперсной фазе может быть причиной изменений структуры и внешнего вида эмульсионных ВВ и может также изменять объем ВВ. Обычно, вследствие влияния когезии, кристаллизация является причиной деформации и стягивания пленки капель, что, безусловно, связано с прочностью межфазной пленки и ее высокой вязкостью. В табл. 7. 3 показаны результаты измерений вязкости и объема в различных системах. Эффект ингредиентов, содержащихся в фазе, показан в табл. 7. 4

Таблица 7. 3 Изменение вязкости и объема в различных системах

Номер опытов	1	2	3	4	5
Дисперсная фаза[1)]	Ⅰ	Ⅰ	Ⅱ	Ⅱ	Ⅰ
Постоянная фаза[2)]	Ⅰ	Ⅱ	Ⅱ	Ⅰ	Ⅲ
Объем при высокой температуре, мл	20,0	20,0	20,0	20,0	20,0
Объем при нормальной температуре, мл	19,5	19,0	19,0	19,5	19,5
Вязкость при нормальной температуре, $мм^2/сек$	50200	36700	48900	54000	76800

1) Ингредиенты дисперсной фазы:

Ⅰ—Аммония нитрат, натрия нитрат, мочевина, точка рекристаллизации 76-78℃;

Ⅱ—Аммония нитрат, натрия нитрат, кальция нитрат, мочевина и вода, точка рекристаллизации 74-80℃.

2) Ингредиенты постоянной фазы:

Ⅰ—50% машинного масла №13, парафин и Span-80;

Ⅱ—100% машинного масла №13 и Span-80;

Ⅲ—50% машинного масла №13,50% парафина, порошок серы и Span-80.

Таблица 7. 4 Связь между ингредиентами постоянной фазы и стабильностью ВВ

Материалы постоянной фазы	Наименование ингредиентов	Парафин	Микрокристаллический воск	Машинное масло	Парафин, машинное масло	Озокерит, машинное масло	Состав: воск, машинное масло, порошок серы
	Содержание,%	100	100	100	50 50	50 50	68 30 2
Длительность хранения при температуре окружающей среды, месяцы[1)]		0,5	1	2	3	4,5	Свыше 6,0

1) Максимальный срок хранения ВВ, в течение которого оно детонирует от КД №8.

Представленные в табл. 7. 3 и 7. 4 результаты показывают:

(1) Изменение вязкости и объема эмульсионных ВВ зависит от ингредиентов (состава) постоянной фазы, ингредиенты дисперсной фазы мало влияют на вязкость и объем.

(2) Изменение объема связано с вязкостью внешней фазы. Малая вязкость приводит к значительному увеличению объема, и наоборот.

(3) Система с очень прочной пленкой имеет лучшую стабильность. Вообще говоря, добавка высоковязких горючих (например, парафина, озокерита) и твердых измельченных материалов (например, порошка серы) полезна для увеличения прочности межфазной пленки.

7. 2. 3 Результаты испытаний по влиянию различных материалов масляной фазы на стабильность

Так называемые материалы масляной фазы- это маслообразные материалы, которые содержатся в постоянной фазе эмульсионных взрывчатых систем. Эти материалы могут быть либо настоящими минеральными маслами разных сортов, либо озокеритами, либо другими углеводородными горючими.

Для удобства сравнения в этих исследованиях ингредиенты, жидкие растворы окислителей, типы и количество эмульгаторов, оборудование для эмульгирования, производственные процессы и другие факторы сохранялись неизменными, в то время как сорта и смеси материалов масляной фазы варьировались. Затем, в основном, в тех же условиях изучалась устойчивость В/М системы. Результаты этих исследований следующие.

(1) Когда в постоянной фазе используются различные сорта минеральных масел, в эмульсионной системе происходят флоккуляция и кристаллизация в следующей последовательности: машинное масло №50>машинного масла №10>трансформаторного масла №25>машинного масла №40>машинного масла №20>машинного масла №13; а коагулируют они в следующей последовательности: машинное масло №50>машинного масла №10>машинного масла №14>машинного масла №20>машинного масла №13.

(2) Когда в постоянной фазе используется воско-масляная смесь, получаются результаты исследований стабильности эмульсионных систем, представленные в табл. 7. 5.

Таблица 7. 5 Влияние различных воско-масляных смесей на стабильность

Ингредиенты масляной фазы и их содержание, %	Время коагуляции или кристаллизации[1]
Машинное масло №13, 100%	Коагуляция за 4 час.
Машинное масло №15, 50%, машинное масло №13, 50%	Коагуляция за 8-9 час.
Машинное масло №13, 50%, парафин 50%	Коагуляция за 10-27 час.
Дизельное топливо №0, 50%, парафин, 50%	Коагуляция за 1-4 час.
Машинное масло № 13, 25%, парафин, 75%	Коагуляция за 17-31 час. и кристаллизация в последующие 3 час.
Машинное масло № 13, 50%, микрокристаллический воск, 50%	Коагуляция за 6 час.
Микрокристаллический воск, 100%	Коагуляция за 12-13 час., склонность к старению.

1) Использовалось критическое количество эмульгатора.

(3) Результаты исследований стабильности, когда в постоянной фазе используются парафины различных сортов (46℃, 52℃, 60℃), представлены в табл. 7. 6.

Таблица 7. 6 Исследования эмульсионных систем, в которых в качестве масляной фазы используются различные парафины

Сорт парафина	Количество добавки, %	Результаты наблюдений	
		Первое	Второе
46℃	2,0	Мягкая, без выхода масла, непроводящая	Сухая, толстая и проводящая
	3,0	То же	То же
	4,0	Мягкая, слабый выход масла, непроводящая	Мягкая, непроводящая
52℃	2,0	Мягкая, без выхода масла, непроводящая	Твердая и непроводящая
	3,0	То же	Мягкая и непроводящая
	4,0	То же	Толстая и проводящая

Продолжение таблицы 7. 6

Сорт парафина	Количество добавки, %	Результаты наблюдений	
		Первое	Второе
60℃	2,0	То же	Мягкая и непроводящая
	3,0	То же	Твердая и проводящая
	4,0	То же	То же

Как можно видеть из второго исследования, 4% 46-град. белого воска, или 3% 52-град. белого воска или 2% 60-град. белого воска дают одинаковую стабильность.

Из первого исследования, в котором количество материалов водной фазы и добавок сохранялось неизменным, использовалось проверенное критическое количество эмульгатора и сорта и количество восков, представленные в табл. 7. 6, можно видеть, что 46-град. и 52-град. воски независимо от количества делают эмульсионные системы твердыми и проводящими, а эмульсии с 2%, 3% или 4% 60-град. белого воска остаются мягкими и непроводящими. Очевидно, что необходимое количество воска с высокой температурой плавления меньше, чем количество воска с низкой температурой плавления, и воски с более высокой температурой более устойчивы при хранении.

(4) Состав воска-это специальный вид составляющей масляной фазы для эмульсионных ВВ. Когда эта составная часть, которая имеет два типа (№1 и №2), используется в постоянной фазе ВВ, совмещенный эффект эмульсификации очевиден. В тех же условиях необходимое количество эмульгатора уменьшается до 1/3 или больше в сравнении с количеством в обычной смеси воско-масляной системы, и эмульсионная система сохраняется длительный срок без коагуляции и кристаллизации. К примеру, EL-серии ЭмВВ, приготовленные с использованием состава воска №2 в постоянной фазе, сохраняются более двух лет без явных изменений расплывчатости матриц.

7. 2. 4 Результаты исследований влияния эмульгатора на устойчивость эмульсий[28,29]

7. 2. 4. 1 Состав эмульгатора

Состав эмульгатора-это смесь двух или более видов эмульгаторов, он также может быть получен добавкой различных эмульгаторов по отдельности в масляную или водную фазу. При проведении эмульгации два или более видов эмульгаторов дополняют друг друга и улучшают общую эмульгирующую способность. В производстве ЭмВВ сохранение стабильности может быть достигнуто использованием полимерного эмульгатора в сочетании с обычным В/М эмульгатором. Например, амфотерный сополимер, упомянутый в главе 4, формула которого в общем виде $(A\text{-}COO)_m$, может быть использован в сочетании с моноолеатом сорбитана (обычным В/М эмульгатором) в соотношении 1 : 4. Количество этого состава эмульгатора составляет около 0,8% от общего веса ВВ. В ходе эмульгации сначала состав эмульгатора смешивается с масляной фазой, затем жидкий раствор окислителя выливается в смесь, содержащую эмульгатор. После этого смесь медленно перемешивается вручную для получения микроэмульсии с хорошей стабильностью. Микро-калориметрические исследования показали, что микроэмульсия, полученная этим способом, имеет сильное отрицательное изменение свободной энергии смеси, в то время как эмульсия, полученная типичным путем введением одного моноолеата сорбитана, имеет изменение энергии до нуля. Такое изменение свободной энергии смеси говорит о том, что термодинамическая стабильность двух систем неодинакова. Конечно, когда энергия, высвобождаемая при образовании эмульсионной поверхностной пленки, значительно превосходит энергию вновь образованной пленки, термодинамическая стабильность этой системы лучше. Следовательно, эмульсия, образованная смесевым эмульгатором гораздо более стабильна, чем обычная эмульсия, образованная одним В/М эмульгатором.

Исследования также показывают, что ВВ, полученное с использованием только моноолеата сорбитана, при хранении относительно нестабильно, имеют место постепенная коалесценция капель водного раствора неорганического окислителя и постепенный рост кристаллов, что легко определяется методом дифракции рентгеновских лучей. Наоборот, ЭмВВ, приготовленное с вышеупомянутым смесевым эмульгатором при тех же условиях, даже после длительного периода хранения имеет некристаллическую структуру, что исследовано также методом дифракции рентгеновских лучей.

При 30-минутных испытаниях на сверхцентробежном сепараторе (например, центробежная скорость $3,43 \times 10^4$ м/сек^2) вышеупомянутые эмульсии, имеющие одинаковые ингредиенты и образованные с применением одного эмульгатора или смесевого эмульгатора, соответственно значительно различаются; процессы кристаллизации и фазового разделения происходят в эмульсии с одним эмульгатором, в другой эмульсии такие процессы не происходят.

Как показывают результаты вышеупомянутых исследований, когда основные ингредиенты одинаковы, ЭмВВ, изготовленное со смесевым эмульгатором, гораздо стабильнее, чем ЭмВВ, изготовленное с одним правильно выбранным эмульгатором (внимание: этот вопрос очень важен, может быть получен другой, противоположный результат). При изучении EL-серии ЭмВВ в Китае результаты соответствовали вышесказанному, хотя использовались различные составы эмульгаторов. Обычно моноолеат сорбитан и додецил натрия сульфат используются как смесевой эмульгатор. При использовании они растворяются в воско-масляной смеси, затем последняя растворяется в водном растворе окислителя. При эмульгации смесевой эмульгатор, полученный таким путем, образует 《компаунд》 свободной адсорбции двух ингредиентов на поверхности раздела. Межфазная пленка из плотно ориентированного 《компаунда》 способствует повышению сохранности эмульсионной стабильности.

7.2.4.2 *Изменение содержания эмульгатора*

Для улучшения качества эмульсоида нужно добавлять больше эмульгатора, но с экономической точки зрения выгодно, чтобы его содержание было минимальным. Поэтому для каждой эмульсионной системы существует оптимальное количество эмульгатора. Как упоминалось ранее, количество эмульгатора сильно зависит от характеристик углеводородных горючих. Практика показывает, что эмульгирующий эффект резко возрастает, когда определенный эмульгатор используется в сочетании с определенным углеводородным горючим, содержание эмульгатора может быть уменьшено без влияния на эмульгирующий эффект. Например, когда используется восковой состав №2 в постоянной фазе китайской EL-серии ЭмВВ, не только количество эмульгатора может быть уменьшено на 1/3, но также может быть получена требующаяся малая сила разрушения. Вообще говоря, когда выбор постоянной фазы непрерывно интерполируется, устойчивость ЭмВВ улучшается при увеличении количества эмульгатора. Однако, обычно его количество не превышает 2% общего веса ВВ.

7.2.5 Результаты испытаний влияния качества и содержания воды на устойчивость эмульсий

Как правило, эмульгаторы типа В/М, используемые в ЭмВВ, являются эмульгаторами неионного типа и не зависят от вида и эффективности ионов. В то же время водные растворы неорганических окислителей сами по себе представляют высококонцентрированные растворы солей. Поэтому при приготовлении эмульсий не выдвигается специальных требований по качеству воды. Природная вода с относительно высокой жесткостью, дистиллированная и ионно-измененная вода были использованы при приготовлении ВВ для проведения исследований по их сохранности и динамической стабильности, при этом были получены идентичные результаты. Результаты исследований влияния содержания воды на стабильность и плотность ВВ представлены в табл. 7.7.

Таблица 7.7 Влияние содержания воды на устойчивость ЭмВВ

Содержание воды, %	Плотность полуразрушенного продукта, г/см^3	Динамическая стабильность[1)] (время до начала коагуляции), час
6	1,48	1
7	1,47	1
8	1,46	2,5
9	1,46	3
10	1,45	3
11	1,43	3,5
12	1,42	3,5
13	1,42	4
14	1,40	4
15	1,40	4,5

Продолжение таблицы 7. 7

Содержание воды, %	Плотность полуразрушенного продукта, г/см^3	Динамическая стабильность[1)] (время до начала коагуляции), час
16	1,39	4,5
17	1,38	4,5

1) Исследования динамической стабильности проводились на центробежном сепараторе диаметром 10 см при скорости вращения 4000об/мин.

Они показывают, что в определенных пределах стабильность ВВ увеличивается с уменьшением плотности и увеличением содержания воды. Когда содержание воды менее 6%, сохранность стабильности становится плохой в результате жесткой кристаллизации. В общем, содержание воды 8%-16% предпочтительнее, а 10%-12%-оптимальное.

7. 2. 6 Результаты исследований влияния добавок на устойчивость эмульсий[28,30-32]

Эмульсоид стабилизируется, эмульгация активируется, структура трансформируется-так обычно действуют добавки на ЭмВВ. Добавки, в основном, в различной степени удлиняют сроки сохранения ВВ и улучшают их детонационную чувствительность. Ниже представлены результаты некоторых исследований.

7. 2. 6. 1 Эффект стабилизирующих добавок

(1) Твердые порошки: как описано в первой части этой главы, твердые порошки могут стабилизировать растворы эмульсий. В одинаковых условиях эксперимента несколько партий разделялись на группы образцов, различные порошки добавлялись и смешивались с этими образцами. Полученные результаты по влиянию порошков на устойчивость ВВ представлены в табл. 7. 8. Taenouoche Fumio и др. в Японии также исследовали устойчивость эмульсий под влиянием стабилизаторов, которые не содержали аммоний, щелочной металл, перхлорат щелочно - земельного металла. Результаты исследований даны в табл. 7. 9. Цифры в этой таблице полностью объясняют стабилизирующий эффект микротвердых порошков на эмульсионный гель. Другими словами, добавка этих порошков в ЭмВВ может значительно улучшить стабильность их инициирующей чувствительности при длительном хранении.

Таблица 7. 8 Влияние добавок твердых порошков на стабильность эмульсий

Наименование твердых порошков и их содержание, %	Динамика эксперимента	
	Время разрушения	Последовательность кристаллизации
Без добавки твердого порошка	Разрушение через 4-5 час	1
Калия и натрия нитрат (0,5-1,0)	Нет разрушения через 10 час	2
Порошок алюминия (0,5-1,0)	Нет разрушения через 15 час	3
Черный уголь (0,5-1,0)	Нет разрушения через 15 час	4
Порошок серы (0,5-1,0)	Нет разрушения через 20 час	5
Калия пироантимонит (0,5-1,0)	Нет разрушения через 20 час	6

Таблица 7.9 Результаты испытаний стабильности ЭмВВ и их компонентов

	Составы	№№ образцов											
		1	2	3	4	5	6	7	8	9	10	11	12
Весовые проценты	Нитрат аммония	75,32	74,05	75,32	75,32	78,20	75,32	75,32	75,32	75,32	76,24	78,36	78,60
	Нитрат натрия	4,54	4,46	4,54	4,54	4,54	4,71	4,54	4,54		4,60	4,73	4,73
	Вода	10,89	10,70	10,89	10,89	10,89	11,31	10,89	10,89	10,89	11,02	11,83	3,12
	Перхлорат натрия									4,54			11,36
	Неочищенный микрокристаллический воск	3,39	3,33	3,39	3,39	3,39	3,52			3,39	3,43	3,52	0,42
	Очищенный микрокристаллический воск							3,00					
	Смазка[1]							0,39					
	Жидкий парафин								3,39				1,97
	Span-80	1,69	1,66	1,69	1,69	1,69	1,76	1,69	1,69	1,69	1,71	1,76	
	Черный уголь	0,30[2]	2,0[2]			0,30[2]	0,30[2]	0,30[2]		0,30[2]	0,30[2]		
	Чистая двуокись кремния[4]			0,30					0,30			0,30	
	Стеарат цинка[5]						0,30						
	Стеклянные микрошарики	3,87	3,80			3,87	3,87	3,87		3,87	3,87	3,87	
	N,N′-динитрозопентаметилен тетраамин								0,20				
Свойства	Плотность (через одни сутки после изготовления продукта), г/см³	1,07	1,06			1,07	1,09	1,06	1,01	1,03	1,06	1,07	1,02
	Продолжительность хранения при условии сохранности полноты детонационных свойств, месяцы	32	30	27	16	29	29	31	28	31	29	38	28
	Плотность в конце срока хранения, гарантирующая полноту детонации, г/см³	1,09	1,10	1,02	1,02		1,11	1,08	1,12	1,10	1,09	1,08	1,13

1) Смазка представляет собой масло для рабочих колес; 2) Средний размер частиц черного угля-0,03 мкм; 3) Средний размер частиц черного угля-0,2 мкм[6]; 4) Средний размер частиц чистой двуокиси кремния-0,7 мкм; 5) Средний размер частиц стеарата цинка-0,3 мкм; 6) Сноска 3) в оригинале (в таблице) отсутствует. –*Примечание переводчика.*

（2）Соевый лецитин：результаты исследований влияния этой добавки на устойчивость представлены в табл. 7. 10，из них следует，что добавка соевого лецитина замечательно увеличивает сохранность эмульсии.

Таблица 7. 10 Влияние соевого лецитина на устойчивость[1)]

Номер образца	1	2
Количество соевого лецитина，%	0	0，7
Плотность ВВ，г/см^3	1，17	1，17
Наименьший детонирующий заряд для вновь приготовленного ВВ[2)]	Элекгродетонатор[4)]	7F/C[5)]
Наименьший детонирующий заряд после 1 цикла[3)]	Осечка при инициировании 2，5 г тэна	8F/C[5)]
Наименьший детонирующий заряд после 2 циклов		9F/C[5)]
Наименьший детонирующий заряд после 3 циклов		Электродетонатор

1）За исключением количества соевого лецитина другие компоненты образцов 1 и 2 и процесс их приготовления не изменялись；

2）Испытание при Т 5℃，диаметр патрона 25 мм；

3）Один цикл испытаний включал хранение эмульсии при Т 50℃ в течение 3 дней，затем при Т−17℃ в течение 2 или 3 дней；

4）Содержание тэна−0，78 г；

5）P/C означает，что капсюль содержит фульминат ртути и перхлорат，цифра−номер капсюля.

（3）Пчелиный воск и бура：как показала практика，смесь пчелиного воска с бурой является эффективным стабилизатором для эмульсий，их влияние на устойчивость эмульсий показано в табл. 7. 11.

Таблица 7. 11 Влияние смеси пчелиного воска с бурой на устойчивость эмульсий[1)]

Добавка смеси пчелиного воска с бурой	Нет			Да				
Продолжительность хранения，дн.[2)]	0	90	180	0	190	300	540	720
Испытуемый критический диаметр，мм[3)]	16−20	25−32	Осечка（диаметр 32 мм）	12−16	25	25	25	32

1）Все факторы，кроме количества смеси пчелиного воска с бурой，оставались неизменными；

2）Эмульсии упаковывались и хранились на складе，затем по мере необходимости отбирались для испытания свойств；

3）Для инициирования использовался КД №8.

7. 2. 6. 2 Эффект ускорителя эмульгации и модификатора кристаллической решетки

Добавка этих веществ полезна для сохранения стабильности ЭмВВ. Исследования цифр и доз будут обсуждены в третьей части этой главы.

7. 2. 7 Результаты исследований влияния производственных процессов на устойчивость[33,34]

Как описано в главе 3，оборудование для эмульгации обычно включает：простой смеситель, гомогенизатор, коллоидную мельницу и ультразвуковой эмульсификатор. В решении вопросов о производственных процессах и их влиянии на эмульсионную устойчивость, предпочтительным является вариант эмульсификатора типа миксера (турбо-реактивного типа). В таких условиях параметрами, которые соотносятся с эмульсионной стабильностью, являются метод смешения, порядок составления смесей, порядок смешения и усилие сдвига. Другие факторы, такие как температура сырьевых материалов, время смешения и т. д., также оказывают определенное влияние на стабильность, но являются второстепенными.

7. 2. 7. 1 Метод смешения

При приготовлении эмульсий вода обычно равномерно вводится в материалы масляной фазы, чтобы образовался стабильный и гомогенный эмульсоид. Перед смешением с водным раствором неорганического окислителя эмульгатор должен быть растворен в смеси масляной фазы, эта процедура может ускорить эмульгацию, уменьшая время смешения и удлиняя срок хранения. Если эмульгатор и вода добавляются в масляную фазу одновременно или они добавляются в водный раствор до того, как материалы водной фазы смешаны с материалами масляной фазы, такие эмульсии нуждаются в интенсивном и полном перемешивании для достижения того же качества. ЭмВВ, приготовленные этим способом, менее стабильны, чем ЭмВВ, приготовленные предшествующим способом. При периодическом процессе производства продукции объем смешения материалов жидкой фазы с материалами масляной фазы меньше вначале и увеличивается постепенно, по мере образования эмульсии. Если небольшое количество хорошего эмульсоида добавить в масляную фазу до начала эмульгации, тогда время, необходимое для формирования грубого эмульсоида сокращается. Это также благоприятно для улучшения качества эмульсии и продления времени ее хранения. Опыт показывает, что последовательное смешение может дать хорошего качества эмульсоид с длительной стабильностью, хотя эмульгация в этом случае требует относительно высокого перемешивания вначале. Принятая процедура смешения следующая: сначала в эмульгатор вносится часть водного раствора окислителя (1/3–1/2), после слабого перемешивания медленно добавляются горючее и эмульгирующий агент; затем после образования однородной эмульсии при интенсивном перемешивании в нее медленно выливается оставшийся раствор окислителя, перемешивание продолжается до получения гомогенного эмульсоида высокого качества.

7. 2. 7. 2 Усилие сдвига

Как хорошо известно, размер эмульсионных частиц и их равномерное распределение являются важным показателем эмульсионной стабильности. Результаты наблюдений за размерами частиц эмульсионных растворов показывают, что размер их уменьшается, если скорость смешения и усилие сдвига увеличиваются, и вязкость эмульсоида непосредственно отражает эту тенденцию изменений. Табл. 7. 12 показывает связь между линейной скоростью смешения и вязкостью эмульсионных растворов. Как показывают результаты опытов, образцы с более высокой вязкостью имеют лучшую стабильность. В Nanling Chemical Plant в Китае были проведены исследования связи между линейной скоростью смешения и стабильностью при хранении ЭмВВ RJ–типа. Результаты влияния линейной скорости на стабильность показаны на рис. 7. 17.

Таблица 7. 12　Влияние линейной скорости смешения на вязкость[1)]

Линейная скорость смешения, м/сек	2,1	3,5	6,0	10,6	17,1
Вязкость эмульсионного раствора, $мм^2/сек$		51300[2)]	95325[3)]	331840[3)]	484160[3)]

1) Ингредиенты состава исследованного ЭмВВ: аммония (натрия) нитрат –75%, мочевина –3,5%, вода –12%, воско–масляная смесь –4%, эмульгатор –2%, регулятор плотности –3,5%;

2) Вязкость измерена при 45℃;

3) Вязкость измерена при 40℃.

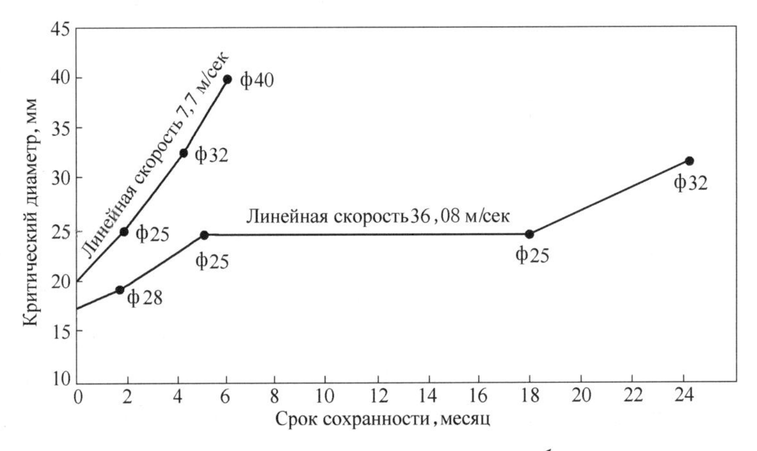

Рис. 7. 17　Влияние линейной скорости смешения на стабильность при хранении

Конечно, когда емкость эмульсификатора и форма лопастей постоянны, усилие сдвига возрастает с увеличением скорости смешения, и качество эмульсоида будет улучшаться. Если скорость смешения сохраняется постоянной, эмульгатор большего диаметра имеет большее усилие сдвига. При производстве EL–серии ЭмВВ качество партии в 500 кг получалось лучше, чем качество маленьких образцов для испытаний. Такое различие доказывает очевидность вышеназванного аргумента по влиянию усилия сдвига.

7. 2. 7. 3　Время эмульгации

Многие исследователи согласны, что при прочих равных условиях продолжительность эмульгации является важным фактором, влияющим на размер капель внутренней фазы и стабильность эмульсоида. Это влияние, однако, различно для различных эмульсионных процессов и техники. В непрерывном процессе эмульгации, например, американская Atlas Powder Company использует длительно возвращаемые в оборот смеси. Диаметр пропеллера смесителя – 152 мм; типичная скорость вращения – около 1400 об/мин; внутреннее давление во время смешения и эмульгации–0,235–0,257 МПа (35–40 psi); средне–арифметическое время остановки эмульгированияоколо 4,5 сек. В периодических процессах для приготовления нелипких высоковязких продуктов раствор обычно смешивается с высокой скоростью (например, линейная скорость–35–40 м/сек) в течение 2–3 мин до образования эмульсоида; затем со средней скоростью (например, линейная скорость–15–20 м/сек) в течение 4–5 мин. При производстве EL–серии ЭмВВ в Китае для эмульгирования обычно необходим последний добавочный период времени после смешения двух фаз материалов, чтобы капли внутренней фазы достигли критического радиуса. Практика показывает, что такое продление эмульгации может значительно увеличить скорость детонации ВВ и улучшить стабильность ВВ при хранении. Как правило, это время составляет 10–15 минут.

7.3 Технические меры для улучшения стабильности

7.3.1 Понижение точки кристаллизации водного раствора и сдерживание (подавление) кристаллизации и роста кристаллов

Как хорошо известно, материалы дисперсной фазы ЭмВВ при температуре внешней среды представляют собой сверхнасыщенные растворы неорганических окислителей, таких, как нитрат аммония и др. С изменением температуры, особенно, когда прочность межфазной пленки низка, в окислителях происходит кристаллизация. Практика показывает, что, с одной стороны, когезия в этом процессе может быть причиной деформации и сжатия масляной пленки капель в дисперсной фазе, с другой стороны, появление и рост кристаллов, одновременно с изменением объема их формы в серьезных ситуациях могут привести к разрыву капель масляной пленки и к частичной или полной деструкции вполне связанной и компактной физической структуры между окислителем и горючим. Несомненно, что это неизбежно приведет к ухудшению взрывчатых свойств, сопротивляемости воде и стабильности. Чтобы избежать этих нежелательных эффектов, нужно убедиться, что в дисперсной фазе в процессе эмульгации не происходит кристаллизации и предохранить ЭмВВ от кристаллизации и роста кристаллов во время хранения. Вопервых, температура раствора окислителя должна быть выше его точки кристаллизации, во – вторых, необходимо понизить точку кристаллизации водного раствора окислителя, насколько это возможно (это тоже очень важно) и подавить выход и рост кристаллов.

Обычно для этих целей могут быть приняты следующие меры.

7.3.1.1 *Использование смесевых окислителей*

По аналогии с другими составами промышленных ВВ основным окислителем в ЭмВВ является нитрат аммония, который имеет низкую стоимость и большие ресурсы. Однако, растворимость нитрата аммония в воде довольно высока и резко уменьшается с понижением температуры, вызывая кристаллизацию. Использованием смесевых окислителей точка кристаллизации всей системы может быть понижена. Табл. 7. 13 показывает изменение точки кристаллизации при добавке различных окислителей.

Таблица 7. 13 Точка кристаллизации различных водных растворов окислителей

Наименование сырья		Вода	Нитрат аммония	Нитрат натрия	Перхлорат натрия	Нитрат кальция	Точка кристаллизации, ℃
Номер опыта	1	15,0	85,0				77
	2	20,0	80,0				59
	3	20,6	61,8	17,6			45
	4	21,4	50,0	14,3	14,3		33
	5	18,3	55,0	15,6		11,0	36

Как можно видеть из табл. 7. 13, добавка нитрата натрия, перхлората натрия и нитрата кальция могут значительно понизить точку кристаллизации системы нитрат аммония–вода. В Китае в связи с безопасностью обращения и лимитом ресурсов при производстве ЭмВВ используется смесевой окислитель из аммония нитрата и натрия нитрата.

7. 3. 1. 2 Добавка модификатора структуры

Как описано в главах 4 и 5, материалы такого вида обычно водорастворимы, анионно поверхностно-активны, их типичными представителями являются: додецил натрия сульфат, додецил натрия сульфонат, алкил парафин натрия сульфат, додецил бензол натрия сульфат и т. д. Добавка этого вида материалов в эмульсии, с одной стороны, изменяет кристаллические характеристики неорганических эксудатов, таких, как нитрат аммония и т. п., сдерживает выход и рост кристаллов; и, с другой стороны, может образовывать смешанные коллоиды из анионных ПАВ (добавок) и неионных ПАВ (эмульгаторов) в растворе. Когда молекулы эмульгатора《вставляются》в мицеллу, они уменьшают силы электрического отталкивания между《ионными головами》подлинных анионных ПАВ и, в дополнение к этому, гидрофобное действие между углеводородными цепями молекул двух видов ПАВ облегчает образование мицелл. Эти эффекты снижают концентрацию критических мицелл, и в то же время сорбция двух видов ПАВ на поверхности раствора уменьшает поверхностное натяжение и увеличивает энергию поверхности. Необходимо сказать, что все эти факторы важны для сохранности эмульсионной стабильности

7. 3. 1. 3 Установление правильного содержания воды

Как было показано более ранними исследованиями, эмульсионная стабильность пропорциональна содержанию воды. Это происходит, когда окислители способствуют увеличению содержания воды и понижению точки кристаллизации. С другой стороны, влияние потенциального теплового испарения, увеличение содержания воды неизбежно уменьшит энергию системы, поэтому необходимо правильно подбирать содержание воды, учитывая стабильность при хранении, энергию, взрывчатые свойства и другие факторы. В общем, для чувствительных к капсюлю эмульсий предпочтительно содержание воды ниже 15%, оптимальное-10%. Для нечувствительных к капсюлю эмульсий, используемых в скважинах большого диаметра и при открытых разработках, содержание воды желательно ниже 20%, оптимальное-около 17%.

7. 3. 1. 4 *Добавки антифризов*

Антифризами обычно являются органические вещества низкомолекулярного веса, такие как формамид, сольвент и т. д. , которые склонны растворяться в воде. Добавка от 2 до 3% этих веществ значительно понижает температуру замерзания эмульсионных систем, особенно, если она подавляет кристаллизацию неорганических окислителей при низкой температуре и улучшает стабильность эмульсий при хранении.

7. 3. 1. 5 *Увеличение прочности межфазной пленки*

Как показывает практика, после добавления ПАВ в масляно-водной системе понижается поверхностное натяжение, сорбция ПАВ поверхностью раздела неизбежно происходит с образованием межфазной пленки. Несомненно, более высокая прочность этой пленки усиливает защитный эффект капель в дисперсной фазе, становится маловероятной коалесценция, и улучшается стабильность эмульсии. В общем, когда концентрация ПАВ относительно низка, количество молекул, адсорбированных поверхностью раздела меньше, прочность межфазной пленки улучшается, а стабильность эмульсии ухудшается.

При увеличении и достижении определенного уровня концентрации ПАВ прочность поверхностной пленки, которая теперь состоит из близко расположенных, ориентированных и плотно прилегающих молекул, и сопротивление капель дисперсной фазы коалесценции соответственно возрастают, следовательно, стабильность эмульсий становится лучше. Более того, взаимодействие между полярным органическим веществом (спиртом, например) и молекулами (или ионами) ПАВ в адгезивном слое межфазной пленки может также увеличить прочность межфазной пленки и образовать《компаунд》. Следуя вышеназванным правилам, можно увеличить прочность межфазной пленки следующими тремя способами: (1) добавкой достаточного количества эмульгатора для достижения лучшего эмульгирующего эффекта (например, в производстве EL-серии ЭмВВ, с присущей ей комбинацией состава воска и эмульгатора, количество эмульгатора составляет 1,5% или около этого при критическом содержании только 0,2%-0,3%); (2) добавкой раствора полярных органических материалов, таких, как додецил натрия сульфат, додеканол фосфат и т. д. , которые могут взаимодействовать с таким эмульгатором как

Span-80 так, что образуется прочная комплексная пленка; （3）выбором материалов масляной фазы с определенной длиной цепи и вязкостью, обоснованным временем эмульгации. Очевидно, что увеличение прочности межфазной пленки сдерживает кристаллизацию неорганического окислителя, мешает разрушению пленок и поэтому улучшает эмульсионную стабильность.

7.3.2 Правильный выбор материалов масляной фазы и контроль вязкости материалов внешней фазы

Как показывают исследования, составляющие материалов масляной фазы имеют влияние на стабильность эмульсий. Это может быть заключено из двух следующих аспектов: （1）образование межфазных《компаундов》или комплексных составов на поверхности раздела из определенных полярных веществ масляной фазы и растворенных в воде ПАВ способствует стабильности эмульсий; （2）эффект длины цепи и вязкости, когда эмульсии образованы из коротких цепей жирных углеводородов, значительно меньше, чем в случае, когда эмульсии образованы из длинных цепей таковых. Например, влияние различных сортов парафина на стабильность, несомненно, отражает такую связь（см. табл. 7.6）. Другой пример-когда содержание материалов водной фазы, эмульгатора и воска сохраняется неизменным, различное влияние добавок дизельного топлива или машинного масла может быть отчетливо наблюдаемо: эмульсионная система, образованная с дизельным топливом обычно окисляется быстрее, за ней идет эмульсия с дизельным топливом и машинным маслом, эмульсия с машинным маслом находится в лучшем состоянии и имеет больший срок сохранности. Это означает, что в В/М эмульсиях различные виды материалов масляной фазы с различной длиной цепи и вязкостью в сочетании с эмульгатором Span-80 или другими сложными материалами образуют эмульсоид с различной стабильностью. Поэтому необходимо правильно подбирать виды и вязкость материалов масляной фазы.

Как правило, эмульгаторы должны использоваться в определенном сочетании с топливами, при правильном сочетании эмульгирующий эффект более значителен. Как показывают исследования, для специальных эмульсионных систем, таких, как ЭмВВ, и эмульгаторов, таких, как Span-80, состав воска, применяемый в Китае, является типичным примером этого вида углеводородных топлив и высокоэффективных органических горючих. Как упоминалось ранее, когда используется Span-80 или состав на его основе, этот состав воска требует относительно маленьких усилий смешения для образования стабильной эмульсии. Если обычный воск, масло и вазелин используются в постоянной фазе, другие углеводороды, которые могут увеличить консистенцию жидких горючих（такие, как микрокристаллический воск, парафин и т. д）, могут быть использованы для улучшения эмульсионной стабильности. Содержание их, однако, не должно быть слишком высоким. В Span-80, для примера, соотношение воск-масло обычно составляет 3 : 1-2 : 1. Лучше использовать смеси воска с обычным парафином или микрокристаллическим воском в соотношении 5：1–4：1. Следовательно, использование рафинированного микрокристаллического воска приносит наилучшие результаты.

7. 3. 3　Типы и содержание эмульгатора

Для водно–масляных эмульсий, в основном, используются эмульгаторы с величиной ГЛБ, равной 3 – 6. Выбор их велик, особенно в сорбитан–серии, главные из них описаны в четвертой главе этой книги. Эксперименты показывают, тем не менее, что при одинаковых производственных условиях и содержании эмульгирующий эффект этих эмульгаторов различен–некоторые из них образуют относительно устойчивые эмульсии, другие–нет. Лучшим среди этих эмульгаторов является Span–80, который образует наиболее устойчивые эмульсии, поэтому он стал наиболее широко используемым видом эмульгатора в ЭмВВ. Различие в эмульсионной стабильности может объясняться многими факторами–несоответствием величины ГЛБ характеристикам горючего, несоответствующей концентрацией или нестабильностью свойств среды и производственных условий.

Как указывалось ранее, когда производство и технические условия идентичны, изменение содержания Span–80 также может быть причиной различий в стабильности изготовленного эмульсоида. Более высокое содержание эмульгатора желательно для улучшения эмульсионной стабильности, но оно увеличивает стоимость продукции. Оптимальное содержание зависит от постоянной формулы системы и типа материалов постоянной фазы. Например, когда в постоянной фазе используется смесь обычного воска и масла, критическая доза Span–80 равна 0,8%–1,9%, стабильная доза–1,2%–1,5%. Когда в постоянной фазе используется состав воска №2, критическая доза составляет 0,2%–0,3% и стабильная доза–0,5%–0,6%. Из этого следует, что доза Span–80 должна быть соответственно увеличена на 0,2%, когда в качестве окислителей используются аминонитраты, метамина нитраты, эфелиндиамина нитраты. Тем не менее, при использовании соответствующей техники применение смешанного эмульгатора может значительно улучшить стабильность ЭмВВ. Когда он применяется в эмульсии, он становится важным средством улучшения эмульсионной стабильности.

7. 3. 4　Выбор добавок

7. 3. 4. 1　Добавка растворимого стабилизатора

Как описывалось ранее, растворенные количества твердых порошков (определенного ассортимента и качества) –соевый лецитин, пчелиный воск–бура и т. д., являются эффективными стабилизаторами для ЭмВВ. Поэтому добавка растворов одного или нескольких таких материалов значительно увеличивают их стабильность при хранении.

7. 3. 4. 2　Добавка ускорителей (активаторов) эмульгирования

Прямые (неразветвленные) цепи алкана перхлорида являются ускорителем (активатором) эмульгации ЭмВВ со значительным эффектом. Цифры в табл. 7. 14 показывают действие этого вещества как активатора. Как видно из таблицы, добавка небольшого количества алкана перхлорида может улучшить качество эмульсоида той же формулы, увеличить детонационную чувствительность и продлить стабильность при хранении. На практике при определенных усилиях эффективность использования алкана перхлорида может превысить 50% [30]

Таблица 7. 14　Ускорение эмульгации алканом перхлорида(1)

Вещества 1) и показатели	№ опыта			
	1	2	3	4
Span-80,%	1.4	1,4		
Алкан перхлорида,%	0	0,2	0,5	1,0
Плотность, г/см^3	1,17			
Диаметр патрона, мм	25,4			
Температура,℃	2,5 г			
Минимальный инициирующий заряд	бризантного ВВ	КД№10 2)	КД№6 2)	Электродетонатор
Ряд детонационной чувствительности	Низкая		Высокая	Низкая

1) В 4 образцах с различным содержанием алкана перхлорида содержание компонентов в масляной и водной фазе было идентичным;

2) Детонатор из фульмината ртути и хлората калия.

7. 3. 4. 3　Добавка полярного органического вещества

Эксперименты показывают, что добавка растворенного количества (0,5-1,5) полярного органического материала (октадецилового спирта, например) может снизить поверхностное натяжение системы, увеличить активность эмульгатора и улучшить эмульсионную стабильность.

7. 3. 5　Стабильные производство и технические условия

Легко увидеть из дискуссии во втором разделе этой главы о взаимосвязи результатов испытаний, что влияние технических условий на эмульсионную стабильность существенно. Обеспечивать стабильные условия производства-это значит выдерживать их идентичными в промышленном производственном процессе и поддерживать в то же время главные факторы, которые влияют на эмульсионную стабильность. Главные технические мероприятия могут быть сформулированы приблизительно следующим образом:

(1) Усилить сохранность оборудования и поддерживать его нормальное функционирование с целью обеспечения идентичной эмульгации, скорости вращения при смешении и усилия сдвига.

(2) Точно измерять веса всех компонентов и особенно строго выдерживать идентичный

---

(1) В оригинале в таблице отсутствуют данные по температуре. -*Примечание переводника.*

порядок смешения материалов водной и масляной фазы.

(3) Выдерживать, насколько это возможно, постоянными продолжительность эмульгации, смешения и загрузки.

(4) Контролировать равномерность при дозировании добавок, регулирующих плотность, продолжительность их введения и температуру.

Когда плотность эмульсии регулируется введением химических газообразующих продуктов, необходимо обратить внимание на возможность и метод стабилизации пузырьков. При регулировании плотности вспученным перлитом или полимерными микросферами необходимо тщательно контролировать время смешения с ними, чтобы воспрепятствовать измельчению перлита, потере пузырьков и деэмульгации. Эксперименты показали, что добавка перлита при температуре 70−80℃ дает лучшие результаты и гарантию очень длинного периода сохранности эмульсии.

Питература

[1] G. H. A. Gloves, *J. Phys. Chem.*, 20, 407, 1916.

[2] G. Quincke, *Pogg. Ann.*, 139, 1, 1870.

[3] F. G. Donnan and Potts, *Kolloud-Z*, 7, 208, 1910.

[4] WD. Bancroft, *J. Phys. Chem.*, 17, 501, 1913.

[5] W. S. McC. Lewis, *Kolloid-Z*, 4, 211, 1909.

[6] W. D. Bancroft and Tucker, *J. Phys.*, *Chem.*, 31, 1680, 1927.

[7] W. D. Harkins, *The Physical Chemistry of Surface Films*, New York, Reinhold Publishing Corp., 1952, pp. 83−91.

[8] E. K. Fisher and W. D. Harkins, *J. Phys. Chem.* 3698, 1932.

[9] S. S. Bhatnagar, *J. Chem. Sos.*, 117, 542, London, 1920.

[10] E. Manegold, *Emulsionen*, *Heideberg*, *Strassenbau*, *Chemie and Technic*, 1952, p. 23.

[11] A. King, *Trans. Faraday Soc.*, 37, 168, 1941.

[12] J. H. Schuman and J. A. Friend, *Kolloid-Z*, 115, 67, 1949.

[13] C. G. Summer, *J. Appi. Chem.*, 7, 504, 1957.

[14] J. M. M. Moreno and Catalina *et al.*, *Fette*, *Seife*, *Anstrichmittel*, 63, 915, 1961.

[15] J. H. Schulman and Cockbain, *Trans. Faraday Soc.*, 36, 651, 1940.

[16] L. Ya. Kremnev, C. Soskin, *C. A.* 43, 68846.

[17] Zhao Guoxi, *Physical Chemistry of Surfactants*, Beijing Univ. Press, 1984, p. 394 (in Chinese).

[18] P. Becher, *Emulsions: Theory and Practice*, Science Press, 1978. (translated into Chinese)

[19] Sameas [17], pp. 395−397.

[20] C. G. Stokes, *Trans. Cambridge Phil. Soc.*, 9, 1851.

[21] H. L. Greenwald, ./. Soc. *Cosmetic Chem.*, 6, 1955, p. 164.

[23] Wang Xuguang, *Metal Mines*, 3, 1983, pp. 10−16. (in Chinese)

[24] Lu Jianyou *et at.*. *Industrial Explosive Materials*, 3, 1983, pp. 2124, (in Chinese)

[25] Cui Anna, *Industrial Explosive Materials*, 1, 1984, pp. 30−32. (in Chinese)

[26] Guo Suyun, *Blasting*, 2, 1984, pp. 64−68. (in Chinese)

[27] H. A. Bampfield and W. B. Morrey, *Emulsion Explosives*, Explosives Division CIL Inc. , 1984, pp. 1-5.
[28] EP-0018085.
[29] *UGRmMetal. . Metal Mines*, *S*, 1982, pp. 9-15.
[30] BP2037269A.
[31] Same as [29], *Metal Mines*, 11, 1984, pp. 4-9.
[32] Jpn. Kokai Tokkyo Koho, Showa 56-78492. (in Japanese)
[33] Lin Yuanjie, *Industrial Explosive Materials*, 4, 1984, pp. 14-15. (in Chinese)
[34] U. S. P. 4138281.

8 Примеры применения эмульсионных ВВ

8.1 Введение

8.1.1 Взрывное действие в скважине

Как известно, ВВ относятся к категории веществ или смесей, которые под действием приложенной извне энергии могут быстро реагировать с выделением большого количества газов высокого давления и высокой температуры. При промышленных взрывных работах заряд в скважине обычно инициируется капсюлем - детонатором, или детонирующим шнуром, или дополнительным детонатором. Как правило, в ограниченном пространстве скважины скорость детонации различных промышленных ВВ находится в пределах от 3000 до 8000 м/сек. Такая высокая скорость взрывной реакции быстро реализует потенциальную химическую внутреннюю энергию ВВ, и твердое вещество мгновенно (в основном, в несколько тысячных долей секунды) превращается в газы с высокой температурой и высоким давлением. Температура этих газов может достигать 4000℃, а давление в скважинеста тысяч атмосфер. Общая энергия, произведенная в единицу времени, даже в буровой скважине малого диаметра может достигать $2,5\times10^4$ мегаватт и превосходить энергию подавляющего большинства самых мощных источников энергии в мире в настоящее время.

Взрыв движется вперед с высокой скоростью во фронте ударной волны. Под действием очень высокого давления горная порода в районе скважины разбивается вдребезги, горная порода за пределами этого района находится под огромными сдвиговым напряжением и нагрузкой. Исследования показывают[1], что при движении ударной волны ее сдвиговое давление вначале является положительной величиной, но затем быстро уменьшается до отрицательной величины (как показано на рис. 8. 1(a)), т. е сжатие переходит в растяжение. Радиальное давление ударной волны показано на рис. 8. 1(b). Напряжение около скважины ($r=r_0$ и $r=2r_0$) даже больше, чем давление фронта ударной волны. Так как сила напряжения горной породы меньше, чем сила сжатия, большинство первоначальных трещин образуется в результате напряжения, что в конечном счете приводит к образованию заметных радиальных трещин. Под действием давления газообразных продуктов взрыва первоначальные радиальные трещины удлиняются и распространяются, свободная поверхность во фронте скважины деформируется и движется вперед. Несомненно, что в результате этого движения давление ослабевает, в то же время действие напряжения на первоначальные трещины, которые распространяются по направлению к свободной поверхности, растет; затем горная порода полностью ослабляется, и пласт горной породы разрушается. Очевидно, что, только когда толщина слоя покрывающей породы не очень велика, пласты породы могут продвинуться вперед, так как заряды в скважине взорваны, порода разрушается, объем и заряды в скважине проявляют себя максимально. Инженерам взрывного дела следует это учитывать, когда они определяют местоположение скважин, тип и количество ВВ, порядок инициирования и другие параметры.

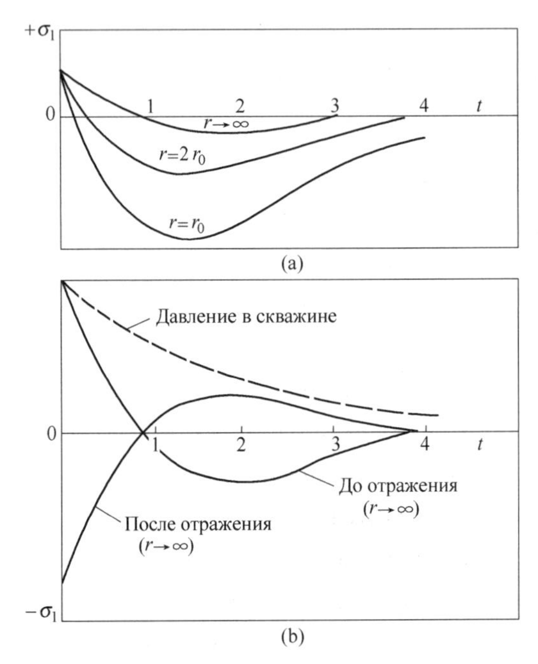

Рис. 8. 1 Давление ударной волны при взрывании в цилиндрической буровой скважине радиусом r_0 [1]

(a) Тангенциальное давление ударной волны до отражения; (b) Радиальное давление ударной волны

8. 1. 2 Оптимальные условия взрывных работ[2]

Для определения экономического критерия для выбора ВВ необходимо учитывать экономический фактор промышленных взрывных работ В этом направлении работали многие ученые. По мнению Mackezie доведение до минимума общей стоимости тонны продукции должно быть целью инженера взрывных работ. Работая в Quebec Cartier Mining Company, он предложил следующую формулу для расчета экономической эффективности:

$$C_{о} = \frac{C_{Б} + C_{в} + C_{з} + C_{тр} + C_{и}}{T} \tag{8.1}$$

где $C_{о}$ = общая стоимость одной тонны продукта; $C_{Б}$ = стоимость бурения; $C_{в}$ = стоимость взрывных работ; $C_{з}$ = стоимость заряжания; $C_{тр}$ = стоимость транспортирования; $C_{и}$ = стоимость измельчения породы; T = общий тоннаж продукции.

Рис. 8. 2, предложенный Mackezie, показывает взаимосвязь между стоимостью взрывных работ и стоимостью продукции. Согласно рисунку стоимость тонны продукции с увеличением стоимости взрывных работ сначала значительно уменьшается, а после точки оптимума несколько увеличивается. Снижение стоимости продукции связано получением хороших результатов дробления и возможностью вследствие этого использовать более производительные экскаваторы и дробилки, т. е. снижать стоимость погрузочных и транспортировочных работ. Доводы Mackenzie были подтверждены им на практике.

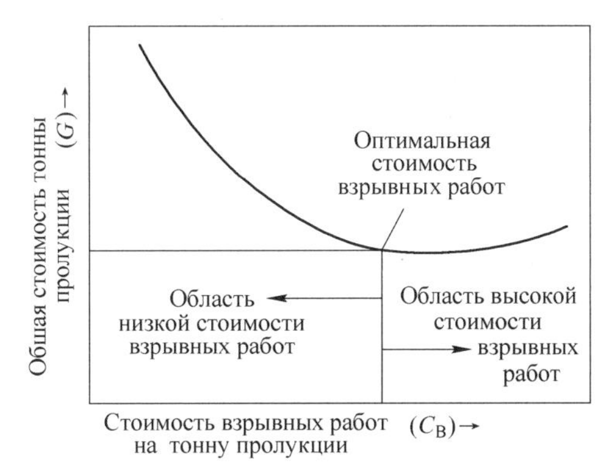

Рис. 8. 2 Взаимосвязь между стоимостью взрывных работ и общей стоимостью продукции [2]

В 1980г в Longyan Iron Mine, Fankou Lead-Zinc Mine и других рудниках Китая авторы подбирали и практически использовали ЭмВВ, в частности, высокоплотные ВВ серии CLH, сферические заряды для послойного взрывания, получив заданное дробление и значительное увеличение выработки руды. Другими словами, хотя стоимость взрывных работ увеличилась, общая стоимость продукции безусловно снизилась.

Из этой дискуссии легко увидеть, что:

(1) Для инженера взрывных работ недостаточно обращать внимание только на стоимость ВВ, более значащим является учет конечной стоимости продукции, стоимость ВВ рассматривается как один из факторов в процессе выбора.

(2) Инженер взрывных работ должен правильно выбирать ВВ в соответствии с условиями взрывания с целью обеспечения оптимальных взрывных работ.

8. 1. 3 Технические аспекты, определяющие выбор эмульсий

Как известно, в настоящее время в мире существует очень много типов ВВ для выбора пользователями. ВВ разнообразны и различаются по методам применения и транспортирования, свойствам и характеристикам, упаковке, безопасности и т. д. Тем не менее, почти каждый вид ВВ имеет специфическое назначение вследствие разнообразия и сложности технологических условий взрывных работ. Несомненно, что, только когда инженер взрывных работ хорошо понимает свойства каждого вида ВВ и требования к взрывным работам, он может определить наиболее пригодный тип ВВ или комбинацию нескольких типов ВВ для конкретных условий взрывания, чтобы оптимизировать взрывные работы.

8. 1. 3. 1 Условия взрывных работ[3]

（1） Совместимость ВВ, пород и руд. Как хорошо известно, для получения удовлетворительных результатов взрывных работ одним из важных условий является хорошее соответствие характеристик ВВ характеристикам горной породы или руды. Взрываемых горных пород и руд множество–от рыхлых пластов глинистого сланца до очень твердых глыб гранита. В общем случае, эмульсии низкой плотности и низкой интенсивности нагрузки полезны при взрывании мягких пород, в то время как бризантные ВВ с высокой скоростью детонации предпочтительны для твердых, трудно взрываемых горных пород и руд.

（2） Размеры дробления. Пригодные размеры дробления определяются типом и спецификацией используемого погрузочного и транспортного оборудования. Например, при прочих равных условиях степень дробления для экскаватора с объемом ковша 1 $м^3$ должна быть много выше, чем для экскаватора с объемом ковша 4 $м^3$; тогда как куски для ковша драги должны быть много меньше, чем куски для экскаватора. Если при взрывании горной породы или руды параметры скважины заданы, дробление, в основном, зависит от степени концентрации энергии в заряде буровой скважины. Эксперименты показывают, что при более высокой степени концентрации энергии ВВ в ограниченном пространстве скважины образуются более мелкие и более одинаковые фрагменты. Распределение энергии в буровой скважине может определяться мощностью и плотностью ВВ.

（3） Диаметр скважины. В зависимости от инструментов бурения, местонахождения заряда, используемого метода взрывания диаметр буровой скважины изменяется значительно–от 25 мм–диаметр шпура для взрывной отбойки по контуру–до380 мм–диаметр отверстия для поверхностного заряда. Варианты диаметра скважины зависят от типа выбранного ВВ. Обычно, чем меньше диаметр скважины, тем выше должна быть детонационная способность используемых ВВ. Например, для поверхностных зарядов большого диаметра обычно выбираются образцы эмульгированного ANFO, в то время как при малых диаметрах （25 мм） шпуров для отбойки по контуру обычно используются низкоплотные эмульсии с хорошей детонационной способностью.

（4） Модификация покрывающих пород. Обычно для нижних зарядов в буровой скважине требуются высокоплотные эмульсии для эффективного разрушения относительно больших покрывающих пород и во избежание образования уступов, в то время как для колонных зарядов в скважине, в основном, требуются эмульсии низкой силы для избежания больших нагрузок.

（5） Изменение содержания воды в скважине. Вследствие различия геологических условий на участке взрыва содержание воды в буровой скважине также изменяется существенно–скважины могут быть как сухими, так и полностью заполненными водой. Для сухих скважин может быть выбран любой вид ВВ, сочетающийся со свойствами породы, без учета его сопротивляемости воде. Для скважин, содержащих большое количество воды, должны выбираться эмульсии или ВВ типа сларри с плотностью выше 1,1 г/см^3. На открытых горных работах для скважин с малым количеством воды (глубина слоя воды–от 0,5 до 1,5 м) могут быть рекомендованы образцы эмульгированных ANFO. Также эмульсии, ВВ типа сларри и другие водоустойчивые ВВ могут использоваться в низу буровых скважин, а эмульгированный (с низким содержанием эмульсии) ANFO может быть размещен поверх их.

8. 1. 3. 2 Врывчатые характеристики

Практика показывает, что только при полном понимании характеристик ВВ можно правильно выбирать и использовать ВВ. Важнейшими свойствами ВВ являются: энергия, плотность, скорость детонации, водоустойчивость, напор воды, давление детонации и относительная объемная сила (мощность) .

(1) Энергия. Энергия или так называемая сила ВВ каждого вида–это мера способности ВВ производить работу в окружающей его среде. Энергия взрыва может проявляться в окружающей ВВ горной породе в двух формах–давлением детонации и давлением в скважине. Детонационное давление эффективно, главным образом, при конечном дроблении горной породы, в то время как давление в скважине, производимое расширяющимися газами, проявляется медленно и, главным образом, вызывает сдвиг горной породы. Величина энергии вида ВВ может быть выражена в Дж/г или Дж/см^3. Показатель характеризует абсолютную силу на единицу веса или абсолютную силу на единицу объема соответственно. Сила на единицу объема–более практическое понятие энергии, но из–за трудности ее измерения в практической работе обычно используется понятие относительной объемной силы.

Взрывчатое вещество ANFO с абсолютной силой 3094 дж/см^3 (при плотности 0,81 г/см^3) выбрано в качестве стандартной величины для сравнения, его относительная объемная сила принята за 100. В сравнении с этой стандартной величиной различные ВВ имеют различную относительную объемную силу. Относительная объемная сила эмульсий обычно варьируется от 100 до 190, но может достигать и таких высоких значений как 210–230 для высокоплотных эмульсий в зарядах сферической формы.

Эксперименты показывают, что выбранные ВВ с высокой относительной объемной силой более эффективны в сдвиге горных пород и менее эффективны в их дроблении. Когда не могут быть достигнуты требующиеся параметры по сдвигу и дроблению, взрывник может выбрать следующее: 1) понижая параметры буровой скважины, увеличить энергию, подаваемую на каждый кубический метр горной породы; 2) не изменяя параметров и диаметра буровой скважины, подобрать ВВ с высокой энергией. Таким образом, необходимо учитывать основной баланс между стоимостью бурения, стоимостью ВВ и стоимостью продукции и взаимосвязь этих факторов. В большинстве случаев незначительное увеличение стоимости используемого В В более высокой относительной объемной силы приносит большую экономическую прибыль.

(2) Плотность. Плотность ВВ обычно выражается в г/см^3. В твердой горной породе для разрушения больших массивов покрывающих пород и применении сферических зарядов требуются ВВ высокой плотности для получения лучших результатов по дроблению. С целью достижения однородности распределения взрывной силы иногда используют комбинации зарядов высокой и низкой плотности. Для разработок малых объемов и мягких пород использование низкоплотных ВВ несколько меньшей стоимости является достаточным. Плотность ЭмВВ варьируется в слишком широких пределах (0,9–1,35 г/см^3 и может достигать 1,35155 г/см^3 для специальных нужд) и, следовательно, обеспечивает взрывнику возможность выбора в соответствии с его нуждами. Другой важный аспект в отношении плотности – способность ВВ тонуть в обводненных скважинах. Для быстрого погружения в чистую воду должно быть выбрано ВВ с плотностью не ниже 1,1 г/см^3. Однако, так как вода в скважинах обычно содержит большое количество суспензий ила, высокая плотность ВВ является основным требованием для эффективной скорости погружения.

(3) Скорость детонации. Скорость детонации является одним из важнейших критериев для взрывника при выборе ВВ. Некоторые полагают, что суммарная характеристика выбранного ВВ, являющаяся производной скорости детонации и скорости погружения ВВ, должна соответствовать свойствам горной породы, которые являются производной скорости волны в ней и плотности породы. Если полная характеристика ВВ равна или несколько больше, чем характеристика породы, результаты дробления будут лучше.

В практической работе ВВ с низкой скоростью детонации пригодны для взрывания мягких пород и для однородного взрывания, а ВВ с высокой скоростью детонации – для взрывания твердых пород. При взрывании трещиноватых песчаников и гранитов в скважинах для взрыва покрывающих пород ВВ с высокой скоростью детонации, в основном, дают лучшие результаты по дроблению, так как при высоком детонационном давлении всегда начинается образование трещин до того, как энергия проходит через породу и истощается (гаснет) в ней. При взрывании глинистых сланцев, мягких песчаников и некоторых известняков ВВ с низкой скоростью детонации дают удовлетворительные результаты

(4) Водоустойчивость. Как упоминалось выше, когда используется обводненная буровая скважина, водоустойчивость ВВ является важным фактором, который должен учитываться. Обычно водоустойчивость ВВ обеспечивается самим ВВ, его упаковкой или комбинацией этих факторов. Например, эмульсии, ВВ типа сларри и желатиновые ВВ имеют хорошую водоустойчивость и пригодны для взрывов обводненных буровых скважин. Пористые образцы ANFO неводоустойчивы, но когда добавляется определенное процентное содержание эмульсоида, они приобретают некоторую водоустойчивость, и с увеличением процентного содержания эмульсоида водоустойчивость увеличивается соот-

ветственно. Если при этом применяется еще и водоустойчивая упаковка, смесь эмульсоида и ANFO также может использоваться в качестве зарядов для обводненных скважин. Следует указать, тем не менее, что, когда взрывные работы проводятся довольно глубоко под водой, необходимо учитывать относительно высокое давление воды, которое может вызвать уменьшение детонационной чувствительности ВВ и даже ее потерю. Желатиновые и эмульсионные ВВ (особенно, содержащие стеклянные микросферы) имеют относительно высокую устойчивость к давлению воды и могут использоваться в повседневной практике взрывания без принятия каких-либо специальных мер.

8.1.3.3 *Инициирование*

Тип и размер заряда детонатора зависят, в основном, от детонационной чувствительности ВВ и изменяются от промышленного капсюля-детонатора №8 и детонирующего шнура, до бризантных зарядов определенной массы (200 г, 500 г, 1000 г или больше). Эксперименты показывают, что от того, сочетается ли детонатор с ВВ или нет, непосредственно зависят результаты взрывных работ.

При выборе детонаторов должны быть учтены следующие факторы: хорошая водоустойчивость, соответствующая инициирующая чувствительность, высокое детонационное давление и правильный диаметр, пригодный для основного (колонного) заряда.

При использовании детонаторов в обводненых скважинах их водоустойчивость должна быть выше водоустойчивости инициируемых ВВ. Заряды из литого гексолита (гексоген-ТНТ) или ТНТ, желатиновые ВВ, чувствительные к детонатору эмульсии, ВВ типа сларри обладают хорошей водоустойчивостью. Эти детонаторы также имеют соответствующую детонационную чувствительность-как правило, могут быть инициированы капсюлем-детонатором №8 или определенным детонирующим шнуром. Когда в качестве детонаторов выбирают ВВ типа сларри, должно быть учтено влияние температуры на их детонационную чувствительность, особенно при низких температурах.

Передача детонационной волны от детонатора к зарядам ВВ происходит, главным образом, через комбинацию высокого детонационного давления и правильно выбранного диаметра заряда. Желатиновые ВВ, литые заряды и эмульсионные ВВ могут обеспечивать высокое детонационное давление, требующееся от детонатора. Кривые на рис. 8.3 показывают влияние диаметра детонатора на инициирование взрывчатого вещества ANFO [4]. Из рисунка ясно, что для получения хорошего инициирующего эффекта следует выбирать размеры детонаторов, согласующиеся с диаметром буровой скважины (т. е. с диаметром заряда).

При взрывах в глубоких скважинах большого диаметра часто необходимо комбинировать два вида детонаторов. Например, в качестве главного детонатора использовать детонатор малого диаметра из литого ВВ на основе гексогена и ТНТ или динамита и как вспомогательный детонатор или заряд-определенное количество эмульсии или ВВ типа сларри с высокой скоростью детонации вокруг него так, чтобы детонатор прилегал

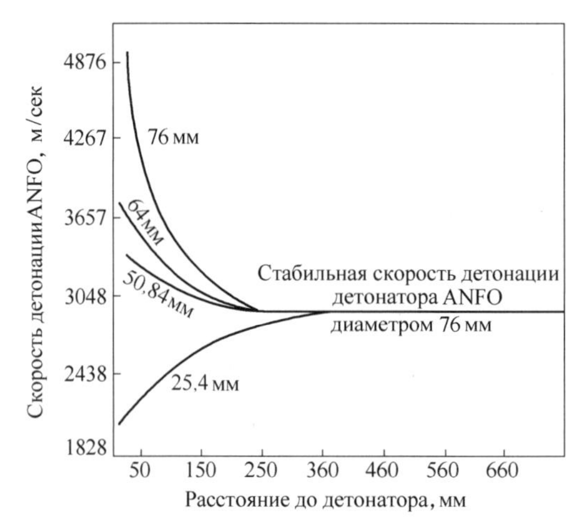

Рис. 8. 3　Влияние диаметра детонатора на детонацию взрывчатого вещества ANFO [4]

к стенкам буровой скважины. Таким способом устраняется эффект сочетания скважины большого диаметра и детонатора малого диаметра и обеспечивается распространение максимального детонационного давления.

Детонатор рекомендуется располагать снизу скважины, чтобы гарантировать максимальное ограничение свободы и снизить до минимума возможность появления разлетающейся породы и воздушной ударной волны. Поскольку детонационное давление детонатора много выше, чем давление зарядов буровой скважины, детонатор, расположенный внизу, помогает преодолеть нижние покрывающие породы и уничтожить забойку. Чаще всего каждая скважина имеет один детонатор внизу и другой поверх зарядов, которые помогают преодолеть покрывающие породы и предотвращают распространение детонации из-за отбойки.

8. 2　Примеры применения ЭмВВ на открытых взрывных работах

8. 2. 1　Применение эмульсионных ВВ в мешках или насыпных эмульсионных ВВ в Longyan Iron Mine и других открытых рудниках[5,6]

8. 2. 1. 1　*Главные геологические условия*

Jinbeizhuang Mine of Longyan Iron Mine Company – это небольшой открытый рудник, недавно начавший давать продукцию, и горные и вскрышные работы все еще лимитируют добычу породы вблизи поверхности.

Месторождение руды принадлежит к Anshan's типу железных руд и состоит из перемежающихся тонких рудных слоев неправильной формы, которые усложняют устройство и эксплуатацию взрывных скважин. Минералы железа-это магнетит и сопутствующий ему псевдо-магнетит, горные породы-главным образом, плагиоглаз-роговая обманка-гнейс-биотит-роговая обманка-гнейс и т. д. Когда они ограничены поверхностью, стыки в массе горной породы хорошо разъединяются, и трещины становятся явными. И горная порода, и руда обладают хорошей взрывоустойчивостью. Физические и механические свойства горной породы и руды представлены в табл. 8. 1.

Таблица 8. 1 Физические и механические свойства горной породы и руды в Jinbeizhuang Mine

Тип горной породы	Сопротивление сжатию, кг/см^3	Плотность	Коэффициент разрыхления	Стыки и трещины
Горная порода	1392	3,32	1,5-1,7	Хорошо развиваются
Руда	1077	2,6	1,5-1,7	Хорошо развиваются

8. 2. 1. 2 Типы и главные свойства *EL*-серии эмульсионных ВВ

Завод №201 по производству ВВ в Longyan Mine Company-это первое предприятие эмульсионных ВВ, построенное в Китае, которое может производить тысячу тонн ВВ в год, главным образом, различные марки EL-серии эмульсионных ВВ. Основные свойства и использование этих ВВ представлены в табл. 8. 2. Упаковочные спецификации ВВ включают патроны малого диаметра (20-40 мм), среднего и большого диаметров (60-150 мм), смеси эмульсоида и гранулированного ANFO, неслеживающиеся, сыпучие эмульсионные продукты. Все рудники Longyan Iron Mine Company используют различные марки EL-серии эмульсий, производимые их собственным предприятием. Среди них два подземных рудника, Huangtian и Pangiabu, в основном, используют эмульсионные патроны EL-102 вместе с взятыми в правильной пропорции патронами EL-101 и EL-102; Jinbeizhuang открытый рудник до 1983 г., в основном, использовал ВВ в мешках и неслеживающиеся насыпные продукты, но затем стал использовать смеси эмульсоида с пористыми гранулами ANFO, которые инициируются эмульсионным цилиндрическим детонатором из EL-102 массой 1 кг. Ниже описываются случаи использования свободно-текучих насыпных продуктов и продуктов, затаренных в мешки, в этом открытом руднике.

Таблица 8. 2 Основные свойства и использование эмульсионных ВВ

<table>
<tr><th rowspan="2">Свойства</th><th colspan="8">Марки</th></tr>
<tr><th>EL-101</th><th>EL-102</th><th>EL-103</th><th>EL-104</th><th>EL-105</th><th>EL-106</th><th>EL-107</th><th>Смесевой продукт</th></tr>
<tr><td>Плотность, г/см^3</td><td colspan="5">1,05-1,31</td><td>1,15-1,35</td><td>1,35-1,55</td><td></td></tr>
<tr><td>Скорость детонации, м/сек</td><td colspan="5">4000-5000</td><td></td><td>4500-5500</td><td></td></tr>
<tr><td>Бризантность, мм</td><td colspan="5">16-19</td><td></td><td></td><td></td></tr>
<tr><td>Передача детонации через воздушный зазор, см</td><td colspan="5">10-14</td><td></td><td></td><td></td></tr>
<tr><td>Критический диаметр, мм</td><td colspan="5">12-16</td><td></td><td>60</td><td></td></tr>
</table>

Продолжение таблицы 8. 2

Свойства	Марки							
	EL-101	EL-102	EL-103	EL-104	EL-105	EL-106	EL-107	Смесевой продукт
Чувствительность к удару	<80%						<16	
Чувствительность к трению	0%						<4	
Количество выделяемых токсичных газов, л/кг	22-29						<30	
Водоустойчивость	Высокая						Высокая	
Срок сохранности, месяц	>36						>6	
Основное использование	1. Взрывы в подземных рудниках 2. Поверхностные взрывные работы и открытые взрывы 3. Однородные взрывы и взрывы во второстепенных вентиляционных выработках 4. Взрывы обводненных скважин или подводные взрывы 5. Сейсмические исследования, взрывы в нефтяных скважинах под давлением и др. взрывы.					Поверхностные взрывы зарядов большого диаметра	1. VCR метод 2. Взрывы в скважинах большого диаметра, взрывы твердых и трудных для взрыва пород 3. Взрывы сферических зарядов	Взрывы скважин большого диаметра

8. 2. 1. 3　*Параметры взрывных работ*

В руднике были полки высотой 10 м, и нисходящая пневматически пробуренная скважина использовалась для бурения наклонной скважины, которая имела диаметр 150 мм и угол падения пласта 72°－74°. Раньше этот рудник использовал скальный аммонит №2, сетка размещения скважин имела размеры 4×4 м, и сетка бурения покрывающих пород, в основном, не превышала 5,0×5,5 м. В ранней стадии использования ЭмВВ буровые скважины делались по принятому образцу, производились куски руды слишком большие для сгребания и погрузки. При использовании насыпных эмульсионных продуктов количество ВВ на метр скважины увеличилось. Соответственно, параметры сетки размещения скважин изменились: размеры ее расширились до 4,5×5,5 м, сетка бурения покрывающих пород увеличилась до 6,55×7,5 м, проходка подэтажных штреков все еще сохранялась на уровне 1,7-2,0 м. В результате не было уступа и проблемы крупных кусков, и были получены хорошие результаты взрывных работ.

8. 2. 1. 4　*Заряжание и инициирование*

Для условий взрывных работ, характерных для этого рудника, были использованы сплошные эмульсионные заряды и схема заряжания, изображенная на рис. 8. 4. Так как плотность энергии EL–серии ЭмВВ удобно и искусственно регулируется, для различных условий использования может быть специально подобрана высокая или низкая плотность ЭмВВ или их комбинация. Таким образом, сила для преодоления покрывающей породы будет увеличена, и качество взрыва улучшено.

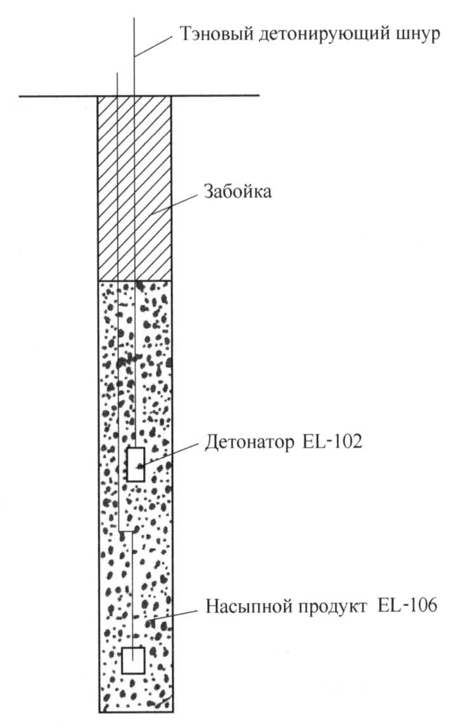

Рис. 8. 4　Эскиз схемы заряжания скважины для открытых взрывных работ

Из опыта работ на руднике следует, что при использовании зарядов из ЭмВВ длина забойки не бывает менее 4–4,5 м. Согласно данным статистики, когда сетка бурения имела размеры 4×4 м, забойка переднего хода была не менее 4 м, когда сетка бурения имела размеры 4, 5 × 4, 5 м, забойка переднего хода была то же не менее 4 м, забойка обратного хода – не менее 4, 5 м. Выбуренная порода нисходящей скважины во всех случаях использовалась как материал для забойки.

В качестве детонаторов применялись эмульсионные заряды EL–102 или EL–103 массой 1 кг и плотностью 1, 15 г/см^3. Как правило, это были два заряда в каждой взрывной скважине, которые располагались, как показано на рис. 8. 4: один – на дне скважины, второй–на уровне 2/3 высоты заряда. Использовались электрический детонатор и инициирующая цепь с внутренним замедлением 20 мсек. Было доказано, что такая инициирующая система является безопасной и пригодна к применению в практике взрывных работ.

8. 2. 1. 5　Анализ результатов взрывных работ

Как правило, при использовании в открытых карьерах рудников высокоплотных насыпных эмульсий взрывные скважины имели больший диаметр и преимущество эмульсий было больше. В Junbeizhuang's руднике диаметр буровой скважины был маленьким (150 мм), но, несмотря на это, результаты применения EL-серии ЭмВВ были хорошими. При использовании смеси эмульсоида и ANFO прибыль была значительной. Табл. 8. 3 показывает некоторые результаты использования этих продуктов, упакованных в мешки.

Таблица 8. 3 Результаты взрывных работ при использовании эмульсионных продуктов, упакованных в мешки

№№ п/п	Тип руды/горной породы	Диаметр буровой скважины мм	Линейный показатель заряжания кг/м	Количество взорванной породы, $м^3/м$	Удельный расход ВВ, $кг/м^3$	Результаты взрывных работ
1	Руда	150	11,6	14,5	0,355	Нет уступов и негабаритов, но куски отбитой руды слишком широки
2	Горная порода	150	12,2	15,6	0,31	Ровные куски отбитой руды, нет уступов и негабаритов
3	Руда	150	13,2	14,2	0,31	То же
4	Горная порода	150	14,2	22,4	0,35	Нет уступов и крупных негабаритов
5	Горная порода	150	17,3	18,1	0,38	Ровные, одинаковые куски отбитой руды, без уступов и негабаритов

При определенном диаметре буровой скважины количество ВВ на метр скважины непосредственно связано с размерами используемого бура, покрывающими породами, которые нужно разрушить, необходимостью проходки подэтажных штреков и т. д. и в большой степени влияет на улучшение результатов взрывных работ и технико-эконо-мические показатели. Например, вначале использовались эмульсионные продукты в мешках с плотностью 1,1 $г/см^3$, и расход ВВ на метр скважины составлял около 12 кг/м. Соответственно, размеры буров равнялись 4×4 м, покрывающая порода открытой подошвы не превышала 5,5 м. При использовании EL-106 в сочетании с продуктами в мешках плотностью 1,25 $г/см^3$ и насыпным продуктом плотностью 1,25-1,30 $г/см^3$ количество заряда увеличилось до 18-22 кг/м, размеры сетки бурения скважин основной и покрывающей породы увеличились до 4,5×5,0 м и 6,5-7,5 м соответственно.

EL-серии эмульсионных ВВ, производимые в Jilin и Shaanxi провинциях, широко использовались во взрывных работах на других открытых рудниках, таких как открытый рудник в Jilin Nickel Mining Company в провинции Jilin, открытый рудник в Jinduicheng Molybdenum Company в провинции Shaanxi, рудниках в Uao County Cement Plant и т. д. Типичные данные о результатах взрывных работ некоторых ВВ, содержащих эмульсию, в руднике Jilin Nickel Mining Company представлены в табл. 8. 4.

Таблица 8.4 Результаты некоторых типовых взрывов на никелевом руднике в Jilin Province

№взрыва	Количество скважины	Мощность пласта покрывающей породы м	Диаметр скважины м	Глубина скважины м	Глубина воды в скважине м	Высота уступа м	Масса заряда кг	Забойка м	Высота обрушения м	Высота задней отбойки м	Мощность отбитой руды, м
1	7	6–8	250	11,5–12,5		10,5–11,6	1540	6,6–9,3		Нет	15
2	4	7–8	250	10,5–10,8	1–7	10,5–10,8	832	7,0–10	0,8	Нет	20
3	8	9–11	250	12,0–13,5	4 скважины с водой	12,0	1588	7,0–8,5	3	4	35
4	7	9–11	250	10,0–14,0	5 скважин с водой	12,0	1654	6,0–8,0	2.5	4	38
5	8	8–11	250	13,0–14,2	5 скважин с водой	12,0	1939	6,6–10	2,5	4	38
6	7	8–10	250	10,0–15,0	5 скважин с водой	12,0	1621	3,5–9	2	4,5	35

№ п/п	Объем взорванной породы $м^3$	Удельный расход ВВ $кг/м^3$	Доля больших негабаритов, %	Доля уступов %	Свойства горной породы	Комментарии к результатам взрывных работ
1	6700	0,23		0	Оливин $f=8$	№1. Полное использование эмульсии, груды отбитой руды плоские, фрагменты ровные, нет негабаритов и уступов.
2	2480	0,33		0	То же	№2. Эмульсия использовалась в трех скважинах, небольшие ровные куски, нет уступов.
3	4140	0,384	5	0	Конгломерат $f=8–10$	№3. Эмульсия использовалась в 7 скважинах. Использованного количества ВВ марки AN (с канифолью и парафином) оказалось недостаточно для обводненных скважин.
4	3250	0,509	3	0	То же	№4. Эмульсия использовалась в 5 скважинах, обрушение сзади, уменьшение пропорции крупных кусков, увеличение эффективности сгребания и погрузки
5	3750	0,513	5	0	То же	№5. Эмульсия использовалась во всех скважинах, хорошие размеры кусков, увеличение эффективности сгребания и погрузки.
6	3840	0,422	8	0	Тоже	№6. Эмульсия использовалась во всех скважинах, хорошие размеры кусков, отличные результаты.

8. 2. 2 Применение смесевых продуктов эмульсоид-ANFO на руднике Martin County Coal Mine, США[7]

В Atlas Blasting News, № 4, 1984, Atlas Powder Company сообщила в статье, озаглавленной 《Увеличение модельных параметров бурения с использованием Power AN помогло Martin County Coal сберечь 150000 долларов США》 о применении Power AN для открытых рудников. Power AN-это вид высокоэнергетического ВВ, производимого Atlas Powder Company, который является смесью эмульсоида и гранул ANFO. В табл. 8. 5 приведены основные свойства этого типа ВВ. В заряженной буровой скважине мощность насыпного эмульсионного Power AN, приходящаяся на метр скважины, может быть на 40% выше, чем мощность чистого ANFO. Продукт в мешках может использоваться во влажных или наполненных водою скважинах и обеспечивать такое же количество энергии, как и насыпной ANFO в сухих скважинах. Сравнительная энергия для типовых буровых заряженных скважин приведена на рис. 8. 5. Этот вид продуктов обычно инициируется высокоэнергетическим эмульсионным зарядом массой 0,68 кг или колонной из пентолита массой 0,45 кг и, главным образом, используется в скважинах диаметром 125 мм и более.

Таблица 8. 5 Свойства Power AN

Упаковка продукта	Марка ВВ	Плотность г/см^3	Скорость детонации м/сек
Насыпной продукт	2500	1,10-1,15	3810
Насыпной продукт	5000	1,25-1,30	4876
Продукт в мешках	3000	1,15-1,20	3810
Продукт в мешках	5000	1,25-1,30	4876

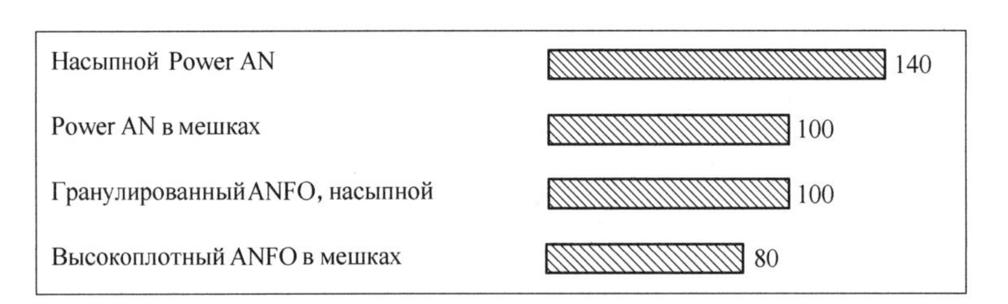

Рис. 8. 5 Сравнение мощности типичных скважинных зарядов

Первоначально в Martin County Coal Mine использовали в обводненных скважинах, главным образом, гранулированный насыпной ANFO, а также высокоплотный ANFO в мешках. Поэтому сетка бурения была относительно мала. Когда стал использоваться насыпной Power AN, размеры скважин соответственно увеличились. Например, для буровой скважины диаметром 200 мм сетка размещения скважин увеличилась на 42%, т. е. расширилась с 4,5×4,5 м до 5×6 м, для скважины диаметром 225 мм сетка бурения увеличилась на 33%, т. е. расширилась с 5,5×5,5 м до 5,5×7,5 м; для скважины диаметром 270 мм сетка бурения увеличились на 48%, т. е. с 6,7×6,7 м до 7,5×9,1 м. Удельный расход ВВ был около 0,488 кг/м^3. Как сообщалось, в сетке бурения такого большого размера были получены однородные и правильные размеры кусков отбитой руды и высокая эффективность сгребания и погрузочных работ.

Для заряжания буровых скважин Martin County Coal Mine использовал автомобили EKE, показанные на рис. 8. 6. Этот тип зарядных машин имеет два бункера: один – емкостью 3,730 кг эмульсоидного состава и другой – емкостью 5,595 кг гранулированного ANFO. Оба бункера одновременно подают эмульсоид и ANFO с заданной скоростью в общий шнековый смеситель, где продукты хорошо перемешиваются перед заряжанием буровой скважины. При смешении гранулы AN в ANFO покрываются эмульсией, поэтому плотность, водоустойчивость и эффективность ВВ возрастают. Процентное содержание добавляемой эмульсии может быть отрегулировано в соответствии с требованиями взрывных работ. При необходимости можно подобрать для заряжания скважин три типа ВВ различной силы и плотности, например, использовать высокоэнергетический Power AN 5000 в нижней части скважины, Power AN 2500 в центральной части и чистый ANFO выше. Такое распределение энергии, несомненно, поможет разрушить пласт пород на дне и помешает чрезмерной потере энергии в буровой скважине, что улучшит качество взрывных работ.

Рис. 8. 6 Зарядная машина EKE Power–AN в работе[7]

Заряды в буровых скважинах инициировались неэлектрическими детонаторами №8 в комплекте с замедлителем с детонирующимо шнуром массой 1620 мг/м. Магистральные линии на поверхности также замедлялись неэлектрическими детонаторами, чтобы уменьшить количество ВВ в каждый замедляемый период. Замедление между скважинами в одном ряду составляло 9 мсек, а замедление между рядами – 100 мсек.

В Martin County Coal Mine использовалась компьютерная программа для выбора уровня мощности ВВ, который соотносился с последовательностью подрыва скважинных зарядов. Например, чистый насыпной ANFO имел плотность 0,81 г/см^3 и энергию 3094 дж/см^3, а Power AN 2500 имел плотность 1,15 г/см^3 и энергию 4379 дж/см^3. Следовательно, Power 2500 на 40% мощнее чистого насыпного ANFO. В этом открытом руднике, главным образом, использовалась эмульсия Power 2500 и ANFO. Когда для взрыва твердой горной породы в обводненных скважинах были нужны очень высокоэнергетические вещества, Power AN 5000 использовалось во всех скважинах.

Практика взрывных работ показала, что при использовании Power AN для взрывных скважин различных диаметров параметры бурения увеличились на 33%–48%, объем бурения значительно уменьшился, эффективность работ по сгребанию и погрузке значительно увеличилась, были получены хорошие технико-экономические показатели, несмотря на то, что стоимость ВВ несколько повысилась. Например, в первые шесть месяцев 1984 г. вследствие полного перехода на Power AN количество перемещенной покрывающей породы увеличилось на 2411 $м^3$, стоимость кубического метра снизилась на 30 центов, добыча угля увеличилась на 18% и общая экономия достигла 150225 долларов США.

8.3 Примеры применения ЭмВВ на подземных взрывных работах

8.3.1 Применение в Pangiabu Iron Mine

8.3.1.1 Основные геологические характеристики

Pangiabu Iron Mine of Longyan Mine Company - это большой подземный рудник. Толща пород принадлежит к Sinian системе, пласт-к Xuanlong типу поверхностных морских отложений, который имеет правильную форму и наклонен с севера на юг с углом падения пласта 15–55 градусов. Пласт руды-многослойный, толщиной 3,5–6,0 м, разделенный кремнистым сланцем на три слоя. Минералы руды представляют собой, в основном, красный железняк (Fe_2O_3), но в западном регионе, главным образом, –черный магнетит с внедрением изверженных пород в результате метаморфических изменений. Основные структуры руды-массивные глыбы, оолитовые и вторичные структуры-подобного типа. Верхние слои-песчаник и сланец, нижние слои-малкозернистые белые кварциты, глиноземы и крупнозернистые белые кварциты. Физические и механические свойства этих горных пород приведены в табл. 8.6

Таблица 8.6 Физические и механические свойства горных порол

Наименование свойств	Наименование горных пород		
	Глинистый сланец	Кремнистый сланец	Кварц
Плотность горной породы, г/$см^3$	2,0–2,4	2,0–2,6	2,65
Пористость, %	10–30	5–25	0,1–0,5
Скорость продольной волны, м/сек	1400–3000	1100–1400	5000–6500
Импеданс, кг/$см^2$×сек	300–700	300–1000	1300–1650
Прочность на сжатие, кг/$см^2$	100–1000	200–1700	1500–3000
Прочность на растяжение, кг/$см^2$	20–100	40–250	100–200
Коэффициент прочности f	6–8	12–14	18–20

Применение эмульсионных ВВ EL-серии полностью началось в 1981 г. и в настоящее время значительно расширилось.

8.3.1.2 *ВВ и способы инициирования*

В подземных взрывах этот рудник использует, в основном, 32 мм эмульсионные патроны из ЭмВВ EL-серии, свойства которых показаны в табл. 8.2. Из таблицы следует, что различные типы эмульсий EL-серии имеют различные характеристики, предназначены для различных целей и вариантов геологических условий руд и горных пород. Стоимость материалов и детонационные свойства тоже различаются. Конечно, выбор типа или комбинации нескольких типов должен основываться на условиях хороших технико-экономических показателей взрывных работ. Удовлетворительные результаты по взрыванию различных подземных пластов могут гарантировать, в основном, первые три типа ВВ, указанные в табл. 8.2. Соотношение (объем применения) этих типов эмульсоидов примерно таково: EL-03-15%-20%, EL-102-60%-70%, EL-103-15%-20%. Практика этого рудника показала, что правильное соотношение этих трех типов ВВ является важным условием для получения хороших результатов взрывных работ. EL-104 применим только для подрыва очень прочных и трудноразрушаемых горных пород.

Инициирующими системами являются комбинации пластиковых детонирующих туб с неэлектрическими детонаторами, которые инициируются детонирующими шнурами и зажигательными трубками.

8.3.1.3 *Применение при вскрышных работах*

Штольня № 14 этого рудника используется для транпортировки и имеет размеры: высота -2,7 м, ширина -2,6 м, площадь сечения -6,5 м^2. Слои породы, проходящие через штольню, велики, белые кварциты лежат под пластом руды. Залегание не расширяется, горные породы твердые и крепкие. Коэффициент крепости пород по шкале Протодьяконова, f, находится между 18 и 20. Схема буровой скважины при использовании ЭмВВ для взрыва показана на рис. 8.7. Диаметр скважин -42-24 мм, глубина -1,2-1,4 м. Одновременно взрывается от 18 до 22 скважин с помещенным по оси скважины V-образным детонатором. Заряжающие и инициирующие структуры - в среднем по 3,5 патрона на скважину, забойка из бурового шлама и нижнее инициирование показаны на рис. 8.8.

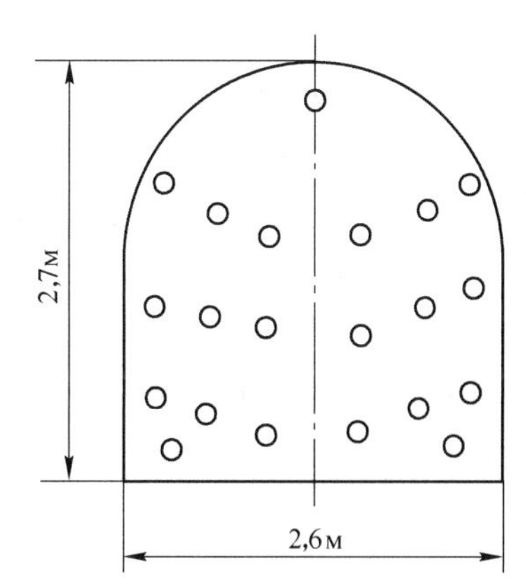

Рис. 8.7 Схема размещения шпуров в штольне при использовании эмульсий

При использовании эмульсий в штольне №14 доля сработавших скважин составляла около 90%, удельный расход ВВ равнялся 1,88 кг/м^3, примерно на 10% ниже, чем при использовании скального аммонита №2. Часть штольни № 14 наклонена под углом к мес-

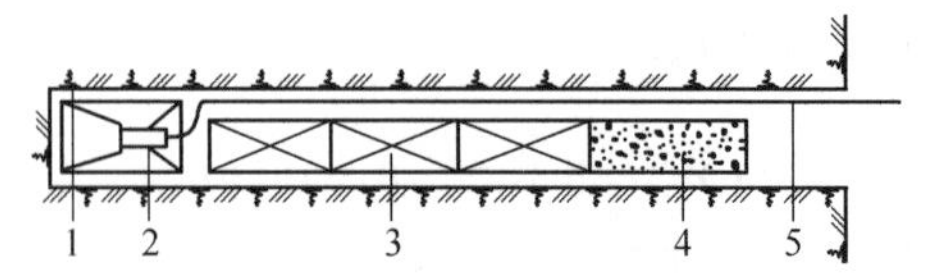

Рис. 8. 8　Схема заряжающей структуры непрямого инициирования

1—Буровая скважина; 2—Детонатор: 3—Патрон; 4—Буровой шлам; 5—Безопасный огнепроводный шнур или детонационная трубка

торождению и находится внутри сланца, расположенного над пластом руды. Площадь секции этого наклонного шахтного ствола−7,49 м^2. Слои сланца рыхлые, легко бурятся и взрываются. Однако, вода, идущая с рабочей поверхности, просачивающаяся через стены, капающая с верха пласта подобно дождю и быстро льющаяся из скважины во время бурения−все это создает чрезвычайно трудные условия для взрывных работ. До 1981 г. при использовании скального аммонита №2 в заливаемых скважинах перед взрывом каждый маленький детонатор помещался в специальную водоустойчивую тубу, которая была покрыта слоем машинного масла. Несмотря на это, донные скважины приходилось взрывать немедленно после заряжания, при этом очень часто имели место осечки. После каждого взрыва буровые скважины около 1,0−1,2 м глубиной могли продвинуться только на 0,5−0,6 м, поверхность взрыва была грубой и неровной, с серьезными проблемами по забою. Фактически каждое перемещение происходило с разрушением забоя и перемещением отбитых кусков руды, не было способов поставить крепь.

Использование EL−серии эмульсии вместе с пластиковыми детонирующими трубками в этой наклонной шахте полностью доказало преимущество водоустойчивости эмульсии, отказы почти полностью прекратились, соразмерность скважин и скорость продвижения увеличились, качество взрывных работ улучшилось, работы по проходке забоев уменьшились, и материалы были сэкономлены. Схема буровой скважины и метод подрыва при применении ЭмВВ показаны на рис. 8. 9. В табл. 8. 9. представлен анализ результатов продвижения проходки в результате взрывов в течение июля и августа 1984 г.

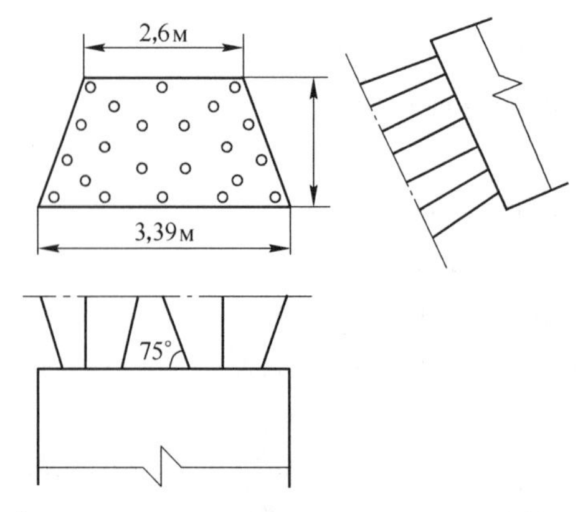

Рис. 8. 9　Схема буровой скважины и метод соосного подрыва при разработке наклонной штольни с использованием эмульсионных ВВ

Таблица 8.7 Сравнительные данные удельного расхода эмульсий при продвижении проходки в наклонной штольне в июле и августе 1981 г.

Время	Тип ВВ	Общее количество ВВ, кг	Продвижение, м	Количество взорванной породы, $м^3$	Удельный расход порошка, $кг/м^3$	Комментарии
Июль 1981	Эмульсия	181,5	15	106	1,71	Насос был внизу, эффективное продвижение
Август 1981	Эмульсия	124,10	9	65	1,909	
Итого	Эмульсия	305,15	24	171	1,785	
Средний удельный расход в 1980	Скальный аммонит №2				2,40%-25,6%	

8.3.1.4 Применение в основных горных работах

Почти пять последних лет все бригады взрывников Pangiabu Iron Mine использовали эмульсии EL–серии для взрывных работ. Среди них бригада №9 отвечала за разработку площади блока 1314, где руды, главным образом, магнетит, имели тонкий пласт, были твердыми, прочными, с коэффициентом крепости $f = 18 - 20$, небольшого простирания. Угол падения пласта руды был 32°, высота и ширина пласта 1,03 м и 30 м соответственно. Схема буровой скважины с использованием ЭмВВ для взрыва показана на рис. 8.10. Диаметр скважин –42–24 мм, глубина –1,6–1,8 м. Покрывающая порода –0,8 м и расстояние между скважинами –0,5 м. Расстояние от верха скважины до верхнего пласта –0,3 м, а от низа скважины до нижнего пласта –0,23 м. Каждая скважина заряжалась 4–5 патронами, забивалась буровым шламом и инициировалась непосредственно со дна. За 100 подрывов этот рудник выдал 3300 т руды, общий расход ВВ составил 1257,8 кг. Доля использованных скважин было около 91%, удельный расход ВВ составил 0,377 кг/т, т. е. в сравнении со скальным аммонитом №2 уменьшился на 35,2%.

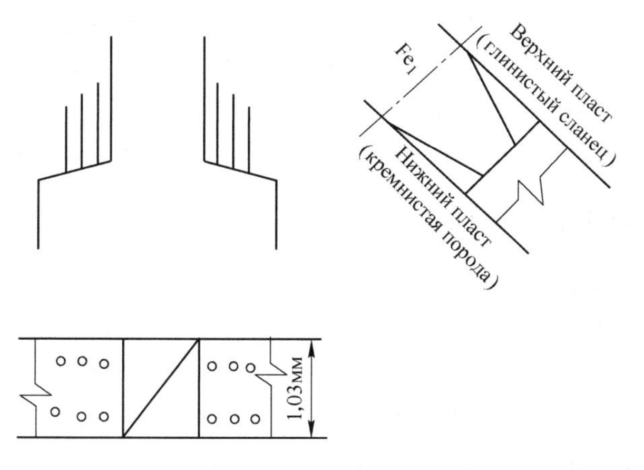

Рис. 8.10 Схема буровой скважины бригады №9 с использованием эмульсии

8. 3. 2 Применение при туннельных работах по проекту《Отвод воды из реки Luan в Tianjin》[8]

8. 3. 2. 1 Основные условия проекта

Проект《Отвод воды из реки Luan в Tianjin》–это проект отвода воды для города Tianjin, по которому нужно было построить 11,39 км туннеля. Туннель–ключевая конструкция всего проекта. Пласт горной породы, через который проходил туннель–в основном, гнейсы археозойской эры, следующие за ними Sinian's системы кварциты группы Великой Стены, горные породы Yanshan's периода и свободные залегания четвертичного периода. Средняя прочность породы на сжатие – 63,7 – 127,5 МПа и средняя величина модуля Юнга–1,078–1,373×10^4 МПа. Множество залеганий, стыков и маломощные пласты–недостаток зоны.

Так как весь канал туннеля был ниже уровня воды, и трещин, наполненных водой, было много, вода с рабочей поверхности откачивалась насосом, тем не менее, скважины на дне туннеля всегда были залиты водой. В начале проекта скальный аммонит №2 помещался с целью изоляции в пластиковые трубки, тем не менее, отказы происходили часто. Иногда процентное содержание отказавших скважин на дне доходило до 60%, что заставляло поднимать дно туннеля и серьезно снижало скорость продвижения вперед.

8. 3. 2. 2 ВВ и схемы инициирования

Взрывчатыми веществами, которые использовались для прокладки туннеля по этому проекту, были эмульсии EL–серии (EL–101–103), выпускаемые заводом взрывчатых веществ № 201 в Longyan Iron Mine Company. Типы и свойства этих веществ представлены в табл. 8. 2. Используемая номенклатура: 170 г патроны диаметром 32 мм и длиной 200 мм и 190 г патроны диаметром 20 мм и длиной 500 мм. Последние, в основном, использовались для выравнивающих взрывов в периферийных скважинах. В схемах инициирования использовались пластиковые детонирующие трубки и неэлектрическое замедление детонаторов, которое имело от 2 до 10 периодов, а также полусекундное замедление детонаторов, которое имело 1–4 периода. Применялся промышленный детонатор №8.

8. 3. 2. 3 Параметры бурения и взрыва

Для бурения использовалась буровая коронка модели 7655 диаметром 40 мм, которая сильно изнашивалась в процессе бурения. Туннель прорывали двумя способами: одноразовые земляные работы с земной поверхности до верха штольни и методом полочной выемки. На рис. 8. 11 изображена схема буровой скважины и последовательность инициирования для этих двух способов, табл. 8. 8 представляет параметры заряжания и взрыва.

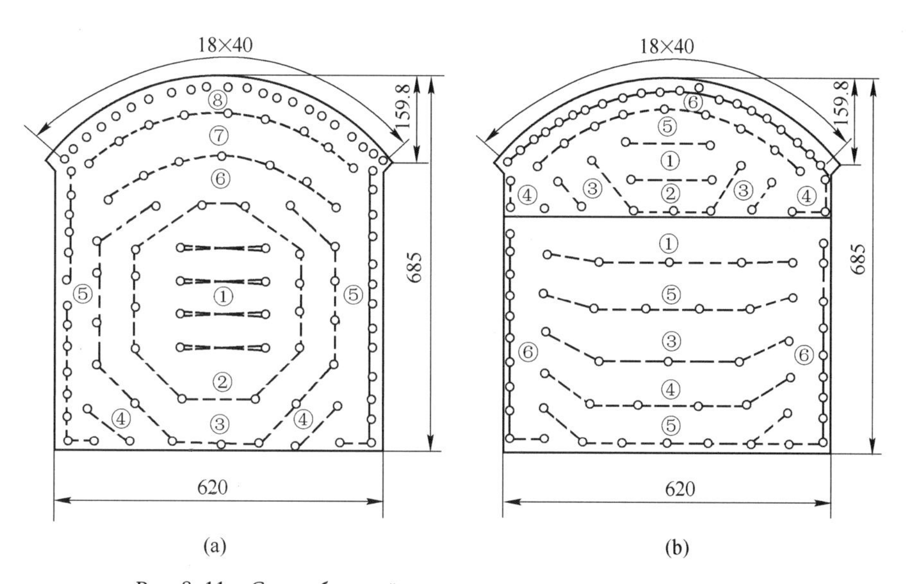

Рис. 8. 11 Схема буровой скважины и порядок инициирования

(a) Метод полной поверхности; (b) Метод верхнего сводчатого прохода и полочный метод

На основе взрывной практики рекомендуются следующие параметры для получения хороших устойчивых результатов:

Расстояние между скважинами: E=40–50 см;

Покрывающие породы: W=50–60 см;

Коэффициент концентрации скважин: m=0,80–0,83.

Плотность заряжания: q=0,14–0,19 кг/м при использовании непрерывной колонки и утяжеленные (в 1,5–2 раза в сравнении со стандартом) эмульсионные детонаторыдиаметром 32 мм на дне сважины глубиной 1,6 м; или q=0,14–0,18 кг/м при утяжеленных в 1,5–2 раза 20 мм эмульсионных детонаторах;

Коэффициент несвязанности: D_c = 1,28 – 1,41 для детонатора диаметром 32 мм и D_c = 2,05–2,25 для детонатора диаметром 20 мм.

Заряжающая структура непрямого инициирования, со стороны дна, и с воздушной прослойкой вокруг заряда (см. рис. 8. 12) .

8. 3. 2. 4 Результаты взрывных работ

Как упоминалось выше, вода на рабочую поверхность лилась в большом количестве, и обычно используемый аммонит №2 не обладал водостойкостью, поэтому процент использования буровых скважин составлял только 50%–60%, удельный расход ВВ был равен 2,81 кг/м^3. После перехода на ЭмВВ процент использования буровых скважин стабилизировался около 90%, удельный расход ВВ понизился до 2,17 кг/м^3, т. е. уменьшился на 29,5% в сравнении со скальным аммонитом №2. В то же время горные породы хорошо разрушались в результате взрывов, легче грузились и транспортировались.

Таблица 8.8 Параметры

Метод прокладки		Метод полной поверхности								
Наименование скважин		Уменьшенная	Вспомогательная	Вспомогательная+нижняя	Вспомогательная+нижняя	Боковая+центральная нижняя	Вспомогательная	Внутренняя	По периметру	Уменьшенная
№№ скважин		8	12	12 3	2 2	24 4	7	9	19	4
Глубина скважин, м		2	1,7	1,7 1,8	1,7 1,8	1,6 1,8	1,7	1,7	1,6	2
Коэффициент заряжания и забойки		0,9	0,7	0,7 0,9	0,7 0,9	— 0,9	0,7	0,6		0,9
Количество патронов на скважину	Стандартные	9	6	6 8	6 8	8	6	5		9
	Малые, длинные					1,5 —			1,5	
Количество заряда на скважину, кг		1,35	0,9	0,9 1,2	0,9 1,2	0,29 1,2	0,9	0,75	0,29	1.35
Промежуточный итог, кг		10,8	10,8	10,8 3,6	1,9 2,4	6,96 4,8	6,3	6,75	5,51	5,4
Порядок инициирования		1	2	3	4	5	6	7	8	1
Площадь секции, $м^2$		45								
Общее количество скважин		102								
Фактор концентрации скважин, количество/$м^2$		2,27								
Общее количество использованного ВВ		70,52								
Удельный расход ВВ, кг/$м^3$		0,92								

заряжания и взрыва

Метод верхнего сводчатого прохода и полочный метод										
Метод сводчатого прохода					Полочный метод					
Вспомогат-ельная+нижняя	Вспомогат-ельная+нижняя	Боковая+центральная нижняя	Внутре-нняя	По периметру	Передниескважины				Передняя+нижняя	Боковая+нижняя
2 3	2 2	2 4	9	19	5	6	5	6	2 5	18 4
1,7 1,8	1,7 1,8	1,6 1,8	1,7	1,6	1,7	1,7	1,7	1,7	1,7 1,8	1,6 1,8
0,7 0,9	0,7 0,9	— 0,9	0,6	—	0,7	0,7	0,7	0,7	0,7 0,9	— 0,9
6 8	6 8	— 8	5		6	6	6	6	6 8	— 8
		1,5 —		1,5						1,5 —
0,9 1,2	0,9 1,2	0,29 1,2	0,75	0,29	0,9	0,9	0,9	0,9	0,9 1,2	0,29 1,2
1,8 3,6	1,8 3,4	0,58 4,8	6,75	5,51	4,5	5,4	4,5	5,4	1,8 6,0	5,22 4,8
2	3	4	5	6	1	2	3	4	5	6
18					27					
47					51					
98										
2. 61					1,89					
2,18										
32,64					37,62					
70,26										
1,07					0,82					
0,92										

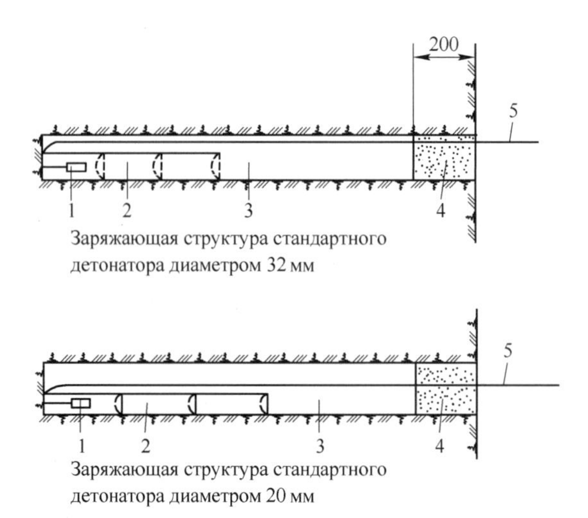

Рис. 8. 12 Непрямое инициирование, воздушная колонка заряжающей структуры

1—Неэлектрический детонатор; 2—Эмульсионный детонатор; 3—Воздушный объем; 4—Буровой шлам; 5—Детонационная туба

8.4 Примеры применения ЭмВВ в методе вертикальной кратерной разработки обратным ходом

8.4.1 Основные положения

L. C. Lang в Canadian Industrial Limuted применил теорию кратерного взрывания в практике горного дела, что привело к созданию метода вертикальной кратерной разработки обратным ходом (VCR)[9,10]. Основываясь на принципе кратерного взрывания и применении техники глубокого бурения, этот новый метод подземного взрывания позволяет полностью использовать взрывчатые характеристики сферического заряда, иметь высокое эффективное продвижение, меньший объем подготовительных работ, более низкую стоимость и т. д.

У сферического заряда соотношение между длиной заряца и его диаметром должно быть не более 6 : 1. Для получения требуемого веса таких зарядов нужны высокая плотность, высокая скорость детонации и высокая мощность ВВ. Кроме того, так как при проведении очистных работ скважина заряжается на длительное время, в целях безопасности не должны использоваться ВВ высокой чувствительности к удару и трению (нитроглицерин и др.). Хотя ANFO обладают и безопасностью, и низкой стоимостью, они также не могут использоваться для метода VCR из-за низкой плотности. Они могут быть применены только в модифицированной схеме, где вместе применяются сферический и колонный заряды.

Медно-никелевый рудник Fankou первым в Китае испытал и применил этот метод. Типичные физические и механические свойства руды и горной породы этого рудника представлены в табл. 8. 9. Из таблицы очевидно, что устойчивость руды и горной породы изменяется от высокой до очень высокой, а взрывоустойчивость - от средне - трудной до трудной. Чтобы получить заряды с характеристиками, требующимися для VCR-метода, Beijing General Reseach Institute of Mining и Metallurgi (BGRIMM) скооперировался с рудником Fankou, совместно они изготовили эмульсии CLH-серии, которые обладают высокой плотностью, высокой скоростью детонации, высокой объемной силой, низкой чувствительностью и выделяют малое количество токсичных газов. В этой серии есть четыре типа эмульсий, плотность и сила которых изменяются от низкой до высокой и предназначаются для различных руд и пород[11]. Через серию опытов по кратерному взрыванию была найдена также область применения для эмульсии CLH - 2. Более 50 т этого продукта было использовано во взрывах на этом руднике для очистных выемок на шести площадях (три-камерным и три-колонным методом), и, в целом, было взорвано более 200000 т руды с получением хороших технико - экономических показателей[12,13]. Свойства эмульсий серии CLH приведены в табл. 8. 10.

Таблица 8. 9 Физические и механические свойства породы и руды на руднике Fankou

Наименование породы и руды	Удельный вес $г/см^3$	Скорость поперечной волны в образце, м/сек	Скорость продольной волны в образце м/сек	Скорость продольнопоперечной волны в массе породы, м/сек
Руда	4,31	6022	4490	2995
Известняк	2,82	5824	3690	2800

Наименование породы и руды	Прочность на сжатие, $кг/см^2$	Прочность на растяжение, $кг/см^2$	Прочность на сдвиг, $кг/см^2$
Руда	1561	62	120
Известняк	1502	54	150

Наименование породы и руды	Порядок равновесия		Модуль Юнга		Характер трещин	
	Статика	Динамика	Статика $кг/см^2$	Динамика $кг/см^2$	Параллельные	Вертикальные
Руда	0,26	0,36	$117,5\times10^4$	73×10^4	10-6	7-4
Известняк	0,19	0,13	$80,5\times10^4$	$85,5\times10^4$	0-19	40-6

Таблица 8. 10 Свойства эмульсионных ВВ серии CLH

Показатели	Марка ВВ				
	CLH-1	CLH-2	CLH-3	CLH-4	Комментарии
Плотность, $г/см^3$	1,35-1,40	1,40-1,45	1,45-1,50	1,48-1,55	
Скорость детонации, м/сек	4500-5500				
Критический диаметр, мм	60				
Длина распространения, м	>3,5				
Чувствительность к удару, % взрывов	2,48	4,29	5,67	—	Тетрил 46-50

Продолжение таблицы 8. 10

Показатели	Марка ВВ				
	CLH-1	CLH-2	CLH-3	CLH-4	Комментарии
Чувствительность к трению, % взрывов	0,0	0,4	0,0	0,0	Тетрил 12-14
Чувствительность к прострелу пулей	Не возгорается, не взрывается				
Количество выделяемых токсичных газов, литр/кг	<30				Скальный аммонит №2 46-59
Водоустойчивость	Превосходная				
Срок сохранности, месяц	>6				

Эмульсии этой серии упаковываются в пластиковые мешки диаметром 150 мм по 5,10 или 12,5 кг. В качестве детонаторов применяются литые колонки из смеси гексогена и тротила (1 : 1) весом 200 г.

8. 4. 2 Исследование кратерного взрывания

Практика показывает, что расчет сферических зарядов для очистных площадей по методу VCR должен основываться на результатах исследований кратерного взрывания на конкретном месте. Для объяснения процесса используются результаты исследований по кратерному взрыванию, проведенные на руднике Jinxingling на очистной площади 160 м камеры.

Исследования, включавшие 23 скважины, проводились в горизонтальных выработках вблизи очистной поверхности. Горизонтальные скважины диаметром от 95 до 110 мм были впервые пробурены сверлом марки VQ-100 на две стороны горизонтальной выработки перпендикулярно ее стене и на 1,5 м выше пола. Глубина скважины изменялась от 1,0 до 3,2 м в зависимости от места закладки. Заряд имел диаметр 95 мм, в каждую скважину закладывался заряд массой 4,5 кг и 200 г детонатор из гексолита, который инициировался безопасным огнепроводным шнуром и капсюлем-воспламенителем. Структура заряжания заряда для кратерных испытаний показана на рис. 8. 13.

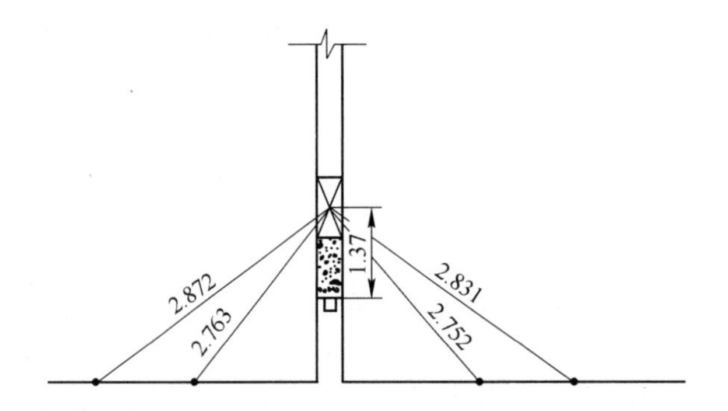

Рис. 8. 13 Схема заряжания заряда для кратерных исследований

В каждой серии кратерных испытаний глубина закладки начиналась с 1,0 м и затем составляла 1,4; 2,0; 2,5; 3,2 м. За один прием подрывалась только одна скважина, после чего замерялись параметры кратера, количество разрушенной породы и состав фрагментов. Основываясь на теории кратерного взрывания C. W. Livingston's, глубину критической закладки определяли в специфических условиях взрыва и их взаимосвязи. Было установлено, что при глубине закладки более 2,5 м получается меньшее приращение, локальное изменение свойств пласта и геологическая структура также влияют на результаты взрывных работ. Согласно проведенным исследованиям, когда оптимальная глубина закладки повышала угол раскрытия кратера на 1°, угол раскрытия кратера постепенно увеличивался, и образовывалась ровная плита, после чего можно было вновь увеличивать глубину закладки. Этот феномен доказывает, что при высокой плотности, скорости детонации и мощности насыпного ВВ относительно твердая горная порода разрушается на критической свободной поверхности под действием энергии напряжения. Результаты этой серии кратерных испытаний приведены в табл. 8. 11. Они показывают, что использование эмульсий марки CLH–2 для очистной выемки по методу VCR в геологических условиях рудника Fankou было правильным. Данные испытаний этого вида ВВ представлены в табл. 8. 12, связь между объемом разрушенной породы и соотношением глубин представлена на рис. 8. 14.

Таблица 8. 11 Данные кратерных исследований для различных марок ВВ

№№ скважин.	Марка ВВ	Вес заряда кг	Глубина закладки м	Параметры кратера			Результаты разрушений (дробление)			
				Средний диаметр м	Наблюдаемая глубина м	Объем м	<50 мм	50–100 мм	150–300 мм	>300 мм
8	CLH–2	4,5	1,03	3,50	1,02	2,40	35,06	31,89	17,1	15,95
23	CLH–2	4,5	1,40	2,05	1,48	4,29	49,02	22,6	17,6	10,6
4	CLH–2	4,5	1,80	2,45	1,13	2,96				
21	CLH–2	4,5	2,31	2,61	0,90	2,00	34,2	23,84	20,89	21,2
7	CLH–2	4,5	2,79	1,90	0,52	0,583	25,9	67,6	32,9	13,55
19	CLH–2	4,5	2,98	0,40	0,20	0,15	46,0	44,8	9,2	
17	CLH–4	4,5	0,99	2,80	0,93	1,845	43,6	17,6	16,4	22,3
10	CLH–4	4,5	1,40	2,31	0,76	1,742	45,40	30,27	14,45	8,57
11	CLH–4	4,5	1,80	1,60	1,38	2,149	40,84	15,48	16,37	27,3
12	CLH–4	4,5	2,28	2,15	0,58	1,064	26,45	30,20	18,23	25,13
22	CLH–4	4,5	2,30	0,80	0,5	0,248	61,24	25,45	15,05	6,27
14	CLH–4	4,5	2,95	1,75	0,46	0,777	37,46	43,2	19,32	
1	CLH–1	4,5	1,00	3,32	0,89	2,48	17,91	24,29	30,06	27,73
2	CLH–1	4,5	1,33	2,50	0,61	1,98	19,80	21,15	24,35	34,63
6	CLH–2	4,5	1,78	1,25	0,22	0,331	15	10	10	65
15	CLH–3	4,5	1,03	2,60	1,10	3,67	41,30	17,08	25,67	16,0

Продолжение таблицы 8. 11

№№ скважин.	Марка ВВ	Вес заряда кг	Глубина закладки м	Параметры кратера			Результаты разрушений (дробление)			
				Средний диаметр м	Наблюдаемая глубина м	Объем м	<50 мм	50-100 мм	150-300 мм	>300 мм
16	CLH-3	4,5	1,39	2,00	0,50	1,352	42,0	37,1	14,2	6,6
20	CLH-3	4,5	1,40	2,40	0,88	1,94	30. 70	25,52	37,15	20,02

Таблица 8. 12 Расчетные данные для тестирования по методу кратера для эмульсий марки CLH-2

№ скважины	Q, кг	Глубина кратера, м	Δ [1]	V, м^3	V/Q
8	4,5	1,03	0,343	2,400	0,533
23	4,5	1,40	0,467	4,290	0,953
4	4,5	1,80	0,600	2,960	0,658
21	4,5	2,31	0,700	2,000	0,444
7	4,5	2,79	0,930	0,583	0,130
19	4,5	2,98	0,993	0,150	0,033

1) Отношение между фактической и критической глубиной кратера.

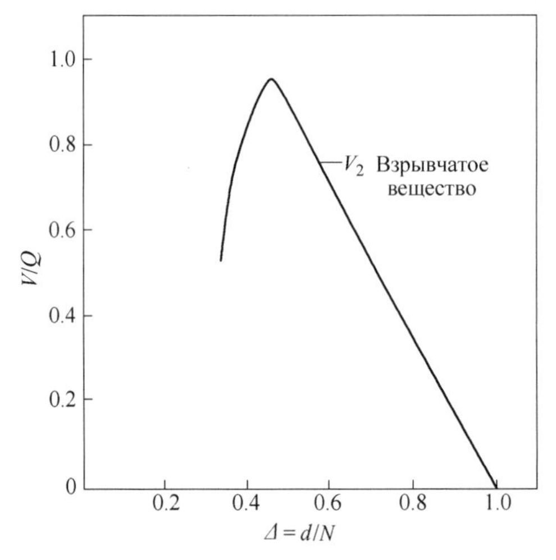

Рис. 8. 14 Зависимость объема разрушенного породы от соотношения глубин для эмульсии марки CLH-2

Для характеристики связи между параметрами ВВ и горными породами C. W. Livingston предложил следующую эмпирическую формулу

$$N = EW^{1/3} \tag{8.2}$$

где N = критическая глубина закладки, м; W = вес заряда, кг; E = фактор энергии напряжения; константа для комбинации породы и ВВ, не поддающаяся измерению.

Для оптимальной глубины закладки do формула (8.2) может быть написана следующим образом:

$$d_o = \Delta E W^{1/3} \quad (8.3)$$

где Δ = отношение между принятой и критической глубиной закладки.

Путем анализа и расчетов на основе результатов кратерных исследований были получены следующие основные параметры:

Критическая глубина закладки: $N = 2,98$ м;

Оптимальная глубина закладки: $d_o = 1,4$м;

Фактор энергии напряжения: $E = 1,785$.

Параметры глубины закладки:

Объем кратера: $V_o = 4,29$ м^3;

Отношение глубины закладки: $\Delta_o = 0,47$;

Радиус кратера: $R_o = 1,45$ м;

Наблюдаемая глубина кратера: $L_o = 1,54$ м;

Удельный расход ВВ: $W/V_o = 1,11$ кг/м^3 = 0,28 кг/т.

Результаты экспериментов показали, когда глубина закладки приближалась к оптимальной, угол раскрытия взрываемого кратера был около 1° и его наблюдаемая глубина была немного больше, чем глубина закладки без бурения хода (см. рис. 8. 15). При оптимальной глубине закладки также получается лучшее качество фрагментов разрушенной породы и руды.

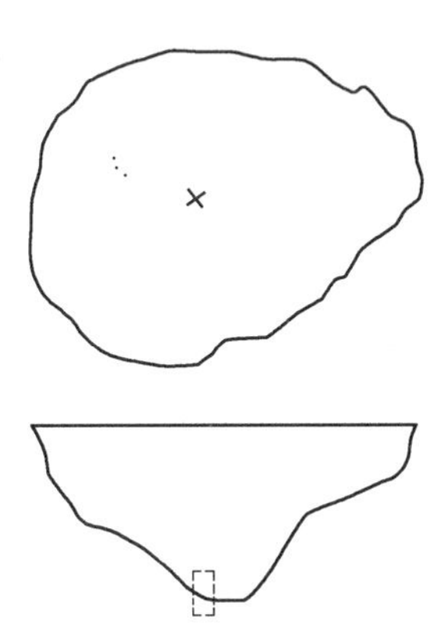

Рис. 8. 15 Форма кратера при оптимальной глубине закладки

8. 4. 3 Очистная выемка с применением сферических зарядов

8. 4. 3. 1 Определение технологических параметров

(1) Вес сферических зарядов: Как упоминалось выше, в VCR-методе предпочтительны сферические заряды. Для буровой скважины диаметром 165 мм, как показал расчет, вес сферического заряда должен быть равен 30 кг.

(2) Оптимальная глубина закладки. Под этим параметром понимается расстояние от центра заряда до свободной поверхности в начале скважины. На основе величин E и Δ, полученных в вышеупомянутых исследованиях, можно рассчитать оптимальную глубину закладки по уравнению (8. 3):

$$d_o = \Delta E W^{1/3} = 1,785 \times 0,47 \times \sqrt[3]{32,61} = 0\text{м}$$

(3) Удельный расход ВВ. Удельный расход ВВ, который обеспечивал оптимальное кратерное взрывание в вышеупомянутых исследованиях, равнялся 0, 28 кг/т. Вследствие того, что слой руды находился в зоне отбойки в виде камеры, а энергия разрушения породы при кратерном взрывании поступает не только по горизонтали со стороны свободной поверхности, но также со сторон других взрываемых скважин, а также благодаря другим способствующим факторам, удельный расход ВВ достиг 0,395 кг/т.

(4) Параметры формы скважин. Основываясь на данных кратерных исследований и

модельных экспериментов на практике, скважины располагали альтернативно в помещении отбойки в виде камеры с расстоянием между ними 2,4–3,6 м. Расстояние между периметрами скважин уменьшилось до 2,4–2,6 м. Это распространялось на все 44 скважины, расположенные в четыре ряда (см. рис. 8. 16).

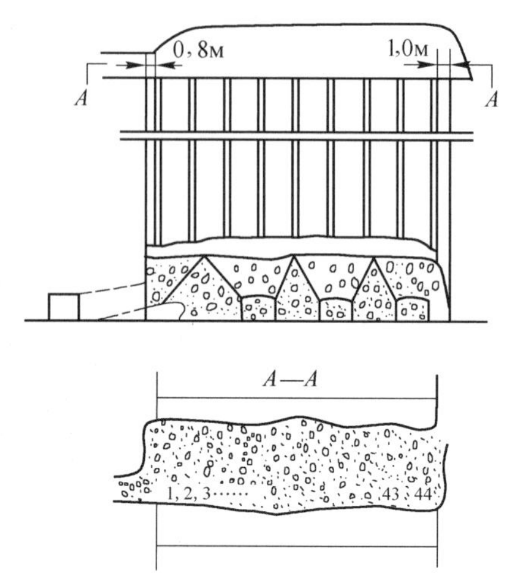

Рис. 8. 16 План скважины в виде камеры для отбойки (скважины 1–44)

8. 4. 3. 2 Система инициирования

Как показано на рис. 8. 17, использовалась система: детонатор – детонирующий шнур – детонационная трубка – детонирующий шнур. Сферические заряды инициируются по центру 200 г детонаторами из литого гексолита. Детонирующие шнуры во взрывных скважинах соединяются с внешней цепью детонационными трубками так, чтобы способствовать подбору времени замедления для каждой скважины. Для уменьшения вреда от вибрации земли, вызываемой взрывами, в различных секциях используется миллисекундное замедление, и количество ВВ на единицу времени замедления задается менее 350 кг.

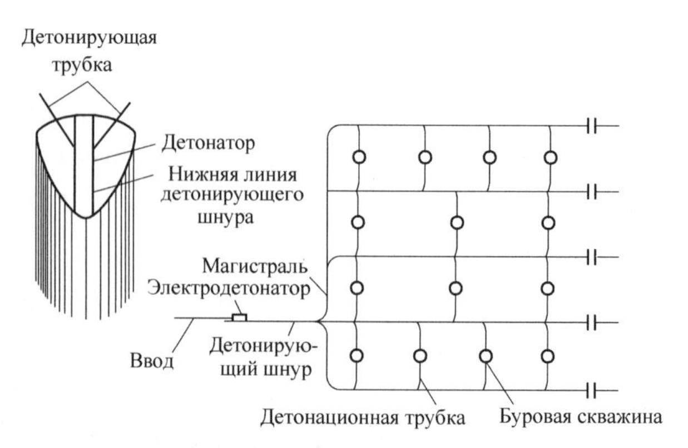

Рис. 8. 17 Инициирующая цепь

Практика показала, что такая инициирующая система надежна и удобна в применении. При взрыве секции 44 скважины были взорваны последовательно с гарантированным качеством взрывных работ и отсутствием осечек.

8. 4. 3. 3 *Заряжание скважины*

(1) Схема заряжания. Схема заряжания многоярусного сферического заряда показана на рис. 8. 18.

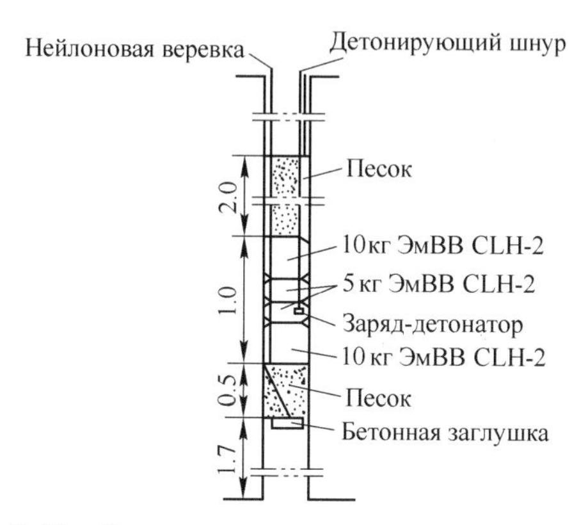

Рис. 8. 18 Структурная схема многоярусного заряда

(2) Процедура заряжания. При взрывных работах со сферическими зарядами процедура заряжания включает: обмер скважины, блокировку скважины, заряжание заряда, забойку, монтаж соединительной цепи, подрыв и т. д.

Обмер взрывной скважины. Было опробовано три метода–замер прутком (стержнем), замер прутком (стержнем), привязанным к веревке, замер веревкой с упругой резиновой тубой на конце, длина тубы–40 см. Все методы оказались удобными и надежными, последний метод–предпочтительнее.

Блокировка скважины. Дно взрывной скважины блокировалось деревянным клином или бетонной заглушкой. Конструкция бетонно–резиновой кольцевой заглушки, имеющей форму《резервуара》и процедура блокировки показаны на рис. 8. 19. Сначала блокирую-

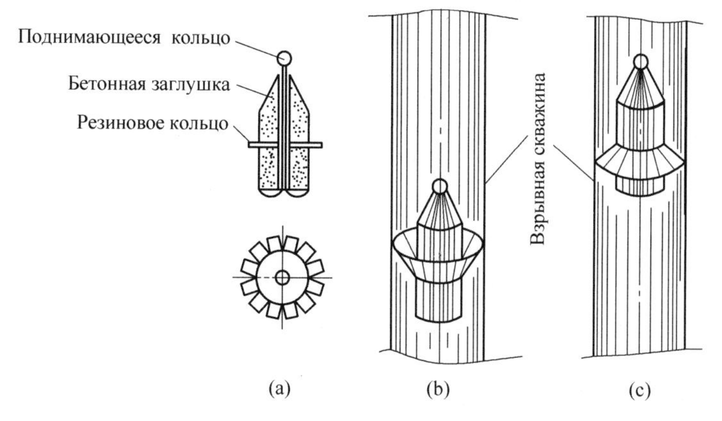

Рис. 8. 19 Блокирующая заглушка и процедура блокировки

(a) Резиновая заглушка в форме《резервуара》; (b) Падение заглушки вниз; (c) Вытягивание заглушки вверх щая заглушка опускается при помощи нейлоновой веревки до заданного уровня, затем веревку резко дергают, при этом резиновое кольцо оказывается в положении, показанном на рис. 8. 19(c)-плотно прижимается к стенкам скважины и блокирует ее; теперь заглушку медленно перемещают вверх, речной песок при этом сыпется и обеспечивает нужную высоту нижней забойки.

Заряжание. После того, как донная забойка достигнет заданного уровня, выполняется заряжание по схеме, показанной на рис. 8. 18. Следует обратить внимание на то, чтобы детонатор не выскользнул из основных зарядов и гарантировать плотное прилегание зарядов к стенкам скважины.

Верхняя забойка. Чтобы быть уверенными в хороших результатах взрывных работ, необходимо заполнить скважину и покрыть заряды определенным количеством речного песка или мешками с водой. В рассматриваемой взрываемой секции в качестве забойки использовался насыпаемый речной песок, при этом, как показала практика, высота забойки во избежание нежелательных последствий не должна превышать двух метров.

После того, как все скважины секции заряжены в соответствии с выше описанной процедурой, соединяется инициирующая цепь, и производится взрыв.

8. 4. 3. 4 Результаты взрывных работ

Взрывы сферических многоярусных зарядов были выполнены шесть раз, и, в целом, было взорвано 19511 т руды с довольно хорошими результатами. Получены фрагменты хороших размеров, из них сверхкрупные составили только 0,98%, удельный вес расхода ВВ для скважин повторного взрывания составил 0,018 кг/т, содержание фрагментов менее 2000 мм-94,7%. Кровля очистной площади была ровной, боковые стороны ее-ровные и гладкие.

8. 4. 4 Комбинированный метод

Так называемый комбинированный метод очистных работ относится к методам, в которых используются оба заряда-и сферический, и колонный. Метод, в основном, используется в случаях, когда на очистной площади остается 3-5 нижних уровней, и дает возможность одним взрывом разрушить оставшиеся руды. После шести одиночных нижне-уровневых очистных работ с применением сферических зарядов в руднике Jinxingling на 160 м очистной площади оставался слой руды высотой 18,45 м. В целях гарантии безопасности операции и получения хороших технико-экономических показателей по извлечению оставшихся руд были спланированы комбинированные очистные работы с использованием сферических зарядов для бокового вруба и колонных зарядов для остальных скважин. Как показано на рис. 8. 20, вруб в очистной камере размещался в одном конце нижних слоев, где качество буровой скважины было лучше, правильные параметры бура могли сформировать площадь (2,4 м×2,4 м) вруба со скважинами с закрытым периметром. Для надежности в центре были добавлены две подорванные скважины, образовавшие вруб площадью 54 м^2.

Исходя из условий подрыва одноярусных зарядов, и полагая, что эффект поджима взорванными скважинами должен уменьшить площадь обрушения, удельный расход ВВ для скважин, образующих вруб, в которые загружаются ярусы сферических эмульсионных зарядов, был увеличен до 0,48 кг/т. Взрывное действие остальных скважин, которые заряжались скальным аммонитом №2, состояло в образовании уступов, т. е здесь условия разрушения и распространения были лучше, чем у сферических кратерных зарядов. Поэтому для этих скважин удельный расход ВВ был принят равным 0,38 кг/т.

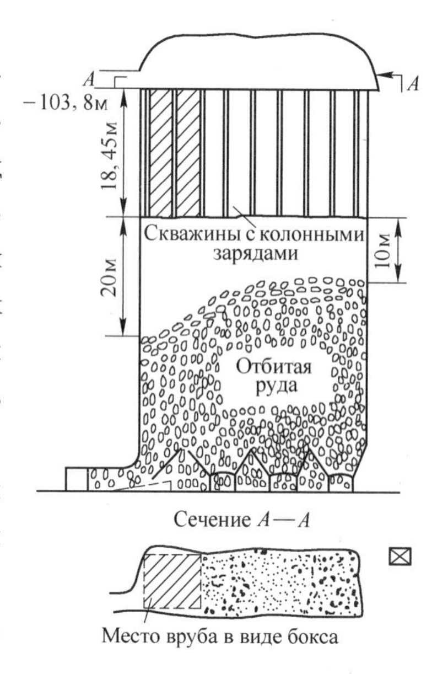

Рис. 8. 20 Схема комбинированных очистных работ

Для создания вруба взрывные скважины заряжались пятью ярусами зарядов, массой 30 кг каждый, глубина их закладки соответственно была уменьшена в сравнении с одноярусным зарядом. Схема заряжания для колонных зрядов−рассредоточенная и основывалась на расчете количества заряда для каждой скважины, заряды были разделены на многослойные ярусы весом 40 кг с интервалами 2 м. Схемы заряжания изображены на рис. 8. 21 и 8. 22. Количество зарядов из эмульсии CLH−2 составило 2000 кг, из скального аммонита №2−5000 кг, и общее количество обрушенной руды составило 17300 т.

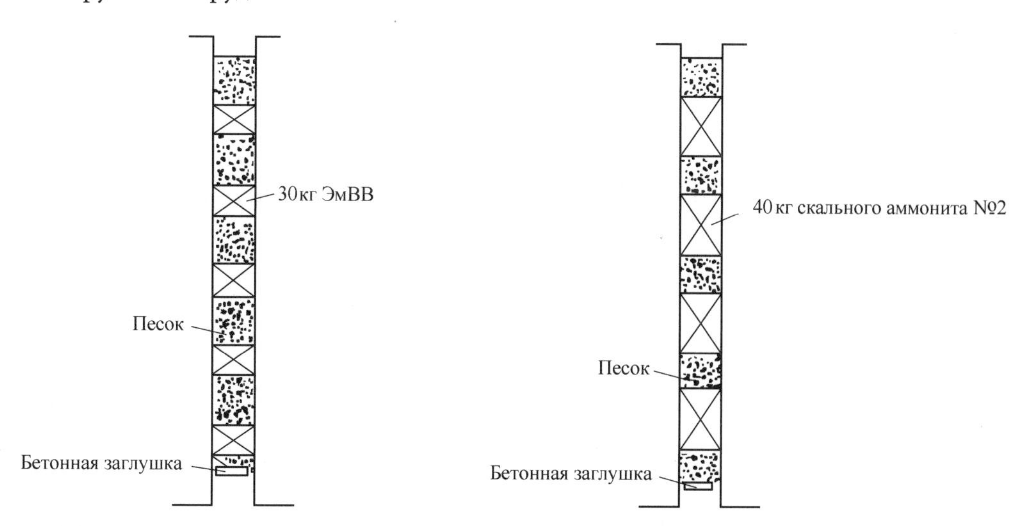

Рис. 8. 21 Схема заряжания скважин сферическими зарядами для образования вруба в форме камеры

Рис. 8. 22 Схема заряжания скважин рассредоточенными колонными зарядами из скального аммонита №2

Сферические заряды во взрывных скважинах, образующих вруб, инициировались системой: детонатор – детонационная трубка (см. рис. 8. 23), рассредоточенные колонные заряды–двумя детонирующими шнурами, протянутыми на всю длину скважины. Замедление в скважине использовалось между многоярусными зарядами в скважинах, образующих вруб, и зарядами, взрываемыми последовательно наверху. Используя 25 м детонационную трубку для создания замедления в 12 миллисекунд между скважинами, центральные скважины, образующие вруб, подрывались раньше, чем боковые, создавая вруб ступенчатым движением вверх.

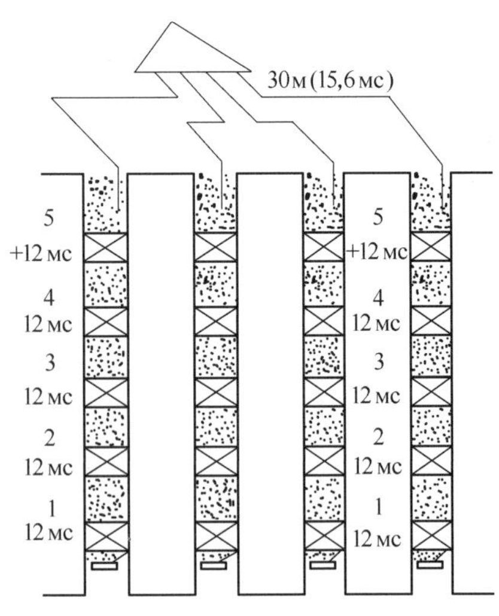

Рис. 8. 23　Система замедления для взрывных скважин, образующих вруб в виде камеры

После того, как все скважины, образующие вруб в виде камеры, были взорваны, последовательно, с миллисекундным замедлением, инициировались скважины с колонными зарядами из скального аммонита №2, и вновь камерным врубом создавалась свободная поверхность для использования.

Как показано на рис. 8. 24, во внешних цепях использовались паралельные, многоканальные системы детонационная трубка–детонирующий шнур, для подрыва всех зарядов использовалось 26 периодов замедления.

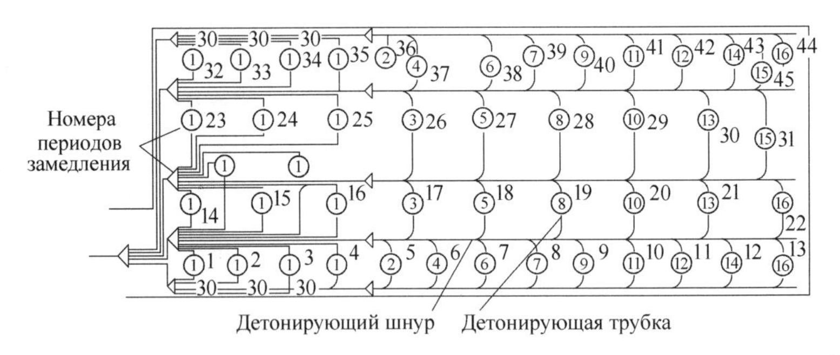

Рис. 8. 24　Инициирующая цепь для комбинированного метода очистных работ

①, ②, ③—Номера периодов замедления; 1,2,3—Номера буровых скважин

Взрыв комбинированного сферического и колонного зарядов принес хорошие результаты: средняя величина фрагментов составила 103,15 мм; процент сверхкрупных кусков – 0,5%; затраты на повторное взрывание – 0, 13 кг/т. Практика подтвердила следующие преимущества комбинированного метода очистных работ:

(1) Увеличение эффективности работ по заряжанию скважин и уменьшение количества взрывов и помех при проведении подземных операций в сравнении с одноярусным взрыванием;

(2) Использование многоярусного заряжания и замедления между скважинами позво-

ляет полностью использовать эффект большого диаметра скважин, колонные заряды также дают хорошие результаты по взрыванию при уменьшении стоимости взрывных работ.

8.4.5 Главные технические и экономические выводы

Практика рудника Fankou показала, что во всех случаях-при колонном или камерном взрывании, взрывании одиночных сферических ярусных зарядов, при комбинированном колонно-сферическом взрывании-очень эффективно использование эмульсионных ВВ типа CLH-2 по методу VCR. Основные работы по применению метода VCR и параметры, полученные в результате исследований, могут использоваться в качестве руководства при проведении работ по методу VCR в других местах.

Главные технические и экономические рабочие характеристики, полученные на Jingxingling's 160 м площади выемки:

Коэффициент разубоживания (разбавления руды) -8,4%;

Коэффициент выемки руды-96,7%;

Удельный расход эмульсии-0,38-0,40 кг/т;

Количество взорванной руды на метр скважины-20 т/м;

Содержание сверхкрупных кусков-0,98%;

Объем продукции очистных работ-482,4 т/день;

Выработка на 1 человека в день-19,03 т/чел-день;

Стоимость взрывных работ-6,86 юаней/т.

8.5 Примеры применения ЭмВВ в угольных шахтах

8.5.1 Применение в Haizi Mine of Huabei Bureau of Mines

Haizi Mine of Huabei Bureau of Mines-главная шахта производительностью 1500000 т угля в год. Это тип шахты, опасной по пыли и газу, имеющих тенденцию к внезапному воспламенению. Угольный пласт принадлежит к угленосной Пермской системе с вторжением вулканических пород. Пласт имеет выветрившиеся растрескавшиеся зоны, потоки несущейся воды, разломы и сложное гидрогеологическое положение.

До 1981 г. эта шахта использовала для проходки скальный аммонит №2. Вследствие наличия большого количества воды и плохой водоустойчивости скального аммонита №2 осечки стали серезной проблемой, эффективность работ была низкой, расход ВВ и капсюлей-детонаторов велик. Разработка штолен взрывом велась хуже, чем ожидалось, так как породы были твердыми, а 《туннельный эффект》 скального аммонита №2-большим. С июля 1981 г. Huabei Institute of Blasting Technology of Ministry of Coal Industry провел широкие испытания ЭмВВ типа EM в Haizi Coal Mine и получил довольно хорошие технические и экономические результаты. Далее будет обсуждено применение этого типа ЭмВВ по итоговым материалам института.

8. 5. 1. 1　Основные свойства ЭмВВ типа ЕМ

В табл. 8. 13 представлены основные характеристики этого типа ЭмВВ. Эмульсии типа ЕМ относятся к скальным ВВ и применяются в штольнях или штреках для разработок выработок взрывами, неопасными по пыли и газу ВВ. Они могут также использоваться в подземных взрывах. Среди них ЕМ–IV и ЕМ–V–являются антифризами и пригодны для низких температур.

Таблица 8. 13　Основные свойства ЭмВВ типа ЕМ

Свойства	Марки				
	ЕМ–Ⅰ	ЕМ–Ⅱ	ЕМ–Ⅲ	ЕМ–Ⅳ	ЕМ–Ⅴ
Плотность, г/см^3	<1,20	<1,20	<1,20	<1,20	<1,20
Бризангность, мм	>15	>16	>16	>15	>15
Скорость детонации, м/сек	>3400	>3400	>3600	>3500	>3500
Передача детонации через воздушный зазор, см	>8	>7	>8	>7	>7
Туннельный эффект	>7 м (Расстояние передачи детонации)				
Водоустойчивость	Взрывчатые свойства не изменились после пребывания в воде на глубине 10 м в течение 24 час.				
Срок хранения, месяцы	4				
Кислородный баланс, г/г	+0,093	+0,093	−0,041	+0,018	+0,018
Количество выделяемых ядовитых газов, л/кг	37,67	43,67	31,53	35,11	37,74

8. 5. 1. 2　Основные геологические инженерные условия исследуемого места

(1) Главный шахтный ствол. Внутренний диаметр ствола–6,5 м, наружный диаметр–7,4 м, общая площадь секции–43 м^2, стены секции бетонные, толщиной 0,45 м. Исследуемое место находится ниже уровня 411 м, породы представлены песчаником и аргиллитом, коэффициент твердости их по шкале Протодьяконова находится между 6 и 8. Приток воды с рабочей поверхности – 28 т/час. Для работы используются лебедка с крюком диаметром 2,5 м, подъемная клеть для убираемой породы объемом 1,5 м^3 и два суспензионных насоса марки 80 DCL 50×10 для откачки воды. Из–за большого количества приточной воды и усложненных геологических условий до начала рабочего цикла проводится разведка бурением в поисках воды.

(2) Вспомогательный шахтный ствол. Его меньший диаметр–7,2 м, больший диаметр –9,3 м, общая площадь секции–67,9 м, стены бетонные толщиной 55 см. Это исследуемое место находится ниже уровня 260 м, порода представлена песчаником с коэффицие-

нтом твердости от 8 до 10. Приток воды−8,6 т/час. Метод работы и применяемое оборудование практически те же, что и в главном стволе.

(3) Центральный вентиляционный штрек. Это место исследований находится на уровне 260 м, общая площадь штрека − 10,2 м^2. Главные породы твердые (f = 14), светлые сплошные песчаники и аргиллит пурпуровидный. В нормальном рабочем цикле работы проводятся по гладкой ровной поверхности с применением для крепежа (поддержки) торкретбетонных болтов.

8.5.1.3 Метод исследования и результаты

(1) Главный шахтный ствол. Схема сетки буровых скважин для главного ствола представлена на рис. 8.25. Используется клиновый вруб, за один прием взрывается 70−95 скважин, в состав которых входят врубовые и вспомогательные скважины, а также скважины периметра. Диаметры взрывных скважин и заряда−42 мм и 32 мм соответственно. Используются забойка буровым раствором, прямое инициирование и 1 − 5 периодов замедления электродетонаторов. За один прием подрывается вся секция от источника энергии с напряжением 380 вольт. Типовые данные этих исследований приведены в табл. 8.14.

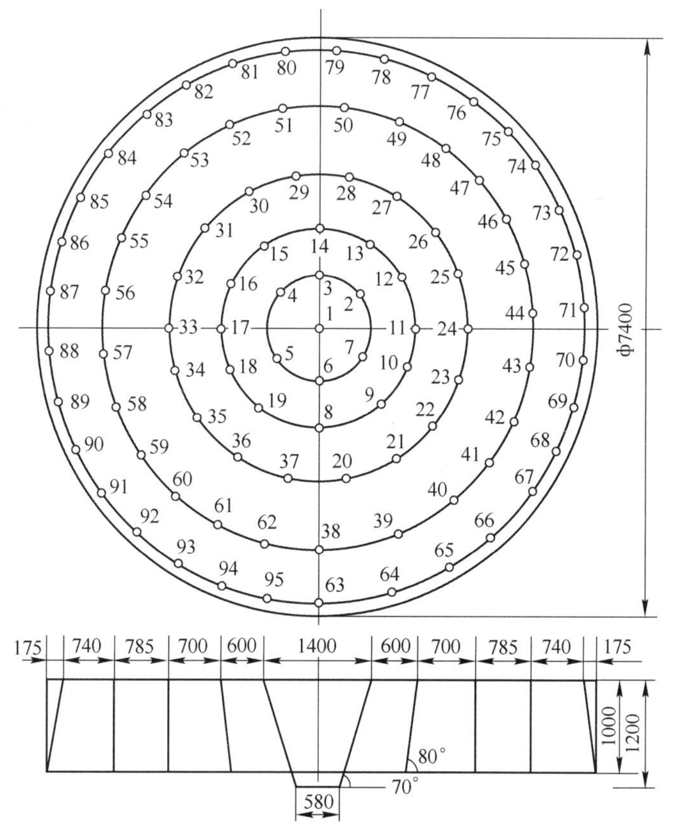

Рис. 8.25 Схема сетки расположения взрывных скважин главного ствола

Таблица 8. 14 Типовые данные по использованию ЭмВВ типа ЕМ для взрывных работ в главном шахтном стволе

№№ опытов	Скважины вруба			Вспомогательные скважины			Скважины периметра		
	№№ скважин	Глубина, м	Вес заряда, кг	№№ скважин	Глубина, м	Количество заряда, кг	№№ скважин	Глубина, м	Количество заряда, кг
1	4	1,2	2,1	43	1,0	32,37	31	1,0	16,28
2	5	1,2	3,5	34	1,0	21	30	1,0	15,75
3	5	1,2	3,5	45	1,0	22,4	34	1,0	17,85
4	5	1,2	4,38	56	1,0	24,4	35	1,0	18,38
5	6	1,2	4,2	47	1,0	20,5	30	1,0	21,0
6	7	1,2	4,9	56	1,0	40,95	32	1,2	22,4
7	5	1,2	3,5	52	1,2	21,35	37	1,2	25,9
8	5	1,2	3,5	50	1,0	33,25	37	1,1	21,9
9	7	1,2	3,68	58	1,0	36,57	30	1,0	15,75
10	5	1,2	3,5	50	1,0	19,25	35	1,0	24,5

№№ опытов	Общее количество скважин	Общий вес заряда, кг	Доля сработавших скважин,%	Продвижение за круг, м	Размеры фрагментов породы[1)]
1	78	50,75	90	0,91	Однородные
2	69	40,25	99	1,0	
3	85	43,75	80	0,8	
4	96	47,25	92	0,93	
5	83	45,5	97	0,98	
6	95	68,5	76	0,91	
7	94	50,75	73	0,87	
8	92	62,25	82	0,82	
9	95	56,0	83	0,84	
10	90	47,25	92	0,93	

1) Размеры фрагментов в большинстве случаев были около 50 мм.

В ходе исследований при одних и тех же условиях сравнивались ЭмВВ и скальный аммонит №2. Полученные результаты представлены в табл. 8. 15.

Таблица 8. 15 Сравнительные результаты взрывных работ при использовании двух типов ВВ

Параметры	Эмульсии ЕМ	Скальный аммонит №2
Количество циклов	10	
Средняя глубина скважины, м	1,05	1,05
Среднее продвижение, м	0,899	около 0,75
Доля сработавших скважин,%	86	около 71
Удельный расход ВВ, кг/м^3	1,326	2,71
Расход ВВ на единицу продвижения, кг/м	57,0	93,33
Расход капсюлей-детонаторов, кап/м^3	2,269	2,95

Продолжение таблицы 8. 15

Параметры	Эмульсии ЕМ	Скальный аммонит №2
Расход капсюлей на единицу продвижения, кап/м	97,75	126,6
Условия подрыва	Невзорвавшихся скважин, главным образом, из - за отказа КД в воде, очень мало	Частые отказы из-за плохой водоустойчивости скального аммонита №2
Фрагментация	Однородные фрагменты, большинство - около 50 мм, крупные негабариты редки	Неоднородные по размеру фрагменты

Данные табл. 8. 15 показывают, что в сравнении со скальным аммонитом №2 применение ЭмВВ типа ЕМ для разработки главного шахтного ствола снижает расход на м^3 породы взрывчатых веществ на 37%, капсюлей-детонаторов на 23% и увеличивает эффективность продвижения на 20%. Однако, зарядка скважины вручную труднее, так как патроны эмульсии очень мягкие.

(2) Исследования во вспомогательном шахтном стволе и центральном вентиляционном штреке: схемы расположения буровых скважин с использованием ЭмВВ типа ЕМ для взрывания в стволе и штреке можно видеть на рис. 8. 26 и 8. 27 соответственно.

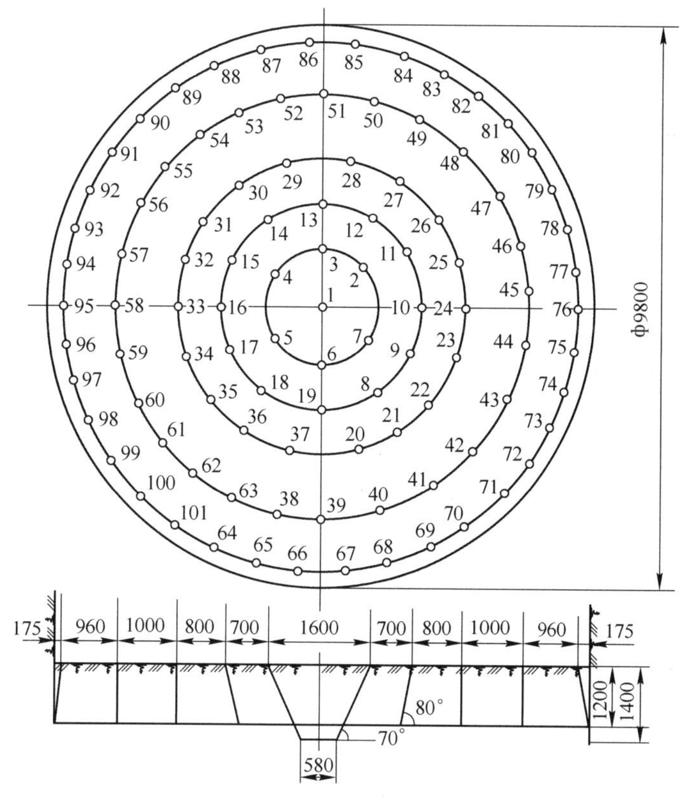

Рис. 8. 26 Схема разработки взрывом вспомогательного шахтного ствола буровой скважины

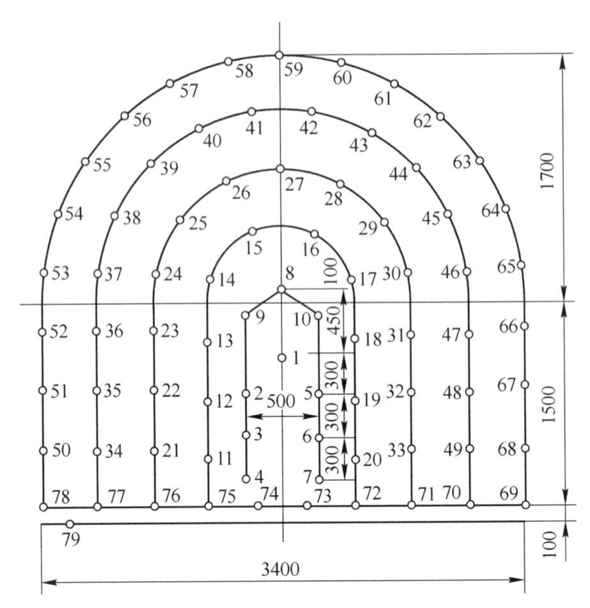

Рис. 8. 27　Схема разработки взрывом центрального вентиляционного штрека

При использовании ЭмВВ при разработке взрывом вспомогательного шахтного ствола также использовались клиновой или V-врубы. Буровая скважина, заряжающий заряд и инициирование аналогичны главному шахтному стволу: диаметр скважины -42 мм, диаметр патрона - 32 мм, забойка буровым раствором, прямое инициирование, взрывание от источника энергии напряжением 380 вольт, 1-5 периодов замедления и взрыв секции полностью. При практическом использовании наблюдались следующие результаты: доля сработавших скважин-в среднем 83,3%, удельный расход ЭмВВ -1,46 кг/м^3, расход капсюлей -1,55 кап/м^3.

Разработка центрального вентиляционного штрека велась взрыванием по ровной поверхности при бетонно-болтовом креплении. Условия заряжания буровых скважин эмульсионными зарядами и порядок подрыва показаны в табл. 8. 16. Применялись забойка буровым раствором, непрямое инициирование, капсюли-детонаторы с периодом замедления от 1 до 5, заряды в буровой скважине подрывались подрывной машинкой марки MFJ-100. В таких условиях удельный расход ЭмВВ не менее, чем на 10% ниже удельного расхода скального аммонита №2. К тому же, дыма выделялось меньше, и он не раздражал глаза. Выделение токсичных газов эмульсионными ВВ также меньше, чем скальным аммонитом №2.

8. 5. 2　Применение эмульсионных предохранительных ВВ в Kailuan Bureau of Mines

Fushun Research Institute Министерства угольной промышленности совместно с Kailuan Bureau of Mines разработали и производят предохранительные эмульсии и обычные скальные эмульсии. Табл. 8. 17 представляет свойства этих двух типов эмульсий.

Таблица 8.16 Условия заряжания взрывной скважины при использовании ЭмВВ типа ЕМ для взрывов в центральном вентиляционном штреке

№№ скважин	Наименование скважин	№ скважины	Глубина скважин, м	Количество заряда					Порядковый № иницирования
				Индивидуальное			Суммарное		
				№ патрона	Длина, мм	Вес, кг	№ патрона	Вес, кг	
1-7	Скважины вруба	7	1,7	7	1400	1,05	49	7,35	1-1
8-20	Вспомогательные	13	1,5	5	1000	0,75	65	9,75	1-2
21-23	Скважины 2-го круга	14	1,5	5	1000	0,75	70	10,5	1-3
34-49	Скважины 3-го круга	16	1,5	5	1000	0,75	80	12,0	2-1
50-68	Скважины периметра	19	1,5	25	500	0,375	47,5	7,125	2-2
69-78	Скважины дна	10	1,5	6	1200	0,9	60	9	1-4
79	Дренажная скважина	1	1,7	7	1400	1,05	7	1,05	1-5

Таблица 8.17 Свойства предохранительных ЭмВВ и ЭмВВ скального типа

Свойства	НаименованиеВВ					
	Предохранительные ЭмВВ 2-го класса				ЭмВВ скального типа	
Кислородный баланс, г/г	-0,015				+0,01	
Плотность, г/см^3	0,95-1,25				0,95-1,25	
Критический диаметр, мм	15				15	
Передача детонации через воздушный зазор, см	Патроны диаметром 25 мм		Патроны диаметром 35 мм		Патроны диаметром 25 мм	Патроны диаметром 35 мм
	5-7		8-12		6-8	8-14
Скорость детонации, м/сек	ф25	ф30	ф35	ф45	ф25	ф35
	3710	3700-3840	3700-4100	4600	3720	3800-4300
Бризантность, мм	14-17				15-17	
Фугасность, мл	307,5				306,4	
Чувствительность к удару[1)]	0/15				1/15 (выделение дыма)	
Количество токсичных газов, л/кг	19,72					
Водоустойчивость[2)]	Безопасное инициирование				Безопасное инициирование	
Туннельный эффект[3)], м	>10				>6	
Устойчивость при низких температурах [4)]	При размораживании свойства восстанавливаются				То же, что и слева	
Тест на безопасность, г	W_{50}=255-405				—	

1) Условия испытаний: падение груза массой 1 кг с высоты 1 м;

2) Патроны выдерживались в воде в течение 24 час. под давлением 1 кг/см^2, затем инициировались от КД №8;

3) Измерялось расстояние передачи детонации патрона в стандартных условиях;

4) Патроны выдерживались при Т-15℃ в течение 38 час.

В условиях, указанных на схеме, заряжание, забойка, метод инициирования сохранялись одинаковыми как для штреков с обычными породами, так и для штреков, опасных по газу, и результаты взрывов с использованием ЭмВВ сравнивались с результатами взрывов с использованием скального аммонита №2. Табл. 8. 18 представляет сравнительные результаты взрывных работ, табл. 8. 19–сравнительные данные по стоимости ВВ и капсюлей–детонаторов, табл. 8. 20–сравнительные результаты взрывного действия скальных ВВ двух типов.

Таблица 8. 18 Сравнительные результаты взрывного действия предохранительных эмульсий второго класса и ВВ на основе нитрата аммония

Сравниваемые показатели		Наименование ВВ		
		Предохранительные ЭмВВ 2-го класса	Предохранительный аммонит №3	Скальный аммонит №2
Продвижение секции, $м^2$		10,7	10,7	10,7
Глубина скважины, м	Скважина вруба	1,7	1,7	1,7
	Скважина периметра	1,5	1,5	1,5
Общее количество ВВ, кг		21	33	27
Среднее продвижение за круг, м		1,45	1,0	1,2
Объем взрыва, $м^3$		15,1	10,07	12,08
Удельный расход ВВ, $кг/м^3$		1,39	3,28	2,24
Расход ВВ на м продвижения, кг/м		14,0	33	22,5
Расход капсюлей на $м^3$ породы, шт		2,58	3,87	3,23
Расход капсюлей на метр		26	39	32,5
продвижения, шт				
Доля использованных скважин,%		97	66	80
Состояние породы после взрыва		Разрушена	Хорошее разрушение	Среднее разрушение
Отказы зарядов		Нет	Нет	Нет

Таблица 8. 19 Сравнение стоимости ВВ и капсюлей–детонаторов при использовании нескольких типов ВВ

Наименование ВВ	Сравнительные показатели					
	Расход ВВ на разработку, кг	Стоимость на метр продвижения Y (RMB)	Расход капсюлей на метр продвижения, шт	Стоимость капсюлей на метр продвижения Y (RMB)	Общая стоимость на метр продвижения Y (RMB)	Сравнительная стоимость, %
Предохранительные ЭмВВ 2-го класса	14,0	7,39	26	2,60	9,99	84,7
Предохранительный аммонит №3	33	11,35	39	3,90	15,23	129,2
Скальный аммонит №2	22,5	8,50	32,5	3,30	11,80	100

Таблица 8. 20 Сравнительные результаты взрывного действия скальных ВВ двух типов

Сравнительные показатели		Наименование ВВ	
		Скальное ВВ	Скальный аммонит №2
Глубина буровой скважины, м	Скважина вруба	1,3	1,3
	Скважина периметра	1,2	1,2
Общий вес заряда, кг		21	30
Среднее продвижение за круг, м		1,14	0,96
Расход ВВ на 1 м продвижения, кг		18,4	31,2
Расход капсюлей на 1 м продвижения, шт		47,3	56,2
Количество скважин		54	54
Доля использованных скважин,%		95	80

ЭмВВ широко используются и стали основными типами используемых ВВ в рудниках Zhaogezhuang, Linxi и Fangezhuan Mines of Kailuan Bureau of Mines. В Табл. 8. 21 даны сравнительные результаты взрывных работ при использовании различных типов ВВ в этих рудниках.

Таблица 8. 21 Сравнительные результаты взрывных работ с использованием различных типов ВВ в трех рудниках

Сравнительные показатели	Наименование рудника и наименование используемого ВВ					
	Zhaogezhuang угольный рудник		Linxi угольный рудник		Fangezhuang угольный рудник	
	Эм ВВ	Скальный аммонит №2	Эм ВВ	Скальный аммонит №2	Эм ВВ	Скальный аммонит №2
Вес заряда на круг, кг	21	27	26,7	33	38,4	44,7
Продвижение за месяц, м	60	45	80	60	80	55-60
Доля использованных скважин,%	95-97	80-85	95	80-85	95	80-85
Продолжительность задымления, мин	5	15	5-8	15	5-8	20-28

8. 6 Применение ЭмВВ в нефтяной сейсмической разведке

8. 6. 1 Основные положения

Как показывает практика, сейсмическая разведка-важный инструмент в поисках энергетических ископаемых для удовлетворения нужд нации. Природные газ и нефть образуются в осадочных пластах, залегающих в определенных геологических структурах. Основными геологическими методами поисков полезных ископаемых являются: гравиметрия, магнитометрия и сейсмометрия, которая является наиболее важной.

Нефтяная сейсморазведка основывается на исследовании плотности и эластичности пластов, так как эти показатели соответствуют определенным геологическим процессам. Путем《возбуждения》и《приема》сейсмических волн исследуются правила и характерные особенности распространения сейсмических волн в различных пластах и породах. Таким образом находят нерегулярные геологические напластования, такие как сдвиги и складки, которые могут быть хранилищами для природного газа и нефти. Несомненно, что понимание подземных структур помогает решать задачи разведки.《Возбуждение》сейсмических волн требует сейсмической фокусировки, поэтому оборудование для фокусировки является основным оборудованием для работ по сейсморазведке.

В процессе повышения эффективности и стандартизации сейсморазведки поиски сейсмической фокусировки являются одной из важнейших фундаментальных задач. Сейсмические фокусировки зависят от сложности разведываемых объектов и окружающей среды. В зависимости от типа ВВ они подразделяются на объемные, линейные и т. д. В соответствии с планом местности они разделяются на подземные и поверхностные.

Основным преимуществом взрывной сейсмической фокусировки является большая энергия, широкая зона и способность глубокого резания пластов и пород. Хотя другие способы фокусировки (детонация газа,《воздушный выстрел》материнской породы и т. д.) распространены за пределами Китая, взрывная фокусировка используется большинством поверхностных бригад и будет еще использоваться длительное время, совершенствуясь с развитием сейсмической взрывной техники и появлением новых более совершенных технологий взрывания.

Необходимым требованием к фокусным колонкам ВВ, применяемым в нефтяной сейсморазведке, является высокая точность, которая зависит от факторов, указанных ниже.

8. 6. 1. 1 *Требования к основным свойсмвам ВВ*

(1) Хорошая устойчивость в воде и под давлением.

(2) Хорошая устойчивость к низким и высоким температурам, обеспечивающая возможность применения ВВ во всех районах и во всех сезонах. В южном Китае летом температура может достигать +40 ℃, минимальная температура зимой на севере опускается до −40 ℃. Из этого следует, что хорошие типы ВВ должны сохранять свои физико-химические и взрывчатые свойства неизменными при температурах от +40℃ до −40℃.

(3) Способность мгновенно детонировать от электродетонатора с хорошим качеством, без осечек и неполных взрывов от электродетонатора.

(4) Очень низкая чувствительность к механическим воздействиям (удару, трению), прострелу пулей и к пламени.

(5) Довольно продолжительный срок хранения (например,5 месяцев).

8. 6. 1. 2 *Требования по месту применения*

(1) Спектр частоты. Так как различные места стандартного пласта неравноценны с точки

зрения взрывания, от фокусной взрывной колонки требуется высокая адаптация. Другими словами, спектр частоты, вызываемый колонкой ВВ в стандартном пласте, должен быть относительно стабильным, без значительных отклонений и с концентрацией в узком интервале.

(2) Спектр энергии. Благодаря значительной объемной силе колонка ВВ с сейсмическим фокусом дает более-менее стабильный спектр энергии при взрыве в пласте с относительной концентрацией энергии.

(3) Определяющая амплитуда. Кривая амплитуды фокусной колонки должна быть более-менее стабильной, без резких изменений.

(4) Определяющая частота. Частота фокусной колонки должна быть относительно стабильной и довольно высокой.

8.6.2 Основные свойства устойчивых к холоду колонок из эмульсионных ВВ BSE-серии

Первая китайская фабрика холодоустойчивых эмульсионных фокусных колонок-фабрика фокусных бомб в Dading Petroleum Administration, способная производить 1500 т в год, была построена по технологии, предложенной Beijing General Reseach Institute of Mining and Metallurgy (BGRIMM). Холодоустойчивые фокусные колонки из эмульсионных ВВ BSE-серии, выпускаемые этой фабрикой, используют в Dading районе, Heilongjiang Province Китая и получают удовлетворительные результаты при холодных зимах. Три марки этих ВВ - BSE - 1, BSE - 2 и BSE - 3 могут удовлетворить потребности разных мест в Dading's районе для сейсморазведки.

Основные свойства колонок из BSE-серии описаны ниже.

8.6.2.1 Основные свойства

Плотность заряда:	1,20-1,27 г/см^3.
Допуск веса заряда:	±10г.
Скорость детонации:	> 5000 м/сек.
Диапазон температуры применения:	от+40℃ до-40℃.
Водоустойчивость:	после погружения в воду на 1032 час. взрывчатые свойства, в основном, остаются неизменными.
Порядок детонации от одного детонатора:	100%.
Передача детонации через воздушный зазор:	> 7см.
Свободное падение с высоты 18 м:	нет воспламенения, взрыва и повреждения заряда.
Чувствительность к прострелу:	после 7 выстрелов из автомата нет воспламенения и взрыва.

Чувствительность к удару: 0%.
Чувствительность к трению: 0%.
Срок хранения: >6 месяцев.

8. 6. 2. 2 Характеристики при использовании

При использовании фокусных колонок зимой в Daging's районе были получены следующие результаты:

(1) Спектр частоты: спектр частоты, типичный для фокусной колонки из BSE, показан на рис. 8. 28, взорванный пласт-стандартный пласт Songliao's бассейна Китая.

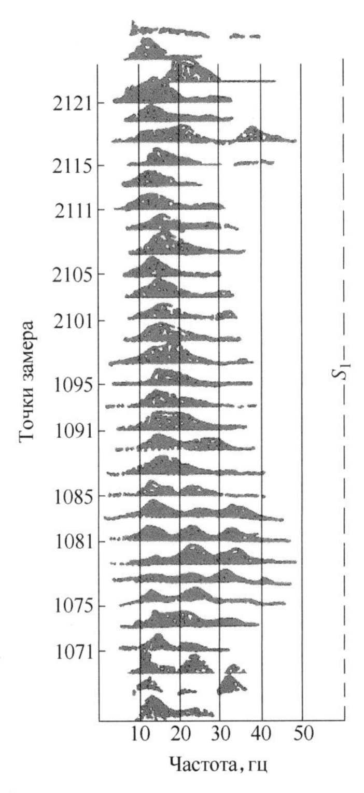

Рис. 8. 28 Типичный возбуждаемый спектр частоты эмульсионной фокусной колонки

Из анализа этого спектра очевидно, что фокусные колонки из эмульсионных ВВ BSE-серии пригодны для постоянного прослеживания и сравнения, благодаря относительно значительным характеристикам волн и более высокому спектру частоты. Из рис. 8. 28 также можно видеть, что спектр частоты, возбуждаемый эмульсионной фокусной колонкой относительно стабилен, значения сконцентрированы в диапазоне 23-25,5 гц.

Спектр возбужденной энергии показан на рис. 8. 29. Из рисунка можно видеть, что энергия более-менее стабильна и обычно концентрируется в диапазоне частот 25-30 гц.

(2) Определяющая амплитуда: кривая типичной амплитуды показана на рис. 8. 30, из него можно видеть, что кривая амплитуды относительно стабильна, без резких подъемов и опусканий, среднее значение амплитуды-10,36 мм.

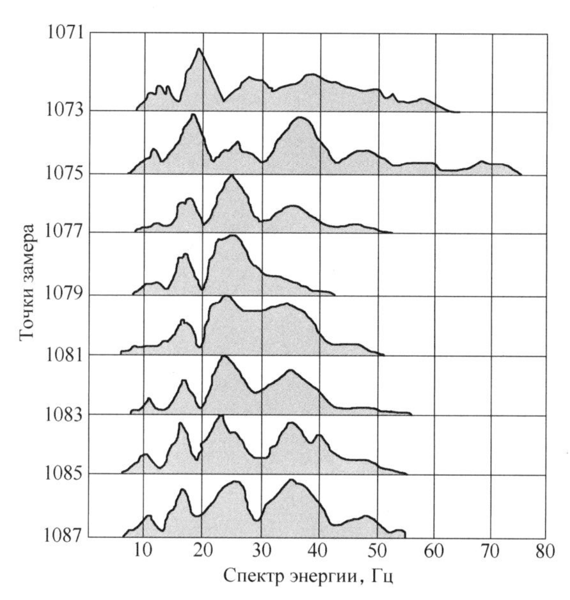

Рис. 8. 29 Спектр энергии, возбужденной эмульсионной фокусной колонкой

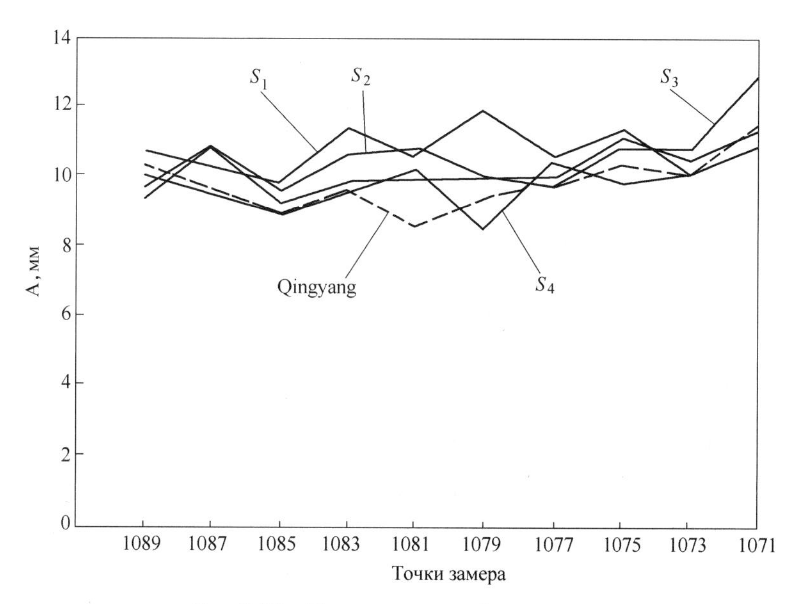

Рис. 8. 30 Кривые типичной амплитуды

(3) Определяющая частота: кривые частот, возбужденных эмульсионными фокусными колонками, показаны на рис. 8. 31. На основании рисунка можно констатировать, что возбужденная частота относительно стабильна, наиболее высокая определяющая частота достигает значения 32,08 гц.

8. 6. 3 Примеры применения

Учеными и сотрудниками BGRIMM и фабрики фокусных бомб Daqing Petroleum Administration выполнены систематические исследования и анализ применения фокусных колонок

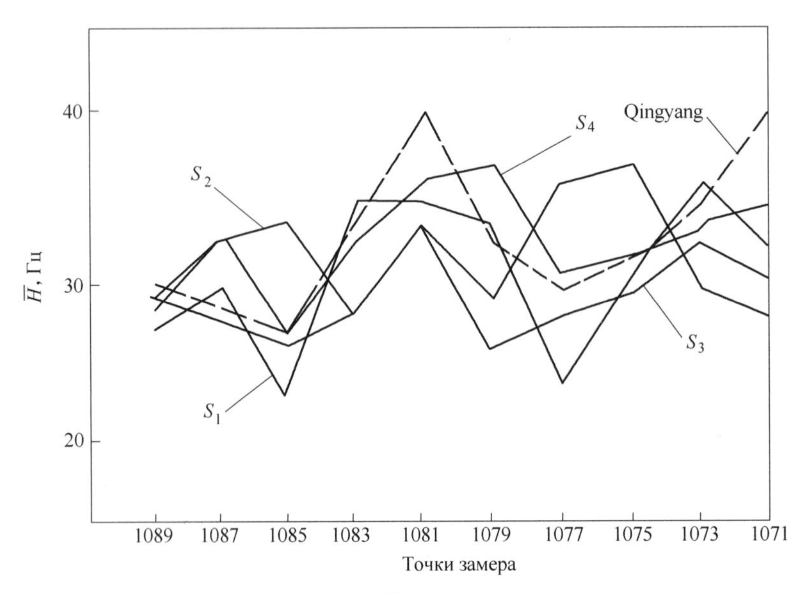

Рис. 8. 31 Кривые частоты

из эмульсионных ВВ BSE-серии по сейсморазведке нефти в Daqing's районе. С 16 марта 1981 г по 6 апреля 1991 г группой разведки № 2105 Geological Exploration Company Daqing Petroleum Administration в North Songliao's бассейне было израсходовано при проведении 2253 взрывов 9012 кг эмульсионных фокусных колонок. Исследованная площадь включала South Changuan Region (профильная съемка: 89,0; точки замера № 452,70-4557,65) и Fuyu County (профильная съемка: 374,0,376,0,378,0,380,0 381,5, точки замера № 227, 25 - 244, 75) . Автор любит вспоминать эти примеры применения фокусных колонок из эмульсионных ВВ BSE-серии для сейсмической разведки.

8. 6. 3. 1 Производственные факторы

Местные производственные факторы приведены в табл. 8. 22.

Таблица 8. 22 Производственные факторы

Тип инструмента	SN348	Расстояние между рядами	25м
Заряд	4 кг	Основное расстояние комбинации	35 м
Отклонение	100 м	Глубина скважины	15,21 м
Расстояние между группами	2 м	Характеристика взрывов	Единичные, маленькие
Профильная съемка	№89	Количество электрических датчиков	18
Время повтора	30	Образец комбинации	Линейный

8. 6. 3. 2 Факторы записи

Продолжительность записи: 6 сек

Интервал замеров: 2 мсек
Коэффициент предварительного усиления: 2,7
Предварительный электрический фильтр: 1

8. 6. 3. 3 Факторы воспроизводства

Фильтрация волны: 1
Замедление усиления: 4 мсек
Начальное усиление: 0
Замедление возобновления: 16 мсек

8. 6. 3. 4 Запись постоянных свойств комбинированных взрывов на месте опытов

Эти свойства приведены в табл. 8. 23.

Таблица 8. 23 Свойства комбинированных ВВ

№п/п	Профильная съемка	Точки замера	Количество заряда	Порядок детонации,%
1	374,0	227,90-244,10	325	100
2	376,0	227,95-244,10	324	100
3	378,0	227,90-224,10	325	100
4	380,0	227,90-224,10	325	100
5	381,5	227,25-244,75	351	100

8. 6. 3. 5 Анализ определяющей частоты и амплитуды

Из анализов определяющей частоты и амплитуды для вышеупомянутой записи были выбраны точки замера №№ 1071-1089. Выбор был основан на следующем принципе: были выбраны пять аналогичных каналов для выстрела, среднее значение частоты и амплитуды взято из удовлетворительных результатов опытов. Этими результатами были: 30,35 гц; 30,33 гц; 32,28 гц.

Из данных по возбужденной частоте следует, что эмульсионные фокусные колонки дают высшие и более стабильные частоты.

8. 6. 3. 6 Определяющая амплитуда

Величины определяющих амплитуд для эмульсионных фокусных колонок даны в табл. 8. 24.

Таблица 8. 24 Величины определяющих амплитуд для эмульсионных фокусных колонок

№п/п	Тип колонок ВВ	Среднее значение амплитуды, мм
1	Daqing эмульсии	10,78
2	Daqing эмульсии	10,32

Продолжение таблицы 8. 24

№п/п	Тип колонок ВВ	Среднее значение амплитуды, мм
3	Daqing эмульсии	10,36
4	Liaolin Qingyang	9,84

Из табл. 8. 24 следует, что амплитуда фокусных колонок из Daqing эмульсии очень стабильна, без понижений и подъемов.

8. 6. 3. 7 Спектр энергии

Спектр энергии эмульсионных фокусных колонок показан на рис. 8. 32. Из рисунка следует, что описанные фокусные колонки могут возбуждать хороший спектр концентрированной и стабильной энергии.

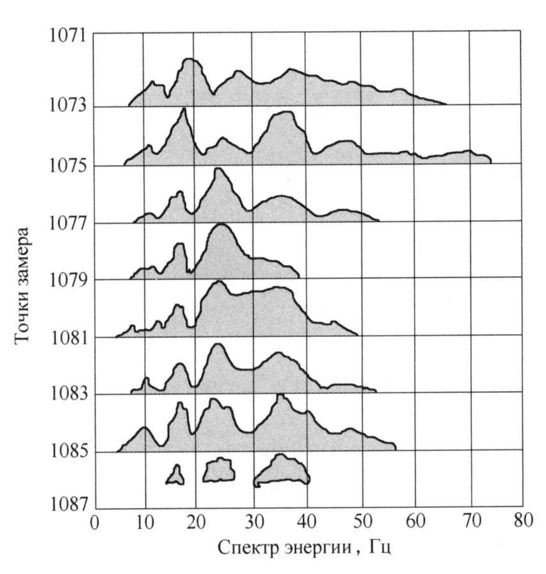

Рис. 8. 32 Спектр энергии

Питература

[1] U. Langefors and B. Kihlstrom, The Modern Technique of Rock Blasting (translated into Chinese by the translating group) Metallurgical Industry Press, 1983, p. 2.

[2] F. C. Drury and D. J. Westmaas, Matellic Mining Abroad (translated into Chinese by Yun Zhuhui) 1980, Vol. 11, pp. 30-31.

[3] Jukka Pukkila, Handbook of Surface Drilling and Blasting (translated by Long Weiqi and Yu Yalun), Metallurgical Industry Press, 1982, pp. 134-138.

[4] D. G. Borg, Atlas Blasting News, Vol. 10, No. 4, 1984, pp. 2-7.

[5] BGIRMM, *et al.*, *Metal Mines* (Chinese edition) Vol. 8, 1982, pp. 16-20.

[6] Explosive Research Group of BGRIMM, *Metal Mines* (Chinese edition), Vol. 5, 1982, pp. 23-25.

[7] Atlas Powder Co. Atlas Blasting News, Vol. 10, No. 4, 1984, pp. 1-4.

[8] Wang Xuguang *et al.*, Optimal Exploitation of Solid Mineral Resources, Vol. Ill, Round Table III, 304, pp. 1-10, 12th World Mining Congress, 1984.

[9] U. S. Patent 4135450.

[10] L. C. Lang, The Aus. I. M. M. Melbourone Branch, Rock Breaking Symposium, Nov. 1978, pp. 115-124.

[11] *BGRIMM et al.*, *Metal Mines*, 11, 1984, pp. 4-9.

[12] BGRIMM *et al.*, *Nonferrous Metals*, 11, 1984, pp. 4-9.

[13] Dai Xisiarai, *Nonferrous Metals* (*Mining Section*) 3, 1984, pp. 9-19.

9 Техника испытаний эмульсионных ВВ

9.1 Введение

Как хорошо известно, эмульсионные ВВ – важная ветвь водосодержащих, нового вида промышленных ВВ, которые быстро развиваются. Однако, их внутренняя физическая структура, содержащая воду в масле (В/М), отличается не только от структуры традиционных порошкообразных и гранулированных ВВ, но и от структуры водосодержащих сларри (водных гелей). Эти структурные отличия обуславливают особые физические и химические характеристики эмульсионных ВВ, такие как детонация и безопасность. Соответственно, факторы, влияющие на эти характеристики, тоже различны. Следует сказать, что изучение, определение и правильное использование техники испытаний в соответствии со специфической системой эмульсий необходимо как для выпуска продукции, так и для исследовательских работ. Поэтому исследователи во всех странах обращают большое внимание на свойства техники испытаний, создают и применяют ее[1-8].

В настоящее время в Китае и за границей испытание различных свойств ЭмВВ осуществляется четырьмя путями:

(1) В лабораторных условиях, используя различные инструменты и оборудование, включающие обычную технику испытаний эмульсионных гелей и другие промышленные методы испытаний ВВ, проводятся более общие испытания фи-зико-химических характеристик эмульсионных ВВ, таких как детонация и безопасность.

(2) В производственных условиях (например, производство ВВ или взрывные работы) производятся испытания физико-химических и взрывчатых свойств и срока хранения эмульсионных ВВ.

(3) Проводятся теоретические вычисления параметров взаимосвязанных свойств.

(4) Проводятся обсуждение и анализ свойств определенных эмульсий, основанные на практическом опыте работников производства или измерениях, выполненных специалистами лабораторий.

Для квалифицированного инженера эти четыре пути дополняют и выверяют (контролируют) друг друга. В практической работе следует использовать один или несколько методов в соответствии с потребностями и целесообразностью. Говоря в общем, свойства эмульсионных ВВ, особенно их физико-химические свойства, определяются первым путем.

Параметры свойств ЭмВВ, которые подлежат испытаниям, делятся на три категории: физико-химические характеристики, взрывчатые свойства и свойства, характеризующие безопасность. Практика показывает, что две последние категории определяются для эмульсионных ВВ теми же методами, что и для обычных промышленных ВВ, особенно для водонаполненных сларри. Так как эти методы описаны в деталях в книге《Теория и практика сларри》, здесь автор лишь кратко упоминает о них. С другой стороны, так как ЭмВВ принадлежат к специальным дисперсным желатиновым системам, важны не только их физико-химические свойства, но также и некоторые новые показатели. В настоящее время в разных странах интенсивно развивается соответствующая испытательная техника, о чем в литературе есть немало сообщений. Поэтому эта глава посвящается только дискуссии по технике испытаний физико-химических свойств эмульсионных ВВ и их стабильности.

9. 2 Определение влажности

Вода-один из важных компонентов эмульсионных ВВ и имеет значительное влияние на плотность ВВ, качество эмульгации, энергию системы и т. д. В состав почти всех эмульсионных композиций входят летучие дизельные масла и им подобные компоненты и другие ингредиенты, склонные к деструкции при нагревании и сушке эмульсионного ВВ. Поэтому, чтобы измерить содержание влаги в ЭмВВ, не рекомендуется использовать метод убыли веса при нагревании или сушке посредством инфракрасных лучей или электрических термостатов. Основываясь на структурной характеристике ЭмВВ (В/М) и зная практику, автор предлагает для определения влажности метод газовой хроматографии и метод азеотропной дистилляции. Ниже описываются оба этих метода.

9. 2. 1 Метод азеотропной дистилляции

9. 2. 1. 1 *Принцип*

Основной принцип этого метода состоит в использовании растворителя-толуола или бензола-для растворения некоторых компонентов эмульсионного ВВ, которые образуют смеси с водным раствором аммония нитрата. При нагревании этих смесей в измерительной колбе в результате процессов дистилляции, конденсации, разделения и т. д., содержание воды в приемнике влаги может быть вычислено, исходя из разницы в удельном весе.

9. 2. 1. 2 *Инструменты и растворители, используемые в этом методе*

Прибор для определения содержания влаги	SYB3110-59
Колба	Объем 500 м л
Толуол	GB684-65, аналитически чистый, обезвоженный обычно хлоридом кальция и профильтрованный перед использованием.

9. 2. 1. 3　Измерительные процедуры

Образец эмульсионного ВВ массой от15 до25 г, взвешенный с точностью до 0,01 г, поместить в колбу прибора для определения содержания влаги и добавить 250-300 мл толуола (обезвоженного и профильтрованного); затем присоединить приемник влаги и змеевик, пустить охлаждающую воду через змеевик, образец нагревать на кипящей масляной бане или в регулируемом электрическом термостате, поддерживая процесс кипения с тем, чтобы толуол постоянно циркулировал до тех пор, пока объем воды в приемнике не перестанет увеличиваться и верхний слой растворителя не станет прозрачным. Тогда прекратить нагрев и подождать, пока приемник влаги не охладится до комнатной температуры. Затем тщательно определить объем воды на дне приемника (с точностью до 1 мл). Наконец, рассчитать процентное содержание влаги x по приведенному ниже уравнению:

$$x = \frac{V_0 \times 100}{G_0}\% \qquad (9.1)$$

где V_0 = объем измеренной влаги после разделения, т. е. вес воды в граммах; G_0 = вес образца эмульсионного ВВ в граммах.

Испытываются параллельно два образца, если отклонение в измерениях не превысит 0,1%, берут среднее значение из двух измерений с точностью до 0,01%. При большем расхождении измерения должны быть повторены.

9. 2. 2　Метод газовой хроматографии

9. 2. 2. 1　Принцип

Основной принцип этого метода состоит в том, что определенное количество эмульсионного ВВ растворяют в бензоле или изопропаноле и затем измеряют, используя газовую хроматограмму, содержание влаги в органической фазе, т. е. содержание влаги в эмульсионном ВВ.

9. 2. 2. 2　Инструменты, растворители и условия хроматографии

Растворители: бензол, аналитически чистый; изопропанол, аналитически чистый; стандартная вода. Взвесить 0,1220 г чистой воды и поместить в сухую колбу объемом 50, добавить 30 мл изопропанола и разбавить жидкость бензолом до заданной метки. Потрясти до равномерности и оставить на один или два дня. Такой раствор содержит 2,44 mug воды на микролитр. Другая водная колонка приготавливается таким же образом.

Инструмент: газовый хроматограф марки SP-2304 с 10-мV регистрирующими инструментами (изготовленный Analitical Instrument фабрикой). Могут использоваться и другие типы газовых хроматографов.

Хроматографические условия и хроматографическая колонка: цилиндр из нержавеющей стали с внутренним диаметром 3 м и длиной 0,5 м, содержащий 100–200 объективов GDX–105. Несущий газ: аргон, 0,098 MPa, объем потока несущего газа в обе стороны–30 мл/мин. Термостат: 155 ℃. Электрический мост: 120 мА. Испаритель.

9.2.2.3 Вычерчивание стандартной кривой, проведение измерений

(1) Качественный и количественный анализы. В хроматографических условиях, упомянутых выше, отдельно взять определенное количество чистой воды, изопропанола и бензола, вылить в хроматограф, измерить время, через которое наступает высота пика: для воды–16 сек; для изопропанола–57 сек; для бензола–3 мин. 50 сек; затем нарисовать качественную хроматограмму, как показано на рис. 9.1.

Смешать определенное количество воды с изопропанолом и бензолом; взять некоторое количество смешанной жидкости и вылить в газовый хроматогаф. Так как вода, изопропанол и бензол хорошо разделяются, высота их пиков при нахождении в смеси наступает через такое же время, как и при хроматографировании по отдельности, т. е. для воды–через 16 сек; для изопропанола–через 57 сек и для бензола–через 3 мин. 50 сек, и все пики занимают около 5 мин. Хроматограмма смеси показана на рис. 9.2.

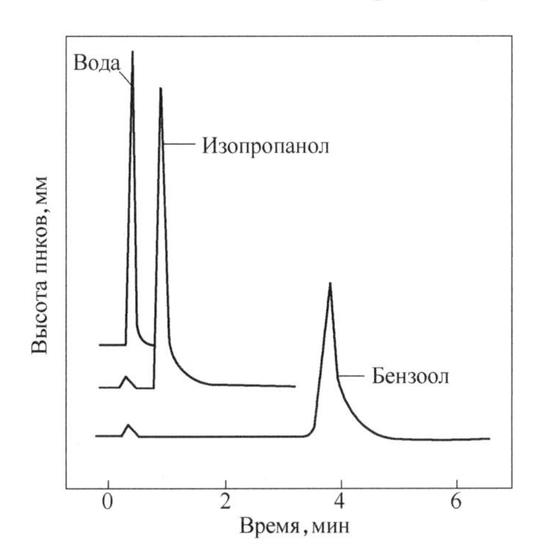

Рис. 9.1 Качественная хроматограмма

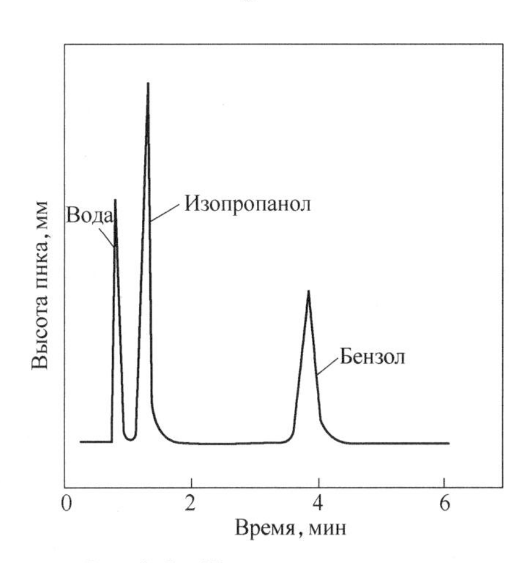

Рис. 9.2 Хроматограмма смеси

На основе хроматографической кривой, изображенной на рис. 9.2, может быть вычерчена стандартная кривая. Взвесьте несколько порций воды в различном количестве, вылейте их по отдельности в сухие колбы объемом 50 мл, затем добавьте в них до уровня раствор бензола в изопропаноле (2 : 3); хорошо потрясите и поставьте. Затем в упомянутых хроматографических условиях возьмите отдельно определенное количество раствора из каждой колбы и вылейте в хроматограф. Теперь будут получены пики, соответствующие определенному содержанию влаги, и может быть вычерчена стандартная кривая высоты пиков, соответствующих определенному содержанию влаги (рис. 9.3). Для простоты можно заранее приготовить смеси жидкостей известной концентрации, затем по отдельности брать различные объемы и выливать их в хроматограф. Подобным образом может быть получена стандартная кривая высоты пиков, соответствующая определенному содержанию влаги, и она не должна отличаться от кривой, полученной первым методом. Когда содержание влаги составляет от 1 до 15 мг, стандартная кривая представляет прямую линию.

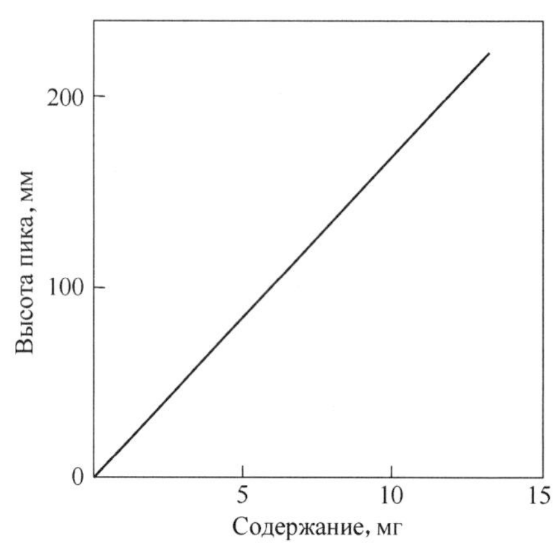

Рис. 9. 3　Стандартная кривая

(2) Процедуры измерения. Взвесьте определенное количество эмульсионного ВВ (патронируемых в патроны−0,2000 г, перекачиваемых ЭмВВ−0,1000 −0,15000 г), вылейте в сухой колориметрический цилиндр, аккуратно добавьте пипеткой 10 мл раствора бензола в изопропаноле (2 : 3); закройте крышкой и аккуратно потрясите до полного растворения эмульсии. Подождите, пока органическая соль осядет, затем возьмите 2 мл чистого раствора из верхнего слоя и вылейте в хроматограф, измерьте высоту пика влаги и найдите по стандартной кривой содержание влаги, соответствующее весу. Исходя из веса взятого образца, вычислите содержание влаги в эмульсионном ВВ.

9. 2. 2. 4　*Точность и восприизводимость анализов*

В последние пять лет BGRIMM и другие институты Китая использовали этот метод измерения содержания влаги в ЭмВВ, воспроизводимость была превосходной. Точность образцовых анализов часто задается стандартными отклонениями и колебаниями коэффициентов, в данном случае вычисление основано на результатах 11 образцовых анализов. В табл. 9. 1 показаны результаты этого метода испытаний−стандартные отклонения и колебания коэффициентов измерений содержания влаги в эмульсионных ВВ.

Таблица 9. 1　Стандартные отклонения и колебания коэффициентов при измерении содержания влаги

№ опыта	Пик, мм	Абсолютное отклонение	Вычисления
1	107	−2	$\sigma=\sqrt{\dfrac{E(X-\bar{X})^2}{n-1}}=1.14$ $\sigma\%=\dfrac{\sigma}{X}\times100\%=1.05\%$
2	109	0	
3	108	−1	
4	109	0	
5	110	+1	
6	107	−2	
7	109	0	
8	109	0	
9	110	+1	
10	108	−1	
11	108	−1	

9. 2. 2. 5 *Выбор растворителей и хроматографических условий*

(1) Растворители. Для метода газовой хроматографии важна полная растворимость образцов ЭмВВ. Практика показывает, что хотя ЭмВВ и растворяются в бензоле, вода обычно адсорбируется нитратом натрия и другими неорганическими солями, так как она не может смешиваться с бензолом, поэтому невозможно провести отбор образцов. Когда добавляется определенное количество изопропанола, вода, изопропанол и бензол образуют взаимно растворимую смешанную систему. Добавка изопропанола может также ускорить растворение некоторых ЭмВВ и, в конечном итоге, привести к хорошей воспроизводимости измерений содержания влаги. При гарантированном растворении ЭмВВ и большем содержании изопропанола смесь из трех компонентов лучше растворяется, что способствует более однородному определению содержания влаги и большей точности результатов измерений. Опыты показывают, что соотношение изопропанола к бензолу 3 : 2 дает хорошую растворимость и стабильность системы.

(2) Температура термостата. Вследствие сильной адсорбции GDX-105 бензолом температура цилиндра сильно влияет на время пика бензола. При температуре 155℃ пик образуется через 3 мин. 50 сек, при температуре 130℃ -через 25 мин, при этом образуется длинный хвост. Поэтому температура цилиндра не должна быть слишком низкой, исходя из применения GDX-105, она выбрана равной 155℃.

(3) Скорость потока газа: влияние скорости потока газа не очень значительно, но при высокой скорости чувствительность уменьшается. На основании опытов скорость несущего газа принята равной 30 мл/мин.

9. 3 Измерение плотности[1,9,10]

Плотность эмульсионных ВВ выражается тремя способами-плотностью насыпных продуктов, плотностью малых патронов ЭмВВ и плотностью заряжания скважины. Все три вида плотности имеют практическое значение для производства продукции и при проведении взрывных работ по породе или руде. Как следствие, существуют три метода определения плотности эмульсионных ВВ.

9. 3. 1 Измерение плотности насыпных продуктов

9. 3. 1. 1 *Основной принцип*

Так как эмульсионные ВВ представляют водно-масляные эмульсионные системы, не растворимые в воде, можно взвесить определенное количество ЭмВВ, положить его в воду определенного объема, по изменению объема воды до и после погружения ЭмВВ вычислить плотность.

9. 3. 1. 2　Аппаратура и материалы

Стационарные весы, стеклянный стакан объемом 500 мл, несколько пластиковых пленок и тонкий нож.

9. 3. 1. 3　Процедура выполнения

Налить 250–300 мл чистой воды в стеклянный мерный стакан объемом 500 мл; взвесить 50±0,5 г ЭмВВ, осторожно положить навеску в стакан (пластиковые пленки можно использовать в качестве подкладок и положить в стакан вместе с водой), подождать, пока уровень воды не станет стабильным, замерить увеличившийся от навески ВВ объем и рассчитать плотность по уравнению (9. 2):

$$\rho = \frac{W}{V_2 - V_1} \tag{9.2}$$

где ρ = плотность ЭмВВ, г/см^3; W = вес ЭмВВ, г, V_1 = объем воды до выливания ЭмВВ, см^3, V_2 = объем воды после вливания ЭмВВ, см^3.

Следует обратить внимание, что подобно густым смазкам ЭмВВ имеют сильную адгезию к дереву, керамике и другим материалам, их форма легко изменяется. Поэтому при измерении плотности ЭмВВ следует использовать нож настолько тонкий, насколько это возможно, и работать осторожно, чтобы избежать деформации ЭмВВ из - за давления и уменьшения адгезии вследствие этого.

9. 3. 2　Измерение плотности патронированных продуктов

9. 3. 2. 1　Основной принцип

Плотность патронов малого диаметра определяется также, как и плотность патронов больших диаметров. Поэтому сначала определите вес патрона, затем измерьте его объем и вычислите плотность.

9. 3. 2. 2　Аппаратура

Промышленные весы и стальная плоская линейка.

9. 3. 2. 3　Процедура выполнения

Взвесьте патрон на весах и стальной плоской линейкой измерьте его средний диаметр и длину (длина патрона берется от углубления на одном конце патрона до углубления на другом конце).

Плотность патрона вычисляется по уравнению:

$$\rho = \frac{4W}{\pi D^2 L} \tag{9.3}$$

где ρ = плотность патрона, г/см^3, W = вес патрона, г, D = диаметр патрона, см, L =

длина патрона, см.

Следует отметить, что вычисление по уравнению (9.3) относительно трудно, поэтому некоторые авторы[9.10] предпочитают другую формулу для вычисления плотности:

$$\rho = 1 - \frac{L - W - K}{2} \times 0{,}01 \tag{9.4}$$

где W=вес патрона, г, L=длина патрона, мм, K=константа. Для патрона диаметром 32 мм и весом 150 г $K=37$.

Уравнение (9.4) –производное практики и широко используется для определения плотности основных видов продукции. Из табл. 9.2,9.3,9.4 можно видеть первопричину и надежность применения упрощенной формулы (9.4).

Таблица 9.2 Разница между длиной и весом патрона при плотности ВВ 1 г/см³ 1)

Длина патрона, мм	Вес патрона, г	$L-W$
192	154.5	37.6
191	153.6	37.4
189	152.0	37.0

1) Диаметр патрона 32 мм.

Таблица 9.3 Взаимосвязь между плотностью ВВ и разницей длина-вес патрона 1)

Длина патрона, L, мм	Вес заряда W, г	$L-W$	$L-W-37$	Плотность, см³, по уравнению (9.3)
193	150	43	6	0,970
190	149	41	4	0,980
191	152	39	2	0,990
192	153	39	2	0,990
184	149	35	−2	1,010
186	152	34	−3	1,015
187	152	35	−2	1,010
183	152	33	−4	1,020

1) Диаметр патрона 32 мм.

Таблица 9.4 Сравнение результатов двух методов вычисления

Длина патрона L, мм	Вес патрона W, г	Плотность, ρ, г/см³		Отклонение
		$\frac{4W}{D^2L}\times1000$	$1-\frac{L-W-37}{2}\times0.01$	
174	148	1,057	1,055	−0,002
175	151	1,072	1,070	−0,002
177	148	1,039	1,040	+0,001
179	151	1,048	1,045	−0,003
180	152	1,050	1,045	−0,005
184	149	1,006	1,010	+0,004

Продолжение таблицы 9. 4

Длина патрона L, мм	Вес патрона W, г	Плотность, ρ, г/см^3		Отклонение
		$\frac{4W}{D^2L}\times 1000$	$1-\frac{L-W-37}{2}\times 0.01$	
186	152	1,016	1,015	−0,001
187	152	1,010	1,010	0
183	150	1,019	1,020	+0,001
189	152	1,000	1,000	0
191	154	1,002	1,000	−0,002
194	151	0,967	0,970	−0,003
198	153	0,960	0,960	0
200	152	0,945	0,945	0

9. 3. 3 Определение плотности заряжания скважины[11]

При проведении взрывных работ очень трудно определить действительный диаметр скважины, и поэтому за так называемую плотность заряжания скважины принимается вес заряженного в скважину заряда на единицу номинального объема скважины, кг/дм^3. Если известно общее количество ВВ, заряжаемое в скважину и замерена длина заряда в скважине, нетрудно вычислить плотность заряжания скважины. Так как номинальный объем скважины меньше действительного, плотность заряжания скважины, определенная таким образом, несколько больше, чем действительная плотность－на 6% для глубоких скважин большого диаметра в открытых рудниках и на 2%－для горизонтальных скважин. Если диаметр скважины переменный, удобно использовать понятие линейной плотности заряжания－количество заряда на метр скважины.

Как показывает практика, главными факторами, влияющими на плотность заряжания скважины, являются: форма, состояние и упаковка ВВ, а также метод заряжания скважины. Как правило, ЭмВВ имеют хорошие реологические свойства и, когда применяются в виде насыпных продуктов, могут компактно заполнить скважину, в этом случае может быть достигнута относительно высокая плотность заряжания－особенно, когда используется механизированное заряжание, при котором плотность заряжания может достичь значений 1,3−1,5 г/см^3. При использовании патронов плотность заряжания скважин соответственно уменьшается. При ручном заряжании с уплотнением плотность заряжания, как правило, равна 0,9−1,2 г/см^3. При заряжании патронами с уплотнением их в скважине плотность заряда может достигнуть 1,4 г/см^3.

Кроме того, для эффективного разрушения покрывающей породы и получения хорошего дробления количество заряда на метр скважины для дна скважины должно быть в 2−2,7 раза больше, чем для верха скважины. Несоблюдение этого правила часто приводит к чрезмерному заряжанию верха при открытых взрывных работах. В соответствии с этим очень важно при открытых взрывных работах применять насыпные ЭмВВ большой объемной силы или специальные заряжающие устройства для увеличения плотности заряжания дна скважины, а также использовать низкую плотность, низкую силу смешанных продуктов из ЭмВВ и ANFO для верхней части колонки в целях лучшего использования ограниченного скважинного пространства.

9.4 Определение вязкости

Вязкость является одним из важных параметров для оценки стабильности ЭмВВ. Реологические свойства ЭмВВ также могут быть изучены и определены через определение вязкости. Вообще говоря, вязкость жидкости ЭмВВ определяется степенью дисперсности частиц внутренней фазы и вязкостью внешней фазы. С практической точки зрения, когда мы хотим получить ЭмВВ различной вязкости, мы должны подобрать различные материалы для внешней фазы и их комбинации. Когда материалы внешней фазы определены, главным фактором, влияющим на вязкость ЭмВВ, становятся размеры частиц дисперсной фазы. С уменьшением размеров частиц дисперсной фазы увеличивается вязкость эмульсионного ВВ.

9.4.1 Классификация методов определения вязкости[12]

P. Becher в его книге《Теория и практика жидких эмульсий》указывает, что существует три основных метода и инструмента для определения вязкости жидких и текучих сред.

(1) Метод, в котором жидкая или пластичная среда истекают через капилляр или тонкое отверстие. К этой категории принадлежат капиллярный вискозиметр, вискозиметр Энглера и др.

(2) Ротационный метод. Все типы ротационных вискозиметров принадлежат к этой категории.

(3) Метод падения шарика, падения иголки, подъема пузырька воздуха. Вискозиметр с падающим шариком, вискозиметр с вращающимся шариком, вискозиметр с падающей иглой и др. принадлежат к последним двум способам.

Все методы определения вязкости, используемые в промышленности, представляют собой ни что иное, как вариации этих трех основных методов. Исходя из своей практики, автор полагает, что для эмульсионных В В более приемлемы ротационный метод и метод падающего шарика. Для нелипких, эластично-пластичных ЭмВВ может быть использован метод падающей иголки.

9.4.2 Ротационный метод

9.4.2.1 *Основной принцип*

Для этого метода может быть использован ротационный вискозиметр марки NXC-11[9-13], выпускаемый Chengdu Institute Factory Китая или другой тип ротационного вискозиметра. Для определения вязкости эмульсионное ВВ помещается в зазор между двумя концентрическими цилиндрами. При вращении внутреннего цилиндра на его внутреннюю поверхность влияет сопротивление трения эмульсионной желатиновой системы, и вращающий момент действует на вращающийся вал, контакты которого прочно соединены с верхним измерительным устройством. Измерительное устройство состоит из градуированной окружности и стрелки, синхронного двигателя, крученой сильно подпружиненной нити, вариатора скоростей и других составляющих. При вращении двигателя вал и внутренний цилиндр через вариатор скоростей также приводятся во вращательное движение. Так как статор мотора и подпружиненная нить для измерения момента находятся на одном валу, статор тоже может вращаться, когда сила трения эмульсии действует на внутренний цилиндр, крутящая нагрузка, действующая на ротор мотора, должна влиять на статор и производить отклонение угла, показываемого градуированной окружностью (кругом) и стрелкой, и можно определить величину вязкости, которая выражается в сантипуазах или пуазах.

9. 4. 2. 2 Инструмент

Brookfield синхронный вискозиметр и ротационный вискозиметр марки NXC−11 представлены на рис. 9. 4 и рис. 9. 5. Одной их характеристик первого вискозиметра является то, что испытуемый объект (ЭмВВ, к примеру) не нужно помещать в специальный контейнер, точность и надежность результатов обеспечивается. Второй метод характеризуется широким диапазоном измерений вязкости от 5 до −1,78 Па · сек с точностью ±1%.

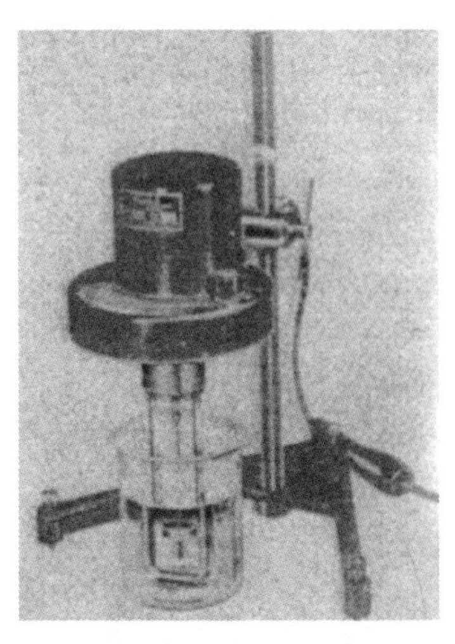

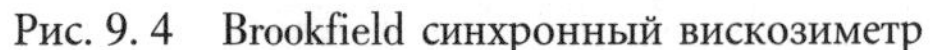

Рис. 9. 4　Brookfield синхронный вискозиметр

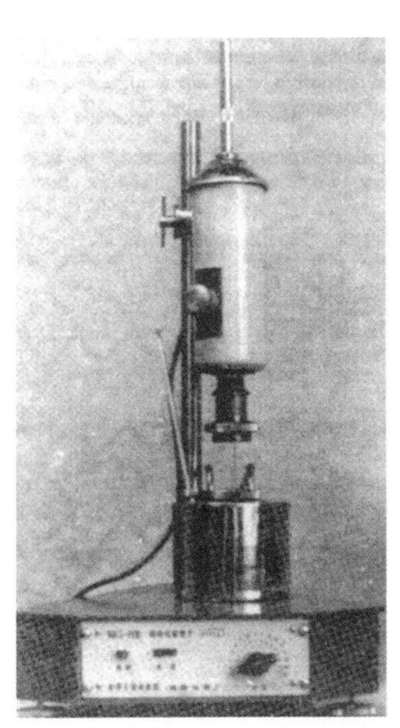

Рис. 9. 5　Ротационный вискозиметр марки NXS−11

9. 4. 2. 3 Процедура определения

Рассмотрим измерение вязкости на примере ротационного вискозиметра марки NXS－11. Процедура измерения состоит в следующем: (1) выбрать исследуемую систему; (2) определить основной уровень; (3) положить определенное количество образца во внешний цилиндр, лучше немного подогретый, и уплотнить ЭмВВ стеклянным пестиком; (4) вложить внутренний цилиндр в измерительную систему таким образом, чтобы первый полностью погрузился в ВВ; (5) повернуть ручку счетчика измерительного устройства по часовой стрелке от надписи 《стоп》 до надписи 《работа》, чтобы механические элементы измерительного устройства пришли в активное состояние готовности к работе; (6) поддерживать согласованность температур испытуемых материалов и системы, инструмента и образца ЭмВВ, в основном, за счет предварительного нагрева в течение 30 мин; (7) открыть крышку источника энергии, нажать кнопку и установить нуль; затем выбрать скорость вращения и снять показания. В соответствии с тарировочной таблицей рассчитать вязкость испытуемого образца по следующему уравнению:

$$\eta = \kappa\alpha \tag{9.5}$$

где κ = константа инструмента; α = значение градуированной окружности.

9. 4. 3 Метод падающего шарика

Метод падающего шарика основан на законе Стокса

$$\eta = \frac{2r^2 g(d_1 - d_2)}{gv} \tag{9.6}$$

η = вязкость испытуемой системы; r = радиус шарика; d_1 = плотность шарика; v = скорость падения шарика; d_2 = плотность испытуемой системы; g = гравитационное ускорение.

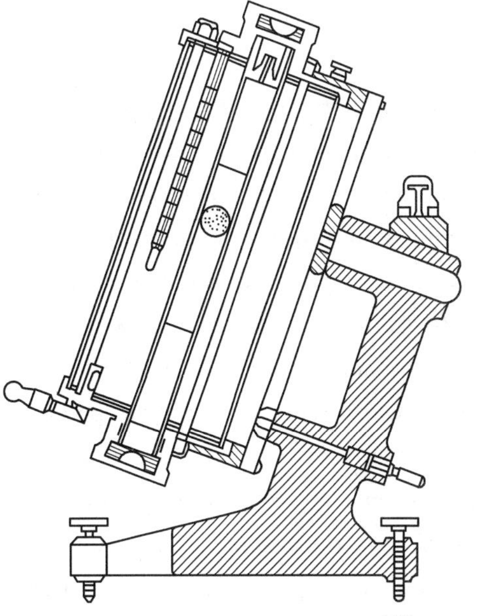

Рис. 9. 6 Вискозиметр Хепплера[12]

Из уравнения (9. 6) можно видеть, что для данного инструмента при измерении скорости падения шарика в среде (жидкость, эмульсия) можно вычислить вязкость этой среды. На практике для применения этого метода можно использовать вискозиметр Хепплера, показанный на рис. 9. 6, или другой тип вискозиметра, гарантирующий точность определения вязкости эмульсионных ВВ. Однако, в ежедневной практике испытания эмульсий можно также выбрать стальной шарик определенного веса с учетом формулы данного ЭмВВ и производственного процесса; в одинаковых условиях измерить и сравнить скорость падения шарика в стандартном образце и в испытуемой эмульсии, чтобы узнать относительную скорость испытуемой эмульсии. Практика показала пригодность этого метода измерений.

9.5 Наблюдение размера частиц и их распределения

В процессе изучения эмульсий исследователи очень интенсивно изучали размер эмульсионных частиц и их распределение в дисперсной фазе и рекомендовали много методов наблюдения, главными из которых являются: непосредственное наблюдение под микроскопом, метод микрофотографии, метод инструментального счета и т. д. Эти методы, в основном, пригодны для измерения размера частиц и их распределения в эмульсионной матрице, но вследствие того, что ЭмВВ при нормальной температуре представляют собой водно-масляную крайне мобильную систему, имеющую свойство быть липкой и густой, необходимо разжижать образцы, чтобы создать условия для количественного наблюдения частиц.

Автор и его коллеги первыми как в Китае, так и за рубежом, исследовали свойства эмульсионных ВВ EL-серии, проведя необходимые наблюдения и измерения.

9.5.1 Подготовка образцов[2]

Тщательно вымойте стандартный микрослайд, покрывное стекло под проточной водой и положите в колбу с широким горлом; наполните колбу соляной кислотой и спиртом 3%-5% концентрации для очистки; затем возьмите их и положите в другую колбу с широким горлом; снова погрузите их в колбу с абсолютным спиртом (или промышленным спиртом); после того, как они полностью обезжирятся, вымойте их дистилированной водой и вытрите, высушите досуха на спиртовке и обдуйте воздухом до охлаждения стекла до комнатной температуры. Возьмите небольшое количество эмульсионного материала и положите на сухой и чистый микрослайд; капните 1-2 капли высоковязкого белого машинного масла (разбавленного в 10-20 раз) из капиллярной капельницы; после этого осторожно помешайте маленькой стеклянной палочкой, наложите покрывное стекло и положите сборку под микроскоп для наблюдения.

Другой способ подготовки образца. Взять небольшое количество эмульсионного материала и положить на один конец чистого, уже подготовленного микрослайда, затем под углом 60° быстро и ровно соскрести эмульсию толстым покрывным стеклом так, чтобы эмульсия была нанесена на слайд тонким слоем (чем тоньше, тем лучше). Этот метод подготовки образцов более прост, чем предыдущий, и на слайде, полученном таким путем, частицы и их расположение хорошо видны. Однако, так как эмульсоид не разжижен, перекрывание частиц друг другом затрудняет измерение размера частиц и их распределение.

9. 5. 2 Методы наблюдения

9. 5. 2. 1 *Наблюдения под микроскопом*

Метод использования оптического микроскопа и излучательной техники для наблюдения размера частиц в эмульсиях является и простым, и удобным. Обычно используется микроскоп Nu–типа (400×,800×) или XPG–1–типа (450×,800×,1000×), с помощью которых частицы эмульсоидов и их распределение наблюдаются отчетливо.

Сначала положите приготовленный диск образца (предварительно разжиженного) под микроскоп; приведите в порядок свето–собирающее кольцо и установите нужное фокусное расстояние; двигая диск, определите поле наблюдения и наблюдайте отдельные группы частиц эмульсии. В это же время можно измерять размеры частиц микрометром микроскопа и классифицировать их по размерам с помощью счетчика. Этот метод позволяет наблюдать около десяти визуальных полей (примерно по 500 частиц), а также получать статистические данные по распределению частиц и их классификации. Так как микроскоп Nu–типа оснащен камерой, он может также использоваться для фотографирования формы частиц и их распределения с различным увеличением. Как правило, при приготовлении образцов методом разжижения структура отчетливая и полная, дисперсность равномерная, измерение размеров частиц и классификация их удобны. Однако, так как используемые микроскопы относительно велики, трудно точно измерить очень маленькие частицы, и в большинстве случаев персонал довольствуется приблизительно верными результатами.

9. 5. 2. 2 **Метод с применением анализатора автоматического изображения** *TAS* [2]

Положите предварительно подготовленный образец под микроскоп, подготовьте объектив и установите нужное фокусное расстояние, найдите поле обозрения и обрабатывайте его методом анализатора TAS автоматического изображения. Функция анализатора TAS автоматического изображения состоит в том, чтобы послать переданные и отображенные сигналы, наблюдаемые через микроскоп (400×,,800×), в телевизионную камеру, затем через систему анализа изображения посылают изображение на монитор и рабочий экран; затем с помощью компьютера контролируют в соответствии с командами (программным обеспечением) изображение анализирующей системы, выбирают нужную фазу и место, доводят до конца процесс информационного анализа и автоматически контролируют движение столика с образцом; наконец, посылают полученную информацию (форма частиц, размеры, классификация) на экран и одновременно печатают процентное содержание классификации частиц эмульсии на принтере.

Анализатор автоматического изображения TAS производит количественное измерение геометрических форм, наблюдаемых в двухмерном изображении, посредством электронно–компьютерно–контролируемой фазы дифференцированной системы, распознает размер частиц и классифицирует их по размерам. Для улучшения дифференцирующей способности необходимо разжижать образец до различных диспергированных состояний. Доказано практикой, что достоверность результатов измерений анализатора изображения в большой степени зависит от качества подготовки образца и слайда, также как и от настройки микроскопа и системы дифференциации фазы.

В сравнении с обычными оптическими микроскопами этот инструмент обеспечивает большую точность и производительность и может быстро и точно дать нужные данные.

9.5.2.3 Метод измерения центробежным нефелометром [7]

Основной принцип этого метода состоит в том, чтобы осадить (отдельно) частицы эмульсоида под действием гравитационных или центробежных сил, затем, используя метод передачи луча, измерить яркость переданного света, чтобы вычислить размер частиц и их распределение. Измерительным инструментом является центробежный сепаратор распределения частиц марки SA-CP2 или измерительный инструмент другого типа. Диапазон измерения для этого сепаратора -от 0,1 до 150 мкм, его схема показана на рис. 9.7.

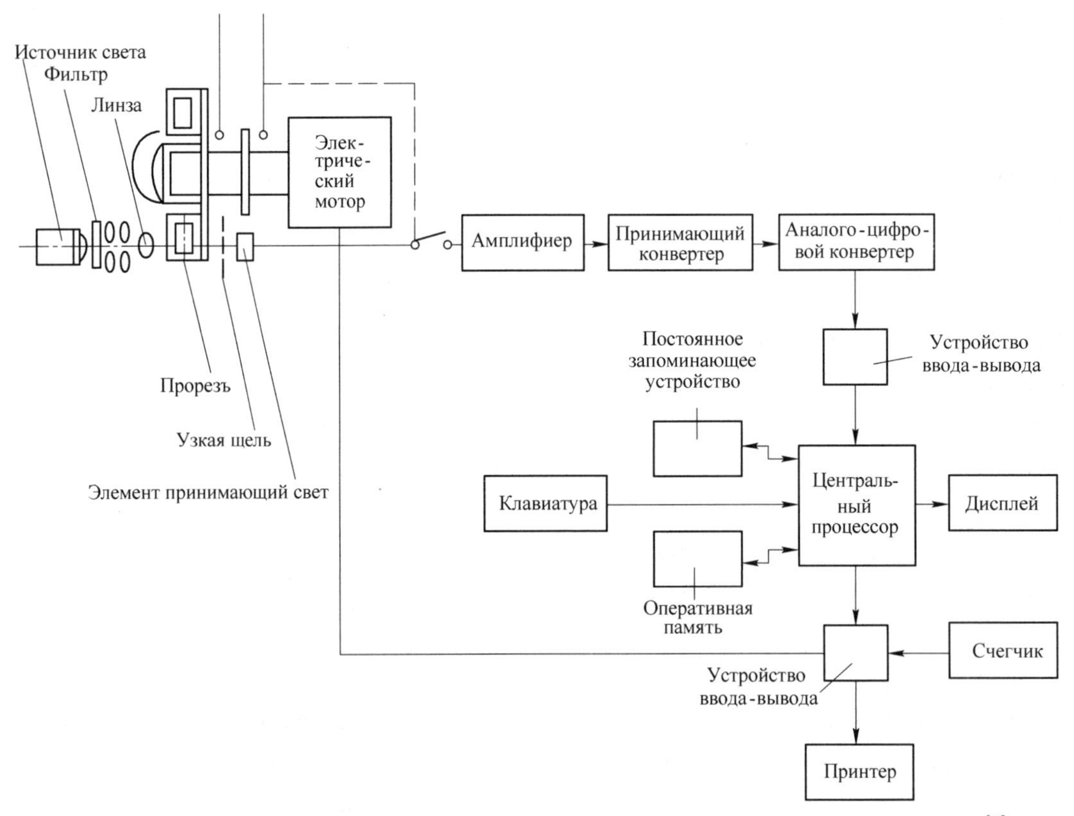

Рис. 9.7　Принципиальная схема центробежного анализатора частиц с микрокомпьютером[7]

Сначала разбавьте эмульсию приготовленным растворителем; затем вылейте разжиженный образец в щель и измерьте поглощение света при определенной центробежной силе. Обработав данные измерений по формуле Стокса, можно получить размер частиц и их распределение. При использовании этого метода измерений частицы эмульсии должны быть диспергированы в растворителе, но они могут слипаться, коагулировать и распадаться на составные части во время измерений, поэтому необходимо выдерживать условия для сохранения частиц эмульсий в первоначальном размере. Эти условия представлены в табл. 9. 5 и 9. 6. Отклонения результатов измерений, предусмотренные стандартом, даны в табл. 9. 7, графики распределения частиц по размерам–на рис. 9. 8.

Таблица 9. 5 Условия поддержания дисперсности в эмульсиях

Растворитель	Условия
Поверхностно-активное вещество	Неионное ПАВ,0,1% от веса
Концентрация эмульсии	0,2% от веса
Продолжительность перемешивания	30 мин
Скорость перемешивания	150 об/мин

Таблица 9. 6 Условия поддержания дисперсности и размера частиц в эмульсиях[1)]

Условия поддержания эмульсии		Размер частиц эмульсий, мкм		
Влияние скорости перемешивания	150 об/мин	4,1	4,1	4,3
	300 об/мин	4,2	4,1	4,2
	400 об/мин	4,3	4,2	4,1
	800 об/мин	4,2	4,1	4,2
Влияниепродол-жительности перемешивания	15 мин	4,2	4,1	4,2
	30 мин	4,3	4,1	4,1
	60 мин	4,1	4,1	4,3
	120 мин	4,2	4,1	4,3
Влияние температуры	15-20 ℃	4,1	4,2	4,1
	25-30 ℃	4,1	4,3	4,1
	35-40 ℃	4,1	4,2	4,4

1) Использовалась мешалка со спиральными вращающимися лопатками диаметром 38 мм.

Таблица 9. 7 Примеры размеров частиц эмульсий, измеренных центробежным счетчиком частиц, и стандартные отклонения размеров частиц

№ опыта	Наблюдаемые размеры частиц, мкм										X мкм	σ мкм
1	5,0	5,3	5,2	5,2	5,2	5,1	5,2	5,2	5,3	5,2	5,19	0,083
2	4,1	4,2	4,2	4,3	4,2	4,1	4,2	4,1	4,2	4,1	4,17	0,064
3	3,4	3,4	3,4	3,3	3,4	3,4	3,4	3,4	3,5	3,4	3,40	0,045
4	2,6	2,6	2,6	2,6	2,6	2,7	2,6	2,7	2,6	2,6	2,22	0,040

9. 5. 2. 4 Метод измерения микроскопом с электронным сканированием [7]

Сканирующие электронные микроскопы применяются для измерения размеров частиц

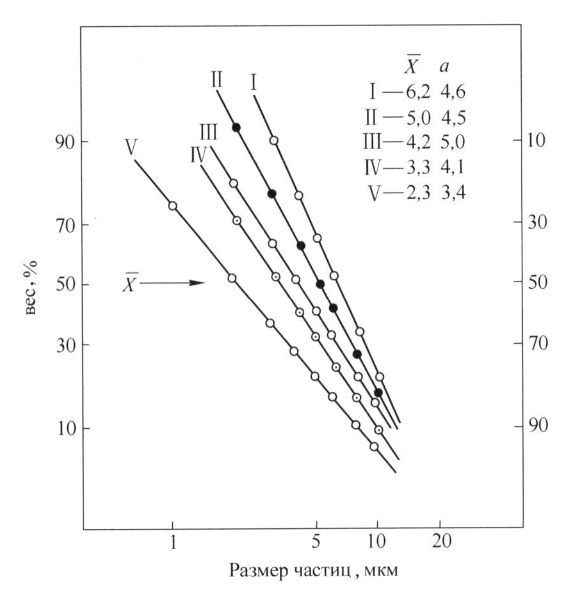

Рис. 9. 8　График распределения размеров частиц эмульсий

эмульсий при замораживании эмульсий. Используется электронный сканирующий микроскоп марки JSM－25S－3 и охладитель с использованием азота для охлаждения образцов эмульсий с целью предотвращения испарения влаги и компонентов масляной фазы из них. Метод фотосъемки описан ниже：возьмите несколько мкг эмульсионного образца и положите на сделанный из меди столик；опустите их в жидкий азот и сразу заморозьте；затем быстро быстро положите образец на столик без замораживающей схемы и сканируйте（осматривайте）в вакууме；сфотографируйте образец. На рис. 9. 9 и 9. 10 представлены фотографии，сделанные этим методом с увеличением в 4800 раз. Из систематических наблюдений известно，что размер частиц，измеряемых методом электронного сканирования равен 0，41 размера частиц，измеренных с использованием центробежного осаждения частиц.

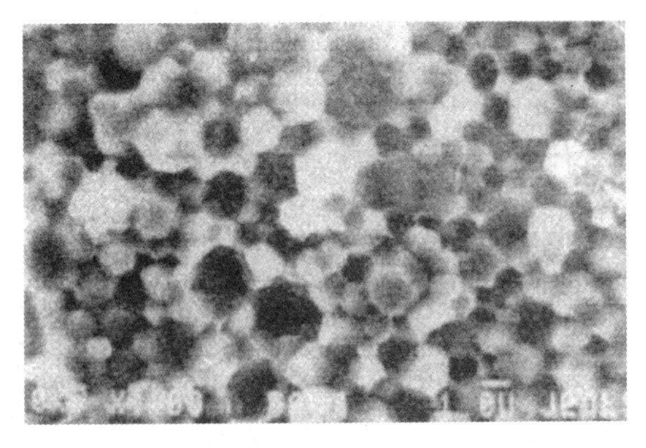

Рис. 9. 9　Фотография эмульсионного ВВ，полученная с помощью сканирующего электронного микроскопа[7]
（увеличение－4800 раз，диаметр частицы－2，1 мкм，стандартное отклонение－0，998）

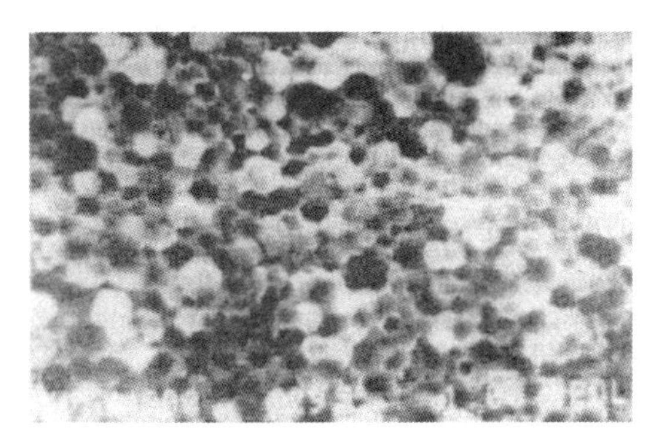

Рис. 9. 10 Фотография эмульсионного ВВ, полученная с помощью сканирующего электронного микроскопа[7]
(увеличение–4800 раз, диаметр частицы–1,3 мкм, стандартное отклонение–0,71)

9. 6 Метод наблюдения стабильности эмульсионных ВВ

Несомненно, что стабильность эмульсионных ВВ является очень важной характеристикой, определяющей их практическую ценность. Поэтому в процессе развития эмульсий исследователи, с одной стороны, искали технические пути улучшения эмульсионной стабильности (см. главу 7), с другой стороны, постоянно пытались найти методы наблюдения оценки эмульсионной стабильности. Методы наблюдения стабильности обобщены ниже.

9. 6. 1 Метод динамического баланса[8,12]

Так называемый метод динамического баланса состоит в том, образец эмульсии подвергается действию больших центробежных нагрузок и наблюдению его послойной кристаллизации в качестве оценки стабильности ЭмВВ.

Центробежные силы могут ускорить расслоение эмульсионной жидкости. Применительно к этим условиям закон Стокса может быть написан следующим образом:

$$v = \frac{2\omega^2 R r^2 (d_1 - d_2)}{9\eta} \tag{9.7}$$

где ω = угловая скорость центрифуги; R = расстояние между образцом и осью ротора; v = скорость оседания; r = радиус частицы; d_1 = плотность внутренней фазы частицы; d_2 = плотность внешней фазы; η = вязкость эмульсионной жидкости.

Очевидно, что в уравнении (9.7) гравитационная константа g заменена на величину $\omega^2 R$, которая много больше, чем g центрифуги. Другими словами, можно использовать высокую или сверх высокую скорость центрифуги, центробежные силы, которые много больше, чем силы земного притяжения для расслоения эмульсионной жидкости или эмульсии под действием этих сил. Исходя из того, что обычная скорость оседания пропорциональна гравитации, можно задать заранее ее центрифуге. Например, для сложной эмульсии, вращающейся в центрифуге радиусом 10 см со скоростью 3750 об/мин в течение 5 часов, эффект оседания равен эффекту, который возникает в гравитационном поле в течение года. К сожалению, вышесказанное не применимо к эмульсионным ВВ. Тем не менее, после нескольких опытов по центробежному разделению на электрической центрифуге можно качественно или полуколичественно наблюдать, хорошего качества эмульсионное ВВ или нет. В Китае тест на центробежное разделение обычно проводится на центрифуге диаметром 160 мм со скоростью вращения 4000-10000 об/мин, операционное время варьируется от 15 мин до нескольких часов. Например, в Nanling Chemical Plant эмульсионные материалы испытывают на электрическом центробежном осадителе диаметром 160 мм со скоростью 4000 об/мин в течение 15 мин. После такого центрифугирования те эмульсии, которые были однородными и прозрачными с небольшим количеством белых включений, имели хорошее качество эмульгации, и ЭмВВ, приготовленные на этих эмульсиях, имели длительный срок сохранности (более шести месяцев); те эмульсии, в которых имели место флоккуляция или кристаллизация и которые стали белыми, -хуже по качеству, срок сохранности ЭмВВ, приготовленных на этих эмульсиях -3-5 месяцев; те эмульсии, которые, в основном, стали белыми, в которых прошла сильная кристаллизация и появились капли воды, имели плохое качество и срок сохранности не более 1-2 месяцев. ЭмВВ EL-серии испытывались в течение нескольких часов на центрифуге со скоростью 10000 об/мин, изменений их качества не наблюдалось.

Инструменты этого метода: центрифуга типа LG-10-24 или другого типа и ее ак-ксессуары, таймер, стойка с весами, лотковый черпак и т. д.

Процедура проведения: осторожно положите эмульсионный материал в тубы для испытаний маленьким лотковым черпаком; взвесьте тубы на весах и удостоверьтесь, что разница в весе между тубами каждой пары не превышает двух грамм; затем симметрично положите испытуемые тубы в центрифугу. Включите ее и постепенно увеличивайте скорость вращения (например, 4000, 8000, 10000 об/мин); через определенные промежутки времени (например, через 15, 30, 60 мин) останавливайте центрифугу и вынимайте образцы; наблюдайте и записывайте внешний вид эмульсионных образцов: однородность или ее нарушение, побеление, флоккуляцию или оседание под действием центробежных сил; затем сравните наблюдения и оцените качество эмульсии.

Другой метод, который является вариантом первого: правильно разжижьте эмульсионный образец пригодным растворителем (например, высоковязким белым маслом). Разжиженные образцы поместите в тубы для испытаний; тубы испытайте в центрифуге при скорости 4000 об/мин в течение 10-20 мин; потом, используя нефелометр и ареометр, измерьте степень расслоения разжиженного образца, чтобы оценить качество эмульсионного материала и предсказать стабильность конечного эмульсионного ВВ.

9.6.2 Метод циклических высоких-низких температур

В соответствии с этим методом эмульсионный образец сначала охлаждается некоторое время при низкой температуре (например, от-10 до-15 ℃), затем выдерживается некоторое время при высокой температуре（например，от 30 до 50℃），и такие циклы повторяются до разрушения эмульсионной системы. Количество циклов，которое эмульсия может выдержать до разрушения，используют в качестве оценки эмульсионной стабильности.

Принцип этого метода. ЭмВВ являются неустойчивой термо-динамической системой. Изменение окружающей температуры неизбежно влияет на физическое состояние такой системы，в конце концов разрушая эмульсионную систему，вызывая выделение кристаллов и ухудшая взрывчатые свойства. Искусственно создавая перепад окружающих температур и повторяя циклы，можно ускорить старение эмульсии и в относительно короткий период времени определить срок ее сохранности，а также сравнить качество различных формул и производственных процессов.

Используемые инструменты：термостатический гигростат типа LD30－120 или другого типа，низкотемпературный рефрижератор；омметр или мультиметр；микроскоп с небольшим увеличением.

Проведение испытаний и условия：в настоящее время в Китае высокие температуры находятся в диапазоне от 40 до 50 ℃，а низкие-от-15 до-20 ℃.

Положите 100－200 г испытуемой эмульсии в стакан или другой контейнер，накройте стеклом；или в качестве испытуемого образца возьмите патрон ЭмВВ. Поместите в термостатический гигростат при температуре 50 ℃ на 8 часов，затем переместите образец в рефрижератор с температурой －15 ℃ на 16 часов－это полный температурный цикл. После каждого цикла наблюдайте образец под микроскопом，проверяйте，не появились ли кристаллы，измеряйте также электропроводность. Повторяйте эту операцию，пока структура вода в масле эмульсионного ВВ разрушается，затем подсчитайте количество циклов. Разрушение эмульсионного ВВ проявляется в выпадении частиц кристаллов нитрата аммония（натрия）или в диссоциации воды из масла и в изменении электропроводности образца. Наконец，количество циклов，которое может выдержать ЭмВВ，используется для оценки его стабильности. Эмульсии，которые могут выдержать большее количество циклов，конечно，более стабильны. В общем，мы получали ЭмВВ，которые могли выдержать более 10 циклов，и срок их сохранности превышал 6 месяцев.

9.6.3 Испытание на хранение при нормальной температуре

Так называемое испытание на хранение при комнатной температуре заключается в хранении ВВ в обычном складе с сезонными изменениями температуры. С заданными интервалами（например，15 или 30 дней）наблюдают，отделяются ли вода или масло，измеряется электропроводность эмульсии，одновременно проверяются взрывчатые свойства ЭмВВ（например，передача детонации через воздушный зазор，скорость детонации и т. д.）. На основе разрушения эмульсионного геля или потери чувствительности к капсюлю－детонатору можно определить，что срок сохранности ЭмВВ закончился. Благодаря таким испытаниям，можно сравнивать различные ЭмВВ и определять их практическую ценность и качество.

Этот вид испытаний прост в исполнении, полученные данные являются реальными, и поэтому он является основным методом проверки эмульсионной стабильности. Испытание, однако, требует длительного времени и зависит от изменений климата.

9.6.4 Метод растворения[3]

9.6.4.1 Основной принцип

Как известно, в ЭмВВ масло является постоянной фазой, а вода – дисперсной. Водная фаза содержит большое количество неорганических солей, среди которых нитрат аммония является основным. Если жидкая эмульсионная система недостаточно эмульгирована, то частицы неорганической соли (например, нитрата аммония) частично или полностью не покрыты поверхностно-активным веществом и временно находятся в масляной фазе. Эти сильно поляризованные частицы нитрата аммония, один раз погруженные в воду, бысто переходят в ионное состояние, погружение некоторого количества маленьких капель соли, которые не были покрыты хорошо, также разрушает непрочную масляную пленку и способствует их отделению. Следовательно, используя воду, как среду для погружения эмульсионной системы, и, используя метанол и гидроксид натрия для измерения количества свободного нитрата аммония, можно определить качество ЭмВВ и дать оценку его стабильности. Другими словами, используя воду как сильный фактор, можно проверить плотность и силу эмульсоидной межфазной пленки и прогнозировать срок сохранности ЭмВВ.

Формула реакции:

$$4NH_4NO_3 + 6HCHO \longrightarrow (CH_2)_6N_4 + 4HNO_3 + 6H_2O$$

$$HNO_3 + NaOH \longrightarrow NaNO_3 + H_2O$$

9.6.4.2 Процедуры выполнения

Взвесьте 20,00 г эмульсии и поместите в стакан емкостью 300 мл; добавьте 180 мл воды и оставьте в спокойном состоянии на 24 часа при комнатной температуре; затем перелейте раствор, который использовался для погружения, в другой небольшой, сухой и чистый стакан; возьмите пипеткой 25 мл этого раствора и налейте его в конусный стаканчик; добавьте 10 мл нейтрального раствора формальдегида и две капли фенолфталеина; протитруйте 0,1 N стандартный раствор гидроксида натрия, пока он не приобретет красную окраску; остановитесь, когда цвет перестанет изменяться в течение 30 сек. Затем вычислите содержание нитрата аммония по формуле, приведенной ниже:

$$NH_4NO_3 = \frac{V \cdot N \times 0{,}08004 \times 180}{25} \quad (\text{г}) \tag{9.8}$$

где V = количество NaOH, использованное для титрования, мл; N = эквивалент концентрации стандартного раствора NaOH; 0,08004 = количество NH_4NO_3, г, эквивалентное млг.

Следует указать, что при использовании этого метода количество выделившегося нитрата аммония зависит от времени погружения, температуры и площади эмульсии. Из рис. 9. 11, 9. 12, 9. 13 можно видеть, чем продолжительнее время погружения, чем выше температура и больше площадь контакта, тем больше выделяется нитрата аммония, причем температура влияет наиболее существенно.

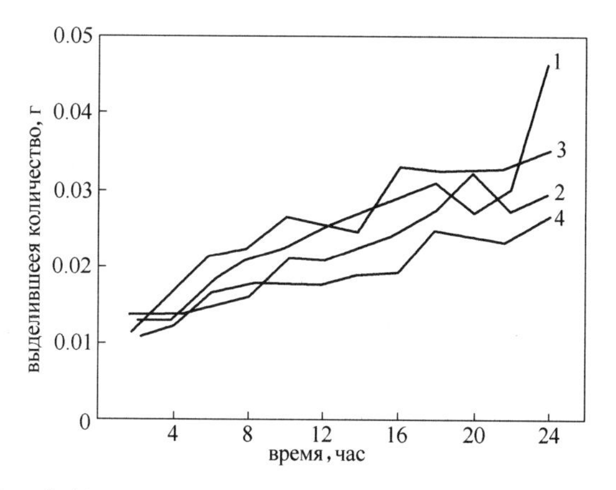

Рис. 9. 11 Влияние времени погружения на количество выделившегося нитрата аммония
1, 2, 3, 4—номера образцов

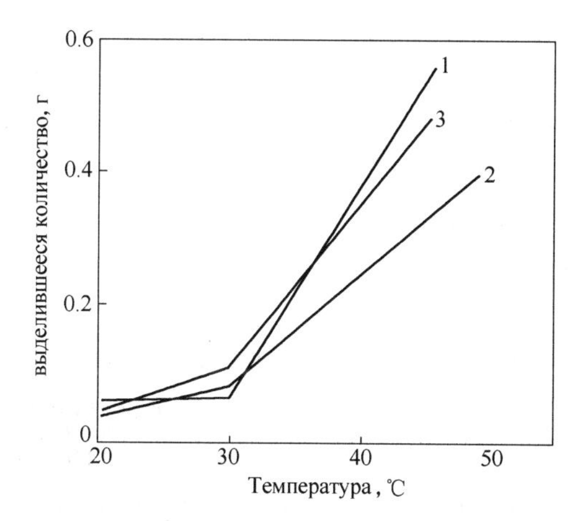

Рис. 9. 12 Влияние температуры эмульсии на количество выделившегося нитрата аммония
1, 2, 3—номера образцов

9. 7 Испытание на водоустойчивость

Так называемая водоустойчивость ЭмВВ – это способность помешать и свести до минимума растворение растворимых компонентов эмульсии (например, нитрата аммония и других неорганических окислителей) в воде и помешать проникновению воды

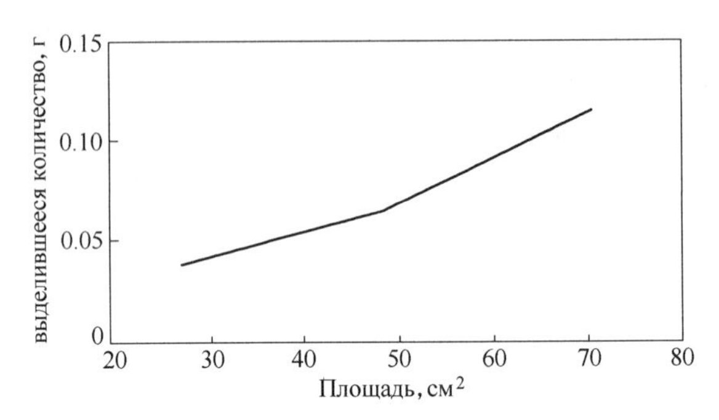

Рис. 9. 13 Влияние площади контакта с водой на выделившееся количество нитрата аммония

извне в ЭмВВ во избежание ухудшения взрывчатых свойств ВВ. Методы испытаний водоустойчивости делятся на лабораторные и полевые.

9. 7. 1 Лабораторные испытания[1]

9. 7. 1. 1 Мелководные испытания

В открытый сверху контейнер (диаметром не более 50 см) налить воду, пока ее глубина не достигнет 1,3 м; затем на дно контейнера, горизонтально или вертикально, поместить патрон небольшого диаметра (например,20,32,35,40 мм). Патрон предварительно открыть с одного конца. Через 24 час вынуть патрон и проверить его чувствительность к капсюлю–детонатору и скорость детонации. Обычно при погружении в таких условиях на 150 час ЭмВВ не изменяют своей скорости детонации. Метод преимущественно пригоден для патронов маленького диаметра.

9. 7. 1. 2 Глубоководные испытания

Поместите стандартный 32 мм патрон или насыпной продукт, горизонтально или вертикально, в воду на глубину 14 м или в прибор для испытания водоустойчивости (см. рис. 9. 14), в котором они будут находиться под давлением $1,37\times10^5$ Па. Обычно образцы погружают на 16–24 часа, после чего испытывают на чувствительность к детонации и скорость детонации.

Показанный на рис. 9. 14 прибор для испытания водоустойчивости представляет собой контейнер под давлением, диаметр которого 150–170 мм и высота 2 м. При испытании патрона положите его, открыв с одного конца, на дно контейнера; при испытании насыпных продуктов насыпьте на дно 5 – 6 кг ЭмВВ. Затем в герметичных условиях наполните цилиндр водой для создания статического гидравлического давления (для основных испытаний давление должно быть эквивалентно столбу воды высотой 14 м или более; при испытании критической глубины используйте давление $3,92\times10^5$, $5,88\times10^5$, $9,81\times10^5$ Па) и испытывайте ВВ под давлением от 16 до 24 час или более.

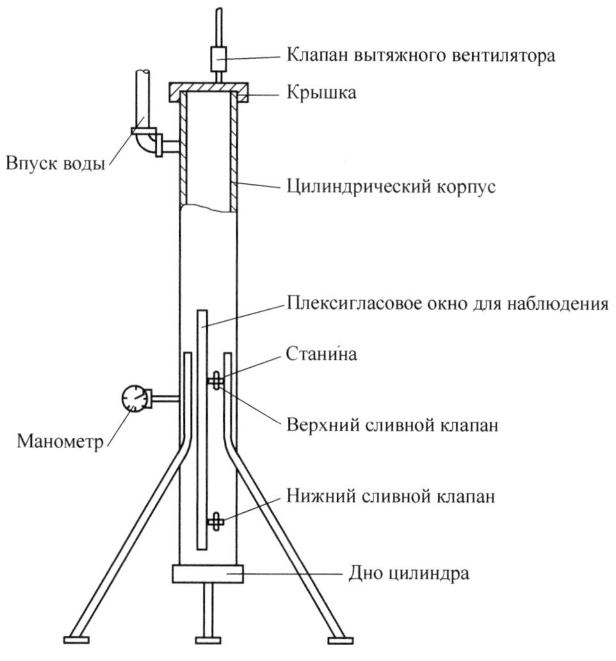

Рис. 9. 14 Схема прибора для испытаний на водоустойчивость

При проведении испытаний водоустойчивость ВВ определяется двумя моментами: содержанием нитрата аммония в растворе и изменением взрывчатых свойств. Например, в Nitro Nobel AB Company в Швеции берут определенное количество эмульсии, водного геля, ANFO и других марок ВВ и погружают их в воду на некоторое время; затем измеряют содержание нитрата аммония, перешедшего в раствор, и определяют, какое ВВ обладает наиболее высокой водоустойчивостью. В Китае испытание на водоустойчивость водоустойчивых эмульсий, сларри и других водосодержащих ВВ преимущественно основано на определении взрывчатых свойств ВВ после погружения в воду, определение содержания перешедшего в раствор окислителя является вспомогательным методом.

9. 7. 2 Метод полевых испытаний

Этот метод заключается в заряжании обводненных скважин или использовании зарядов при проведении работ глубоко под водой. После определенного времени погружения (возьмите наиболее возможное время для полевых условий, например, 8 час), заряд подрывается и оценивается его водоустойчивость по наличию осечек и по результатам взрывных работ. Достоинством способа является то, что он согласуется с реальными условиями взрывных работ. Процедура, однако, хлопотливая, а при осечках последствия трудно устранимы.

Питература

[1] Wang Xuguang, *Explosive Materials*, 1, 1982, pp. 31–34. (in Chinese)

[2] Cui Anna *et at.* *Explosive Materials*, 1, 1984, pp. 30–33. (in Chinese)
[3] Hou Xueshi, *Explosive Materials*, 3, 1984, pp. 26–27. (in Chinese)
[4] Yang Kaiwen, *Nonferrous Metals* (*Mining Section*), 4, 1983, pp. 37–39. (in Chinese)
[5] Yoshikazu Hirosaki, *et al. Journal of the Industrial Explosives Society*, Japan, Vol. 43, No. 5 1982, pp. 323–328. (in Japanese)
[6] E. P. 0018085.
[7] Goro Habayashi, *et al. Journal of the Industrial Explosives Society*, Japan, Vol. 45, No. 3, pp. 135–139. (in Japanese)
[8] Lu Jianyou *et al. Explosive Materials*, 3, 1983, pp. 21–24. (in Chinese)
[9] Wang Xuguang *el al. Slurry explosives*: *Theory and Practice*, 1985, Metallurgical Industry Press, p. 467. (in Chinese)
[10] Yang Songen, *Explosive Materials*, 4, 1981, p. 4. (in Chinese)
[11] V. Langefors and B. Kihlstron, *Modem Techniques for Rock Blasting*, translated into Chinese, 1983, Metallurgical Industry Press, pp. 28–29.
[12] P. Becher, *Emulsions*: *Theory and Practice*, translated into Chinese, 1978, Science Press, pp. 387–395.
[13] Products Catalogue, Chendu Instruments Factory, pp. 21–22. (in Chinese)

后　记

大约十年以前，我们将导师汪旭光院士的论文进行遴选、整理、出版，在行业内获得积极反响。光阴似箭，日月如梭，“人生易老天难老”，忽忽十年过去了。这次，我们将导师早期的一些关于炸药、爆破技术和标准方面的译文进行搜集整理和遴选。于是，这部译文选集与大家见面了。

导师汪旭光院士是国内外享有盛誉的著名工业炸药与工程爆破专家，中国乳化炸药奠基人，中国爆破事业的开拓者与领路人。他“一寸光阴未敢轻”，发起创建了中国工程爆破协会，开创了我国爆破事业新局面。先后筹建召开了中日韩炸药爆破学术会议、亚洲太平洋地区爆破国际学术会议，并形成制度。多年担任国际爆破破岩委员会委员，使我国的爆破事务在国际上占有一席之地。他毕生的愿望就是将中国工业炸药与爆破事业全面推向世界，为打造人类命运共同体贡献力量。他数十年如一日的锲而不舍，忘我拼搏；自强自信，乐观豁达；勤于学习，善于总结；勇于开拓，敢于创新的科研精神和处世之道非常值得我们晚辈继续传承和发扬光大。我们认为，编辑出版这部译文选集也是非常有意义的一件事。

从跨度数十年、范围数十种公开或内部出版物中查找导师的相关译文，是一项浩繁的工作，但选择、整理和校阅过程也是一次很好的学习和受教育过程。由于时日久远，一些刊物无法找全，加之由于数次搬迁，早期翻译的一些德文技术标准等珍贵资料都已无法找到。搜集工作难免有挂一漏万、弃璧遗珠之憾。为此，节选了《乳化炸药》英文版和俄文版的部分章节，以充实内容，弥补所憾。另外，所有工作大都在业余进行，时间仓促，工作量大，不足之处，在所难免，敬请专家和读者指正。

译文选集的工作由宋锦泉总体策划，同时也得到了各位师兄弟的热情支持与大力协助。译文主要由宋锦泉、吴春平进行搜集整理，初稿形成以后，宋锦泉、王尹军、吴春平等对译文进行了删简、编排、校阅，导师汪旭光院士亲自参加了相关工作，参与译文校阅工作的还有崔新男、周汉民、张阳、任红岗、张小军、尹作明。之后宋锦泉又多次到出版社就译文选集出版的相关细节进行沟通与确定。刘奇祥参加了部分工作。

向导师的技术团队及合作者表示敬意！译文选集的出版得到了冶金工业出版社的大力支持，责任编辑程志宏做了大量工作，在此一并表示感谢！

衷心祝福导师汪旭光院士、师母张子贞研究员健康长寿！

宋锦泉

2018年9月20日